赵维良　谢　恬　主编

植物化学成分
汉英名称集

下册

科学出版社

北京

内 容 简 介

《植物化学成分汉英名称集》共收载化学成分名称汉英词条 60 000 余条。内容主要为植物化学成分名称，也酌情收载有机化学、分析化学、生物化学（含动物和真菌化学成分）、无机化学和化学对照品等名称。其中约 2000 英文词条以往无中文名称，系本书第一次翻译得中文名称，对这些成分英文名称进行拆分分析，结合参考文献，得到第一次提取该成分的原植物拉丁学名，再根据拉丁学名的中文名称，参照化学成分大类的词尾翻译而得；对个别无法得到原植物拉丁学名的，则用意译或音译方法得中文名称。另对有混淆的中文名称和英文名称进行规范的整理归纳，消除了中文名称相同而成分不同的现象；对同一成分的不同名称则予归纳至同一词条中。

本书可作为植物化学、有机化学、分析化学、药物化学、生物化学、中药鉴定分析等领域从事研究、教育、生产和检验等有关专业人员参考阅读的工具书。

Brief Introduction

The book "Collection of Chinese-English Names of Plant Chemical Constituents" consists of a total of more than 60 000 name entries of chemical constituents in Chinese and English. Its content is mainly the names of chemical constituents of plants, and other chemical material names of organic chemistry, analytical chemistry, biochemistry (including chemical components of animals and fungi), and inorganic chemistry as appropriate, and chemical reference substances are also included. Among them, about 2000 English entries did not have Chinese names previously, and they were translated to Chinese here for the first time. Together with references, the English names were analyzed and their Latin scientific names of the plant origin where the components were extracted initially were obtained. Finally, the translation was completed based on the suffixes of the component categories. For those plants having unavailable Latin scientific names, their Chinese names were obtained by free translation or transliteration. For the phenomena of names confusion, this book standardized the rules for translation and eliminated the discrepancy between the Chinese name and components. Different names of the same component in previous version are now summarized into the same entries.

This is a suitable reference book for relevant personnel engaged in research, education, production and inspection in the fields of phytochemistry, organic chemistry, analytical chemistry, medicinal chemistry, biochemistry, identification and analysis of Traditional Chinese Medicine, etc.

图书在版编目（CIP）数据

植物化学成分汉英名称集：全 2 册：汉英对照 / 赵维良，谢恬主编 . —北京：科学出版社，2023.8

ISBN 978-7-03-076045-6

Ⅰ. ①植… Ⅱ. ①赵… ②谢… Ⅲ. ①植物 - 化学成分 - 名词术语 - 汉、英 Ⅳ. ① Q946.91-61

中国国家版本馆 CIP 数据核字（2023）第 142240 号

责任编辑：刘 亚 / 责任校对：刘 芳
责任印制：肖 兴 / 封面设计：黄华斌

科学出版社 出版
北京东黄城根北街 16 号
邮政编码：100717
http://www.sciencep.com

北京汇瑞嘉合文化发展有限公司 印刷
科学出版社发行 各地新华书店经销

*

2023 年 8 月第 一 版 开本：889×1194 1/16
2023 年 8 月第一次印刷 印张：108
字数：2 830 000
定价：888.00 元
（如有印装质量问题，我社负责调换）

主 编 简 介

赵维良（1959—），籍贯浙江诸暨，1979—1986年就读并毕业于浙江医科大学药学系（现浙江大学药学院），获学士和硕士学位。历任浙江省药品检验所、浙江省食品药品检验所副所长、浙江省食品药品检验研究院副院长，主任中药师（二级）；杭州师范大学讲座教授。国家药典委员会第八至第十二届委员、国家药品审评专家库专家、国家保健食品审评专家、国家药品监督管理局中成药质量控制与评价研究重点实验室（浙江）第一任主任，《中草药》、《中国现代应用药学》和《中国药业》杂志编委。主持及参与完成科技部、国家药监局、国家药典委和香港卫生署等部门科研课题20余项，获浙江省科学技术进步奖二等奖（2项，排名均第一）、教育部高等学校科学研究优秀成果奖（科学技术进步奖）一等奖（1项排名第三）等奖项。发表学术论文80余篇。主持或参与起草修订国家和浙江省中药质量标准80余项。获授权国家发明专利和实用新型专利5项。主编《中国法定药用植物》《药材标准植物基源集》《法定药用植物志》（华东篇第一册至第六册）《植物化学成分名称汉英对照》和《植物化学成分汉英名称集》等著作，作为副主任委员组织和参与编写《浙江省中药炮制规范》（2005年版、2015年版）及《浙江省医疗机构制剂规范》（2005年版），参与编写《中药志》、《现代实用本草》、《中华人民共和国药典》（2005年版、2010年版、2015年版、2020年版）及《中华人民共和国药典一部注释》等10余部中药著作及标准。

谢 恬（1962—），籍贯浙江金华，毕业于成都中医药大学中药学专业，1990年获医学博士学位。现任中国医学科学院学部委员、杭州师范大学药学院院长、整合肿瘤学研究院院长、浙江省榄香烯类抗癌中药研究重点实验室主任、浙江省中药资源开发与利用工程研究中心主任、浙江省药学和中药学教学指导委员会副主任委员，教授（二级）。国务院政府特殊津贴专家、岐黄学者、浙江省特级专家，国家一流药学专业建设点负责人、国家重点学科"治未病与健康管理"带头人。中国中西医结合学会常务理事及中药学专委会副主任、中国抗癌协会中西医整合肿瘤专业委员会创始主任委员和中国抗癌协会中西医整合控瘤新药研究专委会主任委员等。主持国家自然科学基金重点项目、国家重大新药创制科技专项等国家级和省市级科研项目20余项，以第一完成人获国家科技进步二等奖2项、教育部高校优秀科研成果一等奖3项、中国发明专利金奖2项，还荣获吴阶平医药创新奖、何梁何利科技创新奖和中国药学发展奖创新药物突出成就奖等。在 *PNAS*、*SciTranslMed* 和 *NatCommun* 等发表论文 160 余篇。授权国内外发明专利 50 余项。主编《榄香烯脂质体抗肿瘤基础与临床研究——分子配伍研发抗癌新药理论与实践》、《医林翰墨》《临床药理学》、*Elemene Antitumor drugs* 和《植物化学成分汉英名称集》等著作，主审《类药性：概念、结构设计与方法》《药物研发基本原理》《成功药物研发》《早期药物开发：将候选药物推向临床》及《图解药理学》等译著，作为副主编组织编写《系统中药学》《法定药用植物志》（华东篇第五册、第六册）《植物化学成分名称英汉对照 》等 20 余部著作、教材和译著。

编 委 会

序 一

植物及其他天然产物中所含的化学成分犹如一座座巨大的矿藏，对医药学、工业、农业和其他各个方面起着极其重要的作用，尤其是屠呦呦因青蒿素而获诺贝尔生理学或医学奖后，其日益受到世界范围学者的重视。植物化学成分的总数达 20 余万种，但因美国 SciFinder 网页和植物化学的研究论文多为英文，故其大部分名称亦为英文，仅有少部分的植物化学成分有中文名称，与此相关的著作亦较少，收载植物化学成分名称在 10 000 条目以上者，仅有《中药原植物化学成分手册》（2004年）、《中华本草》（十）（1999 年）和《中英中草药化学成分词汇》（2006 年），收载条目达 50 000 以上的著作则更少，仅有《植物化学成分名称英汉对照》和《中国药用植物志》第十三卷·中国药用植物志词汇（上册）。但其收载的化学成分名称尚需进一步的归纳整理，数量上也有待于进一步提升。

该书编者在上述著作的基础上，查阅了数量巨大的植物化学研究文献，经过长期的不懈努力，积累了大量的植物化学成分名称的中英文资料，还对部分仅有英文名称的成分根据首次发表的文献的基原，做了合乎科学的翻译，如成分 corniculatin A，系首次从酢浆草科植物酢浆草 *Oxalis corniculata* Linn. 中分离得到的黄酮类成分，故将其中文名翻译为酢浆草素 A，既表明成分所来源的基原植物，其词干 corniculat- 也对应于酢浆草拉丁学名的种加词 corniculata，词尾 -（t）in 在植物化学成分中含"素"之义。另外对一种成分具有多个中文名或一个成分的中文名与其他成分的名称重复的问题，则通过反复查询各种资料，结合基原植物的拉丁学名、化学成分的命名原则和 SciFinder 网页中的副名，再进行系统的归纳整理，结果得到植物化学成分名称汉英对照 60 000 余词条，编著成《植物化学成分汉英名称集》一书。

该书凝集了编者们大量的精力和时间，积累的植物化学成分词条数量庞大，归纳整理和翻译工作科学规范，为植物化学成分名称的规范作出了重要的贡献，在药学和化学等相关领域具有较高的参考价值，故乐之为序！

中国科学院院士
上海中医药大学原校长　　陈凯先
中国科学院上海药物研究院

2023 年 5 月

序 二

随着科学技术的飞速发展，人们对植物化学成分的分离鉴定能力日益增强，化学数据库中成分也变得种类繁多，数量庞大，目前成分总数已达 20 余万种，且仍在持续快速增长。植物成分的化学名称虽有比较规范的命名原则，但大部分有机化合物结构复杂，实际使用中需要以通用名来表达，而通用名的命名仍缺少规范的命名原则，故不同的化学文献和著作常对同一成分使用不同的名称，有时又见不同的成分采用相同的名称，以此造成了名称的混淆。此外新的化学成分常以外文发表，故缺少中文名称，以至于不少中文的化学文献，对于某一化学成分，因无法找到中文名称，只能以英文表示，且随着新成分的日益增加，植物成分仅有英文名称，而无中文名称的情况越来越多。故植物成分名称的中文通用名的翻译和著作的编写及数据库的研究显得十分必要。

赵维良主任中药师和谢恬教授团队成员在日常工作的基础上，查阅了数以万计的植物化学研究文献，参考了大量已出版的有关植物化学汉英名称相关的书籍和未出版或发表的参考资料，经过数年的辛勤努力，收集、整理、归纳和翻译了 6 万余条化学成分名称的汉英词条，所代表的化学成分总数达 8 万左右。对于文献中无中文名称的词条，根据该成分名称命名时所依据的植物拉丁学名，对词根和词尾进行拆分分析，作出贴切的翻译，如无法确定命名时依据的植物拉丁学名，则根据词根和词尾的词意进行意译，无法确定词意的，则进行音译。另对一种成分具多个名称的，首先根据成分的结构，确证这些名称为相同的成分，而后根据使用的频率或外文的词意，确定一个名称作为正名，其余的作为副名。对于不同成分间中英文名称交叉的，查阅原始的化学成分结构鉴定的文献和美国 SciFinder 网页，预予归纳整理及订正，最大程度地避免了成分中英文"同名异物"和"同物异名"的混淆。

《植物化学成分汉英名称集》一书中，收集的植物化学成分词条数量比以往同类书籍有较大幅度的增加，归纳、整理和翻译工作科学精准。本书的出版，对于植物化学成分名称的规范具有重要意义，也给植物化学和中药等相关领域工作者的使用和查阅带来极大的方便，故乐之为序！

中国科学院院士

中国科学院昆明植物研究所研究员 孙汉董

2023 年 5 月

前　言

——植物化学成分通用名命名概述

　　植物化学成分多因结构复杂而造成化学名冗长繁复，实际使用时，常需用简洁明了的通用名来表达。植物成分的化学名有比较明确而规范的命名原则，而通用名尚无命名原则，尤其是中文通用名，在不同的论文或著作中，常出现不同的成分采用相同的名称，或同一成分采用不同的名称，以此造成了名称和化学成分的混淆。

　　本书根据已经命名的植物化学成分通用名，结合与植物化学成分通用名命名相关的植物拉丁学名及其异名的情况，总结了基本的命名类型。植物化学成分的英文通用名称，一般与植物拉丁学名的属名、种加词、亚种加词（变种加词或变形加词）相关，一般与定名人无关，而拉丁学名有正名和异名之分。由于植物分类观点不同，一部著作（或一个国家）习惯使用的正名，在另一部著作（或另一个国家）中却作为异名，反之亦然。因命名者在命名植物化学成分通用名时，认为其依据的拉丁学名系正名，但在另一位植物分类学者的观点中可能是异名，故正名和异名是相对的。本文中所指的拉丁学名，均包含了正名和异名。中文通用名一般根据英文通用名翻译而得。

　　第一种较常见的通用名命名方法是以该成分第一次分离得到的植物的拉丁学名的完整属名或属名的前几个字母为词根（通常取一个完整的音节，下同）加化学成分种类的词尾组成，而中文翻译一般由属名或种名加成分类型组成。如 echinops base 系从蓝刺头属植物中分离而得，echinops 则来源于该属的拉丁学名 *Echinops* Linn.，中文翻译为蓝刺头属碱；同类的名称有 erythrina base 刺桐属碱、artemisia alcohol 蒿属醇（牡蒿醇）等；又如 cynaratriol 和 cynarolide，均由植物菜蓟的拉丁学名 *Cynara scolymus* Linn. 的属名 cynara（或去 a），分别加词尾 -triol 及 -olide 组成，中文则分别译为菜蓟三醇和菜蓟内酯；aesculusosides A ～ F 七叶树皂苷 A ～ F，系从植物七叶树 *Aesculus chinensis* Bunge. 分离而得，命名的情况相同。

　　这种命名方法仅适合于某一属植物第一、二次分离得到成分的命名，后续分离得到的成分如再按此方法命名，则易产生名称的混淆。

　　第二种较常见的命名方法为以该成分第一次分离得到的植物拉丁学名的完整种加词或种加词的前几个字母为词根（偶尔也取种加词的后面完整音节的字母为词根），加化学成分种类的词尾组成，中文翻译则由种名加成分类型组成，也有音译者。如 caeruleosides A ～ C 系从植物蓝果忍冬 *Lonicera caerulea* Linn. 中分离而得，系把种加词 caerulea 去 a，加 -oside 组成，中文名译为蓝果忍冬苷 A ～ C；如 contorine 由植物苍山乌头 *Aconitum contortum* Finet et Gagnep 的种加词 contortum 的前二个音节，加词尾 -ine 组成，中文则译为苍山乌头碱（苍山乌头灵）。

该方法仅适合于某一种植物第一、二次分离得到成分的命名，后续分离得到的成分如再按此方法命名，则易产生名称的混淆。且植物的种加词仅在同属内才具唯一性，属外可能存在相同的种加词，故该方法具有一定的局限性。

第三种比较科学的命名方法，为以第一次分离得到的植物拉丁学名的属名和种加词的前几个字母的组合为词根，加化学成分种类的词尾组成，中文翻译也由种名加成分分类型组成。如 jasmesoside 和 jasmesosidic acid，分别由植物野迎春的拉丁学名 *Jasminum mesnyi* Hance 的属名和种加词的前三个字母之组合，加词尾 -oside 和 -dic acid 组成，中文分别译为野迎春苷和野迎春酸；又如 plantamajoside 由植物大车前的拉丁学名 *Plantago major* Linn. 的属名 Plantago 和种加词 major 的前二音节所组成，加词尾 -side 组成，中文译为大车前苷。

偶尔也有属名加种加词中间字母的完整音节为词根组成的，如 cleomiscosins A ～ E 由植物黄花草（黄花菜、臭矢菜）的拉丁学名 *Cleome viscosa* Linn. 的属名去 e，加种加词去 v 和 a 后之组合，再加词尾 -in 组成，中文译为黄花草素（臭矢菜素、黄花菜木脂素）A ～ E；erythristemine 由植物黑刺桐的拉丁学名 *Erythrina lysistemon* Hutch. 的属名之前三音节，加种加词 lysistemon 的中间音节，再加词尾 -ine 组成，中文译为黑刺桐碱。

该方法的命名相对不容易产生成分名称之间的混淆，因属名和种加词的组合具有唯一性，这是一种值得推荐的命名方法。

第四种是以第一次分离得到的植物拉丁学名的亚种加词、变种加词或变型加词的前几个字母为词根，加化学成分种类的词尾组成，中文翻译由亚种、变种或变型名称，加成分分类型组成。如 hypoglaucins A ～ G，系由粉背薯蓣 *Dioscorea collettii* Hook. f. var. *hypoglauca*（Palibin）Pei et C.T.Ting 的变种加词 hypoglauca 的前三个音节加词尾 -in 组成，中文译为粉背薯蓣苷（粉背皂苷）A ～ G；又如 articulatin 由植物问荆的拉丁异名 *Equisetum arvense* Linn. f. *arcticum*（Ruprecht）M. Broun 的变形加词 arcticum 的前 3 个音节，加词尾 -latin 组成，中文译为问荆色苷。

该方法对于植物的亚种、变种或变型中的成分的命名是合适的，如果以上述第三和第四种命名方法相结合，则名称的专属性更强。当然由于分类观点的不同，一部分类著作中的亚种、变种或变型，在另一部分类著作中可能分别作为原亚种、原变种或原变型处理，但这基本不影响其所含化学成分的命名。

上述方法系最常见的命名类型，除此之外，尚有很多其他命名方法，如以第一次分离得到的植物或药材的中文、英文、德文、法文和日文等拉丁文以外的植物名或发音的拼音字母为词根，加化学成分种类的词尾组成；以通用名和化学名的组合方式命名，在母核已有通用名、其余结构也不复杂的情况下常采用这一方式，通常在原已命名成分的母核的基础上，加基团或前后缀等组成；同类型的系列成分，在一种组成的成分名称后加英文字母 A ～ Z、罗马数字 I ～ X 或阿拉伯数字等表示，如系列成分较多，或成分结构非常相似时，可在字母或罗马数字右侧以数字用下标表示；同类系列成分，还有在化学成分种类的词根和某一词尾之间通过字母的变化，命名不同的成分；根据第一次分离得到的植物拉丁学名结合活性或治疗作用命名；根据第一次分离得到的植物拉丁学名属名前若干字母，加该植物的英文名称，再加化学成分种类的词尾组成；对于苷元，常把苷的名称去词尾，再加 -genin，或苷的名称，直接加词尾作为苷元的名称；从植物和其内生菌的结合体中分离的成分，常结合植物和其内生菌的拉丁学名共同命名。

因植物化学成分通用名的命名尚无规范的命名原则，故可能尚有其他的命名方式。上述第四类以后的命名方法中，同类型的系列成分，采用字母变化或下标标注数字的方法是可行的；上述内生菌中分离成分的命名也是比较科学的。采用这些建议的方法命名，可有效避免化学成分名称之间的混淆。建议有关的国际组织能够起草颁布规范的化学成分通用名命名原则，使该项命名早日走上正轨。

编 写 说 明

一、收载原则

1. 本书主要收载 SciFinder 已收载的化学成分名称汉英对照词条，共计 60 000 余条，以植物化学成分名称为主，也酌情收载有机化学、分析化学、生物化学（含动物和真菌化学成分）、无机化学领域和化学对照品等相关成分的名称。本书收载的化学成分名称以通用名称为主，也酌情收载一些尚无通用名称的化学名称，但大于 5 个单元组成的化学名称一般不予收载。

2. SciFinder 未收载的英文名称，如文献著作有报道或使用，或作为系统名习惯使用，或有该成分的结构研究，且名称不与其他词条相混淆的名称，本书仍予收载；SciFinder 未收载、文献著作中也有使用，但应用不普遍的英文名称，不作正名，仅仅作为副名收载。

3. SciFinder 未收载且属不规范用法的英文名称，本书不予收载。

二、排列次序

1. 全书为汉英对照，按词条汉语拼音排序，多音字以植物学或中药学名称中的发音为准。

2. 位于词首的表示位置、构型等其后带短杠的符号、阿拉伯数字、阿拉伯数字与希文字母或与英文字母的组合、英文字母及英文缩写、希文字母等，均不计入排序内容，如：（ ），（–）-，（+）-，（±）-，1-，2-，3-，4-，1′-，2′-，3′-，4′-，1α-，2β-，3β-，4α-，（2R, 3S），d-，l-，dl-，D-，L-，DL-，N-，S-，O-，（Z）-，（E）-，（R）-，（S）-，m-，o-，p-，anti-，cis-，ent-，eso-，sec-，sym-，syn-，threo-，trans-，tri-，α-，β-，γ-，δ-，ε-，ζ-，τ-，ψ-，ω- 等；但位于词中的上述内容，均计入排序内容，不同类型的排序按上述次序，同一类型，按其常规次序排列，数字按第一位数字由小到大排列。

三、正名和副名

1. 一个中文名词有正名和副名者，正名置前，副名加括号置正名后。为便于查阅，如一个化学成分的两个或以上中文名称使用频率相似，则均作为正名词条收载，如表山道楝酸（表卡托酸）3-epikatonic acid，表卡托酸（表山道楝酸）3-epikatonic acid；翅果草碱（凌德草碱）rinderine，凌德草碱（翅果草碱）rinderine 等。

2. 某些化学成分的中文名称虽有正名和副名，但以该成分作为母核出现在其他词条时，其中文名称尊重原文，不强求统一使用本书的正名，如欧洲赤松烯（依兰油烯、木罗烯）muurolene，在其他词条中可能出现其中文正名或副名，如 β- 衣兰油烯、1，10- 开环 -4ζ- 羟基衣兰油烯 -1，10- 二酮等。

四、省略形式

1. 英文的烯基、炔基等基团位于词条中间时，均省略"e"，分别用"-en-"、"yn-"表示，位于结尾位置时，不省略"e"，分别用"-ene"、"-yne"表示。

2. 系列成分主词后的字母、阿拉伯数字或罗马数字，仅标示首尾二个，中间用连字符，省略首尾之间的字母或数字。

五、其他

1. 英文苷类成分在每个糖（链）的结尾，均用"苷 -side"表示，故"苷 -side"的出现频率与糖（链）数相同，如槲皮素 -3-*O*- 葡萄糖苷 -3′-*O*- 二葡萄糖苷 quercetin-3-*O*-glucoside-3′-*O*-diglucoside，说明该成分苷元的两个位置与糖连接。

2. 对某些基团的中文名称不强调完全统一，基本遵照原文的用法，如 acetyl，根据原文译作"乙酰基"或"乙酰"，如 D-acetyl ephalotaxine 译作 D- 乙酰基三尖杉碱，deacetyl vindorosine 译作去乙酰文朵尼定碱等；hydroxy 译作"羟基"或"羟"，如 D-dihydroxytropane 译作 D- 二羟基托品烷，dehydroxythalifaroline 译作去羟大叶唐松草灵碱等。

3. 化学名称中有不同类型括号时，先小括号，再中括号，后大括号，但名称中的螺、桥和并环等结构，则按化学命名规定使用中括号。

4. -lactone 和 -olide 均译为"内酯"，"交酯"统一为"内酯"；"xanthone"除母核标注副名"呫吨酮"外，其余统一译为"𠮿酮"，同理，"xanthene"除母核标注副名"呫吨"外，其余统一译为"𠮿烯"。

参 考 书 籍

赵维良 . 2018. 法定药用植物志·华东篇（第一册）. 北京：科学出版社

赵维良 . 2018. 法定药用植物志·华东篇（第二册）. 北京：科学出版社

赵维良 . 2019. 法定药用植物志·华东篇（第三册）. 北京：科学出版社

赵维良 . 2020. 法定药用植物志·华东篇（第四册）. 北京：科学出版社

赵维良 . 2020. 法定药用植物志·华东篇（第五册）. 北京：科学出版社

赵维良 . 2021. 法定药用植物志·华东篇（第六册）. 北京：科学出版社

赵维良，谢恬，陈碧莲 . 2022. 植物化学成分名称英汉对照 . 北京：科学出版社

江苏新医学院 . 1979. 中药大辞典·附编 . 上海：上海科学技术出版社

国家中医药管理局《中华本草》编委会 . 1999. 中华本草·第 10 卷索引 . 上海：上海科学技术出版社

苏子仁，赖小平 . 2006. 中英中草药化学成分词汇 . 北京：中国中医药出版社

周家驹，谢桂荣，严新建 . 2004. 中药原植物化学成分手册 . 北京：化学工业出版社

汤立达 . 2011. 植物药活性成分大辞典（上册、中册、下册）. 北京：人民卫生出版社

艾铁民，刘培贵，林尤兴 . 2021. 中国药用植物志·第一卷 . 北京：北京大学医学出版社

艾铁民，李安仁 . 2021. 中国药用植物志·第二卷 . 北京：北京大学医学出版社

艾铁民，韦发南 . 2016. 中国药用植物志·第三卷 . 北京：北京大学医学出版社

艾铁民，陆玲娣 . 2015. 中国药用植物志·第四卷 . 北京：北京大学医学出版社

艾铁民，朱相云 . 2016. 中国药用植物志·第五卷 . 北京：北京大学医学出版社

艾铁民，王印政 . 2020. 中国药用植物志·第六卷 . 北京：北京大学医学出版社

艾铁民，李世晋 . 2018. 中国药用植物志·第七卷 . 北京：北京大学医学出版社

艾铁民，刘启新 . 2021. 中国药用植物志·第八卷 . 北京：北京大学医学出版社

艾铁民，秦路平 . 2017. 中国药用植物志·第九卷 . 北京：北京大学医学出版社

艾铁民，陈艺林 . 2014. 中国药用植物志·第十卷 . 北京：北京大学医学出版社，

艾铁民，张树仁 . 2014. 中国药用植物志·第十一卷 . 北京：北京大学医学出版社

艾铁民，戴伦凯 . 2013. 中国药用植物志·第十二卷 . 北京：北京大学医学出版社

艾铁民，张英涛 . 2021. 中国药用植物志·第十三卷·中国药用植物志词汇（上册）. 北京：北京大学医学
　出版社

吴寿金，赵泰，秦永祺 . 2002. 现代中草药成分化学 . 北京：中国医药科技出版社

张礼和 . 2018. 有机化合物命名原则 . 北京：科学出版社

麻风树烷二萜	jatrophane diterpene
麻风素	jatrophin
枫树酚酮 A、B	jatropholones A, B
麻疯树醇二酮 A	jatrophodione A
麻疯树二酮	jatrophadiketone
麻疯树碱	jatrophine
麻疯树隆酮	jatrophalone
麻疯树烯酮	jatrophenone
麻疯树辛 A～D	jatrophasins A～D
麻根素 (L-酪氨酸甜菜碱)	maokonine (L-tyrosine betaine)
麻花尤苷 A、B	gentistraminosides A, B
麻黄次碱	ephedine
麻黄多糖 A～E	ephedrans A～E
麻黄噁唑酮	ephedroxane
(4S, 5R)-麻黄噁唑酮	(4S, 5R)-ephedroxane
麻黄根碱 A～D	ephedradines A～D
麻黄根素 A	ephedrannin A
L-麻黄碱	L-ephedrine
φ-麻黄碱	φ-ephedrine
麻黄碱 (麻黄素)	ephedrine
麻黄灵 A～D	mahuangnins A～D
麻黄宁	epinine
麻黄属碱	ephedra base
ψ-麻黄素	ψ-ephedrine
麻绞叶碱	koenoline
麻辣仔藤苷 A～I	obtusifosides A～I
麻辣仔藤宁 A～F	erycibenins A～F
麻栎苷 I、II	dotoriosides I, II
麻栎木脂素 (极尖叶下珠木脂素) B	acutissimalignan B
麻栎鞣素 (麻栎素) A、B	acutissimins A, B
麻楝伯灵 A～K	chuktabrins A～K
麻楝拉灵 A～X	chuktabularins A～X
麻楝拉辛 A～F	chukrasins A～F
麻楝林素 A～J	tabulalins A～J
麻楝灵 A～R	tabularins A～R
麻楝内酯 A～O	tabulalides A～O
麻楝素 A～R	chubularisins A～R
麻楝素酮 A、B	chukrasones A, B
麻楝辛 A～P	tabularisins A～P
麻仁球朊酶	edestinase

麻叶千里光碱	seneciannabine
麻叶绣球苷 A～F	kodemariosides A～F
马鞍树苯酮	maackiaphenone
马鞍树黄酮醇	maackiaflavonol
马鞍树宁	maackinin
E-马鞍树素	E-maackin
马鞍树素 A	maackin A
马鞍藤脂酸苷 A～E	pescaprosides A～E
马鞭草倍半萜苷 A	verbenaside A
马鞭草查耳酮	verbenachalcone
马鞭草醇	verbenalol
马鞭草苷 (山茱萸素、麽木苷、山茱萸苷、马鞭草灵)	verbenaloside (cornin, verbenalin)
马鞭草裂苷 (马鞭草诺苷) A、B	verbenosides A, B
马鞭草灵 (山茱萸素、麽木苷、山茱萸苷、马鞭草苷、马鞭草素)	verbenalin (cornin, verbenaloside)
马鞭草萜苷 (马鞭草林素) I	verbeofflin I
D-马鞭草烯醇	D-verbenol
(−)-马鞭草烯醇	(−)-verbenol
马鞭草烯醇 (马鞭烯醇)	verbenol
马鞭草烯醇乙酸酯	verbenyl acetate
(−)-马鞭草烯酮	(−)-verbenone
马鞭草烯酮 (马鞭草酮、马鞭烯酮)	verbenone (pin-2-en-4-one)
马槟榔甜蛋白 I、II	mabinlins I, II
马勃菌素	calvacin
马勃菌酸 (马勃酸、秃马勃酸)	calvatic acid (calvatinic acid)
马勃菌酸 (马勃酸、秃马勃酸)	calvatinic acid (calvatic acid)
马勃菌酸甲酯 (秃马勃酸甲酯)	methyl calvatate
马勃素	gemmatein
马勃素葡萄糖苷	gemmatein glucoside
马勃甾醇 A、B	calvasterols A, B
马勃甾酮 (秃马勃甾酮)	calvasterone
马勃粘蛋白	calvain
马齿苋醇	portulol
马齿苋苷 A、B	portulosides A, B
马齿苋花黄素	portulaxanthin
马齿苋卡醛	portulacaldehyde
马齿苋脑苷 A	portulacerebroside A
马齿苋内酯	portulic lactone
马齿苋醛	portulal
马齿苋素甲、乙	oleracins I, II

马齿苋酸	portulic acid
马齿苋萜内酯	portulide
马齿苋烯缩醛 (大花马齿苋烯缩醛)	portulene acetal
马齿苋酰胺 (马齿苋素) A～S	oleraceins A～S
马达积雪草酸 (崩大碗酸)	madasiatic acid
马达加斯加哈伦木素	madagascin
马黛茶糖苷 D	mateglycoside D
马蛋果多内酯	odolide
马蛋果苷 (大风子苷)	gynocardin
马蛋果内酯	odolactone
(+)-马德拉香树素	(+)-hopeyhopin
马德拉香树素	hopeyhopin
马蒂罗苷 (角胡麻异苷)	martinoside
马丁酮	martinone
马都拉猪屎豆定	crotmadine
马都拉猪屎豆碱	madurensine
马都拉猪屎豆林	crotmarine
马兜定酸	aristidinic acid
(−)-马兜铃-9-烯-8-酮 (马兜铃酮、土木香酮、土青木香酮)	(−)-aristol-9-en-8-one (aristolone)
马兜铃苯酚酮 A	aristophenone A
马兜铃吡啶酮 A	aristopyridinone A
马兜铃次酸甲酯	methyl aristolate
马兜铃对醌	aristolindiquinone
马兜铃二酮	aristolodione
1, 9-马兜铃二烯	1, 9-aristolodiene
马兜铃菲内酯 I	aristolophenanlactone I
马兜铃苷	aristoloside
马兜铃红	aristo red
马兜铃碱	aristolochine
马兜铃碱酸	aristolochinic acid
马兜铃林碱	aristoline
马兜铃灵	aristolin
马兜铃灵酸甲酯	methyl aristolinate
马兜铃内酰胺 I、II、IIIa、AII、AIIIa、BII、BIII	aristolactams (aristololactams) I, II, IIIa, AII, AIIIa, BII, BIII
马兜铃内酰胺 N-(6′-反式-对香豆酰基)-β-D-吡喃葡萄糖苷	aristolactam N-(6′-trans-p-coumaroyl)-β-D-glucopyranoside
马兜铃内酯 A	aristolide A
马兜铃属碱	aristolochia base

马兜铃素	aristin
马兜铃酸 A～D、Ⅰ～Ⅳ、Ⅲa、Ⅶa	aristolochic acids (tardolyts) A～D, Ⅰ～Ⅳ, Ⅲa, Ⅶa
马兜铃酸 A～D、Ⅰ～Ⅳ、Ⅲa、Ⅶa	tardolyts (aristolochic acids) A～D, Ⅰ～Ⅳ, Ⅲa, Ⅶa
马兜铃酸 C-6-甲醚	aristolochic acid C-6-methyl ether
马兜铃酸 D-6-甲醚	aristolochic acid D-6-methyl ether
马兜铃酸 Ⅳ 甲醚	aristolochic acid Ⅳ methyl ether
马兜铃酸 Ⅳ 甲醚甲酯	aristolochic acid Ⅳ methyl ether methyl ester
马兜铃酸 A 甲酯	aristolochic acid A methyl ester
马兜铃酸 D 甲醚	aristolochic acid D methyl ether
马兜铃酸 D 甲醚内酰胺	aristolochic acid D methyl ether lactam
马兜铃酸 D 甲酯	aristolochic acid D methyl ester
马兜铃酸甲酯	methyl aristolochate
马兜铃酸萜酯 Ⅰ	aristoloterpenate Ⅰ
马兜铃萜 A～Z	madolins A～Z
马兜铃酮 [土木香酮、土青木香酮、(–)-马兜铃-9-烯-8-酮]	aristolone [(–)-aristol-9-en-8-one]
9β-马兜铃烷醇	aristolan-9β-ol
(–)-马兜铃烯	(–)-aristolene
1 (10)-马兜铃烯	1 (10)-aristolene
9-马兜铃烯	9-aristolene
马兜铃烯 (土青木香烯)	aristolene
1 (10)-马兜铃烯-13-醛	1 (10)-aristolen-13-al
9-马兜铃烯-1-α-醇	9-aristolen-1-α-ol
1 (10)-马兜铃烯-2-酮	1 (10)-aristolen-2-one
1 (10)-马兜铃烯-9β-醇	1 (10)-aristolen-9β-ol
9-马兜铃烯醇 (甘松醇)	9-aristolen-1α-ol (nardostachnol)
1 (10)-马兜铃烯醛	1 (10)-aristolenal
马兜铃酰胺 (木通马兜铃酰胺) Ⅰ、Ⅱ	aristolamides Ⅰ, Ⅱ
马兜铃叶绿素 A～D	aristophylls A～D
马兜亭酸	aristinic acid
马尔加什马钱醇	malagashanol
马尔卡尼哥纳香碱 (马氏哥纳香碱) A～D	marcanines A～D
马尔考皂苷元	markogenin
马尔考皂苷元-3-O-β-D-吡喃葡萄糖基-(1→2)-β-D-吡喃半乳糖苷	markogenin-3-O-β-D-glucopyranosyl-(1→2)-β-D-galactopyranoside
马尔敏	marmin
马尔敏缩酮	marmin acetonide
马耳山五味子酚 A～S	marphenols A～S
马耳山五味子木脂素 A～O	marlignans A～O
马疯木毒素	mancinellin

马疯木素 A	hippomanin A
马盖麻皂苷 -1	cantalasaponin-1
马高素	margosine
马格达莱纳维洛花酸	magdalenic acid
马哈法环素 A、B	mahafacyclins A, B
马汉九里香宾碱	mahanimbine
(+)- 马汉九里香宾碱	(+)-mahanimbine
马汉九里香波林碱	mahanimboline
马汉九里香定碱	mahanimbidine
马汉九里香酚	mahanimbilol (mahanimbinol)
马汉九里香酚	mahanimbinol (mahanimbilol)
马汉九里香酚甲醚	mahanimbilol methyl ether
马汉九里香酚乙酸酯	mahanimbilol acetate
马汉九里香宁碱	mahanimbinine
马汉九里香星碱	mahanimbicine
马汉宁碱	mahanine
(+)- 马汉宁碱	(+)-mahanine
马赫檬素	mahmoodin
马吉定 (蔓长春花吉定)	majidine
马戟素	maprouneacin
马甲子碱 A、B	paliurines A, B
马甲子碱 A～C	ramosines A～C
马交任 (蔓长春花灵碱)	majorine
马交日定 (蔓长春花瑞定)	majoridine
马交文 (蔓长春花文碱)	majovine
马京定	marckidine
马克西姆大黄酚 A	maximol A
马枯灵	maculine
马枯素 (马枯星碱、毒马钱辛碱、马枯星碱、马枯辛) A、B	macusines A, B
马阔木碱	macoubeine
马拉巴碱	malarborine
马拉巴仞	malarboreine
马拉巴肉豆蔻酮 A～C	malabaricones A～C
马拉利胺 (1, 4- 二氢 -4- 氧亚基 -2- 喹啉己酸)	malatyamine (1, 4-dihydro-4-oxo-2-quinoline hexanoic acid)
马拉利胺乙酯	malatyamine ethyl ester
马拉硫磷	malathion
马拉西特内酯	malacitanolide
D- 马来酸	D-maleic acid

M

L-马来酸	L-maleic acid
马来酸 (顺式-丁烯二酸)	maleic acid (*cis*-butenedioic acid)
马来酸钙	calcium maleate
马来酰脲	maleylurea
马来亚苷 (马来毒箭木苷、马来见血封喉苷)	malayoside
马来鱼藤酚 (马来鱼藤酮)	malaccol
(+)-马来鱼藤酚 [(+)-马来鱼藤酮]	(+)-malaccol
马兰内酯 A、B	kalimerislactones A, B
马兰酮 A	kalimeristone A
马蓝苷 (红泽兰苷)	strobilanthin
β-马榄烯 (β-橄榄烯、β-萨摩亚橄榄烯、β-马啊里烯)	β-maaliene
马榄烯 (橄榄烯、萨摩亚橄榄烯、马阿里烯)	maaliene
马乐瓦酰胺 D	malevamides D
(+)-马勒库拉莲叶桐碱	(+)-malekulatine
马里巴特酚 (马里巴特坡垒酚) A、B	malibatols A, B
(−)-马里巴特坡垒酚 [(−)-马里巴特酚] A	(−)-malibatol A
马里莫氏木内酯	marliolide
马利筋定	asclepiadin
马利筋苷	curassavicin
马利筋苷元	ascurogenin
马利筋碱苷	ascleposide
17α-马利筋碱苷	17α-ascleposide
马利筋碱苷 E	ascleposide E
马利筋勒坡苷元 (阿斯科勒苷元)	asclepogenin
马利筋素 (马利筋属苷)	asclepin
马利筋沃苷 A～F	curassavosides A～F
马利筋沃苷元	cuarassavogenin
马利筋甾醇	asclepiasterol
马林迪碱	malindine
马蔺苷 A～C	irislactins A～C
马蔺子甲素～丙素	pallasons A～C
(*E*)-马蔺子甲素异构体	(*E*)-pallasone A isomer
马铃薯淀粉	starch potatoe
马铃薯螺二烯酮 (螺岩兰草酮、马铃薯霉酮、马铃薯香根草酮)	solavetivone (katahdinone)
马铃薯三糖 (查考茄三糖、卡茄三糖)	chacotriose
马铃薯酮酸-*O*-β-D-吡喃葡萄糖苷	tuberonic acid-*O*-β-D-glucopyranoside
马铃薯酮酸-*O*-β-D-吡喃葡萄糖苷甲酯	tuberonic acid-*O*-β-D-glucopyranoside methyl ester
马铃薯酮酸-β-D-葡萄糖苷	tuberonic acid-β-D-glucoside

马铃薯酮酸甲酯-O-β-D-吡喃葡萄糖苷	methyl tuberonate-O-β-D-glucopyranoside
马铃薯酮酸葡萄糖苷	tuberonic acid glucoside
(−)-马铃薯香根草酮	(−)-solavetivone
马鲁巴夹拉平(圆叶牵牛药喇叭素)Ⅰ～ⅩⅤ	marubajalapins Ⅰ～ⅩⅤ
马洛易亭(马鲁梯木碱)	malouetine
马拿伊内酯 A～C	manauealides A～C
马那辛	manacine
马尼拉二醇	maniladiol
马尼拉糖胶树胺	manilamine
马尿酸	hippuric acid
马普血桐素	mappain
马其顿甘草苷 A～C	macedonosides A～C
马其顿甘草酸	macedonic acid
马钱橙碱	strychnochrysine
马钱醇	loganol (loganetin)
马钱苷(马钱子苷、番木鳖苷、马钱素、马钱子素)	loganoside (loganin)
马钱苷元	loganetin
马钱黄碱	strychnoflavine
马钱己胺	strychnohexamine
马钱素(马钱子素、马钱苷、马钱子苷、番木鳖苷)	loganin (loganoside)
马钱酸	logaric acid
马钱子碱(布鲁生、2,3-甲氧基番木鳖碱)	brucine (2, 3-dimethoxystrychnine)
马钱子碱 N-氧化物	brucine N-oxide
马钱子林碱 A、B	strynuxlines A, B
马钱子米亭	stryvomitine
马钱子米辛	stryvomicine
马钱子米辛 A	stryvomicine A
马钱子属碱	strychnos base
马钱子酸(马钱子酸、番木鳖酸、马钱子苷酸、马钱苷酸)	loganic acid
马钱子酮苷(7-马钱子酮苷、马钱素-7-酮、甲酮基马钱素)	ketologanin (7-ketologanin)
7-马钱子酮苷(马钱子酮苷、马钱素-7-酮、甲酮基马钱素)	7-ketologanin (ketologanin)
马钱子五胺	strychnopentamine
马瑞苷元(玛拉瓜苷元)Ⅰ、Ⅱ	maragenins Ⅰ, Ⅱ
马桑安内酯	corianlactone
马桑安酮	coriantone
马桑毒素(马桑毒内酯、马桑米亭、欧马桑米亭)	coriamyrtin
马桑内酯 A～D	corialactones A～D

马桑鞣素 (马桑鞣灵) A～F	coriariins A～F
β-马桑素	β-tutin
马桑素 (杜廷、吐丁内酯、羟基马桑毒素)	tutin
马桑糖	coriose
马桑亭	coriatin
马山茶碱 (伊波花辛、13-甲氧基伊波加木胺)	tabernanthine (13-methoxyibogamine)
马氏香料二醛	dolichodial
马斯里酸 (山楂酸、2α-羟基齐墩果酸)	maslinic acid (crataegolic acid, 2α-hydroxyoleanolic acid)
(E)-马斯里酸-3-O-对香豆酸酯	(E)-maslinic acid-3-O-p-coumarate
(Z)-马斯里酸-3-O-对香豆酸酯	(Z)-maslinic acid-3-O-p-coumarate
马松子苷	melocorine
马松子环肽碱 (马松子林碱)	melofoline
马松子碱	melochine (melochicorine)
马松子碱	melochicorine (melochine)
马松子素	melochorin
马松子亭 A	melosatin A
马塔迪碱	matadine
马蹄参苷 A、B	stachyanthusides A, B
马蹄叶碱 (毛金鸡纳辛碱)	aricine
马替柿醌	maritinone
马瓦箭毒素	mavacurine
马尾柴酸 (髭脉桤叶树酸)	barbinervic acid
马尾莲碱	thaliximine
马尾杉醇 A～F	phlegmanols A～F
马尾杉环碱 A	phlegmadine A
马尾杉任碱 A～N	phlegmariurines A～N
马尾杉酸	phlegmaric acid
马尾树醇	rhoiptelol
马尾树醇 A～C	rhoiptelols A～C
马尾树苷 A～E	rhoiptelesides A～E
马尾树宁 A～J	rhoipteleanins A～J
马尾树素 A～F	chilianthins A～F
马尾树酸	rhoiptelic acid
马尾树烷型三萜	phoiptelane triterpenoid
马尾树烯醇	rhoiptelenol
马尾树皂苷 A～L	chilianosides A～L
马尾松苷 A～E	massonianosides A～E
(−)-马尾松树脂醇	(−)-masoniresinol
马尾松树脂醇	massoniresinol
马尾松树脂醇-4″-O-β-D-吡喃葡萄糖苷	massoniresinol-4″-O-β-D-glucopyranoside

马尾松脂素 (摩洛哥冷杉倍半脂醇) A、B	sesquimarocanols A, B
马尾藻多糖	sargassan
马尾藻酚	sargaol
马尾藻醛Ⅰ、Ⅱ	sargasals Ⅰ, Ⅱ
马尾藻色烯酚	sargachromenol
马尾藻素	sarganin
马尾藻甾醇 (大褐马尾藻甾醇、任氏马尾藻甾醇)	saringosterol
马希雷醇 A～C	magireols A～C
马先蒿苷 A	pedicularioside A
马先蒿碱	pedicularine
马先蒿内酯-1-*O*-β-D-葡萄糖苷	pcdicularislactone-1-*O*-β-D-glucoside
马伊拉酮	mailione
马伊利奥醇	mailiohydrin
马缨丹白桦脂酸 (马缨丹桦木酸)	lantabetulic acid
马缨丹醇酸 (马缨丹酸)	lantanolic acid
马缨丹啶	camaridin
马缨丹二烯酮	lantadienone
马缨丹苷	lantanoside
马缨丹黄酮苷	camaroside
马缨丹甲素～丙素 (马缨丹烯 A～C)	lantadenes A～C
马缨丹利尼酸 (乙酰马缨丹酸)	camarinic acid
马缨丹林素	lancamarinin
马缨丹林酸	lancamarinic acid
马缨丹内酯苷	lancamarolide
马缨丹尼素	lantacin
马缨丹尼酸 (马缨丹酯酸、3, 3-二甲基丙烯酰氧基马缨丹酸)	lantanilic acid (3, 3-dimethyl acryloyloxylantanolic acid)
马缨丹利尼酸甲酯	methyl camarinate
马缨丹宁	lantanine
马缨丹诺酸	camaranoic acid
马缨丹羟酸	lantaninilic acid
马缨丹素	cimarin
马缨丹酸 (马缨丹醇酸)	lantanolic acid
马缨丹糖 A、B	lantanoses A, B
马缨丹酮	lancamarone
马缨丹托酸 (22-羟基马缨丹异酸)	lantoic acid
马缨丹烯酸甲酯	methyl camaralate
马缨丹烯酮	camaradienone
马缨丹酰酸 (马缨丹当归酸)	camangeloyl acid
马缨丹酰氧烯酸	lantrigloylic acid

M

马缨丹熊果酸	lantaiursolic acid
马缨丹氧酸 (马缨丹醚酸)	camaryolic acid
马缨丹异酸 (马缨丹替酸)	lantic acid
马缨葛二烯酮	lantigdienone
马缨利酸	camarilic acid
马樱尼酸	camaracinic acid
马育宾	mayumbine
马醉木毒素 (日本马醉木毒素) Ⅰ～Ⅸ	asebotoxins Ⅰ～Ⅸ
马醉木苷元	asebogenin (asebogenol, asebotol)
马醉木槲皮苷	aseboquercitrin
马醉木洛苷 A、B	pierosides A, B
马醉木素	asebotin
马醉木萜 A、B	pierisoids A, B
马醉木亭 A、B	pierotins A, B
玛咖酰胺	macamide
玛美巴豆素	marmelerin
玛瑙螺四肽 Ⅰ	achatin Ⅰ
玛瑙螺肽	achacin
玛瑙螺心力激发肽 -1	achatina cardioexcitatory peptide-1
玛瑙酸 (贝壳杉萘甲酸)	agathic acid
玛氏卡苷 (马斯卡洛咖啡苷)	mascaroside
玛索依内酯	messoia lactone
吗啡	morphine (morphium, morphia, morphina)
吗啡 -3- 甲醚 (可待因、甲基吗啡)	morphine-3-methyl ether (methyl morphine, codicept, codeine)
吗啡烷	morphinane
吗啉	morpholine
吗西香豆素 (双吗香豆素)	moxicoumone (fleboxil, moxile)
买兰坡草内酯 (黑足菊内酯)	melampolide
买兰坡兰定 A	melampodin A
买兰坡兰宁	melampodinin
买兰坡木兰内酯 A、B	melampomagnolides A, B
买麻藤醇 (2, 6, 3′, 5′- 四羟基反式二苯乙烯)	gnetol (2, 3′, 5′, 6-tetrahydroxy-*trans*-stilbene)
买麻藤酚 (尤拉买麻藤素)	gnetulin
买麻藤黄烷醇 A～F	gnetoflavanols A～F
买麻藤碱	gnetine
买麻藤属碱 G₁	gnetum base G₁
(+)- 买麻藤芪素 [(+)- 买麻藤素] A、H	(+)-gnetins A, H
买麻藤芪素 (格奈亭、买麻藤素) C、D、F、H	gnetins C, D, F, H
迈果皂苷元	magoenin

迈康定	meconidine
迈康宁	meconine
迈索尔金丝桃酮 A	hyperenone A
迈月橘素 [8-(2′, 3′-二羟基-3′-甲丁基)-5, 7-二甲氧基香豆素]	mexoticin [8-(2′, 3′-dihydroxy-3′-methylbut)-5, 7-dimethoxycoumarin]
麦蛋白	wheat protein
麦冬呋甾皂苷 B	ophiofurospiside B
麦冬苷 (沿阶草苷、麦门冬皂苷) A～T	ophiopogonins A～T
(25S)-麦冬苷 D′	(25S)-ophiopogonin D′
麦冬苷元-3-O-α-L-吡喃鼠李糖基-(1→2)-β-D-吡喃葡萄糖苷	ophiogenin-3-O-α-L-rhamnopyranosyl-(1→2)-β-D-glucopyranoside
麦冬苷元-3-O-β-D-吡喃葡萄糖苷	ophiogenin-3-O-β-D-glucopyranoside
麦冬黄酮 A、B、C、E	ophiopogonones A, B, C, E
麦冬黄烷酮 (麦冬二氢高异黄酮) A、B	ophiopogonanones A, B
麦冬内酯 A {4-[(2-亚乙基-4-羟基-6-甲基庚-5-烯-1-基) 氧基]-佛手酚 }	4-[(2-ethylidene-4-hydroxy-6-methylhept-5-en-1-yl) oxy]-bergaptol
麦冬珀苟皂苷 A	ophiopogoside A
麦冬皂苷 A～C	ophiopojaponins A～C
麦根腐烯 (小麦长蠕孢烯、苜蓿烯)	sativene
麦根腐烯环氧化物	sativene epoxide
麦碱 (麦角酰胺)	ergine (lysergic acid amide, lysergamide)
麦角胺	ergotamine
麦角巴辛宁 (麦角异新碱)	ergobasinine (ergometrinine)
麦角宾碱	ergobine
麦角布林碱 (麦角丁灵)	ergobutyrine
麦角布亭碱 (麦角丁碱)	ergobutine
麦角醇	lysergol
麦角毒	ergotoxin
麦角二烯-3β, 5α, 6β-三醇	ergostdien-3β, 5α, 6β-triol
麦角苷	clavicepsin
麦角固醇 (麦角甾醇)	ergosterin (ergosterol)
麦角核亭	ergoheptine
麦角黄素 BC (2, 2′)	ergochrysin BC (2, 2′)
麦角黄素 CC (2, 2′)	ergoflavine CC (2, 2′)
麦角黄质	ergoxanthine
麦角碱	ergot base
麦角精	lysergine
麦角卡里碱 (麦角环肽、麦角隐亭碱)	ergocryptine (ergokryptine)
麦角柯利胺	ergocristam
麦角柯宁碱	ergocornine

M

麦角克碱 (麦角日亭、麦角晶亭)	ergocristine
麦角拉宁碱	ergoladinine
麦角克立宁 (麦角新碱、麦角新素)	ergoklinine (ergonovine, ergometrine, ergotocine, ergobasine)
麦角硫因	thiohistidinebetaine (ergothioneine)
麦角硫因	ergothioneine (thiohistidinebetaine)
麦角内酰胺	ergoannam
麦角内酯 (考氏飞蓬内酯、二氢锦菊素)	ergolide (dihydrobigelovin)
麦角集宁碱	erginine
麦角宁碱	ergonine
麦角坡亭碱	ergoptine
麦角琪普亭	ergokyptine
麦角色素 AC、AD、BC、BD、CC、CD、DD	ergochromes AC, AD, BC, BD, CC, CD, DD
麦角生碱 (麦角辛素)	ergosine
麦角斯亭碱	ergostine
麦角酸	lysergic acid
D-麦角酸-1-羟乙胺	D-lysergic acid-l-hydroxyethyl amide
D-麦角酸-α-乙氧基胺	D-lysergic acid-α-ethoxyamide
麦角西碱	ergosecaline
麦角烯	lysergene
麦角酰胺 (麦碱)	lysergic acid amide (lysergamide, ergine)
麦角酰胺 (麦碱)	lysergamide (lysergic acid amide, ergine)
麦角缬碱	ergovaline
麦角新碱 (麦角新素、麦角克立宁)	ergonovine (ergometrine, ergoklinine, ergotocine, ergobasine)
麦角新素 (麦角新碱、麦角克立宁)	ergotocine (ergonovine, ergoklinine, ergometrine, ergobasine)
麦角星	ergohexine
麦角异胺 (麦角胺宁)	ergotaminine
麦角异宾碱	ergobinine
麦角异布亭碱	ergobutinine
麦角异毒 (麦角替宁)	ergotinine
麦角异柯宁碱	ergocorninine
麦角异克碱 (麦角日亭宁、麦角异晶亭)	ergocristinine
N-(麦角异亮氨酰基)-环 (苯丙氨酰基脯氨酰)	N-(lysergyl-isoleucyl)-cyclo (phenyl alanyl-prolyl)
麦角异宁碱	ergoninine
麦角异坡亭碱	ergoptinine
麦角异生碱	ergosinine
麦角异西碱 (麦角立宁、麦角黑麦宁碱)	ergosecalinine
麦角异缬碱	ergovalinine

麦角异新碱 (麦角巴辛宁)	ergometrinine (ergobasinine)
麦角异隐亭碱	ergokryptinine
α- 麦角异隐亭碱	α-ergokryptinine
β- 麦角异隐亭碱	β-ergokryptinine
α- 麦角隐亭碱	α-ergokryptine
β- 麦角隐亭碱	β-ergocryptine (β-ergokryptine)
麦角隐亭碱 (麦角环肽、麦角卡里碱)	ergokryptine (ergocryptine)
β- 麦角隐亭碱 -5′- 表异构体	β-ergocryptine-5′-epimer
α- 麦角隐酰胺	α-ergocryptam
β- 麦角隐酰胺	β-ergocryptam
(24S)- 麦角甾 -3β, 5α, 6β- 三醇	(24S)-ergost-3β, 5α, 6β-triol
(24R)-5α- 麦角甾 -3- 酮	(24R)-5α-ergost-3-one
5α- 麦角甾 -3- 酮	5α-ergost-3-one
麦角甾 -3- 酮	ergost-3-one
麦角甾 -4, 22- 二稀 -3- 酮	ergost-4, 22-dien-3-one
麦角甾 -4, 24 (28)- 二烯 -3, 6- 二酮	ergost-4, 24 (28)-dien-3, 6-dione
麦角甾 -4, 24 (28)- 二烯 -3- 酮	ergost-4, 24 (28)-dien-3-one
麦角甾 -4, 6, 22- 三烯 -3α- 醇	ergost-4, 6, 22-trien-3α-ol
麦角甾 -4, 6, 22- 三烯 -3β- 醇	ergost-4, 6, 22-trien-3β-ol
麦角甾 -4, 6, 8 (14), 22- 四烯 -3- 酮	ergost-4, 6, 8 (14), 22-tetraen-3-one
麦角甾 -4, 7, 22- 三烯 -3, 6- 二酮	ergost-4, 7, 22-trien-3, 6-dione
(3β, 22E)- 麦角甾 -5, 22- 二烯醇 (菜子甾醇)	(3β, 22E)-ergost-5, 22-dienol (brassicasterol)
(3β, 22E, 24S)- 麦角甾 -5, 22- 二烯醇 (螨甾醇)	(3β, 22E, 24S)-ergost-5, 22-dienol (crinosterol)
麦角甾 -5, 24 (28)- 二烯 -3β, (23S)- 二醇	ergost-5, 24 (28)-dien-3β, (23S)-diol
麦角甾 -5, 24 (28)- 二烯 -3β- 醇	ergost-5, 24 (28)-dien-3β-ol
麦角甾 -5, 25 (26)- 二烯 -3β, 24ξ- 二醇	ergost-5, 25 (26)-dien-3β, 24ξ-diol
麦角甾 -5, 6- 环氧 -7, 22- 二烯 -3β- 醇	ergost-5, 6-epoxy-7, 22-dien-3β-ol
(22E)- 麦角甾 -5, 7, 22- 三烯 -3β- 醇	(22E)-ergost-5, 7, 22-trien-3β-ol
(22E, 24R)- 麦角甾 -5, 7, 22- 三烯 -3β- 醇	(22E, 24R)-ergost-5, 7, 22-trien-3β-ol
麦角甾 -5, 7, 22- 三烯 -3β- 醇	ergost-5, 7, 22-trien-3β-ol
麦角甾 -5, 7- 二烯 -3β- 醇	ergost-5, 7-dien-3β-ol
麦角甾 -5, 8, 22- 三烯 -3β, 15- 二醇	ergost-5, 8, 22-trien-3β, 15-diol
麦角甾 -5, 8, 22- 三烯 -3β- 醇 (地衣甾醇)	ergost-5, 8, 22-trien-3β-ol (lichesterol)
(22E, 24R)-3β- 麦角甾 -5, 8, 22- 三烯 -7- 酮	(22E, 24R)-3β-ergost-5, 8, 22-trien-7-one
(22E, 24R)- 麦角甾 -5α, 8α- 表二氧 -6, (22E)- 二烯 -3β- 醇	(22E, 24R)-ergost-5α, 8α-epidioxy-6, (22E)-dien-3β-ol
(22E, 24E)- 麦角甾 -5α, 8α- 表二氧 -6, 22- 二烯 -3β- 醇	(22E, 24E)-ergost-5α, 8β-epidioxy-6, 22-dien-3β-ol
麦角甾 -5β, 8β- 过氧化物	ergost-5β, 8β-peroxide
麦角甾 -5- 烯 -3-O-α-L- 吡喃鼠李糖苷	ergost-5-en-3-O-α-L-rhamnopyranoside
6- 麦角甾 -5- 烯 -3-O-α-L- 鼠李吡喃糖苷	6-ergost-5-en-3-O-α-L-rhamnopyranoside
麦角甾 -5- 烯 -3β, 7α, 24, 28- 四醇	ergost-5-en-3β, 7α, 24, 28-tetraol

M

(3β, 24R)- 麦角甾 -5- 烯 -3- 醇	(3β, 24R)-ergost-5-en-3-ol
麦角甾 -5- 烯 -3- 醇	ergost-5-en-3-ol
麦角甾 -6, 22- 二烯 -3β, 5α, 6β- 三醇	ergost-6, 22-dien-3β, 5α, 6β-triol
(22E, 24R)- 麦角甾 -6, 22- 二烯 -3β, 5α, 8α- 三醇	(22E, 24R)-ergost-6, 22-dien-3β, 5α, 8α-triol
麦角甾 -6, 22- 二烯 -3β, 5α, 8α- 三醇	ergost-6, 22-dien-3β, 5α, 8α-triol
麦角甾 -6, 22- 二烯 -5, 8- 表二氧 -3- 醇	ergost-6, 22-dien-5, 8-epidioxy-3-ol
(5α, 22E)- 麦角甾 -6, 8, 22- 三烯 -3β- 醇	(5α, 22E)-ergost-6, 8, 22-trien-3β-ol
(22E)- 麦角甾 -6, 9, 22- 三烯 -3β, 5α, 8α- 三醇	(22E)-ergost-6, 9, 22-trien-3β, 5α, 8α-triol
(22E, 24R)- 麦角甾 -6, 9, 22- 三烯 -3β, 5α, 8α- 三醇	(22E, 24R)-ergost-6, 9, 22-trien-3β, 5α, 8α-triol
麦角甾 -7, (22E)- 二烯 -3- 酮	ergost-7, (22E)-dien-3-one
(22E, 24R)- 麦角甾 -7, 22- 二烯 -3β, 5α, 8α- 三醇	(22E, 24R)-ergost-7, 22-dien-3β, 5α, 8α-triol
麦角甾 -7, 22- 二烯 -1α, 4β- 二醇	ergost-7, 22-dien-1α, 4β-diol
麦角甾 -7, 22- 二烯 -2β, 3α, 9α- 三醇	ergost-7, 22-dien-2β, 3α, 9α-triol
(22E)- 麦角甾 -7, 22- 二烯 -3β, 5α, 6α, 9α- 四醇	(22E)-ergost-7, 22-dien-3β, 5α, 6α, 9α-tetraol
(22E, 24R)- 麦角甾 -7, 22- 二烯 -3β, 5α, 6α, 9α- 四醇	(22E, 24R)-ergost-7, 22-dien-3β, 5α, 6α, 9α-tetraol
麦角甾 -7, 22- 二烯 -3β, 5α, 6α- 三醇	ergost-7, 22-dien-3β, 5α, 6α-triol
麦角甾 -7, 22- 二烯 -3β, 5α, 6β, 9α- 四醇	ergost-7, 22-dien-3β, 5α, 6β, 9α-tetraol
(22E)- 麦角甾 -7, 22- 二烯 -3β, 5α, 6β- 三醇	(22E)-ergost-7, 22-dien-3β, 5α, 6β-triol
(22E, 24R)- 麦角甾 -7, 22- 二烯 -3β, 5α, 6β- 三醇	(22E, 24R)-ergost-7, 22-dien-3β, 5α, 6β-triol
麦角甾 -7, 22- 二烯 -3β, 5α, 6β- 三醇	ergost-7, 22-dien-3β, 5α, 6β-triol
(22E, 24R)- 麦角甾 -7, 22- 二烯 -3β, 5α, 6β- 三羟基 -3-O- 棕榈酸酯	(22E, 24R)-ergost-7, 22-dien-3β, 5α, 6β-trihydroxy-3-O-palmitate
(22E, 24R)- 麦角甾 -7, 22- 二烯 -3β, 5α, 6β- 三羟基 -6-O- 棕榈酸酯	(22E, 24R)-ergost-7, 22-dien-3β, 5α, 6β-trihydroxy-6-O-palmitate
(22E)- 麦角甾 -7, 22- 二烯 -3β, 5β, 6α- 三醇	(22E)-ergost-7, 22-dien-3β, 5β, 6α-triol
(22E, 24R)- 麦角甾 -7, 22- 二烯 -3β- 醇	(22E, 24R)-ergost-7, 22-dien-3β-ol
(22E, 24S)-5α- 麦角甾 -7, 22- 二烯 -3β- 醇	(22E, 24S)-5α-ergost-7, 22-dien-3β-ol
麦角甾 -7, 22- 二烯 -3β- 醇	ergost-7, 22-dien-3β-ol
麦角甾 -7, 22- 二烯 -3β- 醇亚油酸酯	ergost-7, 22-dien-3β-ol linoleate
麦角甾 -7, 22- 二烯 -3β- 醇棕榈酸酯	ergost-7, 22-dien-3β-ol palmitate
麦角甾 -7, 22- 二烯 -3- 醇	ergost-7, 22-dien-3-ol
5α- 麦角甾 -7, 22- 二烯 -3- 酮	5α-ergost-7, 22-dien-3-one
麦角甾 -7, 22- 二烯 -3- 酮	ergost-7, 22-dien-3-one
麦角甾 -7, 24 (28)- 二烯 -3β, 5α, 6β- 三醇	ergost-7, 24 (28)-dien-3β, 5α, 6β-triol
麦角甾 -7, 24 (28)- 二烯 -3β- 醇	ergost-7, 24 (28)-dien-3β-ol
麦角甾 -7, 24 (28)- 二烯醇 (表甾醇)	ergost-7, 24 (28)-dienol (episterol)
(22E, 24R)- 麦角甾 -7, 9 (11), 22- 三烯 -3β, 5α, 6α- 三醇	(22E, 24R)-ergost-7, 9 (11), 22-trien-3β, 5α, 6α-triol
麦角甾 -7, 9 (11), 22- 三烯 -3β, 5α, 6α- 三醇	ergost-7, 9 (11), 22-trien-3β, 5α, 6α-triol
(22E)- 麦角甾 -7, 9 (11), 22- 三烯 -3β, 5α, 6β- 三醇	(22E)-ergost-7, 9 (11), 22-trien-3β, 5α, 6β-triol
(22E, 24R)- 麦角甾 -7, 9 (11), 22- 三烯 -3β, 5α, 6β- 三醇	(22E, 24R)-ergost-7, 9 (11), 22-trien-3β, 5α, 6β-triol

中文名称	英文名称
(22*E*, 24*R*)-麦角甾 -7, 9 (11), 22- 三烯 -3β, 5β, 6α- 三醇	(22*E*, 24*R*)-ergost-7, 9 (11), 22-trien-3β, 5β, 6α-triol
(22*E*, 24*R*)-麦角甾 -7, 9, 22- 三烯 -3β- 醇	(22*E*, 24*R*)-ergost-7, 9, 22-trien-3β-ol
(24*S*)-麦角甾 -7- 烯 -3β, 5α, 6β- 三醇	(24*S*)-ergost-7-en-3β, 5α, 6β-triol
(5α)-麦角甾 -7- 烯 -3β- 醇	(5α)-ergost-7-en-3β-ol
麦角甾 -7- 烯 -3β- 醇	ergost-7-en-3β-ol
5α-麦角甾 -8 (9), 22- 二烯 -3β- 醇	5α-ergost-8 (9), 22-dien-3β-ol
(22*E*, 24*R*)-麦角甾 -8, 22- 二烯 -3β, 5α, 6β, 7α- 四醇	(22*E*, 24*R*)-ergost-8, 22-dien-3β, 5α, 6β, 7α-tetraol
β- 麦角甾醇	β-ergosterol
Δ$^{9(11)}$-麦角甾醇	Δ$^{9(11)}$-ergosterol
麦角甾醇 (麦角固醇)	ergosterol (ergosterin)
麦角甾醇过氧化物 (3β- 羟基 -5α, 8α 表二氧基 -6, 22- 麦角甾二烯)	ergosterol peroxide (3β-hydroxy-5α, 8α-epidioxyergost-6, 22-diene)
麦角甾醇内过氧化物	ergosterol endoperoxide
麦角甾醇棕榈酸酯	ergosterol palmitate
(22*E*, 24*R*)-7, 22- 麦角甾二烯 -3β, 5α, 6β, 9α- 四醇	(22*E*, 24*R*)-ergost-7, 22-dien-3β, 5α, 6β, 9α-tetraol
5, 7, 9 (11), 22- 麦角甾四烯 -3β- 醇	5, 7, 9 (11), 22-ergosttetraen-3β-ol
麦角甾酮	ergone
(3β, 5α)-7- 麦角甾烯 -3- 醇 (菌甾醇、真菌甾醇)	(3β, 5α)-ergost-7-en-3-ol (fungisterol)
24α/*R*-7- 麦角甾烯醇	24α/*R*-ergost-7-enol
γ- 麦角甾烯醇	γ-ergostenol
7- 麦角甾烯醇 (Δ^{7}- 菜油甾醇)	7-ergostenol (Δ^{7}-campesterol)
麦卡品	myriocarpine
麦克莱苷	micranthoside
麦克辛	mergsine
麦蓝菜苷 A～E	vaccarisides A～E
麦蓝菜勾苷 A～D	vaccegosides A～D
麦蓝菜灵 (王不留行黄酮苷)	vaccarin
麦蓝菜酸 -28-*O*-α-L- 吡喃阿拉伯糖基 -(1→4)-α-L- 吡喃阿拉伯糖基 -(1→3)-β-D- 吡喃木糖基 -(1→4)- α-L- 吡喃鼠李糖基 -(1→2)-β-D- 吡喃岩藻糖基基酯	segetalic acid-28-*O*-α-L-arabinopyranosyl-(1→4)-α-L-arabinopyranosyl-(1→3)-β-D-xylopyranosyl-(1→4)-α-L-rhamnopyranosyl-(1→2)-β-D-fucopyranosyl ester
麦蓝菜屾酮	sapxanthone
麦门冬皂苷元 -3-*O*-[α-L- 吡喃鼠李糖基 -(1→2)]-β-D- 吡喃木糖基 -(1→4)-β-D- 吡喃葡萄糖苷	ophiopogenin-3-*O*-[α-L-rhamnopyranosyl-(1→2)]-β-D-xylopyranosyl-(1→4)-β-D-glucopyranoside
麦瓶草烯	conoidene
麦妥宁	myoctonine
麦妥素	myketosine
麦仙翁毒苷	agrostemma-sapontoxin
麦仙翁莫苷 A	agrostemmoside A
麦芽八糖	maltooctaose
麦芽酚 (麦芽醇)	maltol

M

麦芽酚-(6-*O*-乙酰基)-β-D-吡喃葡萄糖苷	maltol-(6-*O*-acetyl)-β-D-glucopyranoside
麦芽酚-3-*O*-4′-*O*-顺式-对香豆酰-6′-*O*-(3-羟基-3-甲基戊二酰)-β-吡喃葡萄糖苷	maltol-3-*O*-4′-*O*-*cis*-*p*-coumaroyl-6′-*O*-(3-hydroxy-3-methyl glutaroyl)-β-glucopyranoside
麦芽酚-3-*O*-β-D-吡喃葡萄糖苷	maltol-3-*O*-β-D-glucopyranoside
麦芽酚-6′-*O*-(5-*O*-对香豆酰基)-β-D-呋喃芹糖基-β-D-吡喃葡萄糖苷	maltol-6′-*O*-(5-*O*-*p*-coumaroyl)-β-D-apiofuranosyl-β-D-glucopyranoside
麦芽酚-β-D-吡喃葡萄糖苷	maltol-β-D-glucopyranoside
麦芽六糖	maltohexaose
麦芽七糖	maltoheptaose
麦芽三糖	maltotriose
麦芽三糖醇	maltotriitol
麦芽四糖	maltotetraose
麦芽四糖醇	maltotetraitol
D-麦芽糖	D-maltose
麦芽糖	malt sugar (maltose, maltobiose)
麦芽糖	maltobiose (malt sugar, maltose)
麦芽糖	maltose (malt sugar, maltobiose)
β-麦芽糖 [α-D-吡喃葡萄糖基-(1→4)-β-D-吡喃葡萄糖基-(4-*O*-α-D-吡喃葡萄糖基-β-D-吡喃葡萄糖)]	β-maltose [α-D-glucopyranosyl-(1→4)-β-D-glucopyranosyl-(4-*O*-α-D-glucopyranosyl-β-D-glucopyranose)]
麦芽糖醇	maltitol
麦芽糖酶	maltase
麦芽糖葡萄糖苷	maltoglucoside
麦芽五糖	maltopentaose
麦芽五糖	maltopentose
麦由酮	mayurone
麦珠子酚	alphitol
麦珠子素(高朦胧木素)	alphitonin
麦珠子素-4-*O*-β-D-吡喃葡萄糖苷	alphitonin-4-*O*-β-D-glucopyranoside
麦珠子酸(朦胧木酸、阿尔伯糖醇酸)	alphitolic acid
脉纹羊耳兰碱(脉羊耳兰碱)I~X *N*-氧化物	nervosines I~X *N*-oxide
脉羊耳兰菲	liparisphenanthrenes A~C
脉叶虎皮楠定碱 A、B	paxdaphnidines A, B
脉叶虎皮楠碱 A、B	paxdaphnines A, B
脉叶虎皮楠林碱 A~E	paxiphyllines A~E
脉叶虎皮楠宁碱 A~D	daphnipaxianines A~D
脉叶虎皮楠宁素	daphnipaxinin
鳗孢酚	anguillosporal
满山香碱(豆叶九里香亭碱)A~E	euchrestines A~E
满五酸(漫五味酸)	manwuweizic acid
螨甾醇 [(3β, 22*E*, 24*S*)-麦角甾-5, 22-二烯醇]	crinosterol [(3β, 22*E*, 24*S*)-ergost-5, 22-dienol]

M

曼地亚红豆杉素 A	taxamedin A
曼戈肉豆蔻酸 A～C	maingayic acids A～C
曼戈肉豆蔻酮	maingayone
曼哥龙巴豆萜 A、B	mangelonoids A, B
曼密苹果 A	mammea A
曼密苹果精	mammeigin
曼密苹果素	mammeisin
曼尼琉桑素 (曼多尔施滕素、多斯曼素) I	dorsmanin I
曼尼琉桑素 (曼多尔施滕素、多斯曼素) A～C	dorsmanins A～C
曼尼山竹子黄烷酮	manniflavanone
曼诺皂苷元	manogenin
曼森梧桐素	mansonin
曼宋酮 (门萨二酮、曼森梧桐酮) A～M、S	mansonones A～M, S
曼宋酮 G 甲醚	mansonone G methyl ether
曼宋酮 H 甲酯	mansonone H methyl ester
曼苏宾酸	mansumbinoic acid
曼陀罗醇酮 (曼陀罗萜醇酮)	daturaolone
曼陀罗碱 (陀罗碱)	meteloidine
曼陀罗冷杉三烯	daturabietatriene
曼陀罗利辛	daturalicin
曼陀罗灵	daturilin
曼陀罗灵醇	daturilinol
曼陀罗内酯 (曼陀罗甾内酯)	daturalactone
曼陀罗宁 A、B	stramonins A, B
曼陀罗属碱	datura base
曼陀罗萜二醇	daturadiol
曼陀茄碱	mandragorine
蔓长春丁 (马季定、蔓长春花定)	majdine
蔓长春花胺 (长春蔓胺、长春胺、长春花胺)	vincamine (minorin)
(–)-蔓长春花吡啶 A～C	(–)-vinmajpyridines A～C
Δ^{14}-蔓长春花醇	Δ^{14}-vincanol
蔓长春花苷	vinmajoroside
蔓长春花碱 A、B	vincamajorines A, B
蔓长春花交灵 C～E	vinmajorines C～E
蔓长春花精碱 A～I	vinmajines A～I
蔓长春花精宁	vincamajinine
蔓长春花马精 (长春蔓晶)	vincamajine
蔓长春花马精-17-O-3′, 4′, 5′-三甲氧基苯甲酸酯	vincamajine-17-O-3′, 4′, 5′-trimethoxybenzoate
蔓长春花马精-17-O-藜芦酸酯	vincamajine-17-O-veratrate
蔓长春花马精-17-O-藜芦酸酯-N4-氧化物	vincamajine-17-O-veratrate-N4-oxide

蔓长春花马精-N4-氧化物	vincamajine-N4-oxide
蔓长春花诺辛	vinoxine
蔓长春花瑞宁	majorinine
蔓长春花瑞因	vincareine
蔓长春花素 A、B	vincanins A, B
蔓长春花亭	vincatine
蔓长春花酮	vincamone
蔓长春花瓦精	vincawajine
蔓长春花维宁	majvinine
Δ^{14}-蔓长春花烯宁	Δ^{14}-vincamenine
Δ^{14}-蔓长春花烯宁-N4-氧化物	Δ^{14}-vincamenine-N4-oxide
蔓长春花辛	vincasine
蔓草虫豆苷	atyloside
蔓荆吡咯 A～D	vitepyrroloids A～D
蔓荆醇烯 (三花蔓荆萜氧化物) A～I	vitextrifloxides A～I
蔓荆单萜素 (牡荆萜)	vitexoid
蔓荆二萜素 (牡荆新素) A	viteosin A
蔓荆呋喃 (单叶蔓荆呋喃)	rotundifuran
蔓荆素 (蔓荆萜素) A～I	vitetrifolins A～I
蔓荆辛	vitricine
蔓荆子碱	vitricin
蔓九节神经鞘氨 (九节酰胺) A～G	psychotramides A～G
蔓生白薇苷 (变色白前苷) A～G	cynanversicosides A～G
蔓生白薇新苷	neocynanversicoside
蔓生百部赤碱	stemocochinin
蔓生百部碱 (蔓生百部酰胺、蔓生百部胺)	stemonamine
蔓生木防己碱 (可萨明)	cocsarmine
蔓性千斤拔苷	flemiphilippininside
蔓性千斤拔素 A～G	flemiphilippinins A～G
蔓性千斤拔素 D [苦参酚 E、苦参新醇 E、6, 8-双-(3, 3-二甲烯丙基) 染料木素]	(S)-flemiphilippinin D [kushenol E, 6, 8-di (3, 3-dimethyl allyl) genistein]
蔓性千斤拔酮 A	flemiphilippinone A
芒柄花-7, 13-二烯	onocera-7, 13-diene
芒柄花-8, 14 (27)-二烯	onocera-8, 14 (27)-diene
β-芒柄花二烯	β-onoceradiene
α-芒柄花二烯	α-onoceradiene
芒柄花苷	ononin
芒柄花环氧化物	onoceranoxide
芒柄花黄素 (刺芒柄花花素、芒柄花素、鹰嘴豆芽素 B)	neochanin (formononetin, biochanin B, 7-hydroxy-4′-methoxyisoflavone)

α-芒柄花萜醇 (α-芒柄花萜、α-芒柄花醇、α-芒柄花灵)	α-onocerin
芒柄素	ormononetin
芒花苷	miscanthoside
芒硝	sodium sulfate crystal
芒籽定	atherospermidine
芒籽宁	atherosperminine
芒籽宁 N- 氧化物	atherosperminine N-oxide
芒籽香碱 (阿塞洛林)	atheroline
芒籽香日定 (鹅掌楸碱)	spermatheridine (liriodenine)
杧果醇 A～G	mangicols A～G
杧果醇酸	mangiferolic acid
杧果二醇	mangiferadiol
杧果苷 (芒果苷)	chinonin (mangiferin)
杧果苷 (芒果苷)	mangiferin (chinonin)
杧果何帕醛	manghopanal
杧果金合欢酸	mangfarnasoic acid
杧果克苷 A、B	indicosides A, B
杧果齐墩果酮	mangoleanone
杧果素	euxanthogen
杧果酮酸	mangiferonic acid
杧果甾醇 (芒果甾醇)	mangdesisterol
杧果甾烯 (24ξ- 豆甾 -8- 烯)	mangsterol (24ξ-stigmast-8-ene)
牻牛儿醇 (香叶醇)	geraniol (lemonol)
牻牛儿醇 -1-O-α-L- 呋喃阿拉伯糖基 -(1→6)-β-D- 吡喃葡萄糖苷	geraniol-1-O-α-L-arabinofuranosyl-(1→6)-β-D-glucopyranoside
牻牛儿醇苯甲酸酯	geranyl benzoate
7- 牻牛儿醇基 -1, 3- 二羟基𠮑酮	7-geranyloxy-1, 3-dihydroxyxanthone
8- 牻牛儿醇基 -5- 甲氧基补骨脂素	8-geranoxy-5-methoxypsoralen
5- 牻牛儿醇基 -7- 甲氧基香豆素	5-geranoxy-7-methoxycoumarin
8- 牻牛儿醇基补骨脂素	8-geranoxypsoralen
9- 牻牛儿醇基补骨脂素	9-geranyloxypsoralen
牻牛儿醇甲酸酯	geranyl formate
牻牛儿醇乙酸酯	geranyl acetate
牻牛儿醇异丁酸酯	geranyl isobutanoate
牻牛儿醇异戊酸酯	geranyl isovalerate
2- 牻牛儿基 -1, 4- 萘醌	2-geranyl-1, 4-naphthoquinone
6- 牻牛儿基去甲波罗蜜亭 (6- 香叶基去甲波罗蜜亭)	6-geranyl norartocarpetin
3′- 牻牛儿基 -2′, 3, 4, 4′- 四羟基查耳酮	3′-geranyl-2′, 3, 4, 4′-tetrahydroxychalcone
3- 牻牛儿基 -2, 4, 6- 三羟基二苯酮	3-geranyl-2, 4, 6-trihydroxybenzophenone
6- 牻牛儿基 -3, 3′, 4′, 5, 7- 五羟基黄烷酮	6-geranyl-3, 3′, 4′, 5, 7-pentahydroxyflavanone

M

6-牻牛儿基-3, 3′, 5, 7-四羟基-4′-甲氧基黄烷酮	6-geranyl-3, 3′, 5, 7-tetrahydroxy-4′-methoxyflavanone
6-牻牛儿基-3, 4′, 5, 7-四羟基-3′-甲氧基黄烷酮	6-geranyl-3, 4′, 5, 7-tetrahydroxy-3′-methoxyflavanone
6-牻牛儿基-3′, 4′, 5, 7-四羟基黄烷酮	6-geranyl-3′, 4′, 5, 7-tetrahydroxyflavanone
6-牻牛儿基-3′, 5, 7-三羟基-4′-甲氧基黄烷酮	6-geranyl-3′, 5, 7-trihydroxy-4′-methoxyflavanone
6-牻牛儿基-4′, 5, 5′, 7-四羟基-3′-甲氧基黄烷酮	6-geranyl-4′, 5, 5′, 7-tetrahydroxy-3′-methoxyflavanone
6-牻牛儿基-4′, 5, 7-三羟基-3′, 5′-二甲氧基黄烷酮	6-geranyl-4′, 5, 7-trihydroxy-3′, 5′-dimethoxyflavanone
6-牻牛儿基-4′, 5, 7-三羟基-3′-甲氧基黄烷酮	6-geranyl-4′, 5, 7-trihydroxy-3′-methoxyflavanone
6-牻牛儿基-5, 7, 3′, 5′-四羟基-4′-甲氧基黄烷酮	6-geranyl-5, 7, 3′, 5′-tetrahydroxy-4′-methoxyflavanone
6-牻牛儿基-5, 7-二羟基-3′, 4′-二甲氧基黄烷酮	6-geranyl-5, 7-dihydroxy-3′, 4′-dimethoxyflavanone
牻牛儿基-β-羟基香草丙酮	geranyl-β-hydroxypropiovanillone
牻牛儿基苯醌	geranyl benzoquinone
牻牛儿基丙酮 (香叶基丙酮)	geranyl acetone
牻牛儿基东莨菪内酯	geranyl scopoletin
牻牛儿基芳樟醇 (香叶基芳樟醇、香叶草基芳樟醇)	geranyl linalool
牻牛儿基牻牛儿醇	geranyl geraniol
牻牛儿基牻牛儿醇乙酸酯	geranyl geraniol acetate
2-牻牛儿基牻牛儿基-1, 4-二羟基苯	2-geranyl geranyl-1, 4-dihydroxybenzene
牻牛儿基氢醌	geranyl hydroquinone
牻牛儿基香兰醛	*O*-geranyl vanillin
3′-牻牛儿基-3-异戊烯基-5, 7, 2′, 4′-四羟基黄酮	3′-geranyl-3-prenyl-5, 7, 2′, 4′-tetrahydroxyflavone
牻牛儿苗酚	erodiol
牻牛儿醛 (香叶醛)	geranial (geranialdehyde)
9-牻牛儿松油醇	9-geranyl terpineol
牻牛儿素 (老鹳草鞣质、牻牛儿鞣素、老鹤草素) A～D	geraniins A～D
牻牛儿酸 (香叶酸)	geranic acid
牻牛儿酸甲酯 (香叶酸甲酯)	methyl geranate
牻牛儿酸乙酯	ethyl geranate
莽草毒素 (日本莽草素、莽草素、莽草亭、毒八角亭)	anisatin
莽草内酯	anislactone
莽草酸	shikimic acid
莽草酸甲酯	methyl shikimate
莽吉柿苯甲酮	mangaphenone
莽吉柿酚	garcimangostanol
莽吉柿素	gartanin
莽吉柿𠮿酮	mangoxanthone
莽吉柿酮 A～D	garcimangosones A～D
莽吉柿新𠮿酮 Ⅰ、Ⅱ	mangostanaxanthones Ⅰ, Ⅱ
蟒胆酸	pythonic acid
猫儿屎苷 A～F	decaisosides A～F

猫尾木酚苷 A、B	khaephuosides A, B
猫尾木苷 A～F	markhamiosides A～F
猫须草苷 A、B	clerspides A, B
猫须草素 A～I	orthoarisins A～I
猫须草酸 A～D	orthosiphoic acids A～D
猫眼草酚 (猫眼草醇) A～D	chrysosplenols A～D
猫眼草酚 B (金腰酚、金腰素、猫眼草黄素、猫眼草醇 B、槲皮万寿菊素 -3, 6, 7, 3′- 四甲醚)	chrysosplenol B (chrysosplenetin, polycladin, quercetagetin-3, 6, 7, 3′-tetramethyl ether)
猫眼草苷	chrysograyanin
猫眼草黄素 (金腰素、金腰酚、猫眼草醇 B、猫眼草酚 B、槲皮万寿菊素 -3, 6, 7, 3′- 四甲醚)	polycladin (chrysosplenetin, chrysosplenol B, quercetagetin-3, 6, 7, 3′-tetramethyl ether)
猫眼草素	maoyancaosu
猫爪草苷 A、B	ternatosides A, B
猫爪草碱 A	ternatusine A
猫爪草素 A	ternatin A
毛莸子梢素 A、B	hirtellanines A, B
毛白前苷 A～P	mooreanosides A～P
毛瓣无患子苷 A	raraoside A
毛瓣无患子皂苷 Ⅰ～Ⅵ	rarasaponins Ⅰ～Ⅵ
毛贝壳杉素 (毛果延命草定)	lasiodin
毛茶碱	antirhine
毛车藤苷 A～D	amalosides A～D
毛车藤素 (毛车藤苷元) A、B	amalogenins A, B
毛唇芋兰素 A～E	nervilifordins A～E
毛刺锦鸡儿醇	tibeticanol
毛翠雀花碱	trichodelphinine
毛大丁草醛	piloselloidal
毛大丁草酮	piloselloidone
毛当归醇	anpubesol
毛地黄毒苷 (洋地黄毒苷、洋地黄苷)	digitalin (cardigin, digitophyllin, digitoxin, carditoxin)
D-(+)- 毛地黄毒素糖	D-(+)-digitoxose
毛地黄糖 (洋地黄糖)	digitalose
毛冬青苷甲	ilexolide A
毛冬青甲素	ilexonin A
毛冬青诺苷 A～D	pubescenoside A～D
毛冬青三萜苷 A～R	ilexpublesnins A～R
毛冬青酸	ilexolic acid
毛冬青皂苷 A～O、A₁、B₁～B₄	ilexsaponins A～O, A₁, B₁～B₄
毛冬青种酸	pubescenic acid
毛杜楝甾醇	villosterol

毛萼晶 A～V	maoecrystals A～V
毛萼鞘蕊花素 A～D	esquinolins A～D
毛萼香茶菜素 A～E (毛萼甲素～戊素)	eriocalyxins A～E
毛萼香茶菜替辛 A	eriocatisin A
毛萼香茶菜辛 A～E	eriocasins A～E
毛纲草素	eriodin
毛茛苷	ranunculin
毛茛苷元	γ-hydroxymethyl-α, β-butenolide
(9′Z)-毛茛黄质	(9′Z)-flavoxanthin
毛茛黄质 (毛茛黄素)	flavoxanthin
毛茛宁	ranunculinin
毛茛叶乌头碱 (再乌头碱)	ranaconitine
毛茛叶乌头原碱	ranaconine
毛梗豨莶内酯 A、B	siegenolides A, B
毛钩藤苷 A、D	hirsutasides A, D
毛钩藤碱 A～E	villocarines A～E
毛钩藤宁 A～C	hirsutanines A～C
毛果甘青乌头碱 (毛果甘青碱) A、B	trichocarpines A, B
毛果甘青乌头宁 A～C	trichocarpinines A～C
毛果槭醇	acernikol
毛果槭苷	nikoenoside
毛果槭素 A～K	acerogenins A～K
毛果青茶菜素	isodocarpin
毛果算盘子苷 A～F	glochieriosides A～F
毛果天芥菜碱 (向阳紫草碱)	lasiocarpine
毛果天芥菜碱 N- 氧化物	lasiocarpine N-oxide
毛果香茶菜贝壳杉素	trichokaurin
毛果香茶菜宁	trichodonin
毛果香茶菜醛 A～H	trichorabdals A～H
毛果香茶菜醛 F 乙酸酯	trichorabdal F acetate
毛果香茶菜醛 G 乙酸酯	trichorabdal G acetate
毛果香茶菜素 (毛果香茶菜拉宁)	trichoranin
毛果香茶菜辛	isodotricin
毛果延命草奥宁	carpalasionin
毛果延命草贝壳杉醇 (毛果香茶菜贝壳松醇)	lasiokaurinol
毛果延命草贝壳杉宁	lasiokaurinin
毛果延命草贝壳杉素 (毛果香茶菜贝壳松素、毛拷利素)	lasiokaurin
毛果延命草宁 (拉西多宁)	lasiodonin
毛果延命草宁丙酮化物	lasiodonin acetonide
毛果延命草醛	rabdolasional

毛果延命草素	lasiocarpanin
毛果杨苷	trichocarpin
毛果一枝黄花酚苷 A	virgaureoside A
毛果一枝黄花皂苷 A～E	virgaureasaponins A～E
毛果一枝黄花皂苷 Ⅰ (一枝黄花皂苷 BS2)	virgaureasaponin Ⅰ (bellissaponin BS2)
毛果一枝黄花皂苷元 (远志酸)	virgaureagenin G (polygalacic acid)
毛果翼核果𠮩酮	calyxanthone
毛果鱼藤素 (鱼藤三萜素、软毛马利筋素) A～C	desglucosyriosides (eriocarpins) A～C
毛果鱼藤素 (鱼藤三萜素、软毛马利筋素) A～C	eriocarpins (desglucosyriosides) A～C
毛果芸香定	pilocarpidine
毛果芸香碱	pilocarpine
毛果芸香素	pilosine
毛果芸香新碱 [(+)-异毛果芸香素]	carpidine [carpiline, (+)-isopilosine]
毛果枳椇苷 A～C	hovetrichosides A～C
毛红椿素 A～D	toonapubesins A～D
毛红厚壳内酯 A、B	tomentolides A, B
毛喉鞘蕊花二萜苷 A～E	forskoditerpenosides A～E
毛喉鞘蕊花醛 (卡里欧醛)	cariocal
毛喉鞘蕊素 (毛喉鞘蕊花林素、毛喉素) A～L	forskolins A～L
毛花菊二醇对甲氧基苯甲酸酯	lasidiol p-methoxybenzoate
毛花毛地黄叶苷 (毛花洋地黄富林苷)	lanafolein
毛花猕猴桃酸 A、B	eriantic acids A, B
毛花球花苷 A、B	trichosanthosides A, B
毛花洋地黄毒苷	lanadoxin
毛花洋地黄苷 (毛花强心苷、毛花苷、毛花洋地黄苷甲～丁) A～D	lanatosides (digilanides) A～D
毛花洋地黄苷甲～丁 [毛花强心苷 (毛花洋地黄苷、毛花苷) A～D]	digilanides (lanatosides) A～D
毛花洋地黄酯苷	maxoside
毛蒟明碱	puberullumine
毛蒟脂素 (毛蒟素) A～C	piperulins A～C
毛壳菌酮	chaetomanone
毛壳球素 O	chaetoglobosin O
毛壳松弛素 A	chaetochalasin A
毛兰菲	confusarin
毛兰素	erianin
毛里求斯排草素 (滨海珍珠菜苷)	mauritianin
毛里求斯山小橘酚	glycomaurrol
毛里求斯山小橘素	ritigalin
毛立尼碱	mollinedine

毛连菜苷 A～C	picrisides A～C
毛连菜内酯 I 、II	hieracins I , II
毛连菜萜烯醇乙酸酯	pichierenyl acetate
毛裂蜂斗菜醇 A、B	petatrichols A, B
毛柳苷 (红景天苷、柳得洛苷、沙立苷、红景天素)	salidroside (rhodioloside, rhodosin)
毛麻楝灵 A～J	velutabularins A～J
毛麻楝内酯 A～H	chukvelutilides A～H
毛麻楝素 A～F	chukvelutins A～F
毛马齿苋醇 (龙芽草酚) A～N	pilosanols A～N
毛马齿苋萜酮 (毛马齿苋酮) A～C	pilosanones A～C
毛马松子亭 A、B	melostins A, B
毛脉蓼吡喃酮 A	pleuropyrone A
毛脉五味子醇 A	pubinernoid A
毛蔓豆黄酮	xambioona
毛蔓豆异黄酮 A	calopogonium isoflavone A
毛猫爪藤苷	cynanchoside
毛茉莉苷	jasmultiside
毛木防己碱	menisarine
毛盘菌素	trichoflectin
毛泡桐沟酸浆醇	tomentodiplacol
毛泡桐沟酸浆隆醇	tomentomimulol
毛泡桐沟酸浆酮 A～N	tomentodiplacones A～N
毛泡桐灵酮 A～C	paucatalinones A～C
(+)- 毛泡桐脂素	(+)-paulownin
毛葡萄酚 A	heyneanol A
毛茄碱	solavilline
毛曲番荔枝素 (毛叶番荔枝林素)	motrilin
毛韧革醇 (毛韧革菌烯醇) A～F	hirsutenols A～F
毛韧革菌醇	sterehirsutinol
(−)- 毛韧革菌诺醇 A、C	(−)-hirsutanols A, C
毛韧革菌醛	sterehirsutinal
毛韧革菌素 A～L	sterhirsutins A～L
毛韧革菌酸 (樱草酸)	hirsutic acid
毛韧革菌酸 (樱草酸) D、E	hirsutic acids D, E
毛蕊花碱	verbascine
毛蕊花洛辛	verballocine
毛蕊花内酯	verbalactone
毛蕊花属苷 I ～VII	mulleinsaponins I ～VII
毛蕊花四糖	verbascotetraose
毛蕊花素	verbasine

毛蕊花糖	verbascose
毛蕊花糖苷 (毛蕊花苷、洋丁香酚苷、类叶升麻苷)	verbascoside (acteoside, kusaginin)
毛蕊花糖苷异构体 (类叶升麻苷异构体)	acteoside isomer
毛蕊花辛 A	verbathasin A
毛蕊花皂苷 A	verbascosaponin A
毛蕊花皂苷元 A、B	celsiogenins A, B
毛蕊异黄酮	calycosin
毛蕊异黄酮-7-O-β-D-吡喃葡萄糖苷	calycosin-7-O-β-D-glucopyranoside
毛蕊异黄酮-7-O-β-D-葡萄糖苷 (毛蕊异黄酮苷、毛蕊异黄酮葡萄糖苷)	calycosin-7-O-β-D-glucoside
毛蕊异黄酮-7-O-β-D-葡萄糖苷-6″-O-丙二酸酯	calycosin-7-O β-D-glucoside-6″-O-malonate
毛蕊异黄酮-O-己糖苷	calycosin-O-hexoside
毛瑞香素 (瑞香黄烷素、瑞香多灵) A～N、D$_1$、D$_2$	daphnodorins A～N, D$_1$, D$_2$
毛瑞香素 G-3″-甲醚	daphnodorin G-3″-methyl ether
毛瑞香素 H-3″-甲醚	daphnodorin H-3″-methyl ether
毛瑞香素 H-3-甲醚	daphnodorin H-3-methyl ether
毛色二孢素	lasiodiplodin
毛束草碱	trichodesmine
毛酸浆素 A～D	physapubescins A～D
毛酸浆烯甾醇 A、B	alkesterols A, B
毛酸浆新内酯	pubesenolide
毛穗胡椒碱	trichostachine
毛穗胡椒因	tricholein
毛穗藜芦碱	maackinine
毛土连翘素 (克洛伯苷、倒卵叶山石榴苷)	hymexelsin (xeroboside)
毛仙茅定	pilosidine
毛仙影掌定	piloceredine
毛仙影掌碱	pilocereine
毛线柱苣苔蒽醌	rhynchotechol
毛腺木酸 A	trichadenic acid A
毛腺木酮酸	tricadenic acid
毛香杨梅苷元 (2-羟基茸毛香杨梅酮、绒毛香杨梅苷元)	myricatomentogenin
毛鸭脚木碱	villastonine
毛杨梅苷	myresculoside
毛药草内酯	eriolin
毛叶巴豆萜	crotocaudin
毛叶醇	lachnophyllol
毛叶醇甲酯	lachnophyllum methyl ester
毛叶醇内酯	lachnophyllum lactone
毛叶番荔枝环肽 D	cherimolacyclopeptide D

毛叶番荔枝碱	cherianoine
毛叶番荔枝宁 -1、-2	cherimolins-1, -2
毛叶番荔枝素 A、B	annocherines A, B
毛叶含笑碱 (酸花木碱)	lanuginosine (oxoxylopine)
毛叶合欢苷 A、B	mollisides A, B
毛叶假鹰爪素 (毛叶假鹰爪亭) A～D	desmosdumotins A～D
毛叶晶素 J	maoyecrystal J
毛叶菊酸	lachnophyllic acid
毛叶藜芦定碱	hakurirodine
(+)- 毛叶轮环藤碱	(+)-cycleabarbatine
毛叶千斤拔素 (云南千斤拔素) A～F	flemiwallichins A～F
毛叶山油柑酮 (降真香双素、包山油柑酚)	acrovestone
毛叶山油柑烯醇	acrovestenol
毛叶酸酯 (香茶菜酯)	rabdosinate (norhendosin)
毛叶香茶菜醇	rabdosinatol
毛叶香茶菜素	maoyerabdosin
毛叶香茶菜辛 (毛叶香茶菜丁素)	odonicin
毛叶香茶菜新素 A～I	hikiokoshins A～I
毛叶向日葵素 A、B	mollisorins A, B
毛叶乙酸酯	lachnophyllol acetate
毛叶酯 (毛叶菊酯)	lachnophyllum ester
毛樱桃苷 (毛樱桃宁)	tomenin
毛樱桃叶苷 D	tomenside D
毛樱桃脂素 AI	prunustosanan AI
毛鱼藤酸	tubaic acid
β- 毛鱼藤酸	β-tubaic acid
毛郁金明素 A～C	curcumaromins A～C
毛郁金素 (毛郁金酚) A～J	aromaticanes A～J
毛枝蕨酚	leptorumol
毛止泻木胺	pubescimine
毛止泻木三醇	pubatriol
毛止泻木酮	pubadysone
毛止泻木酰胺	pubamide
毛子草苷	amphicoside
毛子草碱甲～丙 (两头毛碱 A～C)	argutines A, C
毛子草酮 (两头毛酮)	argutone
矛毒藤碱	telitoxine
矛毒藤亭碱 A、B	telisatines A, B
矛恩素 (毛伊萝芙木碱)	mauiensine
矛果豆酚 A	lonchocarpol A

矛果豆素 (合生果素)	lonchocarpin
矛卡亭	moscatine
矛瑞德因	moradeine
矛萨宾	dipplorrhyncine (mossambine)
矛萨宾	mossambine (dipplorrhyncine)
矛蟹甲草裂碱 (1-羟甲基-7-羟基吡咯双烷)	hastanecine
茅膏菜醌 (茅膏酮、茅膏醌、3, 5-二羟基-2-甲基-1, 4-萘醌)	droserone (3, 5-dihydroxy-2-methyl-1, 4-naphthoquinone)
茅膏菜酮 A	peltatone A
茅果豆素	orotinin
茅果豆素 -5-甲醚	orotinin-5-methyl ether
茅莓根内酯 A	parvifolactone A
茅术醇 (茅苍术醇)	hinesol
(4R, 5S, 7R)-茅术酮-11-O-β-D-吡喃葡萄糖苷	(4R, 5S, 7R)-hinesolone-11-O-β-D-glucopyranoside
卯花醇	scabrosidol
卯花苷	scabroside
卯花苷元	scabrogenin
α-卯花苷元	α-scabrogenin
β-卯花苷元	β-scabrogenin
卯花烷 G3～G5	scanbrans G3～G5
昴苯	pleiadene
茂藿苷 B	maohuoside B
(Z)-茂物碱	(Z)-bogorin
帽花木脂素 (欧朴吗素) 5～13	eupomatenoids 5～13
帽柱豆素	piliostigmin
帽柱木醇	mitragynol
帽柱木碱 (帽柱木酸甲酯、9-甲氧基柯楠碱)	mitragynine (mitraphyllic acid methyl ester, 9-methoxy-corynantheidine)
帽柱木羟吲哚碱	mitragyna oxindole base
帽柱木属碱	mitragyna base
帽柱木酸 (大叶帽柱木酸)	mitraphyllic acid
帽柱木酸-(16→1)-β-D-吡喃葡萄糖酯苷	mitraphyllic acid-(16→1)-β-D-glucopyranoside ester
帽柱木酸甲酯 (帽柱木碱、9-甲氧基柯楠碱)	mitraphyllic acid methyl ester (mitragynine, 9-methoxy-corynantheidine)
帽柱木亭	mitraciliatine
帽柱木蔚素	mitraversine
帽柱木文	mitrajavine
帽柱木辛	mitraspecine
帽柱叶碱 (帽柱木菲碱、帽柱木非灵)	mitraphylline
帽柱叶碱 N-氧化物	mitraphylline N-oxide

M

玫瑰 -1 (10), 15- 二烯 -2α, 3β- 二醇	rosa-1 (10), 15-dien-2α, 3β-diol
玫瑰红	rose bengal
玫瑰红景天醇	rosiridol
玫瑰红景天醇苷 A～C	rosiridosides A～C
玫瑰红景天定	rosiridin
玫瑰红景天苷 (玫瑰红景天维素、络塞维)	rosavin (rosavidin)
玫瑰红景天林素 (洛塞琳)	rosarin
玫瑰红景天素	rosin
玫瑰红景天维素 (玫瑰红景天苷、络塞维)	rosavidin (rosavin)
玫瑰樫木酮 A～E	dysorones A～E
玫瑰菌素	rosenonolactone
玫瑰利酸	roseolic acid
玫瑰螺烯醇	rosacorenol
玫瑰螺烯酮	rosacorenone
玫瑰醚	roseoxide
玫瑰没药萜醇 A～F、B₁、B₂、C₁、C₂、E₁、E₂	bisaborosaols A～F, B₁, B₂, C₁, C₂, E₁, E₂
玫瑰木酮	rubraine
玫瑰醛 A	carotarosal A
玫瑰鞣质 (玫瑰鞣素、皱褶菌素) A～G	rugosins A～G
玫瑰石斛胺	crepidamine
玫瑰石斛定碱	crepidine
玫瑰石斛碱	dendrocrepine
玫瑰树胺	ochropamine
玫瑰树定	ochropidine
玫瑰树灵	ochrolline
玫瑰树品	ochropine
玫瑰树文	ochrosandwine
玫瑰酸 A～D	rugosic acids A～D
玫瑰萜醛 A～D	rugosals A～D
玫红内酯	rosonolactone
梅花参皂苷	thelothurin
梅里尔八角内酯	merrilactone A
梅笠草素 (梅笠草灵、伞形梅笠草素、梅笠草醌)	chimaphilin
梅鲁巧茶碱	merucathine
梅塞素 -3-O-β-D- 葡萄糖醛酸苷	mearsetin-3-O-β-D-glucuronide
梅塞素 -3-O-β- 吡喃葡萄糖醛酸苷	mearsetin-3-O-β-glucuronopyranoside
梅桑草木犀酸 G	messagenic acid G
梅色地内酯 A、B	maysedilactones A, B
梅氏哈宗藤碱	methuenine
梅酰糖 (李糖苷) Ⅰ～Ⅲ	prunoses Ⅰ～Ⅲ

梅叶冬青苷 (秤星树苷) A～H	ilexasosides A～H
梅叶冬青诺苷 (岗梅苷) A～H	ilexasprellanosides A～H
霉酚酸	mycophenolic acid
霉菌毒素 F_2 (玉米赤霉酮、玉米赤霉烯酮)	mycotoxin F_2 (zearalenone)
(±)-美醇	(±)-mayol
美登布丁 (美登布亭、布氏美登木丁基碱)	maytanbutine
美登布新	maytanbutacine
美登醇 (祥环丝裂菌素)	maytansinol (ansamitocin P O)
美登凡林	maytanvaline
美登碱 (美登素、美登木素、美坦生、广美晶甲)	maytansine
美登木碱 (美登木因)	mayteine
美登木酸	maytenonic acid (polpunonic acid)
美登木酸 (杨叶普伦木酸)	polpunonic acid (maytenonic acid)
美登纳新	maytansinol acetate
美登普林 (布氏美登木丙基碱)	maytanprine
美登叶酸 (变叶美登木酸)	maytenfolic acid
美狄扣明	medicosmine
美佛辛 (葛根素芹菜糖苷)	mirificin (puerarin apioside)
美佛辛 -4′-O- 葡萄糖苷	mirificin-4′-O-glucoside
美狗舌草碱 (千里碱、千里光宁、千里光碱、千里光宁碱、12-羟基-千里光烷-11, 16-二酮)	aureine (senecionine, 12-hydroxysenecionane-11, 16-dione)
美观马先蒿内酯	pedicularis lactone
美冠兰酚	eulophiol
美国白桦苷 (美国白蜡苷)	fraxamoside
美国薄荷苷 (香蜂草苷、异樱花素 -7-O- 芸香糖苷)	didymin (isosakuranetin-7-O-rutinoside)
美国鹅掌楸内酯	lipiferolide
美国蜡梅叶碱 (叶坎质)	folicanthine
美国梓苷	bignonoside
美好甘蜜树素 B	mirandin B
美花风毛菊胺 A～G	pulchellamines A～G
美花风毛菊内酯	saurin
美花福桂树苷 (福桂树苷)	splendoside
美花椒内酯 (甲氧基花椒内酯、花椒亭)	xanthoxyletin
美花鹿蹄草苷 A、B	pyrocallianthasides A, B
美花鹿蹄草萜苷 A	callianthaside A
美花鹿蹄草酮 A、B	callianthones A, B
美决明子素甲醚 (钝叶决明素甲醚)	2-methoxyobtusfolin
美可品碱 (蝎尾勿忘草碱)	myoscorpine
美可新醇炔	mycosinol
美力腾素	melitensin

美丽凹顶藻三醇	venustatriol
美丽毒毛旋花子苷 (洋地黄次苷)	strospeside
美丽红豆杉素 (南方紫杉素) A～K	taxamairins A～K
美丽胡枝子宁	miyaginin
美丽花桉二酮	ficifolidione
美丽鸡血藤苷 A～D	millettiaspecosides A～D
美丽鸡血藤酮 A、B	millettiaosas A, B
美丽马鞭草苷 I	pulchelloside I
美丽马利筋苷	aspecioside
美丽马醉木苷 A～I	pierisformosides A～I
美丽马醉木内酯 A	pierisketolide A
美丽马醉木素 A～L	pierisformosins A～L
美丽前胡素	peuformosin
美丽藤黄酚酮 A	garciosaphenone A
美丽藤黄萜 A～C	garciosaterpenes A～C
美丽天人菊碱	pulchellidine
美丽猪屎豆碱	spectabiline
美丽猪屎豆碱 N-氧化物	spectabilis N-oxide
美利妥单苷 (假蜜蜂花单苷、单假蜜蜂花苷)	monomelittoside
美灵碱	pulchelline
美木芸香内酯	calodendrolide
美农宁	melinonine
N-美杷精甲氯化物	N-mesarpagine methochloride
L-美绕灵 (异呋杷文)	L-mecambroline (isofugapavine)
美人蕉对二氢菲	cannabidihydrophenanthrene
美瑞花椒醇 (崖椒诺醇)	meridinol
美商陆毒素 (商陆毒素)	phytolaccatoxin
美商陆酚 (美洲商陆醇) A	americanol A
美商陆根抗病毒蛋白	pokeweed antiviral protein
美商陆根抗真菌蛋白 R_1、R_2	pokeweed antifungal proteins R_1, R_2
美商陆素 (洋商陆素) A	americanin A
美商陆酸 A 甲酯	americanoic acid A methyl ester
美商陆皂苷 A～G	phytolacca saponins A～G
美商陆皂苷元 (美商陆苷元)	phytolaccagenin
美鼠李苷 (药鼠李素苷、波希鼠李苷) A	cascaroside A
美斯克醇	mesquitol
美特五肽 A、B	metabolites A, B
美味红菇醇酮 A～C	plorantinones A～C
美艳帽竹非灵	speciophyline
美艳帽竹木碱	sepciogynine

美艳帽竹叶碱	speciofoline
美艳秋水仙碱	speciosine
(E)-美远志皂苷 A	(E)-senegasaponin A
美枝凹顶藻醇	callicladol
美洲茶胺 A (伏冉宁)	ceanothamine A (frangulanine)
美洲茶醇酸	ceanothanolic acid
美洲茶碱	ceanothine
美洲茶三酸	ceanothetric acid
美洲茶酸	ceanothic acid
美洲茶酸 -28-β-D- 葡萄糖酯	ceanothic acid-28-β-D-glucosyl ester
美洲茶烯酸	ceanothenic acid
美洲蜚蠊酮 A、B	periplanones A, B
美洲格尼茜草苷 (美洲京尼帕木苷) A〜D	genamesides A〜D
美洲苦木苷 A〜F	picramniosides A〜F
美洲莲素	lysichitalexin
美洲茄内酯 A	salpichrolide A
美洲树参炔醇 B	dendroarboreol B
美洲锡生藤碱 A、B	pareirubrines A, B
镁茶碱	theophylline magnesium (magnephylline)
袂康酸	meconic acid
袂康蹄纹天竺苷	mecopelargonin
门冬酰胺 (天门冬氨酸 β- 酰胺、α- 氨基琥珀酰胺酸、天冬酰胺、天门冬酰胺)	asparamide (asparagine, aspartic acid β-amide, α-amino-succinamic acid)
门尼斯明碱	menismine
门萨素 A〜C	mansonrins A〜C
蒙巴萨杜楝醇	mombasol
蒙大拿灌丛芸香素	thamnosmonin
蒙古蒿素	mongolenin
蒙古蒲公英素 A、B	mongolicumins A, B
蒙蒿子碱	anaxagoreine
蒙红景天苷	mongrhoside
蒙花苷 (刺槐苷、醉鱼草苷)	linarin (acaciin, buddleoside)
蒙花苷单乙酸酯	linarin monoacetate
蒙花苷异戊酸酯	linarin isovalerate
蒙桑素 A〜G	mongolicins A〜G
蒙氏鼠尾草酚	montbretol
蒙绣菊素	spiramongolin
锰酸	manganic acid
锰酸钙	calcium manganate
锰酸钾	potassium manganate

M

锰酸锌	zinc manganate
蓋二烯	menthdiene
1, 8-蓋二烯-10-醇乙酸酯	1, 8-menthadien-10-ol acetate
蓋闹烯	menogene
7-蓋烯	7-menthene
3-蓋烯	3-menthene
蓋烯 (薄荷烯)	menthene
蓋烯醇	menthenol
4-蓋烯醇 (4-蓋-1-烯-4-醇)	4-menth-1-en-4-ol
咪唑	imidazole
1*H*-咪唑-5-甲酸	1*H*-imidazole-5-carboxylic acid
咪唑并 [2, 1-*b*] [1, 3] 噻唑	imidazo [2, 1-*b*] [1, 3] thiazole
1*H*-咪唑并 [5, 1-*d*] [1, 2, 4] 三唑	1*H*-imidazo [5, 1-*d*] [1, 2, 4] triazole
咪唑二肽	imidazole dipeptide
2-咪唑啉	2-imidazoline
3-咪唑啉	3-imidazoline
4-咪唑啉	4-imidazoline
咪唑烷	imidazolidine
咪唑乙胺	imidazolyl ethyl amine
咪唑乙醇	imidazolyl ethanol
咪唑乙酸	imidazolyl acetic acid
β-弥洛松苷	β-miroside
迷迭香二醛	rosmadial
迷迭香酚	rosmanol
迷迭香碱 (迷迭香辛)	rosmaricine
迷迭香醌	rosmaquinone
迷迭香裂碱	rosmarinecine
迷迭香宁碱	rosmarinine
迷迭香瑞醌	rosmariquinone
迷迭香属碱	rosmarinus base
迷迭香酸 (迷迭香素、迷迭酸)	rosmarinic acid
迷迭香酸-3-*O*-β-D-吡喃葡萄糖苷	rosmarinic acid-3-*O*-β-D-glucopyranoside
迷迭香酸-3-*O*-葡萄糖苷	rosmarinic acid-3-*O*-glucoside
迷迭香酸-4-*O*-β-D-吡喃葡萄糖苷	rosmarinic acid-4-*O*-β-D-glucopyranoside
迷迭香酸单甲酯	rosmarinic acid monomethyl ester
迷迭香酸丁酯	butyl rosmarinate
迷迭香酸钙盐	calcium rosmarinate
迷迭香酸甲酯 (迷迭香甲酯)	methyl rosmarinate
迷迭香酸钾盐	potassium rosmarinate
迷迭香酸镁	magnesium rosmarinate

迷迭香酸钠盐	sodium rosmarinate
迷迭香酸乙酯	ethyl rosmarinate
迷迭香酮	rofficerone
迷果芹苷 A	sphalleroside A
迷果芹醌 A、B	gracillisquinones A, B
迷惑丙孢壳素 A	decipinin A
迷人醇 (拟石黄衣醇)	fallacinol
迷人醛 (拟石黄衣素)	fallacinal
10- 猕猴桃醇	10-actinidol
猕猴桃醇	actinidiol
猕猴桃醇酸内酯 (猕猴桃素)	actinidiolide
猕猴桃多糖复合物	actinidia chinensis polysaccharide
猕猴桃酚 (中华猕猴桃酚) A～D	planchols A～D
猕猴桃苷	kiwiionoside
猕猴桃苷 C～F	actinosides C～F
猕猴桃碱	actinidine
猕猴桃脑苷脂 A、B	actinidins A, B
猕猴桃内酯	actinidialactone
猕猴桃酸酯苷	actinidicoside
猕猴桃藤山柳二酮	actinidione
猕猴桃紫罗苷 (葛枣猕猴桃苷、猕猴桃香堇苷)	actinidioionoside
米甘草千里光碱	mikanoidine
米橘素 (四季橘素)	citromitin
米魁氏白珠树素 (槲皮素 -3-O-β-D- 葡萄糖醛酸苷)	miquelianin (quercetin-3-O-β-D-glucuronide)
米利塔里酮 A～D	militarinones A～D
米内苷	minecoside
米念芭素 A～G	ovoideals A～G
米欧波罗苷元	mioporosidegenin
米赛毒素	miserotoxin
米酸	yarumic acid
米团花二倍半萜内酯	leucosesterlactone
米团花二倍半萜酮	leucosesterterpenone
米团花苷 (天人草苷) A、B	leucosceptosides A, B
米团花过氧萜	leucoperoxyterpene
米团花素	leucosceptrine
米团花酸	leucoic acid
米团花萜 A～O	leucosceptroids A～O
米团花烯酸	leucoenoic acid
米团花酯	leucoester
米喔斯明 [3-(3, 4- 二脱氢 -5-2H- 吡咯基) 吡啶]	myosmine [3-(3, 4-didehydro-2H-pyrro-5-yl) pyridine]

米歇尔胺 A～F	michellamines A～F
米仔兰醇	aglaiol
米仔兰醇碱	odorinol
米仔兰啶	aglaidin
米仔兰碱	odorine
(+)-米仔兰碱醇	(+)-odorinol
米仔兰三醇	aglaitriol
米仔兰素 A、B	aglacins A, B
米仔兰酮	aglaione
米仔兰酮 A	odoratanone A
米仔兰酮二醇	aglaiondiol
米仔银叶树酸 (3-*O*-咖啡酰奎宁酸)	heriguard (3-*O*-caffeoyl quinic acid)
L-胍氨甲酰鸟氨酰-L-胍氨甲酰鸟氨酸	L-gigartinyl-L-gigartinine
秘鲁矛毒藤碱	peruvianine
秘鲁绵枣儿苷 A、B	peruvianosides A, B
秘鲁水仙碱	ismine
秘鲁香脂	balsam peru
密花豆素	suberectin
密花樫木醇 A～F	dysodensiols A～F
密花樫木素 G	dysoxydensin G
密花卡瑞藤黄素 A～G	cadensins A～G
密花醌 A、B	pycnanthuquinones A, B
密花绵毛叶菊素	erioflorin
密花茄碱	solafloridine
密花石斛酚 A、B	densiflorols A, B
密花石斛苷	densifloroside
密花石斛素 (密花石斛芴三酚)	dendroflorin
密花树酚苷 (赛昆铁仔苷) A～K	seguinosides A～K
密花树酚苷 K-4-甲醚	seguinoside K-4-methyl ether
密花树苷 A～E	myrseguinosides A～E
密花树醌 (酸藤子醌、酸金牛醌、拉帕酮)	rapanone
密花藤胺	pycnamine
密花藤碱	pycnarrhine
密花藤质	pycnanthine
密花豚草内酯 (塔木里苹) A	tamaulipin A
密花豚草内酯 B 乙酸酯	tamaulipin B acetate
密花豚草素	confertin (anhydrocumanin)
密花娃儿藤碱	tylocrebrine
密花远志糖 A～L	tricornoses A～L
密环菌癸素 (蜜环菌品)	armillaripin

密脉白坚木碱 (可杷内文)	compactinervine
密脉木宾碱	myrifabine
密脉木醇	myrioneurinol
密脉木定	myrionidine
密脉木碱 A	myriberine A
密脉木宁	myrionine
密脉木嗪 A、B	myrioxazines A, B
(±)-α- 密脉木醛 A、B	(±)-α-myrifabrals A, B
(±)-β- 密脉木醛 A、B	(±)-β-myrifabrals A, B
密脉木亭醇	myrobotinol
密脉木酰胺	myrionamide
密蒙花苷 (密蒙萜苷) A～K	mimengosides A～K
密蒙花新苷	neobudofficide
密生胶菊素	conchosin
密苏里鸢尾酮 A、B	irisones A, B
密穗马先蒿苷	densispicoside
密穗马先蒿素 A～D	densispicnins A～D
密叶决明苷	cassiglucin
密叶马钱胺	condensamine
密叶拟芸香定 (叶西定、单叶芸香定)	foliosidine
密叶拟芸香芬 (叶分碱)	folifine
密叶拟芸香明	folimine
密叶辛木素 (密叶林仙素)	confertifolin
嘧啶	pyrimidine
嘧啶 -2 (1H)- 酮	pyrimidin-2 (1H)-one
嘧啶 -2, 4-(1H, 3H) 二酮	pyrimidine-2, 4-(1H, 3H) dione
2, 4- 嘧啶二酮	2, 4-pyrimidinedione
嘧啶米仔兰酮	pyrimidinone
1 (4)- 嘧啶杂 -3, 6 (5, 2), 9 (3)- 三吡啶杂九蕃	1 (4)-pyrimidina-3, 6 (5, 2), 9 (3)-tripyridinanonaphane
蜜巢花环肽 8	mram 8
D- 蜜二糖	D-melibiose
蜜二糖 (楝二糖)	melibiose
蜜蜂花三酸 A、B	melitric acids A, B
蜜蜂花三酸 A 甲酯	cmethyl melitrate A
蜜环基扁枝衣尼酸酯	armillyl everninate
蜜环菌宾	armillaribin
蜜环菌醇	melledonol
蜜环菌定	armillaridin
蜜环菌金	armillarizin
蜜环菌精	armillarigin

M

蜜环菌肯	armillarikin
蜜环菌拉亭	armillatin
蜜环菌拉辛	armillasin
蜜环菌米醇	arnamiol
蜜环菌钦	armillaricin
蜜环菌醛 A～C	melledonals A～C
蜜环菌壬素 (蜜环菌宁)	armillarinin
蜜环菌亭	armillaritin
蜜环菌烷	armillane
蜜环菌文	armillarivin
蜜环菌辛素 (蜜环菌灵)	armillarilin
蜜环菌酯 (蜜环菌内酯、蜜环菌醇酯) A～R	melleolides A～R
蜜黄烟曲霉酸	helvolic acid
蜜茱萸定 (异蜜茱萸碱)	melicopidine
蜜茱萸碱	melicopine
蜜茱萸双喹啉酮碱 A、B	melicobisquinolinones A, B
蜜茱萸素	melicophyllin
(±)-蜜茱萸酮 A～C	(±)-melipatulinones A～C
蜜茱萸辛	melicopicine
绵萆薢苷 (绵萆薢皂苷) A、B	spongiosides A, B
绵萆薢素 A～C	diospongins A～C
绵萆薢孕甾醇苷 A～D	spongipregnolosides A～D
绵参苷 A～G	wallichiisides A～G
绵参碱苷	eriophytonoide
绵腹衣酸	anziaic acid
绵谷树箭毒素	tomentocurine
绵马次酸	filicic acid
绵马酚 (绵马二酚)	aspidinol
绵马精酸 (绵马次酸)	filicinic acid
绵马鞣酸	filicitannic acid
绵马素 (三叉蕨素)	aspidin
绵马素 (三叉蕨素) AB、BB	aspidins (polystichins) AB, BB
绵马素 (三叉蕨素) AB、BB	polystichins (aspidins) AB, BB
绵马酸 (绵马根酸、绵马精) ABA、PBB、PBP	filixic acids (filicins) ABA, PBB, PBP
绵马酸 (绵马根酸、绵马精) ABA、PBB、PBP	filicins (filixic acids) ABA, PBB, PBP
绵马酮	filmarone
绵毛刺桐素 A、B	eriotrichins A, B
绵毛胡桐内酯 (绵毛红厚壳内酯) A～C, E₂	calanolides A～C, E₂
绵毛黄芪皂苷 Ⅰ～ⅩⅥ	astrasieversianins Ⅰ～ⅩⅥ
绵毛鹿茸草苷 A～E	savasides A～E

绵毛马兜铃内酯	mollislactone
绵毛内酯	lasiopulide
绵毛鼠尾草酮	sanigerone
绵毛水苏苷 (拜占庭水苏香堇苷、绵毛水苏香堇苷) A、B	byzantionosides A, B
绵毛斯烷-3β-吡喃葡萄糖醛酸基-(6′→1″)-吡喃葡萄糖醛酸苷	lanastane-3β-glucuronopyranosyl-(6′→1″)-glucuronopyranoside
绵穗苏苷 B	comanthoside B
绵头雪兔子苷 (青木香苷) A、B	lanicepsides A, B
绵枣儿菜豆苷元-3-O-β-D-吡喃葡萄糖基-(1→2)-L-吡喃鼠李糖苷	scilliphaeosidin-3-O-β-D-glucopyranosyl-(1→2)-L-rhamnopyranoside
绵枣儿二糖	scillabiose
绵枣儿苷 L-1、L-2	scillanosides L-1, L-2
绵枣儿素	scillascillin
绵枣儿糖苷 D-1、D-2、E-1～E-5、G-1	scillascillosides D-1, D-2, E-1～E-5, G-1
棉萆薢甾苷	dioscoroside
棉豆酮	lunatone
棉酚 (棉子醇、棉子酚)	gossypol
棉酚乙酸酯	gossypol acetate
棉根皂苷 (丝石竹皂苷、石头花苷)	gypsoside
棉根皂苷元 (丝石竹皂苷元、石头花苷元)	gypsogenin (gypsophilasapogenin, githagenin, albasapogenin, astrantiagenin D)
棉根皂苷元-28-O-[β-D-吡喃葡萄糖基-(1→2)-β-D-吡喃半乳糖基-(1→3)]-[β-D-吡喃葡萄糖基-(1→6)]-β-D-吡喃半乳糖苷	gypsogenin-28-O-[β-D-glucopyranosyl-(1→2)-β-D-galactopyranosyl-(1→3)]-[β-D-glucopyranosyl-(1→6)]-β-D-galactopyranoside
棉根皂苷元-28-O-α-D-吡喃半乳糖基-(1→6)-β-D-吡喃葡萄糖基-(1→6)-[β-D-吡喃葡萄糖基-(1→3)]-β-D-吡喃葡萄糖基酯	gypsogenin-28-O-α-D-galactopyranosyl-(1→6)-β-D-glucopyranosyl-(1→6)-[β-D-glucopyranosyl-(1→3)]-β-D-glucopyranosyl ester
棉根皂苷元-3-O-D-吡喃半乳糖基-(1→2)-[α-L-吡喃鼠李糖基-(1→3)]-β-D-吡喃葡萄糖醛酸苷	gypsogenin-3-O-D-galactopyranosyl-(1→2)-[α-L-rhamnopyranosyl-(1→3)]-β-D-glucuronopyranoside
棉根皂苷元-3-O-α-L-吡喃阿拉伯糖基-(1→3)-α-L-吡喃鼠李糖基-(1→2)-α-L-吡喃阿拉伯糖苷	gypsogenin-3-O-α-L-arabinopyranosyl-(1→3)-α-L-rhamnopyranosyl-(1→2)-α-L-arabinopyranoside
棉根皂苷元-3-O-β-D-吡喃葡萄糖醛酸苷	gypsogenin-3-O-β-D-glucuronopyranoside
棉根皂苷元-3-O-β-D-葡萄糖醛酸苷甲酯 (棉根皂苷元-3-O-β-D-葡萄糖醛酸苷甲酯)	gypsogenin-3-O-β-D-glucuronide methyl ester
棉根皂苷元-3-O-吡喃葡萄糖醛酸苷	gypsogenin-3-O-glucuronopyranoside
棉花皮苷 (棉纤维素、棉花皮素-8-葡萄糖苷)	gossypin (gossypetin-8-glucoside)
棉花皮素 (棉花素、棉黄素、小叶枇杷素-3)	gossypetin
棉花皮素-3, 3′, 4′, 7-四甲醚	gossypetin-3, 3′, 4′, 7-tetramethyl ether
棉花皮素-3, 8-二-O-β-D-吡喃葡萄糖苷	gossypetin-3, 8-di-O-β-D-glucopyranoside
棉花皮素-3-O-β-D-半乳糖苷	gossypetin-3-O-β-D-galactoside

棉花皮素-3-O-β-D-吡喃葡萄糖苷-8-O-β-D-吡喃木糖苷	gossypetin-3-O-β-D-glucopyranoside-8-O-β-D-xylopyranoside
棉花皮素-3-β-D-(2-O-β-D-双吡喃葡萄糖苷)-8-β-D-吡喃葡萄糖苷	gossypetin-3-β-D-(2-O-β-D-diglucopyranoside)-8-β-D-glucopyranoside
棉花皮素-6-吡喃半乳糖苷	gossypetin-6-galactopyranoside
棉花皮素-7-O-[(6-O-α-L-呋喃阿拉伯糖基)-β-D-吡喃葡萄糖苷]	gossypetin-7-O-[(6-O-α-L-arabifuranosyl)-β-D-glucopyranoside]
棉花皮素-7-O-β-D-吡喃葡萄糖苷	gossypetin-7-O-β-D-glucopyranoside
棉花皮素-7-甲醚	gossypetin-7-methyl ether
棉花皮素-7-甲醚-3-O-半乳糖苷	gossypetin-7-methyl ether-3-O-galactoside
棉花皮素-7-葡萄糖苷(棉花皮异苷)	gossypetin-7-glucoside (gossypitrin)
棉花皮素-8-O-葡萄糖醛酸苷	gossypetin-8-O-glucuronide
棉花皮素-8-葡萄糖苷(棉花皮苷、棉纤维素)	gossypetin-8-glucoside (gossypin)
棉花皮素六甲醚	gossypetin hexamethyl ether
棉花皮异苷(棉花皮素-7-葡萄糖苷)	gossypitrin (gossypetin-7-glucoside)
棉花枝孢素	gossyvertin
棉皮糖醛苷(葡萄叶木槿素、棉花皮素-8-O-β-D-葡萄糖醛酸苷)	hibifolin (gossypetin-8-O-β-D-glucuronide)
棉团铁线莲苷	clemahexapetosides A, B
棉叶麻疯树因	gadain
棉子皮亭	gossypetine
D-(+)-棉子糖	D-(+)-raffinose
棉子糖	melitose
棉子油酸	cottonseedic acid
棉籽糖(棉子糖)	raffinose
D-(+)-棉籽糖五水合物	D-(+)-raffinose pentahydrate
棉紫色素	gossypurpurin
免疫球蛋白	immunoglobulin
缅茄苷(阿福豆苷、山奈酚-3-鼠李糖苷)	kaempferin (afzelin, kaempferol-3-L-rhamnoside)
岷贝碱甲	minpeimine
岷贝碱乙	minpeiminine
岷江百合苷 A～H	regalosides A～H
岷江喃胺	hunnemanine
闽皖八角素(闽皖素)	minwanensin
明菲马钱碱-N4-氧化物	minfiensine-N4-oxide
明胶	gelatin
明宁京	muningin
冥河蚁巢海绵酮 B	styxone B
膜荚黄芪苷 Ⅰ、Ⅱ	astramembrannins Ⅰ, Ⅱ
膜荚黄芪苷元	astramembrangenin

膜荚黄芪诺苷 A、B	astramembranosides A, B
膜蕨苷 A～X	hymenosides A～X
膜质番荔枝素	membranacin
膜质脚骨脆醇 A、B	caseamembrols A, B
膜质菊内酯	hymenoxon
膜质菊素	hymenoflorin
膜质卷团素	rollimembrin
摩拉豆酸 (黄连木酸、模绕酸)	morolic acid
摩拉豆酸乙酸酯	morolic acid acetate
摩拉豆酮酸 (模绕酮酸、阿姆布酮酸)	moronic acid (ambronic acid)
摩洛哥内酯 A	moroccolide A
摩洛斯堪多灵碱	moloscandonine
摩尼树酮 (类饱食桑酮) H、I	brosimones H, I
蘑菇氨酸	agaritine
蘑菇醇 (3-辛烯醇)	amyl vinyl carbinol (3-octenol)
蘑菇醛	agaritinal
蘑菇香精	pentathiepane
魔牛肝菌毒蛋白	bolesatine
魔王牛肝菌素	bolesatin
抹香鲸酸	physetenic acid
(−)-没食子儿茶素	(−)-gallocatechin
没食子儿茶素 (没食子儿茶精、没食子酰儿茶素)	gallocatechin (GC)
没食子儿茶素 -(4α→6)- 儿茶素	gallocatechin-(4α→6)-catechin
没食子儿茶素 -(4α→8)- 表没食子儿茶素	gallocatechin-(4α→8)-epicatechin
没食子儿茶素 -(4α→8)- 儿茶素	gallocatechin-(4α→8)-catechin
没食子儿茶素 -(4α→8)- 没食子儿茶素	gallocatechin-(4α→8)-gallocatechin
(+)-没食子儿茶素己酸酯	(+)-gallocatechin hexanoate
没食子儿茶素没食子酸酯	gallocatechin gallate (GCG)
没食子酸 (棓酸、3, 4, 5- 三羟基苯甲酸)	gallic acid (3, 4, 5-trihydroxybenzoic acid)
没食子酸 -3-O-(6′-O- 没食子酰基) 葡萄糖苷	gallic acid-3-O-(6′-O-galloyl) glucoside
没食子酸 -3-O-β-D-(6′-O- 没食子酰基) 吡喃葡萄糖苷	gallic acid-3-O-β-D-(6′-O-galloyl) glucopyranoside
没食子酸 -3-O-β-D- 吡喃葡萄糖苷	gallic acid-3-O-β-D-glucopyranoside
没食子酸 -3-O-β-D- 葡萄糖苷	gallic acid-3-O-β-D-glucoside
没食子酸 -3- 甲基醚	gallic acid-3-methyl ether
没食子酸 -4-O-(6′-O- 没食子酰基) 葡萄糖苷	gallic acid-4-O-(6′-O-galloyl) glucoside
没食子酸 -4-O-β-D-(6′-O- 没食子酰基) 吡喃葡萄糖苷	gallic acid-4-O-β-D-(6′-O-galloyl) glucopyranoside
没食子酸 -4-O-β-D- 吡喃葡萄糖苷	gallic acid-4-O-β-D-glucopyranoside
没食子酸丙酯	propyl gallate
没食子酸丁酯	butyl gallate
没食子酸儿茶素酯	catechin gallate

没食子酸甲酯 (棓酸甲酯)	gallincin (methyl gallate)
没食子酸甲酯 (棓酸甲酯)	methyl gallate (gallincin)
没食子酸甲酯 -3- 甲醚	methyl gallate-3-methyl ether
没食子酸蜡醇酯 (没食子酸二十六酯)	ceryl gallate
没食子酸葡萄糖苷	gallic acid glucoside
β- 没食子酸葡萄糖苷	β-glucogallin
没食子酸四糖	gallic acid tetrasaccharide
没食子酸乙酯	ethyl gallate (nipagallin A, phyllemblin, gallic acid ethyl ester)
没食子酸异丙酯	isopropyl gallate
没食子酸正丁酯	*n*-butyl gallate
(+)- 没食子酰儿茶素	(+)-gallocatechin
7-*O*- 没食子酰基 -(+)- 儿茶素	7-*O*-galloyl-(+)-catechin
6-*O*- 没食子酰基 -2, 3-(*S*)- 六羟基联苯二甲酰基 -D- 葡萄糖	6-*O*-galloyl-2, 3-(*S*)-hexahydroxydiphenoyl-D-glucose
6-*O*- 没食子酰基 -2-*O*- 三没食子酰基 -1, 5- 脱水 -D- 葡萄糖醇	6-*O*-galloyl-2-*O*-trigalloyl-1, 5-anhydro-D-glucitol
1-*O*- 没食子酰基 -4, 6-*O*- 六羟基联苯二甲酰基 -β-D- 葡萄糖	1-*O*-galloyl-4, 6-*O*-hexahydroxydiphenoyl-β-D-glucose
1-*O*- 没食子酰基 -4, 6-(*S*)- 六羟基联苯二甲酰基 -β-D- 葡萄糖苷	1-*O*-galloyl-4, 6-(*S*)-hexahydroxydiphenoyl-β-D-glucoside
1-*O*- 没食子酰基 -4, 6-(*S*)- 六羟基联苯二甲酰基 -α-D- 葡萄糖苷	1-*O*-galloyl-4, 6-(*S*)-hexahydroxydiphenoyl-α-D-glucoside
2-*O*- 没食子酰基 -4, 6-(*S*)- 六羟基联苯 -α-D- 葡萄糖苷	2-*O*-galloyl-4, 6-(*S*)-hexhydroxydiphenoyl-α-D-glucoside
3-*O*- 没食子酰基 -4, 6-(*S*)- 六羟基联苯 -α-D- 葡萄糖苷	3-*O*-galloyl-4, 6-(*S*)-hexahydroxydiphenoyl-α-D-glucoside
2-*O*- 没食子酰基 -4, 6-(*S*, *S*)- 并没食子酸连二没食子酰基 -D- 葡萄糖	2-*O*-galloyl-4, 6-(*S*, *S*)-gallagyl-D-glucose
1-*O*- 没食子酰基 -6-*O*-(4- 羟基 -3, 5- 二甲氧基) 苯甲酰基 -β-D- 葡萄糖	1-*O*-galloyl-6-*O*-(4-hydroxy-3, 5-dimethoxy) benzoyl-β-D-glucose
1-*O*- 没食子酰基 -6-*O*- 桂皮酰基 -β-D- 葡萄糖	1-*O*-galloyl-6-*O*-cinnamoyl-β-D-glucose
2-*O*- 没食子酰基 -6-*O*- 三没食子酰基 -1, 5- 脱水 -D- 葡萄糖醇	2-*O*-galloyl-6-*O*-trigalloyl-1, 5-anhydro-D-glucitol
6-*O*- 没食子酰基 -D- 吡喃葡萄糖	6-*O*-galloyl-D-glucopyranose
1β-*O*- 没食子酰基 -D- 吡喃葡萄糖苷	1β-*O*-galloyl-D-glucopyranoside
7-*O*- 没食子酰基 -D- 景天庚酮糖苷	7-*O*-galloyl-D-sedoheptuloside
没食子酰基 -L- 表没食子儿茶酚	galloyl-L-epigallocatechol
6-*O*- 没食子酰基 -β-D- 吡喃葡萄糖苷	methyl-6-*O*-galloyl-β-D-glucopyranoside
没食子酰基 -β-D- 吡喃葡萄糖苷	galloyl-β-D-glucopyranoside
3-*O*- 没食子酰基 -β-D- 葡萄糖	3-*O*-galloyl-β-D-glucose
6-*O*- 没食子酰基 -β-D- 葡萄糖苷	methyl-6-*O*-galloyl-β-D-glucoside

1-O-没食子酰基-β-D-葡萄糖苷	1-O-galloyl-β-D-glucoside
23-没食子酰基阿江榄仁酸	23-galloyl arjunolic acid
6β-C-(2′-没食子酰基吡喃葡萄糖基)-5,7-二羟基-2-异丙基色原酮	6β-C-(2′-galloyl glucopyranosyl)-5,7-dihydroxy-2-isopropyl chromone
8β-C-(2′-没食子酰基吡喃葡萄糖基)-5,7-二羟基-2-异丙基色原酮	8β-C-(2′-galloyl glucopyranosyl)-5,7-dihydroxy-2-isopropyl-chromone
没食子酰基表儿茶素	galloyl epicatechin
3-没食子酰基表儿茶素	3-galloyl epicatechin
没食子酰基表没食子儿茶素	galloyl epigallocatechol
1-O-没食子酰基丙三醇	1-O-galloyl glycerol
没食子酰基甘油	galloyl glycerol
6-O-没食子酰基高熊果酚苷	6-O-galloyl homoarbutin
1-O-没食子酰基果糖	1-O-galloyl fructose
2″-O-没食子酰基荭草素	2″-O-galloyl orientin
1-O-没食子酰基花梗鞣素(1-O-没食子酰基赤芍素、1-O-没食子酰基夏栎鞣精)	1-O-galloyl pedunculagin
2″-O-没食子酰基金丝桃苷	2″-O-galloyl hyperin
没食子酰基金丝桃苷	galloyl hyperin
7-O-没食子酰基开环环马钱醇	7-O-galloyl secologanol
3-O-没食子酰基奎宁酸丁酯	butyl 3-O-galloyl quinate
6″-没食子酰基栗瘿鞣质	6″-galloyl chestanin
4-O-没食子酰基绿原酸	4-O-galloyl chlorogenic acid
4-O-没食子酰基绿原酸甲酯	methyl 4-O-galloyl chlorogenate
没食子酰基牻牛儿素	galloyl geraniin
3-O-没食子酰基莽酸	3-O-galloyl shikimic acid
2″-O-没食子酰基牡荆素	2″-O-galloyl vitexin
没食子酰基葡萄糖	galloyl glucose
1-没食子酰基葡萄糖	1-galloyl glucose
6-O-没食子酰基葡萄糖	6-O-galloyl glucose
没食子酰基芍药苷	galloyl paeoniflorin
2-O-没食子酰基石榴皮鞣素	2-O-galloyl punicalin
5-O-没食子酰基石榴皮新鞣质 D	5-O-galloyl punicacortein D
没食子酰基石榴叶素	galloyl punicafolin
6′-O-没食子酰基水杨苷	6′-O-galloyl salicin
1β-O-没食子酰基夏栎鞣精	1β-O-galloyl pedunculagin
7-O-没食子酰基小麦黄烷	7-O-galloyl tricetifavan
6-O-没食子酰基熊果酚苷	6-O-galloyl arbutin
没食子酰基熊果苷	galloyl arbutin
2-O-没食子酰基熊果苷	2-O-galloyl arbutin
11-O-没食子酰基岩白菜素	11-O-galloyl bergenin

4-*O*-没食子酰基岩白菜素	4-*O*-galloyl bergenin
没食子酰基氧代芍药苷	galloyloxypaeoniflorin
2″-*O*-没食子酰基异荭草素	2″-*O*-galloyl isoorientin
2″-*O*-没食子酰基异牡荆素	2″-*O*-galloyl isovitexin
3-*O*-没食子酰基原矢车菊素 B-2	3-*O*-galloyl procyanidin B-2
1′-*O*-没食子酰基蔗糖	1′-*O*-galloyl sucrose
4′-*O*-没食子酰基蔗糖	4′-*O*-galloyl sucrose
6′-*O*-没食子酰基蔗糖	6′-*O*-galloyl sucrose
6-*O*-没食子酰基蔗糖	6-*O*-galloyl sucrose
4-*O*-没食子酰芍药内酯苷	4-*O*-galloyl albiflorin
没食子酰双内酯	gallagyldilactone
1β-*O*-没食子酰夏栎鞣精	1β-*O*-galloyl pedunculagin
没食子酰氧化芍药苷 (牡丹新苷) A～E	suffruticosides A～E
6′-*O*-没食子酰圆形枸子素	6′-*O*-galloyl orbicularin
没食子杨梅苷 (合欢草素 1)	gallomyricitrin (desmanthin 1)
(1*S*, 10*S*)-没药 -2, 4 (14), 7 (11)- 三烯 -8- 酮	(1*S*, 10*S*)-bisabol-2, 4 (14), 7 (11)-trien-8-one
没药倍半萜素 N	myrrhterpenoid N
没药当归酮 (没药烷基酮、林白芷醇酮)	bisabolangelone
没药豆宁 (没药豆碱)	smirnovinine
没药尼酸	commiphorinic acid
没药芹二醇	smyrindiol
没药芹二醇苷	smyrindioloside
没药树醇 A、B	myrrhanols A, B
没药树酮 A 乙酸酯	myrrhanone A acetate
没药树酮 A、B	myrrhanones A, B
没药酸	commiphoric acid
α- 没药酸	α-commiphoric acid
β- 没药酸	β-commiphoric acid
γ- 没药酸	γ-commiphoric acid
没药萜醇	commiferin
没药酮	myrrhone
没药烷	bisabolane
没药烷吉内酯	bisabolactone
没药烯醇 A～E	bisabolenols A～E
茉莉苷 A～F	sambawsides A～F
茉莉花苷 A～E	molihuasides A～E
(+)- 茉莉花素 [(+)- 素馨萜] A～D	(+)-jasminoids A～D
茉莉环萜苷 A～F	sambacosides A～F
茉莉木脂体苷 (茉莉花脂苷)	sambacolignoside
茉莉内酯 A～D	jasmolactones A～D

茉莉酸	jasmonic acid
茉莉酸 -5′-O- 葡萄糖苷	jasmonic acid-5′-O-glucoside
N-[(−)- 茉莉酸基]-S- 酪氨酸	N-[(−)-jasmonoyl]-S-tyrosine
N-[(−)- 茉莉酸基]-S- 酪氨酸甲酯	N-[(−)-jasmonoyl]-S-tyrosine methyl ester
茉莉酮	jasmone
(+)- 茉莉酮酸	(+)-jasmonic acid
(−)- 茉莉酮酸	(−)-jasmonic acid
茉莉酮酸	jasmonoic acid
茉莉酮酸甲酯	methyl jasmonate
茉莉辛素苷	sambacin
茉酮菊素 Ⅰ、Ⅱ	jasmolins Ⅰ, Ⅱ
莫顿湾无花果醇 (莫雷亭醇、矛瑞屯醇)	moretenol
莫顿无花果烯醇十七酸酯	moretenyl margarate
莫顿无花果烯醇棕榈酸酯	moretenyl palmitate
莫哈夫丝兰皂苷 (丝兰皂苷) A_1、A_2、C_1、F_2	schidigera saponins A_1, A_2, C_1, F_2
(25S)- 莫哈夫丝兰皂苷 D_5	(25S)-schidigera saponin D_5
莫哈韦丝兰皂苷元 A	schidigeragenin A
莫雷裂榄素	morelensin
莫雷亭酮 (莫顿湾无花果酮)	moretenone
莫里尔树素	morierinin
莫里凯斯素	mollisacasidin
莫里木 -11, 13- 二烯 -20- 酸	mulin-11, 13-dien-20-oic acid
莫里木 -12, 14- 二烯 -11- 酮 -20- 酸	mulin-12, 14-dien-11-on-20-oic acid
莫里木 -12- 烯 -11, 14- 二酮 -20- 酸	mulin-12-en-11, 14-dion-20-oic acid
莫里木酸	mulinolic acid
莫罗里素 (尖叶饱食桑脂素) A、B	mururins A, B
7α- 莫罗忍冬苷 (7α- 莫诺苷)	7α-morroniside
7β- 莫罗忍冬苷 (7β- 莫诺苷)	7β-morroniside
莫那可林 J～X、V_1～V_6	monacolins J～X, V_1～V_6
莫那可林 K (洛伐他汀)	monacolin K (lovastatin)
莫那可林 K 酸	monacolin K acid
莫那可林 K、L、S 羟酸甲酯	monacolin K, L, S hydroxyl acid methyl ester
莫诺苷 (莫罗忍冬苷)	morroniside
莫诺特树酮 A、B	monotesones A, B
(+)- 莫潘可乐豆酚	(+)-mopanol
莫塞酮 (狼毒莫森酮)	mohsenone
莫桑比克咖啡苷	mozambioside
莫舍素 A～C	mosins A～C
莫舍素酮 A	mosinone A
莫氏核果木素 A	drypemolundein A

M

莫替醇 (半齿萜醇)	motiol
莫维扎素 (莫非扎番荔枝素)	molvizarin
莫辛素 M	morcin M
墨蝶呤	sepiapterin
墨盖蘑菇氨酸 (鬼伞素)	coprine
墨旱莲木脂素 A	ecliptalignin A
墨旱莲皂苷 (鳢肠皂苷) Ⅰ～ⅩⅤ	eclalbasaponins Ⅰ～ⅩⅤ
墨吉藤黄酮	merguenone
墨江千斤拔素	flemichapparin
墨角藻黄醇	fucoxanthinol
墨角藻黄质 (岩藻黄质、岩藻黄素)	fucoxanthin
墨绿色藤黄酮	atrovirinone
墨绿色藤黄西酮	atrovirisidone
墨沙酮 (类杜茎鼠李素)	maesopsin
墨沙酮-4-O-β-D-吡喃葡萄糖苷	maesopsin-4-O-β-D-glucopyranoside
墨沙酮-6-O-吡喃葡萄糖苷	maesopsin-6-O-glucopyranoside
墨斯卡灵 (莫斯卡灵、中美仙人掌毒碱)	mescaline (mezcaline)
墨西哥白蜡树苷	fraxuhdoside
墨西哥刺木醇 (刺树醇、达玛-25-烯-3β, 20, 24-三醇)	fouquierol (dammar-25-en-3β, 20, 24-triol)
墨西哥堆心菊素 (墨西菊宁) E～I	mexicanins E～I
墨西哥番薯素 Ⅳ～Ⅵ、ⅩⅦ	murucoidins Ⅳ～Ⅵ, ⅩⅦ
墨西哥蒿内酯酮	estafiatone
墨西哥蒿素	estafiatin
墨西哥合欢碱	juliprosine
墨西哥合欢素	juliprosinene
墨西哥棉铃象虫醇	grandisol
墨西哥萜素	armefolin
墨西哥外蕊木素 A、B	exomexins A, B
墨西哥仙人掌皂苷元	chichipegenin
摩苓素 L	morinin L
缪萨链霉菌素 D	musacin D
母丁香酚	bancroftione
母菊萸 (兰香油萸、菊萸)	dimethulene (chamazulene)
母菊醇	matricarianol
母菊林素甲酯 (母菊炔甲酯)	matricarine methyl ester
母菊脑	matricaria camphor
母菊内酯酮 (母菊酮素)	matricarin
(4E, 8Z)-母菊炔-γ-内酯	(4E, 8Z)-matricaria-γ-lactone
(4Z, 8Z)-母菊炔-γ-内酯	(4Z, 8Z)-matricaria-γ-lactone
母菊炔内酯	matricarine lactone

母菊素 (母菊内酯)	matricin
(2E, 8Z)-母菊酯	(2E, 8Z)-matricaria ester
母菊酯	matricaria ester
牡丹吡咯苷	paesuffrioside
牡丹草胺	leontamine
牡丹草宾	leontalbine
牡丹草定	leontidine
牡丹草佛明	leontiformine
牡丹草苷 A～C	leontosides A～C
牡丹草碱	albertidine
牡丹草属碱	leontice base
牡丹草素 (囊果草苷) A～H	leonticins A～H
牡丹草亭	leontine
牡丹醇 (牡丹芪酚) A～C	suffruticosols A～C
牡丹二糖苷 A (6''''-O-对羟基苯甲酰基-6'''-O-β-D-吡喃葡萄糖基芍药苷)	suffruyabioside A (6''''-O-p-hydroxybenzoyl-6'''-O-β-D-glucopyranosyl paeoniflorin)
牡丹二糖苷 B (6''''-O-苯甲酰基-6'''-O-β-D-吡喃葡萄糖基芍药苷)	suffruyabioside B (6''''-O-benzoyl-6'''-O-β-D-glucopyranosyl paeoniflorin)
牡丹苷 (牡丹酚苷) A、B	mudanosides A, B
牡丹皮苷 A～H	mudanpiosides A～H
牡丹皮酸 A	mudanpinoic acid A
牡丹皮新苷 (丹皮酚新苷、芹糖丹皮苷、丹皮酚-β-D-呋喃芹糖-(1→6)-β-D-吡喃葡萄糖苷)	apiopaeonoside [paeonol-β-D-apiofuranosyl (1→6)-β-D-glucopyranoside]
牡丹醛	paeonisuffral
牡丹芍药苷 A、B	suffrupaeoniflorins A, B
牡丹酮-1-O-β-D-吡喃葡萄糖苷	paeonisuffrone-1-O-β-D-glucopyranoside
牡丹萜苷 A～F	suffrupaeonidanins A～F
牡蒿萜二醇 A～C	artemisidiols A～C
牡荆定碱	nishindine
牡荆果苷 (大麻叶牡荆苷、牡荆子苷) A、B	vitecannasides A, B
牡荆木脂素 A、B	viterolignans A, B
牡荆内酰胺 A	vitexlactam A
牡荆三萜 (牡荆叶素) A～G	cannabifolins A～G
牡荆素 B-1 [6-羟基-4-(4-羟基-3-甲氧苯基)-3-羟甲基-7-甲氧基-3, 4-二氢-2-萘甲醛]	vitexin B-1 [6-hydroxy-4-(4-hydroxy-3-methoxyphenyl)-3-hydroxymethyl-7-methoxy-3, 4-dihydro-2-naphthalene carboxaldehyde]
牡荆素-2''-O-木糖苷多乙酰化物	vitexin-2''-O-xyloside polyacylated
牡荆素-2''-O-葡萄糖苷	vitexin-2''-O-glucoside
牡荆素-2''-O-β-D-吡喃葡萄糖苷	vitexin-2''-O-β-D-glucopyranoside
牡荆素-2''-O-β-木糖苷	vitexin-2''-O-β-xyloside
牡荆素-2''-O-吡喃葡萄糖苷	vitexin-2''-O-glucopyranoside

M

牡荆素 -2″-O- 对香豆酸酯	vitexin-2″-O-p-coumarate
牡荆素 -2″-O- 木糖苷	vitexin-2″-O-xyloside
牡荆素 -4″-O- 葡萄糖苷	vitexin-4″-O-glucoside
牡荆素 -4′-O- 鼠李糖苷	vitexin-4′-O-rhamnoside
牡荆素 -7-O-β-D- 吡喃葡萄糖苷	vitexin-7-O-β-D-glucopyranoside
牡荆素 -7- 葡萄糖苷	vitexin-7-glucoside
牡荆素吡喃葡萄糖苷	vitexin glucopyranoside
牡荆素咖啡酸酯	vitexin caffeate
牡荆素木糖苷	vitexin xyloside
牡荆素鼠李糖苷	vitexin rhamnoside
牡荆新苷 A	viteoside A
牡荆杨梅素	vitecetin
牡荆叶脂素	cannabilignin
牡荆甾酮 E	viticosterone E
牡蛎甾醇	ostreasterol
D- 木 -2- 己酮糖 (D- 山梨糖)	D-xylo-2-hexulose (D-sorbose)
木瓣树内酯	xylopianin
(+)- 木瓣树尼定	(+)-xylopinidine
DL- 木瓣树宁 (DL- 木瓣树宁碱)	DL-xylopinine
D- 木瓣树宁 (D- 木瓣树宁碱)	D-xylopinine
木瓣树宁 (木瓣树宁碱)	xylopinine
L- 木瓣树宁 (L- 木瓣树宁碱)	L-xylopinine
木瓣树素	xylopien
木瓣树酸	xylopic acid
木瓣树新素	xylopiacin
木比隆碱 A～C	mubironines A～C
木鳖糖蛋白 S	momorcochin S
木鳖子蛋白 A、B	cochinins A, B
木鳖子三萜苷 A、B	mocochinosides A, B
木鳖子素	cochinchinin
木鳖子酸	momordic acid
木鳖子皂苷 (苦瓜定) Ⅰ～Ⅲ、Ⅰa～Ⅰe、Ⅱa～Ⅱe	momordins Ⅰ～Ⅲ, Ⅰa～Ⅰe, Ⅱa～Ⅱe
木鳖子皂苷 Ⅱe (雪胆苷 Ma2)	momordin Ⅱe (hemsloside Ma2)
木鳖子皂苷 Ⅰc 6′- 甲酯	momordin Ⅰc 6′-methyl ester
木鳖子脂素 A～E	mubiesins A～E
木菠萝醇 (木波罗醇)A～I	artocarpols A～I
木菠萝二氢黄酮 (木波罗二氢黄酮、桂木二氢黄素、波罗蜜烷酮)	artocarpanone
木菠萝脑苷酯 (楤木脑苷酯)	aralia cerebroside
木菠萝宁 (木波罗宁、波罗蜜宁)A～Y、ZA、ZB	artonins A～Y, ZA, ZB

木菠萝素 (木波罗素、桂木生黄素、波罗蜜辛)	artocarpesin
木菠萝酮 (木波罗呫酮)	artobiloxanthone
木层孔菌呋喃 A、B	phellinusfurans A, B
木层孔菌呋喃吡喃酮 A	phellifuropyranone A
木层孔菌素 A	phellinsin A
木齿菌西定 A	echinocidin A
木豆醇	cajaninol
木豆酚 (木豆异黄烷酮醇)	cajanol
木豆黄烷酮	cajaflavanone
木豆内酯 A	cajanolactone A
木豆异黄酮 (木豆素)	cajanin
木豆芪酸	cajaninstilbene acid (cajanine)
木豆芪酸	cajanine (cajaninstilbene acid)
木耳毒素 (奥斯林宁碱) Ⅰ、Ⅱ	auritoxins Ⅰ, Ⅱ
木二糖	xylobiose
木番荔枝碱 (木瓣树碱)	xylopine
(−)-木番荔枝碱 [(−)-木瓣树碱、甲氧番荔枝叶碱]	(−)-xylopine [*O*-methylanolobine]
木防己胺 (瑞香醇灵)	trilobamine (daphnoline)
木防己宾碱	coclobine
木防己碱 (三叶木防己碱、三裂木防己碱、三叶素)	trilobine
木防己苦毒宁	picrotoxinin
木防己苦毒素 (印防己毒)	picrotoxin (cocculin)
木防己灵	cocculanoline
木防己宁碱	cocculinine
木防己素甲 (门尼新碱)	mufangchin A (menisine)
木防己素乙 (门尼定)	mufangchin B (menisidine)
(+)-木防己亭 A, B	(+)-coccuorbiculatine A、B
木防己亭碱 (毛木防己宁)	orbiculatinine
木芙蓉洛苷	mutabiloside
木芙蓉萜 (木芙蓉萜素) A	hibtherin A
木瓜蛋白酶 (番木瓜酶)	papain (papayotin)
木瓜醛 Ⅰ、Ⅱ	sorbikortals Ⅰ, Ⅱ
木瓜酸 A～E	chaenomic acids A～E
木瓜酮	chaenomone
木瓜脂苷 A～F	chaenomisides A～F
木果楝宁碱	xylogranatinine
木果楝素	xylocarpin
木蝴蝶定 (汉黄芩素 -7-*O*-β-D- 葡萄糖醛酸苷)	oroxindin (wogonin-7-*O*-β-D-glucuronide)
木蝴蝶苷 A、B	oroxins A, B
木蝴蝶洛苷	oroxyloside

M

木蝴蝶素 (木蝴蝶灵、千层纸黄素、千层纸素) A、B	oroxylins (oxyayanins) A, B
木蝴蝶素 A-7-*O*-β-D- 吡喃葡萄糖苷	oroxylin A-7-*O*-β-D-glucopyranoside
木蝴蝶素 A-7-*O*-β-D- 葡萄糖醛酸正丁酯	oroxylin A-7-*O*-β-D-glucuronic acid butyl ester
木蝴蝶素 A-7-*O*- 葡萄糖醛酸苷甲酯	oroxylin A-7-*O*-glucuronide acid methyl ester
木患子皂苷 A～R	sapinmusaponins A～R
木姜子大牻牛儿素 (木姜子大根老鹳草烷)	litseagermacrane
木姜子光泽兰烷 (色木姜子烷) A、B	litseachromolaevanes A, B
木姜子碱 (樟新木姜子碱、去甲波尔定)	laurolitsine (norboldine)
木姜子葎草烷 A、B	litseahumulanes A, B
木姜子内酯 A～G	litseakolides A～G
木姜子兰内酯 C、D、G	litsealactones C, D, G
木姜子酮 A、B	litseaones A, B
木姜子辛	litsericine
木槿苷	hibiscitrin
木槿环肽 A、B	hibispeptins A, B
木槿黄素	hibiscetin
木槿内酯 A～C	hibicuslides A～C
木槿素 (木槿辛) A～C	syriacusins A～C
木槿素七甲醚	hibiscetinheptamethyl ether
木槿酸	hibiscus acid
木槿酰胺	hibiscusamide
木桔醇	aegelinol
木桔碱 (哈佛地亚酚、哈氏芸香酚)	aegelenine (halfordinol)
木桔酰胺 (肖木苹果灵)	aegeline
木桔辛碱	aeglemarmelosine
(+)- 木橘苷 [(+)- 印度楹梓苷]	(+)-marmesinin
(−)- 木橘苷 [(−)- 印度楹梓苷]	(−)-marmesinin
木橘林素	marmelin
木橘宁	marmelonin
木橘西林碱	marmesiline
木橘酰胺 A、B	marmamides A, B
(+)-(*S*)- 木橘辛素	(+)-(*S*)-marmesin
(+)- 木橘辛素	(+)-marmesin
木橘辛素 (异紫花前胡内酯、印度楹梓素、印度枸橘素)	marmesin
木橘辛素 -11-*O*-β-D- 吡喃葡萄糖基 -(1→6)-β-D- 吡喃葡萄糖苷	marmesin-11-*O*-β-D-glucopyranosyl-(1→6)-β-D-glucopyranoside
木橘辛素 -1″-*O*- 芸香糖苷	marmesin-1″-*O*-rutinoside
木橘辛素 -1″-α-L- 吡喃鼠李糖苷	marmesin-1″-α-L-rhamnopyranoside
木橘辛素 -4′-*O*-α-L- 吡喃阿拉伯糖苷	marmesin-4′-*O*-α-L-arabinopyranoside

木橘辛素 -4′-*O*-β-D- 呋喃芹糖基 -(1→6)-β-D- 吡喃葡萄糖苷	marmesin-4′-*O*-β-D-apiofuranosyl-(1→6)-β-D-glucopyranoside
木橘辛素 -8-*O*-β-D- 吡喃葡萄糖苷	marmesin-8-*O*-β-D-glucopyranoside
木聚糖	xylan
木蜡醇 (二十四醇)	lignoceryl alcohol (tetracosanol)
木蜡树双黄烷酮	succedanaflavanone
木蜡树素	succedanin
木蜡树香堇苷 A	rhusonoside A
木蜡酸 (二十四酸)	lignoceric acid (tetracosanoic acid)
木蜡酸二十八酯	octacosyl lignocerate
木蜡酸蜂花醇酯	melissyl lignocerate
木蜡酸蜡醇酯 (木蜡酸二十六醇酯)	ceryl lignocerate
木兰阿朴啡	magnoporphine
木兰胺	magnolamine
(+)- 木兰二醇	(+)-magnoliadiol
木兰酚苷 (北美大叶木兰苷)	magnolioside
木兰花碱 (木兰碱、荷花玉兰碱、玉兰碱)	magnoflorine (escholine, thalictrine)
木兰花碱 (木兰碱、玉兰碱、荷花玉兰碱)	escholine (magnoflorine, thalictrine)
木兰花碱 (木兰碱、玉兰碱、荷花玉兰碱)	thalictrine (escholine, magnoflorine)
木兰箭毒碱 (厚朴碱、厚朴箭毒碱、巨箭毒碱)	magnocurarine
木兰醌	magnoquinone
木兰勒宁	magnolein
木兰林碱	magnoline
木兰噜酮 (木兰醇酮)	magnolone
木兰宁	magnolianin
木兰醛 (厚朴醛)	magnaldehyde
木兰属碱	magnolia-base
木兰属内酯	magnolialide
(+)- 木兰素	(+)-magnolin
(–)- 木兰藤木脂素 [(–)- 澳白木脂素]	(–)-austrobailignan
木兰酮	magnolianone
木兰酰胺	magnolamide
木兰脂宁	magnoshinin
(–)- 木兰脂素	(–)-magnolin
木兰脂素 (木兰素、望春花素)	magnolin
木兰脂酮 A、B	magnones A, B
木蓝松香酮	indigoferabietone
木榄醇	bruguierol
木榄环硫醇	gymnorrhizol
木榄精	bruguine

木榄硫醇	bruguiesulfurol
木榄素 A～C	bruguierins A～C
木榄萜烯醇 [13 (18)- 齐墩果烯醇]	gymnorhizol
木榄酮	gramrione
木榄脂宁	brugnanin
木榄脂素 A	brugunin A
木藜芦醇 A	leucothol A
(−)- 木藜芦毒 -10 (20)- 烯 -3β, 5β, 6β, 14β, 16α- 五醇	(−)-grayanotox-10 (20)-en-3β, 5β, 6β, 14β, 16α-pentol
木藜芦毒素 Ⅰ～ⅩⅧ	grayanotoxins Ⅰ～ⅩⅧ
木藜芦毒素 Ⅳ (大白花毒素 Ⅰ)	grayanotoxin Ⅳ
木藜芦毒素 Ⅰ (梫木毒素、乙酰梫木醇毒、杜鹃毒素)	grayanotoxin Ⅰ (andromedotoxin, acetyl andromedol, rhodotoxin)
木里木香辛 A、B	vladimuliecins A, B
木莲苷 D	manglieside D
T- 木罗醇	T-murol
木萝烯	murolene
木麻黄鞣宁	casuarinin
木麻黄鞣亭 (直木麻黄素)	casuarictin
木麻黄鞣质	casuariin
木麻黄素	casurin
木麻黄酮二醇	casuarinondiol
木莓酸	swinhoeic acid
木霉素	trichodermin
木霉酮 A～C	trichodenones A～C
木霉酰胺 A、B	trichodermamides A, B
木棉苷	bombaside
木棉黄酮苷	shamimin
木棉醌 B	bombaxquinone B
木棉林素	bombalin
木棉林素 -4-*O*-β-D- 吡喃葡萄糖苷	bombalin-4-*O*-β-D-glucopyranoside
木棉马苷	bombamaloside
木棉马酮 A～D	bombamalones A～D
木棉酮	bombaxone
木棉辛	bombasin
木葡聚糖	xyloglucan
木三糖	xylotriose
木薯淀粉	cassava starch (manihot starch, topioca starch)
木薯毒苷	manihotoxin
木薯酸 A、B	esculentoic acids A, B
木薯应激素 B_9、P_{12}	yucalexins B_9, P_{12}

中文名称	英文名称
β- 木栓醇	β-friedelinol
木栓醇 (无羁萜醇)	friedelinol (friedelanol)
木四糖	xylotetraose
D-(+)- 木糖	D-(+)-xylose
DL- 木糖	DL-xylose
D- 木糖	D-xylose (wood sugar)
D- 木糖	wood sugar (D-xylose)
L-(−)- 木糖	L-(−)-xylose
木糖	xylose
木糖醇	xylitol
木糖苷	xylosidc
7- 木糖葛根素	7-xyloside puerarin
7-(β- 木糖基)-10- 去乙酰基紫杉酚 C、D	7-(β-xylosyl)-10-deacetyl taxols C, D
7-(β- 木糖基) 三尖杉宁碱	7-(β-xylosyl) cephalomannine
7-(β- 木糖基) 紫杉酚 C	7-(β-xylosyl) taxol C
7- 木糖基 -10- 去乙酰基浆果赤霉素 Ⅲ	7-xylosyl-10-deacetyl baccatin Ⅲ
7- 木糖基 -10- 去乙酰基紫杉醇 A	7-xylosyl-10-deacetyl taxol A
7β- 木糖基 -10- 去乙酰基紫杉醇 D	7β-xylosyl-10-deacetyl taxol D
6″-O- 木糖基黄豆黄苷	6″-O-xylosyl glycitin
木糖基牡荆素	xylosyl vitexin
O-D- 木糖基牡荆素	O-D-xylosyl vitexin
6-O-β- 木糖基桃叶珊瑚苷	6-O-β-xyloxylaucubin
6″-O- 木糖基鸢尾苷	6″-O-xylosyl tectoridin
7β- 木糖基紫杉醇	7β-xylosyl taxol
木糖葡萄糖基飞燕草素	xyloglucosyl delphinidin
木糖酸	xylosic acid
3, 4- 木糖酸 (3, 4- 二甲基苯甲酸)	3, 4-xylylic acid (3, 4-dimethyl benzoic acid)
木蹄层孔菌醇	fomentariol
木蹄层孔菌醇 (木蹄层孔菌甾醇) A～D	fomentarols A～D
木蹄层孔菌酸	fomentaric acid
木天蓼醇	matatabiol
木天蓼醚	matatabiether
木天蓼内酯	matatabilactone
木天蓼酸	matatabistic acid
木通苯乙醇苷 (荷苞花苷 B、克莱瑞苷 B、3, 4- 二羟基苯乙醇 -6-O- 咖啡酰基 -β-D- 葡萄糖苷)	calceolarioside B (3, 4-dihydroxyphenethyl alcohol-6-O-caffeoyl-β-D-glucoside)
木通苯乙醇苷 (蒲包花苷、荷苞花苷、蒲包花酯苷、克莱瑞苷) A～E	calceolariosides A～E
木通马兜铃内酯	manshurolide
木通马兜铃宁素 A、B	manshurienines A, B

M

木通糖苷 D、Stb、sth、stj、F、PE、X、XII	akebosides D, Stb, sth, stj, F, PE, X, XII
木通萜苷 A～D	quinatosides A～D
木通萜酸	akebonoic acid
木通托苷 A～D	akequintosides A～D
木通皂苷 PE	akebiasaponin PE
木通种酸 (木通酸)	quinatic acid
木苘蒿素	frutescin
木酮糖	xylulose
D- 木酮糖 (D- 苏戊 -2- 酮糖)	D-xylulose (D-threo-pent-2-ulose)
木犀草啶 (3′, 4′, 5, 7- 四羟基花色锌)	luteolinidin (3′, 4′, 5, 7-tetrahydroxyflavylium chloride)
木犀草啶 -5- 葡萄糖苷 (3′, 4′, 5, 7- 四羟基花色锌 -5- 葡萄糖苷)	luteolinidin-5-glucoside (3′, 4′, 5, 7-tetrahydroxyflavylium-5-glucoside)
木犀草苷 (山羊豆木犀草素、菜蓟苷、香蓝苷、加拿大麻糖苷、木犀草素 -7-O-β-D- 葡萄糖苷)	cinaroside (galuteolin, luteoloside, cynaroside, glucoluteolin, luteolin-7-O-β-D-glucoside)
木犀草素 (藤黄菌素、毛地黄黄酮、犀草素、矢车菊素酮)	luteolin (luteoline, cyanidenon)
木犀草素 -7-O-β-D- 葡萄糖苷 (木犀草苷、山羊豆木犀草素、菜蓟苷、香蓝苷、加拿大麻糖苷)	luteolin-7-O-β-D-glucoside (cinaroside, galuteolin, luteoloside, cynaroside, glucoluteolin)
木犀草素 -3′, 4′, 7- 三甲基醚	luteolin-3′, 4′, 7-trimethyl ether
木犀草素 -3′, 4′- 二甲醚	luteolin-3′, 4′-dimethyl ether
木犀草素 -3, 4- 二甲醚	luteolin-3, 4-dimethyl ether
木犀草素 -3, 7- 二 -O- 葡萄糖苷	luteolin-3, 7-di-O-glucoside
木犀草素 -3′, 7- 二 -O- 葡萄糖苷	luteolin-3′, 7-di-O-glucoside
木犀草素 -3′-O-(3″-O- 乙酰基)-β-D- 葡萄糖醛酸苷	luteolin-3′-O-(3″-O-acetyl)-β-D-glucuronide
木犀草素 -3′-O-(4″-O- 乙酰基)-β-D- 葡萄糖醛酸苷	luteolin-3′-O-(4″-O-acetyl)-β-D-glucuronide
木犀草素 -3-O-L- 吡喃鼠李糖苷	luteolin-3-O-L-rhamnopyranoside
木犀草素 -3′-O-L- 鼠李糖苷	luteolin-3′-O-L-rhamnoside
木犀草素 -3′-O-β-D- 吡喃木糖苷	luteolin-3′-O-β-xylopyranoside
木犀草素 -3′-O-β-D- 吡喃葡萄糖苷	luteolin-3′-O-β-D-glucopyranoside
木犀草素 -3-O-β-D- 吡喃葡萄糖苷	luteolin-3-O-β-D-glucopyranoside
木犀草素 -3′-O-β-D- 吡喃葡萄糖醛酸苷	luteolin-3′-O-β-D-glucuronopyranoside
木犀草素 -3′-O-β-D- 葡萄糖苷	luteolin-3′-O-β-D-glucoside
木犀草素 -3′-O-β-D- 葡萄糖醛酸苷	luteolin-3′-O-β-D-glucuronide
木犀草素 -3-O- 半乳糖苷	luteolin-3-O-galactoside
木犀草素 -3′- 甲醚 -7-O-β-D- 吡喃葡萄糖醛酸苷	luteolin-3′-methyl ether-7-O-β-D-glucuronopyranoside
木犀草素 -4′, 7- 二甲醚	luteolin-4′, 7-dimethyl ether
木犀草素 -4-O-β-D-6″- 乙酰基吡喃葡萄糖苷	luteolin-4′-O-β-D-6″-acetyl glucopyranoside
木犀草素 -4-O-β-D- 吡喃葡萄糖苷	luteolin-4-O-β-D-glucopyranoside
木犀草素 -4′-O-β-D- 吡喃葡萄糖醛酸苷	luteolin-4′-O-β-D-glucuronopyranoside
木犀草素 -4′-O-β-D- 葡萄糖苷	luteolin-4′-O-β-D-glucoside

木犀草素 -4′-O-β-D-芸香糖苷	luteolin-4′-O-β-D-rutinoside
木犀草素 -4′- 甲醚 (香叶木素)	luteolin-4′-methyl ether (diosmetin)
木犀草素 -5-O-α-L- 吡喃鼠李糖基 -(1→3)-[β-D- 吡喃葡萄糖基 -(1→6)]-β-D- 吡喃葡萄糖苷	luteolin-5-O-α-L-rhamnopyranosyl-(1→3)-[β-D-glucuronopyranosyl-(1→6)]-β-D-glucopyranoside
木犀草素 -5-O-β-D- 吡喃葡萄糖苷	luteolin-5-O-β-D-glucopyranoside
木犀草素 -5-O-β-D- 吡喃葡萄糖甲苷	methyl luteolin-5-O-β-D-glucopyranoside
木犀草素 -5-O-β-D- 葡萄糖苷	luteolin-5-O-β-D-glucoside
木犀草素 -5-O- 芸香糖苷	luteolin-5-O-rutinoside
木犀草素 -5- 甲醚	luteolin-5-methyl ether
木犀草素 -6, 8-C- 二葡萄糖苷	luteolin-6, 8-C-diglucoside
木犀草素 -6-C-(2″-O- 反式 - 咖啡酰基)-β-D- 葡萄糖苷	luteolin-6-C-(2″-O-trans-caffeoyl)-β-D-glucoside
木犀草素 -6-C-(4″- 甲基 -6″-O- 反式 - 咖啡酰基葡萄糖苷)	luteolin-6-C-(4″-methyl-6″-O-trans-caffeoyl glucoside)
木犀草素 -6-C-(6″-O- 反式 - 咖啡酰基)-β-D- 葡萄糖苷	luteolin-6-C-(6″-O-trans-caffeoyl)-β-D-glucoside
木犀草素 -6-C-α-L- 吡喃阿拉伯糖苷 -8-C-β-D- 吡喃葡萄糖苷	luteolin-6-C-α-L-arabinopyranoside-8-C-β-D-glucopyranoside
木犀草素 -6-C-β-D- 吡喃波伊文糖苷 -3′-O-β-D- 吡喃葡萄糖苷	luteolin-6-C-β-D-boivinopyranoside-3′-O-β-D-glucopyranoside
木犀草素 -6-C-β-D- 吡喃波伊文糖苷 -4′-O-β-D- 吡喃波伊文糖苷	luteolin-6-C-β-D-boivinopyranoside-4′-O-β-D-boivinopyranoside
木犀草素 -6-C-β-D- 吡喃波伊文糖苷 -4′-O-β-D- 吡喃葡萄糖苷	luteolin-6-C-β-D-boivinopyranoside-4′-O-β-D- glucopyranoside
木犀草素 -6-C-β-D- 吡喃波依文糖苷 -7-O-β-D- 吡喃葡萄糖苷	luteolin-6-C-β-D-boivinopyranoside-7-O-β-D-glucopyranoside
木犀草素 -6-C-β-D- 吡喃葡萄糖苷	luteolin-6-C-β-D-glucopyranoside
木犀草素 -6-C-β-D- 吡喃葡萄糖苷 -8-C-α-L- 吡喃阿拉伯糖苷	luteolin-6-C-β-D-glucopyranoside-8-C-α-L-arabinopyranoside
木犀草素 -6-C-β-D- 鸡纳糖苷	luteolin-6-C-β-D-chinovoside
木犀草素 -6-C-β-D- 葡萄糖苷 -8-C-β-D- 木糖苷	luteolin-6-C-β-D-glucoside-8-C-β-D-xyloside
木犀草素 -6-C-β-D- 洋地黄毒糖苷	luteolin-6-C-β-D-digitoxoside
木犀草素 -6-C-β- 吡喃波伊文糖苷	luteolin-6-C-β-boivinopyranoside
木犀草素 -6-C-β- 吡喃岩藻糖苷	luteolin-6-C-β-fucopyranoside
木犀草素 -6-C- 半乳糖苷	luteolin-6-C-galactoside
木犀草素 -6-C- 葡萄糖苷 (高荭草素、异红蓼素、合模荭草素、异荭草素)	luteolin-6-C-glucoside (isoorientin, homoorientin,)
木犀草素 -7, 3′, 4′- 三甲醚 (7, 3′, 4′- 三 -O- 甲基木犀草素)	luteolin-7, 3′, 4′-trimethyl ether (7, 3′, 4′-tri-O-methyl luteolin)
木犀草素 -7, 3′- 二硫酸酯	luteolin-7, 3′-disulphate
木犀草素 -7, 4′-O-β- 二葡萄糖苷	luteolin-7, 4′-O-β-diglucoside
木犀草素 -7, 4′- 二甲醚	luteolin-7, 4′-dimethyl ether
木犀草素 -7, 4′- 二羟基黄酮 -7-O-β-D- 葡萄糖苷	luteolin-7, 4′-dihydroxyflavone-7-O-β-D-glucoside
木犀草素 -7-O-(6″-O- 对羟基苯甲酰基)-β-D- 葡萄糖苷	luteolin-7-O-(6″-O-p-hydroxybenzoyl)-β-D-glucoside

M

木犀草素-7-O-(6″-O-反式-阿魏酰基)-β-D-葡萄糖苷	luteolin-7-O-(6″-O-trans-feruloyl)-β-D-glucoside
木犀草素-7-O-(6″-O-乙酰基)-β-D-吡喃葡萄糖苷	luteolin-7-O-(6″-O-acetyl)-β-D-glucopyranoside
木犀草素-7-O-(6″-对苯甲酰基葡萄糖苷)	luteolin-7-O-(6″-p-benzoyl glucoside)
木犀草素-7-O-(6″-对香豆酰基)-β-D-吡喃葡萄糖苷	luteolin-7-O-(6″-p-coumaroyl)-β-D-glucopyranoside
木犀草素-7-O-(β-D-吡喃葡萄糖苷)-2-吡喃葡萄糖苷	luteolin-7-O-(β-D-glucopyranoside)-2-glucopyranoside
木犀草素-7-O-(二氢没食子酰基葡萄糖苷)-8-C-戊糖葡萄糖苷	luteolin-7-O-(dihydrogalloyl glucoside)-8-C-pentosyl glucoside
木犀草素-7-O-[2-(β-D-呋喃芹糖基)-β-D-吡喃葡萄糖苷]	luteolin-7-O-[2-(β-D-apiofuranosyl)-β-D-glucopyranoside]
木犀草素-7-O-[2″-O-(5‴-O-阿魏酰基)-β-D-呋喃芹糖基]-β-D-吡喃葡萄糖苷	luteolin-7-O-[2″-O-(5‴-O-feruloyl)-β-D-apiofuranosyl]-β-D-glucopyranoside
木犀草素-7-O-[β-D-吡喃葡萄糖醛酸基-(1→2)-O-β-D-吡喃葡萄糖醛酸苷]	luteolin-7-O-[β-D-glucuronopyranosyl-(1→2)-O-β-D-glucuronopyranoside]
木犀草素-7-O-6″-丙二酰基葡萄糖苷	luteolin-7-O-6″-malonyl glucoside
木犀草素-7-O-α-L-吡喃鼠李糖苷-4′-O-β-D-吡喃葡萄糖苷	luteolin-7-O-α-L-rhamnopyranoside-4′-O-β-D-glucopyranoside
木犀草素-7-O-α-L-吡喃鼠李糖基-(1→2)-β-D-吡喃葡萄糖苷	luteolin-7-O-α-L-rhamnopyranosyl-(1→2)-β-D-glucopyranoside
木犀草素-7-O-α-L-吡喃鼠李糖基-(1→2)-β-D-吡喃葡萄糖苷 [木犀草素-7-O-新橙皮糖苷、忍冬苷、忍冬苦苷]	luteolin-7-O-α-L-rhamnopyranosyl-(1→2)-β-D-glucopyranoside [luteolin-7-O-neohesperidoside, lonicerin, loniceroside]
木犀草素-7-O-β-D-(6-O-丙二酰基)吡喃葡萄糖苷	luteolin-7-O-β-D-(6-O-malonyl) glucopyranoside
木犀草素-7-O-β-D-(6″-O-丙二酰基)吡喃葡萄糖苷	luteolin-7-O-β-D-(6″-O-malonyl) glucopyranoside
木犀草素-7-O-β-D-半乳糖苷	luteolin-7-O-β-D-galactoside
木犀草素-7-O-β-D-吡喃葡萄糖苷	luteolin-7-O-β-D-glucopyranoside
木犀草素-7-O-β-D-吡喃葡萄糖苷-6″-甲酯	luteolin-7-O-β-D-glucopyranoside-6″-methyl ester
木犀草素-7-O-β-D-吡喃葡萄糖基-(1→2)-β-D-吡喃葡萄糖苷	luteolin-7-O-β-D-glucopyranosyl-(1→2)-β-D-glucopyranoside
木犀草素-7-O-β-D-吡喃葡萄糖醛酸苷	luteolin-7-O-β-D-glucuronopyranoside
木犀草素-7-O-β-D-吡喃葡萄糖醛酸苷-6″-甲酯	luteolin-7-O-β-D-glucuronopyranoside-6″-methyl ester
木犀草素-7-O-β-D-吡喃葡萄糖醛酸苷丁酯	luteolin-7-O-β-D-glucuronopyranoside butyl ester
木犀草素-7-O-β-D-吡喃葡萄糖醛酸苷正丁酯	luteolin-7-O-β-D-glucuronopyranoside butyl ester
木犀草素-7-O-β-D-葡萄鼠李糖苷	luteolin-7-O-β-D-glucorhamnoside
木犀草素-7-O-β-D-葡萄糖苷(木犀草苷、山羊豆木犀草素、香蓝苷、加拿大麻糖苷)	luteolin-7-O-β-D-glucoside (luteoloside, galuteolin, cinaroside, cymaroside, glucoluteolin)
木犀草素-7-O-β-D-葡萄糖基-(1→2)-β-D-葡萄糖苷	luteolin-7-O-β-D-glucosyl-(1→2)-β-D-glucoside
木犀草素-7-O-β-D-葡萄糖醛酸苷	luteolin-7-O-β-D-glucuronide
木犀草素-7-O-β-D-葡萄糖醛酸苷甲酯	luteolin-7-O-β-D-glucuronide methyl ester
木犀草素-7-O-β-D-葡萄糖醛酸苷乙酯	luteolin-7-O-β-D-glucuronide ethyl ester
木犀草素-7-O-β-龙胆二糖苷	luteolin-7-O-β-gentiobioside
木犀草素-7-O-β-葡萄糖醛酸苷	luteolin-7-O-β-glucuronide
木犀草素-7-O-二葡萄糖醛酸苷	luteolin-7-O-diglucuronide

木犀草素-7-O-二鼠李糖苷	luteolin-7-O-dirhamnoside
木犀草素-7-O-呋喃葡萄糖苷 (异菜蓟苷)	luteolin-7-O-glucofuranoside (isocynaroside)
木犀草素-7-O-呋喃芹糖基-(1→2)-吡喃葡萄糖苷	luteolin-7-O-apiofuranosyl-(1→2)-glucopyranoside
木犀草素-7-O-槐糖苷	luteolin-7-O-sophoroside
木犀草素-7-O-甲醚-3'-O-β-葡萄糖苷	luteolin-7-O-methyl ether-3'-O-β-glucoside
木犀草素-7-O-甲氧基-3'-O-β-D-葡萄糖苷	luteolin-7-O-methoxy-3'-O-β-D-glucoside
木犀草素-7-O-龙胆二糖苷	luteolin-7-O-gentiobioside
木犀草素-7-O-葡萄糖基鼠李糖苷	luteolin-7-O-glucosyl rhamnoside
木犀草素-7-O-葡萄糖醛酸苷	luteolin-7-O-glucuronide
木犀草素-7-O-葡萄糖醛酸苷-6″-甲酯	luteolin-7-O-glucuronide-6″-methyl ester
木犀草素-7-O-鼠李糖苷	lutcolin-7-O-rhamnosidc
木犀草素-7-O-双半乳糖苷	luteolin-7-O-digalactoside
木犀草素-7-O-新橙皮糖苷 [忍冬苷、忍冬苦苷、木犀草素-7-O-α-L-吡喃鼠李糖基-(1→2)-β-D-吡喃葡萄糖苷]	luteolin-7-O-neohesperidoside [lonicerin, loniceroside, luteolin-7-O-α-L-rhamnopyranosyl-(1→2)-β-D-glucopyranoside]
木犀草素-7-O-芸香糖苷 (洋蓟糖苷、菜蓟莫苷)	luteolin-7-O-rutinoside (scolymoside)
木犀草素-7-丙二酰基葡萄糖苷	luteolin-7-malonyl glucoside
木犀草素-7-二葡萄糖苷	luteolin-7-diglucoside
木犀草素-7-甲醚 (3'-羟基芫花素)	luteolin-7-methyl ether (3'-hydroxygenkwanin)
木犀草素-7-硫酸酯	luteolin-7-sulphate
木犀草素-7-葡萄糖苷二硫酸酯	luteolin-7-glucoside disulfate
木犀草素-7-葡萄糖鼠李糖苷	luteolin-7-glucorhamnoside
木犀草素-7-芹糖葡萄糖苷	luteolin-7-apioglucoside
木犀草素-7-芸香糖苷	luteolin-7-rutinoside
木犀草素-8-C-α-L-阿拉伯糖苷	luteolin-8-C-α-L-arabinoside
木犀草素-8-C-β-D-吡喃葡萄糖苷	luteolin-8-C-β-D-glucopyranoside
木犀草素-8-C-葡萄糖苷	luteolin-8-C-glucoside
木犀草素黄烷-(4β→8)-圣草酚-5-葡萄糖苷	luteoliflavan-(4β→8)-eriodictyol-5-glucoside
木犀草素硫酸酯	luteolin sulfate
木犀草素四甲醚	luteolin tetramethyl ether
木犀多花素馨苷 A、B	oleopolyanthosides A, B
木犀花青素 (5, 7, 3', 4'-四羟基花色锌)	5, 7, 3', 4'-tetrahydroxyflavylium
木犀榄女贞苷 A	oleopolynuzhenide A
木犀榄瑞香酮	oleodapnone
木犀榄瑞辛 A、B	oleuricines A, B
木犀榄酸	elenolic acid
(1S)-木犀榄酸甲酯	(1S)-methyl elenolate
木犀榄烯酸	oleuropeic acid
(−)-木犀榄烯酸	(−)-oleuropeic acid
(−)-木犀榄烯酸-1'-O-β-D-吡喃葡萄糖酯苷	(−)-oleuropeic acid-1'-O-β-D-glucopyranosyl ester

M

(-)- 木犀榄烯酸 -6′-*O*-α-D- 吡喃葡萄糖酯苷	(−)-oleuropeic acid-6′-*O*-α-D-glucopyranosyl ester
(-)- 木犀榄烯酸 -8-*O*-β- 吡喃葡萄糖苷	(−)-oleuropeic acid-8-*O*-β-D-glucopyranoside
木犀洋丁香酚苷 (油类叶升麻苷)	oleoacteoside
木犀叶栓果菊素 C	resedin C
木犀鸢尾宁	luteoayamenin
木犀皂草素	lutonaretin
木香醇	costol
α- 木香醇	α-costol
木香醌酸 (罗氏旋覆花酮酸)	royleanonic acid
木香内酯	costuslactone
木香素 Ⅰ ～ Ⅲ	muxiangrines Ⅰ ～ Ⅲ
木香酸	costic acid
木香萜胺 A ～ E	saussureanines A ～ E
木香萜醛	saussureal
木香烯	costene
1 (10)- 木香烯内酯	1 (10)-costunolide
木香烯内酯 (广木香内酯、木香烃内酯)	costunolide
木油树酸 (油桐三萜酸、石栗萜酸、紫桐油酸)	aleuritolic acid
木贼阿魏素	equisetan
木贼二酸	equisetolic acid
木贼苷 A ～ D	equisetumosides A ～ D
木贼碱	equisetumine
木脂素	lignan
木脂素苷 (木脂素糖苷)	lignan glycoside
木质素	lignin
木质酸	xylonic acid
木质酮	xyloidone
木竹子色素 A、B	garcinianins A, B
木竹子酮 D ～ K	garcimultiflorones D ～ K
木兹咖皮双醛	muzigadial
苜蓿二酚	sativol
苜蓿酚 (苜蓿内酯)	medicagol
苜蓿苷 G	medicoside G
苜蓿素 (小麦黄素、麦黄酮、4′, 5, 7- 三羟基 -3′, 5′- 二甲氧基黄酮)	tricin (4′, 5, 7-trihydroxy-3′, 5′-dimethoxyflavone)
苜蓿素 -5, 7- 二 -*O*- 葡萄糖苷	tricin-5, 7-di-*O*-glucoside
苜蓿素 -5-*O*-β-D- 葡萄糖苷	tricin-5-*O*-β-D-glucoside
苜蓿素 -7-*O*-[2′-*O*- 阿魏酰基 -β-D- 吡喃葡萄糖醛酸基 -(1→2)-*O*-β-D- 吡喃葡萄糖醛酸苷]	tricin-7-*O*-[2′-*O*-feruloyl-β-D-glucuronopyranosyl-(1→2)-*O*-β-D-glucuronopyranoside]

苜蓿素-7-O-[2-O-芥子酰基-β-D-吡喃葡萄糖醛酸基-(1→2)-O-β-D-吡喃葡萄糖醛酸苷]	tricin-7-O-[2-O-sinapoyl-β-D-glucuronopyranosyl-(1→2)-O-β-D-glucuronopyranoside]
苜蓿素-7-O-β-(6″-甲氧基桂皮酰基)葡萄糖苷	tricin-7-O-β-(6″-methoxycinnamoyl) glucoside
苜蓿素-7-O-β-D-吡喃葡萄糖苷	tricin-7-O-β-D-glucopyranoside
苜蓿素-7-O-β-D-葡萄糖苷	tricin-7-O-β-D-glucoside
苜蓿素-7-O-β-D-葡萄糖醛酸苷	tricin-7-O-β-D-glucuronide
苜蓿素-7-O-新橙皮糖苷	tricin-7-O-neohesperidoside
苜蓿素-7-二葡萄糖醛酸苷	tricin-7-diglucuronide
苜蓿素-7-葡萄糖醛酸苷	tricin-7-glucuronide
苜蓿素-7-三葡萄糖醛酸苷	tricin-7-triglucuronide
苜蓿素-7-芸香糖苷	tricin-7-rutinoside
苜蓿酸	medicagenic acid
苜蓿酸-3, 28-二-O-β-D-吡喃葡萄糖苷	medicagenic acid-3, 28-di-O-β-D-glucopyranoside
苜蓿酸-3-O-β-D-吡喃葡萄糖苷	medicagenic acid-3-O-β-D-glucopyranoside
苜蓿酸-3-O-吡喃葡萄糖醛酸苷	medicagenic acid-3-O-glucuronopyranoside
苜蓿酸三糖苷	medicagenic acid-3-O-triglucoside
苜蓿酸酯	medicagenate
(−)-苜蓿紫檀素	(−)-medicarpin
(+)-苜蓿紫檀素	(+)-medicarpin
苜蓿紫檀素(美迪紫檀素、去甲高紫檀素)	medicarpin (demethyl homopterocarpin)
苜蓿紫檀素-3-O-β-D-芹糖基-(1→6)-β-D-吡喃葡萄糖苷	medicarpin-3-O-β-D-apiosyl-(1→6)-β-D-glucopyranoside
苜蓿紫檀素-3-O-β-吡喃葡萄糖苷	medicarpin-3-O-β-glucopyranoside
苜蓿紫檀素-3-O-葡萄糖苷	medicarpin-3-O-glucoside
苜蓿紫檀素-3-O-葡萄糖苷-6′-O-丙二酸酯	medicarpin-3-O-glucoside-6′-O-malonate
牧草栓翅芹酮	pabularinone
牧豆树碱(柔荑花素)	juliflorine (juliprosopine)
牧豆树碱(柔荑花素)	juliprosopine (juliflorine)
牧豆树宁	prosopinine
牧豆树品	prosopine
牧豆树素(文那灵)	vinaline
穆库尔没药醇	mukulol
(Z)-穆库尔没药甾酮	(Z)-guggulsterone
穆坪马兜铃酰胺(N-反式-阿魏酰基酪胺)	moupinamide (N-trans-feruloyl tyramine)
穆萨树苷(木赛苷、明萨替苷)Ⅰ～Ⅲ	mussatiosides Ⅰ～Ⅲ
穆氏鸡骨常山碱	alstonerine
穆氏鸡骨常山醛	alstonerinal
穆斯坎酮[3-O-(1″, 8″, 14″-三甲基十六烷基)柚皮苷元]	muscanone [3-O-(1″, 8″, 14″-trimethyl hexadecyl) naringenin]
穆提菊呋喃香豆素	mutisifurocoumarin

M

穆图豆包菌醇	mutumol
穆扎什苷元	muzanzagenin
那春	natrine
那富雷定	nafuredin
那基三醇	nakitriol
那基烯酮 A	nakienone A
那可丁 (那可汀、诺司卡品、甲氧基白毛茛碱、鸦片宁)	narcosine (narcotine, noscapine, methoxyhydrastine, opianine)
(7′S, 8′S)-那可莫醛	(7′S, 8′S)-nocomtal
α-那可汀	α-narcotine
β-那可汀	β-narcotine
那可汀 (那可丁、诺司卡品、甲氧基白毛茛碱、鸦片宁)	narcotine (narcosine, noscapine, methoxyhydrastine, opianine)
那鲁紫玉盘辛 I、II	narumicins I, II
那帕柴胡皂苷 K	nepasaikosaponin K
那坡雷硫苷	napoleiferin
那碎因	narceine
那藤苷 A	mubenoside A
L-那危定	L-narwedine
那危定	galanthaminone (narwedine)
那危定	narwedine (galanthaminone)
纳纳紫杉烷 A～K	taxuspinananes A～K
纳西姆玉蕊素 A、B	nasimaluns A, B
钠	sodium
奶桑酮 C	macrourone C
奶子藤碱 A～F	mekongenines A～F
耐寒龙胆苷 (寒原龙胆苷)	gelidoside
耐斯糖 (真菌四糖、β-D-呋喃果糖基-(2→1)-β-D-呋喃果糖基-(2→1)-β-D-呋喃果糖基-α-D-吡喃葡萄糖苷)	nystose (β-D-fructofuranosyl-(2→1)-β-D-fructofuranosyl-(2→1)-β-D-fructofuranosyl-α-D-glucopyranoside)
耐阴香菜素苷 (糙苏洛苷)	umbroside
耐阴香茶菜素 (阴生香茶菜素) A、B	umbrosins A, B
萘	naphthalene
萘-1, 8-磺内酰胺	naphthalene-1, 8-sultam
萘-1, 8-磺内酯	naphthalene-1, 8-sultone
萘-1, 8-亚磺内酯	naphthalene-1, 8-sultine
萘-2 (1H)-亚胺	naphthalene-2 (1H)-imine
萘-2-醇	naphthalene-2-ol
萘-2-二氨亚基替磺酸	naphthalene-2-sulfonodiimidic acid
2′-(萘-2-基)-1, 1′:4′, 1″-三联环己烷	2′-(naphth-2-yl)-1, 1′:4′, 1″-tercyclohexane
6-(萘-2-基) 薁	6-(naphth-2-yl) azulene

(萘 -2- 基) 苯基乙氮烯	(naphthalene-2-yl) phenyl diazene
萘吡喃酮二聚物	naphthopyrone dimer
1- 萘丙醇	1-naphthalenepropanol
萘并 [1, 2-*c*:7, 8-*c'*] 二呋喃	naphtho [1, 2-*c*:7, 8-*c'*] difuran
萘并 [1, 8-*cd*] [1, 2] 氧硫杂环戊熳 -2, 2- 二氧化物	naphtho [1, 8-*cd*] [1, 2] oxathiole-2, 2-dioxide
萘并 [1, 8-*cd*] [1, 2] 氧硫杂环戊熳 -2- 氧化物	naphtho [1, 8-*cd*] [1, 2] oxathiole-2-oxide
萘并 [1, 8-*de*] 嘧啶 (白啶)	naphtho [1, 8-*de*] pyrimidine (perimidine)
萘并 [2, 1, 8-*mna*] 吖啶	naphtho [2, 1, 8-*mna*] acridine
萘并异噁唑 A	naphthisoxazol A
萘并治疝草素	naphthoherniarin
萘啶	naphthyridine
萘啶酮酸	nalidixic acid
1, 5- 萘二酚	1, 5-naphthalenediol
2- 萘酚	2-naphthol
β- 萘酚	β-naphthol
萘酚 AS/BI-*N*- 乙酰 -β-D- 氨基半乳糖苷	naphthol AS/BI-*N*-acetyl-β-D-galactosaminide
萘酚 AS/BI-*N*- 乙酰 -β-D- 氨基葡萄糖苷	naphthol AS/BI-*N*-acetyl-β-D-glucosaminide
1- 萘酚 -β-D- 吡喃葡萄糖苷	1-naphthol-β-D-glucopyranoside
1- 萘酚异戊醚	1-naphthol isopentyl ether
1- 萘酚异戊烯醚	1-naphthol isopentenyl ether
α- 萘黄酮	α-naphthyl flavone
2- 萘基 (5, 6, 7, 8- 四氢萘 -2- 基) 胺	2-naphthyl (5, 6, 7, 8-tetrahydro-2-naphthyl) amine
2- 萘基 (5, 6, 7, 8- 四氢萘 -2- 基) 氮烷	2-naphthyl (5, 6, 7, 8-tetrahydro-2-naphthyl) azane
N-(1- 萘基) 乙二胺二盐酸盐	*N*-(1-naphthyl) ethylenediamine dihydrochloride
2- 萘基 -β-D- 吡喃葡萄糖苷	2-naphthyl-β-D-glucopyranoside
β- 萘甲醛	β-naphthalene carboxaldehyde
2- 萘甲酸	2-naphthalenecarboxylic acid
萘甲酸	naphthoic acid
1, 2- 萘醌	1, 2-naphthoquinone
1, 4- 萘醌	1, 4-naphthoquinone
萘醌 Ⅰ ～ Ⅵ	naphthoquinones Ⅰ ～ Ⅵ
6*b*, 12*b*-[1, 8] 萘桥苊并 [1, 2-*a*] 苊	6*b*, 12*b*-[1, 8] naphthalenoacenaphthyleno [1, 2-*a*] acenaphthylene
萘醛	naphthaldehde
2- 萘氧基乙酸	2-naphthoxyacetic acid
2- 萘乙醇	2-naphthalene ethanol
1- 萘乙酸	1-naphthalene acetic acid
1 (2, 7)- 萘杂 -5 (1, 4)- 苯杂环八蕃 -52- 甲酸	1 (2, 7)-naphthalena-5 (1, 4)-benzenacyclooctaphane-52-carboxylic acid
南艾蒿灵	artemorin

南大戟内酯(岩大戟内酯)A～E	jolkinolides A～E
南大戟宁	jolkianin
南大戟素	jolkinin
南大戟酯A	jolkinoate A
南方贝壳杉双黄酮(罗波斯塔黄酮、昆士兰贝壳杉黄酮)	robustaflavone
南方贝壳杉双黄酮-4″-二甲醚	robustaflavone-4′-dimethyl ether
南方贝壳杉双黄酮-4′-甲醚	robustaflavone-4′-methyl ether
南方贝壳杉双黄酮-7″-甲醚	robustaflavone-7″-methyl ether
南方红豆杉醇A～V	taxumairols A～V
南方红豆杉素A、B	taxumains A, B
南方红豆杉酮A	taxumairone A
南方红桧脂素(脱氧鬼臼脂素、脱氧鬼臼毒素、峨参辛、峨参内酯)	silicicolin (anthricin, deoxypodophyllotoxin)
南方红厚壳素(澳红厚壳素)	calaustralin
南方鲨素Ⅰ、Ⅱ	gigasins Ⅰ, Ⅱ
南方荚蒾苷(南方荚蒾酚苷)	fordioside
南方荚蒾木脂醇A～C	fordianoles A～C
南方荚蒾木脂苷A～I	viburfordosides A～I
南方荚蒾新木脂素A、B	fordianes A, B
南方灵芝内酯	austrolactone
南方灵芝酸	australic acid
南方菟丝苷A、B	australisides A, B
南非鸡头薯酮1～5	kraussianones 1～5
南瓜苷A～M	cucurbitosides A～M
南瓜果胶	cucurbita moschata pectin
南瓜黄质A、B	cucurbitaxanthins A, B
南瓜色素	cucurbitachrome
南瓜烯	cucurbitene
南瓜子氨酸	cucurbitine
南瓜子醇	cucurbitol
南卡古碱A	nankakurine A
南岭楝酮(岭南楝树酮)A、B	dubiones A, B
南岭山矾苷	confusoside
南美蟾蜍毒精	marinobufagin
南美蟾蜍毒精-3-辛二酰基-L-谷酰胺酯	marinobufagin-3-suberoyl-L-glutamine ester
南美番石榴酸	guajanoic acid
南美花椒酰胺(棒状花椒酰胺)	herculin
南美荚豆碱A～C	nitensidines A～C
南美楝羟内酯-3α-乙酸酯	cabraleahydroxylactone-3α-acetate
南美楝酮	cabraleone

南美木防己箭毒碱	chondrocurine
南美牛奶皮苷 (南美牛奶藤苷) A0、C0	condurangoglycosides A0, C0
南美牛奶藤苷 Do1	condurangoside Do1
南美牛奶藤苦苷	condurangin
南美牛奶藤酯 F	condurango ester F
南美羽扇豆素	mutabilein
南苜蓿三萜皂苷	hispidacin
南欧大戟醇	peplusol
南欧大戟素 A	euphopeplin A
南欧蒎酮	sclareapinone
南欧鸢尾苯酮	iriflophenone
南欧鸢尾苯酮 -2-*O*-α-L- 吡喃鼠李糖苷	iriflophenone-2-*O*-α-L-rhamnopyranoside
南欧鸢尾苯酮 -3, 5-*C*-β-D- 二吡喃葡萄糖苷	iriflophenone-3, 5-*C*-β-D-diglucopyranoside
南欧鸢尾苯酮 -3-*C*-β-D- 葡萄糖苷	iriflophenone-3-*C*-β-D-glucoside
南欧鸢尾苷	irifloside
南欧鸢尾苷元	iriflogenin
南欧鸢尾醛	iriflorental
南荛酚 (去甲络石苷元、荛脂醇、亚洲络石脂内酯)	wikstromol (nortrachelogenin, pinopalustrin)
南荛苷 (荛花素、南荛素)	wikstroemin
南山藤醇	dregealol
南山藤伏苷 A～D	drevosides A～D
南山藤苷元酮	volubilogenone
南山藤勾苷 (南山藤苷) A	dregoside A
南山藤洛醇	volubilol
南山藤宁	dregeanin
南山藤属苷 (苦绳苷) A～I、AⅡ、Aa$_1$、Ao$_1$、Ap$_1$、CⅡ、Da$_1$、Dp$_1$、Ga$_1$、Gp$_1$、Ka$_1$、Kp$_1$	dregeosides A～I, AⅡ, Aa$_1$, Ao$_1$, Ap$_1$, CⅡ, Da$_1$, Dp$_1$, Ga$_1$, Gp$_1$, Ka$_1$, Kp$_1$
南山藤属碱	dregea base
南山藤皂苷元 (南山藤伏苷元) Ⅰ、Ⅱ、A～Q	drevogenins Ⅰ, Ⅱ, A～Q
南山藤种苷 (南山藤洛苷) A～C	volubilosides A～C
南蛇藤 -β- 呋喃甲酰胺	celafurine
南蛇藤苄酰胺 (苯代南蛇碱)	celabenzine
南蛇藤别桂皮酰胺碱	celallocinnine
南蛇藤醇 (南蛇藤素、雷公藤红素)	celastrol (tripterine)
南蛇藤醇素 Aα、Aβ、Bα、Bβ	celastrolines Aα, Aβ, Bα, Bβ
南蛇藤定 (青江藤素) A～C	celasdins A～C
南蛇藤桂皮酰胺	celacinnine
南蛇藤黄质 (南蛇藤黄素)	celaxanthin
南蛇藤碱 A	celastrine A
南蛇藤柯醇酯	celorbicol ester
南蛇藤灵 (南蛇藤林素) A～I	orbiculins A～I

N

南蛇藤内酯	celastolide
南酸枣苷 (柚皮素 -4′-β-D- 葡萄糖苷)	choerospondin (naringenin-4′-β-D-glucoside)
南藤素	wallichinin (wallichinine)
南天宁碱 (*O*-甲基南天竹种碱、南天竹种碱甲醚、南天竹宁、南天竹啡碱)	nantenine (*O*-methyl domesticine, domestine)
南天青碱 (南天表碱)	nandazurine
南天竹苷 A、B	nantenosides A, B
南天竹碱 [(+)- 四氢小檗红碱]	nandinine [(+)-tetrahydroberberrubine]
南天竹宁 (*O*-甲基南天竹种碱、南天竹种碱甲醚、南天宁碱、南天竹啡碱)	domestine (*O*-methyl domesticine, nantenine)
南天竹氰苷 (南天竹素)	nandinin
南天竹甾胺	nandsterine
南天竹种碱	domesticine
南天竹种碱甲醚	*O*-methyl domesticine
南葶苈苷 A、B	descurainosides A, B
南葶苈内酯 A、B	descurainolides A, B
南菟丝子苷 (澳大利亚栗籽豆碱)	australine
南乌碱甲、乙	austroconitines A, B
南五味子二内酯	kadsudilactone
南五味子根木脂素 A～L	kadsuralignans A～L
南五味子木脂宁 (南五味子宁)	kadsuranin
南五味子木脂素 A～M	kadsulignans A～M
南五味子内酯 A	kadsulactone A
南五味子内酯酸	kadsulactone acid
南五味子尼酸 A	kadsuranic acid A
南五味子素 A	kadsurin A
南五味子酸	kadsuric acid
南五味子酸 3- 甲酯	3-methyl kadsurate
南五味子烯 A	kadsurene A
南五味子烯 A 甲酯	kadsurene A methyl ester
南五味子烯醇	kadsuraenol
南五味子异形内酯 A、B	kadheterilactones A, B
南五味子因 A～C	kadsurains A～C
南五味子酯 (冷饭团素)	kadsutherin
南五味子酯 A～D	kadsutherins A～D
南香定	gnididin
南亚新木姜二环氧内酯 (南亚新木姜子定)	zeylanidine
南亚新木姜环氧内酯 (南亚新木姜子碱)	zeylanicine
南亚新木姜内酯 (南亚新木姜子宁)	zeylanine
南阳杉酸 (覆瓦南美杉醇酸、覆瓦南洋杉酸)	imbricatolic acid

中文名称	英文名称
南烛醇 (綟木毒) A～D	lyoniols A～D
南烛木树脂酚 (莱昂树脂醇、南烛树脂酚)	lyoniresinol
(−)-南烛木树脂酚 [(−)-莱昂树脂醇、(−)-南烛树脂酚]	(−)-lyoniresinol
(+)-南烛木树脂酚 [(+)-莱昂树脂醇、(+)-南烛树脂酚]	(+)-lyoniresinol
(−)-南烛木树脂酚 -2α-O-β-D-吡喃葡萄糖苷	(−)-lyoniresinol-2α-O-β-D-glucopyranoside
(+)-南烛木树脂酚 -2α-O-β-D-吡喃葡萄糖苷	(+)-lyoniresinol-2α-O-β-D-glucopyranoside
南烛木树脂酚 -3-O-吡喃鼠李糖苷	lyoniresinol-3-O-rhamnopyranoside
(+)-南烛木树脂酚 -3α-O-α-L-吡喃鼠李糖苷	(+)-lyoniresinol-3α-O-α-L-rhamnopyranoside
(−)-南烛木树脂酚 -3α-O-β-D-吡喃葡萄糖苷	(−)-lyoniresinol-3α-O-β-D-glucopyranoside
(+)-南烛木树脂酚 -3α-O-β-D-吡喃葡萄糖苷	(+)-lyoniresinol-3α-O-β-D-glucopyranoside
(2R, 3S, 4R)-南烛木树脂酚 -3α-O-β-D-吡喃葡萄糖苷	(2R, 3S, 4R)-lyonircsinol-3α-O-β-D-glucopyranosidc
(2S, 3R, 4S)-南烛木树脂酚 -3α-O-β-D-吡喃葡萄糖苷	(2S, 3R, 4S)-lyoniresinol-3α-O-β-D-glucopyranoside
南烛木树脂酚 -3α-O-β-D-吡喃葡萄糖苷	lyoniresinol-3α-O-β-D-glucopyranoside
(+)-南烛木树脂酚 -3α-O-β-D-呋喃芹糖基 -(1→2)-β-D-吡喃葡萄糖苷	(+)-lyoniresinol-3α-O-β-D-apiofuranosyl-(1→2)-β-D-glucopyranoside
(+)-南烛木树脂酚 -3α-O-β-D-葡萄糖苷	(+)-lyoniresinol-3α-O-β-D-glucoside
(−)-南烛木树脂酚 -4, 9′-二 -O-β-D-吡喃葡萄糖苷	(−)-lyoniresinol-4, 9′-di-O-β-D-glucopyranoside
(+)-南烛木树脂酚 -4-O-β-D-吡喃葡萄糖苷	(+)-lyoniresinol-4-O-β-D-glucopyranoside
(+)-(7S, 8R, 8′R)-南烛木树脂酚 -9-O-β-D-(6″-O-反式 -芥子酰基) 吡喃葡萄糖苷	(+)-(7S, 8R, 8′R)-lyoniresinol-9-O-β-D-(6″-O-trans-sinapoyl) glucopyranoside
(−)-南烛木树脂酚 -9′-O-β-D-吡喃葡萄糖苷	(−)-lyoniresinol-9′-O-β-D-glucopyranoside
南烛木树脂酚 -9′-O-β-D-吡喃葡萄糖苷	lyoniresinol-9′-O-β-D-glucopyranoside
(+)-南烛木树脂酚 -9′-O-β-D-吡喃葡萄糖苷	(+)-lyoniresinol-9′-O-β-D-glucopyranoside
(−)-南烛木树脂酚 -9-O-β-D-吡喃葡萄糖苷	(−)-lyoniresinol-9-O-β-D-glucopyranoside
南烛木树脂酚 -9-O-β-D-吡喃葡萄糖苷	lyoniresinol-9-O-β-D-glucopyranoside
(+)-南烛木树脂酚 -9-O-β-D-葡萄糖苷	(+)-lyoniresinol-9-O-β-D-glucoside
南烛木糖苷 (南烛脂苷)	lyoniside
南烛双苷 A～D	divaccinosides A～D
南烛素 A	lyonin A
(+)-南烛脂苷	(+)-lyoniside
南紫薇宾碱 A	sarusubine A
南紫薇碱Ⅰ、Ⅱ	lasubines Ⅰ, Ⅱ
南紫薇辛碱Ⅰ、Ⅱ	subcosines Ⅰ, Ⅱ
楠木属碱	phoebe base
(−)-楠木素 [(−)-润楠辛]	(−)-machilusin
楠木脂素 (红楠树脂素、润楠素、红楠素) A～I	machilins A～I
(−)-楠木脂素 -I	(−)-machilin-I
囊瓣木素 A、B	saccopetrins A, B
囊翠碱甲	delbruine
囊袋皮消醇 (西藏牛皮消醇) A～K	saccatols A～K

囊毒碱	physovenine
囊萼番薯素 VII	operculin VII
囊萼番薯酸 A、B	operculinic acids A, B
囊管草瑞香素	vesiculosin
囊果酸 (囊梅衣酚)	physodic acid (physodalin)
囊距翠雀醇	delbruninol
囊距翠雀碱	brunonine
囊距翠雀灵	delbruline
囊距翠雀宁	delbrunine
囊距翠雀星	delbrusine
囊菌氯 A～B	aranochloros A～B
囊链藻醇单乙酸酯	cystoseirol monoacetate
囊梅衣酚 (囊果酸)	physodalin (physodic acid)
囊绒苔醛	sacculatal
(+)-(8S, 7′S, 8′S)-囊素 -9′-O-α-L-鼠李糖苷	(+)-(8S, 7′S, 8′S)-burselignan-9′-O-α-L-rhamnoside
(+)-(8S, 7′S, 8′S)-囊素 -9′-O-β-D-吡喃葡萄糖苷	(+)-(8S, 7′S, 8′S)-burselignan-9′-O-β-D-glucopyranoside
囊尾蚴素	cystodytin
囊藻酚	colpol
囊状萼糙苏苷	physocalycoside
囊状毛蕊花苷 [6-O-α-L-(2″-O-反式 -对香豆酰基) 吡喃鼠李糖基梓醇]	saccatoside [6-O-α-L-(2″-O-$trans$-p-coumaroyl) rhamnopyranosyl catalpol]
囊状紫檀素	marsupsin
脑苷酯 (脑苷) A～D、AS-1-1～AS-1-5、B1-b、1～5	cerebrosides A～D, AS-1-1～AS-1-5, B1-b, 1～5
脑活素	cerebrolisin
脑利钠肽 (脑钠肽、脑钠素)	brain natriuretic peptides
脑磷脂	cephalin
α-脑磷脂	α-cephalin
脑硫脂	sulfatidate
脑酰胺二己糖苷	ceramide dihexoside
脑酰胺基氨乙基磷酸	ceramide aminoethyl phosphoric acid
闹米乌头碱	nominine
(2-内, 7-反)-2-溴 -7-氟双环 [2.2.1] 庚烷	(2-$endo$, 7-$anti$)-2-bromo-7-fluorobicyclo [2.2.1] heptane
(3-内, 7-顺)-3-溴 -7-甲基双环 [2.2.1] 庚 -2-酮	(3-$endo$, 7-syn)-3-bromo-7-methyl bicyclo [2.2.1] hept-2-one
内 -2-莰烷醇 (莰乌药醇、内 -2-龙脑烷醇、龙脑)	$endo$-2-camphanol (camphol linderol, endo-2-bornanol, borneol)
内 -2-龙脑烷醇 (莰乌药醇、龙脑、内 -2-莰烷醇)	$endo$-2-bornanol (camphol linderol, borneol, endo-2-camphanol)
内布罗迪麻黄苷 A	nebrodenside A
内察盾状美登宁 αA	netzascutionin αA

内 - 赤藓醇 (1, 2, 3, 4- 丁四醇、赤藓醇、赤藓糖醇、赤藻糖醇)	*meso*-erythritol (1, 2, 3, 4-butantetraol, erythritol, erythrit)
β- 内啡呔	β-endorphin
内过氧化物 G3	endoperoxide G3
内黄肾岛衣素	endocrocin
内南五味子素甲～丁	interiorins A～D
内南五味子酯 A～D	interiotherins A～D
内欧品	neopine
内屈考诺酮	conocurvone
内四苷 (尼斯爵床苷) B	neesiinoside B
内向 - 香叶天竺葵烷醇	*endo*-bourbonanol
内消旋 -2, 3- 二 (3, 4, 5- 三甲氧基苯甲基)-1, 4- 丁二醇	*meso*-2, 3-bis (3, 4, 5-trimethoxybenzyl)-1, 4-butanediol
内消旋 -3, 5- 二乙酰氧基 -1, 7- 二 (4- 羟基 -3- 甲氧苯基) 庚烷	*meso*-3, 5-diacetoxy-1, 7-bis (4-hydroxy-3-methoxyphenyl) heptane
内消旋 -D- 甘油 -L- 艾杜庚糖醇	*meso*-D-glycerol-L-ido-heptitol
内消旋 -α- 亚氨基二丙酸	*meso*-α-iminodipropionic acid
内消旋 - 单甲基二氢愈创木酸	*meso*-monomethyl-dihydroguaiaretic acid
内消旋 - 二氢愈创木脂酸	*meso*-dihydroguaiaretic acid
内消旋 - 肌醇 (肌醇、肌肉肌醇、中肌醇、环己六醇)	*meso*-inositol (myoinositol, inositol, cyclohexanehexol)
内消旋 - 酒石酸二甲酯	dimethyl *meso*-tartrate
内消旋 - 开环异落叶松脂素	*meso*-secoisolariciresinol
内消旋 - 三羟基哌啶	*meso*-trihydroxypiperidine
内消旋 - 莎草酚 A	*meso*-cyperusphenol A
内消旋 - 细辛木脂素 A	*meso*-asarolignan A
内雄楝林素	phragmalin
内雄楝林素 -3, 30- 二异丁酸酯	phragmalin-3, 30-diisobutanoate
内雄楝林素 -30- 乙酸酯 -3-(2- 甲基丙酸酯)	phragmalin-30-acetate-3-(2-methyl-propanoate)
内雄楝林素单乙酰物	phragmalin monoacetate
内雄楝素 C、D	entilins C, D
内异樟脑烯	endoisocamphonene
内折香茶菜赛宁 (挥发菜赛宁) A～D	inflexanins A～D
内折香茶菜素 Ⅰ 、Ⅱ	inflexusins Ⅰ, Ⅱ
内折香茶菜萜 J	inflexarabdonin J
内折香茶菜萜素 A、B	rabdoinflexins A, B
内折香茶菜辛 Ⅰ 、Ⅱ	inflexins Ⅰ, Ⅱ
内酯	lactone
尼奥品 (内欧品、β- 可待因)	neopine (β-codeine)
尼邦五加苷 A～D	nipponosides A～D
尼波定	nerbowdine
尼格发亭碱	nigrifactin

尼格里诺碱	nigrinadine
尼克澳洲红豆碱	nicaustrine
尼克酸 (烟酸、尼古丁酸)	nicotinic acid (niacin)
尼勒吉扔碱	nilgirine
尼罗杜楝素	nilotin
尼罗河桎柳亭	nilocitin
尼罗河杜楝素 (尼洛替星)	niloticin
尼罗河杜楝素乙酸酯	niloticin acetate
尼木素 A、B	hyeronines A, B
尼泊尔常春藤素 -3	nepalin-3
(+)-尼泊尔革质野扇花碱 A	(+)-nepapakistamine A
尼泊尔黄堇碱	henderine
尼泊尔内酯 A～D	nepalolides A～D
尼泊尔鼠李素 A～C	rhamnepalins A～C
尼泊尔酸模定	nepodin
尼泊尔酸模酚苷 A、B	rumexneposides A, B
尼泊尔酸模苷 A、B	nepalensides A, B
尼泊尔鸢尾苷元	irisolidon
尼泊尔鸢尾苷元-7-*O*-β-D-吡喃葡萄糖苷	irisolidon-7-*O*-β-D-glucopyranoside
尼泊尔鸢尾异黄酮 (葛花苷元、鸢尾立酮、野鸢尾立黄素)	irisolidone
尼泊尔鸢尾异黄酮-7-*O*-α-L-吡喃鼠李糖苷	irisolidone-7-*O*-α-L-rhamnopyranoside
尼泊金酸-4-*O*-新橙皮糖苷	nipagin acid-4-*O*-neohesperidoside
尼润 (尼润宁)	nerinine
尼润平	nerispine
尼润属碱	nerine base
尼润酮宁	neronine
(−)-尼森香豌豆紫檀酚 [(−)-尼氏山黧豆素、(−)-尼苏里山黧豆素]	(−)-nissolin
(−)-尼亚酚	(−)-nyasol
尼亚酚	nyasol
(−)-(*R*)-尼亚酚	(−)-(*R*)-nyasol
(+)-尼亚酚	(+)-nyasol
尼亚小金梅草苷 (尼亚考苷、尼亚希木脂素苷)	nyasicoside
尼鸢尾黄素	irisolone
尼鸢尾黄素甲醚	irisolone methyl ether
泥胡菜素 A、B	hemistepsins A, B
泥胡木烯苷	hemislienoside
泥胡鞘胺醇 (泥胡菜神经酰胺)	hemisceramide
泥胡三萜醚	hemistriterpene ether

拟爱神木素	jaboticabin
拟蓖麻酮	heudelotinone
拟柄羽鳞毛蕨素 BB	aemulin BB
拟层孔菌醇 A、B	fomefficinols A, B
拟层孔菌苷 A～J	fomitosides A～J
拟层孔菌内酯 A～C	fomlactones A～C
拟层孔菌素 A、C	fomitopsins A, C
拟层孔菌酸 A、B	fomitopinic acids A, B
拟刺茄素 (蒜芥茄素)	sisymbrifolin
拟大花忍冬素皂苷 (忍冬绿原酸酯皂苷、灰毡毛忍冬花苷) Ⅰ～Ⅲ	lonimacranthoides Ⅰ～Ⅲ
拟丹参酸 (皖鄂丹参酸)	paramiltioic acid
拟单性木兰素 A	parakmerin A
拟红花甾酮	carthamosterone
拟红门兰仙茅苷 A～D	orchiosides A～D
拟茎点霉二醇	phomodiol
拟茎点霉酚	phomol
拟茎点霉松弛素	phomopsichalasin
拟茎点霉素	phomopsidin
拟茎点霉𠮩酮 A、B	phomoxanthones A, B
拟九节苷	gaertneroside
拟九节酸	gaertneric acid
拟南大戟内酯 A、B	pseudojolkinolides A, B
拟盘多毛孢碱 A	pestalotiopsoid A
拟盘多毛孢素 A～E	pestalasins A～E
拟盘多毛孢酮 A～F	pestalotiopsones A～F
19, 20-(Z)-拟佩西木碱	19, 20-(Z)-affinisine
(20S, 24R)-拟人参皂苷元	(20S, 24R)-ocotillol
拟唢呐草苷	tellimoside
拟西洋杉内酯 (南美楝内酯)	cabralealactone
拟西洋杉内酯-3-乙酸酯	cabralealactone-3-acetate
拟西洋杉内酯-3-乙酸酯-24-甲醚	cabralealactone-3-acetate-24-methyl ether
拟洋椿二异戊烯酮	cedrediprenone
拟洋椿素	cedrelopsin
拟洋椿香豆素 A	cedrecoumarin A
拟樱桃素环氧化物	osmaronin epoxide
拟鱼藤酮 (类血藤酮)	rotenoid
拟芸香胺	haplamine
拟芸香定碱	haplosidine
拟芸香非灵	haplophylline

N

拟芸香苷 A~F	haplosides A~F
拟芸香灵	haplofoline
拟芸香宁碱	haplosinine
拟芸香品 (单叶芸香品碱、合帕洛平)	haplopine
拟芸香品葡萄糖苷	glycohaplopine
拟芸香萨明	haplosamine
拟芸香属碱	haplophyllum base
β, ε-6′, 7-逆胡萝卜素	β, ε-6′, 7-retrocarotene
逆熊耳草碱	retrohoustine
逆异千里光碱	retroisosenine
鲶鱼黄质	parasiloxanthin
黏奥德蘑素	mucidin
黏蛋白 (黏液蛋白)	mucin
黏蛋白原	mucigen
黏多糖	mucopolysaccharide
黏果酸浆醇内酯	ixocarpanolide
黏果酸浆内酯 A、B	ixocarpalactones A, B
黏蒿三烯	artemisia triene
黏菌脂肽 A	nannocystin A
黏罗林宁	muconin
黏罗林新	mucoxin
黏毛黄芩素 Ⅲ (5, 7, 2′, 5′-四羟基-8, 6′-二甲氧基黄酮)	viscidulin Ⅲ (5, 7, 2′, 5′-tetrahydroxy-8, 6′-dimethoxyflavone)
黏毛黄芩素 Ⅲ -2′-O-β-D-吡喃葡萄糖苷	viscidulin Ⅲ -2′-O-β-D-glucopyranoside
黏毛黄芩素 A、B	viscidulins A, B
黏毛黄芩素 Ⅰ (3, 5, 7, 2′, 6′-五羟基黄酮)	viscidulin Ⅰ (3, 5, 7, 2′, 6′-pentahydroxyflavone)
黏毛黄芩素 Ⅱ (5, 2′, 6′-三羟基-7, 8-二甲氧基黄酮)	viscidulin Ⅱ (5, 2′, 6′-trihydroxy-7, 8-dimethoxyflavone)
黏霉-5-烯 -3β-乙酸酯	glut-5-en-3β-acetate
黏霉-5-烯 -3-醇	glut-5-en-3-ol
黏霉-5-烯 -3-酮	glut-5-en-3-one
α- 黏霉烯醇	α-glutinol
β- 黏霉烯醇 (β-欧洲桤木醇)	β-glutinol
黏徽酮	5-glutinen-3-one
黏乳菇素 A~D	blennins A~D
黏酸	mucic acid
黏酸-1, 4- 内酯-2-O-没食子酸酯	mucic acid-1, 4-lactone-2-O-gallate
黏酸-1, 4- 内酯-3, 5- 二 -O-没食子酸酯	mucic acid-1, 4-lactone-3, 5-di-O-gallate
黏酸-1, 4- 内酯-5-O-没食子酸酯	mucic acid-1, 4-lactone-5-O-gallate
黏酸-1, 4- 内酯甲酯-2-O-没食子酸酯	mucic acid-1, 4-lactone methyl ester-2-O-gallate
黏酸-1, 4- 内酯甲酯-5-O-没食子酸酯	mucic acid-1, 4-lactone methyl ester-5-O-gallate
黏酸-1- 甲基酯-2-O-没食子酸酯	mucic acid-1-methyl ester-2-O-gallate

黏酸-2-O-没食子酸酯	mucic acid-2-O-gallate
黏酸-6-甲基酯-2-O-没食子酸酯	mucic acid-6-methyl ester-2-O-gallate
黏酸二甲酯	dimethyl mucic acid
黏酸二甲酯-2-O-没食子酸酯	mucic acid dimethyl ester 2-O-gallate
黏酸浆内酯A、B	viscosalactones A, B
黏酸浆诺内酯	visconolide
黏糖蛋白	mucoprotein
黏团碱(黏质罗林果碱、野生番荔枝碱)	romucosine
黏团碱(黏质罗林果碱、野生番荔枝碱)A～H	romucosines A～H
黏性旋覆花内酯	inuviscolide
黏液卷团素	mucocin
黏液血球凝集素	mucous hemogglutinin
黏液质	macilage
黏质肌醇(黏肌醇)	mucoinositol
黏帚霉甲哌丙嗪	glioperazine
黏帚霉碱A～C	gliocladins A～C
念珠囊褐藻酮C	moniliferanone C
念珠藻环炔A	nostocyclyne A
念珠藻环素	nostocyclin
念珠藻环酰胺	nostocyclamide
念珠藻杀霉碱	nostofungicidine
念珠藻素BN 741	nostoginin BN 741
念珠藻肽A、B、BN 920	nostopeptins A, B, BN 920
念珠藻香堇酮	nostocionone
鸟氨酸	ornithine
鸟巢菌酸(黑蛋巢菌酸)	cyathic acid
鸟巢菌酮酸(黑蛋巢菌酮酸)	cyathadonic acid
鸟苷(鸟嘌呤核苷)	guanosine (vernine)
鸟苷(鸟嘌呤核苷)	vernine (guanosine)
鸟苷-5′-(2-碳杂二磷酸三氢酯)	guanosine-5′-(trihydrogen-2-carbadiphosphate)
鸟苷-5′-(甲叉基二膦酸三氢酯)	guanosine-5′-(trihydrogen methylenediphosphonate)
鸟苷环-2′, 3′-碳酸酯	guanosine cyclic-2′, 3′-carbonate
鸟苷水合物	guanosine hydrate
鸟苷酸	guanylic acid
5′-鸟苷酸	5′-guanylic acid
3-(5′-鸟苷酰氧基)苯甲酸	3-(5′-guanyl yloxy) benzoic acid
鸟嘌呤	guanine
茑萝酸A	quamoclinic acid A
尿卟啉	uroporphyrin
尿胆素	urobilin

尿苷 (尿核苷、尿嘧啶苷、尿嘧啶核苷)	uridine
尿苷 -5′-(三磷酸四氢酯)	uridine-5′-(tetrahydrogen triphosphate)
尿苷 -5′- 单磷酸	uridine-5′-monophosphate
尿苷二磷酸	uridine diphosphate
尿苷二磷酸葡萄糖	uridine diphosphate glucose
5′- 尿苷酸	5′-uridylic acid
尿黑酸 (高龙胆酸)	homogentisic acid
尿刊酸	urocanic acid
尿刊酰胆碱	urocanyl choline
尿蓝母 (靛苷)	indican
尿蓝母葡萄糖苷	indican glucoside
尿嘧啶	uracil
尿囊素	allantoin (glyoxyldiureide)
尿囊素	glyoxyldiureide (allantoin)
尿囊酸	allantoic acid
尿色素	urochrome
尿石素 A (3, 8- 二羟基 -6H- 二苯并 [b, d] 吡喃 -6- 酮)	urolithin A (3, 8-dihydroxy-6H-dibenzo [b, d] pyran-6-one)
尿石素 A～C	urolithins A～C
尿素 (脲)	urea
尿酸	uric acid
尿酸铵	ammonium ureate
尿酸钙	calcium urate
尿酸酶	uricase
尿酸盐	urate
尿萜醇 (尿萜烯醇)	uroterpenol
尿萜醇 -β-D- 葡萄糖苷 (尿萜烯醇 -β-D- 葡萄糖苷)	uroterpenol-β-D-glucoside
4- 脲氨亚基环己 -1- 甲酸	4-semicarbazonocyclohex-1-carboxylic acid
脲基甲酸	allophanic acid
脲基甲酸乙酯	ethyl allophanate
脲基甲酸正丁酯	n-butyl allophanate
(22E, 24R)-3α- 脲基麦角甾 -4、6、8	(22E, 24R)-3α-ureidoergostas-4, 6, 8
脲基乙酸	hydantoic acid
啮蚀刺桐素 A～F	erysubins A～F
镍	niccolum
薤葱头苷 A	alliumoside A
宁贝素	taipaienine I
宁贝新	ningpeisine
宁贝新苷	ningpeisinoside
宁扁萼苔素 D～F	perrotetins D～F
宁穿心莲内酯	ninandrographolide

宁德洛菲碱	lindelofine
柠黄醇 [4α-甲基豆甾 -7, 24 (24′)-(Z)-二烯醇]	citrostadienol [4α-methyl stigmast-7, 24 (24′)-(Z)-dienol]
柠黄质 (β-胡萝卜素氧化物)	mutatochrome (β-carotene oxide)
柠檬桉醇	citriodorol
柠檬桉苷 A～C	citriosides A～C
柠檬桉灵	citriodorin
柠檬醇	limocitrol (citric alcohol)
柠檬醇 -β-D- 葡萄糖苷	limocitrol-β-D-glucoside
柠檬苷 A～D	citrusosides A～D
柠檬苦素 (吴茱萸内酯、白鲜皮内酯、黄柏内酯)	limonin (evodin, dictamnolactone, obaculactone)
柠檬苦素地奥酚	limonindiosphenol
柠檬苦素酸 A-环内酯	limonoic acid A-ring lactone
柠檬类苦素 (6-脱氧 -6α-乙酰氧基酒饼勒苦素乙酸酯)	limonoid
柠檬林素 (诺米林、闹米林)	nomilin
柠檬林素 -17-β-D- 吡喃葡萄糖苷	nomilin-17-β-D-glucopyranoside
柠檬林素葡萄糖苷	nomilin glucoside
柠檬林酸 (闹米林酸)	nomilinic acid
柠檬林酸 -17-β-D- 吡喃葡萄糖苷	nomilinic acid-17-β-D-glucopyranoside
柠檬林酸 -4-β- 吡喃葡萄糖苷	nomilinic acid-4-β-glucopyranoside
柠檬林酸葡萄糖苷	nomilinic acid glucoside
柠檬奈酸 (柠檬苦素烯酸)	limonexic acid
柠檬诺酸	limonoic acid
(E)-柠檬醛	(E)-citral
柠檬醛	citral
α-柠檬醛	α-citral
(Z)-柠檬醛	(Z)-citral
β-柠檬醛 (橙花醛、柠檬醛 -b)	β-citral (neral, citral-b)
柠檬醛 -b (β-柠檬醛、橙花醛)	citral-b (β-citral, neral)
柠檬素	limocitrin
柠檬素 -3, 7-二 -O-β-D- 吡喃葡萄糖苷	limocitrin-3, 7-di-O-β-D-glucopyranoside
柠檬素 -3-O-(6″-O-对香豆酰基)-β-D- 吡喃葡萄糖苷	limocitrin-3-O-(6″-p-coumaryl)-β-D-glucopyranoside
柠檬素 -3-O-β-D- 吡喃葡萄糖苷	limocitrin-3-O-β-D-glucopyranoside
柠檬素 -3-O-β-D- 葡萄糖苷	limocitrin-3-O-β-D-glucoside
柠檬酸 -1, 5-二甲酯	1, 5-dimethyl citrate
L-柠檬酸 -1, 5-二甲酯	L-1, 5-dimethyl citrate
L-柠檬酸 -1-甲酯	L-1-monomethyl citrate
L-柠檬酸 -6-乙酯	L-citric acid-6-ethyl ester
柠檬酸对称甲酯	symmetrical monomethyl citrate
柠檬酸钙	calcium citrate

柠檬酸钾	potassium citrate
柠檬酸氢钾 -5- 乙酯	potassium-5-ethyl hydrogen citrate
柠檬酸三甲酯	trimethyl citrate
柠檬酸三乙酯	triethyl citrate
DL-柠檬烯	DL-limonene
D- 柠檬烯	D-limonene
(R)-(+)-柠檬烯	(R)-(+)-limonene
(+)-柠檬烯	(+)-limonene
α- 柠檬烯	α-limonene
L-柠檬烯	L-limonene
柠檬烯 (苧烯、二戊烯、1, 8-萜二烯)	limonene (cinene, dipentene)
(+)-α- 柠檬烯 [(+)-1, 8-萜二烯]	(+)-α-limonene
(1S, 2S, 4R)- 柠檬烯 -1, 2- 二醇	(1S, 2S, 4R)-limonene-1, 2-diol
(R)- 柠檬烯氧化物	(R)-limonene oxide
柠檬叶牡荆苷	limoniside
柠檬油素 (柠檬内酯、梨莓素、5, 7-二甲氧基香豆素)	limettin (citropten, 5, 7-dimethoxycoumarin)
3, 3′, 4, 4′-柠檬油素二聚体	3, 3′, 4, 4′-limettin dimer
柠苹酸	citromalic acid
凝固睡茄素 Q	coagulin Q
AOL 凝集素	AOL lectin
凝血酸	tranexamic acid
牛白藤蒽醌苷 A～E	hedanthrosides A～E
牛白藤醚萜苷 A、B	hediridosides A, B
牛蒡阿朴木脂素 A	arctiiapolignan A
牛蒡倍半新木脂素 A、B	arctiisesquineolignans A, B
牛蒡醇	arctiol
牛蒡多糖	burdock polysaccharide
牛蒡二内酯	arctiidilactone
牛蒡酚 (拉帕酚) A～H	lappaols A～H
牛蒡酚苷 A	arctiiphenolglycoside A
牛蒡风毛菊二内酯 (云木香二内酯)	lappadilactone
牛蒡风毛菊酮	lappalone
(–)-牛蒡苷	(–)-arctiin
牛蒡苷 (牛蒡子苷)	arctiin
牛蒡苦素	arctiolide
牛蒡木脂素 A～H	arctignans A～H
牛蒡醛 (牛蒡子醛)	arctinal
牛蒡酸 A～C	arctic acids A～C
牛蒡酸 B 甲酯	methyl arctate B
牛蒡糖	arctose

牛蒡酮 A 乙酸酯	arctinone A acetate
牛蒡酮 (牛蒡子酮) A、B	arctinones A, B
牛蒡甾醇	gobosterol
牛蒡种噻吩 a、b	lappaphens a, b
牛蒡子醇 A、B	arctinols A, B
牛蒡子苷元 (牛蒡苷元、牛蒡子素、阿克替脂素)	arctigenin
牛蒡子苷元-4-O-α-D-吡喃半乳糖基-(1→6)-O-β-D-吡喃葡萄糖苷	arctigenin-4-O-α-D-galactopyranosyl-(1→6)-O-β-D-glucopyranoside
牛蒡子苷元-4-O-β-D-呋喃芹糖基-(1→6)-O-β-D-吡喃葡萄糖苷	arctigenin-4-O-β-D-apiofuranosyl-(1→6)-O-β-D-glucopyranoside
牛蒡子苷元-4-O-β-D-龙胆二糖苷	arctigenin-4-O-β-D-gentiobioside
牛蒡子苷元-4′-O-β-龙胆二糖苷	arctigenin-4′-O-β-gentiobioside
牛蒡子酮乙酸酯	arctinone acetate
牛鼻栓苷	fortunearoside
牛扁次碱 (狼毒乌头碱)	lycoctonine (delsine, royline)
牛扁次碱 (狼毒乌头碱)	royline (delsine, lycoctonine)
牛扁定碱	puberanidine
牛扁碱 (牛扁亭、N-琥珀酰基氨茴酰牛扁次碱)	lycaconitine (N-succinyl anthranoyl lycoctonine)
牛扁灵碱 A～F	puberulines A～F
牛扁明碱 A～D	puberumines A～D
牛扁酸	lycoctonic acid
牛扁酸单甲酯	lycaconitic acid monomethyl ester
牛扁替定碱	puberaconitidine
牛扁亭碱	puberaconitine
牛扁亭碱铵	ammonium puberaconitine
牛叠肚苷	crataegioside
牛耳枫定碱 G～R	caldaphnidines G～R
19-牛耳枫苷碱 A～C	19-daphcalycinosidines A～C
牛耳枫苷碱 A～F	daphcalycinosidines A～F
牛耳枫碱丙 (牛耳枫胺)	daphnicamine
牛耳枫碱甲 (牛耳枫卡林碱)	daphnicaline
牛耳枫碱乙 (交让卡定)	daphnicadine
牛耳枫林碱 A～P	calyciphyllines A～P
牛耳枫明碱 A、B	calycinumines A, B
牛耳枫酸	daphcalycic acid
牛耳枫酮	calydaphninone
牛耳枫辛碱 A	calycicine A
6-牛防风素	6-sphondin
牛防风素 (6-甲氧基当归素)	sphondin (6-methoxyangelicin)
牛肝菌酚	boletol

牛肝菌内酯	pulverolide
牛肝菌素 (乳牛肝菌灵)	suillin
牛肝菌亭	boletine
牛肝菌酮 A、B	boletunones A, B
牛蒿灵	taurin
牛蒿素 (犹地亚蒿素)	tauremisin (vulgarin, judaicin, tauremizin)
牛蒿素 (犹地亚蒿素)	tauremizin (vulgarin, judaicin, tauremisin)
牛蒿素 (犹地亚蒿素)	vulgarin (tauremisin, judaicin, tauremizin)
牛磺 -α- 三羟基粪甾烷酸钠	sodium tauro-α-trihydroxycoprostanate
牛磺胆酸 (牛胆酸)	taurocholic acid
牛磺胆酸钠	sodium taurocholate
牛磺胆酸钠盐	taurocholic acid sodium salt
牛磺胆酸盐	taurocholate
牛磺鹅脱氧胆酸	taurochenodeoxycholic acid
牛磺蟒胆酸	tauropythonic acid
牛磺蟒胆酸钠	sodium tauropythocholate
牛磺酸	taurine
牛磺脱氧胆酸	taurodeoxycholic acid
牛磺熊脱氧胆酸	tauroursodeoxycholic acid
牛磺猪脱氧胆酸	taurohyodeoxycholic acid|
牛角瓜毒素	calotoxin
牛角瓜苷 A～G	calotroposides A～G
牛角瓜苷元 (卡罗托苷元)	calotropagenin
牛角瓜碱 (牛角瓜辛)	giganticine
牛角瓜素 (卡罗托苷)	calotropin
牛角瓜亭 (卡拉亭)	calactin
牛角瓜亭内酯	calactinolactone
牛角瓜亭酸	calactinic acid
牛角瓜亭酸甲酯	calactinic acid methyl ester
牛角瓜酮	calotropone
牛角瓜熊果烯醇 A	gigantursenol A
牛角瓜熊果烯醇乙酸酯 B～D	calotropursenyl acetates B～D
牛角瓜羽扁豆醇乙酸酯 A	calotroplupenyl acetate A
牛角瓜甾醇	akundarol
牛角花碱 (哈尔满碱、骆驼蓬满碱、哈尔满、1-甲基-β-咔啉)	locuturine (harmane, harman, aribine, passiflorin, 1-methyl-β-carboline)
牛角花素	lotusin
牛角状布希达素 A～C	bucidarasins A～C
牛筋果醇酮	perforatinolone
牛筋果福灵 A～G、B_1～B_3、C_2	haperforines A～G, B_1～B_3, C_2

牛筋果苦木素 A～C	perforaquassins A～C
牛筋果内酯	harperfolide
牛筋果内酯 A	perforalactone A
牛筋果色酮	harperamone
牛筋果色原酮甲 (甲基别牛筋果酮)	perforatin A (methyl allopteroxylin)
牛筋果色原酮甲～庚	perforatins A～G
牛筋果素	harrisonin
牛筋果酸	perforatic acid
牛筋果萜	harrpernoids B, C
牛筋果亭	harperforatin
牛筋条酯	tribiaotanic ester
牛奶菜醇 (牛弥菜醇、南美牛奶藤醇) A、F	conduritols A, F
牛奶菜苷 A～M	marsdenosides A～M
17β-牛奶菜宁	17β-marsdenin
牛奶菜酮	marsdenone
牛奶树醇 A、B	hispiols A, B
牛奶树碱 (对叶榕碱)	hispidine
牛奶树酮 (粗毛纤孔菌素)	hispidin
牛奶树酮-4-O-β-D-吡喃葡萄糖苷 (苯乙烯基吡喃酮-4-O-β-D-吡喃葡萄糖苷)	hispidin-4-O-β-D-glucopyranoside
牛奶藤胺	tomentomine
牛奶藤定	tomentidin
牛皮消苷	cynanricuoside
牛皮消苷元 (鹅绒藤苷元)	cynanchogenin
牛皮消素 (尾叶牛皮消素、牛皮清素、告达亭、假防己素)	caudatin
牛皮消素-2, 6-二脱氧-3-O-甲基-β-D-吡喃加拿大麻糖苷	caudatin-2, 6-dideoxy-3-O-methyl-β-D-cymaropyranoside
牛皮消素-3-O-α-L-吡喃磁麻糖基-(1→4)-α-D-吡喃夹竹桃糖基-(1→4)-α-L-吡喃磁麻糖基-(1→4)-β-D-吡喃葡萄糖基-(1→4)-α-D-吡喃夹竹桃糖基-(1→4)-β-D-吡喃夹竹桃糖基-(1→4)-β-D-吡喃洋地黄糖苷	caudatin-3-O-α-L-cymaropyranosyl-(1→4)-α-D-oleandropyranosyl-(1→4)-α-L-cymaropyranosyl-(1→4)-β-D-glucopyranosyl-(1→4)-α-D-oleandropyranosyl-(1→4)-β-D-oleandropyranosyl-(1→4)-β-D-diginopyranoside
牛皮消素-3-O-α-L-吡喃脱氧毛地黄糖基-(1→4)-β-D-吡喃加拿大麻糖苷	caudatin-3-O-α-L-diginopyranosyl-(1→4)-β-D-cymaropyranoside
牛皮消素-3-O-β-D-吡喃磁麻糖基-(1→4)-α-D-吡喃夹竹桃糖基-(1→4)-α-L-吡喃磁麻糖基-(1→4)-β-D-吡喃葡萄糖基-(1→4)-β-D-吡喃夹竹桃糖基-(1→4)-β-D-吡喃磁麻糖基-(1→4)-β-D-吡喃洋地黄糖苷	caudatin-3-O-β-D-cymaropyranosyl-(1→4)-α-D-oleandropyranosyl-(1→4)-α-L-cymaropyranosyl-(1→4)-β-D-glucopyranosyl-(1→4)-β-D-oleandropyranosyl-(1→4)-β-D-cymaropyranosyl-(1→4)-β-D-diginopyranoside
牛皮消素-3-O-β-D-吡喃磁麻糖基-(1→4)-β-D-吡喃夹竹桃糖基-(1→4)-β-D-吡喃磁麻糖基 (1→4)-β-D-吡喃磁麻糖苷	caudatin-3-O-β-D-cymaropyranosyl-(1→4)-β-D-oleandropyranosyl-(1→4)-β-D-cymaropyranosyl-(1→4)-β-D-cymaropyranoside

N

牛皮消素-3-O-β-D-吡喃磁麻糖基-(1→4)-β-D-吡喃夹竹桃糖基-(1→4)-β-D-吡喃磁麻糖基-(1→4)-β-D-吡喃磁麻糖苷	caudatin-3-O-β-D-cymaropyranosyl-(1→4)-β-D-oleandropyranosyl-(1→4)-β-D-cymaropyranosyl-(1→4)-β-D-cymaropyranoside
牛皮消素-3-O-β-D-吡喃加拿大麻糖基-(1→4)-α-L-吡喃脱氧毛地黄糖基-(1→4)-β-D-吡喃加拿大麻糖苷	caudatin-3-O-β-D-cymaropyranosyl-(1→4)-α-L-diginopyranosyl-(1→4)-β-D-cymaropyranoside
牛皮消素-3-O-β-D-吡喃加拿大麻糖基-(1→4)-β-D-吡喃加拿大麻糖苷	caudatin-3-O-β-D-cymaropyranosyl-(1→4)-β-D-cymaropyranoside
牛皮消素-3-O-β-D-吡喃夹竹桃糖基-(1→4)-β-D-吡喃夹竹桃糖基-(1→4)-β-D-吡喃磁麻糖基-(1→4)-β-D-吡喃磁麻糖苷	caudatin-3-O-β-D-oleandropyranosyl-(1→4)-β-D-oleandropyranosyl-(1→4)-β-D-cymaropyranosyl-(1→4)-β-D-cymaropyranoside
牛皮消素-3-O-β-D-吡喃欧洲夹竹桃糖基-(1→4)-β-D-吡喃欧洲夹竹桃糖基-(1→4)-β-D-吡喃加拿大麻糖苷	caudatin-3-O-β-D-oleandropyranosyl-(1→4)-β-D-oleandropyranosyl-(1→4)-β-D-cymaropyranoside
牛皮消素-3-O-β-D-吡喃欧洲夹竹桃糖基-(1→4)-β-D-吡喃洋地黄毒糖基-(1→4)-β-D-吡喃加拿大麻糖苷	caudatin-3-O-β-D-oleandropyranosyl-(1→4)-β-D-digitoxopyranosyl-(1→4)-β-D-cymaropyranoside
牛皮消素-3-O-β-D-吡喃葡萄糖基-(1→4)-α-L-吡喃脱氧毛地黄糖基-(1→4)-β-D-吡喃加拿大麻糖苷	caudatin-3-O-β-D-glucopyranosyl-(1→4)-α-L-diginopyranosyl-(1→4)-β-D-cymaropyranoside
牛皮消素-3-O-β-D-吡喃葡萄糖基-(1→4)-β-D-吡喃磁麻糖基-(1→4)-β-D-吡喃夹竹桃糖基-(1→4)-β-D-吡喃磁麻糖基-(1→4)-β-D-吡喃洋地黄毒糖苷	caudatin-3-O-β-D-glucopyranosyl-(1→4)-β-D-cymaropyranosyl-(1→4)-β-D-olcandrogyranosyl-(1→4)-β-D-cymaropyranosyl-(1→4)-β-D-digitoxopyranoside
牛皮消素-3-O-β-D-吡喃葡萄糖基-(1→4)-β-D-吡喃夹竹桃糖基-(1→4)-β-D-吡喃磁麻糖基-(1→4)-β-D-吡喃磁麻糖苷	caudatin-3-O-β-D-glucopyranosyl-(1→4)-β-D-oleandropyranosyl-(1→4)-β-D-cymaropyranosyl-(1→4)-β-D-cymaropyranoside
牛皮消素-3-O-β-D-吡喃葡萄糖基-(1→4)-β-D-吡喃夹竹桃糖基-(1→4)-β-D-吡喃磁麻糖基-(1→4)-β-D-吡喃洋地黄毒糖苷	caudatin-3-O-β-D-glucopyranosyl-(1→4)-β-D-oleandropyranosyl-(1→4)-β-D-cymaropyranosyl-(1→4)-β-D-digitoxopyranoside
牛皮消素-3-O-β-D-吡喃洋地黄毒糖苷	caudatin-3-O-β-D-digitoxopyranoside
牛皮消素-3-O-β-吡喃磁麻糖苷	caudatin-3-O-β-cymaropyranoside
牛皮消孕苷(耳叶牛皮消考苷)A～I	cynauricosides A～I
牛皮消甾醇(西藏牛皮消甾醇)A～W	cynsaccatols A～W
牛皮消甾苷 A～H	cyanoauriculosides A～H
牛舌草苷 2	anchusoside 2
牛蹄豆苷 A～K	pithedulosides A～K
牛蹄豆素	dulcin
牛尾菜苷 A、B	riparosides A, B
牛尾菜苷 A～E	smiglasides A～E
牛尾草甲素、乙素	isodoternifolins A, B
牛尾草宁(牛尾草素)A～H	rabdoternins A～H
牛尾蒿酮	subdigitatone
牛膝多糖	achyranthan
牛膝菊苷 A、B	galinsosides A, B
牛膝托苷 I、II	bidentatosides I, II

牛膝新甾酮 A～C	niuxixinsterones A～C
牛膝叶马缨丹二酮	diodantunezone
牛膝甾酮 A	achyranthesterone A
牛膝皂苷 A～E、Ⅰ～Ⅳ	achyranthosides A～E, Ⅰ～Ⅳ
牛膝皂苷 A 三甲酯	achyranthoside A trimethyl ester
牛膝皂苷 C 丁基二甲酯	achyranthoside C butyl dimethyl ester
牛膝皂苷 C 二甲酯	achyranthoside C dimethyl ester
牛膝皂苷 D 三甲酯	achyranthoside D trimethyl ester
牛膝皂苷 E 丁基二甲酯	achyranthoside E butyl dimethyl ester
牛膝皂苷 E 二甲酯	achyranthoside E dimethyl ester
牛膝皂苷 E 三甲酯	achyranthoside E trimethyl ester
牛心番荔枝素 (牛心果替辛)	annonareticin
牛心果素 -1、-2	reticulatains-1, -2
牛心果亭 A	annonaretin A
牛心果酮	reticulacinone
牛眼马钱托林碱 (牛眼马钱林碱、牛狭花马钱碱)	angustoline
牛眼赛菊芋素	heliobuphthalmin
牛油果烯醇 (乳脂醇)	parkeol
牛至酚 A、B	origanols A, B
牛至酚苷	origanoside
牛至宁 A～C	origanines A～C
扭茎西风芹苷	tortuoside
扭体藤苷 (扭肚藤苷) A～C	jasamplexosides A～C
扭旋马先蒿苷 A～F	tortosides A～F
扭旋马先蒿苷 B (5, 5'-二甲氧基落叶松脂素 -4'-O-β-D-吡喃葡萄糖苷)	tortoside B (5, 5'-dimethoxylariciresinol-4'-O-β-D-glucopyranoside)
扭叶贝母碱	tortifoline
扭叶贝母辛	tortifolisine
纽霉素 A、B	neuamycins A, B
纽替皂苷元 (蒜芥茄皂苷元、奴阿皂苷元)	nuatigenin
纽替皂苷元 -26-O-β-D-吡喃葡萄糖苷	nuatigenin-26-O-β-D-glucopyranoside
纽子果酚 A～E	virenols A～E
纽子花洛苷	vallaroside
纽子花诺苷	vallarosolanoside
纽子花索苷	vallarisoside
诺丽果苷 A～T	noniosides A～T
农杆菌黄芪苷 Ⅰ～Ⅴ	agroastragalosides Ⅰ～Ⅴ
脓毒酸 A、B	pygenic acids A, B
努卡扁柏烯	nootkatene
努帕尔酸	nopalinic acid

努特卡扁柏醇	nootkatol
努特卡扁柏奴醇	nootkatinol
努特卡醇	nootketinol
α-弩箭子苷	antiarigenin-3-O-β-D-antiaroside
弩箭子苷元	antiargenin
弩箭子糖	antiarose
怒茶素 (怒江山茶素)	saluenin
怒江千里光内酯 A	saluenolide A
暖地大叶藓肽 A	rhopeptin A
诺定碱	nordine
诺多星 (香茶菜辛、节果决明素)	nodosin
诺蒎酮	nopinone
诺品烯 [(−)-β-蒎烯、伪蒎烯]	nopinene [(−)-β-pinene, pseudopinene]
诺司卡品 (那可汀、那可丁、甲氧基白毛茛碱、鸦片宁)	noscapine (narcotine, narcosine, methoxyhydrastine, opianine)
诺瓦三素 B	nervosanin B
女娄菜苷元	melandrigenin
女娄菜素	melandrin
(8E)-女贞苷	(8E)-ligustroside
女贞苷	ligustroside
女贞苷酸	ligustrosidic acid
女贞果苷 (女贞莫苷) A～C	lucidumosides A～C
女贞果苷 (女贞诺苷)	nuezhenoside
女贞黄酮	ligustroflavone
女贞苦苷	nuezhengalaside
女贞洛苷 (女贞叶苷) A、B	ligustalosides A, B
女贞洛苷 B 二甲基乙缩醛	ligustaloside B dimethyl acetal
女贞醚萜开环苷 A～C	ligulucisides A～C
女贞醚萜开环素 A、B	liguluciridoids A, B
女贞醛 A～C	nuzhenals A～C
女贞三糖苷 A、B	ligusides A, B
女贞酸	nuezhenidic acid
女贞萜苷 A～C	ligulucidumosides A～C
女贞油苷 (木犀女贞子苷)	oleonuezhenide
女贞泽兰素 (女贞泽兰亭、3′-去羟基泽兰利亭)	eupalitin (3′-dehydroxyeupatolitin)
女贞泽兰素-3-O-β-D-吡喃半乳糖苷	eupalitin-3-O-β-D-galactopyranoside
女贞泽兰素-3-O-β-D-吡喃半乳糖基-(1″→2″)-O-β-D-吡喃半乳糖苷	eupalitin-3-O-β-D-galactopyranosyl-(1″→2″)-O-β-D-galactopyranoside
女贞泽兰素-3-O-硫酸酯	eupalitin-3-O-sulfate
女贞子苷	nuezhenide

(8*E*)-女贞子苷	(8*E*)-nuzhenide
女贞子酸	ligustrin
女贞子酯苷	nuezhenelenoliciside
钕	neodymium
欧白英定 (蜀羊泉碱)	soladulcidine
欧白英定 -3-*O*-β- 石蒜四糖苷	soladulcidine-3-*O*-β-lycotetraoside
α- 欧白英辛	α-soladulcine
β- 欧白英辛	β-soladulcine
γ- 欧白英辛	γ-soladulcine
欧白英辛 (蜀羊泉胺) A、B	soladulcines A, B
β- 欧白芷内酯	β-angclialactone
欧白芷素 (阿奇白芷内酯、圆当归素)	archangelicin
欧薄荷苷 A、B	longisides A, B
欧薄荷黄烷酮苷	longitin
欧苍术二萜苷元 -2-*O*-β-D- 吡喃葡萄糖苷	atracyligenin-2-*O*-β-D-glucopyranoside
α (β)- 欧侧柏酚	α (β)-thujaplicin
γ- 欧侧柏酚	γ-thujaplicin
α- 欧侧柏酚	α-thujaplicin
β- 欧侧柏酚	β-thujaplicin
DL- 欧侧柏内酯甲醚	DL-*O*-methyl thujaplicatin methyl ether
欧侧柏内酯三甲醚	di-*O*-methyl thujaplicatin methyl ether
欧桫苷 A、B	excelsides A, B
(3a*R*)-(+)- 欧丹参内酯	(3a*R*)-(+)-sclareolide
欧丹参烯	sclarene
欧当归内酯 A (双藁本内酯、二蒿本内酯)	levistolide A (diligustilide)
欧地笋冷杉醇	euroabienol
欧丁香醇	lilac alcohol
欧丁香醇 A～D	lilac alcohols A～D
欧丁香醛	lilac aldehyde
欧丁香醛 A～D	lilac aldehydes A～D
欧非呋甾苷	officinalisinin
欧甘草素 A、B	hispaglabridins A, B
欧槲寄生苷乙	flavogadorinin
欧花楸素	aucuparin
欧活血丹碱 A、B	hederacines A, B
欧及呫酮 Ⅰ～Ⅶ	onjixanthones Ⅰ～Ⅶ
欧夹二烯酮 (夹竹桃烯酮、夹竹桃二烯酮) A、B	neridienones A, B
欧夹竹桃醇	oleanderol
欧夹竹桃地高苷	oleandigoside
欧夹竹桃二酮	kanerodione

欧夹竹桃苷甲	neriantin
欧夹竹桃苷乙 (欧夹竹桃苷元乙 -3-O-β-D-脱氧毛地黄糖苷)	adynerin (adynerigenin-3-O-β-D-diginoside)
欧夹竹桃苷乙龙胆二糖苷	adynerin gentiobioside
欧夹竹桃苷元乙	adynerigenin
Δ^{16}-欧夹竹桃苷元乙 -β-D-奥多诺二糖苷	Δ^{16}-adynerigenin-β-D-odorobioside
Δ^{16}-欧夹竹桃苷元乙 -β-D-夹竹桃二糖苷	Δ^{16}-adynerigenin-β-D-neribioside
Δ^{16}-欧夹竹桃苷元乙 -β-D-夹竹桃三糖苷	Δ^{16}-adynerigenin-β-D-neritrioside
Δ^{16}-欧夹竹桃苷元乙 -β-D-龙胆二糖基 -β-D-沙门苷	Δ^{16}-adynerigenin-β-D-gentiobiosyl-β-D-sarmentoside
欧夹竹桃苷元乙 -β-夹竹桃三糖苷	adynerigenin-β-neritrioside
欧夹竹桃苷元乙奥多诺三糖苷	adynerigenin-odorotrioside
Δ^{16}-欧夹竹桃苷元乙奥多诺三糖苷	Δ^{16}-adynerigenin-odorotrioside
欧夹竹桃灵	kanerin
(+)-欧夹竹桃洛苷	(+)-kaneroside
欧夹竹桃洛苷	kaneroside
欧夹竹桃醚酸	oleanderoic acid
欧夹竹桃内酯	oleanderolide
欧夹竹桃酸	kaneric acid
欧夹竹桃烯	oleanderene
欧夹竹桃辛 (卡尼尔醇)	kanerocin
欧夹竹桃酯酸	oleanderocioic acid
欧芥菜碱 N-氧化物	europine N-oxide
欧蕨苷 (蕨托苷) A～C	ptelatosides A～C
欧咖胺	otocamine
欧咖辛	ocacine
欧李红色素	red pigment of cerasus humilis
欧马栗素 (欧洲七叶树苷)	hippocaesculin
欧牡丹苷元	paeonidangenin
欧木樨榄醛 -8-O-β-D-吡喃葡萄糖苷	oleuropeic aldehyde-8-O-β-D-glucopyranoside
欧南斯皮酮	aurasperone
欧南斯皮酮 D	arurasperone D
欧内亭	onetine
(+)-欧女贞苷	(+)-phillyrin
欧女贞苷	philyroside (phillyrin)
欧女贞苷	phillyrin (philyroside)
欧女贞苷 IV	phillyrin IV
(+)-欧女贞苷元	(+)-phillygenin
(−)-欧女贞苷元	(−)-phillygenin
欧女贞苷元 (连翘脂素、连翘素)	phillygenin (forsythigenol)
欧女贞苷元 -4-O-(6″-O-乙酰基)-β-D-吡喃葡萄糖苷	phillygenin-4-O-(6″-O-acetyl)-β-D-glucopyranoside

欧女贞苷元酚	phillygenol
欧杞柳苷	caesioside
欧前胡醇 (奥斯竹素)	ostruthol
欧前胡酚 (欧前胡素酚)	osthenol
欧前胡酚-7-*O*-β-D-龙胆二糖苷	osthenol-7-*O*-β-D-gentiobioside
欧前胡精 (王草质、欧前胡辛)	ostruthine (ostruthin)
欧前胡醚	osthole
欧前胡脑	esthole
欧前胡内酯 (欧芹属素乙、欧前胡素、白茅苷)	marmelosin (ammidin, imperatorin)
欧前胡素 (欧前胡内酯、欧芹属素乙、白茅苷)	imperatorin (ammidin, marmelosin)
欧前胡烯酮	osthenone
欧前胡辛	ostruthin
欧芹苷	petroside
欧芹脑 (芹菜脑、洋芹脑、石芹脑、石菜脑、洋芹醚)	parsley camphor (apiole, apioline, apiol)
欧芹酮	crispanone
欧芹烷	crispane
欧芹烯酮酚甲醚	osthenon
欧瑞香素	mezerein
欧山芹素 (山芹前胡烯酮)	oroselone
欧省沽油碱 (羽叶省沽油碱)	pinnatanine
欧石楠叶孔兹木酮	ericifolione
欧鼠李大黄素	frangulaemodin
欧鼠李蒽酚苷	frangularoside
欧鼠李苷 (欧鼠李皮苷) B	frangulin B
欧鼠李苷 A (大黄素-L-鼠李糖苷)	frangulin A (emodin-L-rhamnoside)
欧鼠李碱	franganine
欧鼠李酸 (大黄素、朱砂莲甲素)	frangulic acid (archin, rheum emodin, frangula emodin, emodin)
欧鼠李叶碱 (酸枣仁碱 A)	frangufoline (sanjoinine A)
(−)-欧斯灵 [(−)-金粉蕨林素]	(−)-onysilin
欧斯特醇	ostenol
欧天芥菜碱 (欧芥菜碱)	europine
欧天芥菜任	heleurine
欧乌头碱 (光泽乌头灵)	luciculine (napelline)
欧乌头碱 (光泽乌头灵)	napelline (luciculine)
欧细辛脑	euasarone
欧夏至草洛醇	vulgarol
欧亚活血丹呋喃	glechomafuran
欧亚活血丹内酯	glechomanolide
欧亚水龙骨甜素	osladin

欧亚水龙骨甾醇酯 (3β-25-乙基-24, 24-二甲基-9, 19-环-27-降羊毛甾-25-烯-3-醇乙酸酯)	cyclopodmenyl acetate (3β-25-ethyl-24, 24-dimethyl-9, 19-cyclo-27-norlanost-25-en-3-ol acetate)
欧亚旋覆花素 A～G	britanlins A～G
欧洲白花丹素 -3-O-L-鼠李糖苷	europetin-3-O-L-rhamnoside
(S)-欧洲赤松醇	(S)-muurolol
(−)-ι-欧洲赤松醇	(−)-ι-muurolol
α-欧洲赤松醇	α-muurolol
ι-欧洲赤松醇	ι-muurolol
T-欧洲赤松醇 (T-依兰油醇)	T-muurolol
τ-欧洲赤松醇 (τ-依兰油醇))	τ-muurolol
欧洲赤松醇 (依兰油醇、依兰醇)	muurolol
(E)-欧洲赤松素 -3-O-β-D-吡喃葡萄糖苷	(E)-pinosylvin-3-O-β-D-glucopyranoside
β, β'-欧洲赤松素二葡萄糖苷	β, β'-pinosylvin diglucoside
Δ-欧洲赤松烯	Δ-muurolene
(−)-γ-欧洲赤松烯	(−)-γ-muurolene
τ-欧洲赤松烯	τ-muurolene
α-欧洲赤松烯 (α-依兰油烯、α-木萝烯)	α-muurolene
γ-欧洲赤松烯 (γ-依兰油烯、γ-木罗烯)	γ-muurolene
欧洲赤松烯 (依兰油烯、木罗烯)	muurolene
4-欧洲赤松烯 -3, 10-二醇	4-muurolen-3, 10-diol
欧洲雪松醛	junicedral
欧洲雪松酸 (酸刺柏酸)	junicedric acid
(+)-欧洲刺柏酸	(+)-communic acid
欧洲刺柏酸 (半日花三烯酸、湿地松酸、可母尼酸、欧桧酸)	communic acid
(+)-欧洲刺柏酸甲酯	methyl-(+)-communate
欧洲红豆杉醇	teixidol
欧洲夹竹桃苷	oleandrin (folinerin, neriolin)
5α-欧洲夹竹桃苷元	5α-oleandrigenin
欧洲夹竹桃苷元	oleandrigenin
欧洲夹竹桃苷元 -3-O-α-吡喃鼠李糖苷	oleandrigenin-3-O-α-rhamnopyranoside
欧洲夹竹桃苷元 -α-齐墩果二糖苷	oleandrigenin-α-oleanbioside
欧洲夹竹桃苷元 -α-齐墩果三糖苷	oleandrigenin-α-oleantrioside
欧洲夹竹桃苷元 -β-D-吡喃葡萄糖基 -β-D-吡喃脱氧毛地黄糖苷	oleandrigenin-β-D-glucopyranosyl-β-D-diginopyranoside
5α-欧洲夹竹桃苷元 -β-D-毛地黄糖苷	5α-oleandrigenin-β-D-digitaloside
欧洲夹竹桃苷元 -β-D-葡萄糖苷	oleandrigenin-β-D-glucoside
5α-欧洲夹竹桃苷元 -β-D-葡萄糖基 -(1→4)-β-D-脱氧毛地黄糖苷	5α-oleandrigenin-β-D-glucosyl-(1→4)-β-D-diginoside
欧洲夹竹桃苷元 -β-D-葡萄糖基 -β-D-毛地黄糖苷	oleandrigenin-β-D-glucosyl-β-D-digitaloside

欧洲夹竹桃苷元 -β-D- 葡萄糖基 -β-D- 沙门苷	oleandrigenin-β-D-glucosyl-β-D-sarmentoside
欧洲夹竹桃苷元 -β-D- 葡萄糖基 -β-D- 脱氧毛地黄糖苷	oleandrigenin-β-D-glucosyl-β-D-diginoside
欧洲夹竹桃苷元 -β- 奥多诺三糖苷	oleandrigenin-β-odorotrioside
欧洲夹竹桃苷元 -β- 夹竹桃二糖苷	oleandrigenin-β-neribioside
欧洲夹竹桃苷元 -β- 龙胆二糖基 -(1→4)-β-D- 毛地黄糖苷	oleandrigenin-β-gentiobiosyl-(1→4)-β-D-digitaloside
欧洲夹竹桃苷元葡萄糖基葡萄糖苷	oleandrigenin glucosyl glucoside
欧洲夹竹桃苷元沙门苷	oleandrigenin-sarmentoside
L- 欧洲夹竹桃糖	L-oleandrose
欧洲夹竹桃糖	oleandrose
欧洲七叶树聚戊烯醇 -12	castaprenol-12
欧洲桤木醇 (欧洲桤木烯醇、黏霉醇、黏霉烯醇)	glutinol
欧洲桤木醇乙酸酯	glutinol acetate
欧洲桤木酮 (黏霉酮、赤杨烯酮、黏胶贾森菊酮、D:B- 弗瑞德齐墩果 -5- 烯 -3- 酮)	glutinone (alnusenone, D:B-friedoolean-5-en-3-one)
5- 欧洲桤木烯 -3β- 乙酸酯	5-glutene-3β-acetate
欧洲山杨辛醇	tremulacinol
欧洲卫矛碱	evoeuropine
杷扣妥因	paracotoine
杷奎	parquine
杷拉乌定碱	palaudine
杷洛素	palosine
杷诺灵	pavanoline
杷日素	paricine
杷瑞素	paraisine
杷它胺	paytamine
杷它碱	paytine
杷它酰胺	plamitamide
爬树龙醇 (下延崖角藤酚) A、B	rhaphidecursinols A, B
爬树龙过氧素 (下延崖角藤过氧化素)	rhaphidecurperoxin
爬树龙碱	decursivine
爬岩红苷 A～C	axillasides A～C
爬岩红内酯 A、B	axillactones A, B
爬岩红缩醛 A、B	axillacetals A, B
帕差素	pacharin
帕多瓦芸香草素	patavine
帕尔瓜醇 (帕尔古拉海兔醇)	parguerol
帕尔瓜醇 -16, 19- 乙酸酯	parguerol-16, 19-diacetate
帕尔瓜醇 -16- 乙酸酯	parguerol-16-acetate
帕尔瓜醇 -19- 乙酸酯	parguerol-19-acetate

P

帕尔瓜醇 -7, 16, 19- 三乙酸酯	parguerol-7, 16, 19-triacetate
帕尔瓜醇 -7, 16- 二乙酸酯	parguerol-7, 16-diacetate
帕尔瓜醇 -7- 乙酸酯	parguerol-7-acetate
帕尔普诺苷元	purprogenin
帕尔斯泰汀	palstatin
帕卡胺	parkamine
帕卡辛	parkacine
帕科瓦亭素 A～C	pacovatinins A～C
帕拉饱食桑素	brosiparin
帕拉迪新 A～C	paradisins A～C
帕拉嗪 (N-对香豆酰基酪胺、印度烟堇碱)	paprazine (N-p-coumaroyl tyramine)
帕来利考拉猪胶树素 A～C	clusiparalicolines A～C
帕劳德桑瑞素 A～E	palodesangrens A～E
帕劳酰胺	palauamide
帕里苷	pharienside
帕里锡素	parisin
帕灵锐酸 (帕里纳里木酸)	parinaric acid
帕鲁斯特醇	palustalol
帕米尔黄堇定碱	pancoridine
帕米尔黄堇碱	pancorine
帕拿里新	panalicin
帕奇巴星 (厚基孢素)	pachybasin
帕奇斯坦碱	pakistanamine
(−)- 帕氏紫堇碱	(−)-corpaine
帕图常春藤苷 A～D	pastuchosides A～D
帕瓦碱	parvine
帕西飞哥醇 (太平洋柳珊瑚醇)	pacifigorgiol
帕夏查耳酮 (肾石苣苔酮)	pashanone
哌啶	piperidine
哌啶 -1- 二硫代甲酸	piperidine-1-carbodithioic acid
L-2- 哌啶酸	L-2-pipecolic acid
哌啶酸 (哌可酸)	pipecolic acid
哌尔塔苷	peltatoside
哌非尼酮	pirfenidone
哌可啉	pipecoline
D-α- 哌可啉	D-α-pipecoline
哌嗪 (1, 4- 二氮杂环己烷、六氢吡嗪)	piperazine (hexahydropyrazine)
哌嗪 -2- 基 (吡啶 -3- 基) 醚	pyrazin-2-yl (3-pyridyl) ether
哌瑞塔司 (佩里塔萨木碱) A	peritassine A
派拉丁糖	palatinose

派立辛 (帕氏万带兰素、巴利森苷) A~W	parishins A~W
派利卡灵碱 (长春瑞卡林)	pericalline
派利米文碱 (长春米文)	perimivine
派利文碱	perivine
(1S, 5R)-蒎-2-烯-10-醇	(1S, 5R)-pin-2-en-10-ol
L-蒎莰酮	L-pinocamphone
蒎立醇	pinite
蒎酸	pinic acid
β-蒎酮	β-pinone
蒎烷	pinane
2α-蒎烷-3-酮-2-O-β-吡喃葡萄糖苷	2α-pinan-3-onc-2-O-β-glucopyranoside
5α-蒎烷-3-酮-5-O-β-吡喃葡萄糖苷	5α-pinan-3-one-5-O-β-glucopyranoside
(1S, 2S, 3R)-2, 3-蒎烷二醇	(1S, 2S, 3R)-2, 3-pinanediol
蒎烷二醇	pinanediol
DL-α-蒎烯	DL-α-pinene
(−)-蒎烯	(−)-pinene
(+)-α-蒎烯	(+)-α-pinene
(1R)-(+)-α-蒎烯	(1R)-(+)-α-pinene
(1R)-α-蒎烯	(1R)-α-pinene
(1S)-(−)-α-蒎烯	(1S)-(−)-α-pinene
(1S)-(−)-β-蒎烯	(1S)-(−)-β-pinene
(1S)-α-蒎烯	(1S)-α-pinene
(1S, 5S)-(−)-β-蒎烯	(1S, 5S)-(−)-β-pinen
蒎烯	pinene
β-蒎烯	β-pinene
α-蒎烯	α-pinene
(−)-β-蒎烯 (诺品烯、伪蒎烯)	(−)-β-pinene (nopinene, pseudopinene)
2-蒎烯-10-醇	2-pinen-10-ol
(Z)-(1S, 5R)-β-蒎烯-10-基-β-巢菜糖苷	(Z)-(1S, 5R)-β-pinen-10-yl-β-vicianoside
2 (10)-蒎烯-3-酮	2 (10)-nonen-3-one
2-蒎烯-4-酮	2-pinen-4-one
α-蒎烯-7β-O-β-D-2, 6-二乙酰基吡喃葡萄糖苷	α-pinene-7β-O-β-D-2, 6-diacetyl glucopyranoside
α-蒎烯-7β-O-β-D-2-乙酰基吡喃葡萄糖苷	α-pinene-7β-O-β-D-2-acetyl glucopyranoside
β-10-蒎烯基-β-巢菜糖苷	β-pinen-10-yl-β-vicianoside
α-蒎烯氧化物	α-pineneoxide
潘氨酸钠盐	pangamic acid sodium salt
潘当归素	pangeline
潘那胺	panamine
潘内尔素	pannellin
潘内尔素-1-O-乙酸酯	pannellin-1-O-acetate

P

潘尼枯苷元 (圆锥茄苷元)	paniculogenin
潘尼内酯	panicolide
潘奇双黄酮醇	pancibiflavonol
攀打胺	pandamine
攀打宁	pandaminine
攀打属碱	panda base
攀倒甑苷 1、2	patrivilosides 1, 2
攀倒甑皂苷 A、B	patrinovilosides A, B
攀登鱼藤酮 (攀登鱼藤异黄酮)	scandenone (warangalone)
攀登鱼藤异黄酮 (攀登鱼藤酮)	warangalone (scandenone)
攀援假泽兰内酯 (藤薇甘菊内酯)	scandenolide
攀援山橙碱	scandine
攀援山橙碱 Nb-氧化物	scandine *N*b-oxide
攀援山橙林碱	scandomeline
攀援山橙宁碱	scandomelonine
攀援山橙酮碱	meloscandonine
攀援山橙辛碱	meloscine
攀援山橙辛碱 -N-氧化物	meloscine-*N*-oxide
攀援鱼藤苷甲、乙	derriscanosides A, B
攀援鱼藤酮苷 A～E	derriscandenosides A～E
盘多毛孢酮	pestalone
盘果菊苷 A	prenantheside A
盘龙参二聚菲酚	spiranthesol
盘龙参酚 A～C	spiranthols A～C
盘龙参醌	spiranthoquinone
盘龙参新酚 A、B	spirasineols A, B
袢环丝裂菌素 (美登醇)	ansamitocin PO (maytansinol)
螃蟹甲苷 (糙苏苷) Ⅰ～Ⅲ	phloyosides Ⅰ～Ⅲ
胖大海素	sterculin
胖大海素 A	sterculin A
(+)-胖大海素 A	(+)-sterculin A
胖大海酸	sterculinic acid
泡番荔枝里素	bullatalicin
泡番荔枝素	bullacin
泡番荔枝烯辛	bullatencin
泡番荔枝辛 (布拉它辛)	bullatacin
泡番荔枝辛酮 (泡番荔枝酮、布拉它辛酮)	bullatacinone
泡泡里素	trilobalicin
泡泡林 A	murisolin A
泡泡明	asimin

泡泡纳辛	asiminacin
泡泡诺辛	asiminocin
泡泡曲素	asitrocin
泡泡树素	trilobacin
泡泡树新素 (巴婆双呋内酯、泡泡辛)	asimicin
泡泡素	asimilobin
泡泡西酮	asimicilone
泡泡印素 A、B	asitrilobins A, B
泡四醇	bullatetrocin
泡桐苷	paulownioside
泡桐素 (毛泡桐脂素)	paulownin
泡桐酮 A～G	paulowniones A～G
泡叶番荔枝三醇 [泡番荔枝三醇、(1R, 3αR, 4R, 7S, 7αR)-1-(2-羟基-2-甲丙基)-3α, 7-二甲基八氢 -1H-茚 -4, 7-二醇]	bullatantriol [(1R, 3αR, 4R, 7S, 7αR)-1-(2-hydroxy-2-methyl propyl)-3α, 7-dimethyl octahydro-1H-indene-4, 7-diol]
泡状番荔枝素 (多鳞番荔枝斯坦定 C、泡潘荔枝诺辛)	bullatanocin (squamostatin C)
炮仔草苷 A	physanguloside A
炮仔草内酯 A、B	physangulides A, B
炮仗竹苷 A	russelianoside A
胚芽碱 (白藜芦胺、计明胺、计明碱)	germine
佩迪木因子 A_1、V_1	peddiea factors A_1, V_1
佩兰苯并呋喃	eupatobenzofuran
佩立任碱 (霹雳萝芙木灵碱)	pelirine
佩洛立定	perlolidine
佩洛立灵 {川芎哚、刺蒺藜碱、1-(5-羟甲基-2-呋喃基)-9H-吡啶并 [3, 4-b] 吲哚}	perlolyrine {tribulusterine, 1-(5-hydroxymethyl-2-furyl)-9H-pyrido [3, 4-b] indole}
佩洛灵	perloline
佩落碱	pellotine
佩落亭	pelotine
佩埋灵	periformyline
佩楠台因	paynatheine
佩欧宁	peyonine
佩欧亭	peyotine
佩浦灵	pepuline
佩绕宾	perobine
佩绕素 (派绕生、长春派洛辛)	perosine
佩瑞春	pereitrine
佩瑞日宁	peregrinine
佩水仙碱	penarcine

佩索因碱	pessoine
佩它灵	petaline
佩陶明	petomine
佩维定 (长春立维定)	perividine
佩西立文 (长春环文)	pericyclivine
喷瓜木脂醇 (喷瓜木脂酚、利格伯林醇)	ligballinol
喷瓜木脂酮	ligballinone
喷瓜素	elaterin
α-喷瓜素 (葫芦素 E)	α-elaterin (cucurbitacin E)
喷嚏木素 (嚏木亭)	umtatin
盆架树碱 A～F	alstrostines A～F
彭黑定	jiufengdine
彭黑亭	jiufengtine
彭州乌头碱 A、B	pengshenines A, B
蓬达普林 (圆滑番荔枝林素)	pondaplin
蓬莪术庚氧化物	phaeoheptanoxide
蓬莪术环氧酮环氧化物 (蓬莪术环氧化物)	zederone epoxide
蓬莪术卡酮	phaeocauone
蓬莪术内酯 A、B	zedoarolides A, B
蓬莪术辛素 A～M	phaeocaulisins A～M
蓬莱葛胺 (蓬莱藤胺、蓬莱葛属胺)	gardneramine
蓬莱葛胺 N-氧化物	gardneramine N-oxide
蓬莱葛苷 (蓬莱葛酚苷)	mutiflinoside
蓬莱葛碱 (蓬莱葛亭碱) A～F	gardmutines A～F
蓬莱葛明碱 A～G	gardmultimines A～G
蓬莱藤碱	gardnerine
蓬子菜苷	galein
蓬子菜根苷	galeide
蓬子菜根双糖苷 (拉拉藤辛)	galiosin
硼葡萄糖酸钙	calcium borogluconate (calcium diborogluconate)
硼砂	borax
硼酸	boric acid
硼酸钙	calcium borate (calcium pyroborate)
硼酸钾	potassium borate
硼酸钠	sodium borate
硼酸三甲酯	trimethyl borate
硼酸乙基二癸酯	ethyl didecyl borate
硼烷	borane
硼杂	bora
硼杂蒽	boranthrene

蟛蜞菊内酯	wedelolactone
蟛蜞菊素	wedelosin
蟛蜞菊萜醇	wednenol
披散穿心草素 (裂穿心草苷)	diffutin
披针灰叶素 (贡山三尖杉素、杉木素) A～G	lanceolatins A～G
披针新月蕨酚 A、B	penangianols A, B
披针叶片五味子酮 A～C	lancilactones A～C
(+)-披针叶素 D	(+)-lancifolin D
(Z)-披针叶檀香醇	(Z)-lanceol
披针叶五味子二内酯 A、B、F、G、V、W	schilancidilactones A, B, F, G, V, W
披针叶五味子木脂素 A～E	schilancifolignans A~·E
披针叶五味子三内酯 A～C	schilancitrilactones A～C
霹雳萝芙碱	perakenine
霹雳萝芙辛碱	peraksine
皮蒂肽内酯 (皮提鞘丝藻太内酯) A～F	pitipeptolides A～F
皮肤素	dermantan
α-皮黄质	α-doradexanthin
皮黄质 (皮黄素)	doradexanthin
皮黄质酯	doradexanthin ester
α-皮黄质酯	α-doradexanthin ester
β-皮黄质酯	β-doradexanthin ester
皮孔樫木碱	lenticellarine
皮洛瑞香素	pilloin
皮洛瑞香素-6-C-β-D-吡喃葡萄糖苷	pilloin-6-C-β-D-glucopyranoside
皮洛瑞香素-6-C-β-D-葡萄糖苷	pilloin-6-C-β-D-glucoside
皮盘菌内酯	dermatolactone
皮哨子苷 Ⅰb、Ⅱb、Ⅲa、Ⅳa、Ⅳb	pyishiauosides Ⅰb, Ⅱb, Ⅲa, Ⅳa, Ⅳb
皮哨子皂苷 A、Ee	hishoushi-saponins A, Ee
皮特利科美登木碱 (普特美登木碱) A、B	putterines A, B
皮提鞘丝藻脯酰胺	pitiprolamide
皮提鞘丝藻酰胺 A	pitiamide A
皮质醇 (氢化可的松)	cortisol (hydrocortisone)
皮质酮 (可的松)	adrenalex (cortisone, cortone)
皮质酮 (可的松)	cortone (cortisone, adrenalex)
皮质甾酮	corticosterone
枇杷呋喃	eriobofuran
枇杷佛林	loquatifolin
枇杷佛林 A	loguatifolin A
枇杷苷	eriojaposide
枇杷叶紫珠酸 A、B	kochianic acids A, B

P

毗黎勒苷 A、B	bellericasides A, B
毗黎勒苷元 A、B	bellericagenins A, B
毗黎勒木脂素	thannilignan
(22Z, 24S)-啤酒甾醇	(22Z, 24S)-cerevisterol
啤酒甾醇 (塞勒维甾醇、酒酵母甾醇、3β, 5α, 6β-三羟基麦角甾 -7, 22-二烯)	cerevisterol (3β, 5α, 6β-trihydroxyergost-7, 22-diene)
匹克拉菲灵碱	picraphylline
匹克拉林碱 (苦籽木碱)	picraline
α-匹扣灵	α-picoline
匹米立因子 P2	pimelea factor P2
匹奇宁	pilokeanine
匹札托品	pilzatropine
苉	picene
偏顶蛤内酯 A	modiolide A
偏诺皂苷元 (喷诺皂苷元)	pennogenin
偏诺皂苷元-3-O-[2′-O-乙酰基-α-L-吡喃鼠李糖基-(1→2)]-β-D-吡喃木糖基-(1→3)-β-D-吡喃葡萄糖苷	pennogenin-3-O-[2′-O-acetyl-α-L-rhamnopyranosyl-(1→2)]-β-D-xylopyranosyl-(1→3)-β-D-glucopyranoside
偏诺皂苷元-3-O-[α-L-吡喃鼠李糖基-(1→2)]-[β-D-吡喃木糖基-(1→4)]-β-D-吡喃葡萄糖苷	pennogenin-3-O-[α-L-rhamnopyranosyl-(1→2)]-[β-D-xylopyranosyl-(1→4)]-β-D-glucopyranoside
偏诺皂苷元-3-O-α-L-吡喃鼠李糖基-(1→4)-[O-α-L-吡喃鼠李糖基-(1→2)]-O-β-D-吡喃葡萄糖苷	pennogenin-3-O-α-L-rhamnopyranosyl-(1→4)-[α-L-rhamnopyranosyl-(1→2)]-O-β-D-glucopyranoside
偏诺皂苷元-3-O-α-L-吡喃鼠李糖基-(1→2)-[α-L-呋喃阿拉伯糖基-(1→4)]-β-D-吡喃葡萄糖苷	pennogenin-3-O-α-L-rhamnopyranosyl-(1→2)-[α-L-arabinofuranosyl-(1→4)]-β-D-glucopyranoside
偏诺皂苷元-3-O-α-L-吡喃鼠李糖基-(1→2)-β-D-吡喃木糖基-(1→4)-β-D-吡喃葡萄糖苷	pennogenin-3-O-α-L-rhamnopyranosyl-(1→2)-β-D-xylopyranosyl-(1→4)-β-D-glucopyranoside
偏诺皂苷元-3-O-α-L-吡喃鼠李糖基-(1→2)-β-D-吡喃葡萄糖苷	pennogenin-3-O-α-L-rhamnopyranosyl-(1→2)-β-D-glucopyranoside
偏诺皂苷元-3-O-α-L-呋喃阿拉伯糖基-(1→4)-β-D-吡喃葡萄糖苷	pennogenin-3-O-α-L-arabinofuranosyl-(1→4)-β-D-glucopyranoside
偏诺皂苷元-3-O-β-D-马铃薯三糖苷	pennogenin-3-O-β-D-chacotrioside
偏诺皂苷元六乙酰基-3-O-α-L-吡喃鼠李糖基-(1→2)-β-D-吡喃葡萄糖苷	pennogenin-hexaacetyl-3-O-α-L-rhamnopyranosyl-(1→2)-β-D-glucopyranoside
偏诺皂苷元鼠李糖基查考茄三糖苷	pennogenin rhamnosyl chacotrioside
偏诺皂苷元四糖苷	pennogenin tetraglycoside
片呐醇	pinacol
片叶苔素 A～C	riccardins A～C
嘌呤	purine
5H-嘌呤-6-胺	5H-purin-6-amine
嘌呤碱	purine base
嘌呤霉素氨基核苷	puromycin aminonucleoside
嘌呤生物碱	purine alkaloid

漂毛藻肽素 BL 1061、BL 1125、BL 843	planktopeptins BL 1061, BL 1125, BL 843
氕	pieprotium
品红叶琉桑素 A	poinsettifolin A
平贝丁苷	pingbeininoside
平贝定苷	pingbeidinoside
平贝碱苷	petilinine-3-β-D-glucoside
平贝碱甲	pingpeimine A
平贝碱甲~丙 (平贝碱 A~C)	pingbeimines A~C
平贝宁	pingbeinine
平贝七环碱	ussuriendine
平贝七环碱甲醚 (乌苏里贝母碱)	ussurienine
平贝七环酮碱	ussuriendinone
平贝七环酮碱甲醚 (乌苏里酮)	ussurienone
平贝酮	pingbeinone
平都素	pedonin
平滑钩藤酮 A	laevigatone A
平滑果拟安古树碱 A、B	leiokinines A, B
平龙胆萜苷	depressine
平卧稻花素 (12-脱氧巴豆醇-13-乙酸酯)	prostratin (12-deoxyphorbol-13-acetate)
平卧稻花素 (匍匐大戟素) A~C、Q	prostratins (euprostins) A~C, Q
平卧地锦酮 C (3β-羟基羊齿-8-烯-7, 11-二酮)	supinenolone C (3β-hydroxyfern-8-en-7, 11-dione)
平卧钩果草别苷	procumbide
平卧钩果草苷 A	procumboside A
平卧槐酚	prostratol
平原龙胆苷	campestroside
平展角茴香碱	procumbine
D-(+)-苹果酸	D-(+)-malic acid
DL-苹果酸	DL-malic acid
L-(−)-苹果酸	L-(−)-malic acid
L-苹果酸	L-malic acid
苹果酸	malic acid
L-苹果酸 1-甲酯	1-methyl L-malate
苹果酸-1-甲基-4-乙酯	malic acid-1-methyl-4-ethyl ester
L-苹果酸-2-O-没食子酸酯	L-malic acid-2-O-gallate
L-苹果酸-4-甲酯	L-4-methyl malate
苹果酸丁酯	buthyl malic acid
L-苹果酸二甲酯	L-dimethyl malate
苹果酸钙	calcium malate
苹果酸钾	potassium malate
苹婆宁碱 I、II	sterculinines I, II

P

屏边三七醇	stipuol
屏边三七二醇	stipudiol
屏边三七苷R₁{龙牙楤木皂苷Ⅰ、齐墩果酸-3-O-β-D-吡喃葡萄糖基-(1→3)-[α-L-呋喃阿拉伯糖基-(1→4)-β-D-吡喃葡萄糖醛酸苷]}	stipuleanoside R₁ {tarasaponin Ⅰ, oleanolic acid-3-O-β-D-glucopyranosyl-(1→3)-[α-L-arobinofuranosyl-(1→4)-β-D-glucuronopyranoside]}
屏边三七苷R₂[齐墩果酸-(28-O-β-D-吡喃葡萄糖苷)-3-O-β-D-吡喃葡萄糖基-(1→3)-(α-L-呋喃阿拉伯糖基)-β-D-吡喃葡萄糖醛酸苷]	stipuleanoside R₂ [oleanolic acid-(28-O-β-D-glucopyranoside)-3-O-β-D-glucopyranosyl-(1→3)-(α-L-arobinofuranosyl)-β-D-glucuronopyranoside]
屏边三七苷 R₂甲酯	stipuleanoside R₂ methyl ester
屏东花椒醛	wutaiensal
屏东木姜子内酯 A、B	akolactones A, B
瓶草千里光碱(瓶千里光碱)	sarracine
瓶草酸	sarracinic acid
瓶尔小草醇	ophioglonol
瓶尔小草素	ophioglonin
瓶梗青霉噁嗪	paeciloxazine
瓶梗青霉醌 A～F	paeciloquinones A～F
瓶梗青霉螺酮	paecilospirone
瓶梗青霉肽	paecilopeptin
瓶子草素	sarracenin
萍蓬胺(萍蓬明)	nuphamine
萍蓬草碱(萍蓬草定碱、萍蓬定)	nupharidine
萍蓬草普米胺 A～D	nupharpumilamines A～D
萍蓬草素 A、B	nupharins A, B
萍蓬醇碱(欧亚萍蓬草碱)	nupharolutine
萍蓬碱	nupharine
萍蓬宁	nuphenine
钋烷	polane
坡克任	powerchrine
(−)-坡垒酚	(−)-hopeaphenol
(+)-坡垒酚	(+)-hopeaphenol
坡垒酚	hopeaphenol
坡垒酚 A	hopeaphenol A
坡垒呋喃	hopeafuran
坡柳酸(车桑子尼酸)	dodonic acid
坡模酸(果渣酸、坡模醇酸、19α-羟基熊果酸、19α-羟基乌苏酸)	pomolic acid (19α-hydroxyursolic acid)
坡模酸-28-O-β-D-吡喃葡萄糖苷(果渣酸-28-O-β-D-吡喃葡萄糖苷)	pomolic acid-28-O-β-D-glucopyranoside
坡模酸-28-O-β-D-吡喃葡萄糖酯	pomolic acid-28-O-β-D-glucopyranosyl ester

坡模酸-3β-*O*-α-L-2-乙酰氧基吡喃阿拉伯糖苷 -28-*O*-β-D-吡喃葡萄糖苷	pomolic acid-3β-*O*-α-L-2-acetoxyarabinopyranoside-28-*O*-β-D-glucopyranoside
坡模酸乙酸酯 (果渣酸乙酸酯、坡模醇酸乙酸酯)	pomolic acid acetate
坡模酮酸 (果渣酮酸)	pomonic acid
坡冉高素	prangosine
坡绕辛 (坡留绕素、长春普洛辛)	pleurosine
坡日定	poweridine
坡危胺	powellamine
坡危定	powellidine
坡危任	powerine
坡危瑞胺	poweramine
泼姆皂苷元 [(25*S*)-5α-螺甾 -1β, 3α, 25- 三醇]	pompeygenin [(25*S*)-5α-spirost-1β, 3α, 25-triol]
L- 婆罗胶树醇 (L-白坚皮醇、L-婆罗胶肌醇)	L-bornesitol
婆罗门参醇	tragoponol
婆罗门参苷 A～I	tragopogonosides A～I
婆罗门参酸	tragopogonic acid
婆罗门参皂苷 A～R	tragopogonsaponins A～R
婆罗双酚 B	melapinol B
婆婆纳苷	veronicoside
(−)-婆婆纳诺苷	(−)-verminoside
婆婆纳诺苷 (药用水蔓青苷)	verminoside
婆婆纳普苷 (3′-羟基样果苷)	verproside (3′-hydroxycatalposide)
婆婆纳托苷	politoside
婆婆纳叶布式菊素	veronicafolin
珀菊内酯	amberboin
破布木醇 B～G	cordianols B～G
破布木醌 A～K	cordiaquinones A～K
破布木灵 A、B	cordialins A, B
破布木醛 A	cordianal A
破布木缩酮 A、B	cordiaketals A, B
破布叶哌啶碱 A～D	micropiperidines A～D
破坏草素	eupalestin
破铜钱碱 (天胡荽碱)	hydrocotyline
扑瑞色醇	pulverochromenol
匍柄霉萡醇	stemphyperylenol
匍匐大戟素 (匍匐大戟鞣素、平卧稻花素) A～C	euprostins (prostratins) A～C
匍匐筋骨草苷 (雷朴妥苷)	reptoside
匍匐茎昆布酚	eckstolonol
匍匐矢车菊二醇内酯	repdiolide
匍匐矢车菊素 (夏至矢车菊内酯)	centaurepensin (chlorohyssopifolin A)

P

菩提胡椒碱	peepuloidine
菩提树素 B、C	religiosins B, C
DL-脯氨酸	DL-proline
L-脯氨酸	L-proline
脯氨酸	proline
L-脯氨酰-L-丙氨酸酐	L-prolyl-L-alanine anhydride
L-脯氨酰-L-缬氨酸	L-prolyl-L-valine
L-脯氨酰-L-缬氨酸酐 {3-异丙基吡咯并 [1, 2-*a*] 2, 5-二酮哌嗪}	L-prolyl-L-valine anhydride {3-isopropyl-pyrrolo [1, 2-*a*] piperazine-2, 5-dione}
L-脯氨酰-L-脯氨酸	L-prolyl-L-proline
L-脯氨酰-L-脯氨酸酐 {双吡咯并 [1, 2-a:1′, 2′-*d*] 六氢吡嗪-2, 5- 二酮}	L-prolyl-L-proline anhydride {bispyrrolo [1, 2-a:1′, 2′-d]-hexahydropyrazine-2, 5-dione}
葡孢素 Ⅰ～Ⅲ	cladobotrins Ⅰ～Ⅲ
葡酒色被孢霉素 A	mortivinacin A
L- 葡聚糖	L-glucosan
(1→3)-α-D- 葡聚糖	(1→3)-α-D-glucan
β-D- 葡聚糖	β-D-glucan
β- 葡聚糖	β-glucan
D- 葡聚糖	D-glucan
(1→4)-α-D- 葡聚糖	(1→4)-α-*D*-glucan
葡聚糖	glucan (glucosan)
葡霉纤溶酶素	staplabin
D- 葡配甘油型 -3- 辛酮糖	D-glucoglycercr-3-octulose
葡糖二酸 (葡萄糖二酸)	glucaric acid
葡糖塞薄林 (表葡萄糖山芥素)	glucosibarin (epiglucobarbarin)
葡萄醇 (葡萄芪酚) A～C	vitisinols A～C
葡萄地基朴洛苷	glucodigiproside
D- 葡萄二酸 -1, 4:6, 3- 二内酯	D-glucaro-1, 4:6, 3-dilactone
(+)- 葡萄酚 A～C	(+)-viniferols A～C
葡萄风信子苷 A～N	muscarosides A～N
(+)- 葡萄呋喃 A	(+)-vitisifuran A
葡萄甘露聚糖	glucomannan
葡萄果聚糖	glucofructan
葡萄螺环烷	spirocyclane
葡萄螺烷 {2, 10, 10- 三甲基 -6- 亚甲基 -1- 氧杂螺 [4.5]- 7- 烯}	vitispirane {2, 10, 10-trimethyl-6-methylene-1-oxaspiro [4.5]-7-ene}
葡萄毛菇苷 Ⅰ～Ⅵ	hebevinosides Ⅰ～Ⅵ
葡萄内酯 (葡萄糖醛酸内酯)	glucuronolactone
葡萄脎	glucosazon
(*E*)- 葡萄双芪	(*E*)-viniferin

(+)- 葡萄双芪	(+)-viniferin
(+)-α- 葡萄双芪	(+)-α-viniferin
γ-2- 葡萄双芪	γ-2-viniferin
Δ- 葡萄双芪	Δ-viniferin
ε- 葡萄双芪	ε-viniferin
(−)-ε- 葡萄双芪	(−)-ε-viniferin
(+)-ε- 葡萄双芪	(+)-ε-viniferin
α- 葡萄双芪	α-viniferin
葡萄素 (葡萄辛)A～C	vitisins A～C
(+)- 葡萄素 (葡萄辛)A～D	(+)-vitisins A～D
葡萄穗霉毒素 H	satratoxin H
葡萄穗霉毒素 H-12′- 乙酸酯	satratoxin H-12′-acetate
葡萄穗霉毒素 H-13′- 乙酸酯	satratoxin H-13′-acetate
葡萄穗霉灵	stachyflin
葡萄穗霉素 A～C	stachybocins A～C
D- 葡萄糖	D-glucose
L- 葡萄糖	L-glucose
葡萄糖	glucose
α-D- 葡萄糖	α-D-glucose
α- 葡萄糖	α-glucose
β-D- 葡萄糖	β-D-glucose
β- 葡萄糖	β-glucose
葡萄糖 -1- 磷酸酯	glucose-1-phosphate
20α-β-D- 葡萄糖 -3- 羰基孕甾 -4- 烯	20α-β-D-glucopregn-4-en-3-one
葡萄糖 -4-β- 半乳糖苷 (乳糖)	glucose-4-β-galactoside (milk sugar, lactose)
β-D- 葡萄糖 -6′-(β-D- 芹糖)- 哥伦比亚苷元	β-D-glucosyl-6′-(β-D-apiosyl)-columbianetin
葡萄糖 -6- 磷酸酯	glucose-6-phosphate
葡萄糖阿氏桂竹香	glucoalliside
D- 葡萄糖胺	D-glucosamine
葡萄糖胺 (2- 氨基葡萄糖)	glucosamine (2-aminoglucose)
D- 葡萄糖胺酸	D-glucosaminic acid
葡萄糖暗紫卫茅单糖苷	glucoevatromonoside
葡萄糖白楸苷	glucopanoside
葡萄糖菜苔素	gluconapoleiferin
葡萄糖橙钝叶决明辛	glucoaurantio-obtusin
葡萄糖刺桐定碱 (葡萄糖刺桐定)	glucoerysodine
α-D- 葡萄糖单烯丙基醚	α-D-glucose monoallyl ether
葡萄糖靛青苷	glucoindican
葡萄糖丁香酸 (丁香酸葡萄糖苷)	glucosyringic acid (syringic acid glucoside)
葡萄糖钝叶决明素	gluco-obtusifolin

P

β-D-葡萄糖苷	β-D-glucoside
β-葡萄糖苷酶	β-glucosidase
3-*O*-α-D-葡萄糖基-(1→3)-α-D-葡萄糖基咖啡酰乙酯	3-*O*-α-D-glucosyl-(1→3)-α-D-glucosyl caffeoyl ethylate
葡萄糖基-(1→6)-长蒴黄麻苷	gluco-(1→6)-olitoriside
1-*O*-β-D-葡萄糖基-(2*S*, 3*R*, 4*E*, 8*Z*)-2-[(2′*R*)-2-羟基二十四酰氨基]-4, 8-十八碳二烯-1, 3-二醇	1-*O*-β-D-glucopyranosyl-(2*S*, 3*R*, 4*E*, 8*Z*)-2-[(2′*R*)-2-hydroxytetracosanoyl amino]-4, 8-octadecadien-1, 3-diol
8-*C*-葡萄糖基-(*S*)-芦荟醇	8-*C*-glucosyl-(*S*)-aloesol
3-*O*-(2′-*O*-葡萄糖基) 葡萄糖醛酸基齐墩果酸-28-*O*-β-D-吡喃葡萄糖苷	3-*O*-(2′-*O*-glucosyl) glucuronyl oleanolic acid-28-*O*-β-D-glucopyranoside
10-*O*-(1-β-D-葡萄糖基) 喜树碱	10-*O*-(1-β-D-glucosyl) camptothecin
4-β-D-葡萄糖基-1, 3, 7-三羟基𬭩酮 (玉山双蝴蝶灵)	4-β-D-glucosyl-1, 3, 7-trihydroxyxanthone (lancerin)
7-*O*-葡萄糖基-1, 6-二甲基-2-羟基-5-乙烯基-9, 10-二氢菲	7-*O*-glucosyl-1, 6-dimethyl-2-hydroxy-5-vinyl-9, 10-dihydrophenanthrene
(11*R*)-6-*O*-β-D-葡萄糖基-11, 13-二氢塔揣定B [(11*R*)-6-*O*-β-D-葡萄糖基-11, 13-二氢三齿蒿定B]	(11*R*)-6-*O*-β-D-glucosyl-11, 13-dihydrotatridin B
3-*O*-β-D-葡萄糖基-14-脱氧-11, 12-二脱氢穿心莲内酯苷	3-*O*-β-D-glucosyl-14-deoxy-11, 12-didehydroandrographiside
3-*O*-β-D-葡萄糖基-14-脱氧穿心莲内酯苷	3-*O*-β-D-glucosyl-14-deoxyandrographiside
葡萄糖基-1-獐牙菜宁	glucosyl-1-swertianin
1-*O*-葡萄糖基-2-*O*-二十烯酸甘油酯	1-*O*-gluco-2-*O*-gadoleic acid glyceride
1-*O*-β-D-葡萄糖基-2-*O*-(1′-十三醛)-5-二十二烯	1-*O*-β-D-glucosyl-2-*O*-(1′-tridecanal)-5-docosene
4-*O*-葡萄糖基-3, 4-二羟基苯乙醇	4-*O*-glucosyl-3, 4-dihydroxyphenyl ethanol
7-葡萄糖基-3′-*O*-甲基香豌豆酚	7-glucosyl-3′-*O*-methyl orobol
2-β-D-葡萄糖基-3-甲基丙醇	2-β-D-glucosyl-3-methyl propanol
4-*O*-葡萄糖基-4-羟基苯甲酸	4-*O*-glucosyl-4-hydroxybenzoic acid
4-*O*-(6′-*O*-葡萄糖基-4″-羟基苯甲酰基)-4-羟基苯乙醇	4-*O*-(6′-*O*-glucosyl-4″-hydroxybenzoyl)-4-hydroxyphenyl ethanol
4-*O*-葡萄糖基-4-羟基苯乙醇	4-*O*-glucosyl-4-hydroxyphenyl ethanol
4-*O*-β-D-葡萄糖基-4-羟基桂皮酸乙酯	4-*O*-β-D-glucosyl-4-hydroxycinnamic acid ethyl ester
4′-*O*-β-D-葡萄糖基-5-*O*-甲基阿米芹诺醇 (5-*O*-甲基维斯阿米醇苷)	4′-*O*-β-D-glucosyl-5-*O*-methyl visamminol (5-*O*-methyl visammioside)
4″-*O*-β-D-葡萄糖基-6′-*O*-(4-*O*-β-D-葡萄糖基咖啡酰基) 狭叶龙胆醚萜苷	4″-*O*-β-D-glucosyl-6′-*O*-(4-*O*-β-D-glucosyl caffeoyl) linearoside
4-*O*-(6′-*O*-葡萄糖基阿魏酰基)-3, 4-二羟基苯乙醇	4-*O*-(6′-*O*-glucosyl feruloyl)-3, 4-dihydroxyphenyl ethanol
4-*O*-(6′-*O*-葡萄糖基阿魏酰基)-4-羟基苯乙醇	4-*O*-(6′-*O*-glucosyl feruloyl)-4-hydroxyphenyl ethanol
4-*O*-(6′-*O*-葡萄糖基阿魏酰葡萄糖基咖啡酰基)-4-羟基苯乙醇	4-*O*-(6′-*O*-glucosyl feruloyl glucosyl caffeoyl)-4-hydroxyphenyl ethanol
6″-*O*-β-D-葡萄糖基巴东荚蒾苷	6″-*O*-β-D-glucosyl henryoside
葡萄糖基钉头果伏苷	glucosyl gofruside
葡萄糖基钉头果勾苷	glucofrugoside

4-O-(6′-O- 葡萄糖基对香豆酰基)-4- 羟基苯甲醇	4-O-(6′-O-glucosyl-p-coumaroyl)-4-hydroxybenzyl alcohol
1‴-O-β-D- 葡萄糖基福慕苷	1‴-O-β-D-glucosyl formoside
7-O- 葡萄糖基甘草苷元	7-O-glucosyl liquiritigenin
3- 葡萄糖基槲皮素	3-glucosyl quercetin
葡萄糖基黄决明素	glucochrysoobtusin
6β-O-β-D- 葡萄糖基鸡屎藤苷酸	6β-O-β-D-glucosyl paederosidic acid
5- 葡萄糖基金鱼草诺苷	5-glucosyl antirrhinoside
6-(3′- 葡萄糖基咖啡酰) 七叶树内酯 [6-(3′- 葡萄糖基咖啡酰) 马栗树皮素]	6-(3′-glucosyl caffeoyl) aesculetin
4-O-(6′-O- 葡萄糖基咖啡酰基)-3, 4- 二羟基苯甲酸	4-O-(6′-O-glucosyl caffeoyl)-3, 4-dihydroxybenzoic acid
4-O-(6′-O- 葡萄糖基咖啡酰基)-3, 4- 二羟基苯乙醇	4-O-(6′-O-glucosyl caffeoyl)-3, 4-dihydroxyphenyl ethanol
4-O-(6′-O- 葡萄糖基咖啡酰基)-4- 羟基苯甲酸	4-O-(6′-O-glucosyl caffeoyl)-4-hydroxybenzoic acid
4-O-(6′-O- 葡萄糖基咖啡酰基)-4- 羟基苯乙醇	4-O-(6′-O-glucosyl caffeoyl)-4-hydroxyphenyl ethanol
4-O-(6′-O- 葡萄糖基咖啡酰葡萄糖基)-4- 羟基苯乙醇	4-O-(6′-O-glucosyl caffeoyl glucosyl)-4-hydroxyphenyl ethanol
4-O-(6′-O- 葡萄糖基咖啡酰葡萄糖基阿魏酰基)-4- 羟基苯乙醇	4-O-(6′-O-glucosyl caffeoyl glucosyl feruloyl)-4-hydroxyphenyl ethanol
4-O-(6′-O- 葡萄糖基咖啡酰葡萄糖基对香豆酰基)-4- 羟基苯乙醇	4-O-(6′-O-glucosyl caffeoyl glucosyl-p-coumaroyl)-4-hydroxyphenyl ethanol
4-O-(6′-O- 葡萄糖基咖啡酰葡萄糖基咖啡酰基)-4- 羟基苯乙醇	4-O-(6′-O-glucosyl caffeoyl glucosyl caffeoyl)-4-hydroxyphenyl ethanol
6′-O-β-D- 葡萄糖基龙胆苦苷	6′-O-β-D-glucosyl gentiopicroside
7-O- 葡萄糖基芒果苷	7-O-glucopyranosyl mangiferin
2″-O- 葡萄糖基牡荆素	2″-O-glucosyl vitexin
葡萄糖基牡荆素 (牡荆素葡萄糖苷)	glucosyl vitexin
7- 葡萄糖基木犀榄苷 -11- 甲酯	7-glucosyl-11-methyl oleoside
28-O-β-D- 葡萄糖基齐墩果酸	28-O-β-D-glucosyl oleanolic acid
19-O- 葡萄糖基人参皂苷 Rf	19-O-glucoginsenoside Rf
(20S)- 葡萄糖基人参皂苷 Rf	(20S)-glucoginsenoside Rf
20-O- 葡萄糖基人参皂苷 Rf	20-O-gluginsenoside Rf
3- 葡萄糖基山奈酚	3-glucosyl kaempferol
7- 葡萄糖基山奈酚	7-glucosyl kaempferol
6′-O-3- 葡萄糖基珊瑚木苷	6′-O-3-glucosyl aucubin
葡萄糖基神经酰胺	glucosyl ceramide
10-O-1-β-D- 葡萄糖基喜树碱	10-O-1-β-D-glucosyl camptothecin
2″- 葡萄糖基异牡荆素	2″-glucosyl isovitexin
2- 葡萄糖基芸香糖	2-glucosyl rutinose
葡萄糖吉他洛苷	glucogitaloxin

葡萄糖吉托苷	glucogitoroside
葡萄糖芰脱林	glucogitorin
D-葡萄糖甲苷	methyl-D-glucose
葡萄糖芥苷	erysimoside
葡萄糖藜芦辛亭	glucoveracintine
葡萄糖铃兰毒原苷	glucoconvalloside
葡萄糖铃兰皂苷 A、B	glucoconvalla saponins A, B
葡萄糖柳叶山柑苷	glucocappasalin
葡萄糖萝卜素 (萝卜苷、萝卜硫苷)	glucoraphanin
葡萄糖洛孔苷	glucolokundjoside
葡萄糖没食子鞣苷	glucogallin
葡萄糖木犀草素	glucoluteolin
葡萄糖南芥素	glucoarabin
葡萄糖欧鼠李苷 A、B	glucofrangulins A, B
葡萄糖欧洲油菜素	glucobrassicanapin
28-葡萄糖齐墩果酸酯苷	28-glu-oleanolic acid ester
D-葡萄糖醛酸	D-glucuronic acid
葡萄糖醛酸	glucuronic acid
D-葡萄糖醛酸-3, 6-内酯	D-glucurono-3, 6-lactone
7-O-葡萄糖醛酸苷-6″-甲酯	7-O-glucuronide-6″-methyl ester
7-O-β-D-葡萄糖醛酸苷甲酯-6-[(7″R)-(3″, 4″-二羟苯基)乙基]-3′, 4′, 5-三羟基黄酮	7-O-β-D-glucuronide methyl ester-6-[(7″R)-(3″, 4″-dihydroxyphenyl) ethyl]-3′, 4′, 5-trihydroxyflavone
7-O-β-D-葡萄糖醛酸苷甲酯-6-[(7″S)-(3″, 4″-二羟苯基)乙基]-3′, 4′, 5-三羟基黄酮	7-O-β-D-glucuronide methyl ester-6-[(7″S)-(3″, 4″-dihydroxyphenyl) ethyl]-3′, 4′, 5-trihydroxyflavone
7-O-β-D-葡萄糖醛酸苷甲酯-8-[(7″R)-(3″, 4″-二羟苯基)乙基]-3′, 4′, 5-三羟基黄酮	7-O-β-D-glucuronide methyl ester-8-[(7″R)-(3″, 4″-dihydroxyphenyl) ethyl]-3′, 4′, 5- trihydroxyflavone
7-O-β-D-葡萄糖醛酸苷甲酯-8-[(7″S)-(3″, 4″-二羟苯基)乙基]-3′, 4′, 5-三羟基黄酮	7-O-β-D-glucuronide methyl ester-8-[(7″S)-(3″, 4″-dihydroxyphenyl) ethyl]-3′, 4′, 5-trihydroxyflavone
8-O-β-D-葡萄糖醛酸海波拉亭-4′-甲醚 (8-O-β-D-葡萄糖醛酸基次衣草亭-4′-甲醚)	8-O-β-D-glucuronyl hypolaetin-4′-methyl ether
7-(2-O-β-D-葡萄糖醛酸基-β-D-葡萄糖醛酸氧基)-5, 3′, 4′-三羟基黄酮	7-(2-O-β-D-glucuronyl-β-D-glucuronyloxy)-5, 3′, 4′-trihydroxyflavone
葡萄糖醛酸木糖甘露聚糖	glucuronoxylomannan
20-葡萄糖人参皂苷 Rf	20-glucoginsenoside Rf
葡萄糖酸	gluconic acid
D-葡萄糖酸	D-gluconic acid
7-葡萄糖酸-5, 6-二羟基黄酮	7-gluconic acid-5, 6-dihydroxyflavone
D-葡萄糖酸-Δ-内酯	D-gluconic acid-Δ-lactone
葡萄糖酸钙	calcium gluconate
葡萄糖糖芥苷	glucoerysolin
葡萄糖庭荠素	glucoalyssin

(2*R*, 3*R*)-(+)- 葡萄糖蚊母树素	(2*R*, 3*R*)-(+)-glucodistylin
葡萄糖渥洛多苷	glucoverodoxin
葡萄糖芜菁芥素 (葡萄糖甘蓝型油菜素、3- 丁烯基芥子油苷)	gluconapin (3-butenyl glucosinolate)
葡萄糖芜菁素 [前告依春、(2*R*)-2- 羟基 -3- 丁烯基芥子油苷、原告伊春苷、前致甲状腺肿素]	glucorapiferen [progoitrin, (2*R*)-2-hydroxy-3-butenyl glucosinolate]
α-D- 葡萄糖五乙酸酯	α-D-glucose pentaacetate
β-D- 葡萄糖五乙酸酯	β-D-glucose pentaacetate
葡萄糖香草酰基葡萄糖	glucovanilloyl glucose
葡萄糖新地毒苷	gluconeodigoxin
6-*C*-β- 葡萄糖芫花素 (当药黄素、獐牙菜辛、当药素、当药黄酮)	6-*C*-β-glucosegenkwanin (swertisin)
葡萄糖羊角拗阿洛糖苷	glucostrophalloside
葡萄糖羊角拗定 (葡萄糖毒毛旋花子苷元)	glucostrophanthidin
葡萄糖洋地黄宁苷	glucodiginin
葡萄糖洋地黄叶苷	glucodigifolein
N-[2-(5-(β-D- 葡萄糖氧基)-1*H*- 吲哚 -3- 基) 乙基] 阿魏酸酰胺	*N*-[2-(5-(β-D-glucosyloxy)-1*H*-indol-3-yl) ethyl] ferulamide
N-[2-(5-(β-D- 葡萄糖氧基)-1*H*- 吲哚 -3- 基) 乙基] 对香豆酸酰胺	*N*-[2-(5-(β-D-glucosyloxy)-1*H*-indol-3-yl) ethyl]-*p*-coumaramide
2β- 葡萄糖氧基 -16, 20, 22- 三羟基 -9- 甲基 -19- 去甲羊毛甾 -5, 24- 二烯 -3, 11- 二酮	2β-glucosyloxy-16, 20, 22-trihydroxy-9-methyl-19-norlanost-5, 24-dien-3, 11-dione
2β- 葡萄糖氧基 -16, 20- 二羟基 -9- 甲基 -19- 去甲羊毛甾 -5, 24- 二烯 -3, 11, 22- 三酮	2β-glucosyloxy-16, 20-dihydroxy-9-methyl-19-norlanost-5, 24-dien-3, 11, 22-trione
2-*O*-β-D- 葡萄糖氧基 -1- 羟基 -3, (11*E*)- 十三碳二烯 -5, 7, 9- 三炔	2-*O*-β-D-glucopyranosyloxy-1-hydroxy-3, (11*E*)-tridecadien-5, 7, 9-triyne
8, 3'-β- 葡萄糖氧基 -2'- 羟基 -3'- 甲丁基 -5- 羟基 -7- 甲氧基香豆素	8, 3'-β-glucosyloxy-2'-hydroxy-3'-methyl butyl-5-hydroxy-7-methoxycoumarin
2β- 葡萄糖氧基 -3, 16, 20, 25- 四羟基 -9- 甲基 -19- 去甲羊毛甾 -5, 23- 二烯 -22- 酮	2β-glucosyloxy-3, 16, 20, 25-tetrahydroxy-9-methyl-19-norlanost-5, 23-dien-22-one
2β- 葡萄糖氧基 -3, 16, 20, 25- 四羟基 -9- 甲基 -19- 去甲羊毛甾 -5- 烯 -22- 酮	2β-glucosyloxy-3, 16, 20, 25-tetrahydroxy-9-methyl-19-norlanost-5-en-22-one
2-β-D- 葡萄糖氧基 -3, 16- 二羟基 -4, 4, 9, 14- 四甲基 -19- 去甲孕甾 -5- 烯 -20- 酮	2-β-D-glucosyloxy-3, 16-dihydroxy-4, 4, 9, 14-tetramethyl-19-norpregn-5-en-20-one
2-*O*-β-D- 葡萄糖氧基 -4- 甲氧基苯丙酸	2-*O*-β-D-glucosyloxy-4-methoxybenzenepropanoic acid
2-*O*-β-D- 葡萄糖氧基 -4- 甲氧基苯丙酸甲酯	2-*O*-β-D-glucosyloxy-4-methoxybenzenepropanoic acid methyl ester
β-D- 葡萄糖氧基邻羟基氢化桂皮酸 (草木犀酸葡萄糖苷)	(β-D-glucosyloxy)-*O*-hydroxyhydrocinnamic acid (melilotic acid glucoside)
5'- 葡萄糖氧基茉莉酸	5'-glucopyranosyoxyjasmanic acid
葡萄糖乙酰丁香酮	glucoacetosyringone

葡萄糖乙氧苯胺	glucophenetidin
葡萄糖异硫氰酸苄酯 (苄基芥子油苷)	benzyl glucosinolate
葡萄糖异硫氰酸烯丙酯	allyl glucosinolate
葡萄糖异硫氰酸酯 (芥子油苷)	glucosinolate
葡萄糖异羟基洋地黄苷元四洋地黄毒糖苷	glucodigoxoside
葡萄糖硬毛南芥素	glucohirsutin
葡萄糖芸苔素 (芸苔葡萄糖硫苷、芸苔苷、葡萄糖芸苔辛、吲哚 -3- 甲基芥子油苷)	glucobrassicin (glucobrassicine, indolyl-3-methyl glucosinolate)
葡萄糖芸苔素 -1- 磺酸酯	glucobrassicin-1-sulfonate
20β-β-D- 葡萄糖孕甾 -4- 烯 -3- 酮	20β-β-D-glucopregn-4-en-3-one
β-D- 葡萄糖正丁醇苷	β-D-glucose *n*-butanolside
葡萄糖中美菊素 A～C	glucozaluzanins A～C
葡萄糖醉蝶花素	glucocleomin
(*E*)- 葡萄辛 B	(*E*)-vitisin B
(–)- 葡萄辛 B	(–)-vitisin B
α-D- 葡萄辛糖 -Δ- 内酯烯二醇	α-D-glucooctano-Δ-lactone-enediol
葡萄叶铁线莲苷 (白藤铁线莲苷) A、B	vitalbosides A, B
葡萄柚定碱	marshdine
葡萄柚碱	pummeline
葡萄柚明碱	marshmine
葡萄柚品碱 A、B	margrapines A, B
葡萄柚双碱 A～F	citbismines A～F
葡萄柚双香豆素	marshdimerin
葡萄柚素	marshrin
蒲贝素 A	puqiedine
蒲公英醇	taraxol
蒲公英酚素	taraxafolin
(+)- 蒲公英酚素 B	(+)-taraxafolin B
蒲公英黄色素	taraxatnin
蒲公英黄素 (蒲公英黄质)	taraxanthin
蒲公英碱 A、B	taraxacines A, B
蒲公英苦素	tarasina
φ- 蒲公英赛醇	φ-taraxerol
蒲公英赛醇 (蒲公英萜醇、桤木林素、茵芋醇)	taraxerol (alnulin, skimmiol, tiliadin)
蒲公英赛醇 (桤木林素、茵芋醇、蒲公英萜醇)	tiliadin (alnulin, skimmiol, taraxerol)
蒲公英赛醇乙酸酯	taraxeryl acetate
蒲公英赛酸	taraxeric acid
蒲公英赛酮 (蒲公英萜酮)	taraxerone
14- 蒲公英赛烯	15-taraxer-14-ene

蒲公英素	taraxacin
蒲公英酸	taraxinic acid
蒲公英酸 -1′-*O*-β-D- 吡喃葡萄糖苷	taraxinic acid-1′-*O*-β-D-glucopyranoside
蒲公英酸 -β-D- 葡萄糖苷	taraxinic acid-β-D-glucoside
蒲公英酸 -β- 吡喃葡萄糖酯	taraxinic acid-β-glucopyranosyl ester
14α- 蒲公英萜 -3- 酮	14α-taraxer-3-one
蒲公英酮	baurenyl acetate
蒲公英酮内酯	taraxafolide
20- 蒲公英烯 -3, 22- 二酮	20-taraxasten-3, 22-dione
20- 蒲公英烯 -3α, 28- 二醇	20-taraxasten-3α, 28-diol
20 (30)- 蒲公英烯 -3β, 21α- 二酚	20 (30)-taraxasten-3β, 21α-diol
20- 蒲公英烯 -3β, 22β- 二酚	20-taraxasten-3β, 22β-diol
20- 蒲公英烯 -3β- 醇	20-taraxasten-3β-ol
蒲公英甾 -14- 烯	taraxaster-14-ene
蒲公英甾 -14- 烯 -1α, 3β- 二醇	taraxaster-14-en-1α, 3β-diol
蒲公英甾 -20 (30)- 烯 -3β, 16β, 21α- 三醇	taraxast-20 (30)-en-3β, 16β, 21α-triol
蒲公英甾 -20- 烯 -3β, 16α- 二醇 -3- 乙酸酯	taraxaster-20-en-3β, 16α-diol-3-acetate
蒲公英甾 -20- 烯 -3β, 30- 二醇	taraxast-20-en-3β, 30-diol
蒲公英甾 -9, 12, 17- 三烯 -3β, 23- 二醇	taraxaster-9, 12, 17-trien-3β, 23-diol
4- 蒲公英甾醇	4-taraxasterol
β- 蒲公英甾醇	β-taraxasterol
φ- 蒲公英甾醇	φ-taraxasterol
ψ- 蒲公英甾醇	ψ-taraxasterol
蒲公英甾醇	taraxasterol
蒲公英甾醇乙酸酯	taraxasteryl acetate
φ- 蒲公英甾醇乙酸酯	φ-taraxasteryl acetate
蒲公英甾醇月桂酸酯	taraxasteryl laurate
蒲公英甾醇棕榈酸酯	taraxasteryl palmitate
蒲公英甾酮	taraxasterone
蒲公英甾烯	taraxastene
4- 蒲公英甾烯	4-taraxastene
蒲葵酮 A	livistone A
蒲桃醇	syzygiol
蒲桃苷	jambolin
蒲桃碱 (蒲桃素)	jambosine
蒲桃皮苷	antimellin
朴亭	celtine
浦卡台因	pukateine
浦林宁	pusillinine
浦佩灵碱	purpeline

浦西灵	pusiline
(+)-普尔乔基野扇花酰胺 A	(+)-phulchowkiamide A
普洱茶烯	assamene
普洱茶皂苷 (阿萨姆皂苷) A～I	assamsaponins A～I
(+)-普拉得斯碱	(+)-platydesmine
(−)-普雷寇二酮酸	(−)-placodiolic acid
普雷韦扎醇 A～D	prevezols A～D
普鲁肯酮 (普氏猪胶树酮) A～C	plukenetiones A～C
普罗豆瓣绿酮 C	proctorione C
普罗兰糖	pullulan
普罗星苷 (杠柳辛)	plocin
普罗星苷元 (杠柳辛苷元)	plocigenin
普罗星宁苷	plocinine
普洛克托林 (亲肌神经介质肽) M I、M II	proctolins M I, M II
普洛萨泼素 1-12	prosapognins 1-12
普洛薯蓣皂苷元 III	prodiosgenin III
普那那苷	punarnavoside
普曲诺苷 (假黄杨苷) A、C	putranosides A, C
普梭草素	psorospermin
普梭草酮 (维斯木酮、维斯米亚酮) A～E	vismiones A～E
普通蓟吡喃酮	tetillapyrone
普瓦伊那藻素 A～F	puwainaphycins A～F
普乌生	pukeensine
1, 2, 2′, 3, 3′, 4′, 6-七-O-乙酰基-6′-O-对甲苯磺酰基-α-纤维二糖 (2, 3, 4-三-O-乙酰基-6-O-对甲苯磺酰基-β-D-吡喃葡萄糖基-(1→4)-1, 2, 3, 6-四-O-乙酰基-α-D-吡喃葡萄糖)	1, 2, 2′, 3, 3′, 4′, 6-hept-O-acetyl-6′-O-tosyl-α-cellobiose (2, 3, 4-tri-O-acetyl-6-O-tosyl-β-D-glucopyranosyl-(1→4)-1, 2, 3, 6-tetra-O-acetyl-α-D-glucopyranose)
七芬	heptaphene
3′, 4′, 6′, 2″, 3″, 4″, 5″-七甲氧基-1, 3-二甲酮基查耳酮	3′, 4′, 6′, 2″, 3″, 4″, 5″-heptamethoxy-1, 3-diketochalcone
3, 5, 6, 7, 8, 3′, 4′-七甲氧基黄酮	3, 5, 6, 7, 8, 3′, 4′-heptamethoxyflavone
3, 3′, 4′, 5, 6, 7, 8-七甲氧基黄酮	3, 3′, 4′, 5, 6, 7, 8-heptamethoxyflavone
5, 6, 7, 8, 3′, 4′, 5′-七甲氧基黄酮	5, 6, 7, 8, 3′, 4′, 5′-heptamethoxyflavone
七甲氧基黄酮	heptamethoxyflavone
5, 6, 7, 8, 2′, 4′, 5′-七甲氧基黄酮 (伞房花序藿香蓟素 C)	5, 6, 7, 8, 2′, 4′, 5′-heptamethoxyflavone (agecorynin C)
5, 6, 7, 2′, 3′, 4′, 5′-七甲氧基黄烷酮	5, 6, 7, 2′, 3′, 4′, 5′-heptamethoxyflavanone
七甲氧基黄烷酮	heptamethoxyflavanone
七姐妹藤苷 A～C	mubenins A～C
七筋菇苷 A～C	clintoniosides A～C
七螺旋烃	heptahelicene
14, 15, 16, 3, 3, 42, 43-七氯-1 (1, 3), 4 (1, 4)-二苯杂环七蕃	14, 15, 16, 3, 3, 42, 43-heptachloro-1 (1, 3), 4 (1, 4)-dibenzenacycloheptaphane

2, 3, 4, 5, 6, 7, 7- 七氯 -1a, 1b, 5, 5a, 6, 6a- 六氢 -2, 5- 亚甲基 -2*H*- 茚并 [1, 2-*b*] 环氧乙烯	heptachlor epoxide (2, 3, 4, 5, 6, 7, 7-heptachloro-1a, 1b, 5, 5a, 6, 6a-hexahydro-2, 5-methylene-2*H*-indeno [1, 2-*b*] oxirene)
5, 7, 4′, 5″, 7″, 3‴, 4‴- 七羟基 [3, 8″] 二黄烷酮	5, 7, 4′, 5″, 7″, 3‴, 4‴-heptahydroxy [3, 8″] biflavanone
1β, 2β, 3β, 4β, 5β, 22ξ, 26- 七羟基 -22-*O*- 甲基 -26-*O*-β-D- 吡喃葡萄糖基 -(25*R*)-5β- 呋甾 -5-*O*-β-D- 吡喃葡萄糖苷	1β, 2β, 3β, 4β, 5β, 22ξ, 26-heptahydroxy-22-*O*-methyl-26-*O*-β-D-glucopyranosyl-(25*R*)-5β-furost-5-*O*-β-D-glucopyranoside
1α, 2α, 4β, 6β, 8α, 9β, 13- 七羟基 -β- 二氢沉香呋喃	1α, 2α, 4β, 6β, 8α, 9α, 13-heptahydroxy-β-dihydroagarofuran
七星草乌碱	conaconitine
七星莲萜 A、B	violaics A, B
七星莲萜内酯	violalide
七叶酚	ascorcin
七叶苷 (马栗树皮苷、秦皮甲素、七叶灵)	aesculin (esculin)
七叶苷 (七叶树奥苷) A～H	aesculiosides A～H
七叶黄皮碱	heptaphylline
七叶黄皮唑碱	heptazoline
七叶灵酸	aesculinic acid
七叶内酯 -3- 甲酸 (马栗树皮素 -3- 甲酸)	3-carboxyesculetin
七叶树苷元 (七叶树皂苷元)	escigenin (aescigenin)
七叶树黄酮苷 A	aescuflavoside A
七叶树碱	argyrine
七叶树内酯 (七叶亭、七叶内酯、秦皮乙素、马栗树皮素、6, 7- 二羟 基香豆素)	esculetin (aesculetin, 6, 7-dihydroxycoumarin)
七叶树内酯 -6-*O*-β-D- 呋喃芹糖基 -(1→6)-*O*-β-D- 吡喃葡萄糖苷	aesculetin-6-*O*-β-D-apiofuranosyl-(1→6)-*O*-β-D-glucopyranoside
七叶树内酯二甲醚 (七叶亭二甲醚、二甲基七叶苷元、滨蒿内酯、6, 7- 二甲氧基香豆素、蒿属香豆精、马栗树皮素二甲醚)	aesculetin dimethyl ether (scoparone, 6, 7-dimethoxycoumarin)
七叶树内酯双苄醚 (七叶亭双苄醚)	esculetin dibenzyl ether
七叶树皂苷 A～F	aesculusosides A～F
七叶树皂苷元 (七叶树苷元)	aescigenin (escigenin)
β- 七叶素	β-escin
七叶素 (七叶皂苷)	escin (aescin)
七叶酸	aescinic acid
七叶一枝花皂苷 (重楼皂苷) VI	polyphyllin (paris saponin) VI
七叶一枝花皂苷 A (薯蓣皂苷元 -3-*O*-β-D- 吡喃葡萄糖苷)	polyphyllin A (diosgenin-3-*O*-β-D-glucopyranoside)
七叶一枝花皂苷 A～H	polyphyllins A～H
七叶皂苷 (七叶素)	aescin (escin)
七叶皂苷钠	sodium aescinate
七乙酸新橙皮糖酯	neohesperidose heptaacetate
七乙酸芸香糖酯	rutinose heptaacetate

七爪龙药喇叭素	digitatajalapin I
桤木苷 A～D	alnusides A～D
桤木庚烷 A	alnuheptanoid A
桤木庚烯酮	alusenone
桤木林素 (蒲公英赛醇、蒲公英萜醇、茵芋醇)	alnulin (taraxerol, skimmiol, tiliadin)
桤木鞣宁 A、B	alnusnins A, B
桤木鞣素 (桤木素)	alnusiin
桤木酮	alnustone
桤木烯醇	alnusenol
漆多酚 A～I	rhusopolyphenols A～I
漆酚 (粗漆酚、漆醇)	urushiol
漆姑草素 C、D	sajaponicins C, D
漆树蓝蛋白	stellacyanin
漆树酸 (6-十五烷基水杨酸、腰果酸)	rhusinic acid (6-pentadecyl salicylic acid, anacardic acid)
漆烷 A～E	toxicodenanes A～E
漆叶苷 (野漆树苷、芹菜素 -7-*O*-β-D- 新橙皮糖苷)	rhoifolin (rhoifoloside, apigenin-7-*O*-β-D-neohesperidoside)
漆叶花椒碱	zanthoxyline
漆叶花椒碱 A、B	rhoifolines A, B
齐墩果 -11, 13 (18)- 二烯	olean-11, 13 (18)-diene
齐墩果 -11, 13 (18)- 二烯 -23α, 28- 二醇	olean-11, 13 (18)-dien-23α, 28-diol
齐墩果 -11, 13 (18)- 二烯 -3β, 24- 二醇	olean-11, 13 (18)-dien-3β, 24-diol
齐墩果 -11, 13 (18)- 二烯 -3β- 醇	olean-11, 13 (18)-dien-3β-ol
齐墩果 -11, 13 (18)- 二烯 -3β- 醇乙酸酯	olean-11, 13 (18)-dien-3β-ol acetate
齐墩果 -12- 烯	olean-12-ene
齐墩果 -12- 烯 -23- 酸	olean-12-en-23-oic acid
齐墩果 -12- 烯 -28- 酸	olean-12-en-28-oic acid
齐墩果 -12- 烯 -28- 羧基 -3- 醇棕榈酸酯	olean-12-en-28-carboxy-3-ol palmitate
齐墩果 -12- 烯 -2α, 3β, 28- 三醇	olean-12-en-2α, 3β, 28-triol
齐墩果 -12- 烯 -2α, 3β- 二醇	olean-12-en-2α, 3β-diol
3α- 齐墩果 -12- 烯 -3, 23- 二醇	3α-olean-12-en-3, 23-diol
齐墩果 -12- 烯 -3, 28- 二醇	olean-12-en-3, 28-diol
齐墩果 -12- 烯 -3α, 16β- 二醇	olean-12-en-3α, 16β-diol
齐墩果 -12- 烯 -3β, 15α, 24- 三醇	olean-12-en-3β, 15α, 24-triol
齐墩果 -12- 烯 -3β, 15α- 二醇	olean-12-en-3β, 15α-diol
齐墩果 -12- 烯 -3β, 16α, 21β, 22α, 28- 五醇	olean-12-en-3β, 16α, 21β, 22α, 28-pentol
齐墩果 -12- 烯 -3β, 16β, 21β, 22α, 23, 28- 六醇	olean-12-en-3β, 16β, 21β, 22α, 23, 28-hexol
齐墩果 -12- 烯 -3β, 16β, 23, 28- 四醇	olean-12-en-3β, 16β, 23, 28-tetraol
齐墩果 -12- 烯 -3β, 16β, 23, 28- 四醇乙酸酯	olean-12-en-3β, 16β, 23, 28-tetraol tetraacetate
齐墩果 -12- 烯 -3β, 24- 二醇	olean-12-en-3β, 24-diol

齐墩果-12-烯-3β, 27-二醇	olean-12-en-3β, 27-diol
齐墩果-12-烯-3β, 28, 29-三醇	olean-12-en-3β, 28, 29-triol
齐墩果-12-烯-3β, 28-二醇	olean-12-en-3β, 28-diol
齐墩果-12-烯-3β, 28-二醇 3β-棕榈酸酯	olean-12-en-3β, 28-diol 3β-palmitate
齐墩果-12-烯-3β, 7β, 15α, 28-四醇	olean-12-en-3β, 7β, 15α, 28-tetraol
齐墩果-12-烯-3β-羟基-28-酸-3β-D-吡喃葡萄糖苷	olean-12-en-3β-hydroxy-28-oic acid-3β-D-glucopyranoside
齐墩果-12-烯-3-醇	olean-12-en-3-ol
齐墩果-12-烯-3-酮 (β-白檀酮、β-香树脂酮)	olean-12-en-3-one (β-amyrenone, β-amyrone)
齐墩果-12-烯-3-氧亚基-22, 24-二醇	olean-12-en-3-oxo-22, 24-diol
齐墩果-13 (18)-烯-3, 12, 19-三酮	olean-13 (18)-en-3, 12, 19-trione
齐墩果-13 (18)-烯-3-醇乙酸酯	olean-13 (18)-cn-3-ol acctate
3β, 28-齐墩果-16-氧亚基-12-烯-30-醛	3β, 28-olean-16-oxo-12-en-30-al
齐墩果-18-烯	olean-18-ene
齐墩果-18-烯-3-酮	olean-18-en-3-one
齐墩果-3-酮	olean-3-one
齐墩果-9 (11), 12-二烯-3β-醇	olean-9 (11), 12-dien-3β-ol
齐墩果-α-L-吡喃甘露糖苷	olean-α-L-mannopyranoside
齐墩果酚	oleanol
齐墩果苷 (木犀榄苷、木犀苷)	oleoside
齐墩果苷-11-甲酯	oleoside-11-methyl ester
齐墩果苷-7, 11-二甲酯	oleoside-7, 11-dimethyl ester
齐墩果苷-7-四羟基-(5″)-酯-11-甲酯	oleoside-7-tetrahydroxy-(5″)-ester-11-methyl ester
齐墩果苷-7-乙基-11-甲酯	oleoside-7-ethyl-11-methyl ester
齐墩果苷二甲酯 (木犀苷二甲酯)	oleoside dimethyl ester
齐墩果醛	oleanolic aldehyde
齐墩果醛乙酸酯	oleanolic aldehyde acetate
齐墩果瑞香醛 (木犀榄瑞香醛)	oleodaphnal
(+)-齐墩果酸	(+)-oleanolic acid
齐墩果酸 (土当归酸、香石竹素)	oleanolic acid (caryophyllin)
齐墩果酸-(28-O-β-D-吡喃葡萄糖苷)-3-O-β-D-吡喃葡萄糖基-(1→3)-(α-L-呋喃阿拉伯糖基)-β-D-吡喃葡萄糖醛酸苷 (屏边三七苷R2)	oleanolic acid-(28-O-β-D-glucopyranoside)-3-O-β-D-glucopyranosyl-(1→3)-(α-L-arobinofuranosyl)-β-D-glucuronopyranoside (stipuleanoside R2)
齐墩果酸-11, 13 (18)-二烯-3-O-β-D-葡萄糖醛酸苷	oleanolic acid-11, 13 (18)-dien-3-O-β-D-glucuronopyranoside
齐墩果酸-11, 13 (18)-二烯-3-O-β-D-葡萄糖醛酸苷甲酯	oleanolic acid-11, 13 (18)-dien-3-O-β-D-glucuronopyranoside methyl ester
齐墩果酸-12-烯-3, 29-二醇	oleanolic acid-12-en-3, 29-diol
齐墩果酸-28-O-α-L-吡喃鼠李糖基-(1→2)-[β-D-吡喃木糖基-(1→6)]-β-D-吡喃葡萄糖酯	oleanolic acid-28-O-α-L-rhamnopyranosyl-(1→2)-[β-D-xylopyranosyl-(1→6)]-β-D-glucopyranosyl ester
齐墩果酸-28-O-α-L-吡喃鼠李糖基-(1→4)-β-D-吡喃葡萄糖基-(1→6)-β-D-吡喃葡萄糖苷	oleanolic acid-28-O-α-L-rhamnopyranosyl-(1→4)-β-D-glucopyranosyl-(1→6)-β-D-glucopyranoside

齐墩果酸-28-O-β-D-吡喃葡萄糖苷	oleanolic acid-28-O-β-D-glucopyranoside
齐墩果酸-28-O-β-D-吡喃葡萄糖苷-3-β-D-吡喃半乳糖基-(1→2)-β-D-吡喃葡萄糖苷甲酯	oleanolic acid-28-O-β-D-glucopyranoside-3-β-D-galactopyranosyl-(1→2)-β-D-glucopyranoside methyl ester
齐墩果酸-28-O-β-D-吡喃葡萄糖基-(1→6)-O-β-D-吡喃葡萄糖苷	oleanolic acid-28-O-β-D-glucopyranosyl-(1→6)-O-β-D-glucopyranoside
齐墩果酸-28-O-β-D-吡喃葡萄糖醛酸苷	oleanolic acid-28-O-β-D-glucuronopyranoside
齐墩果酸-28-O-β-D-吡喃葡萄糖酯	oleanolic acid-28-O-β-D-glucopyranosyl ester
齐墩果酸-3-(半乳糖基葡萄糖基)葡萄糖醛酸苷	oleanolic acid-3-(galactosyl glucosyl) glucuronide
齐墩果酸-3-[β-D-吡喃半乳糖基-(1→2)]-[α-L-呋喃阿拉伯糖基-(1→4)]-β-L-吡喃葡萄糖醛酸苷	oleanolic acid-3-[β-D-galactopyranosyl-(1→2)]-[α-L-arabinofuranosyl-(1→4)]-β-L-glucuronopyranoside
齐墩果酸-3-O-[α-L-吡喃鼠李糖基-(1→2)-O-β-D-吡喃葡萄糖基-(1→4)-α-L-吡喃阿拉伯糖苷]	oleanolic acid-3-O-[α-L-rhamnopyranosyl-(1→2)-O-β-D-glucopyranosyl-(1→4)-α-L-arabinopyranoside]
齐墩果酸-3-O-[α-L-吡喃鼠李糖基-(1→2)-α-L-吡喃阿拉伯糖苷]	oleanolic acid-3-O-[α-L-rhamnopyranosyl-(1→2)-α-L-arabinopyranoside]
齐墩果酸-3-O-[β-D-(6′-甲酯)吡喃葡萄糖醛酸苷]-28-O-β-D-吡喃葡萄糖苷	oleanolic acid-3-O-[β-D-(6′-methyl ester) glucuronopyranoside]-28-O-β-D-glucopyranoside
齐墩果酸-3-O-[β-D-半乳糖基-(1→4)-β-D-半乳糖基-(1→3)]-β-D-葡萄糖醛酸苷	oleanolic acid-3-O-[β-D-galactosyl-(1→4)-β-D-galactosyl-(1→3)]-β-D-glucuronoside
齐墩果酸-3-O-[β-D-吡喃葡萄糖基-(1→2)-β-D-吡喃葡萄糖苷]-28-O-β-D-吡喃葡萄糖苷	oleanolic acid-3-O-[β-D-glucopyranosyl-(1→2)-β-D-glucopyranoside]-28-O-β-D-glucopyranoside
齐墩果酸-3-O-[β-D-吡喃葡萄糖基-(1→3)-O-α-L-吡喃鼠李糖基]-(1→2)-α-L-吡喃阿拉伯糖苷	oleanolic acid-3-O-[β-D-glucopyranosyl-(1→3)-O-α-L-rhamnopyranosyl]-(1→2)-α-L-arabinopyranoside
齐墩果酸-3-O-6′-O-甲基-β-D-吡喃葡萄糖醛酸苷	oleanolic acid-3-O-6′-O-methyl-β-D-glucuronopyranoside
齐墩果酸-3-O-α-L-阿拉伯糖基-(1→4)-β-D-葡萄糖醛酸苷	oleanolic acid-3-O-α-L-arabinosyl-(1→4)-β-D-glucuronoside
齐墩果酸-3-O-α-L-吡喃阿拉伯糖苷	oleanolic acid-3-O-α-L-arabinopyranoside
齐墩果酸-3-O-α-L-吡喃阿拉伯糖苷-28-O-β-D-吡喃葡萄糖基-(1→6)-β-D-吡喃葡萄糖苷	oleanolic acid-3-O-α-L-arabinopyranoside-28-O-β-D-glucopyranosyl-(1→6)-β-D-glucopyranoside
齐墩果酸-3-O-α-L-吡喃阿拉伯糖基-(1→2)-β-D-吡喃葡萄糖苷	oleanolic acid-3-O-α-L-arabinopyranosyl-(1→2)-β-D-glucopyranoside
齐墩果酸-3-O-α-L-吡喃阿拉伯糖基-(1→3)-α-L-吡喃鼠李糖基-(1→2)-α-L-吡喃阿拉伯糖苷	oleanolic acid-3-O-α-L-arabinofuranosyl-(1→3)-α-L-rhamnopyranosyl-(1→2)-α-L-arabinopyranoside
齐墩果酸-3-O-α-L-吡喃鼠李糖基-(1→2)-O-α-L-吡喃阿拉伯糖苷	oleanolic acid-3-O-α-L-rhamnopyranosyl-(1→2)-O-α-L-arabinopyranoside
齐墩果酸-3-O-α-L-吡喃鼠李糖基-(1→2)-β-D-吡喃葡萄糖基-(1→4)-α-L-吡喃阿拉伯糖苷	oleanolic acid-3-O-α-L-rhamnopyranosyl-(1→2)-β-D-glucopyranosyl-(1→4)-α-L-arabinopyranoside
齐墩果酸-3-O-α-L-吡喃鼠李糖基-(1→4)-β-D-吡喃葡萄糖基-(1→2)-α-L-吡喃阿拉伯糖苷	oleanolic acid-3-O-α-L-rhamnopyranosyl-(1→4)-β-D-glucopyranosyl-(1→2)-α-L- arabinopyranoside
齐墩果酸-3-O-α-L-吡喃鼠李糖基-α-L-吡喃阿拉伯糖苷	oleanolic acid-3-O-α-L-rhamnopyranosyl-α-L-arabinopyranoside
齐墩果酸-3-O-α-呋喃阿拉伯糖基-(1→4)-β-L-吡喃葡萄糖醛酸苷	oleanolic acid-3-O-α-arabinofuranosyl-(1→4)-β-L-glucuronopyranoside

齐墩果酸-3-*O*-β-D-(6′-*O*-甲基) 吡喃葡萄糖醛酸苷	oleanolic acid-3-*O*-β-D-(6′-*O*-methyl) glucuronopyranoside
齐墩果酸-3-*O*-β-D-(6′-丁基) 吡喃葡萄糖醛酸苷	oleanolic acid-3-*O*-β-D-(6′-butyl) glucuronopyranoside
齐墩果酸-3-*O*-β-D-[半乳糖基-(1→4)]-葡萄糖苷	oleanolic acid-3-*O*-β-D-[galactosyl-(1→4)]-glucoside
齐墩果酸-3-*O*-β-D-[半乳糖基半乳糖基-(1→4)]-葡萄糖苷	oleanolic acid-3-*O*-β-D-[galactosyl galactosyl-(1→4)]-glucoside
齐墩果酸-3-*O*-β-D-[葡萄糖基-(1→3)]-[半乳糖基-(1→4)]-葡萄糖苷	oleanolic acid-3-*O*-β-D-[glucosyl-(1→3)]-[galactosyl-(1→4)]-glucoside
齐墩果酸-3-*O*-β-D-吡喃核糖基-(1→3)-α-L-鼠李吡喃糖基-(1→2)-β-D-吡喃木糖苷	oleanolic acid-3-*O*-β-D-ribopyranosyl-(1→3)-α-L-rhamnopyranosyl-(1→2)-β-D-xylopyranoside
齐墩果酸-3-*O*-β-D-吡喃木糖苷	oleanolic acid-3-*O*-β-D-xylopyranoside
齐墩果酸-3-*O*-β-D-吡喃木糖基-(1→3)-α-L-吡喃鼠李糖基-(1→2)-α-L-吡喃阿拉伯糖苷	oleanolic acid-3-*O*-β-D-xylopyranosyl-(1→3)-α-L-rhamnopyranosyl-(1→2)-α-L-arabinopyranoside
齐墩果酸-3-*O*-β-D-吡喃木糖基-(1→3)-β-D-吡喃葡萄糖醛酸苷	oleanolic acid-3-*O*-β-D-xylopyranosyl-(1→3)-β-D-glucuronopyranoside
齐墩果酸-3-*O*-β-D-吡喃木糖基-(1→3)-β-D-吡喃葡萄糖醛酸苷-6-甲酯	oleanolic acid-3-*O*-β-D-xylopyranosyl-(1→3)-β-D-glucuronopyranoside-6-methyl ester
齐墩果酸-3-*O*-β-D-吡喃木糖基-(1→4)-β-D-吡喃葡萄糖基-(1→6)-β-D-吡喃葡萄糖苷	oleanolic acid-3-*O*-β-D-xylopyranosyl-(1→4)-β-D-glucopyranosyl-(1→6)-β-D-glucopyranoside
齐墩果酸-3-*O*-β-D-吡喃木糖基-(1→6)-β-D-吡喃葡萄糖基-(1→6)-β-D-吡喃葡萄糖苷	oleanolic acid-3-*O*-β-D-xylopyranosyl-(1→6)-β-D-glucopyranosyl-(1→6)-β-D-glucopyranoside
齐墩果酸-3-*O*-β-D-吡喃葡萄糖苷	oleanolic acid-3-*O*-β-D-glucopyranoside
齐墩果酸-3-*O*-β-D-吡喃葡萄糖基-(1→2)-α-L-吡喃阿拉伯糖苷	oleanolic acid-3-*O*-β-D-glucopyranosyl-(1→2)-α-L-arabinopyranoside
齐墩果酸-3-*O*-β-D-吡喃葡萄糖基-(1→3)-α-L-吡喃阿拉伯糖苷	oleanolic acid-3-*O*-β-D-glucopyranosyl-(1→3)-α-L-arabinopyranoside
齐墩果酸-3-*O*-β-D-吡喃葡萄糖基-(1→3)-α-L-吡喃鼠李糖基-(1→2)-α-L-吡喃阿拉伯糖苷	oleanolic acid-3-*O*-β-D-glucopyranosyl-(1→3)-α-L-rhamnopyranosyl-(1→2)-α-L-arabinopyranoside
齐墩果酸-3-*O*-β-D-吡喃葡萄糖基-(1→4)-α-L-吡喃阿拉伯糖苷	oleanolic acid-3-*O*-β-D-glucopyranosyl-(1→4)-α-L-arabinopyranoside
齐墩果酸-3-*O*-β-D-吡喃葡萄糖基-(1→6)-β-D-吡喃葡萄糖苷	oleanolic acid-3-*O*-β-D-glucopyranosyl-(1→6)-β-D-glucopyranoside
齐墩果酸-3-*O*-β-D-吡喃葡萄糖醛酸苷	oleanolic acid-3-*O*-β-D-glucuronopyranoside
齐墩果酸-3-*O*-β-D-吡喃葡萄糖醛酸苷-6′-甲酯	oleanolic acid-3-*O*-β-D-glucuronopyranoside-6′-methyl ester
齐墩果酸-3-*O*-β-D-吡喃葡萄糖醛酸苷甲酯	oleanolic acid-3-*O*-β-D-glucuronopyranoside methyl ester
齐墩果酸-3-*O*-β-D-葡萄糖苷	oleanolic acid-3-*O*-β-D-glucoside
齐墩果酸-3-*O*-β-D-葡萄糖醛酸甲苷	oleanolic acid-3-*O*-β-D-methyl glucuronide
齐墩果酸-3-*O*-β-吡喃葡萄糖苷	oleanolic acid-3-*O*-β-glucopyranoside
齐墩果酸-3-*O*-葡萄糖醛酸苷	oleanolic acid-3-*O*-glucuronide
齐墩果酸-3-β-D-吡喃半乳糖基-(1→2)-β-D-吡喃岩藻糖苷	oleanolic acid-3-β-D-galactopyranosyl-(1→2)-β-D-fucopyranoside

Q

齐墩果酸 -3-β-D- 吡喃半乳糖基 -(1→2)-β-L- 吡喃葡萄糖醛酸苷	oleanolic acid-3-β-D-galactopyranosyl-(1→2)-β-L-glucuronopyranoside
齐墩果酸 -3-β-D- 吡喃葡萄糖基 -(1→2)-α-L- 吡喃阿拉伯糖苷	oleanolic acid-3-β-D-glucopyranosyl-(1→2)-α-L-arabinopyranoside
齐墩果酸 -3-β-D- 吡喃葡萄糖醛酸苷 -6- 甲酯	oleanolic acid-3-β-D-glucuronopyranoside-6-methyl ester
齐墩果酸 -3-β-O-[α-L- 吡喃阿拉伯糖基 -(1→2)]-β-D- 吡喃葡萄糖醛酸苷 -6′- 甲酯	oleanolic acid-3-β-O-[(α-L-arabinopyranosyl)-(1→2)]-β-D-glucuronopyranoside-6′-methyl ester
齐墩果酸 -3β-O- 乙酸酯	oleanolic acid-3β-O-acetate
齐墩果酸 -3- 半乳糖基葡萄糖醛酸苷	oleanolic acid-3-galactosyl glucuronide
齐墩果酸 -3- 葡萄糖苷	oleanolic acid-3-glucoside
齐墩果酸 -3- 葡萄糖苷 -2, 8- 二葡萄糖苷	oleanolic acid-3-glucoside-2, 8-diglucoside
齐墩果酸 -α-L- 吡喃鼠李糖基 -β-D- 吡喃半乳糖苷	oleanolic acid-α-L-rhamnopyranosyl-β-D-galactopyranoside
齐墩果酸 -β-D- 吡喃葡萄糖基 -(1→4)-β-D- 吡喃葡萄糖基 -(1→4)-β-D- 吡喃葡萄糖醛酸苷	oleanolic acid-β-D-glucopyranosyl-(1→4)-β-D-glucopyranosyl-(1→4)-β-D-glucuronopyranoside
齐墩果酸 -β- 葡萄糖酯	β-glucosyl oleanolate
齐墩果酸甲酯	methyl oleanolate
齐墩果酸三糖苷毒素 A	oleanoglycotoxin A
齐墩果酸三糖苷毒素 B (兰玛毒苷)	oleanoglycotoxin B (lemmatoxin)
齐墩果酸乙酸酯	oleanolic acid acetate
齐墩果酸乙酯	ethyl oleanolate
齐墩果酮酸	oleanonic acid
18α- 齐墩果烷	18α-oleanane
齐墩果烷	oleanane
齐墩果烷乙酸酯	oleanane acetate
12- 齐墩果烯 -3, 22, 24- 三醇 (大豆皂醇 E)	3, 22, 24-trihydroxyolean-12-ene (soyasapogenol E)
13 (18)- 齐墩果烯 -3- 醇	13 (18)-oleanen-3-ol
齐墩果烯酯	oleanolic ester
齐苏内酯	chisulactone
奇果菌素	grifolin
奇蒿黄酮	arteanoflavone
奇蒿内酯	arteanomalactone
奇蒿内酯二聚体 A～F	artanomadimers A～F
奇蒿萜内酯	artanoate
奇蒿愈创木内酯 A、B	artemanomalides A, B
奇卡胺	kikamine
奇科马宁碱	kikemanine
奇曼碱 A～D	chimanines A～D
奇楠沉香酮 A～G	qinanones A～G
奇诺醛 (日楝醇醛)	salannal (ohchinolal)
奇诺鞣酸	kinotannic acid

奇任醇 (豨莶草醇)	kirenol
奇散亭	kisantine
奇梯皂苷元 (凯提皂苷元)	kitigenin
奇梯皂苷元 -4-*O*- 硫酸酯	kitigenin-4-*O*-sulfate
奇梯皂苷元 -5-*O*-β-D- 吡喃葡萄糖苷	kitigenin-5-*O*-β-D-glucopyranoside
脐果九里香卡品	omphalocarpin
棋盘花碱	zygadenine
棋盘花酸 -Δ- 内酯 -16- 当归酸酯	zygadenilic acid Δ-lactone-16-angelate
棋盘花辛碱	zygacine
棋子豆盘酸 [圆盘豆酸、3β, 27- 二羟基羽扇豆 -20 (29)- 烯 -28- 酸]	cylicodiscic acid [3β, 27-dihydroxylup-20 (29)-en-28-oic acid]
杞柳苷 (紫皮柳苷)	salipurposide
绮丽决明胺 A、B	spectamines A, B
槭苷Ⅰ～Ⅳ	acerosides Ⅰ～Ⅳ
槭属鞣质 (槭树丹宁) A	acertannin A
槭素	acerin
槭萜酸	acerogenic acid
槭叶草酸 A	aceriphyllic acid A
槭皂苷元	acerocin
槭汁酸	aceric acid
恰伊洛沃内酯 (灰狼礁鞘丝藻内酯) A	caylobolide A
千层塔 -14- 烯	serrat-14-ene
千层塔 -14- 烯 -3β, 21β- 二醇	serrat-14-en-3β, 21β-diol
千层塔碱	serratine
千层塔尼定碱	serratinidine
千层塔宁碱	serratinine
千层塔三醇 (蛇足石杉醇)	tohogenol
千层塔四醇 (蛇足石杉尼醇)	tohogeninol
千层塔它尼定碱	serratanidine
千层塔它宁碱	serratanine
千层塔烯	serratene
千层塔烯二醇 (千层塔萜烯二醇、山芝烯二醇)	serratenediol
千层塔烯二醇 -21- 乙酸酯	serratenediol-21-acetate
千层塔烯二醇 -3- 乙酸酯	serratenediol-3-acetate
千层塔烯三醇	serratriol
千层纸素 (木蝴蝶灵、千层纸黄素、木蝴蝶素) A、B	oxyayanins (oroxylins) A, B
千层纸素 B 三甲基醚 (3, 3', 4', 5, 6, 7- 六甲氧基黄酮)	oxyayanin B trimethyl ether (3, 3', 4', 5, 6, 7-hexamethoxyflavone)
千根草酯 A、B	thymofolinoates A, B
千花碱	chlidanthine

千解草蒽三酮 E	pygmaeocine E
千解草精 (巴兰精)	bharangin
千解草精宁 (巴兰精宁)	bharanginin
千解草精 -γ- 内酯	bharangi-γ-lactone
千解草精 -Δ- 内酯	bharangi-Δ-lactone
千解草醌	bharangi quinone
千解草素	pygmacocin
千解草素 A～C	pygmaercins A～C
千解草萜酮	pygmacone
千解草香豆素 (千解草灵)	pygmaeoherin
千斤拔查耳酮	flemingichalcone
千斤拔苷	flemingoside
千斤拔宁	fleminginin
千斤拔色烯查耳酮 (红果千斤拔素、千斤拔精) A～Z	flemingins A～Z
千斤拔色原酮	flemingichromone
千斤拔素 A～E	flemichins A～E
千斤拔素 B (羽扇豆叶灰毛豆素、羽扇豆福林酮、羽扇灰毛豆素)	flemichin B (lupinifolin)
千斤拔香豆雌烷 A	flemicoumestan A
千斤拔香豆素 A	flemicoumarin A
千金二萜醇 (千金藤醇、续随子醇)	lathyrol
千金二萜醇 -3, 15- 二乙酸酯 -5- 苯甲酸酯	lathyrol-3, 15-diacetate-5-benzoate
千金二萜醇 -3, 15- 二乙酸酯 -5- 烟酸酯	lathyrol-3, 15-diacetate-5-nicotinate
千金二萜醇 -5, 15-O- 二乙酰基 -3- 苯乙酸酯	lathyrol-5, 15-O-diacetyl-3-phenyl acetate
千金二萜醇二乙酸苯甲酸酯 (千金藤醇二乙酸苯甲酸酯)	lathyrol diacetate benzoate
千金二萜醇二乙酸烟酸酯 (千金藤醇二乙酸烟酸酯)	lathyrol diacetate nicotinate
千金藤本碱	stephabenine
千金藤比斯碱 (千金藤双亚胺)	stebisimine
千金藤宾碱	stephabine
千金藤波林碱	stephaboline
千金藤醇定	stephenolidine
千金藤定 (千金藤二酮、防己醌碱)	stephadione
L- 千金藤定碱 (L- 千金藤立定)	L-stepholidine
千金藤定碱 (光千金藤定碱、千金藤立定)	stepholidine
千金藤二胺	stephadiamine
千金藤福灵 (黄皮树碱)	stepholine
千金藤富林碱	stephuline
千金藤黄酮 A、B	stephaflavones A, B
千金藤碱	stephanine
千金藤灵 (光千金藤碱、千金藤任)	stepharine

千金藤默星碱	stephamiersine
千金藤宁碱 (千金藤宁)	stepharanine
千金藤诺灵	stephanoline
千金藤朴啡碱	steporphine
千金藤绕亭	stepharotine
D-千金藤任	D-stepharine
千金藤属碱	stephania base
千金藤松宾碱	stephasubine
千金藤苏醇灵 (千金藤松诺灵、千金藤苏诺林碱)	stephasunoline
千金藤酮碱 (千金藤诺宁)	stepinonine
千金藤小檗碱	stephibaberine
千金藤氧杂环辛定	stephaoxocanidine
千金藤氧杂环辛宁	stephaoxocanine
千金子甾醇	euphobiasteroid
千里光次碱	necine
千里光次酸	necic acid
千里光非灵碱 N-氧化物	seneciphylline N-oxide
千里光非宁 (菊三七碱乙、千里光菲灵碱、千里光菲林碱)	jacodine (seneciphylline)
千里光菲林酸	seneciphyllic acid
(E)-千里光菲灵碱	(E)-seneciphylline
(E)-千里光菲灵碱 IV	(E)-seneciphylline IV
千里光菲灵碱 (菊三七碱乙、千里光非宁、千里光菲林碱)	seneciphylline (jacodine)
千里光碱 (千里碱、美狗舌草碱、千里光宁、千里光宁碱、12-羟基-千里光烷-11, 16-二酮)	senecionine (aureine, 12-hydroxysenecionane-11, 16-dione)
千里光碱 N-氧化物	senecionine N-oxide
千里光内酯素	graminiliatrin
千里光生物碱	senecio alkaloid
千里光双酸	senecinic acid
千里光酸托品酯	senecioic acid tropine ester
7-千里光酰-9-瓶草酰倒千里光裂碱	7-senecioyl-9-sarracinoyl retronecine
千里光酰胺	senecio amide
6-O-千里光酰多梗贝氏菊素 (6-O-千里光酰二氢堆心菊灵)	6-O-senecioyl plenolin
千里光酰二氢堆心菊灵	Senecoiyl plenolin
12-千里光酰基-(2E, 8S, 10E)-白术三醇	12-senecioyl-(2E, 8S, 10E)-atractylentriol
12-千里光酰基-(2E, 8Z, 10E)-白术三醇	12-senecioyl-(2E, 8Z, 10E)-atractylentriol
(3'R, 4'R)-3'-千里光酰基-4'-当归酰基-3', 4'-二氢邪蒿素	(3'R, 4'R)-3'-senecioyl-4'-angeloyl-3', 4'-dihydroseselin
22β-O-千里光酰基齐墩果酸	22β-O-senecioyl oleanolic acid

5α-千里光酰氧代松香草宁-3-酮	5α-senecioyloxysilphinen-3-one
7-千里光酰氧基闭花木-13, 15-二烯-18-酸	7-senecioxycleistanth-13, 15-dien-18-oic acid
7β-千里光酰氧基日本刺参萜-3 (14) Z, 8 (10)-二烯-2-酮	7β-senecioyloxyoplopa-3 (14) Z, 8 (10)-dien-2-one
千里光叶定	senecifolidine
千里光叶碱	senecifoline
千里酰胆碱	senecioylcholine
12-千里酰氧基十四碳-(2E, 8E, 10E)-三烯-4, 6-二炔-1-醇	12-senecioyloxytetradec-(2E, 8E, 10E)-trien-4, 6-diyn-1-ol
千里香醇	murpaniculol
千里香碱醇	paniculol
千里香拉亭	muraculatin
千里香灵 (水合橙皮内酯甲酸酯)	coumurrin
千里香宁碱	tamynine
千里香素 (月橘香豆素)	coumurrayin
千里香亭碱	murrayaculatine
千里香亭素	paniculatin
千里香辛素	paniculacin
千年健醇 A	homalomenol A
千屈菜定	lythridine
千日红醇	gomphrenol
千日红苷	gomphrenoside
千日红碱	amaranthine
千日红甾醇-β-D-葡萄糖苷	gomphsterol-β-D-glucoside
千日红紫素 I～V	gomphrenins I～V
千日菊醇 (金纽扣醇、拟佩西木宁碱)	affinine (spilanthol)
千叶菊蒿素 (1-表三齿蒿素 B、1β-羟基-1-去氧多叶菊蒿素)	tanachin (1-epitatridin B, 1β-hydroxy-1-desoxotamirin)
千叶蓍内酯	millefin
10 (5→6) 迁-6α-雄甾烷	10 (5→6) abeo-6α-androstane
19 (4→3) 迁-8α, 1 (3S)-环氧半日花-4 (18), 14-二烯	19 (4→3) abeo-8α, 1 (3S)-epoxylabd-4 (18), 14-diene
(+)-(4→2)-迁-克拉文洛-3-酸	(+)-(4→2)-abeo-kolavelool-3-oic acid
牵牛花花青素	heavenly blue anthocyanin
牵牛木脂素 A～D	pharbilignans A～D
牵牛甾酮 A	muristerone A
牵牛子苷	pharbitin
牵牛子苷 (牵牛苷) A～H	pharbosides A～H
牵牛子酸 A～D	pharbitic acids A～D
(2R, 3R)-牵牛子酸甲 [(2R, 3R)-牵牛酸]	(2R, 3R)-nilic acid
牵牛子新酸 (牵牛尼酸)	pharbinilic acid
铅烷	plumbane

铅杂	plumba
前 -γ- 胡萝卜素	pro-γ-carotene
(+)- 前奥寇梯木碱 [(+)- 前绿心樟碱]	(+)-preocoteine
前奥斯汀萜 A、B	preaustinoids A, B
前白花牛角瓜灵	voruscharin
前半月苔酸	prelunularic acid
前杯苋甾醇	precyasterol
前杯苋甾酮	precyasterone
前北五味子素 (前戈米辛)	pregomisin
前多花水仙碱 (异多花水仙碱、漳州水仙碱)	pretazettine (isotazettine)
前番茄红素 (原番茄烯)	prolycopcnc
前酚	prephenol
前盖介烯 (二甲基环癸三烯)	pregeijerene
前盖介烯 B [前盖耶木烯 B、(E, E, E)-1, 7- 二甲基 -1, 4, 7- 环癸三烯]	pregeijerene B [(E, E, E)-1, 7-dimethyl-1, 4, 7-cyclodecatriene]
前告依春 [原告伊春苷、(2R)-2- 羟基 -3- 丁烯基芥子油苷、葡萄糖芜菁素、前致甲状腺肿素]	progoitrin [glucorapiferen, (2R)-2-hydroxy-3-butenyl glucosinolate]
前沟藻内酯 $B_1 \sim B_3$、$G \sim X$	amphidinolides $B_1 \sim B_3$, $G \sim X$
前沟藻素 A	amphidinin A
前荷叶碱 (前莲碱)	miltanthin (pronuciferine)
前黑牛角椒黄质	prenigroxanthin
前红花苷	precarthamin
前胡宁	peucenin
前胡宁 -7- 甲醚	peucenin-7-methyl ether
前胡素 (前胡宁素、前胡内酯)	peucedanin (peucedanine)
前胡亭 (紫花前胡内酯、紫花前胡苷元、栓翅芹粉醇)	nodakenitin (nodakenetin, prangeferol)
前胡香豆素 $A \sim J$	qianhucoumarins $A \sim J$
前护素 B	pretenellin B
前槐叶决明醌	presengulone
前金合欢苷 (原毛瓣金合欢素)	proacacipetalin
前康狄卡品	precondylcarpine
前莲碱 (前荷叶碱)	pronuciferine (miltanthin)
前列腺素 A1、B1、PGE1、PGE2、PGF1α、PGF1β	prostaglandins A1, B1, PGE1, PGE2, PGF1α, PGF1β
前绿心樟碱 (前奥靠梯木碱、前奥寇梯木碱)	preocoteine
前绿心樟碱 N- 氧化物	preocoteine N-oxide
前葎草酮	prehumulone
前玛瓦箭毒素	premavacurine
前蔓荆呋喃	prerotundifuran
前美丽穴丝芥醇	precolpuchol
前孟买肉豆蔻酮 $A \sim C$	promalabaricones $A \sim C$

Q

前帕尔瓜烯 (前帕尔古拉海兔烯)	preparguerene
前清蛋白	preablumin
(−)- 前深冬 -7- 醇	(−)-prezizaan-7-ol
前太阳菊醇	prelacinan-7-ol
前甜菜紫宁	prebetanin
前甜苦碱	soladulacamarine
前铁仔酚 -3- 丙酸酯 -5- 苯甲酸酯 -7, 13, 17- 三乙酸酯	premyrsinol-3-propanoate-5-benzoate-7, 13, 17-triacetate
前维生素 A、D$_2$、D$_4$	provitamins A, D$_2$, D$_4$
前五味子素	preschisanthrin
前五味子萜素 (前五味子木菠萝宁) A～N	preschisanartanins A～N
前西班牙巴洛草醇酮 (前西班牙夏罗草酮)	prehispanolone
前细叶益母草素	preleosibirin
前蕈毒醇	premuscimol
前异菖蒲烯二醇 (原异菖蒲二醇、前异水菖蒲二醇)	preisocalamendiol
前益母草灵素 (前益母草二萜)	preleoheterin
前茵芋碱	preskimmianine
前印度黄皮胺	prebalamide
前荧光箭毒素	profluorocurine
前总状花羊蹄甲酚 A、B	preracemosols A, B
钱线蕨叶合欢苷 A、B	adianthifoliosides A, B
浅黑素	phaeomelanin
浅蓝菌素	cerulenin
浅裂翠雀定	delvestidine
浅裂脉衣菊素 A、B	lobatins A, B
浅绿红景天苷	viridoside
芡实素 A～C	euryalins A～C
茜草蒽醌	rubianthraquinone
茜草林素	rubicordifolin
茜草萘苷 (茜草萘素) A～D	rubinaphthins A～D
茜草萘素 A 甲酯	rubinaphthin A methyl ester
茜草内酯	rubilactone
茜草宁	rubianin
茜草诺醇 (茜草醇) A～G	rubianols A～G
茜草诺醇 e-3-O-(6′-O- 乙酰基)-β-D- 吡喃葡萄糖苷	rubianol e-3-O-(6′-O-acetyl)-β-D-glucopyranoside
茜草诺苷 Ⅰ～Ⅳ、A	rubianosides Ⅰ～Ⅳ, A
茜草乔木醇 (茜草阿波醇) A～G	rubiarbonols A～G
茜草乔木苷 A、C、F、G	rubiarbosides A, C, F, G
茜草乔木苷 G-28- 醛	rubiarboside G-28-al
茜草乔木苷 G-28- 乙酸酯	rubiarboside G-28-acetate

茜草乔木酮 A、C	rubiarbonones A, C
茜草素 (茜素、1, 2- 二氢苯蒽醌)	alizarin (1, 2-dihydroxyanthraquinone)
茜草素 -1- 甲醚	alizarin-1-methyl ether
茜草素 -2- 甲醚	alizarin-2-methyl ether
茜草素 -3- 甲基亚氨基二乙酸	alizarin-3-methyl iminodiacetic acid
茜草酸 (1, 2- 二羟基蒽醌 -2-O-β-D- 木糖基 -(1→6)-β-D- 葡萄糖苷)	ruberythric acid (1, 2-dihydroxyanthraquinone-2-O-β-D-xylosyl-(1→6)-β-D-glucoside)
茜草萜三醇 (茜草三醇)	rubiatriol
茜草萜酸	rubifolic acid
茜草酮 A	rubiacordone A
茜草香豆酸	rubicoumaric acid
茜草辛 A、B	rubiasins A, B
茜根酸 (茜红酸)	ruberythric acid
茜酸	alizaric acid
羌活醇 (5′- 羟基香柑素)	notopterol (5′-hydroxybergaptin)
羌活醇 -(18-O-20′)- 异羌活醇	notopterol-(18-O-20′)-notoptol
羌活二醇 A、B	incisumdiols A, B
羌活酚 (异羌活醇)	notoptol
羌活醚 A～H	notoethers A～H
羌活内酯 (羌活酚缩醛)	notoptolide
枪刀药碱 1、2	hypoestestatins 1, 2
枪刀药素 A～D	hypopurins A～D
枪刀药烯酮	hypoestenone
强化因子	potentiator
强心苷	cardiac glycoside
强心甾蟾酥毒	cardenobufotoxin
强心甾烯内酯 N-1	cardenolide N-1
强心甾酯杂糖苷类	cardenolide heterosides
墙草碱 (火热回环菊碱)	pellitorine
墙花毒苷	cheirotoxin
墙花苷 A	cheiroside A
蔷薇木碱	anibine
蔷薇素	roseonine
蔷薇素 F	rogosin F
羟氨甲酸 (羟氨基替甲酸)	carbohydroxamic acid
羟氨酸 (羟氨基替酸、异羟肟酸、N- 羟基酰胺)	hydroxamic acid (N-hydroxyamide)
4-(羟氨亚基)-1- 甲基环己 -2, 5- 二烯 -1- 甲酸	4-(hydroxyimido)-1-methyl cyclohex-2, 5-dien-1-carboxylic acid
2-(羟氨亚基) 戊 -3- 酮	2-(hydroximino) pentan-3-one
羟氨亚基替磺酸	sulfonohydroximic acid
羟氨亚基替亚磺酸	sulfinohydroximic acid

羟白毛茛碱	hydroxyhydrastine
1-(2-羟苯氨基)-6-O-丙二酰基-1-脱氧-β-葡萄糖苷-1, 2-氨基甲酸酯	1-(2-hydroxyphenyl amino)-6-O-malonyl-1-deoxy-β-glucoside-1, 2-carbamate
4-羟苯基	4-hydroxyphenyl
3-(4-羟苯基)-(2E)-丙烯酸甲酯	3-(4-hydroxyphenyl)-(2E)-propenoic acid methyl ester
(1S, 3R, 5S)-1, 7-二(4-羟苯基)-1, 5-环氧-3-羟基庚烷	(1S, 3R, 5S)-1, 7-bis (4-hydroxyphenyl)-1, 5-epoxy-3-hydroxyheptane
2-(4′-羟苯基)-1, 8-萘二甲酸酐	2-(4′-hydroxyphenyl)-1, 8-naphthalic anhydride
7-(4″-羟苯基)-1-苯基-4-庚烯-3-酮	7-(4″-hydroxyphenyl)-1-phenyl-4-hepten-3-one
8-(3-羟苯基)-2-(1-辛基-3-羟苯基)-(2Z)-2-辛烯醛	8-(3-hydroxyphenyl)-2-(1-octyl-3-hydroxyphenyl)-(2Z)-2-octenal
1-(3′-羟苯基)-2-(3″-羟基-5′-甲氧苯基)乙烷	1-(3′-hydroxybenzene)-2-(3″-hydroxy-5′-methoxyphenyl) ethane
1-(4-羟苯基)-2-(4-羟基-3-甲氧苯基)丙-1, 3-二醇	1-(4-hydroxyphenyl)-2-(4-hydroxy-3-methoxyphenyl) propan-1, 3-diol
8-(4-羟苯基)-2H-苊-1-酮	8-(4-hydroxyphenyl)-2H-acenaphthylen-1-one
1-[(E)-3-(4-羟苯基)-2-丙烯酸]-β-D-吡喃葡萄糖酯	β-D-glucopyranose 1-[(E)-3-(4-hydroxyphenyl)-2-propenoate]
3-(4-羟苯基)-2-丙烯酸-4-羟基苯酚酯	3-(4-hydroxyphenyl)-2-propenoic acid-4-hydroxyphenyl ester
9-(4′-羟苯基)-2-甲氧基菲烯-1-酮	9-(4′-hydroxyphenyl)-2-methoxyphenalen-1-one
3-[2-(4-羟苯基)-3-羟苯基-2, 3-二氢-1-苯并呋喃-5-基]丙烷-1-醇	3-[2-(4-hydroxyphenyl)-3-hydroxyphenyl-2, 3-dihydro-1-benzofuran-5-yl] propane-1-ol
3-(2′-羟苯基)-4-(3H)-喹唑酮	3-(2′-hydroxyphenyl)-4-(3H)-quinazolinone
2-(4-羟苯基)-4H-色烯-7-醇	2-(4-hydroxyphenyl)-4H-chromen-7-ol
2-(2-羟苯基)-4-甲氧基羰基-5-羟基苯并呋喃	2-(2-hydroxyphenyl)-4-methoxycarbonyl-5-hydroxybenzofuran
2-(4-羟苯基)-6-(3-甲基丁-2-烯基)-4H-色烯-4-酮	2-(4-hydroxyphenyl)-6-(3-methylbut-2-enyl)-4H-chromen-4-one
(1S, 2R, 5S, 6R)-2-(4-羟苯基)-6-(3-甲氧基-4-羟苯基)-3, 7-二氧双环[3.3.0]辛烷	(1S, 2R, 5S, 6R)-2-(4-hydroxyphenyl)-6-(3-methoxy-4-hydroxyphenyl)-3, 7-dioxabicyclo [3.3.0] octane
2-(4-羟苯基)-6-(3-甲氧基-4-羟苯基)-3, 7-二氧杂二环[3.3.0]辛烷	2-(4-hydroxyphenyl)-6-(3-methoxy-4-hydroxyphenyl)-3, 7-dioxabicyclo [3.3.0] octane
(S)-2-(4-羟苯基)-6-甲基-2, 3-二氢-4H-吡喃-4-酮	(S)-2-(4-hydroxyphenyl)-6-methyl-2, 3-dihydro-4H-pyran-4-one
1″-O-7-(4-羟苯基)-7-乙基-6″-[(8E)-7-(3, 4-二羟苯基)-8-丙烯酸]-β-D-葡萄糖酯苷	1″-O-7-(4-hydroxyphenyl)-7-ethyl-6″-[(8E)-7-(3, 4-dihydroxyphenyl)-8-propenoate]-β-D-glucopyranoside ester
7′-(4′-羟苯基)-N-[(4-甲氧苯基)乙基]丙烯酰胺	7′-(4′-hydroxyphenyl)-N-[(4-methoxyphenyl) ethyl] propenamide
3-(4-羟苯基)-N-[2-(4-羟苯基)-2-甲氧乙基]丙烯酰胺	3-(4-hydroxyphenyl)-N-[2-(4-hydroxyphenyl)-2-methoxyethyl] acrylamide

(*E*)-4-[3-(4-羟苯基)-*N*-甲基丙烯酰胺基] 丁酸甲酯	(*E*)-4-[3-(4-hydroxyphenyl)-*N*-methyl acryl amido] butanoic acid methyl ester
1-(4′-羟苯基) 丙-1, 2-二酮	1-(4′-hydroxyphenyl) propan-1, 2-dione
3-(3-羟苯基) 丙酸	3-(3-hydroxyphenyl) propionic acid
3-(2-羟苯基) 丙酸	3-(2-hydroxyphenyl) propanoic acid
(*E*)-3-(4-羟苯基) 丙烯酸	(*E*)-3-(4-hydroxyphenyl) acrylic acid
3-(4-羟苯基) 丙烯酸-2, 3-二羟基丙酯	3-(4-hydroxyphenyl) propenoic acid-2, 3-dihydroxypropyl ester
(*E*)-3-(4′-羟苯基) 丙烯酸乙酯	(*E*)-3-(4′-hydroxyphenyl) acrylic acid ethyl ester
4-(4-羟苯基) 丁-2-酮	4-(4-hydroxyphenyl) but-2-one
4-(4′-羟苯基) 丁-3-烯-2-酮	4-(4′-hydroxyphenyl) but-3-en-2-one
(*E*)-1-(4′-羟苯基) 丁基-1-烯-3-酮	(*E*)-1-(4′-hydroxyphenyl) but-1-en-3-one
4-(*p*-羟苯基) 丁酮-*O*-葡萄糖苷 (苯丁酮葡萄糖苷)	4-(*p*-hydroxyphenyl) butanone-*O*-glucoside (phenyl butanone glucoside)
1-(4-羟苯基)-2, 3-二羟基-1-丙酮	1-(4-hydroxyphenyl)-2, 3-dihydroxypropan-l-one
3-(4-羟苯基)-反式-丙烯酸-2, 3-二羟基丙酯	3-(4-hydroxyphenyl)-*trans*-propenoic acid-2, 3-dihydroxypropyl ester
(4-羟苯基) 甲醇-4-[β-D-呋喃芹糖基-(1→2)-*O*-β-D-吡喃葡萄糖苷]	(4-hydroxyphenyl) methanol-4-[β-D-apiofuranosyl-(1→2)-*O*-β-D-glucopyranoside]
2-(4-羟苯基) 萘二甲酸酐	2-(4-hydroxyphenyl) naphthalic anhydride
1′-(4-羟苯基) 乙-1′, 2′-二醇	1′-(4-hydroxyphenyl) ethan-1′, 2′-diol
1′-(4-羟苯基) 乙-1′, 2′-二羟基-2′-*O*-β-D-呋喃芹糖基-(1→6)-β-D-吡喃葡萄糖苷	1′-(4-hydroxyphenyl) ethan-1′, 2′-dihydroxy-2′-*O*-β-D-apiofuranosyl-(1→6)-β-D-glucopyranoside
2-(4-羟苯基) 乙醇	2-(4-hydroxyphenyl) ethanol
2-(4′-羟苯基) 乙二醇-反式-阿魏酸单酯	2-(4′-hydroxyphenyl) glycol mono-*trans*-ferulate
2-(4-羟苯基) 乙基-(6-*O*-阿魏酸)-β-D-吡喃葡萄糖苷	2-(4-hydroxyphenyl) ethyl-(6-*O*-feruloyl)-β-D-glucopyranoside
2-(4-羟苯基) 乙基 [5-*O*-(4-羟苯甲酰基)]-*O*-β-D-呋喃芹糖基-(1→2)-β-D-吡喃葡萄糖苷	2-(4-hydroxyphenyl) ethyl [5-*O*-(4-hydroxybenzoyl)]-*O*-β-D-apiofuranosyl-(1→2)-β-D-glucopyranoside
N-[2-(4-羟苯基) 乙基]-4-羟基肉桂酰胺	*N*-[2-(4-hydroxyphenyl) ethyl]-4-hydroxycinnamide
1-*O*-β-D-(4-羟苯基) 乙基-6-*O*-反式-咖啡酰吡喃葡萄糖苷	1-*O*-β-D-(4-hydroxyphenyl) ethyl-6-*O*-*trans*-caffeoyl glucopyranoside
2-(4-羟苯基) 乙基-*O*-β-D-吡喃葡萄糖苷	2-(4-hydroxyphenyl) ethyl-*O*-β-D-glucopyranoside
2-(4′-羟苯基) 乙基-β-D-葡萄糖苷	2-(4′-hydroxyphenyl) ethyl-β-D-glucoside
2-(4-羟苯基) 乙酸乙酯	2-(4-hydroxyphenyl) ethyl acetate
1-(4-羟苯基) 乙酮	1-(4-hydroxyphenyl) ethanone
N-(4-羟苯基)-乙酰胺	*N*-(4-hydroxyphenyl)-acetamide
4-羟苯基 1-硫-α-D-呋喃核糖苷 [4-(α-D-呋喃核糖基硫) 苯甲酸]	4-carboxyphenyl 1-thio-α-D-ribofuranoside [4-(α-D-ribofuranosyl thio) benzoic acid]
4-羟苯基-3-硝基苯甲酸酯	4-hydroxyphenyl-3-nitrobenzoate

4-羟苯基-6-O-(4-羟基-2-亚甲基丁酰基)-β-D-吡喃葡萄糖苷	4-hydroxyphenyl-6-O-(4-hydroxy-2-methylenebutanoyl)-β-D-glucopyranoside
4-羟苯基-6-O-[(3R)-3, 4-二羟基-2-亚甲基丁酰基]-β-D-吡喃葡萄糖苷	4-hydroxyphenyl-6-O-[(3R)-3, 4-dihydroxy-2-methylenebutanoyl]-β-D-glucopyranoside
4-羟苯基-β-谷甾醇醚	4-hydroxyphenyl-β-sitosterol ether
4-羟苯基-β-龙胆二糖苷	4-hydroxyphenyl-β-gentiobioside
(−)-(7S, 8R)-4-羟苯基甘油-9-O-β-D-[6-O-(E)-4-羟基-3, 5-二甲氧苯基丙烯酰基]吡喃葡萄糖苷	(−)-(7S, 8R)-4-hydroxyphenyl glycerol-9-O-β-D-[6-O-(E)-4-hydroxy-3, 5-dimethoxyphenyl propenoyl] glucopyranoside
羟苯甲酯(尼泊金甲酯、对羟基苯甲酸甲酯、4-羟基苯甲酸甲酯)	methyl paraben (methyl p-hydroxybenzoate, methyl 4-hydroxybenzoate)
3-(3-羟苯氧基)-2-丙烯醛	3-(3-hydroxyphenoxy)-2-propenal
5-(4-羟苯氧甲基)呋喃-2-醛	5-(4-hydroxybenzyloxymethyl) furan-2-carbaldehyde
6′-(3″-羟苯乙基)-4′-甲氧二苯基-2, 2′, 5-三醇	6′-(3″-hydroxyphenethyl)-4′-methoxydiphenyl-2, 2′, 5-triol
3-(3-羟苯乙基)-5-甲氧基苯酚	3-(3-hydroxyphenethyl)-5-methoxyphenol
3-(3′-羟苯乙基)呋喃-2 (5H)-酮	3-(3′-hydroxyphenethyl) furan-2 (5H)-one
4-羟苯乙基-6-O-(E)-咖啡酰基-β-D-葡萄糖苷	4-hydroxyphenyl ethyl-6-O-(E)-caffeoyl-β-D-glucoside
4-(4-羟苄基)-2-甲氧基苯酚	4-(4-hydroxybenzyl)-2-methoxyphenol
2-(4-羟苄基)-2-羟基丁二酸	2-(4-hydroxybenzyl)-2-hydroxybutanedioic acid
2-(4″-羟苄基)-3-(3′-羟基苯乙基)-5-甲氧基环己-2, 5-二烯-1, 4-二酮	2-(4″-hydroxybenzyl)-3-(3′-hydroxyphenethyl)-5-methoxycyclohex-2, 5-dien-1, 4-dione
4-(4″-羟苄基)-3-(3′-羟基苯乙基)呋喃-2 (5H)-酮	4-(4″-hydroxybenzyl)-3-(3′-hydroxyphenethyl) furan-2 (5H)-one
4-(4-羟苄基)-3, 4, 5-三甲氧基环己-2, 5-二烯酮	4-(4-hydroxybenzyl)-3, 4, 5-trimethoxycyclohexa-2, 5-dienone
1-(4′-羟苄基)-4, 7-二甲氧基-9, 10-二氢菲-2, 8-二醇	1-(4′-hydroxybenzyl)-4, 7-dimethoxy-9, 10-dihydrophenanthrene-2, 8-diol
1-(4-羟苄基)-4, 7-二甲氧基-9, 10-二氢菲-2-醇	1-(4-hydroxybenzyl)-4, 7-dimethoxy-9, 10-dihydrophenanthrene-2-ol
1-(4-羟苄基)-4-甲氧基-2, 7-二羟基菲-8-O-β-D-葡萄糖苷	1-(4-hydroxybenzyl)-4-methoxy-2, 7-dihydroxyphenanthrene-8-O-β-D-glucoside
1-(4′-羟苄基)-4-甲氧基菲-2, 7-二醇	1-(4′-hydroxybenzyl)-4-methoxyphenanthrene-2, 7-diol
3-(4′-羟苄基)-5, 7-二羟基-6, 8-二甲基色烷-4-酮	3-(4′-hydroxybenzyl)-5, 7-dihydroxy-6, 8-dimethyl chroman-4-one
3-(4′-羟苄基)-5, 7-二羟基-6-甲基色烷-4-酮	3-(4′-hydroxybenzyl)-5, 7-dihydroxy-6-methyl chroman-4-one
4′-(羟苄基)-β-D-吡喃葡萄糖苷	4′-(hydroxyphenzyl)-β-D-glucopyranoside
3-O-(4′-羟苄基)-β-谷甾醇	3-O-(4′-hydroxybenzyl)-β-sitosterol
4-(4′-羟苄基)苯酚	4-(4′-hydroxybenzyl) phenol
(S)-(4-羟苄基)谷胱甘肽	(S)-(4-hydroxybenzyl) glutathione
N6-(4-羟苄基)腺苷	N6-(4-hydroxybenzyl) adenosine

5-(4′-羟苄基) 乙内酰脲	5-(4′-hydroxybenzyl) hydantoin
4-羟苄基-β-D-吡喃葡萄糖苷	4-hydroxybenzyl-β-D-glucopyranoside
4-羟苄基-β-D-葡萄糖苷	4-hydroxybenzyl-β-D-glucoside
4-羟苄基-4′-羟基-3′-(4″-羟苄基) 苄醚	4-hydroxymethyl benzyl-4′-hydroxy-3′-(4″-hydroxybenzyl) benzyl ether
(2R)-N-羟苄基新烟碱	(2R)-N-hydroxybenzyl anabasine
(2S)-N-羟苄基新烟碱	(2S)-N-hydroxybenzyl anabasine
4-[4′-(4″-羟苄基氧)-苯甲氧基] 苄基甲基醚	4-[4′-(4″-hydroxybenzyloxy) benzyloxy] benzyl methyl ether
(5Z)-6-[5-(2-羟丙-2-基)-2-甲基四氢呋喃-2]-3-甲基己-1, 5-二烯	(5Z)-6-[5-(2-hydroxypropan-2-yl)-2-methyl tetrahydrofuran-2]-3-methylhex-1, 5-diene
(S)-2-(2′-羟丙基)-5-甲基-7-羟基色原酮-7-O-α-L-吡喃岩藻糖基-(1→2)-β-D-吡喃葡萄糖苷	(S)-2-(2′-hydroxypropyl)-5-methyl-7-hydroxychromone-7-O-α-L-fucopyranosyl-(1→2)-β-D-glucopyranoside
4-(3-羟丙基)-2, 6-二甲氧苯基-β-D-吡喃葡萄糖苷	4-(3-hydroxypropyl)-2, 6-dimethoxyphenyl-β-D-glucopyranoside
4-(3′-羟丙基)-2, 6-二甲氧基苯酚-3′-O-β-D-葡萄糖苷	4-(3′-hydroxypropyl)-2, 6-dimethoxyphenol-3′-O-β-D-glucoside
5-(3-羟丙基)-2-甲氧苯基-β-D-吡喃葡萄糖苷	5-(3-hydroxypropyl)-2-methoxyphenyl-β-D-glucopyranoside
3-(2′-羟丙基)-4, 4-二甲基-1, 3, 4, 5, 6, 7-六氢-2-苯并呋喃	3-(2′-hydroxypropyl)-4, 4-dimethyl-1, 3, 4, 5, 6, 7-hexahydro-2-benzofuran
2-(2′-羟丙基)-5-甲基-7-羟基色原酮	2-(2′-hydroxypropyl)-5-methyl-7-hydroxychromone
2-(2′-羟丙基)-5-甲基-7-羟基色原酮-7-O-β-D-吡喃葡萄糖苷	2-(2′-hydroxypropyl)-5-methyl-7-hydroxychromone-7-O-β-D-glucopyranoside
5-(3-羟丙基)-7-甲氧基-2-(3′-甲氧基-4′-羟苯基)-3-苯并 [b] 呋喃甲醛	5-(3-hydroxypropyl)-7-methoxy-2-(3′-methoxy-4′-hydroxyphenyl)-3-benzo [b] furancarboxaldehyde
羟丙基石松定碱	hydroxypropyl lycodine
6-(3-羟丙酰基)-5-甲基异苯并呋喃-1 (3H)-酮	6-(3-hydroxypropanoyl)-5-methyl isobenzofuran-1 (3H)-one
6-(3-羟丙酰基)-5-羟甲基异苯并呋喃-1 (3H)-酮	6-(3-hydroxypropanoyl)-5-hydroxymethyl-isobenzofuran-1 (3H)-one
ω-羟丙愈创木酮	ω-hydroxypropioguaiacone
ω-羟丙愈创木酮 (ω-羟基-3-甲氧基-4-羟基苯丙酮)	ω-hydroxypropioguaiacone (ω-hydroxy-3-methoxy-4-hydroxypropiophenone)
8-O-(4-羟桂皮酰基) 哈巴苷 [8-O-(4-羟桂皮酰基) 钩果草吉苷]	8-O-(4-hydroxycinnamoyl) harpagide
8-O-(2-羟桂皮酰基) 哈巴苷 [8-O-(2-羟桂皮酰基) 钩果草吉苷]	8-O-(2-hydroxycinnamoyl) harpagide
2-羟基-2-甲丙基芥子油苷	2-hydroxy-2-methyl propyl glucosinolate
2-羟基-2-甲基丁-3-烯基-2-甲基-2-(Z)-丁烯酸酯	2-hydroxy-2-methylbut-3-enyl-2-methyl-2-(Z)-butenoate
(R)-2-羟基-1-(1, 2-二羟基-2-甲基-3-丁烯基)-5-苯甲酸甲酯	(R)-2-hydroxy-1-(1, 2-dihydroxy-2-methyl-3-butenyl)-5-benzoic acid methyl ester

1-羟基-1-(3-甲氧基-4-羟苯基) 乙烷	1-hydroxy-1-(3-methoxy-4-hydroxyphenyl) ethane
(R)-2-羟基-1-(4-羟基-3-甲氧苯基) 丙-1-酮	(R)-2-hydroxy-1-(4-hydroxy-3-methoxyphenyl) prop-1-one
(+)-2-羟基-1-(4-羟基-3-甲氧苯基)-丙烷-1-酮	(+)-2-hydroxy-1-(4-hydroxy-3-methoxyphenyl) propan-1-one
1-羟基-1-(2, 4, 5-三甲氧苯基) 丙-2-酮	1-hydroxy-1-(2, 4, 5-trimethoxyphenyl) prop-2-one
2-[4-(3-羟基-1-丙烯基)-2-甲氧基苯氧基] 丙-1, 3二醇	2-[4-(3-hydroxy-1-propenyl)-2-methoxyphenoxy] prop-1, 3-diol
(5R)-羟基-1, 7-二苯基-3-庚酮	(5R)-hydroxy-1, 7-diphenyl-3-heptanone
15β-羟基-14, 15-二氢攀援山橙碱	15β-hydroxy-14, 15-dihydroscandine
(15S)-羟基-14, 15-二氢长春立宁	(15S)-hydroxy-14, 15-dihydrovindolinine
11α-羟基-1-桂皮酰基-3-阿魏酰楝卡品素	11α-hydroxy-1-cinnamoyl-3-feruloyl meliacarpin
2-(1-羟基-1-甲基)-2, 3-二氢苯并吡喃-5-醇	2-(1-hydroxy-1-methyl)-2, 3-dihydrobenzopyran-5-ol
11-羟基-1-甲氧基铁屎米-6-酮	11-hydroxy-1-methoxycanthin-6-one
2-(1-羟基-1-甲乙基)-9-甲氧基-1, 8-二氧杂双环戊 [b.g] 萘-4, 10-二酮	2-(1-hydroxy-1-methyl ethyl)-9-methoxy-1, 8-dioxa-dicyclopenta [b.g] naphthalene-4, 10-dione
1β-羟基-1-去氧多叶菊蒿素 (1-表三齿蒿素 B、千叶菊蒿素)	1β-hydroxy-1-desoxotamirin (1-epitatridin B, tanachin)
16-羟基-18-三十三酮	16-hydroxy-18-tritriacontanone
(1ξ)-1-羟基-1, 7-双 (4-羟基-3-甲氧苯基)-6-庚烯-3, 5-二酮	(1ξ)-1-hydroxy-1, 7-bis (4-hydroxy-3-methoxyphenyl)-6-hepten-3, 5-dione
(1ξ)-1-羟基-1, 7-双 (4-羟基-3-甲氧苯基)-庚烯-3, 5-二酮	(1ξ)-1-hydroxy-1, 7-bis (4-hydroxy-3-methoxyphenyl)-hepten-3, 5-dione
10′-羟基-17α-四氢东非马钱次碱	10′-hydroxy-17α-tetrahydrousambarensine
(4S)-4-羟基-1-四氢萘酮	(4S)-4-hydroxy-1-tetralone
(−)-(1S)-15-羟基-18-羧基松柏烯	(−)-(1S)-15-hydroxy-18-carboxycembrene
(4β, 16β)-16-羟基-1-氧亚基-24-去甲齐墩果-12-烯-28-酸	(4β, 16β)-16-hydroxy-1-oxo-24-norolean-12-en-28-oic acid
15-羟基-1-氧亚基蒙氏鼠尾草酚	15-hydroxy-1-oxosalvibretol
6-羟基-(−)-哈氏豆属酸-2′-β-D-吡喃葡萄糖基苄基酯	6-hydroxy-(−)-hardwickiic acid-2′-β-D-glucopyranosyl benzyl ester
7β-羟基-(−)-海松二烯酸	7β-hydroxy-1-pimar-8 (14), 15-dien-19-oic acid
7α-羟基-(−)-海松二烯酸 [7α-羟基-1-海松-8 (14), 15-二烯-19-酸]	7α-hydroxy-1-pimar-8 (14), 15-dien-19-oic acid
18-羟基-(−)-泪杉醇	18-hydroxy-(−)-manool
19-羟基-(−)-乳白仔榄树宁 [19-羟基-(−)-象牙洪达木酮宁、19-羟基-(−)-象牙酮宁、19-羟基-(−)-埃那矛宁]	19-hydroxy-(−)-eburnamonine
9-羟基-(10E)-十八烯酸	9-hydroxy-(10E)-octadecenoic acid
9-羟基-(10E, 12E)-十八碳二烯酸乙酯	9-hydroxy-(10E, 12E)-octadecadienoic acid ethyl ester
9-羟基-(10E, 12Z)-十八碳二烯酸 (α-橙黄异药菊烯酸)	9-hydroxy-(10E, 12Z)-octadecadienoic acid (α-dimorphecolic acid)

9-羟基-(10E, 12Z, 15Z)-十八碳三烯酸乙酯	9-hydroxy-(10E, 12Z, 15Z)-octadecatrienoic acid ethyl ester
9-羟基-(10Z, 12E)-十八烯酸	9-hydroxy-(10Z, 12E)-octadecenoic acid
(6R, 10S, 11R)-26ζ-羟基-(13R)-氧杂螺鸢尾醛-16-烯醛	(6R, 10S, 11R)-26ζ-hydroxy-(13R)-oxaspiroirid-16-enal
16β-羟基-(19S)-长春尼宁 N-氧化物	16β-hydroxy-(19S)-vindolinine N-oxide
3β-羟基-(22E, 24R)-麦角甾-5, 8, 22-三烯-7-酮	3β-hydroxy-(22E, 24R)-ergost-5, 8, 22-trien-7-one
3β-羟基-(23R)-甲氧基葫芦-6, 24-二烯-5β, 19-内酯	3β-hydroxy-(23R)-methoxycucurbita-6, 24-dien-5β, 19-olide
11α-羟基-(24S)-乙基-5α-胆甾-22-烯-3, 6-二酮	11α-hydroxy-(24S)-ethyl-5α-cholest-22-en-3, 6-dione
(6S)-羟基-(24ξ)-氢过氧基-29-去甲-3, 4-开环环木菠萝-4 (30), 25-二烯-3-酸甲酯	(6S)-hydroxy-(24ξ)-hydroperoxy-29-nor-3, 4-secocycloart-4 (30), 25-dien-3-oic acid methyl ester
4-羟基-(2-反式-3′, 7′-二甲基-辛-2′, 6′-二烯基)-6-甲氧基苯乙酮	4-hydroxy-(2-trans-3′, 7′-dimethyloct-2′, 6′-dienyl)-6-methoxyacetophenone
10-羟基-(8E)-十八烯酸	10-hydroxy-(8E)-octadecenoic acid
8-羟基-(9E)-十八烯酸	8-hydroxy-(9E)-octadecenoic acid
13-羟基-(9E, 11E)-十八碳二烯酸	13-hydroxy-(9E, 11E)-octadecadienoic acid
11-羟基-(9Z)-十八烯酸	11-hydroxy-(9Z)-octadecenoic acid
13-羟基-(9Z, 11E)-十八碳二烯酸	13-hydroxy-(9Z, 11E)-octadecadienoic acid
(13S)-羟基-(9Z, 11E)-十八碳二烯酸	(13S)-hydroxy-(9Z, 11E)-octadecadienoic acid
13-羟基-(9Z, 11E, 15E)-十八碳三烯酸	13-hydroxy-(9Z, 11E, 15E)-octadecatrienoic acid
2-[C-羟基(氨亚基)甲基]环戊-1-甲酸	2-(C-hydroxycarbonimidoyl) cyclopent-1-carboxylic acid
4-[羟基(硫代羰基)]吡啶-2-甲酸	4-[hydroxy (thiocarbonyl)] pyridine-2-carboxylic acid {4-[hydroxy (carbonothioyl)] pyridine-2-carboxylic acid}
4-[C-羟基(腙基)甲基]丁酸	4-(C-hydroxycarbonohydrazonoyl) butanoic acid
3-[(3-羟基)-(4-O-D-吡喃葡萄糖基)苯基]-2-丙烯酸	3-[(3-hydroxy)-(4-O-D-glucopyranosyl) phenyl]-2-propenoic acid
(2-羟基)苯甲醇-5-O-苯酰基-β-D-呋喃芹糖基-(1→2)-β-D-吡喃葡萄糖苷	(2-hydroxy) benzyl alcohol-5-O-benzoyl-β-D-apiofuranosyl-(1→2)-β-D-glucopyranoside
8-(1-羟基)-乙基二氢白屈菜红碱	8-(1-hydroxy)-ethyl dihydrochelerythrine
(1R, 7R, 10S)-7-羟基-11-O-β-D-吡喃葡萄糖基-4-愈创木烯-3-酮	(1R, 7R, 10S)-7-hydroxy-11-O-β-D-glucopyranosyl-4-guaien-3-one
(R)-3-羟基-11-甲氧基-11-氧亚基十一酸	(R)-3-hydroxy-11-methoxy-11-oxoundecanoic acid
1-羟基-11-甲氧基铁屎米-6-酮	1-hydroxy-11-methoxycanthin-6-one
17-羟基-11-脱氧皮质甾酮	17-hydroxy-11-deoxycorticosterone
3-羟基-1-(1, 7-二羟基-3, 6-二甲氧基萘-2-基)丙-1-酮	3-hydroxy-1-(1, 7-dihydroxy-3, 6-dimethoxynaphthalen-2-yl) prop-1-one
(13R)-13-羟基-1 (10), 14-对映-哈里马二烯-18-酸	(13R)-13-hydroxy-1 (10), 14-ent-halimadien-18-oic acid
4α-羟基-1 (10), 5-大牻牛儿二烯	4α-hydroxygermacr-1 (10), 5-diene

3- 羟基 -1-(3, 4- 二甲氧基 -5- 甲苯基) 丙 -1- 酮	3-hydroxy-1-(3, 4-dimethoxy-5-methyl phenyl) prop-1-one
7- 羟基 -1-(3, 4- 二羟基)-N2, N3- 二 (4- 羟基苯乙基)-6, 8- 二甲氧基 -1, 2- 二氢萘 -2, 3- 二甲酰胺	7-hydroxy-1-(3, 4-dihydroxy)-N2, N3-bis (4-hydroxyphenethyl)-6, 8-dimethoxy-1, 2-dihydronaphthalene-2, 3-dicarboxamide
5- 羟基 -1-(3, 4- 二羟基 -5- 甲氧苯基)-7-(4- 羟基 -3- 甲氧苯基) 庚 -3- 酮	5-hydroxy-1-(3, 4-dihydroxy-5-methoxyphenyl)-7-(4-hydroxy-3-methoxyphenyl) hept-3-one
3- 羟基 -1-(3, 5- 二甲氧基 -4- 羟苯基) 丙 -1- 酮	3-hydroxy-1-(3, 5-dimethoxy-4-hydroxyphenyl) prop-1-one
7- 羟基 -1 (3H)- 异苯并呋喃酮	7-hydroxy-1 (3H)-isobenzofuranone
3- 羟基 -1-(4- 甲基苯 [d] [1, 3] 二噁茂 -6- 基) 丙 -1- 酮	3-hydroxy-1-(4-methyl benzo [d] [1, 3] dioxol-6-yl) prop-1-one
7- 羟基 -1-(4- 羟苯基)-2, 9, 10- 三甲氧基菲 -3, 4- 二酮	7-hydroxy-1-(4-hydroxyphenyl)-2, 9, 10-trimethoxyphenanthrene-3, 4-dione
5- 羟基 -1-(4′- 羟苯基)-7-(4″- 羟苯基) 庚 -1- 烯 -3- 酮	5-hydroxy-1-(4′-hydroxyphenyl)-7-(4″-hydroxyphenyl) hept-1-en-3-one
3- 羟基 -1-(4- 羟苯基) 丙 -1- 酮	3-hydroxy-1-(4-hydroxyphenyl) prop-1-one
3- 羟基 -1-(4- 羟基 -3, 5- 二甲氧苯基)-1- 丙酮	3-hydroxy-1-(4-hydroxy-3, 5-dimethoxyphenyl)-1-propanone
7- 羟基 -1-(4- 羟基 -3, 5- 二甲氧苯基)-2- 甲氧基菲 -3, 4- 二酮	7-hydroxy-1-(4-hydroxy-3, 5-dimethoxyphenyl)-2-methoxyphenanthrene-3, 4-dione
5- 羟基 -1-(4- 羟基 -3, 5- 二甲氧苯基)-7-(4- 羟基 -3- 甲氧苯基) 庚 -3- 酮	5-hydroxy-1-(4-hydroxy-3, 5-dimethoxyphenyl)-7-(4-hydroxy-3-methoxyphenyl) hept-3-one
3- 羟基 -1-(4- 羟基 -3, 5- 二甲氧苯基) 丙 -1- 酮	3-hydroxy-1-(4-hydroxy-3, 5-dimethoxyphenyl) prop-1-one
5- 羟基 -1-(4′- 羟基 -3′- 甲氧苯基)-4- 十六烯酸 -3- 酮	5-hydroxy-1-(4′-hydroxy-3′-methoxyphenyl)-4-hexadecen-3-one
5- 羟基 -1-(4- 羟基 -3- 甲氧苯基)-7-(3, 4- 二羟苯基) 庚 -3- 酮	5-hydroxy-1-(4-hydroxy-3-methoxyphenyl)-7-(3, 4-dihydroxyphenyl) hept-3-one
5- 羟基 -1-(4- 羟基 -3- 甲氧苯基)-7-(3, 4- 二羟基 -5- 甲氧苯基) 庚 -3- 酮	5-hydroxy-1-(4-hydroxy-3-methoxyphenyl)-7-(3, 4-dihydroxy-5-methoxyphenyl) hept-3-one
2- 羟基 -1-(4- 羟基 -3- 甲氧基) 苯基 -1- 丙酮	2-hydroxy-1-(4-hydroxy-3-methoxy) phenyl-1-propanone
3- 羟基 -1-(4- 羟基 -3- 甲氧苯基) 丙 -1- 酮	3-hydroxy-1-(4-hydroxy-3-methoxyphenyl) prop-1-one
3- 羟基 -1-(6- 甲氧基 -13- 二氢异苯并呋喃 -5- 基) 丙 -1- 酮	3-hydroxy-1-(6-methoxy-13-dihydroisobenzofuran-5-yl) prop-1-one
2- 羟基 -1, 2- 二苯基乙 -1- 酮	2-hydroxy-1, 2-diphenyl ethan-1-one
3- 羟基 -1, 1, 6- 三甲基 -1, 2, 3, 4- 四氢萘	3-hydroxy-1, 1, 6-trimethyl-1, 2, 3, 4-tetrahydronaphthalene
12β- 羟基 -1, 10- 开环睡茄白曼陀罗素 B	12β-hydroxy-1, 10-secowithametelin B
1- 羟基 -1, 11, 11- 三甲基十氢环丙烷薁 -10- 酮	1-hydroxy-1, 11, 11-trimethyl decahydrocyclopropane azulen-10-one
9α- 羟基 -1, 2, 3, 4, 5, 10, 19- 七去甲麦角甾 -7, 22- 二烯 -6, 9- 内酯	9α-hydroxy-1, 2, 3, 4, 5, 10, 19-heptanorergost-7, 22-dien-6, 9-lactone

6-羟基-1, 2, 3, 7-四甲氧基𠮿酮	6-hydroxy-1, 2, 3, 7-tetramethoxyxanthone
2-羟基-1, 2, 3-丙烷三甲酸-2-甲酯	2-hydroxy-1, 2, 3-propane tricarboxylic acid-2-methyl ester
2-羟基-1, 2, 3-丙烷三甲酸-2-乙酯	2-hydroxy-1, 2, 3-propane tricarboxylic acid-2-ethyl ester
2-羟基-1, 2, 3-三丙基羧酸-2-甲酯	2-methyl 2-hydroxy-1, 2, 3-tripropyl carboxylate
3-羟基-1, 2, 5, 6, 7-五甲氧基𠮿酮	3-hydroxy-1, 2, 5, 6, 7-pentamethoxyxanthone
8-羟基-1, 2, 6-三甲氧基𠮿酮	8-hydroxy-1, 2, 6-trimethoxyxanthone
7-羟基-1, 2, 8-三甲氧基-3-甲基蒽醌	7-hydroxy-1, 2, 8-trimethoxy-3-methyl anthraquinone
4-羟基-1, 2-二硫环戊烷	4-hydroxy-1, 2-dithiolane
1β-羟基-1, 2-二氢-α-山道年	1β-hydroxy-1, 2-dihydro-α-santonin
(R)-3-羟基-1, 2-二愈创木基-1-丙酮	(R)-3-hydroxy-1, 2-diguaiacyl-1-propanone
5α-羟基-1, 2-脱氢-5, 10-二氢普林茨菊酸甲酯	5α-hydroxy-1, 2-dehydro-5, 10-dihydroprintzianic acid methyl ester
20S-羟基-1, 2-脱氢伪白坚木定	20S-hydroxy-1, 2-dehydropsecudoaspidospermidine
5-羟基-1, 2-亚甲二氧基蒽醌	5-hydroxy-1, 2-methlene dioxyanthraquinone
2-羟基-1, 3, 4, 7-四甲氧基𠮿酮	2-hydroxy-1, 3, 4, 7-tetramethoxyxanthone
2-羟基-1, 3, 4-三甲氧基蒽醌	2-hydroxy-1, 3, 4-trimethoxyanthraquinone
8-羟基-1, 3, 5-三甲氧基𠮿酮	8-hydroxy-1, 3, 5-trimethoxyxanthone
5-羟基-1, 3-苯二甲酸	5-hydroxy-1, 3-benzenodicarboxylic acid
2-羟基-1, 3-二甲氧基蒽醌	2-hydroxy-1, 3-dimethoxyanthraquinone
(1R, 3S, 20S)-21-羟基-1, 3-环氧-20, 25-环氧达玛-5 (10)-烯	(1R, 3S, 20S)-21-hydroxy-1, 3-epoxy-20, 25-epoxydammar-5 (10)-ene
(20S)-21-羟基-1, 3-环氧-21, 24-环达玛-5-烯-25-O-β-D-吡喃葡萄糖苷	(20S)-21-hydroxy-1, 3-epoxy-21, 24-cyclodammar-5-en-25-O-β-D-glucopyranoside
(20S)-20-羟基-1, 3-环氧达玛-5, 24-二烯-21-O-β-D-吡喃葡萄糖苷	(20S)-20-hydroxy-1, 3-epoxy-dammar-5, 24-dien-21-O-β-D-glucopyranoside
2-[2-羟基-1, 4 (2H)-苯并噁嗪-3 (4H)-酮]-β-D-吡喃葡萄糖苷	2-[2-hydroxy-1, 4 (2H)-benzoxazin-3 (4H)-one]-β-D-glucopyranoside
2-羟基-1, 4-苯并噁嗪-3-酮	2-hydroxy-1, 4-benzoxazin-3-one
2-羟基-1, 4-二甲氧基蒽醌	2-hydroxy-1, 4-dimethoxyanthraquinone
2-羟基-1, 4-萘醌 (散沫花素、散沫花醌、指甲花醌)	2-hydroxy-1, 4-naphthoquinone (henna, lawsone)
2-羟基-1, 6, 7, 8-四甲氧基-3-甲基蒽醌	2-hydroxy-1, 6, 7, 8-tetramethoxy-3-methyl anthraquinone
8-羟基-1, 6-二甲基-2-甲氧基-5-乙烯基-9, 10-二氢菲	8-hydroxy-1, 6-dimethyl-2-methoxy-5-vinyl-9, 10-dihydrophenanthrene
2-羟基-1, 6-二甲基-5-乙烯基菲	2-hydroxy-1, 6-dimethyl-5-vinyl phenanthrene
2-羟基-1, 7-二甲基-9, 10-二氢菲并 [5, 6-b]-4′, 5′-二氢-4′, 5′-二羟基呋喃	2-hydroxy-1, 7-dimethyl-9, 10-dihydrophenanthro [5, 6-b]-4′, 5′-dihydro-4′, 5′-dihydroxyfuran
(1S, 2S, 4R)-2-羟基-1, 8-桉叶素-β-D-吡喃葡萄糖苷	(1S, 2S, 4R)-2-hydroxy-1, 8-cineole-β-D-glucopyranoside
(1S, 2R, 4S)-2-羟基-1, 8-桉叶素-β-D-呋喃芹糖基-(1→6)-β-D-吡喃葡萄糖苷	(1S, 2R, 4S)-2-hydroxy-1, 8-cineole-β-D-apiofuranosyl-(1→6)-β-D-glucopyranoside
(1R, 4R, 6S, 7S, 9S)-4α-羟基-1, 9-过氧甜没药-2, 10-二烯	(1R, 4R, 6S, 7S, 9S)-4α-hydroxy-1, 9-peroxybisabola-2, 10-diene

Q

11-羟基-10, 11-二氢泽兰素	11-hydroxy-10, 11-dihydroeuparin
9-羟基-10, 12-十五碳二烯酸	9-hydroxy-10, 12-pentadecadienoic acid
5-羟基-10-O-桂皮酰氧基乌口树苷	5-hydroxy-10-O-cinnamoyloxytarennoside
4β-羟基-10β-氢 过 氧-5αH, 7αH, 8βH-愈 创 木-1, 11 (13)-二烯-8α, 12-内酯	4β-hydroxy-10β-hydroperoxy-5αH, 7αH, 8βH-guai-1, 11 (13)-dien-8α, 12-olide
19-羟基-10-甲氧基-19, 20-二氢小蔓长春花碱	19-hydroxy-10-methoxy-19, 20-dihydrovinorine
8-羟基-10-氢獐牙菜苷 (8-羟基-10-氢当药苷)	8-hydroxy-10-hydrosweroside
14β-羟基-10-去乙酰基浆果赤霉素 Ⅲ	14β-hydroxy-10-deacetyl baccatin Ⅲ
8α-羟基-10-脱氧环滇西八角内酯	8α-hydroxy-10-deoxycyclomerrillianolide
1-羟基-10-氧亚基青藤碱	1-hydroxy-10-oxosinomenine
(5S, 7S, 8S, 9S)-7-羟基-10-异戊酰氧基-Δ$^{4, 11}$-二氢假荆芥内酯	(5S, 7S, 8S, 9S)-7-hydroxy-10-isovaleroyloxy-Δ$^{4, 11}$-dihydronepetalactone
2-羟基-11, 12-脱氢菖蒲烃	2-hydroxy-11, 12-dehydrocalamenene
9α-羟基-11, 13-脱氢白叶蒿定	9α-hydroxy-11, 13-dehydroleucodin
(23S)-羟基-11, 15-二氧灵芝酸 DM	(23S)-hydroxy-11, 15-dioxoganoderic acid DM
3-羟基-11, 13-二氢异土木香内酯	3-hydroxy-11, 13-dihydroisoalantolactone
8α-羟基-11α, 13-二氢葡萄糖基中美菊素 C	8α-hydroxy-11α, 13-dihydroglucozaluzanin C
3β-羟基-11α, 13-二氢土木香内酯	3β-hydroxy-11α, 13-dihydroalantolactone
8α-羟基-11α, 13-二氢中美菊素 C	8α-hydroxy-11α, 13-dihydrozaluzanin C
3α-羟基-11α-甲氧基齐墩果-12 (13)-烯-28-酸	3α-hydroxy-11α-methoxyolean-12 (13)-en-28-oic acid
3α-羟基-11β, 13-二氢-8α-O-β-D-葡萄糖基中美菊素 C	3α-hydroxy-11β, 13-dihydro-8α-O-β-D-glucozaluzanin C
3β-羟基-11β, 13-二氢-8α-O-β-D-葡萄糖基中美菊素 C	3β-hydroxy-11β, 13-dihydro-8α-O-β-D-glucozaluzanin C
4-羟基-11β, 13-二氢脱氢木香烯内酯	4-hydroxy-11β, 13-dihydro-dehydrocostunolide
9α-羟基-11β, 13-二氢中美菊素 C	9α-hydroxy-11β, 13-dihydrozaluzanin C
8β-羟基-11β, 13-二氢中美菊素 C	8β-hydroxy-11β, 13-dihydrozaluzanin C
8α-羟基-11βH-11, 13-二氢脱氢木香内酯	8α-hydroxy-11βH-11, 13-dihydrodehydrocostuslactone
15-羟基-11βH-桉烷-4-烯-8β, 12-内酯	15-hydroxy-11βH-eudesm-4-en-8β, 12-olide
3α-羟基-11βH-桉烷-5-烯-8β, 12-内酯	3α-hydroxy-11βH-eudesm-5-en-8β, 12-olide
4α-羟基-11βH-桉叶-12, 6α-内酯	4α-hydroxy-11βH-eudesm-12, 6α-olide
15-羟基-11βH-大牻牛儿-1 (10) E, (4E)-二烯-12, 6α-内酯	15-hydroxy-11βH-germacr-1 (10) E, (4E)-dien-12, 6α-olide
24-羟基-11-脱氧甘草次酸	24-hydroxy-11-deoxyglycyrrhetic acid
24-羟基-11-脱氧甘草次酸甲酯	24-hydroxy-11-deoxyglycyrrhetic acid methyl ester
3β-羟基-11-氧亚基齐墩果-12-烯-28-酸	3β-hydroxy-11-oxoolean-12-en-28-oic acid
3β-羟基-12-O-β-D-吡喃葡萄糖基-8, 11-13-冷杉三烯-7-酮	3β-hydroxy-12-O-β-D-glucopyranosyl-8, 11, 13-abietatrien-7-one
7α-羟基-12-O-苯甲酰去乙酰萝藦苷元	7α-hydroxy-12-O-benzoyl deacetyl metaplexigenin
9α-羟基-12α-乙酸梣酮	9α-hydroxy-12α-acetoxyfraxinellone
7-羟基-12-甲氧基-20-去甲阿松香-1, 5 (10), 7, 9, 12-五烯-6, 14-二酮	7-hydroxy-12-methoxy-20-norabieta-1, 5 (10), 7, 9, 12-pentaen-6, 14-dione

3β-羟基-12-齐墩果烯-11-酮 (3β-羟基齐墩果-12-烯-11-酮、β-香树脂酮醇)	3β-hydroxyolean-12-en-11-one (β-amyrenonol)
11-羟基-12-氢化异胡萝卜烯醛	11-hydroxy-12-hydroisodaucenal
6-羟基-12-羧基布卢门醇 A-β-D-吡喃葡萄糖苷	6-hydroxy-12-carboxyblumenol A-β-D-glucopyranoside
2α, 19-羟基-12-脱氧人参二醇	2α, 19-hydroxy-12-deoxopanaxadiol
3β-羟基-12-烯-27-齐墩果酸乙酯	ethyl 3β-hydroxyolean-12-en-27-ate
11-羟基-12-氧亚基-7, 9 (11), 13-松香三烯	11-hydroxy-12-oxo-7, 9 (11), 13-abietatriene
15-羟基-12-氧亚基半日花-8 (17), (13E)-二烯-19-酸	15-hydroxy-12-oxolabd-8 (17), (13E)-dien-19-oic acid
5-羟基-12-氧亚基金合欢醇	5-hydroxy-12-oxofarnesol
9-羟基-13 (14)-半日花烯-15, 16-内酯	9-hydroxy-13 (14)-labden-15, 16-olide
9α-羟基-13 (14)-半日花烯-16, 15-酰胺	9α-hydroxy-13 (14)-labden-16, 15-amide
11-羟基-13 (17), 25 (27)-脱氢原萜-3, 24-二酮	11-hydroxy-13 (17), 25 (27)-dehydroprotost-3, 24-dione
13-羟基-13 (2)-(R) 脱镁叶绿酸-b甲酯	13 (2)-hydroxy-13 (2)-(R) pheophorbide-b methyl ester
13-羟基-13 (2)-(R, S) 脱镁叶绿素-a、b	13 (2)-hydroxy-13 (2)-(R, S) pheophytins-a, b
13-羟基-13 (2)-(S) 脱镁叶绿酸-a甲酯	13 (2)-hydroxy-13 (2)-(S) pheophorbide-a methyl ester
N-羟基-13, 14-脱氢槐定碱	N-hydroxy-13, 14-dehydrosophoridine
7-羟基-13, 15-闭花木二烯-18-酸	7-hydroxycleistanth-13, 15-dien-18-oic acid
16α-羟基-13, 28-环氧-30, 30-二甲氧基齐墩果烷	16α-hydroxy-13, 28-epoxy-30, 30-dimethoxyoleane
16α-羟基-13, 28-环氧齐墩果-29-酸	16α-hydroxy-13, 28-epoxyolean-29-oic acid
23-羟基-13β, 28β-环氧齐墩果-11-烯-16-酮-3-O-β-D-吡喃葡萄糖基-(1→3)-β-D-吡喃岩藻糖苷	23-hydroxy-13β, 28β-epoxyolean-11-en-16-one-3-O-β-D-glucopyranosyl-(1→3)-β-D-fucopyranoside
3β-羟基-13β, 28-环氧齐墩果-16-氧亚基-30-醛	3β-hydroxy-13β, 28-epoxyolean-16-oxo-30-al
16α-羟基-13β, 28-环氧齐墩果-30-醛	16α-hydroxy-13β, 28-epoxyolean-30-al
3α-羟基-13β-呋喃-11-酮基-蜜蜂鼠尾草-8-烯-(20, 6)-内酯	3α-hydroxy-13β-furan-11-keto-apian-8-en-(20, 6)-olide
8α-羟基-13-表海松-16-烯-18-醇乙酸酯	8α-hydroxy-13-epipimar-16-en-18-ol acetate
8α-羟基-13-表海松-16-烯-18-醛	8α-hydroxy-13-epipimar-16-en-18-al
18-羟基-13-表泪柏醚	18-hydroxy-13-epimanoyl oxide
5α-羟基-13-甲氧基-7αH, 11αH-桉叶-4 (15)-烯-12, 8β-内酯	5α-hydroxy-13-methoxy-7αH, 11αH-eudesm-4 (15)-en-12, 8β-lactone
14-羟基-13-甲氧基-8, 11, 13-罗汉松三烯-3, 7-二酮	14-hydroxy-13-methoxy-8, 11, 13-podocarpatrien-3, 7-dione
10-羟基-13-甲氧基-9-甲基-15-氧亚基-20-去甲贝壳杉-16-烯-18-酸-γ-内酯	10-hydroxy-13-methoxy-9-methyl-15-oxo-20-norkaur-16-en-18-oic acid-γ-lactone
11β-羟基-13-氯化桉叶-5-烯-12, 8-内酯	11β-hydroxy-13-chloroeudesm-5-en-12, 8-olide
(+)-12-羟基-13-去甲泽兰素	(+)-12-hydroxy-13-noreuparin
7-羟基-13-去羟基蕈青霉碱	7-hydroxy-13-dehydroxypaxilline
19-羟基-13-氧亚基浆果赤霉素 III	19-hydroxy-13-oxobaccatin III
11-羟基-14, 15α-环氧他波宁 (11-羟基-14, 15α-环氧柳叶水甘草碱)	11-hydroxy-14, 15α-epoxytabersonine
10α-羟基-14H-黏旋覆花内酯	10α-hydroxy-14H-inuviscolide

中文名称	英文名称
6-羟基-14-O-藜芦酰尼奥灵	6-hydroxy-14-O-veratroyl neoline
9α-羟基-14β-(2-甲基丁酰基)-O-2α, 5α, 10β-三乙酰氧基紫杉-4 (20), 11-二烯	9α-hydroxy-14β-(2-methyl butyryl)-O-2α, 5α, 10β-triacetoxytax-4 (20), 11-diene
11-羟基-14-甲氧基松香-8, 11, 13-三烯-3-酮	11-hydroxy-14-methoxyabieta-8, 11, 13-trien-3-one
11-羟基-14-甲氧基松香-8, 11, 13-三烯-3-酮 (雷酚萜甲醚)	11-hydroxy-14-methoxyabieta-8, 11, 13-trien-3-one (triptonoterpene methyl ether)
24-羟基-14-蒲公英赛烯	24-hydroxytaraxert-14-ene
7α-羟基-14-蒲公英赛烯	7α-hydroxytaraxer-14-ene
2-羟基-1-4-羟基-3-甲氧苯基-1-丙酮	2-hydroxy-1-4-hydroxy-3-methoxyphenyl-1-propanone
(7R)-羟基-14-脱氧穿心莲内酯	(7R)-hydroxy-14-deoxyandrographolide
(7S)-羟基-14-脱氧穿心莲内酯	(7S)-hydroxy-14-deoxyandrographolide
8β-羟基-14-氧亚基-11β, 13-二氢刺苞菊内酯	8β-hydroxy-14-oxo-11β, 13-dihydroacanthospermolide
7α-羟基-14-氧亚基-对映-海松-8 (9), 15-二烯-19-酸	7α-hydroxy-14-oxo-ent-pimar-8 (9), 15-dien-19-oic acid
2β-羟基-15, 16-环氧-3, 13 (16), 14-克罗三烯-18-酸	2β-hydroxy-15, 16-epoxy-3, 13 (16), 14-clerod-trien-18-oic acid
6β-羟基-15, 16-环氧-5β, 8β, 9β, 10α-克罗-3, 13 (16), 14-三烯-18-酸	6β-hydroxy-15, 16-epoxy-5β, 8β, 9β, 10α-clerod-3, 13 (16), 14-trien-18-oic acid
(12S)-羟基-15, 16-环氧-8 (17), 13 (16), 14-对映-半日花三烯-20, 19-内酯	(12S)-hydroxy-15, 16-epoxy-8 (17), 13 (16), 14-ent-labd-trien-20, 19-olide
6β-羟基-15, 16-环氧半日花-8, 13 (16), 14-三烯-7-酮	6β-hydroxy-15, 16-epoxylabd-8, 13 (16), 14-trien-7-one
1β-羟基-15-O-(对羟基苯乙酰基)-5α, 6βH-桉叶-3-烯-12, 6α-内酯	1β-hydroxy-15-O-(p-hydroxyphenyl acetyl)-5α, 6βH-eudesm-3-en-12, 6α-olide
11β-羟基-15-O-16-烯-对映-贝壳杉-19-酸	11β-hydroxy-15-O-ent-kaur-16-en-19-oic acid
11β-羟基-15-O-16-烯-对映-贝壳杉-19-酸-19-β-D-葡萄糖苷	11β-hydroxy-15-O-ent-kaur-16-en-19-oic acid-19-β-D-glucoside
11α-羟基-15α-乙酰氧基贝壳杉-16-烯-19-酸	11α-hydroxy-15α-acetoxykaur-16-en-19-oic acid
(2S, 3S, 4R, 2′R, 8Z, 15′Z)-N-2′-羟基-15′-二十四烯酰基-1-O-β-D-吡喃葡萄糖基-4-羟基-8-神经鞘氨醇	(2S, 3S, 4R, 2′R, 8Z, 15′Z)-N-2′-hydroxy-15′-tetracosenoyl-1-O-β-D-glucopyranosyl-4-hydroxy-8-sphingenine
(+)-(5S, 7R, 8R, 9R, 10S, 13S, 15R)-7-羟基-15-甲氧基-9, 13:15, 16-二环氧半日花-6, 16-二酮	(+)-(5S, 7R, 8R, 9R, 10S, 13S, 15R)-7-hydroxy-15-methoxy-9, 13:15, 16-diepoxylabd-6, 16-dione
(−)-(5S, 7R, 8R, 9R, 10S, 13S, 15S)-7-羟基-15-甲氧基-9, 13:15, 16-二环氧半日花-6-酮	(−)-(5S, 7R, 8R, 9R, 10S, 13S, 15S)-7-hydroxy-15-methoxy-9, 13:15, 16-diepoxylabd-6-one
(12S, 13E)-12-羟基-15-甲氧基半日花-8 (17), 13-二烯-18-酸	(12S, 13E)-12-hydroxy-15-methoxylabd-8 (17), 13-dien-18-oic acid
30-羟基-15-脱氧尤可甾醇 (30-羟基-15-脱氧凤梨百合甾醇)	30-hydroxy-15-deoxyeucosterol
(6R, 10S, 11S, 14S, 26R)-26-羟基-15-亚甲基螺鸢尾-16-烯醛	(6R, 10S, 11S, 14S, 26R)-26-hydroxy-15-methylidenespiroirid-16-enal
11α-羟基-15-氧亚基-(16R)-贝壳杉-19-甲酸	11α-hydroxy-15-oxo-(16R)-kaur-19-carboxylic acid
11α-羟基-15-氧亚基-(16S)-贝壳杉-19-甲酸	11α-hydroxy-15-oxo-(16S)-kaur-19-carboxylic acid
11α-羟基-15-氧亚基-16-贝壳杉烯-19-酸	11α-hydroxy-15-oxokauren-19-oic acid
11-羟基-15-氧亚基-对映-贝壳杉-19-酸	11-hydroxy-15-oxo-ent-kaur-19-oic acid

(−)-(5*S*, 7*R*, 8*R*, 9*R*, 10*S*, 13*R*, 15*R*)-7-羟 基 -15-乙 氧 基 -9, 13:15, 16-二环氧半日花 -6-酮	(−)-(5*S*, 7*R*, 8*R*, 9*R*, 10*S*, 13*R*, 15*R*)-7-hydroxy-15-ethoxy-9, 13:15, 16-diepoxylabd-6-one
(+)-(5*S*, 7*R*, 8*R*, 9*R*, 10*S*, 13*S*, 15*R*)-7-羟 基 -15-乙 氧 基 -9, 13:15, 16-二环氧半日花 -6-酮	(+)-(5*S*, 7*R*, 8*R*, 9*R*, 10*S*, 13*S*, 15*R*)-7-hydroxy-15-ethoxy-9, 13:15, 16-diepoxylabd-6-one
16*S*- 羟基 -16, 22- 二氢 -(+)- 白坚木瑞辛	16*S*-hydroxy-16, 22-dihydro-(+)-apparicine
31- 羟基 -16-*O*- 乙酰茯苓酸	31-hydroxy-16-*O*-acetyl pachymic acid
17- 羟基 -16α- 对映 - 贝壳杉 -19- 酸	17-hydroxy-16α-*ent*-kaur-19-oic acid
12β- 羟基 -16α- 甲氧基孕甾 -4, 6- 二烯 -3, 20- 二酮	12β-hydroxy-16α-methoxypregn-4, 6-dien-3, 20-dione
3β- 羟基 -16α- 乙酰羊毛脂 -7, 9 (11), 24- 三烯 -21- 酸	3β-hydroxy-16α-acetyl lanost-7, 9 (11), 24-trien-21-oic acid
3β- 羟基 -16α- 乙酰氧基羊毛脂 -7, 9 (11), 24- 三烯 -21- 酸	3β-hydroxy-16α-acetoxylanost-7, 9 (11), 24-trien-21-oic acid
17- 羟基 -16β-(−)- 贝壳杉 -19- 酸甲酯	17-hydroxy-16β-(−)-kaur-19-oic acid methyl ester
19*S*- 羟基 -16- 表狗牙花明	19*S*-hydroxy-16-epitacamine
10- 羟基 -16- 表拟佩西木宁碱	10-hydroxy-16-epiaffinine
3- 羟基 -16- 甲基十七酸	3-hydroxy-16-methyl heptadecanoic acid
15α- 羟基 -16- 去羟基 -16 (24)- 烯绿升麻醇 -3-*O*-β-D- 吡喃木糖苷	15α-hydroxy-16-dehydroxy-16 (24)-en-foetidinol-3-*O*-β-D-xylopyranoside
15- 羟基 -16- 氧亚基 -15, 16*H*- 哈氏豆属酸	15-hydroxy-16-oxo-15, 16*H*-hardwickiic acid
15- 羟基 -16- 氧亚基 -15, 16*H*- 哈氏豆属酸甲酯	15-hydroxy-16-oxo-15, 16*H*-hardwickiic acid methyl ester
10′- 羟基 -17β- 四氢东非马钱次碱	10′-hydroxy-17β-tetrahydrousambarensine
16α- 羟基 -17- 甲基丁酰氧基 - 对映 - 贝壳杉 -19- 酸	16α-hydroxy-17-methyl butyryloxy-*ent*-kaur-19-oic acid
4- 羟基 -17- 甲基内甾醇	4-hydroxy-17-methyl incisterol
16α- 羟基 -17- 去甲 - 对映 - 贝壳杉 -19- 酸	16α-hydroxy-17-nor-*ent*-kaur-19-oic acid
16α- 羟基 -17- 异戊酰基氧基 - 对映 - 贝壳杉 -19- 酸	16α-hydroxy-17-isovaleroyloxy-*ent*-kaur-19-oic acid
3β- 羟基 -18, 19α- 熊果 -20- 烯 -28- 酸	3β-hydroxy-18, 19α-urs-20-en-28-oic acid
16β- 羟基 -18β*H*- 齐墩果酸 -28-*O*-β-D- 吡喃葡萄糖酯苷	16β-hydroxy-18β*H*-oleanolic acid-28-*O*-β-D-glucopyranoside ester
6β- 羟基 -18- 乙酰氧基卡斯 -13, 15- 二烯	6β-hydroxy-18-acetoxycassan-13, 15-diene
18- 羟基 -19, 20- 二氢阿枯米辛碱	18-hydroxy-19, 20-dihydroakuammicine
19- 羟基 -19, 20- 二氢阿枯米辛碱	19-hydroxy-19, 20-dihydroakuammicine
10- 羟基 -19, 20- 二氢异长春钦碱	10-hydroxy-19, 20-dihydroisositsirikine
16α- 羟基 -19, 20- 环氧 -(19*R*)- 乙氧基贝壳杉烷	16α-hydroxy-19, 20-epoxy-(19*R*)-ethoxykaurane
16α- 羟基 -19, 20- 环氧 -(20*R*)- 乙氧基贝壳杉烷	16α-hydroxy-19, 20-epoxy-(20*R*)-ethoxykaurane
16- 羟基 -19, 20- 环氧贝壳杉烷	16-hydroxy-19, 20-epoxykaurane
21α- 羟基 -19α- 氢化蒲公英甾醇 -20 (30)- 烯	21α-hydroxy-19α-hydrogentaraxasterol-20 (30)-ene
12- 羟基 -19- 表马尔加什马钱碱	12-hydroxy-19-epimalagashanine
7α- 羟基 -19- 去甲阿松香 -8, 11, 13- 三烯 -4- 氢过氧化物	7α-hydroxy-19-norabieta-8, 11, 13-trien-4-hydroperoxide
14- 羟基 -19- 氧亚基钩吻素己	14-hydroxy-19-oxogelsenicine
2-(5- 羟基 -1*H*- 吲哚 -3- 基)-2- 氧亚基乙酸	2-(5-hydroxy-1*H*-indol-3-yl)-2-oxoacetic acid

Q

1-[2-(5-羟基-1*H*-吲哚-3-基)-2-氧亚乙基]-1*H*-吡咯-3-甲醛	1-[2-(5-hydroxy-1*H*-indol-3-yl)-2-oxoethyl]-1*H*-pyrrol-3-carbaldehyde
N-[2-(5-羟基-1*H*-吲哚-3-基)乙基]阿魏酰胺	*N*-[2-(5-hydroxy-1*H*-indol-3-yl) ethyl] ferulamide
N-[2-(5-羟基-1*H*-吲哚-3-基)乙基]对香豆酰胺	*N*-[2-(5-hydroxy-1*H*-indol-3-yl) ethyl]-*p*-coumaramide
5-羟基-1*H*-吲哚-3-甲醛	5-hydroxy-1*H*-indole-3-carbaldehyde
6-羟基-1*H*-吲哚-3-甲醛	6-hydroxy-1*H*-indole-3-carboxaldehyde
5-羟基-1*H*-吲哚-3-甲酸甲酯	5-hydroxy-1*H*-indole-3-carboxylic acid methyl ester
5-羟基-1*H*-吲哚-3-甲酸乙酯	5-hydroxy-1*H*-indole-3-carboxylic acid ethyl ester
5-羟基-1*H*-吲哚-3-乙醛酸甲酯	5-hydroxy-1*H*-indole-3-glyoxylic acid methyl ester
5-羟基-1*H*-吲哚-3-乙醛酸乙酯	5-hydroxy-1*H*-indole-3-glyoxylic acid ethyl ester
6-羟基-1*H*-吲哚-3-乙酰胺	6-hydroxy-1*H*-indole-3-acetamide
8α-羟基-1α, 4β, 7β*H*-愈创木-10 (15)-烯-5β, 8β-内向环氧	8α-hydroxy-1α, 4β, 7β*H*-guai-10 (15)-en-5β, 8β-endoxide
9β-羟基-1β, 10α-环氧银胶菊内酯	9β-hydroxy-1β, 10α-epoxyparthenolide
9β-羟基-1β*H*, 11α*H*-愈创木-4, 10 (14)-二烯-12, 8α-内酯	9β-hydroxy-1β*H*, 11α*H*-guai-4, 10 (14)-dien-12, 8α-olide
9β-羟基-1β*H*, 11β*H*-愈创木-4, 10 (14)-二烯-12, 8α-内酯	9β-hydroxy-1β*H*, 11β*H*-guai-4, 10 (14)-dien-12, 8α-olide
4α-羟基-1β*H*-愈创木-9, 11 (13)-二烯-12, 8α-内酯	4α-hydroxy-1β*H*-guai-9, 11 (13)-dien-12, 8α-olide
4-羟基-1β*H*-愈创木-9, 11-(13)-二烯-12, 8α-内酯	4-hydroxy-1β*H*-guai-9, 11 (13)-dien-12, 8α-olide
4α-羟基-1β-愈创木-11 (13), 10 (14)-二烯-12, 8α-内酯	4α-hydroxy-1β-guai-11 (13), 10 (14)-dien-12, 8α-olide
2-羟基-1-苯基-1, 4-戊二酮	2-hydroxy-1-phenyl-1, 4-pentadione
5-(4-羟基-1-丁炔基)-2, 2′-联噻吩	5-(4-hydroxy-1-butynyl)-2, 2′-bithiophene
3-(3-羟基-1-丁烯基)-2, 4, 4-三甲基-2-环己烯-1-酮	3-(3-hydroxy-1-butenyl)-2, 4, 4-trimethyl-2-cyclohexen-1-one
6-羟基-1-甲基-1, 2, 3, 4-四氢-β-咔啉	6-hydroxy-1-methyl-1, 2, 3, 4-tetrahydro-β-carboline
2-羟基-1-甲基-3-甲基蒽醌	2-hydroxy-1-methyl-3-methyl anthraquinone
8-羟基-1-甲基萘并 [2, 3-*c*] 呋喃-4, 9-二酮	8-hydroxy-1-methyl naphtho [2, 3-*c*] furan-4, 9-dione
7-羟基-1-甲氧基-2, 3-亚甲基二氧𠮿酮	7-hydroxy-1-methoxy-2, 3-methylenedioxyxanthone
3-羟基-1-甲氧基-2-甲基-9, 10-蒽醌	3-hydroxy-1-methoxy-2-methyl-9, 10-anthraquinone
2-羟基-1-甲氧基-4, 5-二氧阿朴啡	2-hydroxy-1-methoxy-4, 5-dioxoaporphine
2-羟基-1-甲氧基-4*H*-二苯并 [*de*, *g*] 喹啉-4, 5-(6*H*)-二酮 (去甲荜茇二酮)	2-hydroxy-1-methoxy-4*H*-dibenzo [*de*, *g*] quinoline-4, 5-(6*H*)-dione (demethyl piperadione)
2-羟基-1-甲氧基蒽醌	2-hydroxy-1-methoxy-anthraquinone
4-(1-羟基-1-甲乙基)苯甲酸	4-(1-hydroxy-1-methyl ethyl) benzoic acid
4-羟基-1-萘基-β-D-吡喃葡萄糖苷	4-hydroxy-1-napthalenyl-β-D-glucopyranoside
2-羟基-1-羟甲基-9, 12-十八碳二烯酸	2-hydroxy-1-hydroxymethyl-9, 12-octadecadienoic acid
4-羟基-1-四氢萘酮	4-hydroxy-1-tetralone
3α-羟基-1-脱氧青蒿素	3α-hydroxy-1-deoxyartemisinin
4-羟基-1-乙烯羧基-7-(3, 4-二羟苯基)苯并 [*b*] 呋喃	4-hydroxy-1-vinyl carboxy-7-(3, 4-dihydroxyphenyl) benzo [*b*] furan

4-羟基-1-异戊烯基-5-(3-*O*-β-D-吡喃葡萄糖基) 苯甲酸	4-hydroxy-1-prenyl-5-(3-*O*-β-D-glucopyranosyl) benzoic acid
15α-羟基-21-甲酮基扁蒴藤素	15α-hydroxy-21-keto-pristimerine
(13α, 14β, 17α, 20*R*, 24*Z*)-3α-羟基-21-氧亚基羊毛甾-8, 24-二烯-26-酸	(13α, 14β, 17α, 20*R*, 24*Z*)-3α-hydroxy-21-oxolanost-8, 24-dien-26-oic acid
5-羟基-2-(1′-羟基-5′-甲基-4′-己烯基) 苯并呋喃	5-hydroxy-2-(1′-hydroxy-5′-methyl-4′-hexenyl) benzofuran
5-羟基-2-(1-羟乙基) 萘并 [2, 3-*b*] 呋喃-4, 9-二酮	5-hydroxy-2-(1-hydroxyethyl) naphtho [2, 3-*b*] furan-4, 9-dione
5-羟基-2-(1′-氧亚基-5′-甲基-4′-己烯基) 苯并呋喃	5-hydroxy-2-(1′-oxo-5′-methyl-4′-hexenyl) benzofuran
6-羟基-2-(2-苯基乙基) 色原酮	6-hydroxy-2-(2-phenyl ethyl) chromone
5-羟基-2-(2-苯乙基) 色原酮	5-hydroxy-2-(2-phenyl ethyl) chromone
7-羟基-2-(2-羟基) 丙基-5-甲基苯并吡喃-γ-酮	7-hydroxy-2-(2-hydroxy) propyl-5-methyl benzopyran-γ-one
5-羟基-2-(2-羟基-4-甲氧苯基)-6-甲氧基苯并呋喃	5-hydroxy-2-(2-hydroxy-4-methoxyphenyl)-6-methoxybenzofuran
6-羟基-2-(2-羟基-4-甲氧苯基) 苯并呋喃	6-hydroxy-2-(2-hydroxy-4-methoxyphenyl) benzofuran
5-羟基-2-(2-羟基苯) 苯并呋喃-4-甲酸甲酯	5-hydroxy-2-(2-hydroxyphenyl) benzofuran-4-carboxylic acid methyl ester
1-羟基-2-(3′-戊烯基)-3, 7-二甲基苯并呋喃	1-hydroxy-2-(3′-pentenyl)-3, 7-dimethyl benzofuran
(2*S*)-5-羟基-2-(4-羟苯基)-8-(4-羟基-4-甲基苯基)-8-甲基-2, 3, 7, 8-四氢吡喃 [3, 2-*g*] 色烯-4-(6*H*)-酮	(2*S*)-5-hydroxy-2-(4-hydroxyphenyl)-8-(4-hydroxy-4-methyl phenyl)-8-methyl-2, 3, 7, 8-tetrahydropyrano [3, 2-*g*] chromen-4-(6*H*)-one
(2*S*, *E*)-*N*-[2-羟基-2-(4-羟苯基) 乙基] 阿魏酰胺	(2*S*, *E*)-*N*-[2-hydroxy-2-(4-hydroxyphenyl) ethyl] ferulamide
N-2-羟基-2-(4-羟苯基) 乙基肉桂酰胺	*N*-2-hydroxy-2-(4-hydroxyphenyl) ethyl cinnamide
5-羟基-2-(对羟苄基)-3-甲氧基联苄	5-hydroxy-2-(*p*-hydroxybenzyl)-3-methoxybibenzyl
3-羟基-2, 2, 5, 8-四甲基-2*H*-萘酚并 [1, 8-*bc*] 呋喃-6, 7-二酮	3-hydroxy-2, 2, 5, 8-tetramethyl-2*H*-naphtho [1, 8-*bc*] furan-6, 7-dione
3′-羟基-2, 2′:5′, 2″-三噻吩-3′-*O*-β-D-吡喃葡萄糖苷	3′-hydroxy-2, 2′:5′, 2″-terthiophene-3′-*O*-β-D-glucopyranoside
8-羟基-2, 2-二甲基-2*H*-色烯-6-酸甲酯	8-hydroxy-2, 2-dimethyl-2*H*-chromene-6-carboxylic acid methyl ester
3-羟基-2′, 2′-二甲基吡喃 [5, 6:9, 10] 紫檀碱	3-hydroxy-2′, 2′-dimethyl pyrano [5, 6:9, 10] pterocarpan
9-羟基-2′, 2′-二甲基吡喃并 [5′, 6′:2, 3] 香豆烷	9-hydroxy-2′, 2′-dimethyl pyrano [5′, 6′:2, 3] coumestan
6-羟基-2, 2-二甲基色烷-4-酮	6-hydroxy-2, 2-dimethyl chroman-4-one
1-(4-羟基-2, 2-二甲基-色烷-6-基) 乙酮	1-(4-hydroxy-2, 2-dimethyl chroman-6-yl) ethanone
5-羟基-2″, 2″-二甲基色烯 [3″, 4″:6, 7] 黄酮	5-hydroxy-2″, 2″-dimethyl chromen [3″, 4″:6, 7] flavone
8-羟基-2, 2′-二甲基色原烷-4-酮-6-甲酸	8-hydroxy-2, 2′-dimethyl-6-carboxychroman-4-one
8-羟基-2, 2′-二甲基色原烷-4-酮-6-甲酸甲酯	8-hydroxy-2, 2′-dimethyl-6-carboxychroman-4-one methyl ester
2′-羟基-2, 3, 4, 5, 4′, 5′, 6′-七甲氧基查耳酮	2′-hydroxy-2, 3, 4, 5, 4′, 5′, 6′-heptamethoxychalcone

2′-羟基-2, 3, 4, 5, 6′-五甲氧基-4′, 5′-亚甲二氧查耳酮	2′-hydroxy-2, 3, 4, 5, 6′-pentamethoxy-4′, 5′-methylene-dioxychalcone
(3S)-7-羟基-2′, 3′, 4′, 5′, 8-五甲氧基异黄烷	(3S)-7-hydroxy-2′, 3′, 4′, 5′, 8-pentamethoxyisoflavan
7-羟基-2, 3, 4, 5-四甲氧基-1-O-龙胆二糖氧基叫酮	7-hydroxy-2, 3, 4, 5-tetramethoxy-1-O-gentiobiosy-loxyxanthone
7-羟基-2, 3, 4, 5-四甲氧基-1-O-樱草糖氧基叫酮	7-hydroxy-2, 3, 4, 5-tetramethoxy-1-O-primeverosy-loxyxanthone
1-羟基-2, 3, 4, 5-四甲氧基叫酮	1-hydroxy-2, 3, 4, 5-tetramethoxyxanthone
2′-羟基-2, 3, 4′, 6′-四甲氧基查耳酮	2′-hydroxy-2, 3, 4′, 6′-tetramethoxychalcone
1-羟基-2, 3, 4, 7-四甲氧基叫酮	1-hydroxy-2, 3, 4, 7-tetramethoxyxanthone
1-羟基-2, 3, 5, 7-四甲氧基叫酮	1-hydroxy-2, 3, 5, 7-tetramethoxyxanthone
1-羟基-2, 3, 5-三甲氧基叫酮	1-hydroxy-2, 3, 5-trimethoxyxanthone
5-羟基-2′, 3′, 7, 8-四甲氧基黄酮	5-hydroxy-2′, 3′, 7, 8-tetramethoxyl flavone
1-羟基-2, 3, 7-三甲氧基叫酮	1-hydroxy-2, 3, 7-trimethoxyxanthone
6-羟基-2, 3, 9-三甲氧基-[1] 苯并吡喃 [3, 4-b] [1] 苯并吡喃-12 (6H)-酮	6-hydroxy-2, 3, 9-trimethoxy-[1]-benzopyrano [3, 4-b] [1] benzopyran-12 (6H)-one
4-羟基-2, 3-二甲基-2-壬烯-4-内酯	4-hydroxy-2, 3-dimethyl-2-nonen-4-olide
6-羟基-2, 3-二甲基-4-甲氧基苯甲醛	6-hydroxy-4-methoxy-2, 3-dimethyl benzaldehyde
7-羟基-2, 3-二甲基色原酮	7-hydroxy-2, 3-dimethyl chromone
6-羟基-2, 3-二甲氧基菲并吲哚里西定	6-hydroxy-2, 3-dimethoxyphenanthroindolizidine
2β-羟基-2, 3-二氢-6-O-当归酰基多梗白菜菊素	2β-hydroxy-2, 3-dihydrogen-6-O-angeloyl plenolin
4′-羟基-2, 3-二氢桂皮酸二十四醇酯	4′-hydroxy-2, 3-dihydrocinnamic acid tetracosyl ester
8-羟基-2, 3-脱氢脱氧骆驼蓬碱	8-hydroxy-2, 3-dehydrodeoxypeganine
3′-羟基-2, 4, 5-三甲氧基黄檀醌醇 (3′-羟基-2, 4, 5-三甲氧基黄檀氢醌)	3′-hydroxy-2, 4, 5-trimethoxydalbergiquinol
3-羟基-2, 4-二氨基丁酸	3-hydroxy-2, 4-di-amino-butanoic acid
7-羟基-2, 4-二甲氧基-9, 10-二氢菲 (红门兰酚、红门兰醇)	7-hydroxy-2, 4-dimethoxy-9, 10-dihydrophenanthrene (orchinol)
6-羟基-2, 4-二甲氧基苯乙酮	6-hydroxy-2, 4-dimethoxyacetophenone
7-羟基-2, 4-二甲氧基菲	7-hydroxy-2, 4-dimethoxyphenanthrene
7-羟基-2, 4-二甲氧基菲-3-O-β-D-葡萄糖苷	7-hydroxy-2, 4-dimethoxyphenanthrene-3-O-β-D-glucoside
5-羟基-2′, 5′, 7, 8-四甲氧基黄酮	5-hydroxy-2′, 5′, 7, 8-tetramethoxyflavone
7-羟基-2, 5-二甲基-4H-色原酮	7-hydroxy-2, 5-dimethyl-4H-chromone
7-羟基-2, 5-二甲基黄酮	7-hydroxy-2, 5-dimethyl flavone
7-羟基-2′, 5′-二甲氧基异黄酮	7-hydroxy-2′, 5′-dimethoxyisoflavone
3-羟基-2, 5-己二酮	3-hydroxy-2, 5-hexadione
(2S, 5S)-2-羟基-2, 6, 10, 10-四甲基-1-氧杂螺 [4.5] 癸碳-6-烯-8-酮	(2S, 5S)-2-hydroxy-2, 6, 10, 10-tetramethyl-1-oxaspiro [4.5] dec-6-en-8-one
(4R)-4-羟基-2, 6, 6-三甲基-1-环己烯-1-甲酸	(4R)-4-hydroxy-2, 6, 6-trimethyl-1-cyclohexenyl-1-formic acid

4-羟基-2, 6, 6-三甲基-3-氧亚基环己-1, 4-二烯醛	4-hydroxy-2, 6, 6-trimethyl-3-oxocyclohexa-1, 4-diencarbaldehyde
(2Z, 4E, 5S)-5-(1-羟基-2, 6, 6-三甲基-4-氧亚基环己-2-烯-1-基)-3-甲基戊-2, 4-二烯酸	(2Z, 4E, 5S)-5-(1-hydroxy-2, 6, 6-trimethyl-4-oxo-cyclohex-2-en-1-yl)-3-methyl-penta-2, 4-dienoic acid
(4R)-4-羟基-2, 6, 6-三甲基环己-1-烯醛-O-β-D-龙胆二糖苷	(4R)-4-hydroxy-2, 6, 6-trimethyl cyclohex-1-enecarbaldehyde-O-β-D-gentiobioside
(4R)-4-羟基-2, 6, 6-三甲基环己-1-烯酸-O-β-D-吡喃葡萄糖苷	(4R)-4-hydroxy-2, 6, 6-trimethyl cyclohex-1-enecarboxylic acid-O-β-D-glucopyranoside
2-羟基-2, 6, 6-三甲基环己亚基乙酸内酯	2-hydroxy-2, 6, 6-trimethyl cyclohexylidene acetic acid lactone
4-羟基-2, 6, 8-三甲基-6-(3, 7-二甲基-2, 6-辛二烯基)-2H-1-苯并吡喃-5, 7 (3H, 6H)-二酮	4-hydroxy-2, 6, 8-trimethyl-6-(3, 7-dimethyl-2, 6-octadienyl)-2II-1-benzopyran-5, 7 (3II, 6II)-dione
5-羟基-2, 6, 8-三甲基-8-(3, 7-二甲基-2, 6-辛二烯基)-2H-1-苯并吡喃-4, 7 (3H, 8H)-二酮	5-hydroxy-2, 6, 8-trimethyl-8-(3, 7-dimethyl-2, 6-octadienyl)-2H-1-benzopyran-4, 7 (3H, 8H)-dione
4-羟基-2, 6-二-(4′-羟基-3′-甲氧基) 苯基-3, 7-二氧双环 [3.3.0] 辛烷	4-hydroxy-2, 6-di-(4′-hydroxy-3′-methoxy) phenyl-3, 7-dioxobicyclo [3.3.0] octane
8-羟基-2, 6-二甲基-(2E, 6E)-辛二烯酸	8-hydroxy-2, 6-dimethyl-(2E, 6E)-octadienoic acid
8-羟基-2, 6-二甲基-(2E, 6E)-辛二烯酸葡萄糖酯	8-hydroxy-2, 6-dimethyl-(2E, 6E)-octadienoic acid glucosyl ester
8-羟基-2, 6-二甲基-(2E, 6Z)-辛二烯酸	8-hydroxy-2, 6-dimethyl-(2E, 6Z)-octadienoic acid
6-羟基-2, 6-二甲基-2, 7-辛二烯酸 (三叶睡菜酸)	6-hydroxy-2, 6-dimethyl-2, 7-octadienoic acid (menthiafolic acid)
4-羟基-2, 6-二甲基-6-(3, 7-二甲基-2, 6-辛二烯基)-8-(3-甲基-2-丁烯基)-2H-1-苯并吡喃-5, 7 (3H, 6H)-二酮	4-hydroxy-2, 6-dimethyl-6-(3, 7-dimethyl-2, 6-octadienyl)-8-(3-methyl-2-butenyl)-2H-1-benzopyran-5, 7 (3H, 6H)-dione
(4R, 5S)-5-(3-羟基-2, 6-二甲基苯基)-4-异丙基二氢呋喃-2-酮	(4R, 5S)-5-(3-hydroxy-2, 6-dimethyl phenyl)-4-isopropyl dihydrofuran-2-one
(E)-6-羟基-2, 6-二甲基辛-2, 7-二烯酸	(E)-6-hydroxy-2, 6-dimethyloct-2, 7-dienoic acid
(2E, 6S)-6-羟基-2, 6-二甲基-2, 7-辛二烯酸乙酯	(2E, 6S)-6-hydroxy-2, 6-dimethyl-2, 7-octadienoic acid ethyl ester
4-羟基-2, 6-二甲氧苯基-β-D-吡喃葡萄糖苷	4-hydroxy-2, 6-dimethoxyphenyl-β-D-glucopyranoside
7-羟基-2, 6-二甲氧基-1, 4-菲醌	7-hydroxy-2, 6-dimethoxy-1, 4-phenanthraquinone
4-羟基-2, 6-二甲氧基苯甲醛	4-hydroxy-2, 6-dimethoxybenzaldehyde
4-羟基-2, 6-二甲氧基苯甲酸	4-hydroxy-2, 6-dimethoxybenzoic acid
4-羟基-2, 6-甲氧基苯酚-1-O-β-D-吡喃葡萄糖苷	4-hydroxy-2, 6-dimethoxyphenol-1-O-β-D-glucopyranoside
1-羟基-2, 7, 9-三去乙酰基浆果赤霉素 I	1-hydroxy-2, 7, 9-trideacetyl baccatin I
4-羟基-2, 7-二甲基-1-萘基-1-O-β-D-吡喃葡萄糖苷	4-hydroxy-2, 7-dimethyl-1-naphthalenyl-1-O-β-D-glucopyranoside
6-羟基-2, 7-二甲氧基新黄烷烯	6-hydroxy-2, 7-dimethoxyneoflavene
羟基-2, 8-二甲基-6-(3-甲基-2-丁烯基)-8-(3, 7-二甲基-2, 6-二丁烯基)-2H-1-苯并吡喃-4, 7 (3H, 8H)-二酮	hydroxy-2, 8-dimethyl-6-(3-methyl-2-butenyl)-8-(3, 7-dimethyl-2, 6-octadienyl)-2H-1-benzopyran-4, 7 (3H, 8H)-dione

中文名称	英文名称
5-羟基-2, 8-二甲基-6-(3-甲基-2-丁烯基)-8-(3, 7-二甲基-2, 6-辛二烯基)-2H-1-苯并吡喃-4, 7 (3H, 8H)-二酮	5-hydroxy-2, 8-dimethyl-6-(3-methyl-2-butenyl)-8-(3, 7-dimethyl-2, 6-octadienyl)-2H-1-benzopyran-4, 7 (3H, 8H)-dione
10-羟基-2, 8-十碳二烯-4, 6-二炔酸	10-hydroxy-2, 8-decadien-4, 6-diynoic acid
6-羟基-2, 6-二甲基庚-2-烯-4-酮	6-hydroxy-2, 6-dimethylhept-2-en-4-one
4-羟基-2′, 4-二甲氧基查耳酮	4-hydroxy-2′, 4-dimethoxychalcone
4-羟基-2, 4-二甲氧基二氢查耳酮	4-hydroxy-2, 4-dimethoxydihydrochalcone
4-羟基-2-[(E)-4-羟基-3-甲基-2-丁烯基]-5-甲苯基-β-D-吡喃葡萄糖苷	4-hydroxy-2-[(E)-4-hydroxy-3-methyl-2-butenyl]-5-methyl phenyl-β-D-glucopyranoside
5-羟基-2-[(当归酰氧基) 甲基] 呋喃并 [3′, 2′:6, 7] 色原酮	5-hydroxy-2-[(angeloyloxy) methyl] furan [3′, 2′:6, 7] chromone
5-羟基-2-[2-(2-羟苯基) 乙基] 色原酮	5-hydroxy-2-[2-(2-hydroxyphenyl) ethyl] chromone
6-羟基-2-[2-(4′-甲氧苯基) 乙基] 色原酮	6-hydroxy-2-[2-(4′-methoxyphenyl) ethyl] chromone
5-羟基-2-[2-(4-羟苯基) 乙酰基]-3-甲氧基苯甲酸	5-hydroxy-2-[2-(4-hydroxyphenyl) acetyl]-3-methoxybenzoic acid
N-2-羟基-2-[4-(3′, 3′-二甲基烯丙氧基) 苯基] 乙基肉桂酰胺	N-2-hydroxy-2-[4-(3′, 3′-dimethyl allyloxy) phenyl] ethyl cinnamide
3-羟基-2-{4-[(1E)-3-羟基丙-1-烯]-2-甲氧基苯氧基} 丙基-D-吡喃葡萄糖苷	3-hydroxy-2-{4-[(1E)-3-hydroxyprop-1-en]-2-methoxyphenoxy} propyl-D-glucopyranoside
3β-羟基-20 (29)-羽扇豆烯-28-酸甲酯	3β-hydroxy-20 (29)-lupen-28-oic acid methyl ester
(+)-(20S)-2α-羟基-20-(二甲基氨基)-3β-苯二甲酰亚氨基-5α-孕甾 -4β-醇乙酸酯	(+)-(20S)-2α-hydroxy-20-(dimethyl amino)-3β-phthalimido-5α-pregn-4β-ol acetate
3α-羟基-20β-羟基熊果-23, 28-二酸-Δ-内酯-23-O-β-D-吡喃葡萄糖苷	3α-hydroxy-20β-hydroxyurs-23, 28-dioic acid-Δ-lactone-23-O-β-D-glucopyranoside
(13²S, 17S, 18S)-13²-羟基-20-氯化乙基脱镁叶绿二酸 a	(13²S, 17S, 18S)-132-hydroxy-20-chloroethyl pheophorbide a
3β-羟基-20-蒲公英萜烯-22-酮	3β-hydroxy-20-taraxasten-22-one
7β-羟基-20-脱氧迷迭香醌	7β-hydroxy-20-deoxyrosmaquinone
15-羟基-20-脱氧肉质鼠尾草酚	15-hydroxy-20-deoxycarnosol
2′α-羟基-21-脱氢毒鼠子素 Q	2′α-hydroxy-21-dehydrodichapetalin Q
3α-羟基-22 (29)-何帕烯	3α-hydroxyhop-22 (29)-ene
(17R)-3β-羟基-22, 23, 24, 25, 26, 27-六去甲达玛-20-酮	(17R)-3β-hydroxy-22, 23, 24, 25, 26, 27-hexanordammar-20-one
(22R, 25R)-3β-羟基-22α-N-螺甾醇-5-烯-7-酮	(22R, 25R)-3β-hydroxy-22α-N-spirosol-5-en-7-one
3β-羟基-22α-甲氧基-20-蒲公英萜烯	3β-hydroxy-22α-methoxy-20-taraxastene
3β-羟基-22-氧亚基-20-蒲公英萜烯-30-酸	3β-hydroxy-22-oxo-20-taraxasten-30-oic acid
3β-羟基-23, 24, 24-三甲基羊毛甾 -9 (11), 25-二烯 (黄皮萜醇)	3β-hydroxy-23, 24, 24-trimethyllanost-9 (11), 25-diene (lansiol)
22-羟基-23, 24, 25, 26, 27-五去甲葫芦-5-烯-3-酮	22-hydroxy-23, 24, 25, 26, 27-pentanorcucurbit-5-en-3-one
16α-羟基-23-脱氧原椴树酸-28-O-β-D-吡喃葡萄糖苷 (16α-羟基-23-脱氧原雾冰藜酸-28-O-β-D-吡喃葡萄糖苷)	16α-hydroxy-23-deoxyprotobassic acid-28-O-β-D-glucopyranoside

3β- 羟基 -23- 氧亚基 -29- 去甲羊毛甾 -8, 24- 二烯 -28- 酸甲酯 3- 磺酸盐	3β-hydroxy-23-oxo-29-norlanost-8, 24-dien-28-oic acid methyl ester 3-sulfate
(20S)-3β- 羟基 -24, 25, 26, 27- 四去甲羊毛脂 -8- 烯 -21 (23)- 内酯	(20S)-3β-hydroxy-24, 25, 26, 27-tetranorlanost-8-en-21 (23)-lactone
(22R)-22- 羟基 -24-O- 乙酰基氢升麻新醇 -3-O-β-D- 吡喃木糖苷	(22R)-22-hydroxy-24-O-acetyl hydroshengmanol-3-O-β-D-xylopyranoside
20- 羟基 -24- 达玛烯 -3- 酮	20-hydroxy-24-dammaren-3-one
(22E, 24ε)-3β- 羟基 -24- 甲基胆甾 -5, 8, 22- 三烯 -7- 酮	(22E, 24ε)-3β-hydroxy-24-methyl cholest-5, 8, 22-trien-7-one
20- 羟基 -24- 甲基蜕皮激素	20-hydroxy-24-methyl ecdysone
20- 羟基 -24- 羟甲基蜕皮激素	20-hydroxy-24-hydroxymethyl ecdysone
3β- 羟基 -24- 顺式 - 阿魏酰氧合熊果 -12- 烯 -28- 酸	3β-hydroxy-24-cis-ferulyloxyurs-12-en-28-oic acid
16α- 羟基 -24- 亚甲基 -3-O-5α- 羊毛脂 -7, 9 (11)- 二烯 -30- 酸	16α-hydroxy-24-methylene-3-O-5α-lanost-7, 9 (11)-dien-30-oic acid
3β- 羟基 -24- 亚甲基 -9, 19- 环羊毛甾烷	3β-hydroxy-24-methylene-9, 19-cyclolanostane
20- 羟基 -24- 亚甲基蜕皮激素	20-hydroxy-24-methylene ecdysone
(20R, 22E)-6β- 羟基 -24- 乙基胆甾 -4, 22- 二烯 -3- 酮	(20R, 22E)-6β-hydroxy-24-ethyl cholest-4, 22-dien-3-one
6β- 羟基 -24- 乙基胆甾 -4, 24 (28)- 二烯 -3- 酮	6β-hydroxy-24-ethyl cholest-4, 24 (28)-dien-3-one
(20R)-6β- 羟基 -24- 乙基胆甾 -4- 烯 -3- 酮	(20R)-6β-hydroxy-24-ethyl cholest-4-en-3-one
(24R)-6β- 羟基 -24- 乙基胆甾 -4- 烯 -3- 酮	(24R)-6β-hydroxy-24-ethyl cholest-4-en-3-one
(22E, 24ε)-3β- 羟基 -24- 乙基胆甾 -5, 8, 22- 三烯 -7- 酮	(22E, 24ε)-3β-hydroxy-24-ethyl cholest-5, 8, 22-trien-7-one
3β- 羟基 -24- 乙基胆甾 -5- 烯	3β-hydroxy-24-ethyl cholest-5-ene
(24R)-3β- 羟基 -24- 乙基胆甾 -5- 烯酮	(24R)-3β-hydroxy-24-ethyl cholest-5-en-one
22- 羟基 -25 (R, S)- 呋甾 -5- 烯 -12- 酮 -3β, 22, 26- 三羟基 -26-O-β-D- 吡喃葡萄糖苷	22-hydroxy-25 (R, S)-furost-5-en-12-one-3β, 22, 26-triol-26-O-β-D-glucopyranoside
7β- 羟基 -25, 27- 二脱氢酸浆苦素 L	7β-hydroxy-25, 27-didehydrophysalin L
12β- 羟基 -25- 过氧氢达玛 -23, (24E)- 烯	12β-hydroxy-25-hydroperoxydammar-23, (24E)-ene
3β- 羟基 -25- 甲氧基葫芦 -6, (23E)- 二烯 -19, 5β- 内酯	3β-hydroxy-25-methoxycucurbita-6, (23E)-dien-19, 5β-olide
14- 羟基 -25- 脱氧比丽巴素	14-hydroxy-25-deoxyrollinicin
16- 羟基 -26- 甲基二十七碳 -2- 酮	16-hydroxy-26-methylheptacos-2-one
12β- 羟基 -26- 去甲澳洲茄胺 -26- 甲酸	12β-hydroxy-26-norsolasodine-26-carboxylic acid
3β- 羟基 -27-(E)- 阿魏酰氧坡模酸甲酯	3β-hydroxy-27-(E)-feruloyloxypomolic acid methyl ester
3β- 羟基 -27-(E)- 咖啡酰基熊果 -12- 烯 -28- 酸甲酯	3β-hydroxy-27-(E)-caffeoyloxyurs-12-en-28-oic acid methyl ester
3β- 羟基 -27-(E)- 香豆酰基齐墩果 -12- 烯 -28- 酸	3β-hydroxy-27-(E)-coumaroylolean-12-en-28-oic acid
3β- 羟基 -27-(E)- 香豆酰基熊果 -12- 烯 -28- 酸	3β-hydroxy-27-(E)-coumaroylurs-12-en-28-oic acid
3β- 羟基 -27-(E)- 香豆酰氧基 -12- 烯 -28- 齐墩果酸甲酯	3β-hydroxy-27-(E)-coumaroyloxyolean-12-en-28-oic acid methyl ester

3β-羟基-27-苯甲酰氧基羽扇-20 (29)-烯-28-酸甲酯	3β-hydroxy-27-benzoyloxylup-20 (29)-en-28-oic acid methyl ester
3β-羟基-27-对-(E)-香豆酰氧基齐墩果-12-烯-28-酸	3β-hydroxy-27-p-(E)-coumaroyloxyolean-12-en-28-oic acid
3β-羟基-27-对-(Z)-香豆酰氧基齐墩果-12-烯-28-酸	3β-hydroxy-27-p-(Z)-coumaroyloxyolean-12-en-28-oic acid
3β-羟基-27-对-(Z)-香豆酰氧基熊果-12-烯-28-酸	3β-hydroxy-27-p-(Z)-coumaroyloxyurs-12-en-28-oic acid
18-羟基-27-去甲齐墩果-12, 14-二烯-30-醛-28-酸	18-hydroxy-27-norolean-12, 14-dien-30-al-28-oic acid
3β-19-羟基-28-氧亚基熊果-12-烯-3-基-β-D-吡喃葡萄糖醛酸苷正丁酯	3β-19-hydroxy-28-oxours-12-en-3-yl-β-D-glucuronopyranoside n-butyl ester
7-羟基-2H-1, 4-苯并噁嗪-3 (4H)-酮-2-O-β-D-吡喃葡萄糖苷	7-hydroxy-2H-1, 4-benzoxazin-3 (4H)-one-2-O-β-D-glucopyranoside
2-羟基-2H-1, 4-苯并噁唑嗪-3-酮	2-hydroxy-2H-1, 4-benzoxazin-3-one
6-羟基-2-O-β-D-吡喃葡萄糖基庚烷	6-hydroxy-2-O-β-D-glucopyranosyl heptane
5-羟基-2‴-O-咖啡酰毛果芸香苷 A、B	5-hydroxy-2‴-O-caffeoyl caryocanosides A, B
3-羟基-2-O-石斛碱	3-hydroxy-2-O-dendrobine
5α-羟基-2α-(α-甲基丁酰基)-氧基-7β, 9α, 10β-三乙酰氧基-4 (20), 11-紫杉二烯	5α-hydroxy-2α-(α-methyl butyryl)-oxy-7β, 9α, 10β-triacetoxy-4 (20), 11-taxadiene
1α-羟基-2α, 4α-愈创木基-3, 7-二氧双环 [3.3.0] 辛烷	1α-hydroxy-2α, 4α-guaiacyl-3, 7-dioxabicyclo [3.3.0] octane
7β-羟基-2α, 5α, 10β, 14β-四乙酰氧基紫杉-4 (20), 11-二烯	7β-hydroxy-2α, 5α, 10β, 14β-tetraacetoxytax-4 (20), 11-diene
6β-羟基-2α, 6α, 8β-三甲基-8-(3, 7-二甲基-2, 6-辛二烯基)-2H-1-苯并吡喃-4, 5, 7 (3H, 6H, 8H)-三酮	6β-hydroxy-2α, 6α, 8β-trimethyl-8-(3, 7-dimethyl-2, 6-octadienyl)-2H-1-benzopyran-4, 5, 7 (3H, 6H, 8H)-trione
6β-羟基-2α, 8β-二甲基-6-(3-甲基-2-丁烯基)-8-(3, 7-二甲基-2, 6-辛二烯基)-2H-1-苯并吡喃-4, 5, 7 (3H, 6H, 8H)-三酮	6β-hydroxy-2α, 8β-dimethyl-6-(3-methyl-2-butenyl)-8-(3, 7-dimethyl-2, 6-octadienyl)-2H-1-benzopyran-4, 5, 7 (3H, 6H, 8H)-trione
2β-羟基-2α-羟甲基-6, 6-二甲基双环 [3.1.1] 庚-2α-O-葡萄糖苷	2β-hydroxy-2α-hydroxymethyl-6, 6-dimethyl bicyclo [3.1.1] hept-2α-O-glucoside
2β-羟基-2α-羟甲基-6, 6-二甲基双环 [3.1.1] 庚烷	2β-hydroxy-2α-hydroxymethyl-6, 6-dimethyl bicyclo [3.1.1] heptane
1α-羟基-2α-乙酰氧基-9-肉桂酰氧基-β-二氢沉香呋喃	1α-hydroxy-2α-acetoxy-9-cinnamoyloxy-β-dihydroagarofuran
1β-羟基-2β, 6α, 12-三乙酰氧基-8β-(β-烟酰氧基)-9β-苯甲酰氧基-β-二氢沉香呋喃	1β-hydroxy-2β, 6α, 12-triacetoxy-8β-(β-nicotinoyloxy)-9β-(benzoyloxy)-β-dihydroagarofuran
4-羟基-2-β-D-吡喃葡萄糖基氧化苯乙腈	4-hydroxy-2-β-D-glucopyranosyloxyphenyl acetonitrile
14-羟基-2βH, 3-二氢泽兰素	14-hydroxy-2βH, 3-dihydroeuparin
2α-羟基-2'β-去乙酰澳大利亚穗状红豆杉碱	2α-hydroxy-2'β-deacetyl austrospicatine
4-羟基-2-氨基庚二酸	4-hydroxy-2-aminopimelic acid
5-羟基-2-氨基己酸	5-hydroxy-2-aminohexanoic acid
5-羟基-2-苯乙烯色原酮	5-hydroxy-2-styryl chromone

*N*6-(5-羟基-2-吡啶甲胺基)-9-β-D-嘌呤	*N*6-(5-hydroxy-2-pyridyl methyl amino)-9-β-D-ribofuranosyl purine
5-羟基-2-吡啶甲醇	5-hydroxy-2-pyridine methanol
5-羟基-2-吡啶甲基腺嘌呤	5-hydroxy-2-pyridyl methyl adenine
5-羟基-2-吡啶甲酸	5-hydroxy-2-pyridine carboxylic acid
5-羟基-2-吡啶甲酸甲酯	5-hydroxy-2-pyridinecarboxylic acid methyl ester
5-羟基-2-丙基哌啶(伪毒参羟碱、假羟基毒芹碱)	5-hydroxy-2-propyl piperidine (pseudoconhydrine, ψ-conhydrine)
2-(1′-羟基-2′-丙氧基)-5-甲基苯酚	2-(1′-hydroxy-2′-oxopropyl)-5-methyl phenol
4-羟基-2-丁酮	4-hydroxy-2-butanone
3-羟基-2-丁酮(乙偶姻、3-羟基丁酮)	3-hydroxy-2-butanone (acetoin)
(*E*)-10-羟基-2-癸烯酸	(*E*)-10-hydroxy-2-decenoic acid
4-羟基-2-环戊烯酮	4-hydroxy-2-cyclopentenone
(*E*)-4-羟基-2-己酸	(*E*)-4-hydroxy-2-hexanoic acid
(4*R*, 5*S*)-5-羟基-2-己烯酸-4-内酯	(4*R*, 5*S*)-5-hydroxy-2-hexen-4-olide
5-羟基-2-己烯酸-4-内酯	5-hydroxy-2-hexen-4-olide
(2*E*, 6*E*, 8*E*)-*N*-(2-羟基-2-甲丙基)-10-氧亚基-2, 6, 8-癸三烯酰胺	(2*E*, 6*E*, 8*E*)-*N*-(2-hydroxy-2-methyl propyl)-10-oxo-2, 6, 8-decatrienamide
(2*E*, 4*E*, 8*Z*, 11*Z*)-*N*-(2-羟基-2-甲丙基)-2, 4, 8, 11-十四碳四烯酰胺	(2*E*, 4*E*, 8*Z*, 11*Z*)-*N*-(2-hydroxy-2-methyl propyl)-2, 4, 8, 11-tetradecatetraenamide
(1*R*, 3α*R*, 4*R*, 7*S*, 7α*R*)-1-(2-羟基-2-甲丙基)-3α, 7-二甲基八氢-1*H*-茚-4, 7-二醇(泡叶番荔枝三醇、泡番荔枝三醇)	(1*R*, 3α*R*, 4*R*, 7*S*, 7α*R*)-1-(2-hydroxy-2-methyl propyl)-3α, 7-dimethyl octahydro-1*H*-indene-4, 7-diol (bullatantriol)
(2*E*, 7*E*, 9*E*)-*N*-(2-羟基-2-甲丙基)-6, 11-二氧亚基-2, 7, 9-十二碳三烯酰胺	(2*E*, 7*E*, 9*E*)-*N*-(2-hydroxy-2-methyl propyl)-6, 11-dioxo-2, 7, 9-dodecatrienamide
N-(2-羟基-2-甲丙基)-6-苯基-(2*E*, 4*E*)-己二烯酰胺	*N*-(2-hydroxy-2-methyl propyl)-6-phenyl-(2*E*, 4*E*)-hexadienamide
5-羟基-2-甲基-1, 4-萘醌	5-hydroxy-2-methyl-1, 4-naphthoquinone
8-羟基-2-甲基-1, 4-萘醌	8-hydroxy-2-methyl-1, 4-naphthoquinone
5-羟基-2-甲基-2′-(1, 1-二甲基羟基)-2*H*-呋喃并[3, 2-*g*]色烯	5-hydroxy-2-methyl-2′-(1, 1-dimethyl hydroxy)-2*H*-furo[3, 2-*g*] chromene
(2*Z*)-4-羟基-2-甲基-2-丁烯-1-基-β-D-吡喃葡萄糖苷	(2*Z*)-4-hydroxy-2-methyl-2-buten-1-yl-β-D-glucopyranoside
(2*Z*)-1-羟基-2-甲基-2-丁烯-4-基-β-D-吡喃葡萄糖苷	(2*Z*)-1-hydroxy-2-methyl-2-buten-4-yl-β-D-glucopyranoside
3-羟基-2-甲基-4*H*-吡喃-4-酮	3-hydroxy-2-methyl-4*H*-pyran-4-one
3-羟基-2-甲基-4-吡喃酮	3-hydroxy-2-methyl-4-pyranone
5-羟基-2-甲基-4-二氢色原酮	5-hydroxy-2-methyl-4-dihydrochromone
4α-羟基-2-甲基-5α-(1-甲乙基)-2-环己烯-1-酮	4α-hydroxy-2-methyl-5α-(1-methyl ethyl)-2-cyclohexen-1-one
1-羟基-2-甲基-6-甲氧基蒽醌	1-hydroxy-2-methyl-6-methoxyanthraquinone
1-羟基-2-甲基-7-甲氧基蒽醌	1-hydroxy-2-methyl-7-methoxyanthraquinone
3-羟基-2-甲基-9, 10-蒽醌	3-hydroxy-2-methyl-9, 10-anthraquinone

3- 羟基 -2- 甲基吡啶	3-hydroxy-2-methyl pyridine
3′- 羟基 -2′- 甲基丁 -10- 酸酯	3′-hydroxy-2′-methylbut-10-oate
2β- 羟基 -2- 甲基丁酰基 -3α- 白苞筋骨草素	2β-hydroxy-2-methyl butanoyl-3α-lupulin
9β-(3- 羟基 -2- 甲基丁酰氧基) 银胶菊内酯	9β-(3-hydroxy-2-methyl butyryloxy) parthenolide
1- 羟基 -2- 甲基蒽醌	1-hydroxy-2-methyl anthraquinone
(5R, 2E)-5- 羟基 -2- 甲基庚 -2- 烯 -1, 6- 二酮	(5R, 2E)-5-hydroxy-2-methylhept-2-en-1, 6-dione
5- 羟基 -2- 甲基色原酮 -7-O-β-D- 吡喃木糖基 -(1→6)- β-D- 吡喃葡萄糖苷	5-hydroxy-2-methyl chromone-7-O-β-D-xylopyranosyl- (1→6)-β-D-glucopyranoside
5- 羟基 -2- 甲基色原酮 -7-O-β-D- 呋喃芹糖基 -(1→6)- β-D- 吡喃葡萄糖苷	5-hydroxy-2-methyl chromone-7-O-β-D-apiofuranosyl- (1→6)-β-D-glucopyranoside
1- 羟基 -2- 甲基亚丙烷	1-hydroxy-2-methyl propylidene
7- 羟基 -2- 甲基异黄酮	7-hydroxy-2-methyl isoflavone
1-(1- 羟基 -2- 甲氧基) 乙基 -4- 甲氧基 -β- 咔啉	1-(1-hydroxy-2-methoxy) ethyl-4-methoxy-β-carboline
5- 羟基 -2- 甲氧基 -1, 4- 萘醌	5-hydroxy-2-methoxy-1, 4-naphthoquinone
8- 羟基 -2- 甲氧基 -1, 6- 二甲基 -5- 乙烯基 -9, 10- 二氢菲	8-hydroxy-2-methoxy-1, 6-dimethyl-5-vinyl-9, 10-dihydrophenanthrene
3β- 羟基 -2- 甲氧基 -15, 16- 甲叉二氧基粗榧 -8- 酮	3β-hydroxy-2-methoxy-15, 16-methylenedioxycephalotaxan-8-one
4- 羟基 -2- 甲氧基 -6-[(8Z) 十五碳 -8- 烯 -1- 基] 乙酸苯酯	4-hydroxy-2-methoxy-6-[(8Z)-pentadec-8-en-1-yl] phenyl acetate
4- 羟基 -2- 甲氧基 -6- 十五烷基乙酸苯酯	4-hydroxy-2-methoxy-6-pentadecyl phenyl acetate
4- 羟基 -2- 甲氧基苯酚 -1-O-β-D- 吡喃葡萄糖苷	4-hydroxy-2-methoxyphenol-1-O-β-D-glucopyranoside
4- 羟基 -2- 甲氧基苯甲醇	4-hydroxy-2-methoxybenzenemethanol
4- 羟基 -2- 甲氧基苯甲酸	4-hydroxy-2-methoxybenzoic acid
1- 羟基 -2- 甲氧基蒽醌	1-hydroxy-2-methoxyanthraquinone
6′- 羟基 -2′- 甲氧基二氢查耳酮 -4′-O-β-D- 吡喃葡萄糖苷	6′-hydroxy-2′-methoxy-dihydrochalcone-4′-O-β-D-glucopyranoside
7- 羟基 -2- 甲氧基菲 -3, 4- 二酮	7-hydroxy-2-methoxyphenanthrene-3, 4-dione
4- 羟基 -2- 甲氧基桂皮醛 (4- 羟基 -2- 甲氧基肉桂醛)	4-hydroxy-2-methoxycinnamaldehyde
1- 羟基 -2- 甲氧基去甲阿朴啡 (山矾碱、鹅掌楸宁碱)	1-hydroxy-2-methoxynoraporphine (caaverine)
1- 羟基 -2- 姜黄烯	1-hydroxy-2-curcumene
4- 羟基 -2- 糠醛	4-hydroxy-2-furaldehyde
5- 羟基 -2- 糠醛	5-hydroxy-2-furaldehyde
5- 羟基 -2- 哌啶酸 (5- 羟基哌可酸)	5-hydroxypipecolic acid
1- 羟基 -2- 羟甲基 -9, 10- 蒽醌	1-hydroxy-2-hydroxymethyl-9, 10-anthraquinone
5- 羟基 -2- 羟甲基吡啶	5-hydroxy-2-(hydroxymethyl) pyridine
3- 羟基 -2- 羟甲基蒽醌	3-hydroxy-2-hydroxymethyl anthraquinone
5-(1- 羟基 -2- 巯基乙基)-2- 巯基环己 -1- 醇	5-(1-hydroxy-2-sulfanyl ethyl)-2-sulfanyl cyclohex-1-ol
6- 羟基 -2- 十四基苯甲酸	6-hydroxy-2-tetradecyl benzoic acid
1- 羟基 -2- 羧基 -3- 甲氧基蒽醌	1-hydroxy-2-carboxy-3-methoxyanthraquinone
4- 羟基 -2- 羧基蒽醌	4-hydroxy-2-carboxyanthraquinone

7-羟基-2-辛烯-5-内酯	7-hydroxy-2-octen-5-olide
(2E)-2-(1-羟基-2-氧丙基)二十碳-2-烯酸甲酯	(2E)-2-(1-hydroxy-2-oxopropyl) eicos-2-enoic acid methyl ester
3-羟基-23-氧亚基-20 (29)-羽扇豆-28-酸	3-hydroxy-23-oxo-20 (29)-lup-28-oic acid
5-羟基-2-氧亚基-3, 5-己二烯醛	5-hydroxy-2-oxo-hexa-3, 5-dienal
5α-羟基-2-氧亚基对薄荷-6 (1)-烯	5α-hydroxy-2-oxo-p-menth-6 (1)-ene
1β-羟基-2-氧亚基坡模酸 (1β-羟基-2-氧亚基果渣酸)	1β-hydroxy-2-oxopomolic acid
3-羟基-2-氧亚基-3-无羁萜烯-20α-甲酸	3-hydroxy-2-oxo-3-fridelen-20α-carboxylic acid
6β-羟基-2-氧杂双环 [4.3.0] $\Delta^{8,9}$-壬烯-1-酮	6β-hydroxy-2-oxabicyclo [4.3.0] $\Delta^{8,9}$-nonen-1-one
1-羟基-2-乙酰基-3, 8-二甲氧基萘-6-O-β-D-呋喃芹糖基-(1→2)-β-D-吡喃葡萄糖苷	1-hydroxy-2-acetyl-3, 8-dimethoxynaphthalene-6-O-β-D-apiofuranosyl-(1→2)-β-D-glucopyranoside
1-羟基-2-乙酰基-4-甲基苯	1-hydroxy-2-acetyl-4-methyl benzene
5-羟基-2-乙氧基-1, 4-萘醌	5-hydroxy-2-ethoxy-1, 4-naphthoquinone
4-羟基-2-乙氧基苯甲醛	4-hydroxy-2-ethoxybenzaldehyde
4-羟基-2-异丙基-5-甲基苯基-1-O-β-D-葡萄糖苷	4-hydroxy-2-isopropyl-5-methyl phenyl-1-O-β-D-glucoside
9-羟基-2-异丙烯基-1, 8-二氧杂双环戊 [b.g] 萘-4, 10-二酮	9-hydroxy-2-isopropenyl-1, 8-dioxa-dicyclopenta [b.g] naphthalene-4, 10-dione
4-羟基-2-异丙烯基-5-亚甲基己-1-醇	4-hydroxy-2-isopropenyl-5-methylenehex-1-ol
3-羟基-2-异丙烯基-二氢苯并呋喃-5-甲酸甲酯	3-hydroxy-2-isopropenyl dihydrobenzofuran-5-carboxylic acid methyl ester
4-羟基-2-异丙烯基-二氢苯并呋喃-5-甲酸甲酯	4-hydroxy-2-isopropenyl dihydrobenzofuran-5-carboxylic acid methyl ester
5-羟基-2-吲哚酮	5-hydroxy-2-indolinone
5-(4″-羟基-3″-甲基-2″-丁烯氧基)-6, 7-呋喃并香豆素	5-(4″-hydroxy-3″-methyl-2″-butenyloxy)-6, 7-furocoumarin
5-(3″-羟基-3″-甲基丁基)-8-羟基呋喃香豆素	5-(3″-hydroxy-3″-methyl butyl)-8-hydroxyfuranocoumarin
(2S, 3S)-2α-(4″-羟基-3″-甲氧苄基)-3β-(4′-羟基-3′-甲氧苄基)-γ-丁内酯	(2S, 3S)-2α-(4″-hydroxy-3″-methoxybenzyl)-3β-(4′-hydroxy-3′-methoxybenzyl)-γ-butyrolactone
N-[(2S)-1-羟基-3-(1H-咪唑-4-基)丙-2-基]乙酰胺	N-[(2S)-1-hydroxy-3-(1H-imidazol-4-yl) propan-2-yl] acetamide
1α-羟基-3-(2-甲基丁酰氧基)羽状堆心菊素	1α-hydroxy-3-(2-methyl butanoyloxy) pinnatifidin
4-羟基-3-(2-羟基-3-异戊烯基)乙酰苯	4-hydroxy-3-(2-hydroxy-3-isopentenyl) acetophenone
4-羟基-3-(3-甲基-2-丁烯基)苯甲酸甲酯	4-hydroxy-3-(3-methyl-2-butenyl) benzoic acid methyl ester
4-羟基-3-(3-甲基-2-丁烯酰基)-5-(3-甲基-2-丁烯基)苯甲酸	4-hydroxy-3-(3-methyl-2-butenoyl)-5-(3-methyl-2-butenyl) benzoic acid
(3′R)-5-羟基-3-(3′-羟基丁基)-异苯并呋喃-1 (3H)-酮	(3′R)-5-hydroxy-3-(3′-hydroxybutyl)-isobenzofuran-1 (3H)-one
4-羟基-3-(4-羟苄基)苯甲醛	4-hydroxy-3-(4-hydroxybenzyl) benzaldehyde
4-羟基-3-(4-羟苄基)苄基甲醚	4-hydroxy-3-(4-hydroxybenzyl) benzyl methyl ether
(Z)-4-羟基-3-(4-羟基-3-甲基丁-2-烯-1-基)苯甲醛	(Z)-4-hydroxy-3-(4-hydroxy-3-methylbut-2-en-1-yl) benzaldehyde

(±)-2-羟基-3-(4-羟基-3-甲氧苯基)-3-甲氧基丙基神经酸酯	(±)-2-hydroxy-3-(4-hydroxy-3-methoxyphenyl)-3-methoxypropyl nervonic acid ester
(3R, 5R)-3-羟基-3-(4-羟基-3-甲氧基苄基)-5-(4-羟基-3-甲氧苯基)-3, 4, 5, 6-四氢-2H-吡喃-2-酮	(3R, 5R)-3-hydroxy-3-(4-hydroxy-3-methoxybenzyl)-5-(4-hydroxy-3-methoxyphenyl)-3, 4, 5, 6-tetrahydro-2H-pyran-2-one
7-羟基-3-(4'-羟基亚苄基) 色原烷-4-酮	7-hydroxy-3-(4'-hydroxybenzylidene) chroman-4-one
(3S, 5S)-5-羟基-3-(β-D-吡喃葡萄糖氧基) 己酸甲酯	(3S, 5S)-5-hydroxy-3-(β-D-glucopyranosyloxy) hexanoic acid methyl ester
7β-羟基-3, 11, 15, 23-四氧亚基羊毛脂-8, [20E (22)]-二烯-26-酸甲酯	7β-hydroxy-3, 11, 15, 23-tetraoxolanost-8, [20E (22)]-dien-26-oic acid methyl ester
7β-羟基-3, 11, 15-三氧亚基羊毛脂-8, 24-二烯-26-酸甲酯	7β-hydroxy-3, 11, 15-trioxolanost-8, 24-dien-26-oic acid methyl ester
16α-羟基-3, 13-克罗二烯-15, 16-内酯	16α-hydroxy-3, 13-clerod-dien-15, 16-olide
6α-羟基-3, 13-克罗二烯-15, 16-内酯	6α-hydroxy-3, 13-clerod-dien-15, 16-olide
4'-羟基-3, 3', 4, 5, 5'-五甲氧基-7, 7'-四氢呋喃木脂素	4'-hydroxy-3, 3', 4, 5, 5'-pentamethoxy-7, 7'-epoxylignan
5-羟基-3, 3', 4, 7-四甲氧基黄酮	5-hydroxy-3, 3', 4, 7-tetramethoxyflavone
5-羟基-3, 3', 4', 7-四甲氧基黄酮 (雷杜辛、微凹黄檀素、巴拿马黄檀异黄酮)	5-hydroxy-3, 3', 4', 7-tetramethoxyflavone (retusin)
(E)-4-羟基-3, 3, 5-三甲基-4-(3-氧亚基丁-1-烯-1-基) 环己烷-1-酮	(E)-4-hydroxy-3, 3, 5-trimethyl-4-(3-oxobut-1-en-1-yl) cyclohexan-1-one
(+)-(7S, 8S)-4-羟基-3, 3', 5'-三甲氧基-8', 9'-二去甲-8, 4'-氧基新木脂素-7, 9-二羟基-7'-酸	(+)-(7S, 8S)-4-hydroxy-3, 3', 5'-trimethoxy-8', 9'-dinor-8, 4'-oxyneolignan-7, 9-dihydroxy-7'-oic acid
4-羟基-3, 3', 5'-三甲氧基-8', 9'-二去甲-8, 4'-氧新木脂素-7, 9-二羟基-7'-醛	4-hydroxy-3, 3', 5'-trimethoxy-8', 9'-dinor-8, 4'-oxyneolignan-7, 9-dihydroxy-7'-aldehyde
5-羟基-3, 3', 6, 7, 8-五甲氧基-4', 5'-亚甲二氧基黄酮	5-hydroxy-3, 3', 6, 7, 8-pentamethoxy-4', 5'-methylene-dioxyflavone
6'-羟基-3, 4-(1''-羟基-环氧丙烷)-2', 3'-(1'''β-羟基-2'''-羰基环丁烷)-1, 1'-联苯	6'-hydroxy-3, 4-(1''-hydroxy-epoxypropane)-2', 3'-(1'''β-hydroxy-2'''-carbonyl cyclobutane)-1, 1'-diphenyl
7-羟基-3', 4'-(亚甲二氧基) 黄烷	7-hydroxy-3', 4'-(methylenedioxy) flavane
5-羟基-3', 4', 3, 6, 7, 8-六甲氧基黄酮	5-hydroxy-3', 4', 3, 6, 7, 8-hexamethoxyflavone
5'-羟基-3', 4', 3, 6, 7-五甲氧基黄酮	5'-hydroxy-3', 4', 3, 6, 7-pentamethoxyflavone
3'-羟基-3, 4', 5, 5', 6, 7, 8-七甲氧基黄酮	3'-hydroxy-3, 4', 5, 5', 6, 7, 8-heptamethoxyflavone
3'-羟基-3, 4', 5, 5', 8-五甲氧基-6, 7-亚甲二氧基黄酮	3'-hydroxy-3, 4', 5, 5', 8-pentamethoxy-6, 7-methylene-dioxyflavone
7-羟基-3', 4', 5, 6-四甲氧基黄酮	7-hydroxy-3', 4', 5, 6-tetramethoxyflavone
7-羟基-3', 4', 5-三甲氧基黄酮	7-hydroxy-3', 4', 5-trimethoxyflavone
5-羟基-3', 4', 6, 7, 8-五甲氧基黄酮	5-hydroxy-3', 4', 6, 7, 8-pentamethoxyflavone
5-羟基-3, 4', 6, 7-四甲氧基黄酮	5-hydroxy-3, 4', 6, 7-tetramethoxyflavone
5-羟基-3', 4', 6, 7-四甲氧基黄酮 (5-去甲甜橙素)	5-hydroxy-3', 4', 6, 7-tetramethoxyflavone (5-demethyl sinensetin)
5-羟基-3, 4', 7-三甲氧基黄酮	5-hydroxy-3, 4', 7-trimethoxyflavone
5-羟基-3', 4', 7-三甲氧基黄酮醇-3-O-β-D-芸香糖苷	5-hydroxy-3', 4', 7-trimethoxyflavonol-3-O-β-D-rutinoside

5-羟基-3′, 4′, 7-三甲氧基黄烷酮	5-hydroxy-3′, 4′, 7-trimethoxyflavanone
5-羟基-3, 4-二甲基-5-戊基-2 (5H)-呋喃酮	5-hydroxy-3, 4-dimethyl-5-pentyl-2 (5H)-furanone
(S)-5-羟基-3, 4-二甲基-5-戊基呋喃-2 (5H)-酮	(S)-5-hydroxy-3, 4-dimethyl-5-pentyl furan-2 (5H)-one
6-羟基-3, 4-二甲基香豆素	6-hydroxy-3, 4-dimethyl coumarin
5-羟基-3′, 4′-二甲氧基-6, 7-亚甲二氧基黄酮醇-3-O-β-葡萄糖醛酸苷	5-hydroxy-3′, 4′-dimethoxy-6, 7-methylenedioxyflavonol-3-O-β-glucuronide
2-羟基-3, 4-二甲氧基苯甲醛	2-hydroxy-3, 4-dimethoxybenzaldehyde
2-羟基-3, 4-二甲氧基苯甲酸	2-hydroxy-3, 4-dimethoxybenzoic acid
2-羟基-3, 4-二甲氧基苯甲酸甲酯	methyl 2-hydroxy-3, 4-dimethoxybenzoate
5-羟基-3, 4-二甲氧基桂皮酸	5-hydroxy-3, 4-dimethoxycinnamic acid
2-羟基-3, 4-二甲氧基屾酮	2-hydroxy-3, 4-dimethoxyxanthone
7-羟基-3′, 4′-二甲氧基异黄酮	7-hydroxy-3′, 4′-dimethoxyisoflavone
5-羟基-3′, 4′-二甲氧基异黄酮-7-O-新橙皮糖苷	5-hydroxy-3′, 4′-dimethoxyisoflavone-7-O-neohesperidoside
2′-羟基-3′, 4′-二甲氧基异黄烷-7-O-β-D-葡萄糖苷	2′-hydroxy-3′, 4′-dimethoxyisoflavane-7-O-β-D-glucoside
2′-羟基-3′, 4-二甲氧基异黄烷-7-O-β-D-葡萄糖苷	2′-hydroxy-3′, 4-dimethoxyisoflavane-7-O-β-D-glucoside
7-羟基-3′, 4′-二甲氧基异黄烷醌	7-hydroxy-3′, 4′-dimethoxyisoflavanquinone
7-羟基-3, 4-二氢卡达烯	7-hydroxy-3, 4-dihydrocadalin
2β-羟基-3, 4-环氧中亚阿魏二醇	2β-hydroxy-3, 4-epoxy-jaeschkeanadiol
(5R, 7R)-14-羟基-3, 4-脱氢茅术酮-11-O-β-D-吡喃葡萄糖苷	(5R, 7R)-14-hydroxy-3, 4-dehydrohinesolone-11-O-β-D-glucopyranoside
(5R, 7R)-14-羟基-3, 4-脱氢茅术酮-11-O-β-D-呋喃芹糖基-(1→6)-β-D-吡喃葡萄糖苷	(5R, 7R)-14-hydroxy-3, 4-dehydrohinesolone-11-O-β-D-apiofuranosyl-(1→6)-β-D-glucopyranoside
(5R, 7R)-14-羟基-3, 4-脱氢茅术酮-14-O-β-D-吡喃木糖苷	(5R, 7R)-14-hydroxy-3, 4-dehydrohinesolone-14-O-β-D-xylopyranoside
7-羟基-3′, 4′-亚甲基二氧异黄酮	7-hydroxy-3′, 4′-methylenedioxyisoflavone
4-羟基-3, 5, 5-三甲基-2-环己烯-1-酮	4-hydroxy-3, 5, 5-trimethyl-2-cyclohexen-1-one
2-羟基-3, 5, 5-三甲基环己-2-烯-1, 4-二酮	2-hydroxy-3, 5, 5-trimethyl cyclohex-2-en-1, 4-dione
4-羟基-3, 5, 5-三甲基环己-2-烯酮	4-hydroxy-3, 5, 5-trimethyl cyclohex-2-enone
8-羟基-3, 5, 6, 7, 3′, 4′-六甲氧基黄酮	8-hydroxy-3, 5, 6, 7, 3′, 4′-hexamethoxyflavone
1-羟基-3, 5, 8-三甲氧基屾酮	1-hydroxy-3, 5, 8-trimethoxyxanthone
(2S)-3-(4-羟基-3, 5-二甲氧苯基)-1, 2-丙二醇	(2S)-3-(4-hydroxy-3, 5-dimethoxyphenyl)-1, 2-propanediol
3-(4-羟基-3, 5-二甲氧苯基)-1, 2-丙二醇	3-(4-hydroxy-3, 5-dimethoxyphenyl)-1, 2-propanediol
(7S, 8S)-1-(4-羟基-3, 5-二甲氧苯基)-1, 2, 3-丙三醇	(7S, 8S)-1-(4-hydroxy-3, 5-dimethoxyphenyl)-1, 2, 3-propanetriol
(7S, 8S)-1-(4-羟基-3, 5-二甲氧苯基)-1, 2, 3-丙三醇-2-O-β-D-吡喃葡萄糖苷	(7S, 8S)-1-(4-hydroxy-3, 5-dimethoxyphenyl)-1, 2, 3-propanetriol-2-O-β-D-glucopyranoside
1-(4-羟基-3, 5-二甲氧苯基)-2-{2-甲氧基-4-[1-(E)-丙烯基]苯氧基}丙-1-醇	1-(4-hydroxy-3, 5-dimethoxyphenyl)-2-{2-methoxy-4-[1-(E)-propenyl] phenoxy} propan-1-ol
3-(4-羟基-3, 5-二甲氧苯基)-2-丙烯醇	3-(4-hydroxy-3, 5-dimethoxyphenyl)-2-propenol

Q

中文名称	英文名称
(2*E*)-3-(4-羟基 -3, 5-二甲氧苯基)-2-丙烯醛 (芥子醛)	(2*E*)-3-(4-hydroxy-3, 5-dimethoxyphenyl)-2-propenal (sinapaldehyde, sinapic aldehyde)
(±)-(*E*)-3-[2-(4-羟基 -3, 5-二甲氧苯基)-3-羟甲基 -7-甲氧基 -2, 3-二氢苯并呋喃 -5-基]-*N*-(4-羟基苯乙基) 丙烯酰胺	(±)-(*E*)-3-[2-(4-hydroxy-3, 5-dimethoxyphenyl)-3-hydroxymethyl-7-methoxy-2, 3-dihydrobenzofuran-5-yl]-*N*-(4-hydroxyphenethyl) acrylamide
(±)-(*Z*)-3-[2-(4-羟基 -3, 5-二甲氧苯基)-3-羟甲基 -7-甲氧基 -2, 3-二氢苯并呋喃 -5-基]-*N*-(4-羟基苯乙基) 丙烯酰胺	(±)-(*Z*)-3-[2-(4-hydroxy-3, 5-dimethoxyphenyl)-3-hydroxymethyl-7-methoxy-2, 3-dihydrobenzofuran-5-yl]-*N*-(4-hydroxyphenethyl) acrylamide
1-(4-羟基 -3, 5-二甲氧苯基) 丙 -1-酮	1-(4-hydroxy-3, 5-dimethoxyphenyl) prop-1-one
(1′*R*)-1′-(4-羟基 -3, 5-二甲氧苯基) 丙 -1′-羟基 -4-*O*-β-D-吡喃葡萄糖苷	(1′*R*)-1′-(4-hydroxy-3, 5-dimethoxyphenyl) prop-1′-hydroxy-4-*O*-β-D-glucopyranoside
1-(4-羟基 -3, 5-二甲氧苯基) 丙烯 -9-*O*-β-D-吡喃葡萄糖苷	1-(4-hydroxy-3, 5-dimethoxyphenyl) propene-9-*O*-β-D-glucopyranoside
1-(4-羟基 -3, 5-二甲氧苯基) 乙酮	1-(4-hydroxy-3, 5-dimethoxyphenyl) ethanone
1-(2-羟基 -3, 5-二甲氧基) 苯基 -10-十五烯	1-(2-hydroxy-3, 5-dimethoxy) phenyl-10-pentadecene
(+)-(7*S*, 8*R*, 7′*E*)-5-羟基 -3, 5′-二甲氧基 -4′, 7-环氧 -8, 3′-新木脂素 -7′-烯 -9, 9′-二羟基 -9′-乙醚	(+)-(7*S*, 8*R*, 7′*E*)-5-hydroxy-3, 5′-dimethoxy-4′, 7-epoxy-8, 3′-neolignan-7′-en-9, 9′-dihydroxy-9′-ethyl ether
4-羟基 -3, 5-二甲氧基苯酚	4-hydroxy-3, 5-dimethoxyphenol
4-羟基 -3, 5-二甲氧基苯酚 -β-D-吡喃葡萄糖苷	4-hydroxy-3, 5-dimethoxyphenyl-β-D-glucopyranoside
4-羟基 -3, 5-二甲氧基苯甲醇	4-hydroxy-3, 5-dimethoxybenzenemethanol
4-羟基 -3, 5-二甲氧基苯甲醛	4-hydroxy-3, 5-dimethyoxybenzaldehyde
4-羟基 -3, 5-二甲氧基苯甲酸	4-hydroxy-3, 5-dimethoxybenzoic acid
5-羟基 -3, 5-二甲氧基苯甲酸	5-hydroxy-3, 5-dimethoxybenzoic acid
(−)-4-羟基 -3, 5-二甲氧基苯甲酸 -4-*O*-β-D-(6-*O*-苄基) 吡喃葡萄糖苷	(−)-4-hydroxy-3, 5-dimethoxybenzoic acid-4-*O*-β-D-(6-*O*-benzoyl) glucopyranoside
4-羟基 -3, 5-二甲氧基苯甲酸甲酯	4-hydroxy-3, 5-dimethoxybenzoic acid methyl ester
4-羟基 -3, 5-二甲氧基苯甲酸乙酯	4-hydroxy-3, 5-dimethoxybenzoic acid ethyl ester
4-羟基 -3, 5-二甲氧基苯甲酰胺	4-hydroxy-3, 5-dimethoxybenzamide
4-羟基 -3, 5-二甲氧基苯乙醇 -4-*O*-β-D-吡喃葡萄糖苷	4-hydroxy-3, 5-dimethoxyphenyl ethanol-4-*O*-β-D-glucopyranoside
7-羟基 -3, 5-二甲氧基黄酮	7-hydroxy-3, 5-dimethoxyflavone
1-羟基 -3, 5-二甲氧基𠮿酮	1-hydroxy-3, 5-dimethoxyxanthone
5-羟基 -3′, 5′-二甲氧基异黄酮 -7-*O*-吡喃葡萄糖苷	5-hydroxy-3′, 5′-dimethoxyisoflavone-7-*O*-β-D-glucopyranoside
1-羟基 -3, 5-二乙氧基苯	1-hydroxy-3, 5-diethoxybenzene
5-羟基 -3, 6, 7, 3′, 4′-五甲氧基黄酮	5-hydroxy-3, 6, 7, 3′, 4′-pentamethoxyflavone
5-羟基 -3, 6, 7, 3′, 4′-五甲氧基黄酮 (蒿黄素、艾黄素、六棱菊亭、蒿亭)	5-hydroxy-3, 6, 7, 3′, 4′-pentamethoxyflavone (artemetin, artemisetin)
5-羟基 -3, 6, 7, 4′-四甲氧基黄酮	5-hydroxy-3, 6, 7, 4′-tetramethoxyflavone
5-羟基 -3, 6, 7, 8, 3′, 4′-六甲氧基黄酮	5-hydroxy-3, 6, 7, 8, 3′, 4′-hexamethoxyflavone
5-羟基 -3, 6, 7, 8, 4′-五甲氧基黄酮	5-hydroxy-3, 6, 7, 8, 4′-pentamethoxyflavone

1-羟基-3, 6, 7, 8-四甲氧基-2-甲基蒽醌-1-*O*-α-吡喃鼠李糖基-(1→6)-β-D-吡喃葡萄糖基-(1→6)-β-D-吡喃半乳糖苷	1-hydroxy-3, 6, 7, 8-tetramethoxy-2-methyl anthraquinone-1-*O*-α-rhamnopyranosyl-(1→6)-β-D-glucopyranosyl-(1→6)-β-D-galactopyranoside
5-羟基-3, 6, 7, 8-四甲氧基黄酮	5-hydroxy-3, 6, 7, 8-tetramethoxyflavone
1-羟基-3, 6, 7-三甲基𠮿酮	1-hydroxy-3, 6, 7-trimethoxyxanthone
1-羟基-3, 6, 8-三甲氧基𠮿酮 (椭叶醇)	1-hydroxy-3, 6, 8-trimethoxyxanthone (ellipticol)
8-羟基-3, 6, 9-三甲基-7*H*-苯并 [*d*, *e*] 喹啉-7-酮	8-hydroxy-3, 6, 9-trimethyl-7*H*-benzo [*d*, *e*] quinolin-7-one
3-羟基-3, 6-二甲基-2-(3-甲基-2-亚丁烯基)-3, 3a, 7, 7a-四氢苯并呋喃-4 (2*H*)-酮	3-hydroxy-3, 6-dimethyl-2-(3-methylbut-2-enylidene)-3, 3a, 7, 7a-tetrahydrobenzofuran-4 (2*H*)-one
5-羟基-3, 6-二甲氧基-7-甲基-1, 4-萘二酮	5-hydroxy-3, 6-dimethoxy-7-methyl-1, 4-naphthalenedione
5-羟基-3, 6-二甲氧基黄酮-5-*O*-α-L-吡喃鼠李糖基-(1→3)-*O*-β-D-吡喃葡萄糖基-(1→3)-*O*-β-D-吡喃木糖苷	5-hydroxy-3, 6-dimethoxyflavone-5-*O*-α-L-rhamnopyranosyl-(1→3)-*O*-β-D-glucopyranosyl-(1→3)-*O*-β-D-xylopyranoside
1-羟基-3,6-二乙酰氧基-7-甲氧基𠮿酮 (散沫花𠮿酮 II)	1-hydroxy-3, 6-diacetoxy-7-methoxyxanthone (laxanthone II)
7-羟基-3, 6-双惕各酰氧基托烷	7-hydroxy-3, 6-bis (tigloyloxy) tropane
12β-羟基-3, 7, 11, 15, 23-五氧亚基-5α-羊毛脂-8-烯-26-酸	12β-hydroxy-3, 7, 11, 15, 23-pentaoxo-5α-lanosta-8-en-26-oic acid
(23*S*)-羟基-3, 7, 11, 15-四氧亚基-8, (24*E*)-二烯-26-酸	(23*S*)-hydroxy-3, 7, 11, 15-tetraoxolanosta-8, (24*E*)-dien-26-oic acid
5-羟基-3, 7, 3′, 4′-四甲氧基黄酮	5-hydroxy-3, 7, 3′, 4′-tetramethoxyflavone
5-羟基-3, 7, 3′-三甲氧基黄酮-4′-*O*-β-D-吡喃葡萄糖苷	5-hydroxy-3, 7, 3′-trimeoxyflavone-4′-*O*-β-D-glucopyranoside
5-羟基-3, 7, 4′-三甲氧基黄酮	5-hydroxy-3, 7, 4′-trimethoxyflavone
5-羟基-3, 7, 8, 2′-四甲氧基黄酮	5-hydroxy-3, 7, 8, 2′-tetramethoxyflavone
1-羟基-3, 7, 8-三甲氧基𠮿酮	1-hydroxy-3, 7, 8-trimethoxyxanthone
3-羟基-3, 7-二甲基-1, 6-辛二酸	3-hydroxy-3, 7-dimethyl-1, 6-octanedioic acid
7-[(*E*)-7′-羟基-3′, 7′-二甲基-2′, 5′-辛二烯] 氧基香豆素	7-[(*E*)-7′-hydroxy-3′, 7′-dimethyl-2′, 5′-octadien] oxycoumarin
8-[(2*E*, 5*E*)-7-羟基-3, 7-二甲基-2, 5-辛二烯氧基] 补骨脂素	8-[(2*E*, 5*E*)-7-hydroxy-3, 7-dimethyloct-2, 5-dienyloxy] psoralen
3-(6-羟基-3, 7-二甲基-2, 7-辛二烯基)-4-甲氧基苯甲酸甲酯	3-(6-hydroxy-3, 7-dimethyl-2, 7-octadienyl)-4-methoxybenzoic acid methyl ester
2-(2*Z*)-(3-羟基-3, 7-二甲基辛-2, 6-二烯基)-1, 4-苯二酚	2-(2*Z*)-(3-hydroxy-3, 7-dimethyloct-2, 6-dienyl)-1, 4-benzenediol
6-(6′-羟基-3′, 7′-二甲基辛-2′, 7′-二烯基)-7-羟基香豆素	6-(6′-hydroxy-3′, 7′-dimethyloct-2′, 7′-dienyl)-7-hydroxycoumarin
2-羟基-3, 7-二甲氧基菲	2-hydroxy-3, 7-dimethoxyphenanthrene
1-羟基-3, 7-二甲氧基𠮿酮	1-hydroxy-3, 7-dimethoxyxanthone
11α-羟基-3, 7-二氧亚基-5α-羊毛脂-8, (24E)-二烯-26-酸	11α-hydroxy-3, 7-dioxo-5α-lanost-8, (24*E*)-dien-26-oic acid
11β-羟基-3, 7-二氧亚基-5α-羊毛脂-8, (24*E*)-二烯-26-酸	11β-hydroxy-3, 7-dioxo-5α-lanosta-8, (24*E*)-dien-26-oic acid

Q

(5*S*, 8*R*)-2-羟基-3, 8-二甲基-5-乙烯基-5, 6, 7, 8-四羟基萘-1, 4-二酮	(5*S*, 8*R*)-2-hydroxy-3, 8-dimethyl-5-vinyl-5, 6, 7, 8-tetrahydroxynaphthalene-1, 4-dione
5-羟基-3, 8-二甲氧基黄酮-7-*O*-β-D-吡喃葡萄糖基-(1→6)-*O*-β-D-吡喃葡萄糖苷	5-hydroxy-3, 8-dimethoxyflavone-7-*O*-β-D-glucopyranosyl-(1→6)-*O*-β-D-glucopyranoside
(*R*)-4-羟基-3-[1-羟基-3-(4-羟基-3-甲氧苯基) 丙-2-基]-5-甲氧基苯甲酸	(*R*)-4-hydroxy-3-[1-hydroxy-3-(4-hydroxy-3-methoxyphenyl) prop-2-yl]-5-methoxybenzoic acid
4-羟基-3-[1-(甲氧基羰基) 乙烯氧基] 苯甲酸	4-hydroxy-3-[1-(methoxycarbonyl) vinyloxy] benzoic acid
3β-羟基-30-氢过氧基-20-蒲公英萜烯	3β-hydroxy-30-hydroperoxy-20-taraxastene
3β-羟基-30-去甲-12, 18-齐墩果二烯-29-酸乙酯	3β-hydroxy-30-norolean-12, 18-dien-29-oic acid ethyl ester
3β-羟基-30-去甲-12, 19-齐墩果二烯-28-酸乙酯	3β-hydroxy-30-norolean-12, 19-dien-28-oic acid ethyl ester
21-羟基-30-去甲何帕-22-酮	21-hydroxy-30-norhop-22-one
3β-羟基-30-去甲齐墩果-12, 20 (29)-二烯-28-酸-3-β-D-吡喃葡萄糖醛酸苷-6-甲酯	3β-hydroxy-30-norolean-12, 20 (29)-dien-28-oic acid-3-β-D-glucuronopyranoside-6-methyl ester
3β-羟基-30-去甲熊果-21-烯-20-酮	3β-hydroxy-30-norurs-21-en-20-one
25-羟基-33-甲基三十五碳-6-酮	25-hydroxy-33-methyl pentatriacont-6-one
2-羟基-3-*O*-β-D-吡喃葡萄糖苯甲酸	2-hydroxy-3-*O*-β-D-glucopyranosyl benzoic acid
19α-羟基-3-*O*-乙酰熊果酸	19α-hydroxy-3-*O*-acetylursolic acid
4α-羟基-3α-(2-甲基-2, 3-环氧丁酰氧基)-11-过氧羟基桉叶-6-烯-8-酮	4α-hydroxy-3α-(2-methyl-2, 3-epoxybutyryloxy)-11-hydroperoxy-eudesm-6-en-8-one
1α-羟基-3α-(2-甲基丁酰氧基) 异土木香内酯	1α-hydroxy-3α-(2-methyl butanoyloxy) isoalantolactone
(25*S*)-(+)12α-羟基-3α-丙二酰氧基-24-甲基羊毛甾-8, 24 (31)-二烯-26-酸	(25*S*)-(+)-12α-hydroxy-3α-malonyloxy-24-methyllanost-8, 24 (31)-dien-26-oic acid
1α-羟基-3α-异丁酰氧基异土木香内酯	1α-hydroxy-3α-isobutyryloxyisoalantolactone
19α-羟基-3β-(*E*) 阿魏酰黄麻酸 (19α-羟基-3β-(*E*)-阿魏酰科罗索酸)	19α-hydroxy-3β-(*E*)-feruloyl corosolic acid
2α-羟基-3β-[(2*E*)-3-苯基-1-氧亚基-2-丙烯基] 氧齐墩果-12-烯-28-酸	2α-hydroxy-3β-[(2*E*)-3-phenyl-1-oxo-2-propenyl] oxy-olean-12-en-28-oic acid
2α-羟基-3β-[(2*Z*)-3-苯基-1-氧亚基-2-丙烯基] 氧齐墩果-12-烯-28-酸	2α-hydroxy-3β-[(2*Z*)-3-phenyl-1-oxo-2-propenyl] oxy-olean-12-en-28-oic acid
(24*S*, 25*R*)-1β-羟基-3β-[(β-D-吡喃葡萄糖基) 氧基] 螺甾-5-烯-24-基-β-D-吡喃葡萄糖苷	(24*S*, 25*R*)-1β-hydroxy-3β-[(β-D-glucopyranosyl) oxy]-spirost-5-en-24-yl-β-D-glucopyranoside
2α-羟基-3β-当归酰合瓣樟内酯 (2α, -羟基-3β-当归酰桂皮内酯)	2α-hydroxyl-3β-angeloyl cinnamolide
2α-羟基-3β-甲氧基-6-氧亚基-13α, 14β, 17α-羊毛甾-7, 24-二烯-21, 16β-内酯	2α-hydroxy-3β-methoxy-6-oxo-13α, 14β, 17α-lanost-7, 24-dien-21, 16β-olide
21α-羟基-3β-甲氧基千层塔-14-烯-29-醛	21α-hydroxy-3β-methoxyserrat-14-en-29-al
21α-羟基-3β-甲氧基千层塔-14-烯-30-醛	21α-hydroxy-3β-methoxyserrat-14-en-30-al
6-羟基-3β-甲氧基特雷马酮	6-hydroxy-3β-methoxytrematone

7β-羟基-3β-乙酰氧基-5β, 6β-环氧桉叶 -5 (15)-烯 -11-[O-2′, 4′-二当归酰氧基 -3′-乙酰氧基 -β-D-吡喃岩藻糖苷]	7β-hydroxy-3β-acetoxy-5β, 6β-epoxyeudesm-5 (15)-en-11-[O-2′, 4′-diangeloyloxy-3′-acetoxy-β-D-fucopyranoside]
5-羟基-3-氨基-2-乙酰-1, 4-萘醌	5-hydroxy-3-amino-2-aceto-1, 4-naphthoquinone
(5S)-5-羟基-3-白桦酮	(5S)-5-hydroxy-3-platyphyllone
2-羟基-3-苯基丙酸甲酯 (巴布列酯)	2-hydroxy-3-benzenepropanoic acid methyl ester (papuline)
6-羟基-3-吡啶甲酸	6-hydroxy-3-pyridine carboxylic acid
2‴″-羟基-3″″-苄基紫玉盘酚	2‴″-hydroxy-3″″-benzyluvarinol
18β-羟基-3-表 -α-育亨宾	18β-hydroxy-3-epi-α-yohimbine
4β-羟基-3-表金挖耳芬 A、B	4β-hydroxy-3-epidivaricins A, B
6β-羟基-3-表日当药黄苷 A	6β-hydroxy-3-episwertiajaposide A
25-羟基-3-表脱氢土莫酸 (25-羟基-3-表脱氢丘陵多孔菌酸)	25-hydroxy-3-epidehydrotumulosic acid
1-羟基-3-当归酰氧基-11-希德尔过氧雅槛蓝 -6, 9-二烯 -8-酮	1-hydroxy-3-angeloyloxy-11-hidroperoxyeremophila-6, 9-dien-8-one
1-羟基-3-当归酰氧基雅槛蓝 -9, 7 (11)-二烯 -8-酮	1-hydroxy-3-angeloyloxyeremophila-9, 7 (11)-dien-8-one
4-羟基-3-丁基苯酞	4-hydroxy-3-butyl phthalide
7-羟基-3-丁基苯酞	7-hydroxy-3-butylidene phthalide
6-羟基-3-茴香酸	6-hydroxy-3-anisic acid
11α-羟基-3-己酰基-β-乳香酸	11α-hydroxy-3-acetoxy-β-boswellic acid
5-羟基-3-甲基-1, 4-萘醌	5-hydroxy-3-methyl-1, 4-naphthoquinone
2-羟基-3-甲基-1-甲氧基蒽醌	2-hydroxy-3-methyl-1-methoxyanthraquinone
4-羟基-3-甲基-2-(1-甲丙烯基)-5-苯基-2, 3-二氢呋喃并 [2, 3-b] 吡啶 -3-碳醛	4-hydroxy-3-methyl-2-(1-methyl propenyl)-5-phenyl-2, 3-dihydrofuro [2, 3-b] pyridine-3-carbalde hyde
3-(2-羟基-3-甲基-3-丁烯基)-4-羟基苯甲酸甲酯	3-(2-hydroxy-3-methyl-3-butenyl)-4-hydroxy-benzoic acid methyl ester
3-(2′-羟基-3′-甲基-3′-丁烯基) 乙酰苯	3-(2′-hydroxy-3′-methyl-3′-butenyl) acetophenone
5-羟基-3-甲基-4-丙巯基-5H-呋喃 -2-酮	5-hydroxy-3-methyl-4-propyl sulfanyl-5H-furan-2-one
1-羟基-3-甲基-6-甲氧基蒽醌 -8-O-β-D-吡喃木糖苷	1-hydroxy-3-methyl-6-methoxyanthraquinone-8-O-β-D-xylopyranoside
8-羟基-3-甲基-9, 10-蒽醌	8-hydroxy-3-methyl-9, 10-anthraquinone
(1R, 2R)-1-(4-羟基-3-甲基苯基)-1, 2, 3-丙三醇	(1R, 2R)-1-(4-hydroxy-3-methoxyphenyl)-1, 2, 3-propanetriol
(1S, 2S)-1-(4-羟基-3-甲基苯基)-1, 2, 3-丙三醇	(1S, 2S)-1-(4-hydroxy-3-methoxyphenyl)-1, 2, 3-propanetriol
2-(3-羟基-3-甲基-丁 -1-烯基) 苯-1, 4-二酚	2-(3-hydroxy-3-methylbut-1-enyl) benzene-1, 4-diol
(Z)-3-{4-[(E)-4-羟基-3-甲基丁 -2-烯基氧代] 苯基} 丙烯酸甲酯	(Z)-3-{4-[(E)-4-hydroxy-3-methylbut-2-enyloxy] phenyl} acrylic acid methyl ester
(E)-4-(4-羟基-3-甲基丁 -2-烯基氧基) 苯甲醛	(E)-4-(4-hydroxy-3-methylbut-2-enyloxy) benzaldehyde
2-(3-羟基-3-甲基丁基)-1, 3, 5, 6-四羟基叫酮	2-(3-hydroxy-3-methyl butyl)-1, 3, 5, 6-tetrahydroxyxanthone

5-(3″-羟基-3″-甲基丁基)-8-甲氧基呋喃香豆素	5-(3″-hydroxy-3″-methyl butyl)-8-methoxyfuranocoumarin
2-羟基-3-甲基蒽醌	2-hydroxy-3-methyl anthraquinone
8-羟基-3-甲基蒽醌-1-O-(4-O-β-D-吡喃半乳糖基)-α-L-吡喃鼠李糖苷	8-hydroxy-3-methyl anthraquinone-1-O-(4-O-β-D-galactopyranosyl)-α-L-rhammopyranoside
2-羟基-3-甲基咔唑	2-hydroxy-3-methyl carbazole
3″-(3-羟基-3-甲基戊二酰基)-6-羟基木犀草素-7-O-β-D-吡喃葡萄糖苷乙酯	3″-(3-hydroxy-3-methyl glutaroyl)-6-hydroxyluteolin-7-O-β-D-glucopyranoside ethyl ester
9β-(3-羟基-3-甲基戊酰氧基)银胶菊内酯	9β-(3-hydroxy-3-methyl pentanoyloxy) parthenolide
1β-羟基-3-甲酮基齐墩果-12-烯-28-酸	1β-hydroxy-3-keto-olean-12-en-28-oic acid
2-羟基-3-甲酰基-7-甲氧基咔唑	2-hydroxy-3-formyl-7-methoxycarbazole
(4E, 6E)-7-(4-羟基-3-甲氧苯基)-1-(4-羟苯基)-4, 6-庚二烯-3-酮	(4E, 6E)-7-(4-hydroxy-3-methoxyphenyl)-1-(4-hydroxyphenyl)-4, 6-heptadien-3-one
1-(4-羟基-3-甲氧苯基)-1-甲氧基-2-{2-甲氧基-4-[1-(E)-丙烯基]苯氧基}丙烷	1-(4-hydroxy-3-methoxyphenyl)-1-methoxy-2-{2-methoxy-4-[1-(E)-propenyl] phenoxy} propane
1-(4-羟基-3-甲氧苯基)-1-甲氧基丙-2-醇	1-(4-hydroxy-3-methoxyphenyl)-1-methoxyprop-2-ol
(1R)-(4-羟基-3-甲氧苯基)-(2R)-4-[(1E)-3-羟基-1-丙烯-1-基]-2, 6-二甲氧基苯氧基-1, 3-丙二醇	(1R)-(4-hydroxy-3-methoxyphenyl)-(2R)-4-[(1E)-3-hydroxy-1-propen-1-yl]-2, 6-dimethoxyphenoxy-1, 3-propanediol
(2S)-3-(4-羟基-3-甲氧苯基)-1, 2-丙二醇	(2S)-3-(4-hydroxy-3-methoxyphenyl)-1, 2-propanediol
3-(4-羟基-3-甲氧苯基)-1, 2-丙二醇	3-(4-hydroxy-3-methoxyphenyl)-1, 2-propanediol
2-(4-羟基-3-甲氧苯基)-1, 3-丙二醇	2-(4-hydroxy-3-methoxyphenyl)-1, 3-propanediol
9-(4′-羟基-3′-甲氧苯基)-10-羟甲基-11-甲氧基-5, 6, 9, 10-四氢菲并[2, 3-b]呋喃-3-醇	9-(4′-hydroxy-3′-methoxyphenyl)-10-(hydroxymethyl)-11-methoxy-5, 6, 9, 10-tetrahydrophenanthro [2, 3-b] furan-3-ol
7-(4″-羟基-3″-甲氧苯基)-1-苯基-3, 5-庚二酮	7-(4″-hydroxy-3″-methoxyphenyl)-1-phenyl-3, 5-heptadione
7-(4″-羟基-3″-甲氧苯基)-1-苯基-4-庚烯-3-酮	7-(4″-hydroxy-3″-methoxyphenyl)-1-phenylhept-4-en-3-one
3-(4-羟基-3-甲氧苯基)-1-丙醇	3-(4-hydroxy-3-methoxyphenyl)-1-propanol
1-(4-羟基-3-甲氧苯基)-2-(4-烯丙基-2, 6-二甲氧基苯氧基)丙-1-醇	1-(4-hydroxy-3-methoxyphenyl)-2-(4-allyl-2, 6-dimethoxyphenoxy) propan-1-ol
1-(4-羟基-3-甲氧苯基)-2-(4-烯丙基-2, 6-二甲氧基苯氧基)丙-1-醇甲醚	1-(4-hydroxy-3-methoxyphenyl)-2-(4-allyl-2, 6-dimethoxyphenoxy) propan-1-ol methyl ether
1-(4-羟基-3-甲氧苯基)-2-(4-烯丙基-2, 6-二甲氧基苯氧基)丙烷	1-(4-hydroxy-3-methoxyphenyl)-2-(4-allyl-2, 6-dimethoxyphenoxy) propane
1-(4′-羟基-3′-甲氧苯基)-2-[2″-羟基-4″-(3‴-羟丙基)苯氧基]丙-1, 3-二醇	1-(4′-hydroxy-3′-methoxyphenyl)-2-[2″-hydroxy-4″-(3‴-hydroxypropyl) phenoxy] propan-1, 3-diol
(7R, 8S)-1-(4-羟基-3-甲氧苯基)-2-[4-(3-β-D-丙基吡喃葡萄糖氧基)-2, 6-二甲氧基苯氧基]-1, 3-丙二醇	(7R, 8S)-1-(4-hydroxy-3-methoxyphenyl)-2-[4-(3-β-D-glucopyranoxypropyl)-2, 6-dimethoxyphenoxy]-1, 3-propanediol
(7R, 8R)-1-(4-羟基-3-甲氧苯基)-2-[4-(3-β-D-丙基吡喃葡萄糖氧基)-2-甲氧基苯氧基]-1, 3-丙二醇	(7R, 8R)-1-(4-hydroxy-3-methoxyphenyl)-2-[4-(3-β-D-glucopyranoxypropyl)-2-methoxyphenoxyl]-1, 3-propanediol

(7R, 8S)-1-(4-羟基-3-甲氧苯基)-2-[4-(3-β-D-丙基吡喃葡萄糖氧基)-2-甲氧基苯氧基]-1, 3-丙二醇	(7R, 8S)-1-(4-hydroxy-3-methoxyphenyl)-2-[4-(3-β-D-glucopyranoxypropyl)-2-methoxyphenoxy]-1, 3-propanediol
1-(4′-羟基-3′-甲氧苯基)-2-[4″-(3-羟丙基)-2″, 6″-二甲氧基苯氧基]丙烷-1, 3-二醇	1-(4′-hydroxy-3′-methoxyphenyl)-2-[4″-(3-hydroxypropyl)-2″, 6″-dimethoxyphenoxy] propan-1, 3-diol
1-(4-羟基-3-甲氧苯基)-2-[4-(3-羟丙基)-2-甲氧基苯氧基]丙-1, 3-二醇	1-(4-hydroxy-3-methoxyphenyl)-2-[4-(3-hydroxypropyl)-2-methoxyphenoxy] propan-1, 3-diol
1-(4-羟基-3-甲氧苯基)-2-{2-甲氧基-4-[(1E)-丙烯-3-醇]苯氧基}丙-1, 3-二醇	1-(4-hydroxy-3-methoxyphenyl)-2-{2-methoxy-4-[(1E)-propene-3-ol] phenoxy} propan-1, 3-diol
1-(4-羟基-3-甲氧苯基)-2-{2-甲氧基-4-[丙-1-(E)-丙烯基]苯氧基}丙-1-醇	1-(4-hydroxy-3-methoxyphenyl)-2-{2-methoxy-4-[1-(E)-propenyl] phenoxy} propan-1-ol
1-(4-羟基-3-甲氧苯基)-2-{3-[(1E)-3-羟基-1-丙烯基]-5-甲氧基苯氧基}-(1S, 2R)-丙-1, 3-二醇	1-(4-hydroxy-3-methoxyphcnyl)-2-{3-[(1E)-3-hydroxy-1-propenyl]-5-methoxyphenoxy}-(1S, 2R)-propan-1, 3-diol
(7S, 8R)-1-(4-羟基-3-甲氧苯基)-2-4-(3-羟丙基)-2, 6-二甲氧苯氧基-1, 3-丙二醇	(7S, 8R)-1-(4-hydroxy-3-methoxyphenyl)-2-4-(3-hydroxypropyl)-2, 6-dimethoxyphenoxy-1, 3-propanediol
1-O-(4-羟基-3-甲氧苯基)-2-O-[3-甲氧基-5-(3′-羟基-2′-丙烯基)苯基]甘油-1-O-葡萄糖苷	1-O-(4-hydroxy-3-methoxyphenyl)-2-O-[3-methoxy-5-(3′-hydroxy-2′-propenyl) phenyl] glycerol-1-O-glucoside
3-(4-羟基-3-甲氧苯基)-2-丙烯醇	3-(4-hydroxy-3-methoxyphenyl)-2-propenol
3-(4-羟基-3-甲氧苯基)-2-丙烯醛	3-(4-hydroxy-3-methoxyphenyl)-2-propenal
1-[3-(4-羟基-3-甲氧苯基)-2-丙烯酸酯]-D-吡喃葡萄糖	1-[3-(4-hydroxy-3-methoxyphenyl)-2-propenoate]-D-glucopyranose
2-(4-羟基-3-甲氧苯基)-3-(2-羟基-5-甲氧苯基)-3-氧亚基-1-丙醇	2-(4-hydroxy-3-methoxyphenyl)-3-(2-hydroxy-5-methoxyphenyl)-3-oxo-1-propanol
1-(4-羟基-3-甲氧苯基)-3, 5-二乙酰氧基辛烷	1-(4-hydroxy-3-methoxyphenyl)-3, 5-diacetoxyoctane
1-(4-羟基-3-甲氧苯基)-3, 5-辛二醇	1-(4-hydroxy-3-methoxyphenyl)-3, 5-octanediol
3-(4-羟基-3-甲氧苯基)-3-甲氧基丙-1, 2-二醇	3-(4-hydroxy-3-methoxyphenyl)-3-methoxyprop-1, 2-diol
(4-羟基-3-甲氧苯基)-3-甲氧基丙醇	(4-hydroxy-3-methoxyphenyl)-3-methoxypropanol
2-(4-羟基-3-甲氧苯基)-3-羟甲基-4-(4-羟基-3-甲氧苯基)羟甲基四氢呋喃	2-(4-hydroxy-3-methoxyphenyl)-3-hydroxymethyl-4-(4-hydroxy-3-methoxyphenyl) hydroxymethyl tetrahydrofuran
1-(4-羟基-3-甲氧苯基)-5-(4-羟苯基)-(1E, 4E)-1, 4-戊二烯-3-酮	1-(4-hydroxy-3-methoxyphenyl)-5-(4-hydroxyphenyl)-(1E, 4E)-1, 4-pentadien-3-one
2-(5′-羟基-3′-甲氧苯基)-6-羟基-5-甲氧基苯并呋喃	2-(5′-hydroxy-3′-methoxyphenyl)-6-hydroxy-5-methoxybenzofuran
1-(4-羟基-3-甲氧苯基)-7-苯基-3, 5-庚二醇	1-(4-hydroxy-3-methoxyphenyl)-7-phenyl-3, 5-heptadiol
1-(4′-羟基-3′-甲氧苯基)-7-苯基-3-庚酮	1-(4′-hydroxy-3′-methoxyphenyl)-7-phenyl-3-heptanone
(+)-3-(4-羟基-3-甲氧苯基)-N-[2-(4-羟苯基)-2-甲氧乙基]丙烯酰胺	(+)-3-(4-hydroxy-3-methoxyphenyl)-N-[2-(4-hydroxyphenyl)-2-methoxyethyl] acrylamide
(R)-3-(4-羟基-3-甲氧苯基)-N-[2-(4-羟苯基)-2-甲氧乙基]丙烯酰胺	(R)-3-(4-hydroxy-3-methoxyphenyl)-N-[2-(4-hydroxyphenyl)-2-methoxyethyl] acrylamide

中文名称	英文名称
3-(4-羟基-3-甲氧苯基)-*N*-[2-(4-羟苯基)-2-甲氧乙基] 丙烯酰胺	3-(4-hydroxy-3-methoxyphenyl)-*N*-[2-(4-hydroxyphenyl)-2-methoxyethyl] acrylamide
1-(4-羟基-3-甲氧苯基) 丙-1-酮	1-(4-hydroxy-3-methoxyphenyl) propan-1-one
3-(4-羟基-3-甲氧苯基) 丙-1, 2-二醇	3-(4-hydroxy-3-methoxyphenyl) prop-1, 2-diol
3-(4-羟基-3-甲氧苯基) 丙-1, 2-二羟基-2-*O*-β-D-(6-*O*-没食子酰基) 吡喃葡萄糖苷	3-(4-hydroxy-3-methoxyphenyl) prop-1, 2-dihydroxy-2-*O*-β-D-(6-*O*-galloyl) glucopyranoside
1-(4′-羟基-3′-甲氧苯基) 丙三醇	1-(4′-hydroxy-3′-methoxyphenyl) glycerol
(*E*)-4-[3-(4-羟基-3-甲氧苯基) 丙烯酰胺基] 丁酸甲酯	(*E*)-4-[3-(4-hydroxy-3-methoxyphenyl) acryl amido] butanoic acid methyl ester
(*Z*)-4-[3-(4-羟基-3-甲氧苯基) 丙烯酰胺基] 丁酸甲酯	(*Z*)-4-[3-(4-hydroxy-3-methoxyphenyl) acrylamido] butanoic acid methyl ester
10-(4-羟基-3-甲氧苯基) 呋喃并 [3′, 4′:6, 7] 萘并 [1, 2-*d*]-1, 3-二氧杂环戊烯-9 (7*H*)-酮	10-(4-hydroxy-3-methoxyphenyl) furo [3′, 4′:6, 7] naphtho [1, 2-*d*]-1, 3-dioxol-9 (7*H*)-one
5-(4-羟基-3-甲氧苯基) 呋喃并 [3′, 4′:6, 7] 萘并 [2, 3-d] [1, 3] 二氧杂环戊烯-6 (8H)-酮	5-(4-hydroxy-3-methoxyphenyl) furo [3′, 4′:6, 7] naphtho [2, 3-d] [1, 3] dioxol-6 (8H)-one
2-(6-*O*-[(4-羟基-3-甲氧苯基) 羰基]-β-D-吡喃葡萄糖氧基)-2-甲基丁酸	2-(6-*O*-[(4-hydroxy-3-methoxyphenyl) carbonyl]-β-D-glucopyranosyloxy)-2-methyl butanoic acid
2-(4-羟基-3-甲氧苯基) 乙醇-1-*O*-β-D-吡喃葡萄糖苷	2-(4-hydroxy-3-methoxyphenyl) ethanol-1-*O*-β-D-glucopyranoside
1-(4-羟基-3-甲氧苯基) 乙烯酮	1-(4-hydroxy-3-methoxyphenyl) ethenone
4-羟基-3-甲氧苯基-1-*O*-(6′-*O*-没食子酰基)-β-D-吡喃葡萄糖苷	4-hydroxy-3-methoxyphenyl-1-*O*-(6′-*O*-galloyl)-β-D-glucopyranoside
4-羟基-3-甲氧苯基-1-*O*-β-D-吡喃葡萄糖苷	4-hydroxy-3-methoxyphenyl-1-*O*-β-D-glucopyranoside
(−)-(7*S*, 8*R*)-4-羟基-3-甲氧苯基甘油-9-*O*-β-D-[6-*O*-(*E*)-4-羟基-3, 5-二甲氧苯基丙烯酰基] 吡喃葡萄糖苷	(−)-(7*S*, 8*R*)-4-hydroxy-3-methoxyphenyl glycerol-9-*O*-β-D-[6-*O*-(*E*)-4-hydroxy-3, 5-dimethoxyphenyl propenoyl] glucopyranoside
4-羟基-3-甲氧苯乙醇	4-hydroxy-3-methoxyphenyl ethanol
4-羟基-3-甲氧苯乙酸	4-hydroxy-3-methoxyphenyl acetic acid
(2*R*, 3*S*, 4*S*)-4-(4-羟基-3-甲氧苄基)-2-(5-羟基-甲氧苯基)-3-羟甲基四氢呋喃-3-醇	(2*R*, 3*S*, 4*S*)-4-(4-hydroxy-3-methoxybenzyl)-2-(5-hydroxy-3-methoxyphenyl)-3-hydroxymethyl tetrahydrofuran-3-ol
5-羟基-3-甲氧基-1, 4-萘醌	5-hydroxy-3-methoxy-1, 4-naphthoquinone
5-(4-羟基-3-甲氧基-1-丁炔基)-2, 2′-联噻吩	5-(4-hydroxy-3-methoxy-1-butynyl)-2, 2′-bithiophene
5-羟基-3-甲氧基-2-癸烯酸	5-hydroxy-3-methoxy-2-decenoic acid
6-(2-羟基-3-甲氧基-3-甲丁基)-5, 7-二甲氧基香豆素	6-(2-hydroxy-3-methoxy-3-methyl butyl)-5, 7-dimethoxycoumarin
ω-羟基-3-甲氧基-4-羟基苯丙酮 (ω-羟丙愈创木酮)	ω-hydroxy-3-methoxy-4-hydroxypropiophenone (ω-hydroxypropioguaiacone)
β-羟基-3-甲氧基-4-羟基苯乙酮	β-hydroxy-3-methoxy-4-hydroxyacetophenone
2-羟基-3-甲氧基-4-羰甲氧基吡咯	2-hydroxy-3-methoxy-4-methoxycarbonyl pyrrole
2-羟基-3-甲氧基-6-甲基蒽醌	2-hydroxy-3-methoxy-6-methyl anthraquinone
2-羟基-3-甲氧基-7-甲基蒽醌	2-hydroxy-3-methoxy-7-methyl anthraquinone

(+)-4-羟基-3-甲氧基-8, 9-二氧亚甲基紫檀碱	(+)-4-hydroxy-3-methoxy-8, 9-methylenedioxypterocarpan
1-羟基-3-甲氧基-N-甲基吖啶酮	1-hydroxy-3-methoxy-N-methyl acridone
4-羟基-3-甲氧基-N-甲基开环伪番木鳖碱	4-hydroxy-3-methoxy-N-methyl secopseudostrychnine
(2R, 3S)-3-(4-羟基-3-甲氧基苯)-3-甲氧基丙-1, 2-二醇 [(2R, 3S)-连翘苯二醇 D]	(2R, 3S)-3-(4-hydroxy-3-methoxyphenyl)-3-methoxyprop-1, 2-diol (forsythiayanoside D)
7'-(4'-羟基-3'-甲氧基苯)-N-[(4-丁基苯) 乙基] 丙烯酰胺	7'-(4'-hydroxy-3'-methoxyphenyl)-N-[(4-butyl phenyl) ethyl] propenamide
4-羟基-3-甲氧基苯丙醇	4-hydroxy-3-methoxyphenyl propanol
4-羟基-3-甲氧基苯酚-1-O-β-D-呋喃芹糖基-(1″→6')-O-β-D-吡喃葡萄糖苷	4-hydroxy-3-methoxyphenol-1-O-β-D-apiofuranosyl-(1″→6')-O-β-D-glucopyranoside
(−)-4-羟基-3-甲氧基苯酚-β-D-{6-O-[4-O-(7S, 8R)-(4-羟基-3-甲氧苯基甘油-8-基)-3-甲氧基苯甲酰基]} 吡喃葡萄糖苷	(−)-4-hydroxy-3-methoxyphenol-β-D-{6-O-[4-O-(7S, 8R)-(4-hydroxy-3-methoxyphenyl glycerol-8-yl)-3-methoxybenzoyl]} glucopyranoside
4-羟基-3-甲氧基苯基-β-D-吡喃木糖基-(1→6)-β-D-吡喃葡萄糖苷	4-hydroxy-3-methoxyphenyl-β-D-xylopyranosyl-(1→6)-β-D-glucopyranoside
4-羟基-3-甲氧基苯基-β-D-吡喃葡萄糖苷	4-hydroxy-3-methoxyphenyl-β-D-glucopyranoside
4-羟基-3-甲氧基苯基-β-D-呋喃芹糖基-(1→6)-β-D-吡喃葡萄糖苷	4-hydroxy-3-methoxyphenyl-β-D-apiofuranosyl-(1→6)-β-D-glucopyranoside
2-羟基-3-甲氧基苯甲醛	2-hydroxy-3-methoxybenzaldehyde
4-羟基-3-甲氧基苯甲醛	4-hydroxy-3-methoxybenzaldehyde
2-羟基-3-甲氧基苯甲酸	2-hydroxy-3-methoxybenzoic acid
4-羟基-3-甲氧基苯甲酸 (对羟基间甲氧基苯甲酸、香草酸、香荚兰酸)	4-hydroxy-3-methoxybenzoic acid (vanillic acid)
2-羟基-3-甲氧基苯甲酸吡喃葡萄糖酯	2-hydroxy-3-methoxybenzoic acid-glucopyranosyl ester
4-羟基-3-甲氧基苯甲酸甲酯	4-hydroxy-3-methoxybenzoic acid methyl ester
5-羟基-3-甲氧基苯甲酸甲酯-4-O-β-D-吡喃葡萄糖苷	5-hydroxy-3-methoxybenzoic acid methyl ester-4-O-β-D-glucopyranoside
4-羟基-3-甲氧基苯甲酰胺	4-hydroxy-3-methoxybenzamide
6-O-4″-羟基-3″-甲氧基苯甲酰基筋骨草醇	6-O-4″-hydroxy-3″-methoxybenzoyl ajugol
7β-(4'-羟基-3'-甲氧基苯甲酰氧代) 白桦脂酸	7β-(4'-hydroxy-3'-methoxybenzoyloxy) betulinic acid
27-(4'-羟基-3'-甲氧基苯甲酰氧代) 白桦脂酸 [27-(4'-羟基-3'-甲氧基苯甲酰氧代) 桦木酸]	27-(4'-hydroxy-3'-methoxybenzoyloxy) betulinic acid
4-(4-羟基-3-甲氧基苯乙基)-2, 6-二甲氧基苯酚	4-(4-hydroxy-3-methoxyphenethyl)-2, 6-dimethoxyphenol
4-羟基-3-甲氧基苯乙酮	4-hydroxy-3-methoxy acetophenone
4-羟基-3-甲氧基苯乙烯	4-hydroxy-3-methoxystyrene
7-羟基-3-甲氧基-杜松萘	7-hydroxy-3-methoxycadalene
4-羟基-3-甲氧基番木鳖碱	4-hydroxy-3-methoxystrychnine
2-羟基-3-甲氧基番木鳖碱	2-hydroxy-3-methoxystrychnine
4-羟基-3-甲氧基-反式-桂皮醛	4-hydroxy-3-methoxy-trans-cinnamaldehyde
4-羟基-3-甲氧基桂皮酸	4-hydroxy-3-methoxycinnamic acid
4-羟基-3-甲氧基桂皮酰乙酯	4-hydroxy-3-methoxycinnamic acid ethyl ester

Q

中文名称	英文名称
5-羟基-3'-甲氧基黄烷酮-7-O-芸香糖苷	5-hydroxy-3'-methoxyflavanone-7-O-rutinoside
2-羟基-3-甲氧基咖啡酸-5-O-β-D-吡喃葡萄糖苷	2-hydroxy-3-methoxycaffeic acid-5-O-β-D-glucopyranoside
2'-羟基-3-甲氧基毛瑞香素 D₁	2'-hydroxy-3-methoxydaphnodorin D₁
2-羟基-3-甲氧甲基-4-羰甲氧基吡咯	2-hydroxy-3-methoxymethyl-4-methoxycarbonyl pyrrole
6-羟基-3-羟甲基-2, 4, 4-三甲基-2, 5-环己二烯-1-酮-6-O-β-D-葡萄糖苷	6-hydroxy-3-(hydroxymethyl)-2, 4, 4-trimethyl-2, 5-cyclohexadien-1-one-6-O-β-D-glucoside
8-羟基-3-羟甲基-6, 9-二甲基-7H-苯并 [d, e] 异喹啉-7-酮	8-hydroxy-3-hydroxymethyl-6, 9-dimethyl-7H-benzo [d, e] isoquinolin-7-one
2-羟基-3-羟甲基蒽醌	2-hydroxy-3-hydroxymethyl anthraquinone
9-羟基-3-羟甲基呋喃并 [3, 2-b] 萘并 [2, 3-d] 呋喃-5, 10-二酮	9-hydroxy-3-hydroxymethylfuro [3, 2-b] naphtho [2, 3-d] furan-5, 10-dione
2-羟基-3-去羟基大齿麻疯树烷	2-hydroxy-3-dehydroxycaniojane
15-羟基-3-脱氢脱氧灌木石蚕素	15-hydroxy-3-dehydrodeoxyfruticin
15-羟基-3-脱氢脱氧灌木肿柄菊素	15-hydroxy-3-dehydrodeoxytifruticin
3β-羟基-3-脱氧摩拉豆酮酸	3β-hydroxy-3-deoxymoronic acid
(Z)-5-羟基-3-亚丁基苯酞	(Z)-5-hydroxy-3-butylidene phthalide
6β-羟基-3-氧亚基-11, 13 (18)-齐墩果二烯-28-酸	6β-hydroxy-3-oxo-11, 13 (18)-oleandien-28-oic acid
6β-羟基-3-氧亚基-13α, 14β, 17α-羊毛甾-7, 24-二烯-21, 16β-内酯	6β-hydroxy-3-oxo-13α, 14β, 17α-lanost-7, 24-dien-21, 16β-olide
15α-羟基-3-氧亚基-5α-羊毛脂-7, 9, (24E)-三烯-26-酸	15α-hydroxy-3-oxo-5α-lanost-7, 9, (24E)-trien-26-oic acid
(24Z)-27-羟基-3-氧亚基-7, 24-甘遂二烯-21-醛	(24Z)-27-hydroxy-3-oxo-7, 24-tirucalladien-21-al
(24Z)-27-羟基-3-氧亚基-7, 24-甘遂二烯-21-酸甲酯	(24Z)-27-hydroxy-3-oxo-7, 24-tirucalladien-21-oic acid methyl ester
(6S, 9R)-6-羟基-3-氧亚基-α-紫罗兰醇-9-O-β-D-吡喃葡萄糖苷	(6S, 9R)-6-hydroxy-3-oxo-α-ionol-9-O-β-D-glucopyranoside
(6S, 9S)-6-羟基-3-氧亚基-α-紫罗兰醇-9-O-β-D-吡喃葡萄糖苷	(6S, 9S)-6-hydroxy-3-oxo-α-ionol-9-O-β-D-glucopyranoside
(6S, 9R)-6-羟基-3-氧亚基-α-紫罗兰醇-9-O-β-D-葡萄糖苷	(6S, 9R)-6-hydroxy-3-oxo-α-ionol-9-O-β-D-glucoside
(6S, 7E, 9Z)-6-羟基-3-氧亚基环金合欢-7, 9-二烯-11-酸	(6S, 7E, 9Z)-6-hydroxy-3-oxo-cyclofarnesa-7, 9-dien-11-oic acid
2β-羟基-3-氧亚基木栓-29-酸	2β-hydroxy-3-oxofriedelan-29-oic acid
24-羟基-3-氧亚基齐墩果-11, 13 (18)-二烯-28-酸	24-hydroxy-3-oxo-olean-11, 13 (18)-dien-28-oic acid
24-羟基-3-氧亚基齐墩果-12-烯-28-酸	24-hydroxy-3-oxo-olean-12-en-28-oic acid
22β-羟基-3-氧亚基齐墩果-12-烯-29-酸	22β-hydroxy-3-oxoolean-12-en-29-oic acid
28-羟基-3-氧亚基齐墩果-12-烯-29-酸	28-hydroxy-3-oxo-olean-12-en-29-oic acid
23-羟基-3-氧亚基熊果-12-烯-28-酸	23-hydroxy-3-oxours-12-en-28-oic acid
11α-羟基-3-氧亚基熊果-12-烯-28-酸	11α-hydroxy-3-oxours-12-en-28-oic acid
22β-羟基-3-氧亚基熊果-12-烯-30-酸	22β-hydroxy-3-oxours-12-en-30-oic acid
16α-羟基-3-氧亚基羊毛脂-7, 9 (11), 24-三烯-21-酸	16α-hydroxy-3-oxolanost-7, 9 (11), 24-trien-21-oic acid

27-羟基-3-氧亚基羽扇豆-12-烯	27-hydroxy-3-oxo-lup-12-ene
6β-羟基-3-氧亚基羽扇豆-20 (29)-烯	6β-hydroxy-3-oxolup-20 (29)-ene
3-(4-羟基-3-乙氧苯基)-反式丙烯酸二十六醇酯	3-(4-hydroxy-3-ethoxyphenyl)-*trans*-acrylic acid hexacosanyl ester
(+)-(3*S*, 4*S*, 5*R*)-(*E*)-4-羟基-3-异戊酰氧基-2-(己-2, 4-二炔基)-1, 6-二氧杂螺 [4.5] 癸烷	(+)-(3*S*, 4*S*, 5*R*)-(*E*)-4-hydroxy-3-isovaleroyloxy-2-(hexa-2, 4-diynyl)-1, 6-dioxaspiro [4.5] decane
5-羟基-3-吲哚基乙酸	5-hydroxy-3-indolyl acetic acid
4-羟基-3-吲哚甲基芥子油苷	4-hydroxy-3-indolyl methyl glucosinolate
4-羟基-3-吲哚醛	4-hydroxyindole-3-carboxaldehyde
3-(4-羟基-3-愈创木基) 丙-1, 2-二酚	3-(4-hydroxy-3-guaiacyl) prop-1, 2-diol
3″-羟基-4″-甲氧基-4‴-去羟基尼亚酚	3″-hydroxy-4″-methoxy-4‴-dehydroxynyasol
2-羟基-4-(2-羟乙基) 苯基-6-(4-羟基-3, 5-二甲氧基苯甲酸酯)-*O*-β-D-吡喃葡萄糖苷	2-hydroxy-4-(2-hydroxyethyl) phenyl-6-(4-hydroxy-3, 5-dimethoxybenzoate)-*O*-β-D-glucopyranoside
6α-羟基-4 (14), 10 (15)-愈创木二烯-8α, 12-内酯	6α-hydroxy-4 (14), 10 (15)-guaia-dien-8α, 12-olide
6α-羟基-4 (14), 10 (15)-愈创木内酯	6α-hydroxy-4 (14), 10 (15)-guaianolide
1β-羟基-4 (15), 5*E*, 10 (14)-大根香叶三烯	1β-hydroxy-4 (15), 5*E*, 10 (14)-germacratriene
1β-羟基-4 (15), 5-桉叶二烯	1β-hydroxy-4 (15), 5-eudesmadiene
1β-羟基-4 (15), 7-桉叶二烯	1β-hydroxy-4 (15), 7-eudesmadiene
(*E*)-3′-羟基-4′-(1″-羟乙基) 苯基-4-甲氧基桂皮酸酯	(*E*)-3′-hydroxy-4′-(1″-hydroxyethyl) phenyl-4-methoxycinnamate
4-羟基-4-(2-羟乙基) 环己酮	4-hydroxy-4-(2-hydroxyethyl) cyclohexanone
3-羟基-4-(3, 7-二甲基-5-氧亚基-2, 6-辛二烯基)-5-甲氧基-苯并 [1, 2-*c*] 呋喃-2-酮	3-hydroxy-4-(3, 7-dimethyl-5-oxo-2, 6-octadienyl)-5-methoxy-benzo [1, 2-*c*] furan-2-one
2-羟基-4-(4′-甲氧苯基) 菲烯-1-酮	2-hydroxy-4-(4′-methoxyphenyl) phenalen-1-one
6-羟基-4-(4-羟基-3-甲氧苯基)-3-羟甲基-7-甲氧基-3, 4-二氢-2-萘甲醛 (牡荆素 B-1)	6-hydroxy-4-(4-hydroxy-3-methoxyphenyl)-3-hydroxymethyl-7-methoxy-3, 4-dihydro-2-naphthalene carboxaldehyde (vitexin B-1)
(3*R*, 4*S*)-6-羟基-4-(4-羟基-3-甲氧苯基)-5, 7-二甲氧基-3, 4-二氢-2-萘甲醛-3α-*O*-β-D-吡喃葡萄糖苷	(3*R*, 4*S*)-6-hydroxy-4-(4-hydroxy-3-methoxyphenyl)-5, 7-dimethoxy-3, 4-dihydro-2-naphthalene carboxaldehyde-3α-*O*-β-D-glucopyranoside
6-羟基-4-(4-羟基-3-甲氧苯基)-7-甲氧基萘并 [2, 3-*c*] 呋喃-1, 3-二酮	6-hydroxy-4-(4-hydroxy-3-methoxyphenyl)-7-methoxynaphtho [2, 3-*c*] furan-1, 3-dione
6-羟基-4-(4-羟基-3-甲氧基)-3-羟甲基-7-甲氧基-3, 4-二氢-2-萘甲醛	6-hydroxy-4-(4-hydroxy-3-methoxy)-3-hydroxymethyl-7-methoxy-3, 4-dihydro-2-naphthalene carboxaldehyde
6-羟基-4 (5)-对蓋烯-3-酮	6-hydroxy-*p*-menth-4 (5)-en-3-one
7-羟基-4-(5′-羟甲基呋喃-2′-基)-2-喹诺酮	7-hydroxy-4-(5′-hydroxymethyl furan-2′-yl)-2-quinolone
3-羟基-4 (8)-烯-对薄荷-3 (9)-内酯	3-hydroxy-4 (8)-en-*p*-menth-3 (9)-lactone
(2*R*)-羟基-4-(9-腺嘌呤基) 丁酸	(2*R*)-hydroxy-4-(9-adenyl) butanoic acid
5-羟基-4-(对羟苄基)-3′, 3-二甲氧基联苄	5-hydroxy-4-(*p*-hydroxybenzyl)-3′, 3-dimethoxybibenzyl
9-羟基-4, 11-蛇床二烯-14-酸甲酯	9-hydroxyselina-4, 11-dien-14-oic acid methyl ester
4-羟基-4, 2, 6-三甲氧基二氢查耳酮	4-hydroxy-4, 2, 6-trimethoxydihydrochalcone
7-羟基-4, 22-豆甾二烯-3-酮	7-hydroxy-4, 22-stigmastadien-3-one

中文名称	英文名称
3-羟基-4, 3, 5-三甲氧基反式-芪	3-hydroxy-4, 3, 5-trimethoxy-*trans*-stilbene
3-羟基-4, 3′, 5′-三甲氧基反式-芪	3-hydroxy-4, 3′, 5′-trimethoxy-*trans*-stilbene
2′-羟基-4, 4′, 6′-三甲氧基查耳酮 (黄卡瓦胡椒素 A)	2′-hydroxy-4, 4′, 6′-trimethoxychalcone (flavokawain A)
(6*S*, 9*R*)-6-羟基-4, 4, 7a-三甲基-5, 6, 7, 7a-四氢 -1-苯并呋喃 -2 (4*H*)-酮	(6*S*, 9*R*)-6-hydroxy-4, 4, 7a-trimethyl-5, 6, 7, 7a-tetrahydro-1-benzofuran-2 (4*H*)-one
2-羟基-4, 4, 7-三甲基-1 (4*H*)-萘酮	2-hydroxy-4, 4, 7-trimethyl-1 (4*H*)-naphthalenone
2′-羟基-4, 4′, 7′-三甲氧基-1, 1′-双菲-2, 7-二-*O*-β-D-葡萄糖苷	2′-hydroxy-4, 4′, 7′-trimethoxy-1, 1′-biphenanthrene-2, 7-di-*O*-β-D-glucoside
2′-羟基-4, 4′-二甲氧基查耳酮	2′-hydroxy-4, 4′-dimethoxychalcone
6′-羟基-4, 4′-二甲氧基查耳酮	6′-hydroxy-4, 4′-dimethoxychalcone
3′-羟基-4′, 5, 6, 7, 8-五甲氧基黄酮	3′-hydroxy-4′, 5, 6, 7, 8-pentamethoxyflavone
7-羟基-4′, 5, 6, 8-四甲氧基黄酮	7-hydroxy-4′, 5, 6, 8-tetramethoxyflavone
3′-羟基-4′, 5, 7-三甲氧基黄酮	3′-hydroxy-4′, 5, 7-trimethoxyflavone
8-羟基-4, 5-二甲基薁 -2-甲酸	8-hydroxy-4, 5-dimethyl azulen-2-carboxylic acid
3-羟基-4, 5-二甲氧苯基-6-*O*-(6-脱氧 -α-L-吡喃甘露糖基)-β-D-吡喃葡萄糖苷	3-hydroxy-4, 5-dimethoxyphenyl-6-*O*-(6-deoxy-α-L-mannopyranosyl)-β-D-glucopyranoside
3′-羟基-4′, 5-二甲氧基-3, 4-二氧亚甲基联苯	3′-hydroxy-4′, 5-dimethoxy-3, 4-methylenedioxybiphenyl
3-羟基-4, 5-二甲氧基苯甲酸甲酯 (二甲棓酸甲酯)	methyl 3-hydroxy-4, 5-dimethoxybenzoate (gallicin)
3″-羟基-4″, 5″-二甲氧基呋喃黄酮	3″-hydroxy-4″, 5″-dimethoxyfuranoflavone
6-羟基-4, 5-二脱氢 -7-脱氧酸浆苦素 A	6-hydroxy-4, 5-didehydro-7-deoxyphysalin A
5-羟基-4, 6, 4′-三甲氧基橙酮	5-hydroxy-4, 6, 4′-trimethoxyaurone
(6*E*, 9*S*)-9-羟基-4, 6-大柱香波龙二烯 -3-酮	(6*E*, 9*S*)-9-hydroxy-4, 6-megastigmadien-3-one
9-羟基-4, 6-大柱香波龙二烯 -3-酮	9-hydroxy-4, 6-megastigmadien-3-one
1-(2-羟基-4, 6-二甲氧基-3, 5-二甲基苯基)-2-甲基丙 -1-酮	1-(2-hydroxy-4, 6-dimethoxy-3, 5-dimethyl phenyl)-2-methyl prop-1-one
2′-羟基-4′, 6′-二甲氧基苯酰天名精素	2′-hydroxy-4′, 6′-dimethoxybenzoyl carpesiolin
α-羟基-4, 6-二甲氧基苯乙酮	α-hydroxy-4, 6-dimethoxyacetophenone
2′-羟基-4′, 6′-二甲氧基查耳酮	2′-hydroxy-4′, 6′-dimethoxychalcone
2-羟基-4, 6-二甲氧基二苯甲酮	2-hydroxy-4, 6-dimethoxybenzophenone
2′-羟基-4′, 6′-二甲氧基二氢查耳酮	2′-hydroxy-4′, 6′-dimethoxydihydrochalcone
7-羟基-4′, 6-二甲氧基异黄酮 (非洲红豆素、阿夫罗摩辛、阿佛洛莫生)	7-hydroxy-4′, 6-dimethoxyisoflavone (afrormosin, afrormosine)
20-羟基-4, 6-孕甾 -3-酮	20-hydroxy-4, 6-pregn-3-one
(4*Z*, 7*Z*, 9*Z*)-11-羟基-4, 7, 9-吉马三烯 -1, 6-二酮	(4*Z*, 7*Z*, 9*Z*)-11-hydroxy-4, 7, 9-germacratrien-1, 6-dione
6-羟基-4, 7-大柱香波龙二烯 -3, 9-二酮	6-hydroxy-4, 7-megastigmadien-3, 9-dione
(6*R*, 7*E*, 9*R*)-9-羟基-4, 7-大柱香波龙二烯 -3-酮	(6*R*, 7*E*, 9*R*)-9-hydroxy-4, 7-megastigmadien-3-one
(7*E*, 6*R*, 9*S*)-9-羟基-4, 7-大柱香波龙二烯 -3-酮	(7*E*, 6*R*, 9*S*)-9-hydroxy-4, 7-megastigmadien-3-one
(6*R*, 7*E*, 9*R*)-9-羟基-4, 7-大柱香波龙二烯 -3-酮 -9-*O*-α-L-吡喃阿拉伯糖基-(1→6)-β-D-吡喃葡萄糖苷	(6*R*, 7*E*, 9*R*)-9-hydroxy-4, 7-megastigmadien-3-one-9-*O*-α-L-arabinopyranosyl-(1→6)-β-D-glucopyranoside

(6*R*, 7*E*, 9*R*)-9-羟基-4, 7-大柱香波龙二烯-3-酮-9-*O*-β-D-吡喃葡萄糖苷	(6*R*, 7*E*, 9*R*)-9-hydroxy-4, 7-megastigmadien-3-one-9-*O*-β-D-glucopyranoside
(3*R*, 6*R*, 7*E*)-3-羟基-4, 7-大柱香波龙二烯-9-酮	(3*R*, 6*R*, 7*E*)-3-hydroxy-4, 7-megastigmadien-9-one
4-羟基-4, 7-二甲基-1-四氢萘酮	4-hydroxy-4, 7-dimethyl-1-tetralone
1-羟基-4, 7-二甲氧基-1-(2-氧丙基)-1*H*-菲-2-酮	1-hydroxy-4, 7-dimethoxy-1-(2-oxopropyl)-1*H*-phenanthren-2-one
2-羟基-4, 7-二甲氧基菲	2-hydroxy-4, 7-dimethoxyphenanthrene
5-羟基-4', 7-二甲氧基黄酮	5-hydroxy-4', 7-dimethoxyflavone
5-羟基-4', 7-二甲氧基异黄酮	5-hydroxy-4', 7-dimethoxyisoflavone
5-羟基-4, 8-二甲氧基呋喃并喹啉	5-hydroxy-4, 8-dimethoxyfuroquinoline
3-羟基-4, 9-二甲氧基紫檀碱	3-hydroxy-4, 9-dimcthoxyptcrocarpan
2-羟基-4-[(10'*R/S*)-羟基十五碳-(8'*Z*)-烯基] 苯甲醛	2-hydroxy-4-[(10'*R/S*)-hydroxypentadec-(8'*Z*)-enyl] benzaldehyde
(*E*)-4-羟基-4-[3'-(β-D-吡喃葡萄糖氧基) 亚丁基]-3, 5, 5-三甲基-2-环己烯-1-酮	(*E*)-4-hydroxy-4-[3'-(β-D-glucopyranosyloxy) butylidene]-3, 5, 5-trimethyl-2-cyclohexen-l-one
3-羟基-4-[4-(2-羟基乙基) 苯氧基] 苯甲醛	3-hydroxy-4-[4-(2-hydroxyethyl) phenoxy] benzaldehyde
(3a*R*, 4a*S*, 5*S*, 7a*S*, 8*S*, 9a*R*)-5-羟基-4a, 8-二甲基-3-亚甲基十氢甘菊环烃 [6, 5-*b*] 呋喃-2 (3*H*)-酮	(3a*R*, 4a*S*, 5*S*, 7a*S*, 8*S*, 9a*R*)-5-hydroxy-4a, 8-dimethyl-3-methylene decahydroazuleno [6, 5-*b*] furan-2 (3*H*)-one
6-羟基-4*H*-色烯-4-酮	6-hydroxy-4*H*-chromen-4-one
2-羟基-4-*O*-β-D-吡喃葡萄糖基苯乙酸	2-hydroxy-4-*O*-β-D-glucopyranosyl phenyl acetic acid
2-羟基-4-*O*-β-D-吡喃葡萄糖基苯乙酸甲酯	2-hydroxy-4-*O*-β-D-glucopyranosyl phenyl acetic acid methyl ester
5α-羟基-4α, 15-环氧-11α*H*-桉叶-12, 8β-内酯	5α-hydroxy-4α, 15-epoxy-11α*H*-eudesm-12, 8β-olide
3α-羟基-4α, 5α-环氧-7-氧亚基-8 [7→6]-迁紫穗槐烷	3α-hydroxy-4α, 5α-epoxy-7-oxo-8 [7→6]-*abeo*-amorphane
13-羟基-4α*H*-桉叶-5, 7 (11)-二烯-12, 8β-内酯	13-hydroxy-4α*H*-eudesman-5, 7 (11)-dien-12, 8β-olide
10α-羟基-4α-甲氧基愈创木-6-烯	10α-hydroxy-4α-methoxyguai-6-ene
1α-羟基-4α-氢过氧比梢菊内酯	1α-hydroxy-4α-hydroperoxybishopsolicepolide
6-羟基-4β-(4-羟基-3-甲氧苯基)-3α-羟甲基-5-甲氧基-3, 4-二氢-2-萘甲醛	6-hydroxy-4β-(4-hydroxy-3-methoxyphenyl)-3α-hydroxymethyl-5-methoxy-3, 4-dihydro-2-naphthalene carboxaldehyde
10-羟基-4-荜澄茄烯-3-酮	10-hydroxy-4-cadinen-3-one
(6*R*, 9*R*)-9-羟基-4-大柱香波龙烯-3-酮	(6*R*, 9*R*)-9-hydroxy-4-megastigmen-3-one
(6*R*, 9*S*)-9-羟基-4-大柱香波龙烯-3-酮	(6*R*, 9*S*)-9-hydroxy-4-megastigmen-3-one
(6*R*, 9*R*)-9-羟基-4-大柱香波龙烯-3-酮-9-*O*-β-D-吡喃葡萄糖基-(1→6)-β-D-吡喃葡萄糖苷	(6*R*, 9*R*)-9-hydroxy-4-megastigmen-3-one-9-*O*-β-D-glucopyranosyl-(1→6)-β-D-glucopyranoside
4-羟基-4-甲基-2-环己烯-1-酮	4-hydroxy-4-methyl-2-cyclohexen-1-one
4-羟基-4-甲基-2-戊酮	4-hydroxy-4-methyl-2-pentanone
(*E*)-4-羟基-4-甲基-2-戊烯酸	(*E*)-4-hydroxy-4-methyl-2-pentenoic acid
2-羟基-4-甲基苯甲醛	2-hydroxy-4-methyl benzaldehyde

Q

4-羟基-4-甲基谷氨酸	4-hydroxy-4-methyl glutamic acid
2-{(2S, 5R)-5-[(1E)-4-羟基-4-甲基己-1, 5-二烯-1-基]-5-甲基四氢呋喃-2-基} 丙-2-基-β-D-吡喃葡萄糖苷	2-{(2S, 5R)-5-[(1E)-4-hydroxy-4-methylhexa-1, 5-dien-1-yl]-5-methyl tetrahydrofuran-2-yl} prop-2-yl-β-D-glucopyranoside
1-(2-羟基-4-甲氧苯氨基)-1-脱氧-β-葡萄糖苷-1, 2-氨基甲酸酯	1-(2-hydroxy-4-methoxyphenyl amino)-1-deoxy-β-glucoside-1, 2-carbamate
N-[2-(3-羟基-4-甲氧苯基)-2-羟乙基]-3-(4-甲氧苯基) 丙-2-烯酰胺	N-[2-(3-hydroxy-4-methoxyphenyl)-2-hydroxyethyl]-3-(4-methoxyphenyl) prop-2-enamide
3-(2′-羟基-4′-甲氧苯基) 丙酸甲酯	3-(2′-hydroxy-4′-methoxyphenyl) propanoic acid methyl ester
2-(3-羟基-4-甲氧苯基) 乙基-6-O-α-L-吡喃阿拉伯糖基-β-D-吡喃葡萄糖苷	2-(3-hydroxy-4-methoxyphenyl) ethyl-6-O-α-L-arabinopyranosyl-β-D-glucopyranoside
5-羟基-4′-甲氧基-2″, 2″-二甲基吡喃 [7, 8:6″, 5″] 黄烷酮	5-hydroxy-4′-methoxy-2″, 2″-dimethyl pyrano [7, 8:6″, 5″] flavanone
7-羟基-4′-甲氧基-2′, 5′-二氧亚基-4-[(3R)-2′, 7-二羟基-4′-甲氧基异黄烷-5′-基] 异黄烷	7-hydroxy-4′-methoxy-2′, 5′-dioxo-4-[(3R)-2′, 7-dihydroxy-4′-methoxyisoflavan-5′-yl] isoflavone
2-羟基-4-甲氧基-3, 6-二甲基苯甲酸	2-hydroxy-4-methoxy-3, 6-dimethyl benzoic acid
4-(2-羟基-4-甲氧基-3-甲基-4-氧亚基丁氧基) 苯甲酸甲酯	4-(2-hydroxy-4-methoxy-3-methyl-4-oxobutoxy) benzoic acid methyl ester
3′-羟基-4′-甲氧基-4′-去羟基尼亚酚	3′-hydroxy-4′-methoxy-4′-dehydroxynyasol
7-羟基-4-甲氧基-5-甲基香豆素	7-hydroxy-4-methoxy-5-methyl coumarin
5-羟基-4′-甲氧基-6″, 6″-二甲基吡喃 [2″, 3″:7, 8] 异黄酮	5-hydroxy-4′-methoxy-6″, 6″-dimethyl pyrano [2″, 3″:7, 8] isoflavone
2-羟基-4-甲氧基-6-正戊基苯甲酸	2-hydroxy-4-methoxy-6-n-pentyl benzoic acid
(−)-3′-羟基-4′-甲氧基-7-羟基-8-甲基黄烷	(−)-3′-hydroxy-4′-methoxy-7-hydroxy-8-methyl flavan
5-羟基-4′-甲氧基-8-(2-羟基-3-甲基-3-丁烯基) 黄酮	5-hydroxy-4′-methoxy-8-(2-hydroxy-3-methyl-3-butenyl) flavone
(−)-3-羟基-4-甲氧基-8, 9-亚甲二氧基紫檀碱	(−)-3-hydroxy-4-methoxy-8, 9-methylenedioxypterocarpan
3-羟基-4-甲氧基-8, 9-亚甲基二氧紫檀碱	3-hydroxy-4-methoxy-8, 9-methylene dioxypterocarpan
7-羟基-4-甲氧基-9, 10-二氢菲-2-O-β-D-吡喃葡萄糖苷	7-hydroxy-4-methoxy-9, 10-dihydrophenanthrene-2-O-β-D-glucopyranoside
3-羟基-4-甲氧基苯酚-1-O-β-D-呋喃芹糖基-(1″→6′)-O-β-D-吡喃葡萄糖苷	3-hydroxy-4-methoxyphenol-1-O-β-D-apiofuranosyl-(1″→6′)-O-β-D-glucopyranoside
3-羟基-4-甲氧基苯甲醇-O-β-D-吡喃葡萄糖苷	3-hydroxy-4-methoxybenzyl alcohol-O-β-D-glucopyranoside
3-羟基-4-甲氧基苯甲醇-O-β-D-吡喃葡萄糖基-(1→6)-β-D-吡喃葡萄糖苷	3-hydroxy-4-methoxybenzyl alcohol-O-β-D-glucopyranosyl-(1→6)-β-D-glucopyranoside
2-羟基-4-甲氧基苯甲醛	2-hydroxy-4-methoxybenzaldehyde
3-羟基-4-甲氧基苯甲醛	3-hydroxy-4-methoxybenzaldehyde
2-羟基-4-甲氧基苯甲酸	2-hydroxy-4-methoxybenzoic acid
3-羟基-4-甲氧基苯甲酸 (异香草酸)	3-hydroxy-4-methoxybenzoic acid (isovanillic acid)
3-羟基-4-甲氧基苯甲酸甲酯	3-hydroxy-4-methoxybenzoic acid methyl ester
2′-羟基-4′-甲氧基苯乙酮	2′-hydroxy-4′-methoxyacetophenone

2-羟基-4-甲氧苯乙酮	2-hydroxy-4-methoxyacetophenone
3-羟基-4-甲氧基苯乙酮	3-hydroxy-4-methoxyacetophenone
9-羟基-4-甲氧基补骨脂素	9-hydroxy-4-methoxypsoralen
7-羟基-4′-甲氧基二氢黄酮-3′-O-β-D-吡喃葡萄糖苷	7-hydroxy-4′-methoxydihydroflavone-3′-O-β-D-glucopyranoside
3-羟基-4-甲氧基-反式-桂皮醛	3-hydroxy-4-methoxy-*trans*-cinnamaldehyde
8-羟基-4-甲氧基菲-2, 7-二-O-β-D-葡萄糖苷	8-hydroxy-4-methoxyphenanthrene-2, 7-di-O-β-D-glucoside
7-羟基-4-甲氧基菲-2, 8-二-O-β-D-葡萄糖苷	7-hydroxy-4-methoxyphenanthrene-2, 8-di-O-β-D-glucoside
7-羟基-4-甲氧基菲-2-O-β-D-葡萄糖苷	7-hydroxy-4-methoxyphenanthrene-2-O-β-D-glucoside
2-羟基-4-甲氧基桂皮醛	2-hydroxy-4-methoxycinnamaldehyde
2-羟基-4-甲氧基桂皮酸	2-hydroxy-4-methoxycinnamic acid
3-羟基-4-甲氧基桂皮酸 (异阿魏酸)	3-hydroxy-4-methoxycinnamic acid (isoferulic acid)
4′-羟基-4-甲氧基黄檀烯酮	4′-hydroxy-4-methoxydalbergione
7-羟基-4′-甲氧基黄酮	7-hydroxy-4′-methoxyflavone
5-羟基-4-甲氧基黄酮	5-hydroxy-4-methoxyflavone
5-羟基-4′-甲氧基黄酮-7-O-α-L-吡喃鼠李糖基-(1→6)-β-D-吡喃葡萄糖苷	5-hydroxy-4′-methoxyflavone-7-O-α-L-rhamnopyranosyl-(1→6)-β-D-glucopyranoside
5-羟基-4′-甲氧基黄酮-7-O-β-D-吡喃葡萄糖苷	5-hydroxy-4′-methoxyflavone-7-O-β-D-glucopyranoside
4-羟基-4′-甲氧基黄酮-7-O-芸香糖苷	4-hydroxy-4′-methoxyflavone-7-O-rutinoside
5-羟基-4′-甲氧基黄酮-7-O-芸香糖苷	5-hydroxy-4′-methoxyflavone-7-O-rutinoside
5-羟基-4′-甲氧基黄酮-7-葡萄糖苷	5-hydroxy-4′-methoxyflavone-7-glucoside
3-羟基-4-甲氧基矛果豆素	3-hydroxy-4-methoxylonchocarpin
5-羟基-4-甲氧基铁屎米-6-酮	5-hydroxy-4-methoxycanthin-6-one
3-羟基-4-甲氧基𠮷酮	3-hydroxy-4-methoxyxanthone
3′-羟基-4′-甲氧基异黄酮	3′-hydroxy-4′-methoxyisoflavone
7-羟基-4′-甲氧基异黄酮 (刺芒柄花素、芒柄花素、芒柄花黄素、鹰嘴豆芽素B)	7-hydroxy-4′-methoxyisoflavone (formononetin, neochanin, biochanin B)
5, 5-羟基-4′-甲氧基异黄酮-7-O-β-D-木糖-(1→6)-β-D-吡喃葡萄糖苷	5, 5-hydroxy-4′-methoxy-isoflavone-7-O-β-D-xylose-(1→6)-β-D-glucopyranoside
3′-羟基-4′-甲氧基异黄酮-7-O-β-D-葡萄糖苷	3′-hydroxy-4′-methoxyisoflavone-7-O-β-D-glucoside
5-羟基-4′-甲氧基异黄酮-7-O-β-D-芹糖基-(1→6)-β-D-吡喃葡萄糖苷	5-hydroxy-4′-methoxy-isoflavone-7-O-β-D-apiosyl-(1→6)-β-D-glucopyranoside
7-羟基-4′-甲氧基异黄烷酮	7-hydroxy-4′-methoxyisoflavanone
2′-羟基-4-葡萄糖基氧基查耳酮	2′-hydroxy-4-glucosyloxychalcone
3-羟基-4-羟基苯甲酸	3-hydroxy-4-hydroxybenzoic acid
1-(2-羟基-4-羟甲基) 苯基-6-O-咖啡酰基-β-D-吡喃葡萄糖苷	1-(2-hydroxy-4-hydroxymethyl) phenyl-6-O-caffeoyl-β-D-glucopyranoside
(1R, 4R, 4aS, 7S, 7aS)-7-羟基-4-羟甲基-7-甲基-1-甲氧基-1, 4, 4a, 7a-四氢环戊 [e]-吡喃-3-酮	(1R, 4R, 4aS, 7S, 7aS)-7-hydroxy-4-hydroxymethyl-7-methyl-1-methoxy-1, 4, 4a, 7a-tetrahydrocyclopent [e]-pyran-3-one

Q

(1*R*, 4*S*, 4a*S*, 7*S*, 7a*S*)-7-羟基-4-羟甲基-7-甲基-1-甲氧基-1, 4, 4a, 7a-四氢环戊 [*e*]-吡喃-3-酮	(1*R*, 4*S*, 4a*S*, 7*S*, 7a*S*)-7-hydroxy-4-hydroxymethyl-7-methyl-1-methoxy-1, 4, 4a, 7a-tetrahydrocyclopenta [*e*]-pyran-3-one
(1*S*, 4*R*, 4a*S*, 7*S*, 7a*S*)-7-羟基-4-羟甲基-7-甲基-1-甲氧基-1, 4, 4a, 7a-四氢环戊 [*e*]-吡喃-3-酮	(1*S*, 4*R*, 4a*S*, 7*S*, 7a*S*)-7-hydroxy-4-hydroxymethyl-7-methyl-1-methoxy-1, 4, 4a, 7a-tetrahydrocyclopenta [*e*]-pyran-3-one
6-羟基-4-脱氧番荔枝塔辛	6-hydroxy-4-deoxysquamotacin
2-羟基-4-戊烯基芥子油苷	2-hydroxypent-4-enyl glucosinolate
2-羟基-4-辛氧基二苯甲酮	2-hydroxy-4-(octyloxy) benzophenone
(2*R*, 12*Z*, 15*Z*)-2-羟基-4-氧亚基二十一碳-12, 15-二烯-1-醇乙酸酯	(2*R*, 12*Z*, 15*Z*)-2-hydroxy-4-oxoheneicos-12, 15-dien-1-ol acetate
(5*E*, 12*Z*, 15*Z*)-2-羟基-4-氧亚基二十一碳-5, 12, 15-三烯-1-醇乙酸酯	(5*E*, 12*Z*, 15*Z*)-2-hydroxy-4-oxoheneicos-5, 12, 15-trien-1-ol acetate
(5*E*, 12*Z*)-2-羟基-4-氧亚基二十一碳-5, 12-二烯-1-醇乙酸酯	(5*E*, 12*Z*)-2-hydroxy-4-oxoheneicos-5, 12-dien-1-ol acetate
2-(1-羟基-4-氧亚基环己-2, 5-二烯基) 乙酸乙酯	ethyl 2-(1-hydroxy-4-oxocyclohexa-2, 5-dienyl) acetate
2-(1-羟基-4-氧亚基环己基) 乙酸甲酯	2-(1-hydroxy-4-oxocyclohexyl) acetic acid methyl ester
2-(1-羟基-4-氧亚基环己基) 乙酸乙酯	ethyl 2-(1-hydroxy-4-oxocyclohexyl) acetate
6α-羟基-4-氧亚基伪愈创木-2, 11 (13)-二烯-12, 8-内酯 (堆心菊灵)	6α-hydroxy-4-oxopseudoguai-2, 11 (13)-dien-12, 8-olide (6α-hydroxy-4-oxo-ambrosa-2, 11 (13)-dien-12, 8-olide) (helenalin)
5-羟基-4-氧亚基缬草酸	5-hydroxy-4-oxovaleric acid
5-(3-羟基-4-乙酰氧基丁-1-炔基)-2, 2′-联噻吩	5-(3-hydroxy-4-acetoxybut-1-ynyl)-2, 2′-bithiophene
3-羟基-4-乙氧基-5, 7-二甲氧基-6-乙酰-2, 2-二甲基色原烷	3-hydroxy-4-ethoxy-5, 7-dimethoxy-6-acetyl-2, 2-dimethyl chroman
7-羟基-4-异丙基-3-甲氧基-6-甲基香豆素	7-hydroxy-4-isopropyl-3-methoxy-6-methyl coumarin
7-羟基-4-异丙基-6-甲基香豆素	7-hydroxy-4-isopropyl-6-methyl coumarin
3-羟基-4-异丙基苯甲酸	3-hydroxy-4-isopropyl benzoic acid
3-羟基-4-异戊烯基-5-甲氧基二苯乙烯-2-甲酸	3-hydroxy-4-prenyl-5-methoxystilbene-2-carboxylic acid
5-(3-羟基-4-异戊酰氧基丁-1-炔基)-2, 2′-联噻吩	5-(3-hydroxy-4-isovaleroyloxybut-1-ynyl)-2, 2′-bithiophene
2-羟基-5-(2-羟乙基) 苯基-1-*O*-β-D-吡喃葡萄糖苷	2-hydroxy-5-(2-hydroxyethyl) phenyl-1-*O*-β-D-glucopyranoside
(11*S*)-6-羟基-5-(11-羟基丙基-12-基)-3, 8-二甲基-2*H*-色烯-2-酮	(11*S*)-6-hydroxy-5-(11-hydroxypropan-12-yl)-3, 8-dimethyl-2*H*-chromen-2-one
13-羟基-5 (10), 14-哈里马二烯-6-酮 [13-羟基-5 (10), 14-拟半日花二烯-6-酮]	13-hydroxy-5 (10), 14-halimadien-6-one
7-羟基-5 (10), 6, 8-杜松三烯-4-酮	7-hydroxy-5 (10), 6, 8-cadinatrien-4-one
6-[2-羟基-5-(3-甲基丁-2-烯-1-基) 苯基]-2, 2-二甲基-2*H*-色烯-7-醇	6-[2-hydroxy-5-(3-methylbut-2-en-1-yl) phenyl]-2, 2-dimethyl-2*H*-chromen-7-ol
2-羟基-5-(3-羟丁基) 苯基-β-D-吡喃葡萄糖苷	2-hydroxy-5-(3-hydroxybutyl) phenyl-β-D-glucopyranoside
3-羟基-5-(甲基磺酰基) 戊基硫苷	3-hydroxy-5-(methyl sulfonyl) pentyl thioglycoside

3-羟基-5-(甲基亚硫酰基)戊基硫苷	3-hydroxy-5-(methyl sulfinyl) pentyl thioglycoside
3-羟基-5-(羟甲基)-1, 7-二甲基-9, 10-二氢菲	3-hydroxy-5-(hydroxymethyl)-1, 7-dimethyl-9, 10-dihydrophenanthrene
2-羟基-5-(羟甲基)-1, 7-二甲基-9, 10-二氢菲	2-hydroxy-5-(hydroxymethyl)-1, 7-dimethyl-9, 10-dihydrophenanthrene
2-羟基-5-(羟甲基)-7-甲氧基-1, 8-二甲基-9, 10-二氢菲	2-hydroxy-5-(hydroxymethyl)-7-methoxy-1, 8-dimethyl-9, 10-dihydrophenanthrene
3α-羟基-5, 15-羊毛脂二烯	3α-hydroxylanost-5, 15-diene
3β-羟基-5, 16-孕甾二烯-20-酮	3β-hydroxy-5, 16-pregnadien-20-one
7-羟基-5, 4′-二甲氧基-2-芳基苯并呋喃	7-hydroxy-5, 4′-dimethoxy-2-aryl benzofuran
3′-羟基-5, 5′-二甲氧基-3, 4-亚甲基二氧联苯	3′-hydroxy-5, 5′-dimethoxy-3, 4-methylenedioxybiphenyl
7-羟基-5, 6, 3′, 4′, 5′-五甲氧基黄酮	7-hydroxy-5, 6, 3′, 4′, 5′-pentamethoxyflavone
7-羟基-5, 6, 4′-三甲氧基黄酮	7-hydroxy-5, 6, 4′-trimethoxyflavone
8-羟基-5, 6, 7, 3′, 4′, 5′-六甲氧基黄酮	8-hydroxy-5, 6, 7, 3′, 4′, 5′-hexamethoxyflavone
3′-羟基-5, 6, 7, 4′-四甲氧基黄酮	3′-hydroxy-5, 6, 7, 4′-tetramethoxyflavone
3-羟基-5, 6, 7, 4′-四甲氧基黄酮	3-hydroxy-5, 6, 7, 4′-tetramethoxyflavone
3′-羟基-5, 6, 7, 8, 4′, 5′-六甲氧基黄酮	3′-hydroxy-5, 6, 7, 8, 4′, 5′-hexamethoxyflavone
1-羟基-5, 6, 7-三甲氧基双苯吡酮	1-hydroxy-5, 6, 7-trimethoxydiphenyl pyridone
8-羟基-5, 6, 7-三甲氧基香豆素	8-hydroxy-5, 6, 7-trimethoxycoumarin
7-羟基-5, 6, 8, 3′, 4′-五甲氧基黄酮	7-hydroxy-5, 6, 8, 3′, 4′-pentamethoxyflavone
7-羟基-5, 6, 8, 5′-四甲氧基-3′, 4′-亚甲二氧基黄酮	7-hydroxy-5, 6, 8, 5′-tetramethoxy-3′, 4′-methylenedioxyflavone
4-羟基-5, 6-二甲氧基-2-萘甲醛	4-hydroxy-5, 6-dimethoxy-2-naphthalene carboxaldehyde
(2S, 3S)-3-羟基-5, 6-二甲氧基脱氢异-α-拉帕醌	(2S, 3S)-3-hydroxy-5, 6-dimethoxydehydro-iso-α-lapachone
1-羟基-5, 6-二氢介藜芦胺	1-hydroxy-5, 6-dihydrojervine
(3S, 5R, 6S, 7E, 9R)-3-羟基-5, 6-环氧-β-紫罗二烯-3-O-β-D-吡喃葡萄糖苷	(3S, 5R, 6S, 7E, 9R)-3-hydroxy-5, 6-epoxy-β-ionyl-3-O-β-D-glucopyranoside
3-羟基-5, 6-环氧-β-紫罗兰酮	3-hydroxy-5, 6-epoxy-β-ionone
(2R, 3R, 5R, 6S, 9R)-3-羟基-5, 6-环氧乙酰基-β-紫罗兰醇-2-O-β-D-吡喃葡萄糖苷	(2R, 3R, 5R, 6S, 9R)-3-hydroxy-5, 6-epoxyacetyl-β-ionol-2-O-β-D-glucopyranoside
8-羟基-5, 7, 3′, 4′-四甲氧基黄酮	8-hydroxy-5, 7, 3′, 4′-tetramethoxyflavone
(2S)-4′-羟基-5, 7, 3′-三甲氧基黄烷	(2S)-4′-hydroxy-5, 7, 3′-trimethoxyflavan
3-羟基-5, 7, 4′-三甲氧基黄酮	3-hydroxy-5, 7, 4′-trimethoxyflavone
8-羟基-5, 7, 4′-三甲氧基黄酮	8-hydroxy-5, 7, 4′-trimethoxyflavone
2′-羟基-5, 7, 8-三甲氧基黄酮	2′-hydroxy-5, 7, 8-trimethoxyflavone
(7E, 9ξ)-9-羟基-5, 7-大柱香波龙二烯-4-酮	(7E, 9ξ)-9-hydroxy-5, 7-megastigmadien-4-one
(7E, 9R)-9-羟基-5, 7-大柱香波龙二烯-4-酮-9-O-α-L-吡喃阿拉伯糖基-(1→6)-β-D-吡喃葡萄糖苷	(7E, 9R)-9-hydroxy-5, 7-megastigmadien-4-one-9-O-α-L-arabinopyranosyl-(1→6)-β-D-glucopyranoside
2-羟基-5, 7-二甲氧基菲	2-hydroxy-5, 7-dimethoxyphenanthrene

8-羟基-5, 7-二甲氧基黄烷酮	8-hydroxy-5, 7-dimethoxyflavanone
7-羟基-5, 8, 2′-三甲氧基黄酮	7-hydroxy-5, 8, 2′-trimethoxyflavone
7-羟基-5, 8, 2′-三甲氧基黄烷酮	7-hydroxy-5, 8, 2′-trimethoxyflavanone
4-羟基-5, 8-二甲氧基-2-萘甲醛	4-hydroxy-5, 8-dimethoxy-2-naphthalene carboxaldehyde
7-羟基-5, 8-二甲氧基-6-甲基-3-(2′-羟基-4′-甲氧苯甲基) 色原烷-4-酮	7-hydroxy-5, 8-dimethoxy-6-methyl-3-(2′-hydroxy-4′-methoxybenzyl) chroman-4-one
7-羟基-5, 8-二甲氧基黄酮	7-hydroxy-5, 8-dimethoxyflavone
7-羟基-5, 8-二甲氧基黄烷酮	7-hydroxy-5, 8-dimethoxyflavanone
6-羟基-5, 6-脱氢柳杉酚	6-hydroxy-5, 6-dehydrosugiol
15-羟基-5′-O-甲基蜜环菌醛	15-hydroxy-5′-O-methyl melledonal
4α-羟基-5α (H)-8β-甲氧基桉叶-7 (11)-烯-8, 12-内酯	4α-hydroxy-5α (H)-8β-methoxyeudesm-7 (11)-en-8, 12-olide
2α-羟基-5α, 10β, 14β-三乙酰氧基紫杉-4 (20), 11-二烯	2α-hydroxy-5α, 10β, 14β-triacetoxytax-4 (20), 11-diene
(22E)-3β-羟基-5α, 6α, 8α, 14α-二环氧麦角甾-22-烯-7-酮	(22E)-3β-hydroxy-5α, 6α, 8α, 14α-diepoxyergost-22-en-7-one
3β-羟基-5α, 6α-环氧-7-大柱香波龙烯-9-酮	3β-hydroxy-5α, 6α-epoxy-7-megastigmen-9-one
4α-羟基-5α, 8α (H)-桉叶-7 (11)-烯-8, 12-内酯	4α-hydroxy-5α, 8α (H)-eudesm-7 (11)-en-8, 12-olide
3β-羟基-5α, 8α-表二氧基-6, 22-麦角甾二烯 (麦角甾醇过氧化物)	3β-hydroxy-5α, 8α-epidioxyergost-6, 22-diene (ergosterol peroxide)
3β-羟基-5α, 8α-表二氧麦角甾-(6E, 22E)-二烯	3β-hydroxy-5α, 8α-epidioxyergost-(6E, 22E)-diene
4α-羟基-5α, 8β (H)-桉叶-7 (11)-烯-8, 12-内酯	4α-hydroxy-5α, 8β (H)-eudesm-7 (11)-en-8, 12-olide
3β-羟基--5α, 8β-环二氧麦角甾-6, 22-二烯	3β-hydroxy-5α, 8β-epidioxyergost-6, 22-diene
20-羟基-5α-胆甾-22-烯-3, 6-二酮	20-hydroxy-5α-cholest-22-en-3, 6-dione
11α-羟基-5α-胆甾-3, 6-二酮	11α-hydroxy-5α-cholest-3, 6-dione
16β-羟基-5α-胆甾-3, 6-二酮	16β-hydroxy-5α-cholest-3, 6-dione
(25R)-3β-羟基-5α-螺甾-12-酮	(25R)-3β-hydroxy-5α-spirost-12-one
(25R)-3β-羟基-5α-螺甾-6-酮	(25R)-3β-hydroxy-5α-spirost-6-one
1β-羟基-5α-氯-8-表苍耳亭	1β-hydroxy-5α-chloro-8-epixanthatin
26-羟基-5α-羊毛甾-7, 9 (11), 24-三烯-3, 22-二酮	26-hydroxy-5α-lanost-7, 9 (11), 24-trien-3, 22-dione
3β-羟基-5α-羊毛脂-7, 9, (24E)-三烯-26-酸	3β-hydroxy-5α-lanost-7, 9, (24E)-trien-26-oic acid
12β-羟基-5α-孕甾-16-烯-3, 20-二酮	12β-hydroxy-5α-pregn-16-en-3, 20-dione
25-羟基-5β, 19-环氧葫芦-6, 23-二烯-19-酮-3β-羟基-3-O-β-D-吡喃葡萄糖苷	25-hydroxy-5β, 19-epoxycucurbit-6, 23-dien-19-one-3β-hydroxy-3-O-β-D-glucopyranoside
4β-羟基-5βH-愈创木-1 (10), 7 (11), 8-三烯-12, 8-内酯	4β-hydroxy-5βH-guai-1 (10), 7 (11), 8-trien-12, 8-olide
(25R)-3β-羟基-5β-螺甾-6-酮-3-O-β-D-吡喃木糖基-(1→4)-[α-L-吡喃阿拉伯糖基-(1→6)]-β-D-吡喃葡萄糖苷	(25R)-3β-hydroxy-5β-spirost-6-one-3-O-β-D-xylopyranosyl-(1→4)-[α-L-arabinopyranosyl-(1→6)]-β-D-glucopyranoside
2‴″-羟基-5″″-苄基异紫玉盘酚 A	2‴″-hydroxy-5″″-benzyl isouvarinol A
2‴-羟基-5″-苄基异紫玉盘酚 A、B	2‴-hydroxy-5″-benzyl isouvarinols A, B
2-羟基-5-丁氧苯乙酸	2-hydroxy-5-butoxyphenyl acetic acid
N, N′-[(3-羟基-5-甲基) 苯] 乙二酰胺	N, N′-[(3-hydroxy-5-methyl) phenyl] oxamide

(±)-3-(5-羟基-5-甲基-2-氧化己-3-烯-1-基)异苯并呋喃-1 (3H)-酮	(±)-3-(5-hydroxy-5-methyl-2-oxohex-3-en-1-yl) isobenzofuran-1 (3H)-one
3-羟基-5-甲基苯酚-1-O-[β-D-吡喃葡萄糖基-(1→6)-β-D-吡喃葡萄糖苷]	3-hydroxy-5-methyl phenyl-1-O-[β-D-glucopyranosyl-(1→6)-β-D-glucopyranoside]
3-羟基-5-甲基苯酚-1-O-β-D-(6′-没食子酰基)吡喃葡萄糖苷	3-hydroxy-5-methyl phenyl-1-O-β-D-(6′-galloyl) glucopyranoside
3-羟基-5-甲基苯酚-1-O-β-D-葡萄糖苷	3-hydroxy-5-methyl phenyl-1-O-β-D-glucoside
3-羟基-5-甲基苯酚-2-羟基-4-甲氧基-6-苯甲酸甲酯	3-hydroxy-5-methyl phenyl-2-hydroxy-4-methoxy-6-methyl benzoate
4-羟基-5-甲基呋喃-3-甲酸	4-hydroxy-5-methyl furan-3-carboxylic acid
7-羟基-5-甲基黄酮	7-hydroxy-5-methyl flavone
4-羟基-5-甲基香豆素(人丁苷元)	4-hydroxy-5-methyl coumarin (gerberinin)
6-羟基-5-甲基-6-乙烯基二环[3.2.0]庚-2-酮	6-hydroxy-5-methyl-6-vinyl bicyclo [3.2.0] hept-2-one
(±)-(E)-3-[2-(3-羟基-5-甲氧苯基)-3-羟甲基-7-甲氧基-2, 3-二氢苯并呋喃-5-基]-N-(4-羟基苯乙基)丙烯酰胺	(±)-(E)-3-[2-(3-hydroxy-5-methoxyphenyl)-3-hydroxymethyl-7-methoxy-2, 3-dihydrobenzofuran-5-yl]-N-(4-hydroxyphenethyl) acrylamide
(±)-(Z)-3-[2-(3-羟基-5-甲氧苯基)-3-羟甲基-7-甲氧基-2, 3-二氢苯并呋喃-5-基]-N-(4-羟基苯乙基)丙烯酰胺	(±)-(Z)-3-[2-(3-hydroxy-5-methoxyphenyl)-3-hydroxymethyl-7-methoxy-2, 3-dihydrobenzofuran-5-yl]-N-(4-hydroxyphenethyl) acrylamide
2-(3′-羟基-5′-甲氧苯基)-3-羟甲基-7-甲氧基-2, 3-二氢苯并呋喃-5-甲酸	2-(3′-hydroxy-5′-methoxyphenyl)-3-hydroxymethyl-7-methoxy-2, 3-dihydrobenzofuran-5-carboxylic acid
7-(3-羟基-5-甲氧苯基)丙-7, 8, 9-三醇	7-(3-hydroxy-5-methoxyphenyl) prop-7, 8, 9-triol
(3S, 5S)-3-羟基-5-甲氧基-1-(4-羟苯基)-7-苯基-(6E)-庚烯	(3S, 5S)-3-hydroxy-5-methoxy-1-(4-hydroxyphenyl)-7-phenyl-(6E)-heptene
1-(3-羟基-5-甲氧基)苯基-10-十五烯	1-(3-hydroxy-5-methoxy) phenyl-10-pentadecene
(E)-11-羟基-5-甲氧基-11-十八烯酸	(E)-11-hydroxy-5-methoxy-11-octadecenoic acid
7-羟基-5-甲氧基-1, 2-二氢化茚烷-1-螺环己烷	7-hydroxy-5-methoxyindan-1-spiro-cyclohexane
3-羟基-5-甲氧基-2-甲基苯甲酸	3-hydroxy-5-methoxy-2-methyl benzoic acid
4-羟基-5-甲氧基-2-萘甲醛	4-hydroxy-5-methoxy-2-naphthalene carboxaldehyde
4-羟基-5-甲氧基-3, 4-(氧乙叉基)环己酮	4-hydroxy-5-methoxy-3, 4-(epoxyethano) cyclohexanone
3′-羟基-5-甲氧基-3, 4-亚甲基二氧联苯	3′-hydroxy-5-methoxy-3, 4-methylenedioxybiphenyl
2-羟基-5-甲氧基-3-十五烯基苯醌	2-hydroxy-5-methoxy-3-pentadecenyl benzoquinone
3-羟基-5-甲氧基-4-甲基苯基-β-D-吡喃葡萄糖苷	3-hydroxy-5-methoxy-4-methyl phenyl-β-D-glucopyranoside
4-羟基-5′-甲氧基-6″, 6″-二甲基吡喃[2″, 3″:3′, 4′]芪	4-hydroxy-5′-methoxy-6″, 6″-dimethyl pyran [2″, 3″:3′, 4′] stilbene
(2R, 3R)-3-羟基-5-甲氧基-6, 7-亚甲二氧基黄烷酮	(2R, 3R)-3-hydroxy-5-methoxy-6, 7-methylenedioxyflavanone
7-羟基-5-甲氧基-6, 8-二甲基黄烷酮	7-hydroxy-5-methoxy-6, 8-dimethyl flavanone
4′-羟基-5-甲氧基-7-O-β-D-吡喃葡萄糖基二氢黄酮	4′-hydroxy-5-methoxy-7-O-β-D-glucopyranosyl dihydroflavone
7-羟基-5-甲氧基-9, 10-二氢菲-2-O-β-D-吡喃葡萄糖苷	7-hydroxy-5-methoxy-9, 10-dihydrophenanthrene-2-O-β-D-glucopyranoside

Q

2-羟基-5-甲氧基苯甲酸	2-hydroxy-5-methoxybenzoic acid
3-羟基-5-甲氧基苯甲酸	3-hydroxy-5-methoxybenzoic acid
(−)-2-羟基-5-甲氧基苯甲酸-2-O-β-D-(6-O-苄基) 吡喃葡萄糖苷	(−)-2-hydroxy-5-methoxybenzoic acid-2-O-β-D-(6-O-benzoyl) glucopyranoside
2-羟基-5-甲氧基苯甲酰胺	2-hydroxy-5-methoxybenzamide
7-羟基-5-甲氧基苯酞-7-β-D-吡喃木糖基-(1→6)-β-D-吡喃葡萄糖苷	7-hydroxy-5-methoxyphthalide-7-β-D-xylopyranosyl-(1→6)-β-D-glucopyranoside
2-羟基-5-甲氧基苯乙酮	2-hydroxy-5-methoxyacetophenone
8-羟基-5-甲氧基补骨脂素	8-hydroxy-5-methoxypsoralen
2-羟基-5-甲氧基桂皮醛	2-hydroxy-5-methoxycinnamaldehyde
7-羟基-5-甲氧基黄烷酮	7-hydroxy-5-methoxyflavanone
3-羟基-5-甲氧基联苄	3-hydroxy-5-methoxybibenzyl
3′-羟基-5-甲氧基联苄-3-O-β-D-吡喃葡萄糖苷	3′-hydroxy-5-methoxybibenzyl-3-O-β-D-glucopyranoside
7-羟基-5-甲氧基色原酮	7-hydroxy-5-methoxychromone
4-羟基-5-甲氧基铁屎米酮	4-hydroxy-5-methoxycanthinone
2-羟基-5-甲氧基𠮿酮	2-hydroxy-5-methoxyxanthone
1-羟基-5-甲氧基𠮿酮	1-hydroxy-5-methoxyxanthone
7-羟基-5-甲氧基香豆素	7-hydroxy-5-methoxycoumarin
2′-羟基-5′-甲氧基鹰嘴豆芽素 A	2′-hydroxy-5′-methoxybiochanin A
3-羟基-5-甲氧基芪-2-甲酸	3-hydroxy-5-methoxystilbene-2-carboxylic acid
2-羟基-5-羟甲基-1, 7-二甲基-9, 10-二氢菲	2-hydroxy-5-hydroxymethyl-1, 7-dimethyl-9, 10-dihydrophenanthrene
2-羟基-5-羟甲基-7-甲氧基-1, 8-二甲基-9, 10-二氢菲	2-hydroxy-5-hydroxymethyl-7-methoxy-1, 8-dimethyl-9, 10-dihydrophenanthrene
4′-羟基-5-羟甲基黄酮-7-O-β-D-葡萄糖苷	4′-hydroxy-5-hydroxymethyl flavone-7-O-β-D-glucoside
6′ξ-羟基-5-去甲布木柴胺 K	6′ξ-hydroxy-5-normethyl budmunchiamine K
3-羟基-5-十三烷基苯甲醚	3-hydroxy-5-tridecyl phenyl methyl ether
(3′S)-羟基-5′-脱-O-甲基三尖杉酯碱	(3′S)-hydroxy-5′-des-O-methyl harringtonine
4α-羟基-5-烯广防风二内酯	4α-hydroxy-5-en-ovatodiolide
4β-羟基-5-烯-广防风二内酯	4β-hydroxy-5-en-ovatodiolide
(4R)-羟基-5-烯广防风二内酯 [(4R)-羟基-5-烯防风草二内酯]	(4R)-hydroxy-5-en-ovatodiolide
(3S, 5S)-3-羟基-5-乙氧基-1-(4-羟苯基)-7-苯基-(6E)-庚烯	(3S, 5S)-3-hydroxy-5-ethoxy-1-(4-hydroxyphenyl)-7-phenyl-(6E)-heptene
(4R, 5R)-4-羟基-5-异丙基-2-甲基环己-2-烯酮	(4R, 5R)-4-hydroxy-5-isopropyl-2-methyl cyclohex-2-enone
(4S, 5R)-4-羟基-5-异丙基-2-甲基环己-2-烯酮	(4S, 5R)-4-hydroxy-5-isopropyl-2-methyl cyclohex-2-enone
2-羟基-5-异丙基-7-甲氧基-3-甲基-8, 1-萘碳酰内酯	2-hydroxy-5-isopropyl-7-methoxy-3-methyl-8, 1-naphthalene carbolactone
4-羟基-6-(1-羟基-1-甲乙基)-2-甲基-1, 4-萘二酮	4-hydroxy-6-(1-hydroxy-1-methyl ethyl)-2-methyl-1, 4-naphthalenedione

3-羟基-6-(2′-甲基丁酰氧基) 托品烷	3-hydroxy-6-(2′-methyl butyryloxy) tropane
4-羟基-6-(2-氧丙基) 异苯并呋喃-1 (3H)-酮	4-hydroxy-6-(2-oxopropyl) isobenzofuran-1 (3H)-one
2-羟基-6-(羟甲基)-1-甲基-5-乙烯基-9, 10-二氢菲	2-hydroxy-6-(hydroxymethyl)-1-methyl-5-vinyl-9, 10-dihydrophenanthrene
7α-羟基-6, 11-环金合欢-3 (15)-烯-2-酮	7α-hydroxy-6, 11-cyclofarnes-3 (15)-en-2-one
{2-羟基-6, 6-二甲基双环 [3.1.1] 庚-2-基}-甲基-O-β-D-呋喃芹糖基-(1→6)-β-D-吡喃葡萄糖苷	{2-hydroxy-6, 6-dimethyl bicyclo [3.1.1] hept-2-yl}-methyl-O-β-D-apiofuranosyl-(1→6)-β-D-glucopyranoside
5-羟基-6, 7, 2′, 6′-四甲氧基黄烷酮	5-hydroxy-6, 7, 2′, 6′-tetramethoxyflavanone
5-羟基-6, 7, 3′, 4′, 5′-五甲氧基黄酮	5-hydroxy-6, 7, 3′, 4′, 5′-pentamethoxyflavone
5-羟基-6, 7, 3′, 4′-四甲氧基黄酮	5-hydroxy-6, 7, 3′, 4′-tetramethoxyflavone
5-羟基-6, 7, 3′, 4′-四甲氧基黄酮醇	5-hydroxy-6, 7, 3′, 4′-tetramethoxyflavonol
5-羟基-6, 7, 3′, 4′-四甲氧基芹菜素	5-hydroxy-6, 7, 3′, 4′-tetramethoxyapigenin
5-羟基-6, 7, 3-三甲氧基黄酮-8-O-β-D-葡萄糖苷	5-hydroxy-6, 7, 3-trimethoxyflavone-8-O-β-D-glucoside
5-羟基-6, 7, 8, 3′, 4′-五甲氧基黄酮	5-hydroxy-6, 7, 8, 3′, 4′-pentamethoxyflavone
5-羟基-6, 7, 8, 4′-四甲氧基黄酮	5-hydroxy-6, 7, 8, 4′-tetramethoxyflavone
5-羟基-6, 7, 8, 4′-四甲氧基黄烷酮	5-hydroxy-6, 7, 8, 4′-tetramethoxyflavanone
1-羟基-6, 7, 8-三甲氧基-3-甲基蒽醌	1-hydroxy-6, 7, 8-trimethoxy-3-methyl anthraquinone
5-羟基-6, 7-二甲氧基-3-(4′-羟苄基)-4-色原酮	5-hydroxy-6, 7-dimethoxy-3-(4′-hydroxybenzyl)-4-chromanone
9-羟基-6, 7-二甲氧基黄檀醌醇 (9-羟基-6, 7-二甲氧基黄檀氢醌)	9-hydroxy-6, 7-dimethoxydalbergiquinol
5-羟基-6, 7-二甲氧基黄酮	5-hydroxy-6, 7-dimethoxyflavone
5-羟基-6, 7-二甲氧基黄烷酮	5-hydroxy-6, 7-dimethoxyflavanone
5-羟基-6, 7-二甲氧基香豆素	5-hydroxy-6, 7-dimethoxycoumarin
8-羟基-6, 7-二甲氧基香豆素 (秦皮啶、白蜡树啶、木岑皮啶)	8-hydroxy-6, 7-dimethoxycoumarin (fraxidin)
4-羟基-6, 7-二羟甲基-1-萘酸	4-hydroxy-6, 7-dihydroxymethyl-1-naphthoic acid
(3S)-8-羟基-6, 7-二氢芳樟醇-3-O-β-D-吡喃葡萄糖苷	(3S)-8-hydroxy-6, 7-dihydrolinalool-3-O-β-D-glucopyranoside
15β-羟基-6, 7-开环-6, 11β:6, 20-二环氧-对映-贝壳杉-16-烯-1α, 7-内酯	15β-hydroxy-6, 7-seco-6, 11β:6, 20-diepoxy-ent-kaur-16-en-1α, 7-olide
6-羟基-6, 7-脱氢曲石松碱 (6-羟基-6, 7-脱氢石松佛利星碱)	6-hydroxy-6, 7-dehydrolycoflexine
2′-羟基-6, 7-亚甲二氧基黄烷酮醇	2′-hydroxy-6, 7-methylenedioxyflavanonol
2′-羟基-6, 7-亚甲二氧基异黄酮醇	2′-hydroxy-6, 7-methylene dioxyisoflavonol
(2S)-5-羟基-6, 8, 10-三甲氧基-2-甲基-4H-2, 3-二氢萘 [2, 3-b] 吡喃-4-酮	(2S)-5-hydroxy-6, 8, 10-trimethoxy-2-methyl-4H-2, 3-dihydronaphtho [2, 3-b] pyran-4-one
(2S, 3S)-5-羟基-6, 8, 10-三甲氧基-2, 3-二甲基-4H-2, 3-二氢萘并 [2, 3-b]-吡喃-4-酮	(2S, 3S)-5-hydroxy-6, 8, 10-trimethoxy-2, 3-dimethyl-4H-2, 3-dihydronaphtho [2, 3-b]-pyran-4-one
7-羟基-6, 8, 4′-三甲氧基-5-O-[β-D-吡喃葡萄糖基-(1→6)]-β-D-吡喃葡萄糖黄酮苷	7-hydroxy-6, 8, 4′-trimethoxy-5-O-[β-D-glucopyranosyl-(1→6)]-β-D-glucopyranosyl flavone

Q

7-羟基-6, 8, 4′-三甲氧基-5-*O*-β-D-吡喃葡萄糖黄酮苷	7-hydroxy-6, 8, 4′-trimethoxy-5-*O*-β-D-glucopyranosyl flavone
5-羟基-6, 8, 4′-三甲氧基黄酮-7-*O*-β-D-吡喃葡萄糖苷	5-hydroxy-6, 8, 4′-trimethoxyflavone-7-*O*-β-D-glucopyranoside
5-羟基-6, 8-二甲氧基-2, 3-二甲基-4*H*-萘并 [2, 3-*b*] 吡喃-4-酮	5-hydroxy-6, 8-dimethoxy-2, 3-dimethyl-4*H*-naphtho [2, 3-*b*] pyran-4-one
(2*S*)-5-羟基-6, 8-二甲氧基-2-甲基-4*H*-2, 3-二氢萘 [2, 3-*b*] 吡喃-4-酮	(2*S*)-5-hydroxy-6, 8-dimethoxy-2-methyl-4*H*-2, 3-dihydronaphtho [2, 3-*b*] pyran-4-one
7-羟基-6, 8-二甲氧基-4′-甲氧基黄酮	7-hydroxy-6, 8-dimethoxy-4′-methoxyflavone
1-羟基-6, 8-二甲氧基-7-甲基二苯 [*b*, *f*] 氧杂䓬	1-hydroxy-6, 8-dimethoxy-7-methyl dibenz [*b*, *f*] oxepin
(2*S*, 3*S*)-5-羟基-6, 8-二甲氧基-2, 3-二甲基-4*H*-2, 3-二氢萘并 [2, 3-*b*] 吡喃-4-酮	(2*S*, 3*S*)-5-hydroxy-6, 8-dimethoxy-2, 3-dimethyl-4*H*-2, 3-dihydronaphtho [2, 3-*b*]-pyran-4-one
(2*S*)-5-羟基-6, 8-二甲氧基黄酮-7-*O*-β-D-吡喃葡萄糖基-(1→6)-*O*-β-D-吡喃葡萄糖苷	(2*S*)-5-hydroxy-6, 8-dimethoxyflavonone-7-*O*-β-D-glucopyranosyl-(1→6)-*O*-β-D-glucopyranoside
7-羟基-6, 8-二甲氧基香豆素	7-hydroxy-6, 8-dimethoxycoumarin
5-羟基-6, 8-二甲氧基香豆素 (青蒿米宁)	5-hydroxy-6, 8-dimethoxycoumarin (arteminin)
2-羟基-6-[2-(4-羟苯基)-2-羰基] 苯甲酸	2-hydroxy-6-[2-(4-hydroxyphenyl)-2-carbonyl] benzoic acid
2α-羟基-6-*O*-甲基香水仙灵	2α-hydroxy-6-*O*-methyl oduline
6-羟基-6α, 12α-脱氢-α-毒灰酚	6-hydroxy-6α, 12α-dehydro-α-toxicarol
5β-羟基-6α-氯-5, 6-二氢酸浆苦素 A、B	5β-hydroxy-6α-chloro-5, 6-dihydrophysalins A, B
1α-羟基-6β-*O*-β-D-葡萄糖基桉叶-3-烯	1α-hydroxy-6β-*O*-β-D-glucosyleudesm-3-ene
1β-羟基-6β-甲氧基二氢梓醇苷元	1β-hydroxy-6β-methoxydihydrocatalpolgenin
1α-羟基-6β-甲氧基二氢梓醇苷元	1α-hydroxy-6β-methoxydihydrocatalpolgenin
10β-羟基-6β-甲氧基呋喃并佛术烷 (10β-羟基-6β-异丁酰呋喃艾里莫芬烷)	10β-hydroxy-6β-methoxyfuranoeremophilane
3α-羟基-6β-惕各酰氧基托品烷	3α-hydroxy-6β-tigloyloxytropane
3β-羟基-6β-惕各酰氧基托品烷	3β-hydroxy-6β-tigloyloxytropane
(+)-3α-羟基-6β-乙酰鳞状茎文珠兰碱	(+)-3α-hydroxy-6β-acetyl bulbispermine
2β-羟基-6β-乙酰氧基去甲莨菪烷 (包公藤甲素)	2β-hydroxy-6β-acetoxynortropane (baogongteng A)
5-羟基-6-对盖烯-2-酮	5-hydroxy-*p*-menth-6-en-2-one
5-羟基-6-甲基-(3*E*, 5*R*)-3-庚烯-2-酮	5-hydroxy-6-methyl-(3*E*, 5*R*)-3-hepten-2-one
3-羟基-6-甲基-2-(1-甲乙基)-5-(4-甲基-3-戊烯基)-1, 4-萘二酮	3-hydroxy-6-methyl-2-(1-methyl ethyl)-5-(4-methyl-3-pentenyl)-1, 4-naphthalenedione
9-[(2*R*, 5*R*, 6*S*)-5-羟基-6-甲基-2-哌啶基]-1-苯基-4-壬酮	9-[(2*R*, 5*R*, 6*S*)-5-hydroxy-6-methyl-2-piperidinyl]-1-phenyl-4-nonanone
1-[(2*R*, 5*R*, 6*S*)-5-羟基-6-甲基-2-哌啶基]-9-苯基-5-壬酮	1-[(2*R*, 5*R*, 6*S*)-5-hydroxy-6-methyl-2-piperidinyl]-9-phenyl-5-nonanone
4-羟基-6-甲基-3-(2-甲基丁酰)-5-亚甲基-5, 6-二氢-吡喃-2-酮	4-hydroxy-6-methyl-3-(2-methyl-butyryl)-5-methylene-5, 6-dihydro-pyran-2-one
5-羟基-6-甲基-7-甲氧基黄烷酮	5-hydroxy-6-methyl-7-methoxyflavanone
2-羟基-6-甲基苯甲醛	2-methyl-6-methyl benzaldehyde

2-羟基 -6- 甲基苯甲酸	2-hydroxy-6-methyl benzoic acid
3- 羟基 -6- 甲基吡啶	3-hydroxy-6-methyl pyridine
3- 羟基 -6- 甲基丁酰氧基托品烷	3-hydroxy-6-methyl butyryloxytropane
2- 羟基 -6- 甲基蒽醌	2-hydroxy-6-methyl anthraquinone
5- 羟基 -6- 甲基黄烷酮 -7-O-α-D- 吡喃半乳糖苷	5-hydroxy-6-methyl flavanone-7-O-α-D-galactopyranoside
5- 羟基 -6- 甲基黄烷酮 -7-O-β-D- 吡喃木糖基 -(3→1)- β-D- 吡喃木糖苷	5-hydroxy-6-methyl flavanone-7-O-β-D-xylopyranosyl- (3→1)-β-D-xylopyranoside
5- 羟基 -6- 甲基色原酮	5-hydroxy-6-methyl chromone
3- 羟基 -6- 甲基十七酸	3-hydroxy-6-methyl heptadecanoic acid
4- 羟基 -6- 甲基香豆素	4-hydroxy-6-methyl coumarin
(E)-10- 羟基 -6- 甲氧基 -10- 十八烯酸	(E)-10-hydroxy-6-methoxy-10-octadecenoic acid
7- 羟基 -6- 甲氧基 -2H-1- 苯并吡喃 -2- 酮	7-hydroxy-6-methoxy-2H-1-benzopyran-2-one
1- 羟基 -6- 甲氧基 -2- 苯并噁唑啉酮	1-hydroxy-6-methoxy-2-benzoxazolinone
3- 羟基 -6- 甲氧基 -2- 苯并噁唑啉酮	3-hydroxy-6-methoxy-2-benzoxazolinone
5- 羟基 -6- 甲氧基 -2- 苯基 -7-O-α-D- 葡萄糖醛酸	5-hydroxy-6-methoxy-2-phenyl-7-O-α-D-glucuronic acid
5- 羟基 -6- 甲氧基 -2- 苯基 -7-O-α-D- 葡萄糖醛酸甲酯	5-hydroxy-6-methoxy-2-phenyl-7-O-α-D-glucuronic acid methyl ester
7- 羟基 -6- 甲氧基 -3-(4- 亚甲基二氧)-8-(3-3- 二甲烯丙基) 异黄酮	7-hydroxy-6-methoxy-3-(4-methylenedioxy)-8-(3-3- dimethyl allyl)-isoflavone
2- 羟基 -6- 甲氧基 -3- 甲基苯乙酮 -4-β- 葡萄糖苷	2-hydroxy-6-methoxy-3-methyl acetophenone-4-β- glucoside
7- 羟基 -6- 甲氧基 -4-[(2- 氧亚基 -2H-1- 苯并吡喃 -7- 基)- 氧基]-2H-1- 苯并吡喃 -2- 酮	7-hydroxy-6-methoxy-4-[(2-oxo-2H-l-benzopyran-7- yl)-oxy]-2H-1-benzopyran-2-one
5- 羟基 -6- 甲氧基 -α- 拉帕醌	5-hydroxy-6-methoxy-α-lapachone
2- 羟基 -6- 甲氧基苯甲酸苄酯	benzyl 2-hydroxy-6-methoxybenzoate
2- 羟基 -6- 甲氧基苯乙酮 -4-O-β-D- 吡喃葡萄糖苷	2-hydroxy-6-methoxyacetophenone-4-O-β-D-glucopy- ranoside
7- 羟基 -6- 甲氧基桂皮酸乙酯	7-hydroxy-6-methoxycinnamic acid ethyl ester
5- 羟基 -6- 甲氧基黄烷酮 -7-O-α-D- 吡喃半乳糖苷	5-hydroxy-6-methoxyflavanone-7-O-α-D-galactopyranoside
18- 羟基 -6- 甲氧基柔毛叉开香科科素 C (18- 羟基 -6- 甲氧基柔毛香科科素 C)	18-hydroxy-6-methoxyvillosin C
7- 羟基 -6- 甲氧基色原酮	7-hydroxy-6-methoxychromone
3- 羟基 -6- 甲氧基脱氢异 -α- 风铃木醌 (3- 羟基 -6- 甲氧基脱氢异 -α- 拉杷醌)	3-hydroxy-6-methoxydehydroiso-α-lapachone
8- 羟基 -6- 甲氧基戊烷基异香豆素	8-hydroxy-6-methoxypentyl isocoumarin
8- 羟基 -6- 甲氧基香豆素	8-hydroxy-6-methoxycoumarin
7- 羟基 -6- 甲氧基香豆素 (东莨菪素、东莨菪亭、6- 甲氧基伞形酮、钩吻酸、东莨菪内酯)	7-hydroxy-6-methoxycoumarin (scopoletol, 6-methoxy- umbelliferone, scopoletin, gelseminic acid, escopoletin)
2- 羟基 -6- 羟甲基 -1- 甲基 -5- 乙烯基 -9, 10- 二氢菲	2-hydroxy-6-hydroxymethyl-1-methyl-5-vinyl-9, 10-di- hydrophenanthrene

3-羟基-6-羟甲基-2, 5, 7-三甲基-1-茚酮	3-hydroxy-6-hydroxymethyl-2, 5, 7-trimethyl-1-indanone
2-羟基-6-羟甲基-7, 8-二甲氧基-1-萘甲醛	2-hydroxy-6-hydroxymethyl-7, 8-dimethoxy-1-naphthalene carbaldehyde
1-羟基-6-羟甲基蒽醌	1-hydroxy-6-hydroxymethyl anthraquinone
7-羟基-6-氢瓜馥木烯酮	7-hydroxy-6-hydromelodienone
3-羟基-6′-去甲-9-O-甲基大叶唐松草胺	3-hydroxy-6′-demethyl-9-O-methyl thalifaboramine
4-羟基-6-戊基四氢吡喃-2-酮	4-hydroxy-6-pentyl tetrahydropyran-2-one
3-羟基-6-氧亚基-5α-胆烷酸	3-hydroxy-6-oxo-5α-cholanic acid
(1E, 4Z)-8-羟基-6-氧亚基吉玛-1 (10), 4, 7 (11)-三烯-12, 8-内酯	(1E, 4Z)-8-hydroxy-6-oxogermacr-1 (10), 4, 7 (11)-trien-12, 8-lactone
7-羟基-6-乙酰基-2-甲氧基色原酮	7-hydroxy-6-acetyl-2-methoxychromone
5-羟基-6-乙酰基-2-羟甲基-2-甲基色烯	5-hydroxy-6-acetyl-2-hydroxymethyl-2-methyl chromene
5-羟基-6-乙酰基-7-甲氧基色原酮	5-hydroxy-6-acetyl-7-methoxychromenone
1-羟基-6-乙酰氧基-3, 7-二甲氧基𠮟酮 (散沫花𠮟酮 Ⅲ)	1-hydroxy-6-acetoxy-3, 7-dimethoxyxanthone (laxanthone Ⅲ)
3-羟基-6-乙酰氧基托品烷	3-hydroxy-6-acetoxytropane
4-羟基-6-乙氧基-2-[(10′Z, 13′Z)-10′, 13′, 16′-十七碳三烯] 间苯二酚	4-hydroxy-6-ethoxy-2-[(10′Z, 13′Z)-10′, 13′, 16′-heptadecatriene] resorcinol
3-羟基-6-异丁酰氧基托品烷	3-hydroxy-6-isobutyryloxytropane
1-羟基-7 (11), 9-愈创二烯-8-酮	1-hydroxy-7 (11), 9-guaiadien-8-one
5-羟基-7-(2′-羟丙基)-2-甲基色原酮	5-hydroxy-7-(2′-hydroxypropyl)-2-methyl chromone
5-羟基-7-(2-羟基丙基)-2-[3-羟基-2-(4-羟基-3, 5-二甲氧基苄基) 丙基] 色原酮	5-hydroxy-7-(2-hydroxypropyl)-2-[3-hydroxy-2-(4-hydroxy-3, 5-dimethoxybenzyl) propyl] chromone
5-羟基-7-(3-羟基-4-甲氧苯基)-3-甲氧基-2, 4, 6-庚三烯酸-Δ-内酯	5-hydroxy-7-(3-hydroxy-4-methoxyphenyl)-3-methoxy-2, 4, 6-heptatrienoic acid-Δ-lactone
5-羟基-7-(4-羟苯基)-1-(4-羟基-3-甲氧苯基)-3-庚酮	5-hydroxy-7-(4-hydroxyphenyl)-1-(4-hydroxy-3-methoxyphenyl)-3-heptanone
5-羟基-7-(4″-羟苯基)-1-苯基-3-庚酮	5-hydroxy-7-(4″-hydroxyphenyl)-1-phenyl-3-heptanone
5-羟基-7-(4-羟基-3, 5-二甲氧苯基)-1-(4-羟基-3-甲氧苯基)-3-庚酮	5-hydroxy-7-(4-hydroxy-3, 5-dimethoxyphenyl)-1-(4-hydroxy-3-methoxyphenyl)-3-heptanone
(5R)-羟基-7-(4″-羟基-3″-甲氧苯基)-1-苯基-3-庚酮	(5R)-hydroxy-7-(4″-hydroxy-3″-methoxyphenyl)-1-phenyl-3-heptanone
5-羟基-7-(4-羟基-3-甲氧苯基)-1-(4-羟苯基)-3-庚酮	5-hydroxy-7-(4-hydroxy-3-methoxyphenyl)-1-(4-hydroxyphenyl)-3-heptanone
5-羟基-7-(4″-羟基-3″-甲氧苯基)-1-苯基-3-庚酮	5-hydroxy-7-(4″-hydroxy-3″-methoxyphenyl)-1-phenyl-3-heptanone
5-羟基-7-(4-羟基-3-甲氧苯基)-1-苯基-3-庚酮	5-hydroxy-7-(4-hydroxy-3-methoxyphenyl)-1-phenyl-3-heptanone
(−)-9α-羟基-7, 11-脱氢苦参碱	(−)-9α-hydroxy-7, 11-dehydromatrine
14α-羟基-7, 15-异松香烷二烯-18-酸	14α-hydroxy-7, 15-isoabietatedien-18-oic acid

(4β, 6β, 7β, 16α)-6-羟基-7, 16, 17-三 [(2S)-3, 3, 3-三氟-2-甲氧基-1-氧亚基-2-苯丙氧基] 贝壳杉-18-酸-γ-内酯	(4β, 6β, 7β, 16α)-6-hydroxy-7, 16, 17-tri [(2S)-3, 3, 3-trifluoro-2-methoxy-1-oxo-2-phenyl propoxyl] kaur-18-oic acid-γ-lactone
5α-羟基-7, 17-脱氢异羽扇烷宁	5α-hydroxy-7, 17-dehydroisolupanine
5-羟基-7, 2′, 4′, 5′-四甲氧基黄酮	5-hydroxy-7, 2′, 4′, 5′-tetramethoxyflavone
5-羟基-7, 2′, 6′-三甲氧基黄酮	5-hydroxy-7, 2′, 6′-trimethoxyflavone
(24E)-3β-羟基-7, 24-大戟二烯-26-酸	(24E)-3β-hydroxy-7, 24-euphadien-26-oic acid
(24Z)-27-羟基-7, 24-甘遂二烯-3-酮	(24Z)-27-hydroxy-7, 24-tirucalladien-3-one
8-羟基-7, 3′, 4′, 5′-四甲氧基黄酮	8-hydroxy-7, 3′, 4′, 5′-tetramethoxyflavone
5-羟基-7, 3′, 4′, 5′-四甲氧基黄酮 (伞花耳草素、红芽大戟素、柯日波素)	5-hydroxy-7, 3′, 4′, 5′-tetramethoxyflavone (corymbosin)
(2S)-8-羟基-7, 3′, 4′, 5′-四甲氧基黄烷	(2S)-8-hydroxy-7, 3′, 4′, 5′-tetramethoxyflavan
5-羟基-7, 3′, 4′-三甲氧基黄酮	5-hydroxy-7, 3′, 4′-trimethoxyflavone
5-羟基-7, 3′, 4′-三甲氧基黄酮醇	5-hydroxy-7, 3′, 4′-trimethoxyflavonol
(2S)-5′-羟基-7, 3′, 4′-三甲氧基黄烷	(2S)-5′-hydroxy-7, 3′, 4′-trimethoxyflavan
5-羟基-7, 3′, 4′-三甲氧基黄烷酮	5-hydroxy-7, 3′, 4′-trimethoxyflavanone
5-羟基-7, 3′-二甲氧基黄酮-4′-葡萄糖苷	5-hydroxy-7, 3′-dimethoxyflavone-4′-glucoside
5-羟基-7, 4′, 5′-三甲氧基异黄酮-3′-O-β-D-吡喃葡萄糖苷	5-hydroxy-7, 4′, 5′-trimethoxyisoflavone-3′-O-β-D-glucopyranoside
5-羟基-7, 4″-二甲氧基-6, 8-二甲黄酮 (桉树素)	5-hydroxy-7, 4″-dimethoxy-6, 8-dimethyl flavone (eucalyptin)
5-羟基-7, 4′-二甲氧基二氢黄酮	5-hydroxy-7, 4′-dimethoxydihydroflavone
5-羟基-7, 4′-二甲氧基黄酮	5-hydroxy-7, 4′-dimethoxyflavone
5-羟基-7,4′-二甲氧基黄酮-6-C-β-D-葡萄糖 (恩比吉宁)	5-hydroxy-7, 4′-dimethoxyflavone-6-C-β-D-glucose (embigenin)
5-羟基-7, 4′-二甲氧基黄酮醇	5-hydroxy-7, 4′-dimethoxyflavonol
5-羟基-7, 4′-二甲氧基黄烷酮	5-hydroxy-7, 4′-dimethoxyflavanone
5-羟基-7, 4′-二甲氧基黄烷酮醇	5-hydroxy-7, 4′-dimethoxyflavanonol
5-羟基-7, 4′-二甲氧基异黄酮	5-hydroxy-7, 4′-dimethoxyisoflavone
2′-羟基-7, 4′-二甲氧基异黄酮	2′-hydroxy-7, 4′-dimethoxyisoflavone
5-羟基-7, 7-二甲基-4, 5, 6, 7-四氢-3H-异苯并呋喃-5-O-β-D-龙胆二糖苷	5-hydroxy-7, 7-dimethyl-4, 5, 6, 7-tetrahydro-3H-isobenzofuranone-5-O-β-D-gentiobioside
5-羟基-7, 8, 2′, 3′, 4′-五甲氧基黄酮	5-hydroxy-7, 8, 2′, 3′, 4′-pentamethoxyflavone
5-羟基-7, 8, 2′, 4′-四甲氧基黄酮	5-hydroxy-7, 8, 2′, 4′-tetramethoxyflavone
5-羟基-7, 8, 2′, 5′-四甲氧基黄酮	5-hydroxy-7, 8, 2′, 5′-tetramethoxyflavone
5-羟基-7, 8, 2′, 6′-四甲氧基黄酮	5-hydroxy-7, 8, 2′, 6′-tetramethoxyflavone
5-羟基-7, 8, 2′, 6′-四甲氧基黄烷酮	5-hydroxy-7, 8, 2′, 6′-tetramethoxyflavanone
5-羟基-7, 8, 2′-三甲氧基黄酮	5-hydroxy-7, 8, 2′-trimethoxyflavone
(2S)-2′-羟基-7, 8, 3′, 4′, 5′-五甲氧基黄烷	(2S)-2′-hydroxy-7, 8, 3′, 4′, 5′-pentamethoxyflavane
5-羟基-7, 8, 3′, 4′-四甲氧基黄酮	5-hydroxy-7, 8, 3′, 4′-tetramethoxyflavone
5′-羟基-7, 8, 3′, 4′-四甲氧基黄酮	5′-hydroxy-7, 8, 3′, 4′-tetramethoxyflavone

(2*S*)-5′-羟基-7, 8, 3′, 4′-四甲氧基黄烷	(2*S*)-5′-hydroxy-7, 8, 3′, 4′-tetramethoxyflavane
5-羟基-7, 8, 4′-三甲氧基黄酮	5-hydroxy-7, 8, 4′-trimethoxyflavone
5-羟基-7, 8, 6′-三甲氧基黄烷酮-2′-*O*-葡萄糖醛酸苷正丁酯	5-hydroxy-7, 8, 6′-trimethoxyflavanone-2′-*O*-glucuronide butyl ester
2-[2-羟基-7, 8-二甲氧基-2*H*-1, 4-苯并噁嗪-3 (4*H*)-酮]-β-D-吡喃葡萄糖苷	2-[2-hydroxy-7, 8-dimethoxy-2*H*-1, 4-benzoxazin-3 (4*H*)-one]-β-D-glucopyranoside
5-羟基-7, 8-二甲氧基-6-甲基-3-(3′, 4′-二羟苄基) 色满-4-酮外消旋体	racemate of 5-hydroxy-7, 8-dimethoxy-6-methyl-3-(3′, 4′-dihydroxybenzyl) chroman-4-one
5-羟基-7, 8-二甲氧基-6-甲基-3-(3′, 4′-二羟苄基) 色烷-4-酮	5-hydroxy-7, 8-dimethoxy-6-methyl-3-(3′, 4′-dihydroxybenzyl) chroman-4-one
5-羟基-7, 8-二甲氧基-6-甲基-3-(3′, 4′-二羟苄基) 色原酮	5-hydroxy-7, 8-dimethoxy-6-methyl-3-(3′, 4′-dihydroxybenzyl) chromanone
5-羟基-7, 8-二甲氧基黄酮	5-hydroxy-7, 8-dimethoxyflavone
5-羟基-7, 8-二甲氧基黄烷酮	5-hydroxy-7, 8-dimethoxyflavanone
5-羟基-7, 8-二甲氧基黄烷酮-(2*R*)-5-*O*-β-D-吡喃葡萄糖苷	5-hydroxy-7, 8-dimethoxyflavanone-(2*R*)-5-*O*-β-D-glucopyranoside
5-羟基-7, 8-二甲氧基黄烷酮-5-*O*-α-L-吡喃鼠李糖苷	5-hydroxy-7, 8-dimethoxyflavanone-5-*O*-α-L-rhamnopyranoside
(2*R*)-5-羟基-7, 8-二甲氧基黄烷酮-5-*O*-β-D-吡喃葡萄糖苷	(2*R*)-5-hydroxy-7, 8-dimethoxyflavanone-5-*O*-β-D-glucopyranoside
22β-羟基-7, 8-二氢-6-氧亚基卫矛酚	22β-hydroxy-7, 8-dihydro-6-oxotingenol
3-羟基-7, 8-二氢-β-紫罗兰醇	3-hydroxy-7, 8-dihydro-β-ionol
4-羟基-7, 8-二氢-β-紫罗兰醇	4-hydroxy-7, 8-dihydro-β-ionol
(3*R*, 9*R*)-3-羟基-7, 8-二氢-β-紫罗兰基-9-*O*-β-D-呋喃芹糖基-(1→6)-β-D-吡喃葡萄糖苷	(3*R*, 9*R*)-3-hydroxy-7, 8-dihydro-β-ionyl-9-*O*-β-D-apiofuranosyl-(1→6)-β-D-glucopyranoside
3-羟基-7, 8-二氢-β-紫罗兰酮	3-hydroxy-7, 8-dihydro-β-ionone
(3*R*, 9*R*)-3-羟基-7, 8-二脱氢-β-紫罗兰基-9-*O*-α-D-吡喃阿拉伯糖基-(1→6)-β-D-吡喃葡萄糖苷	(3*R*, 9*R*)-3-hydroxy-7, 8-didehydro-β-ionyl-9-*O*-α-D-arabinopyranosyl-(1→6)-β-D-glucopyranoside
(+)-3-羟基-7, 8-脱氢-β-紫罗兰酮 [(+)-3-羟基-7, 8-脱氢-β-香堇酮]	(+)-3-hydroxy-7, 8-dehydro-β-ionone
6β-羟基-7, 8-脱氢三楔旱地菊素 A	6β-hydroxy-7, 8-dehydrobacchotricuneatin A
1β-羟基-7, 9-二去乙酰基巴卡亭Ⅰ	1β-hydroxy-7, 9-dideacetyl baccatinⅠ
6-羟基-7-[*O*-α-L-鼠李糖基-(1→6)-*O*-β-D-葡萄糖苷] 香豆素	6-hydroxy-7-[*O*-α-L-rhamnosyl-(1→6)-*O*-β-D-glucoside] coumarin
6′-羟基-7-*O*-7′-双香豆素	6′-hydroxy-7-*O*-7′-dicoumarin
2-羟基-7-*O*-甲基绵枣儿素	2-hydroxy-7-*O*-methyl scillascillin
6β-羟基-7α-16-乙酰氧基罗列酮	6β-hydroxy-7α-16-acetoxyroyleanone
1β-羟基-7α*H*, 11α*H*-桉叶-4 (15)-烯-12, 8β-内酯	1β-hydroxy-7α*H*, 11α*H*-eudesm-4 (15)-en-12, 8β-lactone
3α-羟基-7α-佛术-9, (11*E*)-二烯-8-酮-12-*O*-β-D-吡喃葡萄糖苷	3α-hydroxy-7α-eremophila-9, (11*E*)-dien-8-one-12-*O*-β-D-glucopyranoside
(22*R*)-27-羟基-7α-甲氧基-1-氧亚基睡茄-3, 5, 24-三烯内酯	(22*R*)-27-hydroxy-7α-methoxy-1-oxo-witha-3, 5, 24-trienolide

中文名称	英文名称
(22*R*)-27-羟基-7α-甲氧基-1-氧亚基睡茄-3, 5, 24-三烯内酯-27-*O*-β-D-吡喃葡萄糖苷	(22*R*)-27-hydroxy-7α-methoxy-1-oxo-witha-3, 5, 24-trienolide-27-*O*-β-D-glucopyranoside
3β-羟基-7α-羟乙基-24β-乙基胆甾-5-烯	3β-hydroxy-7α-ethoxy-24β-ethyl cholest-5-ene
6β-羟基-7α-乙氧基-16-乙酰氧基罗氏旋覆花酮 (6β-羟基-7α-乙氧基-16-乙酰氧基总状土木香醌)	6β-hydroxy-7α-ethoxy-16-acetoxyroyleanone
1α-羟基-7β-(4-甲基千里光酰氧基) 日本刺参萜-3 (14) *Z*, 8 (10)-二烯-2-酮	1α-hydroxy-7β-(4-methyl senecioyloxy) oplopa-3 (14) *Z*, 8 (10)-dien-2-one
(23*S*)-3β-羟基-7β, 23-二甲氧基葫芦-5, 24-二烯-19-醛	(23*S*)-3β-hydroxy-7β, 23-dimethoxycucurbit-5, 24-dien-19-al
3β-羟基-7β, 25-二甲氧基葫芦-5, (23*E*)-二烯	3β-hydroxy-7β, 25-dimethoxycucurbita-5, (23*E*)-diene
3β-羟基-7β, 25-二甲氧基葫芦-5, (23*E*)-二烯-19-醛	3β-hydroxy-7β, 25-dimethoxycucurbita-5, (23*E*)-dien-19-al
(23*E*)-3β-羟基-7β, 25-二甲氧基葫芦-5, 23-二烯-19-醛	(23*E*)-3β-hydroxy-7β, 25-dimethoxycucurbit-5, 23-dien-19-al
3α-羟基-7β-佛术-9, (11*E*)-二烯-8-酮-12-*O*-β-D-吡喃葡萄糖苷	3α-hydroxy-7β-eremophila-9, (11*E*)-dien-8-one-12-*O*-β-D-glucopyranoside
3α-羟基-7β-佛术-9, (11*E*)-二烯-8-酮-12-*O*-β-D-吡喃葡萄糖基-(1→6)-*O*-β-D-吡喃葡萄糖苷	3α-hydroxy-7β-eremophila-9, (11*E*)-dien-8-one-12-*O*-β-D-glucopyranosyl-(1→6)-*O*-β-D-glucopyranoside
3α-羟基-7β-佛术-9, (11*E*)-二烯-8-酮-3, 12-二-*O*-β-D-吡喃葡萄糖苷	3α-hydroxy-7β-eremophila-9, (11*E*)-dien-8-one-3, 12-di-*O*-β-D-glucopyranoside
3β-羟基-7β-佛术-9, 11-二烯-8-酮-12-*O*-β-D-吡喃葡萄糖苷	3β-hydroxy-7β-eremophil-9, 11-dien-8-one-12-*O*-β-D-glucopyranoside
3β-羟基-7β-甲氧基葫芦-5, (23*E*) 25-三烯-19-醛	3β-hydroxy-7β-methoxycucurbita-5, (23*E*) 25-trien-19-al
1β-羟基-7β-去乙酰氧基-7α-羟基浆果赤霉素 I	1β-hydroxy-7β-deacetyoxy-7α-hydroxybaccatin I
(14*R*)-羟基-7β-异戊酰氧基日本刺参萜-8 (10)-烯-2-酮	(14*R*)-hydroxy-7β-isovaleroyloxyoplopa-8 (10)-en-2-one
15-羟基-7-半日花烯-17-酸	15-hydroxy-7-labd-en-17-oic acid
1-羟基-7-苯基庚-2-烯-4, 6-二炔	1-hydroxy-7-phenylhept-2-en-4, 6-diyne
8-羟基-7-表松脂素 (8-羟基-7-表松脂酚)	8-hydroxy-7-epipinoresinol
(2*S*)-6-(7-羟基-7-二甲基辛基-2-烯)-5, 7, 4′-三羟基-3′, 5′-二甲氧基黄烷酮	(2*S*)-6-(7-hydroxy-7-dimethyl octyl-2-en)-5, 7, 4′-trihydroxy-3′, 5′-dimethoxyflavanone
(4a*S*, 7*S*, 7a*R*)-7-羟基-7-甲基-1, 4a, 5, 6, 7, 7a-六氢环戊 [*c*] 吡喃-4-甲酸甲酯	(4a*S*, 7*S*, 7a*R*)-7-hydroxy-7-methyl-1, 4a, 5, 6, 7, 7a-hexahydrocyclopenta [*c*] pyran-4-carboxylic acid methyl ester
2-羟基-7-甲基-3-甲氧基蒽醌	2-hydroxy-7-methyl-3-methoxyanthraquinone
6-羟基-7-甲基六氢环戊 [*c*] 吡喃-3-酮	6-hydroxy-7-methyl hexahydrocyclopenta [*c*] pyran-3-one
6-羟基-7-甲基七叶树内酯 (6-羟基-7-甲基马栗树皮素)	6-hydroxy-7-methyl esculetin
5-羟基-7-甲氧基-1, 2-二氢化茚烷-1-螺环己烷	5-hydroxy-7-methoxyindan-1-spirocyclohexane
2-[2-羟基-7-甲氧基-1, 4 (2*H*)-苯并噁嗪-3 (4*H*)-酮]-β-D-吡喃葡萄糖苷	2-[2-hydroxy-7-methoxy-1, 4 (2*H*)-benzoxazin-3 (4*H*)-one]-β-D-glucopyranoside
2-羟基-7-甲氧基-1, 4-苯并噁嗪-3-酮	2-hydroxy-7-methoxy-1, 4-benzoxazin-3-one

2-(2-羟基-7-甲氧基-1, 4-苯并噁嗪-3-酮)-β-D-葡萄糖苷	2-(2-hydroxy-7-methoxy-1, 4-benzoxazin-3-one)-β-D-glucoside
2-羟基-7-甲氧基-1, 8-二甲基-5-乙烯基-9, 10-二氢菲	2-hydroxy-7-methoxy-1, 8-dimethyl-5-vinyl-9, 10-dihydrophenanthrene
2-羟基-7-甲氧基-2H-1, 4-苯并噁嗪-3 (4H)-酮	2-hydroxy-7-methoxy-2H-1, 4-benzoxazin-3 (4H)-one
4-羟基-7-甲氧基-2H-1, 4-苯并噁嗪-3 (4H)-酮-2-O-β-D-吡喃葡萄糖苷	4-hydroxy-7-methoxy-2H-1, 4-benzoxazin-3 (4H)-one-2-O-β-D-glucopyranoside
5-羟基-7-甲氧基-2-甲基-4-二氢色原酮	5-hydroxy-7-methoxy-2-methyl-4-dihydrochromone
5-羟基-7-甲氧基-2-三十三烷基-4H-苯并吡喃-4-酮	5-hydroxy-7-methoxy-2-tritriacontyl-4H-benzopyran-4-one
5-羟基-7-甲氧基-2-异丙基色原酮	5-hydroxy-7-methoxy-2-isopropyl chromone
(3R)-5-羟基-7-甲氧基-3-(2′-羟基-4′-甲氧基苄基) 色烷-4-酮	(3R)-5-hydroxy-7-methoxy-3-(2′-hydroxy-4′-methoxybenzyl) chroman-4-one
6-羟基-7-甲氧基-3-(4′-羟苄基) 色原烷	6-hydroxy-7-methoxy-3-(4′-hydroxybenzyl) chromane
5-羟基-7-甲氧基-3′, 4′-二甲亚基异黄酮	5-hydroxy-7-methoxy-3′, 4′-methylenedioxyisoflavone
10-羟基-7-甲氧基-3-甲基-1H-萘 [2, 3-c] 吡喃-1-酮	10-hydroxy-7-methoxy-3-methyl-1H-naphtho [2, 3-c] pyran-1-one
1-羟基-7-甲氧基-3-甲基蒽醌	1-hydroxy-7-methoxy-3-methyl anthraquinone
5-羟基-7-甲氧基-3-甲基色原烷-4-酮	5-hydroxy-7-methoxy-3-methyl chromen-4-one
8-羟基-7-甲氧基-5-甲基-2, 3-亚甲二氧基苯并 [c] 菲啶-6 (5H)-酮	8-hydroxy-7-methoxy-5-methyl-2, 3-methylenedioxybenzo [c] phenanthridin-6 (5H)-one
5-羟基-7-甲氧基-6, 8-二甲基-3-(2′-羟基-4′-甲氧基苄基) 色烷-4-酮	5-hydroxy-7-methoxy-6, 8-dimethyl-3-(2′-hydroxy-4′-methoxybenzyl) chroman-4-one
(2S)-5-羟基-7-甲氧基-8-[(E)-3-氧亚基-1-丁烯基] 黄烷酮	(2S)-5-hydroxy-7-methoxy-8-[(E)-3-oxo-1-butenyl] flavanone
5-羟基-7-甲氧基-8-甲基黄烷酮	5-hydroxy-7-methoxy-8-methyl flavanone
1-羟基-7-甲氧基吖啶酮	1-hydroxy-7-methoxyacridone
5-羟基-7-甲氧基白杨素 (杨芽素、杨芽黄素、柚木柯因)	5-hydroxy-7-methoxyflavone (tectochrysin)
4-羟基-7-甲氧基黄烷	4-hydroxy-7-methoxyflavane
(2S)-4′-羟基-7-甲氧基黄烷	(2S)-4′-hydroxy-7-methoxyflavan
5-羟基-7-甲氧基色原酮	5-hydroxy-7-methoxychromone
1-羟基-7-甲氧基屾酮 (优屾酮-7-甲醚)	1-hydroxy-7-methoxyxanthone (euxanthone-7-methyl ether)
4′-羟基-7-甲氧基长叶千斤拔素 F	4′-hydroxy-7-methoxyflemistrictin F
6-羟基-7-甲氧基香豆素	6-hydroxy-7-methoxycoumarin
1-羟基-7-羟甲基-1, 4a, 5, 7a-四氢化环戊 [c] 吡喃-4-甲醛	1-hydroxy-7-hydroxymethyl-1, 4a, 5, 7a-tetrahydrocyclopenta [c] pyran-4-carbaldehyde
2-羟基-7-羟甲基-1-甲基-5-乙烯基-9, 10-二氢菲	2-hydroxy-7-hydroxymethyl-1-methyl-5-vinyl-9, 10-dihydrophenanthrene
2-羟基-7-羟甲基-3-甲氧基蒽醌	2-hydroxy-7-hydroxymethyl-3-methoxyanthraquinone

6-羟基-7-羟甲基-4-亚甲基六氢环戊 [c] 吡喃-1 (3H)-酮	6-hydroxy-7-(hydroxymethyl)-4-methylenehexahydro-cyclopenta [c] pyran-1 (3H)-one
1-羟基-7-羟甲基蒽醌	1-hydroxy-7-hydroxymethyl anthraquinone
7α-羟基-7-去氧亚基灵芝酸 AP 甲酯	7α-hydroxy-7-deoxoganoderic acid AP methyl ester
2-羟基-7-羧基-1-甲基-5-乙烯基-9, 10-二氢菲	2-hydroxy-7-carboxy-1-methyl-5-vinyl-9, 10-dihy-drophenanthrene
2-羟基-7-羧基-1-甲基-5-乙烯基菲	2-hydroxy-7-carboxy-1-methyl-5-vinyl phenanthrene
(3R, 5R, 7Z)-3-羟基-7-烯-Δ-癸内酯	(3R, 5R, 7Z)-3-hydroxy-7-en-Δ-decanolactone
2-{4-羟基-7-氧代双环 [2.2.1] 庚烷基} 乙酸	2-{4-hydroxy-7-oxabicyclo [2.2.1] heptanyl} acetic acid
3β-羟基-7-氧亚基-5α-羊毛脂-8, (24E)-二烯-26-酸	3β-hydroxy-7-oxo-5α-lanost-8, (24E)-dien-26-oic acid
18-羟基-7-氧亚基半日花-8 (9), (13E)-二烯-15-酸	18-hydroxy-7-oxolabd-8 (9), (13E)-dien-15-oic acid
13β-羟基-7-氧亚基松香-8 (14)-烯-19, 6β-内酯	13β-hydroxy-7-oxoabiet-8 (14)-en-19, 6β-olide
6α-羟基-7-氧亚基铁锈醇 (6α-羟基-7-氧亚基锈色罗汉松酚)	6α-hydroxy-7-oxoferruginol
11-羟基-8 (17), (12E)-半日花二烯-15, 16-二醛-11, 15-半缩醛	11-hydroxy-8 (17), (12E)-labd-dien-15, 16-dial-11, 15-hemiacetal
15-羟基-8 (17), (13E)-半日花二烯	15-hydroxy-8 (17), (13E)-labd-diene
19-羟基-8 (17), 13-半日花二烯-15, 16-内酯	19-hydroxy-8 (17), 13-labdadien-15, 16-olide
7-羟基-8-(2′, 3′-二羟基-3′-甲基丁基) 香豆素	7-hydroxy-8-(2′, 3′-dihydroxy-3′-methyl-butyl) coumarin
(1R, 9S, 10S)-10-羟基-8-(2′, 4′-二炔己亚基)-9-异戊酰氧基-2, 7-二氧杂螺 [5.4] 癸烷	(1R, 9S, 10S)-10-hydroxy-8-(2′, 4′-diynehexylidene)-9-isovaleryloxy-2, 7-dioxaspiro [5.4] decane
1-羟基-8-(2-羟基-3-甲基丁-3-烯基)-3, 6, 7-三甲氧基-2-(3-甲基丁-2-烯基) 呫酮	1-hydroxy-8-(2-hydroxy-3-methylbut-3-enyl)-3, 6, 7-trimethoxy-2-(3-methylbut-2-enyl) xanthone
(5-羟基-8-(3′, 3′-二甲烯丙基) 补骨脂素 [8-(3′, 3′-二甲烯丙基)-5-去甲香柑内酯]	5-hydroxy-8-(3′, 3′-dimethyl allyl) psoralen (demethyl furopinnarin)
5-羟基-8-(3′-甲基-2′-丁烯基) 呋喃香豆素	5-hydroxy-8-(3′-methyl-2′-butenyl) furocoumarin
9-羟基-8, 10-环氧麝香草酚-3-O-巴豆酸酯	9-hydroxy-8, 10-epoxythymol-3-O-tiglate
9-羟基-8, 10-脱氢麝香草酚	9-hydroxy-8, 10-dehydrothymol
13-羟基-8, 11, 13-罗汉松三烯-18-酸	13-hydroxy-8, 11, 13-podocatpatrien-18-oic acid
12-羟基-8, 11, 13-冷杉三烯-19-醛	12-hydroxy-8, 11, 13-abietatrien-19-al
7β-羟基-8, 13-松香二烯-11, 12-二酮	7β-hydroxy-8, 13-abietadien-11, 12-dione
5-羟基-8, 2′-二甲氧基黄酮-7-O-β-D-吡喃葡萄糖苷	5-hydroxy-8, 2′-dimethoxyflavone-7-O-β-D-glucopyranoside
8α-羟基-8, 30-二氢安哥拉内雄楝酸甲酯	8α-hydroxy-8, 30-dihydroangolensic acid methyl ester
7-羟基-8, 4′-二甲氧基异黄酮	7-hydroxy-8, 4′-dimethoxyisoflavone
4-羟基-8, 9-(E)-鞘氨醇-2′-羟基-正二十二～正二十六烷甲酰胺	4-hydroxy-8, 9-(E)-sphingosine-2′-hydroxy-n-docosane carboxamide～n-hexadecane carboxamide
3-羟基-8, 9-二甲氧基香豆雌烷	3-hydroxy-8, 9-dimethoxycoumestan
10-羟基-8, 9-二氢麝香草酚	10-hydroxy-8, 9-dihydrothymol
(7R, 8R)-4-羟基-8′, 9′-二去甲-4′, 7-环氧-8, 3′-新木脂素-7′-甲酯	methyl (7R, 8R)-4-hydroxy-8′, 9′-dinor-4′, 7-epoxy-8, 3′-neolignan-7′-ate
(+)-3-羟基-8, 9-二氧亚甲基紫檀碱	(+)-3-hydroxy-8, 9-methylenedioxypterocarpan

10-羟基-8, 9-二氧异亚丙基麝香草酚	10-hydroxy-8, 9-dioxyisopropylidene thymol
3-羟基-8-*C*-异戊烯基柚皮素	3-hydroxy-8-*C*-prenyl naringenin
6-羟基-8-*O*-α-L-鼠李糖基-β-苏里苷元	6-hydroxy-8-*O*-α-L-rhamnosyl-β-sorigenin
3′-羟基-8-*O*-甲基巴拿马黄檀异黄酮	3′-hydroxy-8-*O*-methyl retusin
(4β*H*)-5α-羟基-8α-(2-甲基丙烯酰氧基)-1 (10), 11 (13)-愈创木二烯-12, 6α-内酯	(4β*H*)-5α-hydroxy-8α-(2-methyl propenoyloxy)-1 (10), 11 (13)-guaiadien-12, 6α-olide
3β-羟基-8β-(4′-羟基惕各酰氧基)木香烯内酯	3β-hydroxy-8β-(4′-hydroxytigloyloxy) costunolide
9α-羟基-8β-甲基丙烯酰氧基-14-氧亚基刺苞菊内酯	9α-hydroxy-8β-methacryloxy-14-oxo-acanthospermolide
9β-羟基-8β-甲基丙烯酰氧基木香烃内酯	9β-hydroxy-8β-methacryloxycostunolide
1β-羟基-8β-乙酰氧基木香酸甲酯	1β-hydroxy-8β-acetoxycostic acid methyl ester
1β-羟基-8β-乙酰氧基异木香酸甲酯	1β-hydroxy-8β-acetoxyisocostic acid methyl ester
15-羟基-8β-异丁酰氧基-14-氧亚基买兰坡草内酯	15-hydroxy-8β-isobutyryloxy-14-oxomelampolide
14-羟基-8β-异丁酰氧基-1β, 10α-环氧木香烯内酯	14-hydroxy-8β-isobutyryloxy-1β, 10α-epoxycostunolide
9β-羟基-8β-异丁酰氧基-1β, 10α-环氧木香烯内酯	9β-hydroxy-8β-isobutyryloxy-1β, 10α-epoxycostunolide
14-羟基-8β-异丁酰氧基木香烯内酯	14-hydroxy-8β-isobutyryloxycostunolide
9β-羟基-8β-异丁酰氧基木香烯内酯	9β-hydroxy-8β-isobutyryloxycostunolide
9α-羟基-8β-异戊酰基氧基毛果翼核果内酯	9α-hydroxy-8β-isovalerianyloxycalyculatolide
10-羟基-8-癸烯酸	10-hydroxy-8-decenoic acid
7-羟基-8-甲氧基-3-(4′-甲氧基亚苄基)色原烷-4-酮	7-hydroxy-8-methoxy-3-(4′-methoxybenzylidene) chroman-4-one
5-羟基-8-甲氧基补骨脂素	5-hydroxy-8-methoxypsoralen
3′-羟基-8-甲氧基维斯体素	3′-hydroxy-8-methoxyvestitol
7-羟基-8-甲氧基香豆素	7-hydroxy-8-methoxycoumarin
2-羟基-8-羧基-1-甲基-5-乙烯基-9, 10-二氢菲	2-hydroxy-8-carboxy-1-methyl-5-vinyl-9, 10-dihydrophenanthrene
2β-羟基-8-脱氧-11α, 13-二氢岩生三裂蒿素 A、B	2β-hydroxy-8-deoxy-11α, 13-dihydrorupicolins A, B
1β-羟基-8-氧亚基-11-去甲-11-羟基荒漠木-6, 9-二烯	1β-hydroxy-8-oxo-11-nor-11-hydroxyeremophila-6, 9-diene
16-羟基-8-氧亚基十六烷基十四酸酯	16-hydroxy-8-oxohexadecyl tetradecanoate
4-羟基-8-乙酰氧基愈创木-1 (2), 9 (10)-二烯-6, 12-内酯	4-hydroxy-8-acetoxyguaia-1 (2), 9 (10)-dien-6, 12-olide
(5*S*, 7*S*, 8*S*, 9*S*)-7-羟基-8-异戊酰氧基-Δ$^{4, 11}$-二氢假荆芥内酯	(5*S*, 7*S*, 8*S*, 9*S*)-7-hydroxy-8-isovaleroyloxy-Δ$^{4, 11}$-dihydronepetalactone
1-羟基-9 (10*H*)-吖啶酮	1-hydroxy-9 (10*H*)-acridinone
(3*R*, 4*S*, 5*R*, 7*S*, 9*R*)-3-羟基-9-(3-甲基丁烯酰氧基)马铃薯螺二烯酮	(3*R*, 4*S*, 5*R*, 7*S*, 9*R*)-3-hydroxy-9-(3-methyl butenoyloxy) solavetivone
{3-羟基-9-(4′-羟基-3′-甲氧苯基)-11-甲氧基-5, 6, 9, 10-四氢菲并 [2, 3-*b*] 呋喃-10-基} 乙酸甲酯	{3-hydroxy-9-(4′-hydroxy-3′-methoxyphenyl)-11-methoxy-5, 6, 9, 10-tetrahydrophenanthro [2, 3-*b*] furan-10-yl} methyl acetate
13-羟基-9, 11-十八碳二烯酸	13-hydroxy-9, 11-octadecadienoic acid
13-羟基-9, 11-十六碳二烯酸	13-hydroxy-9, 11-hexadecadienoic acid

7-羟基-9, 10-二甲氧基-2-O-乙酰基菲-3, 4-二酮	7-hydroxy-9, 10-dimethoxy-2-O-acetyl phenanthrene-3, 4-dione
8-羟基-9, 10-二异丁酰氧基麝香草酚	8-hydroxy-9, 10-diisobutyryloxythymol
(12R, 9Z, 13E, 15Z)-12-羟基-9, 13, 15-十八碳三烯酸	(12R, 9Z, 13E, 15Z)-12-hydroxy-9, 13, 15-octadecatrienoic acid
(9Z, 16S)-16-羟基-9, 17-十八碳二烯-12, 14-二炔酸	(9Z, 16S)-16-hydroxy-9, 17-octadecadien-12, 14-diynoic acid
25-羟基-9, 19-环阿庭-22-烯-3-酮	25-hydroxy-9, 19-cycloart-22-en-3-one
(7R, 8R)-4-羟基-9′-O-(α-L-吡喃鼠李糖基)-3, 3′, 5′-三甲氧基-8-O-4′-新木脂素	(7R, 8R)-4-hydroxy-9′-O-(α-L-rhamnopyranosyl)-3, 3′, 5′-trimethoxy-8-O-4′-neolignan
(7R, 8S)-4-羟基-9′-O-(α-L-吡喃鼠李糖基)-3, 3′, 5′-三甲氧基-8-O-4′-新木脂素	(7R, 8S)-4-hydroxy-9′-O-(α-L-rhamnopyranosyl)-3, 3′, 5′-trimethoxy-8-O-4′-neolignan
8-羟基-9-O-当归酰基-10-O-乙酰基麝香草酚	8-hydroxy-9-O-angeloyl-10-O-acetyl thymol
15-羟基-9α-乙酰氧基-8β-异丁酰氧基-14-氧亚基买兰坡草内酯 (15-羟基-9α-乙酰氧基-8β-异丁酰氧基-14-氧代黑足菊内酯)	15-hydroxy-9α-acetoxy-8β-isobutyryloxy-14-oxomelampolide
8β-羟基-9α-异丁烯酰氧-14-氧亚基刺苞菊内酯	8β-hydroxy-9α-methacryloxy-14-oxo-acanthospermolide
8β-羟基-9β-(2-甲基丁酰氧基)-14-氧亚基刺苞菊内酯	8β-hydroxy-9β-(2-methyl butyryloxy)-14-oxo-acanthospermolide
4α-羟基-9β, 10β-环氧-1βH, 5αH-愈创木-11 (13)-烯-8α, 12-内酯	4α-hydroxy-9β, 10β-epoxy-1βH, 5αH-guai-11 (13)-en-8α, 12-olide
8-羟基-9-当归酰氧基麝香草酚	8-hydroxy-9-angeloyloxythymol
10-羟基-9-甲基-15-氧亚基-20-去甲贝壳杉-16-烯-18-酸 γ-内酯	10-hydroxy-9-methyl-15-oxo-20-norkaur-16-en-18-oic acid γ-lactone
(3β, 9β, 10α, 24R)-24-羟基-9-甲基-19-去甲羊毛脂-5-烯	(3β, 9β, 10α, 24R)-24-hydroxy-9-methyl-19-norlanost-5-ene
(3β, 9β, 10α, 24R)-24-羟基-9-甲基-19-去甲羊毛脂-5-烯-11-酮	(3β, 9β, 10α, 24R)-24-hydroxy-9-methyl-19-norlanost-5-en-11-one
3-羟基-9-甲氧基-6H-苯并呋喃 [3, 2-c] 苯并吡喃-6-酮	3-hydroxy-9-methoxy-6H-benzofuran [3, 2-c] benzopyran-6-one
3-羟基-9-甲氧基香豆雌烷	3-hydroxy-9-methoxycoumestan
L-3-羟基-9-甲氧基紫檀碱	L-3-hydroxy-9-methoxypterocarpan
1, 3-羟基-9-甲氧基紫檀碱	1, 3-hydroxy-9-methoxypterocarpan
3-羟基-9-甲氧基紫檀烷-6α-烯	3-hydroxy-9-methoxypterocarp-6α-ene
9α-羟基-9-马兜铃烯酮	9α-hydroxy-9-aristolenone
9-羟基-9-硼杂双环 [3.3.1] 壬烷	9-hydroxy-9-borabicyclo [3.3.1] nonane
7-羟基-9-羟甲基-3-氧亚基双环 [4.3.0]-8-壬烯 (玄参环醚)	7-hydroxy-9-hydroxymethyl-3-oxo-bicyclo [4.3.0]-8-nonene
8β-羟基-9-全萼苔酮	8β-hydroxygymnomitrian-9-one
11-羟基-9-十三烯酸	11-hydroxy-9-tridecenoic acid
(3R, 4S, 5R, 7S, 9R)-3-羟基-9-惕各酰基氧代马铃薯螺二烯酮	(3R, 4S, 5R, 7S, 9R)-3-hydroxy-9-tigloyloxysolavetivone

中文名称	英文名称
(3*R*, 4*S*, 5*R*, 7*S*, 9*R*)-3-羟基-9-异丁酰基马铃薯螺二烯酮	(3*R*, 4*S*, 5*R*, 7*S*, 9*R*)-3-hydroxy-9-isobutanoyl solavetivone
3β-羟基-D:C-无羁齐墩果-8-烯-29-酸	3β-hydroxy-D:C-friedoolean-8-en-29-oic acid
28-羟基-D-14-弗瑞德齐墩果烯-3-酮	28-hydroxy-D-friedoolean-14-en-3-one
(9*R*)-羟基-D-芝麻素	(9*R*)-hydroxy-D-sesamin
4″-羟基-(*E*)-球花宁	4″-hydroxy-(*E*)-globularinin
(+)-γ-羟基-L-高精氨酸	(+)-γ-hydroxy-L-homoarginine
7α-羟基-L-海松-8 (14), 15-二烯-19-酸	7α-hydroxy-L-pimar-8 (14), 15-dien-19-oic acid
7β-羟基-L-海松-8 (14), 15-二烯-19-酸	7β-hydroxy-L-pimar-8 (14), 15-dien-19-oic acid
羟基-L-海松二烯酸	hydroxy-L-pimara-8 (14), 15-dien-19-oic acid
4-羟基-L-精氨酸	γ-hydroxy-L-arginine
3-羟基-L-酪氨酸 (L-多巴、3, 4-二羟基-L-苯丙氨酸)	3-hydroxy-L-tyrosine (L-dopa, 3, 4-dihydroxyphenyl-L-alanine)
(4*S*)-4-羟基-L-脯氨酸	(4*S*)-4-hydroxy-L-proline
5-羟基-L-色氨酸	5-hydroxy-L-tryptophan
(2*E*, 7*E*, 9*E*)-6-羟基-*N*-(2-羟基-2-甲丙基)-11-氧亚基-2, 7, 9-十二碳三烯酰胺	(2*E*, 7*E*, 9*E*)-6-hydroxy-*N*-(2-hydroxy-2-methyl propyl)-11-oxo-2, 7, 9-dodecatrienamide
4-羟基-*N*-(4-羟基苯乙基) 苯甲酰胺	4-hydroxy-*N*-(4-hydroxyphenethyl) benzamide
5-羟基-*N*, *N*-二甲基色胺	5-hydroxy-*N*, *N*-dimethyl tryptamine
(*R*)-2-羟基-*N*-[(2*S*, 3*S*, 4*R*, *E*)-1-*O*-β-D-吡喃葡萄糖基-1, 3, 4-三羟基十七碳-9-烯-2-基] 十九碳酰胺	(*R*)-2-hydroxy-*N*-[(2*S*, 3*S*, 4*R*, *E*)-1-*O*-β-D-glucopyranosyl- 1, 3, 4-trihydroxyheptadec-9-en-2-yl] nonadecanamide
16-羟基-*N*4-去甲基大叶糖胶树碱氧化吲哚	16-hydroxy-*N*4-demethyl alstophylline oxindole
16-羟基-*N*4-去甲基大叶糖胶树醛氧化吲哚	16-hydroxy-*N*4-demethyl alstophyllal oxindole
(+)-16α-羟基-N_a-苯甲酰黄杨定碱	(+)-16α-hydroxy-N_a-benzoyl buxadine
15-羟基-*N*b-甲基钩吻迪奈碱 (15-羟基-*N*b-甲基钩吻二内酰胺)	15-hydroxy-*N*b-methyl gelsedilam
1-羟基-*N*-甲基吖啶酮	1-hydroxy-*N*-methyl acridone
14-羟基-*N*-甲基白毛茛定	14-hydroxy-*N*-methyl canadine
5-羟基-*N*-甲基东风橘碱	5-hydroxy-*N*-methyl severifoline
3-羟基-*N*-甲基脯氨酸	3-hydroxy-*N*-methyl proline
4-羟基-*N*-甲基脯氨酸	4-hydroxy-*N*-methyl proline
14-羟基-*N*-甲基四氢唐松草吩啶	14-hydroxy-*N*-methyl tetrahydrothalifendine
14-羟基-*N*-甲基四氢伪小檗碱	14-hydroxy-*N*-methyl tetrahydropseudoberberine
2-羟基-*N*-羟苄基新烟碱	2-hydroxy-*N*-hydroxybenzyl anabasine
(2*R*)-2-羟基-*N*-羟苄基新烟碱	(2*R*)-2-hydroxy-*N*-hydroxybenzyl anabasine
(2*S*)-2-羟基-*N*-羟苄基新烟碱	(2*S*)-2-hydroxy-*N*-hydroxybenzyl anabasine
2′-羟基-*N*-异丁基-(2*E*, 6*E*, 8*E*, 10*E*)-十二碳四烯酰胺	2′-hydroxy-*N*-isobutyl-(2*E*, 6*E*, 8*E*, 10*E*)-dodecatetraenamide
(2*E*, 4*E*, 8*Z*, 11*E*)-2′-羟基-*N*-异丁基-2, 4, 8, 11-十四碳四烯酰胺	(2*E*, 4*E*, 8*Z*, 11*E*)-2′-hydroxy-*N*-isobutyl-2, 4, 8, 11-tetradecatetraenamide
(2*E*, 4*E*, 8*Z*, 11*Z*)-2′-羟基-*N*-异丁基-2, 4, 8, 11-十四碳四烯酰胺	(2*E*, 4*E*, 8*Z*, 11*Z*)-2′-hydroxy-*N*-isobutyl-2, 4, 8, 11-tetradecatetraenamide

7β-羟基-O-甲基珊瑚樱碱	7β-hydroxy-O-methylsolanocapsine
(−)-8-羟基-α-邓氏链果苣苔醌	(−)-8-hydroxy-α-dunnione
(R)-7-羟基-α-邓氏链果苣苔醌	(R)-7-hydroxy-α-dunnione
(R)-8-羟基-α-邓氏链果苣苔醌	(R)-8-hydroxy-α-dunnione
6-羟基-α-邓氏链果苣苔醌	6-hydroxy-α-dunnione
7-羟基-α-邓氏链果苣苔醌	7-hydroxy-α-dunnione
4-羟基-α-风铃木醌 (4-羟基-α-拉杷醌)	4-hydroxy-α-lapachone
9-羟基-α-风铃木醌 (9-羟基-α-拉杷醌)	9-hydroxy-α-lapachone
羟基-α-胡萝卜素	hydroxy-α-carotene
16-羟基-α-可鲁勃林	16-hydroxy-α-colubrine
羟基-α-山椒素	hydroxy-α-sanshool
10ξ-羟基-α-檀香-11-烯	10ξ-hydroxy-α-santal-11-ene
11-羟基-α-檀香-9-烯	11-hydroxy-α-santal-9-ene
(8′R, 7′S)-(−)-8-羟基-α-铁杉脂素	(8′R, 7′S)-(−)-8-hydroxy-α-conidendrin
27-羟基-α-香树脂醇	27-hydroxy-α-amyranol
β-羟基-α-亚甲基-γ-丁内酯	β-hydroxy-α-methylene-γ-butyl lactone
(4S, 7R, 8R, 10S)-8-羟基-α-愈创木烯	(4S, 7R, 8R, 10S)-8-hydroxy-α-guaiene
N-[β-羟基-β-(4-羟基)苯]乙基-4-羟基桂皮酰胺	N-[β-hydroxy-β-(4-hydroxy) phenyl] ethyl-4-hydroxy-cinnamide
3′-羟基-β, ε-胡萝卜-3, 4-二酮 (α-金鲫酮)	3′-hydroxy-β, ε-daucan-3, 4-dione (α-doradecin)
4-羟基-β-布藜烯	4-hydroxy-β-bulnesene
7α-羟基-β-豆甾醇	7α-hydroxy-β-stigmasterol
7β-羟基-β-豆甾醇	7β-hydroxy-β-stigmasterol
7α-羟基-β-谷甾醇	7α-hydroxy-β-sitosterol
7β-羟基-β-谷甾醇	7β-hydroxy-β-sitosterol
β-羟基-β-甲基缬草酸	β-hydroxy-β-methyl valeric acid
3-羟基-β-咔啉	3-hydroxy-β-carboline
7-羟基-β-咔啉-1-丙酸	7-hydroxy-β-carbolin-1-propionic acid
6-羟基-β-咔啉-1-甲酸	6-hydroxy-β-carbolin-1-carboxylic acid
16-羟基-β-可鲁勃林	16-hydroxy-β-colubrine
羟基-β-山椒素	hydroxy-β-sanshool
10ξ-羟基-β-檀香-11-烯	10ξ-hydroxy-β-santal-11-ene
3-羟基-β-突厥蔷薇酮	3-hydroxy-β-damascone
3-羟基-β-突厥蔷薇烯酮	3-hydroxy-β-damascenone
(10S)-11-羟基-β-香附酮	(10S)-11-hydroxy-β-cyperone
11α-羟基-β-香树素	11α-hydroxy-β-amyrin
3-羟基-β-紫罗兰醇	3-hydroxy-β-ionol
4-羟基-β-紫罗兰醇	4-hydroxy-β-ionol
3-羟基-β-紫罗兰酮	3-hydroxy-β-ionone
(+)-3-羟基-β-紫罗兰酮 [(+)-3-羟基-β-香堇酮]	(+)-3-hydroxy-β-ionone

Q

羟基 -β- 紫罗兰酮葡萄糖苷	hydroxy-β-ionone glucoside
羟基 -γ- 山椒素	hydroxy-γ-sanshool
羟基 -γ- 异山椒素	hydroxy-γ-isosanshool
ω- 羟基 -Δ²- 癸烯酸	ω-hydroxy-Δ²-decenoic acid
9- 羟基 -Δ- 多花藤碱	9-hydroxy-Δ-skytanthine
1- 羟基吖啶酮	1-hydroxyacridone
3- 羟基阿吹坡利西内酯醇巴豆酸酯	3-hydroxyatripliciolide tiglate
2β- 羟基阿里山五味子内酯 C	2β-hydroxyarisanlactone C
2- 羟基阿魏酸	2-hydroxyferulic acid
(Z)-5- 羟基阿魏酸	(Z)-5-hydroxyferulic acid
5- 羟基阿魏酸	5-hydroxyferulic acid
1β- 羟基矮艾素 A	1β-hydroxyarbusculin A
(1R, 7R, 10R, 11R)-12- 羟基安徽银莲花烯醇	(1R, 7R, 10R, 11R)-12-hydroxyanhuienosol
3- 羟基安尼索碱 (3- 羟基异唇爵床碱)	3-hydroxyanisotine
14- 羟基安托芬	14-hydroxyantofine
(−)-(10β, 13aα)-14β- 羟基安托芬 N- 氧化物	(−)-(10β, 13aα)-14β-hydroxyantofine N-oxide
1α- 羟基桉叶 -2, 4 (15), 11 (13)- 三烯 -7αH-12- 酸	1α-hydroxyeudesm-2, 4 (15), 11 (13)-trien-7αH-12-oic acid
(5R, 7R, 10S)-11- 羟基桉叶 -3- 烯 -2- 酮 -11-O-β-D- 吡喃葡萄糖苷	(5R, 7R, 10S)-11-hydroxyeudesm-3-en-2-one-11-O-β-D-glucopyranoside
6- 羟基桉叶 -4 (14)- 烯	6-hydroxyeudesm-4 (14)-ene
1β- 羟基桉叶 -4 (15), 11 (13)- 二烯 -12, 6α- 内酯	1β-hydroxyeudesm-4 (15), 11 (13)-dien-12, 6α-olide
2α- 羟基桉叶 -4 (15), 11 (13)- 二烯 -12, 8β- 内酯	2α-hydroxyeudesman-4 (15), 11 (13)-dien-12, 8β-olide
5α- 羟基桉叶 -4 (15), 11- 二烯	5α-hydroxyeudesm-4 (15), 11-diene
2α- 羟基桉叶 -4 (15)- 烯 -12, 8β- 内酯	2α-hydroxyeudesman-4 (15)-en-12, 8β-olide
7α- 羟基桉叶 -4- 烯 -6, 12- 内酯	7α-hydroxyeudesm-4-en-6, 12-olide
1β- 羟基桉叶 -4- 烯 -6- 酮	1β-hydroxyeudesm-4-en-6-one
8α- 羟基桉叶醇	8α-hydroxyeudesmol
2α- 羟基桉叶素	2α-hydroxycineole
4-(羟基氨基) 苯酚	4-(hydroxyamino) phenol
(+)-7- 羟基氨基硬脂酸	(+)-7-hydroxyaminostearic acid
2- 羟基奥古雪松二烯内酯	2-hydroxyangustidienolide
12β- 羟基奥寇梯木酮	12β-hydroxyocotillone
12β- 羟基澳洲茄胺	12β-hydroxysolasodine
15α- 羟基澳洲茄胺 (15α- 羟基茄解啶)	15α-hydroxysolasodine
7α- 羟基澳洲茄碱	7α-hydroxysolasonine
3- 羟基八角呋酮 B	3-hydroxyillifunone B
4- 羟基八仙花酚	4-hydroxyhydrangenol
6- 羟基巴东荚蒾苷	6-hydroxyhenryoside
1″- 羟基巴豆碱	1″-hydroxycrotonine
3α- 羟基巴尔巴酸	3α-hydroxybarbatic acid

3β-羟基巴尔喀蒿烯内酯	3β-hydroxybalchanolide
3-羟基巴戟醌 (3-羟基橙树素、3-羟基巴戟酮)	3-hydroxymorindone
4-羟基巴西叫酮 A、B	4-hydroxybrasilixanthones A, B
7-羟基脱氢白菖蒲烯 (7-羟基菖蒲烃)	7-hydroxycalamenene
6-羟基白花丹素	6-hydroxyplumbagin
15β-羟基白花牛角瓜灵	15β-hydroxyuscharin
16α-羟基白花牛角瓜灵	16α-hydroxyuscharin
23-羟基白桦酸 (23-羟基白桦脂酸、白头翁皂酸元)	23-hydroxybetulinic acid (anemosapogenin)
2α-羟基白桦脂酸	2α-hydroxybetulinic acid
2α-羟基白桦脂酸甲酯	methyl 2α-hydroxybetulinate
羟基白藜芦醇	hydroxyresveratrol
19-羟基白前内酯 E	19-hydroxyglaucolide E
羟基白屈菜碱	hydroxychelidonine
6-羟基白蛇根草酮 (6-羟基丙呋苯甲酮、千里光酚酮)	6-hydroxytremetone
8-羟基白鲜碱	8-hydroxydictamnine
6β-羟基白鲜酮	6β-hydroxyfraxinellone
30-羟基白鲜酮	30-hydroxyfraxinellone
9α-羟基白鲜酮	9α-hydroxyfraxinellone
9β-羟基白鲜酮	9β-hydroxyfraxinellone
9α-羟基白鲜酮-9-O-β-D-葡萄糖苷	9α-hydroxyfraxinellone-9-O-β-D-glucoside
2′-羟基白杨素	2′-hydroxychrysin
9α-羟基白叶蒿定	9α-hydroxyleucodin
11-羟基白叶藤碱	11-hydroxycryptolepine
16-羟基百部叶碱	16-hydroxystemofoline
6β-羟基百部叶碱	6β-hydroxystemofoline
N-羟基斑蝥素	N-hydroxycantharidin
羟基斑蝥素	hydroxycantharidin
15-羟基半日花-8 (17), (11E, 13E)-三烯-19-酸	15-hydroxylabd-8 (17), (11E, 13E)-trien-19-oic acid
18-羟基半日花-8 (17), (13E)-二烯-15-酸	18-hydroxylabd-8 (17), (13E)-dien-15-oic acid
19-羟基半日花-8 (17), (13Z)-二烯-15-酸	19-hydroxylabd-8 (17), (13Z)-dien-15-oic acid
(E)-3-羟基半日花-8 (17), 12-二烯-16, 15-内酯	(E)-3-hydroxylabd-8 (17), 12-dien-16, 15-olide
16-羟基半日花-8 (17), 13-二烯-15, 19-二酸丁烯酸内酯	16-hydroxylabd-8 (17), 13-dien-15, 19-dioic acid butenolide
13ε-羟基半日花-8 (17), 14-二烯-18-酸-18-O-α-L-吡喃鼠李糖基-(1→2)-O-β-D-吡喃葡萄糖基-(1→4)-O-α-L-吡喃鼠李糖苷	13ε-hydroxylabd-8 (17), 14-dien-18-oic acid-18-O-α-L-rhamnopyranosyl-(1→2)-O-β-D-glucopyranosyl-(1→4)-O-α-L-rhamnopyranoside
15-羟基半日花-8 (17)-烯-19-酸	15-hydroxylabd-8 (17)-en-19-oic acid
(13S)-15-羟基半日花-8 (17)-烯-19-酸	(13S)-15-hydroxylabd-8 (17)-en-19-oic acid
(14R)-14β-羟基半枝莲酯	(14R)-14β-hydroxyscutolide
14β-羟基半枝莲酯 K	14β-hydroxyscutolide K
(+)-9′-羟基瓣蕊花素	(+)-9′-hydroxygalbelgin

10-羟基豹皮菇萜醚	10-hydroxyentideusether
24-羟基杯苋甾酮	24-hydroxycyasterone
羟基杯苋甾酮	hydroxycyasterone
(4α, 13α)-15-羟基贝壳杉-15-烯-18-酸	(4α, 13α)-15-hydroxykaur-15-en-18-oic acid
(4α, 7α)-7-羟基贝壳杉-16-烯-18-酸	(4α, 7α)-7-hydroxykaur-16-en-18-oic acid
18-羟基贝壳杉-16-烯-19-酸	18-hydroxykaur-16-en-19-oic acid
(−)-(16R)-羟基贝壳杉-19-酸	(−)-(16R)-hydroxykaur-19-oic acid
16α-羟基贝壳杉酸	16α-hydroxykauranoic acid
6-羟基贝壳杉酸	6-hydroxykauranoic acid
羟基苯 (石炭酸、苯酚)	hydroxybenzene (phenylic acid, phenol)
4-羟基苯丙醛	4-hydroxyphenyl propanal
(R)-2-羟基苯丙酸	(R)-2-hydroxyphenyl propionic acid
(S)-2-羟基苯丙酸	(S)-2-hydroxyphenyl propionic acid
3-羟基苯丙酸	3-hydroxyphenyl propionic acid
(E)-2-羟基苯丙酸肉桂酯	cinnamoyl (E)-2-hydroxy-phenyl propionate
羟基苯丙酮酸	hydroxyphenyl pyruvic acid
2-羟基苯并噻唑	2-benzothiazolol
β-羟基苯并戊酸	β-hydroxybenzenepentanoic acid
1-羟基苯并异二氢吡喃醌	1-hydroxybenzoisochromanquinone
3-羟基苯甲醇	3-hydroxybenzyl alcohol
4-羟基苯甲醇-O-β-D-吡喃葡萄糖基-(1→6)-β-D-吡喃葡萄糖苷	4-hydroxybenzyl alcohol-O-β-D-glucopyranosyl-(1→6)-β-D-glucopyranoside
3-羟基苯甲醛	3-hydroxybenzaldehyde
4-羟基苯甲醛 (对羟基苯甲醛)	4-hydroxybenzaldehyde (p-hydroxybenzaldehyde)
3-羟基苯甲醛肟	3-hydroxybenzaldehyde oxime
3-羟基苯甲酸	3-hydroxybenzoic acid
羟基苯甲酸	hydroxybenzoic acid
4-羟基苯甲酸 (4-羟基安息香酸、对羟基苯甲酸、对羟基安息香酸)	4-hydroxybenzoic acid (p-hydroxybenzoic acid)
4-O-(3-羟基苯甲酸)-β-D-葡萄糖苷-6′-硫酸酯	4-O-(3-hydroxybenzoic acid)-β-D-glucoside-6′-sulfate
4-羟基苯甲酸-1′, 3′-二羟基丙酯	4-hydroxyhydroxybenzoic acid-1′, 3′-dihydroxypropyl ester
(−)-4-羟基苯甲酸-4-O-[6′-O-(2″-甲基丁酰基)-β-D-吡喃葡萄糖苷]	(−)-4-hydroxybenzoic acid-4-O-[6′-O-(2″-methyl butyryl)-β-D-glucopyranoside]
2-羟基苯甲酸苯甲酯	phenyl methyl 2-hydroxybenzoate
6-羟基苯甲酸苄酯-2-O-β-D-葡萄糖苷	6-hydroxybenzyl benzoate-2-O-β-D-glucoside
4-羟基苯甲酸丙酯	propyl 4-hydroxybenzoate
2-羟基苯甲酸甲酯	methyl 2-hydroxybenzoate
4-羟基苯甲酸甲酯 (对羟基苯甲酸甲酯、羟苯甲酯、尼泊金甲酯)	methyl 4-hydroxybenzoate (methyl p-hydroxybenzoate, methyl paraben)

4-羟基苯甲酸乙酸酯	4-hydroxybenzoic acid acetate
2-羟基苯甲酸乙酯	ethyl 2-hydroxybenzoate
3-羟基苯甲酸乙酯	ethyl 3-hydroxybenzoate
4-羟基苯甲酸乙酯	ethyl 4-hydroxybenzoate
4-羟基苯甲酸正丁酯	*n*-butyl 4-hydroxybenzoate
羟基苯甲酸酯葡萄糖基转移酶	hydroxybenzoate glucosyl transferase
2-*O*-(4-羟基苯甲酰)-2, 4, 6-三羟基苯乙酸甲酯	2-*O*-(4-hydroxybenzoyl)-2, 4, 6-trihydroxyphenyl acetic acid methyl ester
6-*O*-(4-羟基苯甲酰)-5, 7-二脱氧毛猫爪藤苷	6-*O*-(4-hydroxybenzoyl)-5, 7-bisdeoxycynanchoside
6′-*O*-(3″-羟基苯甲酰)-8-表金银花苷	6′-*O*-(3″-hydroxybenzoyl)-8-epikingiside
6′ *O* (4″ 羟基苯甲酰) 8 表金银花苷	6′-*O*-(4″-hydroxybenzoyl)-8-epikingiside
2′-*O*-(3″-羟基苯甲酰) 金银花苷 [2′-*O*-(3″-羟基苯甲酰基) 莫罗忍冬吉苷]	2′-*O*-(3″-hydroxybenzoyl) kingiside
6-*O*-(4-羟基苯甲酰) 筋骨草醇	6-*O*-(4-hydroxybenzoyl) ajugol
6-*O*-(4-羟基苯甲酰) 列当属苷	6-*O*-(4-hydroxybenzoyl) phelipaeside
4-羟基苯甲酰胺 (对羟基苯甲酰胺)	4-hydroxybenzamide
4-羟基苯甲酰胆碱	4-hydroxybenzoyl choline
2′-*O*-(3″-羟基苯甲酰基)-8-表莫罗忍冬吉苷	2′-*O*-(3″-hydroxybenzoyl)-8-epikingiside
20-*O*-(4-羟基苯甲酰基) 假防己宁	20-*O*-(4-hydroxybenzoyl) kidjoranin
6-*O*-(4-羟基苯甲酰基) 焦地黄素 D	6-*O*-(4-hydroxybenzoyl) jioglutin D
1-*O*-(4-羟基苯甲酰基) 葡萄糖	1-*O*-(4-hydroxybenzoyl) glucose
1-(4-羟基苯甲酰基) 葡萄糖	1-(4-hydroxybenzoyl) glucose
7β-(4′-羟基苯甲酰基氧基) 白桦脂酸	7β-(4′-hydroxybenzoyloxy) betulinic acid
14-(4′-羟基苯甲酰氧代) 胡萝卜-4, 8-二烯	14-(4′-hydroxybenzoyloxy) dauc-4, 8-diene
5α-4′-羟基苯甲酰中亚阿魏烯醇	5α-4′-hydroxybenzoyl ferujaesenol
4-羟基苯酞	4-hydroxyphthalide
1-羟基苯辛酸甲酯	methyl 1-hydroxybenzene octanoate
1-[3-(4-羟基苯氧基)-1-丙烯基]-3, 5-二甲氧基苯-4-*O*-β-D-吡喃葡萄糖苷	1-[3-(4-hydroxyphenoxyl)-1-propenyl]-3, 5-dimethoxy-benzene-4-*O*-β-D-glucopyranoside
4-羟基苯乙醇	4-hydroxyphenethyl alcohol
4-羟基苯乙醇-8-*O*-β-D-呋喃芹糖基-(1→6)-β-D-吡喃葡萄糖苷	4-hydroxyphenyl ethanol-8-*O*-β-D-apiofuranosyl-(1→6)-β-D-glucopyranoside
4-羟基苯乙醇-*O*-β-D-吡喃葡萄糖苷	4-hydroxyphenyl ethanol-*O*-β-D-glucopyranoside
4-(4-羟基苯乙基)-2, 6-二甲氧基苯酚	4-(4-hydroxyphenethyl)-2, 6-dimethoxyphenol
3-(4-羟基苯乙基)-5-甲氧基苯酚	3-(4-hydroxyphenethyl)-5-methoxyphenol
4-羟基苯乙基-2-(4-羟苯基) 乙酯	4-hydroxyphenethyl-2-(4-hydroxyphenyl) acetate
4-羟基苯乙腈	4-hydroxyphenyl acetonitrile
4-羟基苯乙醛	4-hydroxyphenyl acetaldehyde
羟基苯乙酸	hydroxyphenyl acetic acid
4-羟基苯乙酸-4-*O*-β-D-吡喃葡萄糖苷	4-hydroxyphenyl acetic acid-4-*O*-β-D-glucopyranoside

4-羟基苯乙酸甲酯	methyl 4-hydroxyphenyl acetate
3′-羟基苯乙酮	3′-hydroxyacetophenone
4′-羟基苯乙酮	4′-hydroxyacetophenone
3-羟基苯乙酮(间乙酰基苯酚、3-乙酰基苯酚)	3-hydroxyacetophenone (*m*-acetyl phenol, 3-acetyl phenol)
4-羟基苯乙酮新落新妇苷	4-hydroxyacetophenone neoastilbin
5-(4-羟基苯乙烯基)-4, 7-二甲氧基香豆素	5-(4-hydroxystyryl)-4, 7-dimethoxycoumarin
(*E*)-6-(4-羟基苯乙氧基)-2-[(3, 4-二羟基-4-羟甲基四氢呋喃-2-氧基)甲基]-5-甲基-4-(3, 4, 5-三羟基-6-甲基四氢-2*H*-吡喃-2-氧基)-四氢-2*H*-吡喃-3-基-3-(3, 4-二羟基苯)丙烯酸酯	(*E*)-6-(4-hydroxyphenethoxy)-2-[(3, 4-dihydroxy-4-hydroxymethyl-tetrahydrofuran-2-oxy) methyl]-5-methyl-4-(3, 4, 5-trihydroxy-6-methyl-tetrahydro-2*H*-pyran-2-oxy)-tetrahydro-2*H*-pyran-3-yl 3-(3, 4-dihydroxyphenyl) acrylate
5-羟基吡啶-2-甲酸酯	5-hydroxypyridine-2-carboxylate
5-羟基吡咯烷-2-酮	5-hydroxypyrrolidin-2-one
(*R*)-5-羟基吡咯烷-2-酮	(*R*)-5-hydroxypyrrolidin-2-one
7α-羟基边茄碱(7α-羟基澳洲茄边碱)	7α-hydroxysolamargine
6α-羟基扁柏定	6α-hydroxychamaecydin
6β-羟基扁柏定	6β-hydroxychamaecydin
7-羟基扁柏脂素	7-hydroxyhinokinin
12α-羟基扁豆酮	12α-hydroxydolineone
15α-羟基扁蒴藤素	15α-hydroxypristimerin
4-羟基扁桃腈	4-hydroxymandelonitrile
4-(4′-羟基苄氧基)苄基甲醚	4-(4′-hydroxybenzyloxy) benzyl methyl ether
1-羟基表菖蒲螺酮	1-hydroxyepiacorone
11-羟基表刺桐替定碱(11-羟基表刺桐替定)	11-hydroxyepierythratidine
2β-羟基表粉蕊黄杨胺 A～D	2β-hydroxyepipachysamines A～D
9-羟基表攀援山橙辛碱	9-hydroxyepimeloscine
8-羟基表松脂素-4-*O*-β-D-吡喃葡萄糖苷	8-hydroxyepipinoresinol-4-*O*-β-D-glucopyranoside
3′-羟基表菘蓝碱苷	3′-hydroxyepiglucoisatisin
20-羟基-20-表卫矛酮	20-hydroxy-20-epitingenone
3-羟基滨藜叶珍珠菊内酯巴豆酸酯	3-hydroxyatriplicolide tiglate
羟基滨蛇床苷 A	hydroxycindimoside A
(2*R*)-3-羟基丙-1, 2-叉基-1, 2-二基二[(3*E*, 5*E*)-庚-3, 5-二烯酸]酯	(2*R*)-3-hydroxypropane-1, 2-diyl di (3*E*, 5*E*)-hept-3, 5-dienoate
5-(3-羟基丙-1-烯基)壬-3-烯-6-炔-1, 9-二醇	5-(3-hydroxyprop-1-enyl) non-3-en-6-yn-1, 9-diol
5-(3-羟基丙基)-2-(3′, 4′-亚甲二氧苯基)苯并呋喃	5-(3-hydroxypropyl)-2-(3′, 4′-methylenedioxyphenyl) benzofuran
2-[4-(3-羟基丙基)-2-甲氧基苯氧基]丙-1, 3-二醇	2-[4-(3-hydroxypropyl)-2-methoxyphenoxy] prop-1, 3-diol
5-(3″-羟基丙基)-7-甲氧基-2-(3′, 4′-亚甲二氧苯基)苯并呋喃	5-(3″-hydroxypropyl)-7-methoxy-2-(3′, 4′-methylenedioxyphenyl) benzofuran
5-(3-羟基丙基)-7-甲氧基苯并呋喃	5-(3-hydroxypropyl)-7-methoxybenzofuran

6α-O-(2-羟基丙基) 京尼平苷	6α-O-(2-hydroxypropyl) geniposide
6β-O-(2-羟基丙基) 京尼平苷	6β-O-(2-hydroxypropyl) geniposide
β-羟基丙基丁香酮	β-hydroxypropiosyringone
α-羟基丙酸 (L-乳酸、2-羟基丙酸、肌乳酸)	α-hydroxypropanoic acid (L-lactic acid, 2-hydroxypropanoic acid, sarcolactic acid)
2-羟基丙酸 (L-乳酸、α-羟基丙酸、肌乳酸)	2-hydroxypropanoic acid (L-lactic acid, α-hydroxypropanoic acid, sarcolactic acid)
2-羟基丙烯	2-hydroxypropene
2-{[(2S)-2-羟基丙酰基] 氨基} 苯甲酰胺	2-{[(2S)-2-hydroxypropanoyl] amino} benzamide
(+)-1-羟基波斯石蒜明	(+)-1-hydroxyungeremine
10-羟基波希鼠李苷 C、D	10-hydroxycascarosides C, D
12-羟基补骨脂酚	12-hydroxybakuchiol
Δ^1-3-羟基补骨脂酚	Δ^1-3-hydroxybakuehiol
Δ^3-2-羟基补骨脂酚	Δ^3-2-hydroxybakuchiol
17-羟基布加贝母啶	valivine
羟基布木柴胺	hydroxybudmunchiamine
6′ξ-羟基布木柴胺 C~K	6′ξ-hydroxybudmunchiamines C~K
羟基菜豆素	hydroxyphaseolin
7α-羟基菜油甾醇	7α-hydroxycampesterol
7α, 7β-羟基菜油甾醇	7α, 7β-hydroxycampesterol
2-羟基苍耳皂素	2-hydroxyxanthinosin
羟基苍术内酯	hydroxyatractylolide
13-羟基苍术内酯 II	13-hydroxyatractylenolide II
3β-羟基苍术酮	3β-hydroxyatractylone
6β-羟基草苁蓉醛苷	6β-hydroxyboschnaloside
7-羟基草苁蓉醛苷	7-hydroxyboschnaloside
7-羟基草果药烯酮	7-hydroxyhedychenone
3-羟基草蒿脑-β-D-吡喃葡萄糖苷	3-hydroxyestragole-β-D-glucopyranoside
2-羟基查耳酮	2-hydroxychalcone
2′-羟基查耳酮	2′-hydroxychalcone
4-羟基查耳酮	4-hydroxychalcone
羟基柴胡皂苷 a~d	hydroxysaikosaponins a~d
21β-羟基柴胡皂苷 b2	21β-hydroxysaikosaponin b2
15β-羟基蟾毒灵	15β-hydroxybufalin
19-羟基蟾毒灵	19-hydroxybufalin
19β-羟基蟾毒灵	19β-hydroxybufalin
4β-羟基蟾毒灵	4β-hydroxybufalin
7α-羟基菖蒲胺	7α-hydroxyneoacolamine
8-羟基菖蒲酚	8-hydroxycalamenone
1-羟基菖蒲螺酮烯	1-hydroxyacoronene

2-羟基菖蒲螺烯酮	2-hydroxyacorenone
(−)-15-羟基菖蒲烃	(−)-15-hydroxycalamenene
(1S, 4R)-7-羟基菖蒲烃	(1S, 4R)-7-hydroxycalamenene
5-羟基菖蒲烃	5-hydroxycalamenene
10-羟基菖蒲酮烯	10-hydroxyacoronene
14β-羟基长春胺-14α-甲酸甲酯	14β-hydroxyvincamine-14α-carboxylic acid methyl ester
11-羟基长春花苷内酰胺-2′-O-β-D-吡喃葡萄糖苷	11-hydroxyvincoside lactam-2′-O-β-D-glucopyranoside
羟基长春碱	vincadioline
2′-羟基长春碱(留绕考宾碱)	2′-hydroxyvincaleukoblastine (leurocolombine)
(15′R)-羟基长春米定	(15′R)-hydroxyvinamidine
22α-羟基长刺皂苷苷元-3-O-β-D-葡萄糖醛酸吡喃糖基-28-O-α-L-吡喃鼠李糖苷钠盐	sodium salt of 22α-hydroxyongispinogenin-3-O-β-D-glucuronopyranosyl-28-O-α-L-rhamnopyranoside
29-羟基长刺皂苷元-3-O-β-D-吡喃葡萄糖基-(1→3)-β-D-吡喃葡萄糖醛酸苷 [29-羟基龙吉苷元-3-O-β-D-吡喃葡萄糖基-(1→3)-β-D-吡喃葡萄糖醛酸苷]	29-hydroxylongispinogenin-3-O-β-D-glucopyranosyl-(1→3)-β-D-glucuronopyranoside
29-羟基长刺皂苷元-3-O-β-D-吡喃葡萄糖基-(1→6)-β-D-吡喃葡萄糖醛酸苷	29-hydroxylongispinogenin-3-O-β-D-glucopyranosyl-(1→6)-β-D-glucuronopyranoside
9-羟基长蠕孢醇	9-hydroxyhelminthosporol
10-羟基长叶长春花碱	10-hydroxycathafoline
(2R)-3-羟基长叶长春花碱	(2R)-3-hydroxycathafoline
10-羟基长叶长春花碱-10-O-α-L-吡喃阿拉伯糖苷	10-hydroxycathafoline-10-O-α-L-arabinopyranoside
21β-羟基常春藤皂苷元	21β-hydroxyhederagenin
29-羟基常春藤皂苷元	29-hydroxyhederagenin
21β-羟基常春藤皂苷元-3-O-β-D-吡喃葡萄糖苷	21β-hydroxyhederagenin-3-O-β-D-glucopyranoside
2α-羟基常春藤皂苷元-3-O-β-D-吡喃葡萄糖苷	2α-hydroxyhedrangenin-3-O-β-D-glucopyranoside
9-羟基常绿钩吻苷	9-hydroxysemperoside
7α-羟基常绿钩吻苷元	7α-hydroxysemperoside aglucone
7-羟基朝鲜白头翁脂素 A	7-hydroxyorebiusin A
12α-羟基车桑子酸-19-内酯	12α-hydroxyhautriwaic acid-19-lactone
16α-羟基齿孔酸(土莫酸、丘陵多孔菌酸)	16α-hydroxytumulosic acid (tumulosic acid)
20-羟基赤芝酸 A	20-hydroxylucidenic acid A
19-羟基臭马比木碱	19-hydroxymappicine
12α-羟基川楝内酯 I	12α-hydroxymeliatoosenin I
(12R, 13R)-羟基穿心莲内酯	(12R, 13R)-hydroxyandrographolide
(12S)-羟基穿心莲内酯	(12S)-hydroxyandrographolide
(12S, 13S)-羟基穿心莲内酯	(12S, 13S)-hydroxyandrographolide
羟基垂石松碱(垂穗石松碱)	lycocernuine
羟基垂石松碱-N-氧化物	lycocernuine-N-oxide
3-羟基雌甾-1, 3, 5 (10)-三烯-17-酮	3-hydroxyestra-1, 3, 5 (10)-trien-17-one
6-羟基刺柏香堇醇苷(6-羟基杜松苷)	6-hydroxyjunipeionoloside

2′-羟基刺芒柄花素	2′-hydroxyformononetin
3′-羟基刺芒柄花素	3′-hydroxyformononetin
10-羟基丛粒藻烯	10-hydroxybotryococcene
4-羟基粗糠柴毒素 (4-羟基粗糠柴毒碱)	4-hydroxyrottlerin
(4α, 15α)-15-羟基粗裂豆-18-酸	(4α, 15α)-15-hydroxytrachyloban-18-oic acid
15α-羟基粗裂豆-19-酸	15α-hydroxytrachyloban-19-oic acid
16β-羟基达玛-20 (22), 25-二烯-3-酮	16β-hydroxydammar-20 (22), 25-dien-3-one
26-羟基达玛-20, 24-二烯-3-酮	26-hydroxydammar-20, 24-dien-3-one
12β-羟基达玛-24-烯-3-O-β-D-吡喃葡萄糖苷-20-O-α-L-吡喃阿拉伯糖基-(1→2)-O-β-D-吡喃葡萄糖苷	12β-hydroxydammar-24-en-3-O-β-D-glucopyranoside-20-O-α-L-arabinopyranosyl-(1→2)-O-β-D-glucopyranoside
20-羟基达玛-24-烯-3-酮	20-hydroxydammar-24-en-3-onc
20β-羟基达玛-24-烯-3-酮	20β-hydroxydammar-24-en-3-one
羟基达玛烯酮 II (龙脑香醇酮)	hydroxydammarenone II (dipterocarpol)
羟基达玛烯酮 I	hydroxydammarenone I
10-羟基大车前洛苷	10-hydroxymajoroside
2′-羟基大豆苷元	2′-hydroxydaidzein
3′-羟基大豆苷元	3′-hydroxydaidzein
2-羟基大黄酚	2-hydroxychrysophanol
2-羟基大黄素	2-hydroxyemodin
7-羟基大黄素	7-hydroxyemodin
ω-羟基大黄素	ω-hydroxyemodin (citreorosein)
2-羟基大黄素 1-甲醚	2-hydroxyemodin 1-methyl ether
2′-羟基大叶茜草素	2′-hydroxymollugin
3-羟基大叶唐松草胺	3-hydroxythalifaboramine
5′-羟基大叶唐松草胺	5′-hydroxythalifaboramine
(7E)-9-羟基大柱香波龙-4, 7-二烯-3-酮-9-O-β-D-吡喃葡萄糖苷	(7E)-9-hydroxymegastigm-4, 7-dien-3-on-9-O-β-D-glucopyranoside
9-羟基大柱香波龙-4, 7-二烯-3-酮-9-O-β-D-吡喃葡萄糖苷	9-hydroxymegastigma-4, 7-dien-3-one-9-O-β-D-glucopyranoside
(3S)-3-羟基大柱香波龙烷-5, 8-二烯-7-酮	(3S)-3-hydroxymegastigma-5, 8-dien-7-one
6-羟基丹参酚酮	6-hydroxysalvinolone
羟基丹参酮 II A	hydroxytanshinone II A
3α-羟基丹参酮 II A	3α-hydroxytanshinone II A
27-羟基胆固醇	27-hydroxycholesterol
3-羟基胆甾-8, 14-二烯-23-酮	3-hydroxycholest-8, 14-dien-23-one
7β-羟基胆甾醇	7β-hydroxycholesterol
7α-羟基胆甾醇 (7α-羟基胆固醇)	7α-hydroxycholesterol
17-羟基当归酰北五味子素 Q	17-hydroxyangeloyl gomisin Q
6′-羟基当归因	6′-hydroxyangelicain
1β-羟基地奥替皂苷元-1-O-α-L-吡喃阿拉伯糖苷	1β-hydroxydiotigenin-1-O-α-L-arabinopyranoside

羟基靛玉红	hydroxyindirubin
2-(4-羟基丁-1-炔基)-5-(戊-1, 3-二炔基)噻吩	2-(4-hydroxybut-1-ynyl)-5-(pent-1, 3-diynyl) thiophene
5-(4-羟基丁-1-炔基)-2, 2'-联噻吩	5-(4-hydroxybut-1-ynyl)-2, 2'-bithiophene
5-(4-羟基丁-1-炔基)壬-2, 6-二烯-1, 9-二醇	5-(4-hydroxybut-1-ynyl) non-2, 6-dien-1, 9-diol
3-羟基丁-2-酮	3-hydroxybut-2-one
5-(4-羟基丁-2-烯基)壬-2, 6-二烯-1, 9-二醇	5-(4-hydroxybut-2-enyl) non-2, 6-dien-1, 9-diol
2-羟基丁-3-烯基芥子油苷	2-hydroxybut-3-enyl glucosinolate
(2R)-羟基丁二酸	(2R)-hydroxybutanedioic acid
(2R)-羟基丁二酸-1-甲酯	1-methyl (2R)-hydroxybutanedioate
2-羟基丁二酸-4-甲酯	4-methyl 2-hydroxysuccinate
3-羟基丁二酸甲酯	methyl 3-hydroxybutanedioate
3-(3ζ-羟基丁基)-2, 4, 4-三甲基环己-2, 5-二烯酮	3-(3ζ-hydroxybutyl)-2, 4, 4-trimethyl cyclohex-2, 5-dienone
2-(Δ-羟基丁基)-4-喹唑酮	2-(Δ-hydroxybutyl)-4-quinazolone
3-羟基丁醛	3-hydroxybutanal
10-(β-羟基丁酰)-10-去乙酰浆果赤霉素Ⅰ	10-(β-hydroxybutyryl)-10-deacetyl baccatin Ⅰ
10-(β-羟基丁酰)-10-去乙酰三尖杉宁碱	10-(β-hydroxybutyryl)-10-deacetyl cephalomannine
10-(β-羟基丁酰)-10-去乙酰紫杉酚	10-(β-hydroxybutyryl)-10-deacetyl taxol
1-O-(3-羟基丁酰)水鬼蕉碱	1-O-(3-hydroxybutyryl) pancratistatin
16-羟基丁酰鲸鱼醇	16-hydroxybutyrospermol
Ⅰ'-羟基丁香酚-4-异丁酸酯	Ⅰ'-hydroxy-eugenol-4-isobutanoate
(±)-1-羟基丁香树脂酚	(±)-1-hydroxysyringaresinol
7α-羟基丁香树脂酚	7α-hydroxysyringaresinol
(7R, 7'R, 8R, 8'S, 9R)-羟基丁香树脂酚-9-O-β-D-吡喃葡萄糖苷	(7R, 7'R, 8R, 8'S, 9R)-hydroxysyringaresinol-9-O-β-D-glucopyranoside
羟基丁香树脂酚-9-O-β-D-吡喃葡萄糖苷	hydroxysyringaresinol-9-O-β-D-glucopyranoside
12β-羟基钉头果勾苷	12β-hydroxyfrugoside
10'-羟基东非马钱次碱	10'-hydroxyusambarensine
12α-羟基豆薯酮	12α-hydroxypachyrrhizone
(20R, 22E, 24R)-6β-羟基豆甾-4, 22, 25-三烯-3-酮	(20R, 22E, 24R)-6β-hydroxystigmast-4, 22, 25-trien-3-one
(6β, 22E)-羟基豆甾-4, 22-二烯-3-酮	(6β, 22E)-hydroxystigmast-4, 22-dien-3-one
6-羟基豆甾-4, 22-二烯-3-酮	6-hydroxystigmast-4, 22-dien-3-one
6α-羟基豆甾-4, 22-二烯-3-酮	6α-hydroxystigmast-4, 22-dien-3-one
6β-羟基豆甾-4, 22-二烯-3-酮	6β-hydroxystigmast-4, 22-dien-3-one
6-羟基豆甾-4-烯-3-酮	6-hydroxystigmast-4-en-3-one
6α-羟基豆甾-4-烯-3-酮	6α-hydroxystigmast-4-en-3-one
6β-羟基豆甾-4-烯-3-酮	6β-hydroxystigmast-4-en-3-one
(20R, 22E, 24R)-3β-羟基豆甾-5, 22, 25-三烯-7-酮	(20R, 22E, 24R)-3β-hydroxystigmast-5, 22, 25-trien-7-one
3-羟基豆甾-5, 22-二烯-7-酮	3-hydroxystigmast-5, 22-dien-7-one

(24S)-3β- 羟基豆甾 -5- 烯	(24S)-3β-hydroxystigmast-5-ene
3- 羟基豆甾 -5- 烯 -7- 酮	3-hydroxystigmast-5-en-7-one
3β- 羟基豆甾 -5- 烯 -7- 酮	3β-hydroxystigmast-5-en-7-one
7- 羟基豆甾醇	7-hydroxystigmasterol
7α- 羟基豆甾醇	7α-hydroxystigmasterol
7β- 羟基豆甾醇	7β-hydroxystigmasterol
17α- 羟基毒鸡骨常山碱 (17α- 羟基文鸭脚木宁)	17α-hydroxyvenalstonine
6α- 羟基毒鼠子素 V	6α-hydroxydichapetalin V
10α- 羟基杜松 -4- 烯 -3- 酮	10α-hydroxycadin-4-en-3-one
7- 羟基杜松萘酸	7-hydroxycadalenic acid
8- 羟基短刺虎刺素	8-hydroxysubspinosin
(3S, 4S)-3- 羟基对薄荷 -1- 烯 -6- 酮	(3S, 4S)-3-hydroxy-p-menth-1-en-6-one
3- 羟基对茴芹醛	3-hydroxy-p-anisaldehyde
8- 羟基对伞花烃 (8- 羟基对聚伞花素)	8-hydroxy-p-cymene
2- 羟基对伞花烃 (异百里香酚、异麝酚、香荆芥酚、异麝香草酚、2- 对伞花酚、香芹酚)	2-hydroxy-p-cymene (isothymol, 2-p-cymenol, carvacrol)
15α- 羟基 - 对映 -16- 贝壳杉烯 -β-D- 吡喃葡萄糖苷	15α-hydroxy-ent-16-kauren-β-D-glucopyranoside
17- 羟基 - 对映 - 贝壳杉 -15- 烯 -18- 酸	17-hydroxy-ent-kaur-15-en-18-oic acid
18- 羟基 - 对映 - 贝壳杉 -15- 烯 -17- 酸	18-hydroxy-ent-kaur-15-en-17-oic acid
17- 羟基 - 对映 - 贝壳杉 -15- 烯 -19- 酸	17-hydroxy-ent-kaur-15-en-19-oic acid
17- 羟基 - 对映 - 贝壳杉 -15- 烯 -19- 酸甲酯	17-hydroxy-ent-kaur-15-en-19-oic acid methyl ester
6α- 羟基 - 对映 - 贝壳杉 -16- 烯 -15- 酮	6α-hydroxy-ent-kaur-16-en-15-one
15α- 羟基 - 对映 - 贝壳杉 -16- 烯 -19- 酸	15α-hydroxy-ent-kaur-16-en-19-oic acid
18- 羟基 - 对映 - 贝壳杉 -16- 烯 -19- 酸	18-hydroxy-ent-kaur-16-en-19-oic acid
16α- 羟基 - 对映 - 贝壳杉 -19- 酸	16α-hydroxy-ent-kaur-19-oic acid
16αH-17- 羟基 - 对映 - 贝壳杉 -19- 酸	16αH-17-hydroxy-ent-kaur-19-oic acid
19- 羟基 - 对映 - 贝壳杉 -5, 16- 二烯	19-hydroxy-ent-kaur-5, 16-diene
15β- 羟基 - 对映 - 粗裂豆 -19- 酸	15β-hydroxy-ent-trachyloban-19-oic acid
7α- 羟基 - 对映 - 海松 -8 (14), 15- 二烯 -19- 酸	7α-hydroxy-ent-pimar-8 (14), 15-dien-19-oic acid
7β- 羟基 - 对映 - 海松 -8 (14), 15- 二烯 -19- 酸	7β-hydroxy-ent-pimar-8 (14), 15-dien-19-oic acid
14β- 羟基 - 对映 - 海松 -8 (9), 15- 二烯 -19- 酸	14β-hydroxy-ent-pimar-8 (9), 15-dien-19-oic acid
17- 羟基 - 对映 - 异贝壳杉 -15 (16)- 烯 -19- 酸	17-hydroxy-ent-isokaur-15 (16)-en-19-oic acid
羟基钝叶黄檀苏合香烯	hydroxyobtustyrene
10- 羟基多根乌头碱	10-karakolidine
羟基多根乌头碱	karacolidine
3β- 羟基多花白树 -8- 烯 -17- 酸	3β-hydroxymultiflora-8-en-17-oic acid
7α- 羟基多花白树 -8- 烯 -3α, 29- 二醇 -3- 乙酸酯 -29- 苯甲酸酯	7α-hydroxymultiflor-8-en-3α, 29-diol-3-acetate-29-benzoate
18- 羟基多花蓬莱葛碱 (18- 羟基蓬莱葛宁碱)	18-hydroxychitosenine
5- 羟基多花藤碱	5-hydroxyskytanthine

5-羟基多花藤碱盐酸盐	5-hydroxyskytanthine hydroghloride
(1R, 3S, 4R, 7Z, 11S, 12S)-3-羟基多拉贝拉-7, 18-二烯-4, 17-内酯	(1R, 3S, 4R, 7Z, 11S, 12S)-3-hydroxydolabella-7, 18-dien-4, 17-olide
11-羟基多脉白坚木定	11-hydroxypolyneuridine
12-羟基莪术烯醇	12-hydroxycurcumenol
羧基鹅膏毒肽酰胺原	proamanullin
2-羟基蒽醌	2-hydroxyanthraquinone
1-羟基蒽醌	1-hydroxyanthraquinone
α-羟基蒽醌	α-hydroxyanthraquinone
3-羟基蒽醌烯酸-O-β-葡萄糖苷	3-hydroxy-anthrenilic acid-O-β-glucoside
7-羟基耳叶苔内酯	7-hydroxyfrullanolide
1-羟基-2, 3-二甲氧基𠮿酮	1-hydroxy-2, 3-dimethoxyxanthone
5-羟基二萘并 [1, 2-2'3'] 呋喃-7, 12-二酮-6-酸甲酯 {5-羟基二萘并 [1, 2-b:2'3'-d] 呋喃-7, 12-二酮-6-酸甲酯}	methyl 5-hydroxy-dinaphtho [1, 2-2'3'] furan-7, 12-dione-6-carboxylate (5-hydroxydinaphtho [1, 2-b:2'3'-d] furan-7, 12-dione-6-carboxylic acid methyl ester)
19-(R)-羟基二氢-1-甲氧基常绿钩吻灵	19-(R)-hydroxydihydro-1-methoxygelsevirine
19-羟基二氢-1-甲氧基钩吻碱 (19-羟基二氢钩吻绿碱)	19-hydroxydihydro-1-methoxygelsemine (19-hydroxy-dihydrogelsevirine)
6-羟基二氢白屈菜红碱	6-hydroxydihydrochelerythrine
8-羟基二氢白屈菜红碱	8-hydroxydihydrochelerythrine
(−)-羟基二氢波沃内酯	(−)-hydroxydihydrobovolide
羟基二氢博伏内酯 (羟基二氢牛油内酯)	hydroxydihydrobovolide
19-(R)-羟基二氢常绿钩吻灵	19-(R)-hydroxydihydrogelsevirine
4-羟基二氢沉香呋喃	4-hydroxydihydroagarofuran
4α-羟基二氢沉香呋喃	4α-hydroxydihydroagarofuran
(4R)-4-羟基二氢呋喃-2-酮-O-β-D-四乙酰吡喃葡萄糖苷	(4R)-4-hydroxydihydrofuran-2-one-O-β-D-tetraacetate glucopyranoside
(4S)-4-羟基二氢呋喃-2-酮-O-β-D-四乙酰吡喃葡萄糖苷	(4S)-4-hydroxydihydrofuran-2-one-O-β-D-tetraacetate glucopyranoside
(19R)-羟基二氢钩吻碱	(19R)-hydroxydihydrogelsemine
(19R)-羟基二氢钩吻绿碱	(19R)-hydroxydihydrogelsevirine
(19S)-羟基二氢钩吻绿碱	(19S)-hydroxydihydrogelsevirine
19-羟基二氢钩吻绿碱 (19-羟基二氢-1-甲氧基钩吻碱)	19-hydroxydihydrogelsevirine (19-hydroxydihydro-1-methoxygelsemine)
(19R)-羟基二氢钩吻素子	(19R)-hydroxydihydrokoumine
(19S)-羟基二氢钩吻素子	(19S)-hydroxydihydrokoumine
19-羟基二氢钩吻素子	19-hydroxydihydrokoumine
(19S)-羟基二氢钩吻素子-4-N-氧化物	(19S)-hydroxydihydrokoumine-4-N-oxide
20-羟基二氢兰金断肠草碱 (20-羟基二氢兰金氏断肠草碱、20-羟基二氢兰金钩吻定)	20-hydroxydihydrorankinidine
13-羟基二氢蜜环菌酯	13-hydroxydihydromelleolide

7-羟基二氢木天蓼醚	7-hydroxydihydromatatabiether
(18R)-羟基二氢全原地衣酯酸	(18*R*)-hydroxydihydroalloprotolichensterinic acid
3-羟基二氢邪蒿素-β-甲基巴豆油酸酯	3-hydroxydihydroseseline-β-methyl crotonate
3-羟基二氢邪蒿素异缬草酸酯	3-hydroxydihydroseseline isovalerate
(+)-羟基二氢新香芹烯醇	(+)-hydroxydihydroneocarvenol
8-羟基二氢血根碱	8-hydroxydihydrosanguinarine
C-3′-羟基二去甲罗米仔兰酰胺	*C*-3′-hydroxydidemethyl rocaglamide
28-羟基二十八酸-3′-单甘油酯	mono-28-hydroxyoctacosanoic acid glyceride
1-*O*-(28-羟基二十八酰基) 甘油	1-*O*-(28-hydroxyoctacosanoyl) glycerol
(2*S*, 3*S*, 4*R*, 12*E*, 2′*R*)-2-(2′-羟基二十二碳酰氨基) 二十碳-1, 3, 4-三羟基-12-烯	(2*S*, 3*S*, 4*R*, 12*E*, 2′*R*)-2-(2′-hydroxydocosanoyl amino) eicos-1, 3, 4-trihydroxy-12-ene
(2*S*, 3*S*, 4*R*)-2-[(2′*R*)-2′-羟基二十二碳酰氨基]-1, 3, 4-十八碳三醇	(2*S*, 3*S*, 4*R*)-2-[(2′*R*)-2′-hydroxydocosanoyl amino]-1, 3, 4-octadecanetriol
(2*S*, 3*S*, 4*R*, 8*E*)-2-[(2′*R*)-2′-羟基二十二碳酰氨基]-8-二十烯-1, 3, 4-三醇	(2*S*, 3*S*, 4*R*, 8*E*)-2-[(2′*R*)-2′-hydroxydocosanoyl amino]-8-eicosen-1, 3, 4-triol
(2*S*, 3*S*, 4*R*, 8*E*)-2-[(2′*R*)-2′-羟基二十二碳酰氨基]-8-十八烯-1, 3, 4-三醇	(2*S*, 3*S*, 4*R*, 8*E*)-2-[(2′*R*)-2′-hydroxydocosanoyl amino]-8-octadecen-1, 3, 4-triol
(2*S*, 3*S*, 4*R*, 8*E*)-2-(2′*R*)-2′-羟基二十二碳酰氨基十八烷-1, 3, 4-三醇	(2*S*, 3*S*, 4*R*, 8*E*)-2-(2′*R*)-2′-hydroxydocosanosyl amino-octadec-1, 3, 4-triol
2-羟基二十二酰基	2-hydroxydocosanoyl
29-羟基二十九-3-酮	29-hydroxynonacos-3-one
1-(29-羟基二十九酰基) 甘油酯	1-(29-hydroxynonacosanoyl) glyceride
2-羟基二十六酸	2-hydroxyhexacosanoic acid
26-羟基二十六酸-3′-单甘油酯	mono-26-hydroxyhexacosanoic acid-3′-glyceride
26-羟基二十六酸单甘油酯	mono-26-hydroxyhexacosanoic acid glyceride
26-羟基二十六碳-2-酮	26-hydroxyhexacosan-2-one
6-羟基二十六碳-反式-8-烯-3-酮	6-hydroxyhexacos-*trans*-8-en-3-one
(2*S*, 3*S*, 4*R*)-2-[(2′*R*)-2′-羟基二十六碳酰氨基]-1, 3, 4-十八碳三醇	(2*S*, 3*S*, 4*R*)-2-[(2′*R*)-2′-hydroxyhexacosanoyl amino]-1, 3, 4-octadecanetriol
(2*S*, 3*S*, 4*R*, 8*E*)-2-[(2′*R*)-2′-羟基二十六碳酰氨基]-8-十八烯-1, 3, 4-三醇	(2*S*, 3*S*, 4*R*, 8*E*)-2-[(2′*R*)-2′-hydroxyhexacosanoyl amino]-8-octadecen-1, 3, 4-triol
1-(26-羟基二十六酰基) 甘油酯	1-(26-hydroxyhexacosanoyl) glyceride
2-羟基二十三酸	2-hydroxytricosanoic acid
(2*S*, 3*S*, 4*R*)-2-[(2′*R*)-2′-羟基二十三碳酰氨基]-1, 3, 4-十八碳三醇	(2*S*, 3*S*, 4*R*)-2-[(2′*R*)-2′-hydroxytricosanoyl amino]-1, 3, 4-octadecanetriol
(2*S*, 3*S*, 4*R*, 8*E*)-2-[(2′*R*)-2′-羟基二十三碳酰氨基]-10-十八烯-1, 3, 4-三醇	(2*S*, 3*S*, 4*R*, 8*E*)-2-[(2′*R*)-2′-hydroxytricosanoyl amino]-10-octadecen-1, 3, 4-triol
(2*S*, 3*S*, 4*R*, 8*E*)-2-[(2*R*)-2-羟基二十三碳酰氨基]-8-十八烯-1, 3, 4-三醇	(2*S*, 3*S*, 4*R*, 8*E*)-2-[(2*R*)-2-hydroxytricosanoyl amino]-8-octadecen-1, 3, 4-triol
(2*S*, 3*S*, 4*R*, 8*E*)-2-[(2′*R*)-2′-羟基二十三碳酰氨基]-8-十八烯-1, 3, 4-三醇	(2*S*, 3*S*, 4*R*, 8*E*)-2-[(2′*R*)-2′-hydroxytricosanoyl amino]-8-octadecen-1, 3, 4-triol

Q

中文名称	英文名称
(2*S*, 3*S*, 4*R*, 8*E*)-2-[(2′*R*)-2′-羟基二十三碳酰氨基]-8-十九烯-1, 3, 4-三醇	(2*S*, 3*S*, 4*R*, 8*E*)-2-[(2′*R*)-2′-hydroxytricosanoyl amino]-8-nonadecen-1, 3, 4-triol
24-羟基二十四-3-酮	24-hydroxytetracos-3-one
2-羟基二十四酸	2-hydroxytetracosanoic acid
羟基二十四酸	hydroxytetracosanoic acid
羟基二十四酸乙酯	hydroxytetracosanoic acid ethyl ester
(2*S*, 3*S*, 4*R*)-2-[(2′*R*)-2′-羟基二十四碳酰氨基]-1, 3, 4-十八碳三醇	(2*S*, 3*S*, 4*R*)-2-[(2′*R*)-2′-hydroxytetracosanoyl amino]-1, 3, 4-octadecanetriol
(2*S*, 3*S*, 4*R*, 11*E*)-2-[(2*R*)-2-羟基二十四碳酰氨基]-11-十八烯-1, 3, 4-三醇	(2*S*, 3*S*, 4*R*, 11*E*)-2-[(2*R*)-2-hydroxytetracosanoyl amino]-11-octadecen-1, 3, 4-triol
(2*S*, 3*S*, 4*R*, 10*E*)-2-[(2*R*)-2-羟基二十四碳酰氨基]-10-十八烯-1, 3, 4-三醇	(2*S*, 3*S*, 4*R*, 10*E*)-2-[(2*R*)-2-hydroxytetracosanoyl amino]-10-octadecen-1, 3, 4-triol
(2*S*, 3*S*, 4*R*, 10*E*)-2-[(2′*R*)-2-羟基二十四碳酰氨基]-10-十八烯-1, 3, 4-三醇	(2*S*, 3*S*, 4*R*, 10*E*)-2-[(2′*R*)-2-hydroxytetracosanoyl amino]-10-octadecen-1, 3, 4-triol
(2*S*, 3*S*, 4*R*, 8*E*)-2-[(2′*R*)-2′-羟基二十四碳酰氨基]-10-十八烯-1, 3, 4-三醇	(2*S*, 3*S*, 4*R*, 8*E*)-2-[(2′*R*)-2′-hydroxytetracosanoyl amino]-10-octadecen-1, 3, 4-triol
(2*S*, 3*S*, 4*R*, 8*E*)-2-[(2*R*)-2-羟基二十四碳酰氨基]-8-十八烯-1, 3, 4-三醇	(2*S*, 3*S*, 4*R*, 8*E*)-2-[(2*R*)-2-hydroxytetracosanoyl amino]-8-octadecen-1, 3, 4-triol
(2*S*, 3*S*, 4*R*, 8*E*)-2-[(2′*R*)-2′-羟基二十四碳酰氨基]-8-十八烯-1, 3, 4-三醇	(2*S*, 3*S*, 4*R*, 8*E*)-2-[(2′*R*)-2′-hydroxytetracosanoyl amino]-8-octadecen-1, 3, 4-triol
2-羟基二十四碳酰基	2-hydroxytetracosanoyl
N-(2′-羟基二十四酰)-1, 3, 4-三羟基-2-十八鞘氨	*N*-(2′-hydroxytetracosanoyl)-1, 3, 4-trihydroxy-2-octodecanine
N-(2′-羟基二十四酰基)-1, 3, 4-三羟基-2-氨基-(8*E*)-十八烯	*N*-(2′-hydroxytetracosanoyl)-1, 3, 4-trihydroxy-2-amino-(8*E*)-octadecene
1-(24-羟基二十四酰基) 甘油酯	1-(24-hydroxytetracosanoyl) glyceride
(2*S*, 3*R*, 9*E*, 12*E*)-2-*N*-[(2*R*)-羟基二十四酰基] 十八鞘氨-9, 12-二烯	(2*S*, 3*R*, 9*E*, 12*E*)-2-*N*-[(2*R*)-hydroxytetracosanoyl] octadecasphinga-9, 12-diene
12-羟基二十酸	12-hydroxyeicosanoic acid
10-羟基二十烷	10-hydroxyeicosane
(2*S*, 3*S*, 4*R*)-2-[(2′*R*)-2′-羟基二十五碳酰氨基]-1, 3, 4-十八碳三醇	(2*S*, 3*S*, 4*R*)-2-[(2′*R*)-2′-hydroxypentacosanoyl amino]-1, 3, 4-octadecanetriol
(2*S*, 3*S*, 4*R*, 8*E*)-2-[(2*R*)-2-羟基二十五碳酰氨基]-8-十八烯-1, 3, 4-三醇	(2*S*, 3*S*, 4*R*, 8*E*)-2-[(2*R*)-2-hydroxypentacosanoyl amino]-8-octadecen-1, 3, 4-triol
(2*S*, 3*S*, 4*R*, 8*E*)-2-[(2′*R*)-2′-羟基二十五碳酰氨基]-8-十八烯-1, 3, 4-三醇	(2*S*, 3*S*, 4*R*, 8*E*)-2-[(2′*R*)-2′-hydroxypentacosanoyl amino]-8-octadecen-1, 3, 4-triol
N-(2′-羟基二十五酰基)-1, 3, 4-三羟基-2-氨基-(8*E*)-十八烯	*N*-(2′-hydroxypentacosanoyl)-1, 3, 4-trihydroxy-2-amino-(8*E*)-octadecene
2-羟基二十酰氧基	2-hydroxyeicosanoyl
(2*E*, 12*Z*, 15*Z*)-1-羟基二十一碳-2, 12, 15-三烯-4-酮	(2*E*, 12*Z*, 15*Z*)-1-hydroxyheneicos-2, 12, 15-trien-4-one
(2*E*, 5*E*, 12*Z*, 15*Z*)-1-羟基二十一碳-2, 5, 12, 15-四烯-4-酮	(2*E*, 5*E*, 12*Z*, 15*Z*)-1-hydroxyheneicos-2, 5, 12, 15-tetraen-4-one

(2*S*, 3*S*, 4*R*, 8*E*)-2-[(2′*R*)-2′-羟基二十一碳酰氨基]-8-二十一烯-1, 3, 4-三醇	(2*S*, 3*S*, 4*R*, 8*E*)-2-[(2′*R*)-2′-hydroxyheneicosanoyl amino]-8-heneicosen-1, 3, 4-triol
5′-*O*-{6-*O*-[(+)-5-羟基二氧吲哚-3-乙酰基]-β-纤维二糖基} 吡哆醇	5′-*O*-{6-*O*-[(+)-5-hydroxy-dioxyindole-3-acetyl]-β-cellobiosyl} pyridoxine
N-羟基二乙胺	*N*-hydroxydiethyl amine
7β-羟基法蒺藜烯	7β-hydroxyfagonene
10-羟基番木鳖碱	10-hydroxystrychnine
4-羟基番木鳖碱 (4-羟基士的宁)	4-hydroxystrychnine
15α-羟基番茄胺	15α-hydroxytomatidine
15α-羟基番茄定烯醇 (15α-羟基番茄烯胺)	15α-hydroxytomatidenol
4-羟基-反式-桂皮酸	4-hydroxy-*trans*-cinnamic acid
2α-羟基反式-欧洲刺柏酸	2α-hydroxy-*trans*-communic acid
4-羟基-反式-肉桂酸甲酯	methyl 4-hydroxy-*trans*-cinnamate
2α-羟基芳香小葵花素 C	2α-hydroxylemmonin C
1-羟基芳樟醇	1-hydroxylinalool
(3*S*, 6*E*)-8-羟基芳樟醇-3-*O*-β-D-(3-*O*-磺酸钾) 吡喃葡萄糖苷	(3*S*, 6*E*)-8-hydroxyinalool-3-*O*-β-D-(3-*O*-potassium sulfo) glucopyranoside
(3*S*, 6*E*)-8-羟基芳樟醇-3-*O*-β-D-吡喃葡萄糖苷	(3*S*, 6*E*)-8-hydroxyinalool-3-*O*-β-D-glucopyranoside
9-羟基芳樟醇-9β-吡喃葡萄糖苷	9-hydroxylinalool-9β-glucopyranoside
9-羟基芳樟醇葡萄糖苷	9-hydroxylinaloyl glucoside
6-羟基非洲防己素	6-hydroxycolumbin
6α-羟基非洲箭毒草林碱	6α-hydroxybuphanidrine
(3*S*, 4*R*)-(+)-4-羟基蜂蜜曲菌素	(3*S*, 4*R*)-(+)-4-hydroxymellein
5-羟基蜂蜜曲菌素	5-hydroxymellein
(3*S*, 4*R*)-羟基蜂蜜曲霉素	(3*S*, 4*R*)-hydroxymellein
(2*R*)-羟基凤梨百合酸	(2*R*)-hydroxyeucomic acid
10-羟基缝籽木醇 (10-羟基叠籽木裂醇)	10-hydroxygeissoschizol
10β-羟基呋喃并佛术-6β-基-2′ξ-甲基丁酸酯	10β-hydroxyfuranoeremophil-6β-yl-2′ξ-methyl butanoate
6β-羟基呋喃荒漠木烯内酯	6β-hydroxyeremophilenolide
8-羟基呋喃香豆素	8-hydroxyfurocoumarin
22-羟基呋甾-3β, 26-二醇	22-hydroxyfurost-3β, 26-diol
22-羟基呋甾-5 (6)-烯-3β, 26-二醇	22-hydroxyfurost-5 (6)-en-3β, 26-diol
22α-羟基呋甾-5-烯	22α-hydroxyfurost-5-ene
(25*R*)-22-羟基呋甾-5-烯-3β, 26-二醇	(25*R*)-22-hydroxyfurost-5-en-3β, 26-diol
3′-(*R/S*)-羟基伏康树胺	3′-(*R/S*)-hydroxyvoacamine
8-羟基佛手柑内酯	8-hydroxybergapten
6β-羟基佛术-7 (11)-烯-12, 8β-内酯	6β-hydroxyeremophil-7 (11)-en-12, 8β-olide
(6α, 8α)-6-羟基佛术-7 (11)-烯-12, 8-内酯	(6α, 8α)-6-hydroxyeremophil-7 (11)-en-12, 8-olide
6-羟基佛术烯内酯	6-hydroxyeremophilenolide

Q

8β-羟基佛术烯内酯	8β-hydroxyeremophilenolide
25-羟基茯苓酸	25-hydroxypachymic acid
24-羟基甘草次酸	24-hydroxyglycyrrhetic acid
18α-羟基甘草次酸	18α-hydroxyglycyrrhetic acid
18α-羟基甘草次酸甲酯	methyl 18α-hydroxyglycyrrhetate
24-羟基甘草次酸甲酯	methyl 24-hydroxyglycyrrhetate
16β-羟基甘遂-7, 24 (25)-二烯-3-氧亚基-21, 23-内酯	16β-hydroxytirucalla-7, 24 (25)-dien-3-oxo-21, 23-olide
10-羟基橄榄苦苷	10-hydroxyoleuropein
(R)-β-羟基橄榄苦苷	(R)-β-hydroxyoleuropein
8-羟基杠柳苷元	8-hydroxyperiplogenin
4′β-羟基高夫苷	4′β-hydroxygomphoside
17-羟基高虎皮楠酸	17-hydroxyhomodaphniphyllic acid
16-羟基高虎皮楠酸	16-hydroxyhomodaphniphyllic acid
4′-羟基高黄芩苷	4′-hydroxyscutellarin
3′-羟基高山黄芩素-7-O-(6″-O-原儿茶酰基)-β-D-吡喃葡萄糖苷	3′-hydroxyscutellarein-7-O-(6″-O-protocatechuoyl)-β-D-glucopyranoside
羟基高山金莲花素 (羟基高山毒豆异黄酮)	hydroxyalpinumisoflavone
4-羟基高紫檀素	4-hydroxyhomopterocarpin
11β-羟基睾丸酮	11β-hydroxytestosterone
6β-羟基睾丸酮	6β-hydroxytestosterone
4′-羟基哥伦比亚苷元 (4′-羟基哥伦比亚狭缝芹亭)	4′-hydroxycolumbianetin
3′-羟基葛根素	3′-hydroxypuerarin
3-羟基根皮苷	3-hydroxyphlorizin
6-羟基庚醛	6-hydroxyheptanal
15α-羟基钩大青酮	15α-hydroxyuncinatone
14-羟基钩吻巴豆碱 (14-羟基钩吻巴豆定)	14-hydroxygelsecrotonidine
7a-羟基钩吻醇	7a-hydroxygelsemiol
14-羟基钩吻次碱 (14-羟基钩吻尼辛)	14-hydroxygelsenicine
14-羟基钩吻迪奈碱 (14-羟基钩吻二内酰胺)	14-hydroxygelsedilam
14-羟基钩吻定	14-hydroxygelsedine
(14R)-羟基钩吻麦定碱	(14R)-hydroxygelsamydine
(14R)-羟基钩吻明碱	(14R)-hydroxyelegansamine
14-羟基钩吻萨胺	14-hydroxyelegansamine
11-羟基钩吻素己	11-hydroxygelsenicine
21α-羟基钩吻素子	21α-hydroxykoumine
21β-羟基钩吻素子	21β-hydroxykoumine
(19′R)-羟基狗牙花胺	(19′R)-hydroxytabernamine
(19′S)-羟基狗牙花胺	(19′S)-hydroxytabernamine
(19S)-羟基狗牙花明	(19S)-hydroxytacamine
3β-羟基古巴香脂树酸	3β-hydroxyanticopalic acid

22α-羟基古柯二醇 (22α-羟基高根二醇)	22α-hydroxyerythrodiol
4-羟基古液酸	4-hydroxyhygric acid
羟基谷氨酸	hydroxyglutamic acid
ε-羟基谷氨酸	ε-hydroxyglutamic acid
γ-羟基谷氨酸	γ-hydroxyglutamic acid
7-羟基谷甾醇	7-hydroxysitosterol
7β-羟基谷甾醇	7β-hydroxysitosterol
7α-羟基谷甾醇 (甘蔗甾醇)	7α-hydroxysitosterol (ikshusterol)
7-羟基谷甾醇-3-O-β-D-吡喃葡萄糖苷	7-hydroxysitosteryl-3-O-β-D-glucopyranoside
7α-羟基谷甾醇-3-O-β-D-葡萄糖苷	7α-hydroxysitosteryl-3-O-β-D-glucoside
γ-羟基瓜氨酸	γ-hydroxycitrulline
4-羟基瓜木叶苷	4-hydroxyalangifolioside
6-羟基栝楼二醇 (6-羟基栝楼萜二醇、6-羟基二氢栝楼仁二醇)	6-hydroxydihydrokarounidiol
6β-羟基拐枣酸	6β-hydroxyhovenic acid
(19S)-羟基管花多果树文碱	(19S)-hydroxytubotaiwine
(19R)-羟基管花多果树文碱	(19R)-hydroxytubotaiwine
20-羟基管花多果树文碱	20-hydroxytubotaiwine
11-羟基灌木香科酮	11-hydroxyfruticolone
7β-羟基灌木香科酮	7β-hydroxyfruticolone
8β-羟基灌木香科酮	8β-hydroxyfruticolone
9-羟基光刺苞果菊内酯 (9-羟光刺苞菊种内酯)	9-hydroxyglabratolide
3-羟基光甘草酚 Ⅰ、Ⅱ	3-hydroxyglabrols Ⅰ, Ⅱ
羟基光花椒碱	hydroxynitidine
羟基光蜡树苷 A、B	hydroxyframosides A, B
6-羟基光叶绣线菊碱	6-hydroxyspiraqine
3-羟基癸酸	3-hydroxycapric acid
(4S)-4-羟基桂莪术内酯	(4S)-4-hydroxygweicurculactone
2′-羟基桂皮醛 (2′-羟基肉桂醛)	2′-hydroxycinnamaldehyde
(Z)-4-羟基桂皮酸	(Z)-4-hydroxycinnamic acid
7-羟基桂皮酸乙酯	ethyl 7-hydroxycinnamate
羟基桂皮酰胺衍生物	hydroxycinnamamide derivative
6′-O-(E-4-羟基桂皮酰基) 去葡萄糖基波叶刚毛果苷	6′-O-(E-4-hydroxycinnamoyl) desglucouzarin
8-羟基果胶柳穿鱼苷元	8-hydroxypectolinarigenin
2α-羟基果渣酸	2α-hydroxypomolic acid
6-羟基哈尔满 (6-羟基骆驼蓬满碱)	6-hydroxyharman
4′-羟基海螺碱	4′-hydroxyittorine
25-羟基海南陆均松甾酮	25-hydroxydacryhainansterone
10-羟基海尼山辣椒碱 (10-羟基海涅狗牙花碱)	10-hydroxyheyneanine
17-羟基海通酮 B	17-hydroxymandarone B

Q

4′-羟基汉黄芩素	4′-hydroxywogonin
22-羟基旱莲木碱	22-hydroxyacuminatine
16-羟基浩米酮 (16-羟基荷茗草酮、16-羟基荷茗草醌)	16-hydroxyhorminone
22-羟基何帕醇	22-hydroxyhopanol
22-羟基何帕酮	22-hydroxyhopanone
2-羟基和厚朴醛	2-hydroxyobovaaldehyde
3′-羟基黑黄檀亭 (3′-羟基黑特素)	3′-hydroxymelanettin
12α-羟基黑老虎酸	12α-hydroxycoccinic acid
12β-羟基黑老虎酸	12β-hydroxycoccinic acid
羟基黑老虎酸	hydroxycoccinic acid
6β-羟基黑五味子酸	6β-hydroxynigranoic acid
23-羟基红椿希内酯	23-hydroxytoonacilide
4-羟基红根草对醌	4-hydroxysapriparaquinone
4-羟基红根草邻醌	4-hydroxysaprorthoquinone
羟基红果酸 (羟基凤梨百合酸)	hydroxyeucomic acid
羟基红花袋鼠爪酮	hydroxyanigorufone
羟基红花黄色素 A～C	hydroxysafflor yellows A～C
4-羟基红盘衣素	4-hydroxyhaemoventosin
11α-羟基红苋甾酮	11α-hydroxyrubrosterone
3-羟基猴头菌酮 F (3-羟基猴头菌烯酮 F)	3-hydroxyhericenone F
5-羟基厚果唐松草次碱	5-hydroxythalidasine
5-羟基厚果唐松草次碱-2-α-N-氧化物	5-hydroxythalidasine-2-α-N-oxide
(2′R)-羟基厚皮树醌酚	(2′R)-hydroxyanneaquinol
1′-羟基胡椒酚乙酸酯	1′-hydroxychavicol acetate
羟基胡麻酮	hydroxysesamone
11-羟基胡蔓藤碱乙 (11-羟基胡蔓藤宁)	11-hydroxyhumantenine
15-羟基胡蔓藤碱乙 (15-羟基胡蔓藤宁)	15-hydroxyhumantenine
11-羟基胡蔓藤宁	11-hydroxyhumantine
15-羟基胡蔓藤酮碱 (15-羟基胡蔓藤氧杂宁)	15-hydroxyhumantenoxenine
(23E)-25-羟基葫芦-5, 23-二烯-3, 7-二酮	(23E)-25-hydroxycucurbit-5, 23-dien-3, 7-dione
3-羟基葫芦-5, 24-二烯-19-醛-7, 23-二-O-β-吡喃葡萄糖苷	3-hydroxycucurbita-5, 24-dien-19-al-7, 23-di-O-β-glucopyranoside
7β-羟基葫芦素 B	7β-hydroxycucurbitacin B
8-羟基槲皮素	8-hydroxyquercetin
6-羟基槲皮素 (六羟黄酮、栎草亭、藤菊黄素、槲皮万寿菊素)	6-hydroxyquercetin (quercetagetin)
羟基虎刺醇 (大卵叶虎刺醇)	juzunol
5-羟基虎刺醇-ω-乙醚	5-hydroxydamnacanthol-ω-ethyl ether
8-羟基虎刺醇-ω-乙醚	8-hydroxydamnacanthol-ω-ethyl ether
羟基虎刺醛 (羟基虎刺素、大卵叶虎刺醛)	juzunal

2-羟基琥珀酸二丁酯	dibutyl 2-hydroxysuccinate
5-羟基花椒毒酚	5-hydroxyxanthotoxol
羟基花椒碱 (花椒二醇林碱)	zanthodioline
6-羟基花青苷	6-hydroxyeyanidin
12β-羟基华蟾毒精	12β-hydroxycinobufagin
19-羟基华蟾毒它灵	19-hydroxycinobufotalin
4′-羟基华泽兰丝素 C-15-乙酸酯	4′-hydroxyeupachinisin C-15-acetate
15-羟基华泽兰丝素 B～D	15-hydroxyeupachinisins B～D
9α-羟基槐胺碱 (9α-羟基槐胺)	9α-hydroxysophoramine
N-羟基槐定碱	N-hydroxysophoridine
(−)-14β-羟基槐定碱	(−)-14β-hydroxysophoridine
9α-羟基槐根碱	9α-hydroxysophocarpine
5α-羟基槐根碱	5α-hydroxysophocarpine
(−)-9α-羟基槐根碱 N-氧化物	(−)-9α-hydroxysophocarpine N-oxide
(−)-5α-羟基槐果碱	(−)-5α-hydroxysophocarpine
(+)-12α-羟基槐果碱	(+)-12α-hydroxysophocarpine
(−)-12β-羟基槐果碱	(−)-12β-hydroxysophocarpine
(−)-9α-羟基槐果碱 [(−)-9α-羟基白刺花碱]	(−)-9α-hydroxysophocarpine
4″-羟基环波罗蜜辛 (4″-羟基环木菠萝素、4″-羟基环桂木生黄素)	4″-hydroxycycloartocarpesin
1-(4-羟基环己基) 己-1, 6-二醇	1-(4-hydroxycyclohexyl) hex-1, 6-diol
4-羟基环己酮	4-hydroxycyclohexanone
3α-羟基环萝酸 (3α-羟基环裂松萝酸)	3α-hydroxydiffractaic acid
21-羟基环洛柯碱 (21-羟基环长春任碱)	21-hydroxycyclolochnerine
3β-羟基环木菠萝 -24-酮	3β-hydroxycycloart-24-one
3β-羟基环木菠萝 -25-烯 -24-酮	3β-hydroxycycloart-25-en-24-one
24-羟基环木菠萝 -25-烯 -3-酮	24-hydroxycycloart-25-en-3-one
10-羟基环烯醚萜二醛葡萄糖苷 (十瓣闪星花苷)	10-hydroxyiridodial glucoside (decapetaloside)
2α-羟基环小花茴香酮	2α-hydroxycycloparvifloralone
(+)-30-羟基环小叶黄杨烯碱	(+)-30-hydroxycyclomicrobuxene
13-羟基黄华碱	13-hydroxythermopsine
3-羟基黄牛茶酮 A～C	3-hydroxycochinchinones A～C
4′-羟基黄芩素 -7-O-β-D-吡喃葡萄糖苷	4′-hydroxybaicalein-7-O-β-D-glucopyranoside
羟基黄檀内酯	stevenin
3-羟基黄酮	3-hydroxyflavone
5-羟基黄酮	5-hydroxyflavone
6-羟基黄酮	6-hydroxyflavone
7-羟基黄酮	7-hydroxyflavone
7-羟基黄酮醇	7-hydroxyflavonol
7-羟基黄烷酚	7-hydroxyflavane

2′-羟基黄烷酮	2′-hydroxyflavanone
6-羟基黄烷酮	6-hydroxyflavanone
7-羟基黄烷酮	7-hydroxyflavanone
4-羟基黄钟花宁	4-hydroxytecomanine
15-羟基灰白银胶菊酮	15-hydroxyargentone
(−)-13α-羟基灰叶草素	(−)-13α-hydroxytephrosin
11-羟基灰叶素	11-hydroxytephrosin
12β-羟基灰叶小冠花苷元	12β-hydroxycoroglaucigenin
9β-羟基辉片豆碱	9β-hydroxylamprolobine
2-羟基对茴芹酸	2-hydroxy-p-anisic acid
(2R, 3S, 8aS)-3-羟基鸡蛋果素	(2R, 3S, 8aS)-3-hydroxyedulan
16-羟基鸡骨常山醛	16-hydroxyalstonal
16-羟基鸡骨常山辛碱	16-hydroxyalstonisine
羟基鸡冠刺桐紫檀酮	hydroxycristacarpone
5-羟基鸡眼藤素 A	5-hydroxymorindaparvin A
羟基积雪草苷	madecassoside
6β-羟基积雪草酸 (积雪草咪酸、玻热米酸)	6β-hydroxyasiatic acid (madecassic acid, brahmic acid)
羟基基及树酮	hydroxymicrophyllone
(1E, 4E, 8R)-8-羟基吉马 -1 (10), 4, 7 (11)- 三烯 -12, 8- 内酯	(1E, 4E, 8R)-8-hydroxygermacra-1 (10), 4, 7 (11)-trien-12, 8-lactone
3-羟基吉马酮	13-hydroxygermacrone
1 (10) E-5-羟基吉玛 -1 (10), 4 (15), 11- 三烯 -8β, 12- 内酯	1 (10) E-5-hydroxygermacr-1 (10), 4 (15), 11-trien-8β, 12-olide
5β-羟基吉玛 -1 (10), 4 (15), 11 (13)- 三烯 -12, 8β- 内酯	5β-hydroxygermacr-1 (10), 4 (15), 11 (13)-trien-12, 8β-olide
3-羟基己 -1, 5- 内酯	3-hydroxyhexan-1, 5-olide
6-(4- 羟基己 -1- 烯基) 十二碳 -2, 4- 二烯 -7, 9- 二炔 -1, 11- 二醇	6-(4-hydroxyhex-1-enyl) dodec-2, 4-dien-7, 9-diyn-1, 11-diol
(R, 5S)-5-羟基己 -4- 内酯	(R, 5S)-5-hydroxyhexan-4-olide
3-羟基己 -5- 内酯	3-hydroxyhexan-5-olide
9-(1- 羟基己基)-3-(2- 羟基丙基)-6a- 甲基 -9, 9a- 二氢呋喃 [2, 3-h] 异喹啉 -6, 8 (2H, 6aH)- 二酮	9-(1-hydroxyhexyl)-3-(2-hydroxypropyl)-6a-methyl-9, 9a-dihydrofuro [2, 3-h] isoquinolin-6, 8 (2H, 6aH)-dione
3-羟基己酸	3-hydroxyhexanoic acid
6-羟基己酸	6-hydroxyhexanoic acid
5-羟基己酸 -4- 内酯	5-hydroxyhexan-4-olide
(3S, 5S)-3-羟基己酸 -5- 内酯	(3S, 5S)-3-hydroxyhexan-5-olide
2′-羟基荚果蕨酚	2′-hydroxymatteucinol
3-羟基-3-甲基-[2-(4- 羧基 -3- 甲基 -1, 3- 丁二烯基)-2- 羟基 -1, 3- 二甲基 -5- 氧亚基 -3- 环己烷] 甲基甲酯	3-hydroxy-3-methyl-[2-(4-carboxy-3-methyl-1, 3-butadienyl)-2-hydroxy-1, 3-dimethyl-5-oxo-3-cyclohexen-1-yl] methyl methyl ester

3- 羟基 -3- 甲基戊二酸	3-hydroxy-3-methyl glutaric acid
羟基甲酸	hydroxycarboxylic acid
3- 羟基 -3- 甲酯基戊二酸	3-hydroxy-3-methoxycarbonyl glutaric acid
(2*R*, 7*R*, 10*S*)-3- 羟基假虎刺酮 -11-*O*-β-D- 吡喃葡萄糖苷	(2*R*, 7*R*, 10*S*)-3-hydroxycarissone-11-*O*-β-D-glucopyranoside
(2*S*, 7*R*, 10*S*)-3- 羟基假虎刺酮 -11-*O*-β-D- 吡喃葡萄糖苷	(2*S*, 7*R*, 10*S*)-3-hydroxycarissone-11-*O*-β-D-glucopyranoside
6α- 羟基假泽兰内酯	6α-hydroxycordatolide
5β- 羟基尖槐藤强心二糖苷	oxystelmine
4- 羟基间苯二甲酸	4-hydroxyisophthalic acid
17- 羟基蓟股颖素	17-hydroxyagrostistachin
2- 羟基江西白英素 E	2-hydroxysolajiangxin E
7- 羟基江西白英素 I	7-hydroxysolajiangxin I
7- 羟基姜花醛	7-hydroxyhedichinal
9α- 羟基姜黄诺醇	9α-hydroxycurcolonol
19- 羟基浆果赤霉素 Ⅰ～Ⅲ	19-hydroxybaccatins Ⅰ～Ⅲ
1β- 羟基浆果赤霉素 Ⅰ	1β-hydroxybaccatin Ⅰ
羟基金鸡纳宁 (羟基辛可宁、铜色树碱)	hydroxycinchonine (cupreine)
4- 羟基金丝桃内酯 D	4-hydroxyhyperolactone D
13β- 羟基金罂粟碱	13β-hydroxystylopine
6- 羟基金鱼草诺苷	6-hydroxyantirrhinoside
6α- 羟基京尼平	6α-hydroxygenipin
6β- 羟基京尼平	6β-hydroxygenipin
6α- 羟基京尼平苷	6α-hydroxygeniposide
6β- 羟基京尼平苷	6β-hydroxygeniposide
γ- 羟基精氨酸	γ-hydroxyarginine
7- 羟基九里香咔唑宁碱	7-hydroxymurrayazolinine
15- 羟基九味一枝蒿素 C	15-hydroxyajubractin C
19- 羟基巨大戟醇	19-hydroxyingenol
22- 羟基巨大戟醇	22-hydroxyingenol
16- 羟基巨大戟烯醇	16-hydroxyingenol
17- 羟基巨大戟烯醇 -20- 十六酸酯	17-hydroxyingenol-20-hexadecanoate
7- 羟基聚伞酚	7-hydroxycymopol
羟基卷线孢菌素	hydroxybostrycin
4- 羟基蕨素 A (金粉蕨辛)	4-hydroxypterosin A (onitisin)
6′- 羟基爵床脂定 A～C	6′-hydroxyjusticidins A～C
6′- 羟基爵床脂素 A～C	6′-hydroxyjusticins A～C
羟基咖啡酸	hydroxycaffeic acid
7α- 羟基喀西茄碱	7α-hydroxykhasianine
3- 羟基卡巴呋喃	3-hydroxycarbofuran
7- 羟基卡达烯 (7- 羟基杜松萘)	7-hydroxycadalene
7- 羟基卡达烯醛 (7- 羟基杜松萘醛)	7-hydroxycadalenal

14-羟基卡晶 (14-羟基伊卡马钱碱)	14-hydroxyicajine
9-羟基卡拉巴红厚壳吨酮	9-hydroxycalabaxanthone
(12R)-12-羟基卡藜酮	(12R)-12-hydroxycascarillone
18-羟基卡斯 -13, 15- 二烯	18-hydroxycassan-13, 15-diene
9α- 羟基开环拉提比达菊内酯 -5α-O-(2- 甲基丁酸酯)	9α-hydroxy-secoratiferolide-5α-O-(2-methyl butanoate)
9α- 羟基开环拉提比达菊内酯 -5α-O- 当归酸酯	9α-hydroxy-secoratiferolide-5α-O-angelate
羟基开环异落叶松脂素	hydroxysecoisolariciresinol
1β- 羟基柯拉亭	1β-hydroxycolartin
15α- 羟基柯蒲木宁碱	15α-hydroxykopsinine
10- 羟基可待因	10-hydroxycodeine
16- 羟基可鲁勃林	16-hydroxycolubrine
1β- 羟基克拉波皂苷元	1β-hydroxycrabbogenin
(−)-2β- 羟基克拉文洛醇	(−)-2β-hydroxykolavelool
(+)-2α- 羟基克拉文洛醇	(+)-2α-hydroxykolavelool
(−)-14β- 羟基苦参碱	(−)-14β-hydroxymatrine
(+)-9α- 羟基苦参碱	(+)-9α-hydroxymatrine
9α- 羟基苦参碱	9α-hydroxymatrine
13α- 羟基苦参碱	13α-hydroxymatrine
5- 羟基苦参碱 (槐花醇)	5-hydroxymatrine (sophoranol)
3′- 羟基苦参新醇	3′-hydroxykushenol
(25ξ)-26- 羟基苦瓜属苷 L	(25ξ)-26-hydroxymomordicoside L
12α- 羟基苦楝毒素 B₁	12α-hydroxymeliatoxin B₁
(−)-12β- 羟基苦内酯	(−)-12β-hydroxykulactone
12β- 羟基苦内酯	12β-hydroxykulactone
6β- 羟基苦内酯	6β-hydroxykulactone
6α- 羟基宽树冠木内酯	6α-hydroxyeurycomalactone
7α- 羟基宽树冠木内酯	7α-hydroxyeurycomalactone
4- 羟基喹啉	4-hydroxyquinoline
4- 羟基喹唑啉	4-hydroxyquinazoline
2- 羟基阔叶千里光内酯	2-hydroxyplatyphyllide
α- 羟基拉伯酚 B	α-hydroxylappaol B
5- 羟基拉帕醇 (5- 羟基风铃木醇)	5-hydroxylapachol
11- 羟基拉齐木定	11-hydroxyrhazidine
(4R, 3R)-6- 羟基辣薄荷酮	(4R, 3R)-3-hydroxypiperitone
(4R, 3S)-6- 羟基辣薄荷酮	(4R, 3S)-3-hydroxypiperitone
(4R, 6R)-6- 羟基辣薄荷酮	(4R, 6R)-6-hydroxypiperitone
(4R, 6S)-6- 羟基辣薄荷酮	(4R, 6S)-6-hydroxypiperitone
13- 羟基辣椒二醇	13-hydroxycapsidiol
ω- 羟基辣椒素	ω-hydroxycapsaicin
10- 羟基莱氏微花木苷酸 (10- 羟基蛇根草酸)	10-hydroxylyalosidic acid

羟基赖氨酸	hydroxyysine
Δ- 羟基赖氨酸	Δ-hydroxylysine
11- 羟基兰金断肠草碱 (11- 羟基兰金氏断肠草碱、11- 羟基兰金钩吻定)	11-hydroxyrankinidine
羟基兰屿酰胺Ⅰ、Ⅱ	hydroxylanyuamides Ⅰ, Ⅱ
20- 羟基老刺木脒	20-hydroxyvoacamidine
羟基酪胺	hydroxytyramine
羟基酪醇 (β- 羟乙基 -3, 4- 二羟基苯)	hydroxytyrosol (β-hydroxyethyl-3, 4-dihydroxybenzene)
羟基酪醇葡萄糖苷	hydroxytyrosol glucoside
羟基簕欓碱	hydroxyavicine
14- 羟基勒普妥卡品 (14- 羟基薄果菊素)	14-hydroxyleptocarpin
15- 羟基雷公藤内酯醇 (雷醇内酯)	15-hydroxytriptolide (triptolidenol)
羟基雷公藤酸	hydroxywilfordic acid
6α- 羟基雷公藤愈伤素	6α-hydroxytriptocalline
(+)-3β- 羟基泪柏醇	(+)-3β-hydroxymanool
(+)-3β- 羟基泪柏醇 -13-O-α- 吡喃鼠李糖苷	(+)-3β-hydroxymanool-13-O-α-rhamnopyranoside
6- 羟基离阿托品	6-hydroxyapoatropine
(20R)-4-β- 羟基藜芦嗪	(20R)-4-β-hydroxyverazine
25β- 羟基藜芦嗪	25β-hydroxyverazine
4β- 羟基藜芦嗪	4β-hydroxyverazine
2- 羟基里白醇	2-hydroxydiplopterol
(+)-N- 羟基莲叶桐任碱	(+)-N-hydroxyovigerine
(+)-N- 羟基莲叶酮碱	(+)-N-hydroxyhernangerine
(7S, 8S)-5- 羟基两面针宁	(7S, 8S)-5-hydroxynitidanin
12- 羟基裂萼苔酮	12-hydroxychiloscyphone
4- 羟基邻茴香醛	4-hydroxy-o-anisaldehyde
12- 羟基灵芝酸 D	12-hydroxyganoderic acid D
20- 羟基灵芝酸 G、AM1	20-hydroxyganoderic acids G, AM1
15- 羟基灵芝酸 S	15-hydroxyganoderic acid S
5- 羟基凌霄诺苷 (5- 羟基紫葳苷)	5-hydroxycampenoside
5- 羟基凌霄西苷	5-hydroxycampsiside
6′- 羟基硫萍蓬亭 (6′- 羟基硫黄萍蓬草碱、6′- 羟基硫欧亚萍蓬草亭) A、B	6′-hydroxythionuphlutines A, B
6- 羟基硫萍蓬亭 (6- 羟基硫黄萍蓬草碱、6- 羟基硫欧亚萍蓬草亭) A、B	6-hydroxythionuphlutines A, B
6- 羟基硫双萍蓬草定碱	6-hydroxythiobinupharidine
11- 羟基柳杉酚	11-hydroxysugiol
10′α- 羟基柳杉醌	10′α-hydroxycryptoquinone
10′β- 羟基柳杉醌	10′β-hydroxycryptoquinone
19- 羟基柳叶水甘草碱	19-hydroxytabersonine

20-羟基柳叶水甘草碱	20-hydroxytabersonine
2-羟基柳叶野扇花胺	2-hydroxysalignamine
2-羟基柳叶野扇花素 E	2-hydroxysalignarine E
7-羟基龙蒿定	7-hydroxyartemidin
23-羟基龙吉苷元	23-hydroxylongispinogenin
5-羟基龙脑	5-hydroxyborneol
23-羟基龙珠内酯 A	23-hydroxytubocapsanolide A
20-羟基龙珠内酯 A～G	20-hydroxytubocapsanolides A～G
6-羟基芦荟大黄素	6-hydroxyaloe-emodin
7-羟基芦荟大黄素苷	7-hydroxyaloin
10-羟基芦荟大黄素苷 (10-羟基芦荟素)	10-hydroxyaloin
5-羟基芦荟大黄素苷 A	5-hydroxyaloin A
5-羟基芦荟大黄素苷 A-6′-O-乙酸酯	5-hydroxyaloin A-6′-O-acetate
16-羟基露湿漆斑菌素 E	16-hydroxyroridin E
2α-羟基峦大八角宁	2α-hydroxytashironin
2α-羟基峦大八角宁 A	2α-hydroxytashironin A
9β-羟基卵南美菊素 -8-O-(2-甲基丁酸酯) [9β-羟基卵叶柄花菊素 -8-O-(2-甲基丁酸酯)]	9β-hydroxyovatifolin-8-O-(2-methyl butanoate)
16-羟基罗汉松内酯	16-hydroxypodolide
C-3′-羟基罗米仔兰酰胺	C-3′-hydroxyrocaglamide
1β-羟基罗斯考皂苷元 -1-硫酸酯	1β-hydroxyruscogenin-1-sulfate
14-羟基螺甾 -5-烯	14-hydroxyspirost-5-ene
(25R)-3β-羟基螺甾 -5-烯 -12-酮	(25R)-3β-hydroxyspirost-5-en-12-one
(25R)-1β-羟基螺甾 -5-烯 -3α-基 -O-β-D-吡喃葡萄糖苷	(25R)-1β-hydroxyspirost-5-en-3α-yl-O-β-D-glucopyranoside
(24S, 25R)-24-羟基螺甾 -5-烯 -3β-基	(24S, 25R)-24-hydroxyspirost-5-en-3β-yl
10-羟基裸茎翠雀碱	10-hydroxynudicaulidine
羟基骆驼蓬碱 (羟基骆驼蓬宁碱)	hydroxypeganine
7′-羟基落叶松脂素	7′-hydroxyariciresinol
7′-羟基落叶松脂素 -9-乙酸酯	7′-hydroxylariciresinol-9-acetate
2-羟基吕宋凹顶藻呋喃酮	2-hydroxyluzofuranone
2-羟基吕宋凹顶藻呋喃酮 B	2-hydroxyluzofuranone B
28-羟基绿升麻醇 -3-O-β-D-吡喃木糖苷	28-hydroxyfoetidinol-3-O-β-D-xylopyranoside
15α-羟基绿升麻醇 -3-O-β-D-吡喃木糖苷	15α-hydroxyfoetidinol-3-O-β-D-xylopyranoside
26-羟基绿玉树酮	26-hydroxytirucallone
5-羟基马鞭草素	5-hydroxyverbenalin
3-羟基马齿苋醇醚	3-hydroxyportulol ether
5-羟基马齿苋醛	5-hydroxyportulal
5-羟基马齿苋酸	5-hydroxyportulic acid
羟基马蛋果多内酯	hydroxyodolide
7-羟基马兜铃酸 A、I	7-hydroxyaristolochic acids A, I

16α-羟基马利筋素	16α-hydroxyasclepin
3-羟基马蔺子素	3-hydroxyirisquinone
羟基马桑亭	hydroxycoriatin
羟基马尾藻醌	hydroxysargaquinone
羟基麦角胺	hydroxyergotamine
6β-羟基麦角甾-4, 7, 22-三烯-3-酮	6β-hydroxyergost-4, 7, 22-trien-3-one
6α-羟基麦角甾-4, 7, 22-三烯-3-酮	6α-hydroxyergost-4, 7, 22-trien-3-one
3β-羟基麦角甾-5, 7, 22-三烯	3β-hydroxyergost-5, 7, 22-triene
5-羟基麦芽酚	5-hydroxymaltol
15α-羟基曼萨二酮	15α-hydroxymansumbinone
2′-羟基蔓生百部叶碱	2′-hydroxystemofoline
21α-羟基芒柄花-8 (26), 14-二烯-3-酮	21α-hydroxyonocera-8 (26), 14-dien-3-one
5-羟基芒柄花苷	5-hydroxyononin
羟基杧果醇酸	hydroxymangiferolic acid
羟基杧果酮酸	hydroxymangiferonic acid
羟基毛大丁草酮	hydroxypiloselloidone
15α-羟基毛风车子酸	15α-hydroxymollic acid
16α-羟基毛风车子酸	16α-hydroxymollic acid
3-羟基毛喉鞘蕊花素	3-hydroxyforskolin
7-羟基毛泡桐苷	7-hydroxytomentoside
β-羟基毛蕊花糖苷	β-hydroxyverbascoside
3-羟基毛瑞香素 D_1	3-hydroxydaphnodorin D_1
(5R)-羟基毛色二孢素	(5R)-hydroxyasiodiplodin
(5S)-羟基毛色二孢素	(5S)-hydroxyasiodiplodin
12-羟基毛伊萝芙木碱 (12-羟基矛恩素)	12-hydroxymauiensine
4-羟基矛果豆素	4-hydroxylonchocarpin
羟基茅膏酮	hydroxydroserone
(3R, 4S, 7R, 10R)-2-羟基茅术酮-11-O-β-D-吡喃葡萄糖苷	(3R, 4S, 7R, 10R)-2-hydroxypancherione-11-O-β-D-glucopyranoside
(3S, 4S, 5S, 7R)-3-羟基茅术酮-11-O-β-D-吡喃葡萄糖苷	(3S, 4S, 5S, 7R)-3-hydroxyhinesolone-11-O-β-D-glucopyranoside
(4R, 5S, 7R)-14-羟基茅术酮-14-O-β-D-吡喃木糖苷	(4R, 5S, 7R)-14-hydroxyhinesolone-14-O-β-D-xylopyranoside
(4S, 5S, 7R)-15-羟基茅术酮-15-O-β-D-吡喃木糖苷	(4S, 5S, 7R)-15-hydroxyhinesolone-15-O-β-D-xylopyranoside
6β-羟基玫瑰酮内酯	6β-hydroxyrosenonolactone
2-羟基美登木酸 (2-羟基杨叶普伦木酸)	2-hydroxypolpunonic acid
羟基美可品碱 (羟基蝎尾勿忘草碱)	hydroxymyoscorpine
7α-羟基美丽柏酸	7α-hydroxycallitrisic acid
27-羟基美洲茶酸	27-hydroxyceanothic acid

27-羟基美洲茶酸二甲酯	27-hydroxyceanothic acid dimethyl ester
17-羟基米团花素	17-hydroxyeucosceptrine
4-羟基秘鲁古柯酸	4-hydroxytruxillic acid
11-羟基密叶辛木素	valdiviolide
5′-羟基蜜环菌文	5′-hydroxylarmillarivin
10α-羟基蜜环菌酯	10α-hydroxymelleolide
13-羟基蜜环菌酯 K	13-hydroxymelleolide K
21β-羟基棉根皂苷元 (丝瓜素 A)	21β-hydroxygypsogenin (lucyin A)
25-羟基蘑菇甾醇	25-hydroxypanuosterone
4-羟基茉莉酮	jasmololone
(Z)-5′-羟基茉莉酮 -5′-O-β-D-吡喃葡萄糖苷	(Z)-5′-hydroxyjasmone-5′-O-β-D-glucopyranoside
(+)-4-羟基茉莉酮葡萄糖苷	(+)-jasmololone glucoside
12-羟基茉莉酮酸甲酯	methyl 12-hydroxyjasmonate
7α-羟基莫罗忍冬苷 (7α-羟基莫诺苷)	7α-hydroxymorroniside
7β-羟基莫罗忍冬苷 (7β-羟基莫诺苷)	7β-hydroxymorroniside
(6R)-羟基墨西哥洋椿内酯	(6R)-hydroxymexicanolide
羟基木番荔枝碱 (降尖叶暗罗灵碱)	norannuradhapurine
(2′S, 3′R)-3′-羟基木橘苷	(2′S, 3′R)-3′-hydroxymarmesinin
3′-羟基木橘苷 (3′-羟基印度楝梓苷)	3′-hydroxymarmesinin
(3′R)-羟基木橘苷 -4′-O-β-D-吡喃葡萄糖苷 [(3′R)-羟基木橘苷 -4′-O-β-D-吡喃葡萄糖苷]	(3′R)-hydroxymarmesinin-4′-O-β-D-glucopyranoside
(+)-(2′S, 3′R)-3-羟基木橘辛素	(+)-(2′S, 3′R)-3-hydroxymarmesin
(+)-3′-羟基木橘辛素	(+)-3′-hydroxymarmesin
5″-羟基木橘辛素 -5″-O-β-D-吡喃葡萄糖苷	5″-hydroxymarmesin-5″-O-β-D-glucopyranoside
18-羟基木藜芦毒素 XVIII	18-hydroxygrayanotoxin XVIII
5-羟基木天蓼醚	5-hydroxymatatabiether
6-羟基木犀草醇 -7-葡萄糖醛酸苷	6-hydroxyluteolol-7-glucuronide
6-羟基木犀草素	6-hydroxyluteolin
8-羟基木犀草素	8-hydroxyuteolin
6-羟基木犀草素 -6, 7, 3′, 4′-四甲基醚	6-hydroxyluteolin-6, 7, 3′, 4′-tetramethyl ether
6-羟基木犀草素 -7-O-β-D-吡喃葡萄糖苷	6-hydroxyluteolin-7-O-β-D-glucopyranoside
6-羟基木犀草素 -7-O-β-D-葡萄糖醛酸苷	6-hydroxyluteolin-7-O-β-D-glucuronide
6-羟基木犀草素 -7-O-二葡萄糖苷	6-hydroxyluteolin-7-O-diglucoside
6-羟基木犀草素 -7-O-葡萄糖苷	6-hydroxyluteolin-7-O-glucoside
6-羟基木犀草素 -7-O-芹糖苷	6-hydroxyluteolin-7-O-apioside
6-羟基木犀草素 -7-O-芸香糖苷	6-hydroxyluteolin-7-O-rutinoside
8-羟基木犀草素 -8-β-D-吡喃葡萄糖苷	8-hydroxyuteolin-8-β-D-glucopyranoside
8-羟基木犀草素 -8-鼠李糖苷	8-hydroxyuteolin-8-rhamnoside
10-羟基木犀苷二甲酯 [10-羟基木犀榄苷二甲酯]	10-hydroxyoleoside dimethyl ester
2-羟基木香酸	2-hydroxycostic acid

13-羟基木竹子酮 A、B	13-hydroxygarcimultiflorones A, B
18-羟基木竹子酮 A～D	18-hydroxygarcimultiflorones A～D
1-羟基萘	1-hydroxynaphthalene
4-[(2-羟基萘 -1- 基) 乙氮烯基] 苯 -1- 磺酸	4-[(2-hydroxynaphthalen-1-yl) diazenyl] benzene-1-sulfonic acid
7-羟基萘 -2- 重氮四氟硼酸酯	7-hydroxynaphthalene-2-diazonium tetrafluoroborate
7-羟基萘内酯	7-hydroxynaphthalide
7-羟基萘内酯 -O-β-D- 吡喃葡萄糖苷	7-hydroxynaphthalide-O-β-D-glucopyranoside
2-(6-羟基萘氧基) 乙酸	2-(6-hydroxynaphthoxy) acetic acid
19-羟基南美蟾毒精	19-hydroxymarinobufagu
8-羟基南山藤皂苷元 A	8 hydroxydrevogenin A
羟基南天宁碱	hydroxynantenine
3-羟基囊果酸	3-hydroxyphysodic acid
1β-羟基囊绒苔醛	1β-hydroxysacculatal
6α-羟基尼刀瑞尔醇	6α-hydroxynidorellol
17α-羟基拟西洋杉羟基内酯	17α-hydroxycabraleahydroxy lactone
5-羟基尿苷	5-hydroxyuridine
5-羟基尿嘧啶	5-hydroxyuracil
12α-羟基柠檬苦素	12α-hydroxylimonin
羟基柠檬酸	hydroxycitric acid
3-羟基牛蒡苷	3-hydroxyarctiin
2-羟基牛蒡子苷 (络石苷、络石糖苷)	2-hydroxyarctiin (tracheloside)
12β-羟基牛角瓜素	12β-hydroxycalotropin
15-羟基牛角瓜素	15-hydroxycalotropin
15β-羟基牛角瓜素	15β-hydroxycalotropin
16α-羟基牛角瓜素	16α-hydroxycalotropin
(2R, 3R, 5S, 8R, 9S, 10R, 13R, 14S, 17R, 20Z, 1′S, 2′S, 3′S, 5′R)-19β-羟基牛角瓜素	(2R, 3R, 5S, 8R, 9S, 10R, 13R, 14S, 17R, 20Z, 1′S, 2′S, 3′S, 5′R)-19β-hydroxycalotropin
15β-羟基牛角瓜亭	15β-hydroxycalactin
16α-羟基牛角瓜亭	16α-hydroxycalactin
17α-羟基牛角瓜亭	17α-hydroxycalactin
15β-羟基牛角瓜亭酸	15β-hydroxycalactinic acid
15β-羟基牛角瓜亭酸甲酯	15β-hydroxycalactinic acid methyl ester
16α-羟基牛角瓜亭酸甲酯	16α-hydroxycalactinic acid methyl ester
15β-羟基牛角瓜亭酸乙酯	15β-hydroxycalactinic acid ethyl ester
6-羟基牛角花碱	6-hydroxylocuturine
10-羟基女贞苷	10-hydroxyligustroside
2α-羟基欧白英定 (2α-羟基蜀羊泉碱)	2α-hydroxysoladulcidine
15α-羟基欧白英定 (15α-羟基蜀羊泉碱)	15α-hydroxysoladulcidine
18-羟基欧丹参醇 (18-羟基香紫苏醇)	18-hydroxysclareol

4″-羟基欧前胡素 -4″-*O*-β-D- 吡喃葡萄糖苷	4″-hydroxyimperatorin-4″-*O*-β-D-glucopyranoside
5″-羟基欧前胡素 -5″-*O*-β-D- 吡喃葡萄糖苷	5″-hydroxyimperatorin-5″-*O*-β-D-glucopyranoside
4- 羟基欧洲山杨辛	4-hydroxytremulacin
3- 羟基哌啶酸	3-hydroxypipecolic acid
4- 羟基哌啶酸 (4- 羟基哌扣立酸)	4-hydroxypipecolic acid
10- 羟基攀援山橙碱	10-hydroxyscandine
15α- 羟基攀援山橙酮碱	15α-hydroxymeloscandonine
31- 羟基泡番荔枝辛	31-hydroxybullatacin
27- 羟基泡番荔枝辛	27-hydroxybullatacin
2- 羟基泡番荔枝辛	2-hydroxybullatacin
30- 羟基泡番荔枝辛	30-hydroxybullatacin
10- 羟基泡泡树新素	10-hydroxyasimicin
6α- 羟基胚芽碱 (原藜芦因)	6α-hydroxygermine (protoverine)
24β- 羟基喷诺皂苷元	24β-hydroxypennogenin
18- 羟基皮质酮	18-hydroxycorticosterone
17- 羟基皮质甾酮 (17- 羟基皮质酮)	17-hydroxycorticosterone
6- 羟基嘌呤 (次黄嘌呤)	6-hydroxypurine (hypoxanthine)
2- 羟基苹婆酸甲酯	methyl 2-hydroxysterculate
L- 羟基脯氨酸	L-hydroxyproline
(2*S*, 4*S*)-4- 羟基脯氨酸	(2*S*, 4*S*)-4-hydroxyproline
3- 羟基脯氨酸	3-hydroxyproline
4- 羟基脯氨酸	4-hydroxyproline
8- 羟基葡萄糖基哈尔明碱	8-hydroxyglucosyl harmine
羟基葡萄糖中美菊素 A	macroliniside A
14′- 羟基漆斑菌素 B	14′-hydroxymytoxin B
3β- 羟基齐墩果 -11- 烯 -28, 13β- 内酯	3β-hydroxyolean-11-en-28, 13β-olide
3α- 羟基齐墩果 -12- 烯 -23, 28, 29- 三酸	3α-hydroxyolean-12-en-23, 28, 29-trioic acid
3β- 羟基齐墩果 -12- 烯 -27- 苯甲酰氧基 -28- 酸甲酯	3β-hydroxyolean-12-en-27-benzoyloxy-28-oic acid methyl ester
3β- 羟基齐墩果 -12- 烯 -27- 酸	3β-hydroxyolean-12-en-27-oic acid
羟基齐墩果 -12- 烯 -27- 酸 (涧边草酸)	hydroxyolean-12-en-27-oic acid (peltoboykinolic acid)
3β- 羟基齐墩果 -12- 烯 -27- 酸乙酯	3β-hydroxyolean-12-en-27-oic acid ethyl ester
3β- 羟基齐墩果 -12- 烯 -28- 醛	3β-hydroxyolean-12-en-28-aldehyde
3β- 羟基齐墩果 -12- 烯 -28- 酸	3β-hydroxyolean-12-en-28-oic acid
16α- 羟基齐墩果 -12- 烯 -28- 酸 -3-*O*-α-L- 吡喃阿拉伯糖苷	16α-hydroxyolean-12-en-28-oic acid-3-*O*-α-L-arabinopyranoside
3β- 羟基齐墩果 -12- 烯 -29- 酸	3β-hydroxyolean-12-en-29-oic acid
3β- 羟基齐墩果 -5, 12- 二烯 -28- 酸	3β-hydroxyolean-5, 12-dien-28-oic acid
3β- 羟基齐墩果 -8 (11)- 烯	3β-hydroxyolean-8 (11)-ene
21β- 羟基齐墩果酸	21β-hydroxyoleanolic acid

22β- 羟基齐墩果酸	22β-hydroxyoleanolic acid
23- 羟基齐墩果酸	23-hydroxyoleanolic acid
24- 羟基齐墩果酸	24-hydroxyoleanolic acid
29- 羟基齐墩果酸	29-hydroxyoleanolic acid
2β- 羟基齐墩果酸	2β-hydroxyoleanolic acid
2α- 羟基齐墩果酸 (马斯里酸、山楂酸)	2α-hydroxyoleanolic acid (maslinic acid, crataegolic acid)
3β- 羟基齐墩果酸 -23- 硫酸酯	3β-hydroxyoleanolic acid-23-sulfate
2α- 羟基齐墩果酸 -3-O-β-D- 吡喃葡萄糖苷	2α-hydroxyoleanoic acid-3-O-β-D-glucopyranoside
19α- 羟基齐墩果酸 -3β-O-α-L- 吡喃阿拉伯糖基 -28-O-β-D- 吡喃葡萄糖酯苷	19α-hydroxyoleanolic acid-3β-O-α-L-arabinopyranosyl-28-O-β-D-glucopyranoside ester
2α- 羟基齐墩果酸甲酯	2α-hydroxyoleanolic acid methyl ester
羟基齐墩果酸内酯	hydroxyoleanonic lactone
4- 羟基齐墩果烷	4-hydroxyoleanane
12- 羟基奇任醇	12-hydroxykirenol
21α- 羟基千层塔 -14- 烯 -3β- 基二氢咖啡酸酯	21α-hydroxyserrat-14-en-3β-yl-dihydrocaffeate
7-β 羟基千金二萜醇	7β-hydroxylathyrol
7- 羟基千金二萜醇 (7- 羟基千金藤醇)	7-hydroxylathyrol
7- 羟基千金二萜醇 -5, 15- 二乙酸 -3- 苯甲酸酯 -7- 烟酸酯	7-hydroxylathyrol-5, 15-diacetate-3-benzoate-7-nicotinate
7- 羟基千金二萜醇 - 二乙酸 - 二苯甲酸酯	7-hydroxylathyrol diacetate dibenzoate
12β- 羟基千里光 -11, 16- 二酮	12β-hydroxysenecionan-11, 16-dione
(+)- 羟基前胡素	(+)-hydroxypeucedanin
6- 羟基茜草定 (6- 羟基甲基异茜草素)	6-hydroxyrubiadin
5- 羟基茜素 -L- 甲醚	5-hydroxyalizarin-L-methyl ether
5- 羟基茜素甲醚	5-hydroxyalizarin methyl ether
1β- 羟基蔷薇酸	1β-hydroxyeuscaphic acid
5- 羟基乔木山小橘瑞宁	5-hydroxyarborinine
4- 羟基鞘氨醇	4-hydroxysphingosine
(4R)-4- 羟基鞘氨醇烷	(4R)-4-hydroxysphinganine
13- 羟基茄环丁萘酮 -β- 吡喃葡萄糖苷	13-hydroxysolanascone-β-glucopyranoside
15- 羟基茄环丁萘酮 -β- 吡喃葡萄糖苷	15-hydroxysolanascone-β-glucopyranoside
1β- 羟基窃衣醇酮	1β-hydroxytorilolone
1- 羟基窃衣素	1-hydroxytorilin
1α- 羟基窃衣素	1α-hydroxytorilin
1β- 羟基窃衣素酮	1β-hydroxytorilin
6- 羟基芹菜素 (野黄芩素、高山黄芩素、高黄芩素)	6-hydroxyapigenin (scutellarein)
8- 羟基芹菜素 (异高山黄芩素、异高黄芩素、5, 7, 8, 4'- 四羟基黄酮)	8-hydroxyapigenin (isoscutellarein, 5, 7, 8, 4'-tetrahydroxyflavone)
6- 羟基芹菜素 -6-O-β-D- 葡萄糖苷 -7-O-β-D- 葡萄糖醛酸苷	6-hydroxyapigenin-6-O-β-D-glucoside-7-O-β-D-glucuronide

(−)-羟基琴状凹唇姜素 A	(−)-hydroxypanduratin A
9α-羟基氢化咖啡酸	9α-hydroxyhydrocaffeic acid
12-羟基氢化松香酸甲酯	methyl 12-hydroxyhydroabietate
羟基氢醌	hydroxyhydroquinone
7-羟基球花醉鱼草酮	7-hydroxybuddledone
3-羟基曲酸	3-hydroxykojic acid
12b-羟基去-D-杰氏山竹子素 A	12b-hydroxy-des-D-garcigerrin A
3-羟基去-O-甲基总状花羊蹄甲酚	3-hydroxydes-O-methyl racemosol
3β-羟基去甲格木苏胺	3β-hydroxynorerythrosuamine
5-羟基去甲降真香碱 (5-羟基去甲山柚柑碱)	5-hydroxynoracronycine
6β-羟基去甲柳杉树脂酚 (6β-羟基去甲基日本柳杉酚)	6β-hydroxydemethyl cryptojaponol
6α-羟基去甲柳杉树脂酚 (6α-羟基去甲基日本柳杉酚)	6α-hydroxydemethyl cryptojaponol
C-3′-羟基去甲罗米仔兰酰胺	C-3′-hydroxydemethyl rocaglamide
10-羟基去甲四叶萝芙新碱	10-hydroxynortetraphyllicine
10-羟基去甲酰二氢伪阿枯米京碱-10-O-α-L-吡喃阿拉伯糖苷 (10-羟基去甲酰二氢伪苦籽木精碱10-O-α-L-吡喃阿拉伯糖苷)	10-hydroxydeformodihydropseudoakuammigine-10-O-α-L-arabinopyranoside
7-羟基去甲氧基阿勒颇芸香素 (7-羟基去甲氧基縏状芸香苷酯)	7-hydroxydesmethoxyrutarensin
5-羟基去甲真香醇碱	5-hydroxynoracronycine alcohol
(13²-R)-羟基去镁叶绿素 a、b	(13²-R)-hydroxypheophytins a, b
(13²S)-羟基去镁叶绿素 a、b	(13²S)-hydroxypheophytins a, b
6β-羟基去羟野芝麻新苷	6β-hydroxyipolamiide
15α-羟基脱氢丘陵多孔菌酸	15α-hydroxydehydrotumulosic acid
19-羟基去乙酰闹米林酸-17-β-D-葡萄糖苷	19-hydroxydeacetyl nomilinic acid-17-β-D-glucoside
6-羟基去乙酰紫玉盘素 (6-羟基去乙酰紫玉盘辛)	6-hydroxydesacetyluvaricin
21-羟基全缘千里光碱	21-hydroxyintegerrimine
3-羟基犬尿氨素 (3-羟基犬尿酸)	3-hydroxykynurenine
6-羟基犬尿氨酸 (6-羟基犬尿酸、6-羟基犬尿喹啉酸)	6-hydroxykynurenic acid
14-羟基雀稗碱	14-hydroxypaspalinine
2-羟基染料木素	2-hydroxygenistein
2′-羟基染料木素	2′-hydroxygenistein
3′-羟基染料木素	3′-hydroxygenistein
8-羟基染料木素	8-hydroxygenistein
22β-羟基染用卫矛酮	22β-hydroxytingenone
20-羟基染用卫矛酮	20-hydroxytingenone
2α-羟基人参二醇	2α-hydroxypanaxadiol
9-羟基壬酸	9-hydroxynonanoic acid
8α-羟基日本石松定碱 A	8α-hydroxylycojapodine A
6β-羟基日当药黄苷 A	6β-hydroxyswertiajaposide A

23-羟基日楝宁内酯	23-hydroxyohchininolide
9-羟基绒白乳菇醛	9-hydroxyvelleral
6α-羟基绒毛银胶菊素	6α-hydroxytomentosin
4-羟基肉桂酸甲酯	methyl 4-hydroxycinnamate
3-O-(Z)-羟基肉桂酰基熊果酸	3-O-(Z)-hydroxycoumaroylursolic acid
(+)-(19R)-羟基乳白仔榄树胺	(+)-(19R)-hydroxyeburnamine
13-羟基乳菇-2, 6, 8-三烯-5-酸 γ-内酯 [2 (3)-8 (9)-双脱水淡红乳菇素 A]	13-hydroxyactara-2, 6, 8-trien-5-oic acid γ-lactone [2 (3)-8 (9)-bisanhydrolactarorufin A]
5-羟基乳菇-6, 8-二烯-13-酸-γ-内酯	5-hydroxylactara-6, 8-dien-13-oic acid-γ-lactone
14-羟基乳菇内酯 A	14-hydroxylactarolide A
羟基蕊木宁	hydroxykopsinine
3α-羟基瑞诺木素	3α-hydroxyreynosin
12-羟基瑞香毒素	12-hydroxydaphnetoxin
2-羟基塞内加尔非洲楝内酯	2-hydroxyseneganolide
2-羟基三尖杉碱	2-hydroxycephaltaxine
11-羟基三尖杉碱	11-hydroxycephalotaxine
4-羟基三尖杉碱	4-hydroxycephalotaxine
11-β-羟基三尖杉碱-β-N-氧化物	11-β-hydroxycephalotaxine-β-N-oxide
10-羟基三裂泡泡辛	10-hydroxytrilobacin
4-羟基三十三碳-16, 18-二酮	4-hydroxytritriacont-16, 18-dione
8-羟基三十碳-25-酮	8-hydroxytriacont-25-one
24-羟基三十碳-26-酮	24-hydroxytriacont-26-one
23-羟基三十碳-2-酮	23-hydroxytriacont-2-one
12-羟基三十碳-4, 7-二酮	12-hydroxytriacont-4, 7-dione
23-羟基三十碳-6-酮	23-hydroxytriacont-6-one
27-羟基三十碳-6-酮	27-hydroxytriacont-6-one
α-羟基三十碳-6-烯酸十三酯	tridecanyl α-hydroxytriacont-6-enoate
24-羟基三十一-27-酮	24-hydroxyhentriacont-27-one
羟基三萜酸	hydroxytriterpenic acid
羟基三乙酰氧基紫杉二烯	hydroxytriacetoxytaxadiene
6-羟基色胺	6-hydroxytryptamine
5-羟基色胺肌酸酐硫酸盐	5-hydroxytryptamine creatinine sulfate
7-羟基色原酮	7-hydroxychromone
(16S)-17-羟基沙巴精-16-甲酸甲酯	(16S)-17-hydroxy-sarpagan-16-carboxylic acid methyl ester
19-羟基沙门苷元-3-O-α-L-鼠李糖苷	19-hydroxysarmentogenin-3-O-α-L-rhamnoside
19-羟基山橙碱 K	19-hydroxymelodinine K
6-羟基山道楝素	6-hydroxysandoricin
8-羟基山道年	8-hydroxysantonin
6-羟基山姜内酯	6-hydroxyalpinolide

Q

9-羟基山姜内酯	9-hydroxyalpinolide
12-羟基山楝素	12-hydroxyamoorastin
12-羟基山楝酮 (12-羟基崖摩抑酮)	12-hydroxyamoorastatone
12α-羟基山楝酮 (12α-羟基崖摩抑酮)	12α-hydroxyamoorastatone
6-羟基山柰酚	6-hydroxykaempferol
6-羟基山柰酚 -3, 6, 4′-三甲醚	6-hydroxykaempferol-3, 6, 4′-trimethyl ether
6-羟基山柰酚 -3, 6, 7-三 -O-β-D-葡萄糖苷	6-hydroxykaempferol-3, 6, 7-tri-O-β-D-glucoside
6-羟基山柰酚 -3, 6, 7-三 -O-葡萄糖苷	6-hydroxykaempferol-3, 6, 7-tri-O-glucoside
6-羟基山柰酚 -3, 6-二 -O-β-D-葡萄糖苷	6-hydroxykaempferol-3, 6-di-O-β-D-glucoside
6-羟基山柰酚 -3, 6-二 -O-β-D-葡萄糖基 -7-O-β-D-葡萄糖醛酸苷	6-hydroxykaempferol-3, 6-di-O-β-D-glucosyl-7-O-β-D-glucuronide
6-羟基山柰酚 -3, 6-二 -O-葡萄糖苷	6-hydroxykaempferol-3, 6-di-O-glucoside
6-羟基山柰酚 -3, 7-二甲基醚	6-hydroxykaempferol-3, 7-dimethyl ether
6-羟基山柰酚 -3-O-β-D-葡萄糖苷	6-hydroxykaempferol-3-O-β-D-glucoside
6-羟基山柰酚 -3-O-β-D-葡萄糖基 -7-O-β-D-葡萄糖醛酸苷	6-hydroxykaempferol-3-O-β-D-glucosyl-7-O-β-D-glucuronide
6-羟基山柰酚 -3-O-β-D-芸香糖苷	6-hydroxykaempferol-3-O-β-D-rutinoside
6-羟基山柰酚 -3-O-β-D-芸香糖基 -6-O-β-D-葡萄糖苷	6-hydroxykaempferol-3-O-β-D-rutinosyl-6-O-β-D-glucoside
6-羟基山柰酚 -3-硫酸酯	6-hydroxykaempferol-3-sulphate
6-羟基山柰酚 -6, 7-二 -O-葡萄糖苷	6-hydroxykaempferol-6, 7-di-O-β-D-glucoside
8-羟基山柰酚 -7-O-β-D-吡喃葡萄糖苷	8-hydroxykaempferol-7-O-β-D-glucopyranoside
6-羟基山柰酚 -7-O-葡萄糖苷	6-hydroxykaempferol-7-O-glucoside
6β-羟基山稔甲素 (6β-羟基绒毛银胶菊素)	6β-hydroxytomentosin
Δ-羟基山羊豆碱	Δ-hydroxygalegine
2-羟基商陆种酸	2-hydroxyesculentic acid
羟基芍药苷	hydroxypaeoniflorin
羟基蛇床酚苷 (羟基蛇床酮醇苷) A	hydroxycnidimoside A
羟基蛇床子素环氧化合物	hydroxyosthole epoxide
2b-羟基蛇葡萄素 F	2b-hydroxyampelopsin F
8β-羟基蛇足石杉明碱 K	8β-hydroxylycoposerramine K
羟基麝香吡啶 A、B	hydroxymuscopyridines A, B
7-羟基麝香草酚	7-hydroxythymol
9-羟基麝香草酚	9-hydroxythymol
6-羟基麝香草酚 -3-O-β-D-吡喃葡萄糖苷	6-hydroxythymol-3-O-β-D-glucopyranoside
7-羟基麝香草酚 -3-O-β-D-吡喃葡萄糖苷	7-hydroxythymol-3-O-β-D-glucopyranoside
9-羟基麝香草酚 -3-O-当归酸酯	9-hydroxythymol-3-O-angelate
羟基肾叶鹿蹄草苷	hydroxyrenifolin
(22R)-22-羟基升麻醇 [(22R)-22-羟基升麻环氧醇] Ⅰ、Ⅱ	(22R)-22-hydroxycimigenols Ⅰ, Ⅱ

12β-羟基升麻醇-3-O-α-L-吡喃阿拉伯糖苷	12β-hydroxycimigenol-3-O-α-L-arabinopyranoside
12-羟基升麻环氧醇阿拉伯糖苷 (2-羟基升麻醇阿拉伯糖苷)	12-hydroxycimigenol arabinoside
7-羟基生物蝶呤	7-hydroxybiopterin
18-羟基圣古碱	18-hydroxysungucine
羟基尸胺	hydroxycadaverine
2α-羟基十八二烯酸	2α-hydroxyoctadecadienoic acid
(9S, 10E, 12Z, 15Z)-9-羟基十八碳-10, 12, 15-三烯酸	(9S, 10E, 12Z, 15Z)-9-hydroxyoctadec-10, 12, 15-trienoic acid
(10E, 12E)-9-羟基十八碳-10, 12-二烯酸	(10E, 12E)-9-hydroxyoctadec-10, 12-dienoic acid
18-羟基十八碳-2-酮	18-hydroxyoctadec-2-one
8-羟基十八碳顺式-11, 14-二烯酸	8-hydroxyoctadec-cis-11, 14-dienoic acid
(2S, 3S, 4R, 8E)-2-[(2'R)-2'-羟基十八碳酰氨基]-8-二十四烯-1, 3, 4-三醇	(2S, 3S, 4R, 8E)-2-[(2'R)-2'-hydroxyoctadecanoyl amino]-8-lignoceren-1, 3, 4-triol
(2S, 3S, 4R, 8E)-2-[(2'R)-2'-羟基十八碳酰氨基]-8-十八烯-1, 3, 4-三醇	(2S, 3S, 4R, 8E)-2-[(2'R)-2'-hydroxyoctadecanoyl amino]-8-octadecen-1, 3, 4-triol
2-羟基十八碳酰基	2-hydroxyoctadecanoyl
4-羟基十二-2-烯二酸	4-hydroxydodec-2-en-dioic acid
5-羟基十二酸甘油酯	glycerol 5-hydroxydodecanoate
(10E)-12-羟基十二碳-10-烯酸	(10E)-12-hydroxydodec-10-enoic acid
(E)-4-羟基十二碳-2-烯二酸	(E)-4-hydroxydodec-2-en-dioic acid
(8E, 10E)-12-羟基十二碳-8, 10-二烯酸	(8E, 10E)-12-hydroxydodec-8, 10-dienoic acid
3-羟基十二碳二酸	3-hydroxydodecanedioic acid
10-羟基十六酸	10-hydroxyhexadecanoic acid
(2R)-羟基十六酸	(2R)-hydroxyhexadecanoic acid
3-羟基十六酸 (3-羟基棕榈酸)	3-hydroxyhexadecanoic acid (3-hydroxypalmitic acid)
(10R)-羟基十六碳-(7Z, 11E, 13Z)-三烯酸	(10R)-hydroxyhexadec-(7Z, 11E, 13Z)-trienoic acid
(2S, 3S, 4R, 9Z)-2-[(2R)-2-羟基十六碳酰氨基]-9-二十二烯-1, 3, 4-三醇	(2S, 3S, 4R, 9Z)-2-[(2R)-2-hydroxyhexadecanosyl amino]-9-docosen-1, 3, 4-triol
(2S, 3S, 4R, 2'R, 8Z)-N-2'-羟基十六碳酰基-1-O-β-D-吡喃葡萄糖基-4-羟基-8-神经鞘氨醇	(2S, 3S, 4R, 2'R, 8Z)-N-2'-hydroxyhexadecanoyl-1-O-β-D-glucopyranosyl-4-hydroxy-8-sphingenine
12-羟基十七酸	12-hydroxyheptadecanoic acid
6'-O-(2''-羟基十七碳酰)-β-D-葡萄糖基-β-谷甾醇	6'-O-(2''-hydroxyheptadecanoyl)-β-D-glucosyl-β-sitosterol
4-羟基十四醇	4-hydroxytetradecanol
8-羟基十五碳二酸	8-hydroxypentadecanoic diacid
(2S, 3S, 4R, 8E)-2-[(2'R)-2'-羟基十五碳酰氨基]-8-二十七烯-1, 3, 4-三醇	(2S, 3S, 4R, 8E)-2-[(2'R)-2'-hydroxypentadecanoyl amino]-8-heptacosen-1, 3, 4-triol
5-(2-羟基十五烷基)-间苯二酚	5-(2-hydroxypentadecyl)-m-benzenediol
6-羟基十字孢链霉酮	6-hydroxystaurosporinone
2-羟基石刁柏素	2-hydroxyasparenyn {3', 4'-trans-2-hydroxy-1-methoxy-4-[5-(4-methoxyphenoxy)-3-penten-1-ynyl] benzene}

Q

(3′*S*)-羟基石防风素	(3′*S*)-hydroxydeltoin
6-羟基石斛碱 (石斛胺、石斛氨碱)	6-hydroxydendrobine (dendramine)
4-羟基石斛醚碱	4-hydroxydendroxine
6-羟基石斛醚碱	6-hydroxydendroxine
2α-羟基石栗萜酸-3-对羟基苯甲酸酯	2α-hydroxyaleuritolic acid-3-*p*-hydroxybenzoate
6β-羟基石杉碱 A	6β-hydroxyhuperzine A
16-羟基石杉碱乙	16-hydroxyhuperzine B
11-羟基石松定碱	11-hydroxylycodine
6α-羟基石松碱	6α-hydroxyycopodine
3-羟基鼠尾草呋萘嵌苯酮 (3-羟基鼠尾草烯酮、3-羟基鼠尾酮)	3-hydroxysalvilenone
14-羟基薯蓣皂苷元-3-*O*-α-L-吡喃鼠李糖基-(1→2)-[β-D-吡喃木糖基-(1→4)]-β-D-吡喃葡萄糖糖苷	14-hydroxydiosgenin-3-*O*-α-L-rhamnopyranosyl-(1→2)-[β-D-xylopyranosyl-(1→4)]-β-D-glucopyranoside
14-羟基薯蓣皂苷元-3-*O*-α-L-吡喃鼠李糖基-(1→2)-β-D-吡喃葡萄糖苷	14-hydroxydiosgenin-3-*O*-α-L-rhamnopyranosyl-(1→2)-β-D-glucopyranoside
24α-羟基薯蓣皂苷元-3-*O*-α-吡喃鼠李糖基-(1→2)-β-D-吡喃葡萄糖苷	24α-hydroxydiosgenin-3-*O*-α-rhamnopyranosyl-(1→2)-β-D-glucopyranoside
2α-羟基树蒿素	2α-hydroxyarborescin
2β-羟基树蒿素	2β-hydroxyarborescin
8α-羟基树蒿素	8α-hydroxyarborescin
16α-羟基栓菌烯醇酸 (16α-栓菌醇酸)	16α-hydroxytrametenolic acid
15α-羟基栓菌烯醇酸 (15α-栓菌醇酸)	15α-hydroxytrametenolic acid
(13*E*, 17*E*, 21*E*)-8-羟基水龙骨-13, 17, 21-三烯-3-酮	(13*E*, 17*E*, 21*E*)-8-hydroxypolypodo-13, 17, 21-trien-3-one
8-羟基水曲柳树脂酚	8-hydroxymedioresinol
9α-羟基水曲柳树脂酚	9α-hydroxymedioresinol
3-羟基水苏碱	3-hydroxystachydrine
6-羟基水仙花碱	6-hydroxytazettine
5-羟基水杨酸 (龙胆酸、2, 5-二羟基苯甲酸)	5-hydroxysalicylic acid (gentisic acid, 2, 5-dihydroxybenzoic acid)
18-羟基睡茄内酯 D	18-hydroxywithanolide D
4β-羟基睡茄内酯 E	4β-hydroxywithanolide E
17β-羟基睡茄内酯 K (异睡茄内酯 F、异醉茄内酯 F)	17β-hydroxywithanolide K (isowithanolide F)
27-羟基睡茄酮	27-hydroxywithanone
9β-羟基顺式-11-十八烯酸	9β-hydroxy-*cis*-11-octadecenoic acid
9-D-羟基-顺式-12-十八烯酸	9-D-hydroxy-*cis*-12-octadecenoic acid
12-羟基-顺式-9-十八烯酸	12-hydroxy-*cis*-9-octadecenoic acid
2α-羟基顺式-克罗-3, (13*Z*), 8 (17)-三烯-15-酸	2α-hydroxy-*cis*-clerod-3, (13*Z*), 8 (17)-trien-15-oic acid
2α-羟基顺式-欧洲刺柏酸	2α-hydroxy-*cis*-communic acid
5β-羟基-顺式-脱氢巴豆宁	5β-hydroxy-*cis*-dehydrocrotonin
2α-羟基丝石竹皂苷元-3-*O*-β-D-吡喃葡萄糖苷	2α-hydroxygypsogenin-3-*O*-β-D-glucopyranoside

14-羟基斯普本皂苷 C	14-hydroxysprengerinin C
17-羟基斯普本皂苷 C	17-hydroxysprengerinin C
19-羟基斯氏库努大戟醇 -19-*O*-β-D- 吡喃葡萄糖苷	19-hydroxyspruceanol-19-*O*-β-D-glucopyranoside
37-羟基四十六碳 -1-烯 -15-酮	37-hydroxyhexatetracont-1-en-15-one
21-羟基四十碳 -20-酮	21-hydroxytetracont-20-one
1-羟基四十烷	1-hydroxytetracontane
37-羟基四十一碳 -19-酮	37-hydroxyhentetracont-19-one
7-*O*-13β-羟基松香 -8 (14)-烯 -18-酸	7-*O*-13β-hydroxyabiet-8 (14)-en-8-oic acid
7α-羟基松香 -8, 11, 13, 15-四烯 -18-酸	7α-hydroxyabieta-8, 11, 13, 15-tetraen-18-oic acid
14-羟基松香 -8, 11, 13-三烯 -3-酮 (雷酚萜)	14-hydroxyabieta-8, 11, 13-trien-3-one (triptonoterpene)
3β-羟基松香 -8, 11, 13-三烯 -7-酮	3β-hydroxyabieta-8, 11, 13-trien-7-one
12-羟基松香酸	12-hydroxyabietic acid
15-羟基松香酸	15-hydroxyabietic acid
12-羟基松香酸甲酯	methyl 12-hydroxyabietate
3′-羟基松叶蕨苷	3′-hydroxypsilotin
1-羟基松脂素	1-hydroxypinoresinol
(+)-5′-羟基松脂素	(+)-5′-hydroxypinoresinol
8′-羟基松脂素	8′-hydroxypinoresinol
9α-羟基松脂素	9α-hydroxypinoresinol
8-羟基松脂素 (8-羟基松脂醇、8-羟基松脂酚)	8-hydroxypinoresinol
(+)-1-羟基松脂素 [(+)-1-羟基松脂酚、(+)-1-羟基松脂醇]	(+)-1-hydroxypinoresinol
(+)-8-羟基松脂素 [(+)-4, 4′, 8-三羟基 -3′, 3′-二甲氧基双环氧木脂素]	(+)-8-hydroxypinoresinol [(+)-4, 4′, 8-trihydroxy-3, 3′-dimethoxybisepoxylignan]
(+)-8-羟基松脂素 [(+)-8-羟基松脂醇]	(+)-8-hydroxypinoresinol
(+)-1-羟基松脂素 -1-*O*-β-D- 吡喃葡萄糖苷	(+)-1-hydroxypinoresinol-1-*O*-β-D-glucopyranoside
(+)-1-羟基松脂素 -1-*O*-β-D- 葡萄糖苷	(+)-1-hydroxypinoresinol-1-*O*-β-D-glucoside
1-羟基松脂素 -1-β-D- 葡萄糖苷	1-hydroxypinoresinol-1-β-D-glucoside
1-羟基松脂素 -4′, 4″-二 -*O*-β-D- 吡喃葡萄糖苷	1-hydroxypinoresinol-4′, 4″-di-*O*-β-D-glucopyranoside
(+)-1-羟基松脂素 -4′, 4″-二 -*O*-β-D- 吡喃葡萄糖苷	(+)-1-hydroxypinoresinol-4′, 4″-di-*O*-β-D-glucopyranoside
1-羟基松脂素 -4″-*O*-β-D- 吡喃葡萄糖苷	1-hydroxypinoresinol-4″-*O*-β-D-glucopyranoside
(+)-1-羟基松脂素 -4″-*O*-β-D- 吡喃葡萄糖苷	(+)-1-hydroxypinoresinol-4″-*O*-β-D-glucopyranoside
8′-羟基松脂素 -4′-*O*-β-D- 葡萄糖苷	8′-hydroxypinoresinol-4′-*O*-β-D-glucoside
2″-羟基素馨素	2″-hydroxyjasminin
4″-羟基素馨素	4″-hydroxyisojasminin
5-羟基酸橙素	5-hydroxyauranetin
25-羟基酸浆苦素 A～J	25-hydroxyphysalins A～J
25β-羟基酸浆苦素 D	25β-hydroxyphysalin D
7β-羟基酸浆苦素 L	7β-hydroxyphysalin L
23-羟基酸浆内酯	23-hydroxyphysalolactone

Q

6-羟基酸模素-8-*O*-β-D-吡喃葡萄糖苷	6-hydroxymusizin-8-*O*-β-D-glucopyranoside
6-羟基酸模素葡萄糖苷	6-hydroxymusizin glucoside
6β-羟基蒜味香料素	6β-hydroxyteuscordin
6α-羟基蒜味香料素	6α-hydroxyteuscordin
(–)-7-羟基穗罗汉松树脂酚 [(–)-7-羟基马台树脂醇]	(–)-7-hydroxymatairesinol
羟基莎草醌	hydroxycyperaquinone
3β-羟基莎草烯酸	3β-hydroxycyperenoic acid
3-羟基-3-羧基戊二酸二甲酯	3-hydroxy-3-carboxyglutaric acid dimethyl ester
11-羟基他波宁	11-hydroxytabersonine
(18*R*)-14α-羟基塔卡-14β-甲酸甲酯	(18*R*)-14α-hydroxytacaman-14β-carboxylic methyl ester
15α-羟基拓闻烯酮 E (15α-羟基石蚕文森酮 E)	15α-hydroxyteuvincenone E
18-羟基拓闻烯酮 E (18-羟基石蚕文森酮 E)	18-hydroxyteuvincenone E
19-羟基拓闻烯酮 F (19-羟基文森特香科科酮 F)	19-hydroxyteuvincenone F
13α-羟基泰拉奇纳大戟内酯 G	13α-hydroxyterracinolide G
5-羟基唐松明碱	5-hydroxythalmine
4-羟基桃金娘醛	4-hydroxy-myrtenal
19-羟基陶塔酚 (19-羟基桃拓酚、19-羟基新西兰罗汉松酚)	19-hydroxytotarol
8α-(4-羟基惕各酰氧基)-10α-羟基硬毛钩藤内酯-13-*O*-乙酸酯	8α-(4-hydroxytigloyloxy)-10α-hydroxyhirsutinolide-13-*O*-acetate
8β-(4′-羟基惕各酰氧基)-5-脱氧-8-去酰圆叶泽兰素	8β-(4′-hydroxytigloyloxy)-5-desoxy-8-desacyl euparotin
8α-4-羟基惕各酰氧基-10α-羟基硬毛钩藤内酯-13-*O*-乙酸酯	8α-4-hydroxytigloyloxy-10α-hydroxyhirsutinolide-13-*O*-acetate
6-羟基天仙子胺	6-hydroxyhyoscyamine
7-羟基天仙子胺	7-hydroxyhyoscyamine
6β-羟基天仙子胺 (山莨菪碱)	6β-hydroxyhyoscyamine (anisodamine)
4α-羟基甜没药醇-1-酮	4α-hydroxybisabol-1-one
(1*S*, 6*S*)-1α-羟基甜没药醇-2, 10-二烯-14-醛	(1*S*, 6*S*)-1α-hydroxybisabol-2, 10-dien-14-al
4β-羟基甜没药醇-2, 10-二烯-1-酮	4β-hydroxybisabol-2, 10-dien-1-one
1β-羟基甜没药醇-2, 10-二烯-4-酮	1β-hydroxybisabol-2, 10-dien-4-one
1α-羟基甜没药醇-2, 10-二烯-4-酮	1α-hydroxybisabol-2, 10-dien-4-one
8-羟基甜没药醇-2, 10-二烯-4-酮	8-hydroxybisabol-2, 10-dien-4-one
4-羟基甜没药醇-2, 10-二烯-9-酮	4-hydroxybisabol-2, 10-dien-9-one
11-羟基条纹碱	11-hydroxyvittatine
10-羟基铁屎米-6-酮	10-hydroxycanthin-6-one
4-羟基铁屎米-6-酮	4-hydroxycanthin-6-one
9-羟基铁屎米-6-酮	9-hydroxycanthin-6-one
8-羟基铁屎米酮	8-hydroxycanthinone
羟基铁线蕨酮	hydroxyadiantone
11-羟基铁锈醇	11-hydroxyferruginol

19-羟基铁锈醇 (19-羟基锈色罗汉松酚)	19-hydroxyferruginol
18-羟基铁锈醇 (18-羟基锈色罗汉松酚、18-羟基弥罗松酚)	18-hydroxyferruginol
6α-羟基铁锈醇 (6α-羟基锈色罗汉松酚)	6α-hydroxyferruginol
6β-羟基铁锈醇 (6β-羟基锈色罗汉松酚、6β-羟基弥罗松酚)	6β-hydroxyferruginol
2-羟基𧄍酮	2-hydroxyxanthone
4-羟基𧄍酮	4-hydroxyxanthone
4-羟基头序千金藤宁	4-hydroxycrebanine
19-羟基土波台文碱	lagunamine
2α-羟基土木香内酯	2α-hydroxyalantolactone
1α, (20R)-羟基蜕皮激素	1α, (20R)-hydroxyecdysone
20-羟基蜕皮激素 (β-蜕皮激素、β-蜕皮素、蜕皮甾酮、水龙骨素 A)	20-hydroxyecdysone (β-ecdysone, ecdysterone, polypodine A)
20-羟基蜕皮激素-2, 3, 20, 22-双缩丙酮	20-hydroxyecdysone-2, 3, 20, 22-diacetonide
20-羟基蜕皮激素-20, 22-单缩丙酮	20-hydroxyecdysone-20, 22-monoacetonide
20-羟基蜕皮激素-20, 22-缩丁醛	20-hydroxyecdysone-20, 22-butylidene acetal
20-羟基蜕皮激素-25-O-β-D-吡喃葡萄糖苷	20-hydroxyecdysone-25-O-β-D-glucopyranoside
20-羟基蜕皮激素-2-O-β-D-吡喃半乳糖苷	20-hydroxyecdysone-2-O-β-D-galactopyranoside
20-羟基蜕皮激素-2-O-β-D-吡喃葡萄糖苷	20-hydroxyecdysone-2-O-β-D-glucopyranoside
20-羟基蜕皮激素-2-乙酸酯	20-hydroxyecdysone-2-acetate
20-羟基蜕皮激素-3-O-β-D-吡喃葡萄糖苷	20-hydroxyecdysone-3-O-β-D-glucopyranoside
20-羟基蜕皮激素-3-乙酸酯	20-hydroxyecdysone-3-acetate
5β-羟基蜕皮甾酮	5β-hydroxyecdysterone
6-羟基托品酮	6-hydroxytropinone
3-(2′-羟基托品酰氧基) 托品烷	3-(2′-hydroxytropoyloxy) tropane
7′-羟基脱落酸	7′-hydroxyabscisic acid
(1′S, 6′R)-8′-羟基脱落酸-β-D-葡萄糖苷 [(1′S, 6′R)-8′-羟基落叶酸-β-D-葡萄糖苷]	(1′S, 6′R)-8′-hydroxyabscisic acid-β-D-glucoside
10-羟基脱镁叶绿素 a	10-hydroxypheophytin a
(10R)-羟基脱镁叶绿素 a	(10R)-hydroxypheophytin a
(10S)-羟基脱镁叶绿素 a	(10S)-hydroxypheophytin a
(10S)-羟基脱镁叶绿素 a 甲酯	methyl (10S)-hydroxypheophorbide a
(1R, 4S)-7-羟基脱氢白菖蒲烯	(1R, 4S)-7-hydroxycalamenene
(1S, 4S)-7-羟基脱氢白菖蒲烯	(1S, 4S)-7-hydroxycalamenene
5α-羟基脱氢白叶蒿定	5α-hydroxydehydroleucodin
8-羟基脱氢斑点亚洲罂粟碱	8-hydroxydehydroroemerine
7-羟基脱氢多花藤碱	7-hydroxydehydroskytanthine
6α-羟基脱氢茯苓酸	6α-hydroxydehydropachymic acid
16α-羟基脱氢茯苓酸	16α-hydroxydehydropachymic acid

7-羟基脱氢海罂粟碱	7-hydroxydehydroglaucine
7-羟基脱氢戟叶马鞭草苷	7-hydroxydehydrohastatoside
7-羟基脱氢箭头唐松草米定碱	7-hydroxydehydrothalicsimidine
6-羟基脱氢松香醇	6-hydroxydehydroabietinol
15-羟基脱氢松香酸	15-hydroxydehydroabietic acid
(+)-15-羟基脱氢松香酸	(+)-15-hydroxydehydroabietic acid
12-羟基脱氢松香酸	12-hydroxydehydroabietic acid
7α-羟基脱氢松香酸 (7α-羟基脱氢枞酸)	7α-hydroxydehydroabietic acid
7β-羟基脱氢松香酸 (7β-羟基脱氢枞酸)	7β-hydroxydehydroabietic acid
6α-羟基脱氢土莫酸	6α-hydroxydehydrotumulosic acid
5-羟基脱氢异-α-风铃木醌	5-hydroxydehydro-iso-α-lapachone
3-羟基脱氢异-α-风铃木醌 (3-羟基脱氢异-α-拉杷醌)	3-hydroxydehydro-iso-α-lapachone
8-羟基脱氢异-α-风铃木醌 (8-羟基脱氢异-α-拉杷醌)	8-hydroxydehydroiso-α-lapachone
5-羟基脱氢圆齿爱舍苦木亭	5-hydroxydehydrocrenatine
8-羟基脱氢圆齿爱舍苦木亭	8-hydroxydehydrocrenatine
4'-羟基脱氢醉椒素	4'-hydroxydehydrokawain
(+)-3-羟基脱水石蒜碱 N-氧化物	(+)-3-hydroxyanhydrolycorine N-oxide
1-羟基脱氧骆驼蓬碱	1-hydroxydeoxypeganine
7β-羟基脱氧日本柳杉酚	7β-hydroxydeoxycryptojaponol
10-羟基脱氧喜树碱	10-hydroxydeoxycamptothecin
3'-羟基脱氧异风铃木醇 (3'-羟基脱氧异拉帕醇)	3'-hydroxydeoxyisolapachol
(−)-12β-羟基椭圆三七酮	(−)-12β-hydroxygynunone
13α-羟基娃儿藤碱	13α-hydroxytylophorine
羟基晚香玉酮	hydroxytuberosone
17-羟基伪苦籽木精碱	17-hydroxypseudoakuammigine
16-羟基伪南大戟内酯 A、B	16-hydroxypseudojolkinolides A, B
16β-羟基伪蒲公英萜醇-3β-O-棕榈酸酯	16β-hydroxypseudotaraxerol-3β-O-palmitate
15-羟基伪原薯蓣皂苷	15-hydroxypseudoprotodioscin
23-羟基委陵菜酸	23-hydroxytormentic acid
23-羟基委陵菜酸-28-O-β-D-吡喃葡萄糖酯苷	23-hydroxytormentic acid-28-O-β-D-glucopyranoside ester
11α-羟基委陵菜酸甲酯	methyl 11α-hydroxytormentate
17-羟基文森特香科科酮 G	17-hydroxyteuvincenone G
6-羟基文殊兰胺	6-hydroxycrinamine
10-羟基乌头碱 (乌头芬碱)	10-hydroxyaconitine (aconifine)
羟基乌药根内酯 (羟基乌药烯内酯)	hydroxylindestrenolide
(−)-羟基乌药根内酯 [羟基乌药烯内酯]	(−)-hydroxylindestrenolide
7α-羟基无羁萜-1, 3-二酮	7α-hydroxyfriedel-1, 3-dione
29-羟基无羁萜-3-酮	29-hydroxyfriedel-3-one
30-羟基无羁萜-3-酮	30-hydroxyfriedel-3-one

1α, 3β-羟基无毛风车子酸	1α, 3β-hydroxyimberbic acid
1α, 3β-羟基无毛风车子酸-23-O-α-L-3, 4-二乙酰基吡喃鼠李糖苷	1α, 3β-hydroxyimberbic acid-23-O-α-L-3, 4-diacetyl rhamnopyranoside
1α, 3β-羟基无毛风车子酸-23-O-α-L-4-乙酰基吡喃鼠李糖苷	1α, 3β-hydroxyimberbic acid-23-O-α-L-4-acetyl rhamnopyranoside
1α, 3β-羟基无毛风车子酸-23-α-L-[3, 4-二乙酰基吡喃鼠李糖基]-29-O-吡喃鼠李糖苷	1α, 3β-hydroxyimberbic acid-23-α-L-[3, 4-diacetyl rhamnopyranosyl]-29-O-α-rhamnopyranoside
羟基无叶假木贼碱	hydroxyaphylline
7-羟基吴茱萸次碱	7-hydroxyrutaecarpine
7β-羟基吴茱萸次碱	7β-hydroxyrutaecarpine
羟基吴茱萸碱 (羟基吴萸碱)	hydroxyevodiamine
12α-羟基吴茱萸黄内酯醇	12α-hydroxyevodol
7α-羟基五味子酮醇	7α-hydroxyschizandronol
6-(5-羟基戊-1, 3-二炔基) 十二碳-2, 4, 7-三烯-1, 10-二醇	6-(5-hydroxypent-1, 3-diynyl) dodec-2, 4, 7-trien-1, 10-diol
6-(5-羟基戊-3-烯-1-炔基) 十一碳-2, 4, 7-三烯-9-炔-1, 11-二醇	6-(5-hydroxypent-3-en-1-ynyl) undec-2, 4, 7-trien-9-yn-1, 11-diol
(E)-[6″-(5″-羟基戊基) 二十三烷基]-4-羟基-3-甲氧基桂皮酸酯	(E)-[6′-(5′-hydroxypentyl) tricosyl]-4-hydroxy-3-methoxycinnamate
3, 5-羟基戊基苯 (5-戊基间苯二酚、油橄榄醇)	3, 5-hydroxypentylbenzene (olivetol)
羟基戊酸	hydroxypentanoic acid
14α-羟基西伯利亚蓼苷 A [26-O-β-D-吡喃葡萄糖基-22-O-甲基-(25S)-呋甾-5-烯-3β, 14α, 26-三羟基-3-O-β-石蒜四糖苷]	14α-hydroxysibiricoside A [26-O-β-D-glucopyranosyl-22-O-methyl-(25S)-furost-5-en-3β, 14α, 26-trihydroxy-3-O-β-lycotetraoside]
12-羟基西萝芙木碱 (12-羟基萝芙木碱)	12-hydroxyajmaline
4-[(羟基硒基) 甲基] 苯甲酸	4-[(hydroxyselanyl) methyl] benzoic acid
4-羟基烯丙基苯-4-O-β-D-吡喃葡萄糖苷	4-hydroxyallyl benzene-4-O-β-D-glucopyranoside
羟基烯酮	hydroxyenone
28-羟基锡兰柯库木醇	28-hydroxyzeylanol
7β-羟基豨莶精醇	7β-hydroxydarutigenol
9β-羟基豨莶精醇	9β-hydroxydarutigenol
10-羟基喜树碱	10-hydroxycamptothecin (10-hydroxycamptothecine)
11-羟基喜树碱	11-hydroxycamptothecin
18-羟基喜树碱	18-hydroxycamptothecine
羟基喜树碱	hydroxycamptothecin (hydroxycamptothecine)
4β-羟基细辛素	4β-hydroxyasarinin
2′-羟基细辛素-2′-O-β-D-吡喃葡萄糖基-(1→6)-β-D-吡喃葡萄糖苷	2′-hydroxyasarinin-2′-O-β-D-glucopyranosyl-(1→6)-β-D-glucopyranoside
14β-羟基细锥香茶菜萜 A	14β-hydroxyrabdocoestin A
10-羟基狭花马钱碱	10-hydroxyangustine
18-羟基下层树炔酸	18-hydroxyminquartynoic acid

羟基纤细虎皮楠林碱	hydroxydaphgraciline
N-羟基酰胺 (羟氨酸、异羟肟酸、羟氨基替酸)	*N*-hydroxyamide (hydroxamic acid)
β-羟基香草丙酮	β-hydroxypropiovanillone
3-羟基香草酸	3-hydroxyvanillic acid
8-羟基香豆素	8-hydroxycoumarin
3-羟基香豆素	3-hydroxycoumarin
4-羟基香豆素	4-hydroxycoumarin
5-羟基香豆素	5-hydroxycoumarin
羟基香豆素	hydroxycoumarin
6-羟基香豆素 (6-羟基香豆精)	6-hydroxycoumarin
7-羟基香豆素 (伞形花内酯、八仙花苷、绣球花苷、常山素 A、伞形酮、伞花内酯)	7-hydroxycoumarin (umbelliferone, dichrin A, hydrangin, skimmetin, umbelliferon)
7-羟基香豆素金合欢醚	7-hydroxycoumarin farnesyl ether
3-*O*-(*E*)-羟基香豆酰基齐墩果酸	3-*O*-(*E*)-hydroxycoumaroyl oleanolic acid
5′-羟基香柑素 (羌活醇)	5′-hydroxybergaptin (notopterol)
(*S*)-12-羟基香叶基香叶醇	(*S*)-12-hydroxygeranyl geraniol
羟基香樟内酯	hydroxylinderstrenolide
6β-羟基香紫苏醇	6β-hydroxysclareol
11β-羟基小冠花毒苷元	11β-hydroxycorotoxigenin
2β-羟基小花五味子二内酯 C	2β-hydroxymicrandilactone C
18, 19-羟基小蔓长春花酰胺	18, 19-hydroxyvincosamide
11-羟基小蔓长春花酰胺-2′-*O*-[β-D-吡喃葡萄糖基-(1→6)-β-D-吡喃葡萄糖苷]	11-hydroxyvincosamide-2′-*O*-[β-D-glucopyranosyl-(1→6)-β-D-glucopyranoside]
13-羟基小皮伞-7 (8)-烯-5-酸 γ-内酯 [13-羟基马瑞斯姆-7 (8)-烯-5-酸 γ-内酯]	13-hydroxymarasm-7 (8)-en-5-oic acid γ-lactone
13-羟基小皮伞烯	13-hydroxymarasmene
14-羟基小皮伞烯	14-hydroxymarasmene
3β-羟基小皮伞烯	3β-hydroxymarasmene
羟基缬氨酸	oxyvaline
羟基缬草萜烯酸	hydroxyvalerenic acid
3-羟基辛-1, (5*E*)-二烯-7-酮	3-hydroxyoct-1, (5*E*)-dien-7-one
γ-羟基辛酸	γ-hydroxycaprylic acid
2′-羟基新补骨脂异黄烷酮	2′-hydroxyneobavaisoflavanone
(3′*S*)-羟基新长梗粗榧碱	(3′*S*)-hydroxyneoharringtonine
(2*S*)-羟基新大八角素	(2*S*)-hydroxyneomajucin
2′-羟基新黄柏亭 (2′-羟基新黄檗素)	2′-hydroxyneophellamuretin
2α-羟基新莽草毒素	2α-hydroxyneoanisatin
1-羟基新莽草毒素	1-hydroxyneoanisatin
3-羟基新南五味子尼酸 A	3-hydroxyneokadsuranic acid A
15α-羟基新欧乌宁碱	15α-hydroxyneolinine

3-羟基新奇果菌素	3-hydroxyneogrifolin
15α-羟基新乌碱	15α-hydroxynedine
15α-羟基新乌宁碱 (15α-羟基新欧乌林碱)	15α-hydroxyneoline
14-羟基雄甾 -4, 6, 15- 三烯 -3, 17- 二酮	14-hydroxyandrost-4, 6, 15-trien-3, 17-dione
3β-羟基雄甾 -5- 烯 -17- 酮	3β-hydroxyandrost-5-en-17-one
3-羟基熊果 -11- 烯 -11, 12- 脱氢 -28, 13- 酸内酯	3-hydroxyurs-11-en-11, 12-dehydro-28, 13-oic acid lactone
3β-羟基熊果 -11- 烯 -13β (28)- 内酯	3β-hydroxyurs-11-en-13β (28)-olide
3β-羟基熊果 -12, 19 (29)- 二烯 -28- 酸	3β-hydroxyurs-12, 19 (29)-dien-28-oic acid
3-羟基熊果 -12- 烯 -11- 酮	3-hydroxyurs-12-en-11-one
3β-羟基熊果 -12- 烯 -11- 酮	3β-hydroxyurs-12-en-11-one
3β-羟基熊果 -12- 烯 -16- 酮	3β-hydroxyurs-12-en-16-one
3α-羟基熊果 -12- 烯 -23, 28- 二酸	3α-hydroxyurs-12-en-23, 28-dioic acid
19α-羟基熊果 -12- 烯 -24, 28- 二甲酸酯 -3-O-β-D- 吡喃木糖苷	19α-hydroxyurs-12-en-24, 28-dioate-3-O-β-D-xylopyranoside
3β-羟基熊果 -12- 烯 -27, 28- 二酸	3β-hydroxyurs-12-en-27, 28-dioic acid
3β-羟基熊果 -12- 烯 -28- 醛	3β-hydroxyurs-12-en-28-aldehyde
19-羟基熊果 -12- 烯 -28- 酸	19-hydroxyurs-12-en-28-oic acid
3-羟基熊果 -12- 烯 -28- 酸	3-hydroxyurs-12-en-28-oic acid
3β-羟基熊果 -12- 烯 -28- 酸乙酯	3β-hydroxyurs-12-en-28-oic acid ethyl ester
3β-羟基熊果 -20 (30)- 烯 -28- 酸	3β-hydroxyurs-20 (30)-en-28-oic acid
3β-羟基熊果 -27-(E)- 桂皮酰基 -12- 烯 -28- 甲酸	3β-hydroxyurs-27-(E)-cinnamoyl-12-en-28-carboxylic acid
3β-羟基熊果 -27-(Z)- 肉桂酰基 -12- 烯 -28- 甲酸	3β-hydroxyurs-27-(Z)-cinnamoyl-12-en-28-carboxylic acid
23-羟基熊果甲酯	methyl 23-hydroxyursolate
23-羟基熊果酸	23-hydroxyursolic acid
27-羟基熊果酸	27-hydroxyursolic acid
2α, 23-羟基熊果酸	2α, 23-hydroxyursolic acid
18-羟基熊果酸	18-hydroxyursolic acid
20β-羟基熊果酸	20β-hydroxyursolic acid
3α-羟基熊果酸	3α-hydroxyursolic acid
6β-羟基熊果酸	6β-hydroxyursolic acid
羟基熊果酸	hydroxyursolic acid
19α-羟基熊果酸 (19α-羟基乌苏酸、果渣酸、坡模醇酸、坡模酸)	19α-hydroxyursolic acid (pomolic acid)
2α-羟基熊果酸 (2α, 3β-二羟基熊果 -12- 烯 -28- 酸、黄麻酸、科罗索酸、可乐苏酸)	2α-hydroxyursolic acid (2α, 3β-dihydroxyurs-12-en-28-oic acid, corosolic acid)
3β-羟基熊果酸 -23- 硫酸酯	3β-hydroxyursolic acid-23-sulfate
19α-羟基熊果酸 -28-O-β-D- 吡喃葡萄糖酯苷	19α-hydroxyursolic acid-28-O-β-D-glucopyranoside ester

Q

(*E*)-2α-羟基熊果酸-3-*O*-对香豆酸酯	(*E*)-2α-hydroxursolic acid-3-*O*-*p*-coumarate
(*Z*)-2α-羟基熊果酸-3-*O*-对香豆酸酯	(*Z*)-2α-hydroxursolic acid-3-*O*-*p*-coumarate
2α-羟基熊果酸甲酯	methyl 2α-hydroxyursoate
3-羟基锈色罗汉松酚	3-hydroxyferruginol
(12*S*)-羟基溴球果藻二醇	(12*S*)-hydroxybromosphaerodiol
4-羟基悬铃木二酮	4-hydroxygrenoblone
6α-羟基旋覆花内酯 A、B	6α-hydroxyinuchinenolides A, B
羟基血根碱	hydroxysanguinarine
7-羟基鸭嘴花碱	7-hydroxypeganine
6-羟基鸭嘴花碱 (鸭嘴花酚碱、鸭嘴花醇碱)	6-hydroxypeganine (vasicinol)
12-羟基崖摩抑素 (12-羟基大叶山楝抑素)	12-hydroxyamoorastatin
12α-羟基崖摩抑素 (12α-羟基大叶山楝抑素)	12α-hydroxyamoorastatin
1-羟基-2, 3-亚甲二氧基-6-羰甲氧基-7-乙酰基叫酮	1-hydroxy-2, 3-methylenedioxy-6-methoxycarbonyl-7-acetyl xanthone
羟基亚甲基丹参醌	hydroxymethylene tanshiquinone
1-羟基亚努萨酮 A、C	1-hydroxyyanuthones A, C
13β-羟基亚速木烷	13β-hydroxyazorellane
13α-羟基亚速木烷	13α-hydroxyazorellane
(−)-6′-羟基亚泰香松素 [(−)-6′-羟基亚太因]	(−)-6′-hydroxyyatein
19α-羟基亚细亚酸	19α-hydroxyasiatic acid
19α-羟基亚细亚酸-28-*O*-β-D-吡喃葡萄糖苷	19α-hydroxyasiatic acid-28-*O*-β-D-glucopyranoside
2-(羟基亚硝亚基) 环己-1-甲酸	2-(hydroxynitroryl) cyclohex-1-carboxylic acid
(1*R*, 3*E*, 7*Z*, 12*R*)-20-羟基烟草-3, 7, 15-三烯-19-酸	(1*R*, 3*E*, 7*Z*, 12*R*)-20-hydroxycembr-3, 7, 15-trien-19-oic acid
(1*R*, 5*R*, 8*Z*, 10*R*, 12*E*, 14*S*)-5-羟基烟草-4 (18), 8, 12, 16-四烯-15, 14:19, 10-二内酯	(1*R*, 5*R*, 8*Z*, 10*R*, 12*E*, 14*S*)-5-hydroxycembr-4 (18), 8, 12, 16-tetraen-15, 14:19, 10-diolide
(1*R*, 8*Z*, 10*R*, 12*E*, 14*S*)-4-羟基烟草-5, 8, 12, 16-四烯-15, 14:19, 10-二内酯	(1*R*, 8*Z*, 10*R*, 12*E*, 14*S*)-4-hydroxycembr-5, 8, 12, 16-tetraen-15, 14:19, 10-diolide
4-羟基烟酸	4-hydroxynicotinic acid
5-羟基烟酸	5-hydroxynicotinic acid
羟基芫花素	hydroxygenkwanin
3′-羟基芫花素 (木犀草素-7-甲醚)	3′-hydroxygenkwanin (luteolin-7-methyl ether)
3′-羟基芫花素-3′-*O*-β-D-葡萄糖苷	3′-hydroxygenkwanin-3′-*O*-β-D-glucoside
羟基芫荽内酯	hydroxycoriander lactone
17-羟基岩大戟醇-15, 17-二乙酸-3-*O*-桂皮酸酯	17-hydroxyjolkinol-15, 17-diacetate-3-*O*-cinnamate
17-羟基岩大戟内酯	17-hydroxyjolkinolide
1β-羟基岩生三裂蒿亭	1β-hydroxycolartin
19-羟基扬诺皂苷元	19-hydroxyyonogenin
28-羟基羊齿-9 (11)-烯	28-hydroxyfern-9 (11)-ene
3β-羟基羊毛甾-7, 9 (11), 24-三烯-21-酸	3β-hydroxylanost-7, 9 (11), 24-trien-21-oic acid

3α- 羟基羊毛甾 -8, 24- 二烯 -21- 酸	3α-hydroxylanost-8, 24-dien-21-oic acid
3β- 羟基羊毛甾 -8, 24- 二烯 -21- 酸	3β-hydroxylanost-8, 24-dien-21-oic acid
(3β, 20R)-20- 羟基羊毛脂 -25- 烯 -3- 棕榈酸酯	(3β, 20R)-20-hydroxylanost-25-en-3-palmitate
3β- 羟基羊毛脂 -7, 9 (11), 24- 三烯 -21- 甲酯	methyl 3β-hydroxylanost-7, 9 (11), 24-trien-21-oate
3β- 羟基羊脂甾 -8, 24- 二烯 -7, 11- 二酮	3β-hydroxylanost-8, 24-dien-7, 11-dione
21- 羟基洋椿酮内酯	21-hydroxycedrelonelide
23- 羟基洋椿酮内酯	23-hydroxycedrelonelide
羟基洋地黄毒苷 (羟基毛地黄毒苷、芰皂素、吉托辛)	gitoxin
8β- 羟基洋地黄毒苷元	8β-gitoxigenin
羟基洋地黄毒苷元 (芰毒苷元)	gitoxigenin
Δ¹⁶-8β- 羟基洋地黄毒苷元 (芰皂配基)	Δ^{16}-8β-gitoxigcnin
Δ¹⁶-8β- 羟基洋地黄毒苷元 -β- 奥多诺二糖苷	Δ^{16}-8β-gitoxigenin-β-odorobioside
羟基洋地黄毒苷元单洋地黄毒糖苷	gitoxigenin monodigitoxoside
羟基洋地黄毒苷元双洋地黄毒糖苷 (羟基洋地黄毒苷元双地基毒苷)	gitoxigenin bisdigitoxoside
羟基洋地黄毒苷元岩藻糖葡萄糖苷	glucogitofucoside
φ- 羟基洋地黄蒽醌	φ-hydroxydigitolutein
4′- 羟基洋地黄叶黄素	4′-hydroxydigitolutein
4- 羟基洋地黄叶黄素	4-hydroxydigitolutein
9α- 羟基氧化槐果碱 N- 氧化物	9α-hydroxysophocarpine N-oxide
7α- 羟基野甘草属二醇	7α-hydroxyscopadiol
5- 羟基野菰酸	5-hydroxyaeginetic acid
9″- 羟基野迎春苷	9″-hydroxyjasmesoside
9″- 羟基野迎春苷酸	9″-hydroxyjasmesosidic acid
(13²-R)- 羟基叶绿素 a	(13²-R)-hydroxyphaeophytin a
(13²-S)- 羟基叶绿素 a	(13²-S)-hydroxyphaeophytin a
4- 羟基一叶秋碱	4-hydroxysecurinine
(19S)- 羟基伊波花胺	(19S)-hydroxyibogamine
(20S)- 羟基伊波花胺	(20S)-hydroxyibogamine
10- 羟基伊卡马钱碱	10-hydroxyicajine
11- 羟基伊卡马钱碱	11-hydroxyicajine
(3S, 4S, 3′S, 5R)-4- 羟基贻贝黄质	(3S, 4S, 3′S, 5R)-4-hydroxymytiloxanthin
4-(2- 羟基乙基)-2- 甲氧基苯 -1-O-β-D- 吡喃葡萄糖苷	4-(2-hydroxyethyl)-2-methoxyphenyl-1-O-β-D-glucopyranoside
6-(1- 羟基乙基)-7- 甲氧基 -2, 2- 二甲基色烯	6-(1-hydroxyethyl)-7-methoxy-2, 2-dimethyl chromene
4-(2- 羟基乙基) 苯甲醛	4-(2-hydroxyethyl) benzaldehyde
3-(β- 羟基乙基) 冠狗牙花定碱	3-(β-hydroxyethyl) coronaridine
1-(2- 羟基乙基) 环己 -1, 4- 二醇	1-(2-hydroxyethyl) cyclohex-1, 4-diol
(3S, 6S)-3-[(1R)-1- 羟基乙基]-6-(苯基甲基)-2, 5- 哌嗪二酮	(3S, 6S)-3-[(1R)-1-hydroxyethyl]-6-(phenyl methyl)-2, 5-piperazinedione

$(13^2\text{-}S)$-羟基乙基脱镁叶绿二酸 a	$(13^2\text{-}S)$-hydroxyethyl pheophorbide a
羟基乙酸 (甘醇酸、乙醇酸)	hydroxyacetic acid (glycolic acid)
N-羟基乙酰胺	N-hydroxyacetamide
5-羟基乙酰丙酸	5-hydroxyacetyl propanoic acid
羟基乙酰丙酸	hydroxyacetyl propanoic acid
12β-羟基乙酰法氏石松定碱	12β-hydroxyacetyl fawcettidine
3-(2′-羟基乙酰基) 吲哚	3-(2′-hydroxyacetyl) indole
10-羟基乙酰基浆果赤霉素 Ⅵ	10-hydroxyacetyl baccatin Ⅵ
3-羟基乙酰基吲哚	3-hydroxyacetyl indole
14α-羟基乙酰基羽状凹顶藻甾醇	14α-hydroxyacetyl pinnasterol
3-羟基乙酰氧基托品烷	3-hydroxyacetoxytropane
5-羟基乙酰鼬瓣花次苷	5-hydroxyacetyl gluroside
2′-羟基异白羽扇豆苷元	2′-hydroxyisolupalbigenin
5-羟基异苯二酸 (5-羟基间苯二甲酸)	5-hydroxyisophthalic acid
12-羟基异补骨脂酚	12-hydroxyisobakuchiol
10-羟基异长春花苷内酰胺 [10-羟基直立拉齐木酰胺]	10-hydroxystrictosamide
8-羟基异大根老鹳草呋烯内酯	8-hydroxyisogermafurenolide
8β-羟基异大根老鹳草呋烯内酯	8β-hydroxy-isogermafurenolide
4-羟基异丁香酚 (松柏醇)	4-hydroxyisoeugenol (coniferyl alcohol, coniferol)
21α-羟基异光果甘草内酯 (21α-羟基异光刺苞果菊内酯)	21α-hydroxyisoglabrolide
羟基异广藿香烯酮	hydroxyisopatchoulenone
14α-羟基异海松-7, 15-二烯-1-酮	14α-hydroxyisopimar-7, 15-dien-1-one
7β-羟基异海松-8 (14), 15-二烯-1-酮	7β-hydroxyisopimar-8 (14), 15-dien-1-one
5′-羟基异黑绒扇藻醇	5′-hydroxyisoavrainvilleol
2′-羟基异荭草素	2′-hydroxyisoorientin
羟基异胡萝卜烯醛	hydroxyisodaucenal
7-羟基异黄酮	7-hydroxyisoflavone
8β-羟基异吉马呋烯内酯	8β-hydroxyisogermafurenolide
α-羟基异己酸	α-hydroxyisocaproic acid
β-羟基异己酸	β-hydroxyisocaproic acid
$(2S, 3R, 4R)$-4-羟基异亮氨酸	$(2S, 3R, 4R)$-4-hydroxyisoleucine
(+)-3-羟基异林仙烯宁	(+)-3-hydroxyisodrimenin
羟基异毛大丁草酮	hydroxyisopiloselloidone
3-羟基异毛喉鞘蕊花素	3-hydroxyisoforskolin
(+)-10-羟基异木防己碱	(+)-10-hydroxyisotrilobine
2′-羟基异柠檬酚	2′-hydroxyyokovanol
8β-羟基异珀菊内酯	8β-hydroxyisoamberboin
17-羟基异千金二萜醇	17-hydroxyisolathyrol
17-羟基异千金二萜醇-5, 15, 17-三-O-乙酸酯-3-O-苯甲酸酯	17-hydroxyisolathyrol-5, 15, 17-tri-O-acetate-3-O-benzoate

21-羟基异日楝内酯	21-hydroxyisoohchinolide
21-羟基异日楝宁内酯	21-hydroxyisoohchininolide
9-羟基异绒白乳菇醛	9-hydroxyisovelleral
10-羟基异绒白乳菇醛	10-hydroxyisovelleral
18-羟基异圣古碱	18-hydroxyisosungucine
8′-羟基异柿醌	8′-hydroxyisodiospyrin
5′-羟基异微凸剑叶莎醇 -2′, 5′-二 -O- 吡喃葡萄糖苷	5′-hydroxyisomucronulatol-2′, 5′-di-O-glucopyranoside
5′-羟基异微凸剑叶莎醇 -2′, 5′-二 -O- 葡萄糖苷	5′-hydroxyisomuronulatol-2′, 5′-di-O-glucoside
9β-(3- 羟基异戊酰氧基) 银胶菊内酯	9β-(3-hydroxyisovaleryloxy) parthenolide
β- 羟基异戊酰紫草素	β-hydroxyisovaleryl shikonin
5- 羟基异香草酸	5-hydroxyisovanillic acid
α- 羟基异缬草酸	α-hydroxyisovaleric acid
11- 羟基异型长春碱	11-hydroxyvincadifformine
28- 羟基异伊格斯特素 (28- 羟基异福木巧茶素)	28-hydroxyisoiguesterin
2- 羟基异樱黄素 (巴比异黄酮 A)	2-hydroxyisoprunetin (barpisoflavone A)
8- 羟基异鹰爪豆碱	8-hydroxyspartalupine
10ξ- 羟基异樟 -11- 烯	10ξ-hydroxyisocampheren-11-ene
11- 羟基异樟 -9- 烯	11-hydroxyisocampheren-9-ene
9- 羟基异质柳珊瑚内酯 (9- 羟基柳珊瑚内酯)	9-hydroxyheterogorgiolide
4″- 羟基异紫花前胡内酯 -4″-O-β-D- 吡喃葡萄糖苷	4″-hydroxymarmesin-4″-O-β-D-glucopyranoside
9- 羟基异紫苏酮	9-hydroxyisoegomaketone
14- 羟基异紫檀酮	14-hydroxyisopterocarpolone
(5R, 7R, 10S)-3- 羟基异紫檀酮 -3-O-β-D- 吡喃葡萄糖苷	(5R, 7R, 10S)-3-hydroxyisopterocarpolone-3-O-β-D-glucopyranoside
9β- 羟基银胶菊内酯	9β-hydroxyparthenolide
4- 羟基银杏酸	4-hydroxyginkgolic acid
3- 羟基吲哚	3-hydroxyindole
羟基吲楞宁碱	hydroxyindonenine base
1β- 羟基隐丹参酮	1β-hydroxycryptotanshinone
6α- 羟基印苦楝酮	6α-hydroxyazadirone
6- 羟基茚 -1- 酮	6-hydroxyindan-1-one
(6R, 7S, 9R, 11S)-13α- 羟基鹰爪豆 -10- 酮	(6R, 7S, 9R, 11S)-13α-hydroxyspartein-10-one
D- 羟基鹰爪豆碱 (17- 氧亚基鹰爪豆碱)	D-hydroxysparteine (17-oxosparteine)
3′- 羟基鹰嘴豆芽素 (3′- 羟基鹰嘴豆素) A	3′-hydroxybiochanin A
3α- 羟基硬柄小皮伞酮	3α-hydroxyoreadone
2- 羟基硬脂酸	2-hydroxystearic acid
12- 羟基硬脂酸	12-hydroxystearic acid
(19S)- 羟基硬锥喉花胺	(19S)-hydroxyconoduramine
(19′R)- 羟基硬锥喉花胺	(19′R)-hydroxyconoduramine

Q

(19*S*)-羟基硬锥喉花碱 [(19*S*)-羟基榴花灵碱、(19*S*)-羟基榴花灵]	(19*S*)-hydroxyconodurine
(19′*R*)-羟基硬锥喉花碱 [(19′*R*)-羟基榴花灵碱、(19′*R*)-羟基榴花灵]	(19′*R*)-hydroxyconodurine
7-羟基柚木醌	7-hydroxytectoquinone
2′-羟基柚皮素	2′-hydroxynaringenin
2-(4, 5, 7-羟基柚皮素)-7-*O*-β-D-葡萄糖苷	2-(4, 5, 7-hydroxynaringenin)-7-*O*-β-D-glucoside
2-羟基柚皮素-5-*O*-β-D-吡喃葡萄糖苷	2-hydroxynaringenin-5-*O*-β-D-glucopyranoside
4-羟基鱼藤钦素 (4-羟基德里辛)	4-hydroxyderricin
羟基鱼藤素 (灰叶素、灰毛豆素、灰叶草素)	hydroxydeguelin (tephrosin)
(−)-13α-羟基鱼藤素 [(−)-13α-灰叶素]	(−)-13α-hydroxydeguelin [(−)-13α-tephrosin]
12α-羟基鱼藤酮	12α-hydroxyrotenone
21-羟基羽扇豆-1, 12-二烯-3-酮	21-hydroxylup-1, 12-dien-3-one
3β-羟基羽扇豆-20 (29)-烯	3β-hydroxylup-20 (29)-ene
3α-羟基羽扇豆-20 (29)-烯-23, 28-二酸	3α-hydroxylup-20 (29)-en-23, 28-dioic acid
3β-羟基羽扇豆-20 (29)-烯-23, 28-二酸	3β-hydroxylup-20 (29)-en-23, 28-dioic acid
3α-羟基羽扇豆-20 (29)-烯-30-羟基-23, 28-二酸	3α-hydroxylup-20 (29)-en-30-hydroxy-23, 28-dioic acid
3β-羟基羽扇豆-20 (29)-烯-3-*O*-α-L-呋喃阿拉伯糖基-(1→4)-*O*-β-D-吡喃葡萄糖醛酸苷	3β-hydroxylup-20 (29)-en-3-*O*-α-L-arabinofuranosyl-(1→4)-*O*-β-D-glucuronopyranoside
28-羟基羽扇豆-20 (29)-烯-3-酮	28-hydroxylup-20 (29)-en-3-one
6β-羟基羽扇豆-20 (29)-烯-3-氧亚基-27, 28-二酸	6β-hydroxylup-20 (29)-en-3-oxo-27, 28-dioic acid
23-羟基羽扇豆醇	23-hydroxylupeol
29-羟基羽扇豆醇	29-hydroxylupeol
16β-羟基羽扇豆醇	16β-hydroxylupeol
30-羟基羽扇豆醇	30-hydroxylupeol
24β-羟基羽扇豆酮	24β-hydroxylupenone
4-羟基羽扇烷宁	4-hydroxylupanine
羟基羽扇烷宁	hydroxylupanine
13-羟基羽扇烷宁 (13-羟基羽扇豆烷宁)	13-hydroxylupanine
羟基羽扇烷宁惕各酸酯	hydroxylupanine tigloyl ester
5, 13-羟基羽扇烷宁酯	5, 13-hydroxylupanine ester
羟基羽扇烯酮	resinone
14-羟基羽苔素-A-15-基-(2*E*, 4*E*)-十二碳二烯酸酯	14-hydroxyplagiochiline-A-15-yl-(2*E*, 4*E*)-dodecadienoate
14α-羟基羽状凹顶藻甾醇	14α-hydroxypinnasterol
2′-羟基玉克柑橘酚	2′-hydroxyyukovanol
2′-羟基玉克柑橘酚-4′-甲醚	2′-hydroxyyukovanol-4′-methyl ether
18-羟基育亨宾	18-hydroxyyohimbine
10β-羟基愈创木-1, 4-二烯-12, 6-内酯	10β-hydroxyguai-1, 4-dien-12, 6-olide
10-羟基愈创木-3, 7 (11)-二烯-12, 6-内酯	10-hydroxyguai-3, 7 (11)-dien-12, 6-olide

(1*R*, 7*R*, 10*S*)-11-羟基愈创木-4-烯-3, 8-二酮-β-D-吡喃葡萄糖苷	(1*R*, 7*R*, 10*S*)-11-hydroxyguaia-4-en-3, 8-dione-β-D-glucopyranoside
4β-羟基愈创木-9, 11 (13)-二烯-12, 8β-内酯	4β-hydroxyguai-9, 11 (13)-dien-12, 8β-olide
6α-羟基原雾冰藜酸 (6α-羟基原椴树酸))	6α-hydroxyprotobassic acid
5-羟基圆齿爱舍苦木亭	5-hydroxycrenatine
8-羟基圆齿爱舍苦木亭	8-hydroxycrenatine
12α-羟基圆锥黄檀醇	12α-hydroxydalpanol
羟基月芸吖啶	hydroxylunacridine
羟基月芸任 (D-巴福定)	hydroxylunacrine (D-balfourodine)
羟基月芸香定	hydroxylunidine
羟基月芸香季铵碱盐酸盐	hydroxyluninium chloride
(+)-羟基月芸香宁	(+)-hydroxyunine
羟基月芸香宁	hydroxylunine
14β-羟基云南山橙碱	14β-hydroxymeloyunine
4-羟基芸苔葡萄糖硫苷	4-hydroxyglucobrassicin
羟基芸香吖啶酮过氧化物	hydroxyrutacridone epoxide
12-羟基孕甾-4, 16-二烯-3, 20-二酮	12-hydroxypregn-4, 16-dien-3, 20-dione
12β-羟基孕甾-4, 16-二烯-3, 20-二酮	12β-hydroxypregn-4, 16-dien-3, 20-dione
12β-羟基孕甾-4, 6, 16-三烯-3, 20-二酮	12β-hydroxypregn-4, 6, 16-trien-3, 20-dione
12β-羟基孕甾-4, 6-二烯-3, 20-二酮	12β-hydroxypregn-4, 6-dien-3, 20-dione
20-羟基孕甾-4, 6-二烯-3-酮	20-hydroxypregn-4, 6-dien-3-one
12β-羟基孕甾-4-烯-3, 20-二酮	12β-hydroxypregn-4-en-3, 20-dione
(17β) 20α-羟基孕甾-4-烯-3-酮	(17β) 20α-hydroxypregn-4-en-3-one
(3β, 20*R*)-3-羟基孕甾-5-烯-20-α-D-吡喃葡萄糖苷	(3β, 20*R*)-3-hydroxypregn-5-en-20-α-D-glucopyranoside
14β-羟基孕甾-5-烯-20-酮	14β-hydroxypregn-5-en-20-one
7α-羟基甾醇	7α-hydroxysterol
7β-羟基甾醇	7β-hydroxysterol
2α-羟基泽兰内酯	2α-hydroxyeupatolide
羟基泽兰素酮 (羟基白蛇根草酮、羟基丙呋甲酮)	hydroxytremetone
(*R*)-(−)-羟基泽兰素酮 [(*R*)-(−)-羟基白蛇根草酮]	(*R*)-(−)-hydroxytremetone
12-羟基泽兰素酮-12-*O*-β-D-吡喃葡萄糖苷	12-hydroxytremetone-12-*O*-β-D-glucopyranoside
16β-羟基泽泻醇 B 单乙酸酯	16β-hydroxyalisol B monoacetate
16β-羟基泽泻醇 B-23-乙酸酯	16β-hydroxyalisol B-23-acetate
20-羟基泽泻醇 C	20-hydroxyalisol C
4-羟基栅状凹顶藻素 C	4-hydroxypalisadin C
14α-羟基粘果酸浆内酯	14α-hydroxyixocarpanolide
3β-羟基粘霉-5-烯	3-hydroxyglutin-5-ene
6'-*O*-(7α-*O*-羟基獐牙菜基) 马钱素	6'-*O*-(7α-*O*-hydroxyswerosyl) loganin

(1*R*, 4*S*, 6*S*)-6-羟基樟脑-β-D-呋喃芹糖基-(1→6)-β-D-吡喃葡萄糖苷	(1*R*, 4*S*, 6*S*)-6-hydroxycamphor-β-D-apiofuranosyl-(1→6)-β-D-glucopyranoside
16-羟基柘树环㕸酮 M～Q	16-hydroxycudratrixanthones M～Q
5′-羟基柘树黄酮 A	5′-hydroxycudraflavone A
8-羟基柘㕸酮 G	8-hydroxycudraxanthone G
Δ-羟基正亮氨酸	Δ-hydroxynorleucine
4-羟基芝麻素 (4-羟基芝麻脂素)	4-hydroxysesamin
2-羟基知母皂苷 A Ⅲ	2-hydroxytimosaponin A Ⅲ
羟基脂族酸酯	hydroxyaliphatic acid ester
10-羟基直立拉齐木胺	10-hydroxystrictamine
18-羟基直立拉齐木胺	18-hydroxystrictamine
15α-羟基止泻木胺	15α-hydroxyholamine
6-羟基治疝草素	6-hydroxyherniarin
22α-羟基智异山五加苷	22α-hydroxychiisanoside
10-羟基中乌头碱	10-hydroxymesaconitine
1α-羟基肿柄菊素-3-*O*-甲醚	1α-hydroxydiversifolin-3-*O*-methyl ether
29-羟基猪苓酸 (29-羟基多孔菌酸、29-羟基多孔菌烯酸) C	29-hydroxypolyporenic acid C
6α-羟基猪苓酸 (6α-羟基多孔菌酸、6α-羟基多孔菌烯酸) C	6α-hydroxypolyporenic acid C
15-羟基竹柏内酯	15-hydroxynagilactone
15-羟基竹柏内酯 D	15-hydroxynagilactone D
16-羟基竹柏内酯 E	16-hydroxynagilactone E
2α-羟基竹柏内酯 F	2α-hydroxynagilactone F
(19*S*)-羟基锥喉花碱 [(19*S*)-榴花碱]	(19*S*)-hydroxyconopharyngine
20-羟基锥喉花碱 (20-羟基榴花碱)	20-hydroxyconopharyngine
7α-羟基锥丝碱 (7α-羟基止泻木奈辛)	7α-hydroxyconessine
7-羟基梓酚	7-hydroxycatalponol
3′-羟基梓果苷 (婆婆纳普苷)	3′-hydroxycatalposide (verproside)
羟基紫草呋喃 A～I	hydroxyshikonofurans A～I
(−)-羟基紫花前胡醇	(−)-hydroxydecursinol
(2′*R*, 3′*S*)-3′-羟基紫花前胡苷	(2′*R*, 3′*S*)-3′-hydroxynodakenin
12-羟基紫堇醇灵碱	12-hydroxycorynoline
9β-羟基紫茎泽兰酮	9β-hydroxyageraphorone
4-羟基紫罗兰酮	4-hydroxyionone
2′-羟基紫杉碱 Ⅰ、Ⅱ	2′-hyddroxytaxines Ⅰ, Ⅱ
1-羟基紫杉素 A	1-hydroxytaxinine A
14β-羟基紫杉新素	14β-hydroxytaxusin
(3*S*, 4*R*)-3-羟基紫苏醛	(3*S*, 4*R*)-3-hydroxyperillaldehyde

12α-羟基紫穗槐醇苷	12α-hydroxyamorphin
12α-羟基紫穗槐醇苷元	12α-hydroxyamorphygenin
10α-羟基紫穗槐烷-4-烯-3-酮	10α-hydroxyamorphan-4-en-3-one
3α-羟基紫檀醇	3α-hydroxypterocarpol
9α-羟基紫苑内酯	9α-hydroxyasterolide
3-羟基棕榈酸 (3-羟基十六酸)	3-hydroxypalmitic acid (3-hydroxyhexadecanoic acid)
γ-羟基棕榈酸内酯	γ-hydroxypalmitic acid lactone
(2S, 3S, 4R, 8E)-2-[(2′R)-2′-羟基棕榈酰氨基]-8-十八烯-1, 3, 4-三醇	(2S, 3S, 4R, 8E)-2-[(2′R)-2′-hydroxypalmitoyl amino]-8-octadecen-1, 3, 4-triol
(2S, 3S, 4R, 8E)-2-[(2R)-2-羟基棕榈酰氨基]-8-十八烯-1, 3, 4-三醇	(2S, 3S, 4R, 8E)-2-[(2R)-2-hydroxypalmitoyl amino]-8-octadecen-1, 3, 4-triol
7α-羟基总状土木香醌	7α-hydroxyroyleanone
3-(3-羟甲苯基)-L-丙氨酸	3-(3-hydroxymethyl phenyl)-L-alanine
3′-(3-羟甲丁基)-3, 5, 6, 7, 4′-五甲氧基黄酮	3′-(3-hydroxymethyl butyl)-3, 5, 6, 7, 4′-pentamethoxyflavone
羟甲基	hydroxymethyl
5-羟甲基-(2, 2′:5′, 2″)-三联噻吩	5-hydroxymethyl-(2, 2′:5′, 2″)-terthiophene
5-羟甲基-(2, 2′:5′, 2″)-三联噻吩巴豆酸酯	5-hydroxymethyl-(2, 2′:5′, 2″)-terthienyl tiglate
5-羟甲基-(2, 2′:5′, 2″)-三联噻吩当归酸酯	5-hydroxymethyl-(2, 2′:5′, 2″)-terthienyl agelate
5-羟甲基-(2, 2′:5′, 2″)-三联噻吩乙酸酯	5-hydroxymethyl-(2, 2′:5′, 2″)-terthienyl acetate
3′-[γ-羟甲基-(E)-γ-甲烯丙基]-2, 4, 2′, 4′-四羟基查耳酮-11′-O-香豆酸酯	3′-[γ-hydroxymethyl-(E)-γ-methyl allyl]-2, 4, 2′, 4′-tetrahydroxychalcone-11′-O-coumarate
5-(羟甲基)-2-呋喃甲醛 [5-(羟甲基)-2-糠醛、5-(羟甲基) 糠醛]	5-(hydroxymethyl)-2-furancarboxaldehyde [5-(hydroxymethyl)-2-furfural, 5-(hydroxymethyl) furfual, 5-(hydroxymethyl)-2-furaldehyde]
5-(羟甲基)-2-糠醛 [5-(羟甲基)-2-呋喃甲醛、5-(羟甲基) 糠醛]	5-(hydroxymethyl)-2-furaldehyde [5-(hydroxymethyl) furfual, 5-(hydroxymethyl)-2-furancarboxaldehyde, 5-(hydroxymethyl)-2-furfural]
4′-(羟甲基)-3′, 5′-二甲氧基-3-(3-甲基丁-2-烯-1-基) 二苯基-4-醇	4′-(hydroxymethyl)-3′, 5′-dimethoxy-3-(3-methylbut-2-en-1-yl) biphenyl-4-ol
2-(羟甲基)-7-甲氧基色满-4-醇	2-(hydroxymethyl)-7-methoxychroman-4-ol
2-(羟甲基) 苯酚	2-(hydroxymethyl) phenol
4-(羟甲基) 苯酚	4-(hydroxymethyl) phenol
2-(羟甲基) 苯酚-1-O-吡喃葡萄糖基-(1→6)-吡喃鼠李糖苷	2-(hydroxymethyl) phenol-1-O-glucopyranosyl-(1→6)-rhamnopyranoside
5-(羟甲基) 呋喃-2-甲醛	5-(hydroxymethyl) furan-2-carbaldehyde
4-[3′-(羟甲基) 环氧乙-2′-基]-2, 6-二甲氧基苯酚	4-[3′-(hydroxymethyl) oxiran-2′-yl]-2, 6-dimethoxyphenol
5-(羟甲基) 糠醛 [5-(羟甲基)-2-糠醛、5-(羟甲基)-2-呋喃甲醛]	5-(hydroxymethyl) furfual [5-(hydroxymethyl)-2-furaldehyde, 5-(hydroxymethyl)-2-furancarboxaldehyde, 5-(hydroxymethyl)-2-furfural]
(7S)-6-羟甲基-1, 1, 5-三甲基环己-3-烯酮	(7S)-6-(hydroxymethyl)-1, 1, 5-trimethyl cyclohex-3-enone

(3*R*)-2-羟甲基-1, 2, 3, 4-四羟基丁烷 [(3*R*)-2-羟甲基丁烷-1, 2, 3, 4-四醇]	(3*R*)-2-hydroxymethyl-1, 2, 3, 4-tetrahydroxybutane [(3*R*)-2-hydroxymethyl butane-1, 2, 3, 4-tetraol]
2-(1-羟甲基-1, 2-二羟乙基)-6-乙酰基-5-羟基苯并呋喃	2-(1-hydroxymethyl-1, 2-dihydroxyethyl)-6-acetyl-5-hydroxybenzofuran
5-羟甲基-1, 3-苯二酚	5-hydroxymethyl-1, 3-benzenediol
1-[2-(5-羟甲基-1*H*-吡咯-2-甲醛-1-基) 乙基]-1*H*-吡唑	1-[2-(5-hydroxymethyl-1*H*-pyrrol-2-carbaldehyde-1-yl) ethyl]-1*H*-pyrazole
(1*S*, 2*S*, 7*R*, 7a*R*)-1-羟甲基-1*H*-六氢吡咯嗪-2, 7-二醇	(1*S*, 2*S*, 7*R*, 7a*R*)-1-hydroxymethyl hexahydro-1*H*-pyrrolizine-2, 7-diol
5-羟甲基-1-甲基菲-2, 7-二醇	5-hydroxymethyl-1-methyl phenanthrene-2, 7-diol
5-羟甲基-2, 2′:5′, 2″-三联噻吩	5-hydroxymethyl-2, 2′:5′, 2″-terthiophene
6-羟甲基-2, 2-二甲基苯并二氢色原酮	6-hydroxymethyl-2, 2-dimethyl chromanone
4-羟甲基-2, 6-二甲氧苯基-1-*O*-β-D-吡喃葡萄糖苷	4-hydroxymethyl-2, 6-dimethoxyphenyl-1-*O*-β-D-glucopyranoside
(2*S*, 3*R*, 9*E*)-3-羟甲基-2-*N*-[(2*R*)-羟基二十九酰基]十三鞘氨-9-烯	(2*S*, 3*R*, 9*E*)-3-hydroxymethyl-2-*N*-[(2*R*)-hydroxynonacosanoyl] tridecasphinga-9-ene
8-*O*-(2-羟甲基-2-丙烯酰基)-3-乙酰氧基愈创木-4 (15), 10 (14), 11 (13)- 三烯-12, 6-内酯	8-*O*-(2-hydroxymethyl-2-propenoyl)-3-acetoxyguai-4 (15), 10 (14), 11 (13)-trien-12, 6-olide
(1*R*, 3*S*)-1-(5-羟甲基-2-呋喃)-3-羧基-6-羟基-8-甲氧基-1, 2, 3, 4-四氢异喹啉	(1*R*, 3*S*)-1-(5-hydroxymethyl-2-furan)-3-carboxy-6-hydroxy-8-methoxy-1, 2, 3, 4-tetrahydroisoquinoline
1-(5-羟甲基-2-呋喃基)-9*H*-吡啶并 [3, 4-*b*] 吲哚 (川芎哚、佩洛立灵、刺蒺藜碱)	1-(5-hydroxymethyl-2-furyl)-9*H*-pyrido [3, 4-*b*] indole (perlolyrine, tribulusterine)
2-(5-羟甲基-2-甲酰吡咯-1-基)-2-苯基丙酸内酯	2-(5-hydroxymethyl-2-formyl pyrrol-1-yl)-2-phenyl propionic acid lactone
2-(5-羟甲基-2-甲酰吡咯-1-基)-4-甲基戊酸内酯	2-(5-hydroxymethyl-2-formyl pyrrol-1-yl)-4-methyl pentanoic acid lactone
2-(5-羟甲基-2-甲酰吡咯-1-基)-异缬草酸内酯	2-(5-hydroxymethyl-2-formyl pyrrol-1-yl)-isovaleric acid lactone
4-羟甲基-2-甲氧基苯酚	4-hydroxymethyl-2-methoxyphenol
(2*S*, 3*R*, 4*S*, 5*S*)-2-羟甲基-2-甲氧基四氢-2*H*-呋喃-3, 4, 5-三醇	(2*S*, 3*R*, 4*S*, 5*S*)-2-hydroxymethyl-2-methoxytetrahydro-2*H*-pyran-3, 4, 5-triol
4-羟甲基-2-糠醛	4-hydroxymethyl-2-furaldehyde
8-羟甲基-2-羟基-1-甲基-5-乙烯基-9, 10-二氢菲	8-hydroxymethyl-2-hydroxy-1-methyl-5-vinyl-9, 10-dihydrophenanthrene
(*E*, *Z*, *E*)-7-羟甲基-3, 11, 15-三甲基-2, 6, 10, 14-十六碳四烯-1-醇	(*E*, *Z*, *E*)-7-hydroxymethyl-3, 11, 15-trimethyl-2, 6, 10, 14-hexadecatetraen-1-ol
4-羟甲基-3, 5, 5-三甲基环己-3-烯醇	4-hydroxymethyl-3, 5, 5-trimethyl cyclohex-3-enol
4-羟甲基-3, 5, 5-三甲基环己烯-2-酮-4-*O*-β-D-龙胆二糖苷	4-hydroxymethyl-3, 5, 5-trimethyl cyclohexen-2-one-4-*O*-β-D-gentiobioside
6-羟甲基-3-吡啶醇	6-hydroxymethyl-3-pyridinol
2-羟甲基-3-咖啡酰氧基-1-丁烯-4-*O*-β-D-吡喃葡萄糖苷	2-hydroxymethyl-3-caffeoyloxy-1-buten-4-*O*-β-D-glucopyranoside
2-羟甲基-3-羟基蒽醌	2-hydroxymethyl-3-hydroxyanthraquinone

2-羟甲基-3-戊基苯酚	2-hydroxymethyl-3-pentyl phenol
5-(3-羟甲基-3-异戊酰氧基丙-1-炔基)-2, 2′-联噻吩	5-(3-hydroxymethyl-3-isovaleroyloxyprop-1-ynyl)-2, 2′-bithiophene
5-羟甲基-5′-(3-丁烯-1-炔基)-2, 2′-二联噻吩	5-methanol-5′-(3-buten-1-ynyl)-2, 2′-bithiophene
1-羟甲基-5-羟基苯-2-O-β-D-吡喃葡萄糖苷	1-hydroxymethyl-5-hydroxyphenyl-2-O-β-D-glucopyranoside
4-羟甲基-6-(2-氧丙基)异苯并呋喃-1 (3H)-酮	4-hydroxymethyl-6-(2-oxopropyl) isobenzofuran-1 (3H)-one
4-羟甲基-6-(8-甲基丙-7-烯基)-5, 6-二氢-2H-吡喃-2-酮-11-O-β-D-吡喃葡萄糖苷	4-hydroxymethyl-6-(8-methylprop-7-enyl)-5, 6-dihydro-2H-pyran-2-one-11-O-β-D-glucopyranoside
2-羟甲基-6-甲基-4H-吡喃-4-酮	2-hydroxymethyl-6-methyl-4H-pyran-4-one
3-羟甲基-6-甲氧基-2, 3-二氢-1H-吲哚-2-醇	3-hydroxymethyl-6-methoxy-2, 3-dihydro-1H-indol-2-ol
5-羟甲基-6-内-3′-甲氧基-4′-羟苯基-8-氧杂双环 [3.2.1] 辛-3-烯-2-酮	5-hydroxymethyl-6-endo-3′-methoxy-4′-hydroxyphenyl-8-oxa-bicyclo [3.2.1] oct-3-en-2-one
5-羟甲基-6-异戊烯基异苯并呋喃-1 (3H)-酮	5-hydroxymethyl-6-prenyl isobenzofuran-1 (3H)-one
(6E)-3-羟甲基-7-甲基辛-1, 6-二烯-3-羟基-8-O-β-D-吡喃葡萄糖苷	(6E)-3-hydroxymethyl-7-methyloct-1, 6-dien-3-hydroxy-8-O-β-D-glucopyranoside
(6Z)-3-羟甲基-7-甲基辛-1, 6-二烯-3-羟基-8-O-β-D-吡喃葡萄糖苷	(6Z)-3-hydroxymethyl-7-methyloct-1, 6-dien-3-hydroxy-8-O-β-D-glucopyranoside
4-羟甲基-D-脯氨酸	4-hydroxymethyl-D-proline
4-羟甲基-L-脯氨酸	4-hydroxymethyl-L-proline
3-羟甲基-β-咔啉	3-hydroxymethyl-β-carboline
1-羟甲基-β-咔啉	1-hydroxymethyl-β-carboline
(1R, 9aR)-1-羟甲基八氢喹嗪烷	(1R, 9aR)-1-hydroxymethyl octahydro-2H-quinolizine
(E)-4-羟甲基苯基-6-O-咖啡酰基-β-D-吡喃葡萄糖苷	(E)-4-hydroxymethyl phenyl-6-O-caffeoyl-β-D-glucopyranoside
4-羟甲基苯基-β-D-葡萄糖苷	4-hydroxymethyl phenyl-β-D-glucoside
4-羟甲基苯甲酸酯	4-hydroxymethyl benzoate
1-O-(4-羟甲基苯氧基)-2-O-反式-桂皮酰基-β-D-葡萄糖苷	1-O-(4-hydroxymethylphenoxy)-2-O-trans-cinnamoyl-β-D-glucoside
1-O-(4-羟甲基苯氧基)-3-O-反式-桂皮酰基-β-D-葡萄糖苷	1-O-(4-hydroxymethylphenoxy)-3-O-trans-cinnamoyl-β-D-glucoside
1-O-(4-羟甲基苯氧基)-4-O-反式-桂皮酰基-β-D-葡萄糖苷	1-O-(4-hydroxymethylphenoxy)-4-O-trans-cinnamoyl-β-D-glucoside
1-O-(4-羟甲基苯氧基)-6-O-反式-桂皮酰基-β-D-葡萄糖苷	1-O-(4-hydroxymethylphenoxy)-6-O-trans-cinnamoyl-β-D-glucoside
5-羟甲基吡咯-2-甲醛	5-hydroxymethyl pyrrol-2-carbaldehyde
(1S, 7aR)-1-羟甲基吡咯里西啶-2α, 7β-二醇	(1S, 7aR)-1-hydroxymethyl pyrrolizidine-2α, 7β-diol
6-羟甲基蝶啶二酮	6-hydroxymethyl lumazin
16-羟甲基多果树胺	16-hydroxymethyl pleiocarpamine
2-羟甲基蒽醌	2-hydroxymethyl anthraquinone
6-羟甲基二氢血根碱	6-hydroxymethyl dihydrosanguinarine

1, 3-*O*-(5-羟甲基呋喃 -2- 基) 次甲基 -2- 正丁基 -α- 呋喃果糖苷	1, 3-*O*-(5-hydroxymethyl furan-2-yl) methenyl-2-*n*-butyl-α-fructofuranoside
3- 羟甲基呋喃并 [3, 2-*b*] 萘并 [2, 3-*d*] 呋喃 -5, 10- 二酮	3-hydroxymethyl furo [3, 2-*b*] naphtho [2, 3-*d*] furan-5, 10-dione
5- 羟甲基呋喃甲醛	5-hydroxymethyl furaldehyde
3- 羟甲基呋喃葡萄糖苷	3-hydroxymethyl glucofuranoside
4- 羟甲基谷氨酸	4-hydroxymethyl glutamic acid
2α- 羟甲基哈威豆酸酯	2α-hydoxymethyl hardwickate
2- 羟甲基红大戟定 (2- 羟甲基红大戟素)	2-hydroxymethyl knoxiavaledin
羟甲基糠醛	hydroxymethyl furfural
5- 羟甲基糠酸	5-hydroxymethyl furoic acid
4- 羟甲基喹啉	4-hydroxymethyl quinoline
(1*R*, 9a*R*)-1- 羟甲基喹诺里西啶烷	(1*R*, 9a*R*)-1-hydroxymethyl quinolizidine
C-3′- 羟甲基罗米仔兰酯	*C*-3′-hydroxymethyl rocaglate
2′- 羟甲基麦冬黄酮 A	2′-hydroxymethyl ophiopogonone A
10- 羟甲基牛扁碱	10-hydroxymethyl lycaconitine
α- 羟甲基丝氨酸	α-hydroxymethyl serine
1-(5- 羟甲基四氢呋喃 -2- 基)-9*H*-β- 咔啉 -3- 甲酸	1-(5-hydroxymethyl tetrahydrofuran-2-yl)-9*H*-β-carbolin-3-carboxylic acid
5- 羟甲基铁屎米 -6- 酮	5-hydroxymethyl canthin-6-one
(16*S*, 19*E*)-*N*1- 羟甲基异长春钦碱	(16*S*, 19*E*)-*N*1-hydroxymethylisositsirikine
6- 羟甲基治疝草素	6-hydroxymethyl herniarin
6- 羟甲基紫堇醇灵碱 (羟甲紫堇醇灵碱)	6-hydroxymethyl corynoline (corynolamine)
(*E*)-4-[5-(羟甲氧基)-2- 呋喃基]-3- 丁烯 -2- 酮	(*E*)-4-[5-(hydroxymethyl) furan-2-yl]-3-buten-2-one
6α-*O*-(1- 羟甲乙基) 京尼平苷	6α-*O*-(1-hydroxymethyl ethyl) geniposide
羟甲紫堇醇灵碱 (6- 羟甲基紫堇醇灵碱)	corynolamine (6-hydroxymethyl corynoline)
羟莨菪碱	hydroxyhyoscyamine
羟蓬莱葛亭	hydroxygardnutine
羟脯氨酸	hydroxyproline
3- 羟千层塔烯 -21- 酮	3-hydroxyserraten-21-one
5- 羟色氨酸	5-hydroxytryptophan (5-HTP)
5- 羟色胺 (5- 羟基色胺、血清素)	5-hydroxytryptamine (serotonin)
8- 羟山奈酚 (蜀葵苷元、草质素、草棉黄素、草棉素)	8-hydroxykaempferol (herbacetin)
羟楔叶泽兰素	eupacunolin
羟亚氨甲酸 (羟氨亚基替甲酸)	carbohydroximic acid
羟亚氨酸 (羟氨亚基替酸)	hydroximic acid
4-(8- 羟乙基)-1- 环己酸	4-(8-hydroxyethyl) cyclohexan-1-oic acid
5-(1- 羟乙基)-2, 6- 二羟基 -1, 7- 二甲基 -9, 10- 二氢菲	5-(1-hydroxyethyl)-2, 6-dihydroxy-1, 7-dimethyl-9, 10-dihydrophenanthrene
5-(1- 羟乙基)-2, 8- 二羟基 -1, 7- 二甲基 -9, 10- 二氢菲	5-(1-hydroxyethyl)-2, 8-dihydroxy-1, 7-dimethyl-9, 10-dihydrophenanthrene

(24*R*)-24-(2-羟乙基)-20-羟基蜕皮激素	(24*R*)-24-(2-hydroxyethyl)-20-hydroxyecdysone
2-(2-羟乙基)-3-甲基马来酰亚胺	2-(2-hydroxyethyl)-3-methyl maleimide
1-(1-羟乙基)-4β-芸香糖氧基苯	1-(1-hydroxyethyl)-4β-rutinosyloxybenzene
2-(2-羟乙基)-4-甲氧基苯甲酸	2-(2-hydroxyethyl)-4-methoxybenzoic acid
3-(2-羟乙基)-5-(1-*O*-β-吡喃葡萄糖氧基) 吲哚	3-(2-hydroxyethyl)-5-(1-*O*-β-glucopyranosyloxy)-indole
6-(1-羟乙基)-5, 7, 8-三甲氧基-2, 2-二甲基-2*H*-1-苯并吡喃	6-(1-hydroxyethyl)-5, 7, 8-trimethoxy-2, 2-dimethyl-2*H*-1-benzopyran
N-(2-羟乙基)-5′-*S*-甲基-5′-硫代鸟苷	*N*-(2-hydroxyethyl)-5′-*S*-methyl-5′-thioguanosine
8-(1′-羟乙基)-7, 8-二氢白屈菜红碱	8-(1′-hydroxyethyl)-7, 8-dihydrochelerythrine
N-(2-羟乙基)-9, 12-亚油酸	*N*-(2-hydroxyethyl)-9, 12-octadecadienoic acid
2-(1-羟乙基) 萘并 [2, 3-*b*] 呋喃-4, 9-二酮	2-(1-hydroxyethyl) naphtho [2, 3-*b*] furan-4, 9-dione
(*R*)-5-(1-羟乙基) 铁屎米-6-酮	(*R*)-5-(1-hydroxyethyl) canthin-6-one
[*N*6-(2-羟乙基) 腺苷	*N*6-(2-hydroxyethyl) adenosine
3-(2-羟乙基) 乙酰苯-4-*O*-β-D-吡喃葡萄糖苷	3-(2-hydroxyethyl) acetophenone-4-*O*-β-D-glucopyranoside
2-[(*R*)-1-羟乙基]-3-甲基马来酰亚胺	2-[(*R*)-1-hydroxyethyl]-3-methyl maleimide
β-羟乙基-3, 4-二羟基苯 (羟基酪醇)	β-hydroxyethyl-3, 4-dihydroxybenzene (hydroxytyrosol)
β-羟乙基苯 (苯乙基醇)	β-hydroxyethyl benzene (phenethyl alcohol)
2-羟乙基芥子油苷	2-hydroxyethyl glucosinolate
N-羟乙基金雀花碱	*N*-(2-hydroxyethyl) cytisine
羟乙基鸟氨酸	octopinic acid
6-*N*-羟乙基腺嘌呤	6-*N*-hydroxyethyl adenine
2-羟乙基栀子酰胺 A	2-hydroxyethyl gardenamide A
1-(2-羟乙氧基) 十三烷	1-(2-hydroxyethoxy) tridecane
8-*O*-(2-羟乙氧基) 乙基连翘醇	8-*O*-(2-hydroxyethoxy) ethyl rengyol
8α-(4-羟异丁烯酰氧基)-10α-羟基硬毛钩藤内酯-13-*O*-乙酸酯	8α-(4-hydroxymethacryloxy)-10α-hydroxyhirsutinolide-13-*O*-acetate
8α-(羟异丁烯酰氧基)-硬毛钩藤内酯-13-*O*-乙酸酯	8α-(hydroxymethacryloxy)-hirsutinolide-13-*O*-acetate
5-羟吲哚乙酸	5-hydroxyindolyl acetic acid
6α-氢化扁柏定	6α-hydrochamaecydin
6β-氢化扁柏定	6β-hydrochamaecydin
乔德黄芩素 A～T	jodrellins A～T
乔桧酸	juniperexcelsic acid
乔利锥喉花碱	jollyanine
乔木胡椒胺	arboreumine
3β-乔木山小橘醇 (3β-山柑子萜醇)	3β-arborinol
乔木山小橘碱	glycoborine
乔木山小橘宁碱	glycoborinine
乔木山小橘酮	arborenone
乔木杨梅素 A	myricarborin A

乔木状车前酸	arborescosidic acid
乔木状脚骨脆素 A～E	casearborins A～E
乔松素 (松属素、生松素、欧洲五松素、生松黄烷酮、瑞士五针松素)	pinocembrin
(2S)-乔松素 [(2S)-瑞士五针松素]	(2S)-pinocembrin
乔松素 -3-O-芸香糖苷	pinocembrin-7-O-rutinoside
乔松素 -7-O-(3″-O-没食子酰基 -4″, 6″-六羟基联苯二甲酰基)-β-D-葡萄糖苷	pinocembrin-7-O-(3″-O-galloyl-4″, 6″-hexahydroxy-diphenoyl)-β-D-glucoside
(2S)-乔松素 -7-O-(6″-O-α-L-阿拉伯糖基 -β-D-吡喃葡萄糖苷)	(2S)-pinocembrin-7-O-(6″-O-α-L-arabinosyl-β-D-glucopyranoside)
(2S)-乔松素 -7-O-(6-O-α-L-吡喃鼠李糖基 -β-D-吡喃葡萄糖苷)	(2S)-pinocembrin-7-O-(6-O-α-L-rhamnopyranosyl-β-D-glucopyranoside)
乔松素 -7-O-[(2″, 6″-二 -O-α-L-鼠李糖基)-β-D-葡萄糖苷]	pinocembrin-7-O-[(2″, 6″-di-O-α-L-rhamnopyranosyl)-β-D-glucopyranoside]
乔松素 -7-O-[(6″-O-β-D-吡喃葡萄糖基)-β-D-吡喃葡萄糖苷]	pinocembrin-7-O-[(6″-O-β-D-glucopyranosyl)-β-D-glucopyranoside
乔松素 -7-O-[3″-O-没食子酰基 -4″, 6″-(S)-六羟基联苯二酰基]-β-D-葡萄糖苷	pinocembrin-7-O-[3″-O-galloyl-4″, 6″-(S)-hexahydroxydiphenoyl]-β-D-glucoside
乔松素 -7-O-[4″, 6″-(S)-六羟基联苯二酰基]-β-D-葡萄糖苷	pinocembrin-7-O-[4″, 6″-(S)-hexahydroxydiphenoyl]-β-D-glucoside
(2S)-乔松素 -7-O-[β-D-芹糖基 -(1→2)]-β-D-葡萄糖苷	(2S)-pinocembrin-7-O-[β-D-apiosyl-(1→2)]-β-D-glucoside
(2S)-乔松素 -7-O-[肉桂酰基 -(1→5)-β-D-吡喃芹糖基 -(1→2)]-β-D-吡喃葡萄糖苷	(2S)-pinocembrin-7-O-[cinnamoyl-(1→5)-β-D-apiofuranosyl-(1→2)]-β-D-glucopyranoside
(2S)-乔松素 -7-O-[肉桂酰基 -(1→5)-β-D-芹糖基 -(1→2)]-β-D-葡萄糖苷	(2S)-pinocembrin-7-O-[cinnamoyl-(1→5)-β-D-apiosyl-(1→2)]-β-D-glucoside
乔松素 -7-O-α-吡喃阿拉伯糖基 -(1→2)-β-吡喃葡萄糖苷	pinocembrin-7-O-α-arabinopyranosyl-(1→2)-β-glucopyranoside
(2S)-乔松素 -7-O-β-D-吡喃呋喃芹糖基 -(1→2)-β-D-吡喃葡萄糖苷	(2S)-pinocembrin-7-O-β-D-apiofuranosyl-(1→2)-β-D-glucopyranoside
(2S)-乔松素 -7-O-β-D-吡喃葡萄糖苷	(2S)-pinocembrin-7-O-β-D-glucopyranoside
乔松素 -7-O-β-D-吡喃葡萄糖苷	pinocembrin-7-O-β-D-glucopyranoside
乔松素 -7-O-β-D-葡萄糖醛酸苷	pinocembrin-7-O-β-D-glucuronide
乔松素 -7-O-β-D-芹糖基 -(1→2)-β-D-葡萄糖苷	pinocembrin-7-O-β-D-apiosyl-(1→2)-β-D-glucoside
乔松素 -7-O-β-D-芹糖基 -(1→5)-β-D-芹糖基 -(1→2)-β-D-葡萄糖苷	pinocembrin-7-O-β-D-apiosyl-(1→5)-β-D-apiosyl-(1→2)-β-D-glucoside
乔松素 -7-O-葡萄糖苷	pinocembrin-7-O-glucoside
乔松素 -7-甲醚	pinocembrin-7-methyl ether
乔松素 -7-芸香糖苷	pinocembrin-7-rutinoside
乔松素查耳酮	pinocembrin chalcone
荞麦碱	fagomine
荞麦碱 -4-O-β-D-吡喃葡萄糖苷	fagomine-4-O-β-D-glucopyranoside

桥氧三类尖碱 (核果三尖杉碱)	drupacine
(S)-巧茶酮 [(S)-阿拉伯茶氨]	(S)-cathinone
巧玲花苷 A	pubescenside A
鞘氨醇	sphingosine
(4E)-鞘氨醇-4-烯	(4E)-sphing-4-ene
(4Z)-鞘氨醇-4-烯	(4Z)-sphing-4-ene
鞘氨醇硫酸脂	sphingosine sulfate
(3S)-鞘氨醇烷	(3S)-sphinganine
鞘氨醇烷	sphinganine
鞘柄木碱	torricelline
鞘柄木内酯	torrilliolide
鞘柄木酯	torricellate
鞘醇	sphingol
鞘亮蛇床醇	vaginol
鞘亮蛇床素	vaginatin
鞘蕊花醇	coleol
鞘蕊花诺醇 (锦紫苏醇) A～F	coleonols A～F
鞘蕊花诺酮	coleonone
鞘蕊花酸	coleonolic acid
鞘蕊花索醇	coleosol
鞘蕊花酮 A～U	coleons A～U
鞘蕊花酮 U-11- 乙酸酯	coleon U-11-acetate
鞘蕊花酮 U	coleon U
鞘蛇床素 (鞘亮蛇床定)	vaginidin
鞘丝藻贝林 (鞘丝藻海兔素) A、B、E～I	lyngbyabellins A, B, E～I
鞘丝藻酸	lyngbic acid
鞘丝藻肽素 A	lyngbyapeptin A
鞘丝藻碳酸酯	lyngbyacarbonate
鞘丝藻亭 (鞘丝藻抑素) 1～3	lyngbyastatins 1～3
鞘丝藻酰胺	obyanamide
鞘脂 (鞘类磷脂)	sphingolipid
茄边碱 (边茄碱、澳洲茄边碱)	solamargine
茄次碱 (茄啶、龙葵胺)	solatubine (solanidine)
茄定-3β- 醇	solanidine-3β-ol
茄定碱 (澳洲茄胺、澳洲茄次碱、茄解啶)	purapuridine (solancarpidine, solasodine)
茄啶 (茄次碱、龙葵胺)	solanidine (solatubine)
茄啶-3-O-α-L- 吡喃鼠李糖基-(1→2)-[β-D- 吡喃葡萄糖基-(1→4)]-β-D- 吡喃葡萄糖苷	solanidine-3-O-α-L-rhamnopyranosyl-(1→2)-[β-D-glucopyranosyl-(1→4)]-β-D-glucopyranoside
茄啶-3-O-α-L- 吡喃鼠李糖基-(1→2)-β-D- 吡喃葡萄糖苷	solanidine-3-O-α-L-rhamnopyranosyl-(1→2)-β-D-glucopyranoside

茄啶 -3-O-α-L-吡喃鼠李糖基 -(1→2)-β-D-吡喃葡萄糖苷 (β1-卡茄碱、β1-查茄碱)	solanidine-3-O-α-L-rhamnopyranosyl-(1→2)-β-D-glucopyranoside (β1-chaconine)
茄二糖	solabiose
茄二烯	solanidiene (solanthrene)
茄呋喃酮	solafuranone
茄苷 (纽子花苷) A、B	solanosides A, B
茄根碱 (茄狄星)	solaradixine
茄根内酯甲	melongenolide A
茄根宁 (茄狄宁)	solaradinine
茄根酰胺 (茄酰胺) A~G	melongenamides A~G
茄果甾酮 A、B	tumacones A, B
茄环丁萘酮	solanascone
茄己酰碱	solacaproine
α- 茄碱 (α- 龙葵碱)	α-solanine
ε- 茄碱 (ε- 龙葵碱)	ε-solanine
茄碱 (龙葵碱)	solanine
茄解胺	solasodamine
茄解啶 (茄定碱、澳洲茄胺、澳洲茄次碱)	solancarpidine (purapuridine, solasodine)
茄解碱	purapurine
茄咪啶	solamidine
茄萘醌	solanoquinone
茄呢醇 (茄烯醇)	solanesol
茄软脂碱	solapalmitine
茄软脂烯碱	solapalmitenine
茄三糖	solatriose
茄色苷	nasunin
茄莎巴宁	solashabanine
茄属碱	solanum base
茄甜苦定	soladulcamaridine
茄亚莫皂苷 A~F	solayamocidosides A~F
5α- 茄甾 -3β, 16- 二醇	5α-solanid-3β, 16-diol
(25ξ)- 茄甾 -3β, 23β- 二醇	(25ξ)-solanid-3β, 23β-diol
(22R, 25S)- 茄甾 -5- 烯 -3β, 5α, 6β- 三醇	(22R, 25S)-solanid-5-en-3β, 5α, 6β-triol
茄甾苷 A~H	melongosides A~H
(25ξ)-5- 茄甾烯 -3β, 23β- 二醇	(25ξ)-solanid-5-en-3β, 23β-diol
切尔米定	chairamidine
切尔明	chairamine
切坎乌头苷 A	czekanoside A
窃衣醇	torilol
窃衣醇酮	torilolone

窃衣醇酮-11-*O*-β-D-吡喃葡萄糖苷	torilolone-11-*O*-β-D-glucopyranoside
窃衣内酯	torilolide
窃衣素	torilin
窃衣萜醇	caucalol
窃衣萜醇二乙酸酯	caucalol diacetate
窃衣烯	torilene
侵菅新赤壳素 A、B	vasinfectins A, B
侵染吡喃酮	infectopyrone
芹菜定-5-*O*-葡萄糖苷	apigenidin-5-*O*-glucoside
芹菜甘内酯 A～C	apigenosylides A～C
芹菜苷	apiin
芹菜甲素 (3-正丁基苯酞)	3-*n*-butyl phthalide
芹菜脑 (洋芹醚、洋芹脑、石芹脑、石菜脑、欧芹脑)	apiole (apiol, apioline, parsley camphor)
芹菜脑酚	apionol
芹菜脑醛	apiolaldehyde
芹菜脑酸	apiolic acid
芹菜内酯 (瑟丹内酯)	sedanolide
芹菜醛	apiolealdehyde
芹菜素 (芹黄素、芹菜苷元、5, 7, 4′-三羟基黄酮)	apigenin (5, 7, 4′-trihydroxyflavone)
芹菜素-3, 8-二-*C*-葡萄糖苷	apigenin-3, 8-di-*C*-glucoside
芹菜素-3-*O*-甲醚	apigenin-3-*O*-methyl ether
芹菜素-3′-乙氧基-7-*O*-葡萄糖苷	apigenin-3′-ethoxy-7-*O*-glucoside
芹菜素-4, 5, 7-三甲醚	apigenin-4, 5, 7-trimethyl ether
芹菜素-4′, 7-二甲醚	apigenin-4, 7-dimethyl ether
芹菜素-4′-*O*-α-L-吡喃鼠李糖苷	apigenin-4′-*O*-α-L-rhamnopyranoside
芹菜素-4′-*O*-α-吡喃鼠李糖苷	apigenin-4′-*O*-α-rhamnopyranoside
芹菜素-4-*O*-β-D-吡喃葡萄糖苷	apigenin-4-*O*-β-D-glucopyranoside
芹菜素-4′-*O*-β-D-吡喃葡萄糖醛酸苷	apigenin-4′-*O*-β-D-glucuronopyranoside
芹菜素-4′-*O*-β-D-呋喃木糖基-(1→4)-*O*-β-D-吡喃葡萄糖苷	apigenin-4′-*O*-β-D-xylofuranosyl-(1→4)-*O*-β-D-glucopyranoside
芹菜素-4′-*O*-β-D-葡萄糖苷	apigenin-4′-*O*-β-D-glucoside
芹菜素-4′-*O*-葡萄糖醛酸苷	apigenin-4′-*O*-glucuronide
芹菜素-5-*O*-β-D-吡喃半乳糖苷	apigenin-5-*O*-β-D-galactopyranoside
芹菜素-5-*O*-β-D-吡喃葡萄糖苷	apigenin-5-*O*-β-D-glucopyranoside
芹菜素-5-*O*-葡萄糖苷	apigenin-5-*O*-glucoside
芹菜素-5-*O*-新橙皮糖苷	apigenin-5-*O*-neohesperidoside
芹菜素-5-鼠李糖苷	apigenin-5-rhamnoside
芹菜素-6, 8-二-*C*-α-L-阿拉伯糖苷	apigenin-6, 8-di-*C*-α-L-arabinoside
芹菜素-6, 8-二-*C*-α-L-吡喃阿拉伯糖苷	apigenin-6, 8-di-*C*-α-L-arabinopyranoside
芹菜素-6, 8-二-*C*-β-D-半乳糖苷	apigenin-6, 8-di-*C*-β-D-galactoside

Q

芹菜素 -6, 8- 二 -C-β-D- 吡喃葡萄糖苷	apigenin-6, 8-di-C-β-D-glucopyranoside
芹菜素 -6, 8- 二 -C-β-D- 葡萄糖苷 (新西兰牡荆苷 -2、维采宁 -2)	apigenin-6, 8-di-C-β-D-glucoside (vicenin-2)
芹菜素 -6, 8- 二 -C- 己糖苷	apigenin-6, 8-di-C-hexoside
芹菜素 -6-C-(2″-O-β-D- 吡喃葡萄糖基)-α-L- 吡喃阿拉伯糖苷	apigenin-6-C-(2″-O-β-D-glucopyranosyl)-α-L-arabino-pyranoside
芹菜素 -6-C-(2″-O-α- 吡喃鼠李糖基)-β- 吡喃岩藻糖苷	apigenin-6-C-(2″-O-α-rhamnopyranosyl)-β-fucopyranoside
芹菜素 -6-C-(6″-O- 反式 - 咖啡酰基)-β-D- 吡喃葡萄糖苷	apigenin-6-C-(6″-O-trans-caffeoyl)-β-D-glucopyranoside
芹菜素 -6-C-(α- 吡喃阿拉伯糖苷)-8-C-[(2-O-α- 吡喃鼠李糖基)-β- 吡喃半乳糖苷]	apigenin-6-C-(α-arabinopyranoside)-8-C-[(2-O-α-rhamnopyranosyl)-β-galactopyranoside]
芹菜素 -6-C-(α- 吡喃阿拉伯糖苷)-8-C-[(2-O-α- 吡喃鼠李糖基)-β- 吡喃葡萄糖苷]	apigenin-6-C-(α-arabinopyranoside)-8-C-[(2-O-α-rhamnopyranosyl)-β-glucopyranoside]
芹菜素 -6-C-(β- 吡喃木糖苷)-8-C-[(2-O-α- 吡喃鼠李糖基)-β- 吡喃葡萄糖苷]	apigenin-6-C-(β-xylopyranoside)-8-C-[(2-O-α-rhamno-pyranosyl)-β-glucopyranoside]
芹菜素 -6-C-[(2-O-α- 吡喃鼠李糖基)-β- 吡喃葡萄糖苷]-8-C-α- 吡喃阿拉伯糖苷	apigenin-6-C-[(2-O-α-rhamnopyranosyl)-β-glucopyra-noside]-8-C-α-arabinopyranoside
芹菜素 -6-C-[(6-O- 对羟基苯甲酰)-β-D- 吡喃葡萄糖基 -(1→2)]-β-D- 吡喃葡萄糖苷	apigenin-6-C-[(6-O-p-hydroxybenzoyl)-β-D-glucopyra-nosyl-(1→2)]-β-D-glucopyranoside
芹菜素 -6-C-α-L- 阿拉伯糖苷 -8-C-β-D- 吡喃葡萄糖苷	apigenin-6-C-α-L-arabinoside-8-C-β-D-glucopyranoside
芹菜素 -6-C-α-L- 吡喃阿拉伯糖苷 -8-C-β-D- 吡喃半乳糖苷	apigenin-6-C-α-L-arabinopyranoside-8-C-β-D-galacto-pyranoside
芹菜素 -6-C-α-L- 吡喃阿拉伯糖苷 -8-C-β-D- 吡喃木糖苷	apigenin-6-C-α-L-arabinopyranoside-8-C-β-D-xylopy-ranoside
芹菜素 -6-C-α-L- 吡喃阿拉伯糖苷 -8-C-β-L- 吡喃阿拉伯糖苷	apigenin-6-C-α-L-arabinopyranoside-8-C-β-L-arabino-pyranoside
芹菜素 -6-C-α-L- 吡喃阿拉伯糖基 -(1→4)-α-L- 吡喃鼠李糖苷	apigenin-6-C-α-L-arabinopyranosyl-(1→4)-α-L-rhamn-opyranoside
芹菜素 -6-C-α-L- 鼠李糖苷	apigenin-6-C-α-L-rhamnoside
芹菜素 -6-C-β-D- 吡喃半乳糖苷 -8-C-α-L- 吡喃阿拉伯糖苷	apigenin-6-C-β-D-galactopyranoside-8-C-α-L-arabino-pyranoside
芹菜素 -6-C-β-D- 吡喃半乳糖苷 -8-C-β-L- 吡喃阿拉伯糖苷	apigenin-6-C-β-D-galactopyranoside-8-C-β-L-arabino-pyranoside
芹菜素 -6-C-β-D- 吡喃木糖苷 -8-C-α-L- 吡喃阿拉伯糖苷	apigenin-6-C-β-D-xylopyranoside-8-C-α-L-arabinopy-ranoside
芹菜素 -6-C-β-D- 吡喃木糖苷 -8-C-β-D- 吡喃葡萄糖	apigenin-6-C-β-D-xylopyranoside-8-C-β-D-glucopyra-noside
芹菜素 -6-C-β-D- 吡喃葡萄糖苷	apigenin-6-C-β-D-glucopyranoside
芹菜素 -6-C-β-D- 吡喃葡萄糖苷 -4′-O-α-L- 吡喃鼠李糖苷	apigenin-6-C-β-D-glucopyranoside-4′-O-α-L-rhamnoside
芹菜素 -6-C-β-D- 吡喃葡萄糖苷 -8-C-α-L- 阿拉伯糖苷	apigenin-6-C-β-D-glucopyranoside-8-C-α-L-arabinoside
芹菜素 -6-C-β-D- 吡喃葡萄糖苷 -8-C-β-D- 吡喃半乳糖苷	apigenin-6-C-β-D-glucopyranoside-8-C-β-D-galactopy-ranoside

芹菜素 -6-*C*-β-D- 吡喃葡萄糖苷 -8-*C*-β-D- 吡喃木糖苷	apigenin-6-*C*-β-D-glucopyranoside-8-*C*-β-D-xylopyranoside
芹菜素 -6-*C*β-D- 吡喃葡萄糖苷 -8-*C*-β-D- 吡喃葡萄糖苷	apigenin-6-*C*-β-D-glucopyranoside-8-*C*-β-D-glucopyranoside
芹菜素 -6-*C*-β-D- 葡萄糖苷 -8-*C*-α-L- 阿拉伯糖苷	apigenin-6-*C*-β-D-glucoside-8-*C*-α-L-arabinoside
芹菜素 -6-*C*-β-D- 葡萄糖苷 -8-*C*-α-L- 呋喃阿拉伯糖苷	apigenin-6-*C*-β-D-glucoside-8-*C*-α-L-arabinfuranoside
芹菜素 -6-*C*-β-D- 葡萄糖苷 -8-*C*-β-D- 半乳糖苷	apigenin-6-*C*-β-D-glucoside-8-*C*-β-D-galactoside
芹菜素 -6-*C*-β-L- 吡喃阿拉伯糖苷 -8-*C*-β-D- 吡喃葡萄糖苷	apigenin-6-*C*-β-L-arabinopyranoside-8-*C*-β-D-glucopyranoside
芹菜素 -6-*C*-β- 吡喃岩藻糖苷	apigenin-6-*C*-β-fucopyranoside
芹菜素 -6-*C*-β- 波依文糖苷 -7-*O*-β-D- 吡喃葡萄糖苷	apigenin-6-*C*-β-boivinopyranoside-7-*O*-β-D-glucopyranoside
芹菜素 -6-*C*- 阿拉伯糖苷 -8-*C*- 半乳糖苷	apigenin-6-*C*-arabinoside-8-*C*-galactoside
芹菜素 -6-*C*- 阿拉伯糖苷 -8-*C*- 葡萄糖苷	apigenin-6-*C*-arabinoside-8-*C*-glucoside
芹菜素 -6-*C*- 半乳糖苷 -8-*C*- 阿拉伯糖苷	apigenin-6-*C*-galactoside-8-*C*-arabinoside
芹菜素 -6-*C*- 吡喃葡萄糖苷	apigenin-6-*C*-glucopyranoside
芹菜素 -6-*C*- 吡喃葡萄糖苷 -8-*C*- 吡喃阿拉伯糖苷	apigenin-6-*C*-glucopyranoside-8-*C*-arabinopyranoside
芹菜素 -6-*C*- 木糖苷 (卷耳素)	apigenin-6-*C*-xyloside (cerarvensin)
芹菜素 -6-*C*- 葡萄糖苷 (异牡荆素、异牡荆苷、异牡荆黄素、高杜荆碱、肥皂草素、皂草黄素)	apigenin-6-*C*-glucoside (isovitexin, homovitexin, saponaretin)
芹菜素 -6-*C*- 葡萄糖苷 -8-*C*- 葡萄糖苷	apigenin-6-*C*-glucoside-8-*C*-glucoside
芹菜素 -6-*C*- 戊糖苷 -8-*C*-(2″-*O*- 奎宁酰) 葡萄糖苷	apigenin-6-*C*-pentoside-8-*C*-(2″-*O*-quinoyl) glucoside
芹菜素 -6-*O*-β-D- 芸香糖苷	apigenin-6-*O*-β-D-rutinoside
芹菜素 -6-α-L- 吡喃鼠李糖基 -(1→4)-α-L- 吡喃阿拉伯糖苷	apigenin-6-α-L-rhamnopyranosyl-(1→4)-α-L-arabinopyranoside
芹菜素 -7-(2′-α-L- 鼠李糖基) 芸香糖苷	apigenin-7-(2′-α-L-rhamnosyl) rutinoside
芹菜素 -7-(对 - 香豆酰基芸香糖苷)	apigenin-7-(*p*-coumaryl rutinoside)
芹菜素 -7, 4′- 二 -*O*-β-D- 吡喃葡萄糖苷	apigenin-7, 4′-di-*O*-β-D-glucopyranoside
芹菜素 -7, 4′- 二吡喃葡萄糖苷 -6-*C*- 吡喃葡萄糖苷	apigenin-7, 4′-diglucopyranoside-6-*C*-glucopyranoside
芹菜素 -7, 4′- 二甲醚	apigenin-7, 4′-dimethyl ether
芹菜素 -7-*O*-(2″-*O*- 没食子酰基戊糖苷)-6, 8-*C*- 二葡萄糖苷	apigenin-7-*O*-(2″-*O*-galloyl pentoside)-6, 8-di-*C*-glucoside
芹菜素 -7-*O*-(2″- 没食子酰基葡萄糖苷)-8-*C*- 戊糖苷 -6-*C*- 葡萄糖苷	apigenin-7-*O*-(2″-galloyl glucosyl)-8-*C*-pentoside-6-*C*-glucoside
芹菜素 -7-*O*-(2G- 鼠李糖基) 龙胆二糖苷	apigenin-7-*O*-(2G-rhamnosyl) gentiobioside
芹菜素 -7-*O*-(6″-*O*- 对羟基苄基)-β-D- 葡萄糖苷	apigenin-7-*O*-(6″-*O*-*p*-hydroxybenzyl)-β-D-glucoside
芹菜素 -7-*O*-(6″-*O*- 没食子酰基葡萄糖苷)-6-*C*- 戊糖苷 -8-*C*- 葡萄糖苷	apigenin-7-*O*-(6″-galloyl glucoside)-6-*C*-pentoside-8-*C*-glucoside
芹菜素 -7-*O*-(6″- 甲酯) 葡萄糖醛酸苷	apigenin-7-*O*-(6″-methyl ester) glucuronide
芹菜素 -7-*O*-(6″-*O*- 对香豆酰葡萄糖苷)	apigenin-7-*O*-(6″-*O*-*p*-coumaroyl glucoside)
芹菜素 -7-*O*-(6″-*O*- 没食子酰基)-β-D- 葡萄糖苷	apigenin-7-*O*-(6″-*O*-galloyl)-β-D-glucoside
芹菜素 -7-*O*-(6″-*O*- 乙酰基)-β-D- 吡喃葡萄糖苷	apigenin-7-*O*-(6″-*O*-acetyl)-β-D-glucopyranoside

Q

芹菜素-7-O-[2″-O-(5‴-O-阿魏酰基)-β-D-呋喃芹糖基]-β-D-吡喃葡萄糖苷	apigenin-7-O-[2″-O-(5‴-O-feruloyl)-β-D-apiofuranosyl]-β-D-glucopyranoside
芹菜素-7-O-[3″, 6″-二-(E)-对香豆酰基]-β-D-吡喃半乳糖苷	apigenin-7-O-[3″, 6″-di-(E)-p-coumaroyl]-β-D-galactopyranoside
芹菜素-7-O-[6″-(E)-对香豆酰基)-β-D-吡喃半乳糖苷	apigenin-7-O-[6″-(E)-p-coumaroyl]-β-D-galactopyranoside
芹菜素-7-O-[6‴-O-乙酰基-β-D-吡喃半乳糖基-(1→3)]-β-D-吡喃木糖苷	apigenin-7-O-[6‴-O-acetyl-β-D-galactopyranosyl-(1→3)]-β-D-xylopyranoside
芹菜素-7-O-[β-D-吡喃葡萄糖醛酸基-(1→2)-O-β-D-吡喃葡萄糖醛酸苷]	apigenin-7-O-[β-D-glucuronopyranosyl-(1→2)-O-β-D-glucuronopyranoside]
芹菜素-7-O-[葡萄糖基-(1→2)-葡萄糖苷]-6, 8-C-二葡萄糖苷异构体	apigenin-7-O-[glucosyl-(1→2)-glucoside]-6, 8-di-C-glucoside isomer
芹菜素-7-O-[葡萄糖基-(1→6)-葡萄糖苷]-6, 8-C-二葡萄糖苷	apigenin-7-O-[glucosyl-(1→6)-glucoside]-6, 8-di-C-glucoside
芹菜素-7-O-α-L-2, 3-二-O-乙酰吡喃鼠李糖基-(1→6)-β-D-吡喃葡萄糖苷	apigenin-7-O-α-L-2, 3-di-O-acetyl rhamnopyranosyl-(1→6)-β-D-glucopyranoside
芹菜素-7-O-α-L-3-O-乙酰吡喃鼠李糖基-(1→6)-β-D-吡喃葡萄糖苷	apigenin-7-O-α-L-3-O-acetyl rhamnopyranosyl-(1→6)-β-D-glucopyranoside
芹菜素-7-O-α-L-吡喃鼠李糖苷	apigenin-7-O-α-L-rhamnopyranoside
芹菜素-7-O-α-L-吡喃鼠李糖基-(1→2)-β-D-吡喃葡萄糖苷	apigenin-7-O-α-L-rhamnopyranosyl-(1→2)-β-D-glucopyranoside
芹菜素-7-O-α-L-吡喃鼠李糖基-(1→6)-β-D-吡喃葡萄糖苷	apigenin-7-O-α-L-rhamnopyranosyl-(1→6)-β-D-glucopyranoside
芹菜素-7-O-α-L-鼠李糖基-(1→4)-6″-O-乙酰基-β-D-葡萄糖苷	apigenin-7-O-α-L-rhamnosyl-(1→4)-6″-O-acetyl-β-D-glucoside
芹菜素-7-O-α-吡喃鼠李糖苷	apigenin-7-O-α-rhamnopyranoside
芹菜素-7-O-α-鼠李糖苷	apigenin-7-O-α-rhamnoside
芹菜素-7-O-β-D 吡喃葡萄糖苷	apigenin-7-O-β-D-glucopyranoside
芹菜素-7-O-β-D-(3″-反式-对羟基肉桂酰氧基)葡萄糖苷	apigenin-7-O-β-D-(3″-trans-p-cinnamoyloxy) glucoside
芹菜素-7-O-β-D-(6-O-丙二酰基)吡喃葡萄糖苷	apigenin-7-O-β-D-(6-O-malonyl)-glucopyranoside
芹菜素-7-O-β-D-(6″-O-丙二酰基)吡喃葡萄糖苷	apigenin-7-O-β-D-(6″-O-malonyl) glucopyranoside
芹菜素-7-O-β-D-(6′-对羟基肉桂酰氧基)甘露糖苷	apigenin-7-O-β-D-(6′-p-hydroxy-cinnamoyloxy) mannoside
芹菜素-7-O-β-D-(6″-对香豆酰基)葡萄糖苷	apigenin-7-O-β-D-(6″-p-coumaroyl) glucoside
芹菜素-7-O-β-D-(6″-顺式-对香豆酰基)葡萄糖苷	apigenin-7-O-β-D-(6″-cis-p-coumaroyl) glucoside
芹菜素-7-O-β-D-(6″-乙酰基)吡喃葡萄糖苷	apigenin-7-O-β-D-(6″-acetyl) glucopyranoside
芹菜素-7-O-β-D-6″-O-马来酰葡萄糖苷	apigenin-7-O-β-D-glucoside-6″-O-malonate
芹菜素-7-O-β-D-半乳糖苷	apigenin-7-O-β-D-galactoside
芹菜素-7-O-β-D-吡喃阿洛糖苷	apigenin-7-O-β-D-allopyranoside
芹菜素-7-O-β-D-吡喃半乳糖苷	apigenin-7-O-β-D-galactopyranoside
芹菜素-7-O-β-D-吡喃半乳糖基-(1→4)-O-β-D-吡喃甘露糖苷	apigenin-7-O-β-D-galactopyranosyl-(1→4)-O-β-D-mannopyranoside

芹菜素-7-*O*-β-D-吡喃葡萄糖苷-4′-*O*-α-L-吡喃鼠李糖苷	apigenin-7-*O*-β-D-glucopyranoside-4′-*O*-α-L-rhamnopyranoside
芹菜素-7-*O*-β-D-吡喃葡萄糖甲酯	apigenin-7-*O*-β-D-glucopyranosyl methyl ester
芹菜素-7-*O*-β-D-吡喃葡萄糖醛酸苷	apigenin-7-*O*-β-D-glucuronopyranoside
芹菜素-7-*O*-β-D-吡喃葡萄糖醛酸苷丁酯	apigenin-7-*O*-β-D-glucuronopyranoside butyl ester
芹菜素-7-*O*-β-D-吡喃葡萄糖醛酸苷甲酯	apigenin-7-*O*-β-D-glucuronopyranoside methyl ester
芹菜素-7-*O*-β-D-呋喃芹糖基-(1→2)-β-D-吡喃葡萄糖苷	apigenin-7-*O*-β-D-apiofuranosyl-(1→2)-β-D-glucopyranoside
芹菜素-7-*O*-β-D-葡萄鼠李糖苷	apigenin-7-*O*-β-D-glucorhamnoside
芹菜素-7-*O*-β-D-葡萄糖苷	apigenin-7-*O*-β-D-glucoside
芹菜素-7-*O*-β-D-葡萄糖醛酸苷	apigenin-7-*O*-β-D-glucuronide
芹菜素-7-*O*-β-D-葡萄糖醛酸苷-6″-甲酯	apigenin-7-*O*-β-D-glucuronide-6″-methyl ester
芹菜素-7-*O*-β-D-葡萄糖醛酸苷丁酯	apigenin-7-*O*-β-D-glucuronide butyl ester
芹菜素-7-*O*-β-D-葡萄糖醛酸苷甲酯	apigenin-7-*O*-β-D-glucuronide methyl ester
芹菜素-7-*O*-β-D-葡萄糖醛酸苷乙酯	apigenin-7-*O*-β-D-glucuronide ethyl ester
芹菜素-7-*O*-β-D-糖苷	apigenin-7-*O*-β-D-glycoside
芹菜素-7-*O*-β-D-芸香糖苷	apigenin-7-*O*-β-D-rutinoside
芹菜素-7-*O*-β-葡萄糖苷乙酸酯	apigenin-7-*O*-β-glucoside acetate
芹菜素-7-*O*-β-新橙皮糖苷	apigenin-7-*O*-β-neohesperidoside
芹菜素-7-*O*-半乳糖苷	apigenin-7-*O*-galactoside
芹菜素-7-*O*-半乳糖醛酸苷	apigenin-7-*O*-galacturonide
芹菜素-7-*O*-吡喃葡萄糖苷	apigenin-7-*O*-glucopyranoside
芹菜素-7-*O*-二葡萄糖苷-6-*C*-没食子酰基戊糖苷-5-*O*-葡萄糖苷	apigenin-7-*O*-diglucoside-6-*C*-galloyl pentoside-5-*O*-glucoside
芹菜素-7-*O*-二葡萄糖醛酸苷	apigenin-7-*O*-diglucuronide
芹菜素-7-*O*-二鼠李糖苷	apigenin-7-*O*-dirhamnoside
芹菜素-7-*O*-呋喃芹糖基-(1→2)-吡喃葡萄糖苷	apigenin-7-*O*-apiofuranosyl-(1→2)-glucopyranoside
芹菜素-7-*O*-己糖苷-6,8-*C*-二葡萄糖苷异构体	apigenin-7-*O*-hexoside-6,8-*C*-diglucoside isomer
芹菜素-7-*O*-甲醚	apigenin-7-*O*-methyl ether
芹菜素-7-*O*-咖啡酰葡萄糖苷	apigenin-7-*O*-caffeoyl glucoside
芹菜素-7-*O*-龙胆二糖苷	apigenin-7-*O*-gentiobioside
芹菜素-7-*O*-没食子酰基二葡萄糖苷-6-*C*-乙酰葡萄糖戊糖苷	apigenin-7-*O*-(galloyl diglucoside)-6-*C*-acetyl glucosyl pentoside
芹菜素-7-*O*-葡萄糖苷(大波斯菊苷、秋英苷、芹黄素葡糖苷)	apigenin-7-*O*-glucoside (cosmosiin, apigetrin)
芹菜素-7-*O*-葡萄糖苷-6-*C*-没食子酰基戊糖苷-8-*C*-葡萄糖葡萄糖苷	apigenin-7-*O*-glucoside-6-*C*-galloyl pentoside-8-*C*-glucosyl-glucoside
芹菜素-7-*O*-葡萄糖醛酸苷(灯盏花甲素)	apigenin-7-*O*-glucuronide (breviscapine a)
芹菜素-7-*O*-葡萄糖醛酸苷(灯盏花甲素)	breviscapine a (apigenin-7-*O*-glucuronide)
芹菜素-7-*O*-葡萄糖醛酸乙酯	ethyl apigenin-7-*O*-glucuronate

芹菜素 -7-O- 鼠李糖葡萄糖苷 -6-C- 戊糖苷 -8-C- 没食子酰基葡萄糖苷	apigenin-7-O-(rhamnosyl glucoside)-6-C-pentoside-8-C-galloyl glucoside
芹菜素 -7-O- 新橙皮糖苷	apigenin-7-O-neohesperidoside
芹菜素 -7-O- 乙酰基 -β-D- 葡萄糖苷	apigenin-7-O-acetyl-β-D-glucoside
芹菜素 -7-O- 芸香糖苷	apigenin-7-O-rutinoside
芹菜素 -7-β-D- 吡喃葡萄糖苷	apigenin-7-β-D-glucopyranoside
芹菜素 -7-β-D- 葡萄糖苷	apigenin-7-β-D-glucoside
芹菜素 -7-β-D- 葡萄糖醛酸苷	apigenin-7-β-D-glucuronide
芹菜素 -7- 半乳糖醛酸苷	apigenin-7-galacturonide
芹菜素 -7- 半乳糖醛酸甲酯	apigenin-7-galacturonic acid methyl ester
芹菜素 -7- 吡喃半乳糖苷 (唐松草黄酮苷、唐松草素)	apigenin-7-galactopyranoside (thalictiin)
芹菜素 -7- 甲醚 (芫花素、5,4′- 二羟基 -7- 甲氧基黄酮)	apigenin-7-methyl ether (genkwanin, 5, 4′-dihydroxy-7-methoxyflavone)
芹菜素 -7- 硫酸酯	apigenin-7-sulfate
芹菜素 -7- 葡萄糖醛酸苷甲酯	apigenin-7-glucuronide methyl ester
芹菜素 -7- 新橙皮糖苷	apigenin-7-neohesperidoside
芹菜素 -8-C-(2″-O-β-D- 吡喃葡萄糖基)-α-L- 吡喃阿拉伯糖苷	apigenin-8-C-(2″-O-β-D-glucopyranosyl)-α-L-arabinopyranoside
芹菜素 -8-C-(6″-O- 奎宁酰)-6-C- 葡萄糖苷	apigenin-8-C-(6″-O-quinoyl)-6-C-glucoside
芹菜素 -8-C-[α-L- 吡喃鼠李糖基 -(1→4)]-α-D- 吡喃葡萄糖苷	apigenin-8-C-[α-L-rhamnopyranosyl-(1→4)]-α-D-glucopyranoside
芹菜素 -8-C-α-L- 吡喃阿拉伯糖 -(1→4)-α-L- 吡喃鼠李糖苷	apigenin-8-C-α-L-arabinopyranosyl-(1→4)-α-L-rhamnopyranoside
芹菜素 -8-C-α-L- 吡喃阿拉伯糖苷	apigenin-8-C-α-L-arabinopyranoside
芹菜素 -8-C-α-L- 呋喃阿拉伯糖苷	apigenin-8-C-α-L-arabinofuranoside
芹菜素 -8-C-β-D-(2″-O-α-L- 鼠李糖基) 吡喃葡萄糖苷	apigenin-8-C-β-D-(2″-O-α-L-rhamnosyl) glucopyranoside
芹菜素 -8-C-β-D- 吡喃半乳糖苷	apigenin-8-C-β-D-galactopyranoside
芹菜素 -8-C-β-D- 吡喃葡萄糖苷	apigenin-8-C-β-D-glucopyranoside
芹菜素 -8-C- 木糖苷 -6-C- 葡萄糖苷	apigenin-8-C-xyloside-6-C-glucoside
芹菜素 -8-C- 葡萄糖苷	apigenin-8-C-glucoside
芹菜素 -8-C- 双葡萄糖苷	apigenin-8-C-diglucoside
芹菜素 -8-C- 新橙皮糖苷	apigenin-8-C-neohesperidoside
芹菜素 -8-α-L- 吡喃鼠李糖基 -(1→4)-α-L- 吡喃阿拉伯糖苷	apigenin-8-α-L-rhamnopyranosyl-(1→4)-α-L-arabinopyranoside
芹菜素 -C- 糖苷	apigenin-C-glycoside
芹菜素 -O-(6″-O- 对香豆酰基)-β-D- 吡喃葡萄糖苷	apigenin-O-(6″-O-p-coumaroyl)-β-D-glucopyranoside
芹菜素 -O- 己糖苷	apigenin-O-hexoside
芹菜素 -X″-O- 鼠李糖苷 -6-C- 葡萄糖苷	apigenin-X″-O-rhamnoside-6-C-glucoside
芹菜素 -β-D-(6″-O- 乙酰基) 葡萄糖苷	apigenin-β-D-(6″-O-acetyl) glucoside
芹菜素二糖苷	apigenin bioside
芹菜素三糖苷	apigenintrioside

芹菜亭 (芹菜香豆素)	apiumetin
芹菜酮	apione
芹菜酮酸	apionic acid
芹菜烯内酯 (洋川芎内酯 A、3-正丁基-4, 5-二氢苯酞)	sedanenolide (senkyunolide A, 3-*n*-butyl-4, 5-dihydrophthalide)
芹菜香豆素苷 (芹莫苷)	apiumoside
芹菜玉米黄酮苷	apimaysin
芹黄素葡糖苷 (大波斯菊苷、秋英苷、芹菜素-7-*O*-葡萄糖苷)	apigetrin (cosmosiin, apigenin-7-*O*-glucoside)
芹灵素	celerin
芹素花青定 (5, 7, 4'-三羟基花色锌)	apigeninidin (5, 7, 4'-trihydroxyflavylium)
D-芹糖	D-apiosc
芹糖 (芹菜糖、洋芫荽糖)	apiose
芹糖甘草苷	liquiritin apioside
芹糖苷	apioside
1-*O*-[β-D-芹糖基-(1→6)-β-D-吡喃葡萄糖基]-3-*O*-甲基间苯三酚	1-*O*-[β-D-apiosyl-(1→6)-β-D-glucopyranosyl]-3-*O*-methyl phloroglucinol
6″-*O*-芹糖基-5-*O*-甲基维斯阿米醇苷	6″-*O*-apiosyl-5-*O*-methyl visammioside
芹糖基茵芋苷 (洋芫荽茵芋苷、阿彼斯基姆素)	apiosyl skimmin
芹糖异甘草苷	isoliquiritin apioside
3, 7 (11)-芹子二烯	3, 7 (11)-selina-diene
α-芹子烯 (α-蛇床烯)	α-selinene
β-芹子烯 (β-蛇床烯)	β-selinene
γ-芹子烯 (γ-蛇床烯)	γ-selinene
η-芹子烯 (η-蛇床烯)	η-selinene
芹子烯 (蛇床烯)	selinene
Δ-芹子烯 (Δ-蛇床烯)	Δ-selinene
7 (11)-芹子烯-4-醇	7 (11)-selinen-4-ol
秦尔维尔定 A、B	tyriverdins A, B
秦艽碱丙	gentianal
秦艽萜苷 A~D	macrophyllanosides A~D
秦椒豆醇	xanthoarnol
秦椒豆醇-3'-*O*-β-D-吡喃葡萄糖苷	xanthoarnol-3'-*O*-β-D-glucopyranoside
秦岭翠雀碱 A~I	giraldines A~I
秦岭藤苷 A~G	biondianosides A~G
秦皮啶 (白蜡树啶、木岑皮啶、8-羟基-6, 7-二甲氧基香豆素)	fraxidin (8-hydroxy-6, 7-dimethoxycoumarin)
秦皮啶-8-*O*-β-D-吡喃葡萄糖苷	fraxidin-8-*O*-β-D-glucopyranoside
秦皮酚	fraxenol
秦皮苷 (白蜡树苷、梣皮苷、秦皮素-8-葡萄糖苷)	fraxin (fraxoside, fraxetin-8-glucoside)
秦皮甲素 (马栗树皮苷、七叶苷、七叶灵)	esculin (aesculin)

Q

秦皮素 (秦皮亭、7, 8-二羟基-6-甲氧基香豆素、白蜡树亭、白蜡树内酯)	fraxetin (7, 8-dihydroxy-6-methoxycoumarin, fraxetol)
秦皮素-8-葡萄糖苷 (白蜡树苷、梣皮苷、秦皮苷)	fraxetin-8-glucoside (fraxoside, fraxin)
秦皮亭 (秦皮素、白蜡树亭、白蜡树内酯、白蜡树醇、7, 8-二羟基-6-甲氧基香豆素)	fraxetol (7, 8-dihydroxy-6-methoxycoumarin, fraxetin)
秦皮乙素 (七叶树内酯、七叶亭、七叶内酯、马栗树皮素、6, 7-二羟基香豆素)	aesculetin (esculetin, 6, 7-dihydroxycoumarin)
楤木毒素 (木藜芦毒素 I、乙酰桋木醇毒、杜鹃毒素)	andromedotoxin (grayanotoxin I, acetyl andromedol, rhodotoxin)
楤木苷	andromedoside
青贝母碱 (青贝碱)	chinpeimine
青城细辛酰胺 (青城酰胺) A、B	chingchengenamides A, B
青刺果酮	utililactone
青刺尖木脂醇 (8, 8'-二羟基松脂素、扁核木醇)	prinsepiol (8, 8'-dihydroxypinoresinol)
青刺尖木脂醇-4-O-β-D-吡喃葡萄糖苷	prinsepiol-4-O-β-D-glucopyranoside
青黛酮	qingdainone
青风藤定碱	sinomendine
青风藤亭 (四氢表小檗碱)	sinactine (tetrahydroepiberberine)
青冈醇	cyclobalanol
青冈酮 (环巴拉-3-酮, 24, 24-二甲基-9, 19-环羊毛脂-25-烯-3-酮)	cyclobalanone (cyclobalan-3-one, 24, 24-dimethyl-9, 19-cyclolanost-25-en-3-one)
青蒿醇	artemisinol
青蒿黄酮	apicin
青蒿甲素～戊素	qinghaosus A～C (qinghaosus I～V)
青蒿碱 (香蒿碱)	abrotanine (abrotine)
青蒿米宁	arteminin
青蒿米宁 (5-羟基-6, 8-二甲氧基香豆素)	arteminin (5-hydroxy-6, 8-dimethoxycoumarin)
7β-青蒿木脂素 A～C	7β-caruilignans A～C
青蒿木脂素 A～D	carvilignans A～D
青蒿脑	artemiseole
青蒿内酯	artemisilactone
青蒿素 (黄花蒿素) A～G [青蒿素 (黄花蒿素) I～VII]	arteannuins A～G (artemisinins A～G, qinghaosus I～VII)
青蒿素 (黄花蒿素) A～G [青蒿素 (黄花蒿素) I～VII]	artemisinins A～G (arteannuins A～G, qinghaosus I～VII)
青蒿素 (黄花蒿素) A～G [青蒿素 (黄花蒿素) I～VII]	qinghaosus I～VII (artemisinins A～G, arteannuins A～G)
青蒿酸	arteannuic acid (artemisic acid, artemisinic acid, qinghao acid)
青蒿酸	artemisic acid (qinghao acid, artemisinic acid, arteannuic acid)
青蒿酸	artemisinic acid (artemisic acid, qinghao acid, arteannuic acid)

青蒿酸	qinghao acid (artemisic acid, artemisinic acid, arteannuic acid)
青蒿酸甲酯	methyl arteannuate
青蒿萜苷 A～E	arteannoides A～E
青蒿亭 (裂叶蒿素)	lacinartin
青蒿烯	artemisitene
青蒿酯钠	sodium artesunate
青花椒碱 (*N*-甲基-2-庚基-4-喹啉酮)	schinifoline (*N*-methyl-2-heptyl-4-quinolinone)
青花椒萨亭 A	schinifolisatin A
青花椒烯丙醇	schininallylol
青花椒香豆素	schinicoumarin
青江藤丙烷 A～C	hindsiipropanes A～C
青江藤碱 A	celahinine A
青江藤醌黄烷 B	hindsiiquinoflavan B
青江藤内酯 A	hindsiilactone A
青江藤素 A～D	celahins A～D
青椒二醇	schinindiol
青椒烯醇 Ⅰ、Ⅱ	schinilenols Ⅰ, Ⅱ
青蕨素 Ⅰ、Ⅱ	qingjueines Ⅰ, Ⅱ
青兰苷	dracocephaloside
(2*R*, 5″*R*)-青兰素 A～D	(2*R*, 5″*R*)-dracocephins A～D
(2*S*, 5″*R*)-青兰素 A～D	(2*S*, 5″*R*)-dracocephins A～D
青兰酮 A	dracocephalone A
青梅苯酚 A	vaticaphenol A
青梅酚 A～J	vaticanols A～J
青霉胺联烯酮	peniamidienone
青霉毒素	penicillium roqueforti toxin
青霉抗菌素	pinselin
青霉氢酮	penihydrone
青霉疏花素 A～H	penochalasins A～H
青霉坦素 A～I	penostatins A～I
青霉烯酮	penienone
$\Delta^{1(10)8}$-青木香二烯酮-2	$\Delta^{1(10)8}$-aristolodien-2-one
青木香酸	debilic acid
青木香酮	debilone
青牛胆苷 A～E	tinospinosides A～E
青牛胆苦素	tinosporin
青牛胆木脂苷 A、B	tinosposides A, B
青牛胆素 C～E	tinospins C～E
青牛胆萜酮	sagitone

青牛胆酮 A、B	tinosagittones A, B
青皮木明 A～H	schoepfiajasmins A～H
青皮木素 A～C	schoepfins A～C
青钱柳苷 I	cyclocarioside I
青钱柳螺内酯	cyclospirolide
青钱柳诺苷 A	cyclonoside A
青钱柳酸 A、B	cyclocaric acids A, B
青藤定	acutumidine
青藤碱 (华月碱)	sinomenine (cucoline, kukoline)
青藤碱A(汉防己碱、汉防己甲素、特船君、倒地拱素)	sinomenine A (tetrandrine, fanchinine)
青藤仔苷 A～H	jasnervosides A～H
青葙苷 A～J	celosins A～J
青葙素 (青葙亭) A～K	celogentins A～K
青葙酰胺 A	celogenamide A
青葙子油脂	celosiaol
青蟹肌醇 (鲨肌醇)	cocositol (scyllitol, scylloinositol)
青心酮 (3, 4-二羟基苯乙酮、4-乙酰邻苯二酚)	3, 4-dihydroxyacetophenone (4-acetocatechol)
青羊参洛苷 A～D	cynanotophyllosides A～D
青阳参苷 A～G	otophyllosides A～G
青阳参苷元	qingyangshengenin
青杨梅二聚素 A～C	adenodimerins A～C
青杨梅素 A、B	myricadenins A, B
青叶胆苷	mileenside
青叶胆苷元 A～K	swerimilegenins A～K
青叶胆内酯 (青叶胆素)	swermirin
青荧光酸	lumicaeruleic acid
青藏大戟素 A～D	altotibetins A～D
轻木卡罗木脂素 A、B	carolignans A, B
氢	hydrogen
14-氢-15-羟基地松筋骨草素	14-hydro-15-hydroxyajugapitin
4-氢-4-(3-氧亚基-1-丁烯基)-3, 5, 5-三甲基环己-2-烯-1-酮	4-hydroxy-4-(3-oxo-1-butenyl)-3, 5, 5-trimethyl cyclohex-2-en-1-one
5β-氢-8, 11, 13-松香三烯-6α-醇	5β-hydro-8, 11, 13-abietatrien-6α-ol
5-氢-*N*-甲基紫堇里定	5-hydro-*N*-methyl corydalidine
氢-Q9-色烯	hydro-Q9-chromene
(−)-氢吡豆素	(−)-visnadin
氢吡豆素 (阿米芹定、齿阿米定、阿密茴定)	vibeline (cardine, carduben, provismine, visnadin, visnamine)
25-氢过氧-12β-羟基达玛-(23*E*)-烯	25-hydroperoxy-12β-hydroxydammar-(23*E*)-ene
4α-氢过氧-5-烯广防风二内酯	4α-hydroperoxy-5-enovatodiolide

10ξ-氢过氧-α-檀香-11-烯	10ξ-hydroperoxy-α-santal-11-ene
11-氢过氧-α-檀香-9-烯	11-hydroperoxy-α-santal-9-ene
10ξ-氢过氧-β-檀香-11-烯	10ξ-hydroperoxy-β-santal-11-ene
7α-氢过氧半日花-8 (17), 14-二烯-(13R)-羟基-4-O-乙酰基-α-L-6-脱氧吡喃艾杜糖苷	7α-hydroperoxylabd-8 (17), 14-dien-(13R)-hydroxy-4-O-acetyl-α-L-6-deoxyidopyranoside
29-氢过氧豆甾-5, 24 (28)-二烯-3β-醇	29-hydroperoxystigmast-5, 24 (28)-dien-3β-ol
(3β, 7α)-7-氢过氧豆甾-5-烯-3醇	(3β, 7α)-7-hydroperoxystigmast-5-en-3-ol
29-氢过氧豆甾-7, 24 (28) E-二烯-3β-醇	29-hydroperoxystigmast-7, 24 (28) E-dien-3β-ol
25-氢过氧甘遂-7, 23 (24)-二烯-3, 6-二酮-21, 16-内酯	25-hydroperoxytirucalla-7, 23 (24)-dien-3, 6-dion-21, 16-olide
24-氢过氧甘遂-7, 25 (26)-二烯-3, 6-二酮-21, 16-内酯	24-hydroperoxytirucalla-7, 25 (26)-dien-3, 6-dion-21, 16-olide
6β-氢过氧化豆甾-4-烯-3-酮	6β-hydroperoxystigmast-4-en-3-one
24-氢过氧基-24-乙烯基胆甾醇 (24-氢过氧基-24-乙烯基胆固醇)	24-hydroperoxy-24-vinyl cholesterol
1α-氢过氧基-1 (10) 马兜铃烯酮	1α-hydroperoxy-1 (10) aristolenone
24ξ-氢过氧基-24-乙基胆甾-4, 24 (28)-二烯-3, 6-二酮	24ξ-hydroperoxy-24-ethyl cholest-4, 24 (28)-dien-3, 6-dione
24ξ-氢过氧基-24-乙烯基胆甾醇	24ξ-hydroperoxy-24-vinyl cholesterol
24ξ-氢过氧基-24-乙烯基羊毛索甾醇	24ξ-hydroperoxy-24-vinyl lathosterol
25-氢过氧基-4α, 14α-二甲基胆甾-8, 23-二烯-3β-醇	25-hydroperoxy-4α, 14α-dimethyl cholest-8, 23-dien-3β-ol
24-氢过氧基-4α, 14α-二甲基胆甾-8, 25-二烯-3β-醇	24-hydroperoxy-4α, 14α-dimethyl cholest-8, 25-dien-3β-ol
12β-氢过氧基-4α, 6α-二羟基-4β, 12α-二甲基-2, 7, 10-烟草三烯	12β-hydroperoxy-4α, 6α-dihydroxy-4β, 12α-dimethyl-2, 7, 10-cembr-triene
12α-氢过氧基-4α, 6α-二羟基-4β, 12β-二甲基-2, 7, 10-烟草三烯	12α-hydroperoxy-4α, 6α-dihydroxy-4β, 12β-dimethyl-2, 7, 10-cembrtriene
1α-氢过氧基-4α-羟基比梢菊内酯	1α-hydroperoxy-4α-hydroxybishopsolicepolide
12α-氢过氧基-4β, 6α-二羟基-4α, 12β-二甲基-2, 7, 10-烟草三烯	12α-hydroperoxy-4β, 6α-dihydroxy-4α, 12β-dimethyl-2, 7, 10-cembrtriene
24ξ-氢过氧基-6β-羟基-24-乙基胆甾-4, 28 (29)-二烯-3-酮	24ξ-hydroperoxy-6β-hydroxy-24-ethyl cholest-4, 28 (29)-dien-3-one
25-氢过氧基-6β-羟基胆甾-4, 23-二烯-3-酮	25-hydroperoxy-6β-hydroxycholest-4, 23-dien-3-one
24ξ-氢过氧基-6β-羟基胆甾-4, 25-二烯-3-酮	24ξ-hydroperoxy-6β-hydroxycholest-4, 25-dien-3-one
6-氢过氧基-6-氧亚基己酸	6-hydroperoxy-6-oxohexanoic acid
氢过氧基甲硫烷醇	hydroperoxysulfanol
(1R, 5R, 8Z, 10R, 12E, 14S)-5-氢过氧基烟草-4 (18), 8, 12, 16-四烯-15, 14:19, 10-二内酯	(1R, 5R, 8Z, 10R, 12E, 14S)-5-hydroperoxycembr-4 (18), 8, 12, 16-tetraen-15, 14:19, 10-diolide
(1R, 4S, 5E, 8Z, 10R, 12E, 14S)-4-氢过氧基烟草-5, 8, 12, 16-四烯-15, 14:19, 10-二内酯	(1R, 4S, 5E, 8Z, 10R, 12E, 14S)-4-hydroperoxycembr-5, 8, 12, 16-tetraen-15, 14:19, 10-diolide
16-氢过氧基泽泻醇 A～E	16-hydroperoxyalisols A～E

Q

16-氢过氧基泽泻醇 B-23-乙酸酯	16-hydroperoxyalisol B-23-acetate
21α-氢过氧蒲公英甾醇	21α-hydroperoxytaraxasterol
3-氢过氧日本珊瑚树醇	3-hydroperoxyawabukinol
1α-氢过氧岩生三裂蒿内酯 A 乙酸酯	1α-hydroperoxyrupicolin A acetate
氢化阿魏酸	hydroferulic acid
氢化白果酸	hydroginkgolic acid
氢化白果亚酸 (氢化银杏尼酸)	hydroginkgolinic acid
氢化白花丹素葡萄糖苷	hydroplumbagin glucoside
氢化白毛茛碱 (氢化北美黄连碱)	hydrohydrastine
18α-氢化甘草次酸	18α-hydroglycyrrhetic acid
氢化格兰马草酸	hydrogrammic acid
氢化桂皮酸 (氢化肉桂酸)	hydrocinnamic acid
氢化桂皮酸乙酯	hydrocinnamic acid ethyl ester
氢化胡椒苷	hydropiperoside
β-氢化胡桃醌	β-hydrojuglone
α-氢化胡桃醌 (α-氢化胡桃叶醌)	α-hydrojuglone
α (β)-氢化胡桃醌 [α (β)-氢化胡桃叶醌]	α (β)-hydrojuglone
α (β)-氢化胡桃醌-4-β-D-吡喃葡萄糖苷	α (β)-hydrojuglone-4-β-D-glucopyranoside
α-氢化胡桃醌葡萄糖苷	α-hydrojuglone glucoside
氢化金鸡尼定 (金鸡米丁)	hydrocinchonidine (cinchamidine)
6β-氢化京尼平苷	6β-hydrogeniposide
氢化咖啡酸	hydrocaffeic acid
氢化可的松 (皮质醇)	hydrocortisone (cortisol)
氢化可他宁碱	hydrocotarnine
氢化奎尼丁	hydroquinidine (hydroconchinine)
氢化奎宁	hydroquinine
氢化蓝萼甲素 (王枣子甲素、氢化兰萼香茶菜素 A)	hydroglaucocalyxin A
氢化卵磷脂	hydrolecithin
氢化萘醌	hydronaphthoquinone
1, 2-氢化萘醌	1, 2-hydronaphthoquinone
1, 4-氢化萘醌	1, 4-hydronaphthoquinone
氢化漆酚	hydrourushiol
氢化青蒿素 (脱氧青蒿素)	hydroarteannuin (deoxyartemisinin)
5-氢化松苓酸 (5-栓菌烯醇酸)	5-hydropinicolic acid (5-trametenolic acid)
氢化吐根胺	hydroipecamine
氢化物	hydride
氢化辛可宁 (二氢金鸡宁、金鸡亭、假辛可宁、二氢金鸡纳宁)	hydrocinchonine (dihydrocinchonine, cinchotine, pseudocinchonine, cinchonifine)
24-*O*-氢化乙酰升麻新醇木糖苷	24-*O*-acetyl hydroshengmanol xyloside
氢化原阿片碱	hydroprotopine

氢醌 (对二氢醌、对苯二酚、对羟基苯酚、1, 4-苯二酚)	hydroquinone (*p*-dihydroquinone, *p*-benzenediol, *p*-hydrophenol, 1, 4-benzenediol, *p*-dihydroxybenzene)
氢醌 -*O*-[6-(3-羟基异丁酰基)]-β-吡喃半乳糖苷	hydroquinone-*O*-[6-(3-hydroxyisobutanoyl)]-β-galactopyranoside
氢醌单甲醚	hydroquinone monomethyl ether
氢醌单乙醚	hydroquinone monoethyl ether
氢醌二甲醚	hydroquinone dimethyl ether
氢醌二乙醚	hydroquinone diethyl ether
氢醌二乙酸酯	hydroquinone diacetate
氢醌葡萄糖 (熊果苷、熊果酚苷)	hydroquinone glucose (arbutoside, ursin, uvasol, arbutin)
2α- 氢兰香草品内酯 F	2α-hydrocaryopincaolide F
氢氯噻嗪	hydrochlorothiazide
19- 氢蔓长春花醇	19-hydrovincanol
氢氰酸 (氰化氢)	hydrocyanic acid (prussic acid, hydrogen cyanide)
4-(氢硒基羰基) 苯甲酸	4-(selanyl carbonyl) benzoic acid
氢溴酸槟榔碱 (溴化氢槟榔碱)	arecoline hydrobromide
氢溴酸东莨菪碱 (氢溴酸莨菪胺)	hyoscine hydrobromide (scopolamine hydrobromide)
氢溴酸后马托品	homatropine hydrobromide
氢溴酸加兰他敏	galanthamine hydrobromide
氢溴酸刺乌头碱	lappaconitine hydrobromide
氢溴酸莨菪胺 (氢溴酸东莨菪碱)	scopolamine hydrobromide (hyoscine hydrobromide)
DL-氢溴酸劳丹素	DL-laudanosoline hydrobromide
氢溴酸去甲猪毛菜碱	salsolinol hydrobromide
氢溴酸山莨菪碱	anisodamine hydrobromide
氢溴酸樟柳碱	anisodine hydrobromide
氢氧化苄基 (三甲基) 铵	benzyl (trimethyl) ammonium hydroxide
氢氧化钙	calcium hydroxide
氢氧化钾	potassium hydroxide
清艾菊素 B (加拿蒿素、蒿属种萜)	chrysartemin B (artecanin)
清风藤酚 A、B	sabphenols A, B
清风藤酚苷 A～D	sabphenosides A～D
清风藤碱甲	sabianine A
清酒缸酚	desmodol
清明花胺	beaumontamine
清明花毒苷 (清明花苷)	beaumontoside
清香木姜子苷 A、B	euosmosides A, B
清香木素 A、B	pistafolins A, B
清香藤苷 A～E	jaslanceosides A～E
清香藤素 A	jasminlan A

清香藤桢苷 A	janceoside A
清香藤脂苷 A	jasminlanoside A
L-β-氰丙氨酸 [β-氰基-L-丙氨酸、(S)-α-氨基-β-氰基丙酸]	L-β-cyanoalanine [β-cyano-L-alanine, (S)-α-amino-β-cyanopropanoic acid]
氰醇苷	cyanogenetic glycoside
氰苷	cyanogenic glucoside
氰化氢 (氢氰酸)	hydrogen cyanide (hydrocyanic acid, prussic acid)
氰化物	cyanide
2-[氰基 (3-吲哚) 亚甲基]-3-吲哚酮	2-[cyano (3-indolyl) methylene]-3-indolone
6-氰基-7-硝基喹喔啉-2, 3-二酮	6-cyano-7-nitroquinoxaline-2, 3-dione
β-氰基-L-丙氨酸 [L-β-氰丙氨酸、(S)-α-氨基-β-氰基丙酸]	β-cyano-L-alanine [L-β-cyanoalanine, (S)-α-amino-β-cyanopropanoic acid]
4-[(4-氰基苯基) 氨基] 苯腈	4-[(4-cyanophenyl) amino] benzonitrile
2-氰基吡啶	2-pyridinecarbonitrile
N-氰基断伪番木鳖碱	N-cyanosecopseudostrychnine
N-氰基断伪马钱子碱	N-cyanosecopseudobrucine
(S)-α-氰基对羟苄基吡喃葡萄糖苷	(S)-α-cyano-p-hydroxybenzyl glucopyranoside
6-氰基二氢白屈菜红碱	6-cyanodihydrochelerythrine
6-氰基二氢白屈菜黄碱	6-cyanodihydrochelilutine
5-氰基呋喃-2-甲酸	5-cyano-2-furoic acid (5-cyanofuran-2-carboxylic acid)
(3S)-3-氰基伏康京碱	(3S)-3-cyanovoacangine
(3S)-3-氰基冠狗牙花定碱	(3S)-3-cyanocoronaridine
3-(氰基甲基) 己二腈	3-(cyanomethyl) hexanedinitrile
2-(氰基羰基)-5-甲基苯甲酰氯	2-(cyanocarbonyl)-5-methyl benzoyl chloride
(3S)-3-氰基异伏康京碱	(3S)-3-cyanoisovoacangine
(+)-(R)-3-氰甲基-3-羟基氧化吲哚	(+)-(R)-3-cyanomethyl-3-hydroxyoxindole
氰酸酯	cyanate
氰戊菊酯	fenvalerate
苘麻素 A	abutilin A
苘麻叶茄甾苷 A～U	abutilosides A～U
琼榄苷 A	gonocaryoside A
琼崖海棠酸	inophyllic acid
琼脂二糖二甲基缩醛	agarobiose dimethyl acetal
琼脂胶	agaropectin
琼脂糖	agarose
琼脂糖-6-硫酸酯	agarose-6-sulfate
丘生巨盘木素 (考利宁)	collinin
秋堆心菊内酯	autumnolide
秋分草苷 A、B	rhynchospermosides A, B
秋分草素 A～C	rhynchosperins A～C

秋枫素	bischofanin
秋海棠皂苷	begonin
秋拉考醇 A、B	quracols A, B
秋茄树鞣素 A$_1$、B-5	kandelins A$_1$, B-5
秋水仙胺	colchamine (demecolcine, colcemid, omaine)
秋水仙苷	colchicoside
秋水仙碱 (秋水仙素)	colchicine
秋水仙裂碱 (去甲秋水仙碱、10-去甲秋水仙碱)	colchiceine (demethyl colchicine)
秋水仙属碱	colchicum base
秋水仙酸甲酯	methyl colchicinoate
秋水仙酰胺	colchicineamide
秋唐松草替定碱	thalmelatidine
蚯蚓氨酸	lombricine
蚯蚓毒素	terrestrolumbrilysin
蚯蚓解热碱 (解热碱)	lumbrifebrine
蚯蚓素 (地龙素)	lumbritin
蚯蚓血红蛋白	hemerythrin
球桉木脂素 A	globoidnan A
(13S)-球蛋白	(13S)-globulin
α-球蛋白	α-globulin
γ-球蛋白	γ-globulin
球蛋白	globulin
β-球蛋白	β-globulin
球粉衣华	sphaerophorin
球果伞菌素 M～P	strobilurins M～P
球果紫堇属碱	fumaria base
球花报春素	denticulatin
球花报春辛	denticin
球花苷 (卷柏苷) A～C	globularins A～C
球花明苷	globularimin
球花母菊素	globicin
球花牛奶菜素	marsglobiferin
球花石斛菲	denthyrsinin
球花辛苷	globularicisin
球花醉鱼草酮 A、B	buddledones A, B
球姜酮 (花姜酮)	zerumbone
球茎石豆兰素	tristin
球壳孢素 A～D	sphaeropsidins A～D
球壳孢酮	sphaeropsidone
球兰低聚糖 A～C	oilgosaccharides A～C

Q

球兰苷 (球兰卡诺兰) A～T	hoyacarnosides A～T
球兰脂	hoya fat
球马陆碱	glomerine
(−)-球松吡宁	(−)-strobopinin
球松素 (北美乔松素、北美乔松黄烷酮、乔松酮)	pinostrobin
球松素查耳酮 (北美乔松素查耳酮)	pinostrobinchalcone
球序卷耳苷 A～N	glomerasides A～N
球紫堇碱	*N*-methyl aunobine
球紫堇碱 (空褐鳞碱、山延胡索宁碱)	bulbocapnine
(+)-球紫堇碱-β-*N*-氧化物 [(+)-山延胡索宁碱-β-*N*-氧化物]	(+)-bulbocapnine-β-*N*-oxide
1-巯基-2-二辛基酮	1-mercapto-2-heptadecanone
4-巯基-2-庚醇	4-mercapto-2-heptanol
4-巯基-2-庚酮	4-mercapto-2-heptanone
4-巯基-2-壬醇	4-mercapto-2-nonanol
4-巯基-3-己酮	4-mercapto-3-hexanone
2-巯基-4-庚醇	2-mercapto-4-heptanol
2-巯基-4-庚酮	2-mercapto-4-heptanone
2-巯基苯并噻唑	2-mercaptobenzothiazole
2-巯基苯酚	2-sulfanyl phenol
3-巯基吡啶甲酸	3-mercaptopicolinic acid
4-(巯基羰基) 吡啶-2-甲酸	4-(sulfanyl carbonyl) pyridine-2-carboxylic acid
巯基氧化酶	thiol oxidase
3-(巯基氧基) 丙腈	3-(sulfanyloxy) propanenitrile
曲唇羊尔蒜碱 (枯矛任)	kumokirine
曲刺茄苷 (安吉茄苷)	anguivioside
α-曲二糖	α-kojibiose
曲克芦丁	troxerutin
曲莲二糖	amabiose
曲莲宁 B (雪胆乙素苷)	hemsamabilinin B
曲麦角碱 (田麦角碱、冰草麦角碱)	agroclavine
(6*S*)-曲麦角碱 *N*-氧化物	(6*S*)-agroclavine *N*-oxide
曲霉阿素	asperazine
曲霉查腊素 A～E	asperchalasines A～E
曲霉定	asperaldin
曲霉芬氨酯 (金酰胺)	asperphenamate (auranamide)
曲霉环化物 A	aspercyclide A
曲霉碱	aspergillitine
曲霉麻痹碱 A	asperparaline A
曲霉素 PZ	aspergillin PZ

曲霉酸	aspergillic acid
曲普鲁斯太汀 B	tryprostatin B
曲瑞思明 A、B	quresimins A, B
曲酸	kojic acid
曲折斑鸠菊苷	vernoflexuoside
曲折斑鸠菊内酯素	vernoflexin
曲轴石斛宁	dengibsinin
曲轴石斛素 (密花石斛芴二酚)	dengibsin
驱虫草碱	spiganthine
驱虫合欢树脂	musennin
驱蛔脑 (蛔虫素、土荆芥油素、驱蛔素)	ascaridol (ascaridole, ascarisin)
驱蛔素 (蛔虫素、土荆芥油素、驱蛔脑)	ascaridole (ascaridol, ascarisin)
驱梅山梗宾	syphilobine
屈大麻酚	dronabinol
屈曲花苷 (葡萄糖屈曲花素)	glucoiberin
祛脂丙茶碱	xantifibrate
祛脂丙二酯 (祛脂丙酯)	diclofibrate (simfibrate)
祛脂丙二酯 (祛脂丙酯)	simfibrate (diclofibrate)
祛脂茶碱	fibrafylline
祛脂豆甾酯	atherol (sitofibrate, longerol)
祛脂豆甾酯	longerol (sitofibrate, atherol)
祛脂豆甾酯	sitofibrate (atherol, longerol)
祛脂癸硫酯	tiadenolclofibrate (tiafibrate)
祛脂癸硫酯	tiafibrate (tiadenolclofibrate)
祛脂柳丙酯	salafibrate
祛脂烟胺	picafibrate
祛脂烟酯	clofenpyride (clofinil, nicofibrate)
祛脂烟酯	clofinil (nicofibrate, clofenpyride)
祛脂烟酯	nicofibrate (clofinil, clofenpyride)
䓛 (苣)	chrysene
䓛 -1- 酚 (苣 -1- 酚)	chrysene-1-ol
䓛 -5, 6- 醌 (苣 -5, 6- 醌)	chrysene-5, 6-quinone
䓛 -5, 6- 酮 (苣 -5, 6- 酮)	chrysene-5, 6-dione
麴霉明	aspergillomarasmine
瞿麦三萜苷 (瞿麦皂苷、石竹诺苷) A～I	dianosides (dianthus saponins) A～I
瞿麦酰胺 (石竹酰胺) A、B	dianthramides A, B
瞿麦皂苷 (瞿麦三萜苷) A～I	dianthus saponins (dianosides) A～I
11, 12-去 (亚甲二氧基) 毛轴蕊木叶碱	11, 12-de (methylenedioxy) danuphylline
(–)-去 -4′, 4″-O- 二甲基表木兰脂素 A	(–)-de-4′, 4″-O-dimethyl epimagnolin A
去 -4′-O- 甲基桉脂素	des-4′-O-methyleudesmin

(±)-去-4′-O-甲基扬甘比胡椒素	(±)-de-4′-O-methyl yangambin
去-4′-甲基扬甘比胡椒素	de-4′-methyl yangambin
去-N-甲基-α-玉柏碱	des-N-methyl-α-obscurine
去-N-甲基-β-玉柏碱	des-N-methyl-β-obscurine
去-N-甲基白屈菜红碱	des-N-methyl chelerythrine
去-N-甲基簕欓碱	des-N-methyl avicine
去-N-甲基吗啡	des-N-methyl morphine
去-N-甲基去甲降真香碱	des-N-methyl noracronycine
去-N-甲基山油柑碱 (去-N-甲基降真香碱)	des-N-methyl acronycine
(3R)-去-O-甲基毛狄泼老素 [(3R)-去-O-甲基毛双孢素]	(3R)-de-O-methyl lasiodiplodin
去-O-甲基毛色二孢素	des-O-methyl lasiodiplodin
去-O-甲基淫羊藿苷	des-O-methyl icariin
去-O-甲基总状花羊蹄甲酚	des-O-methyl racemosol
去-O-乙基红根草素	des-O-ethyl salvonitin
25-去-O-乙酰毒鼠子素 M、P	25-de-O-acetyldichapetalins M, P
去阿拉伯糖基肺花龙胆苷	dearabinosyl pneumonanthoside
去胺酰基紫杉碱 A	deaminoacyl taxine A
去半乳糖基替告皂苷	degalactotigonin
去半乳糖惕告皂苷	desgalactotigonin
N-去苯基乙基异猴头菌素	N-dephenyl ethyl isohericerin
14-去苯甲酰大渡乌碱	14-debenzoyl franchetine
3-O-去苯甲酰大花紫玉盘酮	3-O-debenzoyl grandiflorone
11-O-去苯甲酰东亚八角素 (11-O-去苯甲酰田代八角素、11-O-去苯甲酰峦大八角宁)	11-O-debenzoyl tashironin
2-去苯甲酰基-2-惕各酰基-10-去乙酰基浆果赤霉素 I ~ III	2-debenzoyl-2-tigloyl-10-deacetyl baccatins I ~ III
2-去苯甲酰基-2-惕各酰紫杉酚	2-debenzoyl-2-tigloyl taxol
2-去苯甲酰基-2-烟酰基雷公藤次碱	2-debenzoyl-2-nicotinoyl wilforine
19-去苯甲酰基-19-乙酰基紫杉素 M	19-debenzoyl-19-acetyl taxinine M
2-去苯甲酰基-14β-苯甲酰氧基-10-去乙酰基浆果赤霉素 I ~ III	2-debenzoyl-14β-benzoyloxy-10-deacetyl baccatins I ~ III
10-去苯甲酰基-2α-乙酰氧基短叶老鹳草素醇	10-debenzoyl-2α-acetoxybrevifoliol
N-去苯甲酰基-N-(2-甲基丁酰基) 紫杉醇 [N-去苯甲酰基-N-(2-甲基丁酰基) 紫杉酚]	N-debenzoyl-N-(2-methyl butanoyl) taxol
N-去苯甲酰基-N-丙酰基-10-去乙酰基紫杉醇	N-debenzoyl-N-propanoyl-10-deacetyl paclitaxel
N-去苯甲酰基-N-丁酰基-10-去酰紫杉醇	N-debenzoyl-N-butanoyl-10-deacetyl paclitaxel
N-去苯甲酰基-N-肉桂酰紫杉醇	N-debenzoyl-N-cinnamoyl paclitaxel
N-去苯甲酰基-N-肉桂酰紫杉酚	N-debenzoyl-N-cinnamoyl taxol
8-去苯甲酰欧牡丹苷	8-debenzoyl paeonidanin
3-O-去苯甲酰锡兰紫玉盘烯酮	3-O-debenzoyl zeylenone

7-去苯甲酰氧基-10-去乙酰基短叶老鹳草素醇Ⅰ、Ⅱ	7-debenzoyloxy-10-deacetyl-brevifoliols Ⅰ，Ⅱ
去当归酰北五味子素(去当归酰戈米辛)B～F	deangeloyl gomisins B～F
去当归酰氧基窃衣素	deangeloyl oxytorilin
去对羟基苯甲酰基-3-脱氧梓素	des-*p*-hydroxybenzoyl-3-deoxycatalpin
去对羟基苯甲酰梓苷	des-*p*-hydroxybenzoyl catalposide
去对羟基苯甲酰梓实烯醇 B	des-*p*-hydroxybenzoyl kisasagenol B
去二甲氧基羰基四氢赛卡明	didemethoxycarbonyl tetrahydrosecamine
17-去呋喃-17-氧亚基日楝宁	17-defurano-17-oxoohchinin
去呋喃-6α-羟基印度楝二酮	desfurano-6α-hydroxyazadiradione
去桂皮烯基紫杉素 J	decinnamol taxinine J
1-*O*-去桂皮酰基-1-*O*-苯甲酰基-23-羟基日楝宁内酯	1-*O*-decinnamoyl-1-*O*-benzoyl-23-hydroxyohchininolide
1-*O*-去桂皮酰基-1-*O*-苯甲酰基-28-氧亚基日楝宁	1-*O*-decinnamoyl-1-*O*-benzoyl-28-oxoohchinin
1-*O*-去桂皮酰基-1-*O*-苯甲酰日楝宁内酯	1-*O*-decinnamoyl-1-*O*-benzoyl ohchininolide
1-*O*-去桂皮酰基-1-*O*-苯甲酰日楝宁乙酸酯	1-*O*-decinnamoyl-1-*O*-benzoyl ohchinin acetate
5-去桂皮酰基-11-乙酰基-19-羟基欧紫杉吉吩	5-decinnamoyl-11-acetyl-19-hydroxytaxagifine
去桂皮酰基-1-羟基紫杉素 J	decinnamoyl-1-hydroxytaxinine J
13-去桂皮酰基-9-去乙酰基红豆杉宁 A、B	13-decinnamoyl-9-deacetyl taxchinins A, B
5α-去桂皮酰基欧紫杉吉吩	5α-decinnamoyl taxagifine
去桂皮酰基紫杉素 B-11, 12-氧化物	decinnamoyl taxinine B-11, 12-oxide
去桂皮酰基紫杉素 E	decinnamoyl taxinine E
去桂皮酰欧紫杉吉吩	decinnamoyl taxagifine
3'-去磺酸基欧苍术二萜苷	3'-desulfateatractyloside
28-去甲-(22*R*)-醉茄-2, 6, 23-三烯内酯	28-nor-(22*R*)-witha-2, 6, 23-trienolide
15-去甲-10-羟基日本刺参萜-4-酸	15-nor-10-hydroxyoplopan-4-oic acid
24-去甲-11α-羟基-3-氧亚基羽扇豆-20 (29)-烯-28-酸	24-nor-11α-hydroxy-3-oxo-lup-20 (20)-en-28-oic acid
24-去甲-11α-羟基-3-氧亚基羽扇豆-20 (29)-烯-28-酸-28-*O*-α-L-吡喃鼠李糖基-(1→4)-β-D-吡喃葡萄糖基-(1→6)-β-D-吡喃葡萄糖酯苷(白簕苷B)	24-nor-11α-hydroxy-3-oxo-lup-20 (29)-en-28-oic acid-28-*O*-α-L-rhamnopyranosyl-(1→4)-β-D-glucopyranosyl-(1→6)-β-D-glucopyranoside ester (acantrifoside B)
15-去甲-14-氧亚基半日花-8 (17), (12*E*)-二烯-19-酸	15-nor-14-oxolabd-8 (17), (12*E*)-dien-19-oic aicd
17-去甲-15α-羟基-8, 11, 13-松香烷三烯-18-酸	17-nor-15α-hydroxy-8, 11, 13-abietatetrien-18-oic acid
17-去甲-15β-羟基-8, 11, 13-松香烷三烯-18-酸	17-nor-15β-hydroxy-8, 11, 13-abietatetrien-18-oic acid
16-去甲-15-氧亚基松香-8, 11, 13-三烯-18-醇	16-nor-15-oxoabieta-8, 11, 13-trien-18-ol
16-去甲-15-氧亚基松香-8, 11, 13-三烯-18-酸	16-nor-15-oxoabieta-8, 11, 13-trien-18-oic acid
15-去甲-16-羟基-14-氧亚基半日花-8 (17)-烯酸	15-nor-16-hydroxy-14-oxolabd-8 (17)-enoic acid
28-去甲-17α, 18β-齐墩果-12-烯	28-nor-17α, 18β-olean-12-ene
28-去甲-17α-去甲何帕烷	28-nor-17α-hopane
28-去甲-19β*H*, 20α*H*-熊果-12, 17-二烯-3-醇	28-nor-19β*H*, 20α*H*-urs-12, 17-dien-3-ol
3'-*O*-去甲-1-表光黑壳素 C	3'-*O*-demethyl-1-epipreussomerin C
30-去甲-21β-何帕-22-酮	30-nor-21β-hop-22-one

Q

22-O-去甲-22-O-β-D-吡喃葡萄糖基异柯楠赛因碱	22-O-demethyl-22-O-β-D-glucopyranosyl isocorynoxeine
23-去甲-22-羟基-6-氧亚基卫矛酚	23-nor-22-hydroxy-6-oxo-tingenol
9-O-去甲-2α-羟基高石蒜碱	9-O-demethyl-2α-hydroxyhomolycorine
21-去甲-3, 19-异次丙基-14-脱氧-对映-半日花-8 (17), 13-二烯-16, 15-内酯	21-nor-3, 19-isopropyl idine-14-deoxy-ent-labda-8 (17), 13-dien-16, 15-olide
4'-去甲-3, 9-二氢斑点凤梨百合黄素	4'-demethyl-3, 9-dihydropunctatin
24-去甲-3α, 11α-二羟基羽扇豆-20 (29)-烯-28-酸	24-nor-3α, 11α-dihydroxylup-20 (29)-en-28-oic acid
30-去甲-3β, 22α-二羟基-20-蒲公英萜烯	30-nor-3β, 22α-dihydroxy-20-taraxastene
16-O-17-去甲-3β, 24-二羟基齐墩果酸-12-烯-3-O-β-D-葡萄糖醛酸苷	16-O-17-demethyl-3β, 24-dihydroxyoleanolic acid-12-en-3-O-β-D-glucuronoside
30-去甲-3β-羟基-20-蒲公英萜烯	30-nor-3β-hydroxy-20-taraxastene
15-去甲-3-氧亚基柏木烷	15-nor-3-oxocedrane
(7'S, 8'S)-5-O-去甲-4'-O-甲基双棱扁担杆素	(7'S, 8'S)-5-O-demethyl-4'-O-methyl bilagrewin
18-去甲-4α, 15-二羟基松香-8, 11, 13-三烯-7-酮	18-nor-4α, 15-dihydroxyabieta-8, 11, 13-trien-7-one
3-去甲-4-氧亚基金线吊乌龟碱	3-nor-4-oxocepharanthine
19-去甲-5α-孕甾烷	19-nor-5α-pregnane
24-去甲-5ξ-13α, 17α-胆烷-14, 20, 22-三烯-3β, 7α-二醇-21, 23-环氧-4, 4, 8-三甲基-3-乙酸酯	24-nor-5ξ-13α, 17α-chola-14, 20, 22-trien-3β, 7α-diol-21, 23-epoxy-4, 4, 8-trimethyl-3-acetate
6-O-去甲-5-脱氧脱水镰孢红素	6-O-demethyl-5-deoxyanhydrofusarubin
(E)-4'-去甲-6-甲基凤梨百合素	(E)-4'-demethyl-6-methyleucomin
7-去甲-6-甲氧基-5, 6-二氢白屈菜红碱	7-demethyl-6-methoxy-5, 6-dihydrochelerythrine
7-去甲-6-羟基山栀苷甲酯	almlabid
9-O-去甲-7-O-甲基石蒜宁碱	9-O-demethyl-7-O-methyl lycorenine
8-去甲-7-甲酮基马钱素	8-demethyl-7-ketologanin
7-去甲-7-异戊烯基异刺飞龙掌血素	7-demethyl-7-isopentenyl isoaculeatin
5'-O-去甲-8-O-甲基-7-表地奥考菲林碱 A	5'-O-demethyl-8-O-methyl-7-epidioncophylline A
26-去甲-8β-羟基-α-芒柄花萜醇	26-nor-8β-hydroxy-α-onocerin
15-去甲-8-羟基-(12E)半日花烯-14-醛	15-nor-8-hydroxy-(12E)-labd-en-14-al
11-去甲-8-羟基-9-辛辣木烷酮	11-nor-8-hydroxy-9-drimanone
26-去甲-8-氧亚基-α-芒柄花萜醇	26-nor-8-oxo-α-onocerin
(7R, 8)-3'-去甲-9'-丁氧基脱氢二松柏醇-3'-O-β-D-吡喃葡萄糖苷	(7R, 8)-3'-demethyl-9'-butoxydehydrodiconiferyl alcohol-3'-O-β-D-glucopyranoside
(7R, 8)-3'-去甲-9'-丁氧基脱氢二松柏醇-3'-O-β-吡喃葡萄糖苷	(7R, 8)-3'-demethyl-9'-butoxydehydrodiconiferyl alcohol-3'-O-β-glucopyranoside
去甲-β-去水淫羊藿苷	nor-β-anhydroicariin
28-去甲-β-香树酯酮	28-nor-β-amyrenone
去甲-ψ-伪麻黄碱	nor-ψ-pseudoephedrine
去甲阿江榄仁酸	norarjunolic acid
去甲阿米芹醇	norkhellol
去甲阿朴啡	noraporphine
19-去甲阿松香-4 (18), 8, 11, 13-四烯-7-酮	19-norabieta-4 (18), 8, 11, 13-tetraen-7-one

19-去甲阿松香-7, 13-二烯-4-醇	19-norabieta-7, 13-dien-4-ol
18-去甲阿松香-8, 11, 13-三烯-4α, 7α, 15-三醇	18-norabieta-8, 11, 13-trien-4α, 7α, 15-triol
18-去甲阿松香-8, 11, 13-三烯-4-醇	18-norabieta-8, 11, 13-trien-4-ol
19-去甲阿松香-8, 11, 13-三烯-4-醇	19-norabieta-8, 11, 13-trien-4-ol
19-去甲阿松香-8, 11, 13-三烯-4-甲酸酯	19-norabieta-8, 11, 13-trien-4-yl formate
19-去甲阿松香-8, 11, 13-三烯-4-氢过氧化物	19-norabieta-8, 11, 13-trien-4-hydroperoxide
去甲阿托品	noratropine
5-*O*-去甲安托芬	5-*O*-demethyl antofine
8-去甲桉树素	8-demethyl eucalyptin
去甲八角莲蒽醌	demethyl dysosanthra quinone
4-*O*-去甲巴尔巴酸 (4-*O*-去甲基须松萝酸)	4-*O*-demethyl barbatic acid
去甲白坚木碱	demethyl aspidospermine
O-去甲白坚木卡品	*O*-demethyl aspidocarpine
N-去甲白屈菜红碱	*N*-demethyl chelerythrine
去甲白屈菜红碱	norchelerythrine
L-去甲白屈菜碱	L-norchelidonine
(+)-去甲白屈菜碱	(+)-norchelidonine
(+)-γ-去甲柏芳醇	(+)-γ-norcuparenol
去甲斑点酸 (降牛皮叶酸)	norstictic acid
去甲斑螯种酸	norcaperatic acid
去甲斑螯素	norcantharidin
去甲斑螯酸钠	sodium demethyl cantharidate
去甲半边莲碱	norlelobanidine
去甲半边莲木脂素碱葡萄糖苷	demethyl lobechinenoid glucoside
(12*E*)-17-去甲半日花-12-烯-8-酮-16, 15-内酯	(12*E*)-17-norlabd-12-en-8-one-16, 15-olide
15-去甲半日花-8 (17), (12*E*)-二烯-13, 19-二烯酸	15-norlabd-8 (17), (12*E*)-dien-13, 19-dienoic acid
3-去甲半日花烷	3-norlabdane
去甲薄叶山橙碱	demethyl tenuicausine
6-*O*-去甲北豆根朴啡碱	6-*O*-demethyl dauriporphine
去甲北美鹅掌楸灵 (去甲鹅掌楸啡碱)	norlirioferine
去甲苹芰二酮 {2-羟基-1-甲氧基-4*H*-二苯并 [*de, g*] 喹啉-4, 5-(6*H*)-二酮)	demethyl piperadione {2-hydroxy-1-methoxy-4*H*-dibenzo [*de, g*] quinoline-4, 5-(6*H*)-dione}
N-去甲蓖麻毒蛋白	*N*-demethyl ricine
6-*O*-去甲蝙蝠葛波酚碱 (6-*O*-去甲蝙蝠葛朴啡碱)	6-*O*-demethyl menisporphine
去甲变红阿布塔草碱	norruffscine
去甲变肾上腺素	normetanephrine
4′-去甲表鬼臼毒素	4′-demethyl epipodophyllotoxin
3′-*O*-去甲表松脂素	3′-*O*-demethyl epipinoresinol
去甲别景天胺	norallosedamine
(+)-8-去甲滨海全能花定	(+)-8-demethyl maritidine

8-*O*-去甲滨海全能花定	8-*O*-demethyl maritidine
去甲槟榔次碱 (1, 2, 5, 6-四氢烟酸、1, 2, 5, 6-四氢-3-吡啶甲酸)	guvacine (1, 2, 5, 6-tetrahydronicotinic acid, 1, 2, 5, 6-tetrahydro-3-pyridine carboxylic acid, demethylarecaidine, demethyl arecaine)
去甲槟榔次碱盐酸盐	guvacine hydrochloride
去甲槟榔碱	guvacoline (norarecoline)
去甲槟榔碱	norarecoline (guvacoline)
去甲波尔定 (木姜子碱)	norboldine (laurolitsine)
去甲波尔定碱 (去甲波尔定)	norboldine
去甲波罗蜜品 (去甲波罗蜜素、去甲桂木黄素)	norartocarpin
去甲波罗蜜亭 (5, 7, 2′, 4′-四羟基黄酮)	norartocarpetin (5, 7, 2′, 4′-tetrahydroxyflavone)
去甲波罗蜜辛 (去甲木菠萝素、去甲桂木生黄素)	norartocarpesin
O-去甲布橙子碱	*O*-demethyl buchenavianine
去甲布雷巨盘木素	norbraylin
14-去甲布木柴胺 K	14-normethyl budmunchiamine K
5-去甲布木柴胺 K	5-normethyl budmunchiamine K
9-去甲布木柴胺 K	9-normethyl budmunchiamine K
去甲苍耳子内酯 A~F	norxanthantolides A~F
9-去甲苍术素	9-noratractylodin
去甲长春花碱 (长春瑞滨)	vinorelbine
30-去甲常春藤皂苷元-3-*O*-α-L-吡喃阿拉伯糖苷	30-norhederagenin-3-*O*-α-L-arabinopyranoside
30-去甲常春藤皂苷元-3-*O*-β-D-木糖基-(1→2)-α-L-吡喃阿拉伯糖苷	30-norhederagenin-3-*O*-β-D-xylosyl-(1→2)-α-L-arabinopyranoside
30-去甲常春藤皂苷元-3-*O*-β-葡萄糖基-(1→3)-α-L-吡喃阿拉伯糖苷	30-norhederagenin-3-*O*-β-glucosyl-(1→3)-α-L-arabinopyranoside
去甲沉香呋喃酮	norketoagarofuran
5′-去甲沉香木脂素	5′-demethyl aquillochin
1-去甲橙黄决明素	1-demethyl aurantio-obtusin
1-去甲橙黄决明素-2-*O*-β-D-吡喃葡萄糖苷	1-demethyl aurantio-obtusin-2-*O*-β-D-glucopyranoside
去甲齿阿米素	norvisnagin
去甲齿叶黄皮素	nordentatin
去甲雏菊叶龙胆酮	demethyl bellidifolin
3′-去甲川陈皮素	3′-demethyl nobiletin
5-去甲川陈皮素	5-demethyl nobiletin (5-desmethyl nobiletin)
5-*O*-去甲川陈皮素	5-*O*-demethyl nobiletin
1-去甲次乌头碱	1-demethyl hypaconitine
17-*O*-去甲刺果苏木素 C	17-*O*-demethyl bonducellpin C
去甲催吐萝芙木亭	norrauvomitine
6-去甲翠雀固灵	6-demethyl delsoline
(−)-去甲大分丸碱 [(−)-大仙人球碱]	(−)-normacromerine

6'-去甲大叶唐松草胺	6'-demethyl thalifaboramine
去甲大云实灵 C	demethyl caesaldekarin C
去甲大枣碱	noryuziphine
去甲丹参酮	nortanshinone
去甲丹参新酮	normiltirone
25-去甲胆甾-5, 7, 22-三烯-3β-醇	25-norcholest-5, 7, 22-trien-3β-ol
23-去甲胆甾酸	23-norcholanoic acid
去甲当药醇苷 (降獐牙菜酚素)	norswertianolin
去甲当药宁 (去甲当药叫酮、降獐牙菜宁)	norswertianin
去甲当药宁-1-O-β-D-吡喃葡萄糖苷	norswertianin-1-O-β-D-glucopyranoside
5'-O-去甲地奥考菲林碱 A	5'-O-demethyl dioncophylline A
9-去甲蝶豆缩醛	9-demethyl clitoriacetal
去甲丁克拉千金藤碱 (去甲丁氏千金藤碱、降丁氏千金藤碱)	norstephalagine
(−)-去甲丁克拉千金藤碱 [(−)-去甲丁氏千金藤碱]	(−)-norstephalagine
(+)-去甲丁克拉千金藤碱 [(+)-去甲丁氏千金藤碱]	(+)-norstephalagine
去甲丁香色原酮	noreugenin
去甲丁香色原酮-7-O-β-D-葡萄糖苷	noreugenin-7-O-β-D-glucoside
8-去甲杜鹃素	8-demethyl farrerol
去甲短枝菊香豆素	norbrachycoumarin
17-去甲-对映-贝壳杉-16-酮	17-nor-ent-kaur-16-one
18-去甲-对映-贝壳杉-16-烯-4β-醇	18-nor-ent-kaur-16-en-4β-ol
18-去甲-对映-海松-8 (14), 15-二烯-4β-醇	18-nor-ent-pimar-8 (14), 15-dien-4β-ol
1-去甲钝叶决明辛 (1-去甲决明素)	1-demethyl obtusin
9'-去甲多花白头树素 I	9'-demethyl garugamblin I
N-去甲多花藤碱	N-demethyl skytanthine
2-去甲多茎鼠尾草邻醌	2-demethyl multiorthoquinone
12-去甲多茎鼠尾草素	12-demethyl multicaulin
4-去甲萼翅藤酮	4-demethyl calycopterone
去甲二裂雏菊亭酮 (1, 3, 5, 8-四羟基叫酮)	norbellidifodin (1, 3, 5, 8-tetrahydroxyxanthone)
N-去甲二氢加兰他敏	N-demethyl dihydrogalanthamine
去甲二氢辣椒碱 (降二氢辣椒碱)	nordihydrocapsaicin
去甲二氢辣椒素酯	nordihydrocapsiate
去甲二氢愈创木酸 (去甲二氢愈创木脂酸)	nordihydroguaiaretic acid
7-去甲芳基-4', 7-环氧-8, 5'-新木脂素糖苷	7-noraryl-4', 7-epoxy-8, 5'-neolignan glycoside
3'''-O-去甲飞龙掌血香豆素 A	3'''-O-demethyl toddalin A
N-去甲芬氏唐松草碱	N-demethyl thalidezine
2-O-去甲风龙明碱	2-O-demethyl acutumine
8-O-去甲高石蒜碱	8-O-demethyl homolycorine
9-O-去甲高石蒜碱	9-O-demethyl homolycorine

Q

9-去甲高石蒜碱	9-demethyl homolycorine
去甲高石蒜碱 (脱甲高石蒜碱)	demethyl homolycorine
去甲高紫檀素 (美迪紫檀素、苜蓿紫檀素)	demethyl homopterocarpin (medicarpin)
2-O-去甲革叶基尔藤黄素	2-O-demethyl kielcorin
去甲瓜叶马兜铃素 A～E	demethyl aristofolins A～E
去甲龟叶香茶菜缩醛 A	demethyl kamebacetal A
4′-去甲鬼臼毒素	4′-demethyl podophyllotoxin
4′-去甲鬼臼毒酮	4′-demethyl podophyllotoxone
3′-去甲鬼臼脂素	3′-demethyl podophyllotoxin
去甲哈尔满 (去甲骆驼蓬满碱)	norharman
去甲哈氏豆属酸 (去甲哈威豆酸)	norhardwickiic acid
去甲海边全能花定碱	demethyl maritidine
18-去甲海松-8 (14), 15-二烯-4-醇	18-norpimar-8 (14), 15-dien-4-ol
去甲含笑碱 A (白兰花碱、白兰碱)	normicheline A (michelalbine)
去甲汉防己碱 (汉防己乙素、防己诺林碱)	demethyl tetrandrine (hanfangichin B, fangchinoline)
去甲汉黄芩素	norwogonin
去甲汉黄芩素 -7-O-β-D- 吡喃葡萄糖醛酸苷	norwogonin-7-O-β-D-glucuronopyranoside
去甲汉黄芩素 -7-O-β-D- 葡萄糖醛酸苷	norwogonin-7-O-β-D-glucuronide
去甲汉黄芩素 -8-O- 葡萄糖醛酸苷	norwogonin-8-O-glucuronide
7-去甲蒿黄素	7-demethyl artemetin
29-去甲何帕-22-醇	29-norhopan-22-ol
去甲和常山碱	nororixine
(–)-去甲荷包牡丹碱	(–)-nordicentrine
去甲荷苞牡丹碱	nordicentrine
O-去甲荷叶碱	O-nornuciferine
L-N-去甲荷叶碱 (L-N-去甲莲碱)	L-N-nornuciferine
N-去甲荷叶碱 (N-原荷叶碱)	N-nornuciferine
去甲荷叶碱 (原荷叶碱、降莲碱、酸枣仁碱)	nornuciferine (sanjoinine Ⅰ a)
去甲黑麦草碱	norloline
(–)-去甲红花疆罂粟定	(–)-norreframidine
去甲红镰霉素	norrubrofusarin
去甲红镰霉素 -6-O-β-D-(6′-O- 乙酰基) 吡喃葡萄糖苷	norrubrofusarin-6-O-β-D-(6′-O-acetyl) glucopyranoside
去甲红镰霉素 -6-β-D- 葡萄糖苷	norrubrofusarin-6-β-D-glucoside
去甲红镰霉素三葡萄糖苷	norrubrofusarin triglucoside
去甲红毛阿布藤碱	norrufescine
2-去甲厚果唐松草次碱	2-northalidasine
N-去甲厚果唐松草次碱	N-demethyl thalidasine
去甲胡蔓藤碱乙 A	norhumantenine A
去甲虎刺醛 (去甲虎刺素)	nordamnacanthal
去甲花椒碱	norfagarine

去甲华北乌头碱	norsongorine
去甲华南云实素 A、B	nortaepeenins A, B
去甲滑桃树辛	demethyl trewiasine
28- 去甲环大蕉烯酮	28-norcyclomusalenone
28- 去甲环木菠萝 -24 (31)- 烯 -3- 酮	28-norcycloart-24 (31)-en-3-one
28, 29- 去甲环木菠萝 -24 (31)- 烯 -3- 酮	28, 29-norcycloart-24 (31)-en-3-one
31- 去甲环木菠萝酮	31-norcycloartanone
30- 去甲环木菠萝烷 -24 (28)- 烯 -3- 酮	30-norcycloartan-24 (28)-en-3-one
29- 去甲环木菠萝烷醇	29-norcycloartanol
31- 去甲环木菠萝烷醇 (31- 去甲环木菠萝醇)	31-norcycloartanol
31- 去甲环木菠萝烷醇乙酸酯	31-norcycloartanol acetate
31- 去甲环木菠萝烯醇	31-norcycloartenol
(24S)-31- 去甲环鸦片烯醇	(24S)-31-norcyclolaudenol
31- 去甲环鸦片烯酮	31-norcyclolaudenone
31- 去甲环鸦片甾烯醇	31-norcyclolaudenol
31- 去甲环鸦片甾烯醇乙酸酯	31-norcyclolaudenyl acetate
去甲黄腐酚 (去甲基酒花黄酚)	demethyl xanthohumol
去甲黄果茄甾醇	norcarpesterol
去甲黄花蒿酸	norannuic acid
去甲黄花蒿酸甲酸酯	formyl norannuate
1- 去甲黄决明素	1-demethyl chrysoobtusin
去甲黄绵马酸	norflavaspidic acid
去甲黄曲霉酮龙胆二糖苷	demethyl flavasperone gentiobioside
去甲黄檀素	nordalbergin
19- 去甲黄体酮	19-norprogestrone
去甲黄心树宁碱	norushinsunine
15- 去甲灰白银胶菊酮	15-norargentone
N-4- 去甲基 -21- 脱氢钩吻素子	N-4-demethyl-21-dehydrokoumine
去甲基 -2″- 表美国白蜡苷	demethyl-2″-epifraxamoside
N1- 去甲基 -7- 甲氧基伞花仔榄树季铵碱 A	N1-demethyl-7-methoxyikirydinium A
N- 去甲基 -9, 10- 二氢氧化血根碱	N-demethyl-9, 10-dihydrooxysanguinarine
N- 去甲基 -β- 玉柏碱	N-demethyl-β-obscurine
16- 去甲基薄叶山橙辛碱	16-demethyl tenuicausine
(R, R), N- 去甲基蝙蝠葛碱	(R, R), N-demethyl dauricine
去甲基布氏蜜茱萸素	demethyl melibentin
(7R, 8R)-5-O- 去甲基长叶扁担杆素	(7R, 8R)-5-O-demethyl bilagrewin
去甲基大孢霉素 I	demethyl macrosporin I
N1- 去甲基大叶糖胶树碱	N1-demethyl alstophylline
Nb- 去甲基大叶糖胶树碱氧化吲哚	Nb-demethyl alstophylline oxindole
N1- 去甲基大叶糖胶树醛	N1-demethyl alstophyllal

Nb-去甲基大叶糖胶树醛氧化吲哚	Nb-demethyl alstophyllal oxindole
去甲基东北雷公藤素	demethyl regelin
14-O-去甲基多子南五味子木脂素 D	14-O-demethyl polysperlignan D
O-(17)-去甲基二氢柯楠因碱	O-(17)-demethyl dihydrocorynantheine
O-去甲基二氢雪花莲胺碱 (O-去甲石蒜胺)	O-demethyl dihydrogalanthamine (O-demethyl lycoramine)
O-去甲基高石蒜碱	O-demethyl homolycorine
去甲基哈尔明碱	norharmine
(−)-Nb-去甲基环御藏黄杨宁碱	(−)-Nb-demethyl cyclomikuranine
Nb-去甲基鸡骨常山碱	Nb-demethyl echitamine
Nb-去甲基鸡骨常山碱 N-氧化物	Nb-demethyl echitamine N-oxide
O-去甲基加兰他敏	O-demethyl galantamine
去甲基假麻黄碱	norseudoephedrine
(+)-Na-去甲基锦熟黄杨胺酮	(+)-Na-demethylsemperviraminone
Na-去甲基近缘狗牙花碱	Na-demethyl accedine
N4-去甲基九节叶狗牙花碱	N4-demethyl taberpsychine
去甲基酒花黄酚 (去甲黄腐酚)	desmethyl xanthohumol
去甲基酒花黄酚 (去甲黄腐酚) B、J	desmethyl xanthohumols B, J
(7R, 8R)-5-O-去甲基两面针宁	(7R, 8R)-5-O-demethyl nitidanin
(7S, 8S)-5-去甲基两面针宁	(7S, 8S)-5-demethyl nitidanin
去甲基梅林诺宁碱 (降梅林马钱碱) B	normelinonine B
N-去甲基尼克澳洲红豆碱	N-demethyl nicaustrine
(7S, 8S)-去甲基轻木卡罗木脂素 E	(7S, 8S)-dimethyl carolignan E
2-去甲基秋水仙酸甲酯	methyl 2-demecolchicinoate
去甲基三出蜜茱萸宁	demethyl meliternin
N-去甲基石杉宁碱 (N-去甲蛇足石杉碱)	N-demethyl huperzinine
O-去甲基石蒜胺 N-氧化物	O-demethyl lycoramine N-oxide
N4-去甲基糖胶树胺 (N4-鸡骨常山碱)	N4-demethyl echitamine
去甲基土荆皮酸 B (土荆皮酸 C₂、土荆皮丙二酸)	demethyl pseudolaric acid B (pseudolaric acid C₂)
O-去甲基网球花胺	O-demethyl haemanthamine
(−)-10-O-去甲基稀疏木瓣树亭 [(−)-10-O-去甲基离木亭]	(−)-10-O-demethyldiscretine
去甲基锡兰柯库木萜醛 (去甲泽拉木醛)	demethyl zeylasteral
Nb-去甲基狭叶鸡骨常山亭	Nb-demethyl alstogustine
Nb-去甲基狭叶鸡骨常山亭-N-氧化物	Nb-demethyl alstogustine-N-oxide
去甲基香附酮	norcyperone
去甲基新核果三尖杉碱 (去甲新桥氧三尖杉碱)	demethyl neodrupacine
4-O-去甲基须松萝酸 (4-O-去甲巴尔巴酸)	4-O-demethyl barbatic acid
4-O-去甲基须松萝酸甲酯	4-O-demethyl barbatic acid methyl ester
去甲基血竭素	nordracorhodin
13a (S)-(+)-3-去甲基异密花娃儿藤碱	13a (S)-(+)-3-demethyl isotylocrebrine
去甲基獐牙菜酚	demethyl swertianol

去甲基直立拉齐木西定 (去甲基直夹竹桃定)	demethyl strictosidine
3-O-去甲基紫红獐牙菜酚苷 (3-O-去甲紫药双呫酮苷)	3-O-demethyl swertipunicoside
去甲蓟罂粟碱	norargemonine
N-去甲加兰他敏	N-demethyl galanthamine
去甲加兰他明	norgalanthamine
去甲加那利鼠尾草酚	demethyl salvicanol
2'-去甲尖刺碱 (2'-去甲欧洲小檗碱)	2'-noroxyacanthine
(+)-2'-去甲尖刺碱 ((+)-2'-去甲欧洲小檗碱)	(+)-2'-noroxyacanthine
N-去甲尖防己碱	N-acutumidine
去甲尖清风藤碱	norsinoacutine
(−)-2-去甲箭头唐松草莫宁	(−)-2-demethyl thalimonine
(−)-9-去甲箭头唐松草莫宁	(−)-9-demethyl thalimonine
6-去甲豇豆呋喃	6-demethyl vignafuran
(+)-去甲疆罂粟咔啉	(+)-norroecarboline
N-去甲降真香碱	N-demethyl acronycine
去甲降真香碱 (降山油柑碱)	noracronycine
去甲降真香双素 (去甲毛叶山油柑酮)	demethyl acrovestone
去甲椒吴茱萸亭	norevoxanthine
去甲截尼海兔抑素 G	nordolastatin G
4'-去甲金不换萘酚甲醚	4'-demethyl chinensinaphthol methyl ether
去甲金丝梅呫酮宁	demethyl paxanthonin
5-O-去甲金丝梅呫酮素	5-O-demethyl paxanthonin
(+)-2-去甲金线吊乌龟碱	(+)-2-norcepharanthine
去甲金盏菊黄酮苷 Ⅲ	calendoflavobioside Ⅲ
去甲劲直假连酸	norstrictic acid
去甲精胺	norspermine
去甲九节碱	demethyl psychotrine
O-去甲九里香碱	O-demethyl murrayanine
5-去甲橘皮素	5-demethyl tangeretin
去甲倔海绵宁	nordysidenin
去甲卡拉巴红厚壳呫酮 (去甲咖拉巴呫酮)	demethyl calabaxanthone
去甲开环马钱醇	demethyl secologanol
12-去甲苦木素	12-norquassin
去甲苦参醇	norkurarinol
(+)-去甲苦参酮	(+)-norkurarinone
去甲苦参酮 (降苦参酮)	norkurarinone
去甲阔叶碱	norlatifoline
去甲拉帕醇 (去甲风铃木醇、去甲黄钟花醌、去甲拉杷酚)	norlapachol
去甲蜡菊吡喃酮	norhelipyrone

去甲辣椒素	norcapsaicin
去甲莨菪胺	norscopolamine
去甲莨菪碱 (假莨菪碱、去甲天仙子胺)	solandrine (pseudohyocsyamine, norhyoscyamine)
去甲莨菪灵	norscopoline
去甲莨菪品	norscopine
去甲莨菪烷	nortropane
去甲劳丹碱	norlaudanosoline
去甲姥鲛 -2- 酮	norpristan-2-one
去甲棱砂贝母碱 A、B	demethyl delavaines A, B
(−)-2′- 去甲丽麻藤碱	(−)-2′-norlimacine
去甲栗甾酮	norcastasterone
4-O- 去甲连翘烯素	4-O-demethyl forsythenin
去甲莲叶桐二酮	demethyl sonodione
N- 去甲两面针碱	N-nornitidine
去甲两面针碱	nornitidine
去甲亮氨酸 (正亮氨酸、α- 氨基己酸)	norleucine (α-aminohexanoic acid)
去甲柳杉树脂酚	demethyl cryptojaponol
去甲卢氏爵床碱	norruspoline
去甲轮环藤碱	norcycleanine
(+)-15- 去甲罗汉柏-4- 烯 -3- 酮	(+)-15-northujops-4-en-3-one
去甲洛克米兰酰胺 (去甲罗米仔兰酰胺)	demethyl rocaglamide
(−)- 去甲络石苷	(−)-nortracheloside
去甲络石苷 (去甲络石糖苷)	nortracheloside
去甲络石苷元 (南荛酚、荛脂醇、亚洲络石脂内酯)	nortrachelogenin (wikstromol, pinopalustrin)
去甲络石苷元-5′-C-β- 葡萄糖苷	nortrachelogenin-5′-C-β-glucoside
去甲络石苷元-8′-O-β-D- 吡喃葡萄糖苷	nortrachelogenin-8′-O-β-D-glucopyranoside
去甲络石苷元-8′-O-β- 葡萄糖苷	nortrachelogenin-8′-O-β-glucoside
去甲绿心碱	norrodiasine
L- 去甲麻黄碱	L-norephedrine
去甲麻黄碱	norephedrine
去甲马兜铃二酮	noraristolodione
去甲马枯辛 B N- 氧化物	normacusine B N-oxide
去甲马枯星碱 (去甲马枯辛) B	tombozine (vellosiminol, normacusine B)
去甲马枯星碱 (去甲马枯辛、降毒马钱辛碱) B	normacusine B (vellosiminol, tombozine)
去甲马枯星碱 B [维氏叠籽木醇、去甲马枯辛 B]	vellosiminol (normacusine B, tombozine)
N- 去甲芒籽宁	N-noratherosperminine
N- 去甲毛厚果酮	N-demethyl dasycarpidone
去甲毛花强心苷	deslanatoside
去甲毛麦角碱	norsetoclavine

去甲毛木防己碱	normenisarine
去甲美登次碱	normaytancyprine
去甲美商陆苷元	demethyl phytolaccagenin
5-O-去甲米橘素 (5-O-去甲四季橘素)	5-O-demethyl citromitin
去甲米团花萜 A～C	norleucosceptroids A～C
去甲蜜橘黄素	demethyl nobiletin
去甲蜜茱萸定	normelicopidine
去甲蜜茱萸碱	normelicopine
去甲绵马素	desaspidin
去甲木防己内酯	nortrilobolide
去甲木脂素	nortignan
去甲南欧鸢尾素	noririsflorentin
N-去甲南天宁碱	N-nornantenine
去甲南天竹种碱	nordomesticine
去甲内甾醇 A$_3$	demethyl incisterol A$_3$
去甲尼润酮宁	norneronine
(+)-去甲诺玻亭	(+)-norboidine
O-去甲杷洛素	O-demethyl palosine
3β-去甲蒎-2-酮-3-O-β-D-呋喃芹糖基-(1→6)-β-D-吡喃葡萄糖苷	3β-norpinan-2-one-3-O-β-D-apiofuranosyl-(1→6)-β-D-glucopyranoside
去甲蒎烷	norpinane
去甲蒎烯	norpinene
18-去甲蓬莱葛胺 (18-去甲蓬莱葛属胺)	18-demethyl gardneramine
去甲蟛蜞菊内酯	demethyl wedelolactone
去甲蟛蜞菊内酯-7-葡萄糖苷	demethyl wedelolactone-7-β-D-glucoside
去甲浦佩灵碱	norpurpeline
11-去甲漆叶花椒碱 B	11-demethyl rhoifoline B
28-去甲齐墩果酸	28-noroleanonic acid
30-去甲齐墩果酸-3-O-β-D-木糖基-(1→2)-α-L-吡喃阿拉伯糖苷	30-noroleanolic acid-3-O-β-D-xylosyl-(1→2)-α-L-arabinopyranoside
去甲前荷苞牡丹碱	norpredicentrine
去甲羟基虎刺醛 (降虎刺纳醛)	norjuzunal
去甲鞘丝藻亭 (降鞘丝藻抑素) 2	norlyngbyastatin 2
去甲氢化山梗菜次碱	norlelobanidrine
去甲秋水仙碱 (秋水仙裂碱、10-去甲秋水仙碱)	demethyl colchicine (colchiceine)
N-去甲去甲降真香碱	N-demethyl noracronycine
去甲日中花碱	normesembrine
去甲绒叶军刀豆酚	demethyl vestitol
去甲肉桂碱	norcinamolaurine

去甲软骨藻酸	nordomoic acid
7-去甲软木花椒素	7-demethyl suberosin
去甲软木花椒素 (去甲栓质花椒素)	demethyl suberosin
去甲三环类檀香萜酸	nortricycloekasantalic acid
去甲三尖杉碱	demethyl cephalotaxine
去甲三尖杉酮碱	demethyl cephalotaxinone
去甲桑辛素 I	demethyl moracin I
去甲山道年	norsantonin
6′-去甲山豆根碱	6′-dauricinoline
去甲山梗菜醇碱	norlobelanidine
去甲山梗菜酮碱 (异山梗菜酮碱)	norlobelanine (isolobelanine)
去甲山药素 IV	demethyl batatasin IV
去甲蛇根胺	norseredamine
N-去甲蛇足石杉碱 (N-去甲基石杉宁碱)	N-demethyl huperzinine
去甲麝香酮	normuscone
去甲肾上腺素	norepinephrine
去甲肾素茶碱	theodrenaline
去甲升麻素 (去甲升麻精)	norcimifugin
O-去甲石蒜胺 (O-去甲基二氢雪花莲胺碱)	O-demethyl lycoramine (O-demethyl dihydrogalanthamine)
去甲鼠尾草氧化物	norsalvioxide
去甲斯佩吉宁	demethyl speciogynine
去甲四角风车子酸 B	norquadrangularic acid B
去甲四叶萝芙新碱 (降四叶萝芙木辛碱)	nortetraphyllicine
去甲酸橙内酯烯醇 (去甲酸橙素烯醇)	demethyl auraptenol
去甲莎草醌	demethyl cyperaquinone
2′-去甲唐松草菲灵	2′-northaliphylline
去甲唐松福林碱 (降铁线蕨叶唐松草碱)	northalifoline
2-去甲唐松明碱	2-northalmine
去甲蹄盖蕨酚 (去甲蹄盖蕨山酮、1,3,6,7-四羟基山酮)	norathyriol (1, 3, 6, 7-tetrahydroxyxanthone)
去甲天仙子胺 (假莨菪碱、去甲莨菪碱)	norhyoscyamine (pseudohyoscyamine, solandrine)
5-去甲甜橙素 (5-羟基-3′, 4′, 6, 7-四甲氧基黄酮)	5-demethyl sinensetin (5-hydroxy-3′, 4′, 6, 7-tetramethoxyflavone)
8-去甲铁木桉素	8-demethyl sideroxylin
去甲铁血箭碱	norsanguinine
去甲头花千金藤二酮 B	norcepharadione B
去甲土布洛素	demethyl tubulosine
去甲土荆皮乙酸	demethyl pseudolaric acid B
去甲吐根酚碱	demethyl cephaeline
去甲吐根碱 (九节因、二氢九节碱、吐根酚碱)	demethyl emetine (dihydropsychotrine, cephaeline)
去甲托品	nortropine

(7*R*, 8*S*)-3′-去甲脱氢二松柏醇-3′-*O*-β-D-吡喃葡萄糖苷	(7*R*, 8*S*)-3′-demethyl dehydrodiconiferyl alcohol-3′-*O*-β-D-glucopyranoside
(7*R*, 8*S*)-3′-去甲脱氢二松柏醇-3′-*O*-β-吡喃葡萄糖苷	(7*R*, 8*S*)-3′-demethyl dehydrodiconiferyl alcohol-3′-*O*-β-glucopyranoside
4′-*O*-去甲脱氢鬼臼毒素	4′-*O*-demethyl dehydropodophyllotoxin
19-去甲脱氢松香-4 (8)-烯	19-nordehydroabieta-4 (8)-ene
18-去甲脱氢松香-4α-醇	18-nordehydroabieta-4α-ol
8-去甲脱氢头序千金藤宁 (8-去甲脱氢克班宁)	8-demethyl dehydrocrebanine
N-去甲脱氢乌勒因	*N*-demethyl dehydrouleine
去甲脱水淫羊藿黄素	noranhydroicaritin
4′-去甲脱氧鬼臼毒素	4′-demethyl deoxypodophyllotoxin
去甲脱氧鬼臼毒素 (4′-脱甲基-9-脱氧鬼臼脂素)	demethyl deoxypodophyllotoxin (4′-demethyl-9-deoxy-podophyllotoxin)
去甲脱氧鬼臼毒素苷	demethyl deoxypodophyllotoxin glucoside
O-去甲脱氧三尖杉酯碱	*O*-demethyl deoxyharringtonine
去甲网地藻内酯	nordictyotalide
D-去甲伪麻黄碱 (D-阿茶碱)	D-norpseudoephedrine (D-cathine)
N-去甲乌勒因	*N*-demethyl uleine
(±)-去甲乌药碱	(±)-demethyl coclaurine
去甲乌药碱 (去甲衡州乌药碱、和乌胺)	demethyl coclaurine (norcoclaurine, higenamine)
去甲乌药碱 (去甲衡州乌药碱、和乌胺)	norcoclaurine (demethyl coclaurine, higenamine)
(−)-(1*S*)-去甲乌药碱 [(−)-(1*S*)-去甲衡州乌药碱]	(−)-(1*S*)-norcoclaurine
去甲乌药碱-4′-*O*-β-D-葡萄糖苷	higenamine-4′-*O*-β-D-glucoside
去甲乌药碱盐酸盐 (去甲衡州乌药碱盐酸盐)	demethyl coclaurine hydrochloride
去甲五加宁 A	noracanthopanin A
去甲西车酮	norseychelanone
去甲西萝芙木碱 (去甲萝芙木碱、降阿吉马蛇根碱)	norajmaline
4-*O*-去甲蜥尾草亭 (4-*O*-去甲马纳萨亭) A、B	4-*O*-demethyl manassantins A, B
3″-*O*-去甲蜥尾草亭 A、B	3″-*O*-demethyl manassantins A, B
O-去甲细柄瑞香楠碱	*O*-demethyl tenuipine
去甲仙鹤草内酯-6-*O*-β-D-吡喃葡萄糖苷	demethyl agrimonolide 6-*O*-β-D-glucopyranoside
去甲线叶蓟尼酚-4′-*O*-β-D-吡喃葡萄糖苷	cirsiliol-4′-*O*-β-D-glucopyranoside
去甲线叶蓟尼酚-4′-葡萄糖苷	cirsiliol-4′-monoglucoside
4-*O*-去甲相思子黄酮-7-*O*-α-L-鼠李糖基-3′-*O*-β-D-吡喃木糖苷	4-*O*-demethyl abrectorin-7-*O*-α-L-rhamnosyl-3′-*O*-β-D-xylopyranoside
(−)-去甲香附烯	(−)-norrotundene
(+)-2′-去甲小叶唐松草碱	(+)-2′-northaliphylline
去甲缬氨酸	norvaline
去甲辛弗林 (章胺、章鱼胺、真蛸胺)	norsynephrine (octopamine)
6-*O*-去甲新欧乌林碱	6-*O*-demethyl neoline

Q

去甲新桥氧三尖杉碱 (去甲基新核果三尖杉碱)	demethyl neodrupacine
DL-去甲杏黄罂粟碱	DL-norarmepavine
D-去甲杏黄罂粟碱	D-norarmepavine
L-去甲杏黄罂粟碱	L-norarmepavine
去甲雄蕊状鸡脚参醇 (去甲肾茶醇) A～C	norstaminols A～C
去甲雄蕊状鸡脚参内酯 (去甲肾茶内酯) A	norstaminolactone A
去甲雄蕊状鸡脚参酮 (去甲肾茶酮) A	norstaminone A
A-去甲雄甾烷	A-norandrostane
28-去甲熊果-12-烯-3β, 17β-二醇	28-norurs-12-en-3β, 17β-diol
去甲血根碱	norsanguinarine
去甲血竭红素	nordracorubin
L-去甲芽子碱	L-norecgonine
去甲亚马逊安尼樟碱	norcanelilline
N-去甲亚美罂粟碱	N-norarmepavine
去甲亚美罂粟碱	norarmepavine
去甲亚欧唐松草碱	northalibroline
去甲胭脂树素	norbixin
DL-去甲烟碱	DL-nornicotine
D-去甲烟碱	D-nornicotine
L-去甲烟碱	L-nornicotine
去甲烟碱	nornicotine
去甲烟碱苦味酸盐	nornicotine dipicrate
去甲岩白菜素	norbergenin
去甲眼晶体酸 (γ-L-谷氨酰-L-丙氨酰基甘氨酸)	norophthalmic acid (γ-L-glutamyl-L-alanyl glycine)
24-去甲羊齿-4 (23), 9 (11)-二烯	24-norfern-4 (23), 9 (11)-diene
31-去甲羊毛甾-8-烯醇	31-norlanost-8-enol
31-去甲羊毛甾-9 (11)-烯醇	31-norlanost-9 (11)-enol
去甲羊毛甾醇	norlanosterol
31-去甲羊毛甾醇 (31-去甲羊毛脂醇)	31-norlanosterol
19-去甲羊毛脂-5, 24-二烯-11-酮	19-norlanost-5, 24-dien-11-one
6-去甲洋鸢尾素	6-noririsflorentin
去甲氧化白毛茛分碱	noroxyhydrastinine
去甲氧化北美黄连碱	noroxyhydrastineine
8-去甲氧基-10-O-甲基玉簪碱	8-demethoxy-10-O-methyl hostasine
6-去甲氧基-10-羟基-11-甲氧基-6, 7-亚甲基二氧基罗米仔兰酰胺	6-demethoxy-10-hydroxy-11-methoxy-6, 7-methylendioxyrocaglamide
5-去甲氧基-10-去羟甲基-5-乙酰氧基-10-甲基东方豨莶塔灵 (5-去甲氧基-10-去羟甲基-5-乙酰氧基-10-甲基腺梗豨莶塔灵)	5-demethoxy-10-dehydroxymethyl-5-acetoxy-10-methyl pubetalin
N-去甲氧基-11-甲氧基钩吻内酰胺	N-demethoxy-11-methoxygelsemamide

中文名称	英文名称
9-去甲氧基-14-酮-19-烯-3, 4, 5, 6-脱氢帽柱木碱	9-demethoxy-14-one-19-en-3, 4, 5, 6-dehydromitragynine
(19E)-9-去甲氧基-16-去羟基多花蓬莱葛碱-17-O-β-D-吡喃葡萄糖苷	(19E)-9-demethoxy-16-dehydroxychitosenine-17-O-β-D-glucopyranoside
6-去甲氧基-4′-O-甲基茵陈色原酮	6-demethoxy-4′-O-methyl capillarisin
4″-去甲氧基-7-二氢毒鼠子素 W	4″-demethoxy-7-dihydrodichapetalin W
6-去甲氧基-7-甲基茵陈色原酮	6-demethoxy-7-methyl capillarisin
5′-去甲氧基-β-盾叶鬼臼素-5-O-β-D-吡喃葡萄糖苷	5′-demethoxy-β-peltatin-5-O-β-D-glucopyranoside
去甲氧基白坚木碱	demethoxyaspidospermine
(+)-5′-去甲氧基表巴西果蛋白 [(+)-5′-去甲氧基表高大胡椒素]	(+)-5′-demethoxyepiexcelsin
5′-去甲氧基表高大胡椒素	5′-demethoxycpicxcclsin
去甲氧基杜鹃花素	demethoxymatleucinol
15-去甲氧基多齿黄芩素 I	15-demethoxyscupolin I
18-去甲氧基多花蓬莱葛胺	18-demethoxygardfloramine
去甲氧基多花蓬莱葛亭碱	demethoxygardmultine
7-去甲氧基二氢白屈菜红碱	7-demethoxydihydrochelerythrine
11-去甲氧基番樱桃马钱碱	11-demethoxymyrtoidine
去甲氧基刚果荜澄茄脂素 (去甲氧基几内亚胡椒素)	demethoxyaschantin
11-去甲氧基钩吻素乙	11-demethoxygelsemicine
去甲氧基鬼臼毒素	morelsin (desmethoxypodophyllotoxin)
N-去甲氧基胡蔓藤碱乙 (N-去甲氧基胡蔓藤宁)	N-demethoxyhumantenine
去甲氧基花锚苷 (1-O-樱草糖基-2, 3, 5-三甲氧基𠮿酮)	demethoxyhaleniaside (1-O-primeverosyl-2, 3, 5-trimethoxyxanthone)
去甲氧基加州脆枝菊素	demethoxyencecalin
去甲氧基荚果蕨酚 (5, 7-二羟基-6, 8-二甲基黄烷酮)	demethoxymatteucinol (5, 7-dihydroxy-6, 8-dimethyl flavanone)
去甲氧基姜黄素 (对羟基桂皮酰阿魏酰基甲烷)	demethoxycurcumin (p-hydroxycinnamoyl feruloyl methane)
10-去甲氧基降蔓长春花考灵	10-demethoxynorvincorine
8-去甲氧基金线吊乌龟酮宁	8-demethoxycephatonene
6-去甲氧基橘皮素	6-demethoxytangeretin
2, 3-去甲氧基开环异木脂四氢萘乙酸酯	2, 3-demethoxysecoisolintetralin acetate
17-去甲氧基柯楠诺辛碱 B	17-demethoxycorynoxine B
N-去甲氧基兰金断肠草碱 (N-去甲氧基兰金氏断肠草碱、N-去甲氧基兰金钩吻定)	N-demethoxyrankinidine (N-desmethoxyrankinidine)
11-去甲氧基萝芙宁碱	raumitorine
去甲氧基麻醉椒素 (去甲氧基卡瓦胡椒内酯)	demethoxyyangonin
10-去甲氧基蔓长春花考灵	10-demethoxyvincorine
10-去甲氧基蔓长春花考灵-N4-氧化物	10-demethoxyvincorine-N4-oxide
5′-去甲氧基密花卡瑞藤黄素 G	5′-demethoxycadensin G
去甲氧基杷洛素	demethoxypalosine

Q

18-去甲氧基蓬莱葛胺 (18-去甲氧基蓬莱葛属胺)	18-demethoxygardneramine
(19*E*)-18-去甲氧基蓬莱葛胺-N4-氧化物	(19*E*)-18-demethoxygardneramine-*N*4-oxide
去甲氧基浦佩灵碱	demethoxypurpeline
17-去甲氧基氢化柯楠诺辛碱 B	17-demethoxyhydrocorynoxine B
8-去甲氧基汝南碱	8-demethoxyrunanine
去甲氧基胜红蓟色烯	demethoxyageratochromene
去甲氧基矢车菊黄酮素 (去甲氧基矢车菊定)	demethoxycentaureidin
去甲氧基矢车菊黄酮素-7-*O*-芸香糖苷	demethoxycentaureidin-7-*O*-rutinoside
(7′*S*, 8′*S*)-5-去甲氧基双棱扁担杆素	(7′*S*, 8′*S*)-5-demethoxybilagrewin
去甲氧基水黄皮精素 (去甲氧基小黄皮精)	demethoxykanugin
11-去甲氧基四数鸡骨常山碱	11-demethoxyquaternine
去甲氧基苏打基亭 (去甲氧基酢橘亭)	demethoxysudachitin
16-去甲氧基羰基四氢赛卡明	16-demethoxycarbonyl tetrahydrosecamine
7-去甲氧基娃儿藤碱	7-demethoxytylophorine
去甲氧基无柄异唇爵床碱	demethoxyaniflorine
6″-去甲氧基新萼翅藤酮	6″-demethoxyneocalycopterone
去甲氧基岩白菜素	demethoxybergenin
去甲氧基伊波叶黄素	demethoxyiboluteine
5-去甲氧基异白芷豆素 (5-去甲氧基异白芷双香豆素) A	5-demethoxyisodahuribirin A
6-去甲氧基茵陈色原酮	6-demethoxycapillarisin
5′-去甲氧基樱花树脂醇	5′-demethoxysakuraresinol
8-去甲氧基玉簪碱	8-demethoxyhostasine
5-去甲氧基珠子草素	5-demethoxyniranthin
5′-去甲氧基醉鱼草醇 E	5′-demethoxybuddlenol E
11-去甲氧利血平 (蛇根平定)	11-demethoxyreserpine (deserpidine)
*N*a-去甲氧羰基-12-蕊木碱(*N*a-去甲氧羰基-12-蕊木素)	*N*a-demethoxycarbonyl-12-methoxykopsine
16′-去甲氧羰基-19, 20-二氢-20-表伏康树胺	16′-demethoxycarbonyl-19, 20-dihydro-20-epivoacamine
16-去羰甲氧基伏康树胺	16-decarbomethoxyvoacamine
16′-去甲氧羰基伏康树胺	16′-demethoxycarbonyl voacamine
*N*1-去甲氧羰基开环红花蕊木酸	*N*1-decarbomethoxychanofruticosinic acid
*N*1-去甲氧羰基开环红花蕊木酸甲酯	methyl *N*1-decarbomethoxychanofruticosinate
去甲氧羰基开环红花蕊木酸甲酯	methyl demethoxycarbonylchanofruticosinate
*N*1-去甲氧羰基开环红花蕊木酸甲酯-N4-氧化物	methyl *N*1-decarbomethoxychanofruticosinate-*N*4-oxide
去甲氧羰基蕊木碱	demethoxycarbonylkopsine
去甲氧烟曲霉素 C	demethoxyfumitremorgin C
去甲叶根碱	demethyl psychetrine
去甲一叶萩碱	norsecurinine
去甲依美阿布塔草碱	norimelutein
去甲异波尔定	norisoboldine

去甲异管黄素	norisotuboflavine
4′-去甲异鬼臼苦酮	4′-demethyl isopicropodophyllone
(+)-2-去甲异汉防己碱	(+)-2-norisotetrandrine
15-去甲异鸡蛋花苷	15-demethyl isoplumieride
D-去甲异麻黄碱	D-norisoephedrine
去甲异麦冬黄酮 B	demethyl isoophiopogonone B
去甲异南天竹种碱	norisodomesticine
O-去甲异三尖杉酯碱	O-demethyl isoharringtonine
(−)-7′-去甲异吐根酚碱	(−)-7′-demethyl isocephaeline
去甲异戊二烯	norisoprenoid
28-去甲异伊格斯特素-17-醛	28-norisoiguesterın-17-carbaldehyde
4′-去甲异泽兰林素	4′-demethyl isoeupatilin
去甲异紫堇定 (去甲异紫堇定碱、酸枣仁碱Ⅰb)	norisocorydine (sanjoinine Ⅰ b)
去甲茵陈二炔	norcapillene
6-去甲茵陈色原酮	6-demethyl capillarisin
去甲银杏双黄酮	demethyl ginkgetin
去甲淫羊藿黄素	noricaritin
去甲淫羊藿素	demethyl icaritin
去甲淫羊藿异黄酮次苷	noricariside
去甲荧光箭毒碱	norfluorocurarine
28-去甲羽扇豆-20 (29)-烯-3β, 17β-二醇	28-norlup-20 (29)-en-3β, 17β-diol
28-去甲羽扇豆-20 (29)-烯-3β-羟基-17β-氢过氧化物	28-norlup-20 (29)-en-3β-hydroxy-17β-hydroperoxide
30-去甲羽扇豆-3β-羟基-20-酮	30-norlup-3β-hydroxy-20-one
30-去甲羽扇豆酸	30-norlup-28-oic acid
去甲雨石蒜碱	norpluviine
去甲玉叶金花苷酸甲酯	demethyl mussaenoside
去甲鸢尾黄酮新苷元 A、B	demethyl iristectorigenins A, B
去甲元宝酮 A～D	norsampsones A～D
去甲原阿比西尼亚千金藤碱	norprostephabyssine
N-去甲原青藤碱	N-norprotosinomenine
去甲月桂碱	norlaureline
N-去甲月芸香酮碱	N-demethyl lunidonine
去甲云实宁 A～F、MA～MD	norcaesalpinins A～F, MA～MD
去甲云树宁 (去甲云南山竹子素)	norcowanin
去甲早期灰毛豆酮 B	demethyl praecansone B
去甲泽拉木醛 (去甲基锡兰柯库木萜醛)	demethyl zeylasteral
4′-去甲泽兰黄醇素 (泽兰利亭、3, 5, 3′, 4′-四羟基-6, 7-二甲氧基黄酮)	4′-demethyl eupatin (3, 5, 3′, 4′-tetrahydroxy-6, 7-dimethoxyflavone, eupatolitin)
去甲獐牙菜葡萄糖苷	norswertiaglucoside
(+)-去甲樟灵碱	(+)-norcinnamolaurine

去甲樟脑	norcamphor
7-O-去甲柘树环叫酮 C	7-O-demethyl cudratrixanthone C
去甲止泻木查酰胺	norkurchamide
去甲止泻木二烯	norholadiene
3′-去甲中国蓟醇-4′-葡萄糖苷	3′-cirsiliol-4′-glucoside
N-去甲皱唐松草定碱 (N-去甲皱叶唐松草定碱)	N-demethyl thalrugosidine
去甲皱唐松草定碱 (去甲皱叶唐松草定碱)	northalrugosidine
(+)-2-去甲皱唐松草碱	(+)-2-northalrugosine
去甲珠节决明黄酮 A～D	demethyl torosaflavones A～D
4′-O-去甲猪屎豆酮	4′-O-demethyl crotaramin
N-去甲柱唐松草碱	N-demethyl thalistyline
5-O-去甲柱唐松草碱	5-O-demethyl thalistyline
去甲锥丝碱 (降泻木奈辛)	norconessine
去甲紫丁香苷	demethyl syringin
(−)-去甲紫花疆罂粟定	(−)-norroehybridine
4-去甲紫花络石苷元	4-demethyl traxillagenin
(−)-4′-去甲紫花络石苷元	(−)-4′-demethyl traxillagenin
去甲紫堇定	norcorydine
3-O-去甲紫穗槐醇苷元	3-O-demethyl amorphigenin
31-去甲紫薇醇乙酸酯	31-norlargerenol acetate
3-O-去甲紫药双叫酮苷 (3-O-去甲基紫红獐牙菜酚苷)	3-O-demethyl swertipunicoside
去甲总状花羊蹄甲酚	demethyl racemosol
9-去精氨酸缓激肽	9-deargininebradykinin
去咖啡酰毛蕊花糖苷	decaffeoyl acteoside
去咖啡酰圆齿列当苷	decaffeoyl crenatoside
去氯风龙明碱	dechloroacutumine
去氯青藤定 (去氯风龙米定碱)	dechloroacutumidine
去没食子酰基石榴皮素 A	degalloyl punicacortein A
去葡毛花洋地黄苷元 Ⅱ	desglucolanatigonin Ⅱ
去葡萄糖桂竹香毒苷	desglucocheiroloxin
去葡萄糖海绿苷 A、B	deglucoanagallosides A, B
去葡萄糖基波叶刚毛果苷	deglucouzarin (desglucouzarin, desglucouzarine)
去葡萄糖基糙龙胆苷	deglucoscabraside
去葡萄糖基楤木皂苷 (去葡萄糖基楤木洛苷) A	deglucosyl araloside A
去葡萄糖基寒原龙胆苷	deglucogelidoside
去葡萄糖基团花碱	deglycocadambine
28-去葡萄糖基竹节参皂苷 Ⅳ	28-deglucosyl chikusetsusaponin Ⅳ
28-去葡萄糖基竹节参皂苷 Ⅳa 丁酯	28-deglucosyl chikusetsusaponin Ⅳa butyl ester
去葡萄糖假叶树素	deglucoruscin

去葡萄糖芥卡诺醇苷	deglucoerycordin
28-去葡萄糖牛膝皂苷 D 甲酯	28-deglucosyl achyranthoside D methyl ester
去葡萄糖墙花毒苷	deglucocheirotoxin
去葡萄糖驱虫合欢树脂	deglucomusennin
去葡萄糖铁筷子素	deglucohellebrin
去葡萄糖洋地黄皂苷	deglucodigitonin
去羟长春碱	isoleusosine
去羟大叶唐松草灵碱	dehydroxythalifaroline
去羟基-15-O-甲基升麻醇	dehydroxy-15-O-methyl cimigenol
2-去羟基-15-羟基布氏鼠尾草醇	2-dehydroxy-15-hydroxyiguestol
3-去羟基-2-表大齿麻疯树烷	3-dehydroxy-2-epicaniojane
2‴-去羟基-3, 3″-双草原大戟苷元	2‴-dehydroxy-3, 3″-bisteppogenin
2‴-去羟基-3, 3″-双草原大戟苷元-7-O-β-D-吡喃葡萄糖苷	2‴-dehydroxy-3, 3″-bisteppogenin-7-O-β-D-glucopyranoside
1β-去羟基-4α-去乙酰浆果赤霉素 Ⅳ	1β-dehydroxy-4α-deacetyl baccatin Ⅳ
2-去羟基-5-O-甲基酸藤子酚	2-dehydroxy-5-O-methyl embelin
3-去羟基-8-去乙酰滇乌碱	3-deoxy-8-deacetyl yunaconitine
4-去羟基-N-(4, 5-亚甲二氧基-2-硝基苯亚甲基) 酪胺	4-dehydroxy-N-(4, 5-methylenedioxy-2-nitrobenzylidene) tyramine
5-去羟基补骨脂黄酮 A	5-dehydroxybavachinone A
6-去羟基长叶宽树冠木内酯	6-dehydroxyongilactone
9′-去羟基川木香醇 F	9′-dehydroxyvladinol F
7-去羟基大云实灵 Ⅰ	7-dehydroxycaesaldekarin Ⅰ
去羟基哥纳香素	goniothalamin
14-去羟基钩吻呋喃定	14-dehydroxygelsefuranidine
5-去羟基槲皮素-3-吡喃鼠李糖苷	5-dehydroxyquercetin-3-rhamnopyranoside
去羟基交让木明胺 A	dehydroxymacropodumine A
3′-去羟基迷迭香酸-3-O-β-D-吡喃葡萄糖苷	3′-dehydroxyrosmarinic acid-3-O-β-D-glucopyranoside
3′-去羟基迷迭香酸-3-O-葡萄糖苷	3′-dehydroxyrosmarinic acid-3-O-glucoside
3″-去羟基尼亚小金梅草苷	3″-dehydroxynyasicoside
3′-去羟基女贞泽兰素-3-O-β-D-葡萄糖苷	3′-dehydroxyeupalitin-3-O-β-D-glucoside
去羟基肉珊瑚苷元 (厚果草缩宫素)	utendin
去羟基肉珊瑚苷元-3-O-β-D-吡喃加拿大麻糖苷	utendin-3-O-β-D-cymaropyranoside
2″-去羟基三花龙胆苷	2″-dehydroxytrifloroside
5-去羟基山奈酚	5-dehydroxykaempferol
5-去羟基山奈酚-3-吡喃鼠李糖苷	5-dehydroxykaempferol-3-rhamnopyranoside
(6R)-去羟基斯盘荻内酯	(6R)-dehydroxysipandinolide
(R)-去羟基脱落醇-β-D-呋喃芹糖基-(1″→6′)-β-D-吡喃葡萄糖苷	(R)-dehydroxyabscisic alcohol-β-D-apiofuranosyl-(1″→6′)-β-D-glucopyranoside
18-去羟基膝瓣乌头碱 A～D	18-dehydroxygeniculatines A～D

13-去羟基印乌碱	13-dehydroxyindaconitine
5-去羟基紫草素	5-dehydroxyshikonin
去羟尖防己碱 (风龙米宁)	acutuminine
1-去羟浆果赤霉素 (1-去羟基巴卡亭) I～VI	1-dehydroxybaccatins I～VI
1β-去羟浆果赤霉素 IV、VI	1β-dehydroxybaccatins IV, VI
4-去羟亚菊素	4-dehydroxyajadin
去羟野芝麻新苷	ipolamiide
5-去羟异鼠李素 (杰拉尔顿三叶草酚)	5-dehydroxyisorhamnetin (geraldol)
3, 5-去羟异鼠李素 (杰拉尔顿三叶草酮)	3, 5-dehydroxyisorhamnetin (geraldone)
去芹糖基桔梗苷酸 A 内酯	deapioplatyconic acid A lactone
去芹糖基桔梗糖苷 E	deapioplatycoside E
去芹糖基桔梗皂苷 (去芹菜糖桔梗皂苷) D、D₃	deapioplatycodin D, D₃
去氢飞廉定 (脱氢飞廉定)	acanthodine
去氢黄柏苷 (脱氢黄柏苷) A～M	amurensins A～M
1-去肉桂酰 -1-(20-甲基丙烯酰基) 印楝波灵素 A～C	1-decinnamoyl-1-(20-methyl acryloyl) nimbolinins A～C
1-去肉桂酰 -1-苯甲酰基 -28-氧亚基日楝宁	1-decinnamoyl-1-benzoyl-28-oxoohchinin
1-去肉桂酰 -1-苯甲酰日楝宁	1-decinnamoyl-1-benzoyl ohchinin
1-去肉桂酰 -1-苯甲酰日楝宁内酯	1-decinnamoyl-1-benzoyl ohchininolide
1-去肉桂酰印楝波灵素 A～C	1-decinnamoyl nimbolinins A～C
去鼠李糖异毛蕊花糖苷	derhamnosyl isoacteoside
去鼠李糖异洋丁香酚苷 [2-(3, 4-二羟基苯) 乙基 -6-O-咖啡酰基 -β-D-吡喃葡萄糖苷]	desrhamnosyl isoacteoside [2-(3, 4-dihydroxyphenyl) ethyl-6-O-caffeoyl-β-D-glucopyranoside]
3, 6-去水 -D-半乳糖	3, 6-anhydro-D-galactose
去水 -L-半乳糖二甲基缩醛	anhydro-L-galactose dimethyl acetal
去水阿托品 (离阿托品、阿朴阿托品)	atropamine (apoatropine, atropyltropeine)
去水半乳糖	anhydrogalactose
去水鬼臼苦素	apopicropodophyllin
25-去水泽泻醇 A～F	25-anhydroalisols A～F
去四甲罂粟碱	papaveroline
1 (12), 22 (23)-去四氢拟西洋杉内酯	1 (12), 22 (23)-tetradehydrocabralealactone
去四氢铁杉脂素 (去四氢铁杉内酯)	detetrahydroconidendrin
去羧松萝酸	decarbousnic acid
16′-去甲氧羰基 -19, 20-二氢榴花胺 (16′-去甲氧羰基 -19, 20-二氢硬锥喉花胺)	16′-decarbomethoxy-19, 20-dihydroconoduramine
去羰甲氧基蕊木素	decarbomethoxykopsine
去羰甲氧基乌檀卡碱	decarbomethoxynauclechine
去羰甲氧基异蕊木素	decarbomethoxyisokopsine
1-O-去惕各酰基 -1-O-苯甲酰日楝醇醛	1-O-detigloyl-1-O-benzoyl ohchinolal
1-O-去惕各酰基 -1-O-桂皮酰日楝醇醛	1-O-detigloyl-1-O-cinnamoyl ohchinolal

1-去惕各酰基奇诺醛 (1-去惕各酰基奇诺醛)	1-detigloyl ohchinolal
去酰百合皂苷 (去酰野百合苷)	deacyl brownioside
去酰百金花苦素 B	decentapicrin B
去酰鹅绒藤苷元(去乙酰鹅绒藤苷元、去酰牛皮消苷元)	deacyl cynanchogenin (deacetyl cynanchogenin)
去酰伽氏矢车菊素	deacyl janerin
去酰基-反式-对香豆酸酯	deacyl-*trans*-*p*-coumarate
去酰蓟苦素	deacyl cyanaropicrin
去酰拉色芹素	deacyl laserin
去酰萝摩苷元	deacyl metaplexigenin
去酰美远志皂苷 B、C	deacyl senegasaponins B, C
去酰牛皮消苷元 (去酰鹅绒藤苷元)	deacyl cynanchogenin
去酰七叶素 I	deacyl escin I
去酰洋蓟苦素 (去酰基菜蓟苦素)	deacyl cynaropicrin
去酰野茉莉皂苷	deacyl jegosaponin
去酰异角胡麻苷	deacyl isomartynoside
去香豆酰东亚女贞内酯 (去香豆酰水腊树酯)	decoumaroyl ibotanolide
去硝基马兜铃酸	aristolic acid
去溴格林纳达鞘丝藻二烯 (格林纳达二烯)	debromogrenadadiene
去亚甲基伞花翠雀碱	demethylene delcorine
去亚甲基小檗碱	demethyleneberberine
(−)-1, 6-去氧胡椒环氧化物	(−)-1, 6-desoxypipoxide
3-去氧辽东楤木酮醇	3-deoxohirsutanonol
去氧毒伞素定	desoxoviroidin
去氧毒伞素噢辛	desoxoviroisin
5-*O*-去氧辽东楤木酮醇	5-*O*-deoxohirsutanonol
3-去氧辽东楤木酮醇-5-*O*-(6-*O*-β-D-芹糖基)-β-D-吡喃葡萄糖苷	3-deoxohirsutanonol-5-*O*-(6-*O*-β-D-apiosyl)-β-D-glucopyranoside
3-去氧辽东楤木酮醇-5-*O*-β-D-吡喃葡萄糖苷	3-deoxohirsutanonol-5-*O*-β-D-glucopyranoside
5-脱氧乳菇内酯 B	5-deoxylactarolide B
去氧肾上腺素 (间辛弗林、西内碱、脱氧肾上腺素)	phenylephrine (m-synephrine)
1-脱氧苏里南维罗蔻木酮	1-deoxycarinatone
去氧心叶水团花碱 (去氧考狄叶素)	desoxycordifoline
13-脱氧伊桐醇 A	13-deoxyitol A
10-去乙酰-10-氧亚基-7-表三尖杉宁碱	10-deacetyl-10-oxo-7-epicephalomannine
10-去乙酰-10-氧亚基-7-表云南紫杉宁 A	10-deacetyl-10-oxo-7-epitaxuyunnanine A
10-去乙酰-10-氧亚基-7-表紫杉醇	10-deacetyl-10-oxo-7-epitaxol
10-去乙酰-10-氧亚基浆果赤霉素 V	10-deacetyl-10-oxobaccatin V
7-去乙酰-17β-羟基印度楝二酮	7-deacetyl-17β-hydroxyazadiradione
2-去乙酰-2α-苯甲酰-5, 13-二乙酰红豆杉宁 A	2-deacetyl-2α-benzoyl-5, 13-diacetyl taxchinin A
2α-去乙酰-5α-去桂皮酰欧紫杉吉吩	2α-deacetyl-5α-decinnamoyl taxagifine

Q

7-去乙酰-7-苯甲酰红豆杉宁 I	7-deacetyl-7-benzoyl taxchinin I
10-去乙酰-7-木糖基紫杉醇	10-deacetyl-7-xylosyl paclitaxel
9-去乙酰-9-苯甲酰基-10-去苯甲酰去短叶老鹳草素醇	9-deacetyl-9-benzoyl-10-debenzoyl brevifoliol
9-去乙酰-9-苯甲酰基-10-去苯甲酰基紫杉奎宁 A	9-deacetyl-9-benzoyl-10-debenzoyl taxchinin A
2′β-去乙酰澳大利亚穗状红豆杉碱	2′β-deacetyl austrospicatine
7β-去乙酰澳大利亚穗状红豆杉碱	7β-deacetyl austrospicatine
2′-去乙酰澳洲红豆杉碱	2′-deacetyl austrotaxine
去乙酰白坚木碱	deacetyl aspidospermine
去乙酰白坚木亭	deacetyl aspidospermatine
19-去乙酰白酒草内酯	19-deacetyl conyzalactone
去乙酰白茅呋喃苷	deacetyl impecyloside
去乙酰百金花苦素	deacetyl centapicrin
去乙酰鲍登素	deacetyl bowdensine
去乙酰北美鹅掌楸醇 (三齿蒿素 A、三齿蒿定 A、塔揣定 A)	deacetyl tulirinol (tatridin A)
去乙酰吡呋定	deacetyl pyrifolidine
去乙酰苍耳素 (苍耳亭)	deacetyl xanthinin (xanthatin)
去乙酰蟾蜍它灵	deacetyl bufotalin
去乙酰长春刀灵	deacetyl vindoline
去乙酰长春碱	deacetyl vincaleukoblastine
去乙酰车叶草苷	deacetyl asperuloside
去乙酰车叶草苷酸	deacetyl asperulosidic acid
6α-去乙酰车叶草苷酸甲酯	6α-deacetyl asperulosidic acid methyl ester
6β-去乙酰车叶草苷酸甲酯	6β-deacetyl asperulosidic acid methyl ester
10-去乙酰车叶草酸	10-deacetyl asperulosidic acid
8-去乙酰滇乌碱	8-deacetyl yunaconitine
6-去乙酰东风橘内酯	6-deacetyl severinolide
去乙酰杜楝酯	deacetyl turraeanthin
去乙酰多榔菊碱	deacetyl doronine
去乙酰多态飞燕草次碱 (去乙酰飞燕草因碱)	deacetyl ambiguine
去乙酰番木鳖明	deacetyl strychnospermine
14-去乙酰飞燕草因碱	14-deacetyl ambiguine
O-去乙酰粉蕊黄杨碱 A、B	O-deacetyl pachysandrine A, B
去乙酰佛石松碱	deacetyl fawcettine
去乙酰富贵草胺 A	deacetyl pachysamine A
N-去乙酰赣皖乌头碱 (N-去乙酰赣乌碱)	N-deacetyl finaconitine
17α-去乙酰海杧果宁	17α-deacetyl tanghinin
17β-去乙酰海杧果宁	17β-deacetyl tanghinin
去乙酰赫克托鞘丝氯素 (去乙酰氯代赫克托素)	deacetyl hectochlorin

去乙酰胡黄连素	deacetyl picracin
去乙酰胡克车前苷	deacetyl hookerioside
25-去乙酰葫芦素 A	25-deacetyl cucurbitacin A
去乙酰华蟾蜍精	deacetyl cinobufagin (desacetyl cinobufagin)
去乙酰华蟾毒它灵	deacetyl cinobufotalin (desacetyl cinobufotalin)
去乙酰华泽兰素 A、B	deacetyl eupasimplicins A, B
(+)-5″-去乙酰灰叶因	(+)-5″-deacetyl purpurin
1-去乙酰喙荚云实素 A~C	1-deacetyl caesalmins A~C
1-O-去乙酰基-1-O-苯甲酰日楝内酯 B	1-O-deacetyl-1-O-benzoyl ohchinolide B
1-O-去乙酰基-1-O-惕各酰日楝内酯 A、B	1-O-deacetyl-1-O-tigloyl ohchinolides A, B
15-O-去乙酰基-15-O-甲基印楝波力定 B	15-O-deacetyl-15-O-methyl nimbolidin B
16-去乙酰基-16-脱水希氏尖药木苷 P	16-deacetyl-16-anhydroacoschimperoside P
3-去乙酰基-11 (15→1)-迁浆果赤霉素Ⅵ	3-deacetyl-11 (15→1)-*abeo*-baccatin Ⅵ
2-去乙酰基-11β, 13-二羟基黄质宁	2-deacetyl-11β, 13-dihydroxyxanthinin
去乙酰基-11β, 13-二氢卵南美菊素 (去乙酰基-11β, 13-二氢卵叶柄花菊素)	deacetyl-11β, 13-dihydroovatifolin
去乙酰基-11β, 13-二氢卵南美菊素-8-O-巴豆酸酯 (去乙酰基-11β, 13-二氢卵叶柄花菊素-8-O-巴豆酸酯)	deacetyl-11β, 13-dihydroovatifolin-8-O-tiglate
去乙酰基-11β, 13-二氢卵南美菊素-8-酮 (去乙酰基-11β, 13-二氢卵叶柄花菊素-8-酮)	)deacetyl-11β, 13-dihydroovatifolin-8-one
3-去乙酰基-12-O-甲基沃氏藤黄辛	3-deacetyl-12-O-methyl volkensin
5-O-去乙酰基-15-O-甲基印楝波力定 A	5-O-deacetyl-15-O-methyl nimbolidin A
去乙酰基-19, 20-环氧细胞松弛素 Q	deacetyl-19, 20-epoxycytochalasin Q
去乙酰基-1α, 4β-二羟基比梢菊内酯	deacetyl-1α, 4β-dihydroxybishopsolicepolide
去乙酰基-2, 3-二羟基土荆皮甲酸丙酯	deacetyl-2, 3-dihydroxypropyl pseudolarate A
去乙酰基-2, 3-二羟基土荆皮乙酸乙酯	deacetyl-2, 3-dihydroxypropyl pseudolarate B
7-去乙酰基-21α-甲氧基二氢鸦胆子宁 B	7-deacetyl-21α-methoxydihydrobruceajavanin B
3-去乙酰基-28-氧亚基印楝沙兰林	3-deacetyl-28-oxosalannin
3-去乙酰基-4′-去甲-28-氧亚基印楝沙兰林	3-deacetyl-4′-demethyl-28-oxosalannin
3-去乙酰基-4′-去甲印楝沙兰林	3-deacetyl-4′-demethyl salannin
17-O-去乙酰基-5β, 11-二甲氧基苦籽木林碱	17-O-deacetyl-5β, 11-dimethoxyakuammiline
去乙酰基-6-乙氧基车叶草苷酸甲酯	deacetyl-6-ethoxyasperulosidic acid methyl ester
7-去乙酰基-7-苯甲酰紫杉云亭 C	7-deacetyl-7-benzoyl taxayuntin C
10-去乙酰基-7-去苯甲酰氧基短叶紫杉醇	10-deacetyl-7-(debenzoyloxy) brevifoliol
7-去乙酰基艾弗非洲楝素	7-deacetyl khivorin
去乙酰基车叶草酸甲酯 (去乙酰基车叶草苷酸甲酯)	methyl deacetyl asperulosidate
3-去乙酰基灰毛浆果楝萜 D	3-deacetyl cipadonoid D
7-O-去乙酰基鸡脚参醇 A、B	7-O-deacetyl orthosiphols A, B
2-O-去乙酰基鸡脚参醇 J	2-O-deacetyl orthosiphol J
15-去乙酰基假咖啡苦皮树内酯	15-deacetyl sergeolide

14-去乙酰基宽树冠木烯	14-deacetyleurylene
14-去乙酰基款冬花素 [7β-(3-乙基顺式-巴豆酰氧基)-14-羟基石生诺顿菊酮]	14-deacetyl tussfarfarin [7β-(3-ethyl-*cis*-crotonoyloxy)-14-hydroxynotonipetranone]
1-去乙酰基雷公藤碱	1-deacetyl wilfordine
12-去乙酰基灵芝酸 H	12-deacetyl ganoderic acid H
3-去乙酰基去桂皮酰紫杉素 E	3-deacetyl decinnamoyl taxinine E
28-去乙酰基射干醛	28-deacetyl belamcandal
22-去乙酰基亚努萨酮 A	22-deacetyl yanuthone A
10-去乙酰基印度三尖杉碱	10-deacetyl cephalomannine
3-去乙酰基印楝沙兰林	3-deacetyl salannin
24-去乙酰基泽泻醇 O	24-deacetyl alisol O
3-去乙酰基鹧鸪花素 H	3-deacetyl trichilin H
12-去乙酰基鹧鸪花素 I	12-deacetyl trichilin I
7-去乙酰基紫杉云亭 D	7-deacetyl taxayuntin D
13-去乙酰加拿大紫杉烯	13-deacetyl canadensene
7-去乙酰加拿大紫杉烯	7-deacetyl canadensene
去乙酰假蒟酰胺 B	deacetyl sarmentamide B
5α-去乙酰浆果赤霉素	5α-deacetyl baccatin
10-去乙酰浆果赤霉素 (10-去乙酰巴卡亭) I ~ VI	10-deacetyl baccatins I ~ VI
7, 9-去乙酰浆果赤霉素 IV	7, 9-deacetyl baccatin IV
11-去乙酰浆果赤霉素 VI	11-deacetyl baccatin VI
7, 9, 10-去乙酰浆果赤霉素 VI	7, 9, 10-deacetyl baccatin VI
9-去乙酰浆果赤霉素 VI	9-deacetyl baccatin VI
去乙酰交让木苷	deacetyl daphylloside
去乙酰角胡麻苷	deacetyl martynoside
6-去乙酰筋骨草灵	6-deacetyl ajugarin
去乙酰筋骨草灵 IV	deacetyl ajugarin IV
6-*O*-去乙酰筋骨草马灵	6-*O*-deacetyl ajugamarin
去乙酰锯齿泽兰内酯	deacetyl eupaserrin
O-去乙酰苦籽木碱 (*O*-去乙酰匹克拉林碱)	*O*-deacetyl picraline
去乙酰苦籽木碱 (去乙酰匹克拉林碱)	deacetyl picraline
去乙酰苦籽木碱-3, 4, 5-三甲氧基苯甲酸酯	deacetyl picraline-3, 4, 5-trimethoxybenzoate
去乙酰苦籽木林碱	deacetyl akuammiline
N-去乙酰刺乌头碱	*N*-deacetyl lappaconitine
去乙酰刺乌头碱	deacetyl lappaconitine
去乙酰缫木酸	deacetyl lyofolic acid
去乙酰卵南美菊素 (去乙酰卵叶柄花菊素、去乙酰柄花菊素)	deacetyl ovatifolin
去乙酰萝藦苷元	deacetyl metaplexigenin
去乙酰骆驼蓬苷	deacetyl peganetin

去乙酰麦冬皂苷 A	deacetyl ophiopojaponin A
N-去乙酰毛茛叶乌头碱 (去乙酰冉乌头碱)	N-deacetyl ranaconitine
去乙酰毛喉鞘蕊花素	deacetyl forskolin
去乙酰毛花苷 C (西地兰)	desacetyl lanatoside C (deslanoside, cedilanid)
去乙酰毛花洋地黄苷 (去乙酰毛花强心苷、去乙酰毛花苷) D	desacetyl lanatosides D
去乙酰母菊内酯酮 (去乙酰母菊酮素)	desacetyl matricarin
去乙酰牡荆内酯	deacetyl vitexilactone
去乙酰南烛毒素 (南烛醇 B)	deacetyl lyoniatoxin (lyoniol B)
去乙酰柠檬林素 (去乙酰闹米林)	deacetyl nomilin
去乙酰柠檬林素 -17-β-D- 吡喃葡萄糖苷	deacctyl nomilin-17-β-D-glucopyranoside
去乙酰柠檬林素 -1-O- 没食子酸酯	deacetyl nomilin-1-O-gallate
去乙酰柠檬林素葡萄糖苷	deacetyl nomilin glucoside
去乙酰柠檬林酸 (去乙酰闹米林酸)	deacetyl nomilinic acid
去乙酰柠檬林酸 -17-β-D- 吡喃葡萄糖苷	deacetyl nomilinic acid-17-β-D-glucopyranoside
去乙酰柠檬林酸葡萄糖苷	deacetyl nomilinic acid glucoside
去乙酰牛奶藤素	deacetyl tomentosin
去乙酰欧洲夹竹桃苷丙	deacetyl oleandrin C
去乙酰匹克拉林碱 (去乙酰苦籽木碱)	deacetyl picraline
去乙酰匹克拉林碱 -3, 4, 5- 三甲氧基苯甲酸酯	deacetyl picraline-3, 4, 5-trimethoxybenzoate
去乙酰普梭草酮 H	deacetyl vismione H
19-O- 去乙酰乔德黄芩素 A	19-O-deacetyl jodrellin A
2- 去乙酰去桂皮酰紫杉素 E	2-deacetyl decinnamoyl taxinine E
去乙酰去甲酰基阿枯米灵碱	deacetyl desformoakuammiline
去乙酰去甲酰苦籽木碱	deacetyl deformopicraline
1-O- 去乙酰日楝内酯 A、B	1-O-deacetyl ohchinolides A, B
去乙酰鼠尾草酮酚	deacetyl salvianonol
去乙酰四脉银胶菊素 A	deacetyl tetraneurin A
10β- 去乙酰穗状红豆杉亭	10β-deacetyl spicatine
去乙酰台湾牛奶菜孕甾苷	deacetyl marsformoside
去乙酰土荆皮丙酸	deacetyl pseudolaric acid C
去乙酰土荆皮甲酸	deacetyl pseudolaric acid A
去乙酰脱氢母菊内酯酮	deacetyl dehydromatricarin
去乙酰脱氢茸毛牛奶藤素	deacetyl dehydrotomentidin
2-O- 去乙酰卫矛宁碱 (2-O- 去乙酰异卫矛碱)	2-O-deacetyl euonine
去乙酰文拉亭	deacetyl vinblastine
去乙酰狭裂金眼菊素	deacetyl viguiestenin
去乙酰旋覆花次内酯	deacetyl inulicin
去乙酰旋覆花内酯 B	deacetyl inuchinenolide B
7- 去乙酰鸦胆子宁 A、B	7-deacetyl bruceajavanins A, B

Q

1-去乙酰氧基-1-氧亚基喙荚云实素 C	1-deacetoxy-1-oxocaesalmin C
2-去乙酰氧基-10-乙酰基紫杉碱 B	2-deacetoxy-10-acetyl taxine B
13-去乙酰氧基-13, 15-环氧-11 (15→1)-迁-13-表浆果赤霉素 VI	13-deacetoxy-13, 15-epoxy-11 (15→1)-*abeo*-13-epi-baccatin VI
12-去乙酰氧基-15α-羟基-23-表-26-脱氧类叶升麻素	12-deacetoxy-15α-hydroxy-23-epi-26-deoxyactein
12-去乙酰氧基-23-表-26-脱氧类叶升麻素	12-deacetoxy-23-epi-26-deoxyactein
2-去乙酰氧基-5-去桂皮酰基紫杉素 J	2-deacetoxy-5-decinnamoyl taxinine J
3-去乙酰氧基-6-乙酰氧基大云实灵 E	3-deacetoxy-6-acetoxycaesaldekarin E
2-去乙酰氧基-7, 9-二去乙酰基紫杉素 J	2-deacetoxy-7, 9-dideacetyl taxinine J
10-去乙酰氧基-7-木糖基紫杉醇	10-deacetoxy-7-xylosyl taxol
6-去乙酰氧基-7-去乙酰基溪杪素	6-deacetoxy-7-deacetyl chisocheton
2-去乙酰氧基-9-乙酰氧基紫杉碱 A、B	2-deacetoxy-9-acetoxytaxines A, B
3-去乙酰氧基-9-乙酰氧基紫杉碱 A、B	3-deacetoxy-9-acetoxytaxines A, B
2′β-去乙酰氧基澳大利亚穗状红豆杉碱	2′β-deacetoxyaustrospicatine
2′-去乙酰氧基穗花澳紫杉碱	2′-deacetoxyaustrospicatine
10-去乙酰氧基巴卡亭 III	10-deacetoxybaccatin III
17-去乙酰氧基长春花碱	17-desacetoxyvinblastine
4-去乙酰氧基长春碱	4-desacetoxyvinblastine
去乙酰氧基长春碱	deacetoxyvinblastine
17-去乙酰氧基长春碱氧化物	17-desacetoxyvinblastine oxide
17-去乙酰氧基长春米定	17-deacetoxyvinamidine
2-去乙酰氧基东北紫杉素 (2-去乙酰氧基紫杉斯品) C	2-deacetoxytaxuspine C
去乙酰氧基灌木香料酮	deacetyl fruticolone
12-去乙酰氧基红椿林素	12-deacetoxytoonacilin
去乙酰氧基葫芦素 B-2-*O*-葡萄糖苷	deacetoxycucurbitacin B-2-*O*-glucoside
17-去乙酰氧基环氧长春碱 (17-去乙酰氧基环氧长春洛辛)	17-desacetoxyleurosine
17-去乙酰氧基环长春碱	17-deacetoxycyclovinblastine
4-去乙酰氧基环长春碱	4-deacetoxycyclovinblastine
去乙酰氧基母菊酮素	deacetoxymatricarin
2-去乙酰氧基去肉桂酰紫杉素 J (2-去乙酰氧基去肉桂酰紫杉宁 J)	2-deacetoxydecinnamoyl taxinine J
去乙酰氧基山兰内酯 B	deacetoxyhiyodorilactone B
2-去乙酰氧基脱氧帕尔瓜醇 (2-去乙酰基脱氧帕尔古拉海兔醇)	2-deacetoxydeoxyparguerol
3-去乙酰氧基乙酰氧基大云实灵 E	3-deacetoxy-acetoxycaesaldekarin E
2-去乙酰氧基紫杉素 (2-去乙酰氧基红豆杉素) A～J	2-deacetoxytaxinines A～J
去乙酰异叶乌头定碱	deacetyl heterophylloidine
去乙酰印苦楝素	deacetyl azadirachtin
15-*O*-去乙酰印楝波力定 B	15-*O*-deacetyl nimbolidin B
1-去乙酰印楝波灵素 (1-去乙酰印楝波力宁) A、B	1-deacetyl nimbolinins A, B

去乙酰原藜芦碱 A、B	deacetyl protoveratrines A, B
10-去乙酰云南红豆杉紫杉烷	10-deacetyl yunnanaxane
10-去乙酰云南紫杉宁 A	10-deacetyl taxuyunnanine A
12-*O*-去乙酰鹧鸪花素 H	12-*O*-deacetyl trichilin H
2-去乙酰中国紫杉三烯甲素	2-deacetyl taxachitriene A
5-去乙酰中国紫杉三烯乙素	5-deacetyl taxachitriene B
1-去乙酰中华青牛胆苷 A	1-deacetyl tinosineside A
10-去乙酰紫杉醇	10-desacetyl paclitaxel
10-去乙酰紫杉醇 (10-去乙酰紫杉酚) A～C	10-deacetyl taxols A～C
2-去乙酰紫杉碱 A、B	2-deacetyl taxines A, B
10-去乙酰紫杉素 A、B	10-deacetyl taxinines A, B
去乙酰紫玉盘素	deacetyl uvaricin
去乙酰紫玉盘辛	desacetyl uvaricin
2-去乙氧基-2-甲氧基白花地胆草林素	2-deethoxy-2-methoxyphantomolin
2-去乙氧基-2-羟基白花地胆草林素	2-deethoxy-2-hydroxyphantomolin
2-去乙氧基-2β-甲氧基柔毛地胆素	2-deethoxy-2β-methoxyphantomolin
2-去异戊烯基瑞地亚木𠮿酮 B	2-deprenyl rheediaxanthone B
全瓣红景天苷 (圣地红景天新苷) A、B	sacranosides A, B
全萼苔-8 (12)-烯-4-酮	gymnomitr-8 (12)-en-4-one
(+)-全萼苔-8 (12)-烯-9α-醇	(+)-gymnomitr-8 (12)-en-9α-ol
全萼苔-8 (12)-烯-9α-醇	gymnomitr-8 (12)-en-9α-ol
全萼苔-8 (12)-烯-9-酮	gymnomitr-8 (12)-en-9-one
全萼苔醇	gymnomitrol
全萼苔烯	gymnomitrene
全反式-2, 4, 6, 8, 10, 12-十四碳六烯-1, 14-二醛	all *trans*-2, 4, 6, 8, 10, 12-tetradecahexen-1, 14-dial
全反式-β-胡萝卜素	all-*trans*-β-carotene
全反式-β-隐黄质	all-*trans*-β-cryptoxanthin
全反式-角鲨烯	all-*trans*-squalene
全反式-新黄质	all-*trans*-neoxanthin
全反式-玉米黄质	all-*trans*-zeaxanthin
全反式-藏红花酸-β-龙胆二糖基-β-D-葡萄糖酯	all-*trans*-crocetin-β-gentiobiosyl-β-D-glucosyl ester
全反式-藏红花酸-单 (β-D-葡萄糖基) 酯	all-*trans*-crocetin-mono (β-D-glucosyl) ester
全反式-藏红花酸-单 (β-龙胆二糖基) 酯	all-*trans*-crocetin-mono (β-gentiobiosyl) ester
全反式-藏红花酸-二 (β-D-葡萄糖基) 酯	all-*trans*-crocetin-di (β-D-glucosyl) ester
全反式-藏红花酸-二 (β-龙胆二糖基) 酯	all-*trans*-crocetin-di (β-gentiobiosyl) ester
全能花宁碱 A～D	pancratinines A～D
全能花素 (双花母草素、全能花苷)	biflorin
全顺式-5, 8, 11, 14-二十碳四烯酸 (花生四烯酸)	all-*cis*-5, 8, 11, 14-eicosatetraenoic acid (arachidonic acid)
全斯托碱	transtorine
全蝎毒素	buthotoxin

全缘碱 (全缘千里光碱、峨眉千里光 A 碱)	squalidine (integerrimine)
全缘金光菊酸	fulgidic acid
全缘金粟兰内酯 A～F	chlorahololides A～F
全缘喹啉碱	integriquinoline
全缘喹诺酮	integriquinolone
全缘漏芦甾酮 (全缘叶漏芦甾酮)	integristerone
全缘宁	integerrenine
全缘千里光碱 (全缘碱、峨眉千里光 A 碱)	integerrimine (squalidine)
全缘任	integerrine
全缘素	integerressine
全缘叶花椒酰胺	integriamide
全缘叶漏芦甾酮 A	integristerone A
全缘叶雄菊素	integrifolin
拳距瓜叶乌头碱 A～G	circinasines A～G
醛	aldehyde
醛醇	aldol
醛醇断马钱素	aldosecologanin
(E)-醛醇开环马钱素	(E)-aldosecologanin
(Z)-醛醇开环马钱素	(Z)-aldosecologanin
醛次乌头碱	aldohypaconitine
1α-醛基 -2β-(3- 丁酮)-3α-甲基-6β-(2- 丙酸) 环己烷	1α-aldehyde-2β-(3-butanone)-3α-methyl-6β-(2-propanoic acid) cyclohexane
1α-醛基 -2β-(3- 丁酮)-3α-甲基-6β-(2- 丙烯酸) 环己烷	1α-aldehyde-2β-(3-butanone)-3α-methyl-6β-(2-propenoic acid) cyclohexane
5-醛基-5′-(3- 丁烯 -1-炔基)-2, 2′-二联噻吩	5-carboxaldehyde-5′-(3-buten-1-ynyl)-2, 2′-bithiophene
6-醛基 -7-O- 甲基异麦冬黄烷酮 A、B	6-aldehydo-7-O-methyl isoophiopogonanones A, B
(1R)-醛基 -D- 葡萄糖二甲基单硫缩醛五乙酸酯	(1R)-aldehydo-D-glucose dimethyl monothioacetal pentaacetate
醛基长春碱 (新长碱、长春新碱、留卡擦辛碱)	leurocristine (vincristine)
23-醛基果渣酸 (23-醛基坡模酸)	23-aldehydepomolic acid
7-醛基去二氢海罂粟碱	7-formyl didehydroglaucine
6-醛基异麦冬高异黄酮	6-aldehydoisoophiopogone
6-醛基异麦冬黄酮 A、B	6-aldehydoisoophiopogonones A, B
6-醛基异麦冬黄烷酮 A、B	6-aldehydoisoophiopogonanones A, B
醛赖氨酸	allysine
醛三哌啶	aldotripiperidine
醛酸	aldehydic acid
醛糖	aldose
醛甾酮	aldosterone
L-犬尿氨酸 (L-犬尿酸、L-犬尿喹啉酸)	L-kynurenine

犬尿氨酸 (犬尿素、犬尿喹啉酸)	kynurenine
犬问荆次碱 (犬问荆定)	palustridine
犬问荆碱	palustrine
8-炔壬酸甲酯	methyl 2-nonynoate
雀稗灵	paspaline
雀稗辛	paspalicine
雀斑党参苷 I	ussurienoside I
雀巢冬凌草宁	trichorabdonin
雀儿舌头宁	andrachnine
雀舌黄杨碱 A～E	buxbodines A～E
雀舌木尼啶	andrachcinidine
鹊鬼伞酸	picacic acid
鹊肾树醇 C～E	streblusols C～E
鹊肾树醇苷	strebloside
鹊肾树苷	sioraside
鹊肾树醌	streblusquinone
鹊肾树洛苷	asperoside
鹊肾树木脂醇	strebluslignanol
鹊肾树木脂醇 F	strebluslignanol F
裙带菜多糖-2	undaria pinnatifida polysaccharide-2 (UPP-2)
裙带菜苷 (达伦代苷、达伦代黄芩苷) A、B	darendosides A, B
裙带菜硫酸化多糖	undaria pinnatifida sulfated polysaccharide (SPUP)
裙带菜糖蛋白	undaria pinnatifida glycoprotein (UPGP)
群柱内酯	clavulactone
髯毛波纹藻酚	cymobarbatol
髯毛锦紫苏素	barbatusin
冉昔定	renoxydine (reserpoxidine)
染匠红明	tinctormine
染料木苷 (金雀异黄苷、染料木素-7-O-葡萄糖苷)	genistin (genistoside, genistein-7-O-glucoside)
染料木黄酮 (染料木素、染料木因、金雀异黄素、5,7,4′-三羟基异黄酮)	genisteol (prunetol, sophoricol, genistein, 5, 7, 4′-trihydroxyisoflavone)
染料木属碱	genista base
2′-染料木素	2′-genistein
染料木素 (染料木因、染料木黄酮、金雀异黄素、5,7,4′-三羟基异黄酮)	genistein (prunetol, sophoricol, genisteol, 5, 7, 4′-trihydroxyisoflavone)
染料木素 (染料木因、染料木黄酮、金雀异黄素、5,7,4′-三羟基异黄酮)	prunetol (genistein, sophoricol, genisteol, 5, 7, 4′-trihydroxyisoflavone)
染料木素-4′,7-二甲醚	genistein-4′, 7-dimethyl ether
染料木素-4′-O-(6″-O-α-L-吡喃鼠李糖基)-β-槐糖苷	genistein-4′-O-(6″-O-α-L-rhamnopyranosyl)-β-sophoroside
染料木素-4′-O-β-D-吡喃葡萄糖苷	genistein-4′-O-β-D-glucopyranoside

R

染料木素 -4′-O-β- 葡萄糖苷 (槐苷、槐属苷、槐角苷、槐可苷)	genistein-4′-O-β-glucoside (sophoricoside)
染料木素 -4′-β-L- 吡喃鼠李糖基 -(1→2)-α-D- 吡喃葡萄糖苷	genistein-4′-β-L-rhamnopyransoyl-(1→2)-α-D-glucopyranoside
染料木素 -5-O- 甲基 -8-C-β-D- 吡喃葡萄糖苷	genistein-5-O-methyl-8-C-β-D-glucopyranoside
染料木素 -6″-O- 丙二酸酯	genistein-6″-O-malonate
染料木素 -7, 4′- 二 -O-β-D- 吡喃葡萄糖苷	genistein-7, 4′-di-O-β-D-glucopyranoside
染料木素 -7, 4′- 二 -O-β-D- 葡萄糖苷	genistein-7, 4′-di-O-β-D-glucoside
染料木素 -7-O-α-L- 吡喃鼠李糖苷 -4′-O-(6‴-O-α-L- 吡喃鼠李糖基)-β- 槐糖苷	genistein-7-O-α-L-rhamnopyranoside-4′-O-(6‴-O-α-L-rhamnopyranosyl)-β-sophoroside
染料木素 -7-O-β-(6″- 琥珀酰基)-D- 葡萄糖苷	genistein-7-O-β-(6″-O-succinyl)-D-glucoside
染料木素 -7-O-β-D-(6″-O- 乙酰吡喃葡萄糖苷)	genistein-7-O-β-D-(6″-O-acetyl glucopyranoside)
染料木素 -7-O-β-D- 吡喃半乳糖苷	genistein-7-O-β-D-galactopyranoside
染料木素 -7-O-β-D- 吡喃葡萄糖苷 -4′-O-(6‴-O-α-L- 吡喃鼠李糖基)-β- 槐糖苷	genistein-7-O-β-D-glucopyranoside-4′-O-(6‴-O-α-L-rhamnopyranosyl)-β-sophoroside
染料木素 -7-O-β-D- 吡喃葡萄糖苷 -4′-O-β-D- 吡喃葡萄糖苷	genistein-7-O-β-D-glucopyranoside-4′-O-β-D-glucopyranoside
染料木素 -7-O-β-D- 呋喃芹糖基 -(1→6)-O-β-D- 吡喃葡萄糖苷	genistein-7-O-β-D-apiofuranosyl-(1→6)-O-β-D-glucopyranoside
染料木素 -7-O- 葡萄糖苷 (染料木苷、金雀异黄苷)	genistein-7-O-glucoside (genistin, genistoside)
染料木素 -7-O- 葡萄糖苷 -6″-O- 丙二酸酯	genistein-7-O-glucoside-6″-O-malonate
染料木素 -7-β-D- 纤维素二糖苷	genistein-7-β-D-cellobioside
染料木素 -7- 二葡萄糖基鼠李糖苷	genistein-7-diglucorhamnoside
染料木素 -7- 葡萄糖苷 (槐树苷)	genistein-7-glucoside
染料木素 -8-C- 葡萄糖苷	genistein-8-C-glucoside
染料木素 -8-C- 芹糖基 -(1→6)- 吡喃葡萄糖苷	genistein-8-C-apiosyl-(1→6)-glucopyranoside
染料木素 -8-C- 芹糖基 -(1→6)- 葡萄糖苷	genistein-8-C-apiosyl-(1→6)-glucoside
染料木质	genisteine
染木树苷 A～F	saprosmosides A～F
染色厚壳桂酮	infectocaryone
蘘荷二醛	miogadial
蘘荷三醛	miogatrial
蘘荷萜醛	mioganal
荛花酚 A、B	wikstrols A, B
荛花弯酮 (台湾荛花黄酮) A、B	wikstaiwanones A, B
荛花烯醇	wikstroemol
荛花香茶菜素 B	wikstroemioidin B
荛花酯 A～J	wikstroelides A～J
绕贝辛	robecine
绕默定	roemeridine

D-绕内因	D-romneine
绕替宁	robustinine
绕维定 (绕维定碱、长春洛维定)	rovidine
惹烯	retene
热精胺	thermospermine
热马酮 (来门酮、萝藦酮)	ramanone
热嗪碱 (热嗪、阿枯米定碱、阿枯米定、苦籽木定碱)	rhazine (akuammidine)
热原油酸酯	calotropoleanyl ester
人面子属碱	dracontomelum base
人参倍半萜烯	panacene
人参醇 (镰叶芹醇、人参炔醇)	carotatoxin (falcarinol, panaxynol)
人参醇炔	panaxyne
人参多糖 A～U、GH-2	panaxans A～U, GH-2
人参二醇 (人参萜二醇)	panaxadiol
人参二酮	panaxadione
人参二烯	panaxene
人参花皂苷 A～P、Ka～Kc、La、Lb、Ta～Td	floralginsenosides A～P, Ka～Kc, La, Lb, Ta～Td
人参环氧炔醇	panaxydol
人参黄酮	ginsenflavone
人参黄酮苷 (人参草黄苷、山奈酚 -3-O-葡萄糖基 -(1→2)-半乳糖苷)	panasenoside (kaempferol-3-O-glucosyl-(1→2)-galactoside)
人参精	panaxagin
人参精烯	panaginsene
人参宁	ginsenin
人参炔 A～K	ginsenoynes A～K
人参炔 A 亚油酸酯	ginsenoyne A linoleate
人参炔醇 (镰叶芹醇、人参醇)	panaxynol (falcarinol, carotatoxin)
人参炔醇亚油酸酯	panaxynol linoleate
人参炔氯二醇	panaxydol chlorohydrine
人参三醇	panaxatriol
D-人参三糖 (D-潘糖)	panose
人参三糖 A～D	panoses A～D
人参三酮	panaxatrione
人参属苷 A (三七皂苷 C_1)	panaxoside A (sanchinoside C_1)
人参酸	panax acid
人参萜醇 A、B	panasinsanols A, B
人参萜烯	ginsinsene
人参酮炔醇	panaxacol
人参娃儿藤萜烯醇 A、B	tylolupenlols A, B
α (β)- 人参烯	α (β)-panasinsene

R

α-人参烯	α-panasinsene
β-人参烯	β-panasinsene
人参新萜醇	ginsenol
人参皂苷 C～Y、F1～F6、Fc、Mc、M7、R0～R10、Ra0～Ra3、Rb1～Rb3、Rc、Rd、Rd2、Re、Re4、Rf、Rg1～Rg6、Rh1～Rh8、Rk1～Rk3、Ro、Rs1～Rs5	ginsenosides C～Y, F1～F6, Fc, Mc, M7, R0～R10, Ra0～Ra3, Rb1～Rb3, Rc, Rd, Rd2, Re, Re4, Rf, Rg1～Rg6, Rh1～Rh8, Rk1～Rk3, Ro, Rs1～Rs5
(20S)-人参皂苷 Rh1、Rh2、Rg2、Rg3、Mc	(20S)-ginsenosides Rh1, Rh2, Rg2, Rg3, Mc
(20R)-人参皂苷 Rh1、Rh2、Rg2、Rg3、Tg2、Rs3	(20R)-ginsenosides Rh1, Rh2, Rg2, Rg3, Tg2, Rs3
人心房利钠肽	human atrial natriuretic peptide
人心果苷	manilkoraside
人字果碱	isopyroine
壬-3-烯-2-酮	non-3-en-2-one
2-壬醇	2-nonanol
1-壬醇	1-nonanol
5-壬醇	5-nonanol
壬醇	nonanol (nonyl alcohol)
2-壬醇乙酸酯	2-nonanyl acetate
壬氮烷	nonaazane
2, 4-壬二硫醇	2, 4-nonadithiol
壬二酸 (1, 9-壬二酸、杜鹃花酸、1, 7-庚二甲酸)	anchoic acid (1, 9-nonanedioic acid, azelaic acid, 1, 7-heptanedicarbonylic acid, lepargylic acid)
壬二酸 (杜鹃花酸、1, 7-庚二甲酸、1, 9-壬二酸)	lepargylic acid (anchoic acid, azelaic acid, 1, 7-heptanedicarbonylic acid, 1, 9-nonanedioic acid)
1, 9-壬二酸 (壬二酸、杜鹃花酸、1, 7-庚二甲酸)	1, 9-nonanedioic acid (anchoic acid, azelaic acid, 1, 7-heptanedicarbonylic acid, lepargylic acid)
壬二酸 2, 3-二甘油酯	bis (2, 3-diglyceryl) nonanedioate
壬二酸二甲酯 (杜鹃花酸二甲酯)	dimethyl nonanedioate (dimethyl azelate)
壬二酸甲酯	dimethyl nonanedioate
(3E, 5E)-3, 5-壬二烯-2-酮	(3E, 5E)-3, 5-nonadien-2-one
3, 8-壬二烯-2-酮	3, 8-nonadien-2-one
(2E, 5E)-2, 5-壬二烯-4-酮	(2E, 5E)-2, 5-nonadien-4-one
2, 6-壬二烯醇	2, 6-nondienol
壬二烯醇	nonadienol
(2E, 6Z)-壬二烯醛	(2E, 6Z)-nonadienal
(2Z, 6Z)-壬二烯醛	(2Z, 6Z)-nonadienal
2, 4-壬二烯醛	2, 4-nonadienal
2, 6-壬二烯醛	2, 6-nondienal
壬二烯醛	nonadienal
2, 4-壬二烯酸	2, 4-nonadienoic acid
壬基苯酚	nonyl phenol

10-壬基二十一烷	10-nonaneyl heneicosane
壬基环丙烷	nonyl cyclopropane
2, 6-壬基亚甲基吡啶	2, 6-nonamethylene pyridine
壬基乙基醚	nonyl ethyl ether
2-壬硫醇	2-nonanethiol
γ-壬内酯	γ-nonalactone
Δ-壬内酯	Δ-nonalactone
壬醛 (天竺葵醛)	nonaldehyde (nonanal, nonyl aldehyde, pelargonaldehyde)
3-壬炔-2-醇	3-nonyn-2-ol
8-壬炔酸	8-nonynoic acid
壬酸 (天竺葵酸)	nonanoic acid (pelargonic acid)
壬酸甲酯	methyl *n*-nonanoate
壬酸壬酯	nonyl nonanoate
壬酸十五醇酯	pentadecyl pelargonate
壬酸乙酯	ethyl nonanoate
壬糖	nonaose
2-壬酮	2-nonanone
3-壬酮	3-nonanone
5-壬酮	5-nonanone
α-壬酮	α-nonanone
3-壬烷基-3-十二烷基二十二醇	3-dodecyl-3-nonyl docosan-1-ol
4-壬烷硫醇	4-nonanethiol
2-壬烯	2-nonene
1-壬烯	1-nonene
(*E*)-2-壬烯-1-醇	(*E*)-2-nonen-1-ol
(*Z*)-4-壬烯-1-醇	(*Z*)-4-nonen-1-ol
(*E*)-4-壬烯-2-硫醇	(*E*)-4-nonen-2-thiol
(*Z*)-4-壬烯-2-硫醇	(*Z*)-4-nonen-2-thiol
1-壬烯-3-醇	1-nonen-3-ol
1-壬烯-4-硫醇	1-nonen-4-thiol
(*E*)-2-壬烯-4-硫醇	(*E*)-2-nonen-4-thiol
(*Z*, *E*)-2-壬烯-4-炔	(*Z*, *E*)-2-nonen-4-yne
1-壬烯-4-酮	1-nonen-4-one
(2*E*)-2-壬烯-4-酮	(2*E*)-2-nonen-4-one
(*E*)-6-壬烯醇	(*E*)-6-nonenol
6-壬烯醇	6-nonenol
(2*E*)-2-壬烯二酸	(2*E*)-2-nonenedioic acid
2-壬烯醛	2-nonenal
(*Z*)-2-壬烯醛	(*Z*)-2-nonenal
(*E*)-2-壬烯醛	(*E*)-2-nonenal

R

壬烯醛	nonenal
6-壬烯酸	6-nonenoic acid
2-壬烯酸	2-nonenoic acid
4-壬烯酸二十九醇酯	nonacosyl non-4-enoate
壬酰香草胺	nonoyl vanillyl amide
仁昌南五味子甲素、乙素	renchangianins A, B
仁昌南五味子内酯 A	renchanglactone A
忍冬苯丙素醇	lonicerinol
忍冬苯基环烯醚萜 A～D	loniphenyruviridosides A～D
忍冬苷 [木犀草素-7-O-新橙皮糖苷、忍冬苦苷、木犀草素-7-O-α-L-吡喃鼠李糖基-(1→2)-β-D-吡喃葡萄糖苷]	lonicerin [luteolin-7-O-neohesperidoside, loniceroside, luteolin-7-O-α-L-rhamnopyranosyl-(1→2)-β-D-glucopyranoside]
忍冬黄酮 D	japoflavone D
忍冬碱苷 A～W	lonijaposides A～W
忍冬苦苷 [木犀草素-7-O-新橙皮糖苷、忍冬苷、木犀草素-7-O-α-L-吡喃鼠李糖基-(1→2)-β-D-吡喃葡萄糖苷]	loniceroside [luteolin-7-O-neohesperidoside, lonicerin, luteolin-7-O-α-L-rhamnopyranosyl-(1→2)-β-D-glucopyranoside]
忍冬属黄酮	loniflavone
忍冬素 (忍冬黄素)	loniceraflavone
忍冬素-6-鼠李葡萄糖苷	loniceraflavone-6-rhamnoglucoside
忍冬缩醛苷 (忍冬属环烯醚萜内酯) A、B	loniceracetalides A, B
韧革菌灵 A～C	sterins A～C
韧革菌宁 A～M	sterenins A～M
韧黄芩素 Ⅰ、Ⅱ	tenaxins Ⅰ, Ⅱ
韧黄芩素 Ⅱ (5, 7, 2′-三羟基-6-甲氧基黄酮)	tenaxin Ⅱ (5, 7, 2′-trihydroxy-6-methoxyflavone)
Δ^{10}-5α-妊娠烯醇酮 (Δ10-5α-孕烯醇酮)	Δ^{10}-5α-pregnenolone
日把里尼定 (里德巴福木定)	ribalinidine
日柏酮	hinokione
日本八角枫倍半萜素 A	alangisesquin A
日本草薢苷 A～H	dioseptemlosides A～H
日本扁柏氨基甲酸酯 (扁柏氨基甲酸酯) A、B	obtucarbamates A, B
日本扁柏酸酐	obtuanhydride
日本蟾蜍毒安灵醇 (日蟾毒它灵醇)	gamabufotalininol
日本蟾蜍毒苷元	gamabufogenin
日本蟾蜍毒它灵 (日蟾毒它灵)	gamabufotalin
日本蟾蜍毒它灵-3-辛二酸氢酯	gamabufotalin-3-hydrogen suberate
日本刺参二醇	oplodiol
日本刺参二醇-1-O-β-D-吡喃葡萄糖苷	oplodiol-1-O-β-D-glucopyranoside
日本刺参萜酮	oplopanone
日本刺参烯酮	oplopenone

日本当归醇 A～D	japoangelols A～D
日本当归酮	japoangelone
日本当药苷 A	swertiajaposide A
日本杜鹃素 (日本羊踯躅素、闹羊花毒素) Ⅰ～Ⅶ	rhodojaponins Ⅰ～Ⅶ
日本杜鹃素 Ⅱ	rhodojaponin Ⅱ
日本杜鹃素 Ⅲ -6- 乙酸酯	rhodojaponin Ⅲ -6-acetate
日本榧树二醇	kayadiol
日本厚朴醇 (和厚朴新酚)	magnobovatol
日本厚朴宁	obovanine
日本厚朴醛	obovatal
日本花柏醇	pisiferol
日本花柏宁	sawaranin
日本花柏醛	pisiferal
日本花柏酸	pisiferic acid
日本花柏酸甲酯	methyl pisiferate
(–)- 日本黄连苷 Ⅺ	(–)-woorenoside Ⅺ
日本金粟兰醇	chlorajaponol
日本金粟兰苷	chlorajaposide
日本金粟兰内酯 A～I	chlorajapolides A～I
日本金粟兰尼内酯 A～E	chlorajaponilides A～E
日本连香树素	katuranin
日本领春木皂苷 Ⅰ～Ⅴ	eupteleasaponins Ⅰ～Ⅴ
日本柳杉醇 (日本柳杉黑心素醇)A、B	sugikurojinols A, B
日本柳杉黑色心材素 (日本柳杉黑心素)A～J	sugikurojins A～J
日本柳杉己烯酮	cryptomerione
日本络石苷 (琉球络石苷)A	tanegoside A
日本落叶松醇 (细叶脂醇、日本落叶松脂醇)A～D	leptolepisols A～D
日本木瓜糖苷 a～h	goyaglycosides a～h
日本木瓜皂苷 Ⅰ～Ⅲ	goyasaponins Ⅰ～Ⅲ
日本木姜子内酯 (木姜子烯醇内酯)A₁、A₂、B₁、B₂	litsenolides A_1, A_2, B_1, B_2
(+)- 日本木兰素	(+)-kobusin
日本南五味子素 (日本南五味子木脂素)A	binankadsurin A
(+)- 日本楠脂素 [(+)- 浆果瓣蕊花素、(+) 加尔巴辛、(+)- 加巴辛]	(+)-galbacin
(+)- 日本桤木醇 [(+)- 旱诺凯醇]	(+)-hannokinol
日本桤木宁	alnusjaponin
日本桤木辛 A～F	japonalnusins A～F
日本漆姑草素 (旋覆花黄素)A、B	japonicins A, B
(+)-(3'S)- 日本前胡醇	(+)-(3'S)-decursinol
日本珊瑚树醇	awabukinol

R

日本蛇菰素 A～E	balajaponins A～E
日本石松醇 A～F	lycojaponicuminols A～F
日本石松定碱 A	lycojapodine A
日本石松碱 A～E	lycojaponicumins A～E
日本石竹皂苷 A～F	dianthosaponins A～F
日本鼠李苷元	6-methoxysorigenin
日本薯蓣呋甾苷 B	coreajaponin B
日本双蝴蝶酮苷 (双蝴蝶	酮苷) A～E
日本水龙骨二烯	aonenadiene
(+)- 日本水曲柳树脂酚 [(+)- 梣树脂酚]	(+)-fraxiresinol
日本酸 (地耳草酸)	japonica acid
日本五加苷 A～C	acanjaposides A～C
日本香柏醛	standishinal
日本香茶菜宁 A～E	isodojaponins A～E
日本香茶菜素 A～C	isojaponins A～C
(–)- 日本辛夷素	(–)-kobusin
日本辛夷素	kobusin
日本续断皂苷 E_1、E_2	japondipsaponins E_1, E_2
日本野梧桐素	mallotojapoin
日本云实素 A～C	caesaljapins A～C
日本獐牙菜醚酚苷 (日本当药瑞苷) Ⅰ～Ⅳ	senburisides Ⅰ～Ⅳ
日本獐牙菜素 (日当药黄素)	leucanthoside (swertiajaponin)
3- 日蟾毒它灵辛二酸酯	3-gamabufotalyl suberic acid
日当药黄素 (日本獐牙菜素)	swertiajaponin (leucanthoside)
日当药黄素 -4′-O- 二吡喃葡萄糖苷	swertiajaponin-4′-O-diglucopyranoside
日登内酯 (瑞德亭)	ridentin
日光花素 II	lampranthin II
日楝醇醛 (奇诺醛)	ohchinolal (salannal)
日楝内酯 (奥奇诺内酯) A～C	ohchinolides A～C
日楝宁	ohchinin
日楝宁内酯	ohchininolide
日楝宁乙酸酯 (日本楝苦素乙酸酯)	ohchinin acetate
日楝醛 (印楝醛)	ohchinal
日什亭醇	rishitin
日乌头碱	japaconitine
日向当归苷 Ⅲa、Ⅲb、V	hyuganosides Ⅲa, Ⅲb, V
(+)- 日向当归内酯 A	(+)-hyuganin A
日向当归素 (日向当归内酯、哈乌干素) A～C	hyuganins A～C
日缬草酮	faurinone
日缬草酮醇乙酸酯	fauronyl acetate

日熊耳草碱	heliohoustine
日印鹿角藤碱	japindine
日栀苷 A、B	japonicasides A, B
日中花醇	mesembrinol
日中花拉醇	mesembranol
日中花宁	mesembrinine
茸毛牛奶藤苷元	tomentogenin
茸毛牛奶藤苷元-3-O-β-吡喃黄花夹竹桃糖基-(1→4)-β-吡喃欧洲夹竹桃糖苷	tomentogenin-3-O-β-thevetopyranosyl-(1→4)-β-oleandropyranoside
绒白乳菇醇	vellerol
绒白乳菇二醇	vcllcrdiol
绒白乳菇内酯	vellerolactone
绒白乳菇醛	velleral
绒白乳菇四醇	velleratretraol
绒盖牛肝菌红素	xerocomorubin
绒盖牛肝菌酸	xerocomic acid
绒毛哥纳香碱	velutinamine
绒毛哥纳香内酰胺	velutinam
绒毛诃子酸	tomentosic acid
绒毛槐醇	sophoronol
绒毛槐酚 A～E	tomentosanols A～E
绒毛膜促甲状腺激素	chorionic thyrotropin
绒毛膜促乳素	choriomamonotropin
绒毛膜促性腺激素	chorionic gonadotropin
绒毛欧夏至草苷 A, I～III	velutinosides A, I～III
绒毛三萜酸	tomentosolic acid
绒毛香料素	teuctosin
绒叶含笑内酯 (毛含笑内酯)	lanuginolide
(±)-绒叶军刀豆酚	(±)-vestitol
(−)-绒叶军刀豆酚	(−)-vestitol
(+)-绒叶军刀豆紫檀烷	(+)-vesticarpan
(6aR, 11aR)-绒叶军刀豆紫檀烷	(6aR, 11aR)-vesticarpan
溶菌酶	lysozyme
溶性淀粉	starch slouble
溶血磷脂酰胆碱 (溶血卵磷酯)	lysophosphatidyl choline (lysolecithin)
溶血磷脂酰肌醇	lysophosphatidyl inositol
溶血磷脂酰乙醇胺	lysophosphatidyl ethanolamine
溶血卵磷酯 (溶血磷脂酰胆碱)	lysolecithin (lysophosphatidyl choline)
溶血素	hemolysin
榕大柱香波龙苷	ficumegasoside

R

榕酚 (榕醇)	ficusol
榕苷	ficusoside
榕黄酮苷	ficuflavoside
榕螺内酯	ficuspirolide
榕绿素 A～D	ficuschlorins A～D
榕内酯	ficusolide
榕内酯二乙酸酯	ficusolide diacetate
榕醛	ficusal
榕三醇	ficustriol
榕树苷 (细叶榕苷) A、B	ficuscarpanosides A, B
榕树绿素 A～C	ficusmicrochlorins A～C
榕树木脂素 (榕树倍半木脂素) A、B	ficusesquilignans A, B
榕树神经酰胺 A	microcarpaceramide A
榕素 (补骨脂素、补骨脂内酯、补骨脂香豆素) A、B	ficusins A, B
榕酸	ficusic acid
榕酮	ficusone
榕酰胺	ficusamide
榕辛素 A～C	ficusines A～C
榕叶新劳塔豆酚	folitenol
蝾螈定	samandaridine
蝾螈属碱	salamandra base
蝾螈酮	samandarone
蝾螈烯酮	samendenone
柔必斯苦	rubisco
柔扁枝衣尼酸	divaricatinic acid
柔扁枝衣瑞酸	divaric acid
柔扁枝衣酸 (分枝地衣酸)	divaricatic acid
柔花瓣碱 A	habropetaline A
柔藿苷	rouhuoside
柔茎香茶菜素	flexicaulin
柔毛叉开香科科素 (柔毛香科科素、白花败酱黄素) A～C	villosins A～C
柔毛地胆素 (白花地胆草林素)	phantomolin
柔毛地胆亭	molephantin
(–)-柔毛等瓣木碱	(–)-isopiline
柔毛金腰皂苷 II -1～24, III -22, 23	caryocarosides II -1～24, III -22, III -23
柔毛青霉酸	puberulic acid
柔毛润楠素	machicendonal
柔毛香科科素 (柔毛叉开香科科素、白花败酱黄素) A～C	villosins A～C

柔毛小枝胡椒素 A、B	villiramulins A, B
柔毛鸦胆子醇 A～C	brumollisols A～C
柔毛鸦胆子碱 A～O	bruceollines A～O
柔萨米碱 (长春萨胺)	rosamine
柔黄巴豆醇	julocrotol
柔黄巴豆碱	julocrotine
柔黄巴豆酮	julocrotone
柔枝槐素 (广豆根酮、山豆根查耳酮、槐定)	sophoradin
鞣红鞣质	phlobatannin
鞣花单宁	euagitannin
鞣花酸 (并没食子酸、胡颓子酸)	ellagic acid (elagostasine, gallogen, benzoaric acid)
鞣花酸 -3, 3′, 4- 三甲醚	ellagic acid-3, 3′, 4-trimethyl ether
鞣花酸 -3, 3″- 二 -O- 甲醚	ellagic acid-3, 3″-di-O-methyl ether
鞣花酸 -3, 3′- 二甲醚 -4-O-β-D- 吡喃葡萄糖苷	ellagic acid-3, 3′-dimethyl ether-4-O-β-D-glucopyranoside
鞣花酸 -3- 甲醚	ellagic acid-3-methyl ether
鞣花酸 -3- 甲醚 -4′-O-α- 吡喃鼠李糖苷	ellagic acid-3-methyl ether-4′-O-α-rhamnopyranoside
鞣花酸 -3- 甲醚 -7-α-D- 吡喃鼠李糖苷	ellagic acid-3-methyl ether-7-α-D-rhamnopyranoside
鞣花酸 -4-O-α-L- 吡喃鼠李糖苷	ellagic acid-4-O-α-L-rhamnopyranoside
鞣花酸 -4-O-α-L- 呋喃阿拉伯糖苷	ellagic acid-4-O-α-L-arabinofuranoside
鞣花酸 -4-O-β-D- 吡喃木糖苷	ellagic acid-4-O-β-D-xylopyranoside
鞣花酸 -4′-O- 鼠李糖苷	ellagic acid-4′-O-rhamnoside
鞣花酸戊糖苷	ellagic acid pentoside
鞣酸 (丹宁酸、鞣质、单宁酸)	tannic acid (tannin)
鞣酸铋	bismuth tannate
鞣酸黄连素	berberine tannate
鞣酸酶	tannase
鞣酸石榴碱	pelletierine tannate
鞣酸铁	ferric tannate
鞣酸新	zinc tannate
鞣酸盐	tannate
鞣质 (丹宁酸、鞣酸、单宁酸)	tannin (tannic acid)
肉苁蓉苷 (苁蓉苷) A～H	cistanosides A～H
肉苁蓉氯素	cistachlorin
肉苁蓉宁 (苁蓉素)	cistanin
肉苁蓉酸	boschniakinic acid
肉豆蔻醇	myristyl alcohol
肉豆蔻醇棕榈酸酯	myristyl palmitate
肉豆蔻醚 (肉豆蔻油醚)	myristicin
肉豆蔻醚酸	myristicic acid

R

肉豆蔻木脂素	myrislignan
肉豆蔻木脂素代谢素 E	myrislignanometin E
肉豆蔻醛 (十四醛)	myristaldehyde (tetradecanal)
(−)-肉豆蔻素 A$_2$	(−)-fragransin A$_2$
(+)-肉豆蔻素 A$_2$	(+)-fragransin A$_2$
肉豆蔻酸 (十四酸)	myristic acid (tetradecanoic acid, tetradeconic acid)
肉豆蔻酸甘油酯	monomyristin
肉豆蔻酸酐 (十四烷酸酐、十四酸酐)	myristic aldehyde
肉豆蔻酸甲酯 (十四酸甲酯)	methyl myristate (methyl tetradecanoate)
肉豆蔻酸十八酯	octadecyl myristate
肉豆蔻酸乙酯	ethyl myristate
肉豆蔻酮 (14-二十七酮)	myristone (14-heptacosanone)
肉豆蔻烯酸 [(9Z)-十四烯酸]	myristoleic acid [(9Z)-tetradecenoic acid]
肉豆蔻酰胺	myristamide
3β-肉豆蔻酰氧基熊果-12-烯-19, 28-内酯	3β-myristoxyurs-12-en-19, 28-olide
肉豆蔻新木脂素 A～E	myrifralignans A～E
肉豆蔻衣木脂素	macelignan
肉豆蔻衣新木脂素 A～H	maceneolignans A～H
肉豆蔻衣脂醇 A、B	myristicanols A, B
肉豆蔻脂醛 A、B	myrisfrageals A, B
肉豆蔻脂素 A～D、A$_2$、B$_1$～B$_3$、C$_1$、C$_2$、C$_3$a、C$_3$b、D$_1$、D$_2$、E$_1$	fragansins A～D, A$_2$, B$_1$～B$_3$, C$_1$, C$_2$, C$_3$a, C$_3$b, D$_1$, D$_2$, E$_1$
肉毒碱	carnitine
肉桂酚醛	cassiferaldehyde
肉桂苷	cassioside
4′-肉桂基明萨替苷	4′-cinnamyl mussatioside
肉桂卡醇	cinnacasol
肉桂卡苷	cinnacaside
肉桂卡斯醇	cinnacassiol
肉桂卡斯苷 A～E	cinnacassides A～E
肉桂木脂苷 A	cinnacassoside A
肉桂内酯	cinnamomumolide
肉桂诺醇	cinnamonol
肉桂醛 (桂皮醛)	cinnamal (cinnamaldehyde, cinnamic aldehyde)
肉桂醛肟	cinnamaldehyde oxime
肉桂鞣质 A	cassiatannin A
(E)-肉桂酸甲酯	methyl (E)-cinnamate
(Z)-肉桂酸甲酯	methyl (Z)-cinnamate
肉桂酸甲酯 (桂皮酸甲酯)	methyl cinnamate
肉桂酸烯丙酯	allyl cinnamate

1-肉桂酰-3, 11-二羟基苦楝子鹅耳枥 (1-肉桂酰-3, 11-二羟基楝卡品宁)	1-cinnamoyl-3, 11-dihydroxymeliacarpinin
1-肉桂酰-3-羟基-11-甲氧基楝果宁 (1-肉桂酰-3-羟基-11-甲氧基鹅耳枥楝素)	1-cinnamoyl-3-hydroxy-11-methoxymeliacarpinin
1-肉桂酰-3-乙酰-11-羟基苦楝子鹅耳枥素	1-cinnamoyl-3-acetyl-11-hydroxymeliacarpinin
1-肉桂酰-3-异丁烯酰基-11-羟基苦楝子鹅耳枥素	1-cinnamoyl-3-methacrylyl-11-hydroxymeliacarpinin
肉桂酰基-1-α-L-鼠李糖苷	cinnamoyl-1-α-L-rhamnoside
8-肉桂酰基-2, 2-二甲基-7-羟基-5-甲氧基色烯	8-cinnamoyl-2, 2-dimethyl-7-hydroxy-5-methoxychromene
8-肉桂酰基-5, 7-二羟基-2, 2, 6-三甲基色烯	8-cinnamoyl-5, 7-dihydroxy-2, 2, 6-trimethyl chromene
6'-O-肉桂酰基-8-表金吉苷酸	6'-O-cinnamoyl-8-epikingisidic acid
7-肉桂酰基川楝素	7-cinnamoyl toosendanin
N-肉桂酰基组胺	N-cinnamoyl histamine
13-肉桂酰浆果赤霉素 Ⅰ～Ⅲ	13-cinnamoyl baccatin Ⅰ～Ⅲ
1-肉桂酰苦楝子醇酮 (1-肉桂酰楝醇酮)	1-cinnamoyl melianolone
3α-肉桂酰氧基-15β, 16β-环氧-17-羟基-对映-贝壳杉-19-酸	3α-cinnamoyloxy-15β, 16β-epoxy-17-hydroxy-ent-kaur-19-oic acid
3α-肉桂酰氧基-17-羟基-对映-贝壳杉-15-烯-19-酸	3α-cinnamoyloxy-17-hydroxy-ent-kaur-15-en-19-oic acid
3α-肉桂酰氧基-9β-羟基-对映-贝壳杉-16-烯-19-酸	3α-cinnamoyloxy-9β-hydroxy-ent-kaur-16-en-19-oic acid
10-肉桂酰氧基齐墩果苷	10-cinnamoyloxyoleoside
10-肉桂酰氧基齐墩果苷-7-甲酯 (素馨属苷、素馨苷、栀素馨苷、栀子诺苷)	10-cinnarnoyloxyoleoside-7-methyl ester (jasminoside)
1-肉桂酰鹧鸪花宁	1-cinnamoyl trichilinin
肉桂新醇 A～E、C_1～C_3、D_1～D_4	cinncassiols A～E, C_1～C_3, D_1～D_4
肉桂新醇 A-19-O-β-D-葡萄糖苷	cinncassiol A-19-O-β-D-glucoside
肉桂新醇 B-19-O-β-D-葡萄糖苷	cinncassiol B-19-O-β-D-glucoside
肉桂新醇 C_1-19-O-β-D-葡萄糖苷	cinncassiol C_1-19-O-β-D-glucoside
肉桂新醇 D_2-19-O-β-D-葡萄糖苷	cinncassiol D_2-19-O-β-D-glucoside
肉桂新醇 D_4-2-O-β-D-葡萄糖苷	cinncassiol D_4-19-O-β-D-glucoside
肉果草苷 A	tibeticoside A
肉果草叶酸甲酯	methyl lanceaefolate
肉花雪胆苷元 A～C	carnosiflogenins A～C
L-肉碱	L-carnitine
肉色香蘑酮	lepistirone
肉珊瑚醇	sarcidumitol
肉珊瑚酚 A、B	sacidumols A, B
肉珊瑚苷元-3-O-β-D-吡喃加拿大麻糖苷	sarcostin-3-O-β-D-cymaropyranoside
肉珊瑚苷元-3-O-β-D-吡喃加拿大麻糖基-(1→4)-β-D-吡喃加拿大麻糖苷	sarcostin-3-O-β-D-cymaropyranosyl-(1→4)-β-D-cymaropyranoside
肉珊瑚苷元-3-O-β-D-吡喃欧洲夹竹桃糖基-(1→4)-β-D-吡喃加拿大麻糖苷	sarcostin-3-O-β-D-oleandropyranosyl-(1→4)-β-D-cymaropyranoside

肉珊瑚苷元-3-*O*-β-D-吡喃欧洲夹竹桃糖基-(1→4)-β-D-吡喃夹竹桃糖基-(1→4)-β-D-吡喃加拿大麻糖苷	sarcostin-3-*O*-β-D-oleandropyranosyl-(1→4)-β-D-oleandropyranosyl-(1→4)-β-D-cymaropyranoside
肉珊瑚木脂素 A～D	sacidumlignans A～D
肉珊瑚素 (肉珊瑚苷元)	sarcostin
肉珊瑚素 (肉珊瑚苷元) Ⅰ～Ⅳ	sarcostins Ⅰ～Ⅳ
肉托果叶蜜茱萸素	melisemine
肉托果叶蜜茱萸酮	melicarpinone
肉叶车前苷	crassifolioside
肉叶多荚草苷 B	succulentoside B
肉叶千里光二醇	senecrassidiol
肉叶千里光碱	isoline
肉叶芸香碱	garmin
肉质鼠尾草酚 (鼠尾草苦内酯)	carnosol (picrosalvin)
肉质鼠尾草酸 (鼠尾草酸)	carnosic acid
肉质雪胆皂苷 (肉花雪胆苷) Ⅰ～Ⅵ	carnosiflosides Ⅰ～Ⅵ
如色苷 H	lucynoside H
茹布碱	rubrine
茹洛定	rulodine
茹早任	ruzorine
蠕虫形薯次酮	vermiculone
蠕虫形薯酮	vermicularone
汝兰醇碱 (桐叶千金藤醇碱)	hernandolinol
汝兰酮碱 (桐叶千金藤诺林碱)	hernandoline
汝兰叶碱	hernandifoline
乳胺	lactam
(+)-乳白卫榄树宁 [(+)-象牙洪达木酮宁、(+)-象牙酮宁、(+)-埃那矛宁]	(+)-eburnamonine
(+)-乳白仔榄树胺	(+)-eburnamine
Δ^{14}-乳白仔榄树胺	Δ^{14}-eburnamine
乳白仔榄树胺 (埃那胺、象牙仔榄树胺)	eburnamine
乳白仔榄树碱 (埃瑞宁)	eburenine
(±)-乳白仔榄树宁	(±)-eburnamonine
乳白仔榄树酯胺 (布满宁、鸭脚树叶醛碱)	burnamine
乳白仔榄树酯胺-17-*O*-3′, 4′, 5′-三甲氧基苯甲酸酯	burnamine-17-*O*-3′, 4′, 5′-trimethoxybenzoate
乳菇酚 A～C	flavidulols A～C
乳菇内酯 A、B	lactarolides A, B
乳菇瑞内酯	lactariolide
乳菇素 A、B	lactariolines A, B
乳菇萜醇	lactarol
乳菇烷	lactarane

乳菇酰胺 A、B	lactariamides A, B
乳菇紫林 (乳茹紫素)	lactaroviolin
乳果糖	lactulose
乳蓟苷 (水飞蓟三萜葡萄糖苷) A、B	marianosides A, B
乳蓟宁 (水飞蓟三萜素)	marianin (marianine)
乳浆大戟亭 A～M	esulatins A～M
乳浆大戟酮 A、B	esulones A, B
乳桔香豆素	kinocoumarin
乳橘酮	hiravanone
乳链菌肽	nisin
2-O-乳糜小瘤青牛胆苷 A、B	2-O-lactoyl borapetosides A, B
乳牛肝菌醌 -4	boviquinone-4
乳牛肝菌酸甲酯	methyl bovinate
乳牛肝菌烯酮	amitenone
乳清酸	orotic acid
乳茹薁素	lactarazulene
乳酸	lactic acid
L-乳酸 (α-羟基丙酸、2-羟基丙酸、肌乳酸)	L-lactic acid (α-hydroxypropanoic acid, 2-hydroxypropanoic acid, sarcolactic acid)
乳酸钙	calcium lactate
乳酸镁	magnesium lactate
乳酸钠	sodium lactate
乳酸依沙吖啶 (依沙吖啶乳酸盐)	ethacridine lactate
乳酸乙酯	ethyl lactate
D-(+)-乳糖	D-(+)-lactose
乳糖 (葡萄糖 -4-β-半乳糖苷)	milk sugar (lactose, glucose-4-β-galactoside)
乳糖 (葡萄糖 -4-β-半乳糖苷)	lactose (milk sugar, glucose-4-β-galactoside)
α-乳糖 [β-D-吡喃半乳糖基 -(1→4)-α-D-吡喃葡萄糖]	α-lactose [β-D-galactopyranosyl-(1→4)-α-D-glucopyranose]
乳糖酸	lactobionic acid
α-D-乳糖一水合物	α-D-lactose monohydrate
乳头鱼黄草苷 A、B、H₁、H₂	mammosides A, B, H₁, H₂
乳突杆菌碱	phlebicine
乳突果苷 A～F	gracillosides A～F
(+)-乳突黄杨宁碱	(+)-buxapapillinine
乳酰天芥菜定 (琉璃草乳酸酯定)	lactodine
6'-O-乳酰小瘤青牛胆苷 A、B	6'-O-lactoyl borapetosides A, B
乳香醇 A～N	olibanumols A～N
乳香树脂醇 (乳香萜烯、因香酚)	incensole
乳香树脂醇氧化物	incensole oxide

R

乳香树脂醇氧化物乙酸酯	incensole oxide acetate
乳香树脂醇乙酸酯 (乙酸因香酚)	incensole acetate
乳香树脂烃	olibanoresene
α-乳香酸 (α-乳香脂酸)	α-boswellic acid
β-乳香酸 (β-乳香脂酸)	β-boswellic acid
α (β)-乳香酸 [α (β)-乳香脂酸]	α (β)-boswellic acid
乳香脂二烯酸	masticadienic acid
入地蜈蚣素 A~L	ugonins A~L
软白僵菌素	tenellin
软齿花根碱	pareirine
软骨素	chondroitin
软骨藻醇	cartilagineol
软骨藻内酯 A、B	domoilactones A, B
软骨藻酸	domoic acid
软骨藻酰胺 A~C	chondriamides A~C
软麦角碱	molliclavine
软毛青霉素 (柔毛布枯素)	puberulin
软木花椒素 (栓质花椒素)	suberosin
1, 8-软木酸 (1, 8-辛二酸)	1, 8-suberic acid (1, 8-octanedioic acid)
软木酸 (辛二酸)	suberic acid (octanedioic acid)
软木酮	3-friedelanone
软条七蔷薇素 (软条七蔷薇鞣素) A~E	roshenins A~E
软脂酸 (棕榈酸、十六酸)	cetylic acid (palmitic acid, hexadecanoic acid)
软紫草醇 A~D	arnebinols A~D
软紫草二醌	arnebiabinone
软紫草呋喃萘酮 (软紫草呋喃醌)	arnebifuranone
软紫草醌酚 A~C	euchroquinols A~C
软紫草明	macrotomine
软紫草萘醇 (软紫草醇、新疆紫草酚)	arnebinol
软紫草萘酮 (软紫草酮、新疆紫草酮)	arnebinone
软紫草萘酮 (软紫草酮、新疆紫草酮) B	arnebinone B
朊 (䐇)	albumose
蕊木花碱	kopsiflorine
蕊木加任	kopsingarine
蕊木精	kopsingine
蕊木精宁	phutdonginin
Δ-6-蕊木绢	Δ-6-kopsinene lactam
蕊木洛 (长花蕊木精)	kopsilongine
蕊木洛辛 I	kopsiloscine I
蕊木米定 A、B	kopsamidines A, B

蕊木那灵	kopsinarine
蕊木尼定 A～E	kopsinidines A～E
蕊木宁碱 (柯蒲木宁碱、蕊木宁)	kopsinine
蕊木宁酸	kopsininic acid
蕊木诺林	kopsinoline
蕊木坡碱	kopsaporine
蕊木瑞宁	kopsorinine
蕊木素 (蕊木碱)	kopsine
蕊木叶碱 A～G	kopsifolines A～G
蕊木叶林碱 A～F	prunifolines A～F
锐齿阔苞菊酯	argutin
锐叶花椒碱	acutifoline
锐叶山蚂蝗黄酮 (山蚂蝗素 A)	desmoxyphyllin A
瑞巴林季铵碱 (里德巴福木季铵碱)	ribalinium
瑞宝甜菊苷 F 酸	rebaudioside F acid
瑞德灵 (瑞氏千里光碱)	riddeline (riddelline)
瑞地亚木色烯𠮩酮	rheediachromenoxanthone
瑞地亚木𠮩酮 A	rheediaxanthone A
瑞尼远志苷 A～F	reiniosides A～F
瑞尼远志糖 (柿叶草糖) A～J	reinioses A～J
瑞诺定碱 (瑞安木碱)	ryanodine
瑞诺苷 (虎杖素、槲皮素 -3- 木糖苷)	reynoutrin (quercetin-3-xyloside)
瑞诺木烯内酯 (瑞诺木素、瑞诺素)	reynosin
瑞潘定	repandine
瑞潘定宁	repandinine
瑞潘杜灵	repanduline
(±)-瑞士五针松素	(±)-pinocembrin
(S)-瑞士五针松素	(S)-pinocembrin
(−)-瑞士五针松素 -4-O-β-D- 吡喃葡萄糖苷	(−)-pinocembrin-4-O-β-D-glucopyranosde
(−)-瑞士五针松素 -7- 新橙皮糖苷	(−)-pinocembrin-7-neohesperidoside
(−)-瑞士五针松素 -7- 芸香糖苷	(−)-pinocembrin-7-rutinoside
瑞氏千里光碱 (瑞德灵)	riddelline (riddeline)
瑞斯蒂酮	vestitone
瑞它胺	retamine
瑞特花椒宁碱 (雷特西宁)	rhetsinine
瑞西定	rescidine
瑞香春	odoratrin
瑞香醇灵 (木防己胺)	daphnoline (trilobamine)
瑞香醇酮	daphneolone
瑞香毒素	daphnetoxin

R

瑞香多灵 B、D₁、D₂、M	dqphnodorins B, D₁, D₂, M
瑞香二萜 A	daphnedierp A
瑞香芬	daphene
瑞香苷 (白瑞香苷、7, 8-二羟基香豆素 -7-β-D-葡萄糖苷)	daphnin (7, 8-dihydroxycoumarin-7-β-D-glucoside)
瑞香黄烷甲	daphneflavan I
瑞香狼毒任 A、B	stelleramacrins A, B
瑞香狼毒素 A、B	ruixianglangdusus A, B
瑞香林苷	daphnolin
瑞香灵苷 (瑞香诺灵)	daphnorin
瑞香米林	daphjamilin
瑞香楠君 [花桂碱、(+)-小花桂雄碱、O-甲基瑞香醇灵]	daphnandrine (O-methyl daphnoline)
瑞香宁	daphnenin
瑞香诺酮	daphnolon
瑞香石松碱	gnidioidine
瑞香树二苷 (莱斯顿木二糖苷) A、B	lethediosides A, B
瑞香树苷 (莱斯顿木苷) A～C	lethedosides A～C
瑞香树脂醇	daphneresinol
瑞香树脂灵 A、B	daphneresiniferins A, B
瑞香水仙碱	daphnarcine
瑞香素 (7, 8-二羟基香豆素、瑞香内酯、祖师麻甲素、白瑞香素)	daphnetin (7, 8-dihydroxycoumarin)
瑞香素 -7-甲醚	daphnetin-7-methyl ether
瑞香素 -8-O-葡萄糖苷	daphnetin-8-O-glucoside
瑞香素 -8-β-D-吡喃葡萄糖苷	daphnetin-8-β-D-glucopyranoside
瑞香素 -8-甲醚	daphnetin-8-methyl ether
瑞香汀素 (黄瑞香亭)	daphnogitin
瑞香亭 A、B	daphnotins A, B
瑞香酮	daphnetone
瑞香烷	daphnane
瑞香烯酮	daphnenone
瑞香辛	odoracin
瑞香新苷	daphneside
瑞香新素 (瑞香替西)	daphneticin
瑞香因子 P₁、P₂	daphne factors P₁, P₂
瑞幸那胺 (利血平宁、利血胺、利血敏、利辛胺)	rescinnamine (reserpinine, raubasinine, apoterin)
瑞兹亚碱	rhazimine
润楠酚 A～E	machilusols A～E
润楠林素 A	machilolin A
(−)-(7R, 8R)-润楠素 D	(−)-(7R, 8R)-machilin D

润楠香豆素	machilusmarin
撒哈拉内酯 A、B	saharanolides A, B
撒扣啶宁碱 (克杞星、苦尔新宁碱)	sarcodinine (irehdiamine Ⅰ, kurchessine)
撒马尔罕阿魏素乙酸酯	samarkandin acetate
洒惕烯	sativen
洒维宁 (盾叶扁柏内酯、海波赖酮)	savinin (hibalactone)
萨巴定	sabadine
萨巴亭	sabatine
萨宾	sabine
萨尔茨曼塞战藤苷 A、B	salzmannianosides A, B
萨尔兹曼番荔枝素	salzmanin
萨拉茄碱	sarachine
萨拉西诺苷 $A_1 \sim A_3$、$B_1 \sim B_3$、$C_1 \sim C_3$	sarasinosides $A_1 \sim A_3$, $B_1 \sim B_3$, $C_1 \sim C_3$
萨拉子酸 (大子五层龙酸)	salaspermic acid
萨拉子酸 -3- 乙醚	salaspermic acid-3-ethyl ether
萨龙碱 (柳叶野扇花宁碱) A～C	salonines A～C
萨龙提内酯素	salonitenolide
萨洛格拉维亚内酯 A	salograviolide A
萨马素 A～Z	samaderines A～Z
萨玛坎亭乙酸酯	samarcandin acetate
萨曼鸡蛋花酸	zamanic acid
萨米亚糙苏苷 (萨莫斯糙苏苷)	samioside
萨莫兰皂苷元 -3-O-β-D- 吡喃葡萄糖基-(1→2)-β-D- 吡喃半乳糖苷	samogenin-3-O-β-D-glucopyranosyl-(1→2)-β-D-galactopyranoside
萨那套莱斯因子 K_1	synaptolepis factor K_1
萨南木苷	sanangoside
萨尼丹宁 A～D	sanitanins A～D
萨冉宁	salfranine
萨杷晋碱 (蛇根精)	sarpagine (raupine)
萨洒皂苷元酮	sarsasapogenone
萨氏金合欢素	sutherlandin
萨氏金合欢素 -5- 反式 - 对香豆酸酯	sutherlandin-5-trans-p-coumarate
(+)- 萨吾瑟亭二醇	(+)-saucernetindiol
山酮 (呫吨酮)	xanthone
山酮金丝桃苷	xanthohypericoside
山烯 {呫吨、氧杂蒽、二苯并 [b,e] 吡喃}	xanthene {dibenzo [b,e] pyran}
塞德普洛酸酐	sedoheptulode anhydride
塞拉加基醌 A	seragakinone A
塞乐布苷	celebroside
塞里胺	celliamine

S

塞林拟香桃木醇	myrsellinol
塞内波碱 A～E	senepodines A～E
塞内加尔刺桐瑟辛	senegalensein
塞内加尔刺桐素 E	erysenegalensein E
塞内加尔刺桐辛	senegalensin
塞内加尔番荔枝素	senegalene
塞内加尔非洲楝内酯 A	seneganolide A
塞氏百合碱	korsevine
塞战藤酸	serjanic acid
噻苯咪唑	thiabendazole
噻吨	thioxanthenone
6H-1, 2, 5-噻二嗪	6H-1, 2, 5-thiadiazine
噻吩	thiophene
噻吩-1-氧化物	thiophene-1-oxide
噻吩丙氨酸	thienyl alanine
噻吩并 [3, 2-b] 呋喃	thieno [3, 2-b] furan
2$\lambda^4\Delta^2$, 5$\lambda^4\Delta^2$-噻吩并 [3, 4-c] 噻吩	2$\lambda^4\Delta^2$, 5$\lambda^4\Delta^2$-thieno [3, 4-c] thiophene
1-(2-噻吩基)-2-戊烷硫醇	1-(2-thienyl)-2-pentanethiol
3-(2-噻吩基) 炔丙醛	3-(2-thienyl) propargyl aldehyde
噻喃	thiopyran
2H-噻喃	2H-thiopyran
噻嗪 (硫氮杂己熳环)	thiazine
1, 4-噻嗪-3-甲酸 S-氧化物	1, 4-thiazine-3-carboxylic acid S-oxide
[1, 4] 噻嗪并 [3, 2-b] [1, 4] 噁嗪	[1, 4] thiazino [3, 2-b] [1, 4] oxazine
噻亭	thiazole
1, 2-噻唑 (1, 2-硫氮杂环戊熳、异噻唑)	1, 2-thiazole (isothiazole)
1, 3-噻唑 (噻唑、1, 3-硫氮杂环戊熳)	1, 3-thiazole
2-噻唑啉	2-thiazoline
赛奥林-NP36 (尼奥木素-NP36)	cneorin-NP36
赛法洛二酮甲	cepharodione A
赛金莲木儿茶素 (欧拉提木儿茶素)	ourateacatechin
赛菊宁黄质	helioxanthin
赛菊芋碱	heliopsine
赛帽花碱	aequaline
赛门苷 (翅子罗汉果苷) I	siamenoside I
赛楠属碱	nothaphoebe base
(S)-(+)-赛氏曲霉酸	(S)-(+)-sydonic acid
赛亚麻碱	nierembergine
赛州黄檀素 (2, 5-二羟基-4-甲氧基二苯甲酮)	cearoin (2, 5-dihydroxy-4-methoxybenzophenone)
2, 3′, 6′-三-(3-甲基丁酰基)-1′-(2-甲基丁酰基) 蔗糖	2, 3′, 6′-tri-(3-methyl butanoyl)-1′-(2-methyl butanoyl) sucrose

3′, 4′, 6′-三-(3-甲基丁酰基)-1′-(2-甲基丁酰基) 蔗糖	3′, 4′, 6′-tris-(3-methyl butanoyl)-1′-(2-methyl butanoyl) sucrose
三 (η3-烯丙基) 铬	tris (η3-allyl) chromium
1, 3, 4-三-(对羟基苯乙酰基) 奎宁酸	1, 3, 4-tri-(*p*-hydroxyphenyl acetyl) quinic acid
3, 4, 5-三-(对羟基苯乙酰基) 奎宁酸甲酯	3, 4, 5-tri-(*p*-hydroxyphenyl acetyl) quinic acid methyl ester
N^1, N^4, N^{12}-三 (二氢咖啡酰基) 精胺	N^1, N^4, N^{12}-tris (dihydrocaffeoyl) spermine
N^1, N^4, N^8-三 (二氢咖啡酰基) 亚精胺	N^1, N^4, N^8-tris (dihydrocaffeoyl) spermidine
三 (环己烷甲酰) 胺	tris (cyclohexanecarbonyl) amine
三 (环己烷羰基) 氮烷	tris (cyclohexanecarbonyl) azane
三 (甲氨甲酰基) 胺	tris (methylcarbamyl) amine
三 (氯苯基) 甲醇	tris (chlorophenyl) methanol
1, 1, 1-三 (羟甲基) 乙烷	1, 1, 1-tris (hydroxymethyl) ethane
1β, 6α, 13-三 (乙酰氧基)-9β-(肉桂酰氧基)-4α-羟基-β-二氢沉香呋喃	1β, 6α, 13-tris (acetoxy)-9β-(cinnamoyloxy)-4α-hydroxy-β-dihydroagarofuran
3, 4, 5-三-*O*-对羟苯基乙酰基奎宁酸甲酯	3, 4, 5-tri-*O*-*p*-hydroxyphenyl acetyl quinic acid methyl ester
4, 5, 6-三-*O*-对羟苯基乙酰手性肌醇	4, 5, 6-tri-*O*-*p*-hydroxyphenyl acetyl-*chiro*-inositol
1, 2, 3-三-*O*-己酰基-α-吡喃葡萄糖	1, 2, 3-tri-*O*-hexanoyl-α-glucopyranose
5, 7, 3′-三-*O*-甲基-(−) 表儿茶素	5, 7, 3′-tri-*O*-methyl-(−)-epicatechin
2, 3, 4-三-*O*-甲基-D-葡萄糖醇	2, 3, 4-tri-*O*-methyl-D-glucitol
2, 3, 6-三-*O*-甲基-D-葡萄糖醇	2, 3, 6-tri-*O*-methyl-D-glucitol
2, 4, 6-三-*O*-甲基-D-葡萄糖醇	2, 4, 6-tri-*O*-methyl-D-glucitol
1, 5, 15-三-*O*-甲基巴戟酚	1, 5, 15-tri-*O*-methyl morindol
3, 4, 3′-三-*O*-甲基并没食子酸	3, 4, 3′-*O*-trimethyl ellagic acid
3, 4, 4′-三-*O*-甲基并没食子酸	3, 4, 4′-tri-*O*-methyl ellagic acid
7, 3, 3′-三-*O*-甲基槲皮素	7, 3, 3′-tri-*O*-methyl quercetin
3, 6, 7-三-*O*-甲基槲皮万寿菊素	3, 6, 7-tri-*O*-methyl quercetagetin
三-*O*-甲基木兰宁	tri-*O*-methyl magnolianin
7, 3′, 4′-三-*O*-甲基木犀草素 (木犀草素-7, 3′, 4′-三甲醚)	7, 3′, 4′-tri-*O*-methyl luteolin (luteolin-7, 3′, 4′-trimethyl ether)
三-*O*-甲基去甲岩白菜素	tri-*O*-methyl norbergenin
3, 3′, 4-三-*O*-甲基鞣花酸 (3, 3′, 4-三-*O*-甲基并没食子酸)	3, 3′, 4-tri-*O*-methyl ellagic acid
3, 3′, 4′-三-*O*-甲基鞣花酸 (3, 3′, 4′-三-*O*-甲基并没食子酸)	3, 3′, 4′-tri-*O*-methyl ellagic acid
3, 3′, 4′-三-*O*-甲基鞣花酸-4-*O*-β-D-吡喃葡萄糖苷	3, 3′, 4′-tri-*O*-methyl ellagic acid-4-*O*-β-D-glucopyranoside
3, 7, 4′-三-*O*-甲基山柰酚	3, 7, 4′-tri-*O*-methyl kaempferol
三-*O*-甲基穗花杉双黄酮	tri-*O*-methyl amentoflavone
7, 3′, 5′-三-*O*-甲基小麦亭	7, 3′, 5′-tri-*O*-methyl tricetin
1, 3, 5-三-*O*-咖啡酰基奎宁酸	1, 3, 5-tri-*O*-caffeoyl quinic acid

3, 4, 5-三-O-咖啡酰奎宁酸	3, 4, 5-tri-O-caffeoyl quinic acid
3, 4, 5-三-O-咖啡酰奎宁酸甲酯	3, 4, 5-tri-O-caffeoyl quinic acid methyl ester
3, 4, 6-三-O-没食子酰基-3-O-β-D-吡喃葡萄糖苷	3, 4, 6-tri-O-galloyl-3-O-β-D-glucopyranoside
2, 4, 6-三-O-没食子酰基-D-吡喃葡萄糖苷	2, 4, 6-tri-O-galloyl-D-glucopyranoside
2′, 3, 5-三-O-没食子酰基-D-呋喃金缕梅糖	2′, 3, 5-tri-O-galloyl-D-hamamelofuranose
2, 4, 6-三-O-没食子酰基-D-葡萄糖	2, 4, 6-tri-O-galloyl-D-glucose
1, 2, 3-三-O-没食子酰基-β-D-吡喃葡萄糖	1, 2, 3-tri-O-galloyl-β-D-glucopyranose
1, 2, 4-三-O-没食子酰基-β-D-吡喃葡萄糖苷	1, 2, 4-tri-O-galloyl-β-D-glucopyranoside
1, 2, 6-三-O-没食子酰基-β-D-吡喃葡萄糖苷	1, 2, 6-tri-O-galloyl-β-D-glucopyranoside
1, 4, 6-三-O-没食子酰基-β-D-吡喃葡萄糖苷	1, 4, 6-tri-O-galloyl-β-D-glucopyranoside
3, 4, 6-三-O-没食子酰基-β-D-吡喃葡萄糖甲苷	methyl-3, 4, 6-tri-O-galloyl-β-D-glucopyranoside
1, 3, 6-三-O-没食子酰基-β-D-葡萄糖	1, 3, 6-tri-O-galloyl-β-D-glucose
1, 2, 3-三-O-没食子酰基-β-D-葡萄糖	1, 2, 3-tri-O-galloyl-β-D-glucose
1, 4, 6-三-O-没食子酰基-β-D-葡萄糖苷	1, 4, 6-tri-O-galloyl-β-D-glucoside
3, 4, 6-三-O-没食子酰基-β-D-葡萄糖苷	3, 4, 6-tri-O-galloyl-β-D-glucoside
1, 3, 4-三-O-没食子酰基-β-吡喃葡萄糖	1, 3, 4-tri-O-galloyl-β-glucopyranose
1, 2, 4-三-O-没食子酰基-α-D-葡萄糖	1, 2, 4-tri-O-galloyl-α-D-glucose
1, 2, 6-三-O-没食子酰基-α-D-葡萄糖苷	1, 2, 6-tri-O-galloyl-α-D-glucoside
2, 4, 6-三-O-没食子酰基熊果酚苷	2, 4, 6-tri-O-galloyl arbutin
三-O-十八酰基甘油	tri-O-octadecanoyl glycerol
2′, 3′, 6′-三-O-乙酰巴东荚蒾苷	2′, 3′, 6′-tri-O-acetyl henryoside
3, 4, 6-三-O-乙酰基-1, 2-脱水-α-D-吡喃葡萄糖	3, 4, 6-tri-O-acetyl-1, 2-anhydro-α-D-glucopyranose
(2, 3, 4-三-O-乙酰基-1-溴-α-D-吡喃葡萄糖基) 醛酸甲酯	methyl (2, 3, 4-tri-O-acetyl-α-D-glucopyranosyl) urenate bromide
1, 3, 5-三-O-乙酰基-2, 4-二-O-甲基-D-木糖醇	1, 3, 5-tri-O-acetyl-2, 4-di-O-methyl-D-xylitol
1, 2, 5-三-O-乙酰基-3, 4-二-O-甲基-D-木糖醇	1, 2, 5-tri-O-acetyl-3, 4-di-O-methyl-D-xylitol
3, 7, 12-三-O-乙酰基-8-异戊酰巨大戟醇	3, 7, 12-tri-O-acetyl-8-isovaleryl ingenol
3, 4, 6-三-O-乙酰基-α-D-吡喃葡萄糖-(R)-1, 2-甲基原乙酸酯 {3, 4, 6-三-O-乙酰基-[(R)-1, 2-O-(1-甲氧基亚乙基)]-α-D-吡喃葡萄糖}	3, 4, 6-tri-O-acetyl-α-D-glucopyranose-(R)-1, 2-methyl orthoacetate {3, 4, 6-tri-O-acetyl-[(R)-1, 2-O-(1-methoxyethylidene)]-α-D-glucopyranose}
1-O-[2″, 3″, 4″-三-O-乙酰基-α-L-吡喃鼠李糖基-(1→2)-α-L-吡喃阿拉伯糖基] 表白花延龄草烯醇苷元	1-O-[2″, 3″, 4″-tri-O-acetyl-α-L-rhamnopyranosyl-(1→2)-α-L-arabinopyranosyl] epitrillenogenin
1-O-[2″, 3″, 4″-三-O-乙酰基-α-L-吡喃鼠李糖基-(1→2)-α-L-吡喃阿拉伯糖基] 表白花延龄草烯醇苷元-24-O-乙酸酯	1-O-[2″, 3″, 4″-tri-O-acetyl-α-L-rhamnopyranosyl-(1→2)-α-L-arabinopyranosyl] epitrillenogenin-24-O-acetate
3, 7, 4′-三-O-乙酰基山奈酚	3, 7, 4′-tri-O-acetyl kaempferol
2′, 3′, 5′-三-O-乙酰基腺苷	2′, 3′, 5′-tri-O-acetyl adenosine
3, 15, 28-三-O-乙酰异玉蕊醇 A	3, 15, 28-tri-O-acetyl isoracemosol A
(−)-三白草醇	(−)-saucerneol
(7″R, 8″S)-三白草醇	(7″R, 8″S)-saucerneol

三白草醇 (美洲三白草醇) A～K	saucerneols A～K
(−)-(7″R, 8″R)- 三白草醇 J	(−)-(7″R, 8″R)-saucerneol J
(−)- 三白草醇甲醚	(−)-saucerneol methyl ether
三白草酚 A、B	sauriols A, B
三白草呋灵 A～D	saurufurins A～D
三白草呋喃 A	saurufuran A
(+)- 三白草灵酮	(+)-saururinone
三白草马兜铃内酰胺	sauristolactam
三白草木脂素 A～E	saurulignans A～E
三白草纳灵	saurunarin
三白草内酰胺	saurolactam
三白草宁	saururenin
三白草素 A、B	saururins A, B
三白草亭 (三白草脂素、三白脂素)	saucernetin
三白草亭 A	saucernetin A
三白草亭二醇	saucernetin diol
三白草新醇 A～K	saurucinols A～K
三白石松碱	saururine
三白石松宁	pilijanine
三白石松星	sauroxine
三白脂 B	saurusine B
(+)- 三白脂素 [(+)- 三白草亭]	(+)-saucernetin
三白脂酮 (三白草酮)	sauchinone
三白脂酮 A (三白草酮 A)	sauchinone A
三半乳糖基甘油二酯	trigalactosyl diglyceride
三苯基 -λ^5-磷烷	triphenyl-λ^5-phosphane
三苯甲醇 (α, α- 二苯基苯甲醇)	triphenylmethanol (α, α-diphenyl benzenemethanol)
三苯锡	triphenyltin
1 (4, 2), 4 (5, 2), 7 (2, 6)- 三吡啶杂环九蕃	1 (4, 2), 4 (5, 2), 7 (2, 6)-tripyridinacyclononaphane
三蓖麻油酸甘油酯 (三蓖麻酸酯)	triricinolein
三丙酮胺	triacetonamide
三叉哈克木酚 (银杏酚、银杏二酚)	cardol monoene (trifurcatol A$_2$, bilobol)
三叉哈克木酚 (银杏酚、银杏二酚)	trifurcatol A$_2$ (bilobol, cardol monoene)
三叉蕨宁	aspidinin
三叉苦甲素	evodosin A
三齿蒿素 (三齿蒿定、塔揣定) B	tatridin B
三齿蒿素 A (三齿蒿定 A、塔揣定 A、去乙酰北美鹅掌楸醇)	tatridin A (deacetyl tulirinol)
三齿蒿香豆素 (白蒿香豆素)	artelin
三出翠雀灵	delbiterine

三出蜜茱萸宁	meliternin
三出蜜茱萸素	meliternatin
三刺皂荚碱 (三刺碱)	triacanthine
2, 7, 9- 三氮杂菲	2, 7, 9-triazaphenanthrene
三碘甲腺氨酸	triiodothyronine
3, 3′, 5′- 三碘甲腺氨酸	3, 3′, 5′-triiodothyronine
3, 5, 3′- 三碘甲腺氨酸	3, 5, 3′-triiodothyronine
1, 3, 5- 三丁基六氢 -1, 3, 5- 三嗪	1, 3, 5-tributyl hexahydro-1, 3, 5-triazine
三丁基氢化锗	tributyl hydridogermanium
三丁基锡	tributyltin
三丁基锡氧化物	tributyltin oxide
三丁基锗烷	tributyl germane
三对节苷 A、B	serratosides A, B
三对节洛苷 A、B	cleroserrosides A, B
三对节莫苷 A	serratumoside A
三对节萜酸	serratagenic acid
三对节皂苷 A	sesaponin A
N^1, N^5-(Z)-N^{10}-(E)- 三对香豆酰基亚精胺	N^1, N^5-(Z)-N^{10}-(E)-tri-p-coumaroyl spermidine
N^1, N^5, N^{10}-(E)- 三对香豆酰亚精胺	N^1, N^5, N^{10}-(E)-tri-p-coumaroyl spermidine
N^1, N^5, N^{10}-(Z)- 三对香豆酰亚精胺	N^1, N^5, N^{10}-(Z)-tri-p-coumaroyl spermidine
3, 4, 5- 三 - 反式 - 咖啡酰奎宁酸	3, 4, 5-tri-trans-caffeoyl quinic acid
三反油酸甘油酯	trielaidoyl glyceride
三氟化硼二乙醚	boran trifluoride diethyl etherate
N-(2- 三氟甲基苯)-3- 吡啶甲酰胺肟	N-(2-trifluoromethyl)-3-pyridamidoxime
三甘醇	triethylene glycol
三隔镰孢毒素 T-2 (T-2 毒素)	fusariotoxin T-2 (T-2 toxin)
1, 11- 三癸二烯 -3, 5, 7, 9- 四炔	1, 11-tridecadien-3, 5, 7, 9-tetrayne
三癸精	tricaprin
三花番杏碱	trianthemine
三花龙胆苷	trifloroside
三花蔓荆新素 A〜G	vitextrifolins A〜G
三环 [2.2.1.0$^{2, 6}$] 庚烷	tricyclo [2.2.1.0$^{2, 6}$] heptane
三环 [3.2.1.0$^{2, 4}$] 辛烷	tricyclo [3.2.1.0$^{2, 4}$] octane
1-Si- 三环 [3.3.1.1$^{2, 4}$] 五硅氮烷	1-Si-tricyclo [3.3.1.1$^{2, 4}$] pentasilazane
1-N- 三环 [3.3.1.1$^{2, 4}$] 五硅氮烷	1-N-tricyclo [3.3.1.1$^{2, 4}$] pentasilazane
三环 [3.3.1.1$^{3, 7}$] 四硅硫烷	tricyclo [3.3.1.1$^{3, 7}$] tetrasilathiane
三环 [4, 1, 1, 0$^{2, 5}$] 辛烷	tricyclo [4, 1, 1, 0$^{2, 5}$] octane
三环 [4.2.2.2$^{2, 5}$] 十二烷	tricyclo [4.2.2.2$^{2, 5}$] dodecane
三环 [4.3.1.1$^{2, 5}$] 十一烷	tricyclo [4.3.1.1$^{2, 5}$] undecane
三环 [4.3.2.1$^{3, 8}$] 十二烷	tricyclo [4.3.2.1$^{3, 8}$] dodecane

三环 [4.4.1.1^{1,5}] 十二烷	tricyclo [4.4.1.1^{1,5}] dodecane
三环 [4.4.1.1^{3,9}] 十二烷	tricyclo [4.4.1.1^{3,9}] dodecane
三环 [5.5.1.0^{3,11}] 十三烷	tricyclo [5.5.1.0^{3,11}] tridecane
三环 [5.5.1.0^{5,9}] 十三烷	tricyclo [5.5.1.0^{5,9}] tridecane
三环 [9.3.3.1] 十八烷	tricyclo [9.3.3.1] octadecane
三环 [9.3.3.1^{1,11}] 十八烷	tricyclo [9.3.3.1^{1,11}] octadecane
三环八角酮	tricycloillicinone
三环低绵马素	tridesaspidin
三环低绵马素 BBB	trisdeaspidin BBB
三环对绵马素	tris-p-aspidin
三环黄绵马酸	trisflavaspidic acid
三环类檀香萜酸	tricycloekasantalic acid
三环绵马酚	trisaspidinol
三环绵马素	trisaspidin
三环去甲绵马酚	trisdeaspidinol
三环蛇麻二醇 (三环葎草二醇)	tricyclohumuladiol
三环脱氢异构忽布香苦酮	tricyclodehydroisohumulone
三环烯	tricyclene
三环岩兰烷	tricyclovetivane
三环岩兰烯 (三环印须芒烯、三环岸兰烯)	tricyclovetivene
(14S, 16S, 20R)-14, 16:14, 20:15, 20- 三环氧 -14, 15- 开环孕甾 -5- 烯 -3- 醇	(14S, 16S, 20R)-14, 16:14, 20:15, 20-triepoxy-14, 15-secopregn-5-en-3-ol
(3β, 8β, 9α, 16α, 17α)-14, 16β:15, 20α:18, 20β- 三 环氧 -16β:17α- 二羟基 -14- 氧亚基 -13, 14:14, 15- 二开环孕甾 -5, 13 (18)- 二烯 -3- 基 -α-D- 吡喃欧洲夹竹桃糖基 -(1→4)-α-D- 吡喃洋地黄毒糖基 -(1→4)-α-L- 吡喃磁麻糖苷	(3β, 8β, 9α, 16α, 17α)-14, 16β:15, 20α:18, 20β-triepoxy-16β:17α-dihydroxy-14-oxo-13, 14:14, 15-disecopregn-5, 13 (18)-dien-3-α-D-oleandropyranosyl-(1→4)-α-D-digitoxopyranosyl-(1→4)-α-L-cymaropyranoside
三环氧牛心果宁	trieporeticanin
三己精	tricaproin
三甲氨甲酰基胺	trismethyl carbamyl amine
三甲胺	trimethyl amine
三甲胺氧化物	trimethyl amine oxide
三甲胺乙内盐 (甘氨酸甜菜碱、甜菜碱、氧化神经碱)	glycocoll betaine (lycine, betaine, oxyneurine, glycine betaine)
三甲柏黄素	cupresulflavone trimethyl
2, 4, 6- 三甲苯基	mesityl
4-(2′, 3′, 6′- 三甲苯基)-3- 丁烯 -2- 酮	4-(2′, 3′, 6′-trimethylphenyl)-3-buten-2-one
三甲豆黄素	protoletin
1, 2, 4- 三甲环戊烷	1, 2, 4-trimethyl cyclopentane
2, 2, 6- 三甲基 -1-(3- 甲基 -1, 3- 丁二烯基)-5- 亚甲基 -7- 氧杂三环 [4, 1, 0] 庚烷	2, 2, 6-trimethyl-1-(3-methyl-1, 3-butadienyl)-5-methylene-7-oxabicyclo [4.1.0] heptane

2, 3, 3-三甲基-1-丁烯	2, 3, 3-trimethyl-1-butene
2, 6, 6-三甲基-1-环己烯-1-乙醛	2, 6, 6-trimethyl-1-cyclohexen-1-acetaldehyde
(E)-4-(2, 6, 6-三甲基-1-环己烯)-3-丁烯-2-酮	(E)-4-(2, 6, 6-trimethyl-1-cyclohexen)-3-buten-2-one
(E)-三甲基-1-羟基-3-[3-(4-羟基-3-甲氧苯基)丙烯酰氧基]戊-1, 3, 5-三羧酸酯	(E)-trimethyl-1-hydroxy-3-[3-(4-hydroxy-3-methoxy-phenyl) acryloyloxy] pent-1, 3, 5-tricarboxylate
2, 2, 3-三甲基-1-乙醛-3-环戊烯	2, 2, 3-trimethyl-1-acetaldehyde-3-cyclopentene
3, 7, 7-三甲基-(1S)-双环[4.1.0]庚-3-烯	3, 7, 7-trimethyl-(1S)-bicyclo [4.1.0] hept-3-ene
三甲基(3-甲基丁氧基)硅烷	trimethyl (3-methylbutoxy) silane
(1E, 4E, 8E)-4, 8, 14-三甲基-11-(1-甲乙基)-14-甲氧基环十四碳-1, 4, 8-三烯	(1E, 4E, 8E)-4, 8, 14-trimethyl-11-(1-methyl ethyl)-14-methoxycyclotetradec-1, 4, 8-triene
1, 1, 6-三甲基-1, 2, 3, 4-四氢萘	1, 1, 6-trimethyl-1, 2, 3, 4-tetrahydronaphthalene
1, 1, 6-三甲基-1, 2-二氢萘	1, 1, 6-trimethyl-1, 2-dihydronaphthalene
2, 4, 6-三甲基-1, 3, 5-三氧烷(三聚乙醛)	2, 4, 6-trimethyl-1, 3, 5-trioxane (paracetaldehyde)
3, 7, 11-三甲基-1, 3, 6, 10-十二碳四烯	3, 7, 11-trimethyl-1, 3, 6, 10-dodecatetraene
2, 5, 5-三甲基-1, 3, 6-庚三烯	2, 5, 5-trimethyl-1, 3, 6-heptatriene
2, 4, 5-三甲基-1, 3-二氧戊环	2, 4, 5-trimethyl-1, 3-dioxolane
l-(2, 6, 6-三甲基-1, 3-环己二烯-1-基)-2-丁烯-1-酮	1-(2, 6, 6-trimethyl-1, 3-cyclohexadien-1-yl)-2-butylen-1-one
2, 2, 6-三甲基-1, 4-环己二酮	2, 2, 6-trimethyl-1, 4-cyclohexadione
2, 6, 6-三甲基-1, 4-环己二烯-1-醛	2, 6, 6-trimethyl-1, 4-cyclohexadien-1-carboxaldehyde
(Z)-2, 6, 10-三甲基-1, 5, 9-十一碳三烯	(Z)-2, 6, 10-trimethyl-1, 5, 9-undecatriene
3, 3, 6-三甲基-1, 5-庚二烯	3, 3, 6-trimethyl-1, 5-heptadiene
3, 3, 6-三甲基-1, 5-庚二烯-4-醇	3, 3, 6-trimethyl-1, 5-heptadien-4-ol
3, 3, 6-三甲基-1, 5-庚二烯-4-酮	3, 3, 6-trimethyl-1, 5-heptadien-4-one
3, 7, 11-三甲基-1, 6, 10-十二碳三烯-1-醇	3, 7, 11-trimethyl-1, 6, 10-dodecatrien-1-ol
3, 7, 11-三甲基-1, 6, 10-十二碳三烯-3-醇	3, 7, 11-trimethyl-1, 6, 10-dodecatrien-3-ol
(Z)-3, 7, 11-三甲基-1, 6-十二碳二烯-3, 10, 11-三醇	(Z)-3, 7, 11-trimethyl-1, 6-dodecadien-3, 10, 11-triol
2, 6, 6-三甲基-10-亚甲基-1-氧杂螺[4.5]-8-癸烯	2, 6, 6-trimethyl-10-methylene-1-oxaspiro [4.5]-8-decene
1, 5, 9-三甲基-12-(1-甲乙基)-4, 8, 13-环十四碳三烯-1, 3-二醇	1, 5, 9-trimethyl-12-(1-methyl ethyl)-4, 8, 13-cyclotetradecatrien-1, 3-diol
3, 7, 11-三甲基-14-(1-甲乙基)-1, 3, 6, 10-环十四碳四烯	3, 7, 11-trimethyl-14-(1-methyl ethyl)-1, 3, 6, 10-cyclotetradecatetraene
4-(2, 6, 6-三甲基-1-环己烯)-3-丁烯-1-酮	4-(2, 6, 6-trimethyl-1-cyclohexen)-3-buten-1-one
3, 7, 11-三甲基-1-十二醇	3, 7, 11-trimethyl-1-dodecanol
4b, 8, 8-三甲基-2-(1-甲乙基)-4b, 5, 6, 7, 8, 8a, 9, 10-八氢-10-羟基-1, 4-菲二酮	4b, 8, 8-trimethyl-2-(1-methyl ethyl)-4b, 5, 6, 7, 8, 8a, 9, 10-octahydro-10-hydroxy-1, 4-phenanthrenedione
1, 3, 3-三甲基-2-(3-甲基-2-亚甲基-3-亚丁烯基)环己醇	1, 3, 3-trimethyl-2-(3-methyl-2-methylene-3-butenylidene) cyclohexanol
2, 6, 6-三甲基-2, 4-环庚二烯-1-酮(优葛缕酮、优香芹酮)	2, 6, 6-trimethyl-2, 4-cycloheptadien-1-one (eucarvone)

(2*E*, 6*E*)-2, 6, 10- 三甲基-2, 6, 11- 十二碳三烯-1, 10- 二羟基-1-*O*-β-D- 吡喃葡萄糖苷	(2*E*, 6*E*)-2, 6, 10-trimethyl-2, 6, 11-dodecatrien-1, 10-dihydroxy-1-*O*-β-D-glucopyranoside
3, 7, 11- 三甲基-2, 6, 10- 三烯月桂醇	3, 7, 11-trimethyl-2, 6, 10-trienlauryl alcohol
3, 7, 11- 三甲基-2, 6, 10- 十二碳三烯-1- 醇	3, 7, 11-trimethyl-2, 6, 10-dodecatrien-1-ol
(2*E*, 6*E*, 10*E*)-3, 7, 11- 三甲基-2, 6, 10- 十二碳三烯二酸二甲酯	(2*E*, 6*E*, 10*E*)-3, 7, 11-trimethyl-2, 6, 10-dodecatrienedioic acid dimethyl ester
3, 7, 11- 三甲基-2, 6, 10- 十二碳三烯酸	3, 7, 11-trimethyl-2, 6, 10-dodecatrienoic acid
2, 6, 10- 三甲基-2, 6, 9, 11- 十二碳四烯醛	2, 6, 10-trimethyl-2, 6, 9, 11-dodecatetraenal
1, 4, 6- 三甲基-2- 阿杂弗洛烯酮	1, 4, 6-trimethyl-2-azafluorenone
三甲基-2- 丙烯基硅烷	trimethyl-2-propenyl silane
1, 1, 2- 三甲基-2- 丙酰基乙氮烷	1, 1, 2-trimethyl-2-propionyl diazane
1, 3, 5- 三甲基-2- 丁基苯	mesitylene-2-butyl benzene
2, 6, 6- 三甲基-2- 环己烯-1, 4- 二酮	2, 6, 6-trimethyl-2-cyclohexen-1, 4-dione
3, 4, 4- 三甲基-2- 己烯	3, 4, 4-trimethyl-2-hexene
1, 1, 5- 三甲基-2- 甲酰基-2, 5- 环己二烯-4- 酮	1, 1, 5-trimethyl-2-formylcyclohex-2, 5-dien-4-one
2, 6, 6- 三甲基-2- 羟基环己酮	2, 6, 6-trimethyl-2-hydroxycyclohexanone
2, 6, 6- 三甲基-2- 羟基环己亚基-γ- 内酯乙酸酯	2, 6, 6-trimethyl-2-hydroxycyclohexylidene)-γ-lactone acetate
3, 6, 6- 三甲基-2- 去甲蒎烯 {莰萝烯、3, 6, 6- 三甲基二环 [3.1.1] 庚-2- 烯}	3, 6, 6-trimethyl-2-norpinene {3, 6, 6-trimethyl bicyclo [3.1.1] hept-2-ene}
6, 10, 14- 三甲基-2- 十五酮	6, 10, 14-trimethyl-2-pentadecanone
6, 10, 14- 三甲基-2- 十五烯	6, 10, 14-trimethyl-2-pentadecene
2, 4, 4- 三甲基-2- 戊烯	2, 4, 4-trimethyl-2-pentene
1, 3, 3- 三甲基-2- 氧杂二环 [2.2.2] 辛-6- 乙酸酯	1, 3, 3-trimethyl-2-oxabicyclo [2.2.2] oct-6-acetate
1, 3, 3- 三甲基-2- 氧杂二环 [2.2.2] 辛烷	1, 3, 3-trimethyl-2-oxabicyclo [2.2.2] octane
2, 6, 6- 三甲基-2- 乙烯基-5- 羟基四氢吡喃	2, 6, 6-trimethyl-2-vinyl-5-hydroxytetrahydropyran
2, 6, 6- 三甲基-2- 乙烯基四氢吡喃	2, 6, 6-trimethyl-2-vinyl tetrahydropyran
(3*S*, 5*E*)-3, 11- 三甲基-3, 6:7, 10- 亚甲基十二碳-1, 5, 10- 三烯-3- 醇	(3*S*, 5*E*)-3, 11-trimethyl-3, 6:7, 10-methylenedodec-1, 5, 10-trien-3-ol
(3*S*, 6*R*, 7*R*)-3, 7, 11- 三甲基-3, 6- 环氧基-1, 10- 十二碳二烯-7- 醇	(3*S*, 6*R*, 7*R*)-3, 7, 11-trimethyl-3, 6-epoxy-1, 10-dodecadien-7-ol
(3*S*, 6*S*, 7*R*)-3, 7, 11- 三甲基-3, 6- 环氧基-1, 10- 十二碳二烯-7- 醇	(3*S*, 6*S*, 7*R*)-3, 7, 11-trimethyl-3, 6-epoxy-1, 10-dodecadien-7-ol
(*Z*, *E*)-4, 8, 12- 三甲基-3, 7, 11- 十三碳三烯酸	(*Z*, *E*)-4, 8, 12-trimethyl-3, 7, 11-tridecatrienoic acid
4, 4, 14α- 三甲基-3, 7- 二氧亚基-5α- 胆甾-8- 烯-24- 酸	4, 4, 14α-trimethyl-3, 7-dioxo-5α-cholest-8-en-24-oic acid
3, 6, 9- 三甲基-3a, 7, 9a, 9b- 四氢-3*H*, 4*H*- 萘并 [1, 2*b*] 呋喃-2, 5- 二酮	3, 6, 9-trimethyl-3a, 7, 9a, 9b-tetrahydro-3*H*, 4*H*-naphtho [1, 2*b*] furan-2, 5-dione
4′, 7′, 7′- 三甲基-3′- 苄氧基螺 [1, 3- 二氧戊环-2, 2′- 双环 [2.2.1] 庚烷]	4′, 7′, 7′-trimethyl-3′-benzyloxyspiro [1, 3-dioxolane-2, 2′-bicyclo [2.2.1] heptane]
α, α, 4- 三甲基-3- 环己烯-1- 甲醇	α, α, 4-trimethyl-3-cyclohexen-1-methanol
1, 3, 4- 三甲基-3- 环己烯-1- 醛	1, 3, 4-trimethyl-3-cyclohexen-1-al

2, 2, 3-三甲基-3-环己烯-1-乙醛	2, 2, 3-trimethyl-3-cyclohexen-1-acetaldehyde
3, 5, 5-三甲基-3-环己烯-1-酮	3, 5, 5-trimethyl-3-cyclohexen-1-one
(3R, 6E, 10S)-2, 6, 10-三甲基-3-羟基十二碳-6, 11-二烯-2, 10-二醇	(3R, 6E, 10S)-2, 6, 10-trimethyl-3-hydroxydodec-6, 11-dien-2, 10-diol
1, 1, 2-三甲基-3-亚甲基环丙烷	1, 1, 2-trimethyl-3-methylenecyclopropane
7, 11, 15-三甲基-3-亚甲基十六碳-1, 2-二醇	7, 11, 15-trimethyl-3-methylidenehexadec-1, 2-diol
1, 8, 8-三甲基-3-氧杂双环 [3.2.1] 辛-2, 4-二酮	1, 8, 8-trimethyl-3-oxabicyclo [3.2.1] oct-2, 4-dione
3, 5, 5-三甲基-4-(2′-β-D-吡喃葡萄糖氧基) 乙基环己-2-烯-1-酮	3, 5, 5-trimethyl-4-(2′-β-D-glucopyranosyloxy) ethyl cyclohex-2-en-l-one
1, 9, 9-三甲基-4, 7-二亚桥-2, 3, 5, 6, 7-8-六氢薁	1, 9, 9-trimethyl-4, 7-dimethano-2, 3, 5, 6, 7, 8-hexahydroazulene
2, 6, 6-三甲基-4-羟基-1-环己烯-1-醛	2, 6, 6-trimethyl-4-hydroxy-1-cyclohexen-1-carboxaldehyde
2, 6, 6-三甲基-4-氧亚基-2-环己烯-1-乙酸	2, 6, 6-trimethyl-4-oxo-2-cyclohexen-1-acetic acid
2, 6, 6-三甲基-4-氧亚基-2-环己烯-1-乙酸甲酯	2, 6, 6-trimethyl-4-oxo-2-cyclohexen-1-acetic acid methyl ester
4, 4, 7α-三甲基-5, 6, 7, 7α-四氢苯并呋喃-2-酮	4, 4, 7α-trimethyl-5, 6, 7, 7α-tetrahydrobenzofuran-2-one
(5E, 9E)-6, 10, 14-三甲基-5, 9, 13-十五碳三烯-2-酮	(5E, 9E)-6, 10, 14-trimethyl-5, 9, 13-pentadecatrien-2-one
6, 10, 14-三甲基-5, 9, 13-十五碳三烯-2-酮	6, 10, 14-trimethyl-5, 9, 13-pentadecatrien-2-one
2, 3, 4-三甲基-5-苯基噁唑烷	2, 3, 4-trimethyl-5-phenyl oxazolidine
2, 2, 6-三甲基-5-环己烯酮	2, 2, 6-trimethyl-5-cyclohexenone
1, 8, 8-三甲基-5-亚甲基环十一碳-1, 6-二烯	1, 8, 8-trimethyl-5-methylene cycloundec-1, 6-diene
1, 1, 5-三甲基-6-(3-羟基) 环己烯-5-基-1-β-D-吡喃葡萄糖苷	1, 1, 5-trimethyl-6-(3-hydroxy) cyclohexen-5-yl-1-β-D-pyranoglucoside
3, 8, 8-三甲基-6-亚甲基八氢-1H-3a, 7-亚甲基薁-5-醇	3, 8, 8-trimethyl-6-methylene-octahydro-1H-3a, 7-methanoazulen-5-ol
2, 2, 6-三甲基-6-乙烯基四氢吡喃	2, 2, 6-trimethyl-6-vinyl tetrahydropyran
2, 6, 10-三甲基-7-(3-甲基丁基)-十二烷	2, 6, 10-trimethyl-7-(3-methyl butyl)-dodecane
(−)-(1S, 2R, 6R, 7R)-1, 2, 6-三甲基-8-羟甲基三环 [5.3.1.02.6] 十一碳-8-烯-10-酮-β-D-呋喃芹糖基-(1″→6′)-β-D-吡喃葡萄糖苷	(−)-(1S, 2R, 6R, 7R)-1, 2, 6-trimethyl-8-hydroxymethyl tricyclic [5.3.1.02.6] undec-8-en-10-one-β-D-apiofuranosyl-(1″→6′)-β-D-glucopyranoside
2, 5, 5-三甲基-8-亚甲基-2, 4a, 5, 6, 7, 8, 9, 9a-八氢-1H-苯并环庚烯	2, 5, 5-trimethyl-8-methylene-2, 4a, 5, 6, 7, 8, 9, 9a-octahydro-1H-benzocycloheptene
4, 11, 11-三甲基-8-亚甲基双环 [7.2.0] 十一-4-烯	4, 11, 11-trimethyl-8-methylenebicyclo [7.2.0] undec-4-ene
1, 5, 15-三甲基巴戟酚	1, 5, 15-trimethyl morindol
1, 2, 3-三甲基苯	1, 2, 3-trimethyl benzene
1-(2, 4, 6-三甲基苯基) 丁-1, 3-二烯	1-(2, 4, 6-trimethyl phenyl) but-1, 3-diene
(E)-1-(2, 3, 6-三甲基苯基) 丁-2-烯-1-酮	(E)-1-(2, 3, 6-trimethyl phenyl) but-2-en-1-one
2, 3, 6-三甲基苯甲醛	2, 3, 6-trimethyl benzaldehyde
2, 4, 6-三甲基苯甲醛	2, 4, 6-trimethyl benzaldehyde
2, 3, 5-三甲基吡嗪	2, 3, 5-trimethyl pyrazine

三甲基铋烷	trimethyl bismuthane
α, β, β- 三甲基丙烯酰基紫草素	α, β, β-trimethyl acryl shikonin
N, N′, N′- 三甲基丙酰肼	N, N′, N′-trimethyl propionohydrazide
1′, 2′, 2′- 三甲基丙酰肼	1′, 2′, 2′-trimethyl propionohydrazide
4α, 24, 24- 三甲基胆甾 -5α-7, 25- 二烯 -3β- 醇	4α, 24, 24-trimethyl cholest-5α-7, 25-dien-3β-ol
4α, 14α, 24- 三甲基胆甾 -8, 24- 二烯醇	4α, 14α, 24-trimethyl cholest-8-24-dienol
三甲基氮烷氧化物	trimethyl azane oxide
1, 4, 4- 三甲基丁氮 -2- 烯 -1- 甲醛	1, 4, 4-trimethyl tetraaz-2-en-1-carbaldehyde
N, N, N- 三甲基多巴胺盐酸盐 (棍掌碱氯化物、氯化甲基多巴胺)	N, N, N-trimethyl dopamine hydrochloride (coryneine chloride)
1, 1, 1- 三甲基二氮烷 -1- 正离子 -2- 磺酸根离子	1, 1, 1-trimethyl diazan-1-ium-2-sulfonate
1, 7, 7- 三甲基二环 [2.2.1] 庚 -2- 醇	1, 7, 7-trimethyl bicyclo [2.2.1] hept-2-ol
1, 7, 7- 三甲基二环 [2.2.1] 庚 -2- 醇乙酸酯	1, 7, 7-trimethyl bicyclo [2.2.1] hept-2-ol acetate
1, 7, 7- 三甲基二环 [2.2.1] 庚 -2- 烯 {1, 7, 7- 三甲基二环 [2.2.1]-2- 庚烯 }	1, 7, 7-trimethyl bicyclo [2.2.1] hept-2-ene
2, 6, 6- 三甲基二环 [3.1.0]-2- 庚烯	2, 6, 6-trimethyl dicyclo [3.1.0]-2-heptene
(1S)-2, 6, 6- 三甲基二环 [3.1.1]-2- 庚烯	(1S)-2, 6, 6-trimethyl dicyclic [3.1.1]-2-heptene
2, 6, 6- 三甲基二环 [3.1.1] 庚烷	2, 6, 6-trimethyl bicyclo [3.1.1] heptane
1, 7, 7- 三甲基二环庚 -2- 酮	1, 7, 7-trimethyl bicyclohept-2-one
三甲基甘氨酸盐酸盐 (盐酸甜菜碱)	trimethyl glycine hydrochloride (acidol, acinorm, betaine hydrochloride)
2, 5, 5- 三甲基庚二烯	2, 5, 5-trimethyl heptadiene
3, 3, 5- 三甲基庚烷	3, 3, 5-trimethyl heptane
3, 4, 5- 三甲基庚烷	3, 4, 5-trimethyl heptane
2-(三甲基硅氧基)-1-[(三乙基硅氧基) 甲基] 乙酯	2-(trimethyl silyloxy)-1-[(trimethyl silyl-oxy) methyl] ethyl ester
4-(三甲基硅氧基) 苯酚	2-(trimethyl silyloxy) phenol
2, 4, 6- 三甲基癸酸甲酯	methyl 2, 4, 6-trimethyl decanoate
2, 3, 5- 三甲基癸烷	2, 3, 5-trimethyl decane
2, 3, 7- 三甲基癸烷	2, 3, 7-trimethyl decane
2, 4, 6- 三甲基癸烷	2, 4, 6-trimethyl decane
2, 5, 6- 三甲基癸烷	2, 5, 6-trimethyl decane
3, 7, 4′-O- 三甲基槲皮素	3, 7, 4′-O-trimethyl quercetin
7, 3′, 4′- 三甲基槲皮素	7, 3′, 4′-trimethyl quercetin
3, 6, 7- 三甲基槲皮万寿菊素 (3, 6, 7- 三甲基栎草亭)	3, 6, 7-trimethyl quercetagetin
1, 1, 4- 三甲基环庚 -2, 4- 二烯 -6- 酮	1, 1, 4-trimethylcyclohept-2, 4-dien-6-one
(1R)-3, 5, 5- 三甲基环己 -3- 烯 - 羟基 -O-β-D- 吡喃葡萄糖苷	(1R)-3, 5, 5-trimethyl cyclohex-3-en-hydroxy-O-β-D-glucopyranoside
4-(2, 6, 6- 三甲基环己基)-3- 甲基 -2- 丁醇	4-(2, 6, 6-trimethyl cyclohexyl)-3-methyl butan-2-ol
2, 2, 6- 三甲基环己酮	2, 2, 6-trimethyl cyclohexanone

中文名称	英文名称
2, 6, 6- 三甲基环己酮	2, 6, 6-trimethyl cyclohexanone
1, 2, 3- 三甲基环己烷	1, 2, 3-trimethyl cyclohexane
1, 3, 5- 三甲基环己烷	1, 3, 5-trimethyl cyclohexane
1, 3, 3- 三甲基环己烷 -1- 烯 -4- 甲醛	1, 3, 3-trimethyl cyclohex-1-en-4-carboxaldehyde
三甲基环己烯醇	trimethyl cyclohexenol
2, 2, 4- 三甲基环三硅硫烷	2, 2, 4-trimethyl cyclotrisilathiane
1, 2, 3- 三甲基环戊烷	1, 2, 3-trimethyl cyclopentane
1, 1, 3- 三甲基环戊烷	1, 1, 3-trimethyl cyclopentane
1, 3, 7- 三甲基黄嘌呤	1, 3, 7-trimethyl xanthine
2, 3, 6- 三甲基茴香醚	2, 3, 6-trimethyl anisole
2, 2, 3- 三甲基己烷	2, 2, 3-trimethyl hexane
2, 3, 4- 三甲基己烷	2, 3, 4-trimethyl hexane
1, 7, 7- 三甲基甲酸桥二环 [2.2.1] 庚 -2- 醇	1, 7, 7-trimethyl formyl bicyclo [2.2.1] hept-2-ol
1, 1, 1- 三甲基肼 -1- 正离子 -2- 磺酸根离子	1, 1, 1-trimethyl hydrazin-1-ium-2-sulfonate
32, 33, 34- 三甲基菌何帕 -16- 烯 -3-*O*-β-D- 吡喃葡萄糖苷	32, 33, 34-trimethyl bacteriohop-16-en-3-*O*-β-D-glucopyranoside
三甲基康丝枯碱	trimethyl conkurchine
三甲基没食子酰基葡萄糖	trimethyl galloyl glucose
1, 3, 3- 三甲基 - 内 -2- 去甲龙脑烷醇乙酸酯	*endo*-2-norbornanol-1, 3, 3-trimethyl acetate
O-(2), 1, 9- 三甲基尿酸 (大果咖啡碱)	*O*-(2), 1, 9-trimethyluric acid (liberine)
三甲基柠檬酰基 -β-D- 吡喃半乳糖苷	trimethyl citryl-β-D-galactopyranoside
3, 6, 6- 三甲基去甲蒎 -2- 酮	3, 6, 6-trimethyl norpinan-2-one
2D, 4D, 6D- 三甲基壬酸	2D, 4D, 6D-trimethyl nonanoic acid
3, 3′, 4′-*O*- 三甲基鞣花酸	3, 3′, 4′-*O*-trimethyl ellagic acid
3, 3′, 4-*O*- 三甲基鞣花酸	3, 3′, 4-*O*-trimethyl ellagic acid
4, 5, 4′- 三甲基鞣花酸 (4, 5, 4′- 三甲基并没食子酸)	4, 5, 4′-trimethyl ellagic acid
3, 3′, 4-*O*- 三甲基鞣花酸 4′- 硫酸酯钾盐	3, 3′, 4-*O*-trimethyl ellagic acid 4′-sulfate potassium salt
3, 3′, 4- 三甲基鞣花酸 -4′-*O*-β-D- 吡喃葡萄糖苷	3, 3′, 4-trimethyl ellagic acid-4′-*O*-β-D-glucopyranoside
3, 3′, 4- 三甲基鞣花酸 -4-*O*-β-D- 吡喃葡萄糖苷	3, 3′, 4-trimethyl ellagic acid-4-*O*-β-D-glucopyranoside
1, 1, 1- 三甲基三硅氮烷	1, 1, 1-trimethyl trisilazane
1, 7, 7- 三甲基三环 [2.2.1.02, 6] 庚烷	1, 7, 7-trimethyl tricyclo [2.2.1.02, 6] heptane
1, 3, 3- 三甲基三环 [2.2.1.02, 6] 庚烷	1, 3, 3-trimethyl tricyclo [2.2.1.02, 6] heptane
1, 3, 3- 三甲基三环庚烯	1, 3, 3-trimethyl tricycloheptene
2, 3, 4- 三甲基三十烷	2, 3, 4-trimethyl triacontane
N, *O*, *O*- 三甲基散花巴豆碱	*N*, *O*, *O*-trimethyl sparsiflorine
N, *N*, *N*- 三甲基色氨酸	*N*, *N*, *N*-trimethyl tryptophan
三甲基色氨酸	trimethyl tryptophan
(+)-(*S*)-*N*, *N*, *N*- 三甲基色氨酸内铵盐	(+)-(*S*)-*N*, *N*, *N*-trimethyl tryptophane betabine
3, 7, 11- 三甲基十二醇	3, 7, 11-trimethyl dodecanol
3, 7, 11- 三甲基十二碳 -1, 7, 10- 三烯 -3- 醇 -9- 酮	3, 7, 11-trimethyl dodec-1, 7, 10-trien-3-ol-9-one

中文名称	英文名称
3, 7, 17- 三甲基十二碳 - 反式 -2, 顺式 -6, 10- 三烯醇	3, 7, 17-trimethyl-*trans*-2, *cis*-6, 10-dodectrienol
1, 2, 6, 11- 三甲基十二烷	1, 2, 6, 11-trimethyl dodecane
2, 6, 10- 三甲基十二烷	2, 6, 10-trimethyl dodecane
2, 6, 11- 三甲基十二烷	2, 6, 11-trimethyl dodecane
2, 7, 10- 三甲基十二烷	2, 7, 10-trimethyl dodecane
2, 6, 10- 三甲基十四烷	2, 6, 10-trimethyl tetradecane
2, 6, 10- 三甲基十五烷	2, 6, 10-trimethyl pentadecane
1, 7, 7- 三甲基双环 [2.2.1]-2- 庚醇 (异龙脑)	1, 7, 7-trimethyl bicyclo [2.2.1]-2-heptanol (isoborneol)
2, 3, 3- 三甲基双环 [2.2.1] 庚 -2- 醇	2, 3, 3-trimethyl bicyclo [2.2.1] hept-2-ol
1, 3, 3- 三甲基双环 [2.2.1] 庚 -2- 酮	1, 3, 3-trimethyl bicyclo [2.2.1] hept-2-one
1, 7, 7- 三甲基双环 [2.2.1] 庚 -2- 酮	1, 7, 7-trimethyl bicyclo [2.2.1] hept-2-one
4, 7, 7- 三甲基双环 [2.2.1] 庚 -2- 酮	4, 7, 7-trimethyl bicyclo [2.2.1] hept-2-one
2, 6, 6- 三甲基双环 [2.2.1] 庚 -2- 烯 -4- 醇 - 乙酸	2, 6, 6-trimethyl bicyclo [2.2.1] hept-2-en-4-ol-acetic acid
3, 6, 6- 三甲基双环 [3.1.1]-2- 庚醇	3, 6, 6-trimethyl bicyclo [3.1.1]-2-heptanol
2, 6, 6- 三甲基双环 [3.1.1] 庚 -3- 酮	2, 6, 6-trimethyl bicyclo [3.1.1] hept-3-one
3, 7, 7- 三甲基双环 [4.1.0] 庚 -2- 烯	3, 7, 7-trimethyl bicyclo [4.1.0] hept-2-ene
3, 5, 24- 三甲基四十烷	3, 5, 24-trimethyl tetracontane
(+)-*N*- 三甲基乌药碱	(+)-roefractine
3, 4, 7- 三甲基香豆素	3, 4, 7-trimethyl coumarin
2D, 4D, 6D- 三甲基辛酸	2D, 4D, 6D-trimethyl octanoic acid
2, 3, 3- 三甲基辛烷	2, 3, 3-trimethyl octane
2, 4, 6- 三甲基辛烷	2, 4, 6-trimethyl octane
2, 5, 6- 三甲基辛烷	2, 5, 6-trimethyl octane
2, 4, 7- 三甲基辛烷	2, 4, 7-trimethyl octane
三甲基乙酸脱氧皮质酮酯 (新戊酸脱氧皮质酮酯)	deoxycortone trimethyl acetate (deoxycortone pivalate)
三甲基乙酰基硬飞燕草次碱	trimethyl acetyl delcosine
三甲基甾醇	trimethyl sterol
三甲基甾醇阿魏酸酯	trimethyl sterol ferulate
三甲秋水仙酸	trimethyl colchicinic acid
3, 4, 5- 三甲氧苯基 -(6'-*O*- 没食子酰基)-*O*-β-D- 吡喃葡萄糖苷	3, 4, 5-trimethoxyphenyl-(6'-*O*-galloyl)-*O*-β-D-glucopyranoside
1-(2, 4, 5- 三甲氧苯基)-1- 甲氧基丙 -2- 醇	1-(2, 4, 5-trimethoxyphenyl)-1-methoxyprop-2-ol
1-(3, 4, 5- 三甲氧苯基)-1'*S*, 2'- 乙二醇	1-(3, 4, 5-trimethoxyphenyl)-1'*S*, 2'-ethanediol
1-(3, 4, 5- 三甲氧苯基)-2-(4- 烯丙基 -2, 6- 二甲氧基苯氧基) 丙 -1- 醇	1-(3, 4, 5-trimethoxyphenyl)-2-(4-allyl-2, 6-dimethoxy-phenoxy) propan-1-ol
1-(3, 4, 5- 三甲氧苯基)-2-(4- 烯丙基 -2, 6- 二甲氧基苯氧基) 丙烷	1-(3, 4, 5-trimethoxyphenyl)-2-(4-allyl-2, 6-dimethoxy-phenoxy) propane
3-(3, 4, 5- 三甲氧苯基)-2-(*E*)- 丙烯 -1- 醇	3-(3, 4, 5-trimethoxyphenyl)-2-(*E*)-propen-1-ol
3-(2, 4, 5- 三甲氧苯基)-2- 丙烯醛	3-(2, 4, 5-trimethoxyphenyl)-2-propenal

S

(1*R*, 2*S*, 5*R*, 6*S*)-2-(3, 4, 5-三甲氧苯基)-6-(4-羟基-3-甲氧苯基)-3, 7-二氧杂双环 [3.3.0] 辛烷	(1*R*, 2*S*, 5*R*, 6*S*)-2-(3, 4, 5-trimethoxyphenyl)-6-(4-hydroxy-3-methoxyphenyl)-3, 7-dioxabicyclo [3.3.0] octane
1-(2, 4, 5-三甲氧苯基) 丙 -1-酮	1-(2, 4, 5-trimethoxyphenyl) prop-1-one
1-(2, 4, 5-三甲氧苯基) 丙 -1, 2-二酮	1-(2, 4, 5-trimethoxyphenyl) prop-1, 2-dione
1-(2, 4, 5-三甲氧苯基) 丙 -2-酮	1-(2, 4, 5-trimethoxyphenyl) prop-2-one
(*Z*)-3-(2, 4, 5-三甲氧苯基) 丙烯醛	(*Z*)-3-(2, 4, 5-trimethoxyphenyl) acrylaldehyde
(*E*)-3-(2′, 3′, 4′-三甲氧苯基) 丙烯酸	(*E*)-3-(2′, 3′, 4′-trimethoxyphenyl) acrylic acid
(+)-(2, 3, 4-三甲氧苯基)-2, 3-二羟基-7-羟基-4*H*-1-苯并吡喃	(+)-(2, 3, 4-trimethoxyphenyl)-2, 3-dihydro-7-hydroxy-4*H*-1-benzopyran
1-(2, 4, 5-三甲氧苯基) 乙酮	1-(2, 4, 5-trimethoxyphenyl) ethanone
3, 4, 5-三甲氧苯基-1-*O*-[β-D-呋喃芹糖基-(1→6)]-β-D-吡喃葡萄糖苷	3, 4, 5-trimethoxyphenyl-1-*O*-[β-D-apiofuranosyl-(1→6)]-β-D-glucopyranoside
3, 4, 5-三甲氧苯基-1-*O*-β-D-吡喃葡萄糖苷	3, 4, 5-trimethoxyphenyl-1-*O*-β-D-glucopyranoside
3, 4, 5-三甲氧苯基-1-*O*-β-D-呋喃芹糖基-(1″→6′)-β-D-吡喃葡萄糖苷	3, 4, 5-trimethoxyphenyl-1-*O*-β-D-apiofuranosyl-(1″→6′)-β-D-glucopyranoside
3, 4, 5-三甲氧苯基-6-*O*-丁香酰基-β-D-吡喃葡萄糖苷	3, 4, 5-trimethoxyphenyl-6-*O*-syringoyl-β-D-glucopyranoside
3, 4, 5-三甲氧苯基-β-D-葡萄糖苷	3, 4, 5-trimethoxyphenyl-β-D-glucoside
1-(2, 4, 5)-三甲氧苯基丙烷-1, 2-二酮	1-(2, 4, 5)-trimethoxyphenyl propane-1, 2-dione
2, 4, 6-三甲氧基-1-*O*-β-D-吡喃葡萄糖苷	2, 4, 6-trimethoxy-1-*O*-β-D-glucopyranoside
2, 3, 5-三甲氧基-1-*O*-龙胆二糖氧基𬭩酮	2, 3, 5-trimethoxy-1-*O*-gentiobiosyloxyxanthone
2, 3, 7-三甲氧基-1-*O*-龙胆二糖氧基𬭩酮	2, 3, 7-trimethoxy-1-*O*-gentiobiosyloxyxanthone
2, 3, 5-三甲氧基-1-*O*-樱草糖氧基𬭩酮	2, 3, 5-trimethoxy-1-*O*-primeverosyloxyxanthone
2, 4, 5-三甲氧基-1-丙烯基苯	2, 4, 5-trimethoxy-1-propenyl benzene
6‴-(3⁗, 4⁗, 5⁗-三甲氧基)-反式-桂皮酰酸枣素	6‴-(3⁗, 4⁗, 5⁗-trimethoxy)-(*E*)-cinnamoyl spinosin
(*S*, *R*)-(*E*)-3, 4, 5-三甲氧基-{1-[2-甲氧基-4-(1-丙烯基) 苯氧基] 乙基} 苯甲醇	(*S*, *R*)-(*E*)-3, 4, 5-trimethoxy-{1-[2-methoxy-4-(1-propenyl) phenoxy] ethyl} benzenemethanol
3, 6, 7-三甲氧基-14-羟基菲并吲哚啶	3, 6, 7-trimethoxy-14-hydroxy-phenanthroindolizidine
3, 7, 8-三甲氧基-1-羟基𬭩酮	3, 7, 8-trimethoxy-1-hydroxyxanthone
6, 7, 8-三甲氧基-2, 3-亚甲氧基二氧苯并菲次碱	6, 7, 8-trimethoxy-2, 3-methylendioxybenzophenanthridine
4, 5, 8-三甲氧基-2-*O*-β-D-吡喃葡萄糖基-(1→2)-*O*-β-D-吡喃半乳糖苷	4, 5, 8-trimethoxy-2-*O*-β-D-glucopyranosyl-(1→2)-*O*-β-D-galactopyranoside
2, 4, 5-三甲氧基-2′-丁氧基-1, 2-苯丙二醇	2, 4, 5-trimethoxy-2′-butoxy-1, 2-phenyl propanediol
3-(4, 7, 9-三甲氧基-2-二苯并呋喃基) 丙酸甲酯	3-(4, 7, 9-trimethoxy-2-dibenzofuranyl) propanoic acid methyl ester
4, 7, 9-三甲氧基-2-二苯并呋喃羧酸甲酯	4, 7, 9-trimethoxy-2-dibenzofurancarboxylic acid methyl ester
1, 3, 4-三甲氧基-2-羟基蒽醌	1, 3, 4-trimethoxy-2-hydroxyanthraquinone
5, 7, 3′-三甲氧基-3, 4′-二羟基黄酮	5, 7, 3′-trimethoxy-3, 4′-dihydroxyflavone
5, 7, 3′-三甲氧基-3, 4′-二羟基黄酮-3-*O*-β-D-吡喃葡萄糖苷	5, 7, 3′-trimethoxy-3, 4′-dihydroxyflavone-3-*O*-β-D-glucopyranoside
5, 7, 5′-三甲氧基-3′, 4′-亚甲二氧基黄酮	5, 7, 5′-trimethoxy-3′, 4′-methylenedioxyflavone

3′, 4′, 7- 三甲氧基 -3, 5- 二羟基黄酮	3′, 4′, 7-trimethoxy-3, 5-dihydroxyflavone
5, 6, 8- 三甲氧基 -3- 甲基 -1- 萘醇	5, 6, 8-trimethoxy-3-methyl-1-naphthol
3, 3′, 7- 三甲氧基 -4′, 5- 二羟黄酮	3, 3′, 7-trimethoxy-4′, 5-dihydroxyflavone
3, 5, 4′- 三甲氧基 -4- 羟基联苯	3, 5, 4′-trimethoxy-4-hydroxybibenzene
6, 7, 2′- 三甲氧基 -4′- 羟基异黄酮	6, 7, 2′-trimethoxy-4′-hydroxyisoflavone
6, 7, 8- 三甲氧基 -5, 2- 二羟基黄酮	6, 7, 8-trimethoxy-5, 2-dihydroxyflavone
3, 7, 3′- 三甲氧基 -5, 4′, 5′- 三羟基黄酮	3, 7, 3′-trimethoxy-5, 4′, 5′-trihydroxyflavone
3, 7, 3′- 三甲氧基 -5, 4′- 二羟基黄酮	3, 7, 3′-trimethoxy-5, 4′-dihydroxyflavone
1, 2, 4- 三甲氧基 -5-[(E)-3′- 甲基环氧乙基] 苯	1, 2, 4-trimethoxy-5-[(E)-3′-methyl oxiranyl] benzene
1, 2, 4- 三甲氧基 -5-[(E)-3′- 甲氧基呋喃基] 苯	1, 2, 4-trimethoxy-5-[(E)-3′-methoxyfuranyl] benzene
1, 2, 3- 三甲氧基 -5- 甲基苯	1, 2, 3-trimethoxy-5-methyl benzene
(+)-(2, 3, 4- 三甲氧基 -5- 羟苯基)-2, 3- 二羟基 -7- 羟基 -4H-1- 苯并吡喃	(+)-(2, 3, 4-trimethoxy-5-hydroxyphenyl)-2, 3-dihydro-7-hydroxy-4H-1-benzopyran
2, 3, 4- 三甲氧基 -5- 羟基菲	2, 3, 4-trimethoxy-5-hydroxyphenanthrene
3, 4, 5- 三甲氧基 -6″, 6″- 二甲基吡喃 [2″, 3″:3′, 4′] 芪	3, 4, 5-trimethoxy-6″, 6″-dimethyl pyran [2″, 3″:3′, 4′] stilbene
3, 5, 8- 三甲氧基 -6, 7:3′, 4′- 二亚甲基二氧基黄酮	3, 5, 8-trimethoxy-6, 7:3′, 4′-dimethylenedioxyflavone
1, 2, 8- 三甲氧基 -6- 羟基𠮿酮	1, 2, 8-trimethoxy-6-hydroxyxanthone
3, 3′, 4′- 三甲氧基 -7, 8- 呋喃并黄酮	3, 3′, 4′-trimethoxy-7, 8-furanoflavone
(3S)-2′, 4′, 5′- 三甲氧基 -7- 羟基异黄烷酮	(3S)-2′, 4′, 5′-trimethoxy-7-hydroxyisoflavanone
1, 2, 6- 三甲氧基 -8- 羟基𠮿酮	1, 2, 6-trimethoxy-8-hydroxyxanthone
1, 3, 5- 三甲氧基 -8- 羟基𠮿酮	1, 3, 5-trimethoxy-8-hydroxyxanthone
3, 7, 8- 三甲氧基 -8- 羟基𠮿酮	3, 7, 8-trimethoxy-8-hydroxyxanthone
2, 4, 7- 三甲氧基 -9, 10- 二氢菲	2, 4, 7-trimethoxy-9, 10-dihydrophenanthrene
2, 5, 7- 三甲氧基 -9, 10- 二氢菲 -1, 4- 二酮	2, 5, 7-trimethoxy-9, 10-dihydrophenanthrene-1, 4-dione
3, 4, 5- 三甲氧基 -O-β-D- 吡喃葡萄糖苷	3, 4, 5-trimethoxy-O-β-D-glucopyranoside
1, 2, 3- 三甲氧基苯	1, 2, 3-trimethoxybenzene
1, 2, 4- 三甲氧基苯	1, 2, 4-trimethoxybenzene
1, 3, 5- 三甲氧基苯	1, 3, 5-trimethoxybenzene
3, 4, 5- 三甲氧基苯丙烯醛	3, 4, 5-trimethoxyphenyl acrylaldehyde
3, 4, 5- 三甲氧基苯酚 (见血封喉酚)	3, 4, 5-trimethoxyphenol (antiarol)
2, 4, 6- 三甲氧基苯酚 -1-O-β-D-(6′-O- 没食子酰基) 吡喃葡萄糖苷	2, 4, 6-trimethoxyphenol-1-O-β-D-(6′-O-galloyl) glucopyranoside
2, 4, 6- 三甲氧基苯酚 -1-O-β-D- 吡喃葡萄糖苷	2, 4, 6-trimethoxyphenol-1-O-β-D-glucopyranoside
2, 4, 6- 三甲氧基苯酚 -1-O-β-D- 呋喃芹糖基 -(1→6)-β-D- 吡喃葡萄糖苷	2, 4, 6-trimethoxyphynol-1-O-β-D-apiofuranosyl-(1→6)-β-D-glucopyranoside
3, 4, 5- 三甲氧基苯酚 -1-[6-O-α-L- 鼠李糖基 -(1→6)-β-D- 葡萄糖苷]	3, 4, 5-trimethoxyphenol-1-[6-O-α-L-rhamnosyl-(1→6)-β-D-glucoside]
3, 4, 5- 三甲氧基苯甲醇	3, 4, 5-trimethoxybenzyl alcohol
2, 4, 5- 三甲氧基苯甲醛 (细辛醛)	2, 4, 5-trimethoxybenzaldehyde (asaronaldehyde, gazarin, asarylaldehyde)

S

2, 4, 5-三甲氧基苯甲酸	2, 4, 5-trimethoxybenzoic acid
2, 3, 6-三甲氧基苯甲酸 (2-甲氧基苄基) 酯	2-methoxybenzyl 2, 3, 6-trimethoxybenzoate
3, 4, 5-三甲氧基苯甲酸 (桉脂酸)	3, 4, 5-trimethoxybenzoic acid (eudesmic acid)
2, 3, 6-三甲氧基苯甲酸-2-甲氧苯基甲酯	2, 3, 6-trimethoxybenzoic acid-2-methoxyphenyl methyl ester
3, 4, 5-三甲氧基苯甲酸丁酯	butyl 3, 4, 5-trimethoxybenzoate
3, 4, 5-三甲氧基苯甲酸甲酯	methyl 3, 4, 5-trimethoxybenzoate
6′-O-(3, 4, 5-三甲氧基苯甲酰基) 华南远志糖 A	6′-O-(3, 4, 5-trimethoxybenzoyl) glomeratose A
1-[3-(3, 4, 5-三甲氧基苯氧基)-1-丙烯基]-3-甲氧苯基-4-O-β-D-吡喃葡萄糖苷	1-[3-(3, 4, 5-trimethoxyphenoxy)-1-propenyl]-3-methoxyphene-4-O-β-D-glucopyranoside
3, 4, 5-三甲氧基苯乙酮	3, 4, 5-trimethoxyacetophenone
2-(3″, 4α, 5″-三甲氧基苄基)-3-(3′, 4′-亚甲二氧基苄基) 丁内酯	2-(3″, 4α, 5″-trimethoxybenzyl)-3-(3′, 4′-methylenedioxybenzyl) butyrolactone
2-(3″, 4″, 5″-三甲氧基苄基)-3-(3′, 4′-亚甲二氧基苄基) 丁内酯	2-(3″, 4″, 5″-trimethoxybenzyl)-3-(3′, 4′-methylenedioxybenzyl) butyrolactone
2, 4, 5-三甲氧基丙烯基苯	2, 4, 5-trimethoxypropenyl benzene
2, 5, 7-三甲氧基蒽-1, 4-二酮	2, 5, 7-trimethoxyanthracene-1, 4-dione
1, 4, 10-三甲氧基蒽-2-醛	1, 4, 10-trimethoxyanthracene-2-carbaldehyde
3, 4, 5-三甲氧基二氢桂皮酸	3, 4, 5-trimethoxydihydrocinnamic acid
(2S)-5, 7, 8-三甲氧基二氢黄酮	(2S)-5, 7, 8-trimethoxydihydroflavone
(2R, 3R)-(+)-4′, 5, 7-三甲氧基二氢黄酮醇	(2R, 3R)-(+)-4′, 5, 7-trimethoxydihydroflavonol
2, 4, 7-三甲氧基菲	2, 4, 7-trimethoxyphenanthrene
3, 6, 7-三甲氧基菲并吲哚啶	3, 6, 7-trimethoxyphenanthroindolizidine
3, 4, 5-三甲氧基酚-β-D-呋喃芹糖基-(1→6)-β-D-吡喃葡萄糖苷	3, 4, 5-trimethoxyphenol-β-D-apiofuranosyl-(1→6)-β-D-glucopyranoside
3″, 4″, 5″-三甲氧基呋喃黄酮	3″, 4″, 5″-trimethoxyfuranoflavone
2, 3, 4-三甲氧基桂皮酸	2, 3, 4-trimethoxycinnamic acid
2, 4, 5-三甲氧基桂皮酸	2, 4, 5-trimethoxycinnamic acid
3, 4, 5-三甲氧基桂皮酸 (3, 4, 5-三甲氧基肉桂酸)	3, 4, 5-trimethoxycinnamic acid
3, 4, 5-三甲氧基桂皮酸甲酯	methyl 3, 4, 5-trimethoxycinnamate
三甲氧基汉黄芩素-6-C-吡喃葡萄糖苷-5-O-吡喃鼠李糖苷	trimethoxywogonin-6-C-glucopyranoside-5-O-rhamnopyranoside
3′, 4′, 7-三甲氧基槲皮素	3′, 4′, 7-trimethoxyquercetin
3, 5, 3′-三甲氧基槲皮素	3, 5, 3′-trimethoxyquercetin
3, 7, 3′-三甲氧基槲皮素	3, 7, 3′-trimethoxyquercetin
3, 7, 4′-三甲氧基槲皮素	3, 7, 4′-trimethoxyquercetin
5, 7, 3′-三甲氧基槲皮素	5, 7, 3′-trimethoxyquercetin
7, 3′, 4′-三甲氧基槲皮素	7, 3′, 4′-trimethoxyquercetin
5, 7, 3′-三甲氧基槲皮素-3-O-β-D-吡喃葡萄糖苷	5, 7, 3′-trimethoxyquercetin-3-O-β-D-glucopyranoside
3, 6, 4′-三甲氧基槲皮素-7-O-β-D-吡喃葡萄糖苷	3, 6, 4′-trimethoxyquercetin-7-O-β-D-glucopyranoside
3′, 4′, 7-三甲氧基黄酮	3′, 4′, 7-trimethoxyflavone

5, 3′, 4′-三甲氧基黄酮	5, 3′, 4′-trimethoxyflavone
5, 6, 7-三甲氧基黄酮	5, 6, 7-trimethoxyflavone
5, 7, 2′-三甲氧基黄酮	5, 7, 2′-trimethoxyflavone
5, 7, 4′-三甲氧基黄酮	5, 7, 4′-trimethoxyflavone
5, 7, 4′-三甲氧基黄酮-3-醇	5, 7, 4′-trimethoxyflavone-3-ol
5, 7, 4′-三甲氧基黄酮-7-O-葡萄糖木糖苷	5, 7, 4′-trimethoxyflavone-7-O-glucoxyloside
5, 7, 4′-三甲氧基黄酮-7-O-葡萄糖鼠李糖苷	5, 7, 4′-trimethoxyflavone-7-O-glucorhamnoside
(2S)-7, 3′, 4′-三甲氧基黄烷酮	(2S)-7, 3′, 4′-trimethoxyflavanone
3′, 4′, 5′-三甲氧基黄烷酮	3′, 4′, 5′-trimethoxyflavanone
2, 3, 5-三甲氧基甲苯	2, 3, 5-trimethoxytoluene
3, 4, 5 三甲氧基甲苯	3, 4, 5-trimethoxytoluene
3, 3′, 5-三甲氧基联苄	3, 3′, 5-trimethoxybibenzyl
三甲氧基联苄	trimethoxybibenzyl
三甲氧基芦竹碱	trimethoxygramine
3′, 4′, 7-三甲氧基木犀草素	3′, 4′, 7-trimethoxyluteolin
3, 3′, 4-三甲氧基鞣花酸	3, 3′, 4-3, 3′, 4-trimethoxyellagic acid
三甲氧基鞣花酸 (三甲氧基并没食子酸)	tri-O-methyl ellagic acid
3′, 4′, 5′-三甲氧基肉桂醇	3′, 4′, 5′-trimethoxycinnamyl alcohol
(8Z)-N-(12, 13, 14-三甲氧基肉桂酰)-Δ³-吡啶-2-酮	(8Z)-N-(12, 13, 14-trimethoxycinnamoyl)-Δ³-pyridine-2-one
三甲氧基水杨醛 (见血封喉醛)	trimethoxysalicyl aldehyde (antiarolaldehyde)
2, 4, 5-三甲氧基苏合香烯	2, 4, 5-trimethoxystyrene
3, 5, 4′-三甲氧基苏合香烯 (3, 5, 4′-三甲氧基反芪)	3, 5, 4′-trimethoxystyrene (3, 5, 4′-trimethoxy-trans-stilbene)
2, 3, 5-三甲氧基𠮿酮-1-O-葡萄糖苷	2, 3, 5-trimethoxyxanthone-1-O-glucoside
2, 3, 7-三甲氧基𠮿酮-1-O-葡萄糖苷	2, 3, 7-trimethoxyxanthone-1-O-glucoside
1α, 14α, 16β-三甲氧基乌头-8β, 9β-二醇	1α, 14α, 16β-trimethoxyaconitane-8β, 9β-diol
2, 4, 5-三甲氧基烯丙基苯 (γ-细辛脑、石菖醚)	2, 4, 5-trimethoxyallyl benzene (γ-asarone, sekishone)
5, 7, 8-三甲氧基香豆素	5, 7, 8-trimethoxycoumarin
6, 7, 8-三甲氧基香豆素	6, 7, 8-trimethoxycoumarin
5, 6, 7-三甲氧基香豆素	5, 6, 7-trimethoxycoumarin
10, 11, 13-三甲氧基硬脂酸	10, 11, 13-trimethoxystearic acid
9, 10, 12-三甲氧基硬脂酸	9, 10, 12-trimethoxystearic acid
(6aR, 11aR)-6a, 3, 9-三甲氧基紫檀碱	(6aR, 11aR)-6a, 3, 9-trimethoxypterocarpan
三尖栝楼苷 (三萜三尖栝楼苷) A～N	khekadaengosides A～N
三尖栝楼素	tricuspidatin
三尖杉定 (三尖杉定碱)	taxodine
三尖杉定碱	cephalotaxidine
三尖杉二酮碱	cephalofortunone
三尖杉环素 A	cephalocyclidin A

S

三尖杉碱 (粗榧碱)	cephalotaxine
三尖杉碱-2-*O*-β-D- 吡喃葡萄糖苷	cephalonine-2-*O*-β-D-glucopyranoside
三尖杉碱 -α-*N*- 氧化物	cephalotaxine-α-*N*-oxide
三尖杉碱 -β-*N*- 氧化物	cephalotaxine-β-*N*-oxide
三尖杉内酯 A、B	fortunolides A, B
三尖杉宁 A～D	cephalotanins A～D
三尖杉宁碱	fortunine
三尖杉宁碱 (印度三尖杉碱、紫杉醇 B)	cephalomannine (taxol B)
三尖杉亭碱 A～E	cephalotines A～E
三尖杉酮碱	cephalotaxinone
三尖杉酰胺 (粗榧酰胺碱)	cephalotaxinamide
三尖杉酯碱 (哈林通碱、长梗粗榧碱)	harringtonine
三尖杉种碱 (三尖杉烯碱、黄山三尖杉碱)	fortuneine
三尖杉种碱 A～C	fortuneines A～C
三尖杉佐碱 (矮三尖杉明碱) A～M	cephalezomines A～M
三尖叶猪屎豆碱 (野百合宁、阿那绕亭、金链花猪屎豆碱)	anacrotine (crotalaburnine)
三角瓣花素	prismatomerin
三角薯蓣皂苷 (三角叶薯蓣混苷、三角叶薯蓣双链苷)	deltoside
三角叶千里光碱	triangularine
三角叶薯蓣叶苷	deltofolin
三角叶薯蓣皂苷 (三角叶薯蓣皂苷宁、三角叶薯蓣苷)	deltonin
三芥子酸甘油酯 (芥酸精)	erucin
三距矮翠雀花碱 (18-*O*-乙酰狼毒乌头碱)	tricornine (18-*O*-acetyl lycoctonine)
三聚华宁泽兰素 A	trieupachinin A
三聚氰胺	2, 4, 6-triamino-1, 3, 5-triazine
三聚乙醛 (2, 4, 6- 三甲基-1, 3, 5- 三氧烷)	paracetaldehyde (2, 4, 6-trimethyl-1, 3, 5-trioxane)
1, 3, 5-*O*- 三咖啡酰基-4-*O*-琥珀酰奎宁酸	1, 3, 5-*O*-tricaffeoyl-4-*O*-succinyl quinic acid
3, 4, 5- 三咖啡酰基奎宁酸甲酯	methyl 3, 4, 5-tricaffeoyl quinate
1, 3, 5- 三咖啡酰奎宁酸	1, 3, 5-tricaffeoyl quinic acid
3, 4, 5- 三咖啡酰奎宁酸	3, 4, 5-tricaffeoyl quinic acid
三棱二苯乙炔	sanlengdiphenyl acetylene
三棱双苯内酯	sanlengdiphenyl lactone
三棱酸	sanleng acid
三棱烷	prismane
1, 1′:4′, 1″- 三联苯 (对三联苯)	1, 1′:4′, 1″-terphenyl (*p*-terphenyl)
1, 1′:2′, 1″- 三联苯 (邻三联苯)	1, 1′:2′, 1″-terphenyl (*o*-terphenyl)
1, 1′:3′, 1″- 三联环丁烷	1, 1′:3′, 1″-tercyclobutane
2, 2′:5′, 2″- 三联噻吩	2, 2′:5′, 2″-terthiophene
α- 三联噻吩 (α-三噻吩、α-三聚噻吩)	α-terthienyl (α-terthiophene)
2, 2′:5′, 2″- 三联噻吩 -5- 甲酸	2, 2′:5′, 2″-terthiophene-5-carboxylic acid

α- 三联噻吩基甲醇	α-terthienyl methanol
三裂瓜木苷	alangiplatanoside
(R)-(−)- 三裂泡泡碱 [(R)-(−)- 巴婆碱]	R-(−)-asimilobine
(R)- 三裂泡泡碱 [(R)- 巴婆碱]	(R)-asimilobine
(−)- 三裂泡泡碱 [(−)- 巴婆碱]	(−)-asimilobine
三磷氮 -1, 3- 二烯	triphosphaza-1, 3-diene
三磷酸鸟苷	guanosine triphosphate
三磷酸腺苷	adenosine triphosphate (ATP)
三磷酸腺苷酶	adenosine triphosphatase
1, 3, 5- 三磷杂环己熳	1, 3, 5-triphosphinine
三膦酰葡萄糖 (神经) 鞘脂类	triphosphonoglycosphingolipid
三硫代氨基甲酸酐	thiuram monosulfide
三硫代磺酸	trithiosulfonic acid
2-(三硫代磺酸基) 苯 -1- 硫代磺 -S- 酸	2-(trithiosulfo) benzene-1-sulfonothioic S-acid
三硫代膦酸	phosphonotrithioic acid
三硫代碳酸	trithiocarbonic acid
三硫化二砷	arsenic trisulfide (arsenous sulfide)
三硫化物	trisulfide
2, 3, 5- 三硫己烷 3, 3- 二氧化物	2, 3, 5-trithiahexane 3, 3-dioxide
三龙胆酸	trigentisic acid
三螺 [1, 3, 5- 三硫杂环己烷 -2, 2':4, 2":6, 2‴- 三 [双环 [2.2.1] 庚烷]]	trispiro [1, 3, 5-trithiane-2, 2':4, 2":6, 2‴-tri [bicyclo [2.2.1] heptane]]
三螺 [1- 氧杂螺 [2.3] 己烷 -2, 3':4, 3":5, 3‴- 三 [四环 [3.2.0.02, 7.04, 6] 庚烷]]	trispiro [1-oxaspiro [2.3] hexane-2, 3':4, 3":5, 3‴-tris [tetracyclo [3.2.0.02, 7.04, 6] heptane]]
三螺 $[2.0.2^4.1.2^8.1^3]$ 十一烷	trispiro $[2.0.2^4.1.2^8.1^3]$ undecane
三螺 $[2.2.2.2^9.2^6.2^3]$ 十五烷	trispiro $[2.2.2.2^9.2^6.2^3]$ pentadecane
三螺 $[2.2.2.2^9.2^6.3^3]$ 十六烷	trispiro $[2.2.2.2^9.2^6.3^3]$ hexadecane
三螺 $[2.2.2.2^9.3^6.2^3]$ 十六烷	trispiro $[2.2.2.2^9.3^6.2^3]$ hexadecane
三螺 $[2.2.2^6.2.2^{11}.2^3]$ 十五烷	trispiro $[2.2.2^6.2.2^{11}.2^3]$ pentadecane
2"H, 4"H- 三螺 [环己 -1, 1'- 环戊 -3', 3"- 环戊熳并 [b] 吡喃 -6", 1‴- 环己烷]	2"H, 4"H-trispiro [cyclohex-1, 1'-cyclopent-3', 3"-cyclopenta [b] pyran-6", 1‴-cyclohexane]
三螺 [环戊烷 -1, 1'- 环己烷 -3', 2"- 咪唑 -5', 1‴- 茚]	trispiro [cyclopentane-1, 1'-cyclohexane-3', 2"-imidazole-5', 1‴-indene]
$1'\lambda^4$- 三螺 [环戊烷 -1, 5'-[1, 4] 二噻烷 -2', 2"- 茚烷 -1', 1‴- 噻吩]	$1'\lambda^4$-trispiro [cyclopentane-1, 5'-[1, 4] dithiane-2', 2"-indane-1', 1‴-thiophene]
三螺 [金刚烷 -2, 3'-[1, 2, 4, 5, 7, 8] 六氧杂环壬烷 -6', 1":9', 1‴- 双 (环己烷)]	trispiro [adamantane-2, 3'-[1, 2, 4, 5, 7, 8] hexoxonane-6', 1":9', 1‴-bis (cyclohexane)]
三螺 [双 (环己烷)-1, 4':1", 6'- 呋喃并 [3, 4-d] [1, 3] 硫氧杂环戊熳 -2', 14‴-[7] 氧杂二螺 [5.1.5.2] 十五烷]	trispiro [bis (cyclohexane)-1, 4':1", 6'-furo [3, 4-d] [1, 3] oxathiole-2', 14‴-[7] oxadispiro [5.1.5.2] pentadecane]
2, 5, 8- 三氯 -1, 4- 二甲基萘	2, 5, 8-trichloro-1, 4-dimethyl naphthalene

S

2, 4, 6- 三氯 -3- 甲基 -5- 甲氧基苯酚 -1-*O*-β-D- 吡喃葡萄糖基 -(1→6)-β-D- 吡喃葡萄糖苷	2, 4, 6-trichloro-3-methyl-5-methoxyphenol-1-*O*-β-D-glucopyranosyl-(1→6)-β-D-glucopyranoside
2, 4, 6- 三氯 -3- 羟基 -5- 甲氧基甲苯	2, 4, 6-trichloro-3-hydroxy-5-methoxytoluene
2, 4, 6- 三氯 -3- 羟基联苄	2, 4, 6-trichloro-3-hydroxybibenzyl
1, 1, 1- 三氯 -5, 5, 5- 三甲基戊硅烷	1, 1, 1-trichloro-5, 5, 5-trimethyl pentasilane
3, 6, 8- 三氯 -5, 7, 3′, 4′- 四羟基黄酮	3, 6, 8-trichloro-5, 7, 3′, 4′-tetrahydroxyflavone
2, 2′, 2″- 三氯氨爪基三乙酸	2, 2′, 2″-trichloronitrilotriacetic acid
三氯苯甲醇	trischlorophenyl methanol
1-*r*, 2-*t*, 4-*c*- 三氯环戊烷	1-*r*, 2-*t*, 4-*c*-trichlorocyclopentane
8- 三氯甲基 -7, 8- 二氢黄连碱	8-trichloromethyl-7, 8-dihydrocoptisine
三氯甲烷 (氯仿)	trichloromethane (chloroform)
2, 2, 2- 三氯乙醛乙基半缩醛	2, 2, 2-trichloroacetaldehyde ethyl hemiacetal
2, 2, 2- 三氯乙酸十六烷基酯	2, 2, 2-trichloroacetic acid hexadecyl ester
三脉菝葜苷 A	trinervuloside A
三脉紫菀皂苷 A	asterageratoidesoside A
三茅香碱	triclisine
三茅香因	tricliseine
三没食子酸	trigallic acid
3-*O*- 三没食子酰基 -1, 2, 4, 6- 四 -*O*- 没食子酰基 -β-D- 葡萄糖	3-*O*-trigalloyl-1, 2, 4, 6-tetra-*O*-galloyl-β-D-glucose
1, 3, 6- 三没食子酰基 -β-D- 葡萄糖	1, 3, 6-trigalloyl-β-D-glucose
三普瑞白曲霉素	terprenin
(+)- 三七草酮	(+)-gynunone
三七多糖 A	sanchian A
(20*S*)- 三七根苷 A$_1$～ A$_6$	(20*S*)-sanchirhinosides A$_1$～ A$_6$
三七根苷 B、D	sanchirhinosides B, D
三七花皂苷 A～ D	floranotoginsenosides A～ D
三七人参苷 A	notopanaxoside A
三七素 (田七氨酸、β-*N*- 草酰氨基 -L- 丙氨酸)	dencichine (β-*N*-oxalylamino-L-alanine)
三七酸 -β- 槐糖苷	notoginsenic acid-β-sophoroside
三 七 皂 苷 A～T、Fa～ Fe、Fp2、Ft1～ Ft3、T1～ T5、FZ、R1～ R9、LX、LY、Rw1、Rw2、SFt1～ SFt4、Spt1	sanchinosides A～ T, Fa～ Fe, Fp2, Ft1～ Ft3, T1～ T5, FZ, R1～ R9, LX, LY, Rw1, Rw2, SFt1～ SFt4, Spt1
三七皂苷 C$_1$ (人参属苷 A)	sanchinoside C$_1$ (panaxoside A)
三七皂苷 E$_1$ (绞股蓝皂苷 Ⅲ)	sanchinoside E$_1$ (gypenoside Ⅲ)
三羟苯酚乙醛酸酯	trihydroxyphenyl glyoxylate
(2*E*)-3-(2, 3, 4- 三羟苯基) 丙 -2- 烯酸乙酯	(2*E*)-3-(2, 3, 4-trihydroxyphenyl) prop-2-enoic acid ethyl ester
2, 3, 4- 三羟苯基丙酸	2, 3, 4-trihydroxybenzenepropanoic acid
2, 4, 6- 三羟苯基乙醛酸甲酯	methyl 2, 4, 6-trihydroxyphenyl glyoxylate

2, 3, 4-三羟丁基-6-O-反式-咖啡酰基-β-吡喃葡萄糖苷	2, 3, 4-trihydroxybutyl-6-O-*trans*-caffeoyl-β-glucopyranoside
三羟基鹅膏毒肽	amanin
三羟鹅膏毒肽酰胺	amaninamide
3, 5, 7-三羟黄酮 (高良姜精、高良姜黄素、高良姜素)	3, 5, 7-trihydroxyflavone (norizalpinin, galangin)
2, 3, 5-三羟基-1, 7-二 (3-甲氧基-4-羟苯基) 庚烷	2, 3, 5-trihydroxy-1, 7-bis (3-methoxy-4-hydroxy-phenyl) heptane
2, 6, 8-三羟基-1-甲氧基𠮷酮	2, 6, 8-trihydroxy-1-methoxyxanthone
2β, 6β, 15α-三羟基-(−)-贝壳杉-16-烯	2β, 6β, 15α-trihydroxy-(−)-kaur-16-ene
2β, 6β, 16α-三羟基-(−)-贝壳杉烷	2β, 6β, 16α-trihydroxy-(−)-kaurane
9, 12, 13-三羟基-(10E)-十八烯酸	9, 12, 13-trihydroxy-(10E)-octadecenoic acid
(9S, 12S, 13S)-9, 12, 13-三羟基-(10E)-十八烯酸甲酯	(9S, 12S, 13S)-9, 12, 13-trihydroxy-(10E)-octadecenoic acid methyl ester
(9S, 12S, 13S)-9, 12, 13-三羟基-(10E, 15Z)-十八碳二烯酸甲酯	(9S, 12S, 13S)-9, 12, 13-trihydroxyoctadec-(10E, 15Z)-dienoic acid methyl ester
9, 12, 13-三羟基-(10Z)-十八烯酸	9, 12, 13-trihydroxy-(10Z)-octadecenoic acid
10, 13, 14-三羟基-(11Z)-十八烯酸	10, 13, 14-trihydroxy-(11Z)-octadecenoic acid
3β, 5α, 9α-三羟基-(22E, 24R)-麦角甾-7, 22-二烯-6-酮	3β, 5α, 9α-trihydroxy-(22E, 24R)-ergost-7, 22-dien-6-one
1α, 3β, 27-三羟基-(22R)-醉茄-5, 24-二烯内酯-3, 27-O-β-D-二吡喃葡萄糖苷	1α, 3β, 27-trihydroxy-(22R)-witha-5, 24-dienolide-3, 27-O-β-D-diglucopyranoside
3β, 23, 26-三羟基-(23R, 25R)-5α-呋甾-20 (22)-烯-6-酮-26-O-β-D-吡喃葡萄糖苷	3β, 23, 26-trihydroxy-(23R, 25R)-5α-furost-20 (22)-en-6-one-26-O-β-D-glucopyranoside
3β, 22ξ, 26-三羟基-(25R)-5α-呋甾-6-酮	3β, 22ξ, 26-trihydroxy-(25R)-5α-furost-6-one
1β, 3β, 5β-三羟基-(25R)-5β-螺甾-4β-硫酸钠	sodium 1β, 3β, 5β-trihydroxy-(25R)-5β-spirost-4β-yl sulfate
3β, 23, 26-三羟基-(25R)-呋甾-5, 20 (22)-二烯	3β, 23, 26-trihydroxy-(25R)-furost-5, 20 (22)-diene
1, 2, 13-三羟基-(3E, 11E)-十三碳二烯-5, 7, 9-三炔	1, 2, 13-trihydroxy-(3E, 11E)-tridecadien-5, 7, 9-triyne
1, 2, 13-三羟基-(3E, 11E)-十三碳二烯-6, 8, 10-三炔	1, 2, 13-trihydroxy-(3E, 11E)-tridecadien-6, 8, 10-triyne
1, 2, 13-三羟基-(5E, 11E)-十三碳二烯-7, 9-二炔	1, 2, 13-trihydroxy-(5E, 11E)-tridecadien-7, 9-diyne
(5β)-3β, 12β, 14β-三羟基-11-氧亚基强心甾-20 (22)-烯内酯	(5β)-3β, 12β, 14β-trihydroxy-11-oxocard-20 (22)-enolide
1α, 2α, 4β-三羟基-1, 2, 3, 4-四氢萘	1α, 2α, 4β-trihydroxy-1, 2, 3, 4-tetrahydronaphthalene
2, 4, 6-三羟基-1, 3-二甲氧基蒽醌	2, 4, 6-trihydroxy-1, 3-dimethoxyanthraquinone
(1R, 3S, 20R, 21S, 23S, 24S)-20, 21, 23-三羟基-1, 3-环氧-21, 24-环达玛-5 (10), 25-二烯	(1R, 3S, 20R, 21S, 23S, 24S)-20, 21, 23-trihydroxy-1, 3-epoxy-21, 24-cyclodammar-5 (10), 25-diene
(1R, 3S, 20S)-20, 21, 25-三羟基-1, 3-环氧达玛-5 (10)-烯-21-O-β-D-吡喃葡萄糖苷	(1R, 3S, 20S)-20, 21, 25-trihydroxy-1, 3-epoxydammar-5 (10)-en-21-O-β-D-glucopyranoside
(20S)-20, 21, 25-三羟基-1, 3-环氧达玛-5-烯	(20S)-20, 21, 25-trihydroxy-1, 3-epoxydammar-5-ene
9, 12, 13-三羟基-10, 15-十八碳二烯酸	9, 12, 13-trihydroxy-10, 15-octadecadienoic acid
9, 12, 13-三羟基-10, 15-十八碳二烯酸甲酯	9, 12, 13-trihydroxy-10, 15-octadecadienoic acid methyl ester
9, 12, 13-三羟基-10-十八烯酸	9, 12, 13-trihydroxy-10-octadecenoic acid
9, 12, 13-三羟基-10-十八烯酸甲酯	9, 12, 13-trihydroxy-10-octadecenoic acid methyl ester

(Z)-7, 8, 9-三羟基-10-十六烯酸	(Z)-7, 8, 9-trihydroxy-10-hexadecenoic acid
(3S, 4R, 5S, 7R)-3, 4, 11-三羟基-11, 12-二氢圆柚酮-11-O-β-D-吡喃葡萄糖苷	(3S, 4R, 5S, 7R)-3, 4, 11-trihydroxy-11, 12-dihydronootkatone-11-O-β-D-glucopyranoside
3β, 23, 28-三羟基-11, 13 (18)-二烯-16-酮-3-O-β-D-吡喃葡萄糖基-(1→3)- β-D-吡喃岩藻糖苷	3β, 23, 28-trihydroxy-11, 13 (18)-dien-16-one-3-O-β-D-glucopyranosyl-(1→3)- β-D-fucopyranoside
3β, 7β, 15α-三羟基-11, 23-二氧亚基-5α-羊毛脂-8-烯-26-酸	3β, 7β, 15α-trihydroxy-11, 23-dioxo-5α-lanost-8-en-26-oic acid
Δ⁵-3β, 8β, 14β-三羟基-11α, 12β-O-二苯甲酰基孕甾烷	Δ⁵-3β, 8β, 14β-trihydroxy-11α, 12β-O-dibenzoyl pregnane
Δ⁵-3β, 8β, 14β-三羟基-11α, 12β-O-二惕各酰基孕甾烷	Δ⁵-3β, 8β, 14β-trihydroxy-11α, 12β-O-ditigloyl pregnane
16α, 23, 28-三羟基-11α-甲氧基齐墩果-12-烯-3β-基-[β-D-吡喃葡萄糖基-(1→2)]-[β-D-吡喃葡萄糖基-(1→3)]-β-D-吡喃岩藻糖苷	16α, 23, 28-trihydroxy-11α-methoxyolean-12-en-3β-yl-[β-D-glucopyranosyl-(1→2)]-[β-D-glucopyranosyl-(1→3)]-β-D-fucopyranoside
3β, 16β, 28-三羟基-11α-甲氧基齐墩果-12-烯-O-β-D-吡喃岩藻糖苷	3β, 16β, 28-trihydroxy-11α-methoxyolean-12-en-O-β-D-fucopyranoside
9, 10, 13-三羟基-11-十八烯酸	9, 10, 13-trihydroxy-11-octadecenoic acid
2α, 3α, 19α-三羟基-11-氧亚基熊果-12-烯-28-酸	2α, 3α, 19α-trihydroxy-11-oxours-12-en-28-oic acid
(12R, 13S)-2α, 3α, 24-三羟基-12, 13-环蒲公英-14-烯-28-酸	(12R, 13S)-2α, 3α, 24-trihydroxy-12, 13-cyclotaraxer-14-en-28-oic acid
3β, 16α, 28-三羟基-12-齐墩果烯	3β, 16α, 28-trihydroxy-12-oleanene
(Z)-9, 10, 11-三羟基-12-十八烯酸	(Z)-9, 10, 11-trihydroxy-12-octadecenoic acid
3, 16, 21-三羟基-12-熊果烯	3, 16, 21-trihydroxy-12-ursene
(3S, 5S, 6S, 8R, 9R, 10S)-3, 6, 9-三羟基-13 (14)-半日花烯-16, 15-内酯-3-O-β-D-吡喃葡萄糖苷	(3S, 5S, 6S, 8R, 9R, 10S)-3, 6, 9-trihydroxy-13 (14)-labden-16, 15-olide-3-O-β-D-glucopyranoside
3, 12, 19-三羟基-13, 14, 15, 16-四去甲-对映-半日花-8 (17)-烯	3, 12, 19-trihydroxy-13, 14, 15, 16-tetranor-ent-labd-8 (17)-ene
(13S, 14R)-2α, 3α, 24-三羟基-13, 14-环齐墩果-11-烯-28-酸	(13S, 14R)-2α, 3α, 24-trihydroxy-13, 14-cycloolean-11-en-28-oic acid
3β, 16α, 28α-三羟基-13β, 28-环氧齐墩果-30-醛	3β, 16α, 28α-trihydroxy-13β, 28-epoxyolean-30-al
1α, 14β, 19-三羟基-16 (17)-烯-对映-贝壳杉-15-酮-20, 7-内酯	1α, 14β, 19-trihydroxy-16 (17)-en-ent-kaur-15-one-20, 7-lactone
1β, 3β, 26-三羟基-16, 22-二氧亚基胆甾-1-O-α-L-吡喃鼠李糖基-(1→2)-β-D-吡喃木糖基-3-O-α-L-吡喃鼠李糖苷	1β, 3β, 26-trihydroxy-16, 22-dioxocholest-1-O-α-L-rhamnopyranosyl-(1→2)-β-D-xylopyranosyl-3-O-α-L-rhamnopyranoside
(22S, 23R, 24S)-20β, 23α, 25α-三羟基-16, 22-环氧-4, 6, 8 (14)-三烯麦角甾-3-酮	(22S, 23R, 24S)-20β, 23α, 25α-trihydroxy-16, 22-epoxy-4, 6, 8 (14)-trienergost-3-one
3β, 14β, 20-三羟基-18-酸 (18→20) 内酯孕烯-5	3β, 14β, 20-trihydroxy-18-oic (18→20) lactone pregnen-5
(20S)-3β, 20ξ, 21ξ-三羟基-19-氧亚基-21, 23-环氧达玛-24-烯	(20S)-3β, 20ξ, 21ξ-trihydroxy-19-oxo-21, 23-epoxy-dammar-24-ene
5, 8, 9-三羟基-1H-萘并 [2, 1, 8-mna] 呫烯-1-酮	5, 8, 9-trihydroxy-1H-naphtho [2, 1, 8-mna] xanthen-1-one
3, 6, 8-三羟基-1-甲基呫酮	3, 6, 8-trihydroxy-l-methyl xanthone

中文名称	英文名称
3, 6, 7- 三羟基 -1- 甲氧基𠮿酮	3, 6, 7-trihydroxy-1-methoxyxanthone
4β, 7β, (20R)- 三羟基 -1- 氧亚基睡茄 -2, 5- 二烯 -22, 26- 内酯	4β, 7β, (20R)-trihydroxy-1-oxowitha-2, 5-dien-22, 26-olide
5α, 6β, 21- 三羟基 -1- 氧亚基醉茄 -24- 烯内酯	5α, 6β, 21-trihydroxy-1-oxowitha-24-enolide
(2S)-5, 2′, 6′- 三羟基 -2″, 2″- 二甲基吡喃并 [5″, 6″:6, 7] 二氢黄酮	(2S)-5, 2′, 6′-trihydroxy-2″, 2″-dimethyl pyrano [5″, 6″:6, 7] flavanone
5, 3′, 4- 三羟基 -2″, 2″- 二甲基吡喃并 [5″, 6″:7, 8] 异黄酮	5, 3′, 4-trihydroxy-2″, 2″-dimethyl pyrano-[5″, 6″:7, 8] isoflavone
1, 3, 6- 三羟基 -2, 5, 7- 三甲氧基𠮿酮	1, 3, 6-trihydroxy-2, 5, 7-trimethoxyxanthone
(E)-4-(1′-r, 2′-t, 4′-c- 三羟基 -2′, 6′, 6′- 三甲基环己基) 丁 -3- 烯 -2- 酮	(E)-4-(1′-r, 2′-t, 4′-c-trihydroxy-2′, 6′, 6′-trimethyl cyclohexyl) but-3-en-2-one
1, 3, 5- 三 羟 基 -2, 8- 双 (3- 甲 基 丁 -2- 烯 基)-10- 甲基 -9- 吖啶酮	1, 3, 5-trihydroxy-2, 8-bis (3-methylbut-2-enyl)-10-methyl-9-acridone
(2S, 3S, 4R, 9E)-1, 3, 4- 三 羟 基 -2-[(2′R)-2′- 羟 基二十四碳酰氨基]-9- 十八烯	(2S, 3S, 4R, 9E)-1, 3, 4-trihydroxy-2-[(2′R)-2′-hydroxytetracosanoyl amino]-9-octadecene
(20S)-3β, 20ξ, 21ξ- 三羟基 -21, 23- 环氧达玛 -24- 烯	(20S)-3β, 20ξ, 21ξ-trihydroxy-21, 23-epoxydammar-24-ene
3β, 20ξ, 21- 三羟基 -21, 23- 环氧达玛 -24- 烯	3β, 20ξ, 21-trihydroxy-21, 23-epoxydammar-24-ene
3β, 14β, 17α- 三羟基 -21- 甲氧基孕甾 -5- 烯 -20- 酮	3β, 14β, 17α-trihydroxy-21-methoxypregn-5-en-20-one
3β, 14β, 17α- 三羟基 -21- 甲氧基孕甾 -5- 烯 -20- 酮 -3-[O-β- 吡喃欧洲夹竹桃糖基 -(1→4)-O-β- 吡喃加拿大麻糖基 -(1→4)-β- 吡喃加拿大麻糖苷]	3β, 14β, 17α-trihydroxy-21-methoxypregn-5-en-20-one-3-[O-β-oleandropyranosyl-(1→4)-O-β-cymaropyranosyl-(1→4)-β-cymaropyranoside]
3β, 6β, 19α- 三羟基 -23- 甲酯基熊果 -12- 烯 -28- 酸	3β, 6β, 19α-trihydroxy-23-methoxycarbonylurs-12-en-28-oic acid
3β, 6β, 19α- 三羟基 -23- 氧亚基熊果 -12- 烯酸	3β, 6β, 19α-trihydroxy-23-oxours-12-en-oic acid
2, 3, 22β- 三羟基 -24, 29- 二去甲 -1, 3, 5 (10), 7- 木栓四烯 -6, 21- 二酮 -23- 醛	2, 3, 22β-trihydroxy-24, 29-dinor-1, 3, 5 (10), 7-friedeltetraen-6, 21-dione-23-al
2, 3, 22β- 三 羟 基 -24, 29- 二 去 甲 -25 (9→8)-1, 3, 5 (10), 7- 木栓四烯 -21- 酮 -23- 醛	2, 3, 22β-trihydroxy-24, 29-dinor-25 (9→8)-1, 3, 5 (10), 7-friedeltetraen-21-one-23-al
3β, 19, (20S)- 三羟基 -24- 达玛烯	3β, 19, (20S)-trihydroxydammar-24-ene
(22R, 23R, 24S)-3α, 22, 23- 三 羟 基 -24- 甲 基 -5α- 胆甾 -6- 酮	(22R, 23R, 24S)-3α, 22, 23-trihydroxy-24-methyl-5α-cholest-6-one
3β, 12, (20S)- 三羟基 -25- 过氧氢达玛 -23- 烯	3β, 12, (20S)-trihydroxy-25-hydroperoxydammar-23-ene
3β, 20S, 21- 三羟基 -25- 甲氧基达玛 -23- 烯	3β, 20S, 21-trihydroxy-25-methoxydammar-23-ene
2α, 3α, 19α- 三羟基 -28- 去甲熊果 -12- 烯	2α, 3α, 19α-trihydroxy-28-norurs-12-ene
5α, 6β, 8α- 三羟基 -28- 去甲异香椿叶素	5α, 6β, 8α-trihydroxy-28-norisotoonafolin
5, 7, 4′- 三羟基 -2- 苯乙烯色原酮	5, 7, 4′-trihydroxy-2-styryl chromone
(1E, 4α, 5β, 6α)-4, 5, 6- 三羟基 -2- 环己烯 -1- 亚基乙腈	(1E, 4α, 5β, 6α)-4, 5, 6-trihydroxy-2-cyclohexen-1-ylideneacetonitrile
1, 3, 6- 三羟基 -2- 甲基 -9, 10- 蒽醌	1, 3, 6-trihydroxy-2-methyl-9, 10-anthraquinone

1, 3, 6- 三羟基-2-甲基-9, 10-蒽醌-3-*O*-(6′-*O*-乙酰基)-β-D-葡萄糖苷	1, 3, 6-trihydroxy-2-methyl-9, 10-anthraquinone-3-*O*-(6′-*O*-acetyl)-β-D-glucoside
1, 3, 6- 三羟基-2-甲基蒽醌	1, 3, 6-trihydroxy-2-methyl anthraquinone
1, 4, 5- 三羟基-2-甲基蒽醌	1, 4, 5-trihydroxy-2-methyl anthraquinone
1, 3, 6- 三羟基-2-甲基蒽醌-3-*O*-(6′-*O*-乙酰基)-β-D-葡萄糖苷	1, 3, 6-trihydroxy-2-methyl anthraquinone-3-*O*-(6′-*O*-acetyl)-β-D-glucoside
1, 3, 6- 三羟基-2-甲基蒽醌-3-*O*-α-鼠李糖基-(1→2)-β-D-葡萄糖苷	1, 3, 6-trihydroxy-2-methyl anthraquinone-3-*O*-α-rhamnosyl-(1→2)-β-D-glucoside
1, 3, 5- 三羟基-2-甲酰基-6-甲氧基-9, 10-蒽醌	1, 3, 5-trihydroxy-2-formyl-6-methoxy-9, 10-anthraquinone
1, 3, 6- 三羟基-2-甲酰基-9, 10-蒽醌	1, 3, 6-trihydroxy-2-formyl-9, 10-anthraquinone
5, 7, 4′- 三羟基-2′-甲氧基-3′-异戊烯基异黄酮	5, 7, 4′-trihydroxy-2′-methoxy-3′-prenyl isoflavone
1, 4, 7- 三羟基-2-甲氧基-6-甲基蒽-9, 10- 二酮	1, 4, 7-trihydroxy-2-methoxy-6-methyl anthracene-9, 10-dione
4, 4′, 6′- 三羟基-2′-甲氧基查耳酮	4, 4′, 6′-trihydroxy-2′-methoxychalcone
3, 3′, 5- 三羟基-2′-甲氧基联苄	3, 3′, 5-trihydroxy-2′-methoxybibenzyl
5, 7, 4′- 三羟基-2′-甲氧基异黄酮	5, 7, 4′-trihydroxy-2′-methoxyisoflavone
1, 3, 6- 三羟基-2-甲氧甲基-9, 10-蒽醌	1, 3, 6-trihydroxy-2-methoxymethyl-9, 10-anthraquinone
1, 3, 5- 三羟基-2-羟甲基-6-甲氧基-9, 10-蒽醌-3-羟基-2-羟甲基丙酮化物	1, 3, 5-trihydroxy-2-hydroxymethyl-6-methoxy-9, 10-anthraquinone-3-hydroxy-2-hydroxymethyl acetonide
1, 3, 6- 三羟基-2-羟甲基-9, 10-蒽醌-3-羟基-2-羟甲基丙酮化物	1, 3, 6-trihydroxy-2-hydroxymethyl-9, 10-anthraquinone-3-hydroxy-2-hydroxymethyl acetonide
3, 5, 6- 三羟基-2-羟甲基蒽醌	3, 5, 6-trihydroxy-2-hydroxymethyl anthraquinone
1, 3, 5- 三羟基-2-十六烷基氨基-(6*E*, 9*E*)-二十七碳二烯	1, 3, 5-trihydroxy-2-hexadecanoyl amino-(6*E*, 9*E*)-heptacosadiene
1, 3, 5- 三羟基-2-十六烷基氨基-(6*E*, 9*E*)-二十七碳二烯-1-*O*-吡喃葡萄糖苷	1, 3, 5-trihydroxy-2-hexadecanoyl amino-(6*E*, 9*E*)-heptacosadien-1-*O*-glucopyranoside
15, 16, 18- 三羟基-2-氧亚基-对映-海松-8 (14)-烯	15, 16, 18-trihydroxy-2-oxo-*ent*-pimar-8 (14)-ene
1, 3, 5- 三羟基-2-乙氧甲基-6-甲氧基-9, 10-蒽醌	1, 3, 5-trihydroxy-2-ethoxymethyl-6-methoxy-9, 10-anthraquinone
1, 3, 5- 三羟基-2-乙氧甲基-6-甲氧基-1-蒽醌	1, 3, 5-trihydroxy-2-ethoxymethyl-6-methoxy-l-anthraquinone
1, 3, 6- 三羟基-2-乙氧甲基-9, 10-蒽醌	1, 3, 6-trihydroxy-2-ethoxymethyl-9, 10-anthraquinone
(2*S*, 3″*S*)-5, 2′, 6′- 三羟基-3″-γ, γ-二甲烯丙基-2″, 2″-二甲基-3″, 4″-二氢吡喃酮 [5″, 6″:6, 7] 黄烷酮	(2*S*, 3″*S*)-5, 2′, 6′-trihydroxy-3″-γ, γ-dimethyl allyl-2″, 2″-dimethyl-3″, 4″-dihydropyrano [5″, 6″:6, 7] flavanone
2, 4, 6- 三羟基-3-(3-苯丙酰基) 苯甲醛	2, 4, 6-trihydroxy-3-(3-phenyl propionyl) benzaldehyde
1, 4, 5- 三羟基-3-(3-甲基丁-2-烯基)-9*H*-𠮿酮-9-酮	1, 4, 5-trihydroxy-3-(3-methylbut-2-enyl)-9*H*-xanthone-9-one
5, 7, 4′- 三羟基-3′ (3-羟甲丁基)-3, 6-二甲氧基黄酮	5, 7, 4′-trihydroxy-3′ (3-hydroxymethyl butyl)-3, 6-dimethoxyflavone

3, 4, 7-三羟基-3-(4′-羟苄基) 色原烷	3, 4, 7-trihydroxy-3-(4′-hydroxybenzyl) chroman
3, 7, 4′-三羟基-3′-(4-羟基-3-甲丁基)-5, 6-二甲氧基黄酮	3, 7, 4′-trihydroxy-3′-(4-hydroxy-3-methyl butyl)-5, 6-dimethoxyflavone
7β, 20, 23ξ-三羟基-3, 11, 15-三氧亚基羊毛脂-8-烯-26-酸	7β, 20, 23ξ-trihydroxy-3, 11, 15-trioxolanost-8-en-26-oic acid
7, 9, 9′-三羟基-3, 3′, 5′-三甲氧基-8-O-4′-新木脂素-4-O-β-D-吡喃葡萄糖苷	7, 9, 9′-trihydroxy-3, 3′, 5′-trimethoxy-8-O-4′-neolignan-4-O-β-D-glucopyranoside
(7′S, 8R, 8′S)-4, 4′, 9-三羟基-3, 3′, 5-三甲氧基-9′-O-β-D-吡喃木糖基-2, 7′-环木脂素	(7′S, 8R, 8′S)-4, 4′, 9-trihydroxy-3, 3′, 5-trimethoxy-9′-O-β-D-xylopyranosyl-2, 7′-cyclolignan
(7R, 8S)-4, 9, 9′-三羟基-3, 3′-二甲氧基-7, 8-二氢苯并呋喃-1′-丙基新木脂素	(7R, 8S)-4, 9, 9′-trihydroxy-3, 3′-dimethoxy-7, 8-dihydrobenzofuran-1′-propyl neolignan
(7S, 8R)-4, 9, 9′-三羟基-3, 3′-二甲氧基-7, 8-二氢苯并呋喃-1′-丙基新木脂素	(7S, 8R)-4, 9, 9′-trihydroxy-3, 3′-dimethoxy-7, 8-dihydrobenzofuran-1′-propyl neolignan
(7S, 8R)-4, 9, 9′-三羟基-3′, 3′-二甲氧基-7, 8-二氢苯并呋喃-1′-丙基新木脂素	(7S, 8R)-4, 9, 9′-trihydroxy-3′, 3′-dimethoxy-7, 8-dihydrobenzofuran-1′-propyl neolignan
(8R)-4, 9, 9′-三羟基-3, 3′-二甲氧基-7-氧亚基-8-O-4′-新木脂素-4-O-β-D-吡喃葡萄糖苷	(8R)-4, 9, 9′-trihydroxy-3, 3′-dimethoxy-7-oxo-8-O-4′-neolignan-4-O-β-D-glucopyranoside
(7R, 8R)-7, 9, 9′-三羟基-3, 3′-二甲氧基-8-O-4′-新木脂素-4-O-β-D-吡喃葡萄糖苷	(7R, 8R)-7, 9, 9′-trihydroxy-3, 3′-dimethoxy-8-O-4′-neolignan-4-O-β-D-glucopyranoside
(7R, 8S)-7, 9, 9′-三羟基-3, 3′-二甲氧基-8-O-4′-新木脂素-4-O-β-D-吡喃葡萄糖苷	(7R, 8S)-7, 9, 9′-trihydroxy-3, 3′-dimethoxy-8-O-4′-neolignan-4-O-β-D-glucopyranoside
(7S, 8R)-7, 9, 9′-三羟基-3, 3′-二甲氧基-8-O-4′-新木脂素-4-O-β-D-吡喃葡萄糖苷	(7S, 8R)-7, 9, 9′-trihydroxy-3, 3′-dimethoxy-8-O-4′-neolignan-4-O-β-D-glucopyranoside
(7S, 8S)-7, 9, 9′-三羟基-3, 3′-二甲氧基-8-O-4′-新木脂素-4-O-β-D-吡喃葡萄糖苷	(7S, 8S)-7, 9, 9′-trihydroxy-3, 3′-dimethoxy-8-O-4′-neolignan-4-O-β-D-glucopyranoside
4, 9, 9′-三羟基-3, 3′-二甲氧基-8-O-4′-新木脂素-7-O-β-D-吡喃葡萄糖苷	4, 9, 9′-trihydroxy-3, 3′-dimethoxy-8-O-4′-neolignan-7-O-β-D-glucopyranoside
(7R, 8S, 8′R)-4, 7, 4′-三羟基-3, 3′-二甲氧基-9-氧亚基双苄丁内酯基木脂素-4-O-β-D-吡喃葡萄糖苷	(7R, 8S, 8′R)-4, 7, 4′-trihydroxy-3, 3′-dimethoxy-9-oxodibenzyl butyrolactonelignan-4-O-β-D-glucopyranoside
(8R, 7′R, 8′R)-4, 4′, 7′-三羟基-3, 3′-二甲氧基-9-氧亚基双苄丁内酯木脂素-4-O-β-D-吡喃葡萄糖苷	(8R, 7′R, 8′R)-4, 4′, 7′-trihydroxy-3, 3′-dimethoxy-9-oxodibenzyl butyrolactonelignan-4-O-β-D-glucopyranoside
(8R, 7′S, 8′R)-4, 4′, 7′-三羟基-3, 3′-二甲氧基-9-氧亚基双苄丁内酯木脂素-4-O-β-D-吡喃葡萄糖苷	(8R, 7′S, 8′R)-4, 4′, 7′-trihydroxy-3, 3′-dimethoxy-9-oxodibenzyl butyrolactonelignan-4-O-β-D-glucopyranoside
(+)-4, 4′, 8-三羟基-3, 3′-二甲氧基双环氧木脂素 [(+)-8-羟基松脂素]	(+)-4, 4′, 8-trihydroxy-3, 3′-dimethoxybisepoxylignan [(+)-8-hydroxypinoresinol]
3, 5, 7-三羟基-3′, 4′, 5′-三甲氧基黄酮	3, 5, 7-trihydroxy-3′, 4′, 5′-trimethoxyflavone
5, 5′, 7-三羟基-3, 4′, 6-三甲氧基黄酮	5, 5′, 7-trihydroxy-3, 4′, 6-trimethoxyflavone
3, 5, 6-三羟基-3′, 4′, 7-三甲氧基黄酮	3, 5, 6-trihydroxy-3′, 4′, 7-trimethoxyflavone
2, 5, 6-三羟基-3, 4-二甲氧基-9, 10-二氢菲	2, 5, 6-trihydroxy-3, 4-dimethoxy-9, 10-dihydrophenanthrene

3′, 5, 7-三羟基-3, 4′-二甲氧基黄酮	3′, 5, 7-trihydroxy-3, 4′-dimethoxyflavone
5, 7, 5′-三羟基-3′, 4′-二甲氧基黄酮-3-O-α-L-吡喃鼠李糖苷	3′, 4′-dimethoxy-5, 7, 5′-trihydroxyflavone-3-O-α-L-rhamnopyranoside
3, 5, 7-三羟基-3′, 4′-二甲氧基黄烷酮	3, 5, 7-trihydroxy-3′, 4′-dimethoxyflavanone
1, 5, 8-三羟基-3, 4-二甲氧基𠮾酮	1, 5, 8-trihydroxy-3, 4-dimethoxyxanthone
4, 23, 30-三羟基-3, 4-开环齐墩果-9, 12-二烯-3-酸	4, 23, 30-trihydroxy-3, 4-secooolean-9, 12-dien-3-oic acid
(7S, 8R, 7′S)-9, 7′, 9′-三羟基-3, 4-亚甲二氧基-3′-甲氧基新木脂素	(7S, 8R, 7′S)-9, 7′, 9′-trihydroxy-3, 4-methylenedioxy-3′-methoxyneolignan
3, 5, 7-三羟基-3′, 4′-异丙基二氧黄酮	3, 5, 7-trihydroxy-3′, 4′-isopropyl dioxyflavone
5, 7, 4′-三羟基-3′, 5′, 8-三 (3-甲基丁-2-烯基) 异黄酮	5, 7, 4′-trihydroxy-3′, 5′, 8-tri (3-methylbut-2-enyl) isoflavone
3, 5, 7-三羟基-3′, 5′-二甲氧基黄酮	3, 5, 7-trihydroxy-3′, 5′-dimethoxyflavone
5, 7, 4-三羟基-3′, 5′-二甲氧基黄酮	5, 7, 4-trihydroxy-3′, 5′-dimethoxyflavone
3, 4′, 7-三羟基-3′, 5-二甲氧基黄酮	3, 4′, 7-trihydroxy-3′, 5-dimethoxyflavone
5, 7, 4′-三羟基-3′, 5′-二甲氧基黄酮	5, 7, 4′-trihydroxy-3′, 5′-dimethoxyflavone
4′, 5, 7-三羟基-3′, 5′-二甲氧基黄酮 (苜蓿素、小麦黄素、麦黄酮)	4′, 5, 7-trihydroxy-3′, 5′-dimethoxyflavone (tricin)
5, 7, 4′-三羟基-3, 6, 3′-三甲氧基黄酮-7-O-(2″-鼠李糖葡萄糖苷)	5, 7, 4′-trihydroxy-3, 6, 3′-trimethoxyflavone-7-O-(2″-rhamnosyl glucoside)
5, 7, 3′-三羟基-3, 6, 4′-三甲氧基黄酮	5, 7, 3′-trihydroxy-3, 6, 4′-trimethoxyflavone
5, 3′, 4′-三羟基-3, 6, 7-三甲氧基黄酮	5, 3′, 4′-trihydroxy-3, 6, 7-trimethoxyflavone
5, 7, 2′-三羟基-3, 6, 8, 4′, 5′-五甲氧基黄酮	5, 7, 2′-trihydroxy-3, 6, 8, 4′, 5′-pentamethoxyflavone
5, 7, 4′-三羟基-3, 6-二甲氧基黄酮	5, 7, 4′-trihydroxy-3, 6-dimethoxyflavone
4′, 5, 7-三羟基-3′, 6-二甲氧基黄酮-7-O-β-D-葡萄糖苷	4′, 5, 7-trihydroxy-3′, 6-dimethoxyflavone-7-O-β-D-glucoside
5, 7, 4-三羟基-3, 6-二甲氧基黄烷酮	5, 7, 4-trihydroxy-3, 6-dimethoxyflavonone
5, 2′, 5′-三羟基-3, 7, 4′-三甲氧基黄酮	5, 2′, 5′-trihydroxy-3, 7, 4′-trimethoxyflavone
5, 2′, 4′-三羟基-3, 7, 8, 5′-四甲氧基黄酮	5, 2′, 4′-trihydroxy-3, 7, 8, 5′-tetramethoxyflavone
3′, 4′, 5-三羟基-3, 7-二甲氧基黄酮	3′, 4′, 5-trihydroxy-3, 7-dimethoxyflavone
5, 3′, 4′-三羟基-3, 7-二甲氧基黄酮	5, 3′, 4′-trihydroxy-3, 7-dimethoxyflavone
5, 6, 4-三羟基-3, 7-二甲氧基黄酮	5, 6, 4-trihydroxy-3, 7-dimethoxyflavone
6, 7, 9α-三羟基-3, 8, 11α-三甲基环己 [d, e] 香豆素	6, 7, 9α-trihydroxy-3, 8, 11α-trimethyl cyclohexo [d, e] coumarin
2α, 7β, 20α-三羟基-3β, 21-二甲氧基-5-孕烯	2α, 7β, 20α-trihydroxy-3β, 21-dimethoxy-5-pregnene
(7α, 21S, 25)-三羟基-3β-乙酰氧基-(21S, 23R)-环氧-9 (11)-烯达玛烷	(7α, 21S, 25)-trihydroxy-3β-acetoxy-(21S, 23R)-epoxy-9 (11)-en-dammarane
10-(1′, 2′, 3′-三羟基-3′-甲基丁醇基) 斯巴里色烯	10-(1′, 2′, 3′-trihydroxy-3′-methyl butanyl) spatheliachromene
2, 3, 4-三羟基-3-甲基丁-3-[3-羟基-4-(2, 3, 4-三羟基-2-甲基丁氧基)-苯基]-2-丙烯酯	2, 3, 4-trihydroxy-3-methyl butyl-3-[3-hydroxy-4-(2, 3, 4-trihydroxy-2-methyl butoxy)-phenyl]-2-propenoate
6, 7, 4′-三羟基-3′-甲氧基-2, 3-环木脂素-1, 4-二烯-2α, 3α-内酯	6, 7, 4′-trihydroxy-3′-methoxy-2, 3-cycloligna-1, 4-dien-2α, 3α-olide

5, 3′, 4′-三羟基-3-甲氧基-6, 7-亚甲二氧基黄酮-4′-葡萄糖醛酸苷	5, 3′, 4′-trihydroxy-3-methoxy-6, 7-methylenedioxyflavone-4′-glucuronide
5, 7, 4′-三羟基-3′-甲氧基-6, 8-二异戊烯基异黄酮	5, 7, 4′-trihydroxy-3′-methoxy-6, 8-diprenyl isoflavone
(7S, 8R)-4, 9, 9′-三羟基-3′-甲氧基-7, 8-二氢苯并呋喃-1′-丙基新木脂素-3′-O-β-D-吡喃葡萄糖苷	(7S, 8R)-4, 9, 9′-trihydroxy-3′-methoxy-7, 8-dihydrobenzofuran-1′-propyl neolignan-3-O-β-D-glucopyranoside
(7R, 8S)-4, 9, 9′-三羟基-3-甲氧基-7, 8-二氢苯并呋喃-1′-丙基新木脂素-3′-O-β-D-吡喃葡萄糖苷	(7R, 8S)-4, 9, 9′-trihydroxy-3-methoxy-7, 8-dihydrobenzofuran-1′-propyl neolignan-3′-O-β-D-glucopyranoside
(7R, 8S)-9, 3′, 9′-三羟基-3-甲氧基-7, 8-二氢苯并呋喃-1′-丙基新木脂素-4-O-β-D-吡喃葡萄糖苷	(7R, 8S)-9, 3′, 9′-trihydroxy-3-methoxy-7, 8-dihydrobenzofuran-1′-propyl neolignan-4-O-β-D-glucopyranoside
(7R, 8S)-4, 9, 3′-三羟基-3-甲氧基-7, 8-二氢苯并呋喃-1′-丙醛基新木脂素	(7R, 8S)-4, 9, 3′-trihydroxy-3-methoxy-7, 8-dihydrobenzofuran-1′-propionaldehyde neolignan
6, 7, 4′-三羟基-3′-甲氧基橙酮	6, 7, 4′-trihydroxy-3′-methoxyaurone
1, 6, 7-三羟基-3-甲氧基蒽醌	1, 6, 7-trihydroxy-3-methoxyanthraquinone
3, 4′, 7-三羟基-3′-甲氧基黄酮	3, 4′, 7-trihydroxy-3′-methoxyflavone
4′, 5, 7-三羟基-3′-甲氧基黄酮	4′, 5, 7-trihydroxy-3′-methoxyflavone
5, 7, 4′-三羟基-3′-甲氧基黄酮	5, 7, 4′-trihydroxy-3′-methoxyflavone
5, 7, 4′-三羟基-3-甲氧基黄酮	5, 7, 4′-trihydroxy-3-methoxyflavone
(±)-5, 7, 4′-三羟基-3′-甲氧基黄烷酮	(±)-5, 7, 4′-trihydroxy-3′-methoxyflavanone
3, 5, 7-三羟基-3′-甲氧基黄烷酮-7-(2-O-α-鼠李糖基-β-葡萄糖苷)	3, 5, 7-trihydroxy-3′-methoxyflavanone-7-(2-O-α-rhamnosyl-β-glucoside)
1, 2, 7-三羟基-3-甲氧基呫酮	1, 2, 7-trihydroxy-3-methoxyxanthone
1, 3, 8-三羟基-3-甲氧基呫酮	1, 3, 8-trihydroxy-3-methoxyxanthone
1, 7, 8-三羟基-3-甲氧基呫酮	1, 7, 8-trihydroxy-3-methoxyxanthone
1, 5, 8-三羟基-3-甲氧基呫酮 (雏菊叶龙胆素、雏菊叶龙胆酮)	1, 5, 8-trihydroxy-3-methoxyxanthone (bellidifolin, bellidifolium)
1, 4, 8-三羟基-3-萘甲酸-1-O-β-D-吡喃葡萄糖苷甲酯	1, 4, 8-trihydroxy-3-naphthalenecarboxylic acid-1-O-β-D-glucopyranoside methyl ester
(7α, 24, 25)-三羟基-3-氧亚基阿朴绿玉树-14, 20 (22)-二烯-21, 23-内酯	(7α, 24, 25)-trihydroxy-3-oxo-apotirucalla-14, 20 (22)-dien-21, 23-olide
6β, 8β, 10β-三羟基-3-氧亚基荒漠木烯内酯	6β, 8β, 10β-trihydroxy-3-oxoeremophilenolide
2, 6, 2′-三羟基-3-乙酰基-4′-(2″, 6″-二羟基-3″-乙酰基) 苯基-6′-甲基二苯酮 (白首乌乙素)	2, 6, 2′-trihydroxy-3-acetyl-4′-(2″, 6″-dihydroxy-3″-acetyl) phenyl-6′-methyl benzophenone (cynabunone B)
5, 7, 4′-三羟基-3′-异戊二烯-3-甲氧基黄酮	5, 7, 4′-trihydroxy-3′-isoprenyl-3-methoxyflavone
2, 7, 2′-三羟基-4, 4′, 7′-三甲氧基-1, 1′-双菲	2, 7, 2′-trihydroxy-4, 4′, 7′-trimethoxy-1, 1′-biphenanthrene
2′, 5, 7-三羟基-4′, 5′-(2, 2-二甲基色原酮)-8-(3-羟基丁基) 黄烷酮	2′, 5, 7-trihydroxy-4′, 5′-(2, 2-dimethyl chromone)-8-(3-hydroxy-3-methyl butyl) flavanone
1, 3, 8-三羟基-4, 5-二甲氧基呫酮	1, 3, 8-trihydroxy-4, 5-dimethoxyxanthone
(6S, 7E, 9S)-6, 9, 10-三羟基-4, 7-大柱香波龙二烯-3-酮	(6S, 7E, 9S)-6, 9, 10-trihydroxy-4, 7-megastigmadien-3-one

(6S, 7E, 9S)-6, 9, 10- 三羟基 -4, 7- 大柱香波龙二烯 -3- 酮 -9-O-β-D- 吡喃葡萄糖苷	(6S, 7E, 9S)-6, 9, 10-trihydroxy-4, 7-megastigmadien-3-one-9-O-β-D-glucopyranoside
3, 5, 3′- 三羟基 -4′, 7- 二甲氧基二氢黄酮	3, 5, 3′-trihydroxy-4′, 7-dimethoxydihydroflavone
3, 5, 6- 三羟基 -4′, 7- 二甲氧基黄酮	3, 5, 6-trihydroxy-4′, 7-dimethoxyflavone
3, 5, 8- 三羟基 -4′, 7- 二甲氧基黄酮	3, 5, 8-trihydroxy-4′, 7-dimethoxyflavone
1, 3, 6- 三羟基 -4, 7- 二甲氧基𠮶酮	1, 3, 6-trihydroxy-4, 7-dimethoxyxanthone
3, 5, 2′- 三羟基 -4- 甲基联苄	3, 5, 2′-trihydroxy-4-methyl bibenzyl
2′, 4, 6′- 三羟基 -4′- 甲氧基 -3′- 甲基查耳酮	2′, 4, 6′-trihydroxy-4′-methoxy-3′-methyl chalcone
(3R, 4R)-2′, 3′, 7- 三羟基 -4′- 甲氧基 -4-[(3R)-2′, 7- 二羟基 -4′- 甲氧基异黄烷 -5′- 基] 异黄烷	(3R, 4R)-2′, 3′, 7-trihydroxy-4′-methoxy-4-[(3R)-2′, 7-dihydroxy-4′-methoxyisoflavan-5′-yl] isoflavane
5, 2′, 3′- 三羟基 -4′- 甲氧基 -6, 7- 亚甲二氧基黄酮醇 -3-O-β- 葡萄糖醛酸苷	5, 2′, 3′-trihydroxy-4′-methoxy-6, 7-methylenedioxyflavonol-3-O-β-glucuronide
2′, 5, 7- 三羟基 -4′- 甲氧基 -6, 8- 二甲基高异二氢黄酮	2′, 5, 7-trihydroxy-4′-methoxy-6, 8-dimethyl homoiso-flavanone
3, 5, 3′- 三羟基 -4′- 甲氧基 -7- 异戊烯氧基黄酮	3, 5, 3′-trihydroxy-4′-methoxy-7-isopentenyloxyflavone
2′, 5, 7- 三羟基 -4′- 甲氧基 -8- 甲基高异二氢黄酮	2′, 5, 7-trihydroxy-4′-methoxy-8-methyl homoisoflavanone
3, 5, 7- 三羟基 -4′- 甲氧基 -8- 异戊烯基黄酮 -3-O-α-L- 吡喃鼠李糖基 -(1→2)-α-L- 吡喃鼠李糖苷	3, 5, 7-trihydroxy-4′-methoxy-8-prenyl flavone-3-O-α-L-rhamnopyranosyl-(l→2)-α-0L-rhamnopyranoside
3, 2′, 4′- 三羟基 -4- 甲氧基查耳酮	3, 2′, 4′-trihydroxy-4-methoxychalcone
2, 6, 4′- 三羟基 -4- 甲氧基二苯苯酮	2, 6, 4′-trihydroxy-4-methoxybenzophenone
2, 4′, 6- 三羟基 -4- 甲氧基二苯甲酮	2, 4′, 6-trihydroxy-4-methoxybenzophenone
2′, 4′, α- 三羟基 -4- 甲氧基二氢查耳酮	2′, 4′, α-trihydroxy-4-methoxydihydrochalcone
3, 5, 7- 三羟基 -4′- 甲氧基二氢黄酮醇	3, 5, 7-trihydroxy-4′-methoxydihydroflavonol
2′, 5, 7- 三羟基 -4′- 甲氧基高异二氢黄酮	2′, 5, 7-trihydroxy-4′-methoxyhomoisoflavanone
3′, 5, 7- 三羟基 -4′- 甲氧基黄酮	3′, 5, 7-trihydroxy-4′-methoxyflavone
5, 7, 3′- 三羟基 -4′- 甲氧基黄酮	5, 7, 3′-trihydroxy-4′-methoxyflavone
5, 7, 8- 三羟基 -4′- 甲氧基黄酮	5, 7, 8-trihydroxy-4′-methoxyflavone
3′, 5, 7- 三羟基 -4′- 甲氧基黄酮 -3-O-α-L- 吡喃鼠李糖基 -(1→6)-β-D- 吡喃葡萄糖苷	3′, 5, 7-trihydroxy-4′-methoxyflavone-3-O-α-L-rhamn-opyranosyl-(1→6)-β-D-glucopyranoside
5, 7, 3′- 三羟基 -4′- 甲氧基黄酮醇	5, 7, 3′-trihydroxy-4′-methoxyflavonol
5, 7, 3′- 三羟基 -4′- 甲氧基黄酮醇 -3-O- 芸香糖苷	5, 7, 3′-trihydroxy-4′-methoxyflavonol-3-O-rutinoside
3′, 5′, 7- 三羟基 -4′- 甲氧基黄烷酮	3′, 5′, 7-trihydroxy-4′-methoxyflavanone
5, 6, 7- 三羟基 -4′- 甲氧基黄烷酮	5, 6, 7-trihydroxy-4′-methoxyflavanone
3, 3′, 4′- 三羟基 -4- 甲氧基双苄醚	3, 3′, 4′-trihydroxy-4-methoxydibenzyl ether
1, 3, 5- 三羟基 -4- 甲氧基𠮶酮	1, 3, 5-trihydroxy-4-methoxyxanthone
1, 3, 7- 三羟基 -4- 甲氧基𠮶酮	1, 3, 7-trihydroxy-4-methoxyxanthone
3′, 5, 7- 三羟基 -4′- 甲氧基异黄酮 -3′-O-β- 吡喃葡萄糖苷	3′, 5, 7-trihydroxy-4′-methoxyisoflavone-3′-O-β-glu-copyranoside
2, 5, 7- 三羟基 -4′- 甲氧基异黄酮醇	2, 5, 7-trihydroxy-4′-methoxyisoflavonol
4, 7, 2′- 三羟基 -4′- 甲氧基异黄烷	4, 7, 2′-trihydroxy-4′-methoxyisoflavane
7, 2′, 3′- 三羟基 -4′- 甲氧基异黄烷	7, 2′, 3′-trihydroxy-4′-methoxyisoflavane

2′, 3′, 7- 三羟基 -4′- 甲氧基异黄烷酮	2′, 3′, 7-trihydroxy-4′-methoxyisoflavanone
(3R)-2′, 3′, 7- 三羟基 -4′- 甲氧基异黄烷酮	(3R)-2′, 3′, 7-trihydroxy-4′-methoxyisoflavanone
3′, 4, 5′- 三羟基 -4′- 香草叶基二苯乙烯	3′, 4, 5′-trihydroxy-4′-geraryl stilbene
1, 3, 5- 三羟基 -4- 香叶基𠮩酮	1, 3, 5-trihydroxy-4-geranyl xanthone
1, 3, 5- 三羟基 -4- 异戊烯基𠮩酮	1, 3, 5-trihydroxy-4-isopentenyl xanthone
(23E)-3β, 7β, 25- 三羟基 -5, 23- 葫芦二烯 -19- 醛	(23E)-3β, 7β, 25-trihydroxycucurbit-5, 23-dien-19-al
7, 3′, 5′- 三羟基 -5, 6, 4′- 三甲氧基黄酮	7, 3′, 5′-trihydroxy-5, 6, 4′-trimethoxyflavone
1, 2, 8- 三羟基 -5, 6- 二甲氧基𠮩酮	1, 2, 8-trihydroxy-5, 6-dimethoxyxanthone
(3S, 4S, 5R, 6R)-3, 4, 6- 三羟基 -5, 6- 二氢 -β- 紫罗兰醇	(3S, 4S, 5R, 6R)-3, 4, 6-trihydroxy-5, 6-dihydro-β-ionol
3′, 4′, 8- 三羟基 -5, 7- 二甲氧基 -4- 苯基香豆素	3′, 4′, 8-trihydroxy-5, 7-dimethoxy-4-phenyl coumarin
6, 12, 15- 二羟基 -5, 8, 11, 13- 冷杉四烯 -7- 酮	6, 12, 15-trihydroxy-5, 8, 11, 13-abietatetraen-7-one
12, 15- 三羟基 -5, 8, 11, 13- 松香烯 -7- 酮	12, 15-trihydroxy-5, 8, 11, 13-abieten-7-one
1, 3, 4- 三羟基 -5-[3-(3- 羟苯基)-1- 氧亚基 -2- 丙烯氧基]-[1α, 3α, 4α, 5β (E)] 环己烷甲酸	1, 3, 4-trihydroxy-5-[3-(3-hydroxyphenyl)-1-oxo-2-propenyloxy]-[1α, 3α, 4α, 5β (E)] cyclohexane carboxylic acid
(25R)-2α, 3β, 12β- 三羟基 -5α- 螺甾 -3-O-α-L- 吡喃鼠李糖基 -(1→2)-β-D- 吡喃半乳糖苷	(25R)-2α, 3β, 12β-trihydroxy-5α-spirost-3-O-α-L-rhamnopyranosyl-(1→2)-β-D-galactopyranoside
2β, 3α, 9α- 三羟基 -5α- 麦角甾 -7, 22- 二烯	2β, 3α, 9α-trihydroxy-5α-ergost-7, 22-diene
2α, 10β, 14β- 三羟基 -5α- 乙酰氧基紫杉 -4 (20), 11- 二烯	2α, 10β, 14β-trihydroxy-5α-acetoxytaxa-4 (20), 11-diene
2α, 3α, 16β- 三羟基 -5α- 孕甾 -(20R)- 甲基丙烯酸酯	2α, 3α, 16β-trihydroxy-5α-pregn-(20R)-methacrylate
(2α, 3α, 20R)- 三羟基 -5α- 孕甾 -16β- 甲基丙烯酸酯	(2α, 3α, 20R)-trihydroxy-5α-pregn-16β-methacrylate
(25R)-3α, 7α, 12α- 三羟基 -5β- 胆甾 -26- 酸	(25R)-3α, 7α, 12α-trihydroxy-5β-cholest-26-oic acid
2β, 3α, 4β- 三羟基 -5β- 孕甾 -16- 烯 -20- 酮	2β, 3α, 4β-trihydroxy-5β-pregn-16-en-20-one
1β, 2β, 3α- 三羟基 -5β- 孕甾 -16- 烯 -20- 酮	1β, 2β, 3α-trihydroxy-5β-pregn-16-en-20-one
2β, 3α, 4β- 三羟基 -5β- 孕甾 -16- 烯 -20- 酮 -2- 乙酸酯	2β, 3α, 4β-trihydroxy-5β-pregn-16-en-20-one-2-acetate
1, 2, 6- 三羟基 -5- 甲氧基 -7-(3- 甲基丁 -2- 烯基) 𠮩酮	1, 2, 6-trihydroxy-5-methoxy-7-(3-methylbut-2-enyl) xanthone
(2R, 3R)-3, 7, 4′- 三羟基 -5- 甲氧基 -8- 异戊烯基二氢黄酮	(2R, 3R)-3, 7, 4′-trihydroxy-5-methoxy-8-prenyl flavanone
1, 4, 7- 三羟基 -5- 甲氧基 -9H- 芴 -9- 酮	1, 4, 7-trihydroxy-5-methoxy-9H-fluoren-9-one
2, 4, 7- 三羟基 -5- 甲氧基 -9H- 芴 -9- 酮	2, 4, 7-trihydroxy-5-methoxy-9H-fluoren-9-one
2, 3, 4- 三羟基 -5- 甲氧基苯甲酸	2, 3, 4-trihydroxy-5-methoxybenzoic acid
7, 2′, 6′- 三羟基 -5- 甲氧基查耳酮	7, 2′, 6′-trihydroxy-5-methoxychalcone
(2R, 3R)-3, 7, 3′- 三羟基 -5′- 甲氧基二氢黄烷 -5-O-β-D- 吡喃葡萄糖苷	(2R, 3R)-3, 7, 3′-trihydroxy-5′-methoxyflavane-5-O-β-glucopyranoside
(2S)-2′, 6′, 7- 三羟基 -5- 甲氧基黄烷酮	(2S)-2′, 6′, 7-trihydroxy-5-methoxyflavanone
(2S)-7, 2′, 6′- 三羟基 -5- 甲氧基黄烷酮	(2S)-7, 2′, 6′-trihydroxy-5-methoxyflavanone
5, 8, 2′- 三羟基 -5′- 甲氧基黄烷酮	5, 8, 2′-trihydroxy-5′-methoxyflavanone
7, 2′, 6′- 三羟基 -5- 甲氧基黄烷酮	7, 2′, 6′-trihydroxy-5-methoxyflavanone
1, 3, 8- 三羟基 -5- 甲氧基𠮩酮	1, 3, 8-trihydroxy-5-methoxyxanthone
1, 3, 6- 三羟基 -5- 乙氧甲基蒽醌	1, 3, 6-trihydroxy-5-ethoxymethyl anthraquinone

5, 7, 4′-三羟基-6-(3, 3-二甲烯丙基环氧乙烷甲基) 异黄酮	5, 7, 4′-trihydroxy-6-(3, 3-dimethyl allyl oxiranyl methyl) isoflavone
7, 3′, 4′-三羟基-6-(4″, 6″-乙酰氧基-β-D-吡喃葡萄糖基) 橙酮	7, 3′, 4′-trihydroxy-6-(4″, 6″-acetoxy-β-D-glucopyranosyl) aurone
5, 7, 3′-三羟基-6-(C-β-D-吡喃葡萄糖基)-4′-O-β-吡喃葡萄糖基黄酮	5, 7, 3′-trihydroxy-6-(C-β-D-glucopyranosyl)-4′-O-β-glucopyranosyl flavone
5, 7, 4′-三羟基-6 (或 8)-(3-甲基-2-丁烯基) 黄烷酮二葡萄糖苷	5, 7, 4′-trihydroxy-6 (or 8)-(3-methylbut-2-enyl) flavanone diglucoside
5, 7, 3′-三羟基-6, 4′, 5′-三甲氧基异黄酮	5, 7, 3′-trihydroxy-6, 4′, 5′-trimethoxyisoflavone
5, 7, 2′-三羟基-6, 8-二甲基-3-(3′, 4′-亚甲二氧基苄基) 色原酮	5, 7, 2′-trihydroxy-6, 8-dimethyl-3-(3′, 4′-methylenedioxybenzyl) chromone
5, 4′, 5′-三羟基-6, 2′-二甲氧基黄酮	5, 4′, 5′-trihydroxy-6, 2′-dimethoxyflavone
5, 7, 4′-三羟基-6, 3′, 5′-三甲氧基黄酮	5, 7, 4′-trihydroxy-6, 3′, 5′-trimethoxyflavone
5, 7, 4′-三羟基-6, 3′-二甲氧基异黄酮	5, 7, 4′-trihydroxy-6, 3′-dimethoxyisoflavone
5, 7, 4′-三羟基-6, 3′-二异戊烯基异黄酮	5, 7, 4′-trihydroxy-6, 3′-diprenyl isoflavone
5, 7, 3′-三羟基-6, 4′, 5′-三甲氧基黄酮	5, 7, 3′-trihydroxy-6, 4′, 5′-trimethoxyflavone
5, 7, 3′-三羟基-6, 4′-二甲氧基黄酮	5, 7, 3′-triterhydroxy-6, 4′-dimethoxyflavone
1, 3, 5-三羟基-6, 6′-二甲基吡喃-(2′, 3′:6, 7)-4-(1, 1-二甲基丙-2-烯基) 𠮿酮	1, 3, 5-trihydroxy-6, 6′-dimethyl pyrano-(2′, 3′:6, 7)-4-(1, 1-dimethyl prop-2-enyl) xanthone
3, 5, 4′-三羟基-6, 7, 3′-三甲氧基黄酮	3, 5, 4′-trihydroxy-6, 7, 3′-trimethoxyflavone
3, 5, 3′-三羟基-6, 7, 4′-三甲氧基黄酮	3, 5, 3′-trihydroxy-6, 7, 4′-trimethoxyflavone
5, 2′, 4′-三羟基-6, 7, 5′-三甲氧基黄酮	5, 2′, 4′-trihydroxy-6, 7, 5′-trimethoxyflavone
3, 5, 3′-三羟基-6, 7, 8, 4′-四甲氧基黄酮	3, 5, 3′-trihydroxy-6, 7, 8, 4′-tetramethoxyflavone
5, 2′, 5′-三羟基-6, 7, 8-三甲氧基黄酮	5, 2′, 5′-trihydroxy-6, 7, 8-trimethoxyflavone
5, 2′, 6′-三羟基-6, 7, 8-三甲氧基黄酮-2′-吡喃葡萄糖苷	5, 2′, 6′-trihydroxy-6, 7, 8-trimethoxyflavone-2′-glucopyranoside
1, 2, 8-三羟基-6, 7-二甲氧基蒽醌	1, 2, 8-trihydroxy-6, 7-dimethoxyanthraquinone
2′, 5, 8-三羟基-6, 7-二甲氧基黄酮	2′, 5, 8-trihydroxy-6, 7-dimethoxyflavone
3′, 4′, 5′-三羟基-6, 7-二甲氧基黄酮	3′, 4′, 5′-trihydroxy-6, 7-dimethoxyflavone
5, 8, 4′-三羟基-6, 7-二甲氧基黄酮	5, 8, 4′-trihydroxy-6, 7-dimethoxyflavone
5, 8, 2′-三羟基-6, 7-二甲氧基黄酮	5, 8, 2′-trihydroxy-6, 7-dimethoxyflavone
5, 2′, 6′-三羟基-6, 7-二甲氧基黄酮-2′-O-β-D-吡喃葡萄糖苷	5, 2′, 6′-trihydroxy-6, 7-dimethoxyflavone-2′-O-β-D-glucopyranoside
3, 5, 4′-三羟基-6, 7-亚甲二氧基黄酮-3-O-β-D-吡喃葡萄糖苷	3, 5, 4′-trihydroxy-6, 7-methylenedioxyflavone-3-O-β-D-glucopyranoside
5, 7, 4′-三羟基-6, 8, 3′-三甲氧基黄酮	5, 7, 4′-trihydroxy-6, 8, 3′-trimethoxyflavone
5, 7, 3′-三羟基-6, 8, 4′-三甲氧基黄酮	5, 7, 3′-trihydroxy-6, 8, 4′-trimethoxyflavone
5, 7, 3′-三羟基-6, 8, 4′-三甲氧基黄酮-5-(6″-乙酰基葡萄糖苷)	5, 7, 3′-trihydroxy-6, 8, 4′-trimethoxyflavone-5-(6″-acetyl glucoside)
5, 7, 4′-三羟基-6, 8-二 (3, 3-二甲烯丙基) 异黄酮	5, 7, 4′-trihydroxy-6, 8-di (3, 3-dimethyl allyl) isoflavone

5, 7-三羟基-6, 8-二甲基-3-(2′-羟基-3′, 4′-亚甲二氧基苄基) 色原酮	5, 7-trihydroxy-6, 8-dimethyl-3-(2′-hydroxy-3′, 4′-methylenedioxybenzyl) chromone
2, 5, 7-三羟基-6, 8-二甲基-3-(3′, 4′-亚甲二氧基苄基) 色满-4-酮	2, 5, 7-trihydroxy-6, 8-dimethyl-3-(3′, 4′-methylenedioxybenzyl) chroman-4-one
2, 5, 7-三羟基-6, 8-二甲基-3-(4′-甲氧基苄基) 色满-4-酮	2, 5, 7-trihydroxy-6, 8-dimethyl-3-(4′-methoxybenzyl) chroman-4-one
(3S)-3, 5, 7-三羟基-6, 8-二甲基-3-(4′-羟苄基) 色烷-4-酮	(3S)-3, 5, 7-trihydroxy-6, 8-dimethyl-3-(4′-hydroxybenzyl) chroman-4-one
4′, 5, 7-三羟基-6, 8-二甲基高异黄烷酮	4′, 5, 7-trihydroxy-6, 8-dimethyl homoisoflavanone
5, 7, 4′-三羟基-6, 8-二异戊烯基异黄酮	5, 7, 4′-trihydroxy-6, 8-diprenyl isoflavone
7, 2′, 4′-三羟基-6, 8-双 (3-甲基-2-丁烯基) 黄烷酮	7, 2′, 4′-trihydroxy-6, 8-bis (3-methyl-2-butenyl) flavanone
5, 7, 4′-三羟基-6-C-[α-L-吡喃鼠李糖基 (1→2)]-β-D-吡喃葡萄糖黄酮	5, 7, 4′-trihydroxy-6-C-[α-L-rhamnopyranosyl-(1→2)]-β-D-glucopyranosyl flavone
5, 7, 4′-三羟基-6-C-β-D-吡喃葡萄糖基黄酮苷	5, 7, 4′-trihydroxy-6-C-β-D-glucopyranosyl flavonoside
5, 7, 4′-三羟基-6-C-阿拉伯糖苷-8-C-葡萄糖苷黄酮	5, 7, 4′-trihydroxy-6-C-arabinoside-8-C-glucoside flavone
5, 7, 4′-三羟基-6-C-葡萄糖苷-8-C-阿拉伯糖苷黄酮	5, 7, 4′-trihydroxy-6-C-glucoside-8-C-arabinoside flavone
7′, 3′, 4′-三羟基-6-O-β-D-葡萄糖橙酮	7′, 3′, 4′-trihydroxy-6-O-β-D-glucosyl aurone
5α, 12α, 27-三羟基-6α, 7α-环氧-(20R, 22R)-1-氧亚基醉茄-2, 24-二烯内酯-27-O-β-D-吡喃葡萄糖苷	5α, 12α, 27-trihydroxy-6α, 7α-epoxy-(20R, 22R)-1-oxowitha-2, 24-dienolide-27-O-β-D-glucopyranoside
5α, 12α, 27-三羟基-6α, 7α-环氧-1-氧亚基醉茄-2, 24-二烯内酯	5α, 12α, 27-trihydroxy-6α, 7α-epoxy-1-oxowitha-2, 24-dienolide
5α, 12β, 27-三羟基-6α, 7α-环氧-1-氧亚基醉茄-2, 24-二烯内酯	5α, 12β, 27-trihydroxy-6α, 7α-epoxy-1-oxowitha-2, 24-dienolide
5, 7, 2′-三羟基-6-甲基-3-(3′, 4′-亚甲二氧基苄基) 色原酮	5, 7, 2′-trihydroxy-6-methyl-3-(3′, 4′-methylenedioxybenzyl) chromone
(3S)-3, 5, 7-三羟基-6-甲基-3-(4′-甲氧基苄基) 色烷-4-酮	(3S)-3, 5, 7-trihydroxy-6-methyl-3-(4′-methoxybenzyl) chroman-4-one
4′, 5, 7-三羟基-6-甲基-8-甲氧基高异黄烷酮	4′, 5, 7-trihydroxy-6-methyl-8-methoxyhomoisoflavanone
4′, 5, 7-三羟基-6-甲基高异黄烷酮	4′, 5, 7-trihydroxy-6-methyl homoisoflavanone
1, 3, 5-三羟基-6-甲氧基-2-甲氧甲基蒽醌	1, 3, 5-trihydroxy-6-methoxy-2-methoxymethyl anthraquinone
2, 3, 4-三羟基-6-甲氧基苯乙酮-3-β-D-吡喃葡萄糖苷	2, 3, 4-trihydroxy-6-methoxyacetopenone-3-β-D-glucopyranoside
4, 2′, 4′-三羟基-6′-甲氧基查耳酮	4, 2′, 4′-trihydroxy-6′-methoxychalcone
4, 2′, 4′-三羟基-6′-甲氧基查耳酮-4′-β-D-葡萄糖苷	4, 2′, 4′-trihydroxy-6′-methoxychalcone-4′-β-D-glucoside
5, 7, 4′-三羟基-6-甲氧基二氢黄酮-7-O-β-D-吡喃葡萄糖苷	5, 7, 4′-trihydroxy-6-methoxydihydroflavone-7-O-β-D-glucopyranoside
2′, 5, 7-三羟基-6′-甲氧基黄酮	2′, 5, 7-trihydroxy-6′-methoxyflavone
4′, 5, 7-三羟基-6-甲氧基黄酮	4′, 5, 7-trihydroxy-6-methoxyflavone

5, 7, 4′- 三羟基 -6- 甲氧基黄酮	5, 7, 4′-trihydroxy-6-methoxyflavone
5, 7, 2′- 三羟基 -6- 甲氧基黄酮 (韧黄芩素 Ⅱ)	5, 7, 2′-trihydroxy-6-methoxyflavone (tenaxin Ⅱ)
5, 7, 4′- 三羟基 -6- 甲氧基黄酮 -3-O-β-D- 芸香糖苷	5, 7, 4′-trihydroxy-6-methoxyflavone-3-O-β-D-rutinoside
5, 7, 4′- 三羟基 -6- 甲氧基黄酮 -7-O-α-L- 吡喃鼠李糖基 -(1→2)-β-D- 吡喃葡萄糖苷	5, 7, 4′-trihydroxy-6-methoxyflavone-7-O-α-L-rhamnopyranosyl-(1→2)-β-D-glucopyranoside
5, 7, 4′- 三羟基 -6- 甲氧基黄酮 -7-O-β-D- 吡喃葡萄糖苷	5, 7, 4′-trihydroxy-6-methoxyflavone-7-O-β-D-glucopyranoside
4′, 5, 7- 三羟基 -6- 甲氧基黄烷酮	4′, 5, 7-trihydroxy-6-methoxyflavanone
5, 7, 4′- 三羟基 -6- 甲氧基黄烷酮	5, 7, 4′-trihydroxy-6-methoxyflavanone
(2S)-5, 7, 4′- 三羟基 -6- 甲氧基黄烷酮 -7-O-β-D- 吡喃葡萄糖苷	(2S)-5, 7, 4′-trihydroxy-6-methoxyflavanone-7-O-β-D-glucopyranoside
4′, 5, 7- 三羟基 -6- 甲氧基异黄酮	4′, 5, 7-trihydroxy-6-methoxyisoflavone
5, 7, 4′- 三羟基 -6- 甲氧基异黄酮	5, 7, 4′-trihydroxy-6-methoxyisoflavone
5, 7, 2′- 三羟基 -6- 甲氧基异黄酮 -7-O-β-D- 葡萄糖苷 -6″-O- 丙二酸酯	5, 7, 2′-trihydroxy-6-methoxyisoflavone-7-O-β-D-glucoside-6″-O-malonate
3β, 19α, 23- 三羟基 -6- 氧亚基齐墩果 -12- 烯 -28- 酸	3β, 19α, 23-trihydroxy-6-oxoolean-12-en-28-oic acid
5, 7, 4′- 三羟基 -6- 异戊烯基异黄酮 (怀特大豆酮)	5, 7, 4′-trihydroxy-6-prenyl isoflavone (wighteone)
5, 7, 4′- 三羟基 -6- 异戊烯基异黄烷酮	5, 7, 4′-trihydroxy-6-prenyl isoflavanone
3, 5, 4′- 三羟基 -7, 3′- 二甲氧基二氢黄酮 -5-O-α-L- 吡喃鼠李糖苷	3, 5, 4′-trihydroxy-7, 3′-dimethoxyflavanone-5-O-α-L-rhamnopyranoside
5, 6, 4′- 三羟基 -7, 3′- 二甲氧基黄酮	5, 6, 4′-trihydroxy-7, 3′-dimethoxyflavone
5, 8, 4′- 三羟基 -7, 3′- 二甲氧基黄酮	5, 8, 4′-trihydroxy-7, 3′-dimethoxyflavone
5, 6, 4′- 三羟基 -7, 3′- 二甲氧基黄酮醇 -3-O-β- 葡萄糖醛酸苷	5, 6, 4′-trihydroxy-7, 3′-dimethoxyflavonol-3-O-β-glucuronide
5, 6, 4′- 三羟基 -7, 3′- 二甲氧基黄酮醇 -3-O- 二糖	5, 6, 4′-trihydroxy-7, 3′-dimethoxyflavonol-3-O-disaccharide
6, 8, 4′- 三羟基 -7, 3′- 二甲氧基异黄酮	6, 8, 4′-trihydroxy-7, 3′-dimethoxyisoflavone
3, 5, 3′- 三羟基 -7, 4′- 二甲氧基黄酮	3, 5, 3′-trihydroxy-7, 4′-dimethoxyflavone
5, 6, 3′- 三羟基 -7, 4′- 二甲氧基黄酮	5, 6, 3′-trihydroxy-7, 4′-dimethoxyflavone
3, 5, 3′- 三羟基 -7, 4′- 二甲氧基黄酮 -3-O-β-D- 吡喃半乳糖苷	3, 5, 3-trihydroxy-7, 4′-dimethoxyflavone-3-O-β-D-galactopyranoside
5, 6, 3′- 三羟基 -7, 4′- 二甲氧基黄酮醇 -3-O-β- 葡萄糖醛酸苷	5, 6, 3′-trihydroxy-7, 4′-dimethoxyflavonol-3-O-β-glucuronide
5, 6, 4′- 三羟基 -7, 8, 3′- 三甲氧基黄酮	5, 6, 4′-trihydroxy-7, 8, 3′-trimethoxyflavone
5, 6, 3′- 三羟基 -7, 8, 4′- 三甲氧基黄酮	5, 6, 3′-trihydroxy-7, 8, 4′-trimethoxyflavone
2′, 5, 6′- 三羟基 -7, 8- 二甲氧基黄酮	2′, 5, 6′-trihydroxy-7, 8-dimethoxyflavone
2′, 5, 6- 三羟基 -7, 8- 二甲氧基黄酮	2′, 5, 6-trihydroxy-7, 8-dimethoxyflavone
3, 5, 4′- 三羟基 -7, 8- 二甲氧基黄酮	3, 5, 4′-trihydroxy-7, 8-dimethoxyflavone
4′, 5, 6- 三羟基 -7, 8- 二甲氧基黄酮	4′, 5, 6-trihydroxy-7, 8-dimethoxyflavone
5, 6, 4′- 三羟基 -7, 8- 二甲氧基黄酮	5, 6, 4′-trihydroxy-7, 8-dimethoxyflavone
5, 2′, 5′- 三羟基 -7, 8- 二甲氧基黄酮	5, 2′, 5′-trihydroxy-7, 8-dimethoxyflavone

5, 2′, 6′- 三羟基 -7, 8- 二甲氧基黄酮 (粘毛黄芩素 II)	5, 2′, 6′-trihydroxy-7, 8-dimethoxyflavone (viscidulin II)
5, 2′, 6′- 三羟基 -7, 8- 二甲氧基黄酮 -2′-O-β-D- 吡喃葡萄糖苷	5, 2′, 6′-trihydroxy-7, 8-dimethoxyflavone-2′-O-β-D-glucopyranoside
(2S)-5, 2′, 5′- 三羟基 -7, 8- 二甲氧基黄烷酮	(2S)-5, 2′, 5′-trihydroxy-7, 8-dimethoxyflavanone
5, 2′, 6′- 三羟基 -7, 8- 二甲氧基黄烷酮	5, 2′, 6′-trihydroxy-7, 8-dimethoxyflavanone
1, 3, 6- 三羟基 -7, 8- 二甲氧基𠮿酮	1, 3, 6-trihydroxy-7, 8-dimethoxyxanthone
3, 4, 3′- 三羟基 -7′, 8′- 二脱氢 -β- 胡萝卜素	3, 4, 3′-trihydroxy-7′, 8′-didehydro-β-carotene
(7R, 8S, 8′R)-4, 4′, 9- 三羟基 -7, 9′- 环氧 -8, 8′- 木脂素	(7R, 8S, 8′R)-4, 4′, 9-trihydroxy-7, 9′-epoxy-8, 8′-lignan
3, 4′, 5- 三羟基 -7-[(E)-3, 7- 二甲基辛 -2, 6- 二烯基氧] 黄烷酮	3, 4′, 5-trihydroxy-7-[(E)-3, 7-dimethyloct-2, 6-dienyloxy] flavanone
3β, 9β, 25- 三羟基 -7β- 甲氧基 -19- 去甲 -5, (23E)- 葫芦二烯	3β, 9β, 25-trihydroxy-7β-methoxy-19-norcucurbita-5, (23E)-diene
(2S)-2, 6, 7- 三羟基 -7- 甲基 -3- 亚甲基辛基 -β-D- 吡喃葡萄糖苷	(2S)-2, 6, 7-trihydroxy-7-methyl-3-methyleneoctyl-β-D-glucopyranoside
1, 3, 5- 三羟基 -7- 甲基蒽醌	1, 3, 5-trihydroxy-7-methyl anthraquinone
1, 3, 6- 三羟基 -7- 甲氧基 -2, 5- 双 (3- 甲基 -2- 丁烯基) 𠮿酮	1, 3, 6-trihydroxy-7-methoxy-2, 5-bis (3-methyl-2-butenyl) xanthone
1, 3, 6- 三羟基 -7- 甲氧基 -8- 牻牛儿基𠮿酮	1, 3, 6-trihydroxy-7-methoxy-8-geranyl xanthone
3, 4′, 5- 三羟基 -7- 甲氧基 -8- 异戊烯基黄酮	3, 4′, 5-trihydroxy-7-methoxy-8-isopentenyl flavone
1, 4, 5- 三羟基 -7- 甲氧基 -9H- 芴 -9- 酮	1, 4, 5-trihydroxy-7-methoxy-9H-fluoren-9-one
8, 3′, 4′- 三羟基 -7- 甲氧基二氢黄酮	8, 3′, 4′-trihydroxy-7-methoxyflavanone
5, 3′, 5′- 三羟基 -7- 甲氧基二氢黄酮 (艾纳香素)	5, 3′, 5′-trihydroxy-7-methoxy-dihydroflavone (blumeatin)
2′, 5, 8- 三羟基 -7- 甲氧基黄酮	2′, 5, 8-trihydroxy-7-methoxyflavone
3, 4′, 5- 三羟基 -7- 甲氧基黄酮	3, 4′, 5-trihydroxy-7-methoxyflavone
4′, 5, 6- 三羟基 -7- 甲氧基黄酮	4′, 5, 6-trihydroxy-7-methoxyflavone
5, 8, 2′- 三羟基 -7- 甲氧基黄酮	5, 8, 2′-trihydroxy-7-methoxyflavone
3, 5, 4′- 三羟基 -7- 甲氧基黄酮 (鼠李柠檬素)	3, 5, 4′-trihydroxy-7-methoxyflavone (rhamnocitrin)
5, 2′, 6′- 三羟基 -7- 甲氧基黄酮 -2′-O-β-D- 吡喃葡萄糖苷	5, 2′, 6′-trihydroxy-7-methoxyflavone-2′-O-β-D-glucopyranoside
3, 7, 4′- 三羟基 -7- 甲氧基黄酮 -5-O-β-D- 吡喃木糖基 -(1→4)-O-β-D- 吡喃葡萄糖基 -(1→4)-O-α-L- 吡喃鼠李糖苷	3, 7, 4′-trihydroxy-7-methoxyflavone-5-O-β-D-xylopyranosyl-(1→4)-O-β-D-glucopyranosyl-(1→4)-O-α-L-rhamnopyranoside
1, 3, 6- 三羟基 -7- 甲氧基𠮿酮	1, 3, 6-trihydroxy-7-methoxyxanthone
2′, 4′, 5- 三羟基 -7- 甲氧基异黄酮	2′, 4′, 5-trihydroxy-7-methoxyisoflavone
5, 8, 4′- 三羟基 -7- 甲氧基异黄酮	4′, 5, 8-trihydroxy-7-methoxyisoflavone
(9R, 10S, 7E)-6, 9, 10- 三羟基 -7- 十八烯酸	(9R, 10S, 7E)-6, 9, 10-trihydroxyoctadec-7-enoic acid
11, 12, (16S)- 三 羟 基 -7- 氧 亚 基 -17 (15→16), 18 (4→3)- 二迁 - 松香 -3, 8, 11, 13 - 四烯 -18- 酸	11, 12, (16S)-trihydroxy-7-oxo-17 (15→16), 18 (4→3)-di-abeo-abieta-3, 8, 11, 13-tetraen-18-oic acid
15, 16, 17- 三羟基 -7- 氧亚基海松 -8 (9)- 烯	15, 16, 17-trihydroxy-7-oxopimar-8 (9)-ene
1β, 3α, 5β- 三羟基 -7- 异丙烯基吉马烯 -4 (15), 10 (14)- 二烯	1β, 3α, 5β-trihydroxy-7-isopropenyl germacren-4 (15), 10 (14)-diene

1β, 3β, 5α-三羟基-7-异丙烯基-吉马烯-4 (15), 10 (14)-二烯	1β, 3β, 5α-trihydroxy-7-isopropenyl germacren-4 (15), 10 (14)-diene
1β, 3β, 5β-三羟基-7-异丙烯基-吉马烯-4 (15), 10 (14)-二烯	1β, 3β, 5β-trihydroxy-7-isopropenyl germacren-4 (15), 10 (14)-diene
3, 15, 19-三羟基-8 (17), 13-对映-半日花烷二烯-16-酸	3, 15, 19-trihydroxy-8 (17), 13-*ent*-labd-dien-16-oic acid
5, 2′, 4′-三羟基-8-(3, 3-二甲烯丙基)-2″, 2″-二甲基吡喃 [5, 6:6, 7] 异黄酮	5, 2′, 4′-trihydroxy-8-(3, 3-dimethyl allyl)-2″, 2″-dimethyl pyrano [5, 6:6, 7] isoflavone
3, 7, 9-三羟基-8, 11, 13-对映-半日花三烯-15, 16-内酯	3, 7, 9-trihydroxy-8, 11, 13-*ent*-labdtrien-15, 16-olide
1β, 13, 14-三羟基-8, 11, 13-罗汉松三烯-7-酮	1β, 13, 14-trihydroxy-8, 11, 13-podocarpatrien-7-one
1β, 13, 14-三羟基-8, 11, 13-罗汉松三烯-2, 7-二酮	1β, 13, 14-trihydroxy-8, 11, 13-podocarpatrien-2, 7-dione
3, 5, 4′-三羟基-8, 3′-二甲氧基-7-(3-甲基丁-2-烯氧基) 黄酮	3, 5, 4′-trihydroxy-8, 3′-dimethoxy-7-(3-methylbut-2-enyloxy) flavone
3, 5, 4′-三羟基-8, 3′-二甲氧基-7-异戊烯氧基黄酮	3, 5, 4′-trihydroxy-8, 3′-dimethoxy-7-prenyloxyflavone
5, 7, 4′-三羟基-8, 3′-二甲氧基黄酮-3-*O*-6″-(3-羟基-3-甲基戊二酰基)-β-D-吡喃葡萄糖苷	5, 7, 4′-trihydroxy-8, 3′-dimethoxyflavone-3-*O*-6″-(3-hydroxy-3-methyl glutaroyl)-β-D-glucopyranoside
5, 7, 4′-三羟基-8, 3′-二异戊烯基二氢黄酮	5, 7, 4′-trihydroxy-8, 3′-diprenyl flavanone
5, 7, 3′-三羟基-8, 4′, 5′-三甲氧基黄酮	5, 7, 3′-trihydroxy-8, 4′, 5′-trimethoxyflavone
3, 5, 3′-三羟基-8, 4′-二甲氧基-7-(3-甲基丁-2-烯氧基) 黄酮	3, 5, 3′-trihydroxy-8, 4′-dimethoxy-7-(3-methylbut-2-enyloxy) flavone
3, 5, 3′-三羟基-8, 4′-二甲氧基-7-异戊烯氧基黄酮	3, 5, 3′-trihydroxy-8, 4′-dimethoxy-7-isopentenyloxyflavone
5, 7, 2′-三羟基-8, 6′-二甲氧基黄酮	5, 7, 2′-trihydroxy-8, 6′-dimethoxyflavone
5, 7, 4′-三羟基-8-*C*-对羟苄基黄酮	5, 7, 4′-trihydroxy-8-C-*p*-hydroxybenzyl flavone
5α, 6β, 7β-三羟基-8α-甲氧基-2-(2-苯乙基) 色原酮	5α, 6β, 7β-trihydroxy-8α-methoxy-2-(2-phenyl ethyl) chromone
3α, 4α, 10β-三羟基-8α-乙酰氧基-11β*H*-愈创木-1-烯-12, 6α-内酯	3α, 4α, 10β-trihydroxy-8α-acetoxy-11β*H*-guai-1-en-12, 6α-olide
3α, 4α, 10β-三羟基-8α-乙酰氧基愈创木-1, 11 (13)-二烯-6α, 12-内酯	3α, 4α, 10β-trihydroxy-8α-acetoxyguai-1, 11 (13)-dien-6α, 12-olide
(4β, 10*E*)-6α, 14, 15-三羟基-8β-千里光酰氧基大牻牛儿-1 (10), 11 (13)-二烯-12-酸-12, 6-内酯	(4β, 10*E*)-6α, 14, 15-trihydroxy-8β-senecioyloxygermacr-1 (10), 11 (13)-dien-12-oic acid-12, 6-lactone
1 (10) *E*, (4*Z*)-6α, 9α, 15-三羟基-8β-惕各酰氧基-14-氧亚基大牻牛儿-1 (10), 4, 11 (13)-三烯-12-酸-12, 6-内酯	1 (10) *E*, (4*Z*)-6α, 9α, 15-trihydroxy-8β-tigloyloxy-14-oxogermacr-1 (10), 4, 11 (13)-trien-12-oic acid-12, 6-lactone
(4β, 10*E*)-6α, 14, 15-三羟基-8β-惕各酰氧基大牻牛儿-1 (10), 11 (13)-二烯-12-酸-12, 6-内酯	(4β, 10*E*)-6α, 14, 15-trihydroxy-8β-tigloyloxygermacr-1 (10), 11 (13)-dien-12-oic acid-12, 6-lactone
4β, 6, 15-三羟基-8β-异丁酰氧基-14-氧亚基愈创木-9, 11 (13)-二烯-12-酸-12, 6-内酯	4β, 6, 15-trihydroxy-8β-isobutyryloxy-14-oxoguaia-9, 11 (13)-dien-12-oic acid 12, 6-lactone
(4β, 10*E*)-6α, 14, 15-三羟基-8β-异丁酰氧基大牻牛儿-10, 11 (13)-二烯-12-酸-12, 6-内酯	(4β, 10*E*)-6α, 14, 15-trihydroxy-8β-isobutyryloxyger-macr-10, 11 (13)-dien-12-oic acid-12, 6-lactone
5, 7, 4′-三羟基-8-对羟基苯甲基二氢黄酮醇	5, 7, 4′-trihydroxy-8-*p*-hydroxybenzyl dihydroflavonol

5, 7, 2′-三羟基-8-甲基-3-(3′, 4′-亚甲二氧苄基) 色原酮	5, 7, 2′-trihydroxy-8-methyl-3-(3′, 4′-methylenedioxybenzyl) chromone
(3R)- 2′, 5, 7- 三羟基-8-甲基-4′-甲氧基高异黄烷酮	(3R)-2′, 5, 7-trihydroxy-8-methyl-4′-methoxyhomoiso-flavanone
5, 7, 4′- 三羟基-8-甲基二氢黄酮	5, 7, 4′-trihydroxy-8-methyl flavanone
1, 3, 6- 三羟基-8-甲基呫酮	1, 3, 6-trihydroxy-8-methyl xanthone
3, 5, 7- 三羟基-8-甲氧基-4′-(3-甲基丁-2-烯基氧) 黄酮	3, 5, 7-trihydroxy-8-methoxy-4′-(3-methylbut-2-enyloxy) flavone
5, 6, 7- 三羟基-8-甲氧基黄酮	5, 6, 7-trihydroxy-8-methoxyflavone
5, 7, 4′- 三羟基-8-甲氧基黄酮	5, 7, 4′-trihydroxy-8-methoxyflavone
(±)-4′, 5, 7- 三羟基-8-甲氧基黄烷酮	(⊥)-4′, 5, 7-trihydroxy-8-methoxyflavanone
5, 7, 2′- 三羟基-8-甲氧基黄烷酮	5, 7, 2′-trihydroxy-8-methoxyflavanone
5, 7, 4′- 三羟基-8-甲氧基黄烷酮	5, 7, 4′-trihydroxy-8-methoxyflavanone
1, 3, 7- 三羟基-8-甲氧基呫酮	1, 3, 7-trihydroxy-8-methoxyxanthone
6, 7, 10- 三羟基-8-十八烯酸	6, 7, 10-trihydroxy-8-octadecenoic acid
1 (10) E, (4Z), 6α, 8β, 9α-6, 9, 15-三羟基-8-异丁烯酰氧基-14-氧亚基大牻牛儿-1 (10), 4, 11 (13)-三烯-12, 6-内酯	1 (10) E, (4Z), 6α, 8β, 9α-6, 9, 15-trihydroxy-8-methacryloxy-14-oxogermacr-1 (10), 4, 11 (13)-trien-12, 6-lactone
1, 3, 5- 三羟基-8-异戊二烯基呫酮	1, 3, 5-trihydroxy-8-isoprenyl xanthone
2, 4, 7- 三羟基-9, 10- 二氢菲	2, 4, 7-trihydroxy-9, 10-dihydrophenanthrene
1 (10) E, (4Z)-6α, 8β, 15- 三羟基-9α-异丁烯酰氧基-14-氧亚基大牻牛儿-1 (10), 4, 11 (13)-三烯-12-酸-12, 6-内酯	1 (10) E, (4Z)-6α, 8β, 15-trihydroxy-9α-methacryloxy-14-oxogermacr-1 (10), 4, 11 (13)-trien-12-oic acid-12, 6-lactone
(E)-8, 11, 12- 三羟基-9- 十八烯酸	(E)-8, 11, 12-trihydroxy-9-octadecenoic acid
(Z)-8, 11, 12- 三羟基-9- 十八烯酸	(Z)-8, 11, 12-trihydroxyoctadec-9-enoic acid
(Z)-(11R, 12S, 13S)- 三羟基-9- 十八烯酸酯	(Z)-(11R, 12S, 13S)-trihydroxy-9-octadecenoate
(E)-8, 11, 12- 三羟基-9- 硬脂酸单甘油酯	mono-(E)-8, 11, 12-trihydroxy-9-stearic acid glyceride
4α-(3β, 6β, 23)-三羟基-O-6-α-L-吡喃鼠李糖基-(1→4)-O-β-D-吡喃葡萄糖基-(1→6)-β-D-吡喃葡萄糖基熊果-12-烯-28-酸	4α-3β, 6β, 23-trihydroxy-O-6-α-L-rhamnopyranosyl-(1→4)-O-β-D-glucopyranosyl-(1→6)-β-D-glucopyranosyl-urs-12-en-28-oic acid
1β, 2β, 9α- 三羟基-β- 二氢沉香呋喃	1β, 2β, 9α-trihydroxy-β-dihydroagarofuran
(11R)-2, 11, 12- 三羟基-β- 芹子烯	(11R)-2, 11, 12-trihydroxy-β-selinene
2, 11, 13- 三羟基-β- 芹子烯 (2, 11, 13- 三羟基-β- 蛇床烯)	2, 11, 13-trihydroxy-β-selinene
(3S, 5R, 6R, 7E, 9R)-3, 5, 6- 三羟基-β- 紫罗兰基-3-O-β-D-吡喃葡萄糖苷	(3S, 5R, 6R, 7E, 9R)-3, 5, 6-trihydroxy-β-ionyl-3-O-β-D-glucopyranoside
三羟基-β- 紫罗兰酮	trihydroxy-β-ionone
1β, 4α, 6α- 三羟基桉叶-11-烯-8α, 12-内酯	1β, 4α, 6α-trihydroxyeudesm-11-en-8α, 12-olide
(1β, 6α)-1, 6, 14- 三羟基桉叶-3-烯-12-酸-γ-内酯	(1β, 6α)-1, 6, 14-trihydroxyeudesm-3-en-12-oic acid-γ-lactone
1α, 4α, 6β- 三羟基桉叶烷	1α, 4α, 6β-trihydroxyeudesmane
1, 3, 5- 三羟基苯	1, 3, 5-trihydroxybenzene

S

1, 2, 4- 三羟基苯	1, 2, 4-trihydroxybenzene
1, 2, 3- 三羟基苯 (苯 -1, 2, 3- 三酚)	1, 2, 3-trihydroxybenzene (benzene-1, 2, 3-triol)
2-O-(2, 4, 6- 三羟基苯)-6, 6′- 双昆布酚 [2-O-(2, 4, 6-三羟基苯)-6, 6′- 双鹅掌菜酚]	2-O-(2, 4, 6-trihydroxyphenyl)-6, 6′-bieckol
3, 4, α- 三羟基苯丙酸丁酯	butyl 3, 4, α-trihydroxyphenyl propionate
3, 4, α- 三羟基苯丙酸甲酯 (3, 4- 二羟基苯基乳酸甲酯、丹参素甲酯)	methyl 3, 4, α-trihydroxyphenyl propionate (methyl 3, 4-dihydroxyphenyl lactate, Danshensu methyl ester)
1, 2, 3- 三羟基苯酚	1, 2, 3-trihydroxyphenol
1, 3, 4- 三羟基苯酚	1, 3, 4-trihydrophenol
2″-O-(3, 4, 5- 三羟基苯甲基酰基) 槲皮苷	2″-O-(3, 4, 5-trihydroxybenzoyl) quercitrin
2, 3, 4- 三羟基苯甲醛	2, 3, 4-trihydroxybenzaldehyde
2, 4, 6- 三羟基苯甲醛	2, 4, 6-trihydroxybenzaldehyde
2, 3, 4- 三羟基苯甲酸	2, 3, 4-trihydroxybenzoic acid
2, 4, 6- 三羟基苯甲酸	2, 4, 6-trihydroxybenzoic acid
3, 4, 5- 三羟基苯甲酸	3, 4, 5-trihydroxybenzoic acid
2, 4, 6- 三羟基苯甲酸甲酯	methyl 2, 4, 6-trihydroxybenzoate
3, 4, 5- 三羟基苯甲酸甲酯	methyl 3, 4, 5-trihydroxybenzoate
2, 4, 6- 三羟基苯乙酮 -2, 4- 二 -O-β-D- 吡喃葡萄糖苷	2, 4, 6-trihydroxyacetophenone-2, 4-di-O-β-D-glucopyranoside
2, 4, 6- 三羟基苯乙酮 -2-O- 吡喃葡萄糖苷	2, 4, 6-trihydroxyacetophenone-2-O-glucopyranoside
2, 4, 6- 三羟基苯乙酮 -3, 5- 二 -C-D- 吡喃葡萄糖苷	2, 4, 6-trihydroxyacetophenone-3, 5-di-C-D-glucopyranoside
2, 4, 6- 三羟基苯乙酮 -3, 5- 二 -C-β-D- 葡萄糖苷	2, 4, 6-trihydroxyacetophenone-3, 5-di-C-β-D-glucoside
三羟基丙基蝶日素	trihydroxypropyl pterisin
2, 2′, 4- 三羟基查耳酮	2, 2′, 4-trihydroxychalcone
2, 4, 4′- 三羟基查耳酮	2, 4, 4′-trihydroxychalcone
2′, 4, 4′- 三羟基查耳酮	2′, 4, 4′-trihydroxychalcone
2′, 4′, 6′- 三羟基查耳酮	2′, 4′, 6′-trihydroxychalcone
3′, 4′, 6- 三羟基查耳酮	3′, 4′, 6-trihydroxychalcone
三羟基蟾蜍甾族胆烷酸	trihydroxybufosterocholanic acid
三羟基蟾蜍甾族胆烯酸	trihydroxybufosterocholenic acid
3′, 4′, 6- 三羟基橙酮	3′, 4′, 6-trihydroxyaurone
4, 4′, 6- 三羟基橙酮	4, 4′, 6-trihydroxyaurone
3β, 12β, 23β- 三羟基达玛 -20- 烯 -3-O-β-D- 吡喃葡萄糖苷	3β, 12β, 23β-trihydroxydammar-20-en-3-O-β-D-glucopyranoside
(3β, 12β, 20S)- 三羟基达玛 -24- 烯	(3β, 12β, 20S)-trihydroxydammar-24-ene
3β, 20S, 21- 三羟基达玛 -24- 烯	3β, 20S, 21-trihydroxydammar-24-ene
(20S)-3β, 20, 23ξ- 三羟基达玛 -24- 烯 -21- 酸 -21, 23- 内酯 -3-O-[β-D- 吡喃葡萄糖基 -(1→2)-α-L- 吡喃阿拉伯糖苷]-20-O-β-D- 吡喃鼠李糖苷	(20S) 3β, 20, 23ξ-trihydroxydammar-24-en-21-oic acid-21, 23-lactone-3-O-[β-D-glucopyranosyl-(1→2)-α-L-arabinopyranoside]-20-O-β-D-rhamnopyranoside
(3β, 12β, 20S)- 三羟基达玛 -24- 烯 -20-O-[α-L- 吡喃鼠李糖基 -(1→2)]-β-D- 吡喃葡萄糖苷	(3β, 12β, 20S)-trihydroxydammar-24-en-20-O-[α-L-rhamnopyranosyl-(1→2)]-β-D-glucopyranoside

(3β, 12β, 20S)- 三羟基达玛 -24- 烯 -20-O-[α- 吡喃鼠李糖基 -(1→2)]-[α- 吡喃鼠李糖基 -(1→3)]-β-D- 吡喃葡萄糖苷	(3β, 12β, 20S)-trihydroxydammar-24-en-20-O-[α-rhamnopyranosyl-(1→2)]-[α-rhamnopyranosyl-(1→3)]-β-D-glucopyranoside
(3β, 12β, 20S)- 三羟基达玛 -24- 烯 -20-O-[α- 吡喃鼠李糖基 -(1→2)]-β-D- 吡喃葡萄糖苷	(3β, 12β, 20S)-trihydroxydammar-24-en-20-O-[α-rhamnopyranosyl-(1→2)]-β-D-glucopyranoside
3β, 20S, 29- 三羟基达玛 -24- 烯 -21- 酸	3β, 20S, 29-trihydroxydammar-24-en-21-oic acid
(3β, 12β, 20S)- 三羟基达玛 -24- 烯 -3-O-β- 吡喃葡萄糖苷 -20-O-[α- 吡喃鼠李糖基 -(1→2)]-β-D- 吡喃葡萄糖苷	(3β, 12β, 20S)-trihydroxydammar-24-en-3-O-β-glucopyranoside-20-O-[α-rhamnopyranosyl-(1→2)]-β-D-glucopyranoside
20, 24, 25- 三羟基达玛 -3- 酮	20, 24, 25-trihydroxydammar-3-one
(20R)-24, 25- 三羟基达玛 -3- 酮 (臭椿萜酮)	(20R)-24, 25-trihydroxydammar-3-one (ailanthterpenone)
(6S, 7E)-6, 9, 10- 三羟基大柱香波龙 -4, 7- 二烯 -3- 酮	(6S, 7E)-6, 9, 10-trihydroxymegastigm-4, 7-dien-3-one
(3S, 4R, 9R)-3, 4, 6- 三羟基大柱香波龙 -5- 烯	(3S, 4R, 9R)-3, 4, 6-trihydroxymegastigm-5-ene
3α, 7α, 12α- 三羟基胆 -24- 酸	3α, 7α, 12α-trihydroxycholan-24-oic acid
(25R)-3β, 16α, 26- 三羟基胆甾 -5- 烯 -22- 酮	(25R) 3β, 16α, 26-trihydroxycholest-5-en-22-one
2, 3, 4- 三羟基丁基十五碳 -3- 烯酸酯	2, 3, 4-trihydroxybutyl pentadec-3-enoate
2β, 6β, 9β- 三羟基丁香三环烷	2β, 6β, 9β-trihydroxyclovane
(1R, 2R, 4R)- 三羟基对薄荷 -3- 烯	(1R, 2R, 4R)-trihydroxy-p-menth-3-ene
(1R, 2R, 4R)- 三羟基对薄荷烷	(1R, 2R, 4R)-trihydroxy-p-menthane
(1R, 2R, 4R)- 三羟基对薄荷烷	(1R, 2R, 4R)-trihydroxy-p-menthane
2β, 6β, 15α- 三羟基 - 对映 -16- 贝壳杉烯	2β, 6β, 15α-trihydroxy-ent-kaur-16-ene
2β, 6β, 15α- 三羟基 - 对映 -16- 贝壳杉烯 -2-O-β-D- 葡萄糖苷	2β, 6β, 15α-trihydroxy-ent-kaur-16-en-2-O-β-D-glucoside
2β, 15, 16- 三羟基 - 对映 -8 (14)- 海松烯	2β, 15, 16-trihydroxy-ent-pimar-8 (14)-ene
3, 7, 19- 三羟基 - 对映 - 半日花 -8, 11, 13- 三烯 -15, 16- 内酯	3, 7, 19-trihydroxy-ent-labda-8, 11, 13-trien-15, 16-olide
16β, 17, 18- 三羟基 - 对映 - 贝壳杉 -19- 酸	16β, 17, 18-trihydroxy-ent-kaur-19-oic acid
2β, 6β, 16α- 三羟基 - 对映 - 贝壳杉 -2-O-β-D- 葡萄糖苷	2β, 6β, 16α-trihydroxy-ent-kaur-2-O-β-D-glucoside
2β, 16α, 19- 三羟基 - 对映 - 贝壳杉烷	2β, 16α, 19-trihydroxy-ent-kaurane
2β, 6β, 16α- 三羟基 - 对映 - 贝壳杉烷	2β, 6β, 16α-trihydroxy-ent-kaurane
3α, 7β, 29- 三羟基多花白树 -8- 烯 -3, 29- 二苯甲酸酯	3α, 7β, 29-trihydroxymultiflor-8-en-3, 29-diyl dibenzoate
1, 2, 3- 三羟基蒽醌	1, 2, 3-trihydroxyanthraquinone
2, 4, 3′- 三羟基二苯乙烷	2, 4, 3′-trihydroxybiphenyl ethane
1, 3, 6- 三羟基 -2, 7- 二甲氧基𠮿酮	1, 3, 6-trihydroxy-2, 7-dimethoxyxanthone
1, 6, 7- 三羟基 -2, 3- 二甲氧基𠮿酮	1, 6, 7-trihydroxy-2, 3-dimethoxyxanthone
2′, 4′, 6′- 三羟基二氢查耳酮	2′, 4′, 6′-trihydroxydihydrochalcone
5, 7, 4′- 三羟基二氢黄酮 (5, 7, 4′- 三羟基黄烷酮)	5, 7, 4′-trihydroxyflavanone
5, 3′, 4′- 三羟基二氢黄酮 -7-O- 葡萄糖醛酸苷	5, 3′, 4′-trihydroxyflavanone-7-O-glucuronide
3, 4′, 7- 三羟基二氢黄酮醇	3, 4′, 7-trihydroxyflavanonol
5, 7, 4′- 三羟基二氢黄酮醇	5, 7, 4′-trihydroxydihydroflavonol
5, 7, 4′- 三羟基二氢异黄酮	5, 7, 4′-trihydroxydihydroisoflavone

S

三羟基二乙酰氧基紫杉二烯	trihydroxydiacetoxytaxadiene
3, 4, 6- 三羟基菲 -3-O-β-D- 吡喃葡萄糖苷	3, 4, 6-trihydroxyphenanthrene-3-O-β-D-glucopyranoside
(25R)-3α, 7α, 12α- 三羟基粪甾 -26- 酸	(25R)-3α, 7α, 12α-trihydroxycoprostan-26-oic acid
三羟基粪甾烷酸	trihydroxycoprostanoic acid
α- 三羟基粪甾烷酸	α-trihydroxycoprostanic acid
$Δ^{23}$-3α, 7α, 12α- 三羟基粪甾烷酸	$Δ^{23}$-3α, 7α, 12α-trihydroxycoprostenic acid
(5α, 25R)-3β, 22α, 26- 三羟基呋甾 -12- 酮	(5α, 25R)-3β, 22α, 26-trihydroxyfurost-12-one
3β, 20α, 26- 三羟基呋甾 -5, 22- 二烯	3β, 20α, 26-trihydroxyfurost-5, 22-diene
(22ξ, 25R)-3β, 22, 26- 三羟基呋甾 -5- 烯	(22ξ, 25R)-3β, 22, 26-trihydroxyfurost-5-ene
4′, 5, 7- 三羟基高异二氢黄酮	4′, 5, 7-trihydroxyhomoisoflavanone
2, 3, 4′- 三羟基高异黄酮 -7-O-β-D- 吡喃葡萄糖苷	2, 3, 4′-trihydroxyhomoisoflavone-7-O-β-D-glucopyranoside
15, 16, 17- 三羟基海松 -8 (9)- 烯	15, 16, 17-trihydroxypimar-8 (9)-ene
3′, 4, 4′- 三羟基狐扁枝衣酮	3′, 4, 4′-trihydroxypulvinone
三羟基狐扁枝衣酮	trihydroxypulvinone
3β, 7β, 25- 三羟基葫芦 -5, (23E)- 二烯 -19- 醛	3β, 7β, 25-trihydroxycucurbita-5, (23E)-dien-19-al
3β, 7β, 25- 三羟基葫芦 -5, 23- 二烯 -19- 醛 -3-O-β-D- 吡喃葡萄糖苷	3β, 7β, 25-trihydroxycucurbita-5, 23-dien-19-al-3-O-β-D-glucopyranoside
(23S)-3β, 7β, 23- 三羟基葫芦 -5, 24- 二烯 -19- 醛 -7-O-β-D- 吡喃葡萄糖苷	(23S)-3β, 7β, 23-trihydroxycucurbit-5, 24-dien-19-al-7-O-β-D-glucopyranoside
3β, 7β, 23- 三羟基葫芦 -5, 24- 二烯 -7-O-β-D- 吡喃葡萄糖苷	3β, 7β, 23-trihydroxycucurbita-5, 24-dien-7-O-β-D-glucopyranoside
(23R, 24S, 25)- 三羟基葫芦 -5- 烯 -3-O-[β- 吡喃葡萄糖基 -(1→6)-O-β- 吡喃葡萄糖苷]-25-O-β- 吡喃葡萄糖苷	(23R, 24S, 25)-trihydroxycucurbit-5-en-3-O-[β-glucopyranosyl-(1→6)-O-β-glucopyranoside]-25-O-β-glucopyranoside
5, 7, 4′- 三羟基花色锌 (芹素花青定)	5, 7, 4′-trihydroxyflavylium (apigeninidin)
3β, 11α, 16β- 三羟基环木菠萝 -24- 酮	3β, 11α, 16β-trihydroxycycloart-24-one
2′, 3, 4′- 三羟基黄酮	2′, 3, 4′-trihydroxyflavone
2′, 5, 7- 三羟基黄酮	2′, 5, 7-trihydroxyflavone
3, 4′, 7- 三羟基黄酮	3, 4′, 7-trihydroxyflavone
3′, 4′, 7- 三羟基黄酮	3′, 4′, 7-trihydroxyflavone
3, 7, 4′- 三羟基黄酮	3, 7, 4′-trihydroxyflavone
4′, 5, 7- 三羟基黄酮	4′, 5, 7-trihydroxyflavone
5, 7, 2′- 三羟基黄酮	5, 7, 2′-trihydroxyflavone
5, 7, 8- 三羟基黄酮	5, 7, 8-trihydroxyflavone
6, 7, 4′- 三羟基黄酮	6, 7, 4′-trihydroxyflavone
7, 3′, 4′- 三羟基黄酮	7, 3′, 4′-trihydroxyflavone
5, 7, 4′- 三羟基黄酮 (芹菜素)	5, 7, 4′-trihydroxyflavone (apigenin)
5, 7, 4′- 三羟基黄酮 -3′-O-β-D- 葡萄糖苷	5, 7, 4′-trihydroxyflavone-3′-O-β-D-glucoside
5, 7, 4′- 三羟基黄酮 -3- 醇	5, 7, 4′-trihydroxyflavone-3-ol
3′, 5, 7- 三羟基黄酮 -4′-O-β-D- 葡萄糖苷	3′, 5, 7-trihydroxyflavone-4′-O-β-D-glucoside

6, 7, 4′- 三羟基黄酮 -5-*O*-β-D- 吡喃葡萄糖苷	6, 7, 4′-trihydroxyflavone-5-*O*-β-D-glucopyranoside
8, 3′, 4′- 三羟基黄酮 -7-*O*-(6″-*O*- 对香豆酰基)-β-D- 吡喃葡萄糖苷	8, 3′, 4′-trihydroxyflavone-7-*O*-(6″-*O*-*p*-coumaroyl)-β-D-glucopyranoside
5, 6, 4′- 三羟基黄酮 -7-*O*-α-L-2, 3- 二 -*O*- 乙酰吡喃鼠李糖基 -(1→6)-β-D- 吡喃葡萄糖苷	5, 6, 4′-trihydroxyflavone-7-*O*-α-L-2, 3-di-*O*-acetyl rhamnopyranosyl-(1→6)-β-D-glucopyranoside
5, 6, 4′- 三羟基黄酮 -7-*O*-β-D- 半乳糖酸	5, 6, 4′-trihydroxyflavone-7-*O*-β-D-galactonic acid
5, 8, 4′- 三羟基黄酮 -7-*O*-β-D- 吡喃葡萄糖苷	5, 8, 4′-trihydroxyflavone-7-*O*-β-D-glucopyranoside
8, 3′, 4′- 三羟基黄酮 -7-*O*-β-D- 吡喃葡萄糖苷	8, 3′, 4′-trihydroxyflavone-7-*O*-β-D-glucopyranoside
4′, 5, 6- 三羟基黄酮 -7-*O*-β-D- 吡喃葡萄糖醛酸苷甲酯	4′, 5, 6-trihydroxyflavone-7-*O*-β-D-glucuronopyranoside methyl ester
8, 3′, 4′- 三羟基黄酮 -7-*O*-β-D- 葡萄糖苷	8, 3′, 4′-trihydroxyflavone-7-*O*-β-D-glucoside
3′, 4′, 5- 三羟基黄酮 -7-*O*- 葡萄糖苷	3′, 4′, 5-trihydroxyflavone-7-*O*-glucoside
5, 7, 8- 三羟基黄酮 -8-*O*-β-D- 吡喃葡萄糖醛酸苷	5, 7, 8-trihydroxyflavone-8-*O*-β-D-glucuronopyranoside
5, 7, 4′- 三羟基黄酮醇	5, 7, 4-trihydroxyflavonol
(2*S*)-6, 7, 4′- 三羟基黄烷	(2*S*)-6, 7, 4′-trihydroxyflavan
(2*S*)-3′, 4′, 7′- 三羟基黄烷 -(4α→8)- 儿茶素	(2*S*)-3′, 4′, 7′-trihydroxyflavan-(4α→8)-catechin
5, 7, 4′- 三羟基黄烷 -3, 4- 二醇	5, 7, 4′-trihydroxyflavan-3, 4-diol
(+)-5, 7, 4′- 三羟基黄烷 -3- 醇	(+)-5, 7, 4′-trihydroxyflavon-3-ol
(2*S*)-5, 7, 4′- 三羟基黄烷 -5-*O*-β-D- 木糖苷	(2*S*)-5, 7, 4′-trihydroxyflavan-5-*O*-β-D-xyloside
5, 7, 4′- 三羟基黄烷苷	5, 7, 4′-trihydroxyflavane clycoside
(±)-7, 3′, 4′- 三羟基黄烷酮	(±)-7, 3′, 4′-trihydroxyflavanone
(2*R*, 3*R*)-3, 5, 7- 三羟基黄烷酮	(2*R*, 3*R*)-3, 5, 7-trihydroxyflavanone
(2*S*)-4′, 5, 7- 三羟基黄烷酮	(2*S*)-4, 5, 7-trihydroxyflavanone
(2*S*)-5, 7, 8- 三羟基黄烷酮	(2*S*)-5, 7, 8-trihydroxyflavanone
5, 8, 4′- 三羟基黄烷酮	5, 8, 4′-trihydroxyflavanone
6, 7, 4′- 三羟基黄烷酮	6, 7, 4′-trihydroxyflavanone
7, 3′, 4′- 三羟基黄烷酮	7, 3′, 4′-trihydroxyflavanone
7, 3′, 5′- 三羟基黄烷酮	7, 3′, 5′-trihydroxyflavanone
7, 8, 4′- 三羟基黄烷酮	7, 8, 4′-trihydroxyflavanone
5, 7, 2′- 三羟基黄烷酮	5, 7, 2′-trihydroxyflavanone
3, 4′, 7- 三羟基黄烷酮 (鹰嘴黄酮)	3, 4′, 7-trihydroxyflavanone (garbanzol)
5, 7, 3′- 三羟基黄烷酮 -4′-*O*-β-D- 吡喃葡萄糖苷	5, 7, 3′-trihydroxyflavanone-4′-*O*-β-D-glucopyranoside
5, 3′, 4′- 三羟基黄烷酮 -7-*O*-α-L- 鼠李吡喃糖苷	5, 3′, 4′-trihydroxyflavanone-7-*O*-α-L-rhamnopyranoside
三羟基黄烷酮 -*O*- 脱氧己糖基 -*O*- 己糖苷	trihydroxyflavanone-*O*-deoxyhexosyl-*O*-hexoside
2α, 7, 8β- 三羟基宽叶缬草烷	2α, 7, 8β-trihydroxykessane
3, 5, 3′- 三羟基联苄	3, 5, 3′-trihydroxybibenzyl
3′, 5′, 3″- 三羟基联苄	3′, 5′, 3″-trihydroxybibenzyl
4, 2′, 3′- 三羟基联苄	4, 2′, 3′-trihydroxybibenzyl
3, 5, 4′- 三羟基联苄	3, 5, 4′-trihydroxybibenzyl
三羟基联降甾胆烷酸	trihydroxybisnorsterocholanic acid

(2α, 3β, 5α, 25S)-2, 3, 27- 三羟基螺甾 -3-O-α-L- 吡喃鼠李糖基 -(1→2)-O-[α-L- 吡喃鼠李糖基 -(1→4)]-β-D- 吡喃葡萄糖苷	(2α, 3β, 5α, 25S)-2, 3, 27-trihydroxyspirost-3-O-α-L-rhamnopyranosyl-(1→2)-O-[α-L-rhamnopyranosyl-(1→4)]-β-D-glucopyranoside
3β, 5α, 6β- 三羟基麦角甾 -7, 22- 二烯 (啤酒甾醇、酒酵母甾醇、塞勒维甾醇)	3β, 5α, 6β-trihydroxyergost-7, 22-diene (cerevisterol)
3β, 5α, 9α- 三羟基麦角甾 -7, 22- 二烯 -6- 酮	3β, 5α, 9α-trihydroxyergost-7-22-dien-6-one
11-O-(3′, 4′, 5′- 三羟基没食子酰基) 岩白菜素	11-O-(3′, 4′, 5′-trihydroxygalloyl) bergenin
1, 2, 4- 三羟基萘 -1, 4- 二 -β-D- 吡喃葡萄糖苷 (散沫花苷)	1, 2, 4-trihydroxynaphthalene-1, 4-di-β-D-glucopyranoside (lawsoniaside)
1, 2, 4- 三羟基萘 -4- 葡萄糖苷	1, 2, 4-trihydroxynaphthalene-4-glucoside
(Z)-4, 6′4- 三羟基噢哢	(Z)-4, 6′4-trihydroxyaurone
4, 6, 4′- 三羟基噢哢	4, 6, 4′-trihydroxyaurone
3α, 4β, 5α- 三羟基哌啶	3α, 4β, 5α-trihydroxypiperidine
3β, 4β, 5α- 三羟基哌啶	3β, 4β, 5α-trihydroxypiperidine
3β, 16β, 20β- 三羟基蒲公英甾 -3-O- 棕榈酰酯	3β, 16β, 20β-trihydroxytaraxast-3-O-palmitoxyl ester
3, 23, 28- 三羟基齐墩果 -11, 13 (18)- 二烯	3, 23, 28-trihydroxyolean-11, 13 (18)-diene
4β-2α, 3α, 23- 三羟基齐墩果 -11, 13 (18)- 二烯 -28- 酸	4β-2α, 3α, 23-trihydroxyolean-11, 13 (18)-dien-28-oic acid
3β, 16β, 22α- 三羟基齐墩果 -12- 烯	3β, 16β, 22α-trihydroxyolean-12-ene
3β, 16β, 28- 三羟基齐墩果 -12- 烯	3β, 16β, 28-trihydroxyolean-12-ene
3β, 22β, 24- 三羟基齐墩果 -12- 烯	3β, 22β, 24-trihydroxyolean-12-ene
3β, 23, 28- 三羟基齐墩果 -12- 烯	3β, 23, 28-trihydroxyolean-12-ene
2β, 3β, 19α- 三羟基齐墩果 -12- 烯 -13, 28- 二酸	2β, 3β, 19α-trihydroxyolean-12-en-13, 28-dioic acid
3β, 15α, 23- 三羟基齐墩果 -12- 烯 -16- 酮	3β, 15α, 23-trihydroxyolean-12-en-16-one
2β, 3β, 16α- 三羟基齐墩果 -12- 烯 -23, 28- 二酸	2β, 3β, 16α-trihydroxyolean-12-en-23, 28-dioic acid
2α, 3α, 19α- 三羟基齐墩果 -12- 烯 -28-O-β-D- 吡喃葡萄糖苷	2α, 3α, 19α-trihyhydroxy-olean-12-en-28-O-β-D-glucopyranoside
1α, 3β, 23- 三羟基齐墩果 -12- 烯 -28- 酸	1α, 3β, 23-trihydroxyolean-12-en-28-oic acid
2β, 3β, 23- 三羟基齐墩果 -12- 烯 -28- 酸	2β, 3β, 23-trihydroxyolean-12-en-28-oic acid
2β, 3β, 23α- 三羟基齐墩果 -12- 烯 -28- 酸	2β, 3β, 23α-trihydroxyolean-12-en-28-oic acid
3, 16, 21- 三羟基齐墩果 -12- 烯 -28- 酸	3, 16, 21-trihydroxyolean-12-en-28-oic acid
3β, 6β, 19α- 三羟基齐墩果 -12- 烯 -28- 酸	3β, 6β, 19α-trihydroxyolean-12-en-28-oic acid
3β, 6β, 23- 三羟基齐墩果 -12- 烯 -28- 酸	3β, 6β, 23-trihydroxyolean-12-en-28-oic acid
2α, 3α, 19α- 三羟基齐墩果 -12- 烯 -28- 酸	2α, 3α, 19α-trihydroxyolean-12-en-28-oic acid
2α, 3α, 19α- 三羟基齐墩果 -12- 烯 -28- 酸 -O-β-D- 吡喃葡萄糖苷	2α, 3α, 19α-trihydroxyolean-12-en-28-oic acid-O-β-D-glucopyranoside
(3β, 16α, 20α)-3, 16, 28- 三羟基齐墩果 -12- 烯 -29- 酸 -3-O-β-D- 吡喃葡萄糖基 -(1→2)-O-[β-D- 吡喃葡萄糖基 -(1→4)]-α-L- 吡喃阿拉伯糖苷	(3β, 16α, 20α)-3, 16, 28-trihydroxyolean-12-en-29-oic acid-3-O-β-D-glucopyranosyl-(1→2)-O-[β-D-glucopyranosyl-(1→4)]-α-L-arabinopyranoside
16α, 23, 28- 三羟基齐墩果 -12- 烯 -3-O-α-L- 吡喃阿拉伯糖苷	16α, 23, 28-trihydroxyolean-12-en-3-O-α-L-arabinopyranoside

3β, 16β, 29- 三羟基齐墩果 -12- 烯 -3-O-β-D- 吡喃葡萄糖苷	3β, 16β, 29-trihydroxyolean-12-en-3-O-β-D-glucopyranoside
16β, 23, 28- 三羟基齐墩果 -12- 烯 -3- 酮	16β, 23, 28-trihydroxyolean-12-en-3-one
16β, 23, 28- 三羟基齐墩果 -9 (11), 12 (13)- 二烯	16β, 23, 28-trihydroxyolean-9 (11), 12 (13)-diene
16β, 23, 28- 三羟基齐墩果 -9 (11), 12 (13)- 二烯 -3- 基 -[β-D- 吡喃葡萄糖基 -(1→2)]-[β-D- 吡喃葡萄糖基 -(1→3)]-β-D- 吡喃岩藻糖苷	16β, 23, 28-trihydroxyolean-9 (11), 12 (13)-dien-3-yl-[β-D-glucopyranosyl-(1→2)]-[β-D-glucopyranosyl-(1→3)]-β-D-fucopyranoside
3, 5, 7- 三羟基色烯	3, 5, 7-trihydroxychromene
3, 5, 7- 三羟基色烯 -3-O-α-L- 吡喃鼠李糖苷	3, 5, 7-trihydroxychromen-3-O-α-L-rhamnopyranoside
7, 8, 9- 三羟基麝香草酚	7, 8, 9-trihydroxythymol
8, 9, 10- 三羟基麝香草酚	8, 9, 10-trihydroxythymol
9, 12, 13- 三羟基十八 -10, 15- 二烯酸	9, 12, 13-trihydroxyoctadec-10, 15-dienoic acid
(9S, 10R, 11E, 13R)-9, 10, 13- 三羟基十八碳 -11- 烯酸	(9S, 10R, 11E, 13R)-9, 10, 13-trihydroxyoctadec-11-enoic acid
(9S, 10R, 11E, 13R)-9, 10, 13- 三羟基十八碳 -11- 烯酸甲酯	(9S, 10R, 11E, 13R)-9, 10, 13-trihydroxyoctadec-11-enoic acid methyl ester
(10E, 15Z)-9, 12, 13- 三羟基十八碳 -10, 15- 二烯酸	(10E, 15Z)-9, 12, 13-trihydroxyoctadec-10, 15-dienoic acid
(8R, 9R, 10S, 6Z)- 三羟基十八碳 -6- 烯酸	(8R, 9R, 10S, 6Z)-trihydroxyoctadec-6-enoic acid
(9E)-8, 11, 12- 三羟基十八烯酸甲酯	methyl (9E)-8, 11, 12-trihydroxyoctadecenoate
1, 2, 4- 三羟基十九烷	1, 2, 4-trihydroxynonadecane
1, 2, 4- 三羟基十七碳 -16- 炔	1, 2, 4-trihydroxyheptadec-16-yne
1, 2, 4- 三羟基十七碳 -16- 烯	1, 2, 4-trihydroxyheptadec-16-ene
7α, 12α, 13β- 三羟基松香 -8 (14)- 烯 -18- 酸	7α, 12α, 13β-trihydroxyabiet-8 (14)-en-18-oic acid
7α, 13β, 15- 三羟基松香 -8 (14)- 烯 -18- 酸	7α, 13β, 15-trihydroxyabiet-8 (14)-en-18-oic acid
1, 3, 5- 三羟基叫酮	1, 3, 5-trihydroxyxanthone
1, 3, 6- 三羟基叫酮	1, 3, 6-trithydroxyxanthone
1, 3, 7- 三羟基叫酮	1, 3, 7-trihydroxyxanthone
1, 4, 5- 三羟基叫酮	1, 4, 5-trihydroxyxanthone
1, 5, 6- 三羟基叫酮	1, 5, 6-trihydroxyxanthone
1, 2, 5- 三羟基叫酮	1, 2, 5-trihydroxyxanthone
1, 3, 7- 三羟基叫酮 -2-C-β-D- 吡喃葡萄糖苷	1, 3, 7-trihydroxyxanthone-2-C-β-D-glucopyranoside
1, 3, 5- 三羟基叫酮 -8-O-β-D- 吡喃葡萄糖苷	1, 3, 5-trihydroxyxanthone-8-O-β-D-glucopyranoside
(2S, 3S, 4S)- 三羟基戊酸	(2S, 3S, 4S)-trihydroxypentanoic acid
3, 4, 5- 三羟基烯丙基苯 -3-O-β-D- 吡喃葡萄糖苷 -4-O-β-D- 吡喃葡萄糖苷	3, 4, 5-trihydroxyallyl benzene-3-O-β-D-glucopyranoside-4-O-β-D-glucopyranoside
(2S, 4S, 7S, 11S)-(8E, 12Z)-2, 4, 10- 三羟基溪苔酮	(2S, 4S, 7S, 11S)-(8E, 12Z)-2, 4, 10-trihydroxy-pellialactone
7α, 8α, 13- 三羟基小皮伞 -5- 酸 -γ- 内酯 (7α, 8α, 13- 三羟基马瑞斯姆 -5- 酸 γ- 内酯)	7α, 8α, 13-trihydroxy-marasm-5-oic acid-γ lactone
5, 10α, 13- 三羟基小皮伞 -7 (8)- 烯 [5, 10α, 13- 三羟基马瑞斯姆 -7 (8)- 烯]	5, 10α, 13-trihydroxymarasm-7 (8)-ene

9α, 10α, 13- 三羟基小皮伞 -7 (8)- 烯 -5- 酸 -γ- 内酯 (9α, 10α, 13- 三羟基马瑞斯姆 -7 (8)- 烯 -5- 酸 -γ- 内酯)	9α, 10α, 13-trihydroxymarasm-7 (8)-en-5-oic acid γ-lactone
2α, 3α, 19α- 三羟基熊果 -12, 20 (30)- 二烯 -28- 酸	2α, 3α, 19α-trihydroxyurs-12, 20 (30)-dien-28-oic acid
1β, 3β, 11α- 三羟基熊果 -12- 烯	1β, 3β, 11α-trihydroxyurs-12-ene
2α, 3α, 19α- 三羟基熊果 -12- 烯 -28-O-β-D- 吡喃葡萄糖苷	2α, 3α, 19α-trihydroxyurs-12-en-28-O-β-D-glucopyranoside
2β, 3α, 24- 三羟基熊果 -12- 烯 -28- 酸	2β, 3α, 24-trihydroxyurs-12-en-28-oic acid
2β, 3β, 23- 三羟基熊果 -12- 烯 -28- 酸	2β, 3β, 23-trihydroxyurs-12-en-28-oic acid
3, 6, 19- 三羟基熊果 -12- 烯 -28- 酸	3, 6, 19-trihydroxyurs-12-en-28-oic acid
3β, 19α, 23- 三羟基熊果 -12- 烯 -28- 酸	3β, 19α, 23-trihydroxyurs-12-en-28-oic acid
3β, 19α, 24- 三羟基熊果 -12- 烯 -28- 酸	3β, 19α, 24-trihydroxyurs-12-en-28-oic acid
3β, 6β, 23- 三羟基熊果 -12- 烯 -28- 酸	3β, 6β, 23-trihydroxyurs-12-en-28-oic acid
2β, 3β, 19α- 三羟基熊果 -12- 烯 -28- 酸	2β, 3β, 19α-trihydroxyurs-12-en-28-oic acid
3β, 6β, 19α- 三羟基熊果 -12- 烯 -28- 酸 (钩藤利酸)	3β, 6β, 19α-trihydroxyurs-12-en-28-oic acid (uncaric acid)
2α, 3α, 19α- 三羟基熊果 -12- 烯 -28- 酸 (野鸦椿酸、蔷薇酸)	2α, 3α, 19α-trihydroxyurs-12-en-28-oic acid (euscaphic acid)
2α, 3α, 19α- 三羟基熊果 -12- 烯 -28- 酸 -O-β-D- 吡喃葡萄糖苷	2α, 3α, 19α-trihydroxyurs-12-en-28-oic acid-O-β-D-glucopyranoside
2α, 3α, 19α- 三羟基熊果 -12- 烯 -28- 酸 -O-β-D- 吡喃葡萄糖基 -(1→2)-β-D- 吡喃葡萄糖苷	2α, 3α, 19α-trihydroxyurs-12-en-28-oic acid-O-β-D-glucopyranosyl-(1→2)-β-D-glucopyranoside
3β, 6β, 19α- 三羟基熊果 -23- 醛 -12- 烯 -28- 酸	3β, 6β, 19α-trihydroxyurs-23-al-12-en-28-oic acid
3β, 6β, 19α- 三羟基熊果 -23- 氧亚基 -12- 烯 -28- 酸	3β, 6β, 19α-trihydroxyurs-23-oxo-12-en-28-oic acid
1β, 2α, 19α- 三羟基熊果 -3- 氧亚基 -12- 烯 -28- 酸	1β, 2α, 19α-trihydroxyurs-3-oxo-12-en-28-oic acid
3α, 16α, 26- 三羟基羊毛脂 -7, 9 (11), 24- 三烯 -21- 酸	3α, 16α, 26-trihydroxylanosta-7, 9 (11), 24-trien-21-oic acid
2′, 4′, 7- 三羟基异黄酮	2′, 4′, 7-trihydroxyisoflavone
3′, 4′, 7- 三羟基异黄酮	3′, 4′, 7-trihydroxyisoflavone
6, 7, 4′- 三羟基异黄酮	6, 7, 4′-trihydroxyisoflavone
7, 2′, 4′- 三羟基异黄酮	7, 2′, 4′-trihydroxyisoflavone
5, 7, 4′- 三羟基异黄酮 (染料木素, 染料木因、染料木黄酮、金雀异黄素)	5, 7, 4′-trihydroxyisoflavone (genistein, prunetol, sophoricol, genisteol)
7, 2′, 4′- 三羟基异黄酮 -4′-O-β-D- 吡喃葡萄糖苷	7, 2′, 4′-trihydroxyisoflavone-4′-O-β-D-glucopyranoside
5, 7, 4′- 三羟基异黄酮 -7-O-β-D- 吡喃葡萄糖苷	5, 7, 4′-trihydroxyisoflavone-7-O-β-D-glucopyranoside
2, 3, 4- 三羟基异缬草酸	2, 3, 4-trihydroxyisovaleric acid
三羟基异甾胆烯酸	trihydroxyisosterocholenic acid
3α, 11α, 23- 三羟基羽扇豆 -20 (29)- 烯 -28- 酸	3α, 11α, 23-trihydroxylup-20 (29)-en-28-oic acid
3β, 16β, 29- 三羟基羽扇豆 -20 (30)- 烯	3β, 16β, 29-trihydroxylup-20 (30)-ene
(1S, 4S, 5S, 7R, 10S)-10, 11, 14- 三羟基愈创 -3- 酮 -11-O-β-D- 吡喃葡萄糖苷	(1S, 4S, 5S, 7R, 10S)-10, 11, 14-trihydroxyguai-3-one-11-O-β-D-glucopyranoside
(1R, 7R, 8S, 10R)-7, 8, 11- 三羟基愈创 -4- 烯 -3- 酮 -8-O-β-D- 吡喃葡萄糖苷	(1R, 7R, 8S, 10R)-7, 8, 11-trihydroxyguai-4-en-3-one-8-O-β-D-glucopyranoside

(1*R*, 4*R*, 5*R*, 7*R*, 10*S*)-10, 11, 15- 三羟基愈创木 -11-*O*-β-D- 吡喃葡萄糖苷	(1*R*, 4*R*, 5*R*, 7*R*, 10*S*)-10, 11, 15-trihydroxyguaia-11-*O*-β-D-glucopyranoside
(20*S*)-3β, 16β, 20- 三 羟 基 孕 甾 -5- 烯 -20- 甲 酸 -(22, 16)- 内酯 -3-*O*-α-L- 吡喃鼠李糖基 -(1→2)-[α-L- 吡喃鼠李糖基 -(1→4)]-β-D- 吡喃葡萄糖苷	(20*S*)-3β, 16β, 20-trihydroxypregn-5-en-20-carboxylic acid-(22, 16)-lactone-3-*O*-α-L-rhamnopyranosyl-(1→2)-[α-L-rhamnopyranosyl-(1→4)]-β-D-glucopyranoside
12β, 14β, 17α- 三羟基孕甾 -5- 烯 -20- 酮	12β, 14β, 17α-trihydroxypregn-5-en-20-one
8, 14β, 17α- 三羟基孕甾 -5- 烯 -20- 酮	8, 14β, 17α-trihydroxypregn-5-en-20-one
三羟基甾族胆烷酸内酯	trihydroxysterocholanic acid lactone
3, 5, 4′- 三羟基芪 (白藜芦醇、藜芦酚)	3, 5, 4′-trihydroxystilbene (resveratrol)
3, 5, 4′- 三羟基芪 -4′-(6″- 没食子酰基) 葡萄糖苷	3, 5, 4′-trihydroxystilbene-4′-(6″-galloyl)-glucoside
3, 5, 4′- 三羟基芪 -4′-*O*-β-D-(2″-*O*- 没食子酰基) 吡喃葡萄糖苷	3, 5, 4′-trihydroxystilbene-4′-*O*-β-D-(2″-*O*-galloyl) glucopyranoside
3, 5, 4′- 三羟基芪 -4′-*O*-β-D- 吡喃葡萄糖苷	3, 5, 4′-trihydroxystilbene-4′-*O*-β-D-glucopyranoside
3, 5, 4′- 三羟基芪 -4′- 葡萄糖苷	3, 5, 4′-trihydroxystilene-4′-glucoside
1, 2, 4- 三嗪	1, 2, 4-triazine
三嗪	triazine
三球波斯石蒜定 (三球定)	trispheridine (trisphaeridine)
三球波斯石蒜碱	trispherine
三球波斯石蒜碱 (君子兰宁碱、朱顶红碱、小星蒜碱)	trispherine (hippeastrine)
三球定 (三球波斯石蒜定)	trisphaeridine (trispheridine)
三球碱	trisphaerine
(11*E*)-14, 15, 16- 三去甲半日花 -8 (17), 11- 二烯 -13- 甲酯	methyl (11*E*)-14, 15, 16-trinorlabd-8 (17), 11-dien-13-oate
14, 15, 16- 三去甲半日花 -8 (17)- 烯 -13, 19- 二酸	14, 15, 16-trisnorlabd-8 (17)-en-13, 19-dioic acid
17α*H*- 三去甲何帕 -21- 酮	17α*H*-trisnorhop-21-one
25, 26, 27- 三去甲葫芦 -5- 烯 -3, 7, 23- 三酮	25, 26, 27-trinorcucurbit-5-en-3, 7, 23-trione
三去甲环木菠萝烷醇乙酸酯	trisnorcycloartanol acetate
11, 12, 13- 三去甲愈创木 -6- 烯 -4β, 10β- 二醇	11, 12, 13-trinorguai-6-en-4β, 10β-diol
2′β, 7β, 9α- 三去乙酰澳大利亚穗状红豆杉碱	2′β, 7β, 9α-trideacetyl austrospicatine
2′β, 13α, 14β- 三去乙酰澳洲红豆杉碱	2′β, 13α, 14β-trideacetyl austrotaxine
7, 9, 10- 三去乙酰基迁浆果赤霉素 Ⅵ	7, 9, 10-trideacetyl-*abeo*-baccatin Ⅵ
三肉豆蔻酸甘油酯 (三肉豆蔻精)	trimyristin
三蕊柳素	triandrin
α- 三噻吩 (α- 三联噻吩)	α-terthiophene (α-terthienyl)
2, 2′:5″, 2″- 三噻吩 -5- 甲酸	2, 2′:5″, 2″-terthiophene-5-carboxylic acid
三色堇变位黄质 (变位黄质)	mutatoxanthin
三色堇环肽 A～F	vitris A～F
三色堇黄酮苷	violanthin
三色堇黄质	violeoxanthin
三色牵牛素 A	tricolorin A

S

三色柿醌	diosquinone
三十八烷	octatriacontane
15-三十醇	15-triacontanol
1-三十醇	1-triacontanol
16-三十醇	16-triacontanol
三十醇 (三十烷醇、茶醇 A、蜂花醇)	triacontanol (melissyl alcohol, myricyl alcohol, thea alcohol A)
1-三十醇蜡酸酯	1-triacontanol cerotate
三十醇乙酸酯	triacontanyl acetate
三十二醇	dotriacontanol
三十二醇乙酸酯	dotriacontanyl acetate
三十二酸 (紫胶蜡酸)	dotriacontanoic acid (lacceroic acid)
(6R, 8S)-三十二碳二醇	(6R, 8S)-dotriacontanediol
(7R, 9S)-三十二碳二醇	(7R, 9S)-dotriacontanediol
三十二烷	dotriacontane
三十二烯	dotriacontene
20-三十九酮	20-nonatriacontanone
三十六酸	hexatriacontanoic acid
(6R, 8S)-三十六碳二醇	(6R, 8S)-hexatriacontanediol
(7R, 9S)-三十六碳二醇	(7R, 9S)-hexatriacontanediol
5-三十六酮	5-hexatriacontanone
三十六烷	hexatriacontane
三十六烷-1-醇	hexatriacontan-1-ol
1-三十七醇	1-heptatriacotanol
三十七醇二十酸酯	heptatriacontanyl eicosanoate
三十七烷	heptatriacontane
(2S)-1-O-三十七酰基甘油	(2S)-1-O-heptatriacontanoyl glycerol
三十醛	triacontanal
1-三十三醇	1-tritriacontanol
6-三十三醇	6-tritriacontanol
三十三醇	tritriacontanol
三十三酸	tritriacontanoic acid
三十三酸甲酯	methyl tritriacontanoate
三十三碳-16, 18-二酮	tritriacont-16, 18-dione
(6R, 8S)-三十三碳二醇	(6R, 8S)-tritriacontanediol
(8R, 10S)-三十三碳二醇	(8R, 10S)-tritriacontanediol
2-三十三酮	2-tritriacontanone
3-三十三酮	3-tritriacontanone
三十三酮	tritriacontanone
三十三烷	tritriacontane

2-三十三烷基-5-羟基-7-甲氧基色满酮	2-tritriacontyl-5-hydroxy-7-methoxychromone
三十四醇	tetratriacontanol
三十四酸 (三十四烷酸)	gheddic acid (tetratriacontanoic acid)
三十四酸 (三十四烷酸)	tetratriacontanoic acid (gheddic acid)
三十四酸甲酯	methyl tetratriacontanoate
三十四酸三十四醇酯	tetratriacontanyl tetratriacontanoate
(6R, 8S)-三十四碳二醇	(6R, 8S)-tetratriacontanediol
(7R, 9S)-三十四碳二醇	(7R, 9S)-tetratriacontanediol
三十四烷	tetratriacontane
三十四烷胺	tetratriacontanamine
三十酸 (蜂花酸)	triacontanoic acid (melissic acid, myricyl acid)
三十酸 (2-对羟苯基乙基) 酯	2-(4-hydroxyphenyl) ethyl triacontanoate
三十酸对羟基苯乙酯	4-hydroxyphenyl ethyl triacontanoate
三十酸甲酯	methyl triacontanoate
三十酸三十一醇酯	hentriacontanyl triacontanoate
三十酸羽扇豆醇酯	lupeol melissate
(6R, 8S)-三十碳二醇	(6R, 8S)-triacontanediol
(7R, 9S)-三十碳二醇	(7R, 9S)-triacontanediol
1, 30-三十碳二醇	1, 30-triacontanediol
三十碳二酸	triacontanedioic acid
三十碳二酸二甲酯	dimethyl triacontanedioate
三十烷 (蜂花烷)	triacontane (melissane)
1-三十五醇	1-pentatriacontanol
三十五醇	pentatriacontanol
三十五碳-1, 7-二烯-12-醇	pentatriaconta-1, 7-dien-12-ol
(6R, 8S)-三十五碳二醇	(6R, 8S)-pentatriacontanediol
(8R, 10S)-三十五碳二醇	(8R, 10S)-pentatriacontanediol
18-三十五酮	18-pentatriacontanone
三十五烷	pentatriacontane
16-三十一醇	16-hentriacontanol
1-三十一醇	1-hentriacontanol
6-三十一醇	6-hentriacontanol
三十一醇	hentriacontanol
三十一酸	hentriacontanoic acid
(6R, 8S)-三十一碳二醇	(6R, 8S)-hentriacontanediol
(8R, 10S)-三十一碳二醇	(8R, 10S)-hentriacontanediol
三十一酮	hentriacontanone
16-三十一酮	16-hentriacontanone
三十一烷	hentriacontane
2, 4, 6-三叔丁基苯酚	2, 4, 6-tritertbutyl phenol

S

三水 (合) 六氟丙酮	hexafluoroacetone trihydrate
三羰基 {1-[2-(二苯基膦基)-η6-苯基]-*N*, *N*-二甲基乙胺} 铬	tricarbonyl {1-[2-(diphenyl phosphanyl)-η6-phenyl]-*N*, *N*-dimethyl ethanamine} chronium
三天竺葵色素苷	tripelargonin
三萜苷	triterpenoidal glycoside
三萜酸	triterpenic acid
三萜烯三醇	triterpenetriol
1, 3, 4-三脱氢防己诺林碱水合物	1, 3, 4-tridehydrofangchinolium hydroxide
三唾液酰基神经节四糖神经酰胺	trisialosylgangliotetraosyl ceramide
(*E*)-1, 6, 11-三烯-4, 5, 9-三硫杂十二碳-9, 9-二氧化物	(*E*)-1, 6, 11-trien-4, 5, 9-trithiadodec-9, 9-dioxide
(*E*)-1, 7, 11-三烯-4, 5, 9-三硫杂十二碳-9, 9-二氧化物	(*E*)-1, 7, 11-trien-4, 5, 9-trithiadodec-9, 9-dioxide
(9*E*, 11*Z*, 13*E*)-三烯-8, 15-二酮十八酸	(9*E*, 11*Z*, 13*E*)-trien-8, 15-dione octadecanoic acid
三酰基甘油酯	triacyl glyceride
三小叶翠雀碱 A～F	trifoliolasines A～F
三小叶山油柑酮 A、B	acrofoliones A, B
三辛胺	trioctylamine
三辛精	tricaprylin
三桠苦吡喃醇	leptonol
三桠苦醇 A、B	leptols A, B
三桠苦酚 A～E	pteleifolols A～E
三桠苦苷 A～G	pteleifosides A～G
三桠苦螺缩酮 A～E	melicospiroketals A～E
三桠苦双碳苷 A～C	leptabisides A～C
三桠苦素 A～D	pteleifolosins A～D
三桠苦烯 A、B	leptenes A, B
三桠酸 (钝叶鸡蛋素酸)	obtusilic acid
三桠乌药内酯 A、B	obtusilactones A, B
*C*17-三桠乌药内酯二聚体	*C*17-obtusilactone dimer
*C*19-三桠乌药内酯二聚体	*C*19-obtusilactone dimer
三亚油酸甘油酯	linolein
三氧补骨脂素	trioxysalen
三氧化二砷 (亚砷酸酐、氧化亚砷、砒霜)	arsenic trioxide (arsenouse oxide)
3, 7, 11-三氧亚基-5α-羊毛脂-8, (24*E*)-二烯-26-酸	3, 7, 11-trioxo-5α-lanosta-8, (24*E*)-dien-26-oic acid
3, 6, 8-三氧杂二环 [3.2.2] 壬烷	3, 6, 8-trioxabicyclo [3.2.2] nonane
三叶慈菇酮 A～D	trifoliones A～D
三叶豆苷 (山奈酚-3-*O*-半乳糖苷)	trifolin (kaempferol-3-*O*-galactoside)
三叶豆苷-2″-*O*-没食子酸	trifolin-2″-*O*-gallate
三叶豆紫檀苷-6′-单乙酸酯	trifolirhizin-6′-monoacetate
三叶豆紫檀苷丙二酸单酯	trifolirhizin-6″-*O*-malonate
三叶海棠素	sieboldin

三叶海棠素 -3′- 酮羧酸	sieboldin-3′-ketocarboxylic acid
三叶拉色芹内酯 (三叶内酯、木防己内酯)	trilobolide
三叶蜜茱萸酮 A、B	melicophyllones A, B
三叶木橘碱 (木橘林碱)	marmeline
三叶木橘香豆素	marmine
三叶木通苷 A～C	trifosides A～C
三叶木通苷 -6″-O- 丙二酸酯	trifoside-6″-O-malonate
三叶木通皂苷 A～K	akemisaponins A～K
三叶鼠尾草苷 A	trijugaoside A
三叶鼠尾酮 A～C	trijuganones A～C
三叶睡菜酸 (6- 羟基 -2, 6- 二甲基 -2, 7- 辛二烯酸)	menthiafolic acid (6-hydroxy-2, 6-dimethyl-2, 7-octadienoic acid)
(6S)- 三叶睡菜酸 -6-O-β-D- 鸡纳糖苷	(6S)-menthiafolic acid-6-O-β-D-quinovoside
(6R)- 三叶睡菜酸 -6-O-β-D- 奎诺糖苷	(6R)-menthiafolic acid-6-O-β-D-quinovoside
(6R)- 三叶睡菜酸 -6-O-β-D- 木糖苷	(6R)-menthiafolic acid-6-O-β-D-xyloside
(6S)- 三叶睡菜酸 -6-O-β-D- 木糖苷	(6S)-menthiafolic acid-6-O-β-D-xyloside
三叶铁线莲苷 (西藏铁线莲皂苷) A～K	clematernosides A～K
三叶五加苷 (白簕苷) A～F	acantrifosides A～F
三叶五加酸 (白簕酸) A～D	acantrifoic acids A～D
三叶香茶菜醛	trichokurin
三乙基胺	triethyl amine
1-(2, 4, 5- 三乙基苯基) 乙酮	1-(2, 4, 5-triethyl phenyl) ethanone
三乙基铋烷	triethyl bismuthane
三乙基氮烷	triethyl azane
三乙基铝	triethyl aluminium
三乙酸柚皮素酯	naringenin triacetate
三乙烯基锑烷	trivinyl stibane
三乙酰白藜芦醇	triacetyl resveratrol
7, 10, 2′- 三乙酰败酱苷	7, 10, 2′-triacetyl patrinoside
三乙酰醇	triacontyl alcohol
5, 10, 13- 三乙酰基 -10- 去苯甲酰短叶老鹳草素醇	5, 10, 13-triacetyl-10-debenzoyl brevifoliol
5, 17, 20- 三乙酰基 -3-O-[(Z)-2- 甲基 -2- 丁烯酰基]-17- 羟基巨大戟烯醇	5, 17, 20-triacetyl-3-O-[(Z)-2-methyl-2-butenoyl]-17-hydroxyingenol
三乙酰基 -5- 脱桂皮酰基大西辛 I	triacetyl-5-decinnamoyl taxicin I
3, 5, 17-O- 三乙酰基 -7-O- 苯甲酰基 -15- 羟基桂竹香烷	3, 5, 17-O-triacetyl-7-O-benzoyl-15-hydroxycheiradone
1β, 5α, 11- 三乙酰基 -7β- 苯甲酰基 -4α- 羟基 -8β- 烟碱酰二氢沉香呋喃	1β, 5α, 11-triacetoxy-7β-benzoyl-4α-hydroxy-8β-nicotinoyl dihydroagarofuran
(Z)-6-O-(3″, 4″, 6″- 三乙酰基 -β-D- 吡喃葡萄糖基)-6, 7, 3′, 4′- 四羟基橙酮	(Z)-6-O-(3″, 4″, 6″-triacetyl-β-D-glucopyranosyl)-6, 7, 3′, 4′-tetrahydroxyaurone
三乙酰基粗毛豚草素	triacetyl hispidulin

三乙酰基大叶芸香任	triacetyl glycoperine
3, 8, 12-*O*- 三乙酰巨大戟醇-7-苯甲酸酯	3, 8, 12-*O*-triacetyl ingenol-7-benzoate
1α, 6β, 7α- 三乙酰鞘蕊花诺醇 B	1α, 6β, 7α-triacetyl coleonol B
7, 10, 2′- 三乙酰悬垂莨莸内酯	7, 10, 2′-triacetyl suspensolide F
(2*R*, 3*S*, 4*R*, 5*R*, 9*S*, 11*S*, 15*R*)-3, 5, 15- 三乙酰氧基-14- 氧亚基假白榄基-6 (17), (11*E*)- 二烯	(2*R*, 3*S*, 4*R*, 5*R*, 9*S*, 11*S*, 15*R*)-3, 5, 15-triacetoxy-14-oxolathyra-6 (17), (12*E*)-diene
6β, 8β, 15- 三乙酰氧基-1α, 9α- 二苯甲酰氧基-4β- 羟基-β- 二氢沉香呋喃	6β, 8β, 15-triacetoxy-1α, 9α-dibenzoyloxy-4β-hydroxy-β-dihydroagarofuran
6α, 9β, 12- 三乙酰氧基-1β, 8β- 二苯甲酰氧基-2β- 己酰氧基-β- 二氢沉香呋喃	6α, 9β, 12-triacetoxy-1β, 8β-dibenzoyloxy-2β-hexanoyloxy-β-dihydroagarofuran
2β, 6α, 12- 三乙酰氧基-1β, 9α- 二 (β- 呋喃羰氧基)-4α- 羟基-β- 二氢沉香呋喃	2β, 6α, 12-triacetoxy-1β, 9α-di (β-furancarbonyloxy)-4α-hydroxy-β-dihydroagarofuran
2β, 6α, 12- 三乙酰氧基-1β, 9α- 二苯甲酰氧基-4α- 羟基-β- 二氢沉香呋喃	2β, 6α, 12-triacetoxy-1β, 9α-dibenzoyloxy-4α-hydroxy-β-dihydroagarofuran
2β, 6α, 12- 三乙酰氧基-1β- 苯甲酰氧基-9α-(β- 呋喃羰氧基)-4α- 羟基-β- 二氢沉香呋喃	2β, 6α, 12-triacetoxy-1β-benzoyloxy-9α-(β-furancarbonyloxy)-4α-hydroxy-β-dihydroagarofuran
8, 9, 10- 三乙酰氧基-1- 十七烯-11, 13- 二炔	8, 9, 10-triacetoxyheptadec-1-en-11, 13-diyne
7β, 9α, 10β- 三乙酰氧基-2α, 5α, 13α- 三羟基-4 (20), 11- 紫杉二烯	7β, 9α, 10β-triacetoxy-2α, 5α, 13α-trihydroxy-4 (20), 11-taxdiene
(2*R*, 3*S*, 4*R*, 5*R*, 8*R*, 13*S*, 15*R*)-5, 8, 15- 三乙酰氧基-3- 苯甲酰氧基-9, 14- 双氧亚基假白榄基-6 (17), (11*E*)- 二烯	(2*R*, 3*S*, 4*R*, 5*R*, 8*R*, 13*S*, 15*R*)-5, 8, 15-triacetoxy-3-benzoyloxy-9, 14-dioxojatropha-6 (17), (11*E*)-diene
1β, 2β, 15- 三乙酰氧基-4α, 6α- 二羟基-8α- 异丁酰氧基-9β- 苯甲酰氧基-β- 二氢沉香呋喃	1β, 2β, 15-triacetoxy-4α, 6α-dihydroxy-8α-isobutanoyloxy-9β-benzoyloxy-β-dihydroagrofuran
2α, 7β, 10β- 三乙酰氧基-5α, 13α- 二羟基-2 (3→20) 迁紫杉-4 (20), 11- 二烯-9- 酮	2α, 7β, 10β-triacetoxy-5α, 13α-dihydroxy-2 (3→20)-*abeo*-tax-4 (20), 11-dien-9-one
(3*E*, 7*E*)-2α, 10β, 13α- 三乙酰氧基-5α, 20- 二羟基-3, 8- 开环紫杉-3, 7, 11- 三烯-9- 酮	(3*E*, 7*E*)-2α, 10β, 13α-triacetoxy-5α, 20-dihydroxy-3, 8-secotaxa-3, 7, 11-trien-9-one
2α, 9α, 10β- 三乙酰氧基-5α- 羟基紫杉-4 (20), 11- 二烯-13- 酮	2α, 9α, 10β-triacetoxy-5α-hydroxytax-4 (20), 11-dien-13-one
9α, 10β, 13α- 三乙酰氧基-5α- 肉桂酰氧基紫杉-4 (20), 11- 二烯	9α, 10β, 13α-triacetoxy-5α-cinnamoyoxytax-4 (20), 11-diene
1β, 2β, 9α- 三乙酰氧基-8α-(2- 羟基异丁酰氧基)-15- 苯甲酰氧基-4α- 二羟基-β- 二氢沉香呋喃	1β, 2β, 9α-triacetoxy-8α-(2-hydroxy-isobutyryloxy)-15-benzoyloxy-4α-dihydroxy-β-dihydroagarofuran
1β, 2β, 9α- 三乙酰氧基-8α-(2- 羟基异丁酰氧基)-15- 苯甲酰氧基-4α- 羟基-β- 二氢沉香呋喃	1β, 2β, 9α-triacetoxy-8α-(2-hydroxy-isobutyryoxy)-15-benzoyloxy-4α-hydroxy-β-dihydroagarofuran
1α, 2α, 6β- 三乙酰氧基-8α-(β- 呋喃羰基氧基)-9β- 苯甲酰氧基-13- 异丁酰氧基-4β- 羟基-β- 二氢沉香呋喃	1α, 2α, 6β-triacetoxy-8α-(β-furancarbonyloxy)-9β-benzoyloxy-13-isobutanoyloxy-4β-hydroxy-β-dihydroagarofuran
1α, 2α, 6β- 三乙酰氧基-8α, 13- 二异丁酰氧基-9β- 苯甲酰氧基-4β- 羟基-β- 二氢沉香呋喃	1α, 2α, 6β-triacetoxy-8α, 13-diisobutanoyloxy-9β-benzoyloxy-4β-hydroxy-β-dihydroagarofuran
1α, 2α, 12- 三乙酰氧基-8α, 9β- 二呋喃甲酰氧-4β, 6β- 二羟基-β- 二氢沉香呋喃 (1α, 2α, 13- 三乙酰氧基-8α, 9β- 二糠酰氧基-4β, 6β- 二羟基-β- 二氢沉香呋喃)	1α, 2α, 12-triacetoxy-8α, 9β-difuroyloxy-4β, 6β-dihydroxy-β-dihydroagarofuran

1α, 2α, 6β-三乙酰氧基-8α, 9β-二呋喃羧基氧基-13-异丁酰氧基-4β-羟基-β-二氢沉香呋喃	1α, 2α, 6β-triacetoxy-8α, 9β-difurancarbonyloxy-13-isobutanoyloxy-4β-hydroxy-β-dihydroagarofuran
1α, 2α, 6β-三乙酰氧基-8α-异丁酰氧基-9β-苯甲酰氧基-13-(α-甲基) 丁酰氧基-4β-羟基-β-二氢沉香呋喃	1α, 2α, 6β-triacetoxy-8α-isobutanoyloxy-9β-benzoyloxy-13-(α-methyl) butanoyloxy-4β-hydroxy-β-dihydroagarofuran
1α, 2α, 6β-三乙酰氧基-8α-异丁酰氧基-9β-苯甲酰氧基-13-异戊酰氧基-4β-羟基-β-二氢沉香呋喃	1α, 2α, 6β-triacetoxy-8α-isobutanoyloxy-9β-benzoyloxy-13-isovaleryloxy-4β-hydroxy-β-dihydroagarofuran
1α, 2α, 6β-三乙酰氧基-8α-异丁酰氧基-9β-呋喃甲酰氧基-13-异戊酰氧基-4β-羟基-β-二氢沉香呋喃	1α, 2α, 6β-triacetoxy-8α-isobutanoyloxy-9β-furancarbonyloxy-13-isovaleryloxy-4β-hydroxy-β-dihydroagarofuran
1β, 2β, 6α-三乙酰氧基-8β, 12-二-(α-甲基) 丁酰基-9α-苯甲酰氧基-4α-羟基-β-二氢沉香呋喃	1β, 2β, 6α-triacetoxy-8β, 12-di-(α-methyl) butanoyl-9α-benzoyloxy-4α-hydroxy-β-dihydroagarofuran
1α, 2α, 13-三乙酰氧基-8β-异丁酰氧基-9α-苯甲酰氧基-4β, 6β-二羟基-β-二氢沉香呋喃	1α, 2α, 13-triacetoxy-8β-isobutanoyloxy-9α-benzoyloxy-4β, 6β-dihydroxy-β-dihydroagarofuran
1α, 2α, 6β-三乙酰氧基-8β-异丁酰氧基-9β-(β-呋喃羧基氧基)-13-(α-甲基) 丁酰氧基-4β-羟基-β-二氢沉香呋喃	1α, 2α, 6β-triacetoxy-8β-isobutanoyloxy-9β-(β-furancarbonyloxy)-13-(α-methyl) butanoyloxy-4β-hydroxy-β-dihydroagarofuran
1α, 2α, 6β-三乙酰氧基-8β-异丁酰氧基-9β-呋喃羧基氧基-13-(α-甲基) 丁酰氧基-4β-羟基-β-二氢沉香呋喃	1α, 2α, 6β-triacetoxy-8β-isobutanoyloxy-9β-furancarbonyloxy-13-(α-methyl) butanoyloxy-4β-hydroxy-β-dihydroagarofuran
1α, 2α, 8β-三乙酰氧基-9α-苯甲酰氧基-12-异丁酰氧基-4β, 6β-二羟基-β-二氢沉香呋喃	1α, 2α, 8β-triacetoxy-9α-benzoyloxy-12-isobutyryloxy-4β, 6β-dihydroxy-β-dihydroagarofuran
1β, 2β, 6α-三乙酰氧基-9α-肉桂酰氧基-β-二氢沉香呋喃	1β, 2β, 6α-triacetoxy-9α-cinnamoyloxy-β-dihydroagarofuran
1β, 2β, 8α-三乙酰氧基-9β-苯甲酰氧基-β-15-烟酰氧基-β-二氢沉香呋喃	1β, 2β, 8α-triacetoxy-9β-benzoyloxy-β-15-nicotinoyloxy-β-dihydroagarofuran
1β, 6α, 8α-三乙酰氧基-9β-苯甲酰氧基-β-二氢沉香呋喃	1β, 6α, 8α-triacetoxy-9β-benzoyloxy-β-dihydroagarofuran
1α, 2α, 8β-三乙酰氧基-9β-肉桂酰氧基-β-二氢沉香呋喃	1α, 2α, 8β-triacetoxy-9β-cinnamoyloxy-β-dihydroagarofuran
1, 8, 12-三乙酰氧基-9-呋喃羧基-β-二氢沉香呋喃	1, 8, 12-triacetoxy-9-furancarboxy-β-dihydroagarofuran
2α, 7β, 13α-三乙酰氧基-9-甲酮基-2-(3→20) 迁紫杉烷	2α, 7β, 13α-triacetoxy-9-keto-2-(3→20) *abeo*-taxane
2, 2, 2-三乙氧基乙醇	2, 2, 2-triethoxyethanol
1, 3, 5-三异丙基苯	1, 3, 5-triisopropyl benzene
三异戊酸甘油酯	triisopentyl glyceride
三硬脂酸甘油酯	stearin
三油酸甘油酯 (三油精)	triolein
三羽新月蕨苷 A～C	triphyllins A～C
三锗硒烷	trigermaselenane
三正辛基铝	tri-*n*-octyl aluminium
三紫玉盘亭	triuvaretin
三棕榈酸甘油酯 (三棕榈精)	tripalmitin
(1′R, 2′R, 3′S, 4′R)-1, 2, 4-三唑核苷	(1′R, 2′R, 3′S, 4′R)-1, 2, 4-triazole nucleoside

伞房狗牙花菲林碱 A、B	jerantiphyllines A, B
伞房狗牙花哈灵	tronoharine
伞房狗牙花碱 A、B	tabernaecorymbosines A, B
伞房狗牙花卡品	tronocarpine
伞房狗牙花灵碱 A～C	tabercorines A～C
伞房狗牙花宁碱 A～H	jerantinines A～H
伞房狗牙花匹宁 A～D	dippinines A～D
伞房狗牙花辛碱	taipinisine
伞房花耳草苷 A～C	hedycorysides A～C
伞房花序藿香蓟素 C (5, 6, 7, 8, 2′, 4′, 5′-七甲氧基黄酮)	agecorynin C (5, 6, 7, 8, 2′, 4′, 5′-heptamethoxyflavone)
伞房莎草酮	corymbolone
伞花耳草素 (红芽大戟素) K$_1$～K$_4$	corymbosins K$_1$～K$_4$
伞花刺苞菊苷	corymboside
伞花翠雀碱 (光飞燕草碱)	delcorine
伞花翠雀宁碱	delcorinine
伞花耳草素 (红芽大戟素、柯日波素、5-羟基-7, 3′, 4′, 5′-四甲氧基黄酮)	corymbosin (5-hydroxy-7, 3′, 4′, 5′-tetramethoxyflavone)
伞花胡椒碱 A	piperumbellactam A
伞花牡荆醛	tarumal
伞花内酯 (伞形花内酯、八仙花苷、绣球花苷、常山素 A、伞形酮、7-羟基香豆素)	umbelliferon (umbelliferone, hydrangin, dichrin A, skimmetin, 7-hydroxycoumarin)
α-伞花莎草醇	α-corymbolol
β-伞花莎草醇	β-corymbolol
伞菌醇 (月亮霉素、月夜蕈醇、隐陡头菌素 S、亮落叶松蕈定 S)	lampterol (illudin S, lunamycin)
伞亭 (圣丁素、5, 7-二羟基-3, 4′, 6-三甲氧基黄酮)	santin (5, 7-dihydroxy-3, 4′, 6-trimethoxyflavone)
伞形花内酯-7-O-α-L-吡喃鼠李糖基-(1→4)-β-D-吡喃葡萄糖苷	umbelliferone-7-O-α-L-rhamnopyranosyl-(1→4)-β-D-glucopyranoside
伞形花内酯-7-O-β-D-吡喃葡萄糖苷	umbelliferone-7-O-β-D-glucopyranoside
伞形花内酯-7-O-β-D-葡萄糖苷	umbelliferone-7-O-β-D-glucoside
伞形花内酯苷 (夏蜡梅苷)	calucanthoside
伞形花内酯金合欢醚 (伞形戊烯内酯)	umbelliprenin
伞形花腺果藤酚 I、II	pisoninols I, II
伞形美登木素 (伞花碱) α	umbellatin α
伞形酸	umbellic acid
伞形糖	umbelliferose
伞形萜酮 (伞形花酮、伞桂酮、3-侧柏烯-2-酮)	umbellulone (3-thujen-2-one)
伞形酮 (伞形花内酯、八仙花苷、绣球花苷、常山素 A、伞花内酯、7-羟基香豆素)	skimmetin (umbelliferone, hydrangin, dichrin A, umbelliferon, 7-hydroxycoumarin)
伞形酮-6-甲酸	umbelliferone-6-carboxylic acid

(−)-伞形香青酰胺	(−)-anabellamide
伞形香青酰胺	anabellamide
伞序臭黄荆奥苷	premcoryoside
伞序臭黄荆苷 A、B	premnacorymbosides A, B
散达任	sendaverine
散得萝芙碱	sandwicensine
散高灵	sangoline
散花巴豆碱	sparsiflorine
散沫花白杨素	lawsochrysin
散沫花白杨素宁	lawsochrysinin
散沫花苷 (1, 2, 4-三羟基萘-1, 4-二-β-D-吡喃葡萄糖苷)	lawsoniaside (1, 2, 4-trihydronaphthalene-1, 4-di-β-D-glucopyranoside)
散沫花苷 A、B	lawsoniasides A, B
散沫花果糖	lawsofructose
散沫花玛丽醇	lawsorosemarinol
散沫花萘酸酯 A～C	lawsonaphthoates A～C
散沫花炔素 A～C	lawsochylins A～C
散沫花沙米萜	lawsoshamim
散沫花双萘醌	lawsonadeem
散沫花素 (散沫花醌、2-羟基-1, 4-萘醌、指甲花醌)	henna (lawsone, 2-hydroxy-1, 4-naphthoquinone)
散沫花酸	lawsonic acid
散沫花萜二醇	hennadiol
散沫花萜酸	lawnermis acid
散沫花萜酸甲酯	lawnermis acid methyl ester
散沫花𠮿酮 Ⅰ (1, 3-二羟基-6, 7-二甲氧基𠮿酮)	laxanthone Ⅰ (1, 3-dihydroxy-6, 7-dimethoxyxanthone)
散沫花𠮿酮 Ⅱ (1-羟基-3, 6-二乙酰氧基-7-甲氧基𠮿酮)	laxanthone Ⅱ (1-hydroxy-3, 6-diacetoxy-7-methoxy-xanthone)
散沫花𠮿酮 Ⅲ (1-羟基-6-乙酰氧基-3, 7-二甲氧基𠮿酮)	laxanthone Ⅲ (1-hydroxy-6-acetoxy-3, 7-dimethoxy-xanthone)
散沫花瓦西萜	lawsowaseem
散沫花香豆素	lacoumarin
散沫花柚皮素 (散沫花柚皮苷元)	lawsonaringenin
散沫花甾醇	lawsaritol
散沫花脂素	lawsonicin
散浦平	sankhpuspine
散生微点雀尾藻酸	atomaric acid
散瘀草素 (山苦草素) A	ajugapantin A
桑白皮素 (桑烯宁) A～D	moracenins A～D
桑吡咯 A～F	morroles A～F
桑橙素 (桑鞣酸)	kino-yellow (maclurin, laguncurin, moritannic acid)

S

桑橙素 (桑鞣酸)	laguncurin (kino-yellow, maclurin, moritannic acid)
桑橙素 (桑鞣酸)	maclurin (kino-yellow, laguncurin, moritannic acid)
桑橙𠯤酮 A～C	macluraxanthones A～C
桑醇 (环桑色醇)	mulberranol
桑德巴豆醛	sonderianial
桑德柴胡皂苷 IX	sandrosaponin IX
桑德斯苷 A～H	saundersiosides A～H
桑多糖	morusan
桑酚 A～E	kuwanols A～E
桑呋喃 A～Z	mulberrofurans A～Z
桑呋喃素 A	albafuran A
桑苷 (桑槲皮苷)	moracetin
桑根酮 (珊芰酚酮) A～W	sanggenones A～W
桑根酮醇 (桑根醇) A～Q	sanggenols A～Q
桑哈皂苷 A～C	zanhasaponins A～C
桑黄灵 A、B	phelligrins A, B
桑黄素 (桑宁素) A～G	albanins A～G
桑寄生醇	loranthol
桑寄生苷 1～3	viscutins 1～3
桑碱 A～C	mulbaines A～C
桑卷担子素	helicobasidin
桑皮醇 (桑根皮醇、黄酮桑根皮醇)	morusinol
桑皮苷 A～F	mulberrosides A～F
桑皮素 (桑根皮素、桑根素、桑辛素)	morusin
桑皮素 -4″- 葡萄糖苷	morusin-4″-glucoside
桑皮酸 A～F	morusimic acids A～F
桑鞣酸 (桑橙素)	moritannic acid (kino-yellow, maclurin, laguncurin)
桑色素 (3, 5, 7, 2′, 4′- 五羟基黄酮)	morin (3, 5, 7, 2′, 4′-pentahydroxyflavone)
桑色素 -3-O- 木糖苷	morin-3-O-xyloside
桑色素 -3-O- 葡萄糖苷	morin-3-O-glucoside
桑色素 -7-O-β-D- 葡萄糖苷	morin-7-O-β-D-glucoside
桑色烯 (桑皮色烯素)	mulberrochromene
桑树查耳酮 (桑查耳酮) A～C	morachalcones A～C
桑树酮	moralbanone
桑素	mulberrin
桑糖苷元 (桑糖朊、桑白皮多糖) A	moran A
桑藤黄素二甲基缩醛	morellin dimethyl acetal
桑酮 (桑皮酮、桑黄酮) A～Z	kuwanones A～Z
桑威刺桐素	sandwicensin
桑辛素 A～P	moracins A～P

骚扰荚孢腔菌素 A	sporovexin A
扫离箭毒碱	solimocurarine
扫帚聚首花苷 A～E	scoposides A～E
色氨醇乙酸酯	tryptophol acetate
DL-色氨酸	DL-tryptophan
D-色氨酸	D-tryptophan
(−)-色氨酸	(−)-tryptophan
L-色氨酸	L-tryptophan
(S)-色氨酸 (色氨酸)	(S)-tryptophan (tryptophan, tryptophane)
色氨酸 [(S)-色氨酸]	tryptophan [tryptophane, (S)-tryptophan]
色氨酸-N-葡萄糖苷	tryptophan-N-glucoside
色氨酰基	tryptophyl
色胺	tryptamine
色胺酮	couroupitine A (tryptanthrine, tryptanthrin)
色胺酮	tryptanthrin (tryptanthrine, couroupitine A)
色胺酮	tryptanthrine (tryptanthrin, couroupitine A)
色醇脱氢还阳参烯炔酸酯	tryptophol dehydrocrepenynate
色蛋白	chromoprotein
色二孢吡喃酮	diplopyrone
色二孢呋喃酮 A	diplofuranone A
色浮尼可酸 (二十二碳六烯酸)	cervonic acid (docosahexaenoic acid)
色兰尼内酯	chromolaenide
色满酮 (色烷酮、色原酮)	chromanone
L-色木姜子烷 (木姜子光泽兰烷) A、B	L-litseachromolaevanes A, B
色培特醇	sepesteonol
色日克酸 (绢毛榄仁酸)	sericic acid
色素甜菜花青素	betacyanine
色烷酸	chromanic acid
色烯	chromene (1-benzopyran)
2H-色烯	2H-chromene
色烯 (色原烯)	chromene
色烯并 [2, 3-c] 吡咯	chromeno [2, 3-c] pyrrole
色烯醇	chromenol
色烯苷	chromene glucoside
色原-2-酮	chromen-2-one
色原醇 (色满醇)	chromanol
色原酮 (色酮)	chromone
色原烷 (色烷、色满)	chromane
瑟丹酮酸 (瑟丹酸)	sedanonic acid
瑟丹酮酸内酯	sedanonic acid lactone

S

瑟扣任	sevcorine
瑟佩任	sepeerine
瑟奇萨宁	sekisanine
瑟奇萨宁林碱	sekisanoline
瑟妥棒麦角碱(狼尾麦角碱)	setoclavine
瑟瓦狄灵	cevadilline
瑟瓦宁	cevagenine
瑟瓦任	sewarine
瑟瓦辛	cevacine
瑟文	cevine
森白当归脑	senbyakangelicol
森布星A、B	senbusines A, B
森告甾酮	sengosterone
森卡定	sincamidine
森林生米仔兰醇	silvestrol
杀扑磷	methidathion
沙蚕毒素	nereistoxin
沙蟾蜍毒精(沙蟾毒精、阿瑞那蟾毒精)	arenobufagin
沙蟾毒精-3-辛二酸半酯	arenobufagin-3-hemisuberate
3-沙蟾毒精辛二酸酯	3-arenobufagyl suberic acid
沙苁蓉低聚糖A_1、A_2	cistansinensoses A_1, A_2
沙苁蓉苷A、B	cistansinensides A, B
沙地旋覆花内酯	inulasalsolide
沙地旋覆花素	inulasalsolin
沙冬青苷A	ammopiptanoside A
(±)-沙冬青素A	(±)-ammopiptanine A
沙冬青素A、B	ammopiptanines A, B
(+)-沙豆树碱	(+)-ammodendrine
沙尔威辛	salvicine
沙拐枣定	calligonidine
沙拐枣属碱6、7	calligonum bases 6, 7
沙海葵毒素类似物CA-Ⅰ、CA-Ⅱ	palytoxin analogs CA-Ⅰ, CA-Ⅱ
沙盒毒素(响盒子毒素、赭雷毒素)	huratoxin
沙槐碱(沙豆树碱、沙树碱)	spherocarpine (ammodendrine)
沙槐碱(异沙树碱、异沙豆树碱、D-沙树碱)	sphaerocarpine (D-ammodendrine, isoammodendrine)
沙棘碱	hippopheine
沙棘素C～F、K～M	hippophins C～F, K～M
沙拉酮	chiratone
沙兰素(印楝沙兰林)	salannin
沙门苷(西非羊角拗苷)A～E	sarmentosides A～E

沙门苷元 (西非羊角拗苷元)	sarmentogenin
沙门苷元-3-O-6′-脱氧-β-D-阿洛糖基-α-L-鼠李糖苷	sarmentogenin-3-O-6′-deoxy-β-D-allosyl-α-L-rhamnoside
沙门苷元-3-O-6′-脱氧-β-D-古洛苷	sarmentogenin-3-O-6′-deoxy-β-D-guloside
沙门苷元-3-O-D-毛地黄糖苷	sarmentogenin-3-O-D-digitaloside
沙门苷元-3-O-D-葡萄糖基-D-毛地黄糖苷	sarmentogenin-3-O-D-glucosyl-D-digitaloside
沙门苷元-3-O-D-葡萄糖基-L-欧洲夹竹桃糖苷	sarmentogenin-3-O-D-glucosyl-L-oleandroside
沙门苷元-3-O-D-葡萄糖基-L-脱氧毛地黄糖苷	sarmentogenin-3-O-D-glucosyl-L-diginoside
沙门苷元-α-L-鼠李糖苷	sarmentogenin-α-L-rhamnoside
沙门洛苷 (西非羊角拗苷、西非羊角拗洛苷、沙门洛苷元-3-O-6-脱氧-L-塔洛糖苷)	sarmentoloside (sarmentologenin-3-O-6-deoxy-L-talosidc)
沙门洛苷元-3-O-6-脱氧-L-塔洛糖苷 (沙门洛苷、西非羊角拗苷)	sarmentologenin-3-O-6-deoxy-L-taloside (sarmentoloside)
沙门洛苷元-3-O-6′-脱氧-β-D-阿洛糖苷	sarmentologenin-3-O-6′-deoxy-β-D-alloside
沙门洛苷元-3-O-6′-脱氧-β-D-古洛糖苷	sarmentologenin-3-O-6′-deoxy-β-D-guloside
沙门洛苷元-3-O-L-鼠李糖苷	sarmentologenin-3-O-L-rhamnoside
D-沙门糖	D-sarmentose
沙门糖	sarmentose
沙门西苷元 A-3β-O-α-L-鼠李糖苷	sarmentosigenin A-3β-O-α-L-rhamnoside
沙门西苷元-3-O-6′-脱氧-β-D-阿洛糖苷	sarmentosigenin-3-O-6′-deoxy-β-D-alloside
沙门西苷元-3-O-6′-脱氧-β-D-古洛糖苷	sarmentosigenin-3-O-6′-deoxy-β-D-guloside
沙门西苷元-3-O-α-L-鼠李糖苷	sarmentosigenin-3-O-α-L-rhamnoside
沙米丁 (萨米定、萨阿米芹定)	samidin
(+)-沙米丁 [(+)-萨米定、(+)-萨阿米芹定]	(+)-samidin
沙木苷 (西非羊角拗托苷)	sarmutoside
沙木苷元	sarmutogenin
沙木苷元-3-O-D-毛地黄糖苷	sarmutogenin-3-O-D-digitaloside
沙木苷元-3-O-D-葡萄糖基-L-欧洲夹竹桃糖苷	sarmutogenin-3-O-D-glucosyl-L-oleandroside
沙木苷元-3-O-D-葡萄糖基-L-脱氧毛地黄糖苷	sarmutogenin-3-O-D-glucosyl-L-diginoside
沙佩科特素 B、C	chapecoderins B, C
沙参苷 Ⅰ～Ⅲ	shashenosides Ⅰ～Ⅲ
沙参碱	adenophorine
沙参碱-1-O-β-D-吡喃葡萄糖苷	adenophorine-1-O-β-D-glucopyranoside
沙生阿魏酮	dshamirone (secoammoresinol)
沙生阿魏酮	secoammoresinol (dshamirone)
沙生蜡菊苯酞 A～C	arenophthalides A～C
沙生蜡菊赞酚	arzanol
沙生列当苷 (阿若那瑞苯丙苷)	arenarioside
沙氏番荔枝醇素	salzmanolin
沙氏鹿茸草苷 A～E	savatisides A～E

DL-沙树碱	DL-ammodendrine
沙树碱 (沙豆树碱、沙槐碱)	ammodendrine (spherocarpine)
D-沙树碱 (异沙树碱、异沙豆树碱)	D-ammodendrine (isoammodendrine, sphaerocarpine)
沙树灵	conolline
沙苑子苷	complanatuside
沙苑子苷 6″-丙二酸酯	complanatuside 6″-malonate
沙苑子胍酸	complanatin
沙苑子酮苷 A	complanatoside A
沙苑子新苷	neocomplanoside
沙苑子杨梅苷	myricomplanoside
沙枣苷 A～D	hippophosides A～D
沙枝豆定 (阿莫萨姆尼定)	ammothamnidin
砂蓝刺头三萜 A	gmeliniin A
砂曲霉素 A～C	arenarins A～C
砂生槐异黄酮 A	sophoraisoflavone A
砂引草定	turneforcidine
砂引草素	messerschmidin
砂引草素乙酯	messerschmidin ethyl ester
砂引草酸 B 乙酯	ethyl tournefolate B
砂引草辛 A、B	sibiricins A, B
砂钻苔草酚 A、B	kobophenols A, B
鲨胆甾醇硫酸酯	scymnol sulfate
(+)-鲨肝醇	(+)-batyl alcohol
鲨肝醇	batyl alcohol
鲨肌醇 (青蟹肌醇)	scyllitol (scylloinositol, cocositol)
鲨油醇	selachyl alcohol
鲨鱼酸 [(15Z)-二十四烯酸]	selacholeic acid [(15Z)-tetracosenoic acid]
山白菊皂苷 A	asteratoidesoside A
山萆薢皂苷	tokoronin
山萆薢皂苷元 (托克皂苷元)	tokorogenin
山扁豆碱 (察克素)	cassine (chaksine)
山扁豆双醌	cassiamine
山扁豆酸	cassic acid
山茶定 Ⅰ、Ⅱ	camellidins Ⅰ, Ⅱ
山茶二酮醇	camellendionol
山茶苷 A～C	camelliasides A～C
山茶黄酮苷 (山茶宁素) A、B	camellianins A, B
山茶诺苷	camellianoside
山茶鞣质 A、B	camelliins A, B
山茶糖苷 A～C	camellins A～C

山茶萜苷 A～F	camelliosides A～F
山茶萜素 (茶树素) A～C	camellisins A～C
山茶酮二醇	camellenodiol
山茶皂醇	camellia sapogenol
山茶皂苷 Aa、B_1、B_2、C_1、C_2	camelliasaponins (tsubakisaponins) Aa, B_1, B_2, C_1, C_2
山茶皂苷元 (山茶苷元) A～E	camelliagenins A～E
山橙二聚碱 A～C	suadimins A～C
山橙酚苷	melodiside
山橙苷	medinin
山橙苷元	medigenin
山橙碱 A～V	melodinines A～V
山橙属碱	melodinus base
山橙文碱 A～H	melosuavines A～H
山橙烯宁	suaveolenine
山橙氧杂宁碱	melodinoxanine
山慈菇醇	shanciguol
山慈菇苷 (郁金香苷) A～C	tuliposides A～C
山慈菇素 A～D	shancigusins A～D
山刺番荔枝碱	annomontine
山达海松醇	sandaracopimarinol
山达海松二烯	sandaracopimaradiene
山达海松二烯 -1α, 2α- 二醇	sandaracopimaradien-1α, 2α-diol
8 (14), 15- 山达海松二烯 -7α, 18- 二醇	8 (14), 15-sandaracopimaradien-7α, 18-diol
山达海松酸 (隐海松酸、柏脂海松酸、异右旋海松酸)	sandaracopimaric acid (isodextropimaric acid, cryptopimaric acid)
山达皂苷 A、B	sandosaponins A, B
山答腊松脂酸	sandracopimaric acid
山道楝素	sandoricin
山道楝酸 A、B	sandorinic acids A, B
山道内酯	santanolide
β- 山道年	β-santonin
α- 山道年 (α- 山道酸酐、蛔蒿素)	α-santonin
山道年酸	santoninic acid
山德威斯	sandwicensis
山德维考里定	sandwicolidine
山德维考灵	sandwicoline
山德维辛碱 (17- 表西萝芙木碱、17- 表萝芙木碱、三文治萝芙木辛碱)	sandwicine (17-epiajmaline)
山地阿魏定宁	akiferidinin
山地阿魏宁素 (秋田阿魏素)	akitschenin

S

山地阿魏烯醇	akichenol
山地刺桐素 A～H	erypoegins A～H
DL-山地谷碱	DL-santiaguine
D-山地谷碱	D-santiaguine
L-山地谷碱	L-santiaguine
山地蒿素	ezomontanin
山地蒿酮	montanon
山地环己二烯酮	oreocyclohexadienone
山地荚蒾酮	montanon
山地乌头胺	monticamine
山地乌头碱	monticoline
山地乌头宁 (翠雀固灵、飞燕草林碱)	acomonine (delsoline)
山地香茶菜苷	oresbiuside
山地香茶菜素 A、B	oresbiusins A, B
山靛灵	mercurialine
山豆根苯并吡喃 {2-[(7'-羟基-2′, 2′-二甲基-2*H*-苯并吡喃)-6′-基]-7-羟基-8-(3-甲基-2-丁烯基) 色满-4-酮}	2-[(7′-hydroxy-2′, 2′-dimethyl-2*H*-benzopyran)-6′-yl]-7-hydroxy-8-(3-methyl-2-butenyl) chroman-4-one
山豆根呋喃	euchrestafuran
山豆根黄酮 (台湾山豆根黄烷酮) a2～a16、b6～b10	euchrenones a2～a16, b6～b10
(2*S*)-山豆根黄酮 A$_7$	(2*S*)-euchrenone A$_7$
山豆根黄烷酮 A～C	euchrestaflavanones A～C
山豆根亭 (山豆根素) A～N	euchretins A～N
山豆根皂苷 (越南槐苷) Ⅰ～Ⅶ	subprosides Ⅰ～Ⅶ
山豆根皂苷元 (越南槐苷元) A～D	subprogenins A～D
山番荔枝素 (山刺番荔枝尼辛)	annomonicin
山番荔枝辛	annomontacin
山矾奥诺苷	symponoside
山矾苷	symplocoside
山矾碱 (鹅掌楸宁碱、1-羟基-2-甲氧基去甲阿朴啡)	caaverine (1-hydroxy-2-methoxynoraporphine)
山矾孔苷	symplocomoside
山矾木脂苷 A	symplolignanoside A
山矾诺苷 A、B	symconosides A, B
山矾坡苷	symposide
山矾苏苷	symplososide
山矾素	simplocosin
山矾索苷	symcososide
山矾糖醛酸	symplocuronic acid
山矾韦尔苷	symploveroside
山矾脂素葡萄糖苷	symplocosigenin-3-*O*-β-D-glucopyranoside
山矾酯	symploate

山凤果酮 A～C	garcihombronones A～C
山柑属碱	capparis base
山柑异戊烯醇 12～14	cappaprenols 12～14
山柑子碱 (乔木山小橘灵)	arborine (glycosine)
山柑子碱 (乔木山小橘灵)	glycosine (arborine)
山柑子萜醇 (乔木萜醇、乔木山小橘醇、山柑子醇) A	arborinol A
山柑子萜醇甲醚	arborinol methyl ether
山梗菜醇碱 (山梗醇碱、氧代半边莲碱)	lobelanidine
山梗菜碱酸	lobelinic acid
山梗菜聚糖	sessilifolan
山梗菜炔醇 (党参炔醇)	lobetyol
山梗菜炔苷 (党参炔苷)	lobetyolin
山梗菜炔苷宁 (党参炔苷宁)	lobetyolinin
山梗菜酮碱 (山梗酮碱、顺式 -8, 10-二苯基半边莲碱二酮)	lobelanine (*cis*-8, 10-diphenyl lobelidione)
L- 山梗碱 (L-顺式 -8, 10-二苯基半边莲碱酮醇)	L-lobeline (L-*cis*-8, 10-diphenyl lobelionol)
山梗碱 (洛贝林、祛痰菜碱、山梗菜碱)	inflatine (lobeline, α-lobeline)
山梗碱 (洛贝林、祛痰菜碱、山梗菜碱)	lobeline (inflatine, α-lobeline)
α- 山梗碱 (洛贝林、祛痰菜碱、山梗菜碱)	α-lobeline (inflatine, lobeline)
山梗灵	lobinaline
山梗尼定	lobinanidine
山梗宁 (半边莲茨烯碱)	lobinine
山梗烷	lobelane
山拐枣苷	poliothrysoside
山拐枣素	poliothrysin
山桂花苷 A、B	benosides A, B
山桂花素	bennettin
山海棠二萜丙酯 (山海棠萜内酯、昆明山海棠二萜内酯) A	hypodiolide A
山海棠二萜内酯 A、B	tripterfordins A, B
山海棠内酯 (昆明山海棠劳内酯)	hypoglaulide
山海棠素 (昆明山海棠内酯)	hypolide (triptophenolide)
山海棠素甲醚 (昆明山海棠内酯甲醚)	hypolide methyl ether
山海棠酸 (昆明山海棠酸)	hypoglic acid
山荷叶素 (二叶草素)	diphyllin
山荷叶素 -1-*O*-β-D-芹菜呋喃糖苷	diphyllin-1-*O*-β-D-apiofuranoside
山荷叶素 -4-*O*-β-D-葡萄糖苷	diphyllin-4-*O*-β-D-glucoside
山荷叶素芹糖苷 -5-乙酸酯	diphyllin apioside-5-acetate
山核桃素 A～C	carayensins A～C
山核桃亭 (山核桃黄素)	caryatin

山胡椒醇	lindeglaucol
山胡椒内酯 A～F	linderanlides A～F
山胡椒酸	glaucic acid
山胡椒酮	lindeglaucone
山胡椒酮苷 A	lindeglaucoside A
山胡椒脂素 A～C	linderucas A～C
山黄麻定	tremidine
山黄麻碱	tremine
山黄麻萜醇 (山黄麻醇)	trematol
山黄皮宁	clausenin
山黄皮酸 A、B	randialic acids A, B
山灰桉精 A、B	cypellogins A, B
山灰桉素 (灰树胶素) A～C	cypellocarpins A～C
山藿香定 (血见愁素)	teucvidin
山藿香素 (血见愁芬)	teucvin
山鸡椒胺甲	cubebamine A
(–)-山鸡椒宾碱	(–)-litcubine
山鸡椒醇	cubebaol
(–)-山鸡椒宁碱 I	(–)-litcubinine I
山鸡椒杷明碱 (荜澄茄碱、山鸡椒碱、山鸡椒明碱)	litebamine
山鸡椒素	cubelin
山鸡椒酮	cubebanone
山尖菜碱	hastacine
山尖菜内酯	cacalolide
山尖子素	cacalohastin
山菅兰定 (酸模素、尼泊尔羊蹄素)	dianellidin (musizin)
山姜黄素 (山姜黄酮醇、伊砂黄素、良姜素)	izalpinin
山姜黄素 -3- 甲醚	izalpinin-3-methyl ether
山姜内酯	alpinolide
山姜内酯过氧化物	alpinolide peroxide
山姜素 (山姜苷)	alpinetin
山姜素醇乙酯	alipinene acetate
山姜萜醇	alpiniol
山姜酮 (山姜素酮)	alpinone
山姜烯酮	alpinenone
山椒毒	sanshotoxin
γ-山椒素	γ-sanshool
山椒素 (山椒醇)	sanshool
α- 山椒素 (新棒状花椒酰胺、新核枯灵)	α-sanshool (neoherculin, echinaceine)
山椒酰胺	sanshoamide

山椒子烯酮 (锡兰紫玉盘烯酮、锡兰紫玉盘环己烯酮)	zeylenone
山金车二醇 (阿里二醇、山金车甾醇)	arnidiol
山金车内酯 A～G	arnicolides A～G
山菊醇	montanol
山橘脂酸	glycosmisic acid
山蒟醇	hancinol
山蒟酮 (山蒟素) A～D	hancinones A～D
山科皮素	shankpushpin
山壳骨素 A、B	palatiferins A, B
山口精宁 -16- 乙酸酯	kotalagenin-16-acetate
山蜡梅苷 A、B	nitensosides A, B
(–)- 山蜡梅碱	(–)-chimonanthine
山辣椒碱 (狗牙花宁碱、20- 表德雷状康树碱)	tabernaemontanine (20-epidregamine)
山辣椒裂碱	pericalline (tabernoschizine)
山辣椒裂碱	tabernoschizine (pericalline)
山辣椒属碱	tabernaemontana base
山兰内酯 A～E	hiyodorilactones A～E
山榄灵	planchonelline
β- 山榄烯	β-sapotalene
DL- 山莨菪碱	DL-anisodamine
山莨菪碱 (6β- 羟基天仙子胺)	anisodamine (6β-hydroxyhyoscyamine)
山莨菪酰胺	scotanamide
山梨醇 (山梨糖醇)	sorbitol (sorbilande, sorbite, sorbol)
山梨醇铁	ferric sorbitol
山梨酸 (己二烯酸)	sorbic acid (2, 4-hexadienoic acid)
山梨酸钙	calcium sorbate
山梨酸钾	potassium sorbate
山梨酸钠	sodium sorbate
L-(–)- 山梨糖	L-(–)-sorbose
山梨糖	sorbose (sorbinose, sorbin)
D- 山梨糖 (D- 木 -2- 己酮糖)	D-sorbose (D-xylo-2-hexulose)
D- 山梨糖醇 (D- 山梨醇)	D-sorbitol
山梨糖醇 (山梨醇)	sorbilande (sorbitol, sorbite, sorbol)
山藜芦眼毒素	cycloposine
山黧豆糖	lathyrose
(+)- 山楝醇	(+)-aphanamol
山楝醇 Ⅰ	aphanamol Ⅰ
山楝过氧化物 A～H	aphanaperoxides A～H
山楝苦素 (山楝辛宁)	aphanamixinin
山楝莫内酯 A～D	aphanamolides A～D

S

山楝内酯 A～M	aphanalides A～M
山楝宁	aphananin
山楝宁苦素 A～I	aphapolynins A～I
山楝三萜 1～15	rohitukas 1～15
山楝属醇	aphanamixol
山楝素	rohitukin
山楝萜 A～P	aphanamixoids A～P
山楝萜宁 A～E	polystanins A～E
山楝辛	aphanamixin
山楝抑素	aphanastatin
山楝脂醇	polystachyol
山蓼黄酮醇	oxyriaflavonol
山柳酸	clethric acid
山柳酸 -28-*O*-β-D- 吡喃葡萄糖酯	clethric acid-28-*O*-β-D-glucopyranosyl ester
山龙眼苷醇	helicidol
山龙眼苦素	proteacin
山龙眼脑苷 A、B	helicia cerebrosides A, B
山龙眼新苷 A～C	helicianeosides A～C
山萝花醇	melampyrum
山萝花苷	melampyroside
山麻杆定	alchornidine
山麻杆碱	alchorneine
山麻杆宁	alchornine
山麻杆酸	alchornoic acid
山马茶明碱 (狗牙花胺)	tabernamine
山马蹄碱	samatine
山蚂蝗烷酮 A、B	desmodianones A, B
山蚂蝗素	desmodin
山蚂蝗紫檀素	desmocarpin
山麦冬皂苷 B	liriopeside B
山柰刺槐二糖苷	biorobin
山柰酚 (车轴草亭、山柰黄素、山柰黄酮醇、蓼山柰酚、堪非醇、3, 5, 7, 4′- 四羟基黄酮)	trifolitin (kaempferol, 3, 5, 7, 4′-tetrahydroxyflavone)
山柰酚 (堪非醇)	kaempferol
山柰酚 (山柰黄素、山柰黄酮醇、蓼山柰酚、堪非醇、3, 5, 7, 4′- 四羟基黄酮)	kaempferol (trifolitin, 3, 5, 7, 4′-tetrahydroxyflavone)
山柰酚 -2G- 葡萄糖基龙胆二糖苷	kaempferol-2G-glucosyl gentiobioside
山柰酚 -3-(2, 6- 二吡喃鼠李糖基吡喃葡萄糖苷)	kaempferol-3-(2, 6-dirhamnopyranosyl glucopyranoside)
山柰酚 -3-(2G- 葡萄糖基芸香糖苷)	kaempferol-3-(2G-glucosyl rutinoside)
山柰酚 -3-(2G- 葡萄糖基芸香糖苷)-7- 葡萄糖苷	kaempferol-3-(2G-glucosyl rutinoside)-7-glucoside

山奈酚 -3-(4″-O-乙酰基)-O-α-L-吡喃鼠李糖苷 -7-O-α-L-吡喃鼠李糖苷	kaempferol-3-(4″-O-acetyl)-O-α-L-rhamnopyranoside-7-O-α-L-rhamnopyranoside
山奈酚 -3-(6″-丙二酰基) 葡萄糖苷	kaempferol-3-(6″-malonyl) glucoside
山奈酚 -3-(6″-乙酰基) 葡萄糖苷	kaempferol-3-(6″-acetyl) glucoside
山奈酚 -3, 4′-二 -O-β-D-(2-O-阿魏酰基) 葡萄糖苷	kaempferol-3, 4′-di-O-β-D-(2-O-feruloyl) glucoside
山奈酚 -3, 4′-二 -O-β-D-葡萄糖苷	kaempferol-3, 4′-di-O-β-D-glucoside
山奈酚 -3, 4′-二甲醚 (岳桦素)	kaempferol-3, 4′-dimethyl ether (ermanin)
山奈酚 -3, 5-β-D-二半乳糖苷	kaempferol-3, 5-β-D-digalactoside
山奈酚 -3, 5-二甲醚	kaempferol-3, 5-dimethyl ether
山奈酚 -3, 7, 4′-三 -O-β-D-吡喃葡萄糖苷	kaempferol-3, 7, 4′-tri-O-β-D-glucopyranoside
山奈酚 -3, 7, 4′-三甲醚	kacmpfcrol-3, 7, 4′-trimethyl ether
山奈酚 -3, 7-O-α-L-鼠李糖苷	kaempferol-3, 7-O-α-L-rhamnoside
山奈酚 -3, 7-二 -O-α-L-吡喃鼠李糖苷	kaempferol-3, 7-di-O-α-L-rhamnopyranoside
山奈酚 -3, 7-二 -O-α-L-鼠李糖苷	kaempferol-3, 7-di-O-α-L-rhamnoside
山奈酚 -3, 7-二 -O-β-D-吡喃葡萄糖苷	kaempferol-3, 7-di-O-β-D-glucopyranoside
山奈酚 -3, 7-二 -O-β-D-吡喃葡萄糖苷 -4′-O-(6-O-芥子酰基)-β-D-吡喃葡萄糖苷	kaempferol-3, 7-di-O-β-D-glucopyranoside-4′-O-(6-O-sinapoyl)-β-D-glucopyranoside
山奈酚 -3, 7-二 -O-β-D-葡萄糖苷	kaempferol-3, 7-di-O-β-D-glucoside
山奈酚 -3, 7-二 -α-L-鼠李糖苷 (山奈苷)	kaempferol-3, 7-di-α-L-rhamnoside (kaempferitrin, lespidin, lespenephryl)
山奈酚 -3, 7-二甲醚	kaempferol-3, 7-dimethyl ether
山奈酚 -3-[2, 4-二 -(E)-对香豆酰基鼠李糖苷]	kaempferol-3-[2, 4-di-(E)-p-coumaroyl rhamnoside]
山奈酚 -3-[6‴-对香豆酰基葡萄糖基 -β-(1→4)-鼠李糖苷]	kaempferol-3-[6‴-p-coumaroyl glucosyl-β-(1→4)-rhamnoside]
山奈酚 -3-O-(2″, 6″ -二 -O-反式 -对香豆酰基)-β-D-葡萄糖苷	kaempferol-3-O-(2″, 6″ -di-O-p-trans-coumaroyl)-β-D-glucoside
山奈酚 -3-O-(2, 6-二 -O-α-L-吡喃鼠李糖基)-β-D-吡喃半乳糖苷	kaempferol-3-O-(2, 6-di-O-α-L-rhamnopyranosyl)-β-D-galactopyranoside
山奈酚 -3-O-(2, 6-二 -O-吡喃鼠李糖基) 吡喃葡萄糖苷	kaempferol-3-O-(2, 6-di-O-rhamnopyranosyl) glucopyranoside
山奈酚 -3-O-(2″, 6″-二 -O-对 -反式 -香豆酰基) 葡萄糖苷	kaempferol-3-O-(2″, 6″-di-O-p-trans-coumaroyl) glucoside
山奈酚 -3-O-(2″, 6″-二没食子酰基)-β-D-葡萄糖苷	kaempferol-3-O-(2″, 6″-digalloyl)-β-D-glucoside
山奈酚 -3-O-(2, 6-二鼠李糖基葡萄糖苷)	kaempferol-3-O-(2, 6-dirhamnosyl glucoside)
山奈酚 -3-O-(2G-葡萄糖基芸香糖苷)-7-O-葡萄糖苷	kaempferol-3-O-(2G-glucosyl rutinoside)-7-O-glucoside
山奈酚 -3-O-(2″-O-α-L-吡喃鼠李糖基)-β-D-吡喃葡萄糖醛酸苷	kaempferol-3-O-(2″-O-α-L-rhamnopyranosyl)-β-D-glucuronopyranoside
山奈酚 -3-O-(2″-O-α-L-吡喃鼠李糖基 -6″-O-α-D-吡喃鼠李糖基 -β-D-吡喃葡萄糖苷)	kaempferol-3-O-(2″-O-α-L-rhamnopyranosyl-6″-O-α-D-rhamnopyranosyl-β-D-glucopyranoside)
山奈酚 -3-O-(2-O-α-L-吡喃鼠李糖基 -β-D-吡喃半乳糖苷)	kaempferol-3-O-(2-O-α-L-rhamnopyranosyl-β-D-galactopyranoside)

山柰酚-3-O-(2″-O-α-鼠李糖基-6″-O-丙二酸单酰基)-β-葡萄糖苷	kaempferol-3-O-(2″-O-α-rhamnosyl-6″-O-malonyl)-β-glucoside
山柰酚-3-O-(2″-O-β-D-吡喃葡萄糖基)-α-L-吡喃鼠李糖苷	kaempferol-3-O-(2″-O-β-D-glucopyranosyl)-α-L-rhamnopyranoside
山柰酚-3-O-(2-O-β-D-吡喃葡萄糖基)-β-D-吡喃半乳糖苷	kaempferol-3-O-(2-O-β-D-glucopyranosyl)-β-D-galactopyranoside
山柰酚-3-O-(2″-O-β-D-吡喃葡萄糖基)-β-D-芸香糖苷	kaempferol-3-O-(2″-O-β-D-glucopyranosyl)-β-D-rutinoside
山柰酚-3-O-(2″-O-没食子酰基)-β-D-吡喃葡萄糖苷	kaempferol-3-O-(2″-O-galloyl)-β-D-glucopyranoside
山柰酚-3-O-(2″-O-没食子酰基)-β-D-葡萄糖苷	kaempferol-3-O-(2″-O-galloyl)-β-D-glucoside
山柰酚-3-O-(2-O-乙酰基)-α-L-吡喃鼠李糖苷	kaempferol-3-O-(2-O-acetyl)-α-L-rhamnopyranoside
山柰酚-3-O-(2′-α-L-鼠李糖基)芸香糖苷	kaempferol-3-O-(2′-α-L-rhamnosyl) rutinoside
山柰酚-3-O-(2″-β-D-吡喃葡萄糖基)-α-L-鼠李糖苷	kaempferol-3-O-(2″-β-D-glucopyranosyl)-α-L-rhamnoside
山柰酚-3-O-(2″-β-D-吡喃葡萄糖基)-β-D-吡喃半乳糖苷	kaempferol-3-O-(2″-β-D-glucopyranosyl)-β-D-galactopyranoside
山柰酚-3-O-(2″-没食子酰基)-β-D-吡喃葡萄糖苷	kaempferol-3-O-(2″-galloyl)-β-D-glucopyranoside
山柰酚-3-O-(2″-没食子酰基)-β-D-葡萄糖苷	kaempferol-3-O-(2″-galloyl)-β-D-glucoside
山柰酚-3-O-(3-O-乙酰基)-α-L-吡喃鼠李糖苷	kaempferol-3-O-(3-O-acetyl)-α-L-rhamnopyranoside
山柰酚-3-O-(3-O-乙酰基)-α-L-吡喃鼠李糖苷-7-O-α-L-吡喃鼠李糖苷	kaempferol-3-O-(3-O-acetyl)-α-L-rhamnopyranoside-7-O-α-L-rhamnopyranoside
山柰酚-3-O-(4-O-乙酰基)-α-L-吡喃鼠李糖苷-7-O-α-L-吡喃鼠李糖苷	kaempferol-3-O-(4-O-acetyl)-α-L-rhamnopyranoside-7-O-α-L-rhamnopyranoside
山柰酚-3-O-(4或5)-鼠李糖基阿拉伯糖苷	kaempferol-3-O-(4 or 5)-rhamnosyl arabinoside
山柰酚-3-O-(4″-顺式-对香豆酰基)-α-吡喃鼠李糖苷	kaempferol-3-O-(4″-cis-p-coumaroyl)-α-rhamnopyranoside
山柰酚-3-O-(5-O-乙酰呋喃芹糖基)-7-O-吡喃鼠李糖苷	kaempferol-3-O-(5-O-acetyl apiofuranosyl)-7-O-rhamnopyranoside
山柰酚-3-O-(6″-O-反式-对香豆酰基)-β-D-吡喃葡萄糖苷	kaempferol-3-O-(6″-O-trans-p-coumaroyl)-β-D-glucopyranoside
山柰酚-3-O-(6″-O-乙酰基)-β-D-吡喃葡萄糖苷	kaempferol-3-O-(6″-O-acetyl)-β-D-glucopyranoside
山柰酚-3-O-(6″-O-阿魏酰基)-β-D-葡萄糖苷	kaempferol-3-O-(6″-O-feruloyl)-β-D-glucoside
山柰酚-3-O-(6″-O-巴豆酰基)-β-D-吡喃葡萄糖苷	kaempferol-3-O-(6″-O-crotonyl)-β-D-glucopyranoside
山柰酚-3-O-(6″-O-反式-对香豆酰基)-β-D-吡喃葡萄糖苷	kaempferol-3-O-(6″-O-trans-p-coumaroyl)-β-D-glucopyranoside
山柰酚-3-O-(6″-O-鼠李糖基)-β-D-吡喃葡萄糖苷	kaempferol-3-O-(6″-O-rhamnosyl)-β-D-glucopyranoside
山柰酚-3-O-(6″-O-顺式-对香豆酰基)-β-D-吡喃葡萄糖苷	kaempferol-3-O-(6″-O-cis-p-coumaroyl)-β-D-glucopyranoside
山柰酚-3-O-(6″-O-乙酰基)-β-D-吡喃半乳糖苷	kaempferol-3-O-(6″-O-acetyl)-β-D-galactopyranoside
山柰酚-3-O-(6″-O-乙酰基)-β-D-吡喃葡萄糖苷	kaempferol-3-O-(6″-O-acetyl)-β-D-glucopyranoside
山柰酚-3-O-(6″-巴豆油酰基)-β-D-葡萄糖苷	kaempferol-3-O-(6″-crotonyl)-β-D-glucoside
山柰酚-3-O-(6″-对香豆酰基)-β-D-葡萄糖苷	kaempferol-3-O-(6″-p-coumaroyl)-β-D-glucoside

山柰酚-3-O-(6″-反式-对肉桂酰基)-β-D-吡喃葡萄糖苷	kaempferol-3-O-(6″-trans-p-coumaroyl)-β-D-glucopyranoside
山柰酚-3-O-(6″-反式-对香豆酰基)-α-D-吡喃甘露糖苷	kaempferol-3-O-(6″-trans-p-coumaroyl)-α-D-mannopyranoside
山柰酚-3-O-(6″-没食子酰基)-β-D-吡喃半乳糖苷	kaempferol-3-O-(6″-galloyl)-β-D-galactopyranoside
山柰酚-3-O-(6″-没食子酰基)-β-D-葡萄糖苷	kaempferol-3-O-(6″-galloyl)-β-D-glucoside
山柰酚-3-O-(6″-乙酰基-β-D-吡喃半乳糖苷)-7-O-α-L-吡喃鼠李糖苷	kaempferol-3-O-(6″-acetyl-β-D-galactopyranoside)-7-O-α-L-rhamnopyranoside
山柰酚-3-O-[(6-O-鼠李糖基)半乳糖苷]	kaempferol-3-O-[(6-O-rhamnosyl) galactoside]
山柰酚-3-O-[(6-O-鼠李糖基)葡萄糖苷]	kaempferol-3-O-[(6-O-rhamnosyl) glucoside]
山柰酚-3-O-[2″-(E)-对香豆酰基-4″-(Z)-对香豆酰基]-α-L-吡喃鼠李糖苷	kaempferol-3-O-[2″-(E)-p-coumaroyl-4″-(Z)-p-coumaroyl]-α-L-rhamnopyranoside
山柰酚-3-O-[2″, 3″-二-O-(E)-对香豆酰基]-α-L-吡喃鼠李糖苷	kaempferol-3-O-[2″, 3″-di-O-(E)-p-coumaroyl]-α-L-rhamnopyranoside
山柰酚-3-O-[2″, 6″-二-O-(E)-对羟基桂皮酰基]-β-D-吡喃葡萄糖苷	kaempferol-3-O-[2″, 6″-di-O-(E)-p-hydroxycoumaroyl]-β-D-glucopyranoside
山柰酚-3-O-[2″, 6″-二-O-反式-对香豆酰基]-β-D-吡喃葡萄糖苷	kaempferol-3-O-[2″, 6″-di-O-trans-coumaroyl]-β-D-glucopyranoside
山柰酚-3-O-[2″-O-(3, 4, 5-三羟基苯甲基酰基)]葡萄糖苷	kaempferol-3-O-[2″-O-(3, 4, 5-trihydroxybenzoyl)]glucoside
山柰酚-3-O-[2-O-(6-O-咖啡酰基)-β-D-吡喃葡萄糖基]-β-D-吡喃半乳糖苷	kaempferol-3-O-[2-O-(6-O-caffeoyl)-β-D-glucopyranosyl]-β-D-galactopyranoside
山柰酚-3-O-[2″-O-(E)-咖啡酰基]-β-D-吡喃葡萄糖苷	kaempferol-3-O-[2″-O-(E)-caffeoyl]-β-D-glucopyranoside
山柰酚-3-O-[2-O-(反式-对香豆酰)-3-O-α-L-吡喃鼠李糖基]-β-D-吡喃葡萄糖苷	kaempferol 3-O-[2-O-(trans-p-coumaroyl)-3-O-α-L-rhamnopyranosyl]-β-D-glucopyranoside
山柰酚-3-O-[2-O-α-L-吡喃鼠李糖基-6-O-β-D-吡喃木糖基]-β-D-吡喃葡萄糖苷	kaempferol-3-O-[2-O-α-L-rhamnopyranosyl-6-O-β-D-xylopyranosyl]-β-D-glucopyranoside
山柰酚-3-O-[2-O-β-D-吡喃葡萄糖基]-β-D-吡喃半乳糖苷	kaempferol-3-O-[2-O-β-D-glucopyranosyl]-β-D-galactopyranoside
山柰酚-3-O-[2′-反式-香豆酰基-3′-O-β-D-吡喃葡萄糖苷-3′-O-β-D-葡萄糖芸香糖苷]	kaempferol-3-O-[2′-trans-coumaroyl-3′-O-β-D-glucopyranoside-3′-O-β-D-glucosyl rutinoside]
山柰酚-3-O-[3″-(Z)-对香豆酰基-4″-(E)-对香豆酰基]-α-L-吡喃鼠李糖苷	kaempferol-3-O-[3″-(Z)-p-coumaroyl-4″-(E)-p-coumaroyl]-α-L-rhamnopyranoside
山柰酚-3-O-[3, 4-O-(异亚丙基)-α-L-吡喃阿拉伯糖苷]	kaempferol-3-O-[3, 4-O-(isopropylidene)-α-L-arabinopyranoside]
山柰酚-3-O-[3″, 6″-二-O-(E)-对肉桂酰基]-β-D-吡喃葡萄糖苷	kaempferol-3-O-[3″, 6″-di-O-(E)-p-coumaroyl]-β-D-glucopyranoside
山柰酚-3-O-[3″-O-(E)-对肉桂酰基]-[6″-O-(E)-阿魏酰基]-β-D-吡喃葡萄糖苷	kaempferol-3-O-[3″-O-(E)-p-coumaroyl]-[6″-O-(E)-feruloyl]-β-D-glucopyranoside
山柰酚-3-O-[3″-O-(E)-对肉桂酰基]-β-D-吡喃葡萄糖苷	kaempferol-3-O-[3″-O-(E)-p-coumaroyl]-β-D-glucopyranoside

山柰酚-3-O-[3″-O-(E)-咖啡酰基]-α-L-吡喃阿拉伯糖苷	kaempferol-3-O-[3″-O-(E)-caffeoyl]-α-L-arabinopyranoside
山柰酚-3-O-[4″-O-(E)-咖啡酰基]-β-D-吡喃葡萄糖苷	kaempferol-3-O-[4″-O-(E)-caffeoyl]-β-D-glucopyranoside
山柰酚-3-O-[6″-O-(3-羟基-3-甲基戊二酰基)葡萄糖苷]	kaempferol-3-O-[6″-O-(3-hydroxy-3-methyl glutaroyl)-glucoside]
山柰酚-3-O-[6″-O-(E)-咖啡酰基]-β-D-吡喃半乳糖苷	kaempferol-3-O-[6″-O-(E)-caffeoyl]-β-D-galactopyransoide
山柰酚-3-O-[α-L-吡喃鼠李糖基-(1→4)-吡喃鼠李糖基-(1→6)-β-吡喃半乳糖苷]	kaempferol-3-O-[α-L-rhamnopyranosyl-(1→4)-rhamnopyranosyl-(1→6)-β-galactopyranoside]
山柰酚-3-O-[α-L-吡喃鼠李糖基-(1→6)]-[β-D-吡喃葡萄糖基-(1→2)]-β-D-吡喃葡萄糖苷	kaempferol-3-O-[α-L-rhamnopyranosyl-(1→6)]-[β-D-glucopyranosyl-(1→2)]-β-D-glucopyranoside
山柰酚-3-O-[α-L-吡喃鼠李糖基-(1→6)-O-β-D-吡喃葡萄糖苷-7-O-α-L-吡喃鼠李糖苷	kaempferol-3-O-[α-L-rhamnopyranosyl-(1→6)]-O-β-D-glucopyranoside-7-O-α-L-rhamnopyranoside
山柰酚-3-O-[α-L-吡喃鼠李糖基-(1→6)-β-D-吡喃葡萄糖苷]	kaempferol-3-O-[α-L-rhamnopyranosyl-(1→6)-β-D-glucopyranoside]
山柰酚-3-O-[β-D-吡喃葡萄糖基-(1→3)]-3-O-α-L-吡喃鼠李糖苷-7-O-α-L-吡喃鼠李糖苷	kaempferol-3-O-[β-D-glucopyranosyl-(1→3)]-3-O-α-L-rhamnopyranoside-7-O-α-L-rhamnopyranoside
山柰酚-3-O-[β-L-吡喃鼠李糖基-(1→6)-β-D-吡喃葡萄糖苷]-7-O-α-L-吡喃鼠李糖苷(棘豆苷)	kaempferol-3-O-[β-L-rhamnopyranosyl-(1→6)-β-D-glucopyranoside]-7-O-α-L-rhamnopyranoside (oxytroside)
山柰酚-3-O-{2″-O-[(E)-6‴-O-阿魏酰基]-β-D-吡喃葡萄糖基}-β-D-吡喃半乳糖苷	kaempferol-3-O-{2″-O-[(E)-6‴-O-feruloyl]-β-D-glucopyranosyl}-β-D-galactopyranoside
山柰酚-3-O-{2-O-[6-O-(E)-阿魏酰基]-β-D-吡喃葡萄糖基}-β-D-吡喃半乳糖苷	kaempferol-3-O-{2-O-[6-O-(E)-feruloyl]-β-D-glucopyranosyl}-β-D-galactopyranoside
山柰酚-3-O-2″,6″-二-O-(E)-对羟基桂皮酰基-β-D-吡喃葡萄糖苷	kaempferol-3-O-2″, 6″-di-O-(E)-p-hydroxycoumaroyl-β-D-glucopyranoside
山柰酚-3-O-2G-α-L-吡喃鼠李糖基-(1→2)-α-L-吡喃鼠李糖基-(1→6)-β-D-吡喃葡萄糖苷	kaempferol-3-O-2G-α-L-rhamnopyranosyl-(1→2)-α-L-rhamnopyranosyl-(1→6)-β-D-glucopyranoside
山柰酚-3-O-4‴-乙酰鼠李糖苷	kaempferol-3-O-4‴-acetyl rhamninoside
山柰酚-3-O-6″-(3-羟基-3-甲基戊二酸单酰基)-β-D-葡萄糖苷	kaempferol-3-O-6″-(3-hydroxy-3-methyl glutaroyl)-β-D-glucoside
山柰酚-3-O-6″-反式-香豆酰基-β-D-葡萄糖苷	kaempferol-3-O-6″-trans-coumaroyl-β-D-glucoside
山柰酚-3-O-D-(6″-香豆酰基)葡萄糖苷	kaempferol-3-O-D-(6″-coumaroyl) glucoside
山柰酚-3-O-D-木糖苷	kaempferol-3-O-D-xyloside
山柰酚-3-O-L-阿拉伯糖苷	kaempferol-3-O-L-arabinoside
山柰酚-3-O-L-吡喃阿拉伯糖苷	kaempferol-3-O-L-arabinopyranoside
山柰酚-3-O-L-吡喃鼠李糖苷	kaempferol-3-O-L-rhamnopyranoside
山柰酚-3-O-L-吡喃鼠李糖基-β-D-葡萄糖苷	kaempferol-3-O-L-rhamnopyranosyl-β-D-glucoside
山柰酚-3-O-L-呋喃阿拉伯糖苷	kaempferol-3-O-L-arabinofuranoside
山柰酚-3-O-L-鼠李糖苷	kaempferol-3-O-L-rhamnoside
山柰酚-3-O-α-D-吡喃阿拉伯糖苷	kaempferol-3-O-α-D-arabinopyranoside

山柰酚 -3-O-α-D- 呋喃阿拉伯糖苷	kaempferol-3-O-α-D-arabinofuranoside
山柰酚 -3-O-α-L-(4-O- 乙酰基) 吡喃鼠李糖苷 -7-O-α-L- 吡喃鼠李糖苷	kaempferol-3-O-α-L-(4-O-acetyl) rhamnopyranoside-7-O-α-L-rhamnopyranoside
山柰酚 -3-O-α-L-[2″, 4″- 二 -(E)- 对香豆酰基] 鼠李糖苷	kaempferol-3-O-α-L-[2″, 4″-di-(E)-p-coumaroyl] rhamnoside
山柰酚 -3-O-α-L-[2, 3- 二 -(E)- 对香豆酰基] 吡喃鼠李糖苷	kaempferol-3-O-α-L-[2, 3-di-(E)-p-coumaroyl] rhamnopyranoside
山柰酚 -3-O-α-L-[2″, 3″- 二 -(E)- 对香豆酰基] 鼠李糖苷	kaempferol-3-O-α-L-[2″, 3″-di-(E)-p-coumaroyl] rhamnoside
山柰酚 -3-O-α-L-[3-(E)- 对香豆酰基] 吡喃鼠李糖苷	kaempferol-3-O-α-L-[3-(E)-p-coumaroyl] rhamnopyranoside
山柰酚 -3-O-α-L- 阿拉伯糖苷	kaempferol-3-O-α-L-arabinoside
山柰酚 -3-O-α-L- 阿拉伯糖苷 -7-O-α-L- 鼠李糖苷	kaempferol-3-O-α-L-arabinoside-7-O-α-L-rhamnoside
山柰酚 -3-O-α-L- 吡喃阿拉伯糖苷 (胡桃啉苷)	kaempferol-3-O-α-L-arabinopyranoside (juglalin)
山柰酚 -3-O-α-L- 吡喃阿拉伯糖苷 -7-O-α-L- 吡喃鼠李糖苷	kaempferol-3-O-α-L-arabinopyranoside-7-O-α-L-rhamnopyranoside
山柰酚 -3-O-α-L- 吡喃阿拉伯糖基 -(1→6)-β-D- 吡喃葡萄糖苷	kaempferol-3-O-α-L-arabinopyranosyl-(1→6)-β-D-glucopyranoside
山柰酚 -3-O-α-L- 吡喃鼠李糖苷	kaempferol-3-O-α-L-rhamopyranoside
山柰酚 -3-O-α-L- 吡喃鼠李糖苷 -2″-(6‴- 对香豆酰基)-β-D- 葡萄糖苷	kaempferol-3-O-α-L-rhamnopyranoside-2″-(6‴-p-coumaroyl)-β-D-glucoside
山柰酚 -3-O-α-L- 吡喃鼠李糖苷 -7-O-α-L- 吡喃鼠李糖苷	kaempferol-3-O-α-L-rhamnopyranoside-7-O-α-L-rhamnopyranoside
山柰酚 -3-O-α-L- 吡喃鼠李糖基 -(1→2)-[α-L- 吡喃鼠李糖基 -(1→6)]-β-D- 吡喃半乳糖苷	kaempferol-3-O-α-L-rhamnopyranosyl-(1→2)-[α-L-rhamnopyranosyl-(1→6)]-β-D-galactopyranoside
山柰酚 -3-O-α-L- 吡喃鼠李糖基 -(1→2)-[α-L- 吡喃鼠李糖基 -(1→6)]-β-D- 吡喃葡萄糖苷	kaempferol-3-O-α-L-rhamnopyranosyl-(1→2)-[α-L-rhamnopyranosyl-(1→6)]-β-D-glucopyranoside
山柰酚 -3-O-α-L- 吡喃鼠李糖基 -(1→2)-β-D- 吡喃半乳糖苷	kaempferol-3-O-α-L-rhamnopyranosyl-(1→2)-β-D-galactopyranoside
山柰酚 -3-O-α-L- 吡喃鼠李糖基 -(1→2)-β-D- 吡喃葡萄糖苷	kaempferol-3-O-α-L-rhamnopyranosyl-(1→2)-β-D-glucopyranoside
山柰酚 -3-O-α-L- 吡喃鼠李糖基 -(1→2)-β-D- 吡喃葡萄糖基 -(1→6)-β-D- 吡喃半乳糖苷	kaempferol-3-O-α-L-rhamnopyranosyl-(1→2)-β-D-glucopyranosyl-(1→6)-β-D-galactopyranoside
山柰酚 -3-O-α-L- 吡喃鼠李糖基 -(1→3)-α-L- 吡喃鼠李糖基 -(1→6)-β-D- 吡喃半乳糖苷	kaempferol-3-O-α-L-rhamnopyranosyl-(1→3)-α-L-rhamnopyranosyl-(1→6)-β-D-galactopyranoside
山柰酚 -3-O-α-L- 吡喃鼠李糖基 -(1→4)-β-D- 吡喃葡萄糖苷	kaempferol-3-O-α-L-rhamnopyranosyl-(1→4)-β-D-glucopyranoside
山柰酚 -3-O-α-L- 吡喃鼠李糖基 -(1→6)-β-D- 吡喃半乳糖苷	kaempferol-3-O-α-L-rhamnopyranosyl-(1→6)-β-D-galactopyranoside
山柰酚 -3-O-α-L- 吡喃鼠李糖基 -(1→6)-β-D- 吡喃葡萄糖苷	kaempferol-3-O-α-L-rhampyranosyl-(1→6)-β-D-glucopyranoside
山柰酚 -3-O-α-L- 吡喃鼠李糖基 -(1→6)-β-D- 吡喃葡萄糖基 -(1→2)-β-D- 吡喃葡萄糖苷	kaempferol-3-O-α-L-rhamnopyranosyl-(1→6)-β-D-glucopyranosyl-(1→2)-β-D-glucopyranoside

S

山柰酚 -3-*O*-α-L- 吡喃鼠李糖基 -β-D- 吡喃葡萄糖苷	kaempferol-3-*O*-α-L-rhampyranosyl-β-D-glucopyranoside
山柰酚 -3-*O*-α-L- 呋喃阿拉伯糖苷	kaempferol-3-*O*-α-L-arabinofuranoside
山柰酚 -3-*O*-α-L- 呋喃阿拉伯糖苷 -7-*O*-α-L- 吡喃鼠李糖苷	kaempferol-3-*O*-α-L-arabinofuranoside-7-*O*-α-L-rhamnopyranoside
山柰酚 -3-*O*-α-L- 葡萄糖苷	kaempferol-3-*O*-α-L-glucoside
山柰酚 -3-*O*-α-L- 鼠李糖苷	kaempferol-3-*O*-α-L-rhamnoside
山柰酚 -3-*O*-α-L- 鼠李糖苷 -7-*O*-α-L- 阿拉伯糖苷	kaempferol-3-*O*-α-L-rhamnoside-7-*O*-α-L-arabinoside
山柰酚 -3-*O*-α-L- 鼠李糖苷 -7-*O*-α-L- 鼠李糖基 -(1→2)-β-D- 半乳糖苷	kaempferol-3-*O*-α-L-rhamnoside-7-*O*-α-L-rhamnosyl-(1→2)-β-D-galactoside
山柰酚 -3-*O*-α-L- 鼠李糖基 -(1→2)-β-D- 木糖苷（珍珠菜素、金钱草素）	kaempferol-3-*O*-α-L-rhamnosyl-(1→2)-β-D-xyloside (lysimachiin)
山柰酚 -3-*O*-α-L- 鼠李糖基 -(1→2)-β-D- 葡萄糖苷	kaempferol-3-*O*-α-L-rhamnosyl-(1→2)-β-D-glucoside
山柰酚 -3-*O*-α-L- 鼠李糖基 -(1→6)-β-D- 吡喃半乳糖苷	kaempferol-3-*O*-α-L-rhamnosyl-(1→6)-β-D-galactopyranoside
山柰酚 -3-*O*-α-L- 鼠李糖基 -(1→6)-β-D- 葡萄糖苷	kaempferol-3-*O*-α-L-rhamnosyl-(1→6)-β-D-glucoside
山柰酚 -3-*O*-α- 吡喃鼠李糖苷	kaempferol-3-*O*-α-rhamnopyranoside
山柰酚 -3-*O*-α- 吡喃鼠李糖基 -(1→6)-β- 吡喃葡萄糖苷	kaempferol-3-*O*-α-rhamnopyranosyl-(1→6)-β-glucopyranoside
山柰酚 -3-*O*-α- 葡萄糖醛酸苷	kaempferol-3-*O*-α-glucuronide
山柰酚 -3-*O*-β-(2″- 乙酰基) 吡喃半乳糖苷	kaempferol-3-*O*-β-(2″-acetyl) galactopyranoside
山柰酚 -3-*O*-β-(2″- 乙酰基) 吡喃半乳糖苷 -7-*O*-α- 吡喃阿拉伯糖苷	kaempferol-3-*O*-β-(2″-acetyl) galactopyranoside-7-*O*-α-arabinopyranoside
山柰酚 -3-*O*-β-(3″-*O*- 乙酰基 -β-D- 葡萄糖醛酸苷)	kaempferol-3-*O*-β-(3″-*O*-acetyl-β-D-glucuronide)
山柰酚 -3-*O*-β-[6″-(*E*)- 对香豆酰基] 吡喃葡萄糖苷 -7-*O*-β- 吡喃葡萄糖苷	kaempferol-3-*O*-β-[6″-(*E*)-*p*-coumaroyl] glucopyranoside-7-*O*-β-glucopyranoside
山柰酚 -3-*O*-β-D-(2-*O*-β-D-6-*O*- 乙酰葡萄糖基) 吡喃葡萄糖苷	kaempferol-3-*O*-β-D-(2-*O*-β-D-6-*O*-acetyl glucosyl) glucopyranoside
山柰酚 -3-*O*-β-D-(2-*O*-β-D-6- 乙酰葡萄糖基) 吡喃葡萄糖苷 -7-*O*-β-D- 吡喃葡萄糖苷	kaempferol-3-*O*-β-D-(2-*O*-β-D-6-acetyl glucosyl) glucopyranoside-7-*O*-β-D-glucopyranoside
山柰酚 -3-*O*-β-D-(2-*O*-β-D- 吡喃葡萄糖基) 吡喃葡萄糖苷	kaempferol-3-*O*-β-D-(2-*O*-β-D-glucopyranosyl) glucopyranoside
山柰酚 -3-*O*-β-D-(2-*O*-β-D- 葡萄糖基) 吡喃葡萄糖苷	kaempferol-3-*O*-β-D-(2-*O*-β-D-glucosyl) glucopyranoside
山柰酚 -3-*O*-β-D-(2-*O*- 阿魏酰基) 葡萄糖苷 -7, 4′- 二 -*O*-β-D- 葡萄糖苷	kaempferol-3-*O*-β-D-(2-*O*-feruloyl) glucoside-7, 4′-di-*O*-β-D-glucoside
山柰酚 -3-*O*-β-D-(2″- 对香豆酰基) 葡萄糖苷	kaempferol-3-*O*-β-D-(2″-*p*-coumaroyl) glucoside
山柰酚 -3-*O*-β-D-(3″- 对香豆酰基) 葡萄糖苷	kaempferol-3-*O*-β-D-(3″-*p*-coumaroyl) glucoside
山柰酚 -3-*O*-β-D-(6″- 对香豆酰基) 吡喃葡萄糖苷	kaempferol-3-*O*-β-D-(6″-*p*-coumaroyl) glucopyranoside
山柰酚 -3-*O*-β-D-(6-*O*- 乙酰基) 吡喃葡萄糖苷	kaempferol-3-*O*-β-D-(6-*O*-acetyl) glucopyranoside
山柰酚 -3-*O*-β-D-(6-*O*- 乙酰基) 吡喃葡萄糖苷 -7-*O*-β-D- 吡喃葡萄糖苷	kaempferol-3-*O*-β-D-(6-*O*-acetyl) glucopyranoside-7-*O*-β-D-glucopyranoside
山柰酚 -3-*O*-β-D-(6″- 对羟基桂皮酰基) 葡萄糖苷	kaempferol-3-*O*-β-D-(6″-*p*-hydroxycinnamoyl) glucoside
山柰酚 -3-*O*-β-D-(6″- 对香豆酰基) 吡喃葡萄糖苷	kaempferol-3-*O*-β-D-(6″-*p*-coumaroyl) glucopyranoside

山柰酚-3-O-β-D-(6″-乙酰基半乳糖苷)	kaempferol-3-O-β-D-(6″-acetyl galactoside)
山柰酚-3-O-β-D-[2-O-(E)-对香豆酰基] 吡喃葡萄糖苷-7-O-α-L-吡喃鼠李糖苷	kaempferol-3-O-β-D-[2-O-(E)-p-coumaroyl] glucopyranoside-7-O-α-L-rhamnopyranoside
山柰酚-3-O-β-D-[6-(E)-对羟基桂皮酰基] 吡喃葡萄糖苷	kaempferol-3-O-β-D-[6-(E)-p-hydroxycinnamoyl] glucopyranoside
山柰酚-3-O-β-D-6-O-对羟基桂皮酰基吡喃葡萄糖苷	kaempferol-3-O-β-D-6-O-p-hydroxycinnamoyl glucopyranoside
山柰酚-3-O-β-D-半乳糖苷	kaempferol-3-O-β-D-galactoside
山柰酚-3-O-β-D-半乳糖基-(6→1)-α-L-吡喃鼠李糖苷	kaempferol-3-O-β-D-galactosyl-(6→1)-α-L-rhamnopyranoside
山柰酚-3-O-β-D-吡喃半乳糖苷	kaempferol-3-O-β-D-galactopyranoside
山柰酚-3-O-β-D-吡喃半乳糖苷-7-O-α-L-吡喃鼠李糖苷	kaempferol-3-O-β-D-galactopyranoside-7-O-α-L-rhamnopyranoside
山柰酚-3-O-β-D-吡喃半乳糖基-(2→1)-O-α-L-吡喃鼠李糖苷	kaempferol-3-O-β-D-galactopyranosyl-(2→1)-O-α-L-rhamnopyranoside
山柰酚-3-O-β-D-吡喃半乳糖基-(2→1)-O-β-D-吡喃葡萄糖苷	kaempferol-3-O-β-D-galactopyranosyl-(2→1)-O-β-D-glucopyranoside
山柰酚-3-O-β-D-吡喃木糖苷	kaempferol-3-O-β-D-xylopyranoside
山柰酚-3-O-β-D-吡喃木糖基-(1→2)-β-D-吡喃葡萄糖苷	kaempferol-3-O-β-D-xylopyranosyl-(1→2)-β-D-glucopyranoside
山柰酚-3-O-β-D-吡喃木糖基-(1→2)-β-D-吡喃葡萄糖基-(1→3)-β-D-吡喃葡萄糖苷	kaempferol-3-O-β-D-xylopyranosyl-(1→2)-β-D-glucopyranosyl-(1→3)-β-D-glucopyranoside
山柰酚-3-O-β-D-吡喃葡萄糖苷	kaempferol-3-O-β-D-glucopyranoside
山柰酚-3-O-β-D-吡喃葡萄糖苷-3″, 6″-二-O-(E)-(4-羟基) 肉桂酸酯	kaempferol-3-O-β-D-glucopyranoside-3″, 6″-bis-O-(E)-(4-hydroxy) cinnamate
山柰酚-3-O-β-D-吡喃葡萄糖苷-6″-O-(E)-(4-羟基) 肉桂酸酯	kaempferol-3-O-β-D-glucopyranoside-6″-O-(E)-(4-hydroxy) cinnamate
山柰酚-3-O-β-D-吡喃葡萄糖苷-7-O-α-L-吡喃鼠李糖苷	kaempferol-3-O-β-D-glucopyranoside-7-O-α-L-rhamnopyranoside
山柰酚-3-O-β-D-吡喃葡萄糖苷-7-O-α-L-鼠李糖苷 (过山蕨素)	kaempferol-3-O-β-D-glucopyranoside-7-O-α-L-rhamnoside (campsibisin)
山柰酚-3-O-β-D-吡喃葡萄糖苷-7-O-β-D-吡喃葡萄糖苷	kaempferol-3-O-β-D-glucopyranoside-7-O-β-D-glucopyranoside
山柰酚-3-O-β-D-吡喃葡萄糖苷-7-O-β-龙胆二糖苷	kaempferol-3-O-β-D-glucopyranoside-7-O-β-gentiobioside
山柰酚-3-O-β-D-吡喃葡萄糖基-(1→2)-[α-L-吡喃鼠李糖基-(1→6)]-β-D-吡喃葡萄糖苷	kaempferol-3-O-β-D-glucopyranosyl-(1→2)-[α-L-rhamnopyranosyl-(1→6)]-β-D-glucopyranoside
山柰酚-3-O-β-D-吡喃葡萄糖基-(1→2)-O-β-D-吡喃半乳糖苷	kaempferol-3-O-β-D-glucopyranosyl-(1→2)-O-β-D-galactopyranoside
山柰酚-3-O-β-D-吡喃葡萄糖基-(1→2)-α-D-吡喃木糖苷	kaempferol-3-O-β-D-glucopyranosyl-(1→2)-α-D-xylopyranoside
山柰酚-3-O-β-D-吡喃葡萄糖基-(1→2)-α-L-吡喃阿拉伯糖苷	kaempferol-3-O-β-D-glucopyranosyl-(1→2)-α-L-arabinopyranoside

S

山奈酚-3-O-β-D-吡喃葡萄糖基-(1→2)-α-L-鼠李糖苷	kaempferol-3-O-β-D-glucopyranosyl-(1→2)-α-L-rhamnoside
山奈酚-3-O-β-D-吡喃葡萄糖基-(1→2)-β-D-6-乙酰吡喃葡萄糖苷	kaempferol-3-O-β-D-glucopyranosyl-(1→2)-β-D-6-acetyl glucopyranoside
山奈酚-3-O-β-D-吡喃葡萄糖基-(1→2)-β-D-吡喃半乳糖苷-7-O-α-L-吡喃鼠李糖苷	kaempferol-3-O-β-D-glucopyranosyl-(1→2)-β-D-galactopyranoside-7-O-α-L-rhamnopyranoside
山奈酚-3-O-β-D-吡喃葡萄糖基-(1→2)-β-D-吡喃半乳糖苷-7-O-β-D-吡喃葡萄糖苷	kaempferol-3-O-β-D-glucopyranosyl-(1→2)-β-D-galactopyranoside-7-O-β-D-glucopyranoside
山奈酚-3-O-β-D-吡喃葡萄糖基-(1→2)-β-D-吡喃葡萄糖苷	kaempferol-3-O-β-D-glucopyranosyl-(1→2)-β-D-glucopyranoside
山奈酚-3-O-β-D-吡喃葡萄糖基-(1→2)-β-D-吡喃葡萄糖基-7-O-α-L-吡喃鼠李糖苷	kaempferol-3-O-β-D-glucopyranosyl-(1→2)-glucopyranosyl-7-O-α-L-rhamnopyranoside
山奈酚-3-O-β-D-吡喃葡萄糖基-(1→2)-β-D-吡喃葡萄糖基-7-O-β-D-吡喃葡萄糖苷	kaempferol-3-O-β-D-glucopyranosyl-(1→2)-glucopyranosyl-7-O-β-D-glucopyranoside
山奈酚-3-O-β-D-吡喃葡萄糖基-(1→3)-α-L-吡喃鼠李糖基-(1→6)-β-D-吡喃半乳糖苷	kaempferol-3-O-β-D-glucopyranosyl-(1→3)-α-L-rhamnopyranosyl-(1→6)-β-D-galactopyranoside
山奈酚-3-O-β-D-吡喃葡萄糖基-(1→4)-α-L-吡喃鼠李糖苷	kaempferol-3-O-β-D-glucopyranosyl-(1→4)-α-L-rhamnopyranoside
山奈酚-3-O-β-D-吡喃葡萄糖基-(1→4)-α-L-吡喃鼠李糖基-(1→6)-β-D-吡喃半乳糖苷	kaempferol-3-O-β-D-glucopyranosyl-(1→4)-α-L-rhamnopyranosyl-(1→6)-β-D-galactopyranoside
山奈酚-3-O-β-D-吡喃葡萄糖基-(1→6)-β-D-吡喃葡萄糖苷	kaempferol-3-O-β-D-glucopyranosyl-(1→6)-β-D-glucopyranoside
山奈酚-3-O-β-D-吡喃葡萄糖基-(2→1)-β-D-吡喃木糖丁酯	kaempferol-3-O-β-D-glucopyranosyl-(2→1)-β-D-xylopyranoside butyl ester
山奈酚-3-O-β-D-吡喃葡萄糖基-(6→1)-α-L-吡喃鼠李糖苷	kaempferol-3-O-β-D-glucopyranosyl-(6→1)-α-L-rhamnopyranoside
山奈酚-3-O-β-D-吡喃葡萄糖基-(6→1)-α-L-鼠李糖苷	kaempferol-3-O-β-D-glucopyranosyl-(6→1)-α-L-rhamnoside
山奈酚-3-O-β-D-吡喃葡萄糖基-[(2→1)-O-β-D-吡喃葡萄糖基]-(6→1)-α-L-吡喃鼠李糖苷	kaempferol-3-O-β-D-glucopyranosyl-[(2→1)-O-β-D-glucopyranosyl]-(6→1)-O-α-L-rhamnopyranoside
山奈酚-3-O-β-D-吡喃葡萄糖醛酸苷	kaempferol-3-O-β-D-glucuronopyranoside
山奈酚-3-O-β-D-吡喃葡萄糖醛酸酯苷	kaempferol-3-O-β-D-glucuronopyranoside ester
山奈酚-3-O-β-D-刺槐双糖苷	kaempferol-3-O-β-D-robinobioside
山奈酚-3-O-β-D-二吡喃葡萄糖苷-7-O-α-L-吡喃鼠李糖苷	kaempferol-3-O-β-D-diglucopyranoside-7-O-α-L-rhamnopyranoside
山奈酚-3-O-β-D-呋喃芹糖基-(1→2)-β-D-吡喃葡萄糖苷-7-O-α-L-吡喃鼠李糖苷	kaempferol-3-O-β-D-apiofuranosyl-(1→2)-β-D-glucopyranoside-7-O-α-L-rhamnopyranoside
山奈酚-3-O-β-D-槐糖苷	kaempferol-3-O-β-D-sophoroside
山奈酚-3-O-β-D-槐糖苷-7-O-α-L-吡喃鼠李糖苷	kaempferol-3-O-β-D-sophoroside-7-O-α-L-rhamnopyranoside
山奈酚-3-O-β-D-槐糖苷-7-O-α-L-鼠李糖苷	kaempferol-3-O-β-D-sophoroside-7-O-α-L-rhamnoside
山奈酚-3-O-β-D-槐糖苷-7-O-β-D-吡喃葡萄糖苷	kaempferol-3-O-β-D-sophoroside-7-O-β-D-glucopyranoside

山奈酚-3-*O*-β-D-龙胆二糖苷	kaempferol-3-*O*-β-D-gentiobioside
山奈酚-3-*O*-β-D-龙胆二糖苷-7-*O*-β-D-葡萄糖苷	kaempferol-3-*O*-β-D-gentiobioside-7-*O*-β-D-glucoside
山奈酚-3-*O*-β-D-葡萄糖苷 (黄芪苷、紫云英苷)	kaempferol-3-*O*-β-D-glucoside (astragalin)
山奈酚-3-*O*-β-D-葡萄糖苷-6″-α-D-鼠李糖苷	kaempferol-3-*O*-β-D-glucoside-6″-α-D-rhamnoside
山奈酚-3-*O*-β-D-葡萄糖苷-7-*O*-α-L-鼠李糖苷	kaempferol-3-*O*-β-D-glucoside-7-*O*-α-L-rhamnoside
山奈酚-3-*O*-β-D-葡萄糖苷-7-*O*-β-D-吡喃葡萄糖苷	kaempferol-3-*O*-β-D-glucoside-7-*O*-β-D-glucopyranoside
山奈酚-3-*O*-β-D-葡萄糖基-(1→2)-[α-鼠李糖基-(1→4)]-β-葡萄糖苷	kaempferol-3-*O*-β-D-glucosyl-(1→2)-[α-rhamnosyl-(1→4)]-β-glucoside
山奈酚-3-*O*-β-D-葡萄糖基-(1→2)-*O*-α-L-鼠李糖苷	kaempferol-3-*O*-β-D-glucosyl-(1→2)-*O*-α-L-rhamnoside
山奈酚-3-*O*-β-D-葡萄糖基-(1→2)-β-D-半乳糖苷	kaempferol-3-*O*-β-D-glucosyl-(1→2)-β-D-galactoside
山奈酚-3-*O*-β-D-葡萄糖基-(1→2)-β-D-半乳糖苷-7-*O*-β-D-葡萄糖苷	kaempferol-3-*O*-β-D-glucosyl-(1→2)-β-D-galactoside-7-*O*-β-D-glucoside
山奈酚-3-*O*-β-D-葡萄糖基-(1→2)-β-D-葡萄糖苷	kaempferol-3-*O*-β-D-glucosyl-(1→2)-β-D-glucoside
山奈酚-3-*O*-β-D-葡萄糖基-(2→1)-β-D-葡萄糖苷	kaempferol-3-*O*-β-D-glucosyl-(2→1)-β-D-glucoside
山奈酚-3-*O*-β-D-葡萄糖醛酸苷	kaempferol-3-*O*-β-D-glucuronide
山奈酚-3-*O*-β-D-葡萄糖鼠李糖苷	kaempferol-3-*O*-β-D-glucorhamnoside
山奈酚-3-*O*-β-D-芹糖基-(1→2)-[α-L-鼠李糖基-(1→6)]-β-D-葡萄糖苷	kaempferol-3-*O*-β-D-apiosyl-(1→2)-[α-L-rhamnosyl-(1→6)]-β-D-glucoside
山奈酚-3-*O*-β-D-三吡喃葡萄糖苷-7-*O*-α-L-吡喃鼠李糖苷	kaempferol-3-*O*-β-D-triglucopyranoside-7-*O*-α-L-rhamnopyranoside
山奈酚-3-*O*-β-D-鼠李糖苷	kaempferol-3-*O*-β-D-rhamnoside
山奈酚-3-*O*-β-D-芸香糖苷	kaempferol-3-*O*-β-D-rutinoside
山奈酚-3-*O*-β-D-芸香糖苷-7-*O*-β-D-吡喃葡萄糖苷	kaempferol-3-*O*-β-D-rutinoside-7-*O*-β-D-glucopyranoside
山奈酚-3-*O*-β-L-吡喃鼠李糖苷	kaempferol-3-*O*-β-L-rhamnopyranoside
山奈酚-3-*O*-β-L-吡喃鼠李糖基-(1→6)-β-D-吡喃葡萄糖苷	kaempferol-3-*O*-β-L-rhamnopyranosyl-(1→6)-β-D-glucopyranoside
山奈酚-3-*O*-β-半乳糖苷	kaempferol-3-*O*-β-galactoside
山奈酚-3-*O*-β-吡喃葡萄糖基-(1→2)-β-吡喃葡萄糖苷-7-*O*-α-吡喃鼠李糖苷	kaempferol-3-*O*-β-glucopyranosyl-(1→2)-β-glucopyranoside-7-*O*-α-rhamnopyranoside
山奈酚-3-*O*-β-槐糖苷	kaempferol-3-*O*-β-sophoroside
山奈酚-3-*O*-β-槐糖苷-7-*O*-β-D-(2-*O*-阿魏酰基) 葡萄糖苷	kaempferol-3-*O*-β-sophoroside-7-*O*-β-D-(2-*O*-feruloyl)-glucoside
山奈酚-3-*O*-β-龙胆二糖苷	kaempferol-3-*O*-β-gentiobioside
山奈酚-3-*O*-β-龙胆二糖苷-7-*O*-β-葡萄糖醛酸苷	kaempferol-3-*O*-β-gentiobioside-7-*O*-β-glucuronide
山奈酚-3-*O*-β-葡萄糖苷-7-*O*-β-葡萄糖醛酸苷	kaempferol-3-*O*-β-glucoside-7-*O*-β-glucuronide
山奈酚-3-*O*-β-芹糖基-(1→2)-β-D-葡萄糖苷	kaempferol-3-*O*-β-apiosyl-(1→2)-β-D-glucoside
山奈酚-3-*O*-β-鼠李三糖苷	kaempferol-3-*O*-β-rhamninoside
山奈酚-3-*O*-β-芸香糖苷	kaempferol-3-*O*-β-rutinoside
山奈酚-3-*O*-β-芸香糖苷-7-*O*-β-D-葡萄糖苷	kaempferol-3-*O*-β-rutinoside-7-*O*-β-D-glucoside

山奈酚-3-*O*-β-芸香糖苷-7-*O*-β-葡萄糖醛酸苷	kaempferol-3-*O*-β-rutinoside-7-*O*-β-glucuronide
山奈酚-3-*O*-阿拉伯糖苷	kaempferol-3-*O*-arabinoside
山奈酚-3-*O*-阿拉伯糖苷-7-*O*-鼠李糖苷	kaempferol-3-*O*-arabinoside-7-*O*-rhamnoside
山奈酚-3-*O*-阿拉伯糖基半乳糖苷	kaempferol-3-*O*-arabinosyl galactoside
山奈酚-3-*O*-半乳糖苷 (三叶豆苷)	kaempferol-3-*O*-galactoside (trifolin)
山奈酚-3-*O*-半乳糖苷-7-*O*-鼠李糖苷	kaempferol-3-*O*-galactoside-7-*O*-rhamnoside
山奈酚-3-*O*-半乳糖基-(2→1)-葡萄糖苷	kaempferol-3-*O*-galactosyl-(2→1)-glucoside
山奈酚-3-*O*-吡喃阿拉伯糖苷	kaempferol-3-*O*-arabinopyranoside
山奈酚-3-*O*-吡喃半乳糖苷	kaempferol-3-*O*-galactopyranoside
山奈酚-3-*O*-吡喃木糖基吡喃葡萄糖苷	kaempferol-3-*O*-xylopyranosyl glucopyranoside
山奈酚-3-*O*-吡喃葡萄糖苷 (山奈酚-3-*O*-葡萄糖苷)	kaempferol-3-*O*-glucopyranoside (kaempferol-3-*O*-glucoside)
山奈酚-3-*O*-吡喃鼠李糖苷	kaempferol-3-*O*-rhamnopyranoside
山奈酚-3-*O*-吡喃鼠李糖基-(1→2)-吡喃半乳糖苷	kaempferol-3-*O*-rhamnopyranosyl-(1→2)-galactopyranoside
山奈酚-3-*O*-刺槐双糖苷	kaempferol-3-*O*-robinobioside
山奈酚-3-*O*-单糖苷	kaempferol-3-*O*-monoglycoside
山奈酚-3-*O*-二吡喃半乳糖苷	kaempferol-3-*O*-digalactopyranoside
山奈酚-3-*O*-二吡喃葡萄糖苷	kaempferol-3-*O*-diglucopyranoside
山奈酚-3-*O*-二葡萄糖苷	kaempferol-3-*O*-diglucoside
山奈酚-3-*O*-二鼠李糖苷-7-*O*-鼠李糖苷	kaempferol-3-*O*-dirhamnoside-7-*O*-rhamnoside
山奈酚-3-*O*-呋喃芹糖苷-7-*O*-吡喃鼠李糖苷	kaempferol-3-*O*-apiofuranoside-7-*O*-rhamnopyranoside
山奈酚-3-*O*-槐糖苷	kaempferol-3-*O*-sophoroside
山奈酚-3-*O*-槐糖苷-7-*O*-β-吡喃葡萄糖苷	kaempferol-3-*O*-sophoroside-7-*O*-β-glucopyranoside
山奈酚-3-*O*-槐糖苷-7-*O*-葡萄糖苷	kaempferol-3-*O*-sophoroside-7-*O*-glucoside
山奈酚-3-*O*-槐糖苷-7-*O*-葡萄糖醛酸苷	kaempferol-3-*O*-sophoroside-7-*O*-glucuronide
山奈酚-3-*O*-己糖苷	kaempferol-3-*O*-hexoside
山奈酚-3-*O*-龙胆二糖苷	kaempferol-3-*O*-gentiobioside
山奈酚-3-*O*-葡萄糖半乳糖苷	kaempferol-3-*O*-glucogalactoside
山奈酚-3-*O*-葡萄糖苷 (山奈酚-3-*O*-吡喃葡萄糖苷)	kaempferol-3-*O*-glucoside (kaempferol-3-*O*-glucopyranoside)
山奈酚-3-*O*-葡萄糖苷-7-*O*-鼠李糖苷	kaempferol-3-*O*-glucoside-7-*O*-rhamnoside
山奈酚-3-*O*-葡萄糖基-(1→2)-半乳糖苷 (人参黄酮苷、人参草黄苷)	kaempferol-3-*O*-glucosyl-(1→2)-galactoside (panasenoside)
山奈酚-3-*O*-葡萄糖基鼠李糖基葡萄糖苷	kaempferol-3-*O*-glucosyl rhamnosyl glucoside
山奈酚-3-*O*-葡萄糖醛酸苷	kaempferol-3-*O*-glucuronide
山奈酚-3-*O*-三葡萄糖苷-7-*O*-葡萄糖苷	kaempferol-3-*O*-triglucoside-7-*O*-glucoside
山奈酚-3-*O*-桑布双糖苷 (堪非醇-3-*O*-桑布双糖苷、雪片莲苷)	kaempferol-3-*O*-sambubioside (leucoside)
山奈酚-3-*O*-山黧豆糖苷	kaempferol-3-*O*-lathyroside
山奈酚-3-*O*-鼠李阿拉伯糖苷-7-*O*-鼠李糖苷	kaempferol-3-*O*-rhamnoarabinoside-7-*O*-rhamnoside
山奈酚-3-*O*-鼠李半乳糖苷-7-*O*-鼠李糖苷	kaempferol-3-*O*-rhamnogalactoside-7-*O*-rhamnoside
山奈酚-3-*O*-鼠李葡萄糖苷	kaempferol-3-*O*-rhamnoglucoside

山奈酚-3-O-鼠李葡萄糖苷-7-O-鼠李糖苷	kaempferol-3-O-rhamnoglucoside-7-O-rhamnoside
山奈酚-3-O-鼠李葡萄糖苷-7-O-鼠李糖苷-4′-鼠李糖苷	kaempferol-3-O-rhamnoglucoside-7-O-rhamnoside-4′-rhamnoside
山奈酚-3-O-鼠李糖苷	kaempferol-3-O-rhamnoside
山奈酚-3-O-鼠李糖苷-7-O-鼠李糖苷	kaempferol-3-O-rhamnoside-7-O-rhamnoside
山奈酚-3-O-鼠李糖苷-7-O-鼠李糖苷-(1→3)-鼠李糖苷	kaempferol-3-O-rhamnoside-7-O-rhamnoside-(1→3)-rhamnoside
山奈酚-3-O-鼠李糖基-(1→2)-半乳糖苷	kaempferol-3-O-rhamnosyl-(1→2)-galactoside
山奈酚-3-O-鼠李糖基-(1→6)-半乳糖苷	kaempferol-3-O-rhamnosyl-(1→6)-galactoside
山奈酚-3-O-鼠李糖基二葡萄糖苷	kaempferol-3-O-rhamnodiglucoside
山奈酚-3-O-鼠李糖基葡萄糖苷	kaempferol-3-O-rhamnosyl glucosidc
山奈酚-3-O-新橙皮糖苷	kaempferol-3-O-neohesperidoside
山奈酚-3-O-乙酰半乳糖苷-7-O-鼠李糖苷	kaempferol-3-O-acetyl galactoside-7-O-rhamnoside
山奈酚-3-O-乙酰鼠李半乳糖苷-7-O-鼠李糖苷	kaempferol-3-O-acetyl rhamnogalactoside-7-O-rhamnoside
山奈酚-3-O-芸香糖苷 (烟花苷)	kaempferol-3-O-rutinoside (nicotiflorin)
山奈酚-3-O-芸香糖苷-7-O-吡喃葡萄糖苷	kaempferol-3-O-rutinoside-7-O-glucopyranoside
山奈酚-3-O-芸香糖基-(1→2)-O-鼠李糖苷	kaempferol-3-O-rutinosyl-(l→2)-O-rhamnoside
山奈酚-3-O-珍珠菜三糖苷	kaempferol-3-O-lysimachiatrioside
山奈酚-3-α-L-阿拉伯糖苷-7-α-L-鼠李糖苷	kaempferol-3-α-L-arabinoside-7-α-L-rhamnoside
山奈酚-3-α-L-吡喃阿拉伯糖苷	kaempferol-3-α-L-arabinopyranoside
山奈酚-3-α-L-吡喃鼠李糖苷	kaempferol-3-α-L-rhamnopyranoside
山奈酚-3-β-D-(6-O-顺式-对香豆酰基)吡喃葡萄糖苷	kaempferol-3-β-D-(6-O-cis-p-coumaroyl) glucopyranoside
山奈酚-3-β-D-阿洛糖苷	kaempferol-3-β-D-alloside
山奈酚-3-β-D-半乳糖苷	kaempferol-3-β-D-galactoside
山奈酚-3-β-D-吡喃葡萄糖苷	kaempferol-3-β-D-glucopyranoside
山奈酚-3-β-D-吡喃葡萄糖基-(2→1)-β-D-吡喃葡萄糖苷	kaempferol-3-β-D-glucopyranosyl-(2→1)-β-D-glucopyranoside
山奈酚-3-β-D-槐糖苷	kaempferol-3-β-D-sophoroside
山奈酚-3-β-D-木糖苷	kaempferol-3-β-D-xyloside
山奈酚-3-β-D-葡萄糖苷-6-α-L-鼠李糖苷	kaempferol-3-β-D-glucoside-6-α-L-rhamnoside
山奈酚-3-β-D-葡萄糖苷-7-α-L-鼠李糖苷	kaempferol-3-β-D-glucoside-7-α-L-rhamnoside
山奈酚-3-β-D-葡萄糖苷-7-β-L-鼠李糖苷	kaempferol-3-β-D-glucoside-7-β-L-rhamnoside
山奈酚-3-β-D-葡萄糖醛酸苷	kaempferol-3-β-D-glucuronide
山奈酚-3-阿拉伯糖苷	kaempferol-3-arabinoside
山奈酚-3-半乳糖二鼠李糖苷	kaempferol-3-galactodirhamnoside
山奈酚-3-半乳糖葡萄糖苷	kaempferol-3-galactoglucoside
山奈酚-3-半乳糖鼠李糖苷	kaempferol-3-galactorhamnoside
山奈酚-3-吡喃鼠李糖苷-7-吡喃鼠李糖基-(1→3)-吡喃鼠李糖苷	kaempferol-3-rhamnopyranoside-7-rhamnopyranosyl-(1→3)-rhamnopyranoside
山奈酚-3-刺槐双糖苷-7-葡萄糖苷	kaempferol-3-robinobioside-7-glucoside

山柰酚 -3- 单 -L- 鼠李糖苷	kaempferol-3-mono-L-rhamnoside
山柰酚 -3- 对香豆酰基葡萄糖苷	kaempferol-3-(*p*-coumaroyl) glucoside
山柰酚 -3- 二葡萄糖苷	kaempferol-3-diglucoside
山柰酚 -3- 二葡萄糖苷 -7- 葡萄糖苷	kaempferol-3-diglucoside-7-glucoside
山柰酚 -3- 二鼠李糖葡萄糖苷	kaempferol-3-dirhamnoglucoside
山柰酚 -3- 呋喃阿拉伯糖苷	kaempferol-3-arabofuranoside
山柰酚 -3- 槐二糖苷 -7- 鼠李糖苷	kaempferol-3-sophoroside-7-rhamnoside
山柰酚 -3- 槐糖苷	kaempferol-3-sophoroside
山柰酚 -3- 槐糖苷 -7- 葡萄糖苷	kaempferol-3-sophoroside-7-glucoside
山柰酚 -3- 甲醚 (异山柰素)	kaempferol-3-methyl ether (isokaempferide)
山柰酚 -3- 硫酸酯	kaempferol-3-sulphate
山柰酚 -3- 龙胆二糖苷	kaempferol-3-gentiobioside
山柰酚 -3- 龙胆二糖苷 -7- 葡萄糖苷	kaempferol-3-gentiobioside-7-glucoside
山柰酚 -3- 没食子酰基葡萄糖苷	kaempferol-3-galloyl glucoside
山柰酚 -3- 木糖苷	kaempferol-3-xyloside
山柰酚 -3- 木糖苷 -7- 葡萄糖苷	kaempferol-3-xyloside-7-glucoside
山柰酚 -3- 木糖基芸香糖苷 -7- 葡萄糖苷	kaempferol-3-xylosyl rutinoside-7-glucoside
山柰酚 -3- 木糖葡萄糖苷	kaempferol-3-*O*-xylosyl glucoside
山柰酚 -3- 葡萄糖苷	kaempferol-3-glucoside
山柰酚 -3- 葡萄糖苷 -2″, 4″- 二香豆酸酯	kaempferol-3-glucoside-2″, 4″-dicoumarate
山柰酚 -3- 葡萄糖苷 -7- 槐糖苷	kaempferol-3-glucoside-7-sophoroside
山柰酚 -3- 葡萄糖苷 -7- 鼠李糖苷	kaempferol-3-glucoside-7-rhamnoside
山柰酚 -3- 葡萄糖苷 -7- 双葡萄糖苷	kaempferol-3-glucoside-7-diglucoside
山柰酚 -3- 葡萄糖醛酸苷	kaempferol-3-glucuronide
山柰酚 -3- 葡萄糖鼠李糖葡萄糖苷	kaempferol-3-gluco-rhamno-glucoside
山柰酚 -3- 芹糖苷 -7- 鼠李糖基 -(1→6)- 半乳糖苷	kaempferol-3-apioside-7-rhamnosyl-(1→6)-galactoside
山柰酚 -3- 三葡萄糖苷	kaempferol-3-triglucoside
山柰酚 -3- 鼠李糖半乳糖苷	kaempferol-3-rhamnogalactoside
山柰酚 -3- 鼠李糖二葡萄糖苷	kaempferol-3-rhamnodiglucoside
山柰酚 -3- 鼠李糖苷 (阿福豆苷、缅茄苷)	kaempferol-3-L-rhamnoside (afzelin, kaempferin)
山柰酚 -3- 鼠李糖苷 -4′- 木糖苷	kaempferol-3-rhamnoside-4′-xyloside
山柰酚 -3- 鼠李糖苷 -7-*O*-[6阿魏酰葡萄糖基 -(1→3)- 鼠李糖苷]	kaempferol-3-rhamnoside-7-*O*-[6-feruloyl glucosyl-(1→3)-rhamnoside]
山柰酚 -3- 鼠李糖苷 -7- 木糖苷	kaempferol-3-rhamnoside-7-xyloside
山柰酚 -3- 鼠李糖苷 -7- 葡萄糖苷	kaempferol-3-rhamnoside-7-glucoside
山柰酚 -3- 鼠李糖葡萄糖苷	kaempferol-3-rhamnoglucoside
山柰酚 -3- 鼠李糖葡萄糖苷 -7- 葡萄糖苷	kaempferol-3-rhamnosyl glucoside-7-glucoside
山柰酚 -3- 新橙皮糖苷	kaempferol-3-neohesperidoside
山柰酚 -3- 新橙皮糖苷 -7- 鼠李糖苷	kaempferol-3-neohesperidoside-7-rhamnoside
山柰酚 -3- 芸香糖苷 -7- 葡萄糖苷	kaempferol-3-rutinoside-7-glucoside

山柰酚 -4′, 7- 二甲醚	kaempferol-4′, 7-dimethyl ether
山柰酚 -4′-*O*-α-L- 吡喃鼠李糖基 -(1→6)-β-D- 吡喃葡萄糖苷	kaempferol-4′-*O*-α-L-rhamnopyranosyl-(1→6)-β-D-glucopyranoside
山柰酚 -4-*O*-β-D- 吡喃葡萄糖苷	kaempferol-4-*O*-β-D-glucopyranoside
山柰酚 -4′-*O*-β-D- 吡喃葡萄糖基 -(1→2)-β-D- 吡喃葡萄糖苷	kaempferol-4′-*O*-β-D-glucopyranosyl-(1→2)-β-D-glucopyranoside
山柰酚 -4′-*O*-β-D- 呋喃芹糖苷 -3-*O*-β-D- 吡喃葡萄糖苷 -7-*O*-α-L- 吡喃鼠李糖苷	kaempferol-4′-*O*-β-D-apiofuranoside-3-*O*-β-D-glucopyranoside-7-*O*-α-L-rhamnopyranoside
山柰酚 -4′-β- 葡萄糖苷	kaempferol-4′-β-glucoside
山柰酚 -4′- 甲醚	kaempferol 4′-methyl ether
山柰酚 -5- 甲醚	kaempferol-5-methyl ether
山柰酚 -6-*C*-β-D- 吡喃葡萄糖苷	kaempferol-6-*C*-β-D-glucopyranoside
山柰酚 -6′-*O*- 乙酸酯	kaempferol-6′-*O*-acetate
山柰酚 -7, 4′- 二甲醚	kaempferol-7, 4′-dimethyl ether
山柰酚 -7, 4′- 二甲醚 -3-*O*-β-D- 呋喃芹糖基 -(1→2)-β-D- 吡喃半乳糖苷	kaempferol-7, 4′-dimethyl ether-3-*O*-β-D-apiofuranosyl-(1→2)-β-D-galactopyranoside
山柰酚 -7-*O*-(4″, 6″ - 二 - 对羟基肉桂酰 -2″, 3″ - 二乙酰基)-β-D- 吡喃葡萄糖苷	kaempferol-7-*O*-(4″, 6″-di-*p*-hydroxycinnamoyl-2″, 3″-diacetyl)-β-D-glucopyranoside
山柰酚 -7-*O*-[2-(*E*)- 对香豆酰基 -α-L- 鼠李糖苷]	kaempferol-7-*O*-[2-(*E*)-*p*-coumaroyl-α-L-rhamnoside]
山柰酚 -7-*O*-[2, 3- 二 -(*E*)- 香豆酰 -α-L- 鼠李糖苷]	kaempferol-7-*O*-[2, 3-di-(*E*)-coumaroyl-α-L-rhamnoside]
山柰酚 -7-*O*-α-L- 吡喃鼠李糖苷	kaempferol-7-*O*-α-L-rhamnopyranoside
山柰酚 -7-*O*-α-L- 吡喃鼠李糖苷 -3-*O*-α-L- 吡喃鼠李糖基 -(1→2)-β-D- 吡喃葡萄糖苷	kaempferol-7-*O*-α-L-rhamnopyranoside-3-*O*-α-L-rhamnopyranosyl-(1→2)-β-D-glucopyranoside
山柰酚 -7-*O*-α-L- 吡喃鼠李糖苷 -3-*O*-β-D-(2-*O*- 乙酰吡喃葡萄糖基)-(1→3)-α-L- 吡喃鼠李糖苷	kaempferol-7-*O*-α-L-rhamnopyranoside-3-*O*-β-D-(2-*O*-acetyl glucopyranosyl)-(1→3)-α-L-rhamnopyranoside
山柰酚 -7-*O*-α-L- 吡喃鼠李糖苷 -3-*O*-β-D- 吡喃葡萄糖苷	kaempferol-7-*O*-α-L-rhamnopyranoside-3-*O*-β-D-glucopyranoside
山柰酚 -7-*O*-α-L- 鼠李糖苷 (α- 鼠李异洋槐素)	kaempferol-7-*O*-α-L-rhamnoside (α-rhamnoisorobin)
山柰酚 -7-*O*-α-L- 鼠李糖苷 -3-*O*-β-D- 吡喃葡萄糖苷	kaempferol-7-*O*-α-L-rhamnoside-3-*O*-β-D-glucopyranoside
山柰酚 -7-*O*-α-L- 鼠李糖苷 -4′-*O*-β-D- 吡喃葡萄糖苷	kaempferol-7-*O*-α-L-rhamnoside-4′-*O*-β-D-glucopyranoside
山柰酚 -7-*O*-β-D- 吡喃半乳糖苷	kaempferol-7-*O*-β-D-galactopyranoside
山柰酚 -7-*O*-β-D- 吡喃葡萄糖苷	kaempferol-7-*O*-β-D-glucopyranoside
山柰酚 -7-*O*-β-D- 吡喃葡萄糖基 -(1→2)-β-D- 吡喃葡萄糖苷	kaempferol-7-*O*-β-D-glucopyranosyl-(1→2)-β-D-glucopyranoside
山柰酚 -7-*O*-β-D- 吡喃葡萄糖基 -(1→4)-β-D- 吡喃葡萄糖苷	kaempferol-7-*O*-β-D-glucopyranosyl-(1→4)-β-D-glucopyranoside
山柰酚 -7-*O*-β-D- 葡萄糖苷	kaempferol-7-*O*-β-D-glucoside
山柰酚 -7-*O*-β-D- 葡萄糖苷 -3-*O*-α-L- 鼠李糖苷	kaempferol-7-*O*-β-D-glucoside-3-*O*-α-L-rhamnoside
山柰酚 -7-*O*-β-D- 葡萄糖基 -(1→4)-β-D- 葡萄糖苷	kaempferol-7-*O*-β-D-glucosyl-(1→4)-β-D-glucoside

S

山柰酚-7-O-β-D-芸香糖苷	kaempferol-7-O-β-D-rutinoside
山柰酚-7-O-β-L-吡喃鼠李糖苷	kaempferol-7-O-β-L-rhamnopyranoside
山柰酚-7-O-β-L-吡喃鼠李糖苷-3-O-β-D-吡喃葡萄糖苷	kaempferol-7-O-β-L-rhamnopyranoside-3-O-β-D-glucopyranoside
山柰酚-7-O-β-吡喃葡萄糖苷	kaempferol-7-O-β-glucopyranoside
山柰酚-7-O-β-龙胆二糖苷	kaempferol-7-O-β-gentiobioside
山柰酚-7-O-β-葡萄糖苷	kaempferol-7-O-β-glucoside
山柰酚-7-O-鼠李糖苷	kaempferol-7-O-rhamnoside
山柰酚-7-O-鼠李糖基-(1→2)-葡萄糖苷	kaempferol-7-O-rhamnosyl-(1→2)-glucoside
山柰酚-7-O-鼠李糖基-(1→2)-鼠李糖苷	kaempferol-7-O-rhamnosyl-(1→2)-rhamnoside
山柰酚-7-O-新橙皮糖苷	kaempferol-7-O-neohesperidoside
山柰酚-7-α-L-鼠李糖苷	kaempferol-7-α-L-rhamnoside
山柰酚-7-二-O-α-L-吡喃鼠李糖苷	kaempferol-7-di-O-α-L-rhamnopyranoside
山柰酚-7-甲醚	kaempferol-7-monomethyl ether
山柰酚-7-甲醚-3-O-β-D-吡喃葡萄糖苷	kaempferol-7-methyl ether-3-O-β-D-glucopyranoside
山柰酚-7-葡萄糖苷-3-槐糖苷	kaempferol-7-glucoside-3-sophoroside
山柰酚-7-葡萄糖苷-3-葡萄糖半乳糖苷	kaempferol-7-glucoside-3-glucogalactoside
山柰酚-7-葡萄糖苷-3-鼠李糖半乳糖苷	kaempferol-7-glucoside-3-rhamnogalactoside
山柰酚-7-葡萄糖苷-3-鼠李糖葡萄糖苷	kaempferol-7-glucoside-3-rhamnoglucoside
山柰酚-7-葡萄糖基鼠李糖苷	kaempferol-7-glucosyl rhamnoside
山柰酚-7-鼠李糖苷-3-葡萄糖苷	kaempferol-7-rhamnoside-3-glucoside
山柰酚-8-C-β-D-吡喃葡萄糖苷	kaempferol-8-C-β-D-glucopyranoside
山柰酚-O-刺槐双糖苷	kaempferol-O-robinobioside
山柰酚-O-二葡萄糖醛酸苷	kaempferol-O-diglucuronide
山柰酚二鼠李糖苷	kaempferol dirhamnoside
山柰酚三糖苷	kaempferol triglycoside
山柰酚鼠李葡萄糖苷	kaempferol rhamnoglucoside
山柰酚鼠李糖苷	kaempferol rhamnoside
山柰酚鼠李糖苷己糖苷 I	kaempferol rhamnoside-hexoside I
山柰苷（山柰酚-3,7-二-α-L-鼠李糖苷）	kaempferitrin (kaempferol-3, 7-di-α-L-rhamnoside, lespidin, lespenephryl)
山柰苷（山柰酚-3,7-二-α-L-鼠李糖苷）	lespenephryl (kaempferol-3, 7-di-α-L-rhamnoside, lespidin, kaempferitrin)
山柰苷（山柰酚-3,7-二-α-L-鼠李糖苷）	lespidin (kaempferol-3, 7-di-α-L-rhamnoside, kaempferitrin, lespenephryl)
山柰素（山柰甲黄素、莰非素）	kaempferide
山柰素-3-O-α-鼠李糖基-β-D-葡萄糖苷	kaempferide-3-O-α-rhamnosyl-β-D-glucoside
山柰素-3-O-新橙皮糖苷	kaempferide-3-O-neohesperidoside
山柰素-3-葡萄糖醛酸苷	kaempferide-3-glucuronide
山柰素葡萄糖苷	kaempferide glucoside
山葡萄辛	amurensisin

山牵牛苷	thunbergioside
山芹醇 (欧罗塞醇、喔绕瑟洛醇)	oroselol
山芹前胡酮	oreoselone
山稔甲素 (绒毛银胶菊素、牛奶藤素)	tomentosin
山樣子福木素	elabunin
山石榴醇苷 A	randioside A
山石榴苷 (山石榴宁)	randianin
山桐子卡品	idescarpin
山桐子里定	idesolidine
山桐子内酯 (山桐子醇缩酮)	idesolide
山桐子素	idesin
山桐子素氢硫酸酯	idesin hydrogen sulfate
山桐子素水杨酸酯	idesin salicylate
山桐子亭 A、B	polycartines A, B
山桐子因	idesiin
山网球花碱 (高山网球花碱、山小星蒜碱)	montanine
山莴苣醇	lactucerol
α-山莴苣醇	α-lactucerol
山莴苣苷 (莴苣木脂素苷)	lactucaside
山莴苣苦素	lactucopicrin (lactupicrin)
山莴苣苦素	lactupicrin (lactucopicrin)
山莴苣苦素 -15- 草酸酯	lactucopicrin-15-oxalate
山莴苣宁 A～C	lactucains A～C
山莴苣素 (莴苣苦素、莴苣苦内酯)	lactucin
山莴苣素 -15- 草酸酯	lactucin-15-oxalate
山香醇	suaveolol
山香二烯酸 [1, 19α-二羟基熊果-2 (3), 12-二烯 -28- 酸]	hyptadienic acid [1, 19α-dihydroxyurs-2 (3), 12-dien-28-oic acid]
山香宁	hyptinin
山香酸	suaveolic acid
山香圆香堇苷 A	turpinionoside A
山香圆香堇苷 A、B	turpenionosides A, B
山小柑碱 (山柑子宁、乔木山小橘瑞宁)	arborinine
山小橘吖啶酮	glycosmisacridone
山小橘苯醌	glycoquinone
山小橘查耳酮 A、B	glychalcones A, B
山小橘黄烷酮 A、B	glyflavanones A, B
山小橘碱	glycorine
山小橘咔唑抗素 A～C	carbalexins A～C
山小橘硫明 A、B	glycothiomins A, B

山小橘米宁碱 (山小橘宁)	glycosminine (glycophymine)
山小橘明碱 A～C	glybomines A～C
山小橘宁 (山小橘米宁碱)	glycophymine (glycosminine)
山小橘宁碱	glycosinine
山小橘双碱 A～G	glycobismines A～G
山小橘酸	glycoric acid
山小橘酮	glycosolone
山小橘酰胺 A、B	glycoamides A, B
山小橘辛	glycosmicine
山小橘新黄烷酮 A、B	glycoflavanones A, B
山小橘新喹诺酮碱	glycolone
山小橘吲哚	glycosmisindole
山小橘唑定	glycozolidine
山小橘唑酚	glycozolidol
山小橘唑灵 (山小橘灵)	glycozoline
山小橘唑宁	glycozolinine
山小橘唑醛 (山小橘灵醛)	glycozolidal
山小橘唑酮 A、B	glycozolones A, B
山小橘唑辛碱	glycozolicine
山小萜酮 (山柑子酮、乔木山小橘酮、乔木萜酮)	arborinone
山芎酯	coniselin
山延胡索胺	yuanamide
(±)-山延胡索宾碱	(±)-corybulbine
(±)-山延胡索定碱	(±)-corysolidine
山延胡索醌碱 (山延胡索二酮)	bulbodione
山羊草内酯 A、B	caprariolides A, B
山羊豆苷	galutedin
山羊豆碱 (异戊烯胍)	galegine (isoamyleneguanidine)
山羊豆木犀草素 (香蓝苷、木犀草苷、加拿大麻糖苷、木犀草素 -7-*O*-β-D- 葡萄糖苷)	galuteolin (luteoloside, cinaroside, cynaroside, glucoluteolin, luteolin-7-*O*-β-D-glucoside)
山杨苷 (柳醇、水杨苷)	salicoside (salicin)
山药菲苷 A、B	dioscopposides A, B
山药素 I ～ V	batatasins I ～ V
山刘碱	confusameline
山罂粟定	oreodine
山罂粟碱	oreogenine
山罂粟灵	oreoline
山油柑定	acronidine
山油柑碱 (降真香碱、阿克罗宁)	acronycine (acronine)
山油柑立定	acronyllidine

山油柑灵	acrophylline
山油柑亭 A～G	acronyculatins A～G
山油柑西定	acronycidine
山嵛酸 (二十二酸、辣木子油酸)	behenic acid (docosanoic acid)
山嵛酸 9-羟基十三烷酯	9-hydroxytridecyl docosanoate
山嵛酸甲酯 (二十二酸甲酯)	methyl behenate
山崳菜植保素 A、B	wasalexins A, B
1-山崳酸甘油酯	glycerol 1-monobehenate
山崳酸三十醇酯	triacontanyl behenate
山崳酸三十四酯	tetratriacontanyl behenate
(−)-山缘草定碱 (咖诺定)	(−)-adlumidine (capnoidine)
山缘草定碱 (藤荷包牡丹定碱、紫罂粟次碱)	adlumidine
山月桂萜醇 (山月桂醇)	kalmanol
山楂达素 A～D	pinnatifidas A～D
山楂定 (山楂苷、羽状堆心菊素、羽状半裂素)	pinnatifidin
山楂醌 A、B	crataequinones A, B
山楂素	pinnatifin I
山楂酸 (马斯里酸、2α-羟基齐墩果酸)	crataegolic acid (maslinic acid, 2α-hydroxyoleanolic acid)
山楂酸甲酯 (马斯里酸甲酯)	methyl maslinate
山楂萜 A	pinnatifidanoid A
山楂叶苷 A	shanyenoside A
山楂脂素 BV、BVI	pinnatifidanins BV, BVI
山芝麻喹诺酮 A	helicterone A
山芝麻内酯	heliclactone
山芝麻宁酸	helicterilic acid
山芝麻宁酸甲酯	methyl helicterilate
山芝麻素 A～F	helicterins A～F
山芝麻酸	helicteric acid
山芝麻酸甲酯	methyl helicterate
山芝麻孕甾素 (山芝麻苷元) A、B	heligenins A, B
山栀苷	shanzhiside
山栀苷甲酯	shanzhiside methyl ester
山栀子苷 (羟异栀子苷)	gardenoside
山茱萸苯乙醇苷 A～D	cornusphenosides A～D
山茱萸单宁 (楝木鞣质、楝木素) A～G	cornusiins A～G
山茱萸杜松苷 A～E	cornucadinosides A～E
山茱萸呋喃苷 A～O	cornusfurosides A～O
山茱萸诺苷 (楝木苷)	cornoside
山茱萸鞣质 2 [丁香鞣质、新哨纳草素Ⅱ、新哨纳草鞣素Ⅱ、拟唢呐草素Ⅱ、特利马素Ⅱ]	cornustannin 2 (tellimagrandin Ⅱ)

S

山茱萸素 (山茱萸苷、麼木苷、马鞭草苷、马鞭草灵)	cornin (verbenalin, verbenaloside)
山茱萸新苷 (山茱萸裂苷) Ⅰ～Ⅳ	cornusides Ⅰ～Ⅳ
山竺𠳅酮 A、B	mangaxanthones A, B
杉蔓波定碱 (多穗石松定碱)	annopodine
杉蔓宁碱 (杉蔓石松碱、杉蔓石松宁、经年石松宁、多穗石松宁碱)	annotinine
杉蔓叶碱 (多穗石松叶碱)	annofoline
杉木醇	lanceolatol
杉木宁 A～D	lanceolatanins A～D
杉木素 (披针灰叶素、贡山三尖杉素) A～G	lanceolatins A～G
杉木素 (披针灰叶素、贡山三尖杉素)	lanceolatin
杉木酸	lanceolatic acid
杉木脂	lanceoline
杉松素 H	holophyllin H
珊瑚菜苷 (可来灵素) A～J	glehlinosides A～J
珊瑚菜素 (珊瑚菜内酯)	phellopterin
珊瑚菜酯	glehnilate
珊瑚豆胺	capsimine
珊瑚豆胺 -3-O-β-D- 葡萄糖苷	capsimine-3-O-β-D-glucoside
珊瑚豆碱 (野海椒苷)	capsicastrine
珊瑚豆灵碱	solanocastrine
珊瑚花二酮	multidione
珊瑚花酚 (2- 甲丁酰间苯三酚)	multifidol (2-methyl butyryl phloroglucinol)
珊瑚菌酸	clavaric acid
珊瑚木苷 (桃叶珊瑚苷、桃叶珊瑚苷)	rhimanthin (aucubin, aucuboside)
珊瑚樱定碱 (茄卡西定)	solanocapsidine
珊瑚樱根碱 (珊瑚樱新碱)	solacasine
珊瑚樱碱 (毛叶冬珊瑚碱、辣茄碱)	solanocapsine
珊瑚樱品碱	solacapine
珊瑚藻多糖	corallinan
珊瑚状猴头菌素 A～C	corallocins A～C
珊塔玛内酯素 (裂叶苣荬菜内酯、短舌匹菊素)	balchranin (santamarine, santamarin)
闪毛菊内酯 -8-O- 巴豆酸酯 (斯梯诺妥曼内酯 -8-O- 巴豆酸酯)	stilpnotomentolide-8-O-tiglate
陕西卫矛醇 A	schensianol A
陕西卫矛醇苷 A、B	schensianolsides A, B
扇贝醇酮	pectenolone
扇菇醛	panal
扇蕨苷 A～C	palmatosides A～C
扇石松碱 (棒石松碱)	flabelliformine (clavatine)

扇叶桦定	betmidin
扇叶菊蒿素	flabellin
扇叶糖棕素 F-Ⅱ、FB～FD	flabelliferins F-Ⅱ, FB～FD
鳝藤醇酸	anodendroic acid
鳝藤苷 A～R	affinosides A～R
鳝藤碱	anodendrine
鳝藤酸	anofinic acid
商陆黄素 (树商陆素)	ombuin (ombuine)
商陆黄素 -3-*O*-β-D- 吡喃半乳糖苷	ombuin-3-*O*-β-D-galactopyranoside
商陆黄素 -3-*O*-β-D- 吡喃葡萄糖苷	ombuin-3-*O*-β-D-glucopyranoside
商陆黄素 -3-*O*-β-D- 葡萄糖苷	ombuin-3-*O*-β-D-glucoside
商陆黄素 -3-*O*-β-D- 芸香糖苷	ombuin-3-*O*-β-D-rutinoside
商陆黄素 -3-*O*- 新橙皮糖苷	ombuin-3-*O*-neohesperidoside
商陆浆果苷元 (美商陆浆果苷元)	pokeberrygenin
商陆卡素	phytolaccanine
商陆脑苷	phytolacca cerebroside
商陆诺苷 A	phytolacacinoside A
商陆素 (商陆新苷元)	acinospesigenin
商陆素 (商陆新苷元) A～C	acinospesigenins A～C
商陆素 G、R	phytolacains G, R
商陆酸 (商陆醇酸)	acinosolic acid
商陆酸 (商陆醇酸) A、B	acinosolic acids A, B
商陆塔原酸 (2, 23, 29- 三羟基齐墩果酸)	esculentagenic acid (2, 23, 29-trihydroxyoleanolic acid)
商陆原酸 (美商陆苷元酸)	phytolaccagenic acid
商陆皂苷 A～G	phytolaccosides A～G
商陆皂苷 A～Q、T	esculentosides A～Q, T
商陆皂苷 N-1～N-5	phytolaccasaponins N-1～N-5
商陆种苷 (商陆苷、树商陆苷)	ombuoside
商陆种苷元 (商陆苷元)	esculentagenin
商陆种酸 (直穗商陆酸、去羟加利果酸)	esculentic acid
商路辛	phytolaccine
商路甾醇	phytolaccasterol
芍药巢菜糖苷	paeonovicianoside
芍药单宁 (欧牡丹苷) A～E	paeonidanins A～E
芍药二酮	palbinone
芍药酚 (丹皮醇、牡丹酚、2′- 羟基 -4′- 甲氧基苯乙酮)	peonol (paeonol, 2′-hydroxy-4′-methoxyacetophenone)
芍药苷	paeoniflorin
芍药苷 A、B	paeoniflorins A, B
芍药苷 -4- 乙基醚	paeoniflorin-4-ethyl ether

S

芍药苷元	paeoniflorgenone
芍药花苷 (牡丹花苷、多花芍药苷) A～D	paeonins A～D
芍药花素 (芍药花青素、甲基花青素、芍药素)	peonidin (paeonidin)
芍药吉酮 (芍药苷元酮)	paeoniflorigenone
芍药内酯 A～C	paeonilactones A～C
芍药内酯苷 (白芍苷、臭节草素、岩椒草素)	albiflorin
芍药宁 A～E	paeonianins A～E
芍药色素	peonanin
芍药素 (芍药花青素、甲基花青素、芍药花素)	paeonidin (peonidin)
芍药素 -3-(6′-丙二酰基) 葡萄糖苷	peonidin-3-(6′-malonyl) glucoside
芍药素 -3, 5- 二葡萄糖苷	peonidin-3, 5-diglucoside
芍药素 -3-O-(4″-O-芥子酰基) 龙胆二糖苷	peonidin-3-O-(4″-O-sinapoyl) gentiobioside
芍药素 -3-O-(6″-O-丙二酰基 -β- 吡喃葡萄糖苷)	peonidin-3-O-(6″-O-malonyl-β-glucopyranoside)
芍药素 -3-O-(6″-O- 丙二酰基 -β- 吡喃葡萄糖苷)-5-O-β- 吡喃葡萄糖苷	peonidin-3-O-(6″-O-malonyl-β-glucopyranoside)-5-O-β-glucopyranoside
芍药素 -3-O-[2-O-(6-O- 反式 - 咖啡酰基 -β-D- 吡喃葡萄糖基)-β-D- 吡喃葡萄糖苷]	peonidin-3-O-[2-O-(6-O-($trans$-caffeoyl)-β-D-glucopyranosyl)-β-D-glucopyranoside
芍药素 -3-O-[6-O-(反式 -3-O-(β-D- 吡喃葡萄糖基) 咖啡酰基)-β-D- 吡喃葡萄糖苷]	peonidin-3-O-[6-O-($trans$-3-O-(β-D-glucopyranosyl) caffeoyl)-β-D-glucopyranoside]
芍药素 -3-O- 阿魏酰基芸香糖苷 -5-O- 葡萄糖苷	peonidin-3-O-feruloyl rutinoside-5-O-glucoside
芍药素 -3-O- 对香豆酰基芸香糖苷 -5-O- 葡萄糖苷	peonidin-3-O-p-coumaroyl rutinoside-5-O-glucoside
芍药素 -3-O- 木糖基鼠李糖苷	peonidin-3-O-xylosyl rhamnoside
芍药素 -3-O- 葡萄糖苷	peonidin-3-O-glucoside
芍药素 -3-O- 桑布双糖苷	peonidin-3-O-sambubioside
芍药素 -3-O- 芸香糖苷 -5-O- 葡萄糖苷	peonidin-3-O-rutinoside-5-O-glucoside
芍药素 -3- 丙酰基芸香糖苷 -5- 葡萄糖苷	peonidin-3-propionyl rutinoside-5-glucoside
芍药素 -3- 咖啡酰基槐糖苷 -5- 葡萄糖苷	peonidin-3-caffeoyl sophoroside-5-glucoside
芍药素 -3- 咖啡酰基芸香糖苷 -5- 葡萄糖苷	peonidin-3-caffeoyl rutinoside-5-glucoside
芍药素 -3- 葡萄糖基咖啡酰基葡萄糖苷 -5- 葡萄糖苷	peonidin-3-glucosyl caffeoyl glucoside-5-glucoside
芍药素单葡萄糖苷	peonidin monoglucoside
芍药酮	paeoniflorone
芍药新苷	lactiflorin
芍药芪酚	paeoninol
韶子苷 Ⅰ～Ⅴ	nepheliosides Ⅰ～Ⅴ
少萼千里光碱	paucicaline
少辐前胡醇	radiatinol
少辐前胡醇苷	radiatinoside
少梗白莱菊素	paucin
少花风毛菊呫酮 A、B	oliganthaxanthones A, B
少花风毛菊烷 A、B	oliganthas A, B

少花红厚壳叫酮 A	pancixanthone A
少花青皮木酚 E	pauciflorol E
少花蕊木碱 A、B	pauciflorines A, B
少花蕊木亭 C	paucidacine C
少辛酮	saishinone
少药八角吡喃酮 A	illioliganpyranone A
少药八角酚苷 A～D	illoliganosides A～D
少药八角呋酮 A～D	illioliganfunones A～D
少药八角邻内酯	oligandriortholactone
少药八角素 A～E	oligandrumins A～E
少药八角酮 A～I	illioliganones A～I
舌瓣花甾苷 (黑鳗藤诺苷) B、E、H、K、M	stephanosides B、E、H、K、M
舌草环烯醚萜苷 A～C	shecaoiridoidsides A～C
舌草喏苷 A	shecaocerenoside A
舌叶紫菀苷 A～D	asterlingulatosides A～D
舌状蜈蚣藻氨酸	lividine
蛇孢腔菌素 G	ophiobolin G
蛇鞭菊素 (利阿内酯)	liatrin
蛇鞭菊种素 (穗状内雄楝素)	spicatin
蛇床 -11- 烯 -4-α- 醇	selina-11-en-4-α-ol
(−)- 蛇床 -3, 11- 二烯 -14- 醛	(−)-selina-3, 11-dien-14-al
(−)- 蛇床 -3, 11- 二烯 -14- 酸甲酯	(−)-selina-3, 11-dien-14-oic acid methyl ester
(+)- 蛇床 -3, 11- 二烯 -9- 醇	(+)-selina-3, 11-dien-9-ol
(−)- 蛇床 -3, 11- 二烯 -9- 酮	(−)-selina-3, 11-dien-9-one
蛇床 -3, 11- 二烯 -9- 醇	selina-3, 11-dien-9-ol
蛇床 -3, 11- 二烯 -9- 酮	selina-3, 11-dien-9-one
蛇床 -3, 7 (11)- 二烯	selina-3, 7 (11)-diene
蛇床 -3, 7 (11)- 二烯 -8- 酮	selina-3, 7 (11)-dien-8-one
蛇床 -4 (14), 7 (11)- 二烯 -8- 酮	selina-4 (14), 7 (11)-dien-8-one
蛇床 -4 (15), 7 (11)- 二烯	selina-4 (15), 7 (11)-diene
(+)- 蛇床 -4, 11- 二烯 -14- 醛	(+)-selina-4, 11-dien-14-al
(+)- 蛇床 -4, 11- 二烯 -14- 酸甲酯	(+)-selina-4, 11-dien-14-oic acid methyl ester
蛇床 -6- 烯 -4- 醇	selina-6-en-4-ol
β- 蛇床醇	β-selinenol
蛇床醇 A～C	cnidiols A～C
蛇床定	cnidiadin
蛇床二烯	selinadiene
蛇床苷 A～C	cnidiosides A～C
蛇床克尼狄林 (8- 甲氧基异欧前胡内酯、异珊瑚菜素)	cnidilin (8-methoxyisoimperatorin, isophellopterin)
蛇床明素 (食用当归素)	cnidimine (edultin)

S

蛇床醛	cnidimonal
蛇床三烯	selinatriene
蛇床色原酮苷 A～G	monnierisides A～G
蛇床双豆素	cnidimarin
(±)-蛇床双香素 A～C	(±)-cnidimonins A～C
蛇床酮醇 (蛇床酚) A～F	cnidimols A～F
蛇床酮醇苷 (蛇床酚苷) A、B	cnidimosides A, B
蛇床烷	selinane
α-蛇床烯醇	α-selinenol
蛇床辛	cnidicin
蛇床子素 [欧芹酚-7-甲醚、8-(3-甲基-2-丁烯基) 治疬草素、甲氧基欧芹酚、欧前胡醚、喔斯脑、奥斯素、王草素]	osthol [osthole, 8-(3-methyl-2-butenyl) herniarin]
蛇胆草素 A、B	secamonoides A, B
蛇根胺	seredamine
蛇根草苷 (莱氏微花木苷)	lyaloside
蛇根草碱 A 甲酯	ophiorine A methyl ester
蛇根草碱 A、B	ophiorines A, B
蛇根草碱 B 甲酯	ophiorine B methyl ester
蛇根草酸 (莱尔苷酸、莱氏微花木苷酸)	lyalosidic acid
蛇根定碱 (蛇根定)	seredine
蛇根碱	serpentine
蛇根精 (萨杷晋碱)	raupine (sarpagine)
蛇根木宁	serpinine
蛇根平定 (11-去甲氧利血平)	deserpidine (11-demethoxyreserpine)
蛇根酸	serpentinic acid
蛇根替定	serpentidine
蛇根亭碱 (蛇根亭宁、蛇根木替宁)	serpentinine
蛇菰宁 (蛇菰脂醛素) A、B	balanophonins A, B
(−)-蛇菰宁 [(−)-蛇菰脂醛素]	(−)-balanophonin
(+)-蛇菰宁 [(+)-蛇菰脂醛素]	(+)-balanophonin
(7S, 8R)-蛇菰宁-4-O-β-D-吡喃葡萄糖苷	(7S, 8R)-balanophonin-4-O-β-D-glucopyranoside
蛇菰鞣质 E	balanophotannin E
蛇果黄堇碱 (蛇果紫堇碱)	ophiocarpine
蛇果黄堇碱 N-氧化物	ophiocarpine N-oxide
蛇含鞣质 (委陵菜素)	potentillin
蛇麻素 (白苞筋骨草素) A～F	lupulins A～F
β-蛇麻酸 (蛇麻草素、蛇麻酮)	β-lupulic acid (lupulone)
蛇麻酮 (蛇麻草素、β-蛇麻酸)	lupulone (β-lupulic acid)
(2E, 6R, 7R, 9S, 10S)-蛇麻烯-6, 7, 9, 10-二环氧化物	(2E, 6R, 7R, 9S, 10S)-humulen-6, 7, 9, 10-diepoxide

(2*E*, 6*S*, 7*S*, 9*S*, 10*S*)-蛇麻烯-6, 7, 9, 10-二环氧化物	(2*E*, 6*S*, 7*S*, 9*S*, 10*S*)-humulen-6, 7, 9, 10-diepoxide
蛇莓并没食子苷 A、B	duchesellagisides A, B
蛇莓苷 A、B	duchesides A, B
蛇婆子碱 X～Z	adouetines X～Z
蛇葡萄鼠李糖苷	ampelopsisrhamnoside
蛇葡萄素 (福建茶素、白蔹素) A～H	ampelopsins (ampeloptins) A～H
(–)-蛇葡萄素 F	(–)-ampelopsin F
蛇葡萄辛	ampelopsisin
蛇葡萄紫罗兰酮糖苷	ampelopsisionoside
蛇肉碱	ophidine
蛇藤醇 (蛇藤醇碱)	colubrinol
蛇藤苷	colubrinoside
蛇藤素 (蛇藤皂苷)	colubrin
蛇藤酸	colubrinic acid
α-蛇形马钱碱 (α-可鲁勃林)	α-colubrine
β-蛇形马钱碱 (β-可鲁勃林)	β-colubrine
α-蛇形马钱碱氯代甲氯化物	α-colubrine chloromethochloride
β-蛇形马钱碱氯代甲氯化物	β-colubrine chloromethochloride
蛇叶胺	flexamine
蛇叶碱	flexinine
蛇叶尼润灵	nerifline
蛇叶星	flexine
蛇状枪刀药二酮	serpendione
蛇足石杉明碱 (三对节素) A	serratumin A
蛇足石杉宁碱	macleanine
蛇足石杉新碱	neohuperzinine
蛇足石松碱 M-*N*-氧化物	lycoposerramine M-*N*-oxide
蛇足石松碱 (蛇足石杉明碱) A～Z	lycoposerramines A～Z
蛇足石松林碱	lycoserrine
射干苯酚 (射干酚) A、B	belamcandaphenols (belamcandols) A, B
射干苯酮	belamphenone
射干定	belamcandin
射干酚 (射干苯酚) A、B	belamcandols (belamcandaphenols) A, B
射干酚苷 A、B	belallosides A、B
射干呋喃醛	belachinal
射干醌	belamcandaquinone
射干醛	belamcandal
射干三萜宁素 A	belamchinenin A
射干三萜素 A～D	belamchinanes A～D
射干素 A～C	shegansus A～C

射干酮	sheganone
射干酮 A～D	belamcandones A～D
射干异黄酮 (射干宁定)	belamcanidin
射干蔗苷 A、B	belamcanosides A, B
射脉菌酸 A～D	phlebic acids A～D
麝酚磺酸	thmolsufonic acid
麝酚蓝	thymol blue (thymol sulfonephthalein)
麝酚蓝	thymol sulfonephthalein (thymol blue)
麝香 A$_1$	musclide A$_1$
麝香阿魏醇	moschatol
麝香吡啶	muscopyridine
麝香吡喃	muscopyran
麝香草胺	thymyl amine
麝香草酚 (百里酚、百里香酚、麝香草脑、3-对伞花酚、6-异丙基间甲酚)	thymol (3-p-cymenol, 6-isoproppyl-m-cresol)
麝香草酚-3-O-(2-甲基丙酸酯)	thymol-3-O-(2-methyl propionate)
麝香草酚-3-O-β-D-吡喃葡萄糖苷	thymol-3-O-β-D-glucopyranoside
麝香草酚-3-O-β-葡萄糖苷	thymol-3-O-β-glucoside
麝香草酚-3-O-巴豆酸酯	thymol-3-O-tiglate
麝香草酚甲醚	thymol methyl ether
麝香草氢醌 (百里氢醌)	thymohydroquinone (thymoquinol)
麝香草氢醌-3-O-β-6′-乙酰基葡萄糖苷	thymohydroquinone-3-O-β-6′-acetyl glucoside
麝香草氢醌-6-O-β-6′-乙酰基葡萄糖苷	thymohydroquinone-6-O-β-6′-acetyl glucoside
麝香草氢醌二甲醚	thymohydroquinone dimethyl ether
麝香草素 (百里香宁)	thymonin
麝香醇	muscol
麝香内酯	musk lactone
麝香酮	muskone (muscone)
伸筋草素 (日本石松素) A～D	japonicumins A～D
伸展蛋白	extensin
参薯素 A～C	alatanins A～C
砷	arsenic
砷喹嗪	arsinolizine
砷烷	arsane (arsine)
砷烷 (λ^5-砷烷)	arsorane (λ^5-arsane)
λ^5-砷烷 (砷烷)	λ^5-arsane (arsorane)
砷吲哚嗪	arsindolizine
砷杂蒽	acridarsine
砷杂菲	arsanthridine
砷杂萘	arsindoline

砷杂茚	arsindole
娠烯衍生物	pregnene derivative
(+)-深冬-6 (13)-烯	(+)-ziza-6 (13)-ene
深绿藤黄素	atroviridin
深山黄堇碱	pallidine
神经毒素 A、B	neurotoxins A, B
神经碱	neurine
神经胶质细胞成熟因子	gliamaturation factor
神经节苷酯 1～3	gangliosides 1～3
神经节苷酯 GP-1a、GP-1b、GP-2	gangliosides GP-1a, GP-1b, GP-2
神经磷脂	neurophoshatide
4-神经鞘氨醇	4-sphingenine
神经鞘磷脂 (鞘磷脂)	sphingomyelin
神经色原酮	neurochormone
神经生长因子	nervegrowth factor
神经酸	nervonic acid
神经肽 P～Y	neuropeptides P～Y
神经酰胺 (脑酰胺)	ceramide
神经酰胺 2-氨乙基膦酸酯	ceramide 2-aminoethyl phosphonate
肾茶苷 A～C	clerodendranthusides A～C
肾茶酸	clerodendranoic acid
L-肾上腺素	L-adrenaline
肾上腺素	adrenaline (epinephrine)
肾上腺素	epinephrine (adrenaline)
L-肾上腺素盐酸盐	L-epinephrine hydrochloride
肾形千里光碱 (克氏千里光碱)	renardine (senkirkine)
肾形香茶菜甲素 (红茴香素)	reniformin A (henryin)
肾形香茶菜甲素～丙素	reniformins A～C
肾叶打碗花林素 I～XIII	calysolins I～XIII
肾叶打碗花素 A、B	soldanellins A, B
肾叶打碗花酸 B	soldanellic acid B
肾叶鹿蹄草苷 (肾叶山蚂蝗素)	renifolin
肾叶鹿蹄草苷 (肾叶山蚂蝗素) C	renifolin C
升麻醇 (升麻环氧醇)	cimigenol
升麻醇-3-O-α-L-阿拉伯糖苷	cimigenol-3-O-α-L-arabinoside
升麻醇-3-O-β-D-木糖苷	cimigenol-3-O-β-D-xyloside
升麻醇-3-酮	cimigenol-3-one
升麻醇苷 (升麻环氧木糖苷、升麻环氧醇苷)	cimigenoside (cimigoside)
升麻醇苷 (升麻环氧木糖苷、升麻环氧醇苷)	cimigoside (cimigenoside)
升麻醇木糖苷	cimigenol xyloside

升麻次醇	cimicifol
升麻定	cimicifugadine
升麻二烯醇	cimicifugenol
升麻酚苷 A～F	shomasides A～F
升麻佛苷 A～D	cimifosides A～D
升麻苷 (升麻环氧烯醇苷)	cimicifugoside (cimifugoside)
升麻环氧醇木糖苷	cimigenyl xyloside
升麻碱	cimicifugine
升麻精 (升麻素)	cimitin (cimifugin)
升麻密苷 A～F	cimisides A～F
升麻诺醇 A、B	cimifetidanols A, B
升麻诺醇苷 A～H	cimifetidanosides A～H
升麻素 (升麻精)	cimifugin (cimitin)
升麻素 -4′-*O*-β-D- 吡喃葡萄糖苷	cimifugin-4′-*O*-β-D-glucopyranoside
升麻素苷 (伯 -*O*- 葡萄糖升麻素)	cimicifuga glycoside (prim-*O*-glucosyl cimifugin)
升麻酸 A～N	cimicifugic acids A～N
升麻酮醇 -3-*O*-α-L- 阿拉伯糖苷	cimicidanol-3-*O*-α-L-arabinoside
升麻酰胺	cimicifugamide
升麻消旋体 A～D	cimiracemates A～D
升麻新醇木糖苷	shengmanol xyloside
升麻甾醇 A	cimisterol A
[10]- 生姜酚	[10]-shogaol
[9]- 生姜酚	[9]-shogaol
[6]- 生姜酚 {[6]- 姜辣烯酮、[6]- 姜烯酚 }	[6]-shogaol
生姜内酯	zingiberolide
[6]- 生姜酮	[6]-gingerone
生梨米仔兰碱	piriferine
生氰苷 (大麦氰苷、鸸鹋木苷、2- 吡喃葡萄糖氧基 -3- 甲基丁腈)	heterodendrin (2-glucopyranosyloxy-3-methyl butyronitrile)
生物蝶呤	biopterine
生物槲皮素 {槲皮素 -3-*O*-[α-L- 吡喃鼠李糖基 -(1→ 6)]-β-D- 呋喃半乳糖苷 }	bioquercetin {quercetin-3-*O*-[α-L-rhamnopyranosyl-(1→6)]-β-D-galactofuranoside}
生物素 (维生素 H、辅酶 R)	biotin (vitamin H, coenzyme R)
DL-α- 生育酚	DL-α-tocopherol
(2*R*, 4′*R*, 8′*R*)-α- 生育酚	(2*R*, 4′*R*, 8′*R*)-α-tocopherol
(*RRR*)-α- 生育酚	(*RRR*)-α-tocopherol
α- 生育酚	α-tocopherol
β- 生育酚	β-tocopherol
γ- 生育酚	γ-tocopherol
Δ- 生育酚	Δ-tocopherol

生育酚	tocopherol
(2*R*, 4′*R*, 8′*R*)-β-生育酚 (新生育酚)	(2*R*, 4′*R*, 8′*R*)-β-tocopherol (neotocopherol)
α-生育酚对苯醌 (α-生育醌, α-托可醌)	α-tocopherol quinone (α-tocopheryl quinone)
生育酚对苯醌 (生育醌、托可醌)	tocopherol quinone (tocopheryl quinone)
α-生育酚乙酸酯	α-tocopherol acetate (α-tocopheryl acetate)
α-生育酚乙酸酯	α-tocopheryl acetate (α-tocopherol acetate)
α-生育醌 (α-生育酚对苯醌, α-托可醌)	α-tocopheryl quinone (α-tocopherol quinone)
生育醌 (生育酚对苯醌、托可醌)	tocopheryl quinone (tocopherol quinone)
α-生育螺环 (α-环孢菌酮) A～C	α-tocospiros A～C
(−)-α-生育螺环酮	(−)-α-tocospirone
生长激素	growth hormone
省沽油洛苷 A、B	staphylosides A, B
省沽油素	staphylin
省沽油香堇苷 A～K	staphylionosides A～K
圣草次苷 (圣草枸橼苷)	eriocitrin
(+)-圣草酚	(+)-eriodictyol
圣草酚 (圣草素、北美圣草素)	eriodictyol
(−)-圣草酚 [(−)-圣草素、(−)-北美圣草素]	(−)-eriodictyol
圣草酚-3′-甲醚 (高圣草酚、高北美圣草素、高圣草素)	eriodictyol-3′-methyl ether (homoeriodictyol, eriodictyonone)
圣草酚-5, 3′-二葡萄糖苷	eriodictyol-5, 3′-diglucoside
圣草酚-5-吡喃鼠李糖苷	eriodictyol-5-rhamnopyranoside
圣草酚-7, 3-二葡萄糖苷	eriodictyol-7, 3-diglucoside
(2*R*)-圣草酚-7, 4′-二-*O*-β-D-吡喃葡萄糖苷	(2*R*)-eriodictyol-7, 4′-di-*O*-β-D-glucopyranoside
(*S*)-圣草酚-7-*O*-(6′-D-没食子酰基)-β-D-吡喃葡萄糖苷	(*S*)-eriodictyol-7-*O*-(6′-D-galloyl)-β-D-glucopyranoside
(*S*)-圣草酚-7-*O*-(6′-*O*-反式-对香豆酰基)-β-D-吡喃葡萄糖苷	(*S*)-eriodictyol-7-*O*-(6′-*O*-*trans*-*p*-coumamyl)-β-D-glucopyranoside
圣草酚-7-*O*-α-D-葡萄糖苷	eriodictyol-7-*O*-α-D-glucoside
圣草酚-7-*O*-α-L-呋喃阿拉伯糖基-(1→6)-β-D-吡喃葡萄糖苷	eriodictyol-7-*O*-α-L-arabinofuranosyl-(1→6)-β-D-glucopyranoside
圣草酚-7-*O*-β-D-吡喃木糖基-*O*-β-D-吡喃阿拉伯糖苷	eriodictyol-7-*O*-β-D-xylopyranosyl-*O*-β-D-arabinopyranoside
(2*R*)-圣草酚-7-*O*-β-D-吡喃葡萄糖苷	(2*R*)-eriodictyol-7-*O*-β-D-glucopyranoside
(2*S*)-圣草酚-7-*O*-β-D-吡喃葡萄糖苷	(2*S*)-eriodictyol-7-*O*-β-D-glucopyranoside
圣草酚-7-*O*-β-D-吡喃葡萄糖苷	eriodictyol-7-*O*-β-D-glucopyranoside
(±)-圣草酚-7-*O*-β-D-吡喃葡萄糖醛酸苷	(±)-eriodictyol-7-*O*-β-D-glucuronopyranoside
圣草酚-7-*O*-β-D-吡喃葡萄糖醛酸苷	eriodictyol-7-*O*-β-D-glucuronopyranoside
(2*S*)-圣草酚-7-*O*-β-D-吡喃葡萄糖醛酸苷	(2*S*)-eriodictyol-7-*O*-β-D-glucuronopyranoside
(2*R*)-圣草酚-7-*O*-β-D-吡喃葡萄糖醛酸苷	(2*R*)-eriodictyol-7-*O*-β-D-glucuronopyranoside
圣草酚-7-*O*-β-D-吡喃葡萄糖醛酸苷-6′-甲酯	eriodictyol-7-*O*-β-D-glucuronopyranoside-6′-methyl ester
圣草酚-7-*O*-β-D-吡喃葡萄糖醛酸苷-6′-乙酯	eriodictyol-7-*O*-β-D-glucuronopyranoside-6′-ethyl ester

S

(±)-圣草酚-7-*O*-β-D-吡喃葡萄糖醛酸苷甲酯	(±)-eriodictyol-7-*O*-β-D-glucuronopyranoside methyl ester
(±)-圣草酚-7-*O*-β-D-吡喃葡萄糖醛酸苷乙酯	(±)-eriodictyol-7-*O*-β-D-glucuronopyranoside ethyl ester
圣草酚-7-*O*-β-D-葡萄糖苷	eriodictyol-7-*O*-β-D-glucoside
圣草酚-7-*O*-β-D-葡萄糖醛酸苷	eriodictyol-7-*O*-β-D-glucuronide
圣草苷	eriodictin
圣栎鼠李素 (李叶黄牛木酮)	geshoidin
圣麻蓍黄酮	santaflavone
圣萨尔瓦多酰胺	sansalvamide
胜红蓟黄酮 A～C	ageconyflavones A～C
胜红蓟色烯 (早熟素 Ⅱ、6, 7-二甲氧基-2, 2-二甲基色烯)	ageratochromene (precocene Ⅱ, 6, 7-dimethoxy-2, 2-dimethyl chromene)
胜山碱	katsuyama base
尸胺 (1, 5-戊二胺)	cadaverine (1, 5-amylene diamine, 1, 5-pentanediamine)
狮耳花宁	leonotinin
狮耳花素	leonotin
狮尾草素 A、B	leoleorins A, B
狮子草素 (不育红素) A～C	rabyuennanes A～C
狮足草碱	leonticine
施魏因富特血桐素 A、B	schweinfurthins A, B
湿地蒿酮	tournipherone
湿生金锦香碱	paludosine
湿生金丝桃素 A、B	uliginosins A, B
蓍草素	achilletin
蓍草酸(乌头酸、问荆酸、丙烯三羧酸、顺式-乌头酸)	achilleic acid (equisetic acid, *cis*-aconitic acid, citridic acid, aconitic acid)
蓍草辛 (蓍草奠内酯)	achillicin
蓍醇 A	achilleol A
蓍素 (蓍草灵、蓍草苦素)	achillin
蓍酸	achimilic acid
蓍酮	achilleanone
蓍因碱	achiceine
1-十八醇	1-octadecanol
十八醇 (硬脂醇)	octadecanol (stearyl alcohol)
9, 12-十八二烯酰乙酯	9, 12-octadecadienoyl ethyl ester
十八甲基环壬硅氧烷	octadecamethyl cyclononasiloxane
十八醛	octadecanal
1-十八炔	1-octadecyne
9-十八炔	9-octadecyne

9-十八炔酸	9-octadecynoic acid
(*E*, *E*, *E*)-9, 12, 15-十八三烯酸乙酯	ethyl (*E*, *E*, *E*)-9, 12, 15-octadecatrienoate
十八酸 (硬脂酸)	octadecanoic acid (stearic acid, *n*-octadecanoic acid)
1, 2, 3-十八酸甘油三酯	glycerol 1, 2, 3-trioctadecanoate
(*Z*)-9-十八酸甲酯	methyl (*Z*)-9-octadecanoate
6, 9-十八酸甲酯	methyl 6, 9-octadecadienoate
十八碳 -(6*Z*)-烯酸	octadec-(6*Z*)-enoic acid
十八碳 -1, 18-二醇	octadec-1, 18-diol
十八碳 -1, 9-二烯 -4, 6-二炔 -3, 8, 18-三醇	octadec-1, 9-dien-4, 6-diyn-3, 8, 18-triol
(13*E*)-十八碳 -13-烯 -11-炔酸	(13*E*)-octadec-13-en-11-ynoic acid
(2*E*)-十八碳 -2-烯 -4-炔二酸	(2*E*)-octadec-2-en-4-yndioic acid
十八碳 -5, 6-二烯酸甲酯	methyl octadec-5, 6-dienoate
十八碳 -8, 10, 12-三炔酸	octadec-8, 10, 12-triynoic acid
十八碳 -8, 11-二烯酸甲酯	methyl octadec-8, 11-dienoate
十八碳 -9, 12-二烯酸	octadec-9, 12-dienoic acid
十八碳 -9, 12-二烯酸丁酯	butyl octadec-9, 12-dienoate
(9*Z*, 12*Z*)-十八碳 -9, 12-二烯酸甲酯	(9*Z*, 12*Z*)-octadec-9, 12-dienoic acid methyl ester
十八碳 -9, 12-二烯酸十二酯	dodecanyl octadec-9, 12-dienoate
十八碳 -9, 12-二烯酸乙酯	ethyl octadec-9, 12-dienoate
(*E*)-十八碳 -9-二烯酰胺	(*E*)-octadec-9-dienamide
十八碳 -9-烯酸壬酯	nonyl octadec-9-enoate
十八碳 -9-烯酸辛酯	octyl octadec-9-enoate
2, 3-十八碳二醇	2, 3-octadecanediol
6, 9-十八碳二炔酸甲酯	methyl 6, 9-octadecadiynoate
十八碳二酸	octadecanedioic acid
(9*Z*, 12*Z*)-十八碳二烯 -1-醇	(9*Z*, 12*Z*)-octadecadien-1-ol
(+)-(9*Z*), 17-十八碳二烯 -12, 14-二炔 -1, 11, 16-三醇	(+)-(9*Z*), 17-octadecadien-12, 14-diyn-1, 11, 16-triol
9, 17-十八碳二烯 -12, 14-二炔 -1, 11, 16-三醇 1-乙酸酯	9, 17-octadecadien-12, 14-diyn-1, 11, 16-triol 1-acetate
9, 12-十八碳二烯 -1-醇	9, 12-octadecadien-1-ol
(9*Z*, 12*Z*)-十八碳二烯醇	(9*Z*, 12*Z*)-octadecadienol
(*Z*)-9, 17-十八碳二烯醛	(*Z*)-9, 17-octadecadienal
9, 12-十八碳二烯醛	9, 12-octadecadienal
9, 17-十八碳二烯醛	9, 17-octadecadienal
11, 14-十八碳二烯酸	11, 14-octadecadienoic acid
(8*Z*, 9*Z*)-十八碳二烯酸	(8*Z*, 9*Z*)-octadecadienoic acid
(9*Z*, 11*Z*)-十八碳二烯酸	(9*Z*, 11*Z*)-octadecadienoic acid
(9*Z*, 17*Z*)-十八碳二烯酸	(9*Z*, 17*Z*)-octadecadienoic acid
(*Z*, *Z*)-9, 12-十八碳二烯酸	(*Z*, *Z*)-9, 12-octadecadienoic acid
10, 13-十八碳二烯酸	10, 13-octadecadienoic acid
7, 10-十八碳二烯酸	7, 10-octadecadienoic acid

S

8, 11-十八碳二烯酸	8, 11-octadecadienoic acid
8, 9-十八碳二烯酸	8, 9-octadecadienoic acid
9, 11-十八碳二烯酸	9, 11-octadecadienoic acid
9, 12-十八碳二烯酸	9, 12-octadecadienoic acid
十八碳二烯酸	octadecadienoic acid
(9Z, 12Z)-十八碳二烯酸	(9Z, 12Z)-octadecadienoic acid
5, 6-十八碳二烯酸	5, 6-octadecadienoic acid
5, 9-十八碳二烯酸	5, 9-octadecadienoic acid
9, 12-十八碳二烯酸 (亚油酸、亚麻油酸、亚麻仁油酸)	9, 12-octadecadienoic acid (linoleic acid, linolic acid)
1-(9′, 12′-十八碳二烯酸) 甘油酯	glycerol 1-(9′, 12′-octadecadienoate)
9, 12-十八碳二烯酸 -2- 氯乙胺	9, 12-octadecadienoic acid-2-chlorethyl amine
(7Z, 10Z)-7, 10-十八碳二烯酸甲酯	methyl (7Z, 10Z)-7, 10-octadecadienoate
10, 13-十八碳二烯酸甲酯	methyl 10, 13-octadecadienoate
11, 14-十八碳二烯酸甲酯	methyl 11, 14-octadecadienoate
7, 10-十八碳二烯酸甲酯	methyl 7, 10-octadecadienoate
8, 11-十八碳二烯酸甲酯	methyl 8, 11-octadecadienoate
9, (12Z, Z)-十八碳二烯酸甲酯	methyl 9, (12Z, Z)-octadecadienoate
9, 10-十八碳二烯酸甲酯	methyl 9, 10-octadecadienoate
9, 11-十八碳二烯酸甲酯	methyl 9, 11-octadecadienoate
9, 12-十八碳二烯酸甲酯	methyl 9, 12-octadecadienoate
十八碳二烯酸甲酯	methyl octadecadienoate
10, 13-十八碳二烯酸乙酯	ethyl 10, 13-octadecadienoate
2, 9-十八碳二烯酸乙酯	ethyl 2, 9-octadecadienoate
9, 12-十八碳二烯酸乙酯	ethyl 9, 12-octadecadienoate
十八碳二烯酸乙酯	ethyl octadecadienoate
9, 12-十八碳二烯酸正丙基酯	n-propyl 9, 12-octadecadienoate
1-O-[(9Z, 12Z)-十八碳二烯酰基]-2-O-[(9Z, 12Z)-十八碳二烯酰基] 甘油	1-O-[(9Z, 12Z)-octadecadienoyl]-2-O-[(9Z, 12Z)-octadecadienoyl] glycerol
1-O-[(9Z, 12Z)-十八碳二烯酰基]-3-O-[(9Z)-十八烯酰基] 甘油	1-O-[(9Z, 12Z)-octadecadienoyl]-3-O-[(9Z)-octadecenoyl] glycerol
(2S)-1-O-[(9Z, 12Z)-十八碳二烯酰基]-3-O-β-D-吡喃半乳糖基甘油	(2S)-1-O-[(9Z, 12Z)-octadecadienoyl]-3-O-β-D-galactopyranosyl glycerol
(2S)-1-O-[(9Z)-十八碳二烯酰基]-3-O-β-吡喃半乳糖基甘油	(2S)-1-O-[(9Z)-octadecadienoyl]-3-O-β-galactopyranosyl glycerol
1-O-[(9Z, 12Z)-十八碳二烯酰基]-3-O-十九酰基甘油	1-O-[(9Z, 12Z)-octadecadienoyl]-3-O-nonadecanoyl glycerol
1-O-[(9Z, 12Z)-十八碳二烯酰基] 甘油	1-O-[(9Z, 12Z)-octadecadienoyl] glycerol
(9Z, 12Z)-十八碳二烯酰甲酯	(9Z, 12Z)-octadecadienoyl methyl ester
(9Z, 12Z)-十八碳二烯酰氯	(9Z, 12Z)-octadecadienoyl chloride
4-十八碳内酯	4-octadecanolide
(9Z, 12Z, 15Z)-十八碳三烯 -1- 醇	(9Z, 12Z, 15Z)-octadcatrien-1-ol

(*E*, *E*, *E*)-9, 12, 15-十八碳三烯-1-醇	(*E*, *E*, *E*)-9, 12, 15-octadecatrien-1-ol
9, 12, 15-十八碳三烯-1-醇	9, 12, 15-octadecatrien-1-ol
9, 12, 12-十八碳三烯醛	9, 12, 12-octadecatrienal
6, 9, 12-十八碳三烯酸	6, 9, 12-octadecatrienoic acid
9, 12, 15-十八碳三烯酸	9, 12, 15-octadecatrienoic acid
十八碳三烯酸	octadecatrienoic acid
5, 9, 12-十八碳三烯酸	5, 9, 12-octadecatrienoic acid
(9*Z*, 12*Z*, 15*Z*)-十八碳三烯酸 (亚麻酸)	(9*Z*, 12*Z*, 15*Z*)-octadecatrienoic acid (linolenic acid)
(9*Z*, 12*Z*, 15*Z*)-十八碳三烯酸-2, 3-二醇甘油酯	(9*Z*, 12*Z*, 15*Z*)-octadecatrienoic acid-2, 3-ol glyceride
9, 12, 15-十八碳三烯酸甘油三酯	9, 12, 15-trioctadecatrienoin
9, 12, 15-十八碳三烯酸甲酯	methyl 9, 12, 15-octadecatrienoate
(9*Z*, 12*Z*, 15*Z*)-十八碳三烯酸甲酯	(9*Z*, 12*Z*, 15*Z*)-octadecatrienoic acid methyl ester
9, 12, 15-十八碳三烯酸乙酯	ethyl 9, 12, 15-octadecatrienoate
(9*Z*, 12*Z*, 15*Z*)-十八碳三烯酸乙酯	(9*Z*, 12*Z*, 15*Z*)-octadecatrienoic acid ethyl ester
3-*O*-(9, 12, 15-十八碳三烯酰) 甘油基-β-D-吡喃半乳糖苷	3-*O*-(9, 12, 15-octadecatrienoyl) glyceryl-β-D-galacto-pyranoside
(9*Z*, 12*Z*, 15*Z*)-十八碳三烯酰基	(9*Z*, 12*Z*, 15*Z*)-octadecatrienoyl
1-*O*-[(9*Z*, 12*Z*, 15*Z*)-十八碳三烯酰基]-2-*O*-十六碳酰甘油	1-*O*-[(9*Z*, 12*Z*, 15*Z*)-octadecatrienoyl]-2-*O*-hexadeca-noyl glycerol
1-*O*-[(9*Z*, 12*Z*, 15*Z*)-十八碳三烯酰基]-2-*O*-十六碳酰基-3-*O*-α-(6-磺酸基吡喃奎诺糖基) 甘油	1-*O*-[(9*Z*, 12*Z*, 15*Z*)-octadecatrienoyl]-2-*O*-hexadeca-noyl-3-*O*-α-(6-sulfoquinovopyranosyl) glycerol
1-*O*-[(9*Z*, 12*Z*, 15*Z*)-十八碳三烯酰基]-3-*O*-β-D-吡喃半乳糖基甘油	1-*O*-[(9*Z*, 12*Z*, 15*Z*)-octadecatrienoyl]-3-*O*-β-D-galactopyranosyl glycerol
(9*E*, 11*Z*, 13*E*)-十八碳三烯酰基甘油酯	(9*E*, 11*Z*, 13*E*)-octadecatrienoyl glyceride
十八碳四烯酸	octadecatetraenoic acid
1-十八碳四烯酰甘油	1-octadecatetraenoyl glycerol
(2*S*, 3*S*, 4*R*, 8*Z*)-*N*-十八碳酰基-1-*O*-β-D-吡喃葡萄糖基-4-羟基-8-神经鞘氨醇	(2*S*, 3*S*, 4*R*, 8*Z*)-*N*-octadecanoyl-1-*O*-β-D-glucopyranosyl-4-hydroxy-8-sphingenine
3-*O*-十八碳酰基-β-谷甾醇	3-*O*-octadecanoyl-β-sitosterol
十八烷	octadecane
4-十八烷基吗啉	4-octadecyl morpholine
2-十八烷基氧乙二醇	2-(octadecyloxy) ethanol
1-十八烯	1-octadecene
(*E*)-5-十八烯	(*E*)-5-octadecene
5-十八烯	5-octadecene
十八烯	octadecene
(9*Z*)-十八烯-1-醇	(9*Z*)-octadecen-1-ol
(*Z*)-9-十八烯-18-内酯	(*Z*)-9-octadecen-18-olide
17-十八烯-14-炔-1-醇	17-octadecen-14-yn-1-ol
9-十八烯-1-醇	9-octadecen-1-ol
(*Z*)-12-十八烯-α-单甘油酯	mono-(*Z*)-12-octadecen-α-glyceride

2-十八烯醇	2-octadecenol
(Z)-9-十八烯醇油酸酯	(Z)-9-octadecenyl oleic acid ester
2-十八烯醛	2-octadecenal
(Z)-13-十八烯醛	(Z)-13-octadecenal
9-十八烯醛	9-octadecenal
2-十八烯酸	2-octadecenoic acid
13-十八烯酸	13-octadecenoic acid
(E)-9-十八烯酸	(E)-9-octadecenoic acid
(Z)-11-十八烯酸	(Z)-11-octadecenoic acid
(Z)-6-十八烯酸	(Z)-6-octadecenoic acid
10-十八烯酸	10-octadecenoic acid
11-十八烯酸	11-octadecenoic acid
12-十八烯酸	12-octadecenoic acid
14-十八烯酸	14-octadecenoic acid
7-十八烯酸	7-octadecenoic acid
8-十八烯酸	8-octadecenoic acid
9-十八烯酸	9-octadecenoic acid
十八烯酸	octadecenoic acid
(9Z)-十八烯酸 (油酸)	(9Z)-octadecenoic acid (oleic acid)
6-十八烯酸 [(Z)-芹子酸]	6-octadecenoic acid [petroselic acid, petroselinic acid]
1-(9-十八烯酸) 甘油酯	glycerol 1-(9-octadecenoate)
9-十八烯酸 -2, 3-二羟基丙酯	9-octadecenoic acid-2, 3-dihydroxypropyl ester
9-十八烯酸 -2′, 3′-二羟基丙酯	9-octadecenoic acid-2′, 3′-dihydroxypropyl ester
9-十八烯酸单甘油酯	9-monooleoyl glyceride
(12Z)-十八烯酸甲酯	methyl (12Z)-octadecenoate
(9Z)-十八烯酸甲酯	methyl (9Z)-octadecenoate
(E)-9-十八烯酸甲酯	methyl (E)-9-octadecenoate
(Z)-9-十八烯酸甲酯	methyl (Z)-9-octadecenoate
10-十八烯酸甲酯	methyl 10-octadecenoate
11-十八烯酸甲酯	methyl 11-octadecenoate
7-十八烯酸甲酯	methyl 7-octadecenoate
8-十八烯酸甲酯	methyl 8-octadecenoate
9-十八烯酸甲酯	9-octadecenoic acid methyl ester (methyl 9-octadecenoate)
9-十八烯酸甲酯	methyl 9-octadecenoate (9-octadecenoic acid methyl ester)
(9Z)-十八烯酸乙酯	ethyl (9Z)-octadecenoate
(E)-9-十八烯酸乙酯	ethyl (E)-9-octadecenoate
4-十八烯酸乙酯	ethyl 4-octadecenoate
9-十八烯酸乙酯	ethyl 9-octadecenoate
9-十八烯酸正十五醇酯	n-pentadecanyl 9-octadecenoate

9-十八烯碳二酸	9-octadecenedioic acid
1-[9-十八烯酰]-1-甘油	1-(9-octadecenoate)-1-glycerol
(9Z)-十八烯酰胺	(9Z)-octadecenamide
9-十八烯酰胺	9-octadecenamide
1-O-十八酰基-2-O-[(9Z, 12Z)-十八碳二烯酰基]-3-O-[α-D-吡喃半乳糖基-(1→6)-O-β-D-吡喃半乳糖基]甘油	1-O-octadecanoyl-2-O-[(9Z, 12Z)-octadecadienoyl]-3-O-[α-D-galactopyranosyl-(1→6)-O-β-D-galactopyranosyl] glycerol
1-O-十八酰基甘油	1-O-octadecanoyl glycerol
18-(十八酰氧基)十八烯酸甲酯	18-(octadecanoyloxy) octadecenoic acid methyl ester
18-(十八酰氧基)十八烯酸乙酯	18-(octadecanoyloxy) octadecenoic acid ethyl ester
十瓣闪星花苷 (10-羟基环烯醚萜二醛葡萄糖苷)	decapetaloside (10-hydroxyiridodial glucoside)
十瓣云实素	caesaldecan
十齿草次碱 (十齿水柳宁、德西宁、德新宁碱)	decinine
十齿水柳胺 (十齿草明碱、德洒明碱)	decamine
十齿水柳胺 N-氧化物	decamine N-oxide
十齿水柳碱 (十齿草碱、德考定碱)	decodine
4-十二-1, 2-苯二酚	4-dodecyl-1, 2-benzenediol
2-十二醇	2-dodecanol (2-dodecyl alcohol)
1-十二醇 (月桂醇、十二醇)	1-dodecanol (dodecyl alcohol, lauryl alcohol, lauric alcohol)
十二醇 (月桂醇、十二醇)	dodecyl alcohol (1-dodecanol, lauryl alcohol, lauric alcohol)
十二醇乙酸酯	dodecyl acetate
十二甲基环己硅氧烷	dodecamethyl cyclohexasiloxane
十二聚异戊烯醇	dodecaprenol
1 (6), 11 (12), 13 (14), 1′ (6′), 11′ (12′), 13′ (14′)-十二氢-β-胡萝卜烯-4β, 4′β-二醇	1 (6), 11 (12), 13 (14), 1′ (6′), 11′ (12′), 13′ (14′)-dodecahydro-β-caroten-4β, 4′β-diol
十二醛	dodecanal
十二酸 (月桂酸)	dodecanoic acid (laurostearic acid, lauric acid)
十二酸甲酯 (月桂酸甲酯)	methyl dodecanoate (methyl laurate)
十二酸乙酯	ethyl dodecanate
十二酸乙酯 (月桂酸乙酯)	ethyl dodecanoate (ethyl laurate)
十二碳-2-酮	dodec-2-one
(3S, 4Z)-十二碳-4, 11-二烯-1-炔-3-醇	(3S, 4Z)-dodec-4, 11-dien-1-yn-3-ol
十二碳-4, 6, 8-三烯酸-2-羟基-1-羟基乙醚	dodec-4, 6, 8-trienoic acid-2-hydroxy-1-hydroxymethyl ethyl ether
2, 4-十二碳二烯醛	2, 4-dodecadienal
1-[(2E, 4E)-十二碳二烯酰]四氢吡咯	1-[(2E, 4E)-2, 4-dodecadienoyl] pyrrolidine
γ-十二碳内酯	γ-dodecalactone
(3Z, 6Z, 9Z)-十二碳三烯酸	(3Z, 6Z, 9Z)-dodecatrienoic acid
3, 6-十二碳三烯酸甲酯	methyl 3, 6-dodecatrienoate

S

2, 6, 9, 11-十二碳四烯-1-酸甲酯	2, 6, 9, 11-dodecatetraen-1-carboxylic acid methyl ester
2-十二酮	2-dodecanone
3-十二酮	3-dodecanone
十二烷	dodecane
5-十二烷基-2, 2′-联噻吩	5-dodecyl-2, 2′-bithiophene
5-十二烷基-4-羟基-4-甲基-2-环戊烯酮	5-dodecanyl-4-hydroxy-4-methyl-2-cyclopentenone
十二烷基-5-苯	dodec-5-yl benzene
2-十二烷基-6-甲氧基环己-2, 5-二烯-1, 4-二酮	2-dodecyl-6-methoxycyclohex-2, 5-dien-1, 4-dione
4-十二烷基苯甲醛	4-dodecyl benzaldehyde
3-(十二烷酰氧基)-2-(异丁酰氧基)-4-甲基戊酸	3-(dodecanoyloxy)-2-(isobutyryloxy)-4-methyl pentanoic acid
十二烷异丙基醚	dodecyl isopropyl ether
1-十二烯	1-dodecene
(E)-5-十二烯	(E)-5-dodecene
十二烯	dodecene
2-十二烯醇	2-dodecenol
2-十二烯醛	2-dodecenal (dodec-2-en-1-al)
α-十二烯醛	α-dodecenal
9-十二烯酸	9-dodecenoic acid
十二烯酸	dodecenoic acid
十二烯酸酯	dodecenoate
(2Z, 3S, 4S)-2-(11-十二烯亚基)-3-羟基-4-甲基丁内酯	(2Z, 3S, 4S)-2-(11-dodecenylidene)-3-hydroxy-4-methyl butanolide
(2E, 3R, 4R)-2-(11-十二烯亚基)-3-羟基-4-甲氧基-4-甲基丁内酯	(2E, 3R, 4R)-2-(11-dodecenylidene)-3-hydroxy-4-methoxy-4-methyl butanolide
十芬	decaphene
十甲基环己硅氧烷	decamethyl cyclohexasiloxane
1-十九醇	1-nonadecanol
十九醇	nonadecanol
6-十九炔酸	6-nonadecynoic acid
十九酸	nonadecanoic acid
十九酸-2, 3-二羟丙酯	nonadecanoic acid-2, 3-dihydroxypropyl ester
十九酸单甘油酯	monon(onadecanoin
十九酸三十四酯	tetratriacontanyl nonadecanoate
5-[(Z)-十九碳-14-烯基]树脂苔黑酚	5-[(Z)-nonadec-14-enyl] resorcinol
(9Z, 12Z)-十九碳二烯酸	(9Z, 12Z)-nonadecadienoic acid
(4Z, 6Z, 9Z)-十九碳三烯	(4Z, 6Z, 9Z)-nonadecatriene
(E, Z)-1, 3, 12-十九碳三烯	(E, Z)-1, 3, 12-nonadecatriene
1, 3, 12-十九碳三烯	1, 3, 12-nonadecatriene
9, 12, 15-十九碳三烯酸	9, 12, 15-nonadecatrienoic acid

2-十九酮	2-nonadecanone
十九烷	nonadecane
5-十九烷基间苯二酚-3-*O*-甲醚	5-nonadecyl resorcinol-3-*O*-methyl ether
1-十九烯	1-nonadecene
(*Z*)-5-十九烯	(*Z*)-5-nonadecene
9-十九烯	9-nonadecene
十九烯	nonadecene
10-十九烯-2-酮	10-nonadecen-2-one
3-(16′-十九烯基) 酚	3-(16′-nonadecenyl) phenol
10-十九烯酸	10-nonadecenoic acid
(10*E*)-10-十九烯酸	(10*E*)-10-nonadecenoic acid
十九烯酸	nonadecenoic acid
十六甲基八环硅氧烷	hexadecamethyl-cyclooctasiloxane
十六醛 (棕榈醛)	hexadecanal (palmitaldehyde)
1-十六炔	1-hexadecyne
十六酸 (棕榈酸、软脂酸)	hexadecanoic acid (palmitic acid, cetylic acid)
十六酸-15-炔	hexadecanoic acid-15-yne
十六酸-1-甘油酯 (α-棕榈酸单甘油酯、1-*O*-十六酸单甘油酯、单棕榈酸甘油酯、棕榈酸单甘油酯、棕榈酸-1-单甘油酯、1-棕榈酸单甘油酯)	glycerol 1-hexadecanoate (α-monopalmitin, glycerol 1-*O*-monohexadecanoate, glycerol monopalmitate, glycerol 1-monopalmitate, 1-monopalmitin)
十六酸-2, 3-二羟基丙酯	hexadecanoic acid-2, 3-dihydroxypropyl ester
十六酸-2″, 3″-二羟基丙酯	hexadecanoic acid-2″, 3″-dihydroxypropyl ester
十六酸-α-单甘油酯	glycerol mono-α-hexadecanoate
1-*O*-十六酸单甘油酯	glycerol 1-*O*-monohexadecanoate
1-十六酸单甘油酯	glycerol mono-1-hexadecanoate
1-*O*-十六酸单甘油酯 (α-棕榈酸单甘油酯、单棕榈酸甘油酯、棕榈酸单甘油酯、棕榈酸-1-单甘油酯、十六酸-1-甘油酯、1-棕榈酸单甘油酯)	glycerol 1-*O*-monohexadecanoate (α-monopalmitin, glycerol monopalmitate, glycerol 1-monopalmitate, glycerol 1-hexadecanoate, 1-monopalmitin)
(*R*)-十六酸-2, 3-二羟丙酯	2, 3-dihydroxypropyl (*R*)-hexadecanoate
十六酸-2, 3-二羟丙酯	2, 3-dihydroxypropyl hexadecanoate
十六酸甘油酯	glycerol hexadecanoate
十六酸己酯	hexyl cetylate
十六酸甲酯 (棕榈酸甲酯)	methyl hexadecanoate (methyl palmitate, palmitic acid ethyl ester)
十六酸三十四酯	tetratriacontyl hexadecanoate
十六酸十二酯	dodecyl hexadecanoate
十六酸乙酯 (棕榈酸乙酯)	ethyl hexadecanoate (ethyl palmitate)
十六酸正丁酯	butyl hexadecanoate
(2*S*)-1-*O*-十六碳-4″, 7″, 10″, 13″-四烯酰基-3-*O*-β-吡喃半乳糖基甘油	(2*S*)-1-*O*-hexadec-4″, 7″, 10″, 13″-tetraenoyl-3-*O*-β-galactopyranosyl glycerol
十六碳-9-烯酸	hexadec-9-enoic acid

十六碳 -9- 烯酸二十四酯	tetracosanyl hexadec-9-enoate
(R)-(+)-1, 2- 十六碳二醇	(R)-(+)-1, 2-hexadecanediol
(Z, Z)-8, 10- 十六碳二烯 -1- 醇	(Z, Z)-8, 10-hexadecadien-1-ol
(Z, E)-7, 11- 十六碳二烯 -1- 醇乙酸酯	(Z, E)-7, 11-hexadecadien-1-ol acetate
2, 4- 十六碳二烯酸	2, 4-hexadecadienoic acid
十六碳二烯酸	hexadecadienoic acid
10, 13- 十六碳二烯酸甲酯	methyl 10, 13-hexadecenedioate
7, 10- 十六碳二烯酸甲酯	methyl 7, 10-hexadecadienoate
γ- 十六碳环内酯	γ-hexadecanolactone
7, 10, 13- 十六碳三烯醛	7, 10, 13-hexadecatrienal
(7Z, 10Z, 13Z)- 十六碳三烯酸	(7Z, 10Z, 13Z)-hexadecatrienoic acid
十六碳三烯酸	hexadecatrienoic acid
3-(7, 10, 13- 十六碳三烯酸) 甘油酯 -1-O-β-D- 半乳糖苷	3-(7, 10, 13-hexadecatrienoic acid) glyceride-1-O-β-D-galactoside
(E, E, E)-7, 10, 13- 十六碳三烯酸甲酯	methyl (E, E, E)-7, 10, 13-hexadecatrienoate
(E, E, E)-9, 12, 15- 十六碳三烯酸甲酯	methyl (E, E, E)-9, 12, 15-hexadecatrienoate
7, 10, 12- 十六碳三烯酸甲酯	methyl 7, 10, 12-hexadecatrienoate
6′-O- 十六碳酰 -β-D- 葡萄糖基 -β- 谷甾醇	6′-O-hexadecanoyl-β-D-glucosyl-β-sitosterol
O- 十六碳酰基	O-hexadecanoyl
十六烷	hexadecane
十六烷 -1, 16- 二醇 -7- 咖啡酸酯	hexadecane-1, 16-diol-7-caffeoyl ester
1- 十六烷醇 (鲸蜡醇)	1-hexadecanol (cetyl alcohol, cetanol)
十六烷基环氧乙烷	hexadecyl oxirane
十六烷基三甲基铵	hexadecyl trimethyl ammonium brominide
N- 十六烷酰基 -1-O-β-D- 半乳糖基 -(4E, 14E)- 鞘氨醇二烯	N-(hexadecanoyl)-1-O-β-D-galactosyl-(4E, 14E)-sphingadienine
3β-O-(6′- 十六烷酰基 -β- 吡喃葡萄糖基)- 豆甾 -5- 烯	3β-O-(6′-hexadecanoyl-β-glucopyranosyl)-stigmast-5-ene
(1E, 6Z)-10- 十六烯	(1E, 6Z)-10-hexadecene
(Z)-7- 十六烯	(Z)-7-hexadecene
(Z)-8- 十六烯	(Z)-8-hexadecene
3- 十六烯	3-hexadecene
7- 十六烯	7-hexadecene
9- 十六烯	9-hexadecene
十六烯	hexadecene
3, 3′-(8Z)-6- 十六烯 -1, 16- 双酚	3, 3′-(8Z)-6-hexadecen-1, 16-bisphenol
十六烯醇	hexadecenol
5, 5′-[8 (Z)- 十六烯 - 二基] 双树脂苔黑酚	5, 5′-[8 (Z)-hexadecene-diyl] bisresorcinol
11- 十六烯酸	11-hexadecenoic acid
(11Z)- 十六烯酸	(11Z)-hexadecenoic acid

(9E)-9-十六烯酸	(9E)-9-hexadecenoic acid
(Z)-7-十六烯酸	(Z)-7-hexadecenoic acid
(Z)-9-十六烯酸	(Z)-9-hexadecenoic acid
6-十六烯酸	6-hexadecenoic acid
7-十六烯酸	7-hexadecenoic acid
9-十六烯酸	9-hexadecenoic acid
十六烯酸	hexadecenoic acid
ω-十六烯酸	ω-hexadecenoic acid
(9Z)-十六烯酸 (棕榈油酸、棕榈烯酸)	(9Z)-hexadecenoic acid (palmitoleic acid)
9-十六烯酸甲酯	methyl 9-hexadecenoate
(9Z)-十六烯酸甲酯 (棕榈油酸甲酯)	(9Z)-hexadecenoic acid methyl ester (methyl palmitoleate)
9-十六烯酸乙酯	ethyl 9-hexadecenoate
十六烯酸乙酯	ethyl hexadecenoate
1-十六酰丙-2, 3-二醇	1-hexadecanoyl propan-2, 3-diol
1-O-十六酰基-2-O-(9-十八烯酰)-3-O-(9, 12-十八碳二烯酰) 甘油酯	1-O-hexadecanoyl-2-O-(9-octadecanoyl)-3-O-(9, 12-octadecadienoyl) glyceride
1-十六酰基-2-[(9Z, 12Z)-十八碳-9, 12-二烯酰基]-sn-甘油-3-磷酰胆碱	1-hexadecanoyl-2-[(9Z, 12Z)-octadec-9, 12-dienoyl]-sn-glycerol-3-phosphocholine
1-O-十六酰基-3-O-(14-二十烯酰基) 甘油酯	1-O-hexadecanoyl-3-O-(14-eicosenoyl) glyceride
1-O-十六酰基-3-O-(6′-硫代-α-D-脱氧吡喃葡萄糖基) 甘油	1-O-hexadecanoyl-3-O-(6′-sulfo-α-D-deoxyglucopyranosyl) glycerol
(4E)-N-十六酰基鞘氨醇-4-烯	(4E)-N-hexadecanoyl sphing-4-ene
18-(十六酰氧基) 十八烯酸甲酯	18-(hexadecanoyloxy) octadecenoic acid methyl ester
18-(十六酰氧基) 十八烯酸乙酯	18-(hexadecanoyloxy) octadecenoic acid ethyl ester
十螺旋烃	decahelicene
9-十七醇	9-heptadecanol
十七醇	heptadecanol
1-十七醇	1-heptadecanol
12-十七炔-1-醇	12-heptadecyn-1-ol
1-十七酸单甘油酯	glycerol mono-1-heptadecanoate
十七酸单甘油酯	monoheptadecanoin
十七酸甘油酯	glycerol heptadecanoate
十七酸甲酯	methyl heptadecanoate
十七酸乙酯	ethyl heptadecanoate
十七碳-(2E, 8E, 10E, 16)-四烯-4, 6-二炔	heptadec-(2E, 8E, 10E, 16)-tetraen-4, 6-diyne
(8S)-十七碳-(2Z, 9Z)-二烯-4, 6-二炔-1, 8-二醇	(8S)-heptadec-(2Z, 9Z)-dien-4, 6-diyn-1, 8-diol
十七碳-1, 7, 9-三烯-11, 13, 15-三炔	heptadec-1, 7, 9-trien-11, 13, 15-triyne
(8Z, 15Z)-十七碳-1, 8, 15-三烯-11, 13-二炔	(8Z, 15Z)-heptadec-1, 8, 15-trien-11, 13-diyne
(8E)-十七碳-1, 8-二烯-4, 6-二炔-3, 10-二醇	(8E)-heptadec-1, 8-dien-4, 6-diyn-3, 10-diol
十七碳-1, 8-二烯-4, 6-二炔-3, 10-二醇	heptadec-1, 8-dien-4, 6-diyn-3, 10-diol
5-(十七碳-12-烯基) 间苯二酚	5-(heptadec-12-enyl) resorcinol

十七碳 -1- 烯 -4, 6- 二炔 -3, 9- 二醇	heptadec-1-en-4, 6-diyn-3, 9-diol
十七碳 -1- 烯 -9, 10- 环氧 -4, 6- 二炔 -3, 8- 二醇	heptadec-1-en-9, 10-epoxy-4, 6-diyn-3, 8-diol
5-[(Z)- 十七碳 -8- 烯基] 树脂苔黑酚	5-[(Z)-heptadec-8-enyl] resorcinol
6, 9- 十七碳二烯	6, 9-heptadecadiene
[3-(10Z, 13E)-10, 13- 十七碳二烯 -1- 基]-1, 2- 苯二酚	[3-(10Z, 13E)-10, 13-heptadecadien-1-yl]-1, 2-benzenediol
(8E)-1, 8- 十七碳二烯 -4, 6- 二炔 -3, 10- 二醇	(8E)-1, 8-heptadecadien-4, 6-diyn-3, 10-diol
(9Z)-1, 9- 十七碳二烯 -4, 6- 二炔 -3, 8, 11- 三醇	(9Z)-1, 9-heptadecadien-4, 6-diyn-3, 8, 11-triol
5-[(8′Z, 11′Z)- 十七碳二烯基] 树脂苔黑酚	5-[(8′Z, 11′Z)-heptadecadienyl] resorcinol
(10′Z, 13′E)- 十七碳二烯氢醌	(10′Z, 13′E)-heptadecadienyl hydroquinone
(8Z, 11Z)- 十七碳二烯醛	(8Z, 11Z)-heptadecadienal
十七碳二烯酸甲酯	methyl heptadecadienoate
5, 8, 11- 十七碳三炔酸甲酯	methyl 5, 8, 11-heptadecatriynoate
十七碳三烯	heptadecatriene
(Z, Z)-1, 8, 11- 十七碳三烯	(Z, Z)-1, 8, 11-heptadecatriene
1, 7, 9- 十七碳三烯 -11, 13, 15- 三炔	1, 7, 9-heptadecatrien-11, 13, 15-triyne
(10′Z, 13′E, 15′E)- 十七碳三烯氢醌	(10′Z, 13′E, 15′E)-heptadecatrienyl hydroquinone
8, 11, 14- 十七碳三烯醛	8, 11, 14-heptadecatrienal
(Z, Z, Z)-1, 8, 11, 14- 十七碳四烯	(Z, Z, Z)-1, 8, 11, 14-heptadecatetraene
2- 十七酮	2-heptadecanone
十七烷	heptadecane
3- 十七烷基儿茶酚	3-heptadecyl catechol
1- 十七烯	1-heptadecene
7- 十七烯	7-heptadecene
8- 十七烯	8-heptadecene
3-(10Z)-10- 十七烯 -1, 2- 苯二酚	3-(10Z)-10-heptadecen-1, 2-benzenediol
1- 十七烯 -11, 13- 二炔 -8, 9, 10- 三醇	1-heptadecen-11, 13-diyn-8, 9, 10-triol
9- 十七烯 -1- 醇	9-heptadecen-1-ol
6- 十七烯醇基水杨酸	6-heptadecenyl salicylic acid
3-(14′- 十七烯基) 酚	3-(14′-heptadecenyl) phenol
5-[(11′Z)- 十七烯基] 树脂苔黑酚	5-[(11′Z)-heptadecenyl] resorcinol
5-[(8′Z)- 十七烯基] 树脂苔黑酚	5-[(8′Z)-heptadecenyl] resorcinol
(10′Z)- 十七烯氢醌	(10′Z)-heptadecenyl hydroquinone
(E)-15- 十七烯醛	(E)-15-heptadecenal
8- 十七烯醛	8-heptadecenal
十七烯酸	heptadecenoic acid
9- 十七烯酸甲酯	methyl 9-heptadecenoate
十氢 -1, 4a- 二甲基 -7- 异丙亚基 -[(1S)-(1α, 4aβ, 8aα)] 萘酚	decahydro-1, 4a-dimethyl-7-(1-methyl ethylidene)-[1S (1α, 4aβ, 8aα)]-naphthalenol
十氢 -1, 5, 5, 8- 四甲基 -1, 2, 4- 亚甲基薁	decahydro-1, 5, 5, 8-tetramethyl-1, 2, 4-methenoazulene

十氢-1, 6-亚甲基-4-异丙基萘	decahydro-1, 6-methylene-4-(1-methyl ethyl) naphthalene
十氢-1-十一烷基-樟脑	decahydro-1-undecyl naphthalene
[(1S)-(1α, 3αβ, 4α, 8αβ)]-十氢-4, 8, 8-三甲基-9-亚甲基-1, 4-亚甲基薁	[(1S)-(1α, 3αβ, 4α, 8αβ)]-decahydro-4, 8, 8-trimethyl-9-methylene-1, 4-methanoazulene
十氢-4, 8, 8-三甲基-9-亚甲基-1, 4-亚甲基薁	decahydro-4, 8, 8-trimethyl-9-methylene-1, 4-methanoazulene
十氢-4α-甲基-1-萘	decahydro-4α-methyl-1-naphthalene
(1aR, 4S, 4aS, 7R, 7aS, 7bR)-十氢-4-甲氧基-1, 1, 4, 7-四甲基-1H-环丙 [e] 甘菊环烃-7-醇	(1aR, 4S, 4aS, 7R, 7aS, 7bR)-decahydro-4-methoxy-1, 1, 4, 7-tetramethyl-1H-cycloprop [e] azulen-7-ol
2, 3, 3a, 4, 5, 8, 9, 10, 11, 11a-十氢-6, 10-二 (羟甲基)-3-亚甲基-2-氧化环癸 [b] 呋喃-4-基-2-甲基-2-丁烯酸酯	2, 3, 3a, 4, 5, 8, 9, 10, 11, 11a-decahydro-6, 10-bis (hydroxymethyl)-3-methylene-2-oxocyclodeca [b] furan-4-yl-2-methylbut-2-enoic acid ester
2, 3, 3a, 4, 5, 8, 9, 10, 11, 11a-十氢-6, 10-二 (羟甲基)-3-亚甲基-2-氧化环癸 [b] 呋喃-4-基-2-甲基丙烯酸酯	2, 3, 3a, 4, 5, 8, 9, 10, 11, 11a-decahydro-6, 10-bis (hydroxymethyl)-3-methylene-2-oxocyclodeca [b]-furan-4-yl-2-methyl acrylic acid ester
[(1S)-(4aβ)]-十氢-6β-羟基-2α, 5, 5, 8aα-四甲基-1α-萘羧酸甲酯	[(1S)-(4aβ)]-decahydro-6β-hydroxy-2α, 5, 5, 8aα-tetramethyl-1α-naphthalenecarboxylic acid methyl ester
[(2R)-(2α, 4aβ, 8α, 8aα)]-十氢-8a-羟基-α, α, 4a, 8-四甲基-2-萘甲醇	[(2R)-(2α, 4aβ, 8α, 8aα)]-decahydro-8a-hydroxy-α, α, 4a, 8-tetramethyl-2-naphthalene methanol
十氢-α, α, 4α-三甲基-8-亚甲基-2-萘甲醇	decahydro-α, α, 4α-trimethyl-8-methylene-2-naphthalene methanol
十氢番茄红素	lycopersene
1-十三醇	1-tridecanol (1-tridecyl alcohol)
2-十三醇乙酸酯	2-acetoxytridecane
十三醛	tridecanal
十三酸	tridecanoic acid
十三酸甲酯	methyl tridecanoate
十三酸乙酯	ethyl tridecanoate
十三碳-(11E)-烯-3, 5, 7, 9-四炔-1, 2-二羟基-2-O-β-D-葡萄糖苷	tridec-(11E)-en-3, 5, 7, 9-tetrayn-1, 2-dihydroxy-2-O-β-D-glucoside
十三碳-(3E, 11E)-二烯-5, 7, 9-三炔-1, 2, 13-三羟基-2-O-β-D-葡萄糖苷	tridec-(3E, 11E)-dien-5, 7, 9-triyn-1, 2, 13-trihydroxy-2-O-β-D-glucoside
十三碳-1, 11-二烯-3, 5, 7, 9-四炔	tridec-1, 11-dien-3, 5, 7, 9-tetrayne
十三碳-1, 3, 5-三烯-7, 9, 11-三炔	tridec-1, 3, 5-trien-7, 9, 11-triyne
(E)-十三碳-1, 5-二烯-7, 9, 11-三炔-3, 4-二醇-4-O-β-D-吡喃葡萄糖苷	(E)-tridec-1, 5-dien-7, 9, 11-triyn-3, 4-diol-4-O-β-D-glucopyranoside
(5E)-十三碳-1, 5-二烯-7, 9, 11-三炔-3, 4-二羟基-4-O-β-D-吡喃葡萄糖苷	(5E)-tridec-1, 5-dien-7, 9, 11-triyn-3, 4-dihydroxy-4-O-β-D-glucopyranoside
十三碳-1-烯-3, 5, 7, 9, 11-五炔	tridec-1-en-3, 5, 7, 9, 11-pentayne
十三碳-2, 12-二烯-4, 6, 8, 10-四炔-1-醇	tridec-2, 12-dien-4, 6, 8, 10-tetrayn-1-ol
十三碳-3, 11-二烯-5, 7, 9-三炔-1, 2-二醇	tridec-3, 11-dien-5, 7, 9-triyn-1, 2-diol

S

十三碳 -3, 5, 7, 9- 四炔 -11- 烯 -1, 2, 13- 三羟基 -1- 葡萄糖苷	tridec-3, 5, 7, 9-tetrayn-11-en-1, 2, 13-trihydroxy-1-glucoside
十三碳 -5- 烯 -7, 9, 11- 三炔 -3- 醇	tridec-5-en-7, 9, 11-triyn-3-ol
(11*E*)-1, 11- 十三碳二烯 -3, 5, 7, 9- 四炔	(11*E*)-1, 11-tridecadien-3, 5, 7, 9-tetrayne
(*Z*)-1, 11- 十三碳二烯 -3, 5, 7, 9- 四炔	(*Z*)-1, 11-tridecadien-3, 5, 7, 9-tetradyne
1, 3- 十三碳二烯 -5, 7, 9, 11- 四炔	1, 3-tridecadien-5, 7, 9, 11-tetrayne
(5*E*)-1, 5- 十三碳二烯 -7, 9- 二炔 -3, 4, 12- 三醇	(5*E*)-1, 5-tridecadien-7, 9-diyn-3, 4, 12-triol
(6*E*, 12*E*)- 十三碳二烯 -8, 10- 二炔 -1, 14- 二羟基 -3-*O*-β-D- 吡喃葡萄糖苷	(6*E*, 12*E*)-tridecadien-8, 10-diyn-1, 14-dihydroxy-3-*O*-β-D-glucopyranoside
1, 4, 7- 十三碳三烯	1, 4, 7-tridecatriene
(3*E*, 11*E*)-1, 3, 11- 十三碳三烯 -5, 7, 9- 三炔	(3*E*, 11*E*)-1, 3, 11-tridecatrien-5, 7, 9-triyne
1, 3, 11- 十三碳三烯 -5, 7, 9- 三炔	1, 3, 11-tridecatrien-5, 7, 9-triyne
1, 3, 5- 十三碳三烯 -7, 9, 11- 三炔	1, 3, 5-tridecatrien-7, 9, 11-triyne
(3*Z*, 5*E*, 11*E*)- 十三碳三烯 -7, 9- 二炔 -1-*O*-(*E*)- 阿魏酸酯	(3*Z*, 5*E*, 11*E*)-tridecatrien-7, 9-diyn-1-*O*-(*E*)-ferulate
(3*E*, 5*E*, 11*E*)- 十三碳三烯 -7, 9- 二炔 -1, 2, 13- 三羟基 -2-*O*-β-D- 吡喃葡萄糖苷	(3*E*, 5*E*, 11*E*)-tridecatrien-7, 9-diyn-1, 2, 13-trihydroxy-2-*O*-β-D-glucopyranoside
(3*E*, 5*E*, 11*E*)- 十三碳三烯 -7, 9- 二炔 -1, 2- 二醇二乙酸酯	(3*E*, 5*E*, 11*E*)-tridecatrien-7, 9-diyn-1, 2-diol diacetate
(3*E*, 5*Z*, 11*E*)- 十三碳三烯 -7, 9- 二炔 -1, 2- 二醇二乙酸酯	(3*E*, 5*Z*, 11*E*)-tridecatrien-7, 9-diyn-1, 2-diol diacetate
(3*Z*, 5*E*, 11*E*)- 十三碳三烯 -7, 9- 二炔 -1, 2- 二醇二乙酸酯	(3*Z*, 5*E*, 11*E*)-tridecatrien-7, 9-diyn-1, 2-diol diacetate
1, 5, 11- 十三碳三烯 -7, 9- 二炔 -3, 4- 二醇二乙酸酯	1, 5, 11-tridecatrien-7, 9-diyn-3, 4-diol diacetate
1, 3, 11- 十三碳三烯 -7, 9- 二炔 -5, 6- 二乙酯	1, 3, 11-tridecatrien-7, 9-diyn-5, 6-diol diacetate
1, 3, 5, 11- 十三碳四烯 -7, 9- 二炔	1, 3, 5, 11-tridecatetraen-7, 9-diyne
十三碳五炔烯	tridecapentaynene
2- 十三酮	2-tridecanone
7- 十三酮	7-tridecanone
十三酮白屈菜红碱	tridecanonchelerythrine
十三烷	tridecane
5- 十三烷基 -1, 3- 苯二醇	5-tridecyl-1, 3-benzenediol
6- 十三烷基 -2, 4- 二羟基苯甲酸	6-tridecyl-2, 4-dihydroxybenzoic acid
4- 十三烷基 -3, 5- 二氧乙酰基 -1- 苯甲醚	4-tridecyl-3, 5-dioxyacetyl-1-phenyl methyl ether
2- 十三烷基 -4-(1*H*)- 喹诺酮	2-tridecyl-4-(1*H*)-quinolone
5- 十三烷基 -6-*O*- 乙酰基 -3- 羟基 -1- 茴香醚 (5- 十三烷基 -6- 氧乙酰基 -3- 羟基 -1- 苯甲醚)	5-tridecyl-6-*O*-acetyl-3-hydroxy-1-anisole (5-tridecyl-6-oxyacetyl-3-hydroxy-1-phenyl methyl ether)
5- 十三烷基间苯二酚 (5- 十三烷基树脂苔黑酚)	5-tridecyl benzene-1, 3-diol (5-tridecyl resorcinol)
5- 十三烷基树脂苔黑酚 (5- 十三烷基间苯二酚)	5-tridecyl resorcinol (5-tridecyl benzene-1, 3-diol)
十三烷五炔 -1- 烯	tridecapentyn-1-ene
1- 十三烯	1-tridecene
4- 十三烯	4-tridecene

十三烯	tridecene
2-十三烯-1-醇	2-tridecen-1-ol
1-十三烯-3, 5, 7, 9, 11-五炔	1-tridecen-3, 5, 7, 9, 11-pentayne
11-十三烯-3, 5, 7, 9-四炔	tridec-11-en-3, 5, 7, 9-tetrayne
(3*E*)-3-十三烯-5, 7, 9, 11-四炔-1, 2-环氧化合物	(3*E*)-3-tridecen-5, 7, 9, 11-tetrayn-1, 2-epoxide
2-十三烯醛	2-tridecenal
(*E*)-2-十三烯醛 [(2*E*)-2-十三烯醛]	(*E*)-2-tridecenal [(2*E*)-2-tridecenal]
(2*E*)-2-十三烯醛 [(*E*)-2-十三烯醛]	(2*E*)-2-tridecenal [(*E*)-2-tridecenal]
十三锡烷	tridecastannane
(2*S*, 3*R*, 5*R*, 9*E*)-2-*N*-(十三酰基)二十九烷基鞘氨-9-烯	(2*S*, 3*R*, 5*R*, 9*E*)-2-*N*-(tridecanoyl) nonacosasphinga-9-ene
1-十四胺	1-tetradecanamine
2-十四醇	2-tetradecanol
1-十四醇	1-tetradecanol
十四醇	tetradecanol
1-十四醇乙酸酯	1-tetradecanol acetate
十四甲基环庚硅氧烷	tetradecamethyl cycloheptasiloxane
十四醛 (肉豆蔻醛)	tetradecanal (myristaldehyde)
十四酸 (肉豆蔻酸)	tetradecanoic acid (myristic acid, tetradeconic acid)
十四酸 (肉豆蔻酸)	tetradeconic acid (myristic acid, tetradecanoic acid)
十四酸丁基酯	butyl myristate
十四酸丁酯	butyl tetradecanoate
十四酸甘油酯	glycerol myristate
十四酸甲酯 (肉豆蔻酸甲酯)	methyl tetradecanoate (methyl myristate)
十四酸乙酯	ethyl tetradecanoate
十四碳-(4*E*, 12*E*)-二烯-8, 10-二炔-1, 6, 7-三醇	tetradec-(4*E*, 12*E*)-dien-8, 10-diyn-1, 6, 7-triol
十四碳-(4*E*, 12*E*)-二烯-8, 10-二炔-1, 6, 7-三羟基-6-*O*-β-D-葡萄糖苷	tetradec-(4*E*, 12*E*)-dien-8, 10-diyn-1, 6, 7-trihydroxy-6-*O*-β-D-glucoside
(+)-(6*R*, 7*R*, 12*E*)-十四碳-12-烯-10-炔-1, 6, 7-三醇	(+)-(6*R*, 7*R*, 12*E*)-tetradec-12-en-10-yn-1, 6, 7-triol
十四碳-2, 12-二烯-4, 6, 8, 10-四炔	tetradec-2, 12-dien-4, 6, 8, 10-tetrayne
(−)-(8*R*, 9*R*, 2*E*, 6*E*, 10*E*)-十四碳-2, 6, 10-三烯-4-炔-8, 14-二羟基-9-β-D-吡喃葡萄糖苷	(−)-(8*R*, 9*R*, 2*E*, 6*E*, 10*E*)-tetradec-2, 6, 10-trien-4-yn-8, 14-dihydroxy-9-β-D-glucopyranoside
(2*E*, 8*E*, 12*R*)-十四碳-2, 8-二烯-4, 6-二炔-1, 12, 14-三羟基-1-*O*-β-D-吡喃葡萄糖苷	(2*E*, 8*E*, 12*R*)-tetradec-2, 8-dien-4, 6-diyn-1, 12, 14-trihydroxy-1-*O*-β-D-glucopyranoside
(*E*)-十四碳-3-烯	(*E*)-tetradec-3-ene
(6*R*, 7*R*)-十四碳-4, 12-二烯-8, 10-二炔-1, 6, 7-三醇	(6*R*, 7*R*)-tetradec-4, 12-dien-8, 10-diyn-1, 6, 7-triol
(6*R*, 7*R*)-十四碳-4, 12-二烯-8, 10-二炔-1, 6, 7-三羟基-6-O-β-D-吡喃葡萄糖苷	(6*R*, 7*R*)-tetradec-4, 12-dien-8, 10-diyn-1, 6, 7-trihydroxy-6-O-β-D-glucopyranoside
(4*E*, 6*E*, 12*E*)-十四碳-4, 6, 12-三烯-8, 10-二炔-1, 3, 14-三醇	(4*E*, 6*E*, 12*E*)-tetradec-4, 6, 12-trien-8, 10-diyn-1, 3, 14-triol
(4*E*, 6*E*, 12*E*)-十四碳-4, 6, 12-三烯-8, 10-二炔-13, 14-二醇	(4*E*, 6*E*, 12*E*)-tetradec-4, 6, 12-trien-8, 10-diyn-13, 14-diol

中文名称	英文名称
(4*E*, 6*E*)- 十四碳 -4, 6- 二烯 -8, 10, 12- 三炔 -1, 3- 二羟基 -3-*O*-β-D- 吡喃葡萄糖苷	(4*E*, 6*E*)-tetradec-4, 6-dien-8, 10, 12-triyn-1, 3-dihydroxy-3-*O*-β-D-glucopyranoside
(6*R*, 7*R*, 4*E*, 8*E*, 12*E*)- 十四碳 -4, 8, 12- 三烯 -10- 炔 -1, 6, 7- 三醇	(6*R*, 7*R*, 4*E*, 8*E*, 12*E*)-tetradec-4, 8, 12-trien-10-yn-1, 6, 7-triol
十四碳 -8, 10, 12- 三炔 -6- 烯 -3- 酮	tetradec-8, 10, 12-triyn-6-en-3-one
1, 13- 十四碳二烯	1, 13-tetradecadiene
(9*E*, 12*Z*)-9, 12- 十四碳二烯 -1- 醇	(9*E*, 12*Z*)-9, 12-tetradecadien-1-ol
(2*E*, 8*E*)-(12*R*)- 十四碳二烯 -4, 6- 二炔 -1, 12, 14- 三醇	(2*E*, 8*E*)-(12*R*)-tetradecadien-4, 6-diyn-1, 12, 14-triol
4, 6- 十四碳二烯 -8, 10, 12- 三炔 -1, 3- 二醇	4, 6-tetradecadien-8, 10, 12-triyn-1, 3-diol
(4*E*, 6*E*)-4, 6- 十四碳二烯 -8, 10, 12- 三炔 -1, 3- 二醇二乙酸酯	(4*E*, 6*E*)-4, 6-tetradecadien-8, 10, 12-triyn-1, 3-diol diacetate
(6*E*, 12*E*)- 十四碳二烯 -8, 10- 二炔 -1, 3- 二醇	(6*E*, 12*E*)-tetradecadien-8, 10-diyn-1, 3-diol
(6*E*, 12*Z*)- 十四碳二烯 -8, 10- 二炔 -1, 3- 二醇	(6*E*, 12*Z*)-tetradecadien-8, 10-diyn-1, 3-diol
(6*Z*, 12*Z*)- 十四碳二烯 -8, 10- 二炔 -1, 3- 二醇	(6*Z*, 12*Z*)-tetradecadien-8, 10-diyn-1, 3-diol
(6*E*, 12*E*)- 十四碳二烯 -8, 10- 二炔 -1, 3- 二醇二乙酸酯	(6*E*, 12*E*)-tetradecadien-8, 10-diyn-1, 3-diol diacetate
2, 4- 十四碳二烯 -8, 10- 二炔酸异丁酰胺	2, 4-tetradecadien-8, 10-diynoic acid isobutylamide
(4*E*, 6*Z*)-4, 6- 十四碳二烯 -8, 12- 二炔 -1, 3- 二醇二乙酸酯	(4*E*, 6*Z*)-4, 6-tetradecadien-8, 12-diyn-1, 3-diol diacetate
5, 8- 十四碳二烯酸	5, 8-tetradecadienoic acid
十四碳二烯酸	tetradecadienoic acid
(4*E*, 6*E*, 12*E*)- 十四碳三烯 -8, 10- 二炔 -1- 醇	(4*E*, 6*E*, 12*E*)-tetradecatrien-8, 10-diyn-1-ol
4, 6, 12- 十四碳三烯 -8, 10- 二炔 -1, 3- 二醇	4, 6, 12-tetradecatrien-8, 10-diyn-1, 3-diol
(4*E*, 6*E*, 12*E*)-4, 6, 12- 十四碳三烯 -8, 10- 二炔 -1, 3- 二醇二乙酸酯	(4*E*, 6*E*, 12*E*)-4, 6, 12-tetradecatrien-8, 10-diyn-1, 3-diol diacetate
(4*E*, 6*Z*, 12*E*)-4, 6, 12- 十四碳三烯 -8, 10- 二炔 -1, 3- 二醇二乙酸酯	(4*E*, 6*Z*, 12*E*)-4, 6, 12-tetradecatrien-8, 10-diyn-1, 3-diol diacetate
(4*E*, 6*E*, 12*E*)- 十四碳三烯 -8, 10- 二烯 -1, 3- 二醇二乙酸酯	(4*E*, 6*E*, 12*E*)-tetradecatrien-8, 10-dien-1, 3-diol diacetate
十四碳三烯酸	tetradecatrienoie acid
2, 4, 6, 8, 10- 十四碳五烯基殷金醇	2, 4, 6, 8, 10-tetradecapentaenyl ingenol
十四烷	tetradecane
5- 十四烷基 -1, 3- 间苯二酚	5-tetradecyl-1, 3-benzenediol
2- 十四烯	2-tetradecene
(*E*)-3- 十四烯	(*E*)-3-tetradecene
1- 十四烯	1-tetradecene
7- 十四烯	7-tetradecene
十四烯	tetradecene
(*E*)-2- 十四烯 -1- 醇	(*E*)-2-tetradecen-1-ol
13- 十四烯 -1- 醇乙酸酯	13-tetradecen-1-ol acetate
(*Z*)-9- 十四烯 -1- 醇乙酸酯	(*Z*)-9-tetradecen-1-ol acetate [(9*Z*)-tetradecen-1-ol acetate]

9-十四烯醛	9-tetradecenal
4-十四烯酸	4-tetradecenoic acid
8-十四烯酸	8-tetradecenoic acid
十四烯酸	tetradecenoic acid
(9Z)-十四烯酸 (肉豆蔻烯酸)	(9Z)-tetradecenoic acid (myristoleic acid)
3-O-十四酰基-16-O-乙酰异德国鸢尾道醛	3-O-tetradecanoyl-16-O-acetyl isoiridogermanal
1-O-十四酰基-3-O-(6′-硫氧代-α-D-脱氧吡喃葡萄糖基) 甘油	1-O-tetradecanoyl-3-O-(6′-sulfo-α-D-deoxyglucopyranosyl) glycerol
12-十四酰基佛波醇-13-乙酸酯	12-tetradecanoyl phorbol-13-acetate
十碳-9-烯-4, 6-二炔-1, 8-二羟基-1-O-β-D-吡喃葡萄糖苷	dec-9-en-4, 6-diyn-1, 8-dihydroxy-1-O-β-D-glucopyranoside
(2E, 8E)-2, 8-十碳二烯-4, 6-二炔-1, 10-二羟基-1-O-β-D-吡喃葡萄糖苷	(2E, 8E)-2, 8-decadien-4, 6-diyn-1, 10-dihydroxy-1-O-β-D-glucopyranoside
(2E, 8Z)-2, 8-十碳二烯-4, 6-二炔-1, 10-二羟基-1-O-β-D-吡喃葡萄糖苷	(2E, 8Z)-2, 8-decadien-4, 6-diyn-1, 10-dihydroxy-1-O-β-D-glucopyranoside
(2E, 8E)-2, 8-十碳二烯-4, 6-二炔-1, 10-二羟基-1-O-β-D-呋喃芹糖基-(1→6)-β-D-吡喃葡萄糖苷	(2E, 8E)-2, 8-decadien-4, 6-diyn-1, 10-dihydroxy-1-O-β-D-apiofuranosyl-(1→6)-β-D-glucopyranoside
十万错苷 A、E	asystasiosides A, E
3-(十五-10-烯基) 儿茶酚	3-(pentadec-10-enyl) catechol
十五-15-内酯	pentadecan-15-olide
十五-1-醇	pentadecan-1-ol
1-十五醇	1-pentadecanol
十五醇	pentadecanol
6-十五基水杨酸	6-pentadecyl salicylic acid
十五醛	pentadecanal
3-[(8′Z, 11′E, 13′Z)-十五三烯基] 儿茶酚	3-[(8′Z, 11′E, 13′Z)-pentadecatrienyl] catechol
十五酸	pentadecanoic acid (pentadecylic acid)
十五酸单甘油酯	monopentadecanoin
十五酸甲酯	methyl pentadecanoate
十五酸三甘油酯	triglycerol pentadecanoate
十五酸乙酯	ethyl pentadecanoate
4-(十五碳-10-烯基) 儿茶酚	4-(pentadec-10-enyl) catechol
5-十五碳-10-烯基树脂苔黑酚	5-pentadec-10-enyl resorcinol
十五碳-6, 8, 10-三炔酸	pentadec-6, 8, 10-triynoic acid
5-[(8Z)-十五碳-8-烯-1-基] 树脂苔黑酚	5-[(8Z)-pentadec-8-en-1-yl] resorcinol
5-十五碳-8-烯基树脂苔黑酚	5-pentadec-8-enyl resorcinol
1, 15-十五碳二醇	1, 15-pentadecanediol
7, 10-十五碳二炔酸	7, 10-pentadecadiynoic acid
6, 9-十五碳二烯-1-醇	6, 9-pentadecadien-1-ol
(4E, 3E)-十五碳二烯-8-丙烯基-9, 11-二炔基-1, 7-二羟基-7-O-β-D-吡喃葡萄糖苷	(4E, 3E)-pentadecadien-8-propenyl-9, 11-diyn-1, 7-dihydroxy-7-O-β-D-glucopyranoside

S

(2*E*, 4*Z*)-十五碳二烯醛	(2*E*, 4*Z*)-pentadecadienal
(6*Z*, 9*Z*, 12*Z*)-十五碳三烯 -2-酮	(6*Z*, 9*Z*, 12*Z*)-pentadecatrien-2-one
9, 12, 15-十五碳三烯酸乙酯	ethyl 9, 12, 15-pentadecatrienoate
2-十五酮 (2-十五烷酮)	2-pentadecanone
十五烷	pentadecane
5-十五烷基 -1, 3-间苯二酚	5-pentadecyl-1, 3-benzenediol
2-十五烷基 -6-甲氧基 -3-[2′-甲基 -5′-(9′, 10′-十五烯基)-4′, 6′-间苯二酚]-1, 4-苯醌	2-pentadecyl-6-methoxy-3-[2′-methyl-5′-(9′, 10′-pentadecenyl)-4′, 6′-resorcinol]-1, 4-benzoquinone
5-十五烷基间苯二酚 (5-十五烷基树脂苔黑酚)	5-pentadecyl benzene-1, 3-diol (5-pentadecyl resorcinol)
5-十五烷基树脂苔黑酚 (5-十五烷基间苯二酚)	5-pentadecyl resorcinol (5-pentadecyl benzene-1, 3-diol)
6-十五烷基水杨酸 (腰果酸、漆树酸)	6-pentadecyl salicylic acid (anacardic acid, rhusinic acid)
1-十五烯	1-pentadecene
十五烯	pentadecene
3-(10*E*)-10-十五烯 -1-苯酚	3-(10*E*)-10-pentadecen-1-phenol
6-(8-十五烯基)-2, 4-二羟基苯甲酸	6-(pentadec-8-enyl)-2, 4-dihydroxybenzoic acid
5-[(8*Z*)-十五烯基] 树脂苔黑酚	5-[(8*Z*)-pentadecenyl] resorcinol
5-[(8′*Z*)-十五烯基] 树脂苔黑酚	5-[(8′*Z*)-pentadecenyl] resorcinol
5-[(8′*Z*)-十五烯基] 树脂苔黑酚单乙酸酯	5-[(8′*Z*)-pentadecenyl] resorcinol monoacetate
3-(10′*Z*)-十五烯基苯酚	3-(10′*Z*)-pentadecenyl phenol
6-十五烯基水杨酸	6-pentadecenyl salicylic acid
2-十五烯醛	2-entadecenal
14-十五烯酸	14-pentadecenic acid
9-十五烯酸甲酯	methyl 9-pentadecenoate
十雄角果木素 A～G	decandrins A～G
2-十一醇	2-undecanol
1-十一醇	1-undecanol
十一醇 (十一烷醇)	undecyl alcohol (undecanol)
十一醇 (十一烷醇)	undecanol (undecyl alcohol)
2-十一醇乙酸酯	2-undecanyl acetate
十一基磺酰乙酸	undecyl sulfonyl acetic acid
十一聚异戊烯醇	undecaprenol
十一醛	undecanal (undecanyl aldehyde)
十一醛	undecanyl aldehyde (undecanal)
1-十一炔	1-undecyne
十一炔	undecyne
10-十一炔 -1-醇	10-undecyn-1-ol
十一酸	hendecanoic acid (undecylic acid, undecanoic acid)
十一酸	undecanoic acid (undecylic acid, hendecanoic acid)
十一酸	undecylic acid (undecanoic acid, hendecanoic acid)

γ-十一酸内酯	γ-undecalactone
Δ-十一酸内酯	Δ-undecalactone
D-(–)-十一酸乙酯棉子糖	D-(–)-raffinose undecaacetate
十一碳-(2E)-烯-8, 10-二炔酸异丁基酰胺	undec-(2E)-en-8, 10-diynoic acid isobutylamide
十一碳-(2E, 7Z, 9E)-三烯酸异丁基酰胺	undec-(2E, 7Z, 9E)-trienoic acid isobutylamide
(2Z, 4S, 8R, 9E)-十一碳-2, 9-二烯-4, 8-二醇	(2Z, 4S, 8R, 9E)-undec-2, 9-dien-4, 8-diol
十一碳-2-苯	undec-2-yl benzene
十一碳-2-醇	undec-2-ol
十一碳-5-苯	undec-5-benzene
十一碳二酸	undecanedioic acid
2, 3-十一碳二酮	2, 3-undecadione
1, 4-十一碳二烯	1, 4-undecadiene
2, 4-十一碳二烯-8, 10-二炔酸异丁酰胺	2, 4-undecadien-8, 10-diynoic acid isobutylamide
12-O-十一碳二烯酰基佛波醇-13-乙酸酯	12-O-undecadienoyl phorbol-13-acetate
5-十一酮	5-undecanone
2-十一酮 (甲基正壬基甲酮、甲基正壬酮)	2-undecanone (methyl n-nonyl ketone)
十一烷	nudecane
1-十一烯	1-undecene
十一烯	undecene
1-十一烯-3, 4-亚甲二氧基苯 (十一碳-1-烯-3, 4-甲撑二氧苯)	1-undecylenyl-3, 4-methylenedioxybenzene
1-十一烯-3-醇	1-undecen-3-ol
10-十一烯-1-醇	10-undecen-l-ol
十一烯基菲	undecenyl phenanthrene
2-十一烯醛	2-undecenal
1-十一烯醛	1-undecenal
2-十一烯酸	2-undecylenic acid
10-十一烯酸	10-undecenoic acid
十一烯酸	undecenoic acid (undecylenic acid)
十一烯酸	undecylenic acid (undecenoic acid)
十一烯酸烯丙酯	allyl undecylenate
十字孢链霉酮	staurosporinone
十字龙胆碱 (天山龙胆碱)	gentiocrucine
(Z)-十字龙胆碱 [(Z)-天山龙胆碱]	(Z)-gentiocrucine
十字龙胆碱 (天山龙胆碱) A～E	gentiocrucines A～E
石蝉草色烯Ⅰ～Ⅲ	blandachromenes Ⅰ～Ⅲ
石菖醚 (2, 4, 5-三甲氧基烯丙基苯、γ-细辛脑)	sekishone (2, 4, 5-trimethoxyallyl benzene, γ-asarone)
石菖蒲阿米醇A～D	acoraminols A～D
石菖蒲醇	tatarol
石菖蒲醇-12-β-D-葡萄糖苷	tataryl-12-β-D-glucoside

石菖蒲螺环碱 A、B	acortatarins A, B
石菖蒲螺烯酮	tatanone
(−)- 石菖蒲醚酮 A	(−)-acortatarone A
(+)- 石菖蒲醚酮 A	(+)-acortatarone A
石菖蒲内酯	tatarinolactone
石菖蒲宁碱 A	tatarinine A
(−)- 石菖蒲素 A～F	(−)-tatarinowins A～F
(+)- 石菖蒲素 A～I	(+)-tatarinowins A～I
石菖蒲素 A～N	tatarinowins A～N
石菖蒲酮	tatarinone
石菖蒲烷 (石菖蒲木烷) A～C	tatanans A～C
石菖蒲酰胺 A、B	tataramides A, B
石菖蒲杂素 A～E	acorusins A～E
石菖蒲脂素 A～T	tatarinans A～T
石苁蓉醇	plumbagol
石胆酸	lithocholic acid
石当归素 (高山芹素)	saxalin
石当归素乙酸酯	saxalin acetate
石地钱二烯醇	rebouliadienol
石地钱苷 A～D	rebouosides A～D
石地衣酸	saxatilic acid
石刁柏酚素 A～D	asparoffins A～D
石刁柏苷 A	asparagoside A
石刁柏苦素 - II	officinalisnin- II
石刁柏宁素	asparinin A
(25S)- 石刁柏甾素 -I	(25S)-officinalisnin-I
石刁柏皂苷 I、II	asparasaponins I, II
石吊兰素 (内华达依瓦菊素、岩豆素、内华依菊素、吊石苣苔奥苷)	nevadensin (lysionotin, lysioside)
石吊兰素 -5-*O*-β-D- 吡喃葡萄糖苷	nevadensin-5-*O*-β-D-glucopyranoside
石吊兰素 -5-*O*-β-D- 吡喃葡萄糖基 -(1→6)-β-D- 吡喃葡萄糖苷	nevadensin-5-*O*-β-D-glucopyranosyl-(1→6)-β-D-glucopyranoside
石吊兰素 -5-*O*-β-D- 葡萄糖苷	nevadensin-5-*O*-β-D-glucoside
石吊兰素 -5-*O*-β-D- 葡萄糖基 -(1→6)-β-D- 葡萄糖苷	nevadensin-5-*O*-β-D-glucosyl-(1→6)-β-D-glucoside
石吊兰素 -7-*O*-[α-L- 吡喃鼠李糖基 -(1→6)]-β-D- 吡喃葡萄糖苷	nevadensin-7-*O*-[α-L-rhamnopyranosyl-(1→6)]-β-D-glucopyranoside
石吊兰素 -7-*O*-[α-L- 鼠李糖基 -(1→6)]-β-D- 葡萄糖苷	nevadensin-7-*O*-[α-L-rhamnosyl-(1→6)]-β-D-glucoside
石吊兰素 -7-*O*-β-D- 吡喃葡萄糖苷	nevadensin-7-*O*-β-D-glucopyranoside
石吊兰素 -7-*O*-β-D- 葡萄糖苷	nevadensin-7-*O*-β-D-glucoside

石吊兰素 -7-*O*-β-L- 吡喃鼠李糖基 -(1→6)-β-D- 吡喃葡萄糖苷	nevadensin-7-*O*-β-L-rhamnopyranosyl-(1→6)-β-D-glucopyranoside
石吊兰素 -7- 接骨木二糖苷	nevadensin-7-sambubioside
石冬青碱	phelline
石豆兰菲醌	bulbophyllanthrone
石豆兰菲灵 A、B	bulbophythrins A, B
石豆兰菲素	bulbophyllanthrin
石豆兰酚甲 (石豆兰酚乙)	bulbophylols A, B
石豆兰苷	bulbophyllinoside
石耳多糖 (丘疹石耳聚糖)	pustulan
石耳酸	umbilicaric acid
石耳𠮿酮苷 A、B	umbilicaxanthosides A, B
石防风素 (德尔妥因)	deltoin
石房蛤毒素 (甲藻毒素、哈蚌毒素)	saxitoxin
石胡荽苷 A、B	minimaosides A, B
石胡荽酸	centipedaic acid
石斛 -12- 酮	dendroban-12-one
石斛胺 (6- 羟基石斛碱、石斛氨碱)	dendramine (6-hydroxydendrobine)
石斛酚	dendrophenol
石斛苷 A～G	dendrosides A～G
石斛碱	dendrobine
石斛碱 *N*- 氧化物	dendrobine *N*-oxide
石斛碱甲基盐	dendrobine methosalt
石斛醌 (金钗石斛菲醌)	denbinobin
石斛醚碱 (石斛星碱、石斛星)	dendroxine
石斛宁定	shihunidine
石斛宁定碱	shihunidin
石斛宁碱 (石斛宁)	shihunine
石斛诺酚 A、B	dendronophenols A, B
石斛属碱	dendrobium base
石斛酮碱	nobilonine
石斛烷 A	dendrobane A
石斛酯碱 (石斛因碱)	dendrine
石虎甲素	shihhu A
石虎柠檬素 A	shihulimonin A
(*R*)- 石虎柠檬素 A	(*R*)-shihulimonin A
(*S*)- 石虎柠檬素 A	(*S*)-shihulimonin A
石花酸 (石树花酸)	parmatic acid (sekikaic acid)
石黄衣素 (呫吨灵)	xanthorin
石黄衣素 -8- 甲醚	xanthorin-8-methyl ether

石荠宁木脂素 A、B	moslolignans A, B
石椒草碱	seboehausine
石椒草内酯 A	shijiacaolactone A
石椒草双香豆素 (岩椒草双香豆素)	jayantinin
石柯二醇	lithocarpdiol
石柯酸 A～S	lithocarpic acids A～S
石柯酮	lithocarpolone
石蜡	paraffin
石栗素	moluccanin
石栗酸	moluccanic acid
石栗酸甲酯	methyl moluccanate
石栗萜酮酸	aleuritolonic acid
石栗亭	aleuritin
石莲醇苷 I～XIII	sinocrassulosides I～XIII
石莲苷 A_1～A_{12}、B_1～B_5、C_1、D_1、D_1	sinocrassosides A_1～A_{12}, B_1～B_5, C_1, D_1, D_2
石莲姜槲蕨素	propinqualin
石榴黄酮醇木糖苷	granatumflavanyl xyloside
石榴黄烷酮醇	punicaflavanol
石榴碱 (石榴皮碱)	granatenine (pelletierine, punicine)
石榴皮 -3- 酮 (伪石榴皮碱、假石榴皮碱)	granatan-3-one (pseudopelletierine)
石榴皮单宁醇	granataninol
石榴皮碱 (石榴碱)	punicine (pelletierine, granatenine)
石榴皮苦素 (石榴皮亭) A、B	granatins A, B
石榴皮葡萄糖酸鞣质 (石榴皮葡萄糖酸、石榴葡萄糖鞣素、2, 5- 二 -O- 没食子酰基 -4, 6-O-(S)- 六羟基联苯二酰基 -D- 葡萄糖酸)	punigluconin [2, 5-di-O-galloyl-4, 6-O-(S)-hexahydroxydiphenyl-D-gluconic acid]
石榴皮醛	granatal
石榴皮鞣质 (安石榴林、石榴皮鞣素)	punicalin
石榴皮素 (石榴皮新鞣质) A～D	punicacorteins A～D
石榴皮酸	granatic acid
α- 石榴鞣精	α-punicalagin
β- 石榴鞣精	β-punicalagin
石榴鞣精 (安石榴苷)	punicalagin
石榴鞣宁 A～C	punicatannins A～C
石榴酸 (栝楼酸)	punicic acid (trichosanic acid)
石榴萜酸	punicanolic acid
石榴萜酮	punicaone
石榴叶素 (石榴叶鞣质)	punicafolin
石南密穗草苷	stilbericoside
石南藤醇 A	piperwalliol A

石南藤苷 A～D	piperwalliosides A～D
石楠素	ericolin
石茸酸	gyrophoric acid
石蕊素	azolitmin
石蕊酸	dydimic acid
石杉碱 A (卷柏石松碱、亮石松碱、卷柏状石松碱)	huperzine A (selagine)
石杉碱 A～C	huperzines A～C
(7*S*, 12*S*, 13*R*)- 石杉碱 -D-16-*O*-β-D- 吡喃葡萄糖苷	(7*S*, 12*S*, 13*R*)-huperzine-D-16-*O*-β-D-glucopyranoside
石杉碱甲～丁	huperzines A～D
石杉宁碱 (蛇足石杉碱)	huperzinine
石杉宁碱 -*N*- 氧化物	huperzinine-*N*-oxide
石生齿缘草素 A～C	rupestrins A～C
石生黄堇碱 A	saxicolaline A
石树花酸 (石花酸)	sekikaic acid (parmatic acid)
石松勃精	lycobergine
石松定碱 (石松定、石松蒿碱)	lycodine
石松法星碱	lycofawcine
石松佛利星碱 (曲石松碱)	lycoflexine
石松碱	lycopodine
石松灵碱	lycodoline
石松诺亭醇碱	lyconnotinol
石松诺亭碱	lyconnotine
石松哌碱 (藤石松碱) A～C	lycoparins A～C
石松三醇 (东北石松诺醇、伸筋草萜三醇)	lycoclavanol
石松生物碱 -L$_2$ (乙酰二氢石松碱)	lycopodium alkaloid-L$_2$ (acetyl dihydrolycopodine)
石松属碱	lycopodium base
石松四醇 (伸筋草萜亭醇、东北石松尼醇)	lyclaninol
石松四醇酮 (东北石松宁、石松宁、石松素、伸筋草萜酮四醇)	lycoclavanin
石松素 A	lycopodiin A
石松亭碱 (经年石松碱、多穗石松碱)	annotine
石松文碱 (东北石松文碱)	lycoclavine
石松五醇 (伸筋草亭醇、东北石松尼亭)	lyclanitin
石松叶碱	lycofoline
石松隐四醇 (伸筋草萜隐醇、柳杉石松醇)	lycocryptol
石松子素	sporonin
石松子酸	lycopodic acid
石松子油酸	lycopodium oleic acid
石蒜 -(*R*)- 葡萄甘露聚糖	lycoris-(*R*)-glucomannan
石蒜 -(*S*)- 葡萄甘露聚糖	lycoris-(*S*)-glucomannan

S

石蒜胺 (石蒜胺碱、力可拉敏、蒜胺)	lycoramine
石蒜胺 N-氧化物	lycoramine N-oxide
石蒜红碱	sanguine
石蒜花青苷	lycoricyanin
石蒜碱 (孤挺花碱、乙酰孤挺花宁碱)	lycorine (bellamarine, acetyl caranine)
石蒜拉宁 A～F	lycoranines A～F
石蒜宁碱 (石蒜伦碱)	lycorenine
3-O-β-石蒜四糖	3-O-β-lycotetraoside
石蒜四糖	lycotetraose
石蒜西定	lycoricidine (margetine)
石蒜西定	margetine (lycoricidine)
石蒜西定醇 (水仙克劳星、水仙环素)	lycoricidinol (narciclasine)
石蒜西宁 A、B	lycosinines A, B
石炭酸 (苯酚、羟基苯)	phenylic acid (phenol, hydroxybenzene)
石头花苷元内酯	gypsogenin-lactone
石头花素	gypsophin
石头花素 A～F	gypsophins A～F
石头花皂苷 A～C	gypsosaponins A～C
石韦苷 A、B	pyrrosides A, B
石仙桃酚 A～D	pholidotols A～D
石仙桃醌	pholidonone
石仙桃宁素 (石仙桃乃宁) A～L	phochinenins A～L
石岩枫碱 (石岩枫氰吡酮)	mallorepine
石岩枫拉素	repandulasin
石岩枫林素	repanduthylin
石岩枫鞣质	repandusinin
石岩枫素	repandusin
石岩枫酸 (杠香藤酸) A、B	repandusinic acids A, B
石竹-1, 9β-二醇	caryol-1, 9β-diol
(9β)-石竹-1, 9-二醇	(9β)-caryol-1, 9-diol
(8S, 9R)-石竹-3, 7 (15)-二烯	(8S, 9R)-caryophylla-3, 7 (15)-diene
石竹胺	dianthramine
石竹二醇	caryolandiol
石竹厚朴酚 (丁香烷厚朴酚)	caryolanemagnolol
石竹考苷 A、B	caryophyllacosides A, B
石竹内酯	dianthalexin
石竹素 A～F	dianthins A～F
L-石竹糖	L-dianose
石竹烷 (丁香烷)	caryophyllane
(1β, 9β)-石竹烷-1, 9-二醇	(1β, 9β)-caryolane-1, 9-diol

石竹烷-1, 9-二醇	caryolane-1, 9-diol
石竹烷二醇	clovandiol
L-石竹烯	L-caryophyllene
1-石竹烯	1-caryophyllene
(E)-石竹烯	(E)-caryophyllene
(R)-α-石竹烯	(R)-α-caryophyllene
α-石竹烯 (α-丁香烯、葎草烯、蛇麻烯)	α-caryophyllene (humulene)
β-石竹烯 (β-丁香烯)	β-caryophyllene
γ-石竹烯 (γ-丁香烯)	γ-caryophyllene
α-石竹烯醇	α-caryophyllene alcohol
石竹烯醇 (丁香烯醇) Ⅰ、Ⅱ	caryophyllenols Ⅰ, Ⅱ
β-石竹烯环氧化物	β-caryophyllene epoxide
石竹烯环氧化物 (环氧石竹烯、丁香烯环氧化物)	caryophyllene epoxide
石竹烯酮	caryophyllene ketone
(−)-石竹烯氧化物	(−)-caryophyllene oxide
石竹烯氧化物	caryophyllene oxide
β-石竹烯氧化物	β-caryophyllene oxide
石竹皂苷 (石竹苷、瞿麦吡喃酮苷) A、B	dianthosides (dianchinenosides) A, B
石竹皂苷 (石竹苷、瞿麦吡喃酮苷) A、B	dianchinenosides (dianthosides) A, B
石梓醇	gmelinol
石梓呋喃	gmelofuran
石梓苷 A~N	gmelinosides A~N
石梓酮	gmelanone
食里酸 (鸡蛋果酸)	edulilic acid
食用大黄苷 (土大黄苷)	rhaponticin (rhapontin)
食用大黄苷-2″-O-对香豆酸酯	rhaponticin-2″-O-p-coumarate
食用大黄苷-2″-O-没食子酸酯	rhaponticin-2″-O-gallate
食用大黄苷-6″-O-没食子酸酯	rhaponticin-6″-O-gallate
食用大黄苷元 (土大黄苷元、丹叶大黄素)	rhapontigenin
食用大黄苷元-3′-O-β-D-吡喃葡萄糖苷	rhapontigenin-3′-O-β-D-glucopyranoside
食用当归素 (蛇床明素)	edultin (cnidimine)
食用黄芪素 (1, 6-食用黄芪酯苷)	cibarian
食用土当归二醇	araliadiol
食用土当归皂苷 B	udosaponin B (glycoside St-I4b)
(−)-食用新劳塔豆酚	(−)-edunol
莳罗艾菊酮 (香芹艾菊酮)	carvotanacetone
莳萝薄荷酮	carvomenthone
莳萝酚	dillanol
莳萝苷	dillanoside
莳萝素	anethine

莳萝酮	graveolone
莳萝油酚	dillapional
莳萝油脑 (莳萝脑)	dillapiol (dillapiole)
史库菊素 Ⅰ 、Ⅱ	schkuhrins Ⅰ , Ⅱ
史氏藤黄㞍酮 A	smeathxanthone A
史特阿魏素	feshurin
史特阿魏素乙酸酯	feshurin acetate
矢车菊酚 (矢车菊素、3, 5, 7, 3′, 4′- 五羟基花色锌)	cyanidol (cyanidin, 3, 5, 7, 3′, 4′-pentahydroxyflavylium)
矢车菊酚鼠李糖苷	cyanidol rhamnoside
矢车菊苷 (矢车菊素 -3-O- 葡萄糖苷)	chrysanthemin (cyanidin-3-O-glucoside)
矢车菊黄素 (矢车菊黄酮素、矢车菊定)	centaureidin
矢车菊碱	centcyamine
矢车菊宁 (矢车菊宁苷)	cyananin
矢车菊属碱	centaurea base
矢车菊属烃 X	centaur X
矢车菊水仙宁碱	vasconine
矢车菊素 (矢车菊酚、3, 5, 7, 3′, 4′- 五羟基花色锌)	cyanidin (cyanidol, 3, 5, 7, 3′, 4′-pentahydroxyflavylium)
矢车菊素 -3-(2″- 木糖基葡萄糖苷)-5- 葡萄糖苷	cyanidin-3-(2″-xylosyl glucoside)-5-glucoside
矢车菊素 -3-(6″- 丙二酰葡萄糖苷)	cyanidin-3-(6″-malonyl glucoside)
矢车菊素 -3, 3′, 7- 三葡萄糖苷	cyanidin-3, 3′, 7-triglucoside
矢车菊素 -3, 4′- 二 -O-β- 吡喃葡萄糖苷	cyaniding-3, 4′-di-O-β-glucopyranoside
矢车菊素 -3, 5-O- 二吡喃葡萄糖苷	cyanidin-3, 5-O-diglucopyranoside
矢车菊素 -3, 5- 二葡萄糖苷	cyanidin-3, 5-diglucoside
矢车菊素 -3″, 6″- 二丙二酰葡萄糖苷	cyanidin-3″, 6″-dimalonyl glucoside
矢车菊素 -3-[3″-(O-β-D- 吡喃葡萄糖基)-6″-(O-α-L- 吡喃鼠李糖基)-O-β-D- 吡喃葡萄糖苷]	cyanidin-3-[3″-(O-β-D-glucopyranosyl)-6″-(O-α-L-rhamnopyranosyl)-O-β-D-glucopyranoside]
矢车菊素 -3-O-(2-O-β-D- 吡喃葡萄糖基 -6-O- 反式 - 咖啡酰基 -β-D- 吡喃葡萄糖苷)	cyanidin-3-O-(2-O-β-D-glucopyranosyl-6-O-trans-caffeoyl-β-D-glucopyranoside)
矢车菊素 -3-O-(4″-O- 芥子酰基) 龙胆二糖苷	cyanidin-3-O-(4″-O-sinapoyl) gentiobioside
矢车菊素 -3-O-(6″-O-α- 吡喃鼠李糖基 -β-D- 吡喃葡萄糖苷)	cyanidin-3-O-(6″-O-α-rhamnopyranosyl-β-D-glucopyranoside)
矢车菊素 -3-O-(6′- 丙二酰基)-β-D- 吡喃葡萄糖苷	cyanidin-3-O-(6′-malonyl)-β-D-glucopyranoside
矢车菊素 -3-O-[2-O-(6-O- 反式 - 咖啡酰基 -β-D- 吡喃葡萄糖基)-β-D- 吡喃葡萄糖苷]	cyanidin-3-O-[2-O-(6-O-trans-caffeoyl-β-D-glucopyranosyl)-β-D-glucopyranoside]
矢车菊素 -3-O-[6″-O-(2‴-O- 乙酰基 -α- 吡喃鼠李糖基)-β-D- 吡喃葡萄糖苷]	cyanidin-3-O-[6″-O-(2‴-O-acetyl-α-rhamnopyranosyl)-β-D-glucopyranoside]
矢车菊素 -3-O-[β-D- 吡喃木糖基)-(1→2)-]-β-D- 吡喃半乳糖苷	cyanidin-3-O-[β-D-xylopyranosyl-(1 → 2)]-β-D-galactopyranoside
矢车菊素 -3-O-[三 -(吡喃葡萄糖基咖啡酰基) 槐糖苷]	cyanidin-3-O-[tri-(glucopyranosyl caffeoyl) sophoroside]
矢车菊素 -3-O-6″-O-α- 吡喃鼠李糖基 -β-D- 吡喃葡萄糖苷	cyanidin-3-O-6″-O-α-rhamnopyranosyl-β-D-glucopyranoside

矢车菊素 -3-O-α- 阿拉伯糖苷	cyanidin-3-O-α-arabinoside
矢车菊素 -3-O-β-(6″-O- 草酰基) 葡萄糖苷	cyanidin-3-O-β-(6″-O-oxalyl) glucoside
矢车菊素 -3-O-β-D-(6- 对香豆酰基) 葡萄糖苷 (风信子苷)	cyanidin-3-O-β-D-(6-p-coumaroyl) glucoside (hyacinthin)
矢车菊素 -3-O-β-D- 半乳糖苷	cyanidin-3-O-β-D-galactoside
矢车菊素 -3-O-β-D- 吡喃阿拉伯糖苷	cyanidin-3-O-β-D-arabinopyranoside
矢车菊素 -3-O-β-D- 吡喃半乳糖苷	cyanidin-3-O-β-D-galactopyranoside
矢车菊素 -3-O-β-D- 吡喃木糖基 -(1→2)-β-D- 吡喃半乳糖苷	cyanidin-3-O-β-D-xylopyranosyl-(1→2)-β-D-galactopyranoside
矢车菊素 -3-O-β-D- 吡喃葡萄糖苷	cyanidin-3-O-β-D-glucopyranoside
矢车菊素 -3-O-β- 半乳糖苷	cyanidin-3-O-β-galactoside
矢车菊素 -3-O-β- 吡喃半乳糖苷	cyanidin-3-O-β-galactopyranoside
矢车菊素 -3-O-β- 芸香糖苷 -7-O-β- 葡萄糖苷	cyanidin-3-O-β-rutinoside-7-O-β-glucoside
矢车菊素 -3-O- 对香豆酰芸香糖苷 -5-O- 葡萄糖苷	cyanidin-3-O-p-coumaroyl rutinoside-5-O-glucoside
矢车菊素 -3-O- 二咖啡酰槐糖苷	cyanidin-3-O-dicaffeoyl sophoroside
矢车菊素 -3-O- 槐糖苷	cyanidin-3-O-sophoroside
矢车菊素 -3-O- 龙胆二糖苷	cyanidin-3-O-gentiobioside
矢车菊素 -3-O- 葡萄糖苷 (矢车菊苷)	cyanidin-3-O-glucoside (chrysanthemin)
矢车菊素 -3-O- 桑布双糖苷	cyanidin-3-O-sambubioside
矢车菊素 -3-O- 芸香糖苷	cyanidin-3-O-rutinoside
矢车菊素 -3-O- 芸香糖苷 -5- 葡萄糖苷	cyanidin-3-O-rutinoside-5-glucoside
矢车菊素 -3- 阿拉伯糖苷	cyanidin-3-arabinoside
矢车菊素 -3- 半乳糖苷 (越橘花青苷)	cyanidin-3-galactoside (idaein)
矢车菊素 -3- 半乳糖苷 -5- 葡萄糖苷	cyanidin-3-galactoside-5-glucoside
矢车菊素 -3″- 丙二酰葡萄糖苷	cyanidin-3″-malonyl glucoside
矢车菊素 -3- 对香豆酰基木糖基葡萄糖苷	cyanidin-3-p-coumaroyl xylglucoside
矢车菊素 -3- 对香豆酰基葡萄糖苷	cyanidin-3-p-coumaroyl glucoside
矢车菊素 -3- 槐糖苷	cyanidin-3-sophoroside
矢车菊素 -3- 槐糖苷 -5- 葡萄糖苷	cyanidin-3-sophoroside-5-glucoside
矢车菊素 -3- 木糖苷	cyanidin-3-xyloside
矢车菊素 -3- 木糖基半乳糖苷	cyanidin-3-xylosyl galactoside
矢车菊素 -3- 木糖基葡萄糖苷	cyanidin-3-xylosyl glucoside
矢车菊素 -3- 葡萄糖苷	cyanidin-3-glucoside
矢车菊素 -3- 桑布双糖苷 (矢车菊素 -3- 接骨木二糖苷)	cyanidin-3-sambubioside
矢车菊素 -3- 鼠李葡萄糖苷	cyanidin-3-rhamnoglucoside
矢车菊素 -3- 鼠李糖苷	cyanidin-3-rhamnoside
矢车菊素 -3- 鼠李糖葡萄糖苷	cyanidin-3-rhamnosyl glucoside
矢车菊素 -3- 乙酰基葡萄糖苷	cyanidin-3-acetyl glucoside
矢车菊素 -3- 乙酰基葡萄糖芸香糖苷	cyanidin-3-acyl glucosyl rutinoside
矢车菊素 -3- 芸香糖苷	cyanidin-3-rutinoside

S

矢车菊素 -3- 芸香糖苷 -5- 葡萄糖苷	cyanidin-3-rutinoside-5-glucoside
矢车菊素 -4'-O-β-D- 吡喃葡萄糖苷	cyanidin-4'-O-β-D-glucopyranoside
矢车菊素 -4'-β- 葡萄糖苷	cyanidin-4'-O-β-glucoside
矢车菊素 -7- 阿拉伯糖苷	cyanidin-7-arabinoside
矢车菊素半乳糖苷	cyanidin-galactoside
矢车菊素单糖苷	cyanidin monoglycoside
矢车菊素双糖苷	cyanidin diglycoside
矢车菊素酮 (木犀草素、藤黄菌素、毛地黄黄酮、犀草素)	cyanidenon (luteolin, luteoline)
矢车菊素酰基葡萄糖苷	cyanidin-acyl glucoside
矢车菊云苷	nyctalux
使君子氨酸	quisqualic acid
使君子氨酸钾	potassium quisqualate
士的宁酸	strychninic acid
似松萝囊链藻酚 E～Z	usneoidols E～Z
似松萝囊链藻酮 E～Z	usneoidones E～Z
视黄醇	retinol
视黄醇 (维生素 A 醇)	retinol (vitamin A alcohol)
视黄醇乙酸酯 (维生素 A 乙酸酯)	retinol acetate (vitamin A acetate)
视黄醇棕榈酸酯	retinyl palmitate
视黄醛	retinene
视黄酸甲酯	methyl retinoate
视紫红	rodopsin
视紫红质	rhodopsin
柿酚	diospyrol
柿醌 (柿双醌、柿属素)	diospyrin (euclein)
柿萘醇酮 (信浓柿酮、信浓山柿酮)	shinanolone
柿属素 (柿双醌、柿醌)	euclein (diospyrin)
柿叶二醇 (柿二醇)	kakidiol
柿叶酚	kakispyrol
柿叶酮	kakispyrone
柿叶皂苷 (柿皂苷、柿苷) A～C	kakisaponins A～C
嗜焦素 (鲍光过敏素) A	pyropheophorbide A
匙萼金丝桃醇酮 A、B	hyperuralones A, B
匙羹藤醇 (匙羹藤精醇)	gymnemagenol
匙羹藤多肽 (武靴藤多肽、匙羹藤灵)	gurmarin
匙羹藤苷 II 钠盐	sodium salt of alternoside II
匙羹藤苷元	gymnemagenin
匙羹藤斯苷元	gymnemarsgenin
匙羹藤素 (匙羹藤托苷元)	gymnestrogenin

匙羹藤甾苷 (匙羹藤托苷) A～H	gymsylvestrosides A～H
匙羹藤皂苷 I～V	gymnemasaponins I～V
β-匙叶桉油烯醇	β-spathulenol
D-匙叶桉油烯醇	D-spathulenol
(–)-匙叶桉油烯醇 [(–)-斯巴醇、(–)-斯杷土烯]	(–)-spathulenol
匙叶甘松醇 A、B	jatamols A, B
匙叶翼首花苷 A、B	hookerosides A, B
手参苷 I～X	gymnosides I～X
手参素 C、D	gymconopins C, D
手树皂苷 (八角金盘苷) A$_1$～D$_1$、A～G	fatsiasides A$_1$～D$_1$, A～G
手树皂苷 B$_1$ (常春藤皂苷元-3-O-α-L-吡喃阿拉伯糖苷)	fatsiaside B$_1$ (hederagenin-3-O-α-L-arabinopyranoside)
手树皂苷 B$_1$-28-O-β-龙胆二糖酯苷	fatsiaside B$_1$-28-O-β-gentiobioside ester
D-(+)-手性肌醇	D-(+)-chiro-inositol
L-手性肌醇	L-chiro-inositol
守宫木苷	sauroposide
寿拉宾酮	soularubinone
绥草酚 A～F	sinensols A～F
绥草甘遂醇	sinetirucallol
瘦风轮皂苷 A～H	clinoposaponins A～H
瘦花滇紫草碱-N-氧化物	leptanthine-N-oxide
瘦素 (三桠瘦素、血清瘦素) A～H	leptins A～H
书带蕨顶苷 (豆甾-7, 22-二烯-3β-O-β-D-吡喃葡萄糖苷)	vittadinoside (stigmast-7, 22-dien-3β-O-β-D-glucopyranoside)
书带蕨黄酮	vittariflavone
叔-O-β-D-吡喃葡萄糖基-(R)-白芷属脑	tert-O-β-D-glucopyranosyl-(R)-heraclenol
叔-O-β-D-吡喃葡萄糖基白当归素	tert-O-β-D-glucopyranosyl byakangelicin
叔-O-β-D-吡喃葡萄糖基独活醇	tert-O-β-D-glucopyranosyl heraclenol
叔-O-β-D-呋喃芹糖基-(1→6)-O-β-D-吡喃葡萄糖基比克白芷素	tert-O-β-D-apiofuranosyl-(1→6)-O-β-D-glucopyranosyl byakangelicin
叔-O-β-D-呋喃芹糖基-(1→6)-O-β-D-吡喃葡萄糖基氧化前胡素水合物	tert-O-β-D-apiofuranosyl-(1→6)-O-β-D-glucopyranosy-loxypeucedanin hydrate
叔-O-β-葡萄糖基独活属醇	tert-O-β-glucosyl heraclenol
叔-O-甲基白当归素	tert-O-methyl byakangelicin
叔-O-甲基独活属醇	tert-O-methyl heraclenol
叔丁对羟基茴香醚 (对叔丁基茴香醚)	butylated hydroxyanisole (tert-butyl hydroxyanisole)
2-(1, 1-叔丁基)-3-环氧乙烷	2-(1, 1-dimethyl ethyl)-3-methyl oxirane
2-(叔丁基) 苯酚	2-(1, 1-diemethyl-ethyl) phenol
4-叔丁基-1, 2-苯二酚	4-tertbutyl-1, 2-benzenediol
6-叔丁基-3, 4 (2H)-1 (2H)-萘酮	6-tertbutyl-3, 4 (2H)-1 (2H)-naphthalone
2-(叔丁基氨亚基)-3-甲基-3-(硝基氧基) 丁酸	2-(tertbutylimino)-3-methyl-3-(nitroxy) butanoic acid
叔丁基苯	tertbutyl benzene

4-叔丁基苯甲醇 [4-(1, 1-二甲乙基) 苯甲醇]	4-(1, 1-dimethyl ethyl) benzenemethanol
1-叔丁基茴香醚	1-tertbutyl anisole
6-叔丁基间苯甲酚	6-tertbutyl-*m*-cresol
叔丁基脲	tertbutyl urea
叔丁氧基	*tert*-butoxy
菽麻碱	juneeine
梳齿叶千里光素 A、B	radulifolins A, B
梳黄质	cynthiaxanthin
疏花马里拉酮	laxifloranone
疏花米仔兰素 D	aglaxiflorin D
疏花蛇菰素 A、B	balaxiflorins A, B
疏花酮 (疏花卫矛酮) A	laxifolone A
疏花鱼藤查耳酮	laxichalcone
疏花鱼藤林素 (疏叶当归素)	laxifolin
疏花鱼藤素 (疏花香茶菜素) B～M	laxiflorins A～M
疏花羽扇豆碱	lupilaxine
疏球虾脊兰苷	calaliukiuenoside
疏展香茶菜素 (疏展香茶菜宁) A～G	effusanins A～G
蔬菜黄示醇 (叶黄素、芦台因)	vegetable luteol (lutein, luteine, xanthophyll)
黍素	miliacin
蜀葵菖蒲烃	altheacalamene
蜀葵二十六酸内酯	altheahexacosanyl lactone
蜀葵苷 (草棉辛)	herbacin
蜀葵苷元 (草质素、草棉黄素、草棉素、8-羟山奈酚)	herbacetin (8-hydroxykaempferol)
蜀葵苷元-3-*O*-α-L-吡喃阿拉伯糖苷-8-*O*-β-D-吡喃木糖苷	herbacetin-3-*O*-α-L-arabinopyranoside-8-*O*-β-D-xylopyranoside
蜀葵苷元-3-*O*-α-L-吡喃鼠李糖苷-8-*O*-α-D-吡喃来苏糖苷	herbacetin-3-*O*-α-L-rhamnopyranoside-8-*O*-α-D-lyxopyranoside
蜀葵苷元-3-*O*-β-D-吡喃葡萄糖苷-8-*O*-α-L-吡喃阿拉伯糖苷	herbacetin-3-*O*-β-D-glucopyranoside-8-*O*-α-L-arabinopyranoside
蜀葵苷元-3-β-D-(2-*O*-β-D-双吡喃葡萄糖苷)-8-β-D-吡喃葡萄糖苷	herbacetin-3-β-D-(2-*O*-β-D-diglucopyranoside)-8-β-D-glucopyranoside
蜀葵苷元-7-β-D-吡喃葡萄糖苷	herbacetin-7-β-D-glucopyranoside
蜀葵苷元-8-*O*-α-D-来苏糖苷	herbacetin-8-*O*-α-D-lyxopyranoside
蜀葵苷元-8-*O*-β-D-吡喃木糖苷	herbacetin-8-*O*-β-D-xylopyranoside
蜀葵苷元-8-*O*-葡萄糖醛酸苷	herbacetin-8-*O*-glucuronide
蜀葵苷元-8-甲醚 (六角景天素、六棱景天素)	herbacetin-8-methyl ether (sexangularetin)
蜀葵香豆素葡萄糖苷	altheacoumarin glucoside
蜀黍苷 (蜀黍腈苷)	dhurrin
蜀黍苷-6'-葡萄糖苷	dhurrin-6'-glucoside

蜀黍苷 -6- 葡萄糖苷	dhurrin-6-glucoside
蜀羊泉次碱	solandulcidine
鼠耳芥苷 A、B	arabidopsides A, B
鼠李半乳糖醛酸聚糖	rhamnogalacturonan
鼠李精 (黄鼠李苷)	rhamnegin (xanthorhamnin, xanthorhamnoside)
鼠李聚糖	rhamnosan
鼠李宁 A、B	rhamnins A, B
鼠李柠檬素 (3, 5, 4′- 三羟基 -7- 甲氧基黄酮)	rhamnocitrin (3, 5, 4′-trihydroxy-7-methoxyflavone)
鼠李柠檬素 -3, 4′- 二吡喃葡萄糖苷	rhamnocitrin-3, 4′-diglucopyranoside
鼠李柠檬素 -3, 4′- 二葡萄糖苷	rhamnocitrin-3, 4′-diglucoside
鼠李柠檬素 -3-O-β-D- 吡喃半乳糖苷	rhamnocitrin-3-O-β-D-galactopyranoside
鼠李柠檬素 -3-O-β-D- 芹糖苷 -4′- 葡萄糖苷	rhamnocitrin-3-O-β-D-apioside-4′-glucoside
鼠李柠檬素 -3-O-β-D- 芹糖基 -(1→5)-β-D- 芹糖苷 -4′-O-β-D- 葡萄糖苷	rhamnocitrin-3-O-β-D-apiosyl-(1→5)-β-D-apioside-4′-O-β-D-glucoside
鼠李柠檬素 -3-O- 鼠李糖苷	rhamnocitrin-3-O-rhamnoside
鼠李柠檬素 -3-O- 芸香糖苷	rhamnocitrin-3-O-rutinoside
鼠李秦素 (3′- 甲基鼠李素)	rhamnazin (rhamnacine, 3′-methyl rhamnetin)
鼠李秦素 -3-O-β-D-[6″-(3- 羟基 -3- 甲基戊二酰)]-O-β-D- 葡萄糖苷	rhamnazin-3-O-β-D-[6″-(3-hydroxy-3-methyl glutaroyl)]-O-β-D-glucoside
鼠李秦素 -3-O-β-D- 吡喃葡萄糖苷	rhamnazin-3-O-β-D-glucopyranoside
鼠李秦素 -3-O-β-D- 葡萄糖苷	rhamnazin-3-O-β-D-glucoside
鼠李秦素 -3-O-β-D- 芹糖基 -(1→2)-[6″-(3- 羟基 -3- 甲基戊二酰)]-O-β-D- 葡萄糖苷	rhamnazin-3-O-β-D-apiosyl-(1→2)-[6″-(3-hydroxy-3-methyl glutaroyl)]-O-β-D-glucoside
鼠李秦素 -3- 芸香糖苷	rhamnazin-3-rutinoside
鼠李素 (槲皮素 -7- 甲醚)	rhamnetin (quercetin-7-methyl ether)
鼠李素 -3-O-α-L- 吡喃鼠李糖基 -(1→2)-O-α-L- 吡喃鼠李糖基 -(1→6)-β-D- 吡喃半乳糖苷	rhamnetin-3-O-α-L-rhamnopyranosyl-(1→2)-O-α-L-rhamnopyranosyl-(1→6)-β-D-galactopyranoside
鼠李素 -3-O-β-D- 吡喃半乳糖苷	rhamnetin-3-O-β-D-galactopyranoside
鼠李素 -3-O-β-D- 吡喃葡萄糖苷	rhamnetin-3-O-β-D-glucopyranoside
鼠李素 -3-O-β-D- 葡萄糖基鼠李糖苷	rhamnetin-3-O-β-D-glucosyl rhamnoside
鼠李素 -3-O-β-D- 新橙皮糖苷	rhamnetin-3-O-β-D-neohesperidoside
鼠李素 -3-O- 槐糖苷	rhamnetin-3-O-sophoroside
鼠李素 -3-O- 鼠李糖苷	rhamnetin-3-O-rhamnoside
鼠李素 -3-O- 鼠李糖基 -(1→4)- 吡喃鼠李糖苷	rhamnetin-3-O-rhamnosyl-(1→4)-rhamnopyranoside
鼠李素 -3- 半乳糖苷	rhamnetin-3-galactoside
D- 鼠李糖	D-rhamnose
L-(+)- 鼠李糖	L-(+)-rhamnose
鼠李糖	rhamnose
α-L- 鼠李糖	α-L-rhamnose
L- 鼠李糖	L-rhamnose

S

鼠李糖 (6-脱氧-DL-甘露糖)	rhamnose (6-deoxy-DL-mannose)
鼠李糖-3-甲醚	acofriose
L-鼠李糖醇	L-rhamnitol
α-L-鼠李糖二甲苷	methyl-di-α-L-rhamnoside
15-O-[α-L-鼠李糖基-(1→2)-β-D-葡萄糖基] 山牵牛酸	15-O-[α-L-rhamnosyl-(1→2)-β-D-glucosyl] grandiflorolic acid
2″-O-α-L-鼠李糖基-4′-O-甲基异牡荆素	2″-O-α-L-rhamnosyl-4′-O-methyl isovitexin
2″-O-α-L-鼠李糖基-6-C-奎诺糖基木犀草素	2″-O-α-L-rhamnosyl-6-C-quinovosyl luteolin
2″-O-α-L-鼠李糖基-6-C-岩藻糖基-3′-甲氧基木犀草素	2″-O-α-L-rhamnosyl-6-C-fucosyl-3′-methoxyluteolin
2″-O-α-L-鼠李糖基-6-C-岩藻糖基木犀草素	2″-O-α-L-rhamnosyl-6-C-fucosyl luteolin
L-鼠李糖基-D-吡喃葡萄糖基粟米草精醇 A	L-rhamnopyranosyl-D-glucopyranosyl mollugogenol A
8-O-α-L-鼠李糖基-β-苏里苷元	8-O-α-L-rhamnosyl-β-sorigenin
2″-O-鼠李糖基当药黄素	2″-O-rhamnosyl swertisin
2″-O-鼠李糖基高荭草素 (2″-O-鼠李糖基异荭草素)	2″-O-rhamnosyl homoorientin (2″-O-rhamnosyl isoorientin)
2″-O-鼠李糖基荭草素	2″-O-rhamnosyl orientin
2″-O-鼠李糖基金雀儿苷	2″-O-rhamnosyl scoparin
鼠李糖基藜芦辛亭	rhamnoveracintine
2″-O-鼠李糖基牡荆素	2″-O-rhamnosyl vitexin
鼠李糖基牡荆素	rhamnosyl vitexin
6-O-α-L-鼠李糖基桃叶珊瑚苷	6-O-α-L-rhamnopyranosyl aucubin
2″-O-鼠李糖基异荭草素 (2″-O-鼠李糖基高荭草素)	2″-O-rhamnosyl isoorientin (2″-O-rhamnosyl homoorientin)
2″-O-鼠李糖意卡瑞苷 A	2″-O-rhamnosyl ikarisoside A
2″-O-鼠李糖淫羊藿次苷 Ⅰ、Ⅱ	2″-O-rhamnosyl icarisides Ⅰ, Ⅱ
1-O-α-L-鼠李糖正丁苷	n-butyl 1-O-α-L-rhamnopyranoside
α-鼠李异洋槐素 (山柰酚-7-O-α-L-鼠李糖苷)	α-rhamnoisorobin (kaempferol-7-O-α-L-rhamnoside)
鼠里酮酸-γ-内酯	rhamnonic acid-γ-lactone
鼠曲草酚苷 A、B	gnaphaffines A, B
鼠曲草黄素	gnaphalin
鼠尾草胺 A～F	salviamines A～F
鼠尾草赪酮烷 A	salviaclerodan A
鼠尾草二酮	salviadione
鼠尾草二烯醇 A、B	salviadienols A, B
鼠尾草酚	salviol
鼠尾草酚酮	salviolone
鼠尾草酚烷 B	salviatane B
鼠尾草呋萘嵌苯酮 (鼠尾草烯酮、鼠尾酮)	salvilenone
鼠尾草苷元 (鼠尾草素、三裂鼠尾草素、裂鼠尾草素)	salvigenin (psathyrotin)
鼠尾草海松酮	salvipimarone
鼠尾草卡纳醛	salvicanaraldehyde

鼠尾草苦内酯 (肉质鼠尾草酚)	picrosalvin (carnosol)
鼠尾草洛苷 A～E	salvialosides A～E
鼠尾草内酯 (撒尔维亚内酯)	safficinolide
鼠尾草尼酸 (沙利酸)	sagerinic acid
鼠尾草宁 (鼠尾草苷)	salvianin
鼠尾草诺灵	salvinorin
鼠尾草普兹醇 A	salviprzol A
鼠尾草三元环素 A	salvitrijudin A
鼠尾草素 (鼠尾草苷元、三裂鼠尾草素、裂鼠尾草素)	psathyrotin (salvigenin)
鼠尾草萜酮 (撒尔维亚酮)	sageone
鼠尾草酮	salvinone
鼠尾草酮酚	salvianonol
鼠尾草烷	salvianan
鼠尾草烯	salvianen
鼠尾草香豆素	sagecoumarin
鼠尾黄酮苷	flavosativaside
薯蓣多糖 A～F	dioscorans A～F
薯蓣菲醌	dioscoreanone
薯蓣碱	dioscorine
薯蓣科林 (山药储存性蛋白)	dioscorin
薯蓣内酯 A、B	dioscorealides A, B
薯蓣属碱	dioscorea base
薯蓣酮 A	dioscorone A
薯蓣皂毒苷 A、B	dioscorea sapotoxins A, B
(25*S*)-薯蓣皂苷	(25*S*)-dioscin
薯蓣皂苷 {薯蓣皂素、薯蓣皂苷元-3-*O*-α-L-吡喃鼠李糖基-(1→2)-[α-L-吡喃鼠李糖基-(1→4)]-β-D-吡喃葡萄糖苷}	dioscin {diosgenin-3-*O*-α-L-rhamnopyranosyl-(1→2)-[α-L-rhamnopyranosyl-(1→4)]-β-D-glucopyranoside}
薯蓣皂苷次皂苷 (薯蓣皂苷原皂苷元、薯蓣次苷) A、B	dioscin prosapogenins A, B
薯蓣皂苷元 [地奥配质、薯蓣皂苷配基、(25*R*)-螺甾-5-烯-3β-醇]	diosgenin [(25*R*)-spirost-5-en-3β-ol, nitogenin]
薯蓣皂苷元-2, 4-二乙酸酯	diosgenin-2, 4-diacetate
薯蓣皂苷元-2-乙酸酯	diosgenin-2-acetate
薯蓣皂苷元-3-*O*-[α-L-吡喃鼠李糖基-(1→2)]-[β-D-吡喃木糖基-(1→3)]-β-D-吡喃葡萄糖苷	diosgenin-3-*O*-[α-L-rhamnopyranosyl-(1→2)]-[β-D-xylopyranosyl-(1→3)]-β-D-glucopyranoside
薯蓣皂苷元-3-*O*-[β-D-吡喃葡萄糖基-(1→4)]-β-D-吡喃葡萄糖苷	diosgenin-3-*O*-[β-D-glucopyranosyl-(1→4)]-β-D-glucopyranoside
薯蓣皂苷元-3-*O*-α-L-吡喃鼠李糖基-(1→2)-[α-L-呋喃阿拉伯糖基-(1→4)]-β-D-吡喃葡萄糖苷	diosgenin-3-*O*-α-L-rhamnopyranosyl-(1→2)-[α-L-arabinofuranosyl-(1→4)]-β-D-glucopyranoside
薯蓣皂苷元-3-*O*-α-L-吡喃鼠李糖基-(1→2)-β-D-吡喃葡萄醛酸甲酯	diosgenin-3-*O*-α-L-rhamnopyranosyl-(1→2)-β-D-glucuroniduronic acid methyl ester

S

薯蓣皂苷元-3-*O*-α-L-吡喃鼠李糖基-(1→2)-β-D-吡喃葡萄糖苷	diosgenin-3-*O*-α-L-rhamnopyranosyl-(1→2)-β-D-glucopyranoside
薯蓣皂苷元-3-*O*-α-L-吡喃鼠李糖基-(1→2)-β-D-吡喃葡萄糖醛酸苷	diosgenin-3-*O*-α-L-rhamnopyranosyl-(1→2)-β-D-glucuronopyranoside
薯蓣皂苷元-3-*O*-α-L-吡喃鼠李糖基-(1→4)-β-D-吡喃葡萄糖苷	diosgenin-3-*O*-α-L-rhamnopyranosyl-(1→4)-β-D-glucopyranoside
薯蓣皂苷元-3-*O*-α-L-呋喃阿拉伯糖基-(1→2)-[α-L-呋喃阿拉伯糖基-(1→3)]-β-D-吡喃葡萄糖苷	diosgenin-3-*O*-α-L-arabinofuranosyl-(1→2)-[α-L-arabinofuranosyl-(1→3)]-β-D-glucopyranoside
薯蓣皂苷元-3-*O*-α-L-呋喃阿拉伯糖基-(1→3)-[α-L-吡喃鼠李糖基-(1→2)]-β-D-吡喃葡萄糖苷	diosgenin-3-*O*-α-L-arabinofuranosyl-(1→3)-[α-L-rhamnopyranosyl-(1→2)]-β-D-glucopyranoside
薯蓣皂苷元-3-*O*-α-L-呋喃阿拉伯糖基-(1→4)-[α-L-吡喃鼠李糖基-(1→2)]-β-D-吡喃葡萄糖苷	diosgenin-3-*O*-α-L-arabinofuranosyl-(1→4)-[α-L-rhamnopyranosyl-(1→2)]-β-D-glucopyranoside
薯蓣皂苷元-3-*O*-α-L-呋喃阿拉伯糖基-(1→4)-β-D-吡喃葡萄糖苷	diosgenin-3-*O*-α-L-arabinofuranosyl-(1→4)-β-D-glucopyranoside
薯蓣皂苷元-3-*O*-β-D-吡喃葡萄糖苷 (七叶一枝花皂苷A)	diosgenin-3-*O*-β-D-glucopyranoside (polyphyllin A)
薯蓣皂苷元-3-*O*-β-D-吡喃葡萄糖基-(1→2)-β-D-吡喃葡萄糖基-(1→4)-β-D-吡喃半乳糖苷	diosgenin-3-*O*-β-D-glucopyranosyl-(1→2)-β-D-glucopyranosyl-(1→4)-β-D-galactopyranoside
薯蓣皂苷元-3-*O*-β-D-吡喃葡萄糖醛酸苷	diosgenin-3-*O*-β-D-glucuronopyranoside
薯蓣皂苷元-3-*O*-β-D-吡喃葡萄糖醛酸苷甲酯	diosgenin-3-*O*-β-D-glucuronopyranoside methyl ester
薯蓣皂苷元-3-*O*-β-D-木糖基-(1→3)-β-D-葡萄糖苷	diosgenin-3-*O*-β-D-xylosyl-(1→3)-β-D-glucoside
薯蓣皂苷元-3-α-L-吡喃鼠李糖基-β-D-吡喃葡萄糖苷	diosgenin-3-α-L-rhamnopyranosyl-β-D-glucopyranoside
薯蓣皂苷元-3-β-D-α-L-吡喃鼠李糖基-(1→2)-[*O*-α-L-吡喃鼠李糖基-(1→3)]-*O*-β-D-吡喃葡萄糖苷	diosgenin-3-β-D-α-L-rhamnopyranosyl-(1→2)-[*O*-α-L-rhamnopyranosyl-(1→3)]-*O*-β-D-glucopyranoside
薯蓣皂苷元-3-二-*O*-β-D-吡喃葡萄糖苷	diosgenin-3-di-*O*-β-D-glucopyranoside
薯蓣皂苷元-六乙酰基-3-*O*-α-L-吡喃鼠李糖基-(1→2)-β-D-吡喃葡萄糖苷	diosgenin-hexaacetyl-3-*O*-α-L-rhamnopyranosyl-(1→2)-β-D-glucopyranoside
薯蓣皂苷元双葡萄糖苷	diosgenin diglucoside
薯蓣皂苷元四葡萄糖苷	diosgenin tetraglucoside
薯蓣皂苷元乙酸酯	diosgenin acetate
薯蓣皂苷元棕榈酸酯	diosgenin palmitate
薯蓣醉茄内酯A、B	dioscorolides A, B
薯皂宁	diosponin
薯皂素毒苷	discorea sapotoxin
束花石斛苷A、B	denchrysides A, B
束花石斛碱	dendrochrysine
束花石斛芴酮A、B	denchrysans A, B
束花石斛烯	dendrochrysanene
束毛藻酰胺	trichamide
束序苎麻碱A、B	boehmeriasines A, B
束藻素1～3	symplostatins 1～3
束藻肽A、B	tasipeptins A, B

树干蕈素	baletol
树蒿素	arborescin
树花地衣酸 (拉马酸)	obtusatic acid (ramalic acid)
树花酚酸	ramalinolic acid
树胶	gum
树胶脂毒素	resiniferatoxin
树莓酮 (覆盆子酮)	raspberry ketone (frambinone)
树舌环氧酸 G 甲酯	applanoxidic acid G methyl ester
树舌环氧酸 (树舌灵芝氧酸) A～H	applanoxidic acids A～H
树舌灵芝醇 A～Z	applanatumols A～Z
(±)- 树舌灵芝酚	(±)-ganoapplanin
树舌灵芝霉素	ganodermycin
树舌灵芝明碱 A、B	ganoapplanatumines A, B
树舌灵芝内酯 A～C	applanlactones A～C
树舌灵芝素 A～Q	spiroapplanatumines A～Q
树舌灵芝酸 A～F	ganoapplanic acids A～F
树舌灵芝酸 D、E 甲酯	methyl ganoapplaniates D, E
树舌灵芝酸内酯 A～C	ganoapplanilactones A～C
树舌灵芝萜 A	applanatumin A
树舌灵芝亭 A～E	applanatins A～E
树舌灵芝酮 A～E	applanones A～E
树舌灵芝酮酸 A 甲酯	methyl applaniate A
树舌灵芝酮酸 B～D	applanoic acids B～D
树舌素 A	shushene A
(3*R*, 4*R*)- 树舌素 B	(3*R*, 4*R*)-shushene B
(3*S*, 4*S*)- 树舌素 B	(3*S*, 4*S*)-shushene B
树舌酸 A～D	shushe acids A～D
树舌酸 H 甲酯	methyl elfvingate H
树蛙色素	rhacophorochrome
树脂 (松脂)	resin (colophony)
树脂桉苷 A、B	resinosides A, B
树脂苯乙酮	resacetophenone
树脂大戟醇	resiniferonol
树脂大戟毒素	resiniferotoxin
树脂台黑酚 (间苯二酚、雷琐酚)	resorcinol (*m*-benzenediol)
树脂苔黑酚单乙酸酯 (间苯二酚单乙酸酯)	resorcinol monoacetate
树状软骨藻醇 A～F	armatols A～F
树状真枝藻酰胺 A	dendroamide A
树紫藤醇 A、B	bolusanthols A, B
栓翅芹粉醇 (紫花前胡内酯、前胡亭、紫花前胡苷元)	prangeferol (nodakenetin, nodakenitin)

S

栓翅芹内酯 (独活内酯、白芷属素、独活素)	prangenin (heraclenin)
栓翅芹内酯水合物	prangenin hydrate
栓翅芹素 A～C	pabularins A～C
栓翅芹烯醇 (牧草栓翅芹烯醇)	pabulenol
栓翅芹烯酮	pabulenone
栓翅芹香豆素	prangenidine
栓翅卫矛碱	euophelline
栓菌醇酸 (栓菌烯醇酸、3-氢化松苓酸)	trametenolic acid (3-hydropinicolic acid)
5-栓菌醇酸 (5-氢化松苓酸)	5-trametenolic acid (5-hydropinicolic acid)
栓菌醇酸甲酯 (3-氢化松苓酸甲酯)	methyl trametenolate (methyl 3-hydropinicolate)
栓菌烯醇酸 B	trametenolic acid B
栓皮豆酚	mundulinol
栓皮豆素	munsericin
2, 6-双 (1, 1-二甲基)-4-甲基苯酚	2, 6-bis (1, 1-dimethyl)-4-methyl phenol
2, 6-双 (1, 1-二甲乙基)-2, 5-环己二烯-1, 4-二酮	2, 6-bis (1, 1-dimethyl ethyl)-2, 5-cyclohexadien-1, 4-dione
4, 4′-双 (1, 3, 8-三羟基-2-甲氧基) 蒽醌	4, 4′-bis (1, 3, 8-trihydroxy-2-methoxy) anthraxquinone
2, 2′-双 (1, 8-二羟基-3-甲基) 蒽醌	2, 2′-bis (1, 8-dihydroxy-3-methyl) anthraquinone
1, 1-双 (2, 6-二羟基-3-乙酰基-4-甲氧苯基) 甲烷	1, 1-bis (2, 6-dihydroxy-3-acetyl-4-methoxyphenyl) methane
6, 8-双-(3, 3-二甲烯丙基) 染料木素 [(S)-蔓性千斤拔素 D、苦参酚 E、苦参新醇 E]	6, 8-di (3, 3-dimethyl allyl) genistein [(S)-flemiphilippinin D, kushenol E]
3, 5-双 (3′, 3′-二甲烯丙基) 香豆酸乙酸酯	3, 5-bis (3′, 3′-dimethyl allyl) coumaric acid acetate
(5R)-1, 7-双 (3, 4-二甲氧苯基)-3-甲氧基-1-庚烯-5-醇	(5R)-1, 7-bis (3, 4-dimethoxyphenyl)-3-methoxy-1-hepten-5-ol
(3R)-1, 7-双 (3, 4-二羟基苯)-3-(β-D-吡喃葡萄糖) 庚-3-醇	(3R)-1, 7-bis (3, 4-dihydroxyphenyl)-3-(β-D-glucopyranosyl) hept-3-ol
(3R)-1, 7-双 (3, 4-二羟基苯) 庚-3-醇	(3R)-1, 7-bis (3, 4-dihydroxyphenyl) hept-3-ol
3, 3′-双 (3, 4-二氢-4-羟基-6, 8-二甲氧基-2H-1-苯并吡喃)	3, 3′-bis (3, 4-dihydro-4-hydroxy-6, 8-dimethoxy-2H-1-benzopyran)
3, 3′-双 (3, 4-二氢-4-羟基-6-甲氧基)-2H-1-苯并吡喃	3, 3′-bis (3, 4-dihydro-4-hydroxy-6-methoxy)-2H-1-benzopyran
(7S, 7′R)-双 (3, 4-亚甲二氧苯基)-相对-(8R, 8′R)-二甲基四氢呋喃	(7S, 7′R)-bis (3, 4-methylenedioxyphenyl)-rel-(8R, 8′R)-dimethyl tetrahydrofuran
α, α′-双 (3β-当归酰氧基呋喃佛术烷)	α, α′-bis (3β-angeloyloxyfuranoeremophilane)
3, 5-双 (3-甲基-2-丁烯基)-4-甲氧基苯甲酸	3, 5-bis (3-methyl-2-butenyl)-4-methoxybenzoic acid
5, 5′-双 (3-甲基丁-2-烯-1-基) 二苯基-2, 2′-二醇	5, 5′-bis (3-methylbut-2-en-1-yl) biphenyl-2, 2′-diol
2, 6-双 (3-甲氧基-4-羟苯基)-3, 7-二氧二环 [3.3.0] 辛-8-酮	2, 6-bis (3-methoxy-4-hydroxyphenyl)-3, 7-dioxabicyclo [3.3.0] oct-8-one
(E)-1, 2-双 (4-甲氧苯基) 乙烷	(E)-1, 2-bis (4-methoxyphenyl) ethane
3-双-(4-甲氧基-2-氧亚基吡喃-6-基)-顺式-2, 反式-4-二苯基环丁烷	3-bis-(4-methoxy-2-oxopyran-6-yl)-cis-2, trans-4-diphenyl cyclobutane

双硫仑	disulfiram
1, 7- 双 (4- 羟苯基)-1- 庚烯 -3, 5- 二酮	1, 7-bis (4-hydroxyphenyl)-1-hepten-3, 5-dione
(1*E*, 4*E*, 6*E*)-1, 7- 双 (4- 羟苯基)-1, 4, 6- 庚三烯 -3- 酮	(1*E*, 4*E*, 6*E*)-1, 7-bis (4-hydroxyphenyl)-1, 4, 6-heptatrien-3-one
(*Z*)-1, 3- 双 (4- 羟苯基)-1, 4- 戊二烯	(*Z*)-1, 3-bis (4-hydroxyphenyl)-1, 4-pentadiene
(4*E*)-1, 5- 双 (4- 羟苯基)-2-(甲氧甲基)-4- 戊烯 -1- 醇	(4*E*)-1, 5-bis (4-hydroxyphenyl)-2-(methoxymethyl)-4-penten-1-ol
(4*E*)-1, 5- 双 (4- 羟苯基)-2-(羟甲基)-4- 戊烯 -1- 醇	(4*E*)-1, 5-bis (4-hydroxyphenyl)-2-(hydroxymethyl)-4-penten-1-ol
1, 7- 双 (4- 羟苯基)-3, 5- 庚二醇 (旱诺凯醇、日本桤木醇)	1, 7-bis (4-hydroxyphenyl)-3, 5-heptanediol (hannokinol)
1, 7- 双 (4- 羟苯基)-3- 庚烯 -5- 酮	1, 7-bis (4-hydroxyphenyl)-3-hepten-5-one
1, 7- 双 (4- 羟苯基)-3- 羟基 -1, 3- 庚二烯 -5- 酮	1, 7-bis (4-hydroxyphenyl)-3-hydroxy-1, 3-heptadien-5-one
(4*E*, 6*E*)-1, 7- 双 (4- 羟苯基)-4, 6- 庚二烯 -3- 酮	(4*E*, 6*E*)-1, 7-bis (4-hydroxyphenyl)-4, 6-heptadien-3-one
1, 7- 双 (4- 羟苯基)-5- 羟基 -3- 庚酮 (旱诺凯酮)	1, 7-bis (4-hydroxyphenyl)-5-hydroxy-3-heptanone (hannokinin)
1, 7- 双 (4- 羟苯基) 庚 -(4*E*, 6*E*)- 二烯 -3- 酮	1, 7-bis (4-hydroxyphenyl) hept-(4*E*, 6*E*)-dien-3-one
1, 5- 双 (4- 羟基 -3- 甲氧苯基)-(1*E*, 4*E*)-1, 4- 戊二烯 -3- 酮	1, 5-bis (4-hydroxy-3-methoxy-phenyl)-(1*E*, 4*E*)-1, 4-pentadien-3-one
1, 2- 双 (4- 羟基 -3- 甲氧苯基)-1, 3- 丙二醇	1, 2-bis (4-hydroxy-3-methoxyphenyl)-1, 3-propanediol
(3*R*, 5*R*)-1, 7- 双 (4- 羟基 -3- 甲氧苯基)-3, 5- 庚二醇	(3*R*, 5*R*)-1, 7-bis (4-hydroxy-3-methoxyphenyl)-3, 5-heptanediol
(3*S*, 4*R*)-4-[双 (4- 羟基 -3- 甲氧苯基) 甲基]-2- 氧亚基四氢呋喃基] 甲基 -β-D- 吡喃葡萄糖苷	(3*S*, 4*R*)-4-[bis (4-hydroxy-3-methoxyphenyl) methyl]-2-oxotetrahydrofuran-3-yl] methyl-β-D-glucopyranoside
{(3*S*, 4*R*)-4-[双 (4- 羟基 -3- 甲氧苯基) 甲基]-2- 氧亚基四氢呋喃基 } 甲基 -β-D- 吡喃葡萄糖苷	{(3*S*, 4*R*)-4-[bis (4-hydroxy-3-methoxyphenyl) methyl]-2-oxotetrahydrofuran-3-yl} methyl-β-D-glucopyranoside
3, 4- 双 (4- 羟基 -3- 甲氧基苄基) 四氢呋喃	3, 4-bis (4-hydroxy-3-methoxybenzyl) tetrahydrofuran
5, 5′- 双 (6, 7- 二羟基香豆素)	5, 5′-bi (6, 7-dihydroxycoumarin)
3, 3′- 双 (6- 甲氧基色原烷)	3, 3′-bis (6-methoxychroman)
4, 4″- 双 (*N*- 对阿魏酰基) 血清素	4, 4″-bis (*N*-*p*-feruloyl) serotonin
4, 4″- 双 (*N*- 对香豆酰基) 血清素	4, 4″-bis (*N*-*p*-coumaroyl) serotonin
*N*5, *N*15- 双 (氨丁基) 均戊胺	*N*5, *N*15-bis (aminobutyl) homopentamine
*N*5, *N*10- 双 (氨丁基) 均戊胺	*N*5, *N*10-bis (aminobutyl) homopentamine
1β, 9β- 双 (苯甲酰氧基)-2β, 6α, 12- 三乙酰氧基 -8β-(β- 烟酰氧基)-β- 二氢沉香呋喃	1β, 9β-bis (benzoyloxy)-2β, 6α, 12-triacetoxy-8β-(β-nicotinoyloxy)-β-dihydroagarofuran
3α, 6β- 双 (当归酰氧基) 呋喃艾里莫芬 -15- 甲酸	3α, 6β-bis (angeloyloxy)-furanoeremophil-15-carboxylic acid
2, 6- 双 (对羟苄基)-3′, 5- 二甲氧基 -3- 羟基联苄	2, 6-bis (*p*-hydroxybenzyl)-3′, 5-dimethoxy-3-hydroxy-bibenzyl

1, 6- 双 (对羟苄基)-4- 甲氧基 -9, 10- 二氢菲 -2, 7- 二醇	1, 6-bis (*p*-hydroxybenzyl)-4-methoxy-9, 10-dihy-drophenanthrene-2, 7-diol
1, 8- 双 (对羟苄基)-4- 甲氧基菲 -2, 7- 二醇	1, 8-bis (*p*-hydroxybenzyl)-4-methoxyphenanthrene-2, 7-diol
2, 2- 双 (甲硫基) 丙烷	2, 2-bis (methyl thio) propane
(2*R*, 5*R*)- 双 (羟甲基)-(3*R*, 4*R*)- 二羟基吡咯烷	(2*R*, 5*R*)-bis (hydroxymethyl)-(3*R*, 4*R*)-dihydroxypyrrolidine
3, 3′- 双 (吲哚基甲基) 二甲铵氢氧化物	3, 3′-bis (indolyl methyl) dimethyl ammonium hydroxide
1, 3- 双 [2-(3, 4- 二羟苯基)-1- 甲氧基羰基] 乙氧基羰基 -2-(3, 4- 二羟苯基)-7, 8- 二羟基 -1, 2- 二氢萘	1, 3-bis [2-(3, 4-dihydroxyphenyl)-1-methoxycarbonyl] ethoxycarbonyl-2-(3, 4-dihydroxyphenyl)-7, 8-dihydroxy-1, 2-dihydronaphthalene
1, 3- 双 [2-(3, 4- 二羟苯基]-1- 羧基] 乙氧基羰基 -2-(3, 4- 二羟苯基)-7, 8- 二羟基 -1, 2- 二氢萘	1, 3-bis [2-(3, 4-dihydroxyphenyl)-1-carboxy] ethoxy-carbonyl-2-(3, 4-dihydroxyphenyl)-7, 8-dihydroxy-1, 2-dihydronaphthalene
双 [5- 甲酰基糠基] 醚	bis [5-formyl furfuryl] ether
4, 4′- 双 -2- 丙烯基 -3, 2′, 6′- 三甲氧基 -1, 1′- 联苯醚	4, 4′-di-2-propenyl-3, 2′, 6′-trimethoxy-1, 1′-diphenyl ether
双 -2- 烯丙基硫代磺酸酯	bis-2-propenyl thiosulfonate
双 -2- 烯丙基三硫醚	bis-2-propenyl trisulfide
双 -2- 烯丙基四硫醚	bis-2-propenyl tetrasulfide
双 -2- 烯丙基五硫醚	bis-2-propenyl pentasulfide
7, 8- 双 -*O*- 异亚丙基二氢丁香酚	7, 8-bis-*O*-isopropylidene dihydroeugenol
4α→8- 双阿夫儿茶素	afzelechin-(4α→8)-afzelechin
双矮紫玉盘素 (矮紫玉盘素乙)	dichamanetin
3, 3′- 双白花丹素 (3, 3′- 双矶松素)	3, 3′-biplumbagin
双白术内酯 (双苍术内酯)	biatractylolide (biatractylenolide)
双吡咯并 [1, 2-*a*:1′, 2′-*d*] 六氢吡嗪 -2, 5- 二酮 (L- 脯氨酰 -L- 脯氨酸酐)	bispyrrolo [1, 2-*a*:1′, 2′-*d*]-hexahydropyrazine-2, 5-dione (L-prolyl-L-proline anhydride)
双吡喃豆叶九里香碱	bispyrayafoline
双苄醚 (二苄醚、苄醚)	dibenzyl ether (benzyl ether)
双表紫菀内酯	biepiasterolide
双补骨脂酚 A、B	bisbakuchiols A, B
(12′*S*)- 双补骨脂酚 C	(12′*S*)-bisbakuchiol C
双苍术内酯 (双白术内酯)	biatractylenolide (biatractylolide)
3, 3″- 双草原大戟苷元	3, 3″-bisteppogenin
3, 3″- 双草原大戟苷元 -7-*O*-β-D- 吡喃葡萄糖苷	3, 3″-bisteppogenin-7-*O*-β-D-glucopyranoside
双叉藻醇	bifurcanol
双叉藻萜	bifurcane
双查耳酮 (双花金丝桃查耳酮) A、B	gemichalcones A, B
双长春多灵	bisvindoline
双长叶九里香亭	bismurrangatin

双川藏香茶菜萜素 F	bispseurata F
双穿心莲内酯 A～D	bisandrographolides A～D
双穿心莲内酯醚	bisandrographolide ether
双地耳草咖酮 A～C	bijaponicaxanthones A～C
双钓樟酮	bilinderone
双调料九里香醌 A	bikoeniquinone A
双豆叶九里香碱 A～E	bismurrayafolines A～E
双儿茶素 (双儿茶精)	dicatechin
1, 3- 双 - 二对羟苯基 -4- 戊烯 -1- 酮	1, 3-bis-di-*p*-hydroxyphenyl-4-penten-1-one
8, 8′- 双二氢丁香苷元葡萄糖苷	8, 8′-bisdihydrosyringeninglucoside
8, 8′- 双二氢松柏基双阿魏酸盐 (8, 8′- 双二氢松柏二阿魏酸酯)	8, 8′-bis-(dihydroconiferyl)-diferuloylate
2, 6- 双二十六烷基 -1-(+)- 抗坏血酸酯	2, 6-dihexacosyl-1-(+)-ascorbate
双盖蕨苷 Ⅰ～Ⅶ	diplaziosides Ⅰ～Ⅶ
双盖蕨苷Ⅶ单乙酸酯	diplazioside Ⅶ monoacetate
6, 7, 3′, 8′- 双藁本内酯	6, 7, 3′, 8′-diligustilide
6, 7, 3′a, 6′- 双藁本内酯	6, 7, 3′a, 6′-diligustilide
双藁本内酯 (欧当归内酯 A、二蒿本内酯)	diligustilide (levistolide A)
双胍	biguanide
(*Z*)-6, 8′7, 3′- 双蒿本内酯	(*Z*)-6, 8′7, 3′-diligustilide
(*Z*, *Z*′)- 双蒿本内酯	(*Z*, *Z*′)-diligustilide
双红根草酮 A～C	bisprioterones A～C
双胡椒酰胺 A～C	dipiperamides A～C
双蝴蝶苷 (1, 3, 6, 7- 四羟基咖酮 -6-*O*-β-D- 葡萄糖苷)	tripteroside (1, 3, 6, 7-tetrahydroxyxanthone-6-*O*-β-D-glucoside)
双蝴蝶环烯醚萜素 (双蝴蝶素、双蝴蝶辛) A～E	tripterospermumcins A～E
双花金丝桃酮 (革叶基尔藤黄素)	hyperielliptone (kielcorin)
双花金丝桃酮 -(5- 羟甲基 -6- 愈创木基 -2, 3:3′, 2′, 4′- 甲氧基咖酮 -1, 4- 二氧杂环)	hyperielliptone-(5-hydroxymethyl-6-guaiacyl-2, 3:3′, 2′, 4′-methoxyxanthone-1, 4-dioxane)
双花牧羊草三烯	bifloratriene
双花乌韭醌 A	sphenone A
(η4- 双环 [2.2.1] 庚 -2, 5- 二烯) 三羰基铁	(η4-bicyclo [2.2.1] hept-2, 5-dien) tricarbonyl iron
双环 [2.2.1] 庚烷	bicyclo [2.2.1] heptane
双环 [2.2.2] 辛 -5- 烯 -2- 醇	bicyclo [2.2.2] oct-5-en-2-ol
双环 [3.1.2] 辛烷	bicyclo [3.1.2] octane
双环 [3.2.1] 辛烷	bicyclo [3.2.1] octane
双环 [4.2.0] 辛 -3- 醇	bicyclo [4.2.0] oct-3-ol
双环 [4.3.0]-7- 亚甲基 -2, 4, 4- 三甲基 -2- 乙烯基壬烷	bicyclo [4.3.0]-7-methylene-2, 4, 4-trimethyl-2-vinyl nonane
双环 [4.3.2] 十一烷	bicyclo [4.3.2] undecane

S

双环 [4.4.1] 十一碳 -1, 3, 5, 7, 9- 五烯	bicyclo [4.4.1] undec-1, 3, 5, 7, 9-pentene
双环 [6.5.1] 十四碳 -1 (13)- 烯	bicyclo [6.5.1] tetradec-1 (13)-ene
双环 [8.5.3] 十八蕃	bicyclo [8.5.3] octadecaphane
双环 [8.6.0] 十六蕃	bicyclo [8.6.0] hexadecaphane
双环倍半水芹烯	bicyclosesquiphellandrene
双环大牻牛儿烯 (双环大香叶烯、双环大根老鹳草烯、双环吉玛烯)	bicyclogermacrene
双环大牻牛儿烯 -13- 醛	bicyclogermacren-13-al
双环榄香烯	bicycloelemene
双环马汉九里香碱	bicyclomahanimbine
双环马汉九里香林碱	bicyclomahanimbiline
双环马汉九里香星碱	bicyclomahanimbicine
双环氧连翘内酯	forsythenin
7′, 9- 双环氧木脂素	7′, 9-diepoxylignan
7α, 8α, 13β, 14β- 双环氧松香 -18- 酸	7α, 8α, 13β, 14β-diepoxyabiet-18-oic acid
双藿苷 (二叶淫藿苷) A、B	diphyllosides A, B
双矾松素 (双白花丹素)	biplumbagin
双九里香福林	dimurrayafoline
双九里香醌 A	bismurrayaquinone A
双聚原矢车菊苷元 (双聚原矢车菊素、二聚前花素)	dimeric procyanidin
8, 8″- 双柯氏九里香碱	8, 8″-biskoenigine
6, 6′- 双昆布酚 (6, 6′- 双鹅掌菜酚)	6, 6′-bieckol
8, 8′- 双昆布酚 (8, 8′- 双鹅掌菜酚)	8, 8′-bieckol
双昆布酚 (二昆布酚、双鹅掌菜酚、二鹅掌菜酚)	dieckol
双辣薄荷基厚朴酚	dipiperityl magnolol
(7′S, 8′S)- 双棱扁担杆素	(7′S, 8′S)-bilagrewin
双联陶塔酚 (新西兰罗汉松素)	podototarin
双龙瓣豆黄酮	diploflavone
(±)- 双螺背柄芝萜 A～C	(±)-dispirocochlearoids A～C
双吗啡 (二聚吗啡) A、B	bismorphines A, B
双吗香豆素 (吗西香豆素)	fleboxil (moxicoumone, moxile)
3-O- 双没食子酰基 -1, 2, 6- 三没食子酰基葡萄糖苷	3-O-digalloyl-1, 2, 6-trigalloyl glucoside
双脲 (缩二脲)	biuret
双欧前胡烯酮 B	bisosthenone B
双葡萄糖糖芥苷	glucoerysimoside
双七叶树内酯 (双七叶内酯)	bisaesculetin
双歧坡垒素	dichotosin
双歧坡垒素新	dichotosinin
双羟基毛地黄毒苷 (双羟基洋地黄毒苷)	diginatin
双羟基毛地黄毒苷元	diginatigenin

双羟基毛地黄毒苷元-3-*O*-β-D- 毛地黄糖苷	diginatigenin-3-*O*-β-D-digitaloside
15, 16- 双羟基泽泻醇 A	15, 16-dihydroalisol A
Ⅰ 3, Ⅱ 8- 双芹菜素	Ⅰ 3, Ⅱ 8-biapigenin
8, 8″- 双芹菜素 (8, 8″- 双芹菜苷配基)	8, 8″-biapigenin
1, 1′- 双青藤碱	1, 1′-disinomenine
2, 2′- 双青藤碱	2, 2′-disinomenine
双青藤碱 (二华月碱)	disinomenine
双氢青蒿素	dihydroarteannuin
15, 16- 双去甲 -13- 氧亚基半日花 -8 (17), (11*E*)- 二烯 -19- 酸	15, 16-bisnor-13-oxolabd-8 (17), (11*E*)-dien-19-oic acid
15, 16- 双去甲 -13- 氧亚基半日花 -8 (17)- 烯 -19- 酸	15, 16-bisnor-13-oxo-8 (17)-labden-19-oic acid
26, 27- 双去甲 -8, 14- 二氧基 -α- 芒柄花萜醇	26, 27-bisnor-8, 14-dioxy-α-onocerin
15, 16- 双去甲 -8, 17- 环氧 -13- 氧亚基半日花 -(11*E*)- 烯 -19- 酸	15, 16-bisnor-8, 17-epoxy-13-oxolabd-(11*E*)-en-19-oic acid
15, 16- 双去甲半日花 -8 (17), 11- 二烯 -13- 酮	15, 16-bisnorlabd-8 (17), 11-dien-13-one
双去甲二氧毒马钱碱	bisnordihydrotoxiferine
双去甲卡瓦胡椒宁 (双去甲卡瓦胡椒内酯)	bisnoryangonin
双去甲卡瓦胡椒宁 -4-*O*-β-D- 吡喃葡萄糖苷	bisnoryangonin-4-*O*-β-D-glucopyranoside
双去甲条叶银桦酚	bisnorstriatol
双去甲氧基姜黄素	bisdemethoxycurcumin
双去乙酰基原藜芦碱 A	didesacetyl protoveratrine A
7β, 9α- 双去乙酰穗花澳紫杉碱	7β, 9α-bisdeacetyl austrospicatine
双日本香茶菜素 A、B	bisjaponins A, B
6″, 8′- 双三色柿醌	6″, 8′-bisdiosquinone
双山小橘咔唑抗素 A	biscarbalexin A
双扇蕨萜 A	dipterinoid A
双十八烷基硫醚	dioctadecyl sulfide
2, 6- 双叔丁基 -4- 甲基苯酚 [2, 6- 双 (1, 1- 二甲乙基)-4- 甲基苯酚]	2, 6-bis (1, 1-dimethyl ethyl)-4-methyl phenol
2, 5- 双叔丁基噻吩	2, 5-ditertbutyl thiophone
双斯配加春 (二聚斯氏白坚木春)	dispegatrine
双糖链皂苷 1～6	bisdesmosidic saponins 1～6
双糖脂 1	diglycolipid 1
双藤黄烯酮 A、B	bigarcinenones A, B
3α, 6β- 双惕各酰氧托品 -7- 醇	3α, 6β-ditigloyloxytropane-7-ol
(−)-3α, 6β- 双惕各酰氧托品烷	(−)-3α, 6β-ditigloyloxytropane
双桐叶千金藤地宁碱	bisaknadinine
1, 2- 双脱氢苯 (苯炔)	1, 2-didehydrobenzene (benzyne)
7, 8- 双脱氢胆甾醇 (胆甾 -5, 7- 二烯 -3β- 醇)	7, 8-didehydrocholesterol (cholesta-5, 7-dien-3β-ol)
1, 2- 双脱氢磷杂环庚烷	1, 2-didehydrophosphepane

双脱氢新百部碱	bisdehydroneostemonine
双脱氢原百部碱	bisdehydroprotostemonine
5, 6- 双脱氢锥丝 -3β- 胺	5, 6-didehydroconanin-3β-amine
2 (3)-8 (9)- 双脱水淡红乳菇素 A (13- 羟基乳菇 -2, 6, 8-三烯 -5- 酸 -γ- 内酯)	2 (3)-8 (9)-bisanhydrolactarorufin A (13-hydroxyactara-2, 6, 8-trien-5-oic acid γ-lactone)
2′, 3′- 双脱氧鸟苷 -2′, 3′- 二基碳酸酯	2′, 3′-dideoxyguanosine-2′, 3′-diyl carbonate
2, 22- 双脱氧蜕皮甾酮 -3β-O-β-D- 吡喃葡萄糖苷	2, 22-dideoxyecdysterone-3β-O-β-D-glucopyranoside
13, 15- 双脱氧乌头碱	13, 15-dideoxyaconitine
双乌药烯内酯	bilindestrenolide
双戊二醇 (萜二醇、1, 8- 萜烯二醇、1, 8-p- 松油二醇)	dipenteneglycol (terpin, 1, 8-terpenediol, 1, 8-p-menthanediol)
双香豆酚 (双香豆醇)	dicoumarol
双香豆精 (双香豆素、败坏翘摇素、紫苜蓿酚)	melitoxin (dicumarol, dicoumarin, dufalone, dicumol)
双香豆素 (败坏翘摇素、紫苜蓿酚、双香豆精)	dicoumarin (melitoxin, dicumarol, dufalone, dicumol)
双香豆素醚	coumetarol
双香叶调料九里香碱	bisgerayafoline
双橡实果酚	dibalanocarpol
(−)- 双小白菊内酯碱	(−)-bisparthenolidine
双新木脂体	dineolignan
双亚基	diylidene
双亚油酰甘油酯	dilinoleoyl glyceride
6, 6″- 双芫花素	6, 6″-bigenkwanin
双羊踯躅素 A～C	birhodomolleins A～C
双羊踯躅叶素 A	bimollfoliagein A
双洋槐 -(4α→8)- 儿茶素 -(6→4α)- 儿茶素	robinetinidol-(4α→8)-catechin-(6→4α)-catechin
5, 5′- 双氧甲基呋喃醛	5, 5′-dioxymethyl furfural
双叶细辛醇	caulesol
双叶细辛醇乙酸酯	caulesyl acetate
(+)- 双叶细辛呋喃酮	(+)-aoifuranone
双叶细辛内酯	cauleslactone
1, 1- 双乙硫基戊烷 (戊醛二乙硫缩醛)	1, 1-bis (ethylthio) pentane (pentanal diethyl dithioacetal)
9, 9′- 双乙酰基新橄榄树脂素	9, 9′-bisacetyl neoolivil
9, 9′- 双乙酰基新橄榄树脂素 -4-O-β-D- 葡萄糖苷	9, 9′-bisacetyl neoolivil-4-O-β-D-glucoside
双乙酰石如醇	shiromodiol diacetate
1α, 5α- 双乙酰氧基 -8- 当归酰氧基 -3β, 4β- 环氧没药 -7 (14), 10- 二烯 -2- 酮	1α, 5α-bisacetoxy-8-angeloyloxy-3β, 4β-epoxybisabol-7 (14), 10-dien-2-one
双异桉脂素	diaeudesmin
双异孢菌素 A～F	pochonins A～F
3, 3′- 双异秦皮啶	3, 3′-biisofraxidin
双异升环氧醇 (15, 24- 双异升麻环氧醇)	cimigol (15, 24-diisocimigenol)
15, 24- 双异升麻环氧醇 (双异升环氧醇)	15, 24-diisocimigenol (cimigol)

双异柿属素	bisisodiospyrin
(3′S, 4′S)- 双异戊烯酰氧基 -3′, 4′- 二氢邪蒿素	(3′S, 4′S)-disenecioyloxy-3′, 4′-dihydroseselin
(±)- 双异戊酰阿米芹内酯	(±)-diisovaleryl khellactone
(±)- 双异戊酰基顺式 - 阿米芹内酯	(±)-diisovaleryl-cis-khellactone
双异戊酰凯诺内酯	diisovaleryl khellactone
(3′S, 4′S)- 双异戊酰氧基 -3′, 4′- 二氢邪蒿素	(3′S, 4′S)-diisovaleryloxy-3′, 4′-dihydroseselin
双异戊酯缬草素	didrovaltrate (didrovaltratum)
双银桦洛酚	bisgravillol
双银杏苷 A～I	biginkgosides A～I
3, 8″- 双柚皮素	3, 8″-binaringenin
3, 8″- 双柚皮素 -7″-O-β-D- 葡萄糖苷	3, 8″-binaringenin-7″-O-β-D-glucoside
双紫玉盘亭 (二紫玉盘亭、矮紫玉盘素丙)	diuvaretin
4, 4′- 双腙二 (环己烷 -1- 甲酸)	4, 4′-azinodi (cyclohexane-1-carboxylic acid)
水柏枝醛	myriconal
水菖蒲倍半萜	calamensesquiterpenone
水菖蒲酮	shyobunone
水菖蒲烯	calerene
水车前酮 (龙舌草酮) A、B	otteliones A, B
水葱内酯 A～C	schoenopolides A～C
水飞蓟醇	silybonol
水飞蓟定	silyamandin
(–)- 水飞蓟兰君	(–)-silandrin
水飞蓟兰君 (水飞蓟林、水飞木质灵)	silandrin
水飞蓟马林 (水飞蓟素、水飞蓟宾、西利马林) A、B	silymarins (silybins) A, B
水飞蓟莫林	silymonin
水飞蓟宁 (3- 羟基水飞蓟莫林)	silydianin (3-hydroxysilymonin)
水飞蓟素 (水飞蓟宾、西利马林、水飞蓟马林) A、B	silybins (silymarins) A, B
水飞蓟亭 (次水飞蓟素) A、B	silicristins (silychristins) A, B
水飞木宁 (水飞蓟明) A、B	silymins A, B
水粉杯伞碱 [水粉蕈素、9-(β-D- 呋喃核糖基) 嘌呤]	nebularine [9-(β-D-ribofuranosyl) purine]
水粉杯伞内酯 A、B	nebularilactones A, B
水粉杯伞酸 A、B	nebularic acids A, B
水甘草碱 (水甘草宁)	amsosinine
水甘草属碱	amsonia base
水甘草酸	amsonic acid
水鬼蕉宾碱	caribine
水鬼蕉碱 (全能花碱)	pancratistatin
水鬼蕉钟碱	littoraline
水合橙皮内酯 (橙皮内酯水合物)	meranzin hydrate
水合橙皮内酯异戊酸酯	murrayatin

水合桧烯 (水化桧烯、水化香桧烯)	sabinene hydrate
水合柠檬酸	citric acid hydrate
水合蒎醇	sobrerol
水合桑色素	morin hydrate
水合蛇床子素	osthol hydrate
水合氧化前胡内酯 (水合氧化前胡素)	hydroxypeucedadin hydrate (oxypeucedanin hydrate, prangol, aviprin)
水合氧化前胡素 (水合氧化前胡内酯)	oxypeucedanin hydrate (hydroxypeucedadin hydrate, prangol, aviprin)
(+)-水合氧化前胡素 Ⅰ、Ⅱ	(+)-oxypeucedanin hydrates [(+)-aviprins] Ⅰ, Ⅱ
水合氧基前胡素乙酸酯	oxypeucedanin hydrate acetate
水合异比克白芷素 -3″-乙醚	isobyakangelicin hydrate-3″-ethyl ether
水合原白头翁素葡萄糖苷	protoanemonin hydrate glucoside
水合樟烯	camphene hydrate
水红木酮 A～F	cylindrictones A～F
水化硅铝酸	aluminium silicate hydrate
水化松油醇	terpin hydrate
水化紫穗槐醇	amorphigenol
水化紫穗槐醇苷 (水化紫槐醇苷)	amorphol
水黄皮橙酮	pongamiabiaurone
水黄皮二酮 (水黄皮籽素、水黄皮醇)	pongamol
水黄皮酚 A～D	pongapinnols A～D
水黄皮苷 A～D	pongamosides A～D
水黄皮根素	pinnatin
水黄皮黄素 (水黄皮品素)	pongapin
水黄皮黄素酮 (水黄皮品酮) A、B	pongapinones A, B
水黄皮精素 (小黄皮精)	kanugin
水黄皮玛亭 (水黄皮异黄酮素)	gamatin
水黄皮诺酮 Ⅰ～ⅩⅠ	ponganones Ⅰ～ⅩⅠ
水黄皮钦素	pongachin
水黄皮色烯	pongachromene
水黄皮双黄酮	pongabiflavone
水黄皮素 (水黄皮次素)	karanjin
水黄皮酮 A～E	pongamones A～E
水黄皮香豆雌烷	pongacoumestan
水黄皮鱼藤烯	pongarotene
水解雷慈崖椒宁 A	hydrolytichazaleanin A
水解酶	hydrolase
水锦树苷	wendoside
水晶兰苷	monotropein

水晶兰苷甲酯	monotropein methyl ester
水韭素	isoetin
水韭素 -5′- 甲醚	isoetin-5′-methyl ether
水韭素 -7-O-β-D- 吡喃葡萄糖苷 -2′-O-α-D- 吡喃木糖苷	isoetin-7-O-β-D-glucopyranoside-2′-O-α-D-xylopyranoside
水韭素 -7-O-β-D- 吡喃葡萄糖苷 -2′-O-α-D- 吡喃葡萄糖苷	isoetin-7-O-β-D-glucopyranoside-2′-O-α-D-glucopyranoside
水韭素 -7-O-β-D- 吡喃葡萄糖苷 -2′-O-α-L- 吡喃阿拉伯糖苷	isoetin-7-O-β-D-glucopyranoside-2′-O-α-L-arabinopy-ranoside
水韭素 -7-O-β-D- 吡喃葡萄糖苷 -2′-O-β-D- 吡喃木糖苷	isoetin-7-O-β-D-glucopyranoside-2′-O-β-D-xylopyrano-side
水韭素 -7-O- 葡萄糖苷 -2′-O- 木糖苷	isoetin-7-O-glucoside-2′-O-xyloside
水腊树酯 (东亚女贞内酯) A、B	ibotanolides A, B
水蓼半缩醛	isodrimeninal
水蓼醇醛 (蓼醛)	polygonal
水蓼二醛 (蓼二醛)	polygodial (tadeonal)
水蓼二醛乙缩醛	polygodial acetal
水蓼内酯 (蓼内酯)	polygonolide
水蓼醛酸 (蓼酸)	polygonic acid
水蓼素 (蓼黄素)	persicarin
水蓼素 -7- 甲醚	persicarin -7-methyl ether
水蓼酮 (蓼酮)	polygonone
(13E, 17E, 21E)- 水龙骨 -13, 17, 21- 三烯 -3, 18- 二酚	(13E, 17E, 21E)-polypodo-13, 17, 21-trien-3, 18-diol
(13E, 17E)- 水龙骨 -7, 13, 17, 21- 四烯 -3β- 醇	(13E, 17E)-polypoda-7, 13, 17, 21-tetraen-3β-ol
水龙骨 -7, 17, 21- 三烯	podioda-7, 17, 21-triene
水龙骨卵果蕨素 (结合卵果蕨苷)	phegopolin
水龙骨素 (水龙骨甾酮、多足蕨素) A～C	polypodines A～C
水龙骨素 Ⅰ～Ⅲ	shuilongguines Ⅰ～Ⅲ
水龙骨素 A (β- 蜕皮激素、β- 蜕皮素、20- 羟基蜕皮激素、蜕皮甾酮)	polypodine A (β-ecdysone, 20-hydroxyecdysone, ecdysterone)
水龙骨素 B-20, 22- 缩丙酮	polypodine B-20, 22-acetonide
α- 水龙骨萜四烯 (α- 多足蕨四烯)	α-polypodatetraene
水龙骨蜕皮甾酮 (金钱松脱皮素) A～C	podecdysones A～C
水陆枣碱 (安木非宾碱) A～H	discarines (amphibines) A～H
水麦冬苷 (海韭菜宁苷)	triglochinin
水麦冬酸	triglochinic acid
水蔓青苷	linariifolioside
水霉素	aquamycin (cellocidin)
水霉素	cellocidin (aquamycin)
水牛果素 A、B	shephagenins A, B
水千里光碱	aquaticine

水茄醇 A	torvanol A
水茄苷 H	torvoside H
水茄莫苷	torvumoside
水茄皂苷 (水茄宁) A、B	torvonins A, B
水茄皂苷元	torvogenin
水芹毒素	enanthotoxin
水芹苷 A	oenanthoside A
水芹醛	phellandral
水芹酮	phellandrone
(*R*)-(−)-α-水芹烯	(*R*)-(−)-α-phellandrene
α-水芹烯 (α-水茴香萜、α-菲兰烯)	α-phellandrene
β-水芹烯 (β-水茴香萜、β-菲兰烯)	β-phellandrene
水芹烯 (水茴香萜、菲兰烯)	phellandrene
水青树苷 A、B	tetracentronsides A, B
(−)-水曲柳树脂酚	(−)-medioresinol
(±)-水曲柳树脂酚	(±)-medioresinol
8-水曲柳树脂酚	8-medioresinol
水曲柳树脂酚	medioresinol
(+)-水曲柳树脂酚 [(+)-杜仲树脂醇、(+)-杜仲树脂酚、5′-甲氧基松脂素]	(+)-medioresinol (5′-methoxypinoresinol)
(+)-水曲柳树脂酚 -4, 4′-二 -*O*-β-D- 吡喃葡萄糖苷	(+)-medioresinol-4, 4′-di-*O*-β-D-glucopyranoside
(+)-水曲柳树脂酚 -4″-*O*-β-D- 吡喃葡萄糖苷	(+)-medioresinol-4″-*O*-β-D-glucopyranoside
(+)-水曲柳树脂酚 -4′-*O*-β-D- 吡喃葡萄糖苷	(+)-medioresinol-4′-*O*-β-D-glucopyranoside
(+)-水曲柳树脂酚 -4-*O*-β-D- 吡喃葡萄糖苷	(+)-medioresinol-4-*O*-β-D-glucopyranoside
水曲柳树脂酚 -4-*O*-β-D- 吡喃葡萄糖苷	medioresinol-4-*O*-β-D-glucopyranoside
(+)-水曲柳树脂酚 - 二 -*O*-β-D- 吡喃葡萄糖苷	(+)-medioresinol-di-*O*-β-D-glucopyranoside
水曲柳树脂酚 - 二 -*O*-β-D- 吡喃葡萄糖苷	medioresinol-di-*O*-β-D-glucopyranoside
水曲柳树脂酚 - 二 -*O*-β-D- 葡萄糖苷	medioresinol-di-*O*-β-D-glucoside
水曲柳素	mandshurin
水蛇麻素	villosin
(+)-水蛇麻因 A	(+)-fatouain A
(−)-水蛇麻因 B	(−)-fatouain B
水松素 A	glypensin A
水苏苷 A ～ D	stachysosides A ～ D
水苏苷 B (薰衣草叶水苏苷、薰衣草叶苷)	stachysoside B (lavandulifolioside)
L-水苏碱	L-stachydrine
水苏碱	cadabine (stachydrine)
水苏碱	stachydrine (cadabine)
水苏素 (北通水苏碱)	betonicine
水苏糖	stachyose

水同木碱	fistulosine
水团花苷 A	adinosides A～E
水团花酸	adinaic acid
水团花酸-3β-O-[α-L-吡喃鼠李糖基-(1→2)-β-D-吡喃葡萄糖基-(1→2)-β-D-吡喃葡萄糖醛酸苷-6-O-丁基酯]-28-O-β-D-吡喃葡萄糖苷	adinaic acid-3β-O-[α-L-rhamnopyranosyl-(1→2)-β-D-glucopyranosyl-(1→2)-β-D-glucuronopyranoside-6-O-butyl ester]-28-O-β-D-glucopyranoside
水团花叶素	adifoline
水仙胺	narcissamine
水仙定	narcissidine
水仙苷 (异鼠李素-3-O-芸香糖苷)	narcissoside (narcissin, isorhamnetin-3-O-rutinoside)
水仙花苷甲酯	narcissiflorioide methyl ester
水仙环素 (水仙克劳星、石蒜西定醇)	narciclasine (lycoricidinol)
水仙环素-4-O-β-D-吡喃葡萄糖苷	narciclasine-4-O-β-D-glucopyranoside
水仙灵	narcisline
水仙明	narciprimine
水仙宁	suisenine
水仙葡配甘露聚糖	narcissus-T-glucomannan
水仙瑞亭	narcicriptine
水仙属碱	narcissus base
水仙银莲花苷	narcissiflorin
水仙银莲花苷甲酯	narcissiflorin methyl ester
水杨胺	salicyl amine
水杨醇	salicylic alcohol
D-(−)-水杨苷	D-(−)-salicin
水杨苷 (柳醇、山杨苷)	salicin (salicoside)
水杨苷-2′-O-β-D-吡喃葡萄糖苷	salicin-2′-O-β-D-glucopyranoside
水杨苷-2′-O-β-D-吡喃葡萄糖基-6′-O-β-D-吡喃木糖苷	salicin-2′-O-β-D-glucopyranosyl-6′-O-β-D-xylopyranoside
水杨苷-2-苯甲酸酯	salicin 2-benzoate
水杨苷-6′-O-β-D-呋喃芹糖苷	salicin-6′-O-β-D-apiofuranoside
水杨梅苷 (路边青素、路边青苷、丁香酚巢菜糖苷)	geoside (gein, eugenyl vicianoside)
水杨梅鞣质 (路边青鞣质) A～G	gemins A～G
10-水杨内酯	salicinolide
水杨皮质苷 (柳皮苷)	salicortin
水杨醛 (邻羟基苯甲醛)	salicyl aldehyde (o-hydroxybenzaldehyde)
水杨醛四葡萄糖基香叶烷	salicyl aldehyde tetraglucosidic geranilane
水杨芍药苷	salicyl paeoniflorin
水杨酸 (2-羟基苯甲酸、邻羟基苯甲酸)	salicylic acid (2-hydroxybenzoic acid, o-hydroxybenzoic acid)
水杨酸-O-己糖苷 Ⅰ、Ⅱ	salicylic acid-O-hexosides Ⅰ, Ⅱ
水杨酸-β-D-葡萄糖苷	salicylic acid-β-D-glucoside

S

水杨酸薄荷酯 (水杨酸盖酯)	menthyl salicylate
水杨酸苄酯	benzyl salicylate
水杨酸毒扁豆碱	eserine salicylate
水杨酸甲酯	methyl salicylate
水杨酸甲酯-6-*O*-β-D-吡喃葡萄糖苷	methyl salicylate-6-*O*-β-D-glucopyranosyl benzoic acid
水杨酸甲酯葡萄糖苷	methyl salicylate glucoside
水杨酸十六酯	cetyl salicylate
水杨酸十三酯	tridecane salicylate
水杨酸锶	strontium salicylate
水杨酸乙酯	salicylic acid ethyl ester
水杨酰胺	salicymide
20-*O*-水杨酰假防己宁 (20-*O*-水杨酰开德苷元)	20-*O*-salicyl kidjoranin
水云烯	ectocarpene
水蛭素	hirudin
(*S*)-(+)-水苎麻碱	(*S*)-(+)-julandine
睡菜根苷甲 (睡菜素)	menthiafolin
睡菜苦苷 (睡菜根苷乙、睡菜辛)	foliamenthin
睡菜皂苷	menyanthoside
睡莲碱	nymphaeine
(+)-睡莲叶桐达灵	(+)-nymphaedaline
(−)-睡莲叶桐酮	(−)-nymphone
睡莲甾醇	nymphasterol
睡茄白曼陀罗素 (魏察白曼陀罗素) A～Q	withametelins A～Q
睡茄白曼陀罗素醇 A、B	withametelinols A, B
睡茄白曼陀罗素酮	withametelinone
睡茄重瓣曼陀罗素 (茄重瓣曼陀罗素) A～F	withafastuosins A～F
睡茄灯笼草素 A～H	withaperuvins A～H
睡茄苷 Ⅰ～Ⅵ	withanosides Ⅰ～Ⅵ
睡茄古豆碱	anahygrine
睡茄假酸浆素 (魏察假酸浆酮)	withanicandrin
睡茄碱	withanine
睡茄苦藏内酯 A～P	physagulides A～P
睡茄苦藏素 (魏查苦藏素) A～I	withangulatins A～I
睡茄曼陀罗内酯 (魏察曼陀罗内酯)	withastramonolide
睡茄曼陀罗素 A～E	withatatulins A～E
睡茄内酯 (醉茄内酯) A～T	withanolides A～T
睡茄宁	withauanine
睡茄任	somniferine
睡茄瑞芬	witharifeen
睡茄素 A、B	lucium substances A, B

睡茄酸浆果素 (睡茄粘果酸浆素)	withaphysacarpin
睡茄酸浆诺内酯	withaphysanolide
睡茄酮	withanone
睡茄酰胺 A～I	withanamides A～I
睡茄小酸浆素 (魏察小酸浆素)	withaminimin
睡茄新内酯	withalactone
睡茄氧内酯	withaoxylactone
2-(顺-1, 2-二羟基-4-酮-环己-5-烯)-5, 7-二羟基色原酮	2-(*cis*-1, 2-dihydroxy-4-one-cyclohex-5-en)-5, 7-dihydroxy-chromone
1, 2-顺式 -2-(3, 4-二甲氧基-5-羟苯基) 丙烯酸	1, 2-*cis*-2-(3, 4-dimethoxy-5-hydroxyphenyl) acrylic acid
1, 4-顺式 -1, 7-反式-菖蒲螺烯酮	1, 4-*cis*-1, 7-*trans*-acorenone
顺式 -(–)-2, 4a, 5, 6, 9a-五氢 -3, 5, 5, 9-四甲基 (1*H*) 苯并环庚烯	*cis*-(–)-2, 4a, 5, 6, 9a-pentahydro-3, 5, 5, 9-tetramethyl (1*H*) benzocycloheptene
顺式 -(–)-二氢密叶林仙素 [顺式 -(–)-二氢密叶辛木素]	*cis*-(–)-dihydroconfertifolin
顺式 -(1*S*)-1, 2, 3, 5, 6, 8a-六氢 -4, 7-二甲基-1-异丙烯基萘	*cis*-(1*S*)-1, 2, 3, 5, 6, 8a-hexahydro-4, 7-dimethyl-1-isopropenyl naphthalene
(+)-顺式 -(3′*S*, 4′*S*)-3′-当归酰基-4′-惕各酰阿米芹内酯	(+)-*cis*-(3′*S*, 4′*S*)-3′-angeloyl-4′-tigloyl khellactone
顺式 -(3′*S*, 4′*S*)-二千里光酰基-3′, 4′-二氢邪蒿内酯	*cis*-(3′*S*, 4′*S*)-disenecioyloxy-3′, 4′-dihydroseselin
(+)-顺式 -(3′*S*, 4′*S*)-二异丁酰阿米芹内酯	(+)-*cis*-(3′*S*, 4′*S*)-diisobutyryl khellactone
顺式, 反式-黄氧素	*cis*, *trans*-xanthoxin
顺式, 反式-吉马酮	*cis*, *trans*-germacrone
顺式, 反式-葡萄糖甲氧基肉桂酸	*cis*, *trans*-glucomethoxycinnamic acid
顺式, 顺式, 顺式 -7, 10, 13-十六碳三烯醛	*cis*, *cis*, *cis*-7, 10, 13-hexadecatrienal
顺式, 顺式 -9, 12-十八碳二烯酸	*cis*, *cis*-9, 12-octadecadienoic acid
顺式, 顺式 - 角网藻酰胺	*cis*, *cis*-ceratospongamide
顺式, 顺式 - 母菊甲酯	*cis*, *cis*-matricaria methyl ester
(顺式 + 反式)-1, 2-(–)-苧烯氧化物	(*cis*+*trans*)-1, 2-(–)-limonene oxide
(顺式 + 反式)-1, 2-(+)-苧烯氧化物	(*cis*+*trans*)-1, 2-(+)-limonene oxide
(顺式 + 反式)- 橙花叔醇	(*cis*+*trans*)-nerolidol
(顺式 + 反式)- 法呢醇乙酸酯	(*cis*+*trans*)-farnesyl acetate
顺式 -1-(2-氧茂基)-4-(2-硫茂基)-1- 丁烯-3-炔	*cis*-1-(2-furyl)-4-(2-thienyl)-1-buten-3-yne
顺式 -1, 2-二氯环戊烷	*cis*-1, 2-dichlorocyclopentane
顺式 -1, 2-二乙烯基-4-(1-甲基亚乙基)-环己烷	*cis*-1, 2-divinyl-4-(1-methyl ethylidene)-cyclohexane
顺式 -1, 3-二甲基环戊烷	*cis*-1, 3-dimethyl cyclopentane
顺式 -1, 9, 16-十七碳三烯 -4, 6-二炔-3, 8-二醇	*cis*-1, 9, 16-heptadectrien-4, 6-diyn-3, 8-diol
顺式 -11, 14-二十碳二烯酸	*cis*-11, 14-eicosadienoic acid
顺式 -11-二十烯酸 (顺式 -11-花生烯酸)	*cis*-11-eicosenoic acid
顺式 -11-十八烯酸	*cis*-11-octadecenoic acid
顺式 -11-十四烯酸	*cis*-11-tetradecenoic acid

S

顺式 -12α- 羟基鱼藤 -2′- 烯酸	*cis*-12α-hydroxyrot-2′-enonic acid
顺式 -12α- 羟基鱼藤酮	*cis*-12α-hydroxyrotenone
顺式 -13- 十八烯	*cis*-13-octadecene
顺式 -15- 法生油酸 (顺式 -15- 牛脂烯酸)	*cis*-15-vaccenic acid
顺式 -15- 法生油酸甲酯 (顺式 -15- 牛脂烯酸甲酯)	*cis*-15-vaccenic acid methyl ester
顺式 -15- 十八烯酸	*cis-15*-octadecenoic acid
(5*S*)- 顺式 -2, 3, 5, 6, 11, 11b- 六氢 -3- 氧亚基 -1*H*- 氮茚并 [8, 7-*b*] 吲哚 -5- 甲酸	(5*S*)-*cis*-2, 3, 5, 6, 11, 11b-hexahydro-3-oxo-1*H*-indolizino [8, 7-*b*] indole-5-carboxylic acid
(5*S*)- 顺式 -2, 3, 6, 11- 四氢 -3- 氧亚基 -1*H*- 氮茚并 [8, 7-*b*] 吲哚 -5, 11b (5*H*)- 二甲酸	(5*S*)-*cis*-2, 3, 6, 11-tetrahydro-3-oxo-1*H*-indolizino [8, 7-*b*] indole-5, 11b (5*H*)-dicarboxylic acid
顺式 -2, 3- 二甲基环氧乙烷	*cis*-2, 3-dimethyl oxirane
顺式 -2, 3- 二羟基 -4- 对甲氧苯基菲烯 -1- 酮	*cis*-2, 3-dihydroxy-4-(*p*-methoxyphenyl) phenalen-1-one
顺式 -2, 3- 二羟基 -9- 苯基菲烯 -1- 酮	*cis*-2, 3-dihydroxy-9-phenyl phenalen-1-one
顺式 -2, 4, 5- 三羟基肉桂酸	*cis*-2, 4, 5-trihydroxycinnamic acid
顺式 -2, 6, 10, 14, 18- 五甲基 -2, 6, 10, 14, 18- 二十碳五烯酸	*cis*-2, 6, 10, 14, 18-pentamethyl-2, 6, 10, 14, 18-eicosapentaenoic acid
2, 4- 顺式 -28- 羟基泡番荔枝酮	(2, 4-*cis*)-28-hydroxybullatacinone
顺式 -2-β-D- 吡喃葡萄糖氧基 -4- 甲氧基肉桂酸	*cis*-2-β-D-glucopyranosyloxy-4-methoxycinnamic acid
1- 顺式 -2- 反式 -4- 三甲基环戊烷	1-*cis*-2-*trans*-4-trimethyl cyclopentane
(1*S*)- 顺式 -2- 蒈烯	(1*S*)-*cis*-2-carene
顺式 -3-(4′- 甲氧苯基) 萘己环 -1, 2- 二醇	*cis*-3-(4′-methoxyphenyl) acenaphthene-1, 2-diol
顺式 -3-(4- 甲氧苯基 -2-*O*-β-D- 吡喃葡萄糖苷) 丙烯酸甲酯	*cis*-3-(4-methoxyphenyl-2-*O*-β-D-glucopyranoside) methyl propenoate
顺式 -3′, 4′- 二千里光酰基阿米芹内酯	*cis*-3′, 4′-disenecioyl khellactone
顺式 -3, 3′, 5- 三羟基 -4′- 二甲氧基芪 (顺式 - 食用大黄苷元)	*cis*-3, 3′, 5-trihydroxy-4′-methoxystilbene (*cis*-rhapontigenin)
顺式 -3, 4, 5- 三羟基 -6- 乙酰基 -7- 甲氧基 -2, 2- 二甲基色原烷	*cis*-3, 4, 5-trihydroxy-6-acetyl-7-methoxy-2, 2-dimethyl chroman
顺式 -3′, 4′- 二千里光酰基 -3′, 4′- 二氢邪蒿素	*cis*-3′, 4′-disenecioyl-3′, 4′-dihydroseselin
顺式 -3, 4- 二羟基 -5, 7- 二甲氧基 -6- 乙酰基 -2, 2- 二甲基色原烷	*cis*-3, 4-dihydroxy-5, 7-dimethoxy-6-acetyl-2, 2-dimethyl chromane
顺式 -3′, 4′- 二异戊酰基阿米芹内酯	*cis*-3′, 4′-diisovaleryl khellactone
(−)-(2*S*, 3*S*, 4*R*)-2, 3- 顺式 -3, 4- 反式 -4′, 5, 7- 三羟基黄烷 -3, 4- 二醇	(−)-(2*S*, 3*S*, 4*R*)-2, 3-*cis*-3, 4-*trans*-4′, 5, 7-trihydroxyflavan-3, 4-diol
(−)-(2*S*, 3*S*, 4*R*)-2, 3- 顺式 -3, 4- 反式 -4′, 7- 二羟基黄烷 -3, 4- 二醇	(−)-(2*S*, 3*S*, 4*R*)-2, 3-*cis*-3, 4-*trans*-4′, 7-dihydroxyflavan-3, 4-diol
2, 3- 顺式 -3, 4- 顺式 -3-*O*- 甲基黑木金合欢素	2, 3-*cis*-3, 4-*cis*-3-*O*-methyl melacacidin
顺式 -3, 4- 亚甲基十二酸	*cis*-3, 4-methylenedodecanoic acid
顺式 -3, 7, 11- 三甲基 -1, 6, 10- 十二碳三烯 -3- 醇	*cis*-3, 7, 11-trimethyl-1, 6, 10-dodecatrien-3-ol
顺式 -3-{2-[1-(3, 4- 二羟苯基)-1- 羟甲基]-1, 3- 苯并二氧杂环戊烯 -5- 基}-(*E*)-2- 丙烯酸	*cis*-3-{2-[1-(3, 4-dihydroxyphenyl)-1-hydroxymethyl]-1, 3-benzodioxole-5-yl}-(*E*)-2-propenoic acid
顺式 -3-*O*- 对香豆酰奎宁酸	*cis*-3-*O*-*p*-coumaroyl quinic acid

顺式 -3-O- 咖啡酰奎宁酸	*cis*-3-*O*-caffeoyl quinic acid
顺式 -3β- 咖啡基氧 -2α- 羟基熊果 -12- 烯 -28- 酸	*cis*-3β-caffeoyloxy-2α-hydroxyurs-12-en-28-oic acid
顺式 -3- 槐糖己烯醇苷	*cis*-3-sophorosehexenolside
顺式 -3- 己烯醇	*cis*-3-hexenol
顺式 -3- 己烯醇苯甲酸酯	*cis*-3-hexenol benzoate
顺式 -3- 己烯基 -1- 醇	*cis*-3-hexenyl-1-ol
顺式 -3- 己烯基乙酸酯	*cis*-3-hexenyl acetate
顺式 -3- 己烯醛	*cis*-3-hexenal
顺式 -3- 己烯异戊酸酯	*cis*-3-hexenyl isovalerate
(±)- 顺式 -3′- 乙酰基 -4′- 惕各酰阿米芹内酯	(±)-*cis*-3′-acetyl-4′-tigloyl khellactone
顺式 -3- 乙酰氧基 -4′, 5, 7- 三羟基黄烷酮	*cis*-3-acetoxy-4′, 5, 7-trihydroxyflavanone
顺式 -3- 乙酰氧基多拉贝拉 -4, 8, 18- 三烯 -16- 醛	*cis*-3-acetoxydolabell-4, 8, 18-trien-16-al
(−)- 顺式 -3′- 异戊酰基 -4′- 千里光酰阿米芹内酯	(−)-*cis*-3′-isovaleryl-4′-senecioyl khellactone
顺式 -3′- 异戊酰基 -4′- 千里光酰基阿米芹内酯	*cis*-3′-isovaleryl-4′-senecioyl khellactone
顺式 -4′-O- 甲基阿米芹内酯	*cis*-4′-*O*-methyl khellactone
顺式 -4-O- 甲基咖啡酸二聚体辛醇酯	octanol ester of *cis*-4-*O*-methyl caffeic acid dimer
顺式 -4-O- 咖啡酰奎宁酸	*cis*-4-*O*-caffeoyl quinic acid
顺式 -4- 癸烯酸	*cis*-4-decenoic acid
顺式 -4- 癸烯酸乙酯	ethyl *cis*-4-decenoate
顺式 -4- 羟基 -L- 脯氨酸	*cis*-4-hydroxy-L-proline
顺式 -4- 羟基蜂蜜曲菌素	*cis*-4-hydroxymellein
顺式 -4- 羟基脯氨酸	*cis*-4-hydroxyproline
顺式 -4- 羟甲基脯氨酸	*cis*-4-hydroxymethyl proline
顺式 -4- 十二烯酸	*cis*-4-dodecenoic acid
顺式 -4- 十四烯酸	*cis*-4-tetradecenoic acid
(±)- 顺式 -4- 惕各酰阿米芹内酯	(±)-*cis*-4-tigloyl khellactone
(+)- 顺式 -4′- 乙酰基 -3′- 当归酰阿米芹内酯	(+)-*cis*-4′-acetyl-3′-angeloyl khellactone
顺式 -5, 6- 亚甲基十四酸	*cis*-5, 6-methylenetetradecanoic acid
顺式 -5, 8, 11, 14- 二十碳四烯酸	*cis*-5, 8, 11, 14-eicosatetraenoic acid
顺式 -5-O- 对香豆酰奎宁酸	*cis*-5-*O*-*p*-coumaroyl quinic acid
顺式 -5-O- 咖啡酰奎宁酸	*cis*-5-*O*-caffeoyl quinic acid
1- 顺式 -5- 反式 - 大牻牛儿酮	1-*cis*-5-*trans*-germacrone
顺式 -5- 甲氧基紫花前胡定醇	*cis*-5-methoxydecursidinol
1- 顺式 -5- 顺式 - 大牻牛儿酮	1-*cis*-5-*cis*-germacrone
顺式 -5- 正十五烷 -8′- 烯基树脂苔黑酚	*cis*-5-*n*-pentadec-8′-enyl resorcinol
顺式 -5- 正十五烷基树脂苔黑酚	*cis*-5-*n*-pentadecyl resorcinol
顺式 -6, 顺式 -9, 反式 -11- 十八碳三烯酸甲酯	*cis*-6, *cis*-9, *trans*-11-octadecatrienoic acid methyl ester
顺式 -6, 7- 二羟基藁本内酯 (洋川芎内酯 H)	*cis*-dihydroxyligustilide (senkyunolide H)
顺式 -6- 二十二烯酰胺	*cis*-6-docosenamide
顺式 -7, 8- 亚甲基十六酸	*cis*-7, 8-methylenehexadecanoic acid

顺式 -7- 对香豆酰基 -5- 羟基开环马钱醇	*cis*-7-(*p*-coumaroyl)-5-hydroxysecologanol
顺式 -7- 十四烯醛	*cis*-7-tetradecene aldehyde
L- 顺式 -8, 10- 二苯基半边莲碱酮醇 (L- 山梗碱)	L-*cis*-8, 10-diphenyl lobelionol (L-lobeline)
(7, 8- 顺式 -8, 8′- 反式)-2, 4- 二羟基 -3, 5- 二甲氧基落叶松脂素	(7, 8-*cis*-8, 8′-*trans*)-2, 4-dihydroxy-3, 5-dimethoxylariciresinol
(7, 8- 顺式 -8, 8′- 反式)-2′, 4′- 二羟基 -3, 5- 二甲氧基落叶松脂素	(7, 8-*cis*-8, 8′-*trans*)-2′, 4′-dihydroxy-3, 5-dimethoxy-lariciresinol
顺式 -8, 9- 环氧十七碳 -10- 醇	*cis*-8, 9-epoxyheptadec-10-ol
顺式 -8, 9- 环氧十七碳 -1- 烯 -11, 13- 二炔 -10- 醇	*cis*-8, 9-epoxyheptadec-1-en-11, 13-diyn-10-ol
顺式 -8- 癸烯 -4, 6- 二炔 -1- 醇异戊酸酯	*cis*-8-decen-4, 6-diyn-1-ol isovalerate
顺式 -8- 异丙基二环 [4.3.0] 菲3- 烯	*cis*-8-isopropyl dicyclo [4.3.0] phenanthrene-3-ene
顺式 -9, 10- 十八烯酰胺	*cis*-9, 10-octadecenoamide
顺式 -9- 廿五烯	*cis*-9-pentacosene
顺式 -9- 十八烯酸	*cis*-9-octadecenoic acid
顺式 -9- 十六烯醛	*cis*-9-hexadecenal
顺式 -9- 十六烯酸	*cis*-9-hexadecenoic acid
顺式 -9- 顺式 -12- 亚油酸	*cis*-9-*cis*-12-linoleic acid
顺式 -9- 烯硬脂酸丁酯	*cis*-9-en-butyl stearate
顺式 -L- 葛缕醇乙酸酯	*cis*-L-carvyl acetate
顺式 -*N*-(4- 羟基苯乙烯基) 苯甲酰胺	*cis*-*N*-(4-hydroxystyryl) benzamide
顺式 -*N*- 阿魏酰章胺 (顺式 -*N*- 阿魏酰章鱼胺)	*cis*-*N*-feruloyl octopamine
顺式 -*N*- 对香豆酰酪胺	*cis*-*N*-*p*-coumaroyl tyramine
(–)- 顺式 -*N*- 甲基加拿大白毛茛碱	(–)-*cis*-*N*-methyl canadine
顺式 -*N*- 咖啡酰酪胺	*cis*-*N*-caffeoyl tyramine
顺式 -*N*- 香豆酰酪胺	*cis*-*N*-coumaroyl tyramine
顺式 -*O*- 苦马酸内酯 (香豆素、香豆精、零陵香豆樟脑、1, 2- 苯并哌喃酮、2*H*-1- 苯并呋喃 -2- 酮)	*cis*-*O*-coumarinic acid lactone (coumarin, tonka bean camphor, 1, 2-benzopyrone, 2*H*-1-benzopyran-2-one)
顺式 -α, α-5- 三甲基 -5- 乙烯基 -2- 四氢呋喃甲醇	*cis*-5-vinyl tetrahydro-α, α-5-trimethyl-2-furanmethanol
顺式 -α- 古巴烯 -8- 醇 (顺式 -α- 胡椒烯 -8- 醇)	*cis*-α-copaen-8-ol
顺式 -α- 红没药烯	*cis*-α-bisabolene
顺式 -α- 蒎烯	*cis*-α-pinene
顺式 -α- 松油醇	*cis*-α-terpineol
顺式 -α- 鸢尾酮	*cis*-α-irone
顺式 -β- 倍半水芹醇	*cis*-β-sesquiphellandrol
13- 顺式 -β- 胡萝卜素	13-*cis*-β-carotene
13′- 顺式 -β- 胡萝卜素	13′-*cis*-β-carotene
9′- 顺式 -β- 胡萝卜素	9′-*cis*-β-carotene
9- 顺式 -β- 胡萝卜素	9-*cis*-β-carotene
顺式 -β- 金合欢烯 (顺式 -β- 法呢烯)	*cis*-β-farnesene
顺式 -β- 罗勒烯	*cis*-β-ocimene

顺式 -β- 松油醇	*cis*-β-terpineol
顺式 -β- 细辛脑	*cis*-β-asarone
9′- 顺式 -β- 隐黄质	9′-*cis*-β-cryptoxanthin
9- 顺式 -β- 隐黄质	9-*cis*-β-cryptoxanthin
顺式 -β- 隐黄质	*cis*-β-cryptoxanthin
顺式 -ε- 葡萄双芪	*cis*-ε-viniferin
7α, 8α- 顺式 -ε- 葡萄双芪	7α, 8α-*cis*-ε-viniferin
顺式 - 阿蒂莫耶番荔枝素 1	*cis*-annotemoyin 1
(−)- 顺式 - 阿米芹内酯	(−)-*cis*-khellactone
(+)- 顺式 - 阿米芹内酯	(+)-*cis*-khellactone
(⊥)- 顺式 - 阿米芹内酯	(±)-*cis*-khellactone
顺式 - 阿米芹内酯 (顺式 - 凯林内酯)	*cis*-khellactone
顺式 - 阿米芹内酯 -3′-*O*- 乙酰基 -4′-(2- 甲基丁酸酯)	*cis*-kellactone-3′-*O*-acetyl-4′-(2-methyl butanoate)
顺式 - 阿魏酸	*cis*-ferulic acid
1-*O*- 顺式 - 阿魏酰基 -3-*O*- 反式 - 对香豆酰甘油	1-*O*-*cis*-feruloyl-3-*O*-*trans*-*p*-coumaroyl glycerol
N- 顺式 - 阿魏酰基 -3′- 甲氧基酪胺	*N*-*cis*-feruloyl-3′-methoxytyramine
N- 顺式 - 阿魏酰基 -3- 甲氧基酪胺	*N*-*cis*-feruloyl-3-methoxytyramine
顺式 - 阿魏酰基菜油甾烷醇	*cis*-feruloyl campestanol
顺式 - 阿魏酰基豆甾醇	*cis*-feruloyl stigmasterol
N- 顺式 - 阿魏酰基酪胺	*N*-*cis*-feruloyl tyramine
N- 顺式 - 阿魏酰基章胺 (*N*- 顺式 - 阿魏酰基去甲辛弗林)	*N*-*cis*-feruloyl octopamine
N- 顺式 - 阿魏酰酪胺二聚体	*N*-*cis*-feruloyl tyramine dimer
27-*O*- 顺式 - 阿魏酰圆盘豆酸	27-*O*-*cis*-feruloyl cylicodiscic acid
顺式 - 桉叶 -6, 11- 二烯	*cis*-eudesm-6, 11-diene
顺式 - 白藜芦醇	*cis*-resveratrol
顺式 - 扁柏树脂酚	*cis*-hinokiresinol
顺式 - 表根腐烯二醇	*cis*-sativenediol
N- 顺式 - 菜椒酰胺	*N*-*cis*-grossamide
顺式 - 菜椒酰胺 K	*cis*-grossamide K
顺式 - 苍术苷 I	*cis*-atractyloside I
顺式 - 草木犀苷	*cis*-melilotoside
顺式 - 菖蒲烃 (脱氢白菖蒲烯)	*cis*-calamenene
顺式 - 橙花叔醇	*cis*-nerolidol
顺式 - 赤松素	*cis*-pinosylvin
顺式 - 赤松素二甲酯	*cis*-pinosylvin dimethyl ether
16, 19- 顺式 - 刺番荔枝素	16, 19-*cis*-murisolin
顺式 - 刺番荔枝素	*cis*-annomuricin
顺式 - 刺番荔枝酮	*cis*-murisolinone
顺式 - 大花菟丝子林素	*cis*-swarnalin
顺式 - 大麻素 E	*cis*-cannabisin E

S

顺式-大蒜烯 (阿焦烯)	*cis*-ajoene
顺式-丹酚酸 J	*cis*-salvianolic acid J
顺式-丁-2-烯	*cis*-but-2-ene
顺式-丁烯二酸 (马来酸)	*cis*-butenedioic acid (maleic acid)
顺式-对-2, 8-盖二烯-1-醇	*cis*-*p*-2, 8-menthadien-1-ol
顺式-对-2-盖烯-1-醇	*cis*-*p*-2-menthen-1-ol
顺式-对-2-烯-1-醇	*cis*-*p*-menth-2-en-1-ol
顺式-对薄荷-2-烯-1, 7, 8-三醇	*cis*-*p*-menth-2-en-1, 7, 8-triol
顺式-对甲氧基肉桂酸乙酯	ethyl *p*-methoxy-*cis*-cinnamate
2-*O*-顺式-对甲氧基肉桂酰基吡喃鼠李糖苷	2-*O*-*cis*-*p*-methoxycinnamoyl rhamnopyranoside
顺式-对羟苯基丙烯酸	*cis*-*p*-hydroxyphenyl propenoic acid
顺式-对羟基苯乙醇-对-β-香豆酸酯	*cis*-*p*-hydroxyphenyl ethanol-*p*-β-coumarate
顺式-对羟基桂皮酸 (顺式-4-羟基桂皮酸)	*cis*-*p*-hydroxycinnamic acid (*cis*-4-hydroxycinnamic acid)
10-*O*-顺式-对羟基桂皮酰-6α-羟基二氢水晶兰苷	10-*O*-*cis*-*p*-coumaroyl-6α-hydroxydihydromonotropein
顺式-对羟基桂皮酰基吴茱萸苦素	*cis*-*p*-hydroxycinnamoyl rutaevin
10-*O*-顺式-对羟基桂皮酰水晶兰苷	10-*O*-*cis*-*p*-coumaroyl monotropein
顺式-对羟基肉桂酸乙酯	ethyl *cis*-*p*-hydroxycinnamate
N-顺式-对羟基肉桂酰基酪胺	*N*-*cis*-*p*-hydroxycinnamoyl tyramine
顺式-对羟基香豆酸	*cis*-*p*-hydroxycoumaric acid
顺式-对烯醇-1	*cis*-*p*-menthen-1-ol
23-顺式-对香豆素酰委陵菜酸	23-*cis*-*p*-coumaroyl tormentic acid
顺式-对香豆酸	*cis*-*p*-coumaric acid
顺式-对香豆酸-4-[芹糖基-(1→2)-葡萄糖苷]	*cis*-*p*-coumaric acid-4-[apiosyl-(1→2)-glucoside]
顺式-对香豆酸-4-*O*-(2′-*O*-β-D-呋喃芹糖基)-β-D-吡喃葡萄糖苷	*cis*-*p*-coumaric acid-4-*O*-(2′-*O*-β-D-apiofuranosyl)-β-D-glucopyranoside
顺式-对香豆酸-4-*O*-(6′-*O*-对羟基苯甲酰基-β-D-吡喃葡萄糖苷)	*cis*-*p*-coumaric acid-4-*O*-(6′-*O*-*p*-hydroxybenzoyl-β-D-glucopyranoside)
顺式-对香豆酸-4-*O*-β-D-吡喃葡萄糖苷	*cis*-*p*-coumaric acid-4-*O*-β-D-glucopyranoside
顺式-对香豆酸-4-*O*-β-D-葡萄糖苷	*cis*-*p*-coumaric acid-4-*O*-β-D-glucoside
顺式-对香豆酸谷甾醇酯	sitosteryl *cis*-*p*-coumarate
顺式-对香豆酸甲酯	methyl *cis*-*p*-coumarate
3-*O*-顺式-对香豆酰 (*Z*)-马斯里酸酯	3-*O*-*cis*-*p*-coumaroyl (*Z*)-maslinate
3β-*O*-(顺式-对香豆酰)-2α-羟基齐墩果酸	3β-*O*-(*cis*-*p*-coumaroyl)-2α-hydroxyoleanolic acid
6‴-顺式-对香豆酰党参苷 I	6‴-*cis*-*p*-coumaroyl tangshenoside I
顺式-对香豆酰黄麻酸 (顺式-对香豆酰科罗索酸)	*cis*-*p*-coumaroyl corosolic acid
6-*O*-α-L-(4″-*O*-顺式-对香豆酰基) 吡喃鼠李糖基梓醇	6-*O*-α-L-(4″-*O*-*cis*-*p*-coumaroyl) rhamnopyranosyl catalpol
6-*O*-顺式-对香豆酰基-1β-*O*-甲基梓树呋喃酸甲酯	6-*O*-*cis*-*p*-coumaroyl-1β-*O*-methyl ovatofuranic acid methyl ester
6-*O*-顺式-对香豆酰基-3α-*O*-甲基-7-脱氧地黄素 A	6-*O*-*cis*-*p*-coumaroyl-3α-*O*-methyl-7-deoxyrehmaglutin A

6-O-顺式-对香豆酰基-3β-O-甲基-7-脱氧地黄素 A	6-O-cis-p-coumaroyl-3β-O-methyl-7-deoxyrehmaglutin A
6-O-顺式-对香豆酰基-7-脱氧地黄素 A	6-O-cis-p-coumaroyl-7-deoxyrehmaglutin A
6″-O-顺式-对香豆酰基京尼平龙胆二糖苷	6″-O-cis-p-coumaroyl genipingentiobioside
N-顺式-对香豆酰酪胺	N-cis-p-coumaroyl tyramine
3-O-顺式-对香豆酰马斯里酸	3-O-cis-p-coumaroyl maslinic acid
3β-O-顺式-对香豆酰马斯里酸	3β-O-cis-p-coumaroyl maslinic acid
3-O-顺式-对香豆酰委陵菜酸	3-O-cis-p-coumaroyl tormentic acid
3β-O-顺式-对香豆酰委陵菜酸	3β-O-cis-p-coumaroyl tormentic acid
3β-O-顺式-对香豆酰氧基-2α-羟基熊果-12-烯-28-酸	3β-O-cis-p-coumaroyloxy-2α-hydroxyurs-12-en-28-oic acid
N-顺式-对香豆酰章胺 (N-顺式-对香豆酰去甲辛弗林)	N-cis-p-coumaroyl octopamine
6-O-顺式-对香豆酰梓醇	6-O-cis-p-coumaroyl catalpol
3, 5-顺式-二咖啡酰奎宁酸	3, 5-cis-dicaffeoyl quinic acid
(+)-顺式-2, 3-二氢-2, 3-二羟基-4-(4′-甲氧苯基) 菲烯-1-酮	(+)-cis-2, 3-dihydro-2, 3-dihydroxy-9-(4′-methoxyphenyl) phenalen-1-one
(+)-顺式-2, 3-二氢-2, 3-二羟基-4-(4′-羟苯基) 菲烯-1-酮	(+)-cis-2, 3-dihydro-2, 3-dihydroxy-4-(4′-hydroxyphenyl) phenalen-1-one
(−)-顺式-2, 3-二氢-2, 3-二羟基-9-苯基菲烯-1-酮	(−)-cis-2, 3-dihydro-2, 3-dihydroxy-9-phenyl phenalen-1-one
顺式-二氢葛缕醇	cis-dihydrocarveol
顺式-二氢槲皮素	cis-dihydroquercetin
顺式-二乙酰兔耳草托苷	cis-diacetyl lagotoside
顺式-法生油酸	cis-vaccenoic acid
12, 15-顺式-番荔枝亭 (12, 15-顺式-番荔枝抑素) A、D	12, 15-cis-squamostatins A, D
顺式-番荔枝辛	cis-annonacin
顺式-反式-β-金合欢烯	cis-trans-β-farnesene
(3S, 6S)-顺式-芳樟醇-3, 7-氧化物	(3S, 6S)-cis-linalool-3, 7-oxide
顺式-芳樟醇氧化物	cis-linalool oxide
顺式-哥纳香素	cis-goniothalamicin
顺式-革叶基尔藤黄素	cis-kielcorin
顺式-宫部苔草酚 (顺式-宫边苔草酚) C	cis-miyabenol C
顺式-桂皮酸乙酯	cis-ethyl cinnamate
顺式-海州常山-15, 16-二羟基-3, (13Z)-二烯-18-O-[β-D-吡喃半乳糖基] 过乙酸酯	cis-cleroda-15, 16-dihydroxy-3, (13Z)-dien-18-O-[β-D-galactopyranosyl] peracetyl ester
顺式-海州常山-3, 13 (14)-二烯-15, 16-内酯-18-O-[β-D-吡喃半乳糖基] 过乙酸酯	cis-cleroda-3, 13 (14)-dien-15, 16-olide-18-O-[β-D-galactopyranosyl] peracetyl ester
顺式-红车轴草酰胺	cis-clovamide
顺式-胡椒醇	cis-piperonyl alcohol
顺式-环桑皮苷 A	cis-mulberroside A
5-顺式-环十四烯-1-酮	5-cis-cyclotetradecen-1-one
5-顺式-环十五烯-1-酮	5-cis-cyclopentadecen-1-one

S

(±)-6, 7-顺式-环氧大麻香叶酚	(±)-6, 7-*cis*-epoxycannabigerol
(±)-6, 7-顺式-环氧大麻香叶酚酸 [(±)-6, 7-顺式-环氧大麻萜酚酸)]	(±)-6, 7-*cis*-epoxycannabigerolic acid
顺式-环氧细辛脑	*cis*-epoxyasarone
顺式-茴香脑	*cis*-anethole
顺式-蒺藜酰胺	*cis*-terrestriamide
顺式-己-3-烯-1-醇 (3-顺式-己烯醇、叶醇)	*cis*-hex-3-en-1-ol (3-*cis*-hexenol, leaf alcohol)
顺式-甲基异丁香酚	*cis*-methyl isoeugenol
顺式-假荆芥内酯	*cis*-nepetalactone
N-顺式-芥子酰酪胺	N-*cis*-sinapoyl tyramine
(2R, 5S)-顺式-金挖耳内酯 A~C	(2R, 5S)-*cis*-cardivarolides A~C
顺式-菊烯醇-6-O-β-D-吡喃葡萄糖苷	*cis*-chrysanthenol-6-O-β-D-glucopyranoside
(−)-顺式-菊烯醇-O-β-D-吡喃葡萄糖苷	(−)-*cis*-chrysanthenol-O-β-D-glucopyranoside
顺式-菊油环酮乙酸酯	*cis*-chrysanthenyl acetate
顺式-咖啡酸	*cis*-caffeic acid
5-顺式-咖啡酰奎宁酸	5-*cis*-caffeoyl quinic acid
27-O-顺式-咖啡酰蜡果杨梅醇	27-O-*cis*-caffeoyl myricerol
N-顺式-咖啡酰酪胺	N-*cis*-caffeoyl tyramine
27-O-顺式-咖啡酰圆盘豆酸	27-O-*cis*-caffeoyl cylicodiscic acid
顺式-卡瑞宁	*cis*-karenin
顺式-科罗索龙	*cis*-corossolone
顺式-辣薄荷醇	*cis*-piperitol
顺式-簕檬花椒醇甲醚	*cis*-avicennol methyl ether
顺式-罗勒烯	*cis*-ocimene
β-顺式-罗勒烯	β-*cis*-ocimene
顺式-螺内酯醇醚多炔	*cis*-spiro-ketalenolether polyyne
(S)-顺式-马鞭草烯醇	(S)-*cis*-verbenol
顺式-马鞭草烯酮	*cis*-verbenone
顺式-马鞭烯醇	*cis*-verbenol
顺式-买麻藤芪素 H	*cis*-gnetin H
顺式-迷迭香酸丁酯	*cis*-butyl rosmarinate
顺式-茉莉酮	*cis*-jasmone
顺式-茉莉酮酸甲酯	*cis*-methyl jasmonate
9′-顺式-墨角藻黄醇	9′-*cis*-fucoxanthinol
9′-顺式-墨角藻黄质 (9′-顺式-岩藻黄质)	9′-*cis*-fucoxanthin
顺式-牡丹芪酚 A~D	*cis*-suffruticosols A~D
顺式-木姜子烯醇内酯 D_1	*cis*-litsenolide D_1
顺式-柠檬醛 (顺式-橙花醛)	*cis*-citral
顺式-柠檬烯氧化物	*cis*-limonene oxide
顺式-欧洲刺柏醛	*cis*-communal

顺式-欧洲刺柏酸	*cis*-communic acid
(1*R*)-(+)-顺式-蒎烷	(1*R*)-(+)-*cis*-pinane
(1*S*)-(−)-顺式-蒎烷	(1*S*)-(−)-*cis*-pinane
顺式-泡番荔枝烯辛	*cis*-bullatencin
(2, 4)-顺式-泡泡曲素酮	(2, 4)-*cis*-asitrocinone
2, 4-顺式-泡泡树素酮	2, 4-*cis*-trilobacinone
顺式-泡状番荔枝素酮	*cis*-bullatanocinone
顺式-披针叶檀香醇	*cis*-lanceol
(+)-顺式-葡萄素 A	(+)-*cis*-vitisin A
顺式-葡萄素 A、B	*cis*-vitisins A, B
(−)-顺式-葡萄辛 B	(−)-*cis*-vitisin B
顺式-千日红苷 Ⅰ～Ⅲ	*cis*-gomphrenins Ⅰ～Ⅲ
ω-顺式-羟基-Δ²-癸烯酸	ω-*cis*-hydroxy-Δ²-decenoic acid
顺式-茄色苷	*cis*-nasunin
顺式-日本榧树醇 (顺式-日本榧树醇)	*cis*-nuciferol
6-*O*-顺式-肉桂酰基-8-表金吉苷酸	6-*O*-*cis*-cinnamoyl-8-epikingisidic acid
顺式-沙田柚马灵	*cis*-grandmarin
顺式-山番荔枝辛	*cis*-annomontacin
顺式-蛇葡萄素 E	*cis*-ampelopsin E
顺式-十八碳-12-烯-7, 9-二炔酸	*cis*-octadec-12-en-7, 9-diynoic acid
顺式-十八烯	*cis*-octadecenoic acid
9-顺式-十八烯醇	9-*cis*-octadecenol
顺式-十九碳-4, 6-二醇	*cis*-nonadec-4, 6-diol
顺式-十六碳-11-烯-7, 9-二炔酸	*cis*-hexadec-11-en-7, 9-diynoic acid
顺式-十氢萘	*cis*-decahydronaphthalene
顺式-十四氢吖啶	*cis*-tetradecahydroacridine
顺式-石竹烯	*cis*-caryophyllene
顺式-食用大黄苷元 (顺式-3, 3′, 5-三羟基-4′-二甲氧基芪)	*cis*-rhapontigenin (*cis*-3, 3′, 5-trihydroxy-4′-methoxystilbene)
顺式-食用大黄苷元-3-*O*-β-D-(2″-*O*-没食子酰基) 吡喃葡萄糖苷	*cis*-rhapontigenin-3-*O*-β-D-(2″-*O*-galloyl) glucopyranoside
顺式-食用大黄苷元-3-*O*-β-D-(6″-*O*-没食子酰基) 吡喃葡萄糖苷	*cis*-rhapontigenin-3-*O*-β-D-(6″-*O*-galloyl) glucopyranoside
顺式-食用大黄苷元-3-*O*-β-D-吡喃葡萄糖苷	*cis*-rhapontigenin-3-*O*-β-D-glucopyranoside
顺式-矢车菊碱	*cis*-centcyamine
顺式-水飞木质灵	*cis*-silandrin
顺式-水合桧烯	*cis*-sabinene hydrate
(−)-顺式-桃金娘烷醇	(−)-*cis*-myrtanol
顺式-桃金娘烷醇	*cis*-myrtanol
顺式-桃拓酚 (顺式-桃拓酚、顺式-新西兰罗汉松酚)	*cis*-totarol

S

顺式-天竺桂醇	*cis*-yabunikkeol
顺式-田方骨宁	*cis*-goniodonin
顺式-头头-3, 3′, 4, 4′-柠檬油素二聚体	*cis*-head-to-head-limettin dimer
顺式-头尾-3, 3′, 4, 4′-柠檬油素二聚体	*cis*-head-to-tail-limettin dimer
顺式-脱硫金莲葡萄糖硫苷	*cis*-desulfoglucotropaeolin
顺式-脱氢巴豆宁	*cis*-dehydrocrotonin
(1*S*)-顺式-脱氢白菖蒲烯	(1*S*)-*cis*-calamenene
顺式-脱氢欧前胡醚	*cis*-dehydroosthole
顺式-脱氢欧芹酚甲醚	*cis*-dehydroosthol
顺式-韦得醇-α-环氧化物	*cis*-widdrol α-epoxide
13-顺式-维甲酸 (异维甲酸)	13-*cis*-retinoic acid (roaccutane, isotretinoin)
顺式-乌头酸	*cis*-aconitic acid
顺式-乌头酸 (问荆酸、丙烯三羧酸、乌头酸、蓍草酸)	*cis*-aconitic acid (aconitic acid, equisetic acid, citridic acid, achilleic acid)
顺式-乌头酸酐乙酯	*cis*-aconitic anhydride ethyl ester
13-顺式-西红花苷-1	13-*cis*-crocin-1
13-顺式-西红花酸-8′-*O*-β-D-龙胆二糖苷	13-*cis*-crocetin-8′-*O*-β-D-gentiobioside
顺式-细辛脑	*cis*-asarone
N-顺式-香豆酰酪胺	*N*-*cis*-coumaroyl tyramine
3-*O*-顺式-香豆酰委陵菜酸	3-*O*-*cis*-coumaryl tormentic acid
顺式-香桧烯	*cis*-sabinene
顺式-香芹醇 (顺式-香苇醇)	*cis*-carveol
顺式-香芹酮	*cis*-carvone
顺式-香矢车菊胺	*cis*-moschamine
顺式-香叶醇	*cis*-geraniol
顺式-香叶基丙酮	*cis*-geranyl acetone
顺式-新苦参碱	*cis*-neomatrine
顺式-新冷杉烯醇	*cis*-neoabienol
顺式-薰曲菌林素甲酯	*cis*-fumagillin methyl ester
12, 15-顺式-野生罗林素	12, 15-*cis*-sylvaticin
顺式-异阿米芹内酯 (顺式-异凯林内酯)	*cis*-isokhellactone
顺式-异唇萼薄荷酮	*cis*-isopulegone
顺式-异柿萘醇酮	*cis*-isoshinanolone
顺式-异榄香脂素	*cis*-isoelemicin
2, 4-顺式-异牛心番荔枝素	2, 4-*cis*-isoannonareticin
顺式-异柿萘醇酮-4-*O*-β-D-吡喃葡萄糖苷	*cis*-isoshinanolone-4-*O*-β-D-glucopyranoside
(−)-顺式-异紫堇杷明碱 *N*-氧化物	(−)-*cis*-isocorypalmine *N*-oxide
顺式-银椴苷	*cis*-tiliroside
顺式-银胶菊内酯-9-酮	*cis*-parthenolid-9-one
顺式-油酸乙酯	*cis*-ethyl oleate

13-顺式-玉米黄质	13-*cis*-zeaxanthin
15-顺式-玉米黄质	15-*cis*-zeaxanthin
13′-顺式-玉米黄质	13′-*cis*-zeaxanthin
15′-顺式-玉米黄质	15′-*cis*-zeaxanthin
9′-顺式-玉米黄质	9′-*cis*-zeaxanthin
9-顺式-玉米黄质	9-*cis*-zeaxanthin
13-顺式-藏红花酸-β-龙胆二糖基-β-D-葡萄糖酯	13-*cis*-crocetin-β-gentiobiosyl-β-D-glucosyl ester
顺式-藏红花酸-β-三葡萄糖基-β-龙胆二糖酯	*cis*-crocetin-β-triglucosyl-β-gentiobiosyl ester
13-顺式-藏红花酸-二(β-龙胆二糖基)酯苷	13-*cis*-crocetin-di(β-gentiobiosyl)ester
顺式-斩龙剑苷A	*cis*-sibirioside A
顺式-正四十二碳-17-烯酸	*cis*-*n*-dotetracont-17-enoic acid
顺式-正四十碳-15-烯酸	*cis*-*n*-tetracont-15-enoic acid
顺式-紫丁香苷	*cis*-syringin
顺式-紫花前胡定醇	*cis*-decursidinol
(−)-顺式-紫堇达明碱 *N*-氧化物	(−)-*cis*-corydalmine *N*-oxide
顺式-总梗女贞苷A-Ⅰ	*cis*-lipedoside A-Ⅰ
硕萼报春皂苷	primacrosaponin
司帕吡喃酮	spathelia bischromene
DL-丝氨酸	DL-serine
D-丝氨酸	D-serine
L-丝氨酸	L-serine
丝氨酸	serine
丝氨酸-*O*-半乳糖苷	serine-*O*-galactoside
丝氨酸磷酸甘油酯	serine phosphoglyceride
丝氨酸磷酸酯	serine phosphate
丝玢霉素	cyphomycin
丝分裂素	mitogen
β-丝瓜多肽	β-luffin
α-丝瓜多肽	α-luffin
丝瓜多肽 a～s	luffins a～s
丝瓜苷 A～P	lycyosides A～P
丝瓜苦味质	luffein
丝瓜脑苷脂	lucyobroside
丝瓜素 A(21β-羟基棉根皂苷元)	lucyin A(21β-hydroxygypsogenin)
丝瓜素 N	lucyin N
丝瓜肽(丝瓜林素)	luffacylin
丝瓜因 A、B、P₁、S₁～S₃	luffins A, B, P₁, S₁～S₃
丝瓜皂苷A～R	lucyosides A～R
丝核菌酸	rhizoctonic acid

丝胶蛋白 (丝蛋白)	sericin
丝胶树胺	funtuphyllamine
丝胶树定碱 (丰土米丁)	funtumidine
丝胶树碱	funtumine
丝胶树灵	funtuline
丝胶树宁	funtudienine
丝胶树素	funtessine
丝胶树亭	funtulatine
丝兰苷元	yuccagenin
丝立尼亭	selinidin
丝毛飞廉碱 A、B	carcrisines A, B
丝棉木酸	bungeanic acid
丝膜菌脒氧化物	cortamidine oxide
丝石竹酸 (刺叶丝石竹酸、石头花苷元酸)	gypsogenic acid
丝石竹酸-28-*O*-β-D-吡喃葡萄糖基-(1→6)-β-D-吡喃葡萄糖基-(1→6)-[β-D-吡喃葡萄糖基-(1→3)]-β-D-吡喃葡萄糖酯苷	gypsogenic acid-28-*O*-β-D-glucopyranosyl-(1→6)-β-D-glucopyranosyl-(1→6)-[β-D-glucopyranosyl-(1→3)]-β-D-glucopyranosyl ester
丝石竹皂苷元 (棉根皂苷元、石头花苷元)	gypsophilasapogenin (gypsogenin, githagenin, albasapogenin, astrantiagenin D)
丝穗金粟兰内酯	chlorafortulide
丝纤蛋白 (纤维蛋白、丝心蛋白)	silk fibroin (fibroin)
丝叶蒿酮	filifolone
思茅红椿素 D	toonacilianin D
思茅山橙醇 A	monogynol A
思茅山橙醇 B (羽扇豆醇、蛇麻酯醇、羽扇醇)	monogynol B (fagarasterol, lupeol, β-viscol)
思茅山橙定宁 A～F	melodinhenines A～F
思茅山橙碱 A、B	melohenryines A, B
思茅山橙宁 A、B	melohenines A, B
思茅山橙西醇 A、B	henrycinols A, B
思茅藤苷	epigeoside
思茅藤诺苷 A～C	epigynosides A～C
思茅崖豆酮	leptobotryanone
斯耙土烯醇	stilbenol
斯孢菌素	sporidesmin
斯波肉西醇 (斯氏库努大戟醇)	spruceanol
斯高素	sphingogsine
斯科尔泰基尼藤黄酮 A、B	scortechinones A, B
斯枯替宁 (对刺藤宁碱) C	scutianine C
斯库勒佐酮 A、B	sculezonones A, B
斯来拉明碱	slaframine

斯米尔木素	smiranicin
斯目锡生藤碱	warifteine
斯尼德素	sinendetin
斯帕塞里亚色烯 (司帕吡喃酮)	spatheliabischromene
斯佩加尼定	spegazzinidine
斯佩加宁	spegazzinine
斯佩西亭	speciociliatine
斯配加春 (斯氏白坚木春)	spegatrine
斯皮诺素 (当药素 -2″-O-β-D- 吡喃葡萄糖苷、酸枣素)	spinosin (swertisin-2″-O-β-D-glucopyranoside)
斯坡任	sporine
斯普本皂苷 A ～ C	sprengerinins A ～ C
斯氏金鸡菊苷 (斯提波斯菊苷)	stillopsin
斯氏李木糖苷 (短梗稠李苷、日本稠李苷)	ssioriside
斯氏木荚藤黄双苯素	schomburgbiphenyl
斯氏木碱	sickingine
(−)- 斯氏紫堇碱	(−)-scoulerine
斯氏紫堇碱 (金黄紫堇碱)	DL-scoulerine (aurotensine)
β- 斯氏紫堇碱甲羟化物	β-scoulerine methohydroxide
斯塔飞燕草碱	staphisine
斯塔飞燕草因	staphisagroine
斯塔克素 (日本黑鳗藤苷元)	sitakisogenin
斯塔维翠雀花碱	staphidine
斯特宁	sternine
斯特瓦斯特素 A、B、B₃、C₃	stevastelins A, B, B$_3$, C$_3$
斯提波斯菊酮	stillopsidin
斯提作菊素 (刺巢菊素)	stizolin
斯替帕二酚	stypandrol
D- 斯托宾	D-strombine
斯托厚柄花碱	pachystaudine
斯文泰尼毒马草酸	sventenic acid
斯沃茨豆二苷	swartziadioside
斯沃茨豆三苷 (铁木豆三糖苷)	swartziatrioside
1′, 3′, 4′, 6′- 四 -(3- 甲丁酰基) 蔗糖	1′, 3′, 4′, 6′-tetra-(3-methyl butanoyl) sucrose
2, 6, 3′, 4′- 四 -(3- 甲丁酰基) 蔗糖	2, 6, 3′, 4′-tetra-(3-methyl butanoyl) sucrose
2, 6, 3′, 6′- 四 -(3- 甲丁酰基) 蔗糖	2, 6, 3′, 6′-tetra-(3-methyl butanoyl) sucrose
2, 4, 3′, 4′- 四 (3- 甲基丁酰基) 蔗糖	2, 4, 3′, 4′-tetra (3-methyl butanoyl) sucrose
2, 4, 3′, 6′- 四 (3- 甲基丁酰基) 蔗糖	2, 4, 3′, 6′-tetra (3-methyl butanoyl) sucrose
2, 1′, 3′, 6′- 四 -(3- 甲基丁酰基) 蔗糖	2, 1′, 3′, 6′-tetra-(3-methyl butanoyl) sucrose
2, 3, 4, 6- 四 (3- 硝基丙酰基)-α-D- 吡喃葡萄糖	2, 3, 4, 6-tetra (3-nitropropanoyl)-α-D-glucopyranose
1, 3, 4, 5- 四 -(对羟基苯乙酰基) 奎宁酸	1, 3, 4, 5-tetra-(p-hydroxyphenyl acetyl) quinic acid

S

N^1, N^5, N^{10}, N^{14}-四 [3-(4-羟基苯)-2-丙烯酰基]-1, 5, 10, 14-四氮杂十四烷	N^1, N^5, N^{10}, N^{14}-tetrakis [3-(4-hydroxyphenyl)-2-propenoyl]-1, 5, 10, 14-tetroazatetradecane
7, 4′, 7″, 4‴-四-O-甲基穗花杉双黄酮	7, 4′, 7″, 4″-tetra-O- methyl amentoflavone
2, 3, 4, 6-四-O-(3-硝基丙酰基)-α-D-吡喃葡萄糖	2, 3, 4, 6-tetra-O-(3-nitropropanoyl)-α-D-glucopyranose
2, 3, 4, 6-四-O-苄基-D-吡喃葡萄糖	2, 3, 4, 6-tetra-O-benzyl-D-glucopyranose
2, 3, 4, 6-四-O-甲基-D-葡萄糖醇	2, 3, 4, 6-tetra-O-methyl-D-glucitol
3, 3′, 4, 4′-四-O-甲基弗拉维拉酸	3, 3′, 4, 4′-tetra-O-methyl flavellagic acid
3′, 4′, 5, 7-四-O-甲基槲皮素-3-O-α-L-吡喃鼠李糖基-(1→6)-O-β-D-吡喃葡萄糖苷	3′, 4′, 5, 7-tetra-O-methyl quercetin-3-O-α-L-rhamnopyranosyl-(1→6)-O-β-D-glucopyranoside
3, 3′, 6, 7-四-O-甲基槲皮万寿菊素	3, 3′, 6, 7-tetra-O-methyl quercetagetin
7, 4′, 7″, 4‴-四-O-甲基穗花杉双黄酮	7, 4′, 7″, 4‴-tetra-O-methyl amentoflavone
2, 3, 4, 6-四-O-没食子酰基-D-吡喃葡萄糖苷	2, 3, 4, 6-tetra-O-galloyl-D-glucopyranoside
1, 2, 3, 6-四-O-没食子酰基-β-D-吡喃葡萄糖苷	1, 2, 3, 6-tetra-O-galloyl-β-D-glucopyranoside
1, 2, 4, 6-四-O-没食子酰基-β-D-吡喃葡萄糖苷	1, 2, 4, 6-tetra-O-galloyl-β-D-glucopyranoside
2, 3, 4, 6-四-O-没食子酰基-β-D-吡喃葡萄糖甲苷	methyl 2, 3, 4, 6-tetra-O-galloyl-β-D-glucopyranoside
1, 2, 3, 6-四-O-没食子酰基-β-D-葡萄糖	1, 2, 3, 6-tetra-O-galloyl-β-D-glucose
1, 3, 4, 6-四-O-没食子酰基-β-D-葡萄糖	1, 3, 4, 6-tetra-O-galloyl-β-D-glucose
1, 2, 3, 6-四-O-没食子酰基-β-D-葡萄糖苷	1, 2, 3, 6-tetra-O-galloyl-β-D-glucoside
1, 2, 4, 6-四-O-没食子酰基-β-D-葡萄糖苷	1, 2, 4, 6-tetra-O-galloyl-β-D-glucoside
1, 3, 4, 5-四-O-没食子酰基奎宁酸	1, 3, 4, 5-tetra-O-galloyl quinic acid
2, 3, 4, 6-四-O-没食子酰基熊果酚苷	2, 3, 4, 6-tetra-O-galloyl arbutin
2′, 3′, 4′, 6′-四-O-乙酰巴东荚蒾苷	2′, 3′, 4′, 6′-tetra-O-acetyl henryoside
四-O-乙酰基-1-溴-α-D-吡喃甘露糖 (四-O-乙酰基-α-D-溴代吡喃甘露糖)	tetra-O-acetyl-α-D-mannopyranosyl bromide
3, 5, 15, 17-四-O-乙酰基-7-O-苯甲酰桂竹香烷	3, 5, 15, 17-tetra-O-acetyl-7-O-benzoyl cheiradone
3, 5, 13, 17-四-O-乙酰基-7-O-苯甲酰基-15-羟基铁仔醇	3, 5, 13, 17-tetra-O-acetyl-7-O-benzoyl-15-hydroxy-myrsinol
3, 5, 15, 17-四-O-乙酰基-7-O-丁酰基-13-羟基铁仔醇	3, 5, 15, 17-tetra-O-acetyl-7-O-butanoyl-13-hydroxy-myrsinol
1, 2, 3, 4-四-O-乙酰基-β-D-吡喃葡萄糖	1, 2, 3, 4-tetra-O-acetyl-β-D-glucopyranose
1, 3, 4, 6-四-O-乙酰基-α-D-吡喃葡萄糖	1, 3, 4, 6-tetra-O-acetyl-α-D-glucopyranose
1, 4, 5, 6-四-O-乙酰基-2, 3-二-O-甲基-D-半乳糖醇	1, 4, 5, 6-tetra-O-acetyl-2, 3-di-O-methyl-D-galactitol
四半乳糖基二甘油酯	tetragalactosyl diglycerides
四孢多尾孢酮 A、B	anserinones A, B
1, 2, 3, 4-四苯基环三硅氮烷	1, 2, 3, 4-tetraphenyl cyclotrisilazane
1, 1, 6, 6-四苯基己氮-2, 4-二烯	1, 1, 6, 6-tetraphenyl hexaaza-2, 4-diene
四苯基铅烷	tetraphenyl plumbane
四苯基乙磷烷	tetraphenyl diphosphane
1β, 2β, 8β, 9β-四苯甲酰氧基-6α-乙酰氧基-β-二氢沉香呋喃	1β, 2β, 8β, 9β-tetrabenzoyloxy-6α-acetoxy-β-dihydroagarofuran
四翅槐醇 I	tetrapterol I

四翅獐牙菜苷 A、B	tetraswerosides A, B
四川金粟兰醇 A～Q	sessilifols A～Q
四川金粟兰二聚萜醇 A、B	chlorasessilifols A, B
四川轮环藤辛碱	sutchuenensine
四川香茶菜甲素～丁素	rabdosichuanins A～D
四川淫羊藿定 A、B	sutchuenmedins A, B
四醇	tetraol
3, 5, 3′, 5′- 四碘甲腺氨酸 (甲状腺素)	3, 5, 3′, 5′-tetraiodothyronine (thyroxin)
1, 1, 3, 3- 四丁氧基 -2- 丙酮	1, 1, 3, 3-tetrabutoxy-2-propanone
四方白粉藤素 (方茎青紫葛素) A	quadrangularin A
四分菊素	tetrachyrin
四芬	tetraphene
四氟脲	tetrafluorourea
四甘菊环烃 [6, 5-b] 呋喃 -2- 丁烯酸	azuleno [6, 5-b] furan-2-butenoic acid
四硅氧烷	tetrasiloxane
四国黄芪苷 Ⅰ	astrasikokioside Ⅰ
四国蓟醇 A	shikokiol A
四国莸花素 A～D	sikokianins A～D
四国香茶菜定	shikokianidin
四国香茶菜醛乙酸酯 (希柯勘醛乙酸酯)	shikokianal acetate
四国香茶菜素 (希柯勘宁)	shikokianin
四环 [15.2.2.2$^{4, 7}$.1$^{10, 14}$] 二十四烷	tetracyclo [15.2.2.2$^{4, 7}$.1$^{10, 14}$] tetracosane
四环 [4.4.2.2$^{2, 5}$.2$^{7, 10}$] 十六烷	tetracyclo [4.4.2.2$^{2, 5}$.2$^{7, 10}$] hexadecane
四环 [5.3.2.1$^{2, 4}$.0$^{3, 6}$] 十三烷	tetracyclo [5.3.2.1$^{2, 4}$.0$^{3, 6}$] tridecane
四环 [5.4.2.2$^{2, 6}$.1$^{8, 11}$] 十六烷	tetracyclo [5.4.2.2$^{2, 6}$.1$^{8, 11}$] hexadecane
四环 [5.5.2.2$^{2, 6}$.1$^{8, 12}$] 十七烷	tetracyclo [5.5.2.2$^{2, 6}$.1$^{8, 12}$] heptadecane
四环 [8.6.6.5$^{2, 9}$.1$^{23, 26}$] 二十八烷	tetracyclo [8.6.6.5$^{2, 9}$.1$^{23, 26}$] octacosane
四环白绵马素	tetraalbaspidin
四环黄绵马酸	tetraflavaspidic acid
四甲铵	tatramethyl ammonium
1, 5, 9, 9- 四甲基 -(1Z, 4Z, 7Z)- 环十一碳三烯	1, 5, 9, 9-tetramethyl-(1Z, 4Z, 7Z)-cycloundecatriene
1, 5, 9, 9- 四甲基 -(Z, Z, Z)-1, 4, 7- 环十一碳三烯	1, 5, 9, 9-tetramethyl-(Z, Z, Z)-1, 4, 7-cycloundecatriene
3, 7, 11, 15- 四甲基 -1, (6E, 10E), 14- 十六碳四烯 -3- 醇	3, 7, 11, 15-tetramethyl-1, (6E, 10E), 14-hexadecatetraen-3-ol
1, 5, 5, 8- 四甲基 -12- 氧亚基双环 [9.1.0] 十五碳 -3, 7- 二烯	1, 5, 5, 8-tetramethyl-12-oxobicyclo [9.1.0] pentadec-3, 7-diene
1, 5, 5, 8- 四甲基 -12- 氧杂二环 [9.1.0] 十二碳 -3, 7- 二烯	1, 5, 5, 8-tetramethyl-12-oxabicyclo [9.1.0] dodec-3, 7-diene
1, 1, 4, 7- 四甲基 -1a, 2, 3, 4, 4a, 5, 6, 7b- 八氢 -1H- 环丙 [e] 奥	1, 1, 4, 7-tetramethyl-1a, 2, 3, 4, 4a, 5, 6, 7b-octahydro-1H-cycloprop [e] azulene

S

1, 1, 7, 7a- 四甲基 -1a, 2, 4, 5, 6, 7, 7a, 7b- 八氢 -1H- 环丙 [a] 萘	1, 1, 7, 7a-tetramethyl-1a, 2, 4, 5, 6, 7, 7a, 7b-octahydro-1H-cycloprop [a]-naphthalene
(2E, 5E)-3, 4, 5, 6- 四甲基 -2, 5- 辛二烯	(2E, 5E)-3, 4, 5, 6-tetramethyl-2, 5-octadiene
(E)-3, 7, 11, 15- 四甲基 -2- 十六烯 -1- 醇	(E)-3, 7, 11, 15-tetramethyl-2-hexadecen-1-ol
3, 7, 11, 15- 四甲基 -2- 十六烯 -1- 醇 (植醇、植物醇、叶绿醇)	3, 7, 11, 15-tetramethyl-2-hexadecen-1-ol (phytol)
3, 7, 11, 15- 四甲基 -2- 烯 - 十六醇	3, 7, 11, 15-tetramethyl-2-en-hexadecanol
2, 2, 5, 7- 四甲基 -4- 羟基 -6-(2- 羟乙基) 茚满酮	2, 2, 5, 7-tetramethyl-4-hydroxy-6-(2-hydroxyethyl) indanone
1, 1, 5, 5- 四甲基 -4- 亚甲基 -2, 3, 4, 6, 7, 10- 六氢萘	1, 1, 5, 5-tetramethyl-4-methylene-2, 3, 4, 6, 7, 10-hexahydronaphthalene
3, 3', 4, 4'-O- 四甲基 -5'- 甲氧基鞣花酸 (3, 3', 4, 4'-O- 四甲基 -5'- 甲氧基并没食子酸)	3, 3', 4, 4'-O-tetramethyl-5'-methoxyellagic acid
1, 2, 3, 4- 四甲基 -5- 亚甲基 -1, 3- 环戊二烯	1, 2, 3, 4-tetramethyl-5-methylene-1, 3-cyclopentadiene
四甲基 -N, N- 双 (2, 6- 二甲苯基) 环丁烷 -1, 3- 二亚胺	tetramethyl-N, N-bis (2, 6-dimethyl phenyl) cyclobutane-1, 3-diimine
四甲基 -O- 高山黄芩素	tetramethyl-O-scutellarein
四甲基 -O- 异高山黄芩素	tetramethyl-O-isoscutellarein
1, 2, 3, 4- 四甲基苯	1, 2, 3, 4-tetramethyl benzene
1, 2, 4, 5- 四甲基苯	1, 2, 4, 5-tetramethyl benzene
四甲基苯	durene
2, 2, 3, 5- 四甲基苯并吡喃 -4- 酮	2, 2, 3, 5-tetramethyl benzopyran-4-one
2, 3, 4, 6- 四甲基苯酚	2, 3, 4, 6-tetramethyl phenol
2, 3, 5, 6- 四甲基吡嗪	2, 3, 5, 6-tetramethyl pyrazine
四甲基吡嗪	tetramethyl prazine
四甲基吡嗪 (川芎嗪)	2, 3, 5, 6-tetramethyl pyrazine (chuanxiongzine, ligustrazine)
3, 3', 4, 4'- 四甲基并没食子酸	3, 3', 4, 4'-tetramethyl ellagic acid
四甲基丹酚酸 A	tetramethyl salvianolic acid A
四甲基丁二胺	tetramethyl diaminobutane
2, 2, 6, 7- 四甲基二环 [4.3.0] 壬 -1 (9), 4, 7- 三烯	2, 2, 6, 7-tetramethyl bicyclo [4.3.0] non-1 (9), 4, 7-triene
四甲基腐肉胺	tetramethyl putrescine
四甲基高山黄芩素 (四甲基高黄芩素)	tetramethyl scutellarein
2D, 4D, 6D, 8D- 四甲基癸酸	2D, 4D, 6D, 8D-tetramethyl decanoic acid
四甲基癸酸	tetramethyl decanoic acid
N, N, N', N'- 四甲基琥珀酰胺	N, N, N', N'-tetramethyl succinamide
1, 1, 2, 3- 四甲基环丁烷	1, 1, 2, 3-tetramethyl cyclobutane
四甲基环癸二烯甲醇 (甜核树醇、澳桑醇)	tetramethyl cyclodecadienmethanol (hedycaryol)
1, 1, 3, 3- 四甲基环戊烷	1, 1, 3, 3-tetramethyl cyclopentane
3, 3, 5, 5- 四甲基环戊烯	3, 3, 5, 5-tetramethyl cyclopentene

四甲基姜黄素	tetramethyl curcumin
四甲基木兰胺	tetramethyl magnolamine
1, 3, 7, 9-四甲基尿酸 (茶可灵碱)	1, 3, 7, 9-tetramethyluric acid (theacrine)
2, 2, 6, 6-四甲基哌啶酮	2, 2, 6, 6-tetramethyl-4-piperidone
2, 2, 6, 9-四甲基三环 (5.2.2.0$^{3, 7}$) 十一-9-醇	2, 2, 6, 9-tetramethyl tricyclo (5.2.2.0$^{3, 7}$) undec-9-ol
2, 2, 7, 7-四甲基三环 [6.2.1.0$^{1, 6}$] 十一碳-4-烯-3-酮	2, 2, 7, 7-tetramethyl tricyclo [6.2.1.0$^{1, 6}$] undec-4-en-3-one
四甲基三氧代嘌呤	tetramethyl trioxypurine
2, 6, 11, 14-四甲基十九烷	2, 6, 11, 14-tetramethyl nonadecane
(E, E, E)-3, 7, 11, 15-四甲基十六碳-1, 3, 6, 10, 14-五烯	(E, E, E)-3, 7, 11, 15-tetramethyl hexadec-1, 3, 6, 10, 14-pentene
3, 7, 11, 15-四甲基十六碳-1, 3, 6, 10, 14-五烯	3, 7, 11, 15-tetramethyl hexadec-1, 3, 6, 10, 14-pentene
3, 7, 11, 15-四甲基十六碳-1, 6, 10, 14-四烯-3-醇	3, 7, 11, 15-tetramethyl hexadec-1, 6, 10, 14-tetraen-3-ol
2, 5, 10, 14-四甲基十六烷	2, 5, 10, 14-tetramethyl hexadecane
2, 6, 10, 14-四甲基十六烷	2, 6, 10, 14-tetramethyl hexadecane
2, 6, 11, 15-四甲基十六烷	2, 6, 11, 15-tetramethyl hexadecane
四甲基十六烯醇	tetramethyl hexadecenol
2, 6, 10, 14-四甲基十七烷	2, 6, 10, 14-tetramethyl heptadecane
2, 6, 10, 15-四甲基十七烷	2, 6, 10, 15-tetramethyl heptadecane
4, 8, 12, 16-四甲基十七烷-4-内酯	4, 8, 12, 16-tetramethyl heptadecan-4-olide
2, 6, 10, 14-四甲基十五烷	2, 6, 10, 14-tetramethyl pentadecane
2, 2, 8, 8-四甲基十一醛-4, 6-二烯	undecylic aldehyde-2, 2, 8, 8-tetramethyl-4, 6-diene
2D, 4D, 6D, 8D-四甲基十一酸	2D, 4D, 6D, 8D-tetramethylundecanoic acid
四甲基十一酸	tetramethyl undecanoic acid
(−)-2D, 4D, 6D, 8D-四甲基十一酸	(−)-2D, 4D, 6D, 8D-tetramethylundecanoic acid
(2R, 4R, 6R, 8R)-2, 4, 6, 8-四甲基十一酸	(2R, 4R, 6R, 8R)-2, 4, 6, 8-tetramethyundecanoic acid
2, 3, 4, 7-四甲基屾酮	2, 3, 4, 7-tetramethoxyxanthone
四甲基止泻木明	tetramethyl holarrhimine
N, N, N', N'-四甲基止泻木明	N, N, N', N'-tetramethyl holarrhimine
2, 3, 4, 7-四甲氧基-1-O-龙胆二糖氧基屾酮	2, 3, 4, 7-tetramethoxy-1-O-gentiobiosyloxyxanthone
2, 3, 4, 5-四甲氧基-1-O-樱草糖氧基屾酮	2, 3, 4, 5-tetramethoxy-1-O-primeverosyloxyxanthone
4, 4', 8, 8'-四甲氧基-(1, 1'-二菲)-2, 2', 7, 7'-四醇	4, 4', 8, 8'-tetramethoxy-(1, 1'-biphenanthrene)-2, 2', 7, 7'-tetraol
3, 3', 5, 5'-四甲氧基-(1, 1'-联苯)-4, 4'-二醇	3, 3', 5, 5'-tetramethoxy-(1, 1'-biphenyl)-4, 4'-diol
5, 6, 7, 5'-四甲氧基-3', 4'-亚甲二氧基黄酮	5, 6, 7, 5'-tetramethoxy-3', 4'-methylenedioxyflavone
2, 6, 2', 6'-四甲氧基-4, 4'-双 (1, 2-反式-2, 3-环氧-1-羟基丙基) 双苄	2, 6, 2', 6'-tetramethoxy-4, 4'-bis (1, 2-trans-2, 3-epoxy-1-hydroxypropyl) biphenyl
2, 6, 2', 6'-四甲氧基-4, 4'-双 (1, 2-顺式-2, 3-环氧-1-羟基丙基) 双苄	2, 6, 2', 6'-tetramethoxy-4, 4'-bis (1, 2-cis-2, 3-epoxy-1-hydroxypropyl) biphenyl
2, 6, 2', 6'-四甲氧基-4, 4'-双 (2, 3-环氧基-1-羟基丙基) 联苯	2, 6, 2', 6'-tetramethoxy-4, 4'-bis (2, 3-epoxy-1-hydroxypropyl) biphenyl

S

3, 3′, 5, 8- 四甲氧基 -4′, 5′, 6, 7- 双亚甲二氧基黄酮	3, 3′, 5, 8-tetramethoxy-4′, 5′, 6, 7-bis (methylenedioxy) flavone
3, 3′, 5, 5′- 四甲氧基 -7, 9′:7′, 9- 二环氧木脂素 -4, 4′- 二 -O-β-D- 吡喃葡萄糖苷	3, 3′, 5, 5′-tetramethoxy-7, 9′:7′, 9-diepoxylignan-4, 4′-di-O-β-D-glucopyranoside
6, 6′, 7, 7′- 四甲氧基 -8, 8′- 双香豆素	6, 6′, 7, 7′-tetramethoxy-8, 8′-biscoumarin
四甲氧基苯	tetramethoxybenzene
2′, 4′, 6′, 4- 四甲氧基查耳酮	2′, 4′, 6′, 4-tetramethoxychalcone
4, 2′, 4′, 6′- 四甲氧基查耳酮	4, 2′, 4′, 6′-tetramethoxychalcone
1, 2, 5, 6- 四甲氧基蒽醌	1, 2, 5, 6-tetramethoxyanthraquinone
3, 3′, 5, 5′- 四甲氧基反式二苯乙烯	3, 3′, 5, 5′-tetramethoxy-trans-stilbene
四甲氧基非瑟素	tetramethoxyfisetin
2, 3, 4, 5- 四甲氧基菲	2, 3, 4, 5-tetramethoxyphenanthrene
2, 3, 4, 7- 四甲氧基菲	2, 3, 4, 7-tetramethoxyphenanthrene
3, 3′, 4, 7- 四甲氧基黄酮	3, 3′, 4, 7-tetramethoxyflavone
3, 4′, 5, 7- 四甲氧基黄酮	3, 4′, 5, 7-tetramethoxyflavone
3′, 4′, 5, 7- 四甲氧基黄酮	3′, 4′, 5, 7-tetramethoxyflavone
3′, 4′, 7, 8- 四甲氧基黄酮	3′, 4′, 7, 8-tetramethoxyflavone
3, 5, 7, 4′- 四甲氧基黄酮	3, 5, 7, 4′-tetramethoxyflavone
4′, 5, 7, 8- 四甲氧基黄酮	4′, 5, 7, 8-tetramethoxyflavone
5, 6, 7, 4′- 四甲氧基黄酮	5, 6, 7, 4′-tetramethoxyflavone
5, 6, 7, 8- 四甲氧基黄酮	5, 6, 7, 8-tetramethoxyflavone
5, 7, 8, 2′- 四甲氧基黄酮	5, 7, 8, 2′-tetramethoxyflavone
5, 7, 8, 4′- 四甲氧基黄酮	5, 7, 8, 4′-tetramethoxyflavone
5, 7, 3′, 4′- 四甲氧基黄酮	5, 7, 3′, 4′-tetramethoxyflavone
7, 8, 2′, 5′- 四甲氧基黄酮 -5-O-β-D- 吡喃葡萄糖苷	7, 8, 2′, 5′-tetramethoxyflavone-5-O-β-D-glucopyranoside
3′, 4′, 5′, 6- 四甲氧基黄酮 -7-O-β-D- 吡喃葡萄糖基 -(1→3)-β-D- 吡喃葡萄糖苷	3′, 4′, 5′, 6-tetramethoxyflavone-7-O-β-D-glucopyranosyl-(1→3)-β-D-glucopyranoside
5, 6, 7, 4′- 四甲氧基黄烷酮	5, 6, 7, 4′-tetramethoxyflavanone
5, 7, 3′, 4′- 四甲氧基黄烷酮	5, 7, 3′, 4′-tetramethoxyflavanone
(2R, 3R)-5, 7, 3′, 4′- 四甲氧基黄烷酮醇	(2R, 3R)-5, 7, 3′, 4′-tetramethoxyflavanonol
1, 2, 3, 7- 四甲氧基𠮿酮	1, 2, 3, 7-tetramethoxyxanthone
2, 3, 4, 7- 四甲氧基𠮿酮 -1-O-β-D- 吡喃木糖基 -(1→6)-β-D- 吡喃葡萄糖苷	2, 3, 4, 7-tetramethoxyxanthone-1-O-β-D-xylopyranosyl-(1→6)-β-D-glucopyranoside
6′, 7′, 10, 11- 四甲氧基吐根烷	6′, 7′, 10, 11-tetramethoxyemetan
5, 6, 7, 8- 四甲氧基香豆素	5, 6, 7, 8-tetramethoxycoumarin
(13aS)-2, 3, 9, 10- 四甲氧基小檗烷	(13aS)-2, 3, 9, 10-tetramethoxyberbine
7, 2′, 4′, 5′- 四甲氧基异黄酮	7, 2′, 4′, 5′-tetramethoxyisoflavone
2, 3, 9, 12- 四甲氧基原小檗碱	2, 3, 9, 12-tetramethoxyprotoberberine
3, 3′, 5, 5′- 四甲氧基芪	3, 3′, 5, 5′-tetramethoxystilbene
四角风车子醇 A、B	quadrangularols A, B

四角风车子苷 (扩卷苷、扇苷) I～Ⅷ	quadranosides I～Ⅷ
四角风车子酸 A～M	quadrangularic acids A～M
四角风车子酸甲酯 A～N	methyl quadrangularates A～N
四聚没食子儿茶素	tetrameric gallocatechin
四聚没食子酸	tetrameric gallic acid
2, 3, 4, 5- 四咖啡酰 -D- 葡糖二酸	2, 3, 4, 5-tetracaffeoyl-D-glucaric acid
1, 3, 4, 5- 四咖啡酰奎宁酸	1, 3, 4, 5-tetracaffeoyl quinic acid
四棱草肽	schnabepeptide
四棱角毛壳菌素 A～H	chaetoquadrins A～H
四棱角泽兰内酯	quadrangolide
四联胺 A、B	quadrigemines A, B
2, 2′:6′, 2″:6″, 2‴- 四联吡啶	2, 2′:6′, 2″:6″, 2‴-quaterpyridine
1, 2′:8′, 1″:7″, 2‴- 四联萘	1, 2′:8′, 1″:7″, 2‴-quaternaphthalene
四裂红门兰素	militarin (militarine)
四硫代氨基甲过酸酐	thiuram disulfide
2, 4, 5, 7- 四硫代辛烷 2- 氧化物	2, 4, 5, 7-tetrathiaoctane 2-oxide
2, 3, 5, 7- 四硫代辛烷 3, 3- 二氧化物	2, 3, 5, 7-tetrathiaoctane 3, 3-dioxide
2, 4, 5, 7- 四硫代辛烷 4, 4- 二氧化物	2, 4, 5, 7-tetrathiaoctane 4, 4-dioxide
四螺 [5.1.5^8.1.5^{15}.1.5^{22}.1^6] 十二硅氧烷	tetraspiro [5.1.5^8.1.5^{15}.1.5^{22}.1^6] dodecasiloxane
四氯己烷	tetrachlorine hexane
3, 3′, 4, 4′- 四氯联苯	3, 3′, 4, 4′-tetrachlorobiphenyl
2, 3, 4, 6- 四没食子酰基 -D- 葡萄糖	2, 3, 4, 6-tetragalloyl-D-glucose
1, 2, 3, 4- 四没食子酰基 -α-D- 葡萄糖	1, 2, 3, 4-tetragalloyl-α-D-glucose
四膜虫萜醇 (四膜虫醇)	tetrahymanol
四硼酸钠	sodium tetraborate
(2R, 3S, 10S)-7, 8, 9, 13- 四羟基 -2-(3, 4- 二羟苯基)-2, 3- 反式 -3, 4- 顺式 -2, 3, 10- 三氢苯并吡喃 [3, 4-c]-2- 苯并吡喃 -1- 酮	(2R, 3S, 10S)-7, 8, 9, 13-tetrahydroxy-2-(3, 4-dihydroxyphenyl)-2, 3-$trans$-3, 4-cis-2, 3, 10-trihydrobenzopyrano [3, 4-c]-2-benzopyran-1-one
2, 3, 6, 8- 四羟基 -1- 甲基呫吨酮	2, 3, 6, 8-tetrahydroxy-l-methyl xanthone
(20S, 22R)-4β, 5β, 6α, 27- 四羟基 -1- 氧亚基睡茄 -2, 24- 二烯内酯	(20S, 22R)-4β, 5β, 6α, 27-tetrahydroxy-1-oxowitha-2, 24-dienolide
2β, 15α, 16α, 17- 四羟基 -(–)- 贝壳杉烷	2β, 15α, 16α, 17-tetrahydroxy-(–)-kaurane
3β, 12β, (23S, 24R)- 四羟基 -(20S), 25- 环氧达玛烷	3β, 12β, (23S, 24R)-tetrahydroxy-(20S), 25-epoxydammarane
3β, 12β, 23S, 25- 四羟基 -(20S, 24S)- 环氧达玛 -3-O- [β-D- 吡喃木糖基 -(1→2)]-β-D- 吡喃葡萄糖苷	3β, 12β, 23S, 25-tetrahydroxy-(20S, 24S)-epoxydammar-3-O-[β-D-xylopyranosyl-(1→2)]-β-D-glucopyranoside
1β, 2β, 3β, 5β- 四羟基 -(25R)-5β- 螺甾 -4β- 基硫酸酯	1β, 2β, 3β, 5β-tetrahydroxy-(25R)-5β-spirost-4β-yl sulfate
1β, 2β, 3β, 5β- 四羟基 -(25R)-5β- 螺甾 -4β- 硫酸钠	sodium 1β, 2β, 3β, 5β-tetrahydroxy-(25R)-5β-spirost-4β-yl-sulfate

4, 5, 4′, 5′-四羟基-1, 2-双苯醚	4, 5, 4′, 5′-quadrihydroxy-1, 2-diphenyl ether
(1*R*, 3*S*, 20*R*, 21*S*, 23*S*, 24*S*)-20, 21, 23, 25-四羟基-1, 3-环氧-21, 24-环达玛-5 (10)-烯	(1*R*, 3*S*, 20*R*, 21*S*, 23*S*, 24*S*)-20, 21, 23, 25-tetrahydroxy-1, 3-epoxy-21, 24-cyclodammar-5 (10)-ene
3β, 7β, 20, 23ξ-四羟基-11, 15-二氧亚基羊毛脂-8-烯-26-酸	3β, 7β, 20, 23ξ-tetrahydroxy-11, 15-dioxolanost-8-en-26-oic acid
3β, 16β, 23, 28-四羟基-11α-丁氧基齐墩果-12-烯	3β, 16β, 23, 28-tetrahydroxy-11α-butoxyolean-12-ene
3β, 16β, 23, 28-四羟基-11α-甲氧基齐墩果-12-烯-3-*O*-β-D-吡喃岩藻糖苷	3β, 16β, 23, 28-tetrahydroxy-11α-methoxyolean-12-en-3-*O*-β-D-fucopyranoside
2β, 3α, 7β, 19α-四羟基-12-熊果烯-28-甲酸 (刺梨酸)	2β, 3α, 7β, 19α-tetrahydroxyurs-12-en-28-carboxylic acid (roxburic acid)
(20*R*)-3β, 20, 21ξ, 23ξ-四羟基-19-氧亚基-21, 24ξ-环氧达玛-25-烯	(20*R*)-3β, 20, 21ξ, 23ξ-tetrahydroxy-19-oxo-21, 24ξ-cyclodammar-25-ene
(20*S*)-3β, 20, 21ξ, 25-四羟基-19-氧亚基-21, 24ξ-环氧达玛烷	(20*S*)-3β, 20, 21ξ, 25-tetrahydroxy-19-oxo-21, 24ξ-cyclodammarane
(20*R*, 21*S*, 23*S*, 24*S*)-3β, 20, 21, 23-四羟基-19-氧亚基-21, 24-环达玛-25-烯-3-*O*-[α-L-吡喃鼠李糖基-(1→2)]-[β-D-吡喃木糖苷-(1→3)]-α-L-吡喃阿拉伯糖苷	(20*R*, 21*S*, 23*S*, 24*S*)-3β, 20, 21, 23-tetrahydroxy-19-oxo-21, 24-cyclodammar-25-en-3-*O*-[α-L-rhamnopyranosyl-(1→2)]-[β-D-xylopyranoside-(1→3)]-α-L-arabinopyranoside
3, 4, 6, 8-四羟基-1-甲基𠮿酮	3, 4, 6, 8-tetrahydroxy-l-methyl xanthone
5α, 6β, 21, 27-四羟基-1-氧亚基醉茄-2, 24-二烯内酯	5α, 6β, 21, 27-tetrahydroxy-1-oxo-witha-2, 24-dienolide
4, 4′, 7, 7′-四羟基-2, 2′-二甲氧基-1, 1′-双菲	4, 4′, 7, 7′-tetrahydroxy-2, 2′-dimethoxy-1, 1′-biphenanthrene
4, 4′, 7, 7′-四羟基-2, 2′-二甲氧基-9, 9′, 10, 10′-四氢-1, 1′-双菲	4, 4′, 7, 7′-tetrahydroxy-2, 2′-dimethoxy-9, 9′, 10, 10′-tetrahydro-1, 1′-biphenanthrene
5α, 6β, 7β, 8α-四羟基-2-[2-(2′-甲氧苯乙基)]-5, 6, 7, 8-四氢色原酮	5α, 6β, 7β, 8α-tetrahydroxy-2-[2-(2′-methoxyphenyl)ethyl]-5, 6, 7, 8-tetrahydrochromone
5α, 6β, 7β, 8α-四羟基-2-[2-(2′-羟苯乙基)]-5, 6, 7, 8-四氢色原酮	5α, 6β, 7β, 8α-tetrahydroxy-2-[2-(2′-hydroxyphenyl)ethyl]-5, 6, 7, 8-tetrahydrochromone
5α, 6β, 7β, 8α-四羟基-2-[2-(4′-甲氧苯乙基)]-5, 6, 7, 8-四氢色原酮	5α, 6β, 7β, 8α-tetrahydroxy-2-[2-(4′-methoxyphenyl)ethyl]-5, 6, 7, 8-tetrahydrochromone
3β, 12β, (23*S*, 24*R*)-四羟基-20*S*, 25-环氧达玛-3-*O*-[β-D-吡喃木糖基-(1→2)]-β-D-吡喃葡萄糖苷	3β, 12β, (23*S*, 24*R*)-tetrahydroxy-20*S*, 25-epoxydammar-3-*O*-[β-D-xylopyranosyl-(1→2)]-β-D-glucopyranoside
3β, 12β, (23*S*, 24*R*)-四羟基-20*S*, 25-环氧达玛-3-*O*-[β-D-吡喃葡萄糖基-(1→2)]-β-D-吡喃木糖苷	3β, 12β, (23*S*, 24*R*)-tetrahydroxy-20*S*, 25-epoxydammar-3-*O*-[β-D-glucopyranosyl-(1→2)]-β-D-xylopyranoside
(20*R*)-3β, 20, 21ξ, 23ξ-四羟基-21, 24ξ-环氧达玛-25-烯	(20*R*)-3β, 20, 21ξ, 23ξ-tetrahydroxy-21, 24ξ-cyclodammar-25-ene
(20*S*)-3β, 20, 21ξ, 25-四羟基-21, 24ξ-环氧达玛烷	(20*S*)-3β, 20, 21ξ, 25-tetrahydroxy-21, 24ξ-cyclodammarane
(20*R*, 21*S*, 23*S*, 24*S*)-3β, 20, 21, 23-四羟基-21, 24-环达玛-25 (26)-烯	(20*R*, 21*S*, 23*S*, 24*S*)-3β, 20, 21, 23-tetrahydroxy-21, 24-cyclodammar-25 (26)-ene
(20*R*, 21*S*, 23*S*, 24*S*)-3β, 20, 21, 23-四羟基-21, 24-环达玛-25-烯-3-*O*-β-D-吡喃葡萄糖苷	(20*R*, 21*S*, 23*S*, 24*S*)-3β, 20, 21, 23-tetrahydroxy-21, 24-cyclodammar-25-en-3-*O*-β-D-glucopyranoside

2β, 3β, 19α, 24- 四羟基 -23- 去甲熊果 -12- 烯 -28- 酸	2β, 3β, 19α, 24-tetrahydroxy-23-norurs-12-en-28-oic acid
3β, 19, 20S, 21- 四羟基 -24- 达玛烯	3β, 19, 20S, 21-tetrahydroxydammar-24-ene
3α, 16β, 23, 24- 四羟基 -28- 去甲熊果 -12, 17, 19, 21- 四烯	3α, 16β, 23, 24-tetrahydroxy-28-norurs-12, 17, 19, 21-tetraene
5α, 6β, 8α, 12α- 四羟基 -28- 去甲异香椿叶素	5α, 6β, 8α, 12α-tetrahydroxy-28-norisotoonafolin
1, 3, 6, 8- 四羟基 -2- 甲基 -7- 乙烯基蒽醌	1, 3, 6, 8-tetrahydroxy-2-methyl-7-vinyl anthraquinone
(2S, 3R)-1, 2, 3, 4- 四羟基 -2- 甲基丁烷	(2S, 3R)-1, 2, 3, 4-tetrahydroxy-2-methyl butane
6, 8, 3′, 4′- 四羟基 -2′- 甲氧基 -6′-(1, 1- 二甲烯丙基) 异黄酮	6, 8, 3′, 4′-tetrahydroxy-2′-methoxy-6′-(1, 1-dimethyl allyl) isoflavone
6, 8, 3′, 4′- 四羟基 -2′- 甲氧基 -7- 甲基异黄烷酮	6, 8, 3′, 4′-tetrahydroxy-2′-methoxy-7-methyl isoflavanone
3, 5, 7, 4′- 四羟基 -2′- 甲氧基黄酮	3, 5, 7, 4′-tetrahydroxy-2′-methoxyflavone
1, 3, 6, 8- 四羟基 -2- 甲氧基𠮿酮	1, 3, 6, 8-tetrahydroxy-2-methoxyxanthone
1, 3, 5, 6- 四羟基 -2- 乙氧甲基蒽醌	1, 3, 5, 6-tetrahydroxy-2-ethoxymethyl anthraquinone
(7R, 7′R, 7″R, 8S, 8′S, 8″S)-4, 4″, 7″, 9″- 四羟基 -3, 3′, 3″, 5, 5′, 5″- 六甲氧基 -7, 9′;7′, 9;4′, 8″- 氧基 -8, 8′- 倍半新木脂素	(7R, 7′R, 7″R, 8S, 8′S, 8″S)-4, 4″, 7″, 9″-tetrahydroxy-3, 3′, 3″, 5, 5′, 5″-hexamethoxy-7, 9′;7′, 9;4′, 8″-oxy-8, 8′-sesquineolignan
(7R, 7′R, 7″S, 8S, 8′S, 8″S)- 4, 4″, 7″, 9″- 四羟基 -3, 3′, 3″, 5, 5′, 5″- 六甲氧基 -7, 9′;7′, 9′;4′, 8″- 氧基 -8, 8′- 倍半新木脂素	(7R, 7′R, 7″S, 8S, 8′S, 8″S)-4, 4″, 7″, 9″-tetrahydroxy-3, 3′, 3″, 5, 5′, 5″-hexamethoxy-7, 9′;7′, 9′;4′, 8″-oxy-8, 8′-sesquineolignan
(7R, 7′R, 8S, 8′S)-4, 4″, 7″, 9″- 四羟基 -3′, 3″, 5, 5′, 5″- 五甲氧基 -7, 9′7′, 9′:4, 8″- 氧基 -8, 8′- 倍半新木脂素	(7R, 7′R, 8S, 8′S)-4, 4″, 7″, 9″-tetrahydroxy-3′, 3″, 5, 5′, 5″-pentamethoxy-7, 9′7′, 9′:4, 8″-oxy-8, 8′-sesquineolignan
4′, 5, 6, 7- 四羟基 -3, 3′, 5′- 三甲氧基黄酮	4′, 5, 6, 7-tetrahydroxy-3, 3′, 5′-trimethoxyflavone
(7R, 8S, 7′R, 8′S)-4, 9, 4′, 9′- 四羟基 -3, 3′- 二甲氧基 -7, 7′- 环氧木脂素 -9-O-β-D- 吡喃葡萄糖苷	(7R, 8S, 7′R, 8′S)-4, 9, 4′, 9′-tetrahydroxy-3, 3′-dimethoxy-7, 7′-epoxylignan-9-O-β-D-glucopyranoside
(7R, 8S, 8′R)-4, 9, 4′, 8′- 四羟基 -3, 3′- 二甲氧基 -7, 9′- 单环氧木脂素	(7R, 8S, 8′R)-4, 9, 4′, 8′-tetrahydroxy-3, 3′-dimethoxy-7, 9′-monoepoxylignan
4, 4′, 8, 9- 四羟基 -3, 3′- 二甲氧基 -7, 9′- 单环氧木脂素	4, 4′, 8, 9-tatrahydroxy-3, 3′-dimethoxy-7, 9′-monoepoxylignin
(7R, 8S, 7′S, 8′R)-4, 9, 4′, 7′- 四羟基 -3, 3′- 二甲氧基 -7, 9′- 环氧木脂素 -4′-O-β-D- 吡喃葡萄糖苷	(7R, 8S, 7′S, 8′R)-4, 9, 4′, 7′-tetrahydroxy-3, 3′-dimethoxy-7, 9′-epoxylignan-4′-O-β-D-glucopyranoside
(7S, 8R, 7′R, 8′S)-4, 9, 4′, 7′- 四羟基 -3, 3′- 二甲氧基 -7, 9′- 环氧木脂素 -4′-O-β-D- 吡喃葡萄糖苷	(7S, 8R, 7′R, 8′S)-4, 9, 4′, 7′-tetrahydroxy-3, 3′-dimethoxy-7, 9′-epoxylignan-4′-O-β-D-glucopyranoside
(7S, 8R, 7′S, 8′S)-4, 9, 4′, 7′- 四羟基 -3, 3′- 二甲氧基 -7, 9′- 环氧木脂素 -4′-O-β-D- 吡喃葡萄糖苷	(7S, 8R, 7′S, 8′S)-4, 9, 4′, 7′-tetrahydroxy-3, 3′-dimethoxy-7, 9′-epoxylignan-4′-O-β-D-glucopyranoside
(7R, 8S, 7′S, 8′R)-4, 9, 4′, 7′- 四羟基 -3, 3′- 二甲氧基 -7, 9′- 环氧木脂素 -4-O-β-D- 吡喃葡萄糖苷	(7R, 8S, 7′S, 8′R)-4, 9, 4′, 7′-tetrahydroxy-3, 3′-dimethoxy-7, 9′-epoxylignan-4-O-β-D-glucopyranoside
(7S, 8R, 7′R, 8′S)-4, 9, 4′, 7′- 四羟基 -3, 3′- 二甲氧基 -7, 9′- 环氧木脂素 -4-O-β-D- 吡喃葡萄糖苷	(7S, 8R, 7′R, 8′S)-4, 9, 4′, 7′-tetrahydroxy-3, 3′-dimethoxy-7, 9′-epoxylignan-4-O-β-D-glucopyranoside
(7S, 8R, 7′S, 8′S)-4, 9, 4′, 7′- 四羟基 -3, 3′- 二甲氧基 -7, 9′- 环氧木脂素 -4-O-β-D- 吡喃葡萄糖苷	(7S, 8R, 7′S, 8′S)-4, 9, 4′, 7′-tetrahydroxy-3, 3′-dimethoxy-7, 9′-epoxylignan-4-O-β-D-glucopyranoside
(8R, 7′S)-4, 9, 7′, 9′- 四羟基 -3, 3′- 二甲氧基 -7- 氧亚基 -(8→4′)- 氧代新木脂素 -4-O-β-D- 吡喃葡萄糖苷	(8R, 7′S)-4, 9, 7′, 9′-tetrahydroxy-3, 3′-dimethoxy-7-oxo-(8→4′)-oxyneolignan-4-O-β-D-glucopyranoside

(8*S*, 7′*S*)-4, 9, 7′, 9′-四羟基-3, 3′-二甲氧基-7-氧亚基-8-4′-氧代新木脂素-4-*O*-β-D-吡喃葡萄糖苷	(8*S*, 7′*S*)-4, 9, 7′, 9′-tetrahydroxy-3, 3′-dimethoxy-7-oxo-8-4′-oxyneolignan-4-*O*-β-D-glucopyranoside
(8*S*)-4, 4′, 9, 9′-四羟基-3, 3′-二甲氧基-8, 5′-新木脂素	(8*S*)-4, 4′, 9, 9′-tetrahydroxy-3, 3′-dimethoxy-8, 5′-neolignan
(7*R*, 8*S*)-4, 7, 9, 9′-四羟基-3, 3′-二甲氧基-8-4′-氧代新木脂素-7-*O*-β-D-吡喃葡萄糖苷	(7*R*, 8*S*)-4, 7, 9, 9′-tetrahydroxy-3, 3′-dimethoxy-8-4′-oxyneolignan-7-*O*-β-D-glucopyranoside
(7*R*, 8*R*)-4, 7, 9, 9′-四羟基-3, 3′-二甲氧基-8–4′-氧代新木脂素-7-*O*-β-D-吡喃葡萄糖苷	(7*R*, 8*R*)-4, 7, 9, 9′-tetrahydroxy-3, 3′-dimethoxy-8–4′-oxyneolignan-7-*O*-β-D-glucopyranoside
(7*R*, 8*S*)-4, 7, 9, 9′-四羟基-3, 3′-二甲氧基-8-*O*-4′-新木脂素	(7*R*, 8*S*)- 4, 7, 9, 9′-tetrahydroxy-3, 3′-dimethoxy-8-*O*-4′-neolignan
(7*S*, 8*R*)-4, 7, 9, 9′-四羟基-3, 3′-二甲氧基-8-*O*-4′-新木脂素	(7*S*, 8*R*)-4, 7, 9, 9′-tetrahydroxy-3, 3′-dimethoxy-8-*O*-4′-neolignan
5, 7, 8, 3′-四羟基-3, 4′-二甲氧基黄酮	5, 7, 8, 3′-tetrahydroxy-3, 4′-dimethoxyflavone
(7*R*, 7′*R*, 8*S*, 8′*S*)-4, 4″, 7″, 9″-四羟基-3′, 5, 5′, 5″-四甲氧基-7, 9′, 7′, 9′, 4, 8″-氧基-8, 8′-倍半新木脂素	(7*R*, 7′*R*, 8*S*, 8′*S*)-4, 4″, 7″, 9″-tetrahydroxy-3′, 5, 5′, 5″-tetramethoxy-7, 9′, 7′, 9′, 4, 8″-oxy-8, 8′-sesquineolignan
1, 3, 4, 5-四羟基-3, 5-二 (3, 4-二羟基桂皮酸酯) 环己烷甲酸	1, 3, 4, 5-tetrahydroxy-3, 5-bis (3, 4-dihydroxycinnamate) cyclohexane carboxylic acid
3, 5, 6, 4′-四羟基-3′, 5′-二甲氧基黄酮	3, 5, 6, 4′-tetrahydroxy-3′, 5′-dimethoxyflavone
3′, 4′, 5, 7-四羟基-3, 6-二甲氧基黄酮	3′, 4′, 5, 7-tetrahydroxy-3, 6-dimethoxyflavone
5, 7, 3′, 4′-四羟基-3, 6-二甲氧基黄酮 (腋生依瓦菊林素、甲氧基万寿菊素)	5, 7, 3′, 4′-tetrahydroxy-3, 6-dimethoxyflavone (axillarin, methoxypatuletin)
5, 6, 3′, 4′-四羟基-3, 7-二甲氧基黄酮	5, 6, 3′, 4′-tetrahydroxy-3, 7-dimethoxyflavone
2′, 4′, 4, 2′-四羟基-3′-[3″-甲基丁-3″-烯基] 查耳酮	2′, 4′, 4, 2″-tetrahydroxy-3′-[3″-methylbut-3″-enyl] chalcone
1, 2, 4, 8-四羟基-3-甲基蒽醌	2-hydroisotandicin
(7*R*, 8*S*)-4, 3′, 9, 9′-四羟基-3-甲氧基-7, 8-二氢苯并呋喃-1′-丙基新木脂素	(7*R*, 8*S*)-4, 3′, 9, 9′-tetrahydroxy-3-methoxy-7, 8-dihydrobenzofuran-1′-propyl neolignan
(7*S*, 8*R*)-3′, 4, 9, 9′-四羟基-3-甲氧基-7, 8-二氢苯并呋喃-1′-丙基新木脂素	(7*S*, 8*R*)-3′, 4, 9, 9′-tetrahydroxy-3-methoxy-7, 8-dihydrobenzofuran-1′-propyl neolignan
5, 7, 3′, 4′-四羟基-3-甲氧基-8-香叶基黄酮	5, 7, 3′, 4′-tetrahydroxy-3-methoxy-8-geranyl flavone
2′, 4′, 6′, 4-四羟基-3-甲氧基二苯甲酮-3′, 5′-*C*-β-D-二葡萄糖苷	2′, 4′, 6′, 4-tetrahydroxy-3-methoxybenzophenone-3′, 5′-*C*-β-D-diglucoside
5, 7, 3′, 4′-四羟基-3-甲氧基黄酮	5, 7, 3′, 4′-tetrahydroxy-3-methoxyflavone
3, 5, 7, 4′-四羟基-3′-甲氧基黄酮-3-*O*-β-D-吡喃葡萄糖基-(1→3)-*O*-β-D-吡喃木糖苷-7-*O*-α-L-吡喃鼠李糖苷	3, 5, 7, 4′-tetrahydroxy-3′-methoxyflavone-3-*O*-β-D-glucopyranosyl-(1→3)-*O*-β-D-xylopyranoside-7-*O*-α-L-rhamnopyranoside
5, 7, 3′, 4′-四羟基-3-甲氧基黄酮-5-*O*-α-L-吡喃鼠李糖苷-7-*O*-β-D-吡喃葡萄糖基-(1→3)-*O*-β-D-吡喃木糖苷	5, 7, 3′, 4′-tetrahydroxy-3-methoxyflavone-5-*O*-α-L-rhamnopyranoside-7-*O*-β-D-glucopyranosyl-(1→3)-*O*-β-D-xylopyranoside
3′, 4′, 5, 7-四羟基-3-甲氧基黄酮-7-葡萄糖苷 (外伊犁蒿苷)	3′, 4′, 5, 7-tetrahydroxy-3-methoxyflavone-7-glucoside (transilin)
5, 7, 2′, 4′-四羟基-3-甲氧基黄烷酮	5, 7, 2′, 4′-tetrahydroxy-3-methoxyflavanone

2, 5, 2′, 3′-四羟基-3-甲氧基双苄	2, 5, 2′, 3′-tetrahydroxy-3-methoxybibenzyl
2, 5, 2′, 5′-四羟基-3-甲氧基双苄	2, 5, 2′, 5′-tetrahydroxy-3-methoxybibenzyl
5, 7, 2′, 4′-四羟基-3-牻牛儿基黄酮	5, 7, 2′, 4′-tetrahydroxy-3-geranyl flavone
3, 2′, 4′, 6′-四羟基-4, 3′-二甲氧基查耳酮	3, 2′, 4′, 6′-tetrahydroxy-4, 3′-dimethoxychalcone
3, 3′, 4′, 6′-四羟基-4, 3′-二甲氧基查耳酮	3, 3′, 4′, 6′-tetrahydroxy-4, 3′-dimethoxychalcone
1, 3, 5, 6-四羟基-4, 7, 8-三 (3-甲基-2-丁烯基) 𠮾酮	1, 3, 5, 6-tetrahydroxy-4, 7, 8-tri (3-methyl-2-butenyl) xanthone
1, 3, 5, 6-四羟基-4-苯基𠮾酮	1, 3, 5, 6-tetrahydroxy-4-phenyl xanthone
3′, 5, 5′, 7-四羟基-4′-甲氧基黄酮	3′, 5, 5′, 7-tetrahydroxy-4′-methoxyflavone
5, 7, 8, 3′-四羟基-4′-甲氧基黄酮	5, 7, 8, 3′-tetrahydroxy-4′-methoxyflavone
5, 6, 7, 3′-四羟基-4′-甲氧基异黄酮	5, 6, 7, 3′-tetrahydroxy-4′-methoxyisoflavone
(2S)-5, 7, 2′, 6′-四羟基-4′-薰衣草黄烷酮	(2S)-5, 7, 2′, 6′-tetrahydroxy-4′-lavandulylated flavanone
1, 3, 5, 6-四羟基-4-异戊烯𠮾酮	1, 3, 5, 6-tetrahydroxy-4-prenyl xanthone
3, 4, 3′, 4′-四羟基-5, 5′-二异丙基-2, 2′-二甲基联苯	3, 4, 3′, 4′-tetrahydroxy-5, 5′-diisopropyl-2, 2′-dimethyl biphenyl
6, 6′, 7, 7′-四羟基-5, 8′-双香豆素	6, 6′, 7, 7′-tetrahydroxy-5, 8′-biscoumarin
5, 7, 2′, 4′-四羟基-6, 3′-二 (3, 3-二甲烯丙基)-异黄酮-5-O-α-L-吡喃鼠李糖基-(1→4)-α-L-吡喃鼠李糖苷	5, 7, 2′, 4′-tetrahydroxy-6, 3′-di (3, 3-dimethyl allyl)-isoflavone-5-O-α-L-rhamnopyranosyl-(1→4)-α-L-rhamnopyranoside
3, 5, 7, 8-四羟基-6, 3′-二甲氧基黄酮	3, 5, 7, 8-tetrahydroxy-6, 3′-dimethoxyflavone
5, 7, 3′, 5′-四羟基-6, 4′-二甲氧基黄酮	5, 7, 3′, 5′-tetrahydroxy-6, 4′-dimethoxyflavone
5, 7, 2′, 4′-四羟基-6, 5′-二甲氧基黄酮	5, 7, 2′, 4′-tetrahydroxy-6, 5′-dimethoxyflavone
3, 5, 3′, 4′-四羟基-6, 7-二甲氧基黄酮 (泽兰利亭、4′-去甲泽兰黄醇素)	3, 5, 3′, 4′-tetrahydroxy-6, 7-dimethoxyflavone (eupatolitin, 4′-demethyl eupatin)
(2S)-5, 7, 2′, 6′-四羟基-6, 8-二 (γ, γ-二甲烯丙基) 黄烷酮	(2S)-5, 7, 2′, 6′-tetrahydroxy-6, 8-di (γ, γ-dimethyl allyl) flavanone
5, 7, 3, 4-四羟基-6, 8-二甲氧基黄酮	5, 7, 3, 4-tetrahydroxy-6, 8-dimethoxyflavone
5, 7, 3′, 4′-四羟基-6, 8-二甲氧基黄酮	5, 7, 3′, 4′-tetrahydroxy-6, 8-dimethoxyflavone
5, 7, 3′, 4′-四羟基-6, 8-二异戊烯基异黄酮	5, 7, 3′, 4′-tetrahydroxy-6, 8-diprenyl isoflavone
4′, 5, 5′, 7-四羟基-6-[6-羟基-3, 7-二甲基-(2E), 7-辛二烯基]-3′-甲氧基黄烷酮	4′, 5, 5′, 7-tetrahydroxy-6-[6-hydroxy-3, 7-dimethyl-(2E), 7-octadienyl]-3′-methoxyflavanone
3′, 4′, 5, 7-四羟基-6-[6-羟基-3, 7-二甲基-(2E), 7-辛二烯基] 黄烷酮	3′, 4′, 5, 7-tetrahydroxy-6-[6-hydroxy-3, 7-dimethyl-(2E), 7-octadienyl] flavanone
3′, 4′, 5, 7-四羟基-6-[7-羟基-3, 7-二甲基-(2E)-辛烯基] 黄烷酮	3′, 4′, 5, 7-tetrahydroxy-6-[7-hydroxy-3, 7-dimethyl-(2E)-octenyl] flavanone
5, 7, 3′, 4′-四羟基-6-C-[α-L-吡喃鼠李糖基-(1→2)]-β-D-吡喃葡萄糖基黄酮	5, 7, 3′, 4′-tetrahydroxy-6-C-[α-L-rhamnopyranosyl-(1→2)]-β-D-glucopyranosyl flavone
5, 7, 3′, 4′-四羟基-6-C-β-L-阿拉伯糖基黄酮苷	5, 7, 3′, 4′-tetrahydroxy-6-C-β-L-arabinosyl flavonoside
1α, 3β, 5α, 27-四羟基-6α, 7α-环氧醉茄-24-烯内酯-3-O-β-D-吡喃葡萄糖苷	1α, 3β, 5α, 27-tetrahydroxy-6α, 7α-epoxy-witha-24-enolide-3-O-β-D-glucopyranoside
1, 4, 7, 8-四羟基-6-氮杂双环 [3.3.0] 辛烷	1, 4, 7, 8-tetrahydroxy-6-nitrobicyclo [3.3.0] octane

S

2′, 4′, 5, 7-四羟基-6-甲基高异黄烷酮	2′, 4′, 5, 7-tetrahydroxy-6-methyl homoisoflavanone
5, 7, 3′, 5′-四羟基-6-甲基黄烷酮	5, 7, 3′, 5′-tetrahydroxy-6-methyl flavanone
2, 2′, 4′, 6-四羟基-6′-甲氧基查耳酮	2, 2′, 4′, 6-tetrahydroxy-6′-methoxychalcone
2, 6, 2′, 4′-四羟基-6′-甲氧基查耳酮	2, 6, 2′, 4′-tetrahydroxy-6′-methoxychalcone
5, 7, 3′, 4′-四羟基-6-甲氧基黄酮	5, 7, 3′, 4′-tetrahydroxy-6-methoxyflavone
(2S)-5, 7, 2′, 6′-四羟基-6-薰衣草黄烷酮	(2S)-5, 7, 2′, 6′-tetrahydroxy-6-lavandulylated flavanone
2′, 4′, 5, 7-四羟基-6-异戊烯基二氢黄酮	2′, 4′, 5, 7-tetrahydroxy-6-prenyl dihydroflavone
1, 4, 5, 6-四羟基-7, 8-二 (3-甲基丁-2-烯基) 𠮿酮	1, 4, 5, 6-tetrahydroxy-7, 8-di (3-methylbut-2-enyl) xanthone
1α, 6β, 7β, 14β-四羟基-7α, 20-环氧-对映-贝壳杉-16-烯-15-酮	1α, 6β, 7β, 14β-tetrahydroxy-7α, 20-epoxy-ent-kaur-16-en-15-one
3, 3′, 4′, 5-四羟基-7-甲氧基黄酮	3, 3′, 4′, 5-tetrahydroxy-7-methoxyflavone
3′, 3, 4′, 5-四羟基-7-甲氧基黄酮	3′, 3, 4′, 5-tetrahydroxy-7-methoxyflavone
3, 6, 3′, 4′-四羟基-7-甲氧基黄酮	3, 6, 3′, 4′-tetrahydroxy-7-methoxyflavone
5, 6, 3′, 4′-四羟基-7-甲氧基黄酮	5, 6, 3′, 4′-tetrahydroxy-7-methoxyflavone
3, 5, 8, 4″-四羟基-7-甲氧基黄酮 (茶花粉黄酮、茶花粉亭)	3, 5, 8, 4″-tetrahydroxy-7-methoxyflavone (pollenitin)
3, 5, 3′, 4′-四羟基-7-甲氧基黄酮-3-O-(2″-鼠李糖葡萄糖苷)	3, 5, 3′, 4′-tetrahydroxy-7-methoxyflavone-3-O-(2″-rhamnosyl glucoside)
3, 5, 3′, 4′-四羟基-7-甲氧基黄酮-3′-O-α-L-吡喃木糖基-(1→3)-O-α-L-吡喃阿拉伯糖基-(1→4)-O-β-D-吡喃半乳糖苷	3, 5, 3′, 4′-tetrahydroxy-7-methoxyflavone-3′-O-α-L-xylopyranosyl-(1→3)-O-α-L-arabinopyranosyl-(1→4)-O-β-D-galactopyranoside
5, 6, 3′, 4′-四羟基-7-甲氧基黄酮醇-3-O-二聚糖	5, 6, 3′, 4′-tetrahydroxy-7-methoxyflavonol-3-O-disaccharide
1, 2, 5, 6-四羟基-7-香叶基𠮿酮	1, 2, 5, 6-tetrahydroxy-7-geranyl xanthone
5, 7, 2′, 4′-四羟基-8-(1, 1-二甲基-2-丙烯基) 异黄酮	5, 7, 2′, 4′-tetrahydroxy-8-(1, 1-dimethyl prop-2-enyl) isoflavone
1, 3, 6, 7-四羟基-8-(3-甲基-丁-2-烯基) 𠮿酮	1, 3, 6, 7-tetrahydroxy-8-(3-methylbut-2-enyl) xanthone
3, 5, 7, 3′-四羟基-8, 4′-二甲氧基-6-(3-甲基丁-2-烯基) 黄酮	3, 5, 7, 3′-tetrahydroxy-8, 4′-dimethoxy-6-(3-methylbut-2-enyl) flavone
5, 7, 2′, 5′-四羟基-8, 6′-二甲氧基黄酮 (粘毛黄芩素 Ⅲ)	5, 7, 2′, 5′-tetrahydroxy-8, 6′-dimethoxyflavone (viscidulin Ⅲ)
5, 7, 3′, 4′-四羟基-8-C-β-D-吡喃葡萄糖基黄酮	5, 7, 3′, 4′-tetrahydroxy-8-C-β-D-glucopyranosyl flavone
5, 7, 3′, 4′-四羟基-8-C-β-D-吡喃葡萄糖基黄酮苷	5, 7, 3′, 4′-tetrahydroxy-8-C-β-D-glucopyranosyl flavonoside
2′, 4′, 5, 7-四羟基-8-甲基-6-甲氧基高异黄烷酮	2′, 4′, 5, 7-tetrahydroxy-8-methyl-6-methoxyhomoisoflavanone
1, 3, 5, 6-四羟基-8-甲基𠮿酮	1, 3, 5, 6-tetrahydroxy-8-methyl xanthone
5, 7, 3′, 4′-四羟基-8-甲氧基-6-C-β-D-吡喃葡萄糖基黄酮	5, 7, 3′, 4′-tetrahydroxy-8-methoxy-6-C-β-D-glucopyranosyl flavone
3, 5, 7, 4′-四羟基-8-甲氧基黄酮	3, 5, 7, 4′-tetrahydroxy-8-methoxyflavone

中文名称	英文名称
5, 7, 2′, 6′- 四羟基 -8- 甲氧基黄酮 -2′-O-β-D-(2-O- 咖啡酰基) 吡喃葡萄糖苷	5, 7, 2′, 6′-tetrahydroxy-8-methoxyflavone-2′-O-β-D-(2-O-caffeoyl) glucopyranoside
5, 7, 3′, 4′- 四羟基 -8- 甲氧基黄酮醇 -3-O-β-D- 半乳糖苷	5, 7, 3′, 4′-tetrahydroxy-8-methoxyflavonol-3-O-β-D-galactoside
3′, 4′, 5, 7- 四羟基 -8- 甲氧基异黄酮	3′, 4′, 5, 7-tetrahydroxy-8-methoxyisoflavone
5, 6, 7, 4′- 四羟基 -8- 甲氧基异黄酮	5, 6, 7, 4′-tetrahydroxy-8-methoxyisoflavone
1, 3, 5, 7- 四羟基 -8- 异戊二烯基叫酮	1, 3, 5, 7-tetrahydroxy-8-isoprenyl xanthone
3, 5, 7, 4′- 四羟基 -8- 异戊烯基黄酮 -3-O-α-L- 吡喃鼠李糖苷	3, 5, 7, 4-tetrahydroxy-8-isopentenyl flavonoid-3-O-α-L-rhamnopyranoside
1, 3, 6, 7- 四羟基 -8- 异戊烯基叫酮	1, 3, 6, 7-tetrahydroxy-8-prenyl xanthone
2, 4, 6, 7- 四羟基 -9, 10- 二氢菲	2, 4, 6, 7-tetrahydroxy-9, 10-dihydrophcnanthrene
3, 4, 3′, 4′- 四羟基 -Δ- 秘鲁古柯尼酸酯	3, 4, 3′, 4′-tetrahydroxy-Δ-truxinate
(4α, 6β, 7β)-6, 7, 16, 17- 四羟基贝壳杉 -18- 酸	(4α, 6β, 7β)-6, 7, 16, 17-tetrahydroxykaur-18-oic acid
(4α, 6β, 7β, 16α)-6, 7, 16, 17- 四羟基贝壳杉 -18- 酸	(4α, 6β, 7β, 16α)-6, 7, 16, 17-tetrahydroxy-kaur-18-oic acid
(4β, 6β, 7β, 16α)-6, 7, 16, 17- 四羟基贝壳杉 -18- 酸	(4β, 6β, 7β, 16α)-6, 7, 16, 17-tetrahydroxykaur-18-oic acid
(4α, 6α, 7β, 16α)-6, 7, 16, 17- 四羟基贝壳杉 -18- 酸 -γ- 内酯	(4α, 6α, 7β, 16α)-6, 7, 16, 17-tetrahydroxykaur-18-oic acid-γ-lactone
(4β, 6β, 7β, 16α)-6, 7, 16, 17- 四羟基贝壳杉 -18- 酸 -γ- 内酯	(4β, 6β, 7β, 16α)-6, 7, 16, 17-tetrahydroxykaur-18-oic acid-γ-lactone
(4α, 6β, 7β)-6, 7, 16, 17- 四羟基贝壳杉 -18- 酸甲酯	(4α, 6β, 7β)-6, 7, 16, 17-tetrahydroxykaur-18-oic acid methyl ester
(4β, 6β, 7β, 16α)-6, 7, 16, 17- 四羟基贝壳杉 -18- 酸甲酯	(4β, 6β, 7β, 16α)-6, 7, 16, 17-tetrahydroxykaur-18-oic acid methyl ester
2, 3′, 4, 4′- 四羟基查耳酮	2, 3′, 4, 4′-tetrahydroxychalcone
2′, 3, 4′, 4- 四羟基查耳酮	2′, 3, 4′, 4-tetrahydroxychalcone
2, 4, 2′, 4′- 四羟基查耳酮	2, 4, 2′, 4′-tetrahydroxychalcone
3, 4, 2′, 4′- 四羟基查耳酮	3, 4, 2′, 4′-tetrahydroxychalcone
2, ′4′, 6, 4- 四羟基查耳酮 (柑橘查耳酮)	2, ′4′, 6, 4-tetrahydroxychalcone (chalconaringenin)
2′, 4′, 3, 4- 四羟基查耳酮 (紫铆酮、紫铆因、紫铆查耳酮、紫铆花素)	2′, 4′, 3, 4-tetrahydroxychalcone (butein)
α, 3, 2′, 4′- 四羟基查耳酮 -2′-O-β-D- 吡喃葡萄糖苷	α, 3, 2′, 4′-tetrahydroxychalcone-2′-O-β-D-glucopyranoside
(Z)-6, 7, 3′, 4′- 四羟基橙酮	(Z)-6, 7, 3′, 4′-tetrahydroxyaurone
3β, 20S, 21, 25- 四羟基达玛 -23- 烯	3β, 20S, 21, 25-tetrahydroxydammar-23-ene
3β, 12β, 20S, 21- 四羟基达玛 -24- 烯	3β, 12β, 20S, 21-tetrahydroxydammar-24-ene
(22R)-3β, 16β, 22, 26- 四羟基胆甾 -5- 烯 -3-O-α-L- 吡喃鼠李糖基 -(1→2)-β-D- 吡喃葡萄糖醛酸苷	(22R)-3β, 16β, 22, 26-tetrahydroxycholest-5-en-3-O-α-L-rhamnopyranosyl-(1→2)-β-D-glucuronopyranoside
2, 3, 22, 23- 四羟基胆甾 -6- 酮 (芸苔属酮)	2, 3, 22, 23-tetrahydroxycholest-6-one (brassinone)
四羟基胆甾烷酸	varanic acid
(1S, 2S, 3R, 4R, 5R)-1, 2, 3, 4- 四羟基对薄荷烷	(1S, 2S, 3R, 4R, 5R)-1, 2, 3, 4-tetrahydroxy-p-menthane

S

(1*S*, 2*S*, 3*S*, 4*R*, 6*R*)-1, 2, 3, 6- 四羟基对薄荷烷	(1*S*, 2*S*, 3*S*, 4*R*, 6*R*)-1, 2, 3, 6-tetrahydroxy-*p*-menthane
(1*R*, 2*S*, 3*S*, 4*S*)-1, 2, 3, 4- 四羟基对薄荷烯	(1*R*, 2*S*, 3*S*, 4*S*)-1, 2, 3, 4-tetrahydroxy-*p*-menthene
7β, 11β, 14β, 20- 四羟基-对映-16-贝壳杉烯-6, 15-二酮	7β, 11β, 14β, 20-tetrahydroxy-*ent*-kaur-16-en-6, 15-dione
(13*R*, 14*R*)-3, 13, 14, 19- 四羟基-对映-半日花-8 (17), 11-二烯-16, 15-内酯	(13*R*, 14*R*)-3, 13, 14, 19-tetrahydroxy-*ent*-labd-8 (17), 11-dien-16, 15-olide
2β, 15α, 16β, 17- 四羟基-对映-贝壳杉烷	2β, 15α, 16β, 17-tetrahydroxy-*ent*-kaurane
1, 2, 3, 6- 四羟基蒽醌	1, 2, 3, 6-tetrahydroxyanthraquinone
2, 4, 4′, 6- 四羟基二苯甲酮	2, 4, 4′, 6-tetrahydroxybenzophenone
3, 4, 3′, 5′- 四羟基二苯乙烯	3, 4, 3′, 5′-tetrahydroxystilbene
2, 3, 5, 4′- 四羟基二苯乙烯-2-*O*-(6″-*O*-α-D-吡喃葡萄糖基)-β-D-吡喃葡萄糖苷	2, 3, 5, 4′-tetrahydroxystilbene-2-*O*-(6″-*O*-α-D-glucopyranosyl)-β-D-glucopyranoside
2, 3, 5, 4′- 四羟基二苯乙烯-2-*O*-(6″-*O*-乙酰基)-β-D-吡喃葡萄糖苷	2, 3, 5, 4′-tetrahydroxystilbene-2-*O*-(6″-*O*-acetyl)-β-D-glucopyranoside
(*E*)-2, 3, 5, 4′- 四羟基二苯乙烯-2-*O*-β-D-(3″-没食子酰基)葡萄糖苷	(*E*)-2, 3, 5, 4′-tetrahydroxystilbene-2-*O*-β-D-(3″-galloyl) glucoside
(*E*)-2, 3, 5, 4′- 四羟基二苯乙烯-2-*O*-β-D-吡喃葡萄糖苷	(*E*)-2, 3, 5, 4′-tetrahydroxystilbene-2-*O*-β-D-glucopyranoside
(*E*)-2, 3, 5, 4′- 四羟基二苯乙烯-2-*O*-β-D-葡萄糖苷	(*E*)-2, 3, 5, 4′-tetrahydroxystilbene-2-*O*-β-D-glucoside
(*Z*)-2, 3, 5, 4′- 四羟基二苯乙烯-2-*O*-β-D-葡萄糖苷	(*Z*)-2, 3, 5, 4′-tetrahydroxystilbene-2-*O*-β-D-glucoside
2, 3, 5, 4′- 四羟基二苯乙烯-2-*O*-β-D-葡萄糖苷	2, 3, 5, 4′-tetrahydroxystilbene-2-*O*-β-D-glucoside
2, 4, 6, 4′- 四羟基二苯乙烯-2-*O*-β-D-葡萄糖苷	2, 4, 6, 4′-tetrahydroxystilbene-2-*O*-β-D-glucoside
(*E*)-2, 3, 5, 4′- 四羟基二苯乙烯-3-*O*-β-D-吡喃葡萄糖苷	(*E*)-2, 3, 5, 4′-tetrahydroxystilbene-3-*O*-β-D-glucopyranoside
1, 3, 6, 8- 四羟基-2, 7-二甲氧基咄酮	1, 3, 6, 8-tetrahydroxy-2, 7-dimethoxyxanthone
2′, 4, 4′, α- 四羟基二氢查耳酮	2′, 4, 4′, α-tetrahydroxydihydrochalcone
α, 2′, 4, 4′- 四羟基二氢查耳酮	α, 2′, 4, 4′-tetrahydroxydihydrochalcone
3′, 4′, 5, 7- 四羟基二氢黄酮	3′, 4′, 5, 7-tetrohydroxydihydroflavone
3′, 4′, 7- 四羟基二氢黄酮	3′, 4′, 7-tetrahydroxyflavanone
3′, 5′, 5, 7- 四羟基二氢黄酮	3′, 5′, 5, 7-tetrahydroxyflavanone
6, 7, 3′, 4′- 四羟基二氢黄酮	6, 7, 3′, 4′-tetrahydroxydihydroflavone
7, 8, 3′, 4′- 四羟基二氢黄酮	7, 8, 3′, 4′-tertrahydroxyflavanone
5, 7, 3′, 4′- 四羟基二氢黄酮-3-鼠李糖苷	5, 7, 3′, 4′-quadrihydroxydihydroflavone-3-rhamnoside
5, 7, 3′, 5′- 四羟基二氢黄酮-3-鼠李糖苷	5, 7, 3′, 5′-tetrahydroxydihydroflavone-3-rhamnoside
(2*S*)-4′, 5, 6, 7- 四羟基二氢黄酮-6-*O*-β-D-吡喃葡萄糖苷	(2*S*)-4′, 5, 6, 7-tetrahydroxyflavanone-6-*O*-β-D-glucopyranoside
5, 7, 2′, 6′- 四羟基二氢黄酮醇	5, 7, 2′, 6′-tetrahydroxydihydroflavonol
7, 8, 3′, 4′- 四羟基二氢黄酮醇	7, 8, 3′, 4′-tetrahydroxyflavanonol
2, 3, 5, 4′- 四羟基反式-二苯乙烯-2-*O*-(2″-*O*-对羟基苯甲酰基)-β-D-葡萄糖苷	2, 3, 5, 4′-tetrahydroxy-*trans*-stilbene-2-*O*-(2″-*O*-*p*-hydroxybenzoyl)-β-D-glucoside
2, 3, 5, 4′- 四羟基反式-二苯乙烯-2-*O*-β-D-吡喃葡萄糖苷	2, 3, 5, 4′-tetrahydroxy-*trans*-stilbene-2-*O*-β-D-glucopyranoside
2, 4, 5, 6- 四羟基菲	2, 4, 5, 6-tetrahydroxyphenanthrene

(23E)-3β, 7β, 15β, 25- 四羟基葫芦 -5, 23- 二烯 -19- 醛	(23E)-3β, 7β, 15β, 25-tetrahydroxycucurbit-5, 23-dien-19-al
3β, 7β, 22, 23- 四羟基葫芦 -5, 24- 二烯 -19- 醛	3β, 7β, 22, 23-tetrahydroxycucurbita-5, 24-dien-19-al
3β, 7β, 23, 24- 四羟基葫芦 -5, 25- 二烯 -19- 醛	3β, 7β, 23, 24-tetrahydroxycucurbita-5, 25-dien-19-al
3′, 4′, 5, 7- 四羟基花色锌 (木犀草啶)	3′, 4′, 5, 7-tetrahydroxyflavylium chloride (luteolinidin)
(24S)-3β, 11α, 16β, 24- 四羟基环木菠萝烷	(24S)-3β, 11α, 16β, 24-tetrahydroxycycloartane
(24S), 3β, 11α, 16β, 24- 四羟基环木菠萝烯醇 -3-O-α-L- 吡喃鼠李糖基 -(1→2)-β-D- 吡喃葡萄糖苷	(24S), 3β, 11α, 16β, 24-tetrahydroxycycloartenol-3-O-α-L-rhamnopyranosyl-(1→2)-β-D-glucopyranoside
(24S), 3β, 11α, 16β, 24- 四羟基环木菠萝烯醇 -3-O-β-D- 吡喃葡萄糖基 -(1→2)-β-D- 吡喃葡萄糖苷	(24S), 3β, 11α, 16β, 24-tetrahydroxycycloartenol-3-O-β-D-glucopyranosyl-(1→2)-β-D-glucopyranoside
(2R)-7, 8, 3′, 4′- 四羟基黄酮	(2R)-7, 8, 3′, 4′-tetrahydroxyflavone
(2S)-7, 8, 3′, 4′- 四羟基黄酮	(2S)-7, 8, 3′, 4′-tetrahydroxyflavone
2′, 3′, 5, 7- 四羟基黄酮	2′, 3′, 5, 7-tetrahydroxyflavone
2′, 5′, 5, 7- 四羟基黄酮	2′, 5′, 5, 7-tetrahydroxyflavone
3, 4′, 5, 7- 四羟基黄酮	3, 4′, 5, 7-tetrahydroxyflavone
3′, 4′, 5, 7- 四羟基黄酮	3′, 4′, 5, 7-tetrahydroxyflavone
3′, 4, 7, 8- 四羟基黄酮	3′, 4, 7, 8-tetrahydroxyflavone
3, 7, 3′, 4′- 四羟基黄酮	3, 7, 3′, 4′-tetrahydroxyflavone
5, 7, 3′, 4′- 四羟基黄酮	5, 7, 3′, 4′-tetrahydroxyflavone
5, 7, 3′, 5′- 四羟基黄酮	5, 7, 3′, 5′-tetrahydroxyflavone
6, 7, 3′, 4′- 四羟基黄酮	6, 7, 3′, 4′-tetrahydroxyflavone
5, 7, 2′, 3′- 四羟基黄酮	5, 7, 2′, 3′-tetrahydroxyflavone
5, 7, 2′, 5′- 四羟基黄酮	5, 7, 2′, 5′-tetrahydroxyflavone
5, 7, 2′, 6′- 四羟基黄酮	5, 7, 2′, 6′-tetrahydroxyflavone
5, 7, 2′, 4′- 四羟基黄酮 (去甲波罗蜜亭)	5, 7, 2′, 4′-tetrahydroxyflavone (norartocarpetin)
3, 5, 7, 4′- 四羟基黄酮 (山奈黄素、山奈黄酮醇、蓼山奈酚、山奈酚、堪非醇)	3, 5, 7, 4′-tetrahydroxyflavone (trifolitin, kaempferol)
5, 7, 8, 4′- 四羟基黄酮 (异高山黄芩素、异高黄芩素、8-羟基芹菜素)	5, 7, 8, 4′-tetrahydroxyflavone (8-hydroxyapigenin, isoscutellarein)
3, 4′, 5, 7- 四羟基黄酮 -3-L- 鼠李糖苷	3, 4′, 5, 7-tetrahydroxyflavone-3-L-rhamnoside
5, 7, 3′, 4′- 四羟基黄酮 -3′-O-D- 葡萄糖苷	5, 7, 3′, 4′-tetrahydroxyflavone-3′-O-D-glucoside
5, 7, 3′, 4′- 四羟基黄酮 -3-O-β-D- 吡喃半乳糖苷	5, 7, 3′, 4′-tetrahydroxyflavone-3-O-β-D-galactopyranoside
5, 7, 3′, 4′- 四羟基黄酮 -3-O-β-D- 葡萄糖苷	5, 7, 3′, 4′-tetrahydroxyflavone-3-O-β-D-glucoside
3, 5, 7, 4′- 四羟基黄酮 -3- 鼠李葡萄糖苷	3, 5, 7, 4′-tetrahydroxyflavone-3-rhamnoglucoside
5, 6, 7, 4′- 四羟基黄酮 -6-O-β-D- 吡喃阿拉伯糖基 -7-O-α-L- 吡喃鼠李糖苷	5, 6, 7, 4′-tetrahydroxyflavone-6-O-β-D-arabinopyranosyl-7-O-α-L-rhamnopyranoside
3, 5, 7, 4′- 四羟基黄酮 -7-O-(6″- 乙酰基) 葡萄糖苷	3, 5, 7, 4′-tetrahydroxyflavone-7-O-(6″-acetyl) glucoside
5, 7, 3′, 4′- 四羟基黄酮 -7-O-β-D- 葡萄糖苷	5, 7, 3′, 4′-tetrahydroxyflavone-7-O-β-D-glucoside
3, 5, 7, 4′- 四羟基黄酮 -7-O- 葡萄糖苷	3, 5, 7, 4′-tetrahydroxyflavone-7-O-glucoside
5, 7, 3′, 4′- 四羟基黄酮 -8-C-β-D- 葡萄糖苷	5, 7, 3′, 4′-tetrahydroxyflavone-8-C-β-D-glucoside
5, 7, 3′, 4′- 四羟基黄酮醇	5, 7, 3′, 4′-tetrahydroxyflavonol

5, 7, 3′, 5′- 四羟基黄酮醇 -3-O-β-D- 吡喃葡萄糖苷	5, 7, 3′, 5′-tetrahydroxyflavonol-3-O-β-D-glucopyranoside
5, 6, 7, 4′- 四羟基黄酮醇 -3-O- 芸香糖苷	5, 6, 7, 4′-tetrahydroxyflavonol-3-O-rutinoside
3, 3′, 4′, 7- 四羟基黄烷	3, 3′, 4′, 7-tetrahydroxyflavane
5, 7, 3′, 4′- 四羟基黄烷 -3- 醇	5, 7, 3′, 4′-tetrahydroxyflavan-3-ol
(2S)-5, 7, 3′, 4′- 四羟基黄烷 -5-O-β-D- 吡喃葡萄糖苷	(2S)-5, 7, 3′, 4′-tetrahydroxyflavan-5-O-β-D-glucopyranoside
3′, 4′, 5, 7- 四羟基黄烷醇	3′, 4′, 5, 7-tetrahydroxyflavanol
(2R, 3R)-3, 5, 7, 4′- 四羟基黄烷酮	(2R, 3R)-3, 5, 7, 4′-tetrahydroxyflavanone
(2S)-3′, 5, 5′, 7- 四羟基黄烷酮	(2S)-3′, 5, 5′, 7-tetrahydroxyflavanone
(2S)-5, 7, 2′, 5′- 四羟基黄烷酮	(2S)-5, 7, 2′, 5′-tetrahydroxyflavanone
(2S)-5, 7, 2′, 6′- 四羟基黄烷酮	(2S)-5, 7, 2′, 6′-tetrahydroxyflavanone
2′, 6′, 5, 7- 四羟基黄烷酮	2′, 6′, 5, 7-tetrahydroxyflavanone
3′, 4′, 5, 7- 四羟基黄烷酮	3′, 4′, 5, 7-tetrahydroxyflavanone
3′, 5, 5′, 7- 四羟基黄烷酮	3′, 5, 5′, 7-tetrahydroxyflavanone
3, 7, 3′, 4″- 四羟基黄烷酮	3, 7, 3′, 4″-tetrahydroxyflavanone
5, 7, 3′, 4′- 四羟基黄烷酮	5, 7, 3′, 4′-tetrahydroxyflavanone
5, 7, 3′, 5′- 四羟基黄烷酮	5, 7, 3′, 5′-tetrahydroxyflavanone
5, 8, 3′, 5′- 四羟基黄烷酮	5, 8, 3′, 5′-tetrahydroxyflavanone
(2R, 3R)-2′, 3, 5, 7- 四羟基黄烷酮	(2R, 3R)-2′, 3, 5, 7-tetrahydroxyflavanone
(2S)-2′, 5, 6′, 7- 四羟基黄烷酮	(2S)-2′, 5, 6′, 7-tetrahydroxyflavanone
(2S)-5, 7, 3′, 5′- 四羟基黄烷酮 -7-O-β-D- 吡喃阿洛糖苷	(2S)-5, 7, 3′, 5′-tetrahydroxyflavanone-7-O-β-D-allopyranoside
(2S)-5, 7, 3′, 5′- 四羟基黄烷酮 -7-O-β-D- 吡喃葡萄糖苷	(2S)-5, 7, 3′, 5′-tetrahydroxyflavanone-7-O-β-D-glucopyranosie
5, 7, 3′, 5′- 四羟基黄烷酮 -7-O-β-D- 吡喃葡萄糖苷	5, 7, 3′, 5′-tetrahydroxyflavanone-7-O-β-D-glucopyranoside
5, 7, 3′, 5′- 四羟基黄烷酮 -7-O-β-D- 新橙皮糖苷	5, 7, 3′, 5′-tetrahydroxyflavanone-7-O-β-D-neohesperidoside
四羟基黄烷酮醇	tetrahydroxyflavanonol
5, 7, 3′, 5′- 四羟基黄烷酮醇 -3-O-β-D- 葡萄糖苷	5, 7, 3′, 5′-tetrahydroxyflavanonol-3-O-β-D-glucoside
四羟基甲氧基查耳酮	tetrahydroxymethoxychalcone
3β, 4β, 5β, 20- 四羟基巨大戟 -1, 6- 二烯 -9- 酮	3β, 4β, 5β, 20-tetrahydroxyingena-1, 6-dien-9-one
3, 3′, 4, 4′- 四羟基联苯	3, 3′, 4, 4′-tetrahydroxybiphenyl
3, 4, 3′, 4′- 四羟基联苯	3, 4, 3′, 4′-tetrahydroxybiphenyl
6, 7, 3′, 4′- 四羟基噢呫 (6, 7, 3′, 4′- 四羟基橙酮、海金鸡菊苷、海生菊苷、金鸡菊噢呫、海金鸡菊亭)	6, 7, 3′, 4′-tetrahydroxyaurone (maritimetin)
4, 6, 3′, 4′- 四羟基噢呫 (金鱼草素、噢呫斯定)	4, 6, 3′, 4′-tetrahydroxyaurone (aureusidin)
3β, 16α, 23, 28- 四羟基齐墩果 -11, 13 (18)- 二烯 -30- 酸	3β, 16α, 23, 28-tetrahydroxyolean-11, 13 (18)-dien-30-oic acid
16α, 23, 28, 30- 四羟基齐墩果 -11, 13 (18)- 二烯 -3β-基 -β-D- 吡喃葡萄糖基 -(1→3)-β-D- 吡喃岩藻糖苷	16α, 23, 28, 30-tetrahydroxyolean-11, 13 (18)-dien-3β-yl-β-D-glucopyranosyl-(1→3)-β-D-fucopyranoside

3α, 21β, 22α, 28- 四羟基齐墩果 -12- 烯	3α, 21β, 22α, 28-tetrahydroxyolean-12-ene
3β, 16β, 21β, 23- 四羟基齐墩果 -12- 烯	3β, 16β, 21β, 23-tetrahydroxyolean-12-ene
3β, 16β, 21β, 28- 四羟基齐墩果 -12- 烯	3β, 16β, 21β, 28-tetrahydroxyolean-12-ene
3β, 16β, 22α, 28- 四羟基齐墩果 -12- 烯	3β, 16β, 22α, 28-tetrahydroxyolean-12-ene
2α, 21β, 22α, 28- 四羟基齐墩果 -12- 烯 -28-*O*-β-D- 吡喃木糖苷	2α, 21β, 22α, 28-tetrahydroxyolean-12-en-28-*O*-β-D-xylopyranoside
3α, 21α, 22α, 28- 四羟基齐墩果 -12- 烯 -28-*O*-β-D- 吡喃木糖苷	3α, 21α, 22α, 28-tetrahydroxyolean-12-en-28-*O*-β-D-xylopyranoside
3α, 21β, 22α, 28- 四羟基齐墩果 -12- 烯 -28-*O*-β-D- 吡喃木糖苷	3α, 21β, 22α, 28-tetrahydroxyolean-12-en-28-*O*-β-D-xylopyranoside
2α, 3α, 19α, 23- 四羟基齐墩果 -12- 烯 -28- 酸	2α, 3α, 19α, 23-tetrahydroxyolean-12-en-28-oic acid
2α, 3α, 19α, 24- 四羟基齐墩果 -12- 烯 -28- 酸	2α, 3α, 19α, 24-tetrahydroxyolean-12-en-28-oic acid
1β, 2α, 3α, 24- 四羟基齐墩果 -12- 烯 -28- 酸	1β, 2α, 3α, 24-tetrahydroxyolean-12-en-28-oic acid
2α, 3α, 19α, 24- 四羟基齐墩果 -12- 烯 -28- 酸 -*O*-β-D- 吡喃葡萄糖苷	2α, 3α, 19α, 24-tetrahydroxyolean-12-en-28-oic acid-*O*-β-D-glucopyranoside
2β, 3β, 6β, 16α- 四羟基齐墩果 -12- 烯 -28- 酸 -*O*-β-D- 吡喃葡萄糖苷	2β, 3β, 6β, 16α-tetrahydroxyolean-12-en-28-oic acid-*O*-β-D-glucopyranoside
2α, 3α, 19α, 24- 四羟基齐墩果 -12- 烯 -28- 酸 -*O*-β-D- 吡喃葡萄糖酯	2α, 3α, 19α, 24-tetrahydroxyolean-12-en-28-oic acid-*O*-β-D-glucopyranosyl ester
3β, 16β, 22β, 28- 四羟基齐墩果 -12- 烯 -30- 酸	3β, 16β, 22β, 28-tetrahydroxyolean-12-en-30-oic acid
3β, 22α, 24, 29- 四羟基齐墩果 -12- 烯 -3-*O*-[β-D- 阿拉伯糖基 -(1→3)]-β-D- 吡喃阿拉伯糖苷	3β, 22α, 24, 29-tetrahydroxyolean-12-en-3-*O*-[β-D-arabinosyl-(1→3)]-β-D-arabinopyranoside
11α, 16β, 23, 28- 四羟基齐墩果 -12- 烯 -3β- 基 -[β-D- 吡喃葡萄糖基 -(1→2)]-[β-D- 吡喃葡萄糖基 -(1→3)]-β-D- 吡喃岩藻糖苷	11α, 16β, 23, 28-tetrahydroxyolean-12-en-3β-yl-[β-D-glucopyranosyl-(1→2)]-[β-D-glucopyranosyl-(1→3)]-β-D-fucopyranoside
16β, 21β, 23, 28- 四羟基齐墩果 -12- 烯 -3- 酮	16β, 21β, 23, 28-tetrahydroxyolean-12-en-3-one
3β, 16β, 23, 28- 四羟基齐墩果 -13 (18)- 烯	3β, 16β, 23, 28-tetrahydroxyolean-13 (18)-ene
16β, 21β, 23, 28- 四羟基齐墩果 -9 (11), 12 (13)- 二烯 -3- 基 -[β-D- 吡喃葡萄糖基 -(1→2)]-[β-D- 吡喃葡萄糖基 -(1→3)]-β-D- 吡喃岩藻糖苷	16β, 21β, 23, 28-tetrahydroxyolean-9 (11), 12 (13)-dien-3-yl-[β-D-glucopyranosyl-(1→2)]-[β-D-glucopyranosyl-(1→3)]-β-D-fucopyranoside
2α, 3α, 19α, 23- 四羟基齐墩果酸 -28-*O*-β-D- 吡喃葡萄糖苷	2α, 3α, 19α, 23-tetrahydroxyoleanolic acid-28-*O*-β-D-glucopyranoside
四羟基去甲蟾蜍烷	tetrahydroxynorbufostane
2, 4, 3′, 5′- 四羟基双苄	2, 4, 3′, 5′-tetrahydroxybibenzyl
1, 3, 5, 6- 四羟基𠮟酮	1, 3, 5, 6-tetrahydroxyxanthone
1, 2, 6, 8- 四羟基𠮟酮	1, 2, 6, 8-tetrahydroxyxanthone
1, 3, 7, 8- 四羟基𠮟酮	1, 3, 7, 8-tetrahydroxyxanthone
1, 4, 5, 6- 四羟基𠮟酮	1, 4, 5, 6-tetrahydroxyxanthone
2, 3, 6, 7- 四羟基𠮟酮	2, 3, 6, 7-tetrahydroxyxanthone
3, 4, 5, 6- 四羟基𠮟酮	3, 4, 5, 6-tetrahydroxyxanthone
3, 4, 6, 7- 四羟基𠮟酮	3, 4, 6, 7-tetrahydroxyxanthone

1, 3, 5, 8- 四羟基𠮾酮 (去甲二裂雏菊亭酮)	1, 3, 5, 8-tetrahydroxyxanthone (norbellidifodin)
1,3,6,7-四羟基𠮾酮(去甲蹄盖蕨酚、去甲蹄盖蕨𠮾酮)	1, 3, 6, 7-tetrahydroxyxanthone (norathyriol)
1, 3, 7, 8- 四羟基𠮾酮 -1-*O*-β-D- 吡喃葡萄糖苷	1, 3, 7, 8-tetrahydroxyxanthone-1-*O*-β-D-glucopyranoside
1, 3, 6, 7- 四羟基𠮾酮 -6-*O*-β-D- 葡萄糖苷 (双蝴蝶苷)	1, 3, 6, 7-tetrahydroxyxanthone-6-*O*-β-D-glucoside (tripteroside)
1, 3, 7, 8- 四羟基𠮾酮 -8-*O*-β-D- 吡喃葡萄糖苷	1, 3, 7, 8-tetrahydroxyxanthone-8-*O*-β-D-glucopyranoside
1, 3, 5, 6- 四羟基𠮾酮素	1, 3, 5, 6-tetrahydroxyxanthonin
1, 3, 6, 7- 四羟基𠮾酮素	1, 3, 6, 7-tetrahydroxyxanthonin
1, 3, 8, 9- 四羟基香豆雌烷	1, 3, 8, 9-tetrahydroxycoumestane
2α, 3α, 19α, 23- 四羟基熊果 -12, 20 (30)- 二烯 -28- 酸	2α, 3α, 19α, 23-tetrahydroxyurs-12, 20 (30)-dien-28-oic acid
1β, 2α, 3α, 24- 四羟基熊果 -12, 20 (30)- 二烯 -28- 酸	1β, 2α, 3α, 24-tetrahydroxyurs-12, 20 (30)-dien-28-oic acid
2α, 3α, 19α, 23- 四羟基熊果 -12- 烯 -24, 28- 二酸	2α, 3α, 19α, 23-tetrahydroxyurs-12-en-24, 28-dioic acid
2α, 3α, 19α, 23- 四羟基熊果 -12- 烯 -28-*O*-β-D- 葡萄糖苷	2α, 3α, 19α, 23-tetrahydroxyurs-12-en-28-*O*-β-D-glucoside
2α, 3α, 19α, 23- 四羟基熊果 -12- 烯 -28-β-D- 吡喃葡萄糖苷 (金樱子皂苷 A)	2α, 3α, 19α, 23-tetrahydroxyurs-12-en-28-β-D-glucopyranoside (rosalaenoside A)
2α, 3α, 19α, 24- 四羟基熊果 -12- 烯 -28- 酸	2α, 3α, 19α, 24-tetrahydroxyurs-12-en-28-oic acid
1α, 2α, 3β, 19α- 四羟基熊果 -12- 烯 -28- 酸	1α, 2α, 3β, 19α-tetrahydroxyurs-12-en-28-oic acid
1β, 2α, 3α, 24- 四羟基熊果 -12- 烯 -28- 酸	1β, 2α, 3α, 24-tetrahydroxyurs-12-en-28-oic acid (pygenic acid C)
1β, 2β, 3β, 19α- 四羟基熊果 -12- 烯 -28- 酸	1β, 2β, 3β, 19α-tetrahydroxyurs-12-en-28-oic acid
2, 3, 16, 23- 四羟基熊果 -12- 烯 -28- 酸	2, 3, 16, 23-tetrahydroxyurs-12-en-28-oic acid
2α, 3α, 11α, 19α- 四羟基熊果 -12- 烯 -28- 酸	2α, 3α, 11α, 19α-tetrahydroxyurs-12-en-28-oic acid
2β, 3β, 23, 24- 四羟基熊果 -12- 烯 -28- 酸	2β, 3β, 23, 24-tetrahydroxyurs-12-en-28-oic acid
3α, 19α, 23, 24- 四羟基熊果 -12- 烯 -28- 酸	3α, 19α, 23, 24-tetrahydroxyurs-12-en-28-oic acid
3β, 6β, 19α, 24- 四羟基熊果 -12- 烯 -28- 酸	3β, 6β, 19α, 24-tetrahydroxyurs-12-en-28-oic acid
1β, 2α, 3β, 19α- 四羟基熊果 -12- 烯 -28- 酸	1β, 2α, 3β, 19α-tetrahydroxyurs-12-en-28-oic acid
1α, 3β, 19α, 23- 四羟基熊果 -12- 烯 -28- 酸 -*O*-β-D- 吡喃木糖苷	1α, 3β, 19α, 23-tetrahydroxyurs-12-en-28-oic acid-*O*-β-D-xylopyranoside
2α, 3α, 19α, 24- 四羟基熊果 -12- 烯 -28- 酸 -*O*-β-D- 吡喃葡萄糖苷	2α, 3α, 19α, 24-tetrahydroxyurs-12-en-28-oic acid-*O*-β-D-glucopyranoside
2α, 3α, 19, 24- 四羟基熊果 -12- 烯 -28- 酸 -*O*-β-D- 葡萄糖酯	2α, 3α, 19, 24-tetrahydroxyurs-12-en-28-oic acid-*O*-β-D-glucosyl ester
1β, 2α, 3β, 19α- 四羟基熊果 -12- 烯 -28- 酸酯 -3-*O*-β-D- 吡喃木糖苷	1β, 2α, 3β, 19α-tetrahydroxyurs-12-en-28-oate-3-*O*-β-D-xylopyranoside
1β, 2β, 3β, 19α- 四羟基熊果 -12- 烯 -28- 酸酯 -3-*O*-β-D- 吡喃木糖苷	1β, 2β, 3β, 19α-tetrahydroxyurs-12-en-28-oate-3-*O*-β-D-xylopyranoside
1β, 2α, 3β, 19α- 四羟基熊果 -28-*O*-[β-D- 吡喃葡萄糖基 -(1→2)]-β-D- 吡喃半乳糖苷	1β, 2α, 3β, 19α-tetrahydroxyurs-28-*O*-[β-D-glucopyranosyl-(1→2)]-β-D-galactopyranoside

中文名称	英文名称
2α, 3α, 19α, 23- 四羟基熊果酸 -28-*O*-β-D- 吡喃葡萄糖苷	2α, 3α, 19α, 23-tetrahydroxyursolic acid-28-*O*-β-D-glucopyranoside
2α, 3α, 19, 24- 四羟基熊果酸 -28-*O*-β-D- 吡喃葡萄糖苷	2α, 3α, 19, 24-tetrahydroxyursolic acid-28-*O*-β-D-glucopyranoside
2, 3, 4, 6- 四羟基乙酰苯 -3-*O*- 葡萄糖苷 (夜交藤乙酰苯苷)	2, 3, 4, 6-tetrahydroxyacetophenone-3-*O*-β-D-glucopyranoside (polygoacetophenoside)
2′, 4′, 5, 7- 四羟基异黄酮	2′, 4′, 5, 7-tetrahydroxyisoflavone
5, 7, 2′, 4′- 四羟基异黄酮	5, 7, 2′, 4′-tetrahydroxyisoflavone
5, 6, 7, 4′- 四羟基异黄酮 -6, 7- 二 -*O*-β-D- 吡喃葡萄糖苷	5, 6, 7, 4′-tetrahydroxyisoflavone-6, 7-di-*O*-β-D-glucopyranoside
四羟基异黄酮 -*O*- 己糖苷	tetrahydroxyisoflavone-*O*-hexoside
2, 5, 7, 4′- 四羟基异黄酮醇	2, 5, 7, 4′-tetrahydroxyisoflavonol
3β, 16β, 23, 28- 四羟基羽扇豆 -20 (29)- 烯	3β, 16β, 23, 28-tetrahydroxylup-20 (29)-ene
11β, 23*S*, 24*R*, 25- 四羟基原萜 -3- 酮	11β, 23*S*, 24*R*, 25-tetrahydroxyprotostan-3-one
3β, 5β, 6α, 16β- 四羟基孕甾	3β, 5β, 6α, 16β-tetrahydroxypregnan
8, 12β, 14β, 17α- 四羟基孕甾 -5- 烯 -20- 酮	8, 12β, 14β, 17α-tetrahydroxypregn-5-en-20-one
四羟基獐牙菜酚素 (四羟基当药醇苷、四羟基獐牙菜酚素、四羟基獐牙菜酚苷)	tetrahydroxyswertianolin
2, 3′, 4, 5′- 四羟基芪	2, 3′, 4, 5′-tetrahydroxystilbene
3, 5, 2′, 4′- 四羟基芪	3, 5, 2′, 4′-tetrahydroxystilbene
3, 3′, 4, 5′- 四羟基芪 (3, 3′, 4, 5′- 四羟基二苯乙烯、云杉鞣酚、云杉芪酚、白皮杉醇)	3, 3′, 4, 5′-tetrahydroxystilbene (piceatannol, astringenin)
2, 4, 3′, 5′- 四羟基芪 (氧化白藜芦醇)	2, 4, 3′, 5′-tetrahydroxystilbene (oxyresveratrol)
2, 3, 5, 4′- 四羟基芪 -2-*O*-β-D- 吡喃葡萄糖苷	2, 3, 5, 4′-tetrahydroxystilbene-2-*O*-β-D-glucopyranoside
2, 3, 5, 4′- 四羟基芪 -2-*O*-β-D- 吡喃葡萄糖苷 -2″-*O*- 单没食子酰酯	2, 3, 5, 4′-tetrahydroxystilbene-2-*O*-β-D-glucopyranoside-2″-*O*-monogalloyl ester
2, 3, 5, 4′- 四羟基芪 -2-*O*-β-D- 吡喃葡萄糖苷 -3″-*O*- 单没食子酰酯	2, 3, 5, 4′-tetrahydroxystilbene-2-*O*-β-D-glucopyranoside-3″-*O*-monogalloyl ester
3, 4, 3′, 5′- 四羟基芪 -3- 葡萄糖苷	3, 4, 3′, 5-tetrahydroxystilbene-3-glucoside
2, 3, 5, 4′- 四羟基芪 -2, 3-*O*-β-D- 葡萄糖苷	2, 3, 5, 4′-tetrahydroxystilbene-2, 3-*O*-β-D-glucoside
四羟基紫杉二烯	tetrahydroxytaxadiene
2, 3, 4, 5- 四羟己基 -6-*O*- 反式 - 咖啡酰基 -β-D- 吡喃葡萄糖苷	2, 3, 4, 5-tetrahydroxyhexyl-6-*O*-*trans*-caffeoyl-β-D-glucopyranoside
(−)- 四氢巴马亭 [(−)- 四氢掌叶防己碱、(−)- 延胡索乙素]	(−)-tetrahydropalmatine [caseanine, (−)-corydalis B, hyndarine]
1, 2, 5, 6- 四氢 -1- 甲基 -2- 氧亚基 -4- 吡啶乙酸	1, 2, 5, 6-tetrahydro-1-methyl-2-oxo-4-pyridine acetic acid
1, 2, 3, 4- 四氢 -1- 甲基 -β- 咔啉 -3- 甲酸	1, 2, 3, 4-tetrahydro-1-methyl-β-carbolin-3-carboxylic acid
1, 2, 3, 4- 四氢 -1, 3, 4- 三氧亚基 -β- 咔啉	1, 2, 3, 4-tetrahydro-1, 3, 4-trioxo-β-carboline
1, 2, 3, 4- 四氢 -1- 氧亚基 -β- 咔啉	1, 2, 3, 4-tetrahydro-1-oxo-β-carboline
1, 2, 3, 4- 四氢 -1, 4, 6, 8- 四羟基𠮿酮	1, 2, 3, 4-tetrahydro-1, 4, 6, 8-tetrahydroxyxanthone

S

1, 4, 5, 8-四氢-1, 4:5, 8-二甲桥蒽	1, 4, 5, 8-tetrahydro-1, 4:5, 8-dimethanoanthracene
四氢-1, 4-双 (4-羟基-3, 5-二甲氧苯基) 呋喃并 [3, 4-c] 呋喃	tetrahydro-1, 4-bis (4-hydroxy-3, 5-dimethoxyphenyl) furo [3, 4-c] furan
1, 2, 3, 4-四氢-1, 4-乙烯桥蒽	1, 2, 3, 4-tetrahydro-1, 4-ethenoanthracene
(12β, 22E, 24E)-22, 23, 24, 25-四 脱 氢 -12-(1-氧 亚 基-3-苯基-2-丙烯氧基) 单茎稻花素	(12β, 22E, 24E)-22, 23, 24, 25-tetradehydro-12-[(1-oxo-3-phenyl-2-propenyl) oxy] simplexin
2, 3, 4, 6-四氢-1H-β-咔啉-3-甲酸	2, 3, 4, 6-tetrahydro-1H-β-carbolin-3-carboxylic acid
2, 3, 4, 9-四氢-1H-吡啶并 [3, 4-b] 吲哚-3-甲酸	2, 3, 4, 9-tetrahydro-1H-pyrido [3, 4-b] indole-3-carboxylic acid
5, 6, 7, 8-四氢-2, 4-二甲基喹啉	5, 6, 7, 8-tetrahydro-2, 4-dimethyl quinoline
3, 4, 5, 6-四氢-2H-磷杂庚环	3, 4, 5, 6-tetrahydro-2H-phosphepine
1, 2 (3)-四氢-3, 3′-双白花丹素	1, 2 (3)-tetrahydro-3, 3′-biplumbagin
1, 2, 3, 4-四 氢 -3, 7-二 羟 基-1-(4-羟 基-3-甲 氧 苯 基)-6-甲氧基-2, 3-萘二甲醇	1, 2, 3, 4-tetrahydro-3, 7-dihydroxy-1-(4-hydroxy-3-methoxyphenyl)-6-methoxy-2, 3-naphthalene dimethanol
1, 2, 5, 6-四氢-3-吡啶甲酸 (去甲槟榔次碱、1, 2, 5, 6-四氢烟酸)	1, 2, 5, 6-tetrahydro-3-pyridine carboxylic acid (guvacine, 1, 2, 5, 6-tetrahydronicotinic acid, demethylarecaidine, demethyl arecaine)
(−)-1, 2, 6, 7-四脱氢-3-甲氧羰基-3-氯代白坚木定	(−)-1, 2, 6, 7-tetradehydro-3-carbomethoxy-3-chloroaspidospermidine
1, 2, 3, 4-四氢-3-羧基哈尔满碱 (1, 2, 3, 4-四氢-3-羧基哈尔满)	1, 2, 3, 4-tetrahydro-3-carboxyharmane
5, 6, 7, 7a-四氢-4, 4, 7a-三甲基-2 (4H) 苯并呋喃酮	5, 6, 7, 7a-tetrahydro-4, 4, 7a-trimethyl-2 (4H) benzofuranone
(R)-5, 6, 7, 7α-四氢-4, 4, 7α-三甲基-2 (4H)-苯并呋喃酮	(R)-5, 6, 7, 7α-tetrahydro-4, 4, 7α-trimethyl-2 (4H)-coumaranone
5, 6, 7, 7-四氢-4, 4, 7-三甲基-2 (4H) 苯唑呋喃酮	5, 6, 7, 7-tetrahydro-4, 4, 7-trimethyl-2 (4H) benzofuranone
3a, 4, 7, 7a-四氢-4, 7-亚甲基-1H-茚	3a, 4, 7, 7a-tetrahydro-4, 7-methano-1H-indene
5, 6, 7, 8-四氢-4-甲基喹啉	5, 6, 7, 8-tetrahydro-4-methyl quinoline
(−)-4-[(2S, 4R, 6S)-四氢-4-羟基-6-戊基-2H-吡喃-2-基] 苯-1, 2-二酚	(−)-4-[(2S, 4R, 6S)-tetrahydro-4-hydroxy-6-pentyl-2H-pyran-2-yl] benzene-1, 2-diol
1, 2, 18, 19-四氢-4-去甲-3, 17-环氧-7, 20 (2H, 19H)-环奥巴生烷	1, 2, 18, 19-tetrahydro-4-demethyl-3, 17-epoxy-7, 20 (2H, 19H)-cyclovobasan
1, 2, 3, 9-四氢-5-甲氧基吡咯并 [2, 1-b] 喹唑啉-3-醇	1, 2, 3, 9-tetrahydro-5-methoxypyrrolo [2, 1-b] quinazolin-3-ol
1′, 2′, 3′, 4′-四氢-5′-脱氧欧省沽油碱	1′, 2′, 3′, 4′-tetrahydro-5′-deoxypinnatanine
四氢-β-咔啉	tetrahydro-β-carboline
1, 2, 3, 4-四氢-β-咔啉-3-甲酸	1, 2, 3, 4-tetrahydro-β-carbolin-3-carboxylic acid
(3S)-1, 2, 3, 4-四氢-β-咔啉-3-甲酸	(3S)-1, 2, 3, 4-tetrahydro-β-carbolin-3-carboxylic acid
2, 3, 4, 5-四氢吖辛因	2, 3, 4, 5-tetrahydroazocine
四氢吡咯-2-酮	tetrahydropyrrol-2-one

9-(四氢吡喃-2-基)-壬-反式-, 反式-2, 8-二烯-4, 6-二炔-1-醇	9-(tetrahydropyran-2-yl)-non-*trans*, *trans*-2, 8-dien-4, 6-diyn-1-ol
9-(2-四氢吡喃氧基) 壬醛	9-(2-tetrahydropyranyloxy) nonanal
四氢表小檗碱 (青风藤亭)	tetrahydroepiberberine (sinactine)
2′, 3, 4, 4′-四氢查耳酮	2′, 3, 4, 4′-tetrahydrochalcone
四氢次大麻酚	tetrahydrocannabivarin
四氢次大麻酚酸	tetrahydrocannabivarinic acid
四氢刺桐定碱 (四氢刺桐定)	tetrahydroerysodine
Δ^8-四氢大麻醇	Δ^8-tetrahydrocannabinol
Δ^9-四氢大麻醇	Δ^9-tetrahydrocannabinol
Δ^1-四氢大麻酚	Δ^1-tetrahydrocannabinol
四氢大麻酚	tetrahydrocannabinol
9-四氢大麻酚甲酸 (1-四氢大麻酚酸 A)	9-tetrahydrocannabinolcarboxylic acid (1-tetrahydrocannabinolic acid A)
四氢大麻酚酸 A	tetrahydrocannabinolic acid A
1-四氢大麻酚酸 A (9-四氢大麻酚甲酸)	1-tetrahydrocannabinolic acid A (9-tetrahydrocannabinolcarboxylic acid)
Δ^1-四氢大麻酚酸 B	Δ^1-tetrahydrocannabinolic acid B
Δ^9-四氢大麻洛酚	Δ^9-tetrahydrocannabivarol
四氢大麻三酚大麻二酚甲酸酯	tetrahydrocannabitriol cannabidiol carboxylic acid ester
Δ^2-四氢大麻酸	Δ^2-tetrahydrocannabinolic acid
Δ^9-四氢大麻苔黑酚	Δ^9-tetrahydrocannabiorcol
1, 2, 15, 16-四氢丹参醌	1, 2, 15, 16-tetrahydrotanshiquinone
1, 2, 5, 6-四氢丹参酮 I	1, 2, 5, 6-tetrahydrotanshinone I
四氢单紫杉烯	tetrahydroaplotaxene
四氢当药醇苷 (四氢獐牙菜酚素)	tetrahydroswertianolin
17α-四氢东非马钱次碱	17α-tetrahydrousambarensine
17β-四氢东非马钱次碱	17β-tetrahydrousambarensine
四氢堆心菊灵	tetrahydrohelenalin
四氢多裂蟹甲草林酮	tetrahydromaturinone
四氢芳樟醇 (四氢里哪醇)	tetrahydrolinalool
四氢非洲防己碱 (异紫堇杷明碱、四氢非洲防己胺)	tetrahydrocolumbamine (isocorypalmine)
四氢呋喃	tetrahydrofuran
四氢呋喃-2, 5-二酮	tetrahydrofuran-2, 5-dione
四氢呋喃-2-酮	tetrahydrofuran-2-one
四氢古巴醇	tetrahydrocopalol
四氢哈尔醇	tetrahydroharmol
四氢哈尔满 (胡颓子碱、四氢骆驼蓬满碱)	tetrahydroharman (eleagnine)
四氢哈尔明碱 (细茜花碱)	tetrahydroharmine (leptaflorine)
四氢厚朴酚 (四氢木兰醇)	tetrahydromagnolol

四氢胡椒碱	tetrahydropiperine
四氢胡椒酸	tetrahydropiperic acid
四氢花椒酰胺醇 [(2*E*, 4*E*)-2′-羟基-*N*-异丁基-2, 4-十四碳二烯酰胺]	tetrahydrobungeanool [(2*E*, 4*E*)-2′-hydroxy-*N*-isobutyl-2, 4-tetradecadienamide]
四氢化萘	tetralin
DL-四氢黄连碱	DL-tetrahydrocoptisine
l-四氢黄连碱	l-tetrahydrocoptisine
(−)-四氢黄连碱	(−)-tetrahydrocoptisine
四氢黄连碱 (金罂粟碱、刺罂粟碱)	tetrahydrocoptisine (stylopine)
四氢姜黄素	tetrahydrocurcumin
(−)-1, 2, 3, 4-四氢疆罂粟哈尔明	(−)-1, 2, 3, 4-tetrahydroroeharmine
四氢糠醇乙酸酯	tetrahydrofurfuryl acetate
四氢刻叶紫堇明碱 (四氢紫堇萨明、紫堇新碱)	tetrahydrocorysamine
四氢蓝花楹酮	tetrahydrojacaranone
四氢里哪醇乙酸酯	tetrahydrolinalyol acetate
四氢猕猴桃内酯	tetrahydroactinidiolide
α-四氢没药烯-2, 5, 6-三醇	α-tetrahydrobisabolen-2, 5, 6-triol
1, 2, 3, 4-四氢萘	1, 2, 3, 4-tetrahydronaphthalene
1, 2, 3, 4-四氢萘-1-过氧醇	1, 2, 3, 4-tetrahydronaphthalene-1-peroxol
1, 2, 3, 4-四氢萘-1-基氢过氧化物	1, 2, 3, 4-tetrahydronaphth-1-yl hydroperoxide
1, 2, 3, 4-四氢萘-1-酮	1, 2, 3, 4-tetrahydronaphthalene-1-one
N-(5, 6, 7, 8-四氢萘-2-基) 萘-2-胺	*N*-(5, 6, 7, 8-tetrahydronaphthalen-2-yl) naphthalen-2-amine
(4*R*)-1-四氢萘酮	(4*R*)-1-tetralone
(4*S*)-1-四氢萘酮	(4*S*)-1-tetralone
(3*S*, 4*R*, 5*S*, 8*R*, 10*R*)-四氢佩雷斯菊酮	(3*S*, 4*R*, 5*S*, 8*R*, 10*R*)-tetrahydroperezinone
四氢皮质酮	tertrahydrocortisone
四氢皮质甾酮	tetrahydrocorticosterone
(−)-四氢千金藤宾	(−)-tetrahydrostephabine
四氢噻吩	tetrahydrothiophene
四氢赛卡明	tetrahydrosecamine
四氢生物蝶呤	tetrahydrobiopterin
四氢斯氏紫堇碱	tetradehydroscoulerine
(2*S*, 2″*S*)-四氢穗花杉双黄酮	(2*S*, 2″*S*)-tetrahydroamentoflavone
四氢穗花杉双黄酮 (四氢阿曼托黄酮)	tetrahydroamentoflavone
(2*S*, 2″*S*)-2, 3, 2″, 3″-四氢穗花杉双黄酮-4′-甲醚	(2*S*, 2″*S*)-2, 3, 2″, 3″-tetrahydroamentoflavone-4′-methyl ether
四氢莎草醌	tetrahydrocyperaquinone
3α, 5α-四氢脱氧心叶水团花碱内酰胺	3α, 5α-tetrahydrodeoxycordifoline lactam
四氢香叶基丙酮	tetrahydrogeranyl acetone

(+)-四氢小檗红碱 (南天竹碱)	(+)-tetrahydroberberrubine (nandinine)
四氢小檗碱 (加拿大白毛茛碱、氢化小檗碱、白毛茛定、坎那定)	tetrahydroberberine (canadine, xanthopuccine)
四氢小檗宁	tetrahydroshobakunine
四氢新槐胺碱	tetrahydroneosophoramine
四氢鸭脚木碱 (3α-3, 4, 5, 6-四氢鸭脚木碱)	tetrahydroalstonine (3α-3, 4, 5, 6-tetrahydroalstonine)
1, 2, 5, 6-四氢烟酸 (去甲槟榔次碱、1, 2, 5, 6-四氢-3-吡啶甲酸)	1, 2, 5, 6-tetrahydronicotinic acid (guvacine, 1, 2, 5, 6-tetrahydro-3-pyridine carboxylic acid, demethylarecaidine, demethyl arecaine)
1, 2, 3, 4-四氢氧亚基-β-咔啉	1, 2, 3, 4-tetrahydro-oxo-β-carboline
D-四氢药根碱	D-tetrahydrojatrorrhizine
四氢药根碱	tetrahydrojatrorrhizine
四氢叶酸	tetrahydrofolic acid
四氢异噁唑	tetrahydroisoxazole
四氢异喷瓜苦素	tetrahydroisoelatericin
四氢原小檗碱	tetrahydroprotoberberine
D-四氢掌叶防己碱 (D-四氢巴马亭、D-四氢巴马汀)	D-tetrahydropalmatine
L-四氢掌叶防己碱 (L-四氢巴马亭)	L-tetrahydropalmatine
(S)-四氢掌叶防己碱 [(S)-四氢巴马亭]	(S)-tetrahydropalmatine
(−)-四氢掌叶防己碱 [(−)-四氢巴马亭、(−)-延胡索乙素]	(−)-tetrahydropalmatine [caseanine, (−)-corydalis B, hyndarine]
(+)-四氢掌叶防己碱 [(+)-四氢巴马亭]	(+)-tetrahydropalmatine
4β, 15, 11α, 13-四氢中美菊素 C	4β, 15, 11α, 13-tetrahydrozaluanin C
24, 25, 26, 27-四去甲阿朴绿玉树阿朴甘遂-1α, 6α, 12α-三乙酰氧基-3α, 7α-二羟基-28-醛-14, 20, 22-三烯-21, 23-环氧	24, 25, 26, 27-tetranorapotirucalla-apoeupha-1α, 6α, 12α-triacetoxy-3α, 7α-dihydroxy-28-aldehyde-14, 20, 22-trien-21, 23-epoxy
24, 25, 26, 27-四去甲阿朴绿玉树阿朴甘遂-1α-惕各酰氧基-3α, 7α-二羟基-12α-乙酰氧基-14, 20, 22-三烯-21, 23-环氧-6, 28-环氧	24, 25, 26, 27-tetranorapotirucalla-apoeupha-1α-tigloyloxy-3α, 7α-dihydroxy-12α-acetoxy-14, 20, 22-trien-21, 23-epoxy-6, 28-epoxy
13, 14, 15, 16-四去甲半日花-8 (17)-烯-11-醛	13, 14, 15, 16-tetranorlabd-8 (17)-en-11-al
13, 14, 15, 16-四去甲半日花-8-烯-12-醛	13, 14, 15, 16-tetranorlabd-8-en-12-al
四砷氮烷	tetraarsazane
四神经内酯素 (四脉银胶菊素) A～E	tetraneurins A～E
四十八烷	octatetracontane
四十醇棕榈酸酯	tetracontanyl palmitate
四十三烷	tritetracontane
四十四酸甲酯	methyl tetratetracontanoate
四十四烷	tetratetracontane
四十烷	tetracontane
四十五酸	pentatetracontanoic acid
1-四十一醇	1-hentetracontanol

3, 3′, 5, 5′- 四叔丁基 -2, 2′- 二羟基联苯	3, 3′, 5, 5′-tetratertbutyl-2, 2′-dihydroxydiphenyl
四数鸡骨常山碱	quaternine
17, 4′, 5′, 6′- 四脱氢 -3α- 莱氏金鸡勒碱 (17, 4′, 5′, 6′- 四脱氢 -3α- 金鸡纳叶碱)	17, 4′, 5′, 6′-tetradehydro-3α-cinchophylline
7, 8, 12, 14- 四脱氢 -5α, 6, 12, 13α- 四氢 -3β, 13, 23β- 三羟基藜芦烷 -6- 酮	7, 8, 12, 14-tetradehydro-5α, 6, 12, 13α-tetrahydro-3β, 13, 23β-trihydroxyveratraman-6-one
7, 8, 12, 14- 四脱氢 -5α, 6, 12, 13α- 四氢 -3β, 23β- 二羟基藜芦烷 -6- 酮	7, 8, 12, 14-tetradehydro-5α, 6, 12, 13α-tetrahydro-3β, 23β-dihydroxyveratraman-6-one
3, 4, 5, 6- 四脱氢长花马钱苷	3, 4, 5, 6-tetradehydrodolichantoside
22, 23, 24, 25- 四脱氢单枝稻花素	22, 23, 24, 25-tetradehydrosimplexin
四脱氢华紫堇碱 (格陵兰黄连碱、格兰地新、四脱氢碎叶紫堇碱)	tetradehydrocheilanthifoline (groenlandicine)
8, 9, 11, 14- 四脱氢柯桠树烯 -5α- 醇	8, 9, 11, 14-tetradehydrovouacapen-5α-ol
14, 15, 16, 17- 四脱氢藜芦 -3β, 23β- 二醇	14, 15, 16, 17-tetradehydro veratraman-3β, 23β-diol
1, 2, 9, 10- 四脱氢马兜铃烷	1, 2, 9, 10-tetradehydroaristolane
四脱氢马兜铃烷	tetradehydroaristolane
四脱氢马兜铃烷 -2- 酮	tetradehydroaristolane-2-one
1, 8, 9, 10- 四脱氢马兜铃烷 -2- 酮	1, 8, 9, 10-tetradehydroaristolan-2-one
四脱氢土木香烷	tetradehydroaristollane
四唾液酰基神经节四糖神经酰胺	tetrasialosyl gangliotetraosyl ceramide
四烯醇素	tetrenolin
四烯菌素	tetrin
四锡氧烷	tetrastannoxane
四氧代柠檬胆酸	tetraoxycitricolic acid
四氧化三铅	lead tetroxide (trilead tetroxide)
四氧化三铅	trilead tetroxide (lead tetroxide)
四氧化三铁	ferrosoferric oxide
四氧嘧啶	alloxane
1, 3, 5, 7, 2, 4, 6, 8- 四氧四锗环辛烷	1, 3, 5, 7, 2, 4, 6, 8-tetraoxatetragermoctane
1, 3, 6, 8- 四氧亚基 -1, 2, 3, 6, 7, 8- 六氢芘 -2- 甲酸	1, 3, 6, 8-tetraoxo-1, 2, 3, 6, 7, 8-hexahydropyrene-2-carboxylic acid
13, 15, 28, 29- 四氧杂 -14- 硅杂五螺 [5.0.57.1.1.516.0.522.114.16] 二十九烷	13, 15, 28, 29-tetraoxa-14-silapentaspiro [5.0.57.1.1.516.0.522.114.16] nonacosane
1, 4, 8, 11- 四氧杂环十四烷	1, 4, 8, 11-tetraoxacyclotetradecane
1, 3, 5, 7- 四氧杂环辛烷	1, 3, 5, 7-tetraoxaoctane
5, 6, 16, 17- 四氧杂六螺 [2.0.2.0.2^8.2.2^{13}.0^7.2^4.0.2^{18}.2^3] 二十二烷	5, 6, 16, 17-tetraoxahexaspiro [2.0.2.0.2^8.2.2^{13}.0^7.2^4.0.2^{18}.2^3] docosane
2, 4, 7, 10- 四氧杂十一烷	2, 4, 7, 10-tetraoxaundecane
2, 4, 8, 10- 四氧杂十一烷	2, 4, 8, 10-tetraoxaundecane
(5R, 6R)-1, 6, 9, 13- 四氧杂双螺 [4.2.4.2] 十四碳 -2, 10- 二酮	(5R, 6R)-1, 6, 9, 13-tetraoxadispiro [4.2.4.2] tetradec-2, 10-dione

四叶萝芙灵 (四叶萝芙木林碱)	tetraphylline
四叶萝芙木碱 A～E	rauvotetraphyllines A～E
(+)-四叶萝芙新碱 [(+)-四叶萝芙木辛碱]	(+)-tetraphyllicine
四叶萝芙新碱 (四叶萝芙辛、四叶萝芙木辛碱)	tetraphyllicine
四乙酰车叶草苷	asperuloside tetraacetate
四乙酰基巴西灵	tetraacetyl brazilin
四乙酰开环番木鳖苷 (四乙酰断马钱子苷)	secologanoside
四乙酰开环番木鳖苷 -7- 甲酯	secologanoside-7-methyl ester
6-(1′, 2′, 5′, 6′- 四乙酰氧 -3- 庚烯基)-5, 6- 二氢 -2H- 吡喃 -2- 酮	6-(1′, 2′, 5′, 6′-tetracetoxy-3-heptenyl)-5, 6-dihydro-2H-pyran-2-one
5α, 6β, 7β, 8α- 四乙酰氧基 -2-[2-(4′- 甲氧苯基) 乙基]-5, 6, 7, 8- 四氢色原酮	5α, 6β, 7β, 8α-tetraacetoxy-2-[2-(4′-methoxyphenyl)ethyl]-5, 6, 7, 8-tetrahydro-chromone
1α, 2α, 6β, 12- 四乙酰氧基 -8α, 9β- 二呋喃甲酰氧基 -4β- 羟基 -β- 二氢沉香呋喃	1α, 2α, 6β, 12-tetraacetoxy-8α, 9β-difuroyloxy-4β-hydroxy-β-dihydroagarofuran
1β, 2β, 5α, 11- 四乙酰氧基 -8α- 苯甲酰基 -4α- 羟基 -7β- 烟碱酰基二氢沉香呋喃	1β, 2β, 5α, 11-tetraacetoxy-8α-benzoyl-4α-hydroxy-7β-nicotinoyl dihydroagarofuran
1α, 2α, 6β, 13- 四乙酰氧基 -8α- 异丁酰氧基 -9β- 糠酰氧基 -4β- 羟基 -β- 二氢沉香呋喃	1α, 2α, 6β, 13-tetraacetoxy-8α-isobutyryloxy-9β-furoyloxy-4β-hydroxy-β-dihydroagarofuan
1α, 6β, 8α, 13- 四乙酰氧基 -9α- 苯甲酰氧基 -2α- 羟基 -β- 二氢沉香呋喃	1α, 6β, 8α, 13-tetraacetoxy-9α-benzoyloxy-2α-hydroxy-β-dihydroagarofuran
1α, 6β, 8β, 15- 四乙酰氧基 -9α- 苯甲酰氧基 -4β- 羟基 -β- 二氢沉香呋喃	1α, 6β, 8β, 15-tetraacetoxy-9α-benzoyloxy-4β-hydroxy-β-dihydroagarofuran
1β, 2β, 6α, 12- 四乙酰氧基 -9α- 苯甲酰氧基 -β- 二氢沉香呋喃	1β, 2β, 6α, 12-tetraacetoxy-9α-benzoyloxy-β-dihydroagarofuran
1β, 2β, 6α, 12α- 四乙酰氧基 -9α- 苯甲酰氧基 -β- 二氢沉香呋喃	1β, 2β, 6α, 12α-tetraacetoxy-9α-benzoyloxy-β-dihydro-agarofuran
1β, 2β, 6α, 8β- 四乙酰氧基 -9β- 苯甲酰氧基 -12- 异丁酰氧基 -4α- 羟基 -β- 二氢沉香呋喃	1β, 2β, 6α, 8β-tetraacetoxy-9β-benzoyloxy-12-isobutanoyloxy-4α-hydroxy-β-dihydroagarofuran
1β, 2β, 8α, 12- 四乙酰氧基 -9β- 苯甲酰氧基 -β- 二氢沉香呋喃	1β, 2β, 8α, 12-tetraacetoxy-9β-benzoyloxy-β-dihydroagarofuran
1, 6, 8, 12- 四乙酰氧基 -9- 苯甲酰氧基 -β- 二氢沉香呋喃	1, 6, 8, 12-tetraacetoxy-9-benzoyloxy-β-dihydroagarofuran
松柏醇 (四羟基异丁香酚)	coniferol (coniferyl alcohol, 4-hydroxyisoeugenol)
松柏醇 (四羟基异丁香酚)	coniferyl alcohol (coniferol, 4-hydroxyisoeugenol)
松柏醇 -4-O-[6-O-(4-O-β-D- 吡喃葡萄糖基) 香草酰基]-β-D- 吡喃葡萄糖苷	coniferyl alcohol-4-O-[6-O-(4-O-β-D-glucopyranosyl)vanilloyl]-β-D-glucopyranoside
松柏醇 -9-O-[β-D- 呋喃芹糖基 (1→6)]-O-β-D- 吡喃葡萄糖苷	coniferyl-9-O-[β-D-apiofuranosyl-(1→6)]-O-β-D-glucopyranoside
松柏醇苯甲酸酯	coniferyl benzoate
松柏醇二当归酸酯	coniferyl diangelate
松柏苷 (松香亭烯、臭冷杉苷)	coniferin (abietin, coniferoside, laricin)
松柏诺苷	coniferinoside
松柏醛 (阿魏醛)	coniferaldehyde (coniferyl aldehyde, ferulaldehyde)

S

松柏醛 (阿魏醛)	coniferyl aldehyde (ferulaldehyde, coniferaldehyde)
松柏醛-4-*O*-β-D-吡喃葡萄糖苷	coniferyl aldehyde-4-*O*-β-D-glucopyranoside
松柏醛葡萄糖苷	coniferaldehyde glucoside
松贝甲素	songbeinine
松贝素甲	sonpeimine
松贝辛	songbeisine
松弛肽	relaxin
D-松醇	D-pinitol
(+)-松醇	(+)-pinitol
松醇 [3-*O*-甲基-(+) 手性肌醇]	pinitol [sennite, sennitol, 3-*O*-methyl-(+)-*chiro*-inositol]
松二糖 (土冉糖)	turanose
松橄榄酸 A～H	cryptoporic acids A～H
松果菊苷 (紫锥花苷、海胆苷)	echinacoside
松果藏红花苷 (果素-6′-*O*-藏红花酰基-1″-*O*-β-D-葡萄糖酯苷)	mangicrocin
松蒿苷	phtheirospermoside
1, 8-松节油脑 (1, 8-松脂脑)	1, 8-turpentine camphor
松金娘烷醇	myrtanal
松里汀	pinidine
松林胡桐屾酮	pinetoxanthone
松苓酸	pinicolic acid
松萝酸	usnic acid
松萝剔酸	usnetic acid
松萝酮	usone
松脑	pine camphor
松欧伯醇 (欧洲赤松皮醇)	pinobatol
松潘棱子芹苷 I ～Ⅳ	pleurofranosides Ⅰ ～Ⅳ
松潘乌头碱	sungpanconitine
松皮烯二醇	pinusenediol
松球壳孢呋喃酮 B	sapinofuranone B
松茸醇 (松蕈醇、3-羟基-1-辛烯、1-辛烯-3-醇)	matsutake alcohol (matsutakeol, 1-octen-3-ol)
D-松三糖	D-melezitose
松三糖	melezitose
松三糖酶	melezitase
松散鱼腥藻素 A、B、B₂、B₃	laxaphycins A, B, B₂, B₃
松杉灵芝酸 A～C	tsugaric acids A～C
松属素苷 (瑞士五针松苷)	pinocembroside
(*R*)-松树素葡萄糖苷 [(*R*)-松脂酚葡萄糖苷]	(*R*)-pinoresinol glucoside
松下兰苷 (白株树素、冬绿苷)	monotropitin (monotropitoside, gaultherin)
松下兰苷 (冬绿苷、白株树素)	monotropitoside (gaultherin, monotropitin)

松香 (松树脂)	rosin
松香-13, 8'-二烯	abiet-13, 8'-diene
(−)-松香 -7, 13 (14)-二烯 -18-酸	(−)-abieta-7, 13 (14)-dien-18-oic acid
松香-8 (14)-烯 -7α, 12α, 13β, 18-四醇	abiet-8 (14)-en-7α, 12α, 13β, 18-tetraol
松香-8 (14)-烯 -7α, 13β, 15, 18-四醇	abiet-8 (14)-en-7α, 13β, 15, 18-tetraol
松香-8, 11, 13, 15-四烯 -18-醇	abiet-8, 11, 13, 15-tetraen-18-ol
松香-8, 11, 13, 15-四烯 -18-酸	abiet-8, 11, 13, 15-tetraen-18-oic acid
松香-8, 11, 13-三烯	abiet-8, 11, 13-triene
松香-8, 11, 13-三烯 -7α, 15, 18-三醇	abiet-8, 11, 13-trien-7α, 15, 18-triol
松香-8, 11, 13-三烯 -7-酮	abiet-8, 11, 13-trien-7-one
松香 8, 12-二烯 -11, 14-二酮	abiet-8, 12-dien-11, 14-dione
松香胺	abietylamine
松香草苷 (罗盘草苷) A～G	silphiosides A～G
松香二烯	abietdiene
L-松香芹醇	L-pinocarveol
松香芹醇	pinocarveol
松香芹醇 -β-D-吡喃葡萄糖苷	pinocarveol-β-D-glucopyranoside
松香芹酮 (松油酮)	pinocarvone
松香三烯	abiettriene
8, 11, 13-松香三烯 -18-酸	8, 11, 13-abietatrien-18-oic acid
松香三烯 -3β-醇	abiettrien-3β-ol
松香四烯 -11, 12-二酮	abiettetraen-11, 12-dione
松香酸 (枞酸)	abietic acid (sylvic acid)
松香酸酐	abietic anhydride
松香酸甲酯	methyl abietate
松香酸铜	copper abietate
松香亭烯 (臭冷杉苷、松柏苷、冷杉亭)	abietin (coniferin, coniferoside, laricin)
松香烷	abietane
8, 11, 13, 15-松香烷四烯 -18-酸	8, 11, 13, 15-abietatetraen-18-oic acid
松香紫萼香茶菜亭	abieforrestin
松小蠹酮	lanierone
松蕈醇 (松茸醇、3-羟基-1-辛烯、1-辛烯-3-醇)	matsutakeol (matsutake alcohol, 1-octen-3-ol)
松蕈酸 (落叶松蕈酸)	agaric acid (agaricic acid)
松叶菊碱	mesembrine
松叶菊萜酸 (日中花仙人棒酸、日中花仙人棒精酸)	mesembryanthemoidigenic acid
松叶菊酮碱	mesembrenone
松叶蕨苷	psilotin
松叶蕨酸	psilotic acid
(R)-α-松油 -β-D-吡喃葡萄糖苷	(R)-α-terpinyl-β-D-glucopyranoside
D-α-松油醇	D-α-terpineol

S

1, 6- 松油醇	1, 6-terpineol
(−)-α- 松油醇	(−)-α-terpineol
1α- 松油醇	1α-terpineol
4- 松油醇	4-carvomenthenol
τ- 松油醇	τ-terpineol
1- 松油醇	1-terpineol
Δ- 松油醇	Δ-terpineol
4- 松油醇 (4- 萜品醇)	4-terpineol
β- 松油醇 (β- 萜品醇)	β-terpineol
γ- 松油醇 (γ- 萜品醇)	γ-terpineol
松油醇 (萜品醇)	terpineol
(+)-α- 松油醇 [(+)-α- 萜品醇]	(+)-α-terpineol
(4ξ)-α- 松油醇 -8-O-[α-L- 吡喃阿拉伯糖基 -(1→6)- β-D- 吡喃葡萄糖苷]	(4ξ)-α-terpineol-8-O-[α-L-arabinopyranosyl-(1→6)-β-D-glucopyranoside]
(4R)-α- 松油醇 -8-O-β-D-(6-O- 没食子酰基) 吡喃葡萄糖苷	(4R)-α-terpineol-8-O-β-D-(6-O-galloyl) glucopyranoside
(4S)-α- 松油醇 -8-O-β-D-(6-O- 没食子酰基) 吡喃葡萄糖苷	(4S)-α-terpineol-8-O-β-D-(6-O-galloyl) glucopyranoside
α- 松油醇 -8-β-D- 吡喃葡萄糖苷	α-terpineol-8-β-D-glucopyranoside
D-α- 松油醇 -β-D- 吡喃葡萄糖苷 -3, 4- 二当归酸酯	D-α-terpineol-β-D-glucopyranoside-3, 4-diangelicate
4- 松油醇乙酸酯	4-terpinyl acetate
松油醇乙酸酯	terpinyl acetate
α- 松油醇乙酸酯	α-terpineyl acetate
α- 松油醇乙酸酯	α-terpinyl acetate
β- 松油醇乙酸酯	β-terpinyl acetate
γ- 松油二醇	γ-menthanediol
1, 8-p- 松油二醇 (萜二醇、1, 8- 萜烯二醇、双戊二醇)	1, 8-p-menthanediol (terpin, 1, 8-terpenediol, dipenteneglycol)
β- 松油烯	β-terpinene
Δ- 松油烯	Δ-terpinene
τ- 松油烯	τ-terpinene
α- 松油烯 (α- 萜品烯)	α-terpinene
γ- 松油烯 (γ- 萜品烯)	γ-terpinene
松油烯 (萜品烯)	terpinene
1- 松油烯 -4- 醇	1-terpinen-4-ol
1- 松油烯 -5- 醇	1-terpinen-5-ol
松油烯醇	terpinenol
4- 松油烯醇 (4- 萜品烯醇)	4-terpinenol
4- 松油烯醇乙酸酯	4-terpinenyl acetate
松藻醇 (脱皮松藻醇)	decortinol
松藻酮 (脱皮松藻酮)	decortinone

松樟酮 (松茨酮、蒎茨酮、松蒎酮)	pinocamphone
松针苷 (辛辣云杉素)	pungenin
松脂 (树脂)	colophony (resin)
D- 松脂素	D-pinoresinol
(±)- 松脂素	(±)-pinoresinol
松脂素 (松脂酚、松脂醇)	pinoresinol
(–)- 松脂素 [(–)- 松脂醇、(–)- 松脂酚]	(–)-pinoresinol
(+)- 松脂素 [(+)- 松脂醇、(+)- 松脂酚、(+)- 松树脂醇]	(+)-pinoresinol
(+)- 松脂素 -3, 3- 二甲烯丙基醚	(+)-pinoresinol-3, 3-dimethyl allyl ether
(+)- 松脂素 -3- 羟基 -4- 甲基 -4- 戊烯基醚	(+)-pinoresinol-3-hydroxy-4-methyl-4-pentenyl ether
松脂素 -4″-*O*-β-D- 吡喃葡萄糖苷	pinoresinol-4″-*O*-β-D-glucopyranoside
(+)- 松脂素 -4, 4′-*O*- 二 -β-D- 吡喃葡萄糖苷	(+)-pinoresinol-4, 4′-*O*-bis-β-D-glucopyranoside
(–)- 松脂素 -4, 4′- 二 -*O*-β-D- 吡喃葡萄糖苷	(–)-pinoresinol-4, 4′-di-*O*-β-D-glucopyranoside
松脂素 -4, 4′- 二 -*O*-β-D- 吡喃葡萄糖苷	pinoresinol-4, 4′-di-*O*-β-D-glucopyranoside
(+)- 松脂素 -4″-*O*-β-D- 吡喃葡萄糖苷	(+)-pinoresinol-4″-*O*-β-D-glucopyranoside
(±)- 松脂素 -4′-*O*-β-D- 吡喃葡萄糖苷	(±)-pinoresinol-4′-*O*-β-D-glucopyranoside
(+)- 松脂素 -4-*O*-β-D- 吡喃葡萄糖苷	(+)-pinoresinol-4-*O*-β-D-glucopyranoside
松脂素 -4-*O*-β-D- 吡喃葡萄糖苷	pinoresinol-4-*O*-β-D-glucopyranoside
(+)- 松脂素 -4′-*O*-β-D- 葡萄糖苷	(+)-pinoresinol-4′-*O*-β-D-glucoside
松脂素 -4′-*O*-β-D- 葡萄糖苷	pinoresinol-4′-*O*-β-D-glucoside
(–)- 松脂素 -4-*O*-β-D- 葡萄糖苷	(–)-pinoresinol-4-*O*-β-D-glucoside
(+)- 松脂素 -4-*O*-β-D- 葡萄糖苷	(+)-pinoresinol-4-*O*-β-D-glucoside
松脂素 -4-*O*-β-D- 葡萄糖苷	pinoresinol-4-*O*-β-D-glucoside
松脂素 -4-*O*-β-D- 芹糖基 -(1→2)-β-D- 吡喃葡萄糖苷	pinoresinol-4-*O*-β-D-apiosyl-(1→2)-β-D-glucopyranoside
松脂素 -4-*O*- 芸香糖苷	pinoresinol-4-*O*-rutinoside
(+)- 松脂素 -4′-*O*-β-D- 吡喃葡萄糖苷	(+)-pinoresinol-4′-*O*-β-D-glucopyranoside
(+)- 松脂素 -*O*-β-D- 吡喃葡萄糖基 -(1→6)-β-D- 吡喃葡萄糖苷	(+)-pinoresinol-*O*-β-D-glucopyranosyl-(1→6)-β-D-glucopyranoside
(+)- 松脂素单甲醚	(+)-pinoresinol monomethyl ether
松脂素单甲醚	pinoresinol monomethyl ether
(+)- 松脂素单甲醚 -β-D- 葡萄糖苷	(+)-pinoresinol monomethyl ether-β-D-glucoside
(–)- 松脂素 - 二 -3, 3- 二甲烯丙基醚	(–)-pinoresinol-di-3, 3-dimethyl allyl ether
松脂素 - 二 -3, 3- 二甲烯丙基醚	pinoresinol-di-3, 3-dimethyl allyl ether
(+)- 松脂素 - 二 -3, 3- 二甲烯丙基醚	(+)-pinoresinol-di-3, 3-dimethyl allyl ether
松脂素 - 二 -*O*-β-D- 吡喃葡萄糖苷	pinoresinol-di-*O*-β-D-glucopyranoside
(+)- 松脂素 - 二 -*O*-β-D- 吡喃葡萄糖苷	(+)-pinoresinol-di-*O*-β-D-glucopyranoside
(+)- 松脂素 - 二 -*O*-β-D- 葡萄糖苷	(+)-pinoresinol-di-*O*-β-D-glucoside
松脂素二甲醚	pinoresinol dimethyl ether
松脂素二葡萄糖苷 (松脂醇二葡萄糖苷)	pinoresinol diglucoside
松脂酸甲酯	methyl lanbertianate

S

松芪	pinostilbene
菘蓝苷 (大青素) A、B	isatans A, B
菘蓝抗毒素 (4-甲氧基-2, 3-吲哚二酮)	isalexin (4-methoxyindole-2, 3-dione)
菘蓝千里光碱	isatidine
菘蓝千里光裂碱 (倒千里光裂碱 N-氧化物)	isatinecine (retronecine N-oxide)
菘蓝酮	isaindigotone
宋果灵 (准噶尔乌头碱、一枝蒿庚素、华北乌头碱)	songorine (zongorine, bullatine G, napellonine)
嗖都茄苷 A	solasodoside A
溲疏醇	deutziol
溲疏苷	deutzioside
溲疏苷元	deutziogenin
α-溲疏苷元	α-deutziogenin
β-溲疏苷元	β-deutziogenin
D-苏阿糖	D-threose
DL-苏氨酸	DL-threonine
苏氨酸	threonine
L-苏氨酸 (羟丁氨酸)	L-threonine
苏巴毒素 A (稻花亚毒素 A、12-乙酰氧基赫雷毒素)	subtoxin A (12-acetyloxyhuratoxin)
苏北任酮	suberenon
苏达齐黄酮	sudachiflavone
苏打基亭 (苏打其亭、酢橘亭)	sudachitin
苏打基亭-7-葡萄糖苷	sudachitin-7-glucoside
苏打其因 A	sudachiin A
苏丹 I～IV	sudans I～IV
苏豆瓣绿酮 A～C	surinones A～C
苏戈岩苷	sugoroside
苏格兰蒿素	arscotin
苏合树烯	liquidene
苏合香树脂醇	storesinol
苏合香素 (桂皮酸桂皮醇酯)	styracin (cinnamyl cinnamate)
苏荠苧黄酮 (苏州荠苧黄酮)	moslosooflavone
苏克斯多芬 (苏氏狭缝芹素、北美前胡素)	suksdorfin (saxdorphin)
苏苦木碱 (阿卖随宁碱、11-羟基铁屎米-6-酮)	amarorine (11-hydroxycanthin-6-one)
苏苦木酮	soulameanone
苏拉湾海绵素	hyrtiosulawesin
苏里苷 (日本鼠李苷)	sorinin
苏里苷元	sorigenin
苏仑素 (长叶曼密苹果精) A～C	surangins A～C
苏门答腊萝芙木碱	rausutrine

苏门答腊萝芙木宁碱	rausutranine
苏门答腊紫杉醇 B	tasumatrol B
苏门树脂酸	sumaresinolic acid
苏木查耳酮	sappanchalcone
苏木醇 (苏木酚)	sappanol
苏木精 (苏木紫)	hematine (haematine, haematine crystal)
苏木苦素 J～P	calsalpins J～P
苏木宁碱 A～D	caesanines A～D
苏木素	hematoxylin (haematoxyllin)
苏木素	sappanin
苏木萜宁 A～S	phanginins A～S
苏木萜宁氧化物 A	phangininoxy A
苏木酮 A	sappanone A
苏木酮 B [3-(3′, 4′-二羟苄基)-3, 7-二羟基-4-色原烷酮]	sappanone B [3-(3′, 4′-dihydroxybenzyl)-3, 7-dihydroxychroman-4-one]
苏齐内酯	suchilactone
苏氏冬青苷 (苏基洛苷)	sugeroside
苏氏狭缝芹素 (苏克斯多芬、北美前胡素)	saxdorphin (suksdorfin)
苏式-(1, 5*E*, 11*E*)-十三碳三烯-7, 9-二炔-3, 4-二乙酸酯	*threo*-(1, 5*E*, 11*E*)-tridecatrien-7, 9-diyn-3, 4-diacetate
苏式-(7*R*, 8*R*)-1-(4-羟基-3-甲氧苯基)-2-{4-[(*E*)-3-羟基-1-丙烯基]-2-甲氧基苯氧基}-1, 3-丙二醇	*threo*-(7*R*, 8*R*)-1-(4-hydroxy-3-methoxyphenyl)-2-{4-[(*E*)-3-hydroxy-1-propenyl]-2-methoxyphenoxy}-1, 3-propanediol
苏式-(7*R*, 8*R*)-愈创木基甘油 -β-*O*-4′- 二氢松柏醚	*threo*-(7*R*, 8*R*)-guaiacyl glycerol-β-*O*-4′-dihydroconiferyl ether
苏式-(7*R*, 8*R*)-愈创木基甘油 -β-*O*-4′- 二氢松柏醚 -9′-*O*-β-D- 吡喃葡萄糖苷	*threo*-(7*R*, 8*R*)-guaiacyl glycerol-β-*O*-4′-dihydroconiferyl ether-9′-*O*-β-D-glucopyranoside
苏式-(7*R*, 8*R*)-愈创木基甘油 -β- 松柏醛醚	*threo*-(7*R*, 8*R*)-guaiacyl glycerol-β-coniferyl aldehyde ether
苏式-(8*S*)-7- 甲氧基丁香酚甘油酯	*threo*-(8*S*)-7-methoxysyringyl glyceride
(6, 7- 苏式)-3, 7- 二甲基辛 -1, 2, 6, 7- 四醇	(6, 7-*threo*)-3, 7-dimethyl oct-1, 2, 6, 7-tetraol
苏式-1-(4- 羟苯基)-1- 乙氧基-2, 3- 丙二醇	*threo*-1-(4-hydroxyphenyl)-1-ethoxy-2, 3-propanediol
苏式-1-(4- 羟苯 基)-2-{4-[2- 甲 酰 基 -(*E*)- 乙 烯 基]-2- 甲氧基苯氧基 } 丙 -1, 3- 二醇	*threo*-1-(4-hydroxyphenyl)-2-{4-[2-formyl-(*E*)-vinyl]-2-methoxyphenoxyl} prop-1, 3-diol
苏式-1-(4- 羟基 -3- 甲氧苯基)-1, 2, 3- 丙三醇	*threo*-1-(4-hydroxy-3-methoxyphenyl)-1, 2, 3-propanetriol
苏式-1-(4- 羟基 -3- 甲氧苯基)-2-[4-(3- 羟基丙基)-2- 甲氧基苯氧基]-1, 3- 丙二醇	*threo*-1-(4-hydroxy-3-methoxyphenyl)-2-[4-(3-hydroxypropyl)-2-methoxyphenoxy]-1, 3-propanediol
苏式-1-(4- 羟基 -3- 甲氧苯基)-2-{4-[(*E*)-3- 羟基-1- 丙烯基]-2- 甲氧基苯氧基}-1, 3- 丙二醇	*threo*-1-(4-hydroxy-3-methoxyphenyl)-2-{4-[(*E*)-3-hydroxy-1-propenyl]-2-methoxyphenoxy}-1, 3-propanediol
苏式-1′, 2′- 二羟基细辛脑	*threo*-1′, 2′-dihydroxyasarone

苏式 -1, 2- 双 -(4- 羟基 -3- 甲氧苯基)-1, 3- 丙二醇	*threo*-1, 2-bis-(4-hydroxy-3-methoxyphenyl)-1, 3-propanediol
苏式 -1- 苯基 -(4′- 羟基 -3′- 甲氧基)-2- 苯基 -(4″- 羟基 -3″- 甲氧基)-1, 3- 丙二醇	*threo*-1-phenyl-(4′-hydroxy-3′-methoxy)-2-phenyl-(4″-hydroxy-3″-methoxy)-1, 3-propanediol
苏式 -2, 3- 二 -(4- 羟基 -3- 甲氧苯基)-3- 甲氧基丙醇	*thero*-2, 3-bis-(4-hydroxy-3-methoxyphenyl)-3-methoxypropanol
苏式 -2, 3- 二 -(4- 羟基 -3- 甲氧苯基)-3- 乙氧基 -1- 丙醇	*thero*-2, 3-bis-(4-hydroxy-3-methoxyphenyl)-3-ethoxypropan-1-ol
8-O-(苏式 -2, 3- 二羟基 -3- 苯丙酰基) 哈巴苷	8-O-(*threo*-2, 3-dihydroxy-3-phenyl propionoyl) harpagide
苏式 -2, 3- 双 (4- 羟基 -3- 甲氧苯基)-3- 甲氧基丙醇	*threo*-2, 3-bis (4-hydroxy-3-methoxyphenyl)-3-methoxypropanol
苏式 -2, 3- 双 (4- 羟基 -3- 甲氧苯基)-3- 乙氧基丙醇	*threo*-2, 3-bis (4-hydroxy-3-methoxyphenyl)-3-ethoxypropan-1-ol
苏式 -3- 甲氧基 -5- 羟苯基丙三醇 -8-O-β-D- 吡喃葡萄糖苷	*threo*-3-methoxy-5-hydroxy-phenyl propanetriol-8-O-β-D-glucopyranoside
苏式 -3- 氯 -1-(4- 羟基 -3- 甲氧苯基) 丙 -1, 2- 二醇	*threo*-3-chloro-1-(4-hydroxy-3-methoxyphenyl) prop-1, 2-diol
(7R, 8R)- 苏式 -4, 7, 9, 9′- 四羟基 -3, 5, 2′- 三甲氧基 -8-O-4′- 新木脂素	(7R, 8R)-*threo*-4, 7, 9, 9′-tetrahydroxy-3, 5, 2′-trimethoxy-8-O-4′-neolignan
(−)-(7R, 8R)- 苏式 -4, 7, 9, 9′- 四羟基 -3, 5, 2′- 三甲氧基 -8-O-4′- 新木脂素 -7-O-β-D- 吡喃葡萄糖苷	(−)-(7R, 8R)-*threo*-4, 7, 9, 9′-tetrahydroxy-3, 5, 2′-trimethoxy-8-O-4′-neolignan-7-O-β-D-glucopyranoside
(7R, 8R)- 苏式 -4, 7, 9, 9′- 四羟基 -3- 甲氧基 -8-O-4′- 新木脂素 -3′-O-β-D- 吡喃葡萄糖苷	(7R, 8R)-*threo*-4, 7, 9, 9′-tetrahydroxy-3-methoxy-8-O-4′-neolignan-3′-O-β-D-glucopyranoside
(7R, 8R)- 苏式 -4, 7, 9- 三羟基 -3, 3′- 二甲氧基 -8-O-4′- 新木脂素	(7R, 8R)-*threo*-4, 7, 9-trihydroxy-3, 3′-dimethoxy-8-O-4′-neolignan
7, 8- 苏式 -4, 9, 9′- 三羟基 -3, 3′- 二甲氧基 -8-O-4′- 新木脂素	7, 8-*threo*-4, 9, 9′-trihydroxy-3, 3′-dimethoxy-8-O-4′-neolignan
(7S, 8S)- 苏式 -4, 9, 9′- 三羟基 -3, 3′- 二甲氧基 -8-O-4′- 新木脂素 -7-O-β-D- 吡喃葡萄糖苷	(7S, 8S)-*threo*-4, 9, 9′-trihydroxy-3, 3′-dimethoxy-8-O-4′-neolignan-7-O-β-D-glucopyranoside
苏式 -5- 羟基 -3, 7- 二甲氧基苯丙烷 -8, 9- 二醇	*threo*-5-hydroxy-3, 7-dimethoxyphenyl propane-8, 9-diol
苏式 -6- 氧亚基 -4′-(3- 甲氧基 -4- 羟基苯乙二醇 -8″)- 阿魏酰筋骨草醇	*threo*-6-oxo-4′-(3-methoxy-4-hydroxyphenyl glycol-8″)-feruloyl ajugol
(7R, 8R)- 苏式 -7, 9, 9′- 三羟基 -3, 3′- 二甲氧基 -8-O-4′- 新木脂素 -4-O-β-D- 吡喃葡萄糖苷	(7R, 8R)-*threo*-7, 9, 9′-trihydroxy-3, 3′-dimethoxy-8-O-4′-neolignan-4-O-β-D-glucopyranoside
苏式 -7′- 甲氧基鹊肾树木脂醇	*threo*-7′-methoxystrebluslignanol
苏式 - 长叶九里香内酯二醇	*threo*-murrangatin
苏式 - 丁香酚基甘油	*threo*-syringyl glycerol
苏式 - 二羟基脱氢二松柏醇	*threo*-dihydroxydehydrodiconiferyl alcohol
苏式 - 二氢脱氢二松柏醇 -4-O-β-D- 吡喃葡萄糖苷	*threo*-dihydrodehydrodiconiferyl alcohol-4-O-β-D-glucopyranoside
苏式 - 茴香脑乙二醇	*threo*-anethole glycol

苏式 - 木兰藤木脂素 -5	*threo*-austrobailignan-5
苏式 - 轻木卡罗木脂素 E～M	*threo*-carolignans E～M
(7′S, 8′S)- 苏式 - 鹊肾树醇 B	(7′S, 8′S)-*threo*-streblusol B
(7′R, 8′R)- 苏式 - 鹊肾树木脂醇	(7′R, 8′R)-*threo*-strebluslignanol
苏式 - 鹊肾树木脂醇	*threo*-strebluslignanol
(7′R, 8′R)- 苏式 - 鹊肾树木脂醇 -2-O-β-D- 吡喃葡萄糖苷	(7′R, 8′R)-*threo*-strebluslignanol-2-*O*-β-D-glucopyranoside
苏式 - 蜥尾草亭 A	*threo*-manassantin A
(7R, 7′R, 8S, 8′S, 7″S, 8″S)- 苏式 - 新橄榄树脂素 -4′-O-8- 愈创木基甘油醚	(7R, 7′R, 8S, 8′S, 7″S, 8″S)-threo-neoolivil-4′-*O*-8-guaiacyl glycerol ether
苏式 - 愈创木基甘油	*threo*-guaiacyl glycerol
(±)- 苏式 - 愈创木基甘油	(±)-*threo*-guaiacyl glycerol
苏式 - 愈创木基甘油 -8′-(4- 羟甲基 -2- 甲氧苯基) 乙醚	*threo*-guaiacyl glycerol-8′-(4-hydroxymethyl-2-methoxyphenyl) ether
苏式 - 愈创木基甘油 -8-O-4′- 芥子基醇醚	*threo*-guaiacyl glycerol-8-*O*-4′-sinapyl alcohol ether
苏式 - 愈创木基甘油 -8-O-4′- 松柏醇醚	*threo*-guaiacyl glycerol-8-*O*-4′-coniferyl alcohol ether
苏式 - 愈创木基甘油 -8-O-β-D- 吡喃葡萄糖苷	*threo*-guaiacyl glycerol-8-*O*-β-D-glucopyranoside
苏式 - 愈创木基甘油 -8′- 香草醛醚	*threo*-guaiacyl glycerol-8′-vanillin ether
苏式 - 愈创木基甘油 -8- 香草酸醚	*threo*-guaiacyl glycerol-8-vanillic acid ether
苏式 - 愈创木基甘油 -8′- 香荚兰酸醚	*threo*-guaiacyl glycerol-8′-vanillic acid ether
苏式 - 愈创木基甘油 -β-O-4′- 松柏醇	*threo*-guaiacyl glycerol-β-*O*-4′-coniferyl alcohol
苏式 - 愈创木基甘油 -β-O-4′- 松柏醚	*threo*-guaiacyl glycerol-β-*O*-4′-coniferyl ether
苏式 - 愈创木基甘油 -β- 松柏醛醚	*threo*-guaiacyl glycerol-β-coniferyl aldehyde ether
苏式 - 愈创木基乙氧基甘油 -β-O-4′- 松柏醛醚	*threo*-guaiacyl ethoxyglycerol-β-*O*-4′-coniferyl aldehyde ether
苏式 - 愈创木基乙氧基甘油 -β-O-4′- 愈创木基醛醚	*threo*-guaiacyl ethoxyglycerol-β-*O*-4′-guaiacyl aldehyde ether
D- 苏糖醇	D-threitol
苏糖酸	threonic acid
苏糖酸 -1, 4- 内酯	threono-1, 4-lactone
苏铁苷	cycasin
苏铁蕨苷	brainoside
苏铁蕨辛	brainicin
苏铁双黄酮	sotetsuflavone
D- 苏戊 -2- 酮糖 (D- 木酮糖)	D-*threo*-pent-2-ulose (D-xylulose)
素馨定	jasminidine
素馨二醇 (栀子诺二醇)	jasminodiol
素馨花苷	jasgranoside
素馨苦苷 (素馨素)	jasminin
素馨莫苷	jasmoside
素馨莫苷酸	jasmosidic acid

S

素馨内酯	jasmine lactone
素馨宁 (茉莉宁)	jasminine
素馨属苷 (素馨苷、栀素馨苷、栀子诺苷、10-肉桂酰氧基齐墩果苷-7-甲酯)	jasminoside (10-cinnarnoyloxyoleoside-7-methyl ester)
素馨属苷 (素馨苷、栀素馨苷、栀子诺苷) A～V	jasminosides A～V
素馨素 (素馨苦苷)	jasminin
素馨素-10″-*O*-β-D-吡喃葡萄糖苷	jasminin-10″-*O*-β-D-glucopyranoside
素馨酸酐	jasminanhydride
(−)-素馨酮内酯	(−)-jasmine ketolactone
宿苞豆酚	shuterol
宿苞豆素	shuterin
宿苞豆酮 A、B	shuterones A, B
宿苞石仙桃素	imbricatin
宿柱白蜡苷	stylosin
粟豆树苷元-3-*O*-[β-D-吡喃半乳糖基-(1→2)-β-D-吡喃葡萄糖醛酸苷]-28-*O*-β-D-吡喃葡萄糖苷	bayogenin-3-*O*-[β-D-galactopyranosyl-(1→2)-β-D-glucuronopyranoside]-28-*O*-β-D-glucopyranoside
粟米草精醇 A～D	mollugogenols A～D
粟米草素	mollupentin
β-粟素	β-setarin
α-粟素	α-setarin
粟籽豆碱 (卡斯坦斯明碱、栗籽豆精胺)	castanospermine
酸橙黄素	aruanetin
酸橙素烯醇 (酸橙内酯烯醇、橙皮油烯醇)	auraptenol
酸橙皂苷元	aurantigenin
酸花木碱 (毛叶含笑碱、氧亚基木瓣树碱)	oxoxylopine (lanuginosine)
酸浆苷 A	physaliside A
酸浆果红素 (玉米黄质二棕榈酸酯)	physalien (zeaxanthin dipalmitate)
酸浆环氧内酯 (酸浆萨内酯)	physalactone
酸浆黄质	physoxanthin
酸浆苦素 (酸浆苦味素) A～Z	physalins A～Z
酸浆苦味素 (酸浆苦素)	physalin
酸浆苦味素 F (酸浆苦素 F、5β, 6β-环氧酸浆苦素 B)	physalin F (5β, 6β-epoxyphysalin B)
酸浆林素 A、B	alkekengilins A, B
酸浆内酯 A～C	physalolactones A～C
酸浆内酯 B-3-*O*-β-D-吡喃葡萄糖苷	physalolactone B-3-*O*-β-D-glucopyranoside
酸浆诺苷 A、B	physanosides A, B
酸浆双古豆碱	phygrine
酸浆素	physalein
酸浆甾醇 (酸浆醇) A、B	physanols A, B
酸脚杆素 B	medinillin B

酸李碱 (枣辛碱)	zizyphusine
酸模酚苷	rumexoside
酸模酚苷 C	rumexoside C
酸模素	rumexin
酸模素 (尼泊尔羊蹄素、山菅兰定)	musizin (dianellidin)
酸模素 -8-*O*-β-D- 葡萄糖苷	musizin-8-*O*-β-D-glucoside
酸模酸	rumic acid
酸模酮	rumexone
酸模叶蓼当归酰氧查耳酮 (当归酰酸模叶蓼酮)	angelafolone
酸模叶蓼二氢查耳酮 (酸模叶蓼酮)	lapathone
酸模叶蓼苷 A～D	lapathosides A～D
酸模叶蓼异黄酮酚 (酸模叶蓼酚)	lapathinol
酸模叶蓼异戊酰氧查耳酮 (缬草酰酸模叶蓼酮)	valafolone
酸藤子醇	embelinol
酸藤子酚 (酸藤子酸、恩贝酸、信筒子醌、恩贝素)	embelin (embelic acid)
酸藤子酸 (恩贝酸、酸藤子酚、信筒子醌、恩贝素)	embelic acid (embelin)
酸藤子酮	embelinone
酸藤子酰胺	embelamide
酸小尾孢霉素	acetosellin
酸性蓖麻毒蛋白	acidic ricin
酸性多糖	acidic polysaccharide
酸性红	acid red
酸性磷酸酶	acid phosphatase
酸性品红	acid fuchsine (acid magenta, acid rubine, acid roseine)
酸性杂多聚糖 AC、BC	acidic heteroglycans AC, BC
酸叶胶藤醇 A～C	ecdysantherols A～C
酸叶胶藤醇 A～F	ecdysanols A～F
酸叶胶藤苷 A～H	ecdysosides A～H
酸叶胶藤灵	ecdysantherin
酸叶胶藤三萜酯 (D- 弗瑞德熊果 -14- 烯 -11a, 12a- 环氧 -3β- 基棕榈酸酯)	D-friedours-14-en-11a, 12a-epoxy-3β-yl palmitate
酸叶胶藤素 A	ecdysanrosin A
酸叶胶藤酸 (酸叶胶藤倍半萜酸)	ecdysanthblic acid
酸枣苷元	jujubogenin
酸枣黄素	zivulgarin
酸枣灵碱 (酸枣碱)	juzirine (yuzirine)
酸枣仁环肽	sanjoinenine
酸枣仁碱 (去甲荷叶碱、原荷叶碱、降莲碱)	sanjoinine Ⅰa (nornuciferine)
酸枣仁碱 A (欧鼠李叶碱)	sanjoinine A (frangufoline)
酸枣仁碱 A～G、G₁、G₂	sanjoinines A～G, G₁, G₂

S

酸枣仁碱 K (D-乌药碱、D-衡州乌药碱)	sanjoinine K (D-coclaurine)
酸枣仁碱 Ⅰb (去甲异紫堇定碱、去甲异紫堇定)	sanjoinine Ⅰb (norisocorydine)
酸枣仁甾醇-3β-O-β-D-吡喃葡萄糖基-(1→3)-α-L-脱氧塔洛糖基-(1→2)-α-L-阿拉伯糖苷	jujubosterol-3β-O-β-D-glucopyranosyl-(1→3)-α-L-deoxytalosyl-(1→2)-α-L-arabinoside
酸枣仁皂苷 (枣苷) A～H、A₁、B₁	jujubosides A～H, A$_1$, B$_1$
酸枣仁皂苷 Ⅰ	jujuboside Ⅰ
酸枣素 (当药素-2″-O-β-D-吡喃葡萄糖苷、斯皮诺素)	swertisin-2″-O-β-D-glucopyranoside (spinosin)
蒜氨酸 (S-烯丙基-L-半胱氨酸亚砜)	alliin (S-allyl-L-cysteinsulfoxide)
蒜氨酸酶 (蒜酶)	alliinase
蒜醇	allicinol
蒜苷	allin
蒜藜芦-5, 11-二烯-3β, 13β-二醇	jerv-5, 11-dien-3β, 13β-diol
蒜藜芦碱 (白藜芦碱、芥芬胺、杰尔文)	jervine
蒜藜芦碱-3-甲酸酯	jervine-3-yl formate
蒜硫胺	allithiamin
蒜宁素 A～D	garlicnins A～D
蒜糖醇	allitol
蒜头果素 C	malaferin C
蒜头素	sativin
蒜头玄参苷 (香蜂花叶玄参苷)	scorodioside
蒜味草醛查耳酮	leridal chalcone
算盘子定	glochidine
算盘子二醇	glochidiol
算盘子二醇二乙酸酯	glochidiol diacetate
算盘子苷 E	glochidioside E
算盘子黄烷醇苷 A～D	glochiflavanosides A～D
算盘子内酯 A～F	glochidionolactones A～F
算盘子宁 A	glochinin A
算盘子素 A	glochipuberin A
算盘子萜苷 A～E	puberosides A～E
算盘子酮	glochidone
算盘子酮醇	glochidonol
算盘子香堇苷 A～D	glochidionionosides A～D
算盘子辛	glochidicine
髓磷脂	myelin
碎裂黄丝曲霉素	rasfonin
碎米蕨酮 A、B	cheilanthones A, B
碎米桠甲素	suimiyain A
碎米桠素 M	rubecensin M

碎叶紫堇碱	cheilanthifoline
缝瓣芸香品	chalepin
缝瓣芸香品乙酸酯 (芸香苦素、芸香马扔、芸香呋喃香豆醇乙酸酯)	chalepin acetate (rutamarin)
缝状芸香内酯 (芸香香豆素、缎木素)	chalepensin (xylotenin)
穗菝葜甾苷	asperin
穗花澳紫杉碱 (澳大利亚穗状红豆杉碱)	austrospicatine
穗花牡荆苷 (淡紫花牡荆苷、阿格奴苷)	agnuside
穗花牡荆奴苷 A	viteagnuside A
穗花牡荆梢苷	agnusoside
穗花牡荆素 (穗花牪荆萜素) A～I	viteagnusins A～I
穗花牡荆托苷 A～C	agnucastosides A～C
穗花婆婆纳苷 A～F	spicosides A～F
穗花杉二酮	amentoditaxone
穗花杉醌	amentotaxone
穗花杉双黄酮 (阿曼托黄酮)	amentoflavone
穗花杉双黄酮-4′, 4‴-7, 7″-四甲醚	amentoflavone-4′, 4‴-7, 7″-tetramethyl ether
穗花杉双黄酮-4, 4‴-二-O-β-D-吡喃葡萄糖苷	amentoflavone-4, 4‴-di-O-β-D-glucopyranoside
穗花杉双黄酮-7, 4′, 4‴-三-O-β-D-吡喃葡萄糖苷	amentoflavone-7, 4′, 4‴-tri-O-β-D-glucopyranoside
穗花杉双黄酮-7, 4‴-二-O-β-D-吡喃葡萄糖苷	amentoflavone-7, 4‴-di-O-β-D-glucopyranoside
穗花杉双黄酮-7, 4′-二甲基醚、银杏双黄酮 (白果双黄酮、银杏黄素、银杏素)	amentoflavone-7, 4′-dimethyl ether (ginkgetin)
穗花杉素 A、B、BA、BB、WA～WC	amentotaxins A, B, BA, BB, WA～WC
穗花杉酮	amentonone
穗花香科科宁 (穗花石蚕素)	teuponin
穗花香科素 A、B	teucjaponins A, B
(–)-穗罗汉松树脂酚 [(–)-马台树脂醇]	(–)-matairesinol
(+)-穗罗汉松树脂酚 [(+)-罗汉松脂素、(+)-罗汉松树脂酚、(+)-马台树脂醇]	(+)-matairesinol
穗罗汉松树脂酚-4, 4′-二-O-β-D-吡喃葡萄糖苷	matairesinol-4, 4′-di-O-β-D-glucopyranoside
穗罗汉松树脂酚-4′-O-β-D-呋喃芹糖基-(1→2)-β-D-吡喃葡萄糖苷	matairesinol-4′-O-β-D-apiofuranosyl-(1→2)-β-D-glucopyranoside
穗罗汉松树脂酚-4′-O-β-龙胆二糖苷 (罗汉松树脂酚-4′-O-β-龙胆二糖苷)	matairesinol-4′-O-β-gentiobioside
穗罗汉松树脂酚苷 (罗汉松脂素苷、罗汉松树脂酚苷、马台树脂醇苷)	matairesinoside
穗罗汉松双黄酮 A	odocarpusflavone A
穗序木蓝碱	indospicine
穗状红豆杉碱 (穗状紫杉碱)	spicataxine
穗状红豆杉亭 (亚东乌头亭) A、B	spicatines A, B
缝毛荷包牡丹碱 (异种荷包牡丹碱、考雷明)	coreximine

縫状芸香苷酯 (阿勒颇芸香素)	rutarensin
笋兰烯	thunalbene
(−)- 莎草 -2, 4 (15)- 二烯	(−)-cypera-2, 4 (15)-diene
莎草奠酮	rotundone
莎草苯醌	alopecuquinone
α- 莎草醇	α-rotunol
β- 莎草醇	β-rotunol
莎草酚	cyperenol
(±)-(E)- 莎草酚 A	(±)-(E)-cyperusphenol A
莎草醌	cyperaquinone
莎草酸	cyperenoic acid
莎草酸 -9-O-β-D- 吡喃葡萄糖苷	cyperenoic acid-9-O-β-D-glucopyranoside
莎草烯	cyperene
娑罗双酸	shoreic acid
娑罗双酸甲酯	methyl shoreate
桫椤黄酮 A	hegoflavone A
桫椤黄酮 B (2, 3- 二氢 -6, 6- 双木犀草素)	hegoflavone B (2, 3-dihydro-6, 6-biluteolin)
梭孢壳素 A～P	thielavins A～P
梭果黄芪苷 A～C	asernestiosides A～C
梭形匍匐枪刀药醇 A	fusicoserpenol A
3-(3- 羧苯基) 丙氨酸	3-(3-carboxyphenyl) alanine
6-(4- 羧苯基) 芴 -2- 甲酸	6-(4-carboxyphenyl) fluorine-2-carboxylic aicd
3′- 羧苯基甘氨酸	3′-carboxyphenyl glycine
3- 羧哈尔满	3-carboxyharman
(E)-3-{3-[1- 羧基 -2-(3, 4- 二羟苯基) 乙氧基羰基]-7- 羟基 -2-(3, 4- 二羟苯基) 苯并呋喃 -5- 基 } 丙烯酸	(E)-3-{3-[1-carboxy-2-(3, 4-dihydroxyphenyl) ethoxycarbonyl]-7-hydroxy-2-(3, 4-dihydroxyphenyl) benzofuran-5-yl} propenoic acid
(E)-3-[3-[1- 羧基 -2-(3, 4- 二羟基苯) 羰乙氧基]-7- 羟基 -2-(3, 4- 二羟苯基) 苯并呋喃 -5- 基] 丙烯酸	(E)-3-[3-[1-carboxy-2-(3, 4-dihydroxyphenyl) ethoxycarbonyl]-7-hydroxy-2-(3, 4-dihydroxyphenyl) benzofuran-5-yl] propenoic acid]
2- 羧基 -1, 2, 3, 4- 四氢 -β- 咔啉	2-carboxy-1, 2, 3, 4-tetrahydro-β-carboline
4β- 羧基 -17- 羟基 -19- 去甲新西兰罗汉松酚	4β-carboxy-17-hydroxy-19-nortotarol
4β- 羧基 -19- 去甲陶塔酚 (4β- 羧基 -19- 去甲新西兰罗汉松酚)	4β-carboxy-19-nortotarol
3- 羧基 -1- 甲基吡啶氯化盐	3-carboxy-1-methyl pyridinium chloride
1- 羧基 -2, 8- 二羟基 -6- 甲基 -7- 甲氧基萘碳酰内酯	1-carboxy-2, 8-dihydroxy-6-methyl-7-methoxynaphthalene carbolactone
17- 羧基 -28- 去甲齐墩果 -12- 烯 -3β-2-O-β-D- 吡喃葡萄糖基 -6- 丁酯	17-carboxy-28-norolean-12-en-3β-2-O-β-D-glucopyranosyl-6-butyl ester
5- 羧基 -2- 氯苯基	5-carboxy-2-chlorophenyl

8- 羧基 -2- 羟基 -1- 甲基 -5- 乙烯基 -9, 10- 二氢菲	8-carboxy-2-hydroxy-1-methyl-5-vinyl-9, 10-dihydrophenanthrene
5- 羧基 -2′- 脱氧尿苷	5-carboxy-2′-deoxyuridine
1- 羧基 -3- 甲基铁屎米 -2, 6- 二酮	1-carboxy-3-methyl canthin-2, 6-dione
(2S)- 羧基 -4, 5- 二羟基哌啶	(2S)-carboxy-4, 5-dihydroxypiperidine
3- 羧基 -4- 羟基苯氧基葡萄糖苷	3-carboxy-4-hydroxyphenoxy glucoside
5- 羧基 -7- 葡萄糖氧基 -2- 甲基苯并吡喃 -γ- 酮	5-carboxy-7-glucosyloxy-2-methyl benzopyran-γ-one
5- 羧基 -7- 羟基 -2- 甲基苯并吡喃 -γ- 酮	5-carboxy-7-hydroxy-2-methyl benzopyran-γ-one
8- 羧基 -7- 羟基香豆素	8-carboxy-7-hydroxycoumarin
19- 羧基 -8 (17)-13 (16)-14- 半日花三烯	19-carboxy-8 (17)-13 (16)-14-labdtriene
20- 羧基 -8 (18), 14 (17), 15- 半日花三烯	20-carboxy-8 (18), 14 (17), 15-labdtriene
(2S)-8- 羧基 -9- 羟基 -2-(2- 羟基丙 -2- 基)-1, 2- 二氢蒽 [2, 1-b] 呋喃 -6, 11- 二酮	(2S)-8-carboxy-9-hydroxy-2-(2-hydroxypropan-2-yl)-1, 2-dihydroanthra [2, 1-b] furan-6, 11-dione
3- 羧基 -α- 紫罗兰醇	3-carboxy-α-lonol
2- 羧基苯胺羧酸甲酯	methyl 2-carboxyoxanilate
5- 羧基吡喃花色素 -3-O-(6″-O- 丙二酰基 -β- 吡喃葡萄糖苷)	5-carboxypyranocyanidin-3-O-(6″-O-malonyl-β-glucopyranoside)
5- 羧基吡喃花色素 -3-O-β- 吡喃葡萄糖苷	5-carboxypyranocyanidin-3-O-β-glucopyranoside
19-O-β-D- 羧基吡喃葡萄糖基 -12-O-β-D- 吡喃葡萄糖基 -11, 16- 二羟基松香 -8, 11, 13- 三烯	19-O-β-D-carboxyglucopyranosyl-12-O-β-D-glucopyranosyl-11, 16-dihydroxyabieta-8, 11, 13-triene
4- 羧基伯恩鸡骨常山素	4-carboxyboonein
羧基苍术苷 (胶苍术苷)	carboxyatractyloside (gummiferin)
6- 羧基蝶呤	6-carboxypterin
羧基二茂铁	carboxyferrocene
(2′E, 4′E)-6-(1′- 羧基己 -2′, 4′- 二烯)-9- 羟基辛辣木 -7- 烯 -11, 12- 内酯	(2′E, 4′E)-6-(1′-carboxyhexa-2′, 4′-dien)-9-hydroxydrim-7-en-11, 12-olide
(E)-3-[4-(羧基甲氧基)-3- 甲氧苯基] 丙烯酸	(E)-3-[4-(carboxymethoxy)-3-methoxyphenyl] acrylic acid
4β- 羧基去甲新西兰罗汉松酚	4β-carboxynortotarol
19- 羧基牛角瓜亭酸甲酯	19-carboxylcalactinic acid methyl ester
5- 羧基树脂苔黑酚	5-carboxyresorcinol
5- 羧基双噻吩	5-carboxyl bithiophene
4- 羧基桃叶珊瑚苷酸	4-carboxylaucubin acid
16- 羧基陶塔酚 (16- 羧基新西兰罗汉松酚)	16-carboxyl totarol
7- 羧基吴茱萸碱	7-carboxyevodiamine
5 (S)-5- 羧基小蔓长春花苷	5 (S)-5-carboxyvincoside
(2′E, 4′E, 6′E)-6-(1′- 羧基辛 -2′, 4′, 6′- 三烯)-11, 12- 环氧 -9- 羟基辛辣木 -7- 烯	(2′E, 4′E, 6′E)-6-(1′-carboxyoct-2′, 4′, 6′-trien)-11, 12-epoxy-9-hydroxydrim-7-ene
(2′E, 4′E, 6′E)-6-(1′- 羧基辛 -2′, 4′, 6′- 三烯)-9- 羟基辛辣木 -7- 烯 -11, 12- 内酯	(2′E, 4′E, 6′E)-6-(1′-carboxyoct-2′, 4′, 6′-trien)-9-hydroxydrim-7-en-11, 12-olide

3α-羧基乙酰氧基-24-甲基-23-氧亚基羊毛脂-8-烯-26-酸	3α-carboxyacetoxy-24-methyl-23-oxolanost-8-en-26-oic acid
3α-羧基乙酰氧基-24-亚甲基-23-氧亚基羊毛脂-8-烯-26-酸	3α-carboxyacetoxy-24-methylene-23-oxolanost-8-en-26-oic acid
3-羧基吲哚	3-carboxyindole
5α-羧基直夹竹桃定 (5α-羰基直立拉齐木西定)	5α-carboxystrictosidine
5-羧基直夹竹桃定 (5-羧基直立拉齐木西定)	5-carboxystrictosidine
羧甲基	carboxymethyl
4β-羧甲基-(−)-表阿夫儿茶素	4β-carboxymethyl-(−)-epiafzelechin
4β-羧甲基-(−)-表阿夫儿茶素甲酯	4β-carboxymethyl-(−)-epiafzelechin methyl ester
4β-羧甲基-(−)-表儿茶素	4β-carboxymethyl-(−)-epicatechin
4β-羧甲基-(−)-表儿茶素甲酯	4β-carboxymethyl-(−)-epicatechin methyl ester
4α-羧甲基-(+)-儿茶素甲酯	4α-carboxymethyl-(+)-catechin methyl ester
3-[(羧甲基) 氨基]-5-羟基-N-(2-羟乙基)-5-羟甲基-2-甲氧基-2-环己烯-1-亚胺	3-[(carboxymethyl) amino]-5-hydroxy-N-(2-hydroxyethyl)-5-hydroxymethyl-2-methoxy-2-cyclohexen-1-imine
2-羧甲基-3-苯基-2, 3-环氧-1, 4-萘醌	2-carboxymethyl-3-phenyl-2, 3-epoxy-1, 4-naphthoquinone
2-羧甲基-3-异戊烯基-2, 3-环氧-1, 4-萘醌	2-carboxymethyl-3-prenyl-2, 3-epoxy-1, 4-naphthoquinone
9-O-(3-羧甲基-4-对甲酰苯乙烯基) 羟丁酸	9-O-(3-carboxymethyl-4-p-formyl styryl) hydroxybutanoic acid
6-羧甲基二氢白屈菜红碱	6-carboxymethyl dihydrochelerythrine
3-羧甲基庚二酸	3-carboxymethyl heptanedioic acid
羧甲纤维素	carmellose (carboxymethyl cellulose)
羧甲纤维素钙	calcium carboxymethyl cellulose (carmellose calcium)
羧甲纤维素钠	sodium carboxymethyl cellulose (carmellose sodium)
羧甲酰卤	carbonyl halide
2-(羧酸根离子基甲基) 苯甲酸氢钠	sodium hydrogen 2-(carboxylatomethyl) benzoate
3-[3-(羧酸根离子基甲基) 萘-2-基] 丙酸氢钠	sodium hydrogen 3-[3-(carboxylatomethyl) naphth-2-yl] propanoate
羧酸乙基-2-丙烯酯	carbonic acid ethyl-2-propenyl ester
(S)-(2-羧乙基)-L-半胱氨酸	(S)-(2-carboxyethyl)-L-cysteine
6-羧乙基-7-甲氧基-5-羟基苯并呋喃-5-O-β-D-吡喃葡萄糖苷	6-carboxyethyl-7-methoxy-5-hydroxybenzofuran-5-O-β-D-glucopyranoside
3-羧乙基-3-羟基戊二酸 1, 5-二甲酯	3-carboxyethyl-3-hydroxyglutaric acid 1, 5-dimethyl ester
缩酚酸	depside
缩酚酸肽 (缩氨酸)	depsipeptide
缩酚酸酰胺 A～E	amidepsines A～E
缩合鞣质	condensed tannin
缩没食子酸	condensed gallic acid
缩醛磷脂类	plasmalogen

缩三胍	triguanide
缩三脲	triuret
缩砂密二萜苷 A	amoxanthoside A
缩砂蜜素 A	amoxanthin A
缩四胍	tetraguanide
缩四脲	tetrauret
索多米茄碱 A	solsodomine A
索拉明 (刺果番荔枝明)	solamin
索拉纳吡喃酮 A～F	solanapyrones A～F
索朗羊角拗苷	tholloside
索伦多酮	sorrentanone
索罗离蠕孢霉素	sorokinianin
索罗桑醛	soroceal
索罗桑素 A、D、F	soroceins A, D, F
索马里箭毒素 (索马林)	somalin
索摩鞘丝藻酰胺 A、B	somamides A, B
索莫胱氨酸酰胺 A	somocystinamide A
索氏胡桐内酯	soulattrolide
索氏羊角拗苷	thollethoside
索状碱	funiferine
琐琐碱	haloxine
琐琐属碱	haloxylon base
锁阳萜	cynoterpene
它坎宁 (塔里马兜铃宁)	taliscanine
它拉乌头定	talatisidine
它拉乌头素	talatisine
它乔糖苷 (异直蒴苔苷、3-甲氧基-4-羟苯基-1-O-β-D-吡喃葡萄糖苷)	tachioside (3-methoxy-4-hydroxyphenyl-1-O-β-D-glucopyranoside)
它乔糖苷-2'-O-4''-O-甲基没食子酸酯 (异直蒴苔苷-2'-O-4''-O-甲基没食子酸酯)	tachioside-2'-O-4''-O-methyl gallate
它日定	taceridine
铊烷	thallane
铊杂	thalla
塔宾曲霉素 A、B	tubingensins A, B
D-塔格糖 (D-来苏-己-2-酮糖)	D-tagatose (D-lyxo-hex-2-ulose)
塔吉乌头碱	tadzhaconine
塔卡柯苷 (野佛手瓜苷) A$_1$、A$_2$、B$_1$～B$_3$、C	tacacosides A$_1$, A$_2$, B$_1$～B$_3$, C
塔拉胺 (塔拉地萨敏、塔拉萨敏、塔拉乌头胺)	talatisamine
塔拉定 (塔拉萨定)	talatizidine

T

塔里酸	tariric acid
塔罗假糖	talomethylose
L-(–)-塔罗糖	L-(–)-talose
塔罗糖 (塔洛糖)	talose
D-塔洛糖	D-talose
塔纳瑞香素	lethedocin
塔纳血桐呋喃醇	tanarifuranonol
塔纳血桐黄烷酮 A～D	tanariflavanones A～D
塔纳血桐宁	tanarinin
塔尼克里鞘丝藻内酯二聚体	tanikolide dimer
塔尼克里鞘丝藻内酯裂酸	tanikolide seco-acid
塔尼克里鞘丝藻内酯 (塔尼克内酯)	tanikolide
塔氏多果树碱	talcarpine
塔斯品碱	thaspine
塔韦乌尼鞘丝藻酰胺 A～K	taveuniamides A～K
塔尤宁	tayunin
塔泽泻多糖 Si	talisman Si
獭子树苷 (吴茱萸香堇苷) A、F、G	euodionosides A, F, G
拓闻烯酮 (石蚕文森酮、文森特香科科酮) A～H	teuvincenones A～H
胎蛋白	fetoprotein
台北南五味子素 (日本南五味子灵) A	kadsumarin A
台钩藤碱 A～E	formosamines A～E
台马素	tymusin
台湾八角素 [1-烯丙基-5-(3-甲基丁基-2-烯基)-6-甲氧基-2, 3-亚甲二氧基苯]	illicaborin C [1-allyl-5-(3-methylbut-2-enyl)-6-methoxy-2, 3-methylene dioxybenzene]
台湾八角素 A～C	illicaborins A～C
台湾八角烯 A	illicarborene A
台湾白蜡树苷	framoside
台湾檫木醇	randainol
台湾檫木醛 (2, 2′-二羟基-5-烯丙基联苯-5′-丙烯醛)	randainal (2, 2′-dihydroxy-5-allyl biphenyl-5′-propenal)
台湾檫木脂酚	sassarandainol
台湾楤木苷	decaisneanaside
台湾地钱素	inversin
台湾蜂斗菜素 A	petasiformin A
台湾芙蓉素 A、B	hibiscuwanins A, B
台湾高黄酮 (台湾三尖杉高黄酮) A～C	taiwanhomoflavones A～C
台湾含笑碱 A、B	pressalanines A, B
台湾含笑内酯	compressanolide
台湾含笑素 A、B	pressafonins A, B

台湾樫木酮 A～E	dysokusones A～E
台湾苦瓜辛 A、B	taiwacins A, B
台湾罗汉松素 A	podonaka A
台湾米仔兰素	aglaiformosanin
台湾牛奶菜双氧甾苷 (台湾牛奶菜环氧物) A、B	marsformoxides A, B
台湾牛奶菜孕甾定	marsformosadin
台湾牛奶菜孕甾定 -3-*O*-β-D- 吡喃加拿大麻糖苷	marsformosadin-3-*O*-β-D-cymaropyranoside
台湾牛奶菜甾二醇 -3- 乙酸酯	marsformol
台湾牛奶菜甾二烯酮 (台湾牛奶菜酮)	marsformosanone
台湾千金藤碱 (佐佐木千金藤碱)	stesakine
台湾千金藤碱 -9-*O*-β-D- 吡喃葡萄糖苷	stesakine-9-*O*-β-D-glucopyranoside
台湾千金藤内酰胺	aknadilactam
(+)- 台湾前胡素	(+)-peuformosin
台湾榕二醇 A、B	ficuformodiols A, B
台湾肉豆蔻酮	cagayanone
台湾肉豆蔻脂素 (台湾肉豆蔻素)	cagayanin
台湾三尖杉碱	wilsonine
台湾山豆根色原酮 (台湾山豆根亭) A～D	formosanatins A～D
台湾杉醌 A～F	taiwaniaquinones A～F
台湾杉醌醇 A～D	taiwaniaquinols A～D
台湾杉素 (台湾脂素) C～E	taiwanins C～E
台湾杉素 E 甲醚	taiwanin E methyl ether
O- 台湾蛇床子素	*O*-cniforin
台湾蛇床子素 A (台湾蛇床素 A、3′- 异丁酰氧基 -*O*- 乙酰哥伦比亚苷元)	cniforin A (3′-isobutyryloxy-*O*-acetyl columbianetin)
台湾蛇床子素 B (台湾蛇床素 B)	cniforin B
台湾穗花杉醚	ramentoxide
台湾穗花杉醚酮	ramentoxidone
台湾唐松草碱	thalifaurine
台湾五味子内酯 A、B	schisarisanlactones A, B
台湾五味子素 (台湾五味子灵) A～D	taiwanschirins A～D
台湾五味子新内酯 A	schinarisanlactone A
台湾鱼藤素	millepachine
台湾泽兰宁	eupaformosanin
台湾泽兰素	eupaformonin
台湾紫杉烷	taiwanxan
苔黑酚 (地衣酚、地衣二醇、3, 5- 二羟基甲苯)	orcinol (3, 5-dihydroxytoluene)
苔黑酚 -1-*O*-β-D- 呋喃芹糖基 -(1→6)-β-D- 吡喃葡萄糖苷	orcinol-1-*O*-β-D-apiofuranosyl-(1→6)-β-D-glucopyranoside

T

苔黑酚 -3-*O*-β-D- 吡喃葡萄糖苷	orcinol-3-*O*-β-D-glucopyranoside
苔黑酚吡喃葡萄糖苷	orcinol glucopyranoside
苔黑酚单甲醚	*O*-methyl orcinol
苔黑酚甲酸乙酯	ethyl orcinol caroxylate
苔黑酚龙胆二糖苷	orcinol gentiobioside
苔黑酚葡萄糖苷 (地衣二醇葡萄糖苷) A、B	orcinol glucosides A, B
β- 苔黑酚羧酸	β-orcinol carboxylic acid
苔黑醛 (黑茶渍酚)	atranol
苔红素	orcein
苔色酸 (苔藓酸)	orsellinic acid
苔色酸甲酯 (2, 4- 二羟基 -6- 甲基苯甲酸甲酯)	methyl orsellinate (methyl 2, 4-dihydroxy-6-methyl benzoate)
苔色酸乙酯	ethyl orsellinate
太白米苷	hyacinthoside
太白槲木皂苷 I ～ Ⅷ	taibaienosides I ～ Ⅷ
太白碎米桠素 A、B	taibairubescensins A, B
太白乌头碱 A～C	taipeinines A～C
太可马宁 (黄钟花碱、黄钟花宁)	tecomine (tecomanine)
太平洋高翠雀定	pacidine
太平洋柳珊瑚醇 (帕西飞哥醇)	pacifigorgiol
(–)- 太平洋柳珊瑚醇	(–)-pacifigorgiol
太阳草苷 (天芥菜苷) C	helioside C
太子参环肽 (太子参素、波罗蜜林素)	heterophyllin
太子参环肽 (太子参素、波罗蜜林素) A～D	heterophyllins A～D
太子参环五肽 (假繁缕素、孩儿参素) A～H	pseudostellarins A～H
太子参皂苷 A	pseudostellarinoside A
肽	peptide
泰尔红紫	tyrian purple
泰国巴戟苷 A～C	yopaaosides A～C
泰国木波罗酚	artogomezianol
泰国树脂酸 (暹罗树脂酸)	siaresinolic acid
泰国树脂酸 -28-*O*-β-D- 吡喃葡萄糖酯	siaresinolic acid-28-*O*-β-D-glucopyranosyl ester
泰国树脂酸 -28-*O*-β-D- 葡萄糖酯	siaresinolic acid-28-*O*-β-D-glucosyl ester
泰吉斯曼虎皮楠素 A、B	daphmanidins A, B
泰加碱	thaicanine
泰拉菲素 (塞拉芬) A～D	theraphins A～D
泰拉奇纳大戟内酯 A～K	terracinolides A～K
泰拉唑林	telazoline
(–)- 泰连蕊藤碱	(–)-thaicanine
泰氏虎皮楠胺	daphniteijsmine

泰咗新碱 (塔唑辛)	tazopsine
酞嗪	phthalazine
酞酸酯	phthalic acid ester
昙花亭	phyllocactin
檀黄素	santal
α-檀萜烯	α-santene
檀烯 (檀萜烯)	santene
(10E)-α-檀香-10-烯-12-醛	(10E)-α-santal-10-en-12-al
(−)-(10Z)-β-檀香-3 (15), 10-二烯-12-醇	(−)-(10Z)-β-santal-3 (15), 10-dien-12-ol
α-檀香醇	α-santalol
β-檀香醇 (β-檀香脑、β-檀香萜醇)	β-santalol
檀香醇 (檀香萜醇、檀香脑)	santalol
檀香二环醇	santenone alcohol
檀香二环酮	santenone
(+)-(E)-α-檀香醛	(+)-(E)-α-santalal
α-檀香萜醛	α-santalal
β-檀香萜醛	β-santalal
檀香萜酸	santalic acid
α-檀香萜烯 (α-檀香萜烯)	α-santalene
檀香酮	santalone
檀香烷	santalane
β-檀香烯 (β-檀香萜烯)	β-santalene
檀香烯 (檀香萜烯)	santalene
檀油醇	teresantalol
檀油醛	teresantalaldehyde
檀油酸	teresantalic acid
檀紫素	santol
(+)-坦伯酰胺	(+)-tembamide
坦桑钩枝藤碱 A～C	ancistrotanzanines A～C
炭角查腊素 A	xylarichalasin A
炭角菌辛 A～C	xylariacins A～C
探戈脂醇 (塔尼果酚、琉球络石醇)	tanegool
碳二亚胺	carbadiimide
(4bβ)-(1α, 4aα)-碳内酯-(2β, 7)-二羟基-1β-甲基-8-亚甲基赤霉-3-烯-10β-甲酸	(4bβ)-(1α, 4aα)-carbolactone-(2β, 7)-dihydroxy-1β-methyl-8-methylene-gibb-3-en-10β-carboxylic acid
碳酸钙	calcium carbonate
碳烷 (甲烷)	carbane (methane)
4βH-4-碳杂育亨烷	4βH-4-carbayohimbane
汤姆森独活酚-6-O-β-D-吡喃葡萄糖苷	heratomol-6-O-β-D-glucopyranoside
7-羰基-12-羟基脱氢松香烷	7-carbonyl-12-hydroxydehydroabietane

(19R)-羰基-25-二甲氧基-5β-5, 19-环氧葫芦-6, 23-二烯-3-羟基-3-O-β-D-吡喃葡萄糖苷	(19R)-carbonyl-25-dimethoxy-5β-5, 19-epoxycucrbita-6, 23-dien-3-hydroxy-3-O-β-D-glucopyranoside
7-羰基-2-羟基-1-甲基-5-乙烯基-9, 10-二氢菲	7-carboxy-2-hydroxy-1-methyl-5-vinyl-9, 10-dihydrophenanthrene
7-羰基-2-羟基-1-甲基-5-乙烯基菲	7-carboxy-2-hydroxy-1-methyl-5-vinyl phenanthrene
6-O-(2-羰基-3-甲基丁酰基)河南半枝莲碱 A	6-O-(2-carbonyl-3-methyl butanoyl) scutehenanine A
7-羰基-8, 11, 13-松香烷三烯-18-酸	7-carbonyl-8, 11, 13-abietatetrien-18-oic acid
2-羰基半枝莲新碱 A	2-carbonyl scutebarbatine A
5-羰基蜂蜜曲菌素	5-carboxyl mellein
17-羰基鸡骨常山文碱-N-氧化物	17-carboxyl alstovine-N-oxide
17-羰基密脉白坚木碱-N-氧化物	17-carboxyl compactinervine-N-oxide
(19Z)-18-羰基蓬莱葛胺	(19Z)-18-carboxyl gardneramine
7-羰基愈创木酚基甘油	7-carbonyl guaiacyl glycerol
(5S)-5-羰基直立拉齐木西定	(5S)-5-carboxystrictosidine
5β-羰基直立拉齐木西定	5β-carboxystrictosidine
20, 22-O-[(R)-3-羰甲氧基]亚丙基-20-羟基蜕皮激素	20, 22-O-[(R)-3-methoxycarbonyl] propylidene-20-hydroxyecdysone
(2R, 3R, 4S, 6R)-6-羰甲氧基-3-甲基-4, 6-二(3-甲基-2-丁烯基)-2-(2-甲基-1-丙酰基)-3-(4-甲基-3-戊烯基)环己酮	(2R, 3R, 4S, 6R)-6-methoxycarbonyl-3-methyl-4, 6-di(3-methyl-2-butenyl)-2-(2-methyl-1-propanoyl)-3-(4-methyl-3-pentenyl) cyclohexanone
3-羰甲氧基-β-咔啉	3-methoxycarbonyl-β-carboline
15-羰甲氧基竹柏内酯 D	15-methoxycarbonyl nagilctone D
5-(1-羰乙烯氧基)-2-羟基苯甲酸	5-(1-carboxyl vinyloxy)-2-hydroxybenzoic acid
[2-(羰乙氧基)乙基]三甲胺溴盐{溴化[2-(羰乙氧基)乙基]三甲铵}	[2-(ethoxycarbonyl) ethyl] trimethyl ammonium bromide
4-羰乙氧基-6-羟基-2-喹诺酮	4-carboethoxy-6-hydroxy-2-quinolone
1-羰乙氧基-β-咔啉	1-carboethoxy-β-carboline
3-羰乙氧基-β-咔啉	3-ethoxycarbonyl-β-carboline
5-羰乙氧基风龙亭碱	5-ethoxycarbonyl sinoracutine
唐菖伯霍德素	gladiolin
唐古特瑞香宾	tanguticabine
唐古特瑞香定	tanguticadine
唐古特瑞香芬	tanguticafine
唐古特瑞香甲素(唐古特瑞香辛)	tanguticacine
唐古特瑞香精	tanguticagine
唐古特瑞香肯	tanguticakine
唐古特瑞香灵	tanguticaline
唐古特瑞香明	tanguticamine
唐花内酯	karahana lactone
唐松柏文碱	thalisapavine
唐松草胺	thaliksamine

(+)-唐松草比灵	(+)-thalibealine
唐松草檗碱 (唐松别林碱、白蓬草贝碱、马尾黄连碱)	thalicberine
唐松草布拉明碱	thalibulamine
唐松草达宁	thaliadanine
唐松草定碱 (小唐松草醛碱、亚欧唐松草定)	thaliadine
唐松草飞宁 (唐松品宁碱)	thalfinine (thalphinine)
唐松草飞宁碱	thalifinine
唐松草菲灵 (小叶唐松草碱)	thaliphylline
唐松草菲灵 -2′-β-N-氧化物	thaliphylline-2′-β-N-oxide
唐松草芬碱 (唐松品碱)	thalfine (thalphine)
唐松草芬宁	thalphenine
唐松草苷	thalictoside
唐松草拉宾	thalirabine
唐松草拉亭 (高唐松草碱、白蓬草拉亭)	thalmelatine
唐松草米拉宾碱 (塔尔米拉宾、亚欧唐松草拉宾碱)	thalmirabine
唐松草南洋参苷 P_5	polysciasaponin P_5
唐松草坡芬碱 (白蓬草定、O-甲基异波尔定碱、小唐松草定碱、亚欧唐松草米定)	thaliporphine (O-methyl isoboldine, thalicmidine)
唐松草任碱	thalicrine
唐松草洒明碱 (箭头唐松草胺)	thalisamine
唐松草三萜苷	aquilegifolin
唐松草斯亭	thalistine
唐松草素 (唐松草黄酮苷、芹菜素 -7- 吡喃半乳糖苷)	thalictiin (apigenin-7-galactopyranoside)
唐松草酸	thalictric acid
唐松草亭碱	thalictine
唐松草西宾 (小唐松草西宾碱)	thaliracebine
唐松草辛	thalicsine
唐松草星碱	thalictrisine
唐松草皂苷 $A_1 \sim A_3$、$B \sim F$、G_1、G_2、H_1	thalicosides $A_1 \sim A_3$, $B \sim F$, G_1, G_2, H_1
唐松福林碱 (唐松草林碱)	thalifoline
唐松明碱	thalmine
唐松明灵碱 (亚欧唐松草林碱)	thalmineline
唐松品碱 (唐松草芬碱)	thalphine (thalfine)
唐松品宁碱 (唐松草飞宁)	thalphinine (thalfinine)
唐松西林	thalicsiline
唐松星碱	thalixine
唐松紫番荔枝碱	thalicpureine
唐乌碱 (甘乌辛)	tanwusine
糖蛋白 TP、ZP-2	glycoproteins TP, ZP-2
糖蛋白 Ⅰ、Ⅱ	glycoproteins Ⅰ, Ⅱ

T

糖枫苷 (糖槭酚苷) A～C	saccharumosides A～C
糖化酶	saccharifying enzyme
糖基大叶芸香任	glycoperine
糖胶树胺酸	echitaminic acid
糖胶树定 -N- 氧化物	echitamidine-N-oxide
糖胶树定 -N- 氧化物 -19-O-β-D- 葡萄糖苷	echitamidine-N-oxide-19-O-β-D-glucopyranoside
(±)- 糖胶树碱 Ⅱ	(±)-scholarisine Ⅱ
糖胶树碱 A～O	scholarisines A～O
19, 20-(E)- 糖胶树拉灵	19, 20-(E)--alstoscholarine
19, 20-(Z)- 糖胶树拉灵	19, 20-(Z)--alstoscholarine
糖胶树林碱甲醚	nareline methyl ether
糖胶树林碱乙醚	nareline ethyl ether
糖胶树林碱	nareline
(–)- 糖胶树灵碱	(–)-scholarine
糖胶树灵碱	scholarine
糖胶树灵碱 -$N4$- 氧化物	scholarine-$N4$-oxide
糖胶树瑞辛 A～E	alstoscholarisines A～E
糖胶树素 A～D	scholareins A～D
糖胶树萜醇	alstoprenyol
糖胶树萜异戊烯	alstoprenylene
糖胶树亭碱 A～C	alstolactines A～C
糖芥醇苷 (芥醇苷、毒毛旋花子醇洋地黄二糖苷)	erysimosol
糖芥毒苷 (黄草次苷、黄白糖芥苷、糖芥苷)	erysimotoxin (helveticoside, erysimin)
糖芥苷 (黄草次苷、糖芥苷、糖芥毒苷)	erysimin (helveticoside, erysimotoxin)
糖芥黄麻毒苷	erycorchoside
糖芥卡诺醇苷	erycordine
糖芥灵	erysoline
糖精钙	calcium saccharin
糖精钠	saccharin sodium
糖鞘脂 (糖神经鞘脂)	glycoshingolipid
糖舒缓激肽	carbohydrate bradykinin
桃贝母碱 A	persicanidine A
桃贝母碱 B-3-O-β-D- 葡萄糖苷	persicanidine B-3-O-β-D-glucoside
桃儿七黄酮 A、B	sinoflavonoids A, B
桃苷	persicoside (persiconin)
桃花心木醇	anthothecol
桃花心木苦素	sweitenine
桃花心木内酯	swietenolide

桃花心木素 A～G	swietemahonins A～G
桃花正木内酯	swietemahonolide
桃碱苷	persicaside
ψ-桃金娘毒素	ψ-rhodomyrtoxin
桃金娘二酮 A～M	tomentodiones A～M
桃金娘苷 A、B	tomentoids A, B
桃金娘酸	myrtenic acid
桃金娘酸乙酸酯	myrtenyl acetate
桃金娘萜 A、B	rhodomyrtials A, B
桃金娘萜酚 A～C	rhodomyrtusials A～C
桃金娘酮 (白藓酮) Λ～C	tomentosones A～C
(−)-桃金娘烯醇	(−)-myrtenol
桃金娘烯醇	myrtenol
桃金娘烯醇-10-O-[β-D-呋喃芹糖基-(1→6)-β-D-吡喃葡萄糖苷]	myrtenol-10-O-[β-D-apiofuranosyl-(1→6)-β-D-glucopyranoside]
(−)-桃金娘烯醇-10-O-β-D-吡喃葡萄糖苷	(−)-myrtenol-10-O-β-D-glucopyranoside
桃金娘烯醇-10-O-β-D-吡喃葡萄糖苷	myrtenol-10-O-β-D-glucopyranoside
(−)-桃金娘烯醇-10-O-α-D-呋喃芹糖基-(1→6)-β-D-吡喃葡萄糖苷	(−)-myrtenol-10-O-α-D-apiofuranosyl-(1→6)-β-D-glucopyranoside
桃金娘烯醛 (桃金娘醛)	myrtenal
桃皮素	persicogenin
桃皮素-3′-葡萄糖苷	persicogenin-3′-glucoside
桃皮素-5-β-D-吡喃葡萄糖苷	persicogenin-5-β-D-glucopyranoside
桃醛	peach aldehyde
桃拓-8, 11, 13-三烯-13-醇	totara-8, 11, 13-trien-13-ol
桃拓酚 (桃塔酚、陶塔酚、新西兰罗汉松酚)	totarol
桃柁酮	totarolone
桃姚金娘烷醇	myratnol
桃叶珊瑚苷 (桃叶珊瑚苷、珊瑚木苷)	aucuboside (rhimanthin, aucubin)
桃叶珊瑚苷元	aucubigenin
桃叶珊瑚苷元-1-O-β-龙胆二糖苷	aucubigenin-1-O-β-gentionbioside
桃叶珊瑚苷元-1-β-异麦芽糖苷	aucubigenin-1-β-isomaltoside
桃叶珊瑚素 (桃叶珊瑚苷、珊瑚木苷)	aucubin (rhimanthin, aucuboside)
陶塔二酚 (新西兰罗汉松二酚)	totaradiol
套索酮醇	toxol
特丁醇	tertbutanol
特可明 (拉帕醇、黄钟花醌、风铃木醇、拉杷酚)	tecomin (lapachol, taiguic acid, greenhartin)
特朗鞘丝藻肽素 A～C	trungapeptins A～C
特勒内酯 (特勒菊素)	telekin
特立土新酮	telitoxinone

特洛碱	teloidine
特洛伊苷 A～H	trojanosides A～H
特洛伊黄芪苷 A	astrojanoside A
特女贞苷	specnuezhenide
特女贞裂萜糖苷	specnuzhenise
特萨菊酸	tessaric acid
特山头刺草苷 A、B	transsyl vanosides A, B
特土苷	tetuin
特戊酸-6-柠檬酯	limonen-6-ol pivalate
α-藤荷苞牡丹明	adjurrtine
藤黄酚 (山竹子素、山竹子酚)	garcinol
藤黄酚-13-O-甲基醚	garcinol-13-O-methyl ether
藤黄呋喃	garciniafuran
藤黄精	gambogin
藤黄精宁	gambogenin
藤黄精宁二甲基缩醛	gambogenin dimethyl acetal
藤黄精酸	gambogenic acid
藤黄醌茜素	luteoskyrin
藤黄洛酮	garcinialone
藤黄宁 (桑藤黄素、桑藤黄醛)	morellin
藤黄诺酮 (多花山竹酮) A、B	garcinianones A, B
藤黄树脂酸	gambogellic acid
藤黄双黄酮	morelloflavone
藤黄素	guttiferin
α-藤黄素	α-guttiferin
β-藤黄素 (藤黄酸 A)	β-guttiferin (gambogic acid)
α-藤黄酸	α-gambogic acid
藤黄酸 A (β-藤黄素)	gambogic acid (β-guttiferin)
藤黄酸 B	morellic acid
藤黄酸二乙酯	garcinia acid diethyl ester
藤黄缩酚酮 A～C	garcidepsidones A～C
藤黄𠮷酮 A～H	garciniaxanthones A～H
藤黄酮 A～F	guttiferones A～F
藤黄西酮 A～E	garcinisidones A～E
藤黄烯酮 A～Y	garcinenones A～Y
藤黄新酮 (倒捻子酮) A～E	garcinones A～E
藤金合欢诺苷 A	concinnoside A
藤金合欢苏奴宁 Ⅰ、Ⅱ	sonunins Ⅰ, Ⅱ
藤三七醇 A	bougracol A
藤石松碱 (藤石松宁碱) A～J	casuarinines A～J

藤石松灵碱 A、B	casuarines A, B
藤喜龙	edrophone (tensilon)
藤喜龙	tensilon (edrophone)
藤枣苷元	ampelozigenin
藤状火把花内酯 A～C	seguiniilactones A～C
藤紫珠苷 A、A_1、A_2、B	peiiosides A, A_1, A_2, B
梯翅蓬苷 A、B	copterosides A, B
梯叶红厚壳𠮾酮	trapezifolixanthone
锑烷	stibine (stibane)
锑烷 (λ^5-锑烷)	stiborane (λ^5-stibane)
λ^5-锑烷 (锑烷)	λ^5-stibane (stiborane)
锑杂	stiba
蹄盖蕨酚 (蹄盖蕨𠮾酮、阿赛里奥)	athyriol
13-O-惕各酰巴豆醇-20-[(9Z, 12Z)-十八碳二烯酸酯]	13-O-tigloyl phorbol-20-[(9Z, 12Z)-octadecadienoate]
惕各酰北五味子素 (惕各酰戈米辛、巴豆酰北五味子素) H～Q	tigloyl gomisins H～Q
8-惕各酰除虫菊内酯 A～F	8-tigloyl chrysanolides A～F
8, 8′-惕各酰除虫菊内酯 D	8, 8′-ditigloyl chrysanolide D
8′-惕各酰除虫菊内酯 D	8′-tigloyl chrysanolide D
β-惕各酰刺凌德草碱	β-tigloyl echinatine
惕各酰非洲楝内酯 A	tigloyl seneganolide A
12-O-惕各酰佛波醇-4-脱氧-4β-佛波醇-13-十六酸酯	12-O-tigloyl phorbol-4-deoxy-4β-phorbol-13-hexadecanoate
12-O-惕各酰佛波醇-4-脱氧-4β-佛波醇-13-乙酸酯	12-O-tigloyl phorbol-4-deoxy-4β-phorbol-13-acetate
惕各酰环维黄杨碱 F (惕各酰环维黄杨碱 F)	tigloyl cyclovirobuxine F
1-O-惕各酰基-1-O-去苯甲酰日楝醛	1-O-tigloyl-1-O-debenzoyl ohchinal
12α-1-O-惕各酰基-1-O-去乙酰基印楝波力宁 A、B	12α-1-O-tigloyl-1-O-deacetyl nimbolinins A, B
11α-O-惕各酰基-12β-O-乙酰通光藤苷元	11α-O-tigloyl-12β-O-acetyl tenacigenin
21-O-惕各酰基-22-O-乙酰基原七叶树皂苷元	21-O-tigloyl-22-O-acetyl protoaescigenin
1-惕各酰基-3, 20-二乙酰-11-甲氧基楝果宁 (1-惕各酰基-3, 20-二乙酰基-11-甲氧基楝卡品宁)	1-tigloyl-3, 20-diacetyl-11-methoxymeliacarpinin
(3α, 6α, 8α)-8-惕各酰基-3, 4-环氧愈创木-1 (10)-烯-12, 6-内酯	(3α, 6α, 8α)-8-tigloyl-3, 4-epoxyguai-1 (10)-en-12, 6-lactone
1-惕各酰基-3-乙酰-11-甲氧基楝果宁	1-tigloyl-3-acetyl-11-methoxymeliacarpinin
12-O-惕各酰基-4α-脱氧佛波醇-13-(2-甲基) 丁酸酯	12-O-tigloyl-4α-deoxyphorbol-13-(2-methyl) butanoate
12-O-惕各酰基-4α-脱氧佛波醇-13-乙酸酯	12-O-tigloyl-4α-deoxyphorbol-13-acetate
12-O-惕各酰基-4α-脱氧佛波醇-13-异丁酸酯	12-O-tigloyl-4α-deoxyphorbol-13-isobutanoate
6-O-惕各酰基堆心菊灵	6-O-tigloyl helenalin
12-O-惕各酰基佛波醇-13-(2-甲基) 丁酸酯	12-O-tigloyl phorbol-13-(2-methyl) butanoate
12-O-惕各酰基佛波醇-13-癸酸酯	12-O-tigloyl phorbol-13-decanoate

T

12-*O*-惕各酰基佛波醇-13-乙酸酯	12-*O*-tigloyl phorbol-13-acetate
12-*O*-惕各酰基佛波醇-13-异丁酸酯	12-*O*-tigloyl phorbol-13-isobutanoate
21-*O*-惕各酰基匙羹藤苷元	21-*O*-tigloyl gymnemagenin
8-惕各酰基脱乙酰基早蒙它宁	8-tigloyl desacetyl zomontanin
6β-惕各酰基氧化欧亚活血丹呋喃	6β-tigloyloxyglechomafuran
β-惕各酰颈花胺	β-tigloyl trachelantyamine
8-*O*-惕各酰巨大戟醇	8-*O*-tigloyl ingenol
惕各酰莨菪碱 (3β-惕各酰氧基托品烷、惕各酰伪托品碱)	tigloidine (3β-tigloyloxytropane, tigloyl pseudotropine)
12β-*O*-惕各酰牛奶藤苷元	12β-*O*-tigloyl tomentogenin
惕各酰豚草素 A、B	tigloyl cumambrins A, B
惕各酰托品因 (惕各酰托品因)	tigloyl tropeine
惕各酰陀罗碱 (惕各酰陀罗碱)	tigloyl meteloidine
惕各酰伪托品碱 (3β-惕各酰氧基托品烷、惕各酰莨菪碱)	tigloyl pseudotropine (3β-tigloyloxytropane, tigloidine)
N-惕各酰希尔卡尼亚黄杨碱	*N*-tigloyl buxahyrcanine
β-惕各酰仰卧天芥菜碱	β-tigloyl supinine
3-惕各酰氧-6-(2′-甲基丁酰氧基) 托品烷	3-tigloyloxy-6-(2′-methyl butyryloxy) tropane
3-惕各酰氧-6, 7-环氧托品烷	3-tigloyloxy-6, 7-epoxytropane
3-惕各酰氧-6-丙酰氧-7-羟基托品烷	3-tigloyloxy-6-propionyloxy-7-hydroxytropane
3-惕各酰氧-6-丙酰氧托品烷	3-tigloyloxy-6-propionyloxytropane
3-惕各酰氧-6-甲基丁酰氧托品烷	3-tigloyloxy-6-methyl butyryloxytropane
3-惕各酰氧-6-羟基托品烷	3-tigloyloxy-6-hydroxytropane
3-惕各酰氧-6-乙酰氧托品烷	3-tigloyloxy-6-acetoxytropane
3-惕各酰氧-6-异丁酰氧-7-羟基托品烷	3-tigloyloxy-6-isobutyryloxy-7-hydroxytropane
3-惕各酰氧-6-异丁酰氧托品烷	3-tigloyloxy-6-isobutyryloxytropane
5α-惕各酰氧代松香草宁-3-酮	5α-tigloyloxysilphinen-3-one
8β-惕各酰氧基-14-氧亚基-11β, 13-二氢刺苞菊内酯	8β-tigloyloxy-14-oxo-11β, 13-dihydroacanthospermolide
3α-惕各酰氧基-17-羟基-对映-贝壳杉-15-烯-19-酸	3α-tigloyloxy-17-hydroxy-*ent*-kaur-15-en-19-oic acid
3α-惕各酰氧基-2, 3-二氢泽兰素	3α-tigloyloxy-2, 3-dihydroeuparin
1α-惕各酰氧基-3α-乙酰氧基-7α-羟基-12α-乙氧基印楝波力宁	1α-tigloyloxy-3α-acetoxy-7α-hydroxy-12α-ethoxynimbolinin
1α-惕各酰氧基-3α-乙酰氧基-7α-羟基-12β-乙氧基印楝波灵素	1α-tigloyloxy-3α-acetoxy-7α-hydroxy-12β-ethoxynimbolinin
3α-惕各酰氧基-6, 7-二羟基托品烷	3α-tigloyloxy-6, 7-dihydroxytropane
3α-惕各酰氧基-6-异戊酰氧基-7-羟基托品烷	3α-tigloyloxy-6-isovaleroyloxy-7-hydroxytropane
3β-惕各酰氧基-6-异戊酰氧基-7-羟基托品烷	3β-tigloyloxy-6-isovaleroyloxy-7-hydroxytropane
3α-惕各酰氧基-9β-羟基-对映-贝壳杉-16-烯-19-酸	3α-tigloyloxy-9β-hydroxy-*ent*-kaur-16-en-19-oic acid
3α-惕各酰氧基-对映-贝壳杉-16-烯酸	3α-tigloyloxy-*ent*-kaur-16-enic acid
6α-惕各酰氧基卡斯苦木素 (6α-惕各酰氧基查帕苦树素)	6α-tigloyloxychaparrin

6α-惕各酰氧基卡斯苦木酮	6α-tigloyloxychaparrinone
6β-惕各酰氧基托品 -3α, 7β- 二醇	6β-tigloyloxytrop-3α, 7β-diol
(−)-6β- 惕各酰氧基托品 -3α- 醇	(−)-6β-tigloyloxytropane-3α-ol
(−)-3α- 惕各酰氧基托品 -6β- 醇	(−)-3α-tigloyloxytropan-6β-ol
3α- 惕各酰氧基托品烷	3α-tigloyloxytropane
3β- 惕各酰氧基托品烷 (惕各酰莨菪碱、惕各酰伪托品碱)	3β-tigloyloxytropane (tigloidine, tigloyl pseudotropine)
8α- 惕各酰氧基硬毛钩藤内酯 -13-O- 乙酸酯	8α-tigloyloxyhirsutinolide-13-O-acetate
3- 惕各酰印度楝醇	3-tigloyl azadirachtol
21- 惕各酰玉蕊皂醇 A～C	21-tigloyl barringtogenols A～C
惕各酰紫草素	tigloyl shikonin
惕压酚毒素 (亭牙毒素、波氏大戟毒素、巨大戟烯醇三乙酸酯波氏大戟毒素)	tinyatoxin
替包宁	timbonine
替告皂苷	tigonin
替告皂苷元 [(25R)-5α- 螺甾 -3β- 醇]	tigogenin [(25R)-5α-spirost-3β-ol]
替告皂苷元 -3-O-β-D- 吡喃木糖基 -β- 石蒜四糖苷	tigogenin-3-O-β-D-xylopyranosyl-β-lycotetraoside
替告皂苷元 -3-O-β-D- 吡喃葡萄糖苷	tigogenin-3-O-β-D-glucopyranoside
替告皂苷元 -3-O-β-D- 吡喃葡萄糖基 -(1→2)-β-D- 吡喃葡萄糖基 -(1→4)-β-D- 吡喃半乳糖苷	tigogenin-3-O-β-D-glucopyranosyl-(1→2)-β-D-glucopyranosyl-(1→4)-β-D-galactopyranoside
替告皂苷元 -3-O-β-D- 吡喃葡萄糖基 -(1→4)-β-D- 吡喃半乳糖苷	tigogenin-3-O-β-D-glucopyranosyl-(1→4)-β-D-galactopyranoside
替告皂苷元 -3-O-β-D- 卢科三糖苷	tigogenin-3-O-β-D-lucotrioside
替告皂苷元四糖苷	tigogenin tetraoside
替告皂苷元酮	tigogenone
替哌 (四乙烯五胺)	TEPA (tetraethylene pentamine)
替普拉替尼	tiplaxtinin
替替佛灵环氧当归酸酯	tithifolinepoxyangelate
嚏根草醇	hellebrigenol
嚏根草毒素	helleborin
嚏根草苷 (铁筷子素)	corelborin (hellebrin)
嚏根草苷元 (华蟾蜍素、蟾蜍它里定、蟾毒它里定、铁筷子苷元)	gellebrigenin (bufotalidin, hellebrigenin)
嚏根草碱	veratrin
嚏根草灵 (嚏根草毒苷)	helleborein
嚏木宁 (卡瑞宁)	karenin
嚏木色烯醇 (波特色酚)	ptaerochromenol (pterochromenol)
DL- 天冬氨酸	DL-aspartic acid
D- 天冬氨酸	D-aspartic acid
L- 天冬氨酸	L-aspartic acid

T

天冬氨酸 1- 甲酯	1-methyl L-aspartate
天冬氨酸 (天门冬氨酸、门冬氨酸、天门冬酸)	asparagic acid (aspartic acid)
天冬氨酸吡哆醇	pyridoxine aspartate
天冬氨酸钙	calcium aspartate
天冬氨酸钾	potassium aspartate
天冬氨酸钾镁	potassium magnesium aspartate
天冬氨酸镁	magnesium aspartate
天冬氨酸甜菜碱	betaine aspartate
天冬氨酸亚铁 (门冬氨酸亚铁)	ferrous aspartate
天门冬氨酸 β- 酰胺 (α- 氨基琥珀酰胺酸、天冬酰胺、门冬酰胺、天门冬酰胺)	aspartic acid β-amide (α-aminosuccinamic acid, asparamide, asparagine)
天冬氨酰	aspartyl
天冬苷 A～D、B$_1$、B$_2$	asparasides A～D, B$_1$, B$_2$
天冬碱 A	asparagamine A
天冬菌素	aspartocin
天冬宁 A～D、B$_1$～B$_9$	asparanins A～D, B$_1$～B$_9$
DL- 天冬酰胺	DL-asparagine
D- 天冬酰胺	D-asparagine
L- 天冬酰胺 (L- 天门冬酰胺、L- 门冬酰胺)	L-asparagine
β- 天冬酰胺 (β- 天门冬酰胺、β- 门冬酰胺)	β-asparagine
天冬酰胺 (门冬酰胺、天冬酰胺、天门冬氨酸 β- 酰胺、α- 氨基琥珀酰胺酸)	asparagine (asparamide, aspartic acid β-amide, α-aminosuccinamic acid)
天胡荽苷 Ⅰ～Ⅶ	hydrocotylosides Ⅰ～Ⅶ
天胡荽皂苷 A～F	hydrocosisaponins A～F
天花病毒肽 A～E	varv peptides A～E
天花粉蛋白	trichosanthin
β- 天花粉蛋白	β-trichosanthin
天芥菜定	heliotridine
天芥菜苷 (太阳草苷)	helioside
天芥菜碱	heliotrine
天芥菜品碱 (平卧天芥菜品碱)	heliosupine
天芥菜品碱 N- 氧化物	heliosupine N-oxide
天芥菜属碱	heliotropium base
天芥菜酮 A、B	heliotropinones A, B
天芥菜酰胺	heliotropamide
天芥牛眼菊内酯	heliobuphthalmin lactone
天葵苷	semiaquilinoside
天葵碱 A	semiaquilegine A
(Z)- 天葵素	(Z)-semiaquilegin
天葵萜苷 A	semiaquilegoside A

(*E*)- 天葵子素 A	(*E*)-semiaquilegin A
天蓝续断苷 (川续断皂苷、续断皂苷) A～K	dipsacus saponins (dipsacosides, asperosaponins) A～K
天料木酚苷 A、B	cochinchisides A, B
天料木灵	holaline
天料木内酯	cochinolide
天料木内酯 -β- 吡喃葡萄糖苷	cochinolide-β-glucopyranoside
天料木辛	homalicine
天麻胺	gastrodamine
天麻酚 A	gastrol A
天麻呋喃二酮	gastrofurodione
天麻醚苷 [双 (4- 羟苄基) 醚 - 单 -β-D- 吡喃葡萄糖苷]	gastrodioside [bis (4-hydroxybenzyl) ether-mono-β-D-glucopyranoside]
天麻素	gastrodin
天麻素苷元	gastrodigenin
天卖烯	teurilene
天门冬氨酸 (门冬氨酸、天冬氨酸、天门冬酸)	aspartic acid (asparagic acid)
天门冬氨酸 β- 酰胺 (天冬酰胺、门冬酰胺、天门冬酰胺、α- 氨基琥珀酰胺酸)	aspartic acid β-amide (asparamide, asparagine, α-aminosuccinamic acid)
天门冬多糖 (天冬多糖) A～D	asparagus polysaccharides A～D
天门冬呋甾苷 L～P	aspacochinosides L～P
天门冬苷元 (天门冬柯素) A、B	asparacosins A, B
天门冬柯苷 (天门冬苷)	asparacoside
天门冬素 G、H	gurillins G, H
天门冬酸 *anti-S*- 氧化物甲酯	asparagusic acid *anti-S*-oxide methyl ester
天门冬酸 *syn-S*- 氧化物甲酯	asparagusic acid *syn-S*-oxide methyl ester
天门冬烯炔 (石刁柏素)	asparenyn
天门冬烯炔二酚	asparenydiol
天门冬烯炔酚 (石刁柏素醇)	asparenyol
天门冬皂苷 A～P	aspacochiosides A～P
天名精佛术烷 A、B	carperemophilanes A, B
天名精内酯 A、B	carabrolactones A, B
天名精内酯醇	carabrol
天名精内酯醇 -4-*O*- 亚油酸酯	carabrol-4-*O*-linoleate
天名精内酯醇 -4-*O*- 棕榈酸酯	carabrol-4-*O*-palmitate
天名精塞内酯	carpesia lactone
天名精素	carpesiolin
天名精酮 (天名精内酯酮、卡拉布酮)	carabrone
天名精烷	carabrane
天名精亚胺 A～C	carpesiumaleimides A～C
天名精愈创木内酯 A～E	caroguaianolides A～E

T

天目地黄苷 A～E	rehmachingiiosides A～E
天目金粟兰醇	tianmushanol
天目藜芦碱	tiemulilumine
天目藜芦宁碱	tiemuliluminine
天青	azure
天青树脂	azuresin
天然鞘丝藻酰胺 A、B	itralamides A, B
天然香菇嘌呤	D-eritadenine
天人菊内酯	haillardin
天人菊素 (美丽天人菊内酯、美丽相思子素) A～C、PⅠ～PⅣ	pulchellins A～C, P I ～P Ⅳ
天人菊素 -2α-O-巴豆酸酯	pulchellin-2α-O-tiglate
天山翠雀宁碱	tianshanine
天山翠雀辛碱	tianshanisine
天山棱子芹素	lindleyanin
天山龙胆碱 (十字龙胆碱)	gentiocrucine
天山囊吾醇	narynenol
天师栗酸	wilsonic acid
天师酸	tianshic acid
天台乌药酸	linderic acid
天仙藤辛碱	fibercisine
天仙藤皂素	fibrarecisin
L-天仙子胺	L-hyoscyamine
天仙子胺 (莨菪碱)	hyoscyamine (daturine, duboisine, cytospaz)
天仙子胺 N-氧化物	hyoscyamine N-oxide
天仙子苷 E～G	hyoscyamosides E～G
天仙子碱 (东莨菪碱、莨菪胺)	hyoscine (scopolamine)
天仙子碱 N-氧化物	hyoscine N-oxide
天仙子苦苷	hyospicrin
天仙子灵	hyosgerin
天仙子明	hyosmin
天仙子内醚醇 (莨菪内半缩醛)	hyoscyamilactol
天仙子醛	hyoscyamal
天仙子酰胺	hyoscyamide
天竺葵 -3-葡萄糖苷	geranium-3-glucoside
天竺葵 -3-鼠李糖葡萄糖苷	geranium-3-rhamnose glucoside
天竺葵 -3-乙酰基葡萄糖苷	geranium-3-acetyl glucoside
天竺葵醛 (壬醛)	pelargonaldehyde (nonaldehyde, nonyl aldehyde, nonanal)

天竺葵酸 (壬酸)	pelargonic acid (nonanoic acid)
天竺葵酸乙酯	pelargonic acid ethyl ester
田方骨六醇素	donhexocin
田方骨宁	goniodonin
田方骨七醇素	donhepocin
田方骨四醇素	donbutocin
田方骨素 (唐娜哥纳香素)	donnaienin
田方骨素 (唐娜哥纳香素) A～D	donnaienins A～D
田基黄酚	sarothranol
田基黄苷 (白前苷 B、芫花叶白前苷 B)	vincetoxicoside (glaucoside) B
田基黄棱素 A～D	sarothralens A～D
田基黄灵素 (沙诺赛林)	sarothralin
田基黄灵素 G	sarothralin G
田基黄内酯	grangolide
田基黄双酮素 (田基黄双𠮷酮素、巴西红厚壳地耳草醇) A～D	jacarelhyperols A～D
田基黄𠮷酮苷 (田基黄酮苷)	japonicaxanthoneside
田菁酰亚胺 A～C	sesbanimides A～C
20 (R/S)-田七皂苷 Ft$_1$	20 (R/S)-notoginsenoside Ft$_1$
田七皂苷 R$_1$	notoginsenoside R$_1$
田头菇素	agrocybin
甜菜二氢黄酮 (甜菜加灵)	betagarin
甜菜苷 (甜菜紫宁)	betanin (phytolaccanin)
甜菜苷硫酸酯	betanin sulfate
甜菜花青素	betacyanin
甜菜黄素 (甜菜黄质)	betaxanthin
甜菜碱 (甘氨酸甜菜碱、三甲铵乙内盐、氧化神经碱)	betaine (lycine, glycocoll betaine, oxyneurine, glycine betaine)
甜菜碱 (甘氨酸甜菜碱、三甲铵乙内盐、氧化神经碱)	lycine (betaine, glycocoll betaine, oxyneurine, glycine betaine)
甜菜灵	betavulgarin
甜菜醛氨酸	betalanic acid
甜菜素 (甜菜紫定)	betanidin
甜菜素 -5-O-β-D- 葡萄糖苷	betanidin-5-O-β-D-glucoside
甜菜素 -6-O-β-D- 葡萄糖苷	betanidin-6-O-β-D-glucoside
甜菜素 -6-O-β- 槐糖苷	betanidin-6-O-β-sophoroside
甜菜皂苷 I～X	betavulgarosides I～X
甜菜紫宁 (甜菜苷)	phytolaccanin (betanin)
甜茶皂苷 R$_1$	sauvissimoside R$_1$

T

甜橙碱 I 、 II	citrusinines I , II
α- 甜橙醛	α-sinensal
β- 甜橙醛	β-sinensal
甜橙素 (5, 6, 7, 3′, 4′- 五甲氧基黄酮、橙黄酮、甜橙黄酮、胡麻素盘甲基醚)	sinensetin (5, 6, 7, 3′, 4′-pentamethoxyflavone, pedalitin permethyl ether)
甜醇 (卫矛醇)	dulcitol
甜瓜苷 A ～ L	melosides A ～ L
甜核树醇 (澳桑醇、四甲基环癸二烯甲醇)	hedycaryol (tetramethyl cyclodecadienmethanol)
甜菊醇	steviol
甜菊苷 (蛇菊苷、甜叶菊苷、卡哈苡苷)	stevioside
甜菊双糖苷	steviolbioside
甜没药姜黄醇	bisacurol
甜没药姜黄酮 A ～ C	bisacurones A ～ C
甜没药姜黄酮环氧化物	bisacurone epoxide
甜山竹子黄烷	dulcisflavan
甜山竹子𠮿酮 A ～ F	dulcisxanthones A ～ F
甜蛇草素	hernandulcin
甜绣球酚 A 、 B	hydramacrophyllols A, B
甜杨梅酮	porson
甜叶苷 (卫矛醇苷) A 、 B	dulcosides A, B
甜叶菊苷 (瑞宝甜菊苷、莱苞迪苷) A ～ N	rebaudiosides A ～ N
甜叶菊素 A ～ H	sterebins A ～ H
甜周围假雄蕊素 A ～ C	periandradulcins A ～ C
甜竹𠮿酮 A ～ D	dulxanthones A ～ D
条裂续断苷 I ～ VI	laciniatosides I ～ VI
条纹碱	vittatine
条叶红景天苷	rodiolinozide
条叶蓟素 (去甲线叶蓟尼酚、去甲中国蓟醇)	cirsiliol
蒨蕨素 A	selligueain A
萜醇	terpene alcohol
萜二醇 (1, 8- 萜烯二醇、双戊二醇、1, 8-*p*- 松油二醇)	terpin (1, 8-terpenediol, dipenteneglycol, 1, 8-*p*-menthanediol)
(–)- 萜品 -4- 醇	(–)-terpinen-4-ol
(*R*)-4- 萜品醇	(*R*)-terpinen-4-ol
γ- 萜品油烯	γ-terpinolene
萜品油烯 (异松香烯、异松油烯)	terpinolene
萜醛	terpene aldehyde
1, 8- 萜烯二醇 (萜二醇、双戊二醇、1, 8-*p*- 松油二醇)	1, 8-terpenediol (terpin, dipenteneglycol, 1, 8-*p*-menthanediol)
萜烯苷	terpenoid glycoside
铁	iron

铁传递蛋白 A～E	transferrins A～E
铁刀木二色原酮 A	chrobisiamone A
铁刀木灵碱 A、B	cassiarines A, B
铁刀木明碱	siamine
铁刀木宁碱 A～C	siaminines A～C
铁刀木素 A～C	cassiamins A～C
铁冬青苷 A～D	rotundinosides A～D
铁冬青吉苷	rotungenoside
铁冬青吉酸	rotungenic acid
铁冬青尼酸	rutundanonic acid
铁冬青素	ilexrotunin
铁冬青酸 (救必应酸)	rotundic acid
铁冬青酸-28-*O*-α-D-吡喃葡萄糖基-(1→6)-β-D-吡喃葡萄糖苷	rotundic acid-28-*O*-α-D-glucopyranosyl-(1→6)-β-D-glucopyranoside
铁冬青酸-3, 23-缩丙酮	rotundic acid-3, 23-acetonide
铁冬青酸-3, 23-异丙叉酮缩醇	rotundic acid-3, 23-isopropylidene
铁冬青萜苷 A、B	rotundarpenosides A, B
铁冬青皂酸 (铁冬青诺酸)	rotundanonic acid
铁箍散素 A～N	tiegusanins A～N
铁箍散辛 A～C	sinensisins A～C
铁海棠碱 A～M	milliamines A～M
铁脚草灵	kusnesoline
铁筷子苷	desglucohellebrin
铁筷子苷元 (华蟾蜍素、蟾蜍它里定、蟾毒它里定、嚏根草苷元)	hellebrigenin (bufotalidin, gellebrigenin)
铁筷子苷元-3-*O*-β-D-吡喃葡萄糖苷	hellebrigenin-3-*O*-β-D-glucopyranoside
铁筷子碱	helleborine
铁筷子属碱 V	helleborus base V
铁筷子素 (嚏根草苷)	hellebrin (corelborin)
铁榄醛 (铁木桉醛) A～C	sideroxylonals A～C
铁力木醇	mesuafenol
铁力木酚 (铁力木苦素)	mesuol
铁力木精	mesuagin
铁力木任 A～C	mesuaferrins A～C
铁力木素	mesuarin
铁力木酸	mesuanic acid
铁力木酮 (铁力木双黄酮) A、B	mesuaferrones A, B
铁力木𠮿酮 A、B	mesuaxanthones A, B
铁力木酮醇	mesuaferrol
铁力木酮酚 A、B	mesuferrols A, B

T

铁力木香酚 A	ferruol A
铁力木新吡酮	ferrxanthone
铁力木因 (铁力木黄酮二糖苷)	mesuein
铁木桉素	sideroxylin
铁皮石斛素 A～U	dendrocandins A～U
铁破锣皂苷 Ⅰ～Ⅳ	beesiosides Ⅰ～Ⅳ
铁破锣皂苷 O、P	beesiosides O, P
铁青树三萜苷	olaxoside
铁色素 A	ferrichrome A
铁杉灵芝苷 (松杉灵芝苷) A～C	tsugariosides A～C
铁杉生木齿菌素 A～M	tsugicolines A～M
铁杉缩醛	tsugacetal
α-铁杉脂素	α-conidendrin
铁屎米-16-酮-14-丁酸	canthin-16-one-14-butanoic acid
铁屎米-6-酮 (铁屎米酮)	canthin-6-one (canthinone)
铁屎米-6-酮-1-O-[2-β-D-芹糖基-6-O-(3-羟基-3-甲基戊二酰)]-β-D-吡喃葡萄糖苷	canthin-6-one-1-O-[2-β-D-apiofuranosyl-6-O-(3-hydroxy-3-methyl glutaroyl)]-β-D-glucopyranoside
铁屎米-6-酮-1-O-[6-O-(3-羟基-3-甲基戊二酰)]-β-D-吡喃葡萄糖苷	canthin-6-one-1-O-[6-O-(3-hydroxy-3-methyl glutaroyl)]-β-D-glucopyranoside
铁屎米-6-酮-1-O-β-D-芹糖基-(1→2)-β-D-吡喃葡萄糖苷	canthin-6-one-1-O-β-D-apiofuranosyl-(1→2)-β-D-glucopyranoside
铁屎米酮 (铁屎米-6-酮)	canthinone (canthin-6-one)
铁苋菜定 M_1	acalyphidin M_1
铁苋菜素 (鸡桑素)	australisin
铁苋碱	acalyphine
铁线蕨-5-烯-3α-醇	adian-5-en-3α-ol
铁线蕨酮	adiantone
铁线蕨烯	adianene
5-铁线蕨烯-臭氧化物	adian-5-en-ozonide
铁线蕨叶唐松草碱 (铁线蕨叶碱)	adiantifoline
铁线莲醇	clemateol
铁线莲酚 A	clemaphenol A
铁线莲苷 A～S	clematosides A～S
铁线莲内酯苷 A、B	clemochinenosides A, B
铁线莲亭	clematine
铁线莲脂素 A、B	clemastanins A, B
铁锈醇 (弥罗松酚、锈色罗汉松酚)	ferruginol
铁锈素 A～C	ferruginins A～C
铁血箭碱 (O-去甲基加兰他敏)	sanguinine (O-demethyl galanthamine)
铁氧化还原蛋白	ferredoxin

铁仔苷 A、B	myrsinosides A, B
铁仔黄酮 A、B	myrsininones A, B
铁仔酸 B～F	myrsinoic acids B～F
铁仔酮 (铁仔醌)	myrsinone
铁仔烯	myrsinene
铁仔香堇苷 (密花树香堇苷) A～E	myrsinionosides A～E
铁仔皂苷	myrsine saponin
铁樟素 (优西得灵) A、N	eusiderins A, N
铁轴草素 A、B	teuquadrins A, B
呫吨 {氧杂蒽、𠮿烯、二苯并 [b, e] 吡喃}	xanthene {dibenzo [b, e] pyran}
呫苏米黄素 (黄姜味草醇、5, 4'-二羟基-6, 7, 8-二甲氧基黄酮)	xanthomicrol (5, 4'-dihydroxy-6, 7, 8-trimethoxyflavone)
廷子蔍碱	triostein
亭柯利碱	tinctorine
庭荠叶香科酮	alysifolinone
庭芥欧夏至草苷	alyssonoside
葶苈胺 A	lepidiumamide A
葶苈苷	drabanemoroside
挺茎遍地金素 A、B	hypelodins A, B
通草甾苷 A、B	tetrapanosides A, B
通城虎碱苷	fordianoside
通关苷元 (通光藤索苷元)	tenasogenin
通关素 (通光藤西苷元)	tenacissigenin
通关藤苷 A～H、X	tenacissosides A～H, X
通关藤苷元 A～C	tenacigenins A～C
通光藤次苷 A～I、A_1～A_{12}、B_1～B_{17}	marstenacissides A～I, A_1～A_{12}, B_1～B_{17}
通光藤次苷元 A、B	marstenacigenins A, B
通光藤精苷 A～K	tenacigenosides A～K
通光藤莫苷 A～J	tenacissimosides A～J
通宁草素 (莲花菰素) A、B	thonningianins A, B
通泉草皂苷 Ⅰ～Ⅳ	mazusaponins Ⅰ～Ⅳ
通脱木苷	papyrigenin
通脱木皂苷 L-Ⅱa～L-Ⅱd	papyriosides L-Ⅱa～L-Ⅱd
通脱木皂苷 LA～LH	papyriosides LA～LH
通脱木皂苷元 (通脱木苷元) A～J、A_1、A_2	papyriogenins A～J, A_1, A_2
同瓣草属碱	isotoma base
同截尾海兔抑素 3、16	homodolastatins 3, 16
同石树花酸	homosekikaic acid
同心结林碱	spiraline
同心结林碱 -N-氧化物	spiraline-N-oxide

同心结尼定	parsonsianidine
同心结尼定-N-氧化物	parsonsianidine-N-oxide
同心结宁碱	parsonsianine
同心结宁碱-N-氧化物	parsonsianine-N-oxide
同心结辛碱	parsonsine
莴蒿倍半萜醇 A、B	vulgarons A, B
莴蒿素	tonghaosu
桐花树素	aegicerin
桐棉对酮	thespesone
桐棉苷 (杨属苷)	populnin
桐棉邻酮 (桐棉酮)	thespone
桐棉素	populnein
桐棉烯 A～H	populenes A～H
桐棉烯酮	thespesenone
桐木素	simplidin
桐酸	eleostearic acid
β-桐酸	β-eleostearic acid
α-桐酸 (α-十八碳三烯酸)	α-eleostearic acid (α-octadecatrienoic acid)
桐叶千金藤地辛碱 (阿可那宁碱)	aknadicine
桐油精	eleostearin
α-桐油精	α-eleostearin
铜绿假单胞菌碱 Ⅶ、Ⅸ	pseudanes Ⅶ, Ⅸ
铜钱树辛 A～D	hemsines A～D
铜色树碱 (羟基金鸡纳宁)	cupreine (hydroxycinchonine)
铜色树宁碱	remijinine
铜锈微囊藻素 98A、98B、102A、102B、103A、205A、205B、298A	aeruginosins 98A, 98B, 102A, 102B, 103A, 205A, 205B, 298A
铜锈微囊藻肽 A	microcystilide A
铜锈微囊藻酰胺	aeruginosamide
4-酮-6β-羟基齐墩果-12-烯-28-酸	4-one-6β-hydroxyolean-12-en-28-oic acid
3-酮-6β-羟基齐墩果-18-烯-28-酸	3-one-6β-hydroxyolean-18-en-28-oic acid
2-酮-8β-异丁烯酰氧基-10α-羟基愈创木-3, 11 (13)-二烯-6α, 12-内酯	2-one-8β-methacryloxy-10α-hydroxyguaia-3, 11 (13)-dien-6α, 12-olide
2-酮-8β-异丁烯酰氧基-10β-羟基愈创木-3, 11 (13)-二烯-6α, 12-内酯	2-one-8β-methacryloxy-10β-hydroxyguaia-3, 11 (13)-dien-6α, 12-olide
2-酮-8β-异丁烯酰氧基愈创木-1 (10), 3, 11 (13)-三烯-6α, 12-内酯	2-one-8β-methacryloxyguaia-1 (10), 3, 11 (13)-trien-6α, 12-olide
6-甲酮基-硬脂酰绒白乳菇缩醛	6-keto-stearoyl velutinal
D-酮酸	D-eleostearic acid
α-酮戊二酸	α-ketoglutaric acid

酮戊二酸钙	calcium 2-oxoglutarate
(+)-筒箭毒碱	(+)-tubocurarine
筒鞘蛇菰素	balanoinvolin
头孢霉芽菌素	aphidicolin
头孢枝顶孢霉醇 A～E	cephaibols A～E
头花杯苋甾酮 (头花蒽草甾酮)	capitasterone
头花杜鹃素 I	capitatin I
头花千金藤胺 (金线吊乌龟胺、顶花防己胺)	cepharamine
头花千金藤醇灵碱 (金线吊乌龟诺林碱)	cepharanoline
头花千金藤二酮 (金线吊乌龟二酮碱) A、B	cepharadiones A, B
头花千金藤碱 (金线吊乌龟碱、西法安生、千金藤素、豆花藤碱)	cepharanthine
头花千金藤碱-2α-N-氧化物	cepharanthine-2α-N-oxide
头花千金藤碱-2′α-N-氧化物	cepharanthine-2′α-N-oxide
头花千金藤碱-2β-N-氧化物	cepharanthine-2β-N-oxide
头花千金藤碱-2′β-N-氧化物	cepharanthine-2′β-N-oxide
头花千金藤酮 A、B	cepharanones A, B
头花银背藤素 A～C	arcapitins A～C
头蕊兰吲哚碱 A～C	cephalandoles A～C
(−)-头序千金藤宁	(−)-crebanine
头序千金藤宁 (克班宁、克列班宁)	crebanine
头序千金藤宁 N-氧化物 (克列班宁 N-氧化物)	crebanine N-oxide
头状丰花草碱	borrecapine
头状花耳草碱	capitelline
头状花耳草醌 A～D	capitellataquinones A～D
头状山香酸 A、B	hyptatic acids A, B
头状秃马勃素	craniformin
透孢黑团壳素 A、B	massarinolins A, B
透骨草洛醇	phrymarol
透骨草素 I、II	phrymarins I, II
透骨草脂素 I、II	phrymarolins I, II
透骨草脂素苷 A	haedoxancoside A
透骨木脂素 A～J	haedoxans A～J
透明居木苷 A、B	hyalodendrosides A, B
透明质酸	hyaluronic acid
透明质酸钾盐	hyaluronic acid potassium salt
透明质酸酶	hyaluronidase
凸边胡椒酚 A～D	gibbilimbols A～D
凸花冠素 (葡萄瓮素) A、B	cyphostemmins A, B
凸尖羊耳菊内酯 A～D、B_1、B_2	incaspitolides A～D, B_1, B_2

T

秃疮花碱	dicranostigmine
秃疮花酮	dicranostigmone
秃灰毛豆素 A～D	glabrins A～D
秃毛冬青素 I	glaberide I
秃毛冬青素 I -4-*O*-β-D-吡喃葡萄糖苷	glaberide I -4-*O*-β-D-glucopyranoside
秃毛冬青素 I -4-*O*-β-D-呋喃芹糖基-(1→2)-β-D-吡喃葡萄糖苷	glaberide I -4-*O*-β-D-apiofuranosyl-(1→2)-β-D-glucopyranoside
突触后神经毒素	postsynaptic toxin
β-突厥蔷薇酮 (β-突厥酮)	β-damascone
突厥蔷薇酮 (突厥酮)	damascone
(*E*)-β-突厥蔷薇烯酮	(*E*)-β-damascenone
β-突厥蔷薇烯酮 (β-大马酮)	β-damascenone
突厥蔷薇烯酮 (大马酮)	damascenone
突脐蠕孢内酯 D、F	exserolides D, F
图腊树碱	galipeine
图腊树宁碱	galipinine
图利迪纳酚 B₁、B₂	tullidinols B₁, B₂
图马科苷 A	tumacoside A
图马曲酮	tumaquenone
图维诺原漆酚 A、B	thouvenols A, B
土贝母苷甲～戊 (土贝母糖苷 I ～V)	tubeimosides I ～V
土波台文碱 (管花多果树文碱、托布台碱)	tubotaiwine
土波台文碱 *N*-氧化物	tubotaiwine *N*-oxide
土布洛素 (土布洛生)	tubulosine
土沉香毒	excoecariatoxin
土大黄苷 (食用大黄苷)	rhapontin (rhaponticin)
土大黄素	chrysaron
土大黄氧苷 A～H	rhaponticosides A～H
土当归皂苷 A～F	udosaponins A～F
土丁桂灵	evoline
土丁桂色原酮	alsinoideschromone
土丁桂酮苷 (土丁桂苷) B～E	evolvosides B～E
土耳其没食子鞣质	turkish gallotannin
(+)-土耳其雪花莲碱	(+)-plicamine
(–)-土耳其耶宁	(–)-turkiyenine
土茯苓苷	tufulingoside
土谷乌头碱	tuguaconitine
土瓜狼毒灵 (多育镰孢素) A～D	proliferins A～D
土瓜狼毒素 A～J	euphorbiaproliferins A～J
土瓜药喇叭素 I～X	tuguajalapins I～X

土槿戊酸	pseudolario acid
土荆芥苷	ambroside
土荆芥碱 A～D	chenopodiumamines A～D
土荆芥酮	aritasone
土荆芥油素 (蛔虫素、驱蛔素、驱蛔脑)	ascarisin (ascaridol, ascaridole)
土荆皮丙二酸 (土荆皮酸 C_2、去甲基土荆皮酸 B)	pseudolaric acid C_2 (demethyl pseudolaric acid B)
土荆皮苷 A	pseudolaroside A
土荆皮内酯 (金钱松内酯) A～I	pseudolarolides A～I
土荆皮酸 A～H (土荆皮甲酸～辛酸)、土荆皮酸 A_2、B_2、B_3	pseudolaric acids A～H, A_2, B_2, B_3
土荆皮酸 A-O-β-D-吡喃葡萄糖苷 (土荆皮甲酸苷)	pseudolaric acid A-O-β-D-glucopyranoside
土荆皮酸 B-O-β-D-吡喃葡萄糖苷 (土荆皮乙酸苷)	pseudolaric acid B-O-β-D-glucopyranoside
土荆皮酸甲酯 A、B	methyl pseudolarates A, B
土克甾酮 (突厥斯坦筋骨草甾酮)	turkesterone
土连翘宁碱	hymenodictyonine
土连翘亭	hymenodictine
土麦冬皂苷 (留兰香苷) A、B	spicatosides A, B
土麦冬皂苷 A 原皂苷元 I～III	spicatoside A prosapogenins I～III
土蜜树碱	bridelonine
土蜜树酮	bridelone
土蜜树香堇苷 A～C	bridelionosides A～C
土莫酸 (丘陵多孔菌酸、16α-羟基齿孔酸)	tumulosic acid (16α-hydroxytumulosic acid)
土莫酸甲酯	methyl tumulosate
土木香醇	alantol
土木香苦素	alantopicrin
土木香灵 (堆心菊灵)	helenalin
土木香脑 (土木香内酯)	helenine (alantolactone)
土木香内酯 (土木香脑)	alantolactone (helenine)
土木香素	adaptinol
土木香酸	alantolic acid
土杷辛	tubispacine
土青木香烷	aristolane
土青木香烯醇 (马兜铃烯醇)	aristolenol
土青木香烯酮 (土青木香烯酮)	aristolenone
土曲霉二酮	asterredione
土曲霉醌 CT1～CT5、SU5228、SU5500、SU5501、SU5503	asterriquinones CT1～CT5, SU5228, SU5500, SU5501, SU5503
土曲霉醌单乙酸酯	asterriquinone monoacetate
土曲霉内酯 A～D	terreulactones A～D
土曲霉酸甲酯	methyl asterrate

土曲霉肽	terpeptin
土曲霉萜素 A、B	asperterpenes A, B
土屈新碱	struxie
土人参碱 (爪哇土人参碱) A、B	javaberines A, B
土日辛	turicine
土杉酚 A~H	inumakiols A~H
土杉内酯 A~E	inumakilactones A~E
土杉内酯 A-15-*O*-β-D- 葡萄糖苷	inumakilactone A-15-*O*-β-D-glucoside
土杉内酯 A 葡萄糖苷	inumakilactone A glucoside
土坛树苷 A~C	salviifosides A~C
土藤碱 (风龙宁碱)	tuduranine
土味菌素	geosmin
土西酮酯	toxylangelate
土樟胺	cinnaretamine
吐根胺	ipecamine
吐根定	emetoidine
吐根酚碱 (九节因、二氢九节碱、去甲吐根碱)	cephaeline (dihydropsychotrine, demethyl emetine)
吐根酚碱甲醚 (吐根碱、依米丁)	cephaeline methyl ether (emetine)
吐根酚碱盐酸盐	cephaeline hydrochloride
吐根碱 (依米丁、吐根酚碱甲醚)	emetine (cephaeline methyl ester)
吐萝定 (12- 甲氧基萝芙木定碱)	vomalidine
吐烟花苷	pellioniareside
吐叶素	vomifoline
兔唇花灵	lagochiline
兔儿风内酯 A	ainsliaolide A
兔儿风内酯苷	ainslioside
兔儿风属苷 A、B	ainsliasides A, B
兔儿伞碱	syneilesine
兔儿尾苗苷 A、B	longifoliosides A, B
兔耳草索苷 A~E	lagotisosides A~E
兔耳草托苷 B、C	lagotosides B, C
兔毛蒿素	filifolin
菟葵素 -β-D- 龙胆二糖苷	eranthin-β-D-gentiobioside
菟丝子胺	cuscutamine
菟丝子多糖 -A~C、H$_2$、H$_3$、H$_6$	cuchinposas-A~C, H$_2$, H$_3$, H$_6$
菟丝子苷 A~D	cuscutosides A~D
菟丝子木脂醇 A~C	cuscutaresinols A~C
菟丝子树脂苷 A	cuscutic resinoside A
菟丝子酸 A~D、A$_1$~A$_3$	cuscutic acids A~D, A$_1$~A$_3$

菟丝子糖酯 1～12	cuses 1～12
团花苷 (团花树苷) A、B	kelampayosides A, B
团花碱 (卡丹宾、卡丹宾碱)	cadambine
团花林碱	anthocephaline
团花钦碱 A、B	neolamarckines A, B
团花属碱	anthocephalus base
团花酸 (团花苷元酸)	cadambagenic acid
团花辛碱 A	anthocephalusine A
α-蜕皮激素 (α-蜕皮素)	α-ecdysone
β-蜕皮激素 (蜕皮甾酮、β-蜕皮素、20-羟基蜕皮激素、水龙骨素 A)	β-ecdysone (ecdysterone, 20-hydroxyecdysone, polypodine A)
β-蜕皮激素 -2-乙酸酯	β-ecdysone-2-acetate
24 (28)-蜕皮甾酮	24 (28)-ecdysterone
蜕皮甾酮 (β-蜕皮激素、β-蜕皮素、20-羟基蜕皮激素、水龙骨素 A)	ecdysterone (β-ecdysone, 20-hydroxyecdysone, polypodine A)
蜕皮甾酮 -2, 3-单丙酮化物	ecdysterone-2, 3-monoacetonide
蜕皮甾酮 -20, 22-单丙酮化物	ecdysterone-20, 22-monoacetonide
蜕皮甾酮 -22-O-β-D-吡喃葡萄糖苷	ecdysterone-22-O-β-D-glucopyranoside
蜕皮甾酮 -3-O-β-D-吡喃葡萄糖苷	ecdysterone-3-O-β-D-glucopyranoside
褪黑激素 (褪黑素、美拉通宁、N-乙酰基 -5-甲氧基色胺)	melatonin (melatonine, N-acetyl-5-methoxytryptamine)
豚草素	ambrosin
豚草素 A	cumambrin A
豚叶头刺草定	ambrosidine
托苞地钱素 B	paleatin B
托克皂苷元 -L-O-β-D-吡喃葡萄糖苷	tokorogenin-L-O-β-D-glucopyranoside
托里阿魏醇	fekrol
托里阿魏诺醇	fekrynol
托里阿魏诺醇乙酸酯	fekrynol acetate
托里阿魏素	ferukrin
托马酮 A～H	tomoeones A～H
托品碱	tropine
DL-托品酸	DL-tropic acid
托品酸	tropic acid
托品酮 (莨菪酮)	tropinone
托品烷 -3α, 6β-二醇	tropane-3α, 6β-diol
3-托品酰氧 -6, 7-环氧去甲托品烷	3-tropoyloxy-6, 7-epoxynortropane
3-托品酰氧 -6, 7-环氧托品烷	3-tropoyloxy-6, 7-epoxytropane
2-托品酰氧 -6-惕各酰氧基托品烷	3-tropoyloxy-6-tigloyloxytropane
3-托品酰氧 -6-乙酰氧基托品烷	3-tropoyloxy-6-acetoxytropane

T

3-托品酰氧-6-异丁酰氧基托品烷	3-tropoyloxy-6-isobutyryloxytropane
3α-托品酰氧基-6β-异戊酰氧基托品烷	3α-tropoyloxy-6β-isovaleroyloxytropane
3β-托品酰氧基-6β-异戊酰氧基托品烷	3β-tropoyloxy-6β-isovaleroyloxytropane
3-托品酰氧托品烷	3-tropoyloxytropane
托品因	tropeine
托氏海绵甾醇 E_1	topsentisterol E_1
托烷醇	tropanol
托亚埃 (榧黄酮洛苷) Ⅰ、Ⅱ	torreyaflavonolosides Ⅰ, Ⅱ
拖鞋状石斛素	moscatin
拖鞋状石斛素 (2, 5-二羟基-4-甲氧基菲)	moscatin (2, 5-dihydroxy-4-methoxyphenanthrene)
5′-脱-*O*-甲基高三尖杉酯碱	5′-des-*O*-methyl homoharringtonine
5′-脱-*O*-甲基三尖杉酯碱	5′-des-*O*-methyl harringtonine
脱苯基苦石松任	debenzoyl alopecurine
脱肠草素 (治疝草素、7-甲氧基香豆素)	herniarin (7-methoxycoumarin)
4′-脱甲基-9-脱氧鬼臼脂素 (去甲脱氧鬼臼毒素)	4′-demethyl-9-deoxy-podophyllotoxin (demethyl deoxypodophyllotoxin)
O-脱甲基二氢柯楠因碱	*O*-demethyl dihydrocorynantheine
3-脱甲基秋水仙碱 (3-去甲秋水仙碱)	3-demethyl colchicine
3-脱甲基去乙酰秋水仙碱	3-demedeaccolchicine
N, *N*-脱甲基色胺	*N*, *N*-demethyl tryptamine
脱甲基尉它灵	demethyl vertaline
脱咖啡酰基毛蕊糖苷	verbasoside
脱磷裸盖菇素 (裸头草辛)	psilocine (psilocin)
脱镁叶绿二酸二甲酯 A	methyl pheophorbide A
脱镁叶绿素 -a、b	pheophytins-a, b
17³-脱镁叶绿素乙酯	17³-ethoxyphaeophorbide
脱镁叶绿酸 -a 甲酯	pheophorbide-a methyl ester
脱镁叶绿酸 -a、b	pheophorbides-a, b
脱镁叶绿酸 -b 甲酯	pheophorbide-b methyl ester
脱镁叶绿酸甲酯	methyl phaeophorbide
脱皮腺菱豆碱	decorticasine
脱葡萄糖基龙胆苷	deglucosyl scabraside
脱葡萄糖基三花龙胆苷	deglucosyl trifloroside
脱氢-[10]-姜辣二酮 {[10]-脱氢姜二酮、脱氢-[10]-姜二酮}	dehydro-[10]-gingerdione {[10]-dehydrogingerdione}
脱氢-[12]-姜辣二酮	dehydro-[12]-gingerdione
脱氢-[14]-姜辣二酮	dehydro-[14]-gingerdione
脱氢-[16]-姜辣二酮	dehydro-[16]-gingerdione
脱氢-[4]-姜辣二酮	dehydro-[4]-gingerdione
脱氢-[8]-姜辣二酮	dehydro-[8]-gingerdione

脱氢-1, 8-桉叶素	dehydro-1, 8-cineol
2, 3-脱氢-1, 8-桉叶素	2, 3-dehydro-1, 8-cineole
脱氢亮落叶松蕈定 (脱氢隐杯伞素) M	illudin M
7, 8-脱氢-10-*O*-乙基大麻三醇	7, 8-dehydro-10-*O*-ethyl cannabitriol
(+)-2, 3-脱氢-10-氧亚基-α-异鹰爪豆碱	(+)-2, 3-dehydro-10-oxo-α-isosparteine
12 (20)-脱氢-11α-氢过氧基-4α, 6α-二羟基-4β-甲基-2, 7-烟草二烯	12 (20)-dehydro-11α-hydroperoxy-4α, 6α-dihydroxy-4β-methyl-2, 7-cembr-diene
12 (20)-脱氢-11α-氢过氧基-4β, 6α-二羟基-4α-甲基-2, 7-烟草二烯	12 (20)-dehydro-11α-hydroperoxy-4β, 6α-dihydroxy-4α-methyl-2, 7-cembr-diene
脱氢-15-羟基-18-松香酸甲酯	methyl dehydro-15-hydroxyabiet-18-oate
3-脱氢-15-脱氧尤可甾醇 (3-脱氢-15-脱氧凤梨百合甾醇)	3-dehydro-15-deoxyeucosterol
14, 15-脱氢-16-表蔓长春花胺	14, 15-dehydro-16-epivincamine
3, 4-脱氢-16-番茄醛	3, 4-dehydrolycopen-16-al
2, 3-脱氢-16-羟基竹柏内酯 F	2, 3-dehydro-16-hydroxynagilactone F
15-脱氢-17-羟基大青酮 A	15-dehydro-17-hydroxycyrtophyllone A
7, 8-脱氢-19β-羟基裂弓木碱	7, 8-dehydro-19β-hydroxyschizozygine
20 (29)-脱氢-30-去甲阿江榄仁酸	20 (29)-dehydro-30-norarjunolic acid
17, 4′-脱氢-3α-莱氏金鸡勒碱 (17, 4′-脱氢-3α-金鸡纳叶碱)	17, 4′-dehydro-3α-cinchophylline
25-脱氢-3β, 24ξ-二羟基环木菠萝烷 (25-脱氢环木菠萝-3β, 24ξ-二醇)	25-dehydro-3β, 24ξ-dihydroxycycloartane (25-dehydrocycloart-3β, 24ξ-diol)
23-脱氢-3β, 25-二羟基环木菠萝烷	23-dehydro-3β, 25-dihydroxycycloartane
6, 7-脱氢-3-惕各酰氧基托品烷	6, 7-dehydro-3-tigloyloxytropane
2-脱氢-3-脱氧绚孔菌酸 A	2-dehydro-3-deoxylaetiporic acid A
6, 7-脱氢-3-原托品酰氧基托品烷	6, 7-dehydro-3-apotropoyloxytropane
13, 18-脱氢-6α-异戊烯酰氧代卡帕里素	13, 18-dehydro-6α-senecioyloxychaparrin
7, 8-脱氢-8α-羟基-异长叶烯	7, 8-dehydro-8α-hydroxyisolongifolene
5-脱氢-8-表玉叶金花诺苷	5-dehydro-8-epimussaenoside
6, 7-脱氢-8-乙酰哈巴苷 (6, 7-脱氢-8-乙酰钩果草苷)	6, 7-dehydro-8-acetyl harpagide
14-脱氢-*N*a-去甲野扇花定	14-dehydro-*N*a-demethyl saracodine
5, 14-脱氢-*N*a-去甲野扇花定	5, 14-dehydro-*N*a-demethyl saracodine
6α, 12α-脱氢-α-毒灰酚	6α, 12α-dehydro-α-toxicarol
脱氢-α-风铃木醌 (脱氢-α-拉杷醌)	dehydro-α-lapachone
脱氢-α-姜黄烯	dehydro-α-curcumene
1, 2-脱氢-α-莎草烯	1, 2-dehydro-α-cyperene
(−)-1, 2-脱氢-α-香附酮 [(−)-1, 2-脱氢-α-莎草酮]	(−)-1, 2-dehydro-α-cyperone
脱氢-α-异邓恩扭果花酮 (脱氢-α-异邓氏链果苣苔醌)	dehydro-α-isodunnione
6α, 12α-脱氢-α-异灰叶素	6α, 12α-dehydro-α-isotephrosin
α-脱氢-β-蜕皮激素	α-deoxy-β-ecdysone

脱氢-β-紫罗兰醇	dehydro-β-ionol
脱氢-γ-山椒素 [(2E, 4E, 8Z, 10E, 12E)-1′-异丙烯基-N-(2′-异丁烯基)-2, 4, 8, 10, 12-十四碳五烯酰胺]	dehydro-γ-sanshool [(2E, 4E, 8Z, 10E, 12E)-1′-iso-propenyl-N-(2′-isobutenyl)-2, 4, 8, 10, 12-tetrade-capentaenamide]
脱氢阿曼苏丹甾酮 M	dehydroguggulsterone M
8-O-4/8-O-4-脱氢阿魏酸三聚体	8-O-4/8-O-4-dehydrotriferulic acid
2, 3-脱氢八角呋酮 C	2, 3-dehydroillifunone C
(−)-脱氢白菖蒲烯 [(−)-菖蒲烃]	(−)-calamenene
脱氢白菖蒲烯 (菖蒲烃)	calamenene
脱氢白刺胺 (脱氢白刺喹嗪胺)	dehydronitraramine
(+)-1, 2-脱氢白坚木定	(+)-1, 2-dehydroaspidospermidine
D-1, 2-脱氢白坚木米定	D-1, 2-dehydroaspidospermidine
L-1, 2-脱氢白坚木米定	L-1, 2-dehydroaspidospermidine
3, 4-脱氢白毛茛宁	3, 4-dehydrohydrastinine
脱氢白木香醇	dehydrobaimuxinol
脱氢白叶蒿定 (脱氧鲁考定)	dehydroleucodin (lidbeckialactone, mesatlantin E)
脱氢白羽扇豆宾	dehydroalbine
脱氢斑点亚洲罂粟碱 (脱氢绕袂碱、脱氢疆罂粟碱、脱氢莲碱)	dehydroroemerine
脱氢保幼酮	dehydrojuvabione
22-脱氢杯苋甾酮	22-dehydrocyasterone
11, 13-脱氢北卡堆心菊素	11, 13-dehydrocarolenalin
脱氢北美鹅掌楸尼定碱	dehydrolirinidine
7, 8-脱氢比氏穴果木碱	7, 8-dehydrocoelobillardierine
脱氢荜茇纳灵 (荜茇壬三烯哌啶)	dehydropipernonaline
14, 15-脱氢表长春蔓定 (14, 15-脱氢表蔓长春花卡定)	14, 15-dehydroepivincadine
脱氢表雄甾酮	dehydroepiandrosterone
5, 6-脱氢波叶刚毛果苷元	5, 6-dehydrouzarigenin
14-脱氢布朗翠雀碱	14-dehydrobrowniine
脱氢布朗翠雀碱	dehydrobrowniine
7-脱氢布雷青霉菌素 A	7-dehydrobrefeldin A
22-脱氢菜油甾醇	22-dehydrocampesterol
(−)-7′-脱氢苍耳子花素	(−)-7′-dehydrosismbrifolin
(+)-7′-脱氢苍耳子花素	(+)-7′-dehydrosismbrifolin
7, 8-脱氢草苁蓉内酯	7, 8-dehydroboschnialactone
3, 4-脱氢茶螺酮	3, 4-dehydrotheaspirone
脱氢蟾蜍色胺	dehydrobufotenine
9, 10-脱氢长叶烯	9, 10-dehydrolongifolene
脱氢沉香雅槛蓝醇	dehydrojinkoheremol
22-脱氢赪桐甾醇	22-dehydroclerosterol

22-脱氢赪桐甾醇-3-*O*-β-D-吡喃葡萄糖苷	22-dehydroclerosterol-3-*O*-β-D-glucopyranoside
22-脱氢赪桐甾醇-3-*O*-β-D-葡萄糖苷	22-dehydroclerosterol-3-*O*-β-D-glucoside
22-脱氢赪酮甾醇-3β-*O*-β-D-(6′-*O*-十七酰基)吡喃葡萄糖苷	22-dehydroclerosterol-3β-*O*-β-D-(6′-*O*-margaroyl) glucopyranoside
脱氢齿孔酸(脱氢齿孔酮酸)	dehydroeburic acid (dehydroeburiconic acid)
脱氢齿孔酸甲酯	methyl dehydroeburicoate
脱氢齿孔酸乙酰酯	dehydroeburicoic acid monoacetate
脱氢齿孔酮酸(脱氢齿孔酸)	dehydroeburiconic acid (dehydroeburic acid)
20 (21)-脱氢赤芝酸 A	20 (21)-dehydrolucidenic acid A
20 (21)-脱氢赤芝酸 N	20 (21)-dehydrolucidenic acid N
脱氢臭椿苦酮	dehydroailanthinone
脱氢臭葱素	dehydroodorin
脱氢臭蚁二醇	dehydroiridiol
5, 6-脱氢川楝子甾醇 A	5, 6-dehydrotoosendansterol A
14-脱氢穿心莲内酯(14-脱氧-11, 12-脱氢穿心莲内酯)	14-dehydroandrographolide (14-deoxy-11, 12-dehydroandrographolide)
2, 3-脱氢次水飞蓟素	2, 3-dehydrosilychristin
脱氢刺桐亭	dehydroerythratine
脱氢枞醇	dehydroabietinol
脱氢枞酸甲酯(脱氢松香酸甲酯)	methyl dehydroabietate
脱氢粗毛甘草素 C、D	dehydroglyasperins C, D
2, 3-脱氢催眠睡茄辛	2, 3-dehydrosomnifericin
(−)-脱氢催吐萝芙木醇	(−)-dehydrovomifoliol
(6*S*)-脱氢催吐萝芙木醇	(6*S*)-dehydrovomifoliol
脱氢催吐萝芙木醇	dehydrovomifoliol
(*S*)-(+)-脱氢催吐萝芙木醇 [(*S*)-(+)-脱氢吐叶醇]	(*S*)-(+)-dehydrovomifoliol
(+)-脱氢催吐萝芙木醇 [(+)-脱氢吐叶醇]	(+)-dehydrovomifoliol
脱氢催吐萝芙木醇-*O*-β-D-吡喃葡萄糖苷	dehydrovomifoliol-*O*-β-D-glucopyranoside
(*R*)-(−)-脱氢催吐丝萝芙木叶醇	(*R*)-(−)-dehydrovomifoliol
脱氢翠雀胺(西母碱Ⅱ)	dehydrodelcosine (shimoburo base Ⅱ)
脱氢大白刺碱	dehydroschoberine
脱氢大豆皂苷Ⅰ	dehydrosoyasaponin Ⅰ
脱氢大麻螺烷	dehydrocannabispiran
15-脱氢大青酮 A	15-dehydrocyrtophyllone A
脱氢大叶唐松草碱	dehydrothalifaberine
脱氢丹参醇 A	dehydrodanshenol A
Δ¹-脱氢丹参酮	Δ¹-dehydrotanshinone
1-脱氢丹参酮ⅡA	1-dehydrotanshinone ⅡA
1-脱氢丹参新酮	1-dehydromiltirone
脱氢丹参新酮	dehydromiltirone

脱氢胆红素	dehydrobilirubin
脱氢胆酸	dehydrocholic acid
脱氢胆酸钠盐	dehydrocholic acid sodium salt
22-脱氢胆甾醇	22-dehydrocholesterol
脱氢胆甾醇	dehydrocholesterol
7-脱氢胆甾醇	7-dehydrocholesterol
脱氢灯心草二酚 (脱氢厄弗酚)	dehydroeffusol
脱氢灯心草醛	dehydroeffusal
脱氢灯心草新酚	dehydrojuncusol
脱氢灯芯草宁素 A～E	dehydrojuncuenins A～E
脱氢钓樟揣内酯 (脱氢香樟内酯、脱氢乌药烯内酯)	dehydrolindestrenolide
7, 8-脱氢钓钟柳苷	7, 8-dehydropenstemoside
25, 26-脱氢豆甾醇	25, 26-dehydrostigmasterol
7-脱氢豆甾醇 (Δ^7-豆甾醇、蚬甾醇)	7-dehydrostigmasterol (Δ^7-stigmasterol, corbisterol)
γ-脱氢毒芹碱	γ-coniceine
7-脱氢毒鼠子素 E、G	7-dehydrodichapetalins E, G
21-脱氢毒鼠子素 Q	21-dehydrodichapetalin Q
Δ^5-脱氢多花藤碱	Δ^5-dehydroskytanthine
25 (27)-脱氢多孔甾醇	25 (27)-dehydroporiferasterol
25-脱氢多孔甾醇	25-dehydroporiferasterol
7-脱氢多孔甾醇	7-dehydroporiferasterol
脱氢莪术二酮	dehydrocurdione
脱氢峨眉唐松草碱	dehydromethoxyadiantifoline
6α, 7-脱氢峨眉唐松草碱 (6α, 7-脱氢甲氧基铁线蕨叶唐松草碱)	6α, 7-dehydromethoxyadiantifoline
脱氢蒽胡麻酮 A、B	dehydroanthrasesamones A, B
脱氢二表儿茶素 A	dehydrodiepicatechin A
脱氢二氢木香内酯	dehydrodihydrocostus lactone
脱氢二松柏醇	dehydrodiconiferyl alcohol
(7R, 8S)-脱氢二松柏醇-4, 9-二-O-β-D-吡喃葡萄糖苷	(7R, 8S)-dehydrodiconiferyl alcohol-4, 9-di-O-β-D-glucopyranoside
(7R, 8S)-脱氢二松柏醇-4, 9-二-O-β-D-葡萄糖苷	(7R, 8S)-dehydrodiconiferyl alcohol-4, 9-di-O-β-D-glucoside
脱氢二松柏醇-4′, γ-二-O-β-D-吡喃葡萄糖苷	dehydrodiconiferyl alcohol-4′, γ-di-O-β-D-glucopyranoside
(7S, 8R)-脱氢二松柏醇-4-O-β-D-吡喃葡萄糖苷	(7S, 8R)-dehydrodiconiferyl alcohol-4-O-β-D-glucopyranoside
脱氢二松柏醇-4-O-β-D-吡喃葡萄糖苷	dehydrodiconiferyl alcohol-4-O-β-D-glucopyranoside
(7R, 8S)-脱氢二松柏醇-4-O-β-D-吡喃葡萄糖苷-9-O-β-D-吡喃葡萄糖苷	(7R, 8S)-dehydrodiconiferyl alcohol-4-O-β-D-glucopyranoside-9-O-β-D-glucopyranoside
脱氢二松柏醇-4-β-D-葡萄糖苷	dehydrodiconiferyl alcohol-4-β-D-glucoside
(7S, 8R)-脱氢二松柏醇-9′-O-β-D-吡喃葡萄糖苷	(7S, 8R)-dehydrodiconiferyl alcohol-9′-O-β-D-glucopyranoside

脱氢二松柏醇-9′-*O*-β-D-吡喃葡萄糖苷	dehydrodiconiferyl alcohol-9′-*O*-β-D-glucopyranoside
脱氢二松柏醇-9-*O*-β-D-吡喃葡萄糖苷	dehydrodiconiferyl alcohol-9-*O*-β-D-glucopyranoside
脱氢二松柏醇-γ′-*O*-β-D-吡喃葡萄糖苷	dehydrodiconiferyl alcohol-γ′-*O*-β-D-glucopyranoside
脱氢二松柏醇-γ-β-D-葡萄糖苷	dehydrodiconiferyl alcohol-γ-β-D-glucoside
脱氢二松柏醇二苯甲酸酯	dehydrodiconiferyl alcohol dibenzoate
脱氢番荔枝碱	dehydroanonaine
脱氢番木瓜碱Ⅰ、Ⅱ	dehydrocapaines Ⅰ, Ⅱ
脱氢飞廉碱(刺飞廉因)	acanthoine (ruscopeine)
脱氢飞廉碱(刺飞廉因)	ruscopeine (acanthoine)
脱氢分支酸	dehydrochoismic acid
25-脱氢粉苞苣甾醇	25-dehydrochondrillasterol
25 (27)-脱氢粉苞苣甾醇 [25 (27)-脱氢鸡肝海绵甾醇]	25 (27)-dehydrochondrillasterol
脱氢粉状菊内酯(扁果菊素)	dehydrofarinosin (encelin)
脱氢风毛菊内酯(脱氢云木香内酯)	dehydrosaussurea lactone
脱氢蜂菜酮	dehydrofukinone
1, 2-脱氢缝籽碱	1, 2-dehydrogeissoschizoline
脱氢弗劳菊酸	dehydroflourensic acid
7, 9 (11)-脱氢茯苓酸	7, 9 (11)-dehydropachymic acid
脱氢茯苓酸	dehydropachymic acid
7, 9 (11)-脱氢茯苓酸甲酯	7, 9 (11)-dehydropachymic acid methyl ester
脱氢辐射织线藻素	dehydroradiosumin
脱氢高翠雀里定	dehydroeldelidine
13, 18-脱氢高大臭椿素	13, 18-dehydroexcelsin
脱氢哥纳香素	dehydrogoniothalamin
脱氢钩藤碱(去氢钩藤碱、柯楠赛因碱)	corynoxeine
19-脱氢钩吻醇碱	19-dehydrokouminol
脱氢钩吻素戊(脱氢钩吻米定)	dehydrokoumidine
7-脱氢谷甾醇	7-dehydrositosterol
5-脱氢栝楼二醇(5-脱氢栝楼萜二醇、5-脱氢栝楼仁二醇)	5-dehydrokarounidiol
脱氢鬼臼毒素	dehydropodophyllotoxin
脱氢鬼针草炔苷 B	dehydrobidensyneoside B
14, 15-脱氢还阳参烯炔酸	14, 15-dehydrocrepenynic acid
脱氢还阳参烯炔酸	dehydrocrepenynic acid
脱氢还阳参烯炔酸乙酯	ethyl dehydrocrepenynate
10-脱氢海柯皂苷元	10-dehydrohecogenin
9-脱氢海柯皂苷元	9-dehydrohecogenin
7, 8-脱氢海杧果毒素	7, 8-dehydrocerberin
脱氢海罂粟碱	dehydroglaucine
脱氢诃子次酸三甲酯	trimethyl dehydrochebulate

T

4, 5-脱氢诃子裂酸三乙酯	triethyl 4, 5-didehydrochebulate
脱氢荷包牡丹碱	dehydrodicentrine
脱氢荷叶碱 (脱氢荷叶碱)	dehydronuciferine
脱氢核替生 (脱氢异叶乌头素、核替生酮)	dehydrohetisine (hetisinone)
2-脱氢黑麦草内酯	2-dehydrololiolide
(+)-脱氢黑麦草内酯	(+)-dehydrololiolide
脱氢黑麦草内酯 (脱氢地芝普内酯)	dehydrololiolide
2, 3-脱氢红根草酮	2, 3-dehydrosalvipisone
脱氢红花炔醇	dehydrosafynol
脱氢虹臭蚁二醇	dehydroiridodiol
脱氢虹臭蚁二醛	dehydroiridodial
脱氢虹臭蚁二醛-β-D-龙胆二糖苷	dehydroiridodial-β-D-gentiobioside
脱氢虹臭蚁素 (脱氢阿根廷蚁素)	dehydroiridomyrmecin
11, 12-脱氢胡萝卜烯醛	11, 12-dehydrodaucenal
11, 12-脱氢胡萝卜烯酸	11, 12-dehydrodaucenoic acid
脱氢滑桃树辛	dehydrotrewiasine
(−)-7, 8-脱氢槐胺碱	(−)-7, 8-dehydrosophoramine
Δ^7-脱氢槐胺碱	Δ^7-dehydrosophoramine
13, 14-脱氢槐定碱	13, 14-dehydrosophoridine
脱氢环巴西红厚壳定 (脱氢环形泡安定)	dehydrocycloguanandin
脱氢环酒花黄酚	dehydrocycloxanthohumol
23-脱氢环木菠萝-3β, 25-二醇	23-dehydrocycloart-3β, 25-diol
脱氢黄柏双糖苷	phelloside
脱氢黄刹灵	dehydrohuangshanine
脱氢回环豆碱	dehydroanacycline
14 (17)-脱氢喙荚云实素 F	14 (17)-dehydrocaesalmin F
脱氢藿香酚	dehydroagastol
脱氢基及树酮	dehydromicrophyllone
脱氢吉枝素	dehydrogeijerin
脱氢甲氧基拟九节苷	dehydromethoxygaertneroside
脱氢假虎刺酮	dehydrocarissone
5, 9-脱氢假荆芥内酯	5, 9-dehydronepetalactone
14-脱氢剪股颖素	14-dehydroagrostistachin
脱氢剑麻皂苷元	sisalagenone
脱氢箭头唐松草米定碱	dehydrothalicsimidine
[6]-脱氢姜二酮 {脱氢-[6]-姜辣二酮}	[6]-dehydrogingerdione {dehydro-[6]-gingerdione}
脱氢姜黄酮	dehydroturmerone
脱氢姜辣二酮	dehydrogingerdione
[1]-脱氢姜辣二酮 {[1]-脱氢姜二酮}	[1]-dehydrogingerdione
[10]-脱氢姜辣二酮 (脱氢-[10]-姜二酮)	[10]-dehydrogingerdione {dehydro-[10]-gingerdione}

[6]-脱氢姜辣素	[6]-dehydroxygingerol
12, 13-脱氢姜味草酸	12, 13-dehydromicromeric acid
(−)-1, 3, 4-脱氢金线吊乌龟碱	(−)-1, 3, 4-dehydrocepharanthine
(+)-1, 3, 4-脱氢金线吊乌龟碱-2′β-N-氧化物	(+)-1, 3, 4-dehydrocepharanthine-2′β-N-oxide
脱氢金紫堇宁	dehydrocapaurinine
10-脱氢京尼平苷	10-dehydrogeniposide
6-脱氢酒酵母甾醇	6-dehydrocerevisterol
5, 6-脱氢卡瓦胡椒素	5, 6-dehydrokawain
脱氢卡瓦胡椒素	dehydrokawain
脱氢卡文定碱(脱氢卡维丁)	dehydrocavidine
脱氢抗坏血酸	dehydroascorbic acid
18, 19-脱氢柯楠诺辛碱酸	18, 19-dehydrocorynoxinic acid
18, 19-脱氢柯楠诺辛碱酸 B	18, 19-dehydrocorynoxinic acid B
脱氢科雷内酯	dehydrocorreolide
11-脱氢克莱苦木酮	11-dehydroklaineanone
11-脱氢苦豆碱	11-dehydroaloperine
脱氢苦槛酮	dehydrongaione
(−)-7, 11-脱氢苦参碱	(−)-7, 11-dehydromatrine
(+)-7, 11-脱氢苦参碱	(+)-7, 11-dehydromatrine
7, 11-脱氢苦参碱	7, 11-dehydromatrine
12-脱氢苦参碱(拉马宁碱、莱曼沙枝豆碱、莱曼碱)	12-dehydromatrine (lehmannine)
12, 13-脱氢苦参碱(赖麻尼碱)	12, 13-didehydromatridin-15-one (lemannine)
5, 6-脱氢宽树冠木内酯	5, 6-dehydroeurycomalactone
$\Delta^{13\,(18)}$-脱氢乐园树醇酮	$\Delta^{13\,(18)}$-dehydroglaucarubolone
$\Delta^{13\,(18)}$-脱氢乐园树酮	$\Delta^{13\,(18)}$-dehydroglaucarubinone
脱氢类叶升麻糖苷	dehydroacteoside
脱氢离生木瓣树胺(脱氢稀疏木瓣树胺)	dehydrodiscretamine
19, 20-脱氢利血平灵	19, 20-dehydroreserpiline
脱氢镰叶芹醇	dehydrofalcarinol
(3S, 8S)-16, 17-脱氢镰叶芹二醇	(3S, 8S)-16, 17-dehydrofalcarindiol
脱氢镰叶芹二醇(脱氢福尔卡烯炔二醇)	dehydrofalcarindiol
脱氢镰叶芹二醇-8-乙酸酯	dehydrofalcarindiol-8-acetate
脱氢镰叶芹酮	dehydrofalcarinone
14-脱氢琉璃飞燕草碱	14-dehydrodelcosine
2, 3-脱氢柳叶野扇花酮	2, 3-dehydrosarsalignone
(24) 28-脱氢罗汉松甾酮 A	(24) 28-dehydromakisterone A
6, 7-脱氢罗氏旋覆花酮	6, 7-dehydroroyleanone
α, β-脱氢洛伐他汀	α, β-dehydrolovastatin
脱氢绿心樟碱	dehydroocoteine
7-脱氢马钱素	7-dehydroioganin

T

脱氢马钱素	dehydrologanin
9 (11)-脱氢麦角甾醇	9 (11)-dehydroergosterol
脱氢麦角甾醇	dehydroergosterol
9, 11-脱氢麦角甾醇过氧化物	9, 11-dehydroergosterol peroxide
14, 15-脱氢蔓长春花胺	14, 15-dehydrovincamine
脱氢牻牛儿基牻牛儿醇	dehydrogeranyl geraniol
脱氢莽草酸	dehydroshikimic acid
脱氢毛蕊花糖苷	dehydroverbascoside
(7R)-3, 4-脱氢茅术酮-11-O-β-D-吡喃葡萄糖苷	(7R)-3, 4-dehydrohinesolone-11-O-β-D-glucopyranoside
(7R)-3, 4-脱氢茅术酮-11-O-β-D-呋喃芹糖基-(1→6)-β-D-吡喃葡萄糖苷	(7R)-3, 4-dehydrohinesolone-11-O-β-D-apiofuranosyl-(1→6)-β-D-glucopyranoside
脱氢美力腾素	dehydromelitensin
脱氢美力腾素-8-(4′-羟甲基丙烯酸酯)	dehydromelitensin-8-(4′-hydroxymethacrylate)
脱氢莫罗忍冬苷 (脱氢莫诺苷)	dehydromorroniside
脱氢莫那可林-MV2	dehydromonacolin-MV2
脱氢莫诺苷元	dehydromorroniaglycone
脱氢母菊内酯酮	dehydromatricarin
脱氢母菊酯	dehydromatricaria ester
1′, 2′-脱氢木橘苷 (1′, 2′-脱氢印度楹梓苷)	1′, 2′-dehydromarmesinin
脱氢木橘林碱	dehydromarmeline
2′, 3′-脱氢木橘辛素	2′, 3′-dehydromarmesin
2′-脱氢木橘辛素	2′-dehydromarmesin
脱氢木蹄层孔菌醇	dehydrofomentariol
脱氢木香内酯 (脱氢木香内酯)	dehydrocostus lactone
脱氢南天宁碱	dehydronantenine
脱氢牛奶藤素 (脱氢假防己素)	dehydrotomentosin
脱氢牛奶藤素-3-O-β-D-吡喃加拿大麻糖苷	dehydrotomentosin-3-O-β-D-cymaropyranoside
16-脱氢欧夹竹桃苷乙	16-dehydroadynerin
Δ^{16}-脱氢欧夹竹桃苷乙龙胆二糖苷	Δ^{16}-dehydroadynerin gentiobioside
Δ^{16}-脱氢欧夹竹桃苷元乙-β-D-毛地黄糖苷	Δ^{16}-dehydroadynerigenin-β-D-digitaloside
Δ^{16}-脱氢欧夹竹桃苷元乙-β-D-葡萄糖基-β-D-毛地黄糖苷	Δ^{16}-dehydroadynerigenin-β-D-glucosyl-β-D-digitaloside
Δ^{16}-脱氢欧夹竹桃苷元乙-β-D-脱氧毛地黄糖苷	Δ^{16}-dehydroadynerigenin-β-D-diginoside
脱氢欧芹酚甲醚	dehydroosthol
脱氢欧乌头碱	dehydronapelline
11-脱氢皮质甾酮	11-dehydrocorticosterone
脱氢皮质甾酮	dehydrocorticosterone
25, 26-脱氢坡那甾酮 A	25, 26-dehydroponasterone A

14, 15-脱氢匍匐筋骨草素	14, 15-dehydroajugareptansin
2, 3-脱氢奇维酮	2, 3-dehydrokievitone
脱氢千金藤碱	dehydrostephanine
8, 9-脱氢墙草碱	8, 9-dehydropellitorine
6, 7-脱氢青蒿酸	6, 7-dehydroartemisinic acid
脱氢青蒿酸	dehydroartemisinic acid
脱氢青藤碱	dehydrosinomenine
14, 15-脱氢曲石松碱	14, 15-dehydrolycoflexine
脱氢绒叶含笑内酯	dehydrolanuginolide
1, 2-脱氢乳菇内酯 A	1, 2-dehydrolactarolide A
脱氢萨彦乌头宁	dehydroacosanine
(*S*)-(+)-11-脱氢赛氏曲霉酸	(*S*)-(+)-11-dehydrosydonic acid
6-脱氢伞花翠雀碱	6-dehydrodelcorine
脱氢瑟瓦宁	dehydrocevagenine
脱氢山尖子素 (*O*-甲基山尖菜二烯醇)	dehydrocacalohastin (*O*-methyl cacalodienol)
脱氢山楂酸 (赤桉酸)	dehydromaslinic acid (camaldulenic acid)
8, 9-脱氢麝香草酚 -3-*O*-(2-甲基丙酸酯)	8, 9-dehydrothymol-3-*O*-(2-methyl propionate)
8, 9-脱氢麝香草酚 -3-*O*-巴豆酸酯	8, 9-dehydrothymol-3-*O*-tiglate
10-脱氢生姜酚	10-dehydroshogaol
6-脱氢生姜酚	6-dehydroshogaol
8-脱氢生姜酚	8-dehydroshogaol
(2*R*, 4′*R*, 8′*R*)-3, 4-Δ-脱氢生育酚	(2*R*, 4′*R*, 8′*R*)-3, 4-Δ-dehydrotocopherol
(2*S*, 4′*R*, 8′*R*)-3, 4-Δ-脱氢生育酚	(2*S*, 4′*R*, 8′*R*)-3, 4-Δ-dehydrotocopherol
6, 7-脱氢石栗酸	6, 7-dehydromoluccanic acid
脱氢石松佩碱	dehydrolycopecurine
(+)-5, 6-脱氢石蒜碱	(+)-5, 6-dehydrolycorine
脱氢栓菌醇酸 (松苓新酸)	dehydrotrametenolic acid
脱氢栓菌酮酸	dehydrotrametenonic acid
脱氢双丁香酚	dehydrodieugenol
脱氢双儿茶素 A	dehydrodicatechin A
脱氢双银桦洛酚	dehydrobisgravillol
2, 3-脱氢水飞蓟马林	2, 3-dehydrosilymarin
2, 3-脱氢水飞蓟素	2, 3-dehydrosilybin
脱氢水飞蓟素	dehydrosilybin
14, 15-脱氢思茅山橙宁 B	14, 15-dehydromelohenine B
脱氢松柏醇	dehydroconiferyl alcohol
脱氢松香酸 (脱氢松香酸、脱氢枞酸)	dehydroabietic acid
脱氢松香酸甲酯	dehydroabietic acid methyl ester
7-脱氢松香酮	7-dehydroabietanone

T

8, 11, 13-脱氢松香烷	8, 11, 13-dehydroabietane
脱氢碎叶紫堇碱	dehydrocheilanthifoline
2, 3-脱氢穗花杉双黄酮	2, 3-dehydroamentoflavone
15, 16-脱氢拓闻烯酮 G	15, 16-dehydroteuvincenone G
(+)-1, 2-脱氢台洛宾碱	(+)-1, 2-dehydrotelobine
脱氢台湾千金藤碱	dehydrostesakine
脱氢唐松草卡品	dehydrothalicarpine
11 (13)-脱氢提琴叶牵牛花内酯	11 (13)-dehydrocriolin
6, 7-脱氢天仙子胺	6, 7-dehydrohyoscyamine
Δ^6-脱氢铁锈醇 (Δ^6-脱氢锈色罗汉松酚、Δ^6-脱氢弥罗松酚)	Δ^6-dehydroferruginol
脱氢铁锈醇 (脱氢锈色罗汉松酚、脱氢弥罗松酚)	dehydroferruginol
脱氢同功酶	dehydrogenbase isoenzyme
脱氢头序千金藤宁 (脱氢克列班宁)	dehydrocrebanine
脱氢土莫酸 (脱氢土莫酸、脱氢丘陵多孔菌酸)	dehydrotumulosic acid
脱氢土味菌素	dehydrogeosmin
3-脱氢蜕皮激素	3-dehydroecdysone
6, 7-脱氢托品碱	6, 7-dehydrotropine
3-脱氢脱氧穿心莲内酯	3-dehydrodeoxyandrographolide
1, 2, 3, 4-脱氢脱氧鬼臼毒素	1, 2, 3, 4-dehydrodeoxypodophyllotoxin
脱氢萎蔫酸	dehydrofusarinic acid
(+)-1, 2-脱氢无瓣瑞香楠碱 [(+)-1, 2-脱氢艾帕特啉碱]	(+)-1, 2-dehydroapateline
脱氢吴茱萸碱 (脱氢吴茱萸碱)	dehydroevodiamine
脱氢吴茱萸碱盐酸盐 (脱氢吴茱萸碱盐酸盐)	dehydroevodiamine hydrochloride
脱氢狭叶羽扇豆碱	dehydroangustifoline
脱氢纤细虎皮楠灵碱	dehydrodaphnigraciline
脱氢香橙烯	dehydroaromadendrene
2, 3-脱氢香科科灵 E	2, 3-dehydroteucrin E
脱氢香薷酮	dehydroelscholtzione
β-脱氢香薷酮	β-dehydroelscholtzione
脱氢泻根苷	dehydrobryogenin glycoside
2, 3-脱氢新大八角素	2, 3-dehydroneomajucin
脱氢新劳塔豆酮	dehydroneotenone
脱氢熊果醇	dehydrouvaol
19-脱氢熊果酸	19-dehydrouraolic acid
6, 7-脱氢锈色罗汉松酚	6, 7-dehydroferruginol
(−)-6, 7-脱氢锈色罗汉松酚甲醚	(−)-6, 7-dehydroferruginyl methyl ether
脱氢鸦胆亭醇	dehydrobruceantinol
脱氢鸦胆子苦醇	dehydrobrusatol
脱氢鸦胆子苦素 A、B	dehydrobruceines A, B

脱氢鸭嘴花碱	vasakin
脱氢亚欧唐松草碱	dehydrothalicmine
脱氢延胡索甲素 (脱氢紫堇碱)	dehydrocorydaline
1-脱氢延龄草烯苷元	1-dehydrotrillenogenin
脱氢岩黄连碱 (脱氢石生黄堇林碱、脱氢唐松叶碱)	dehydrothalictrifoline
7-脱氢燕麦甾醇	7-dehydroavenasterol
脱氢氧代佩惹增酮	dehydrooxoperezinone
脱氢野苦槛蓝酮	dehydromyodesmone
16-脱氢野扇花素	16-dehydrosarcorine
10-脱氢伊犁翠雀碱	10-dehydroiliensine
14-脱氢伊犁翠雀碱	14-dehydroiliensine
11 (13)-脱氢依生依瓦菊素 [11 (13)-脱氢腋生豚草素]	11 (13)-dehydroivaxillin
脱氢异-α-拉杷醌	dehydroiso-α-lapachone
脱氢异波尔定碱	dehydroisoboldine
4, 5, 9, 10-脱氢异长叶烯	4, 5, 9, 10-dehydroisolongifolene
4, 5-脱氢异长叶烯	4, 5-dehydroisolongifolene
脱氢异鱼藤钦素 (脱氢异鱼籐烯)	dehydroisoderricin
脱氢异月桂碱	dehydroisolaureline
脱氢银桦酚烷	dehydrograviphane
脱氢银桦环	dehydrogravicycle
脱氢银桦醚酚 A、B	dehydrorobustols A, B
脱氢银线草内酯	dehydroshizukanolide
脱氢印黄皮内酯 (黄皮呋喃香豆素、黄皮亭)	dehydroindicolactone (wampetin)
12, 13-脱氢鹰爪豆碱	12, 13-dehydrosparteine
脱氢硬柄小皮伞酮	dehydrooreadone
脱氢硬毛钩藤碱 (毛帽蕊木烯碱)	hirsuteine
4-脱氢硬毛钩藤碱 N-氧化物	4-hirsuteine N-oxide
脱氢硬毛钩藤碱 N-氧化物	hirsuteine N-oxide
脱氢柚木酚 (脱氢柚木属醇)	dehydrotectol
脱氢鱼藤素	dehydrodeguelin
6α, 12α-脱氢鱼藤素	6α, 12α-dehydrodeguelin
脱氢鱼藤酮	dehydrorotenone
脱氢榆双醇	dehydroulmudiol
17, 18-脱氢羽裂维氏菊内酯	17, 18-dehydroviguiepinin
脱氢羽扇豆叶灰毛豆醇	dehydrolupinifolinol
(−)-5, 6-脱氢羽扇烷宁	(−)-5, 6-dehydrolupanine
5, 6-脱氢羽扇烷宁	5, 6-dehydrolupanine
19-脱氢育亨宾	19-dehydroyohimbine
脱氢原百部碱	dehydroprotostemonine
脱氢原诃子酸甲酯	dehydroterchebin methyl ester

脱氢圆齿爱舍苦木定	dehydrocrenatidine
脱氢圆齿爱舍苦木亭	dehydrocrenatine
16-脱氢孕烯醇酮 (16-妊娠双烯醇酮)	16-dehydropregnenolone
16-脱氢孕烯醇酮-3-O-α-L-吡喃鼠李糖基-(1→2)-β-D-吡喃葡萄糖醛酸苷	16-dehydropregnenolone-3-O-α-L-rhamnopyranosyl-(1→2)-β-D-glucuronopyranoside
脱氢樟脑	dehydrocamphor
3-脱氢浙贝母碱	3-dehydroverticine
脱氢浙贝母碱 N-氧化物	verticinone N-oxide
25 (27)-脱氢真菌甾醇	25 (27)-dehydrofungisterol
2, 3-脱氢竹柏内酯 A	2, 3-dehydronagilactone A
1-脱氢准噶尔乌头碱	1-dehydrosongorine
脱氢紫堇达明碱 (脱氢延胡索胺碱)	dehydrocorydalmine
脱氢紫堇鳞茎碱	dehydrocorybulbine
脱氢紫堇属碱	dehydrocorydalis base
3, 4-脱氢紫罗烯	3, 4-dehydroiripine
脱氢紫苏素 (脱氢紫苏氧杂辛)	dehydroperilloxin
7, 8-脱氢紫穗槐醇苷元	7, 8-dehydroamorphigenin
脱氢总状土木香醌	dehydroroyleanone
3, 6-脱水-2, 4, 5-三-O-甲基-D-葡萄糖	3, 6-anhydro-2, 4, 5-tri-O-methyl-D-glucose
3, 6-脱水-2, 5-二-O-甲基-β-D-呋喃葡萄糖甲苷	methyl-3, 6-anhydro-2, 5-di-O-methyl-β-D-glucofuranoside
1, 2-脱水-4, 5-二氢雪叶向日葵素 A	1, 2-anhydro-4, 5-dihydroniveusin A
2, 3-脱水-D-古洛糖酸	2, 3-anhydro-D-gulonic acid
5-脱水-D-山梨糖醇	5-anhydro-D-sorbitol
3, 6-脱水-L-半乳糖二甲基缩醛	3, 6-anhydro-L-galactose dimethyl acetal
2, 7-脱水-β-D-阿卓庚酮吡喃糖	2, 7-anhydro-β-D-altroheptulopyranose
1, 6-脱水-β-D-吡喃葡萄糖	1, 6-anhydro-β-D-glucopyranose
1, 6-脱水-β-D-葡萄糖	1, 6-anhydro-β-D-glucose
1, 2-脱水白色向日葵素 A	1, 2-anhydroniveusin A
1, 2-脱水白色向日葵素 A	1, 2-anhydridoniveusin A (1, 2-anhydroniveusin A)
3, 6-脱水半乳糖	3, 6-anhydrogalactose
脱水比克白芷素 (脱水白当归素、异白当归脑)	anhydrobyakangelicin (isobyakangelicol)
脱水长春碱	anhydrovinblastine
脱水长叶九里香内酯 (费巴芸香素)	phebalosin
1, 4-脱水赤藓醇	1, 4-anhydroerythritol
脱水穿心莲内酯琥珀酸半酯	dehydroandrographolide succinate
脱水催吐白前苷元 (脱水何拉得苷元)	anhydrohirundigenin
脱水催吐白前苷元-3-O-β-D-吡喃加那利毛地黄糖苷	anhydrohirundigenin-3-O-β-D-canaropyranoside
脱水催吐白前苷元单黄花夹竹桃糖苷	anhydrohirundigenin monothevetoside
脱水大麻碱	anhydrocannabisativine
脱水大叶芸香碱	anhydroperforine

脱水东莨菪碱	dehydroscopolamine
脱水惰醇	anhydroignavinol
脱水二氢石松碱	anhydrodihydrolycopodine
β-脱水鬼臼苦素	β-apopicropodophyllin
脱水桂二萜醇 (脱水锡兰肉桂醇)	anhydrocinnzeylanol
4, 9-脱水河豚毒素	4, 9-anhydrotetrodotoxin
脱水河豚毒素	anhydrotetrodotoxin
4, 9-脱水河豚毒素-6, 11-乙二醚	4, 9-anhydrotetrodotoxin-6, 11-diether
脱水红花黄色素 B	anhydrosafflor yellow B
脱水槐花二醇-3-乙酸酯	anhydrosophoradiol-3-acetate
脱水甲基假石蒜碱	anhydromethyl pseudolycorine
15-脱水聚伞凹顶藻二乙酸酯	15-anhydrothyrsiferyl diacetate
15 (28)-脱水聚伞凹顶藻二乙酸酯	15 (28)-anhydrothyrsiferyl diacetate
脱水咖啡酸	caffeic acid anhydride
脱水镰孢霉红素内酯	anhydrofusarubin lactone
脱水麻黄碱	anhydrous ephedrine
脱水马尾杉辛-9, 10-醌 A_2、B_2	anhydrophlegmacin-9, 10-quinones A_2, B_2
L-脱水萍蓬草胺	L-anhydronupharamine
脱水羌活酚 (脱水异羌活醇)	anhydronotoptol
脱水三尖杉酯碱	anhydroharringtonine
脱水沙门苷元	anhydrosarmentogenin
脱水射干呋喃醛	anhydrobelachinal
脱水石松刀灵	anhydrolycodoline
脱水铁刀木醇	anhydrobarakol
脱水脱氢木蹄层孔菌醇	anhydrodehydrofomentariol
脱水脱氢依瓦菊素	anhydrodehydroivalbin
α, β-脱水万年青配质	α, β-monoanhydrorhodexigenin
脱水吴茱萸素	anhydroevoxine
脱水小皮伞酮	anhydromarasomone
1, 2-脱水雪叶向日葵素 A	1, 2-anhydroniveusin A
脱水乙酰锡兰肉桂素	anhydrocinnzeylanine
脱水异次惰醇	anhydroisohypoignavinol
脱水异二氢团花碱	dehydraisodihydrocadambine
脱水异羌活醇氧化物 (环氧脱水羌活酚)	anhydronotoptoloxide
脱水银叶蒿素	anhydrogrossmizin
脱水淫羊藿黄素 (脱水淫羊藿素)	anhydroicaritin
脱水淫羊藿素-3-*O*-α-L-吡喃鼠李糖基-(1→2)-α-L-吡喃鼠李糖苷	anhydroicaritin-3-*O*-α-L-rhamnopyranosyl-(1→2)-α-L-rhamnopyranoside
脱水淫羊藿素-3-*O*-α-L-鼠李糖苷	anhydroicaritin-3-*O*-α-L-rhamnoside
25-脱水泽泻醇 A-11-乙酸酯	25-anhydroalisol A-11-acetate

T

25-脱水泽泻醇 A-24-乙酸酯	25-anhydroalisol A-24-acetate
脱水紫草醌 (脱水阿卡宁)	anhydroalkannin
2-脱羧基甜菜 -6-O-(6′-O-阿魏酰)-β-葡萄糖苷	2-decarboxybetanidin-6-O-(6′-O-feruloyl)-β-glucoside
2-脱羧甜菜苷	2-decarboxybetanin
17-脱羧甜菜苷	17-decarboxybetanin
17-脱羧甜菜素 -5-O-β-葡萄糖醛酸基葡萄糖苷	17-decarboxybetanidin-5-O-β-glucuronosyl glucoside
2-脱羧异甜菜苷	2-decarboxyisobetanin
17-脱羧异甜菜苷	17-decarboxyisobetanin
17-脱羧异甜菜素 -5-O-β-葡萄糖醛酸基葡萄糖苷	17-decarboxyisobetanidin-5-O-β-glucuronosyl glucoside
2-脱羰基-丙二酰昙花亭	2-descarboxyphyllocactin
脱羰秋水仙裂碱 (N-甲基脱乙酰基秋水仙裂碱)	demecolceine (N-methyl deacetyl colchiceine)
2-脱氧 -2-吡喃核糖内酯	2-deoxy-2-ribopyranolactone
2-脱氧 -2-甲氨基 -L-吡喃葡萄糖	2-deoxy-2-methyl amino-L-glucopyranose
2-脱氧 -2-乙酰氧基 -9-氧代紫茎泽兰酮	2-deoxy-2-acetoxy-9-oxoageraphorone
1-脱氧 -1-[2′-氧亚基 -1′-吡咯烷基]-2-正丁基 -α-呋喃果糖苷	1-deoxy-1-[2′-oxo-1′-pyrrolidinyl]-2-n-butyl-α-fructofuranoside
14-脱氧 -14, 15-脱氢穿心莲内酯	14-deoxy-14, 15-dehydroandrographolide
14-脱氧 -(12R)-磺酸基穿心莲内酯	14-deoxy-(12R)-sulfoandrographolide
14-脱氧 -(12S)-羟基穿心莲内酯	14-deoxy-(12S)-hydroxyandrographolide
14-脱氧 -11-羟基穿心莲内酯	14-deoxy-11-hydroxyandrographolide
14-脱氧 -11-亚氧基穿心莲内酯	14-deoxy-11-oxoandrographolide
14, 15-脱氧 -11-氧亚基哈湾鹧鸪花素 -3, 12-二醇二乙酸酯	14, 15-deoxy-11-oxohavanensin-3, 12-diol diacetate
14-脱氧 -11, 12-二氢穿心莲内酯	14-deoxy-11, 12-dihydroandrographolide
14-脱氧 -11, 12-二氢穿心莲内酯苷	14-deoxy-11, 12-dihydroandrographiside
14-脱氧 -11, 12-二脱氢穿心莲内酯	14-deoxy-11, 12-didehydroandrographolide
14-脱氧 -11, 12-二脱氢穿心莲内酯苷	14-deoxy-11, 12-didehydroandrographiside
14-脱氧 -11, 12-脱氢穿心莲内酯 (14-脱氢穿心莲内酯)	14-deoxy-11, 12-dehydroandrographolide (14-dehydroandrographolide)
14-脱氧 -12-甲氧基穿心莲内酯	14-deoxy-12-methoxyandrographolide
14-脱氧 -12-羟基穿心莲内酯	14-deoxy-12-hydroxyandrographolide
14-脱氧 -13α-甲基硬毛娃儿藤定碱	14-deoxy-13α-methyl tylohirsutinidine
13-脱氧 -13α-乙酰氧基 -1-脱氧紫杉非碱 A、B	13-deoxy-13α-acetoxy-1-deoxynortaxines A, B
13-脱氧 -13α-乙酰氧基 -1-脱氧紫杉碱 A、B	13-deoxy-13α-acetoxy-1-deoxytaxines A, B
11-脱氧 -13β, 17β-环氧泽泻醇 A	11-deoxy-13β, 17β-epoxyalisol A
11-脱氧 -13β, 17β-环氧泽泻醇 B-23-乙酸酯	11-deoxy-13β, 17β-epoxyalisol B-23-acetate
8-脱氧 -13-脱氢千层塔宁碱	8-deoxy-13-dehydroserratinine
12-脱氧 -13-棕榈酸佛波酯	12-deoxyphorbol-13-hexadecanoate
8-脱氧 -14-脱氢乌头诺辛	8-deoxy-14-dehydroaconosine
14-脱氧 -15-甲氧基穿心莲内酯	14-deoxy-15-methoxyandrographolide

14-脱氧-15-异亚丙基-11, 12-二脱氢穿心莲内酯	14-deoxy-15-isopropylidene-11, 12-didehydroandrographolide
12-脱氧-16-羟基巴豆醇-13-棕榈酸酯	12-deoxy-16-hydroxyphorbol-13-palmitate
14-脱氧-17-羟基穿心莲内酯	14-deoxy-17-hydroxyandrographolide
(−)-N-(1′-脱氧-1′-β-D-吡喃果糖基)-(S)-烯丙基-L-半胱氨酸亚砜	(−)-N-(1′-deoxy-1′-β-D-fructopyranosyl)-(S)-allyl-L-cysteine sulfoxide
2′-脱氧-1-甲基鸟苷 (2′-脱氧-1-甲基鸟嘌呤核苷)	2′-deoxy-1-methyl guanosine
6-脱氧-1-羟基新莽草素	6-deoxy-1-hydroxyneoanisatin
2-脱氧-1-烯-D-苏式-呋喃戊糖甲苷	methyl 2-deoxy-D-*threo*-pent-1-enofuranoside
(2′E)-2′-脱氧-2′-(氟亚甲基)胞苷	(2′E)-2′-deoxy-2′-(fluoromethylidene) cytidine
2-脱氧-20-羟基蜕皮激素-3-O-β-D-吡喃葡萄糖苷	2-deoxy-20-hydroxyecdysone-3-O-β-D glucopyranoside
15-脱氧-22-羟基尤可甾醇	15-deoxy-22-hydroxyeucosterol
25-脱氧-24 (28)-脱氢罗汉松甾酮 A	25-deoxy-24 (28)-dehydromakisterone A
11-脱氧-25-脱水泽泻醇 E	11-deoxy-25-anhydroalisol E
1-脱氧-2α-羟基竹柏内酯 A、E	1-deoxy-2α-hydroxynagilactones A, E
3-脱氧-2α-羟基竹柏内酯 E	3-deoxy-2α-hydroxynagilactone E
2-脱氧-2β-甲氧基特萨菊酸	2-deoxy-2β-methoxytessaric acid
2′-脱氧-2′-氟-5-碘-5′-O-甲基胞苷 (2′-脱氧-2′-氟-5-碘-5′-O-甲基胞嘧啶核苷)	2′-deoxy-2′-fluoro-5-iodo-5′-O-methyl cytidine
5-脱氧-3, 4-脱水镰孢红素	5-deoxy-3, 4-anhydrofusarubin
6-脱氧-3, 4-脱水镰孢红素	6-deoxy-3, 4-anhydrofusarubin
15-脱氧-30-羟基尤可甾醇	15-deoxy-30-hydroxyeucosterol
14-脱氧-3-O-丙酰基-5, 15-二-O-乙酰基-7-O-烟酰铁仔酚-14β-乙酸酯	15-deoxy-3-O-propionyl-5, 15-di-O-acetyl-7-O-nicotinoyl myrsinol-14β-acetate
14-脱氧-3-O-丙酰基-5, 15-二-O-乙酰基-7-O-苯甲酰铁仔酚-14β-烟酸酯	14-deoxy-3-O-propionyl-5, 15-di-O-acetyl-7-O-benzoyl myrsinol-14β-nicotinate
14-脱氧-3-O-丙酰基-5, 15-二-O-乙酰基-7-O-烟酰铁仔酚-14β-烟酸酯	14-deoxy-3-O-propionyl-5, 15-di-O-acetyl-7-O-nicotinoyl myrsinol-14β-nicotinate
3-O-[6-脱氧-3-O-甲基-β-吡喃阿洛糖基-(1→4)-β-吡喃欧洲夹竹桃糖基]-11α, 12β-二-O-苯甲酰基-17β-牛奶菜宁	3-O-[6-deoxy-3-O-methyl-β-allopyranosyl-(1→4)-β-oleandropyranosyl]-11α, 12β-di-O-benzoyl-17β-marsdenin
3-O-[6-脱氧-3-O-甲基-β-吡喃阿洛糖基-(1→4)-β-吡喃欧洲夹竹桃糖基]-11α, 12β-二-O-惕各酰基-17β-西索苷元	3-O-[6-deoxy-3-O-methyl-β-allopyranosyl-(1→4)-β-oleandropyranosyl]-11α, 12β-di-O-tigloyl-17β-cissogenin
3-O-[6-脱氧-3-O-甲基-β-吡喃阿洛糖基-(1→4)-β-吡喃欧洲夹竹桃糖基]-11α-O-惕各酰基-12β-O-苯甲酰基-17β-牛奶菜宁	3-O-[6-deoxy-3-O-methyl-β-allopyranosyl-(1→4)-β-oleandropyranosyl]-11α-O-tigloyl-12β-O-benzoyl-17β-marsdenin
3-O-[6-脱氧-3-O-甲基-β-吡喃阿洛糖基-(1→4)-β-吡喃欧洲夹竹桃糖基]-11α-O-惕各酰基-12β-O-苯甲酰基-17β-通关藤苷元 B	3-O-[6-deoxy-3-O-methyl-β-allopyranosyl-(1→4)-β-oleandropyranosyl]-11α-O-tigloyl-12β-O-benzoyl-17β-tenacigenin B
3-O-[6-脱氧-3-O-甲基-β-吡喃阿洛糖基-(1→4)-β-吡喃欧洲夹竹桃糖基]-5, 6-二氢-11α, 12β-二-O-苯甲酰基-17β-牛奶菜宁	3-O-[6-deoxy-3-O-methyl-β-allopyranosyl-(1→4)-β-oleandropyranosyl]-5, 6-dihydrogen-11α, 12β-di-O-benzoyl-17β-marsdenin

T

中文名称	英文名称
3-*O*-[6-脱氧-3-*O*-甲基-β-吡喃阿洛糖基-(1→4)-β-吡喃欧洲夹竹桃糖基]-5, 6-二氢-11α, 12β-二-*O*-惕各酰基-17β-牛奶菜宁	3-*O*-[6-deoxy-3-*O*-methyl-β-allopyranosyl-(1→4)-β-oleandropyranosyl]-5, 6-dihydrogen-11α, 12β-di-*O*-tigloyl-17β-marsdenin
3-*O*-[6-脱氧-3-*O*-甲基-β-吡喃阿洛糖基-(1→4)-β-吡喃洋地黄毒糖基]-11α, 12β-二-*O*-苯甲酰基-17α-牛奶菜宁	3-*O*-[6-deoxy-3-*O*-methyl-β-allopyranosyl-(1→4)-β-digitoxopyranosyl]-11α, 12β-di-*O*-benzoyl-17α-marsdenin
3-*O*-[6-脱氧-3-*O*-甲基-β-吡喃阿洛糖基-(1→4)-β-吡喃洋地黄毒糖基]-11α, 12β-二-*O*-苯甲酰基-5, 6-二氢-17β-牛奶菜宁	3-*O*-[6-deoxy-3-*O*-methyl-β-allopyranosyl-(1→4)-β-digitoxopyranosyl]-11α, 12β-di-*O*-benzoyl-5, 6-dihydrogen -17β-marsdenin
3-*O*-[6-脱氧-3-*O*-甲基-β-吡喃阿洛糖基-(1→4)-β-吡喃洋地黄毒糖基]-11α-*O*-苯甲酰基-12β-*O*-惕各酰基-17α-牛奶菜宁	3-*O*-[6-deoxy-3-*O*-methyl-β-allopyranosyl-(1→4)-β-digitoxopyranosyl]-11α-*O*-benzoyl-12β-*O*-tigloyl-17α-marsdenin
3-*O*-[6-脱氧-3-*O*-甲基-β-吡喃阿洛糖基-(1→4)-β-吡喃洋地黄毒糖基]-11α-*O*-苯甲酰基-12β-*O*-惕各酰基-17β-牛奶菜宁	3-*O*-[6-deoxy-3-*O*-methyl-β-allopyranosyl-(1→4)-β-digitoxopyranosyl]-11α-*O*-benzoyl-12β-*O*-tigloyl-17β-marsdenin
8-脱氧-3α, 4α-环氧罗匹考林 A、B	8-deoxy-3α, 4α-epoxyrupicolins A, B
13-脱氧-3α-乙酰氧基紫杉碱 A、B	13-deoxy-3α-acetoxytaxines A, B
2-脱氧-3-表甲壳甾酮	2-deoxy-3-epicrustecdysone
1-脱氧-3-甲基丙烯酰基-11-甲氧基楝果宁 (1-脱氧-3-甲基丙烯酰基-11-甲氧基楝卡品宁)	1-deoxy-3-methacrylyl-11-methoxymeliacarpinin
1-脱氧-3-惕各酰基-11-甲氧基楝果宁	1-deoxy-3-tigloyl-11-methoxymeliacarpinin
1-脱氧-4, 4a-二氢-5, 6-二脱氢-8-表狭叶依瓦菊素	1-deoxy-4, 4a-dihydro-5, 6-didehydro-8-epiivangustin
4-脱氧-4α-巴豆醇	4-deoxy-4α-phorbol
12-脱氧-4β-羟基巴豆醇-(13-苯乙酸-20-乙酸) 二酯	12-deoxy-4β-hydroxyphorbol-13-phenyl acetate-20-acetate
12-脱氧-4β-羟基巴豆醇-(13-十八酸-20-乙酸) 二酯	12-deoxy-4β-hydroxyphorbol-13-octadecanoate-20-acetate
12-脱氧-4β-羟基巴豆醇-(13-十二酸-20-乙酸) 二酯	12-deoxy-4β-hydroxyphorbol-13-dodecanoate-20-acetate
2-脱氧-4-表天人菊素	2-deoxy-4-epipulchellin
22-脱氧-4″-甲氧基毒鼠子素 V	22-deoxy-4″-methoxydichapetalin V
(2*S*)-3-[5-脱氧-5-(二甲基胂氧基)-β-D-呋喃核糖氧基]-2-羟基丙基硫酸氢酯	(2*S*)-3-[5-deoxy-5-(dimethyl arsinoyl)-β-D-ribofuranosyloxy]-2-hydroxypropyl hydrogen sulfate
2′-脱氧-5′-*O*-乙酰鸟苷 3′-二磷酸三氢酯	2′-deoxy-5′-*O*-acetyl guanosine 3′-trihydrogen diphosphate
12-脱氧-5β-羟基巴豆醇-13-肉豆蔻酸酯	12-deoxy-5β-hydroxyphorbol-13-myristate
20-脱氧-5ξ-羟基巴豆醇	20-deoxy-5ξ-hydroxyphorbol
5′-脱氧-5′-二甲基胂基腺苷	5′-deoxy-5′-dimethyl arsinyl adenosine
5′-脱氧-5′-甲基氨基腺苷	5′-deoxy-5′-methyl aminoadenosine
5′-脱氧-5′-甲基亚磺酰腺苷	5′-deoxy-5′-methyl sulphinyl adenosine
5-脱氧-5-氢过氧特勒菊素	5-deoxy-5-hydroperoxytelekin
2-脱氧-6-表柔毛银胶菊内酯	2-deoxy-6-epiparthemollin
11-脱氧-6-氧亚基-5α, 6-二氢芥芬胺	11-deoxy-6-oxo-5α, 6-dihydrojervine

3-脱氧-7α-过羟基-12β-甲基异特勒菊素	3-deoxy-7α-perhydroxy-12β-methyl isotelekin
1-脱氧-8-表狭叶依瓦菊素	1-deoxy-8-epiivangustin
6α-脱氧-8-氧多花水仙碱 (大花文殊兰碱)	6α-deoxy-8-oxytazettine (macronine)
6-脱氧-8-乙酰钩哈巴苷 (6-脱氧-8-乙酰钩果草吉苷)	6-deoxy-8-acetyl harpagide
6-脱氧-8-异阿魏酰哈巴苷 (6-脱氢-8-异阿魏酰钩果草吉苷)	6-deoxy-8-isoferuloyl harpagide
9-脱氧-9α-羟基紫杉酚	9-deoxy-9α-hydroxytaxol
6-脱氧-DL-甘露糖 (鼠李糖)	6-deoxy-DL-mannose (rhamnose)
2-脱氧-D-半乳糖	2-deoxy-D-galactose
6-脱氧-D-甘露糖	6-deoxy-D-mannose
2-脱氧-D-核糖	2-deoxy-D-ribose
2-脱氧-D-核糖醇	2-deoxy-D-ribitol
2-脱氧-D-核糖酸-1, 4-内酯	2-deoxy-D-ribono-1, 4-lactone
1-脱氧-D-来苏醇	1-deoxy-D-lyxitol
2-脱氧-D-葡萄糖	2-deoxy-D-glucose
6-脱氧-L-吡喃甘露糖 (L-吡喃鼠李糖)	6-deoxy-L-mannopyranose (L-rhamnopyranose)
6-脱氧-L-甘露糖	6-deoxy-L-mannose
6-脱氧-α-D-吡喃葡萄糖	6-deoxy-α-D-glucopyranose
N-(1-脱氧-α-D-果糖-1-基)-L-色氨酸	*N*-(1-deoxy-α-D-fructosyl-1-yl)-L-tryptophan
6-脱氧-α-L-吡喃半乳糖 (α-L-吡喃岩藻糖)	6-deoxy-α-L-galactopyranose (α-L-fucopyranose)
6-脱氧-β-D-吡喃葡萄糖	6-deoxy-β-D-glucopyranose
14-脱氧-ε-云实素	14-deoxy-ε-caesalpin
脱氧巴豆醇	deoxyphorbol
12-脱氧巴豆醇 13α-十五酸酯	12-deoxyphorbol 13α-pentadecanoate
12-脱氧巴豆醇-(13-*O*-苯乙酸-16-*O*-α-甲基丁酸-20-乙酸) 三酯	12-deoxyphorbol-13-*O*-phenyl acetate-16-*O*-α-methyl butanoate-20-acetate
12-脱氧巴豆醇-(13-异丁酸-20-乙酸) 二酯	12-deoxyphorbol-13-isobutanoate-20-acetate
12-脱氧巴豆醇-13-(9, 10-亚甲基) 十一酸酯	12-deoxyphorbol-13-(9, 10-methylene) undecanoate
12-脱氧巴豆醇-13, 20-二乙酸酯	12-deoxyphorbol-13, 20-diacetate
12-脱氧巴豆醇-13-棕榈酸酯	12-deoxyphorbol-13-palmitate
4-脱氧巴婆双呋内酯 (异去乙酰紫玉盘素、4-脱氧泡泡辛)	4-deoxyasimicin (isodesacetyl uvaricin)
6-脱氧巴西红厚壳素	6-deoxyjacareubin
脱氧半棉酚	deoxyhemigossypol
2′-脱氧胞苷 (2′-脱氧胞嘧啶核苷)	2′-deoxycytidine
6-脱氧保利毒马草醛	6-deoxyandalusal
脱氧布氏茜素	deoxybouvardin
脱氧草蔻素 A	deoxycalyxin A
15-脱氧草酸青霉碱 A、B	15-deoxyoxalicines A, B
20′-脱氧长春碱氧化物	20′-deoxyvinblastine oxide

2′-脱氧橙皮内酯水合物	2′-deoxymeranzin hydrate
20 (21)-脱氧赤芝酸 N	20 (21)-deoxylucidenic acid N
脱氧虫胶红素	deoxyerythrolaccin
23-脱氧川赤芍烯内酯 A	23-deoxypaeonenolide A
脱氧穿心莲苷	deoxyandrographiside
脱氧穿心莲内酯 (穿心莲甲素)	deoxyandrographolide
脱氧穿心莲内酯-19-β-D-葡萄糖苷	deoxyandrographolide-19-β-D-glucoside
3-脱氧穿心莲内酯苷	3-deoxyandrographoside
14-脱氧穿心莲内酯苷 (14-脱氧穿心莲苷、穿心莲诺苷)	14-deoxyandrographiside (andropanoside)
脱氧垂石松碱	deoxycernuine
脱氧粗榧酸	deoxyharringtonic acid
12-脱氧大戟二萜醇-13-十二碳二烯酸酯-20-乙酸酯	12-deoxyphorbol-13-dodecdienoate-20-acetate
脱氧大云实灵 C	deoxycaesaldekarin C
脱氧胆酸 (脱氧胆酸)	deoxycholic acid
脱氧胆酸钠盐	deoxycholic scid sodium salt
脱氧地胆草内酯 (脱氧地胆草素)	deoxyelephantopin
11-脱氧蝶豆缩醛	11-deoxyclitoriacetal
6-脱氧蝶豆缩醛	6-deoxyclitoriacetal
22-脱氧毒鼠子素 P	22-deoxydichapetalin P
10-脱氧杜仲醇	10-deoxyeucommiol
1-脱氧杜仲醇	1-deoxyeucommiol
3 (R), 3 (S)-脱氧短小蛇根草苷	3 (R), 3 (S)-deoxypumiloside
脱氧短小蛇根草苷	deoxypumiloside
3, 4-脱氧-3, 4-二氢多枝炭角菌内酯 A	3, 4-deoxy-3, 4-dihydromultiplolide A
5-脱氧番薯甾酮	5-deoxykaladasterone
7-脱氧-反式-二氢假水仙碱	7-deoxy-trans-dihydronarciclesine
7-脱氧-反式-二氢石蒜西定醇 (7-脱氧反式-二氢水仙环素)	7-deoxy-trans-dihydrolycoricidinol (7-deoxy-trans-dihydronarciclasine)
7-脱氧-反式-二氢水仙环素 (7-脱氧反式-二氢石蒜西定醇)	7-deoxy-trans-dihydronarciclasine (7-deoxy-trans-dihydrolycoricidinol)
2-脱氧粉花香科科醚	2-deoxychamaedroxide
3-脱氧-3-氟-D-葡萄糖	3-deoxy-3-fluoro-D-glucose
3-脱氧福桂树醇 (3-脱氧奥寇梯木醇)	3-deoxyocotillol
7-脱氧福建三尖杉碱	7-deoxycephalofortuneine
15-脱氧富艾斯替酮	15-deoxyfuerstione
19-脱氧伽氏矢车菊素	19-deoxyjanerin
11-脱氧甘草甜素 (11-脱氧甘草酸)	11-deoxoglycyrrhizin
11-脱氧甘草亭酸	11-deoxyglycyrrhetinic acid
脱氧甘松香醇 A	deoxynarchinol A
12, 13-脱氧杆孢霉素 E	12, 13-deoxyroridin E

脱氧戈米辛 (脱氧北五味子素、脱氧五味子脂素) A	deoxygomisin A
(+)-脱氧格架藤宁碱	(+)-deoxypergularinine
脱氧葛雌醇	deoxymiroestrol
脱氧古洛糖	gulomethylose
脱氧光果甘草内酯	deoxyglabrolide
脱氧光黑壳素 A、B	deoxypreussomerins A, B
脱氧光千屈菜新碱 I ～ Ⅲ	lythrancepines I ～ Ⅲ
(−)-脱氧鬼臼毒素	(−)-deoxypodophyllotoxin
脱氧鬼臼毒素 (脱氧鬼臼脂素、峨参辛、峨参内酯)	deoxypodophyllotoxin (anthricin, silicicolin)
(−)-脱氧鬼臼根酮	(−)-deoxypodorhizone
脱氧鬼臼根酮	deoxypodorhizone
脱氧鬼臼苦素	deoxypicropodophyllin
2, 6-脱氧果糖嗪	2, 6-deoxyfructosazine
6-脱氧哈巴苷 (6-脱氧哈帕苷)	6-deoxyharpagide
14, 15-脱氧哈湾鹧鸪花素 -1, 7-二醇二乙酸酯	14, 15-deoxyhavanensin-1, 7-diol diacetate
12-脱氧海南巴豆内酯 H	12-deoxycrotonolide H
1-脱氧海普菲利素	1-deoxyhypnophilin
脱氧合掌消苷元 A	deoxyamplexicogenin A
脱氧合掌消苷元 A-3-O-基-4-O-(4-O-α-L-吡喃加拿大麻糖基-β-D-吡喃洋地黄毒糖基)-β-D-吡喃加那利毛地黄糖苷	deoxyamplexicogenin A-3-O-yl-4-O-(4-O-α-L-cymaro-pyranosyl-β-D-digitoxopyranosyl)-β-D-canaropyranoside
脱氧荷包牡丹碱	deoxydicentrine
脱氧核苷酸	deoxynucleotide
脱氧核糖核酸	deoxynucleic acid
脱氧核糖核酸 (双链)	deoxyribonucleic acid
5-脱氧赫卡尼亚香科科苷	5-deoxyteuhircoside
6-脱氧红花八角素 (6-脱氧红八角素、6-脱氧樟木钻素)	6-deoxydunnianin
11-脱氧葫芦素 I	11-deoxycucurbitacin I
22-脱氧葫芦素 A～D	22-deoxycucurbitacins A～D
2-脱氧葫芦素 D	2-deoxycucurbitacin D
5-脱氧槲皮素 (非瑟素、漆树黄酮、漆黄素酮、漆黄素、非瑟酮)	5-deoxyquercetin (fisetin)
1-脱氧 -2β, 3β-环氧竹柏内酯 A	1-deoxy-2β, 3β-epoxynagilactone A
脱氧黄柏酮	deoxyobacunone
脱氧黄藤苦素	fibleucin
16-脱氧黄杨定宁 C	16-deoxybuxidienine C
2′-脱氧肌苷 (2′-脱氧次黄苷)	2′-deoxyinosine
13-脱氧鸡蛋花苷	13-deoxyplumieride
5-脱氧基粗毛甘草素 F	5-deoxyglyasperin F
脱氧甲基捷新碱	deoxymannojirimycin

T

2-脱氧甲壳甾酮	2-deoxycurstecdysone
2-脱氧甲壳甾酮-3-*O*-β-吡喃葡萄糖苷	2-deoxycrustecdysone-3-*O*-β-glucopyranoside
7-脱氧假水仙碱	7-deoxynarciclesine
11-脱氧芥芬胺 (脱氧杰尔文)	11-deoxyjervine
3′, 5′-脱氧金圣草素	3′, 5′-deoxychrysoeriol
5-脱氧金鱼草诺苷	5-deoxyantirrhinoside
10-脱氧京尼平苷酸	10-deoxygeniposidic acid
20-脱氧巨大戟萜醇	20-deoxyingenol
20-脱氧巨大戟萜醇-3-苯甲酸酯	20-deoxyingenol-3-benzoate
20-脱氧巨大戟萜醇-3-当归酸酯	20-deoxyingenol-3-angelate
20-脱氧巨大戟萜醇-5-苯甲酸酯	20-deoxyingenol-5-benzoate
脱氧巨大鞘丝藻酰胺 C	deoxymalyngamide C
脱氧苦鬼臼毒素	deoxypicropodophyllotoxin
脱氧拉帕醇 (脱氧风铃木醇)	deoxylapachol
脱氧刺乌头碱	deoxylappaconitine
3′-脱氧辣椒红素	3′-deoxycapsanthin
26-脱氧类叶升麻素	26-deoxyactein
27-脱氧类叶升麻素	27-deoxyactein
26-脱氧类叶升麻素醇	26-deoxyacteinol
脱氧裂叶蒿酚	deoxylacarol
脱氧琉璃飞燕草林碱	deoxydelsoline
脱氧硫双萍蓬定	deoxythiobinupharidine
脱氧龙胆苦酯苷	amaropanin
5-脱氧龙头花苷	5-deoxyantirrhinoside
脱氧鲁考定 (脱氢白叶蒿定)	lidbeckialactone (dehydroleucodin, mesatlantin E)
脱氧鲁考定 (脱氢白叶蒿定)	mesatlantin E (lidbeckialactone, dehydroleucodin)
12-脱氧罗尔旋覆花醌	12-deoxyroyleanone
25-脱氧罗汉松甾酮 A	25-deoxymakisterone A
脱氧骆驼蓬定碱 (脱氧鸭嘴花次碱)	deoxypeganidine
脱氧骆驼蓬碱 (脱氧骆驼蓬宁碱、脱氧鸭嘴花碱)	deoxypeganine (deoxyvasicine)
脱氧麻黄碱	deoxyephedrine
脱氧马钱素 (脱氧马钱子苷)	deoxyloganin
1-脱氧曼野尻霉素	1-deoxymannojirimycin
8-脱氧荞吉柿素	8-deoxygartanin (8-desoxygartanin)
脱氧荞吉柿素	deoxygartanin
脱氧毛地黄糖 (地芰糖、迪吉糖)	diginose
3β-*O*-β-D-脱氧毛地黄糖基-14, 15α-二羟基-5α-强心甾-20 (22)-烯内酯	3β-*O*-(β-D-diginosyl-14, 15α-dihydroxy-5α-card-20 (22)-enolide
1-脱氧毛喉鞘蕊花素	1-deoxyforskolin
D-1-脱氧黏肌醇	D-1-deoxymucoinositol

2′-脱氧鸟苷	2′-deoxyguanosine
脱氧鸟苷	deoxyguanosine
脱氧鸟苷酸	deoxyguanylic acid
2′-脱氧鸟苷酰基-(3′→5′)-2′-脱氧尿苷酰基-(3′→5′)-2′-脱氧鸟苷	2′-deoxyguanyl-(3′→5′)-2′-deoxyuridinyl-(3′→5′)-2′-deoxyguanosine
2-脱氧尿苷	2-deoxyuridine
2′-脱氧尿苷	2′-deoxyuridine
脱氧尿苷	deoxyuridine
脱氧柠檬苦素	desoxylimonin
脱氧牛耳枫林碱 B	deoxycalyciphylline B
脱氧帕尔瓜醇 (脱氧帕尔古拉海兔醇)	deoxyparguerol
脱氧帕尔瓜醇-16-乙酸酯	deoxyparguerol-16-acetate
脱氧帕尔瓜醇-7-乙酸酯	deoxyparguerol-7-acetate
脱氧霹雳萝芙辛碱	deoxyperaksine
17-脱氧皮质类固醇	17-deoxycorticosteroid
脱氧皮质酮葡萄糖苷	deoxycortone glucoside
11-脱氧皮质甾酮	11-deoxycorticosterone
脱氧皮质甾酮	deoxycorticosterone
脱氧萍蓬草碱 (脱氧萍蓬定)	deoxynupharidine
3′, 4′-脱氧普梭草-3′, 4′, 5′-三醇	3′, 4′-deoxypsorospermin-3′, 4′, 5′-triol
脱氧齐墩果酸	deoxyoleanolic acid
8-脱氧千层塔尼定碱	8-deoxyserratinidine
8-脱氧千层塔宁碱	8-deoxyserratinine
6-脱氧荞麦碱	6-deoxyfagomine
14-脱氧鞘蕊花酮 U	14-deoxycoleon U
脱氧青蒿素 (氢化青蒿素)	deoxyartemisinin (hydroarteannuin)
脱氧三尖杉酯碱 (脱氧哈林通碱)	deoxyharringtonine
15-脱氧沙地旋覆花内酯	15-inulasalsolin
1-脱氧沙参碱	1-deoxyadenophorine
5-脱氧沙参碱	5-deoxyadenophorine
5-脱氧沙参碱-1-O-β-D-吡喃葡萄糖苷	5-deoxyadenophorine-1-O-β-D-glucopyranoside
5-脱氧山柰酚	5-deoxykaempferol
8-脱氧山莴苣素	8-deoxylactucin
8-脱氧山莴苣素-15-草酸酯	8-deoxylactucin-15-oxalate
3-脱氧升麻醇	3-deoxycimigenol
26-脱氧升麻苷	26-deoxycimicifugoside
脱氧食用大黄苷 (脱氧土大黄苷)	deoxyrhaponticin
脱氧食用大黄苷-6″-O-没食子酸酯	deoxyrhaponticin-6″-O-gallate
脱氧鼠李素	deoxyrhamnetin
脱氧双氢青蒿素	deoxydihydroqinghaosu

12-脱氧睡茄曼陀罗内酯 (12-脱氧魏察曼陀罗内酯)	12-deoxywithastramonolide
15-脱氧-顺式, 顺式-蒿叶内酯	15-deoxy-*cis*, *cis*-artemisifolin
3-脱氧苏木查耳酮 (2′-甲氧基-3, 4, 4′-三羟基查耳酮)	3-deoxysappanchalcone (2′-methoxy-3, 4, 4′-trihydroxy-chalcone)
3′-脱氧苏木酚	3′-deoxysappanol
3′-脱氧苏木酮 B	3′-deoxysappanone B
3-脱氧苏木酮 B [3-(3′, 4′-二羟苄基)-7-羟基色原烷-4-酮]	3-deoxysappanone B [3-(3′, 4′-dihydroxybenzyl)-7-hydroxychroman-4-one]
4-脱氧酸浆内酯	4-deoxyphsalolactone
脱氧塔洛糖	deoxytalose
脱氧檀香色素 (脱氧紫檀红)	deoxysantalin
脱氧藤黄精宁	deoxygambogenin
脱氧藤黄宁 (脱氧桑藤黄素)	deoxymorellin
$\Delta^{3, 5}$-脱氧替告皂苷元	$\Delta^{3, 5}$-deoxytigogenin
脱氧土布洛素	deoxytubulosine
脱氧土大黄苷 (去氧土大黄苷)	desoxyrhaponticin
22-脱氧蜕皮甾酮 (紫杉甾酮)	22-deoxyecdysterone (taxisterone)
脱氧脱氢环毛大丁草酮	deoxydehydrocyclopiloselloidone
脱氧脱氢萍蓬定	deoxydehydronupharidine
1-脱氧-2, 3-脱氢竹柏内酯 A	1-deoxy-2, 3-dehydronagilactone A
脱氧薇甘菊内酯	deoxymikanolide
6-脱氧伪莽草毒素 (6-脱氧伪日本莽草素)	6-deoxypseudoanisatin
3′-脱氧问荆吡喃酮-(3, 4-羟基-6-(4′-羟基-D-苯乙烯基)-2-吡喃酮-3-*O*-β-D-吡喃葡萄糖苷	3′-deoxyequisetumpyrone-[3, 4-hydroxy-6-(4′-hydroxy-D-styryl)-2-pyrone-3-*O*-β-D-glucopyranoside]
15-脱氧莴苣苦内酯-8-硫酸酯	15-deoxylactucin-8-sulfate
14-脱氧莴苣苦素	14-deoxylactucin
19-脱氧乌斯卡任	19-deoxyuscharin
3-脱氧乌头碱	3-deoxyaconitine
脱氧乌头碱	deoxyaconitine
脱氧五味子素 (五味子甲素、五味子素 A)	deoxyschisandrin (wuweizisu A, schisandrin A, schizandrin A, deoxyschizandrin)
20-脱氧喜树碱	20-deoxycamptothecin
脱氧喜树碱	deoxycamptothecine
1-脱氧狭叶依瓦菊素	1-deoxyivangustin
脱氧腺苷	deoxyadenosine
2′-脱氧腺苷 (2′-脱氧腺嘌呤核苷)	2′-deoxyadenosine
脱氧香根鸢尾醛	deoxyiripallidal
3-脱氧小花鬼针草炔苷 A、B	3-deoxybidensyneosides A, B
3, 5-脱氧新替告皂苷元	3, 5-deoxyneotigogenin
$\Delta^{3, 5}$-脱氧新替告皂苷元	$\Delta^{3, 5}$-deoxyneotigogenin

脱氧新隐丹参酮	deoxyneocryptotanshinone
2′-脱氧胸苷	2′-deoxythymidine
脱氧胸苷	deoxythymidine
脱氧熊甘胆酸	glykoursodeoxycholic aicd
脱氧荨麻刺素	deoxyfaveline
脱氧鸭嘴花碱 (脱氧骆驼蓬碱、脱氧骆驼蓬宁碱)	deoxyvasicine (deoxypeganine)
脱氧鸭嘴花碱酮 (脱氧鸭嘴花酮碱)	deoxyvasicinone
脱氧延龄草烯苷 (脱氧白花延龄草烯醇苷) A、B	deoxytrillenosides A, B
5-脱氧杨梅素 (5-脱氧杨梅黄酮)	5-deoxymyricetin
20-脱氧-20-氧亚基佛波醇-12-巴豆酸酯-13-(2-甲基) 丁酸酯	20-deoxy-20-oxophorbol-12-tiglate-13-(2-methyl) butanoate
1-脱氧野尻霉素	1-deoxynojirimycin
1-脱氧野尻霉素-2-*O*-α-D-吡喃半乳糖苷	1-deoxynojirimycin-2-*O*-α-D-galactopyranoside
5-脱氧野芝麻醇	5-deoxylamiol
8-脱氧野芝麻醇	8-deoxylamiol
5-脱氧野芝麻苷	5-deoxylamioside
6-脱氧野芝麻苷	6-deoxylamioside
26-脱氧乙酰类叶升麻醇	26-deoxyacetyl acteol
27-脱氧乙酰类叶升麻醇	27-deoxyacetyl acteol
6-脱氧异巴西红厚壳素	6-deoxyisojacareubin
4′-脱氧异长春碱	4′-deoxyleurosidine
4′-脱氧异长春碱-*N*′b-氧化物	4′-deoxyleurosidine-*N*′b-oxide
22-脱氧异葫芦素 A～D	22-deoxyisocucurbitacins A～D
脱氧异牛耳枫林碱 B	deoxyisocalyciphylline B
脱氧异青蒿素 (表脱氧青蒿素) B	deoxyisoartemisinin (epideoxyarteannuin) B
11-脱氧异智异山五加苷	11-deoxyisochiisanoside
脱氧茵陈香豆酸	deoxycapillartemisin
28-脱氧印苦楝内酯	28-deoxynimbolide
(+)-7-脱氧印楝二酚	(+)-7-deoxynimbidiol
9′-脱氧迎春花苷元 (9′-脱氧素馨苷元)	9′-deoxyjasminigenin
15-脱氧尤可甾醇 (15-脱氧凤梨百合甾醇)	15-deoxyeucosterol
15-脱氧尤可甾醇聚己糖苷	15-deoxyeucosterol hexasaccharide
16-脱氧玉蕊皂醇 C	16-deoxybarringtogenol C
2-脱氧芸苔素内酯	2-deoxybrassinolide
11-脱氧泽泻醇 A～C	11-deoxyalisols A～C
11-脱氧泽泻醇 B-23-乙酸酯	11-deoxyalisol B-23-acetate
11-脱氧泽泻醇 C-23-乙酸酯	11-deoxyalisol C-23-acetate
5-脱氧直立黄钟花苷	5-deoxystansioside
12-脱氧中间香茶菜素	12-deoxyisodomedin
12-脱氧中间香茶菜素丙酮化物	12-deoxyisodomedin acetonide

T

脱氧珠囊壳素	apoaranotin
1-脱氧竹柏内酯 A	1-deoxynagilactone A
3-脱氧竹柏内酯 C	3-deoxynagilactone C
6-(11′-脱氧紫草醌) 紫草醌乙酸酯	6-(11′-deoxyalkannin) alkannin acetate
脱氧紫草素 (脱氧紫草素、脱氧紫根素)	deoxyshikonin
脱乙基氧代翠雀它灵	deethyl oxodeltaline
1-脱乙酰-1-苯甲酰卫矛羰碱	1-deacetyl-1-benzoyl evonine
脱乙酰壳多糖 (脱乙酰几丁质)	chitosan
脱乙酰灵芝酸 F	deacetyl ganoderic acid F
2-脱乙酰三花龙胆苷	2-deacetyl trifloroside
2, 3-脱乙酰三花龙胆苷	2, 3-deacetyl trifloroside
3-脱乙酰三花龙胆苷	3-deacetyl trifloroside
2α-脱乙酰氧基紫杉素 (2α-脱乙酰氧基紫杉宁) J	2α-deacetoxytaxinine J
脱异丁酰基蜂斗菜苦内酯 H	deisobutyryl bakkenolide H
脱脂草皂苷	desrhamnoverbascosaponin
脱植基叶绿素 (叶绿酸酯) a、b	chlorophyllides a, b
陀螺寒鼻木素	turbinatine
驼峰短指软珊瑚二醇	sinugibberodiol
驼峰短指软珊瑚二酮	gibberodione
驼绒藜醇	rayalinol
驼绒藜烯	kairatene
驼蹄瓣波苷 A、B	zygofabosides A, B
驼蹄瓣苷 A~R	zygophylosides A~R
驼蹄瓣素	fabagoin
橐吾定碱	ligularidine
橐吾环氧醇	liguloxidol
橐吾环氧醇乙酸酯	liguloxidol acetate
橐吾环氧素	liguloxide
橐吾碱	ligularine
橐吾内酯 A	ligulolide A
橐吾宁碱	ligularinine
橐吾酮	ligularone
橐吾香附酮醇	ligucyperonol
橐吾增碱	ligularizine
椭叶醇 (椭圆叶花锚酚、1-羟基-3, 6, 8-三甲氧基呫酮)	ellipticol (1-hydroxy-3, 6, 8-trimethoxyxanthone)
椭圆果雪胆酮 A	ellipsoidone A
椭圆玫瑰树碱 (玫瑰树碱)	ellipticine
椭圆米仔兰醇 (毛鱼藤醇)	elliptinol
椭圆三七醇	gynunol
椭圆蛇藤苷 D	mabioside D

椭圆叶米仔兰醇	aglafolin
椭圆叶米仔兰碱	elliptifoline
(+)-椭圆叶琼楠碱十八-1-酮 [(+)-劳瑞亭十八-1-酮]	(+)-laurelliptinoctadec-1-one
(+)-椭圆叶琼楠碱十六-1-酮	(+)-laurelliptinhexadec-1-one
椭圆叶柿醌 (椭圆叶柿酮)	elliptinone
椭圆叶崖豆藤酮	ovalitenone
唾液酸	sialic acid
唾液酸糖蛋白	sialoglycoprotein
唾液酸糖脂	sialoglycolipid
唾液酰糖肽	sialoglycopeptide
蛙醇	ranol
蛙醇 A、B	waols A, B
蛙激肽	ranakinin
蛙色素 1～5	ranachromes 1～5
蛙色素 4 (异黄蝶呤)	ranachrome 4 (isoxanthopterin)
蛙肽 R	ranatensin R
娃儿藤醇-3β-乙酸酯	tylolupen-3β-acetate
娃儿藤苷 A	tylophoside A
娃儿藤碱	tylophorine
娃儿藤宁碱	tylophorinine
D-娃儿藤任	D-tylocrebrine
L-娃儿藤任	L-tylocrebrine
娃儿藤生物碱	tylophora alkaloid
娃儿藤亭碱 A～C	tylophovatines A～C
娃儿藤新碱 (娃儿藤定碱)	tylophorinidine
娃儿藤羽扇豆醇 A、B	tylolupenols A, B
娃儿藤羽扇豆醇 B 乙酸酯	tylolupenol B acetate
瓦蒂酰胺 A～F	vatiamides A～F
瓦尔布干醛 (沃伯木醛、八氢三甲基萘醇二醛)	warburganal
瓦尔酮酸二内酯	valoneic acid dilactone
瓦加素	vargasine
瓦卡素	vakatisine
瓦卡西宁	vakatisinine
瓦拉特酚	waraterpol
瓦拉银叶树宁	vallapianin
瓦拉银叶树素	vallapin
瓦来萨明碱 (河谷木胺)	vallesamine
瓦来萨明碱 Nb-氧化物	vallesamine Nb-oxide
瓦来萨明碱-17-O-乙酸酯	vallesamine-17-O-acetate

瓦勒洛定	valeroidine
瓦勒素	vallesine
瓦伦西亚桔酸	valencic acid
瓦洛定	vallotidine
瓦洛浦芬	vallopurfine
瓦洛亭	vallotine
瓦那文 (瓦卡定)	vakagnavine
(+)- 瓦努阿图莲叶桐碱	(+)-vanuatine
瓦氏清明花苷	beauwalloside
瓦塔胺	vatamine
瓦托品	valtropine
瓦瓦素	vavain
瓦瓦素 -3′-*O*-β- 葡萄糖苷	vavain-3′-*O*-β-glucoside
瓦西定	vargasidine
哇巴因 (G-毒毛旋花子次苷、苦毒毛旋花子苷、苦羊角拗苷)	ouabain (G-strophanthin, acocantherin, gratibain, astrobain)
(3- 外)-8- 氮杂双环 [3.2.1] 辛 -3- 醇	(3-*exo*)-8-azabicyclo [3.2.1] oct-3-ol
(2- 外 , 7- 顺)-2- 溴 -7- 氟双环 [2.2.1] 庚烷	(2-*exo*, 7-*syn*)-2-bromo-7-fluorobicyclo [2.2.1] heptane
3, 6- 外二羟基去甲莨菪烷	3, 6-*exo*-dihydroxydemethyl tropane
外卷唐松草碱	thalirevolutine
外卷唐松草林	thalirevoline
外卷唐松草亭碱	thalilutine
(+)- 外拉樟桂脂素	(+)-veraguensin
外来欧夏至草醇	peregrinol
外 - 内 -2, 6- 二 (4′- 羟基 -3′- 甲氧苯基)-3, 7- 二氧二环 [3.3.0] 辛烷	*exo-endo*-2, 6-bis (4′-hydroxy-3′-methoxyphenyl)-3, 7-dioxabicyclo [3.3.0] octane
(–)-(1*S*, 2*S*, 6*S*)-6- 外 - 羟基小茴香醇	(–)-(1*S*, 2*S*, 6*S*)-6-*exo*-hydroxyfenchol
4, 8- 外 - 双 (4- 羟基 -3- 甲氧苯基)-3, 7- 二噁二环 [3.3.0] 辛 -2- 酮	4, 8-*exo*-bis (4-hydroxy-3-methoxyphenyl)-3, 7-dioxabicyclo [3.3.0] oct-2-one
外伊犁蒿苷 (伊犁绢蒿素、3′, 4′, 5, 7- 四羟基 -3- 甲氧基黄酮 -7- 葡萄糖苷)	transilin (3′, 4′, 5, 7-tetrahydroxyflavone-3-methoxyflavone-7-glucoside)
弯孢霉菌素	curvularin
弯孢霉酸	curvulinic acid
弯孢素	lunatin
弯齿盾果草酰胺	glochidiatusamide
弯聚花香茶菜甲素	loxothyrin A
弯雷公藤精	loxopterygine
弯脉茶渍酮	hybocarpone
弯蕊开口箭苷 (弯蕊苷) A～I	wattosides A～I
弯蕊开口箭苷元 A	wattigenin A

弯叶枣素	bayarin
弯枝黄檀宁 A	candenatenin A
弯锥香茶菜素 A、B	rabdoloxins A, B
豌豆查耳酮 (黄芪胶素) A、B	xenognosins A, B
豌豆醇苷 (豌豆香菫苷)	pisumionoside
豌豆多酚 A～C	peapolyphenols A～C
豌豆黄酮苷 Ⅰ、Ⅱ	pisumflavonosides Ⅰ, Ⅱ
豌豆壳二孢毒素	ascosalitoxin
豌豆球蛋白	vicilin
豌豆素	pisatin
完全蛋白	complete protein
烷-1-烯基二脂酸甘油酯	alk-1-enyl diglyceride
24α-烷基-Δ^7-甾醇	24α-alkyl-Δ^7-sterol
24β-烷基-Δ^7-甾醇	24β-alkyl-Δ^7-sterol
烷基间苯二酚 A～C	alkyl resorcinols A～C
2-烷基去甲麝香酮	2-alkyl normuscone
烷基噻吩	alkyl thiophene
2-烷基色原酮衍生物	2-alkyl chromone derivatives
烷基酯	alkyl ester
晚香玉苷 A～G	polianthosides A～G
(R)-晚香玉种内酯	(R)-tuberolactone
婉蜓翠雀碱	delflexine
皖贝宁 A	wanpeinine A
碗蕨苷 A	dennstoside A
万花木碱 A、B	myrianthines A, B
万花木酸	myriaboric acid
万花酸 (千花木酸) A、B	myrianthic acids A, B
万花酸甲酯	myrianthic acid methyl ester
万年蒿氯内酯	chlorosacroratin
万年青苷 A～D	rhodexins A～D
万年青苷甲	sarmentogenin-3-O-α-rhamnoside
万年青宁	rhodenin
万年青糖	rhodeose
万年青糖醇	rhodeol
万年青新苷	rhodexoside
万年青皂苷元	rhodeasapogenin
万年青皂苷元-1-O-α-L-吡喃鼠李糖基-(1→2)-β-D-吡喃木糖苷	rhodeasapogenin-1-O-α-L-rhamnopyranosyl-(1→2)-β-D-xylopyranoside
万年青皂苷元-3-O-β-D-吡喃葡萄糖苷	rhodeasapogenin-3-O-β-D-glucopyranoside

W

万年青皂苷元-3-O-β-D-吡喃葡萄糖基-(1→4)-β-D-吡喃葡萄糖苷	rhodeasapogenin-3-O-β-D-glucopyranosyl-(1→4)-β-D-glucopyranoside
万寿果碱	asiminine
万寿菊属苷	tagetiin
万寿菊酮	tagetone
万寿肿柄菊素 (肿柄菊内酯) A~F	tagitinins A~F
万寿肿柄菊素 C 甲基丁酸酯	tagitinin C methyl butanoate
王不留行次苷 (王不留行次皂苷、麦蓝菜洛苷) A~H	vaccarosides A~D
王不留行苷 (麦蓝菜托苷) A~L	segetosides A~L
王不留行黄酮苷 (麦蓝菜灵) A~F	vaccarins A~F
王不留行属萜苷 A	vaccaroid A
王不留行四糖苷	vaccarotetraoside
王不留行素 (王不留行环肽、麦蓝菜素) A~H	segetalins A~H
王不留行酸	vaccaric acid
王不留行𠮿酮	vaccaxanthone
王不留行皂苷 A~D	vacsegosides A~D
王冠栀子醇酸	coronalonic acid
王冠栀子内酯	coronalolide
王冠栀子内酯甲酯	coronalolide methyl ester
王浆酸 (蜂王酸)	royal jelly acid
网柄菌素 A、B	dictyomedins A, B
网地藻醇 H	dictyol H
网地藻醇 F 单乙酸酯	dictyol F monoacetate
网地藻环氧物	dictyoepoxide
网地藻内酯 A、B	dictyotalides A, B
网地藻属内酯	dictyolactone
网地藻素 A~C	dictyotins A~C
网地藻素 D 甲醚	dictyotin D methyl ether
网地藻萜 A、B	dictyterpenoids A, B
网地藻酮	dictyone
网地藻酮乙酸酯	dictyone acetate
网肺衣尼酸	retigeranic acid
网肺衣酸 A、B	retigeric acids A, B
网果翠雀碱	dictysine
网果翠雀亭 (翠雀花亭)	delectine
网脉马前钱碱	retuline
网脉藤碱	dictyophlebine
网脉囊吾素 A~D	ligudicins A~D
(+)- 网球花胺	(+)-haemanthamine
网球花胺 (3-表文殊兰胺、赫门塔明碱)	natalensine (3-epicrinamine, haemanthamine)

网球花定	haemanthidine (hemanthidine, pancratine)
网球花亭 (网球花碱)	haemultine
网球花因	manthine
网纹马勃菌酸	lycoperdic acid
网椰霉酰胺 A	dictyonamide A
(+)-网叶番荔枝碱 [(+)-网状番荔枝碱、(+)-瑞枯灵、(+)-牛心果碱]	(+)-reticuline
网叶番荔枝亭碱	reticulatine
网叶番荔枝辛 (网脉番荔枝辛、牛心果辛)	reticulatacin
网翼藻烯 A～D	dictyopterenes A～D
网硬蛋白	reticulin
网状喹唑啉碱 A	dictyoquinazol A
网状罗曼胺 A、B	dictyolomides A, B
忘忧枣碱 (莲心季铵碱、莲因碱) A～D	lotusines A～D
望春花黄酮醇苷 Ⅰ	biondnoid Ⅰ
望春玉兰苯酚 A～C	fargesiphenols A～C
(–)-望春玉兰醇	(–)-fargesol
望春玉兰黄酮 A	biondinoid A
望春玉兰木脂素 A	fargesilignan A
望春玉兰色酮 A	fargesiichromone A
(–)-望春玉兰素	(–)-magnofargesin
望春玉兰脂素 (望春玉兰宁) A～E	biondinins A～E
望江南醇 (金钟柏醇) Ⅰ、Ⅱ	occidentalins A, B (occidentalols Ⅰ, Ⅱ)
危勒联因 (威勒花素)	vellein
危洛素	vellosine
危让胺	veronamine
危特呈	veatchine
威尔士绿绒蒿定碱 (威尔士绿绒蒿定)	mecambridine
(–)-威尔士绿绒蒿碱	(–)-mecambrine
威尔士绿绒蒿碱	mecambrine
(–)-威尔士绿绒蒿咔啉	(–)-mecambroline
威灵仙次皂苷	clematis prosapogenin Cp7a
威灵仙酚	clematichinenol
威灵仙新苷 (灵仙新苷) A～J	clematochinenosides A～J
威灵仙皂苷 (威灵仙苷) A-J、AR、AR_2	clematichinenosides A-J, AR, AR_2
威尼斯松节油	venice turpentine
威氏巴豆任 (威氏巴豆灵)	wilsonirine
威文殊兰碱	criwelline
葳严仙苷元-3β-O-β-D-吡喃葡萄糖苷	caulophyllogenin-3β-O-β-D-glucopyranoside
葳严仙碱 (N-甲基金雀花碱) A～E	caulophyllines (N-methyl cytisines) A～E

W

葳严仙皂苷 (红毛七皂苷) A～G	caulosides A～G
葳严仙皂苷元	caulophyllogenin
葳严仙皂苷元 -3-O-α-L- 吡喃阿拉伯糖苷	caulophyllogenin-3-O-α-L-arabinopyranoside
微孢葡霉素	parvisporin
微甘菊素	miscandenin
微管结合蛋白	microtubule-binding protein
(E)-Dhb- 微胱氨酸 -HtyR	(E)-Dhb-microcystin-HtyR
(E)-Dhb- 微胱氨酸 -LR	(E)-Dhb-microcystin-LR
微孔草素 A、B	microulins A, B
微囊环酰胺	microcyclamide
微囊藻宁 51-A、91-C～E、299-A～D、478、SD 755	microginins 51-A, 91-C～E, 299-A～D, 478, SD 755
微囊藻素 SF 608	microcin SF 608
微囊藻肽	micropeptin
微鞘藻素 A、B	microcolins A, B
微缺美登碱 (台湾美登木碱) A～H	emarginatines A～H
微缺美登宁	emarginatinine
微凸剑叶莎醇 (尖叶军刀豆酚、微尖头酚、微凸剑叶莎酚、短尖剑豆酚)	mucronulatol
微叶猪毛菜碱	subaplylline
微籽素 (斑籽素)	baliospermin
薇甘菊黄素	mikanin
薇甘菊内酯	mikanolide
韦得醇 (南非柏醇)	widdrol
韦得醇 -α- 环氧化物	widdrol-α-epoxide
韦氏大风子亭	hydnowightin
韦瓦克鞘丝藻唑	wewakazole
维甲酸	retinoic acid
维卡罗定碱	vincorodine
维科菊二醇 (茼谷草二醇)	vicodiol
维科菊二醇 -2-O-β-D- 吡喃葡萄糖苷	vicodiol-2-O-β-D-glucopyranoside
维兰素	vilangin
维鲁拉脂素 (苏里南维罗蔻木素)	surinamensin
维罗蔻木素 (苏里南肉豆蔻素)	virolin
维罗蔻木烷	virolane
维洛斯明碱 (魏氏波瑞木胺、危西明、维氏叠籽木胺)	vellosimine
维尼碱	wilsonirline
维生素 A 乙酸酯 (视黄醇乙酸酯)	vitamin A acetate (retinol acetate)
维生素 A～F、K、A_1、A_2、B_1～B_3、B_5～B_7、B_9、B_{12}、D_2～D_4、Eα～Eδ、K_1～K_3、pp	vitamins A～F, K, A_1, A_2, B_1～B_3, B_5～B_7, B_9, B_{12}, D_2～D_4, Eα～Eδ, K_1～K_3, pp
维生素 B_2 (核黄素、乳黄素)	vitamin B_2 (riboflavin)

维生素 C (L-抗坏血酸、3-亚氧基-L-古洛呋喃内酯)	vitamin C (L-ascorbic acid, 3-oxo-L-gulofuranolactone)
维生素 E	vitamin E
维生素 H (生物素、辅酶 R)	vitamin H (biotin, coenzyme R)
维生素 P (芦丁、槲皮素-3-O-芸香糖苷、芸香苷、紫皮苷、紫槲皮苷、槲皮素葡萄糖鼠李糖苷)	vitamin P (rutoside, quercetin-3-O-rutinoside, rutin, quercetin glucorhamnoside, violaquercitrin)
维生素 U (L-蛋氨酸甲基锍氯化物)	vitamin U (L-methionine methylsulfonium chloride)
维生素 A 醇 (视黄醇)	vitamin A alcohol (retinol)
维生素 B_1 (硫胺素)	vitamin B_1 (thiamine)
维氏巴豆素	croverin
维氏柏醇过氧化物	widdarol peroxide
维氏柏醛 A～C	widdaranals A～C
维氏藤黄𠮿酮 A、B	vieillardiixanthones A, B
维斯米亚苯乙酮 A～G	vismiaphenones A～G
维斯木醌 A～C	vismiaquinones A～C
维他曼陀罗内酯	vitastramonolide
维西明	vellosisimine
维西香茶菜甲素～丙素	weisiensins A～C
伟曼陀罗定	fastudine
伟曼陀罗碱	fastusidine
伟曼陀罗宁	fastunine
伟曼陀罗素	fastusine
伟曼陀罗西宁	fastusinine
伪-γ-五味子素	pseudo-γ-schisandrin
伪阿枯米京碱 Nb-氧化物	pseudoakuammigine Nb-oxide
(−)-伪半秃灰毛豆素	(−)-pseudosemiglabrin
(+)-伪半秃灰毛豆素	(+)-pseudosemiglabrin
伪长春碱	pseudovincaleukoblastine
伪大八角素	pseudomajucin
伪毒参羟碱 (假羟基毒芹碱、5-羟基-2-丙基哌啶)	pseudoconhydrine (5-hydroxy-2-propyl piperidine, ψ-conhydrine)
伪番木鳖碱	pseudostrychnine
伪番木瓜碱	pseudocarpaine
伪非洲防己碱	pseudocolumbamine
伪红藜芦碱	pseudorubijervine
伪花色素鼠李糖苷	pseudocyanidol rhamnoside
伪芥芬胺	pseudojervine
伪金丝桃素 (假金丝桃双蒽醌)	pseudohypericin
伪卷柏石松碱 (伪卷柏状石松碱)	pseudoselagine
伪倔海绵宁	pseudodysidenin
伪枯烯 (偏三甲苯)	pseudocumene

W

伪苦籽木精碱	pseudoakuammigine
伪郎诺苷	pseudoranoside
伪卵萼羊角拗苷	pseudocaudoside
(+)- 伪麻黄碱 [(+)- 假麻黄碱、异麻黄碱)	(+)-pseudoephedrine (isoephedrine)
伪马钱子碱	pseudobrucine
伪吗啡	pseudomorphine
伪莽草毒素 (伪日本莽草素)	pseudoanisatin
伪梅鲁巧茶碱	pseudomerucathine
伪绵马素	pseudoaspidin
伪绵毛胡桐内酯 C	pseudocalanolide C
伪泥胡菜甾酮	coronatasterone
伪蒎烯 [(–)-β- 蒎烯、诺品烯]	pseudopinene [(–)-β-pinene, nopinene]
伪蒲公英甾醇	pseudotaraxasterol
伪蒲公英甾醇 -3β-O- 棕榈酸酯	pseudotaraxasterol-3β-O-palmitate
伪蒲公英甾醇苯甲酸酯	pseudotaraxasteryl benzoate
伪蒲公英甾醇乙酸酯	pseudotaraxasteryl acetate
伪山道年	pseudosantonin
伪石榴皮碱 (假石榴皮碱、石榴皮 -3- 酮)	pseudopelletierine (granatan-3-one)
伪石蒜碱	pseudolycorine
伪酸枣苷元	pseudojujubogenin
伪托品碱	pseudotropine
伪乌头碱	pseudaconitine
伪乌头宁	pseudaconine
伪新乌药醚内酯 (伪新乌药环氧内酯)	pseudoneolinderane
伪野靛素 (野靛黄素、赝靛黄素、伪赝靛苷元)	pseudobaptigenin
伪野靛素 -7-O-β-D- 木糖基 -(1→6)-β-D- 吡喃葡萄糖苷	pseudobaptigenin-7-O-β-D-xylosyl-(1→6)-β-D-glucopyranoside
伪野靛素 -7-O-β-D- 葡萄糖苷 -6″-O- 丙二酸酯	pseudobaptigenin-7-O-β-D-glucoside-6″-O-malonate
伪野靛素 -7-O-β-D- 葡萄糖苷 -6″-O- 乙酸酯	pseudobaptigenin-7-O-β-D-glucoside-6″-O-acetate
伪野靛素二葡萄糖苷	pseudobaptigenin diglucosides
伪野靛素葡萄糖苷	pseudobaptigenin glucoside
伪异沙蟾毒精	pseudobufarenogin
伪吲哚氧基四叶萝芙木林碱	pseudoindoxyl tetraphylline
伪原阿片碱 (伪普鲁托品)	pseudoprotopine
伪原薯蓣皂苷	pseudoprotodioscin
伪原纤细薯蓣皂苷 (伪原纤细皂苷)	pseudoprotogracillin
伪原知母皂苷 A- Ⅲ	pseudoprototimosaponin A- Ⅲ
(E, Z)- 伪紫罗兰酮	(E, Z)-pseudoionone
伪紫茜素 (假紫红素)	pseudopurpurin
苇谷草内酯 A～D	vicolides A～D

尾孢菌素	cercosporin
尾尔米内酯素	vermeerin
尾花酸甲酯	penianthic acid methyl ester
尾九斯宁	viguiestenin
尾瑞辛季铵碱	veprisinium
尾叶白前苷元 (喷奴皂苷元、本波苷元)	penupogenin
尾叶白前苷元 -3-*O*-β-D- 吡喃葡萄糖基 -(1→4)-β-L- 吡喃磁麻糖基 -(1→4)-β-D- 吡喃磁麻糖基 -(1→4)-α-L- 吡喃洋地黄糖基 -(1→4)-β-D- 吡喃磁麻糖苷	penupogenin-3-*O*-β-D-glucopyranosyl-(1 → 4)-β-L-cymaropyranosyl-(1→4)-β-D-cymaropyranosyl-(1→4)-α-L-diginopyranosyl-(1→4)-β-D-cymaropyranoside
尾叶牛皮消苷元	ikemagenin
尾叶香茶菜宁	kamebakaurinin
尾叶香茶菜素 A～K	excisanins A～K
尾叶香茶菜辛 A～F	excisusins A～F
尾叶远志苷 A	polycaudoside A
委陵菜酸 (2α, 19α- 二羟基熊果酸、2α- 羟基坡模醇酸)	tormentic acid (2α, 19α-dihydroxyurolic acid, 2α-hydroxypomolic acid)
委陵菜酸 -28-*O*-α-L- 吡喃鼠李糖基 -(1→2)-β-D- 吡喃葡萄糖酯	tormentic acid -28-*O*-α-L-rhamnopyranosyl-(1→2)-β-D-glucopyranosyl ester
委陵菜酸 -28-*O*- 葡萄糖苷	tormentic acid-28-*O*-glucoside
委陵菜酸 -6- 甲氧基 -β-D- 吡喃葡萄糖酯	tormentic acid-6-methoxy-β-D-glucopyranosyl ester
委陵菜酸 -β-D- 吡喃葡萄糖酯	tormentic acid-β-D-glucopyranosyl ester
(*E*)- 委陵菜酸 -3-*O*- 对香豆酯	3-*O*-*p*-coumaroyl (*E*)-tormentate
(*Z*)- 委陵菜酸 -3-*O*- 对香豆酯	3-*O*-*p*-coumaroyl (*Z*)-tormentate
委陵菜酸甲酯	methyl tormentate
委陵菜酸葡萄糖酯	glucosyl tormentate
委陵菜皂苷	tormentoside
委内松苷	verecundin
萎果龙葵苷 A	inunigroside A
卫矛胺	alatusamine
卫矛单糖苷 (伊夫单苷、洋地黄毒苷元 -α-L- 鼠李糖苷)	evomonoside (digitoxigenin-α-L-rhamnoside)
卫矛二醇	euonidiol
卫矛苷 A	euonymoside A
卫矛碱	euonymine
卫矛林素	euolalin
卫矛灵碱	euorine
卫矛宁苷 (卫矛尼苷)	euoniside
卫矛诺苷	evonoside
卫矛属碱	euonymus base
卫矛双糖苷 (伊夫双苷)	evobioside
卫矛苏苷 (卫矛索苷) A	euonymusoside A
卫矛辚碱	evonine

W

卫矛酮 (着色酮、染用卫矛酮)	tingenone
卫矛西宁	alatusinine
胃泌素	gastrin
胃膜素	gastric mucin
胃液素 (胃激素)	ventriculin
尉它灵	vertaline
猬草烯酮 A～C	schizolaenones A～C
魏察苦蘵素 A	withagulatin A
魏察酸浆苦素 A～Z	withaphysalins A～Z
魏穿心莲黄素 (维特穿心莲素)	wightin
温和碱	irenine
温泉翠雀碱	winkleriline
温郁金倍半萜内酯 A～C	curdionolides A～C
温郁金醇 A～G	curcuminols A～G
温郁金二酮醇	curcumadionol
温郁金苷	wenyujinoside
温郁金克二酮	curcodione
温郁金克内酯	curcolide
温郁金螺内酯	curcumalactone
温郁金莫内酯	curcumolide
温郁金内酯 A	wenyujinlactone A
温郁金素 A～R	wenyujinins A～R
温郁金萜醇	wenjine
(1R, 4R, 5S, 7S)-温郁金酮	(1R, 4R, 5S, 7S)-curwenyujinone
榲桲苷 A	cydonioside A
(+)-榲桲内酯 A	(+)-marmelolactone A
榲桲内酯 A	marmelolactone A
(−)-榲桲内酯 B	(−)-marmelolactone B
文昌酸	vachanic acid
文旦明碱 A	buntanmine A
文旦宁碱	buntanine
文旦双碱	buntanbismine
文旦辛素 A～C	buntansins A～C
文朵雷辛碱	vidolicine
文朵尼定碱 (长春刀立定、长春多洛辛)	vindorosine (vindolidine)
文飞辛	veneficine
文冠果苷 A～K	sorbifoliasides A～K
文冠果酸	xanthocerasic acid
文冠果萜 Y_0～Y_{10}、O_{54}	xanifolias Y_0～Y_{10}, O_{54}
文冠果皂苷 A～F	bunkankasaponins A～F

文冠木素	xanthocerin
文可宾碱	vincubine
文可林宁	vincovalinine
文那胺 (长春法胺)	vinaphamine
文那米定碱 (长春米定)	vinamidine
文那品 (长春品碱)	vinaspine
文殊兰胺	crinamine
文殊兰定碱	crinasiadine
D-文殊兰碱	D-crinine
文殊兰碱	crinine
文殊兰奎碱	crinumaquine
文殊兰脒	crinamidine
文殊兰明碱 A、B	asiaticumines A, B
文殊兰素	crinosine
文殊兰亭碱	crinasiatine
文殊兰星碱	crinsine
文昔定	venoxidine
文鸭脚木定 (毒鸡骨常山定)	venalstonidine
文鸭脚木宁 (毒鸡骨常山碱)	venalstonine
纹瓣兰酚 Ⅰ、Ⅱ	aloifols Ⅰ, Ⅱ
蚊母树苷	glucodistylin
问荆吡喃酮	equisetumpyrone
问荆苷 (问荆素)	equisetrin
问荆色苷	articulatin
问荆酸(乌头酸、丙烯三羧酸、顺式-乌头酸、蓍草酸)	equisetic acid (aconitic acid, *cis*-aconitic acid, citridic acid, achilleic acid)
问荆酮	equisetumone
问荆皂苷 (木贼宁)	equisetonin
汶川柴胡素	wenchuanensin
薙菜素 I～XI	aquaterins I～XI
莴苣苷 (莴苣内酯苷) A～D	lactusides A～D
莴苣黄苷 A	lactucasativoside A
莴苣宁素 A	lettucenin A
倭氏藤黄双黄酮	volkensiflavone
(−)-沃伯木醛 [(−)-瓦尔布干醛]	(−)-warburganal
沃非灵 (伏康树叶碱)	voaphylline
沃格闭花苷 (沃格花闭木苷、西非灰毛豆苷、断马钱子苷半缩醛内酯)	vogeloside
沃格刺桐素 C	vogelin C
沃坎亭 (夏氏伏康树碱)	voachalotine

沃肯楝素	meliavosin
沃里克裸实醇	wallichenol
沃森碘酮 (沃森尼康) A～C	watsonianones A～C
沃氏萝芙木碱	volkensine
沃氏藤黄辛 (伏氏楝素)	volkensin
沃台因 (伏康树黄碱)	voaluteine
卧爵床脂定 A	prostalidin A
(+)- 渥路可脂素	(+)-verrucosin
渥路可脂素 (疣点多腺桂素)	verrucosin
渥洛多苷	verodoxin
乌棒子苷 A～C	wubangzisides A～C
乌干达羽叶楸醛 (羽叶楸醌醛) A、B	sterekunthals A, B
乌基诺酸	urjinolic acid
乌柏醇	sapiol
乌柏碱	sapinine
乌柏酸	sebiferic acid
乌柏脂酮	sebiferone
乌咔啉 (5- 甲氧基东莨菪内酯)	umckalin (5-methoxyscopoletin)
乌克兰狭叶水仙碱	nangustine
乌口树碱	tarennine
乌口树诺苷 A～H	tarennanosides A～H
乌口树素苷 A～G	tarenninosides A～G
乌口树烷	tarennane
乌拉尔醇	uralenol
乌拉尔醇 -3- 甲醚	uralenol-3-methyl ether
乌拉尔甘草新醇	glycyrurol
乌拉尔甘草皂苷 A～C	uralsaponins A～C
乌拉尔甘草皂苷 A 二丁酯	dibutyluralsaponin A esters
乌拉尔甘草皂苷 A 甲基正丁酯	uralsaponin A methyl-*n*-buthyl ester
乌拉尔甘草皂苷 A 乙基正丁基酯	uralsaponin A ethyl-*n*-buthyl ester
乌拉尔宁	uralenin
乌拉尔素	uralene
乌拉尔新苷 (原儿茶酸 -1-*O*-β-D- 吡喃木糖苷)	uralenneoside (protocatechuic acid-1-*O*-β-D-xylopyranoside)
乌勒因	uleine
乌蔹莓酚 A、B	cajyphenols A, B
乌蔹色苷 (飞燕草素 -3- 对香豆酰槐糖苷 -5- 单葡萄糖苷)	cayratinin (delphinidin-3-*p*-coumaroyl sophoroside-5-monoglucoside)
乌菱素 (乌菱鞣质)	bicornin
乌龙茶呋苷 A、B	chafurosides A, B
乌龙双黄烷 A	oolonghomobisflavan A

乌隆肽素	ulongapeptin
乌隆酰胺 A～E	ulongamides A～E
乌摩亨哥素	umuhengerin
乌木叶碱 (乌木叶美登木碱) E-Ⅱ、E-IV、W-I	ebenifolines E-Ⅱ, E-IV, W-I
乌木脂素	diospyrosin
乌奴龙胆苷 D	gentiournoside D
乌普兰聚合草定	symlandine
乌普兰聚合草碱	uplandicine
乌普兰聚合草碱 -N- 氧化物	uplandicine-N-oxide
乌普纳木酚 A	upunaphenol A
乌热酸 (18β- 甘草次酸)	uralenic acid (18β-glycyrrhetic acid)
乌瑞辛	vulracine
乌散酸	ursanic acid
乌沙苷元 (波叶刚毛果苷元、乌它苷元)	uzarigenin
乌沙苷元 -3-O-β-D- 毛地黄糖苷	uzarigenin-3-O-β-D-digitaloside
乌沙苷元 -3β- 槐糖苷	uzarigenin-3β-sophoroside
乌沙苷元 -β-D- 龙胆二糖基 -(1→4)-α-L- 黄花夹竹桃糖苷	uzarigenin-β-D-gentiobiosyl-(1→4)-α-L-thevetoside
乌沙苷元 -β-D- 龙胆二糖基 -(1→4)-β-D- 脱氧毛地黄糖苷	uzarigenin-β-D-gentiobiosyl-(1→4)-β-D-diginoside
乌沙苷元 -β-D- 龙胆二糖基 -α-L- 鼠李糖苷	uzarigenin-β-D-gentiobiosyl-α-L-rhamnoside
乌沙苷元 -β-D- 毛地黄糖苷	uzarigenin-β-D-digitaloside
乌沙苷元 -β-D- 葡萄糖基 -(1→4)-β-D- 毛地黄糖苷	uzarigenin-β-D-glucosyl-(1→4)-β-D-digitaloside
乌沙苷元 -β-D- 葡萄糖基 -α-L- 黄花夹竹桃糖苷	uzarigenin-β-D-glucosyl-α-L-thevetoside
乌沙苷元 -β- 纤维二糖苷	uzarigenin-β-cellobioside
乌斯卡定	uscharitin
乌苏里贝母定 (乌苏里啶)	ussuriedine
乌苏里贝母定酮 (乌苏里啶酮)	ussuriedinone
乌苏里藜芦二苯乙烯	verussustilbene
乌苏里宁	ussurierine
乌苏酸 (乌索酸、熊果酸、β- 熊果酸)	ursolic acid (malol, β-ursolic acid, urson, prunol)
乌苏烯二醇	ursendiol
乌苏烯三醇	ursentriol
乌檀阿林碱 A、B	nauclealines A, B
乌檀艾定醛 (乌檀醛碱、乌檀定醛)	naucleidinal
乌檀德碱	nauclederine
乌檀定碱	naucledine
乌檀费定碱 (乌檀费丁碱)	nauclefidine
乌檀费碱	nauclefine
乌檀费林碱 (乌檀菲林碱)	nauclefiline

W

乌檀费辛碱	nauclefincine
乌檀费新碱 (乌檀辛碱)	naucleficine
乌檀福林碱 (阔叶乌檀碱)	nauclefoline
乌檀苷	naucleoside
乌檀苷 A、B	naucleosides A, B
乌檀碱	naufoline
乌檀心碱 A～E	naucleofficines A～E
乌檀卡碱	nauclechine
乌檀奎尼碱	nauclequiniine
乌檀拉芬碱	naulafine
乌檀林碱	naucline
乌檀欧尼定碱	naucleonidine
乌檀欧宁碱	naucleonine
乌檀醛	naucledal
乌檀亭碱	naucletine
乌檀托宁 A～C	naucleactonins A～C
乌檀酰胺 A～G	naucleamides A～G
乌檀酰胺 A-10-*O*-β-D- 吡喃葡萄糖苷	naucleamide A-10-*O*-β-D-glucopyranoside
乌檀星碱	nauclexine
乌头定	trichocarpidine
乌头多糖 A～D	aconitans A～D
乌头芬碱 (10-羟基乌头碱)	aconifine (10-hydroxyaconitine)
乌头碱	aconitine
乌头林碱 (卡米车灵、多根乌头碱)	carmichaeline (karakoline, karacoline)
乌头林碱 (卡米车灵、多根乌头碱)	karacoline (karakoline, carmichaeline)
乌头林碱 A	carmichaeline A
乌头硫萜碱 A	aconicarmisulfonine A
乌头诺辛 (阿克诺辛、鼻萼乌头辛碱)	aconosine
乌头酸 (问荆酸、丙烯三羧酸、顺式-乌头酸、蓍草酸)	aconitic acid (equisetic acid, *cis*-aconitic acid, citridic acid, achilleic acid)
乌头酸 (问荆酸、丙烯三羧酸、顺式-乌头酸、蓍草酸)	citridic acid (equisetic acid, *cis*-aconitic acid, aconitic acid, achilleic acid)
乌头萜碱 A～D	carmichasines A～D
乌头酰胺	aconitamide
乌头原碱	aconine
乌韦奥苷	uveoside
乌心石内酯	micheliolide
乌药薁	linderazulene
乌药醇	linderol
(+)- 乌药定	(+)-linderadine

乌药葛内酯 A～E	linderagalactones A～E
乌药根内酯 (香樟内酯、钓樟揣内酯、乌药烯内酯)	lindestrenolide
乌药根烯 (钓樟烯)	lindestrene
乌药环戊烯二酮甲醚 (甲基钓樟酮)	methyl linderone
DL-乌药碱 (DL-衡州乌药碱)	DL-coclaurine
乌药碱 (衡洲乌药碱)	coclaurine
D-乌药碱 (乌药碱、D-衡州乌药碱、衡州乌药碱、酸枣仁碱 K)	D-coclaurine (sanjoinine K)
(+)-(1R)-乌药碱 [(+)-(1R)-衡州乌药碱]	(+)-(1R)-coclaurine
乌药灵碱 (钓樟林碱)	linderaline
乌药灵碱 A	linderaggrine A
乌药醚内酯 (乌药环氧内酯、钓樟素)	linderane
乌药呐烯内酯 (乌药烯醇内酯) C	strychnistenolide C
乌药呐内酯	strychnilactone
乌药内酯 (钓樟内酯)	linderalactone
乌药宁 C	linderanine C
乌药双查耳酮	bilinderachalcone
乌药酸	linderaic acid
乌药萜内酯 (乌药南内酯、钓樟烯内酯) A～I、B₁、B₂	lindenanolides A～I, B₁, B₂
乌药萜烯二氢查耳酮	linderatin
乌药萜烯黄烷酮	linderatone
乌药萜烯黄烷酮甲醚	methyl linderatone
乌药亭碱	linderegatine
乌药酮	linderenone
乌药烷	lindenrane
乌药烯	lindenene
乌药烯醇	lindenenol
乌药烯醇内酯	strychnistenolide
乌药醇烯内酯 (乌药烯呐内酯) C	strychnistenolide C
8α-乌药烯醇内酯 -6-O-乙酸酯	8α-strychnistenolide-6-O-acetate
8β-乌药烯醇内酯 -6-O-乙酸酯	8β-strychnistenolide-6-O-acetate
乌药烯酮	lindenenone
巫山山奈酚	wushankaempferol
巫山淫羊藿苷 A	wushanepimedoside A
巫山淫羊藿黄酮苷	wushanicariin
屋根草内酯苷	tectoroside
无瓣红厚壳酸	apetalic acid
无瓣瑞香楠碱	apateline
无柄变色戴尔豆酚 A	dalversinol A
无刺安迪拉木醛 A～C	andinermals A～C

W

无刺柯桠豆醇	andinermol
无刺帽柱木苷 Ⅰ、Ⅱ	inermisides Ⅰ, Ⅱ
无刺枣阿聚糖	zizyphus arabinan
无刺枣苄苷 Ⅰ、Ⅱ	zizybeosides Ⅰ, Ⅱ
无刺枣催吐醇苷 (枣催吐萝芙木醇苷) Ⅰ、Ⅱ	zizyvosides Ⅰ, Ⅱ
无刺枣环肽 Ⅰ	daechucyclopeptide Ⅰ
无刺枣碱 A	daechu alkaloid A
无刺枣因 S_3	daechuine S_3
无根唐松草碱	thalicsessine
无根藤胺 (无根藤明碱)	cathaformine
无根藤次碱	launobine
无根藤定碱	cassythidine
(+)-无根藤酚胺	(+)-cassyformine
无根藤碱	cassythine
无根藤灵	cassyfiline
无根藤米里丁 (美洲无根藤碱)	cassameridine
无根藤宁 (无根藤林碱)	cathafiline
无根藤酸	cassythic acid
无根藤酮胺	filiformine
无根藤辛	cassythicine
(−)-无根藤辛	(−)-cassythicine
(+)-无根藤辛	(+)-cassythicine
无根藤脂素 (无根藤素)	cassyformin
无梗五加苷 A～F	acanthosessiliosides A～F
无梗五加苷元 Ⅰ、Ⅱ	acanthosessiligenins Ⅰ, Ⅱ
无梗五加碱	sessiline
无梗五加素 A	acanthosessilin A
无花瓣红厚壳内酯	apetatolide
无花果黄酮醇二酯 A、B	caricaflavonol diesters A, B
无花果糖苷 A {1α-O-[2′-(2′-甲烷, 5′-异丙基-3′-烯-二氢呋喃基)]-β-D-乳糖}	1α-O-[2′-(2′-methane, 5′-isopropyl-3′-en-bihydrofuranyl)]-β-D-lactose
无花果辛	ficine
无花果异戊烯醇	ficaprenol
无花果异戊烯醇-10、11	ficaprenols-10, 11
无患子倍半萜苷 Ⅰa、Ⅰb、Ⅱa、Ⅱb	mukuroziosides Ⅰa, Ⅰb, Ⅱa, Ⅱb
无患子苷 A～J	sapimukosides A～J
无患子属皂苷 A (凯特塔皂苷 K_6)	sapindoside A (kizuta saponin K_6)
无患子属皂苷 A～X、Y_1、Y_2	sapindosides A～X, Y_1, Y_2
无患子皂苷 A～E	mukurozi saponins A～E
无患子皂苷元	mukurosigenin

无羁齐墩果烷 (型) [弗瑞德齐墩果烷 (型) 、异齐墩果烷 (型)]	friedooleanane (isooleanane)
无羁萜 -1, 3- 二酮	friedelan-1, 3-dione
无羁萜 -1, 3- 二酮 -24- 醛	friedelan-1, 3-dion-24-al
无羁萜 -1, 3- 二酮 -7α- 醇	friedelan-1, 3-dion-7α-ol
无羁萜 -1- 烯 -3- 酮	friedelan-1-en-3-one
无羁萜 -3α- 醇	friedelan-3α-ol
无羁萜 -3α- 醇乙酸酯	friedelan-3α-ol acetate
无羁萜 -3β- 醇	friedelan-3β-ol
无羁萜 -3- 烯	friedelan-3-ene
3α- 无羁萜醇	3α-friedelanol
3β- 无羁萜醇	3β-friedelanol (friedelan-3β-ol)
无羁萜醇 (木栓醇)	friedelanol (friedelinol)
无羁萜酮 (木栓酮、软木三萜酮)	friedelin
无羁萜酮 -3β- 醇	friedelin-3β-ol
无羁萜烷	friedelane
无羁萜烯 -1, 3- 二酮 -24- 醛	friedelen-1, 3-dion-24-al
无羁萜烯 -1, 3- 二酮 -7α- 醇	friedelen-1, 3-dion-7α-ol
无羁萜烯 -3- 酮	friedelen-3-one
1- 无羁萜烯 -3- 酮	1-friedelen-3-one
无脊血红蛋白	*erythro*-cruorine
无茎菌内酯	acaulide
无脉胡桐酮	enervosanone
无毛风车子酸	imberbic acid
无毛风车子酸 -23-*O*-α-L-(3, 4- 二乙酰吡喃鼠李糖苷)-29-*O*-α-L- 吡喃鼠李糖苷	imberbic acid-23-*O*-α-L-(3, 4-diacetyl rhamnopyranoside)-29-*O*-α-L-rhamnopyranoside
无毛风车子酸 -23-*O*-α-L-(4- 乙酰吡喃鼠李糖苷)-29-*O*-α-L- 吡喃鼠李糖苷	imberbic acid-23-*O*-α-L-[4-acetyl rhamnopyranoside]-29-*O*-α-L-rhamnopyranoside
无毛风车子酸 -23-*O*-α-L-3, 4- 二乙酰吡喃鼠李糖苷	imberbic acid-23-*O*-α-L-3, 4-diacetyl rhamnopyranoside
无毛风车子酸 -23-*O*-α-L-4- 乙酰吡喃鼠李糖苷	imberbic acid-23-*O*-α-L-4-acetyl rhamnopyranoside
无毛牛尾蒿内酯 A～H	artemdubolides A～H
无毛水黄皮黄酮	kanjone
无色矢车菊素 (白色矢车菊素)	leucocyanidin
无色矢车菊素 -3-*O*-α-D- 吡喃葡萄糖基 -(1→4)-*O*-β-D- 吡喃阿拉伯糖苷	leucocyanidin-3-*O*-α-D-glucopyranosyl-(1→4)-*O*-β-D-arabinopyranoside
无色矢车菊素 -3-*O*-β-D- 吡喃葡萄糖苷	leucocyanidin-3-*O*-β-D-glucopyranoside
无色矢车菊素 -7-*O*- 鼠李糖基葡萄糖甲酯苷	leucocyanidin-7-*O*-rhamnoglucoside methyl ether
无色蹄纹天竺素 (白天竺葵素)	leucopelargonidin
无水柠檬酸	anhydrous citric acid
无盐掌胺	anhalamine

W

无盐掌定	anhalonidine
无盐掌里宁	anhalinine
无盐掌立定	anhalidine
无盐掌亭	anhalotine
无叶假木贼醇	aphylline alcohol
L-无叶假木贼定	L-aphyllidine
无叶假木贼定 (无叶毒藜碱、脱氢毒藜素)	aphyllidine
无叶假木贼碱 (毒藜素)	aphylline
无叶假木贼酸	aphyllic acid
无叶假木贼酸甲酯	aphyllic acid methyl ester
无叶木碱	cadabicine
无叶酸甲酯	methyl aphyllate
芜菁还阳参苷 (还阳参酸苷)	napiferoside
吴茱萸春 (吴萸春碱、吴茱萸呋喹碱)	evolitrine
吴茱萸醇 (吴茱萸内酯醇)	evodol
吴茱萸次碱 (去甲基吴萸碱、如忒卡品)	rutecarpine (rutaecarpine)
吴茱萸次碱 (如忒卡品、去甲基吴萸碱)	rutaecarpine (rutecarpine)
吴茱萸定碱	evodine
吴茱萸啶酮	evodinone
吴茱萸苷 A、B	evodiosides A, B
吴茱萸果酰胺 Ⅰ、Ⅱ	goshuyuamides Ⅰ, Ⅱ
吴茱萸碱 (吴茱萸胺、吴萸碱)	evodiamine
吴茱萸精	evogin
吴茱萸卡品碱	evocarpine
吴茱萸苦素	rutaevine
吴茱萸苦素乙酸酯	rutaevine acetate
吴茱萸立定	evolidine
吴茱萸内酯 (白鲜皮内酯、柠檬苦素、黄柏内酯)	evodin (dictamnolactone, limonin, obaculactone)
吴茱萸宁	evoprenine
吴茱萸宁碱	evodianinine
吴茱萸如亭碱 A、B	wuzhuyurutines A, B
吴茱萸素 (花椒吴萸碱、大叶芸香灵)	evoxine (haploperine)
吴茱萸酸	goshuynic acid
吴茱萸亭	evolatine
吴茱萸酮酚甲醚	evodionol methyl ether
吴茱萸烯	evodene
吴茱萸酰胺	evodiamide
吴茱萸肖定 (花椒吴萸定)	evoxoidine
吴茱萸新碱	evodiaxinine

吴茱萸新酰胺 I、II	wuchuyuamides I，II
吴茱萸因碱 (吴茱因)	wuchuyine
梧苯乙酮	mallophenone
梧桐醇 A、B	firmianols A, B
梧桐醌 A～C	firmianones A～C
梧桐色满醇	mallotochromanol
梧桐素	mallotolerin
梧桐脂酸 (苹婆酸)	sterculic acid
蜈蚣苔素 (大黄素甲醚、朱砂莲乙素、非斯酮、墙黄衣素)	parietin (physcion, emodin monomethyl ether, rheochrysidin)
蜈蚣藻氨酸	grateloupine
1, 2, 3, 4, 6-五-O-没食子酰基-β-D-吡喃葡萄糖苷	1, 2, 3, 4, 6-pent-O-galloyl-β-D-glucopyranoside
1, 2, 3, 4, 6-五-O-没食子酰基-β-D-葡萄糖苷	1, 2, 3, 4, 6-pent-O-galloyl-β-D-glucoside
1, 2, 3, 4, 6-五-O-没食子酰基熊果酚苷	1, 2, 3, 4, 6-pent-O-galloyl arbutin
3, 5, 10, 14, 15-五-O-乙酰基-8-O-苯甲酰环铁仔酚	3, 5, 10, 14, 15-penta-O-acetyl-8-O-benzoyl cyclomyrsinol
五倍子鞣酸 (没食子鞣酸、五倍子鞣质、没食子鞣质、没食子丹宁)	gallotannic acid (gallotannin)
五倍子鞣质 (没食子鞣质、没食子丹宁、没食子鞣酸、五倍子鞣酸)	gallotannin (gallotannic acid)
五苯基-λ^5-磷烷	pentaphenyl-λ^5-phosphane
3, 15 (1, 4), 6 (1, 4, 2, 5), 9 (1, 2, 5, 4), 12 (1, 5, 2, 4)-五苯杂三螺 [5.2.2.612, 39, 26] 二十三蕃	3, 15 (1, 4), 6 (1, 4, 2, 5), 9 (1, 2, 5, 4), 12 (1, 5, 2, 4)-pentabenzenatrispiro [5.2.2.612, 39, 26] triocosaphane
11H-1, 2, 4, 6, 8 (2, 5)-五吡咯杂环九蕃-25 (3), 45 (5), 65 (7), 85 (9)-四烯	11H-1, 2, 4, 6, 8 (2, 5)-pentapyrrolacyclononaphane-25 (3), 45 (5), 65 (7), 85 (9)-tetraene
五彩苏醌	scutequinone
五层龙奎酮 A、B	salaquinones A, B
五层龙索醇 A、B	salasols A, B
五层龙索酮 A～E	salasones A～E
五层龙辛醇	salacinol
五芬	pentaphene
五福花苷酸	adoxosidic acid
五福花苷酸-10-对羟基苯乙酸酯	adoxosidic acid-10-p-hydroxyphenyl acetate
五梗茄碱	solacauline
五环 [13.7.4.33, 8.018, 20.113, 28] 三十烷	pentacyclo [13.7.4.33, 8.018, 20.113, 28] triacontane
五环 [3.3.0.02, 4.03, 7.06, 8] 辛烷	pentacyclo [3.3.0.02, 4.03, 7.06, 8] octane
五环 [4.4.0.02, 4.03, 7.08, 10] 癸烷	pentacyclo [4.4.0.02, 4.03, 7.08, 10] decane
五环白绵马素	pentaalbaspidin
五环三萜烯	pentacyclic triterpene
五加苷 A～D、K₁～K₃	acanthosides A～D, K₁～K₃
五加脑苷 A～C	acanthopanx cerebrosides A～C

五加内酯 A、B	acanthopanolides A, B
五加皮苷 A～C	wujiapiosides A～C
五加前胡素	steganagin
五加前胡酮	steganone
五加前胡脂素	steganacin
五加前胡酯 A、B	steganoates A, B
五加酸	acanthoic acid
五加萜苷 A～C	acanthopanaxosides A～C
五加皂苷	arasaponin
五加皂苷元	arasapogenin
五甲基-λ^5-砷烷	pentamethyl-λ^5-arsane (pentamethyl arsorane)
五甲基-λ^5-锑烷	pentamethyl-λ^5-stibane (pentamethyl stiborane)
(4Z, 6E)-4, 7, 12, 15, 15-五甲基二环 [9.3.1] 十五碳 -4, 6- 二烯 -12- 醇	(4Z, 6E)-4, 7, 12, 15, 15-pentamethyl bicyclo [9.3.1] pentadec-4, 6-dien-12-ol
2, 6, 10, 14, 18-五甲基二十烷	2, 6, 10, 14, 18-pentamethyl eicosane
1, 2, 3, 4, 5- 五甲基环戊酮	1, 2, 3, 4, 5-pentamethyl cyclopentanone
3, 3′, 4, 4′, 5′-O-五甲基鞣花酸	3, 3′, 4, 4′, 5′-O-pentamethyl ellagic acid
4, 8, 12, 15, 15-五甲基双环 [9.3.1] 十五碳 -3, 7- 二烯 -12- 醇	4, 8, 12, 15, 15-pentamethyl bicyclo [9.3.1] pentadeca-3, 7-dien-12-ol
2, 3, 4, 5, 7- 五甲氧基-1-O-龙胆二糖氧基𠮿酮	2, 3, 4, 5, 7-pentamethoxy-1-O-gentiobiosyloxyxanthone
5, 6, 7, 8, 5′-五甲氧基-3′, 4′-亚甲二氧基黄酮	5, 6, 7, 8, 5′-pentamethoxy-3′, 4′-methylenedioxyflavone
5, 6, 7, 8, 3′-五甲氧基-4′-羟基黄酮	5, 6, 7, 8, 3′-pentamethoxy-4′-hydroxyflavone
3, 6, 8, 3′, 4′-五甲氧基-5, 7-二羟基黄酮	3, 6, 8, 3′, 4′-pentamethoxy-5, 7-dihydroxyflavone
3, 6, 7, 3′, 4′-五甲氧基-5-O-吡喃葡萄糖基 -(4→1) 鼠李糖苷	3, 6, 7, 3′, 4′-pentamethoxy-5-O-glucopyranosyl-(4→1) rhamnoside
2, 4, 6, 3′, 5′-五甲氧基二苯甲酮	2, 4, 6, 3′, 5′-pentamethoxybenzophenone
3′, 4′, 5, 5′, 7-五甲氧基黄酮	3′, 4′, 5, 5′, 7-pentamethoxyflavone
3′, 4′, 5′, 5, 7-五甲氧基黄酮	3′, 4′, 5′, 5, 7-pentamethoxyflavone
3′, 4′, 5, 6, 7-五甲氧基黄酮	3′, 4′, 5, 6, 7-pentamethoxyflavone
3, 4′, 5, 7, 8-五甲氧基黄酮	3, 4′, 5, 7, 8-pentamethoxyflavone
3, 5, 7, 3′, 4′-五甲氧基黄酮	3, 5, 7, 3′, 4′-pentamethoxyflavone
5, 7, 8, 3′, 4′-五甲氧基黄酮	5, 7, 8, 3′, 4′-pentamethoxyflavone
五甲氧基黄酮	pentamethoxyflavone
3, 3′, 4′, 5, 7-五甲氧基黄酮	3, 3′, 4′, 5, 7-pentamethoxyflavone
5, 7, 2′, 4′, 6′-五甲氧基黄酮	5, 7, 2′, 4′, 6′-pentamethoxyflavone
5, 7, 3′, 4′, 5′-五甲氧基黄酮	5, 7, 3′, 4′, 5′-pentamethoxyflavone
5, 6, 7, 8, 4′-五甲氧基黄酮 (橘皮素、福橘素、橘红素、红橘素、柑橘黄酮)	5, 6, 7, 8, 4′-pentamethoxyflavone (tangeretin, tangeritin, ponkanetin)
5, 6, 7, 3′, 4′-五甲氧基黄酮 (甜橙素、甜橙黄酮、胡麻素盘甲基醚)	5, 6, 7, 3′, 4′-pentamethoxyflavone (sinensetin, pedalitin permethyl ether)

中文名称	英文名称
5, 6, 7, 8, 4′-五甲氧基黄酮醇	5, 6, 7, 8, 4′-pentamethoxyflavonol
(2S)-7, 8, 3′, 4′, 5′-五甲氧基黄烷	(2S)-7, 8, 3′, 4′, 5′-pentamethoxyflavane
5, 6, 7, 3′, 4′-五甲氧基黄烷酮	5, 6, 7, 3′, 4′-pentamethoxyflavanone
1, 2, 3, 6, 7-五甲氧基𠮹酮	1, 2, 3, 6, 7-pentamethoxyxanthone
五间双没食子酰基-β-D-葡萄糖苷	penta-m-digalloyl-β-D-glucoside
五聚表没食子儿茶素	pentameric epigallocatechin
五壳豆碱	paucine
五裂益母草苷	quinqueloside
五灵脂三萜酸 I ～ III	goreishic acids I ～ III
五灵脂酸 (五灵脂二萜酸)	wulingzhic acid
五螺 [2.0.2⁴.1.1.2¹⁰.0.2¹³.1⁸.2³] 十八烷	pentaspiro [2.0.2⁴.1.1.2¹⁰.0.2¹³.1⁸.2³] octadecane
五螺 [2.0.2⁴.1.1.2¹⁰.0.2¹³.2⁸.1³] 十八烷	pentaspiro [2.0.2⁴.1.1.2¹⁰.0.2¹³.2⁸.1³] octadecane
五氯硝基苯	quintozene
五脉绿绒蒿宁	mequinine
1, 2, 3, 4, 6-五没食子酰基-D-葡萄糖 (五没食子酰基葡萄糖)	1, 2, 3, 4, 6-pentagalloyl-D-glucose (pentagalloyl glucose)
五没食子酰基葡萄糖 (1, 2, 3, 4, 6-五没食子酰基-D-葡萄糖)	pentagalloyl glucose (1, 2, 3, 4, 6-pentagalloyl-D-glucose)
2′, 4′, 6′, 3, 4-五羟查耳酮	2′, 4′, 6′, 3, 4-pentahydroxychalcone
2′, 4′, 6, 3, 4-五羟查耳酮	2′, 4′, 6, 3, 4-pentahydroxychalcone
3, 5, 7, 3′, 4′-五羟黄酮醇-3-O-阿拉伯糖苷	3, 5, 7, 3′, 4′-pentahydroxyflavonol-3-O-arabinoside
3, 5, 7, 3′, 4′-五羟黄酮醇-3-O-半乳糖苷	3, 5, 7, 3′, 4′-pentahydroxyflavonol-3-O-galactoside
3, 5, 7, 3′, 4′-五羟黄酮醇-3-O-木糖苷	3, 5, 7, 3′, 4′-pentahydroxyflavonol-3-O-xyloside
3, 5, 7, 3′, 4′-五羟黄酮醇-3-O-葡萄糖苷	3, 5, 7, 3′, 4′-pentahydroxyflavonol-3-O-glucoside
3, 5, 7, 3′, 4′-五羟黄酮醇-3-O-鼠李糖苷	3, 5, 7, 3′, 4′-pentahydroxyflavonol-3-O-rhamnoside
3, 5, 7, 3′, 4′-五羟黄酮醇-3-O-芸香糖苷	3, 5, 7, 3′, 4′-pentahydroxyflavonol-3-O-rutinoside
(1R, 2R, 3R, 6R, 7R)-1, 2, 3, 6, 7-五羟基-1-乙酰氧基红没药-10 (11)-烯	(1R, 2R, 3R, 6R, 7R)-1, 2, 3, 6, 7-pentahydroxy-1-acetoxybisabol-10 (11)-ene
2β, 14β, 15α, 16α, 17-五羟基-(−)-贝壳杉烷	2β, 14β, 15α, 16α, 17-pentahydroxy-(−)-kaurane
1α, 3β, 5α, 6β, 27-五羟基-(20R, 22R)-醉茄-7, 24-二烯内酯-3-O-β-D-吡喃葡萄糖苷	1α, 3β, 5α, 6β, 27-pentahydroxy-(20R, 22R)-witha-7, 24-dienolide-3-O-β-D-glucopyranoside
3β, 5α, 6β, 8β, 14α-五羟基-(22E, 24R)-麦角甾-22-烯-7-酮	3β, 5α, 6β, 8β, 14α-pentahydroxy-(22E, 24R)-ergost-22-en-7-one
1β, 2β, 3β, 4β, 5β-五羟基-(25R)-5β-螺甾-1-O-β-D-吡喃木糖苷	1β, 2β, 3β, 4β, 5β-pentahydroxy-(25R)-5β-spirost-1-O-β-D-xylopyranoside
3, 5, 7, 3′, 5′-五羟基-(2R, 3R)-二氢黄酮-3-O-α-L-吡喃鼠李糖苷	3, 5, 7, 3′, 5′-pentahydroxy-(2R, 3R)-flavanone-3-O-α-L-rhamnopyranoside
(20S)-20, 21, 3, 25-五羟基-1, 3-环氧-21, 24-环达玛-5-烯	(20S)-20, 21, 23, 25-pentahydroxy-1, 3-epoxy-21, 24-cyclodammar-5-ene
2β, 16α, 20, 23, 26-五羟基-10α-葫芦-5, (24E)-二烯-3, 11-二酮	2β, 16α, 20, 23, 26-pentahydroxy-10α-cucurbit-5, (24E)-dien-3, 11-dione

W

3β, 16α, 21β, 22α, 28-五羟基-12-齐墩果烯-28-O-β-D-吡喃木糖苷	3β, 16α, 21β, 22α, 28-pentahydroxyolean-12-en-28-O-β-D-xylopyranoside
2, 5, 7, 3′, 4′-五羟基-3, 4-黄烷二酮	2, 5, 7, 3′, 4′-pentahydroxy-3, 4-flavandione
3, 4′, 5, 5′, 7-五羟基-3′-甲氧基-6-(3-甲基-2-丁烯基)黄烷酮	3, 4′, 5, 5′, 7-pentahydroxy-3′-methoxy-6-(3-methyl-2-butenyl) flavanone
(7R, 8S)-4, 7, 9, 3′, 9′-五羟基-3-甲氧基-8-4′-氧代新木脂素-3′-O-β-D-吡喃葡萄糖苷	(7R, 8S)-4, 7, 9, 3′, 9′-pentahydroxy-3-methoxy-8-4′-oxyneolignan-3′-O-β-D-glucopyranoside
(7S, 8R)-4, 7, 9, 3′, 9′-五羟基-3-甲氧基-8-4′-氧基新木脂素-3′-O-β-D-吡喃葡萄糖苷	(7S, 8R)-4, 7, 9, 3′, 9′-pentahydroxy-3-methoxy-8-4′-oxyneolignan-3′-O-β-D-glucopyranoside
5, 6, 7, 3′, 4′-五羟基-3-甲氧基黄酮	5, 6, 7, 3′, 4′-pentahydroxy-3-methoxyflavone
2, 7, 2′, 7′, 2″-五羟基-4, 4′, 4″, 7″-四甲氧基-1, 8, 1′, 1″-四菲	2, 7, 2′, 7′, 2″-pentahydroxy-4, 4′, 4″, 7″-tetramethoxy-1, 8, 1′, 1″-tetraphenanthrene
5, 7, 5″, 7″, 4‴-五羟基-4′-甲氧基-(3′-8″)-双黄酮	5, 7, 5″, 7″, 4‴-pentahydroxy-4′-methoxy-(3′-8″)-biflavone
2β, 3β, 14α, 22R, 25-五羟基-5β-胆甾-7-烯-6-酮	2β, 3β, 14α, 22R, 25-pentahydroxy-5β-cholest-7-en-6-one
3, 3′, 4′, 5, 7-五羟基-6-[6-羟基-3, 7-二甲基-(2E), 7-辛二烯基]黄烷酮	3, 3′, 4′, 5, 7-pentahydroxy-6-[6-hydroxy-3, 7-dimethyl-(2E), 7-octadienyl] flavanone
3, 3′, 4′, 5, 7-五羟基-6-[7-羟基-3, 7-二甲基-(2E)-辛烯基]黄烷酮	3, 3′, 4′, 5, 7-pentahydroxy-6-[7-hydroxy-3, 7-dimethyl-(2E)-octenyl] flavanone
1, 2, 3, 4, 7-五羟基-6-氮杂双环[3.3.0]辛烷	1, 2, 3, 4, 7-pentahydroxy-6-nitrobicyclo [3.3.0] octane
3, 4, 2′, 4′, 5′-五羟基-6′-甲氧基-2-甲基查耳酮	3, 4, 2′, 4′, 5′-pentahydroxy-6′-methoxy-2-methyl chalcone
(5β)-2β, 3β, 14, 20, (22R)-五羟基-6-氧亚基豆甾-7, 24-二烯-26-酸-Δ-内酯	(5β)-2β, 3β, 14, 20, (22R)-pentahydroxy-6-oxostigmast-7, 24-dien-26-oic acid-Δ-lactone
3, 5, 8, 3′, 4′-五羟基-7-甲氧基黄酮	3, 5, 8, 3′, 4′-pentahydroxy-7-methoxyflavone
3, 5, 8, 3′, 4′-五羟基-7-甲氧基黄酮-3-O-β-D-吡喃葡萄糖苷	3, 5, 8, 3′, 4′-pentahydroxy-7-methoxyflavone-3-O-β-D-glucopyranoside
2β, 3β, 20β, 22α, 25-五羟基-8, 14-二烯胆甾-6-酮	2β, 3β, 20β, 22α, 25-pentahydroxycholest-8, 14-dien-6-one
2, 3, 16, 20, 25-五羟基-9-甲基-19-去甲羊毛甾-5-烯-22-酮	2, 3, 16, 20, 25-pentahydroxy-9-methyl-19-norlanost-5-en-22-one
(+)-4β, 9α, 12β, 13α, 20-五羟基巴豆-1, 6-二烯-3-酮	(+)-4β, 9α, 12β, 13α, 20-pentahydroxytiglia-1, 6-dien-3-one
2α, 14α, 15β, 16S, 17-五羟基贝壳杉烷	2α, 14α, 15β, 16S, 17-pentahydroxykaurane
2′, 3′, 4′, 5′, 6′-五羟基查耳酮	2′, 3′, 4′, 5′, 6′-pentahydroxychalcone
五羟基查耳酮	pentahydroxychalcone
3, 4, 5, 2′, 4′-五羟基查耳酮	3, 4, 5, 2′, 4′-pentahydroxychalcone
2′, 3′, 4′, 3′, 4-五羟基查耳酮 (圆盘豆素、奥坎木素、奥卡宁、金鸡菊查耳酮)	2′, 3′, 4′, 3′, 4-pentahydroxychalcone (okanin)
2′, 3, 3′, 4, 4′-五羟基查耳酮-3′, 4′-β-D-二吡喃葡萄糖苷	2′, 3, 3′, 4, 4′-pentahydroxychalcone-3′, 4′-β-D-biglucopyranoside
2′, 3, 3′, 4, 4′-五羟基查耳酮-3′-β-D-吡喃葡萄糖苷	2′, 3, 3′, 4, 4′-pentahydroxychalcone-3′-β-D-glucopyranoside

2′, 3, 3′, 4, 4′-五羟基查耳酮-4′-β-D-吡喃葡萄糖苷	2′, 3, 3′, 4, 4′-pentahydroxychalcone-4′-β-D-glucopyranoside
2′, 3, 3′, 4, 4′-五羟基查耳酮-4′-β-D-吡喃葡萄糖苷-6″-乙酯	2′, 3, 3′, 4, 4′-pentahydroxychalcone-4′-β-D-glucopyranoside-6″-acetate
2′, 3, 3′, 4, 4′-五羟基查耳酮-4′-β-D-吡喃葡萄糖基-(1→6)-吡喃葡萄糖苷	2′, 3, 3′, 4, 4′-pentahydroxychalcone-4′-β-D-glucopyranosyl-(1→6)-glucopyranoside
五羟基蟾蜍烷	pentahydroxybufostane
3β, 6α, 12β, (20S), 25-五羟基达玛-23 (24)-烯	3β, 6α, 12β, (20S), 25-pentahydroxydammar-23 (24)-ene
(20S, 24S)-2α, 3β, 12β-五羟基达玛-25-烯-20-O-β-D-吡喃葡萄糖苷	(20S, 24S)-2α, 3β, 12β-pentahydroxydammar-25-en-20-O-β-D-glucopyranoside
(20R, 22R)-2β, 3β, 20, 22, 26-五羟基胆甾-7, 12-二烯-6-酮	(20R, 22R)-2β, 3β, 20, 22, 26-pentahydroxycholest-7, 12-dien-6-one
2β, 14β, 15α, 16α, 17-五羟基-对映-贝壳杉烷	2β, 14β, 15α, 16α, 17-pentahydroxy-ent-kaurane
1, 2, 3, 5, 6-五羟基蒽醌	1, 2, 3, 5, 6-pentahydroxyanthraquinone
3, 4, 8, 9, 10-五羟基二苯并 [b, d] 吡喃-6-酮	3, 4, 8, 9, 10-pentahydroxydibenzo [b, d] pyran-6-one
(αR)-α, 3, 4, 2′, 4′-五羟基二氢查耳酮	(αR)-α, 3, 4, 2′, 4′-pentahydroxydihydrochalcone
α, 2′, 3, 4, 4′-五羟基二氢查耳酮	α, 2′, 3, 4, 4′-pentahydroxydihydrochalcone
(2R, 3S)-5, 7, 3′, 4′, 5′-五羟基二氢黄酮醇	(2R, 3S)-5, 7, 3′, 4′, 5′-pentahydroxyflavanonol
3, 3′, 5, 5′, 7-五羟基二氢黄酮醇	3, 3′, 5, 5′, 7-pentahydroxydihydroflavonol
3, 5, 7, 3′, 5′-五羟基二氢黄酮醇	3, 5, 7, 3′, 5′-pentahydroxydihydroflavonol
(1R, 2R, 3R, 6R, 7R)-1, 2, 3, 6, 7-五羟基红没药-10 (11)-烯	(1R, 2R, 3R, 6R, 7R)-1, 2, 3, 6, 7-pentahydroxy-bisabol-10 (11)-ene
3, 5, 7, 3′, 4′-五羟基花色锌 (矢车菊素、矢车菊酚)	3, 5, 7, 3′, 4′-pentahydroxyflavylium (cyanidol, cyanidin)
2′, 3, 4′, 6, 8-五羟基黄酮	2′, 3, 4′, 6, 8-pentahydroxyflavone
3, 3′, 4′, 5, 6-五羟基黄酮	3, 3′, 4′, 5, 6-pentahydroxyflavone
3′, 4′, 5, 5′, 7-五羟基黄酮	3′, 4′, 5, 5′, 7-pentahydroxyflavone
3′, 4′, 5, 5′, 7-五羟基黄酮	3′, 4′, 5, 5′, 7-pentahydroxyflavone
3, 5, 7, 3′, 4′-五羟基黄酮	3, 5, 7, 3′, 4′-pentahydroxyflavone
3, 5, 7, 3′, 5′-五羟基黄酮	3, 5, 7, 3′, 5′-pentahydroxyflavone
3, 5, 8, 3′, 4′-五羟基黄酮	3, 5, 8, 3′, 4′-pentahydroxyflavone
5, 7, 3′, 4′, 5′-五羟基黄酮 (小麦亭)	5, 7, 3′, 4′, 5′-pentahydroxyflavone (tricetin)
3, 5, 7, 2′, 6′-五羟基黄酮 (粘毛黄芩素Ⅰ)	3, 5, 7, 2′, 6′-pentahydroxyflavone (viscidulin Ⅰ)
3′, 4′, 5, 7, 8-五羟基黄酮 (次衣草素、次衣草亭、颖苞草亭、海波拉亭)	3′, 4′, 5, 7, 8-pentahydroxyflavone (hypoletin, hypolaetin)
2′, 3, 5, 6′, 7-五羟基黄酮-2′-O-β-D-吡喃葡萄糖苷	2′, 3, 5, 6′, 7-pentahydroxyflavone-2′-O-β-D-glucopyranoside
3, 5, 7, 3′, 4′-五羟基黄酮-3-芸香糖苷	3, 5, 7, 3′, 4′-pentahydroxyflavone-3-rutinoside
3′, 4′, 5, 6, 7-五羟基黄酮-7-O-β-D-吡喃葡萄糖基-(1″→2′)-β-D-葡萄糖苷	3′, 4′, 5, 6, 7-pentahydroxyflavone-7-O-β-D-glucopyranosyl-(1″→2′)-β-D-glucoside
5, 7, 3′, 4′, 5′-五羟基黄酮-7-二葡萄糖苷	5, 7, 3′, 4′, 5′-tricetin-7-diglucoside
3, 5, 7, 3′, 4′-五羟基黄酮-7-鼠李糖苷	3, 5, 7, 3′, 4′-pentahydroxyflavone-7-rhamnoside
3, 5, 7, 3′, 4′-五羟基黄酮醇	3, 5, 7, 3′, 4′-pentahydroxyflavonol

W

3, 6, 7, 3′, 4′- 五羟基黄酮醇	3, 6, 7, 3′, 4′-pentahydroxyflavonol
3, 7, 8, 3′, 4′- 五羟基黄酮醇	3, 7, 8, 3′, 4′-pentahydroxyflavonol
3, 5, 7, 2′, 6′- 五羟基黄酮醇	3, 5, 7, 2′, 6′-pentahydroxyflavonol
(2R, 3R)-3, 5, 7, 3′, 5′- 五羟基黄烷	(2R, 3R)-3, 5, 7, 3′, 5′-pentahydroxyflavane
(2S, 3S)-3, 3′, 4′, 7, 8- 五羟基黄烷	(2S, 3S)-3, 3′, 4′, 7, 8-pentahydroxyflavane
3, 3′, 5, 5′, 7- 五羟基黄烷	3, 3′, 5, 5′, 7-pentahydroxyflavane
3, 5, 7, 3′, 4′- 五羟基黄烷	3, 5, 7, 3′, 4′-pentahydroxyflavane
3, 3′, 4′, 5, 7- 五羟基黄烷 -(4→8)-3, 3′, 4′, 5, 7- 五羟基黄烷	3, 3′, 4′, 5, 7-pentahydroxyflavan-(4→8)-3, 3′, 4′, 5, 7-pentahydroxyflavan
(2R, 3R)-2′, 3, 5, 6′, 7- 五羟基黄烷酮	(2R, 3R)-2′, 3, 5, 6′, 7-pentahydroxyflavanone
(2R, 3R)-3, 3′, 5, 5′, 7- 五羟基黄烷酮	(2R, 3R)-3, 3′, 5, 5′, 7-pentahydroxyflavanone
(2R, 3R)-3, 5, 7, 2′, 6′- 五羟基黄烷酮	(2R, 3R)-3, 5, 7, 2′, 6′-pentathydroxyflavanone
3, 3′, 5′, 5, 7- 五羟基黄烷酮	3, 3′, 5′, 5, 7-pentahydroxyflavanone
3, 5, 7, 2′, 6′- 五羟基黄烷酮	3, 5, 7, 2′, 6′-pentahydroxyflavanone
5, 7, 3′, 4′, 5′- 五羟基黄烷酮	5, 7, 3′, 4′, 5′-pentahydroxyflavanone
2′, 3, 5, 6′, 7- 五羟基黄烷酮	2′, 3, 5, 6′, 7-pentahydroxyflavanone
5, 6, 7, 3′, 4′- 五羟基黄烷酮 -7-O-β-D- 葡萄糖醛酸苷	5, 6, 7, 3′, 4′-pentahydroxyflavanone-7-O-β-D-glucuronide
5, 7, 8, 3′, 4′- 五羟基黄烷酮 -7-O-β-D- 葡萄糖醛酸苷	5, 7, 8, 3′, 4′-pentahydroxyflavanone-7-O-β-D-glucuronide
(2R, 3R)-3, 5, 6, 7, 4′- 五羟基黄烷酮醇	(2R, 3R)-3, 5, 6, 7, 4′-pentahydroxyflavanonol
3, 5, 7, 2′, 6′- 五羟基黄烷酮醇	3, 5, 7, 2′, 6′-pentahydroxyflavanonol
1β, 2β, 3β, 4β, 5β- 五羟基螺甾 -25 (27)-烯	1β, 2β, 3β, 4β, 5β-pentahydroxyspirost-25 (27)-ene
4, 6, 3′, 4′, 5′- 五羟基噢哢	4, 6, 3′, 4′, 5′-pentahydroxyaurone
3β, 16α, 23, 28, 30- 五羟基齐墩果 -11, 13 (18)- 二烯 -3-O-β-D- 吡喃岩藻糖苷	3β, 16α, 23, 28, 30-pentahydroxyolean-11, 13 (18)-dien-3-O-β-D-fucopyranoside
3β, 16β, 21α, 23, 28- 五羟基齐墩果 -12- 烯	3β, 16β, 21α, 23, 28-pentahydroxyolean-12-ene
3β, 16β, 21β, 23, 28- 五羟基齐墩果 -12- 烯	3β, 16β, 21β, 23, 28-pentahydroxyolean-12-ene
3β, 16β, 22α, 23, 28- 五羟基齐墩果 -12- 烯 -21β-(2E)-2- 甲基丁 -2- 烯酸酯	3β, 16β, 22α, 23, 28-pentahydroxyolean-12-en-21β-(2E)-2-methylbut-2-enoate
3β, 16β, 22α, 23, 28- 五羟基齐墩果 -12- 烯 -21β-(2S)-2- 甲基丁酸酯	3β, 16β, 22α, 23, 28-pentahydroxyolean-12-en-21β-(2S)-2-methyl butanoate
3α, 16α, 21α, 22α, 28- 五羟基齐墩果 -12- 烯 -28-O-β-D- 吡喃木糖苷	3α, 16α, 21α, 22α, 28-pentahydroxyolean-12-en-28-O-β-D-xylopyranoside
2α, 3α, 16α, 19α, 24- 五羟基齐墩果 -12- 烯 -28- 酸 -O-β-D- 吡喃葡萄糖苷	2α, 3α, 16α, 19α, 24-pentahydroxyolean-12-en-28-oic acid-O-β-D-glucopyranoside
16β, 21β, 22α, 23, 28- 五羟基齐墩果 -12- 烯 -3- 酮	16β, 21β, 22α, 23, 28-pentahydroxyolean-12-en-3-one
3, 3′4′, 5, 7- 五羟基酮 -3-L- 鼠李糖苷	3, 3′4′, 5, 7-pentahydroxyflavone-3-L-rhamnoside
2α, 3α, 11α, 21α, 23- 五羟基熊果 -12- 烯 -28- 酸	2α, 3α, 11α, 21α, 23-pentahydroxyurs-12-en-28-oic acid
2α, 3α, 19α, 23, 24- 五羟基熊果 -12- 烯 -28- 酸	2α, 3α, 19α, 23, 24-pentahydroxyurs-12-en-28-oic acid
1β, 2α, 3β, 19α, 23- 五羟基熊果 -12- 烯 -28- 酸 -O-β-D- 吡喃木糖苷	1β, 2α, 3β, 19α, 23-pentahydroxyurs-12-en-28-oic acid-O-β-D-xylopyranoside

中文名称	英文名称
5, 7, 2′, 3′, 4′- 五羟基异黄酮	5, 7, 2′, 3′, 4′-pentahydroxyisoflavone
1α, 2α, 3α, 4α, 10α- 五羟基愈创木 -11 (13)- 烯 -12, 6α- 内酯	1α, 2α, 3α, 4α, 10α-pentahydroxyguaia-11 (13)-en-12, 6α-olide
$\Delta^{25(27)}$- 五羟螺皂苷元 [$\Delta^{25(27)}$- 新五羟螺皂苷元、1β, 2β, 3β, 4β, 5β- 五羟基螺甾 -25 (27)- 烯]	$\Delta^{25(27)}$-pentologenin [$\Delta^{25(27)}$-neopentologenin, 1β, 2β, 3β, 4β, 5β-pentahydroxyspirost-25 (27)-ene]
(+)-3, 3′, 5′, 5, 7- 五氢黄烷酮	(+)-3, 3′, 5′, 5, 7-pentahydroflavanone
五十三 -27- 酮	tripentacontan-27-one
五十四烷	tetrapentacontane
五十烷	pentacontane
D-(+)- 五水棉子糖	D-(+)-raffinose pentahydrate
五梭决明素	quinquangulin
五肽酰胺	pentapeptideamide
五万田碱 A	gomando base A
五味子安二内酯 A～J	schisandilactones A～J
五味子巴二内酯 (二色五味子内酯) A、B	schisanbilactones A, B
五味子柏芳四氢萘 A	schiscupatetralin A
(R)- 五味子丙素	(R)-wuweizisu C
五味子醇 A、B (五味子醇甲、乙)	wuweizichuns (schisandrols) A, B
五味子醇甲 (五味子醇 A、五味子素)	schisandrol A (schizandrin, schisandrin)
五味子醇甲、乙 (五味子醇 A、B)	schisandrols (wuweizichuns) A, B
五味子醇酸	schizandrolic acid
五味子达二内酯 (五味子新二内酯) A～K	schindilactones A～K
五味子二内酯 B	wuweizidilactone B
五味子酚 (翼梗五味子酚)	schisanhenol
五味子酚乙	schisanhenol B
五味子酚乙酸酯	schisanhenol acetate
五味子苷 (五味子宁) A～D	schisanchinins A～D
五味子红素 (红花五味子辛) A～D	schirubrisins A～D
五味子甲素 (五味子素 A、脱氧五味子素)	schisandrin A (wuweizisu A, schizandrin A, deoxyschizandrin, deoxyschisandrin)
五味子甲素～丙素 (五味子素 A～C)	schisandrins (wuweizisus, schizandrins) A～C
五味子甲素～丙素 (五味子素 A～C)	wuweizisus (schisandrins, schizandrins) A～C
五味子灵 A～N	schizanrins A～N
五味子笼萜素 A～G	schicagenins A～G
五味子木酚甲素～丁素 (五味子木脂素 A～D)	schisandlignans A～D
五味子木质素 A、B	schinlignins A, B
五味子内酯 A～F	schisanlactones A～F
五味子内酯酸	wuweizilactone acid
五味子内酯酸 A	wuweizilactone acid A
五味子三内酯 A～D	schintrilactones A～D

W

五味子斯二内酯 A～J	schisdilactones A～J
γ- 五味子素 (γ- 五味子乙素、五味子素 B)	γ-schisandrin (schisandrin B)
五味子素 A (五味子甲素、脱氧五味子素)	wuweizisu A (schisandrin A, schizandrin A, deoxyschizandrin, deoxyschisandrin)
五味子素 B (γ- 五味子乙素、γ- 五味子素)	schisandrin B (γ-schisandrin)
五味子酸 (甘五味子酸)	schizandronic acid (schisandronic acid, ganwuweizic acid)
五味子酸 (甘五味子酸、五味子酮酸)	schisandronic acid (schizandronic acid, ganwuweizic acid)
五味子萜 A、B	schisanterpenes A, B
五味子萜醇	schisanol
五味子酮 (华中五味子酮)	schisandrone
五味子酮醇	schisandronol
五味子酮醇 -8, 13β- 氧化物	schisandronol-8, 13β-oxide
五味子酮酸	schizandronic acid
五味子烯	schisandrene
五味子烯 A	schisandrene A
五味子新木质素 A～C	schineolignins A～C
(–)- 五味子脂宁素	(–)-chicanin
五味子酯 J～O	schisantherins J～O
五味子酯甲～戊 (华中五味子酯 A～E)	schisantherins (wuweizi esters) A～E
五味子酯甲～戊 (华中五味子酯 A～E)	wuweizi esters (schisantherins) A～E
五桠果素	dillenetin
五桠果素 -3-O-(6″-O- 对香豆酰基)-β-D- 吡喃葡萄糖苷	dillenetin-3-O-(6″-O-p-coumaroyl)-β-D-glucopyranoside
五桠果素 -3-O- 糖苷	dillenetin-3-O-glycoside
五桠果酸 A～D	dillenic acids A～D
五氧化二磷	phosphorus pentoxide
2-[(7S, 13S)-2, 5, 8, 11, 14- 五氧亚基 -3, 6, 9, 12, 15- 五氮杂 -1 (1, 3)- 苯杂环十六蕃 -7- 基] 乙酸	2-[(7S, 13S)-2, 5, 8, 11, 14-pentoxo-3, 6, 9, 12, 15-pentaaza-1 (1, 3)-benzenacyclohexadecaphan-7-yl] acetic acid
3, 6, 9, 12, 15- 五氧杂 -18- 硫杂三十一 -1- 醇	3, 6, 9, 12, 15-pentaoxa-18-thiatriacontan-1-ol
3^4, 3^7, 3^{13}, 3^{16}, 7- 五氧杂 -3^1, 3^{10}- 二氮杂 -3 (1, 10)- 环十八烷杂 -1, 5 (1, 3)- 二环己烷杂环八蕃	3^4, 3^7, 3^{13}, 3^{16}, 7-pentaoxa-3^1, 3^{10}-diaza-3 (1, 10)-cyclooctadecana-1, 5 (1, 3)-dicyclohexana-cyclooctaphane
五叶山小橘吡喃酮碱	glycophylone
五叶山小橘苷 A～C	glypentosides A～C
五叶山小橘柯苷 A～F	glycopentosides A～F
五叶山小橘林碱	glycophymoline
五叶山小橘酮	glycopentaphyllone
α-D- 五乙酸甘露糖酯	α-D-mannose pentaacetate
五乙酰基 -6″- 桂皮酰基梓醇	pantaacetyl-6″-cinnamoyl catalpol

7β, 9α, 10β, 13α, 20- 五乙酰氧基 -2α- 苯甲酰氧基 -4α, 5α- 二羟基紫杉烷 -11- 烯	7β, 9α, 10β, 13α, 20-pentaacetoxy-2α-benzoyloxy-4α, 5α-dihydroxytax-11-ene
1β, 2β, 6α, 8α, 12- 五乙酰氧基 -9α- 苯甲酰氧基 -4α- 羟基 -β- 二氢沉香呋喃	1β, 2β, 6α, 8α, 12-pentaacetoxy-9α-benzoyloxy-4α-hydroxy-β-dihydroagarofuran
1α, 2α, 6α, 8α, 13- 五乙酰氧基 -9α- 苯甲酰氧基 -4β- 二羟基 -β- 二氢沉香呋喃	1α, 2α, 6α, 8α, 13-pentaacetoxy-9α-benzoyloxy-4β-dihydroxy-β-dihydroagarofuan
1α, 2α, 6β, 8β, 13- 五乙酰氧基 -9β- 苯甲酰氧基 -4β- 羟基 -β- 二氢沉香呋喃	1α, 2α, 6β, 8β, 13-pentaacetoxy-9β-benzoyloxy-4β-hydroxy-β-dihydroagarofuran
1α, 2α, 6β, 8α, 12- 五乙酰氧基 -9β- 呋喃甲酰氧基 -4β- 羟基 -β- 二氢沉香呋喃	1α, 2α, 6β, 8α, 12-pentaacetoxy-9β-furoyloxy-4β-hydroxy-β-dihydroagarofuran
3β, 16β, 22α, 23, 28- 五乙酰氧基齐墩果 -12- 烯 -21β-(2S)-2- 甲基丁酸酯	3β, 16β, 22α, 23, 28-pentasacetoxyolean-12-en-21β-(2S)-2-methyl butanoate
五乙酰氧基紫杉二烯	pentaacetoxytaxadiene
五羽扇豆碱	pentalupine
五月茶素 A～C	antidesmanins A～C
五月瓜藤皂苷 A～E	fargosides A～E
五爪金龙苷 A～F	cairicosides A～F
五爪金龙酯	cairicate
五针松素	neocembrene
五脂醇 (五味子木脂醇) D	schisanlignaol D
五脂素 A₁、A₂	wulignans A₁, A₂
五脂酮 (五味子木脂酮) A～E	schisanlignones A～E
午贝丙素	isoshinonomenine
午贝乙素	eduardinine
武当木兰碱	magnosprengerine
武靴藤皂苷 Ⅰ～Ⅶ	gymnemasides Ⅰ～Ⅶ
武靴叶胺	gymnanmine
武靴叶属酸 (匙羹藤酸) Ⅰ～XⅧ、A～D、A₁～A₄	gymnemic acids Ⅰ～XⅧ、A～D, A₁～A₄
(1-¹⁴C) 戊 (3H) 酸	(1-¹⁴C) pentan (3H) oic acid
戊 -1, 3, 5- 三甲酸	pent-1, 3, 5-tricarboxylic acid
5-(戊 -1, 3- 二炔基)-2-(3, 4- 二羟基丁 -1- 炔基) 噻吩	5-(pent-1, 3-diynyl)-2-(3, 4-dihydroxybut-1-ynyl) thiophene
2-(戊 -1, 3- 二炔基)-5-(3, 4- 二羟基丁 -1- 炔基) 噻吩	2-(pent-1, 3-diynyl)-5-(3, 4-dihydroxybut-1-ynyl) thiophene
2-(戊 -1, 3- 二炔基)-5-(4- 羟基丁 -1- 炔基) 噻吩	2-(pent-1, 3-diynyl)-5-(4-hydroxybut-1-ynyl) thiophene
戊 -1- 烯 -4- 炔	pent-1-en-4-yne
戊 -2, 3- 二酮 -2- 肟	pent-2, 3-dione 2-oxime
戊 -2, 4- 二硫酮	pent-2, 4-dithione
戊 -2, 5- 磺内酯	pent-2, 5-sultone
1-(戊 -2- 基)-4-(戊 -3- 基) 苯	1-(pentan-2-yl)-4-(pentan-3-yl) benzene
戊 -2- 炔	pent-2-yne

W

戊-2-烯-4-炔基	pent-2-en-4-ynyl
戊-3-酮-4,4-二苯基缩氨基脲	pent-3-one-4,4-diphenyl semicarbazone
戊-3-酮肟	pent-3-one oxime
戊-3-烯-1-炔	pent-3-en-1-yne
1-(戊-3-亚基)-4,4-二苯基氨基脲	1-(pentan-3-ylidene)-4,4-diphenyl semicarbazide
戊-3-亚基羟胺	pent-3-ylidenehydroxylamine
戊苯	pentyl benzene
2-戊醇	2-pentanol
1-戊醇	1-pentanol
(*R*)-(−)-2-戊醇	(*R*)-(−)-2-pentanol
3-戊醇	3-pentanol
戊醇	amyl alcohol (pentanol)
戊醇	pentanol (amyl alcohol)
戊氮-2-烯	pentaaz-2-ene
1,5-戊二胺（尸胺）	1,5-pentanediamine (1,5-amylene diamine, cadaverine)
1,5-戊二胺（尸胺）	1,5-amylene diamine (1,5-pentanediamine, cadaverine)
1,5-戊二醇	1,5-pentanediol
戊二醇	pentanediol
戊二腈	pentanedinitrile
戊二硫醛	pentanedithial
戊二醛	glutaral (glutardialdehyde)
戊二酸	pentanedioic acid (glutaric acid)
戊二酸二丁酯	pentanedioic acid dibutyl ester
戊二酸酐	glutaric anhydride
戊二酸甲酯	methyl glutarate
(*Sa*)-戊-2,3-二烯	(*Sa*)-pent-2,3-diene
(*Z,Z*)-4,4′-(1,4-戊二烯-1,5-二基)二苯酚	(*Z,Z*)-4,4′-(1,4-pentadien-1,5-diyl) diphenol
2,4-戊二烯腈	2,4-pentendienitrile
2,4-戊二烯酸	2,4-pentadienoic acid
戊硅烷	pentasilane
戊基	pentyl
5-戊基-1,3-苯二酚	5-pentyl-1,3-benzenediol
5-戊基-2(5*H*)呋喃酮	5-amyl-2(5*H*) furanone
6-戊基-5,6-二氢化吡喃-2-酮	6-pentyl-5,6-dihydro-2*H*-pyran-2-one
2-戊基呋喃	2-pentyl furan
戊基环丙烷	pentyl cyclopropane
戊基肉桂醛	amyl cinnamaldehyde
戊基异硫氰酸酯	pentyl isothiocyanate
戊腈	pentanenitrile
戊聚糖	pentosan

戊棱烷	pentaprismane
戊磷烷	pentaphosphane
戊硫代-S-酸 (硫代戊-S-酸)	pentanethioic acid
戊硫代酸	pentathionic acid
戊萘-2-基-λ^5-锑烷	pentanaphth-2-yl-λ^5-stiborane
戊萘-2-基锑	pentanaphth-2-yl antimony
戊萘-2-基锑烷	pentanaphth-2-yl stiborane
ε-戊内酰胺	ε-valerolactam
γ-戊内酯	γ-valerolactone
戊羟螺皂苷元	pentologenin
戊羟螺皂苷元-5-O-β-D-吡喃葡萄糖苷	pentologenin-5-O-β-D-glucopyranoside
戊醛	pentanal (valeric aldehyde)
戊醛	valeric aldehyde (pentanal)
戊醛二乙硫缩醛 (1, 1-双乙硫基戊烷)	pentanal diethyl dithioacetal [1, 1-bis (ethylthio) pentane]
戊醛糖	aldopentose
戊醛糖基葡萄糖正己醇苷	n-hexanyl-aldopentosyl glucoside
戊醛肟	pentaldehydeoxime
戊炔二酸	glutinic acid
戊四唑	pentylenetetrazol
戊酸 (缬草酸)	pentanoic acid (valeric acid)
戊酸-1-苯乙酯	1-phenyl ethyl valerate
戊酸苯乙酯	2-phenethyl pentanoate
戊酸丁酯	butyl pentanoate
戊酸己酯	hexyl pentanoate
戊酸甲酯	methyl valerate
戊酸龙脑酯	borneol pentanoate
戊酸乙酯	ethyl valerate
戊糖	pentose
戊糖醇	pentitol
2-戊酮	2-pentanone
戊烷	pentane
戊烷-2-基-3-甲基丁酸酯	pentan-2-yl 3-methyl butanoate
戊烷-2-基丁酸酯	pentan-2-yl butanoate
戊烷-2-基戊酸酯	pentan-2-yl pentanoate
11-戊烷-3-基二十一烷	11-pentan-3-yl heneicosane
(Z)-2-戊烯-1-醇	(Z)-2-penten-1-ol
2-戊烯-1-醇	2-penten-1-ol
4-戊烯-1-基异硫氰酸酯	4-penten-1-yl isothiocyanate
4-戊烯-1-乙酸酯	4-penten-1-acetate

W

1-戊烯-2, 2, 6-三甲环己烷	1-penten-2, 2, 6-trimethyl cyclohexane
(E)-3-戊烯-2-酮	(E)-3-penten-2-one
1-戊烯-3-醇	1-penten-3-ol
1-戊烯-3-酮	1-penten-3-one
戊烯钩状木霉素 A, B	pentenocins A, B
2-(2-戊烯基)-3-甲基-4-羟基-2-环戊烯-1-酮	2-(2-pentenyl)-3-methyl-4-hydroxy-2-cyclopenten-1-one
4-戊烯腈	4-pentenonitrile
2-戊烯醛	2-pentenal
4-戊烯醛	4-pentenal
(Z)-3-戊烯酸叶醇酯	(Z)-3-hexenyl pentenoate
4-戊烯酰胺	4-pentenamide
2-戊酰基苯甲酸甲酯	2-pentanoyl benzoic acid methyl ester
戊酰肼	pentanohydrazide (pentanehydrazide)
6-(戊氧基)-2, 5, 8, 11, 14-五氧杂十六烷	6-(pentyloxy)-2, 5, 8, 11, 14-pentaoxahexadecane
芴	fluorene
芴醇	fluorenol
雾冰草酸	bassic acid
雾冰草皂苷	bassia saponin
雾岛紫甘薯树脂糖苷 Ⅰ～Ⅳ	murasakimasarins Ⅰ～Ⅳ
西艾克 (长春碱酰胺、长春地辛)	vindesine
(–)-西班牙巴洛草醇酮	(–)-hispanolone
西班牙巴洛草醇酮 (西班牙夏罗草酮)	hispanolone
(+)-西班牙巴洛草酮	(+)-hispanone
西班牙巴洛草酮	hispanone
西斑螈毒素	samandarine
西北甘草新异黄酮	glisoflavone
西北甘草异黄酮 (西北甘草香豆酮)	glycyrrhisoflavone
西北甘草异黄烷酮	glycyrrhisoflavanone
西贝母碱 (西贝素)	imperialine (sipeimine, kashmirine)
西贝母碱 (西贝素)	sipeimine (kashmirine, imperialine)
西贝母碱-3β-D-葡萄糖苷 (西贝素-3β-D-葡萄糖苷)	sipeimine-3β-D-glucoside (imperialine-3β-D-glucoside)
西贝母宁	impranine
西贝素 (西贝母碱)	kashmirine (sipeimine, imperialine)
西贝素 N-氧化物	imperialine N-oxide
西贝素-3β-D-葡萄糖苷 (西贝母碱-3β-D-葡萄糖苷)	imperialine-3β-D-glucoside (sipeimine-3β-D-glucoside)
西比莱氏酮	sibyllenone
西伯利亚败酱烯苷 A～C	sibirosides A～C
西伯利亚苯乙酮苷	sibiricaphenone
西伯利亚蓼苷 (黄精皂苷、戟叶鹅绒藤苷) A～E	sibiricosides A～E

中文名称	英文名称
西伯利亚𠮾酮 (西伯利亚远志呫吨酮) A、B	sibiricaxanthones A, B
西伯利亚乌头碱	hispaconitine
西伯利亚邪蒿内酯酚 (西伯利亚酯醇)	sibiricol
西伯利亚延胡索碱 (北紫堇碱)	sibiricine
西伯利亚远志糖 (西伯利亚蓼糖) $A_1 \sim A_6$	sibiricoses $A_1 \sim A_6$
西伯利亚远志皂苷 A～E	sibiricasaponins A～E
西勃精	sickenbergine
西车烷	seychellane
西车烯 (塞瑟尔烯、赛车烯)	seychellene
西穿心莲黄素	serpyllin
西翠雀芬	occidelphine
西翠雀亭	occidentine
西达瑞梯黄酮	sideritiflavone
西地兰 (去乙酰毛花苷 C)	cedilanid (deslanoside, desacetyl lanatoside C)
西地兰 (去乙酰毛花苷 C)	deslanoside (desacetyl lanatoside C, cedilanid)
西番莲花碱	passiflorine
西番莲林 (哈尔满、哈尔满碱、骆驼蓬满碱、牛角花碱、1-甲基-β-咔啉)	passiflorin (harmane, locuturine, aribine, harman, 1-methyl-β-carboline)
西番莲素 A～C	passifloricins A～C
西番莲甾酮	passionsterone
西方林决明 (望江南素) A～C	cassiaoccidentalins A～C
西非刺桐素 (麦氏刺桐素) A～E	erybraedins A～E
西非羊角拗磁麻苷	sarmentocymarin
西非羊角拗苷元 (沙门苷元)	sarmentogenin
17βH-西非羊角拗苷元 (17βH-沙门苷元)	17βH-sarmentogenin
西非羊角拗鼠李糖苷	sarhamnoloside
西非羊角拗索苷	sarmethoside
西非羊角拗新苷	sarnovide
西凤芹醛	seselinal
西格明	sigmine
西格宁	cygnine
西格诺林 (蒽林、地蒽酚、蒽三酚)	cignolin (anthralin, dithranol, batidrol)
西瓜子皂苷	cucurbocitrin
西红花苷 (藏红花素、番红花素) 1～4、Ⅰ、Ⅱ	crocins 1～4, Ⅰ, Ⅱ
西红花酸单乙酯	crocetin diethyl ester
西红柿碱 1	lycoperodine 1
西葫芦酸	cucurbic acid
西桦皂苷 A～C	betalnosides A～C
西黄芪胶粘素	bassorin
西黄蓍胶	tragacanth

X

西黄蓍胶浆	tragacanth mucilage
西加毒素 (海螺毒素)	ciguatoxin
西加矢车菊内酯	hyrcanin
西加小冠花苷	hyrcanoside
西枯呈	sinicuichine
(25S)- 西藜芦 -3α, 6β, 20β- 三醇	(25S)-cevane-3α, 6β, 20β-triol
西里伯黄牛木𠮨酮	celebixanthone
西里伯黄牛木𠮨酮甲醚	celebixanthone methyl ether
西里西亚百里香酮 A、B	cilicicones A, B
西立非灵	ciliaphylline
西灵卡品	cylindrocarpine
西陵皂苷 A、B	xilingsaponins A, B
西萝芙木碱 (萝芙木碱、萝加灵碱、阿义马林、阿吗灵、萝芙碱、阿吉马蛇根碱)	ajmaline (rauwolfine, raugalline)
西麻次苷 A、B	cimicifoetisides A, B
西马兜铃酯 (异叶马兜铃碱) A～D	aristophyllides A～D
西门肺草碱 [聚合草碱、7-惕各酰 -9-(−)-绿花白千层醇基倒千里光裂碱]	symphytine [7-tigloyl-9-(−)-viridifloryl retronecine]
西蒙番薯酸 A、B	simonic acids A, B
西米杜鹃醇 (猴头杜鹃烯醇)	simiarenol
西米杜鹃酮	simiarenone
西母碱 II (脱氢翠雀胺)	shimoburo base II (dehydrodelcosine)
西奈毛蕊花素	sinaiticin
西南风车子烷 D	griffithane D
西南轮环藤碱 A、B	wattisines A, B
西南木荷素 A、B	schimawalins A, B
西南文殊兰芬碱	latifine
西南文殊兰碱	crinafoline
西南文殊兰醛碱	crinafolidine
西南文殊兰索灵碱	latisoline
西南五月茶酯	acidumonate
西南远志苷 A、B	crotalariosides A, B
西南獐牙菜苷	swericinctoside (swerticinctonide)
西南獐牙菜苷 A、B	swericinctosides (swerticinctonides) A, B
西南獐牙菜内酯 A～C	swercinctolides A～C
L- 西内碱	L-synephrine
西诺苷元	sinogenin
西诺异苷 (异西诺苷、中国羊角拗托苷)	sinostroside
西茹特二萜酮	sirutekkone
西瑞香素 (双白瑞香素)	daphnoretin

西瑞香素 -7-O-β-D- 吡喃葡萄糖苷	daphnoretin-7-O-β-D-glucopyranoside
西瑞香素 -7-O-β-D- 葡萄糖苷	daphnoretin-7-O-β-D-glucoside
西氏杨苷 B	siebolside B
西松烷	cembrane
西索苷元 (通光藤西索苷元)	cissogenin
西特拉明 (柑橘明)	citramine
西特斯日钦碱 (西日京、长春钦碱)	sitsirikine
3β- 西特斯日钦碱 N4- 氧化物	3β-sitsirikine N4-oxide
西托皂苷元	sitogenin
西妥宁	cynoctonine
西西里草木犀醇 A～C	melimessanols A～C
西亚龙胆苷	septemfidoside
西洋参醇	panaquinquecol
西洋参花皂苷 A～E	floralquinquenosides A～E
西洋参叶聚糖 A～C	quinquefolans A～C
西洋参叶皂苷 La～Lc	quinquefolosides La～Lc
西洋参皂苷 Ⅲ～V、F_1、L_{17}、R_1、R_2	quinguenosides Ⅲ～V , F_1, L_{17}, R_1, R_2
西洋参脂素 L_1	quinquenin L_1
西藏柏木醇	torulosol
西藏柏木醛	torulosal
西藏地不容定碱	glabradine
西藏鬼臼脂醇	podorhizol
西藏鬼臼脂醇 -β-D- 葡萄糖苷	podorhizol-β-D-glucoside
西藏红豆杉醇 (西藏紫杉醇)	wallifoliol
西藏虎皮楠碱 A、B	daphhimalenines A, B
西藏虎皮楠素 A、B	himalensines A, B
西藏灵芝素 M～P	ganoleuconins M～P
西藏龙胆碱	gentiatibetine
吸木酮	myzodendrone
希尔正青霉碱 A～C	shearinines A～C
希柯多米定	shikodomedin
希柯勘苷 A	shikokiaside A
希梅拉啶碱 A	himeradine A
希氏尖药木苷 P	acoschimperoside P
希氏卷团素	jimenezin
昔洛舍平	syrosingopine
昔斯马洛苷元 (刚毛果苷元)	xysmalogenin
硒	selenium
硒代半胱氨酸	selenocysteine

X

4-硒代苯甲酸	4-selanyl benzoic acid
4-[(*OSe*-硒代过羟基) 甲基] 苯甲酸	4-[(*OSe*-selenohydroperoxy) methyl] benzoic acid
4-(硒代甲酰基) 苯甲酸	4-(selenoformyl) benzoic acid
4-(硒代甲酰基) 环己 -1-甲酸	4-(selenoformyl) cyclohex-1-carboxylic acid
10*H*-硒氮杂蒽 (10*H*-吩硒嗪)	10*H*-phenoselenazine
硒氮杂蒽 (吩硒嗪)	phenoselenazine
硒吩	selenophene
硒甲基-L-硒基半胱氨酸	*Se*-methyl-L-selenocysteine
硒甲基硒代蛋氨酸	*Se*-methyl selenomethionine
硒氰酸酯 (硒氰酸盐)	selenocyanate
3-硒酸基丙酸	3-selenopropanoic acid
硒烷	selane
4-(3-硒亚基丁基) 苯甲酸	4-(3-selenoxobutyl) benzoic acid
硒杂	selena
硒杂蒽	selenoxanthene
9*H*-呫烯	9*H*-xanthene
(23*E*)-烯 -25-乙氧基 -3β-环木菠萝烯醇	(23E)-en-25-ethoxy-3β-cycloartenol
3-烯 -2-壬酮	3-en-2-nonanone
6-烯 -9α, 10α-环氧 -11-羟基 -8-氧亚基佛术烷	6-en-9α, 10α-epoxy-11-hydroxy-8-oxoeremophilane
7 (11)-烯 -9α, 10α-环氧 -8-氧亚基艾里莫芬烷	7 (11)-en-9α, 10α-epoxy-8-oxoeremophilane
12 (13)-烯 -白桦脂酸	12 (13)-en-betulinic acid
12 (13)-烯白桦脂酸甲酯	methyl 12 (13)-en-betulinate
(2*R*, 3*R*, 3*aS*)-5-烯丙基 -2-(3, 4-二甲氧苯基) -3a-甲氧基 -3-甲基 -3, 3a 二氢苯并呋喃 -6 (2*H*)-酮	(2*R*, 3*R*, 3*aS*)-5-allyl-2-(3, 4-dimethoxyphenyl)-3a-methoxy-3-methyl-3, 3a dihydrobenzofuran-6 (2*H*)-one
5-烯丙基 -1, 2, 3-三甲氧基苯 (榄香脂素、榄香素)	5-allyl-1, 2, 3-trimethoxybenzene (elemicin)
4-烯丙基 -1, 2-苯二酚 -1-*O*-[α-L-吡喃鼠李糖基 -(1→6)]-β-D-吡喃葡萄糖苷	4-allyl-1, 2-benzenediol-1-*O*-α-L-rhamnopyranosyl-(1→6)-*O*-β-D-glucopyranoside
1-烯丙基 -2-(3-甲基丁基 -2-烯氧基)-4, 5-亚甲二氧基苯	1-allyl-2-(3-methylbut-2-enyloxy)-4, 5-methylene dioxybenzene
1-烯丙基 -2, 4-二甲氧基苯	1-allyl-2, 4-dimethoxybenzene
1-烯丙基 -2, 6-二甲氧基 -3, 4-亚甲二氧基苯	1-allyl-2, 6-dimethoxy-3, 4-methylenedioxybenzene
4-烯丙基 -2, 6-二甲氧基苯酚 3-甲基丁酯	4-allyl-2, 6-dimethoxyphenyl-3-methyl butanoate
4-烯丙基 -2, 6-二甲氧基苯酚 -1-*O*-β-D-吡喃葡萄糖苷	4-allyl-2, 6-dimethoxyphenyl-1-*O*-β-D-glucopyranoside
4-烯丙基 -2, 6-二甲氧基苯酚葡萄糖苷	4-allyl-2, 6-dimethoxyphenyl glucoside
3-烯丙基 -2-甲氧基苯酚	3-allyl-2-methoxyphenol
5-烯丙基 -2-甲氧基苯酚	5-allyl-2-methoxyphenol
4-烯丙基 -2-甲氧基苯酚 2-甲基丁酯	4-allyl-2-methoxyphenyl-2-methyl butanoate
4-烯丙基 -2-甲氧基苯酚 -1-*O*-β-D-吡喃葡萄糖苷	4-allyl-2-methoxyphenyl-1-*O*-β-D-glucopyranoside
4-烯丙基 -2-羟基苯酚 -1-*O*-β-D-芹糖基 -(1→6)-β-D-吡喃葡萄糖苷	4-allyl-2-hydroxyphenyl-1-*O*-β-D-apiosyl-(1→6)-β-D-glucopyranoside

1-烯丙基-3, 5-二甲氧基-4-(3-甲基丁基-2-烯氧基) 苯	1-allyl-3, 5-dimethoxy-4-(3-methylbut-2-enyloxy) benzene
4-烯丙基-3, 5-二甲氧基苯酚	4-allyl-3, 5-dimethoxyphenol
1-烯丙基-3-甲基三硫化物	1-allyl-3-methyl trisulfide
5-烯丙基-4-甲氧基-3-甲基-2-(3, 4, 5-三甲氧苯基)-3, 3α-苯并二氢呋喃-6 (2H)-酮	5-allyl-4-methoxy-3-methyl-2-(3, 4, 5-trimethoxyphe-nyl)-3, 3α-dihydrobenzofuran-6 (2H)-one
1-烯丙基-5-(3-甲基丁基-2-烯基)-6-甲氧基-2, 3-亚甲二氧基苯 (台湾八角素)	1-allyl-5-(3-methylbut-2-enyl)-6-methoxy-2, 3-methylene dioxybenzene (illicaborin C)
3-烯丙基-6-甲氧基苯酚	3-allyl-6-methoxyphenol
(S)-烯丙基-L-半胱氨酸	(S)-allyl-L-cysteine
S-烯丙基-L-半胱氨酸亚砜	S-allyl-L-cysteine sulfoxide
烯丙基苯	allyl benzene
烯丙基苯酚	allyl phenol
4-烯丙基苯甲醚	4-methoxyallyl benzene
烯丙基丙基二硫化物	allyl propyl disulfide
烯丙基丙基三硫醚	allyl propyl trisulfide
烯丙基单硫化物 (烯丙基单硫醚)	allyl monosulfide
4-烯丙基儿茶酚	4-allyl catechol
烯丙基儿茶酚	allyl catechol
烯丙基儿茶酚二乙酸酯	allyl catechol diacetate
烯丙基儿茶酚亚甲醚 (黄樟醚、黄樟素、黄樟脑、黄樟油素)	allyl catechol methylene ether (shikimol, safrole)
2-烯丙基二硫化物 (2-丙烯基二硫化物)	2-allyl disulfide (2-propenyl disulfide)
烯丙基甲基三硫醚	allyl methyl trisulfide
烯丙基甲基四硫醚	allyl methyl tetrasulfide
烯丙基甲基五硫醚	allyl methyl pentasulfide
烯丙基焦儿茶酚	allyl pyrocatechol
(7R, 9R, 11S)-N-烯丙基苦豆碱	(7R, 9R, 11S)-N-allyl aloperine
4-烯丙基藜芦醚 (甲基丁香油酚、甲基丁香酚、丁香油酚甲醚)	4-allyl veratrole (methyl eugenol)
烯丙基硫代亚磺酸-1-丙烯酯	1-propenyl allyl thiosulfinate
烯丙基硫代亚磺酸甲酯	methyl allyl thiosulfinate
1-烯丙基硫代亚磺酸烯丙酯 (1-丙烯基硫代亚磺酸烯丙酯)	allyl 1-propenyl thiosulfinate
S-烯丙基硫基-L-半胱氨酸	S-allyl mercapto-L-cystein
3-烯丙基硫基丙酸	3-allyl thiopropionic acid
1-烯丙基-2, 4, 5-三甲氧基苯	1-allyl-2, 4, 5-trimethoxybenzene
烯丙基四甲氧基苯	allyl tetramethoxybenzene
N-烯丙基异白刺灵碱	N-allyl isonitrarine
4-烯丙基愈创木酚 (丁香油酚、丁香酚、丁子香酚、丁香油酸)	4-allyl guaiacol (eugenic acid, eugenol, caryophyllic acid)

烯丙苦豆碱	allyl aloperine
烯丙乙酸酯	allyl acetate
烯二酮	enedione
24-烯环木菠萝酮	24-en-cycloartenone
24-烯环木菠萝烯醇	24-en-cycloartenol
2-烯己醇乙酸酯	2-hexenol acetate
3-烯己醇乙酸酯	3-hexen-1-ol acetate
5-烯甲基胆酸-3-*O*-β-D-吡喃葡萄糖苷	5-en-methyl cholate-3-*O*-β-D-glucopyranoside
5-烯甲基胆酸-3-*O*-β-D-吡喃葡萄糖醛酸基-(1→4)-α-L-吡喃鼠李糖苷	5-en-methyl cholate-3-*O*-β-D-glucuronopyranosyl-(1→4)-α-L-rhamnopyranoside
25 (27)-烯-螺甾烯五醇	25 (27)-en-pentrogenin
烯炔双环醚	enyne dicycloether
(*E*)-5-烯十二醛	(*E*)-5-en-dodecanal
烯子蕨素 A～C	monachosorins A～C
稀花紫堇碱	dubiamine
稀见槐黄烷酮 A～G	exiguaflavanones A～G
(–)-稀疏木瓣树胺	(–)-discretamine
L-稀疏木瓣树胺	L-discretamine
(*S*)-稀疏木瓣树胺	(*S*)-discretamine
稀叶巴豆碱	crotosparine
稀子蕨内酯	mukagolactone
犀牛鞘毛菊酸	rhinocerotinoic acid
锡金鬼臼毒素	sikkimotoxin
锡兰白雪花酮	zeylinone
锡兰红厚壳𠮩酮	thwaitesixanthone
锡兰柯库木醇	zeylanol
锡兰柯库木萜醛	zeylasteral
锡兰柯库木萜酮	zeylasterone
锡兰肉桂醇 (桂二萜醇)	cinnzeylanol
锡兰肉桂素	cinnzeylanine
锡兰紫玉盘烯酮 (山椒子烯酮、锡兰紫玉盘环己烯酮)	zeylenone
锡兰紫玉盘环己烯醇 (锡兰紫玉盘烯醇、山椒子烯醇)	zeylenol
锡兰紫玉盘酯	zeylena
锡生藤酚灵 (锡生藤醇灵、轮环藤酚碱)	cissamine (cyclanoline)
锡生藤高碱	hayatindine
锡生藤碱 (甲基斯目锡生藤碱、锡生藤新碱、锡生新藤碱)	cissampareine (methyl warifteine)
锡生藤灵	cissampeline
锡瓦斯密菊蒿内酯	mucrolide (sivasinolide)
锡瓦斯密菊蒿内酯	sivasinolide (mucrolide)

锡烷	stannane
锡杂	stanna
溪岸千里光碱	rivularine
溪黄草甲素～丁素 (溪黄草素 A～D)	rabdoserrins A～D
溪黄草萜 A～K	serrins A～K
豨莶贝壳杉酸	siegeskaurolic acid
豨莶苷	darutoside
豨莶精醇	darutigenol
豨莶苦味质	darutin bitter
豨莶灵 (红蓼素、红蓼脂素) A、B	orientalins A, B
豨莶醚酸 (豨莶甲醚酸)	siegesmethyletheric acid
豨莶内酯 A	sigesbeckialide A
豨莶萜醛内酯	orientalide
豨莶新苷	neodarutoside
豨莶酯酸Ⅰ、Ⅱ	siegesesteric acids Ⅰ, Ⅱ
豨莶酯萜苷 A、B	hythiemosides A, B
蜥尾草亭 (马纳萨亭、麦纳散素) A、B	manassantins A, B
蜥蜴兰醇 (赫尔西酚)	hircinol
蜥蜴兰素	loroglossin
膝瓣乌头碱	geniconitine
膝瓣乌头林碱 (滇羟碱)	geniculine
膝瓣乌头宁 A～C	genicunines A～C
膝瓣乌头亭 A～D	geniculatines A～D
(−)-膝果双喙木碱	(−)-condylocarpine
(+)-膝果双喙木碱	(+)-condylocarpine
蟋蟀退热素 (蟋蟀吡任)	grypyrin
习见狗牙花宁碱	modestanine
席氏毛地黄素	ziganein
橄树素苷	morindin
喜巴定	himbadine
喜巴辛	himbacine
喜包素	himbosine
喜贝灵	himbeline
喜格任	himgrine
喜光花酚 A	actephilol A
喜旱莲子草皂苷 (喜旱莲子草苷) A～D	philoxeroidesides A～D
喜花草苷	eranthemoside
喜冷红景天林素	rhodalin (rodalin)
喜马拉雅红豆杉素 A～H	taxawallins A～H
喜马拉雅鸢尾苯醌 A～F	irisoquins A～F

喜马拉雅紫茉莉素 A	himalain A
(−)-喜马偕尔 -4, 11-二烯	(−)-himachala-4, 11-diene
(+)-喜马雪松醇	(+)-himachalol
喜马雪松醇 (喜马拉雅杉醇)	himachalol
喜马雪松达醇	himadarol
喜马雪松裂酮	himasecolon
α-喜马雪松烯 (α-喜马拉雅雪松烯)	α-himachalene
β-喜马雪松烯 (β-喜马拉雅雪松烯)	β-himachalene
γ-喜马雪松烯 (γ-喜马拉雅雪松烯)	γ-himachalene
喜马雪松烯 (喜马拉雅雪松烯、柏木烯、雪松烯)	himachalene (cedrene)
β-喜马雪松烯氧化物	β-himachalene oxide
喜曼定	himandridine
喜曼君	himandrine
喜曼文	himandravine
喜曼质	himanthine
(+)-喜木姜子碱	(+)-laetine
喜瑞文	himgravine
喜树次碱 (毒鸡骨常山萜碱)	venoterpine
喜树次碱葡萄糖苷	venoterpine glucoside
喜树碱	camptothecine (camptothecin)
喜树矛因碱	camptacumothine
喜树宁碱 (喜树曼因碱)	camptacumanine
喜树鞣质 (旱莲木素) A、B	camptothins A, B
喜树亭碱	camptacumotine
喜盐鸢尾酚 A、B	halophilols A, B
喜荫苣苔苷	paradrymonoside
细胞毒素	cytotoxin
细胞花青素	cytocyanin
细胞激肽素 (促细胞分裂素、细胞分裂激素)	cytokinin
细胞色素 C	cytochrome C
细胞色素 P450	cytochrome P450
细胞松弛素 A～Z、Z3、Z5、Z6	cytochalasins A～Z, Z3, Z5, Z6
细柄瑞香楠碱	tenuipine
细柄薯蓣皂苷元	tenuipegenin
细齿大戟素 A～E	serrulatins A～E
细刺枸骨苷 I～V	hylonosides I～V
细刺蒺藜皂苷 A、B	parvispinosides A, B
细梗闭花木苷	gracicleistanthoside
细梗香草素 (香草素)	capillipnin

细梗香草皂苷(细梗香草苷)A～M、Ⅰ、Ⅱ	capilliposides A～M, Ⅰ, Ⅱ
细果定碱	leptopidine
细果角茴香碱	hypecoumine
细果角茴香宁碱	leptocarpinine
细果宁碱	leptopinine
细果品定宁碱	leptopidinine
细果品碱	leptopine
细海绵状念珠藻环酰胺 A～D	tenuecyclamides A～D
细花百部碱	parvistemonine
细花百部素 A～D	parvistemins A～D
细交链孢菌酮酸	tenuazonic acid
细茎石斛醇	moniliformine
细茎石斛苷 A～C	dendromonilisides A～C
细茎石斛碱	moniline
细茎石斛醌	moniliquinone
细颈瘤孢菌素 A～D	ampullosporins A～D
细链格孢素	altenusin
细链格孢烯	altenuene
细裂阿魏素	teferin
细脉翠雀醇碱	venulol
细茜花碱(四氢哈尔明碱)	leptaflorine (tetrahydroharmine)
细茜碱	leptactinine
细蕊木碱 A、B	tenuisines A, B
细蕊木叶碱	tenuiphylline
细穗石松碱	lycophlegmarine
细穗石松明碱	lycophlegmine
细网牛肝菌毒蛋白	bolesatine
细辛醇	asarol
细辛酚(卡枯醇)	kakuol
细辛醚	asaricin (sarisan)
细辛醚	sarisan (asaricin)
(−)-细辛木脂素 B、C	(−)-asarolignans B, C
(+)-细辛木脂素 B～G	(+)-asarolignans B～G
(±)-细辛木脂素 D	(±)-asarolignan D
(Z)-细辛脑	(Z)-asarone
细辛脑	asarone
α-细辛脑	α-asarone
β-细辛脑	β-asarone
γ-细辛脑(2, 4, 5-三甲氧基烯丙基苯、石菖醚)	γ-asarone (2, 4, 5-trimethoxyallyl benzene, sekishone)
细辛脑醛	asaraldehyde

X

细辛醛 (2, 4, 5- 三甲氧基苯甲醛)	asaronaldehyde (asarylaldehyde, gazarin, 2, 4, 5-trimethoxybenzaldehyde)
L- 细辛素	L-asarinin
(+)- 细辛素	(+)-asarinin
细辛素 (细辛脂素)	asarinin
(−)- 细辛素 [(−)- 细辛脂素]	(−)-asarinin
细辛酸	asaronic acid
细辛酮	asatone (asaryl ketone)
细叶桉萜酯 A、B	tereticornates A, B
细叶白前苷元 (戟叶鹅绒藤苷元)	sibirigenin
细叶黄皮任	anisumarin
细叶黄皮香豆灵 A、B	hekumarins A, B
细叶黄皮香豆任 A、B	anisucumarins A, B
细叶黄皮香豆素 B～J	anisocoumarins B～J
细叶黄皮香豆酮	hekumarone
细叶黄乌头宁	bataconine
细叶青蒌藤醌醇 (风藤奎脑、风藤奎醇)	futoquinol
细叶青蒌藤素 (巴豆环氧素)	futoxide
细叶青蒌藤烯酮	futoenone
细叶青蒌藤酰胺 (风藤酰胺)	futoamide
细叶石仙桃醇	phocantol
细叶石仙桃二萜苷 A、B	phocantosides A, B
细叶石仙桃酮	phocantone
细叶乌头碱 (细叶草乌宁) A～C	macrorhynines A～C
细叶香茶菜甲素 (毛叶香茶菜宁)	sodoponin
细叶香茶菜乙素	ternifolin
细叶益母草瑞酮 A、B	leosibirinones A, B
细叶益母草萜	leosibirin
细叶益母草萜内酯	leosibiricin
细叶益母草新酮 A～E	sibiricinones A～E
(+)- 细叶益母草新酮 B	(+)-sibiricinone B
细叶远志苷 A～F	tenuisides A～F
细叶远志利奥苷 A～C	tenuifoliosides A～C
细叶远志皂苷 (细叶远志素)	tenuifolin
细叶远志皂苷元	presenegenin
细叶皂苷元	tendigenin
细叶脂醇 (日本落叶松脂醇、日本落叶松醇) A～D	leptolepisols A～D
细叶脂醇 C-4-*O*-β-D- 吡喃葡萄糖苷	leptolepisol C-4-*O*-β-D-glucopyranoside
细圆藤碱 A～D	periglaucines A～D
细圆藤酮 A	pericampylinone A

细直堆心菊素	tenulin
细指蟾碱	leptodactyline
细趾蟾内酯	leptodactylone
细柱五加脑苷 A～C	acanthopanax cerebrosides A～C
细柱五加素	acankoreagenin
细柱五加酸	acanthopanaxgric acid
细锥甲素	coetsin
细锥香茶菜定 (假细锥香茶菜素) A～G	coetsoidins A～G
细锥香茶菜素甲～丙 (显脉香茶菜新素 A～C)	rabdonervosins A～C
细锥香茶菜萜 (细锥香茶菜素) A～D	rabdocoestins A～D
细锥香茶菜酮醇	plecostonol
(3R, 3″R)-虾黄质	(3R, 3″R)-astaxanthin
(3S, 3′S)-虾黄质	(3S, 3′S)-astaxanthin
虾黄质二酯	astaxanthin diester
虾黄质酯 (虾青素酯)	astaxanthin ester
虾脊兰菲酚	calaphenanthrenol
虾脊兰苷	calanthoside
虾青素 (虾黄质、虾黄素)	astaxanthin
虾子花鞣质 (虾子花素) A～I	woodfordins (woodfruticosins) A～I
虾子花素 (虾子花鞣质) A～I	woodfruticosins (woodfordins) A～I
(−)-狭瓣暗罗碱	(−)-thaipetaline
狭翅缬草醚萜素 A	stenopterin A
狭冠花苷 A～K	stemmosides A～K
狭果木醌 B	stenocarpoquinone B
狭果前胡素	stenocarpin
狭果前胡素异丁酸酯	stenocarpin isobutanoate
狭花马钱碱	angustine
狭基线纹香茶菜素	lophanthin
狭基线纹香茶菜素 A、B	gerardianins A, B
狭裂鸡骨常山碱 B-N4-氧化物	angustilobine B-N4-oxide
狭序唐松草灵	thaliatrine
狭序唐松草亭	thaliatraplextine
狭序唐松草辛	thaliatraplexine
狭叶巴都菊素 (乙酰堆心菊灵)	angustibalin (acetyl helenalin, helenalinacetate)
狭叶巴都菊素 (乙酰堆心菊灵)	helenalinacetate (acetyl helenalin, angustibalin)
狭叶白蜡树苷 B	angustifolioside B
狭叶白鲜宁碱	sonminine
狭叶白鲜素 (白鲜福林) A、B	dictafolins A, B
狭叶百部碱	maistemonine
狭叶糙苏苷 (线叶糙苏苷) A	phlinoside A

X

狭叶番泻林素葡萄糖苷	tinnevellin glucoside
狭叶凤尾蕨素 A	henrin A
狭叶虎皮楠胺	angustifolimine
狭叶虎皮楠碱 A、B	daphangustifolines A, B
狭叶虎皮楠明	angustimine
狭叶槐酚 A、B	stenophyllols A, B
(+)-狭叶槐酚 B	(+)-stenophyllol B
狭叶鸡骨常山马林	angustimaline
狭叶鸡骨常山醛	angustimalal
狭叶锦鸡儿苯酚 A	caragaphenol A
狭叶藜芦碱 A～D	stenophyllines A～D
狭叶藜芦碱 B-3-O-β-D-吡喃葡萄糖苷	stenophylline B-3-O-β-D-glucopyranoside
狭叶藜芦碱甲～丁	stenophllines A～D
狭叶栎鞣宁 A	stenophyllinin A
狭叶栎鞣素 H$_1$	stenophyllin H$_1$
狭叶栎鞣质 (狭叶栎鞣素) A～C	stenophyllanins A～C
狭叶链珠藤宁	alyterinin
狭叶链珠藤酮	alyterinone
狭叶链珠藤酯 A～C	alyterinates A～C
狭叶龙胆苷	linearoside
狭叶墨西哥蒿素 (1-表陆得威蒿内酯 C)	armexifolin (1-epiludovicin C)
狭叶南五味子二内酯 A、B	angustifodilactones A, B
狭叶南五味子素 (狭叶香茶菜素、狭叶芸香素)	angustifolin
狭叶南五味子素 (狭叶香茶菜素、狭叶芸香素) A～D	angustifolins A～D
狭叶南五味子酸 A、B	angustific acids A, B
狭叶南五味子亭 A～L	kadangustins A～L
狭叶瓶尔小草酸 A、B	thermalic acids A, B
狭叶茄定	solangustidine
狭叶茄碱	solangustine
狭叶五味子二内酯 (披针叶五味子二内酯) A～R	lancifodilactones A～R
狭叶五味子酚 A、B	lanciphenols A, B
狭叶五味子内酯 A～D	lancolides A～D
狭叶五味子宁 A～F	lancifonins A～F
狭叶五味子酸 (狭叶五味子酸 A)	lancifoic acid (lancifoic acid A)
狭叶五味子亭 A	schlanctin A
狭叶香茶菜素 (狭叶芸香素、狭叶南五味子素)	angustifolin
狭叶鸭脚树洛平碱 B 酸 (去-O-甲基狭叶鸭脚树洛平碱 B)	angustilobine B acid (de-O-methyl angustilobine B)
狭叶依瓦菊素	ivangustin
狭叶羽扇豆碱	angustifoline

狭叶羽扇豆酮 A、B	angustones A, B
狭叶芸香素 (狭叶香茶菜素、狭叶南五味子素)	angustifolin
狭叶芸香素 -7- 甲醚	angustifolin-7-methyl ether
狭叶獐牙菜苷	angustioside
狭叶獐牙菜苦苷	angustiamarin
狭叶獐牙菜亭 A、B	angustins A, B
狭叶獐牙菜酯	swertianglide
狭翼莢豆碱 (2- 吡咯甲酸 -13- 羟基羽扇烷宁酯)	calpurnine (oroboidine, 13-hydroxylupanine-2-pyrrole-carboxylate)
狭翼莢豆碱 (2- 吡咯甲酸 -13- 羟基羽扇烷宁酯)	oroboidine (13-hydroxylupanine-2-pyrrole-carboxylate, calpurnine)
霞草皂苷 (长蕊石头花苷) I	oldhamianoside I
下田菊苷 A～G	adenostemmosides A～G
下田菊酸 A～G	adenostemmoic acids A～G
下弯诺林苷 A～E	recurvosides A～E
下延胡椒醛	decurrenal
下箴刺桐碱 (海帕刺桐碱)	hypaphorine
下箴刺桐碱甲酯 (海帕刺桐碱甲酯)	hypaphorine methyl ester
夏橙碱 I、II	natsucitrines I, II
夏橙素 (柚皮黄素)	natsudaidain
夏风信子苷 A	candicanoside A
夏风信子属苷 A	galtonioside A
夏佛塔苷 (夏佛托苷、旱麦草碳苷、斯卡夫碳苷、夏佛塔雪轮苷、芹菜素 -6-*C*-β-D- 吡喃葡萄糖苷 -8-*C*-α-L- 吡喃阿拉伯糖苷)	schaftoside (apigenin-6-*C*-β-D-glucopyranoside-8-*C*-α-L-arabinopyranoside)
夏枯草多糖	prunellin
夏枯草苷 A	pruvuloside A
夏枯草素 A	vulgarisin A
夏枯草五环苷 I、II	vulgasides I, II
夏枯草新苷 A	prunelloside A
夏枯草皂苷 (北艾醇皂苷) A、B	vulgarsaponins A, B
夏蜡梅苷	calycanthoside
夏栎素 A～E	roburins A～E
夏森酮素 A3	cyathin A3
夏天无宾碱	corydecumbine
夏无碱	decumbenine
夏无碱甲～丙	decumbenines A～C
夏无新碱	decumbensine
夏至草醇	marrubenol
夏至草苦素	marrubiin

夏至草素 A～J	lagopsins A～J
夏至矢车菊内酯 (匍匐矢车菊素)	chlorohyssopifolin A (centaurepensin)
仙鹤草酚 (龙牙草酚) A～G	agrimols A～G
仙鹤草内酯	agrimonolide
仙鹤草内酯 -6-O-β-D- 吡喃葡萄糖苷	agrimonolide-6-O-β-D-glucopyranoside
仙鹤草内酯 -6-O- 葡萄糖苷	agrimonolide-6-O-glucoside
仙鹤草素 (龙牙草鞣素)	agrimoniin
仙鹤草酸 A、B	agrimonic acids A, B
仙客来苷 (西克拉明皂苷)	cyclamin
仙客来诺苷 (仙客来诺灵)	cyclaminorin
仙客来亭 (仙客来苷元、西克拉旺皂苷元、西克拉敏) A～D	cyclamiretins A～D
仙客来亭 A-3-O-β-D- 吡喃葡萄糖基 -(1→4)-α-L- 吡喃阿拉伯糖苷	cyclamiretin A-3-O-β-D-glucopyranosyl-(1→4)-α-L-arabinopyranoside
仙客来亭 A-3-α-L- 吡喃阿拉伯糖苷	cyclamiretin A-3-α-L-arabinopyranoside
仙客来亭 A-3β-O-α-L- 吡喃鼠李糖基 -(1→2)-β-D- 吡喃葡萄糖基 -(1→4)-α-L- 吡喃阿拉伯糖苷	cyclamiretin A-3β-O-α-L-rhamnopyranosyl-(1→2)-β-D-glucopyranosyl-(1→4)-α-L-arabinopyranoside
仙客来亭 A-3β-O-β-D- 吡喃木糖基 -(1→2)-β-D- 吡喃葡萄糖基 -(1→4)-α-L- 吡喃阿拉伯糖苷	cyclamiretin A-3β-O-β-D-xylopyranosyl-(1→2)-β-D-glucopyranosyl-(1→4)-α-L-arabinopyranoside
仙客来亭 A-3β-O-β-D- 吡喃葡萄糖基 -(1→2)-α-L- 吡喃阿拉伯糖苷	cyclamiretin A-3β-O-β-D-glucopyranosyl-(1→2)-α-L-arabinopyranoside
仙客来亭 D-3-O-α-L- 吡喃阿拉伯糖苷	cyclamiretin D-3-O-α-L-arabinopyranoside
仙客来亭 D-3-O-β-D- 吡喃葡萄糖基 -(1→2)-α-L- 吡喃阿拉伯糖苷	cyclamiretin D-3-O-β-D-glucopyranosyl-(1→2)-α-L-arabipynoranoside
仙茅酚苷 A～J	orcinosides A～J
仙茅苷	curculigoside
仙茅苷 A～I	curculigosides A～I
仙茅木酚素	curlignan
仙茅素 A～N	curculigines A～N
仙茅萜醇	curculigol
仙茅皂苷 A～M	curculigosaponins A～M
仙茅皂苷元 A～C	curculigenins A～C
仙人掌苷 Ⅰ	opuntioside Ⅰ
仙人掌黄素 (仙人掌黄质、甜菜黄辛) Ⅰ、Ⅱ	vulgaxanthins Ⅰ, Ⅱ
仙人掌碱 B	opuntine B
仙人掌乳苷 (异鼠李素 -3-O- 半乳糖苷)	cacticin (isorhamnetin-3-O-galactoside)
仙人掌素	cactin
仙人掌酮 [(6R)-9, 10- 二羟基 -4- 大柱香波龙烯 -3- 酮)	opuntione [(6R)-9, 10-dihydroxy-4-megastigmen-3-one)
仙人掌酯	opuntiaester
仙影掌碱	trichocerine
仙掌碱	trichocereine

先前菊蒿烯内酯	tanapraetenolide
纤根沿阶草苷 A、B	fibrophiopogonins A, B
纤冠藤苷 A	gongroneside A
纤孔菌素 (纤孔菌清除素) A	inoscavin A
纤孔菌辛素 A、B	inonotusins A, B
纤孔菌萜 A	inoterpene A
纤孔真菌素 A	interfungin A
纤毛内酯	tanciloide
纤维蛋白 (丝心蛋白、丝纤蛋白)	fibroin (silk fibroin)
纤维蛋白稳定因子	fibrinstabilizing factor
纤维蛋白原	fibrinogen
纤维二糖 (纤维素二糖)	cellobiose (cellose)
5′-*O*-(β-纤维二糖基) 吡哆醇	5′-*O*-(β-cellobiosyl) pyridoxine
4′-*O*-β-纤维二糖基-12β-羟基钉头果勾苷	4′-*O*-β-cellobiosyl-12β-hydroxyfrugoside
4′-*O*-β-纤维二糖基钉头果伏苷	4′-*O*-β-cellobiosyl gofruside
4′-*O*-β-纤维二糖基钉头果勾苷	4′-*O*-β-cellobiosyl frugoside
纤维虎皮楠林碱	daphgraciline
纤维虎皮楠灵碱	daphnigraciline
纤维素	cellulose
α-纤维素	α-cellulose
β-纤维素	β-cellose
γ-纤维素	γ-cellose
纤维素酶	cellulase
纤细虎皮楠碱	daphgracine
纤细虎皮楠辛碱	daphnigracine
纤细米仔兰灵	marikarin
纤细薯蓣皂苷 (纤细皂苷)	gracillin
酰胺	amide
酰胺酸	amic acid
酰苯胺酸	anilic acid
酰化甜菜色苷	acylated betacyanin
酰化甾醇葡萄糖苷	acylated sterol glucoside
1-*O*-酰基-3-*O*-(β-D-吡喃半乳糖基)-*sn*-甘油	1-*O*-acyl-3-*O*-(β-D-galactopyranosyl)-*sn*-glycerol
酰替苯胺	anilide
酰亚胺	imide
鲜卑花苷	sibiskoside
鲜卑花内酯	sibiscolactone
鲜卑花酸	sibiraic acid
暹罗九里香酚	siamenol
显脉香茶菜甲素~丁素	nervosins A~D

显脉香茶菜素	nervosin
显脉香茶菜辛	novelrabdosin
显脉旋覆花素	inulavosin
显脉旋覆花酯 B、C	nervolans B、C
显脉羊耳蒜酸	nervogenic acid
显桑素 D～F、L	morusignins D～F, L
显轴买麻藤醇 K～M	gnemonols K～M
显轴买麻藤苷 K	gnemonoside K
蚬甾醇 (7-脱氢豆甾醇、Δ^7-豆甾醇)	corbisterol (7-dehydrostigmasterol, Δ^7-stigmasterol)
苋菜红 (苋紫)	amaranth
苋菜红素 (苋菜红苷)	amaranthin
苋菜甾醇	amasterol
苋叔醇 A～D	amarantholidols A～D
苋叔醇苷 I～IV	amarantholidosides I～IV
苋辛素	amaricin
苋脂苷	amaranthoside
线瓣石豆兰素	gymnopusin
线蓟素	circiliol
线芒果苷 A	foliamangiferoside A
线纹香茶菜苷 A、B	lophanthosides A, B
线纹香茶菜素 A～F	lophanthiodins A～F
线纹香茶菜酸 A、B	lophanic acids A, B
线纹香茶菜辛 A～D	isolophanthins A～D
线叶蓟	cirsilinein
线叶蓟酚 G	cireneol G
线叶蓟尼酚 (甲基条叶蓟素、3-甲氧基蓟黄素、中国蓟醇)	cirsilineol
线叶蓟尼酚 -4′-*O*-β-D- 吡喃葡萄糖苷	cirsilineol-4′-*O*-β-D-glucopyranoside
线叶蓟尼酚 -4′-*O*-β-D- 葡萄糖苷	cirsilineol-4′-*O*-β-D-glucoside
线叶金鸡菊苷 (剑叶波斯菊苷、玉山双蝴蝶素)	lanceolin
线叶旋覆花倍半萜素 A～L	lineariifolianoids A～L
线叶旋覆花萜酮	lineariifolianone
线叶泽兰素 (泽兰海索草素)	eupassopin (eupahyssopin)
腺齿木脂素	calopiptin
腺齿紫金牛醌	cornudentanone
β- 腺苷	β-adenosine
腺苷 (腺嘌呤核苷)	adenosine (adenine nucleoside, embran, lacarnol)
腺苷 2′, 3′, 5′- 三乙酸酯	adenosine 2′, 3′, 5′-triacetate
腺苷 -5′-(2- 硫代二磷酸三氢酯)	adenosine-5′-(trihydrogen 2-thiodiphosphate)
腺苷 -5′- 单磷酸	adenosine-5′-monophosphate

腺苷 5′-三磷酸 (5′-三磷酸腺苷)	5′-adenosinetriphosphorate (ATP)
S-腺苷-L-蛋氨酸	S-adenosyl-L-methionine
腺苷蛋氨酸	ademetionine
腺苷二醛	adenosine dialdehyde (ADA)
3′-腺苷酸	3′-adenylic acid
5′-腺苷酸	5′-adenylic acid
腺苷酸 (腺苷一磷酸)	adenylic acid (adenosine monophosphate, AMP)
腺苷一磷酸 (腺苷酸)	adenosine monophosphate (adenylic acid, AMP)
腺梗豨莶草苷	siegesbeckioside
腺梗豨莶醇	siegesbeckiol
腺梗豨莶苷 A～E	pubesides A～E
腺梗豨莶酸	siegesbeckic acid
腺果杜鹃花色满酸 (兴安杜鹃色烷酸) A、B	rhododaurichromanic acids A, B
腺花素 (腺花香茶菜素) A～F	adenanthins A～F
腺花香茶菜新素	isodonadenanthin
DL-腺荚豆碱	DL-adenocarpine (orensine)
DL-腺荚豆碱	orensine (DL-adenocarpine)
D-腺荚豆碱	D-adenocarpine
腺毛黑种草碱	nigeglanine
腺茉莉苷 A	colebroside A
腺茉莉素 A～E	colebrins A～E
腺嘌呤 (掌叶半夏碱 B、6-氨基嘌呤)	adenine (pedatisectine B, 6-aminopurine)
腺嘌呤核苷 (腺苷)	adenine nucleoside (adenosine, embran, lacarnol)
腺叶香茶菜甲素、乙素	adenolins A, B
(2E)-相对-(−)-2-{(1′R, 2′R, 4′aS, 8′aS)-脱氢-2′, 5′, 5′, 8′a-四甲基螺[呋喃-2 (3H), 1′ (2′H)-奈烯]-5-亚基}-乙醛	(2E)-rel-(−)-2-{(1′R, 2′R, 4′aS, 8′aS)-decahydro-2′, 5′, 5′, 8′a-tetramethyl spiro [furan-2 (3H), 1′ (2′H)-naphthalen]-5-ylidene}-acetaldehyde
相对-(1R, 2R)-1, 2-二氯环戊-1-甲酸	rel-(1R, 2R)-1, 2-dichlorocyclopent-1-carboxylic acid
相对-(1R, 2R)-1, 2-二溴-4-氯环戊烷	rel-(1R, 2R)-1, 2-dibromo-4-chlorocyclopentane
相对-(1R, 2R, 3R, 5S, 7R)-7-阿魏酰氧甲基-2-阿魏酰氧基-3-羟基-6, 8-二氧杂二环 [3.2.1] 辛烷-5-甲酸甲酯	rel-(1R, 2R, 3R, 5S, 7R)-7-feruloyloxymethyl-2-feruloyloxy-3-hydroxy-6, 8-dioxabicyclo [3.2.1] oct-5-carboxylic acid methyl ester
相对-(1R, 2S, 3R, 4R, 6S)-对薄荷-1, 2, 3, 6-四醇	rel-(1R, 2S, 3R, 4R, 6S)-p-menth-1, 2, 3, 6-tetraol
相对-(1R, 3R)-1-溴-1-氯-3-乙基-3-甲基环己烷	rel-(1R, 3R)-1-bromo-1-chloro-3-ethyl-3-methyl cyclohexane
相对-(1R, 3R, 5R)-1-溴-3-氯-5-硝基环己烷	rel-(1R, 3R, 5R)-1-bromo-3-chloro-5-nitrocyclohexane
相对-(1R, 4S, 6R)-对薄荷-3, 6-二醇	rel-(1R, 4S, 6R)-p-menth-3, 6-diol
相对-(1R, 6S, 7S, 8S)-5-甲氧基-7-苯基-8-(4-甲氧基-2-氧亚基吡喃-6-基)-1-(E)-苯乙烯基-2-氧杂双环 [4.2.0]-4-辛烯-3-酮	rel-(1R, 6S, 7S, 8S)-5-methoxy-7-phenyl-8-(4-methoxy-2-oxopyran-6-yl)-1-(E)-styryl-2-oxabicyclo-[4.2.0]-oct-4-en-3-one

X

相对-(1′S, 2′R)-8-(2, 3-环氧-1-羟基-3-甲丁基)-7-甲氧基香豆素	rel-(1′S, 2′R)-8-(2, 3-epoxy-1-hydroxy-3-methyl butyl)-7-methoxycoumarin
相对-(1S, 2R, 3R, 5S, 7R)-甲基-7-阿魏酰氧甲基-2-羟基-3-阿魏酰氧基-6, 8-二氧杂二环 [3.2.1] 辛-5-甲酸酯	rel-(1S, 2R, 3R, 5S, 7R)-methyl-7-feruloyloxymethyl-2-hydroxy-3-feruloyloxy-6, 8-dioxabicyclo [3.2.1] oct-5-carboxylate
相对-(1S, 2R, 3R, 5S, 7R)-甲基-7-咖啡酰氧甲基-2-羟基-3-阿魏酰氧基-6, 8-二氧杂二环 [3.2.1] 辛-5-甲酸酯	rel-(1S, 2R, 3R, 5S, 7R)-methyl-7-caffeoyloxymethyl-2-hydroxy-3-feruloyloxy-6, 8-dioxabicyclo [3.2.1] oct-5-carboxylate
相对-(1′S, 2′S)-1′-O-甲基胀果芹素	rel-(1′S, 2′S)-1′-O-methyl phlojodicarpin
相对-(1S, 2S)-环氧-(4R)-呋喃吉马-10 (15)-烯-6-酮	rel-(1S, 2S)-epoxy-(4R)-furanogermacr-10 (15)-en-6-one
相对-(1S, 2S, 3S, 4R, 6R)-1, 6-环氧薄荷-2, 3-二羟基-3-O-β-D-吡喃葡萄糖苷	rel-(1S, 2S, 3S, 4R, 6R)-1, 6-epoxy-menth-2, 3-dihydroxy-3-O-β-D-glucopyranoside
相对-(1S, 2S, 3S, 4R, 6R)-3-O-(6-O-咖啡酰基-β-D-吡喃葡萄糖基)-1, 6-环氧薄荷-2, 3-二醇	rel-(1S, 2S, 3S, 4R, 6R)-3-O-(6-O-caffeoyl-β-D-glucopyranosyl)-1, 6-epoxymenth-2, 3-diol
相对-(1S, 2S, 3S, 4R, 6R)-6′-O-咖啡酰基-1, 6-环氧薄荷-2, 3-二羟基-3-O-β-D-吡喃葡萄糖苷	rel-(1S, 2S, 3S, 4R, 6R)-6′-O-caffeoyl-1, 6-epoxy-menthane-2, 3-dihydroxy-3-O-β-D-glucopyranoside
相对-(1S, 3S, 5S)-1-溴-3-氯-5-硝基环己烷	rel-(1S, 3S, 5S)-1-bromo-3-chloro-5-nitrocyclohexane
相对-(3R, 6R, 7S)-3, 7, 11-三甲基-3, 7-环氧基-1, 10-十二碳二烯-6-醇	rel-(3R, 6R, 7S)-3, 7, 11-trimethyl-3, 7-epoxy-1, 10-dodecadien-6-ol
相对-(3S, 4S, 5S)-3-[(2′R)-2′-羟基二十二酰氨]-4-羟基-5-[(4″Z)-十四烷-4″-烯]-2, 3, 4, 5-四氢呋喃	rel-(3S, 4S, 5S)-3-[(2′R)-2′-hydroxydocosyl amino]-4-hydroxy-5-[(4″Z)-tetradecan-4″-en]-2, 3, 4, 5-tetrahydrofuran
相对-(3S, 4S, 5S)-3-[(2′R)-2′-羟基二十四碳酰氨]-4-羟基-5-[(4″Z)-十四烷-4″-烯]-2, 3, 4, 5-四氢呋喃	rel-(3S, 4S, 5S)-3-[(2′R)-2′-hydroxytetracosanoyl amino]-4-hydroxy-5-[(4″Z)-tetradecane-4″-en]-2, 3, 4, 5-tetrahydrofuran
相对-(3S, 6R, 7S)-3, 7, 11-三甲基-3, 6-环氧基-1-十二烯-7, 11-二醇	rel-(3S, 6R, 7S)-3, 7, 11-trimethyl-3, 6-epoxy-1-dodecen-7, 11-diol
相对-(3S, 6R, 7S, 10S)-2, 6, 10-三甲基-3, 6:7, 10-二环氧基-2-十二烯-11-醇	rel-(3S, 6R, 7S, 10S)-2, 6, 10-trimethyl-3, 6:7, 10-diepoxy-2-dodecen-11-ol
相对-(3S, 6R, 7S, 9E)-3, 7, 11-三甲基-3, 6-环氧基-1, 9, 11-十二碳三烯-7-醇	rel-(3S, 6R, 7S, 9E)-3, 7, 11-trimethyl-3, 6-epoxy-1, 9, 11-dodecatrien-7-ol
相对-(5S, 6R, 8R, 9R, 10S)-6-乙酰氧基-9-羟基-13 (14)-半日花烯-16, 15-内酯	rel-(5S, 6R, 8R, 9R, 10S)-6-acetoxy-9-hydroxy-13 (14)-labden-16, 15-olide
相对-(7R, 8R, 7′R, 8′R)-3, 4, 3′, 4′-二亚甲基二氧基-5, 5′-二甲氧基-7, 7′-环氧木脂素	rel-(7R, 8R, 7′R, 8′R)-3, 4, 3′, 4′-dimethylenedioxy-5, 5′-dimethoxy-7, 7′-epoxylignan
相对-(7R, 8R, 7′R, 8′R)-3′, 4′-亚甲基二氧基-3, 4, 5, 5′-四甲氧基-7, 7′-环氧木脂素	rel-(7R, 8R, 7′R, 8′R)-3′, 4′-methylenedioxy-3, 4, 5, 5′-tetramethoxy-7, 7′-epoxylignan
相对-(7R, 8′R, 8R)-连翘木脂素 C	rel-(7R, 8′R, 8R)-forsythialan C
相对-(7R, 8′R, 8S)-连翘木脂素 C	rel-(7R, 8′R, 8S)-forsythialan C
相对-(7R, 8S)-3, 3′, 5-三甲氧基-4′, 7-环氧-8, 5′-新木脂素-4, 9, 9′-三羟基-9-β-D-吡喃葡萄糖苷	rel-(7R, 8S)-3, 3′, 5-trimethoxy-4′, 7-epoxy-8, 5′-neolignan-4, 9, 9′-trihydroxy-9-β-D-glucopyranoside

相对 -5-{(3S, 8S)-二羟基 -(1R, 5S)-二甲基 -7- 氧杂 -6- 氧亚基双环 [3.2.1]- 辛 -8- 基 }-3- 甲基 -(2Z, 4E)- 戊二烯酸	rel-5-{(3S, 8S)-dihydroxy-(1R, 5S)-dimethyl-7-oxa-6-oxobicyclo [3.2.1] oct-8-yl}-3-methyl-(2Z, 4E)-pentadienoic acid
相思豆醇	precol
相思豆碱 (相思子林碱)	precatorine
相思豆新碱	precasine
相思子醇	abrol
相思子毒蛋白 (相思豆毒素) Ⅰ～Ⅲ	abrins Ⅰ～Ⅲ
相思子苷	abranin
相思子黄酮	abrectorin
相思子碱	abrine
相思子醌 A～F	abruquinones A～F
相思子灵	abraline
相思子内酯 A	abruslactone A
相思子任 Ⅰ～Ⅲ	precatorins Ⅰ～Ⅲ
相思子三萜苷 A～D	abrusosides A～D
相思子素 (相思子新碱)	abrasine
相思子素 -2″-O- 芹糖苷	abrusine-2″-O-apioside
相思子酸	abrussic acid
相思子原酸	abrusgenic acid
相思子原酸甲酯	methyl abrusgenate
相思子甾醇	abricin
相思子甾酮	abridin
相思子皂醇 A～J	abrisapogenols A～J
相思子皂苷 1	abrisaponin 1
香艾菊素	tanabalin
香柏素 (努特卡扁柏素)	nootkatin
香草扁桃酸	vanillyl mandelic acid
香草醇 (香荚兰醇)	vanillic alcohol (vanillyl alcohol)
N- 香草基庚酰胺	N-vanillyl heptanamide
N- 香草基癸酰胺	N-vanillyl decanamide
6′-O- 香草基秦皮甲素	6′-O-vanillyl esculin
N- 香草基辛酰胺	N-vanillyl octanamide
6-O- 香草基氧代芍药苷	6-O-vanillyloxypaeoniflorin
香草木醇灵	kokusaginoline
香草木碱 (臭常山精碱)	kokusagine
香草木宁碱 (香草木宁、6, 7- 二甲氧基白鲜碱)	kokusaginine (6, 7-dimethoxydictamnine)
香草木宁苦味酸盐	kokusaginine picrate
香草内酯	capilliplactone
2- 香草醛	2-vanillin

香草醛 (香兰素、香荚兰醛、香荚兰素、香兰醛)	vanillic aldehyde (vanillum, vanillin)
香草醛 (香兰素、香荚兰醛、香荚兰素、香兰醛)	vanillin (vanillum, vanillic aldehyde)
香草醛己糖苷 Ⅰ～Ⅲ	vanillin hexosides Ⅰ～Ⅲ
香草醛乳糖苷	vanillin lactoside
香草醛乙酸酯	vanillin acetate
香草斯明 (巴西菊内酯)	vanillosmin (eremanthin)
香草酸 (香荚兰酸、4-羟基-3-甲氧基苯甲酸、对羟基间甲氧基苯甲酸)	vanillic acid (4-hydroxy-3-methoxybenzoic acid)
香草酸-1-O-[β-D-呋喃芹糖基-(1→6)-β-D-吡喃葡萄糖苷] 酯	vanillic acid-1-O-[β-D-apiofuranosyl-(1→6)-β-D-glucopyranoside] ester
香草酸-1-O-β-D-吡喃葡萄糖酯	vanillic acid-1-O-β-D-glucopyranosyl ester
香草酸-4-O-β-D-(6-O-苯甲酰基) 吡喃葡萄糖苷	vanillic acid-4-O-β-D-(6-O-benzoyl) glucopyranoside
香草酸-4-O-β-D-(6'-O-反式-芥子酰基) 吡喃葡萄糖苷	vanillic acid-4-O-β-D-(6'-O-$trans$-sinapoyl) glucopyranoside
香草酸-4-O-β-D-(6-O-香草酰基)-吡喃葡萄糖苷	vanillic acid-4-O-β-D-(6-O-vanilloyl glucopyranoside)
香草酸-4-O-β-D-[2-O-(E)-对香豆酰基] 吡喃葡萄糖苷	vanillic acid-4-O-β-D-[2-O-(E)-p-coumaroyl] glucopyranoside
香草酸-4-O-β-D-吡喃葡萄糖苷	vanillic acid-4-O-β-D-glucopyranoside
香草酸-4-O-β-D-吡喃葡萄糖基-(1→3)-α-L-吡喃鼠李糖苷	vanillic acid-4-O-β-D-glucopyranosyl-(1→3)-α-L-rhamnopyranoside
香草酸-4-O-β-D-葡萄糖苷	vanillic acid-4-O-β-D-glucoside
香草酸-4-O-新橙皮糖苷	vanillic acid-4-O-neohesperidoside
香草酸己糖苷	vanillic acid hexoside
香草酸甲酯	methyl vanillate
香草酸乙酯	ethyl vanillate
香草酰吡喃鼠李糖苷	vanilloyl rhamnopyranoside
O-香草酰环维黄杨星 D	O-vanilloyl cyclovirobuxine D
10-O-香草酰黄夹苦苷	10-O-vanilloyltheviridoside
香草酰基-1-O-β-D-葡萄糖苷乙酸酯	vanilloyl-1-O-β-D-glucoside acetate
1-O-香草酰基-6-(3″, 5″-二-O-甲基没食子酰基)-β-D-葡萄糖苷	1-O-vanilloyl-6-(3″, 5″-di-O-methyl galloyl)-β-D-glucoside
1-O-香草酰基-β-D-葡萄糖苷	1-O-vanilloyl-β-D-glucoside
6-O-香草酰基筋骨草醇	6-O-vanilloyl ajugol
香草酰基藜芦瑟文	vanilloyl veracevine
香草酰基鹿梨苷	vanilloyl calleryanin
香草酰基棋盘花	vanilloyl zygadenine
11-O-香草酰基岩白菜素	11-O-vanilloyl bergenin
6-香草酰基梓醇	6-vanilloyl catalpol
6'-O-香草酰它乔糖苷 (6'-O-香草酰异直莿苔苷)	6'-O-vanilloyl tachioside
6″-O-香草酰野鸢尾苷	6″-O-vanilloyl iridin
6'-O-香草酰异它乔糖苷 (6'-O-香草酰直莿苔苷)	6'-O-vanilloyl isotachioside

香草酰梓醇	vanilloyl catalpol
香茶菜倍半萜素 A	isodonsesquitin A
香茶菜表赤霉素内酯	rabdoepigibberellolide
香茶菜醇 A	amethinol A
香茶菜苷 1, 2	rabdosides 1, 2
香茶菜甲素 (香茶菜定 A)	amethystoidin A
香茶菜考苷 A	rabdosiacoside A
香茶菜醚酮 Ⅰ、Ⅱ	rabdosianones Ⅰ, Ⅱ
香茶菜宁 B	rabdosianin B
香茶菜宁素 A、B	isodonins A, B
香茶菜醛 (香茶菜属醛)	isodonal
香茶菜属醇 (香茶菜诺醇)	isodonoiol
香茶菜属酸	isodinic acid
香茶菜素 A~K	rabdosins A~K
香茶菜素 B (鄂西香茶菜宁)	rabdosin B (exidonin)
香茶菜素 C (大叶香茶菜庚素)	rabdosin C (rabdophyllin G)
香茶菜酸	isodonoic acid
香茶菜萜醛	amethystonal
香茶菜萜酸	amethystonoic acid
香茶菜酮 A、B	rabdoketones A, B
香茶菜辛宁	nodosinin
香茶菜雅酸 A	rabdosia acid A
香茶菜乙缩醛	isodoacetal
香茶菜脂素	rabdosiin
香茶菜酯 (毛叶酸酯)	norhendosin (rabdosinate)
香茶开展素	effusin
香橙 -4α, 10α- 二醇	aromadendr-4α, 10α-diol
香橙 -4α, 8α, 10α- 三醇	aromadendr-4α, 8α, 10α-triol
香橙 -4β, 10α- 二醇	aromadendr-4β, 10α-diol
香橙 -4β, 10β- 二醇	aromadendr-4β, 10β-diol
香橙醇 (香树醇)	aromadendrol
香橙定碱	junosidine
香橙碱	junosine
(+)- 香橙素	(+)-aromadendrine
香橙素 (二氢山奈酚)	aromadendrin (aromadendrine, dihydrokaempferol)
(−)- 香橙素 -3-*O*-β-D- 吡喃葡萄糖苷	(−)-aromadendrin-3-*O*-β-D-glucopyranoside
香橙素 -4′-*O*-β-D- 吡喃葡萄糖苷	aromadendrin-4′-*O*-β-D-glucopyranoside
香橙素 -5, 7- 二甲醚	aromadendrin-5, 7-dimethyl ether
香橙素 -7-*O*-β-D- 吡喃葡萄糖苷 (报春黄苷、藏报春素、藏报春苷)	aromadendrin-7-*O*-β-D-glucopyranoside (sinensin)

香橙素 -7- 甲醚	aromadendrin-7-monomethyl ether
香橙素二甲醚	aromadendrin dimethyl ether
香橙酮	aromadendrone
(1βH, 5αH)- 香橙烷 -4α, 10β- 二醇	(1βH, 5αH)-aromadendrane-4α, 10β-diol
4α, 10α- 香橙烷二醇	4α, 10α-aromadendranediol
4α, 10β- 香橙烷二醇	4α, 10β-aromadendranediol
4β, 10α- 香橙烷二醇	4β, 10α-aromadendranediol
(+)- 香橙烯	(+)-aromadendrene
α- 香橙烯	α-aromadendrene
β- 香橙烯 (β- 香木兰烯)	β-aromadendrene
香橙烯 (香树烯、香木兰烯、香素烯、芳萜烯)	aromadendrene
香橙香豆素	junosmarin
香橙异黄酮	osajin
香椿苦素 A～J	toonasinenines A～J
香椿楝酮素 A～K	toonasinemines A～K
香椿素 A～C	toonins A～C
香椿叶素	toonafolin
香豆茶碱	veinartan
香豆雌酚 (考迈斯托醇、拟雌内酯)	coumestrol
香豆腐柴苷 A	premnaodoroside A
香豆蔻素	subulin
香豆霉素 (脊霉素) A₁	coumermycin (notomycin) A₁
香豆木脂素	coumanolignan
香豆素 (香豆精、零陵香豆樟脑、顺式 -O- 苦马酸内酯、1, 2- 苯并哌喃酮、2H-1- 苯并呋喃 -2- 酮)	coumarin (tonka bean camphor, cis-O-coumarinic acid lactone, 1, 2-benzopyrone, 2H-1-benzopyran-2-one)
香豆素 -7-O-β-D- 吡喃葡萄糖苷	coumarin-7-O-β-D-glucopyranoside
香豆素 -7-O-β-D- 葡萄糖苷	coumarin-7-O-β-D-glucoside
香豆素磷脂	coralox
香豆素酰胺	diarbarone
3- 香豆酸	3-coumaric acid
香豆酸	coumaric acid
香豆酸甲酯	methyl coumarate
香豆酸乙酯	ethyl coumarate
香豆酮	coumarone
香豆烷 (香豆醚)	coumestan
香豆酰阿魏酰乙烷	coumaroyl feruloyl ethane
(23E)- 香豆酰常春藤皂苷元	(23E)-coumaroyl hederagenin
(23Z)- 香豆酰常春藤皂苷元	(23Z)-coumaroyl hederagenin
(3Z)- 香豆酰常春藤皂苷元	(3Z)-coumaroyl hederagenin
2′-O- 香豆酰对叶车前苷	2′-O-coumaroyl plantarenaloside

香豆酰钝叶鸡蛋花烷	coumarobtusane
香豆酰钝叶鸡蛋花烷酸	coumarobtusanoic acid
香豆酰基	coumaroyl
1′-O-香豆酰基-6′-O-没食子酰基-β-D-吡喃葡萄糖苷	1′-O-coumaroyl-6′-O-galloyl-β-D-glucopyranoside
6′-O-香豆酰基-8-乙酰哈巴苷 (6′-O-香豆酰基-8-乙酰哈帕俄苷)	6′-O-coumaroyl-8-acetyl harpagide
3β-O-(E)-香豆酰基-D:C-异齐墩果-7, 9 (11)-二烯-29-醇	3β-O-(E)-coumaroyl-D:C-friedoolean-7, 9 (11)-dien-29-ol
3β-O-(E)-香豆酰基-D:C-异齐墩果-7, 9 (11)-二烯-29-酸	3β-O-(E)-coumaroyl-D:C-friedoolean-7, 9 (11)-dien-29-oic acid
1-O-香豆酰基-β-D-吡喃葡萄糖苷	1-O-coumaroyl-β-D-glucopyranoside
3-O-(E)-香豆酰基齐墩果酸	3-O-(E)-coumaroyl oleanolic acid
3-O-(Z)-香豆酰基齐墩果酸	3-O-(Z)-coumaroyl oleanolic acid
27-O-(E)-香豆酰基熊果酸	27-O-(E)-coumaroylursolic acid
27-O-(Z)-香豆酰基熊果酸	27-O-(Z)-coumaroylursolic acid
3-O-(E)-香豆酰基熊果酸	3-O-(E)-coumaroylursolic acid
3-O-(Z)-香豆酰基熊果酸	3-O-(Z)-coumaroylursolic acid
6′-O-香豆酰金鱼草苷	6′-O-coumaroyl antirrinoside
3-O-香豆酰奎宁酸	3-O-coumaroyl quinic acid
4-O-香豆酰奎宁酸	4-O-coumaroyl quinic acid
5-O-香豆酰奎宁酸	5-O-coumaroyl quinic acid
5-O-香豆酰奎宁酸甲酯	methyl 5-O-coumaroyl quinate
N-(E)-香豆酰酪胺	N-(E)-coumaroyl tyramine
香豆酰葡萄糖苷	coumaroyl glucoside
6-香豆酰酸枣素	6-comaroyl spinosin
香豆酰异多叶棘豆黄酮苷 (香豆酰异狐尾藻苷)	coumaroyl isooxymyrioside
香二翅豆素 (芳香膜菊素、飞机草素、奥刀拉亭)	odoratin
香二翅豆素-7-O-β-D-吡喃葡萄糖苷	odoratin-7-O-β-D-glucopyranoside
香榧醇 (榧烯醇、榧叶醇、香榧烯醇)	torreyol
香榧黄酮	torreyaflavone
香榧黄酮苷	torreyaflavonoside
香榧酯 (榧树酯)	torreyagrandate
香附-11-烯-3, 4-二酮	cyper-11-en-3, 4-dione
香附奠酮	cyperotundone
香附醇	cyperol
香附醇酮	cyperolone
α-香附酮 (α-莎草酮)	α-cyperone
β-香附酮 (β-莎草酮)	β-cyperone
香附烯	rotundene
香附烯酮	cyperenone

香附子黄酮苷	cyperaflavoside
香附子碱 (颅通定、罗通定) A～C	rotundines A～C
香附子醚萜苷 A～H	rotundusides A～H
香附子三萜苷 A～D	cyprotuosides A～D
香附子素 A	cyperalin A
香附子烯 -2, 5, 8- 三醇	sugetriol
香附子烯 -2, 5, 8- 三醇三乙酸酯	sugetriol triacetate
香附子烯 -2- 酮 -8- 醇乙酸酯	sugeonyl acetate
香附子烯二醇	sugebiol
香港倒捻子苷 (大叶藤黄苷)	xanthochymuside
香港远志苷 A、B	polyhongkongenosides A, B
香港远志苷元	hongkongenin
香港远志碱	polyhongkonggaline
香港远志𠮷酮 A、B	polyhongkongenoxanthones A, B
香根草油醇	khusinol
香菇多糖	lentinan
香菇硫素	lenthionin
香菇嘌呤	eritadenine
香桂醇	subamol
香桂内酯 A～E	subamolides A～E
香桂酮	subamone
香桧内酯	sabialactone
香桧酮	sabina ketone
(+)- 香桧烯	(+)-sabinene
香果花椒酰胺	utilamide
香果灵内酯 (厄北林内酯)	ebelin lactone
香厚壳桂内酯	massoia lactone
香蒿碱 (青蒿碱)	abrotine (abrotanine)
香花芥素 (6- 甲基亚磺酰己基异硫氰酸酯)	hesperin (6-methyl sulfinyl hexyl isothiocyanate)
香花崖豆藤素 A～G	millesianins A～G
香花崖豆藤酮	dielsianone
香桦烯	betulene
香桦烯醇	betulol
α- 香桦烯醇	α-betulol
β- 香桦烯醇	β-betulol
香槐灵 (6- 去甲氧基香槐素)	cladrin (6-demethoxycladrastin)
香槐灵二葡萄糖苷	cladrin diglucosides
香槐灵葡萄糖苷	cladrin glucoside
香槐素	cladrastin
香槐素二葡萄糖苷	cladrastin diglucoside

香荚兰醇 (香草醇)	vanillyl alcohol (vanillic alcohol)
香荚兰醇 -4-*O*-β-D- 吡喃葡萄糖苷	vanillyl alcohol-4-*O*-β-D-glucopyranoside
香荚兰醇苷	vanilloloside
香荚兰苷	vanilloside
香荚兰醛 (香兰素、香草醛、香荚兰素、香兰醛)	vanillum (vanillin, vanillic aldehyde)
20-*O*- 香荚兰酰假防己宁	20-*O*-vanilloyl kidjoranin
6‴- 香草酰酸枣素	6‴-vanilloyl spinosin
香简草苷 (日本香简草苷) C	shimobashiraside C
香蕉菲酮 (香蕉酮) C～F	musanolones C～F
香堇菜多肽 M、N	vodos M, N
香堇菜亭碱	odoratine
香荆芥酚甲醚	carvacryl methyl ether
香荆芥酚乙酸酯	carvacryl acetate
香荆芥酮	carvacrone
香科科酚	teucrol
香科科苷	teucroside
香科科灵 (石蚕苷) A～E、H₂、H₄	teucrins A～E, H₂, H₄
香科科醚	teucroxide
香科萜二醇 A、B	teucdiols A, B
香兰基丙酮	vanillyl acetone
10-*O*- 香兰酰桃叶珊瑚素 (10-*O*- 香草酰桃叶珊瑚苷)	10-*O*-vanilloyl aucubin
香藜二醇	botrydiol
香蓼酸	polygosumic acid
D- 香茅醇	D-citronellol
L- 香茅醇	L-citronellol
香茅醇	citronellol (cephrol)
α- 香茅醇 (罗丁醇)	α-citronellol (rhodinol)
香茅醇 -1-*O*-α-L- 呋喃阿拉伯糖基 -(1→6)-β-D- 吡喃葡萄糖苷	citronellol-1-*O*-α-L-arabinofuranosyl-(1→6)-β-D-glucopyranoside
1- 香茅醇葡萄糖苷	1-citronellyl glucoside
DL- 香茅醇乙酸酯	DL-citronellyl acetate
α- 香茅醇乙酸酯	α-citronellyl acetate
D- 香茅醛	D-citronellal
香茅醛	citronellal
香茅素	cymbopogne
香茅乙酸酯	citronellyl acetate
香茅甾醇	cymbopogonol
香面叶香豆素 A～C	caudacoumarins A～C
香蘑醇	lepistol
香蘑醛	lepistal

香木瓣树素	xylomatenin
香木瓣树新	xylomaticin
香木兰烯氧化物	aromadendrene oxide
α-香柠醇	α-bergamotol
香柠檬素 (香柠檬亭、佛手柑素、香柑素、佛手素、佛手柑亭)	bergamottin (bergaptin)
α-香柠檬烯 (α-甜柑油烯、α-佛手柑油烯、α-香柑油烯)	α-bergamotene
β-香柠檬烯 (β-佛手柑油烯、β-香柑油烯)	β-bergamotene
香柠檬烯 (甜柑油烯、佛手柑油烯、香柑油烯)	bergamotene
香柠烯醇 (香柑油醇)	bergamotenol
α-香柠烯醇乙酸酯	α-bergamotenyl acetate
香蒲苯酞	typhaphthalide
香蒲素	typharin
香蒲酸	typhic acid
香蒲新苷	typhaneoside
香蒲甾醇	typhasterol
香芹醇 (香苇醇、葛缕醇、葛缕子醇)	carveol
香芹醇-6β-吡喃葡萄糖苷	carveyl-6β-glucopyranoside
(4R, 6R)-香芹醇-β-D-葡萄糖苷	(4R, 6R)-carveol-β-D-glucoside
(4R, 6S)-香芹醇-β-D-葡萄糖苷	(4R, 6S)-carveol-β-D-glucoside
香芹醇乙酸酯 (香苇醇乙酸酯、葛缕醇乙酸酯)	carveyl acetate
香芹酚 (香荆芥酚、异百里香酚、异麝酚、异麝香草酚、2-对伞花酚、2-羟基对伞花烃)	carvacrol (isothymol, 2-p-cymenol, 2-hydroxy-p-cymene)
Δ-香芹酮	Δ-carvone
α-香芹酮 (α-葛缕酮)	α-carvone
香芹酮 (葛缕酮、葛缕子酮)	carvone
香青醇	anaphalisol
香青苷	anaphaloside
香青蓝黄酮苷	moldavoside
香肉果定碱 (咖锡定)	casimiroedine
香肉果碱 (咖锡碱)	casimiroine
香肉果林碱 (加锡果灵)	eduline
香肉果灵碱 (咖锡任)	casimirine
香肉果宁碱 (加锡果宁、加锡弥罗果碱)	edulinine
(−)-香肉果宁碱 [(−)-加锡弥罗果碱]	(−)-edulinine
香肉果素	zapotin
香肉果替宁	zapotinin
香肉果萜素	zapoterin
香肉果亭碱 (加锡果亭)	edulitine

香肉果伊定碱	casimiroidine
香肉果因碱 (加锡果因)	eduleine
香薷二醇	elsholtzidiol
香薷酮	elsholtzia ketone
香润楠宁 (祖奥红楠素) A、B	zuihonins (zuonins) A, B
香润楠宁 (祖奥红楠素) C～F	zuihonins C～F
(−)- 香润楠宁 (祖奥红楠素) A	(−)-zuonin A
(+)- 香润楠宁 A、C	(+)-zuihonins A, C
香石蒜亭碱	incartine
香石竹素 (齐墩果酸、土当归酸)	caryophyllin (oleanolic acid)
香石竹素 A	caryophllusin A
香矢车菊胺	moschamine
香矢车菊吲哚 (红花羟色胺)	moschamindole (serotobenine)
β- 香树素 (β- 香树脂醇、β- 香树精)	β-amyrin (β-amyranol)
$\Delta^{6,7}$- 香树素 ($\Delta^{6,7}$- 香树脂醇)	$\Delta^{6,7}$-amyrin (amyranol)
Δ- 香树素 (Δ- 香树脂醇)	Δ-amyrin (Δ-amyrenol)
香树素 (香树脂醇、香树精)	amyrin (amyrenol, amyranol)
α- 香树脂醇 (α- 香树素、α- 香树精、帚枝肉珊瑚醇)	α-amyrenol (α-amyrin, viminalol)
β- 香树脂醇 (β- 香树素)	β-amyranol (β-amyrin)
Δ- 香树脂醇 (Δ- 香树素)	Δ-amyrenol (Δ-amyrin)
香树脂醇 (香树素、香树精)	amyrenol (amyranol, amyrin)
β- 香树脂醇 -3-O-β-D- 吡喃葡萄糖苷	β-amyrin-3-O-β-D-glucopyranoside
β- 香树脂醇 -3-O-α-L- 吡喃鼠李糖基 -O-β-D- 葡萄糖苷	β-amyrin-3-O-α-L-rhamanopyranosyl-O-β-D-glucoside
α- 香树脂醇 -3-O-β-D- 吡喃葡萄糖苷	α-amyrin-3-O-β-D-glucopyranoside
α- 香树脂醇丙酸酯	α-amyrin propionate
α- 香树脂醇豆蔻酸酯	α-amyrin myristate
β- 香树脂醇豆蔻酸酯	β-amyrin myristate
β- 香树脂醇桂皮酸酯	β-amyrin cinnamate
α- 香树脂醇桂皮酸酯	α-amyrin cinnamate
β- 香树脂醇己醚	β-amyrin hexyl ether
α- 香树脂醇己酸酯	α-amyrin caproate
α- 香树脂醇甲醚	α-amyrin methyl ether
β- 香树脂醇甲醚	β-amyrin methyl ether
α- 香树脂醇甲酸酯	α-amyrin formate
α- 香树脂醇十七酸盐	α-amyrin margarate
α- 香树脂醇亚油酸酯	α-amyrin linoleate
β- 香树脂醇亚油酸酯	β-amyrin linoleate
11-O-α- 香树脂醇乙酸酯	11-O-α-amyrin acetate
α- 香树脂醇乙酸酯	α-amyrin acetate
β- 香树脂醇乙酸酯	β-amyrin acetate

X

Δ- 香树脂醇乙酸酯	Δ-amyrin acetate
香树脂醇乙酸酯	amyrin acetate
α- 香树脂醇硬脂酸酯	α-amyrin stearate
α- 香树脂醇月桂酸酯	α-amyrin laurate
β- 香树脂醇月桂酸酯	β-amyrin laurate
β- 香树脂醇正壬基醚	β-amyrin-*n*-nonyl ether
α- 香树脂醇正辛酸酯	α-amyrin caprylate
α- 香树脂醇棕榈酸酯	α-amyrin palmitate
β- 香树脂醇棕榈酸酯	β-amyrin palmitate
香树脂二醇	resinol
β- 香树脂二醇	β-amyrandiol
α- 香树脂酮	α-amyrenone
β- 香树脂酮 (β- 白檀酮、齐墩果 -12- 烯 -3- 酮)	β-amyrenone (β-amyrone, olean-12-en-3-one)
Δ- 香树脂酮 (Δ- 白檀酮)	Δ-amyrenone (Δ-amyrone)
α- 香树脂酮醇	α-amyrenonol
β- 香树脂酮醇 (3β- 羟基 -12- 齐墩果烯 -11- 酮)	β-amyrenonol (3β-hydroxyolean-12-en-11-one)
β- 香树脂甾醇	β-amyrinsterol
香水仙灵	oduline
香丝草苷	bonaroside
香唐松草苷 (腺毛唐松草苷) A ~ C	foetosides A ~ C
香唐松草碱	thalfetidine (thalfoetidine)
香唐松草碱	thalfoetidine (thalfetidine)
香桃木酮 A	myrtucommulone A
香豌豆二氢黄酮醇 (洋椿萜醇)	odoratol
香豌豆酚 (香豌豆苷元、山鼍豆醇、奥洛波尔)	orobol
香豌豆酚 -3′- 甲基醚	orobol-3′-methyl ether
香豌豆酚 -5-*O*-β-D- 吡喃葡萄糖苷	orobol-5-*O*-β-D-glucopyranoside
香豌豆酚 -7-*O*-β-D- 吡喃葡萄糖苷	orobol-7-*O*-β-D-glucopyranoside
香豌豆酚 -7-*O*-β-D- 葡萄糖苷	orobol-7-*O*-β-D-glucoside
香豌豆酚 -7-*O*-β-D- 葡萄糖苷 -6″-*O*- 丙二酸酯	orobol-7-*O*-β-D-glucoside-6″-*O*-malonate
香豌豆苷	oroboside
香豌豆苷 (3′, 4′- 二羟基 -5, 7- 二羟基异黄酮 -7-*O*- 吡喃葡萄糖苷)	oroboside (3′, 4′-dihydroxy-5, 7-dihydroxyisoflavone-7-*O*-glucopyranoside)
香豌豆苷 -3′- 甲醚	oroboside-3′-methyl ether
香豌豆色原酮 (香豌豆色酮)	lathodoratin
香豌豆素	lathyrine
香苇烯酮	carvenone
香须素	odoratissimin
香杨梅酮 B ~ H	myrigalones B ~ H
7- 香叶草氧基 -5- 甲氧基香豆素	7-geranyloxy-5-methoxycoumarin

7-香叶草氧基-6-甲氧基香豆素	7-geranyloxy-6-methoxycoumarin
7-香叶草氧基-8-甲氧基香豆素	7-geranyloxy-8-methoxycoumarin
8-香叶草氧基补骨脂素 (8-香叶基氧基补骨脂素)	8-geranyloxypsoralen
7-香叶草氧基香豆素 (橙皮油内酯、葡萄柚内酯、橙皮油素)	7-geranyloxycoumarin (aurapten, auraptene)
香叶醇 (牻牛儿醇)	lemonol (geraniol)
(E)-香叶醇乙酸酯	(E)-geranyl acetate
香叶豆素	gerniarin
(E)-香叶基阿魏酸	(E)-geranyl ferulic acid
6-香叶基去甲波罗蜜亭 (6-牻牛儿基去甲波罗蜜亭)	6-geranyl norartocarpetin
4-O-香叶基松柏醛	4-O geranyl coniferyl aldehyde
香叶木苷 (地奥明、地奥司明)	diosmin
香叶木素 (木犀草素-4'-甲醚)	diosmetin (luteolin-4'-methyl ether)
香叶木素-3, 8-二-C-葡萄糖苷	diosmetin-3, 8-di-C-glucoside
香叶木素-6-C-β-D-葡萄糖苷	diosmetin-6-C-β-D-glucoside
香叶木素-6-O-β-D-吡喃葡萄糖苷	diosmetin-6-O-β-D-glucopyranoside
香叶木素-7-O-β-D-吡喃葡萄糖苷	diosmetin-7-O-β-D-glucopyranoside
香叶木素-7-O-β-D-吡喃葡萄糖醛酸苷	diosmetin-7-O-β-D-glucuronopyranoside
香叶木素-7-O-β-D-二葡萄糖醛酸苷	diosmetin-7-O-β-D-diglucuronide
香叶木素-7-O-β-D-葡萄糖苷	diosmetin-7-O-β-D-glucoside
香叶木素-7-O-β-D-葡萄糖醛酸苷甲酯	diosmetin-7-O-β-D-glucuronide methyl ester
香叶木素-7-硫酸酯	diosmetin-7-sulphate
香叶柠檬素 I ～ V	myrciacitrins I ～ V
香叶芹碱	chaerophylline
香叶芹脂素 (细叶芹素)	kaerophyllin
香叶醛 (牻牛儿醛)	geranialdehyde (geranial)
香叶树内酯 A～D	lincomolides A～D
香叶树烯酮	linerenone
β-香叶烯	β-geraniolene
香叶烯 (月桂烯、桂叶烯、玉桂烯)	geraniolene (myrcene)
8-香叶氧基-5, 7-二甲氧基香豆素	8-geranyloxy-5, 7-dimethoxycoumarin
5-香叶氧基香豆素	5-geranyloxycoumarin
香鹰爪花碱	suaveoline
香脂	balsam
α-香酯甾醇	α-balsaminasterol
香住酰胺 (霞酰胺)	kasumigamide
香子含笑苷 A～F	michehedyosides A～F
香紫苏醇 (欧丹参醇、硬尾醇)	sclareol
香紫苏醇-18-β-D-吡喃葡萄糖苷	sclareol-18-β-D-glucopyranoside
香紫苏内酯 (欧丹参内酯)	sclareolide

襄五脂素 (中加五味子宁)	chicanine
(−)-襄五脂素 [(−)-中加五味子宁]	(−)-chicanine
响铃豆碱	croalbidine
响铃豆素 A	crotadihydrofuran A
向日葵桉烷内酯 A	helieudesmanolide A
向日葵贝壳杉苷 A	helikauranoside A
向日葵醇	helianol
向日葵醇辛酸酯	helianyl octanoate
向日葵花醇	helianthol
向日葵环氧内酯	annuithrin
向日葵螺酮 A～C	heliespirones A～C
向日葵内酯 A～H	annuolides A～H
向日葵内酯素 (向日葵精)	heliangin (heliangine)
向日葵三醇 A～F、A$_1$、B$_0$～B$_2$	heliantriols A～F, A$_1$, B$_0$～B$_2$
向日葵素 (胡椒醛、天芥菜精)	heliotropine (piperonal)
向日葵酮 (向日葵香堇酮) D、E	annuionones D, E
向日葵腺毛酮 A～C	glandulones A～C
向日葵叶醇 (向日葵甜没药酚) A、B	helibisabonols A, B
向日葵皂苷 1～3、A～C	helianthosides 1～3、A～C
向日葵皂苷原皂苷元	helianthoside prosapogenin
向日葵肿柄菊内酯	sundiversifolide
象耳豆二醇	enterodiol
象耳豆内酯 (肠内酯)	enterolactone
象橘灵	fernolin
象皮木宁 (6, 7-断-6-去甲基狭叶鸭脚树洛平碱 B)	losbanine (6, 7-seco-6-norangustilobine B)
象牙洪达木酮宁 (象牙酮宁、埃那矛宁、乳白仔榄树宁)	eburnamonine
(−)-象牙洪达木酮宁 [(−)-象牙酮宁、(−)-埃那矛宁]	(−)-eburnamonine
象牙椰子亭	phytelephantine
14-象牙仔榄树胺 (14-乳白仔榄树胺、14-埃那胺)	14-eburnamine
象牙仔榄树宁碱 (乳白仔榄树烯宁)	eburnamenine
2-O-橡醇	2-O-quebrachitol
L-橡醇 (L-橡胶木醇、L-白雀木醇)	L-quebrachitol
橡果木皂苷 A、B	balanitisins A, B
橡胶草醇	chrysothol
橡胶肌醇	dambonitol
橡胶树双黄酮	heveaflavone
橡精	datiscetin
消旋丁香树脂酚	racesyringaresinol
消旋山莨菪碱	racanisodamine
硝化异毛果芸香碱	isopilocarpine nitrate

3-(2-硝基)-1-甲氧基吲哚	3-(2-nitroethyl)-1-methoxyindole
1-硝基-2-甲基丙烷	1-nitro-2-methyl propane
1-硝基-3-甲基丁烷	1-nitro-3-methyl butane
4-硝基苯-α-D-吡喃半乳糖苷	4-nitrophenyl-α-D-galactopyranoside
4-硝基苯-α-D-吡喃甘露糖苷	4-nitrophenyl-α-D-mannopyranoside
2-硝基苯-α-D-吡喃葡萄糖苷	2-nitrophenyl-α-D-glucopyranoside
4-硝基苯-α-L-吡喃阿拉伯糖苷	4-nitrophenyl-α-L-arabinopyranoside
4-硝基苯-α-L-鼠李糖苷	4-nitrophenyl-α-L-rhamnoside
2-硝基苯-β-D-吡喃半乳糖苷	2-nitrophenyl-β-D-galactopyranoside
3-硝基苯-β-D-吡喃半乳糖苷	3-nitrophenyl-β-D-galactopyranoside
4-硝基苯-β-D-吡喃半乳糖苷	4-nitrophenyl-β-D-galactopyranoside
4-硝基苯-β-D-吡喃木糖苷	4-nitrophenyl-β-D-xylopyranoside
3-硝基苯-β-D-吡喃葡萄糖苷	3-nitrophenyl-β-D-glucopyranoside
4-硝基苯-β-D-吡喃葡萄糖苷	4-nitrophenyl-β-D-glucopyranoside
2-[N-(3-硝基苯基) 氨基羰基] 苯甲酸	2-[N-(3-nitrophenyl) aminocarbonyl] benzoic acid
2-[N-(3-硝基苯基) 甲酰胺基] 苯甲酸	2-[N-(3-nitrophenyl) carbamido] benzoic acid
N-(3-硝基苯基) 邻苯甲酰胺甲酸	N-(3-nitrophenyl) phthalamic acid
1-硝基苯乙烷	1-nitrophenyl ethane
3-硝基丙酸	3-nitropropanoic acid
硝基丙酰吡喃葡萄糖苷	nitropropanoyl glucopyranoside
6-O-(3-硝基丙酰基)-α-D-吡喃葡萄糖	6-O-(3-nitropropanoyl)-α-D-glucopyranose
6-O-(3-硝基丙酰基)-β-D-吡喃葡萄糖	6-O-(3-nitropropanoyl)-β-D-glucopyranose
2-硝基二氨基亚甲基腙苯甲醛	2-nitro-diaminomethylidenhydrazone-benzaldehyde
硝基环戊烷	nitrocyclopentane
1-硝基萘	1-nitronaphthalene
1-硝基桐叶千金藤地宁碱	1-nitroaknadinine
硝基团花碱 A、B	nitrocadambines A, B
硝基乙烷	nitroethane
硝酸汞	mercuric nitrate
硝酸甲基假巴马汀碱	pseudopalmatine methyl nitrate
硝酸钾	potassium nitrate
硝酸毛果芸香碱	pilocarpine nitrate
硝酸脱氢紫堇碱 (脱氢紫堇碱硝酸盐)	dehydrocorydaline nitrate
硝酸血根碱	sanguinarine nitrate
硝酸盐	nitrate
小白撑定	nagadine
小白撑碱	nagarine
小白芨明 A～J	bleformins A～J
小白菊木香烃内酯	kauniolide
小白菊内酯 (银胶菊内酯、欧苷菊)	parthenolide

小白菊素	tanaparthin
小白菊素-α-过氧化物	tanaparthin-α-peroxide
小白菊素-β-过氧化物	tanaparthin-β-peroxide
小白蓬草定 (*O*-甲基唐松草檗碱、*O*-甲基唐松别林碱、*O*-甲基白蓬草贝碱、*O*-甲基马尾黄连碱)	thalmidine (*O*-methyl thalicberine)
小扁豆植物凝集素	lentil lectin
小波罗蜜素 A	artopeden A
小檗胺	berbamine
小檗二酸	berberilic acid
小檗红碱	berberrubine
小檗碱 (黄连素)	berberine
小檗浸碱 (羟基小檗碱)	berlambine (hydroxyberberine)
小檗醛	berberal
小檗瑞宁	berberenine
小檗属碱	berberis base
小檗亭	berberastine
小檗辛	berbericine
小檗辛宁 (掌叶防己碱、巴马亭、巴马汀、黄藤素)	berbericinine (palmatine, fibrauretin)
小檗因	berbine
小长春蔓日辛	minoricine
小长春蔓文 (小蔓长春花文碱)	minovine
小长春蔓辛 (小蔓长春花辛)	minovincine
小长春蔓辛宁 (小蔓长春花辛宁)	minovincinine
小长春蔓因	minoriceine
小齿锥花素 A、B	microdons A, B
小豆蔻查耳酮 (小豆蔻明、豆蔻明、2′, 4′-二羟基-6′-甲氧基查耳酮)	cardamonin (2′, 4′-dihydroxy-6′-methoxychalcone)
小堆心菊荷素 A～C	microhelenins A～C
小堆心菊素	microlenin
小盖鼠尾草酚	microstegiol
小构树醇 A～R	kazinols A～R
小菇红素 A、D～F	mycenarubins A, D～F
小拐枣宁碱	calligonine
小冠花毒苷元 (克罗毒苷元)	corotoxigenin
小冠花毒苷元-3-*O*-α-L-吡喃鼠李糖苷	corotoxigenin-3-*O*-α-L-rhamnopyranoside
小冠花毒苷元-3-*O*-β-D-吡喃葡萄糖基-(1→4)-α-L-吡喃鼠李糖苷	corotoxigenin-3-*O*-β-D-glucopyranosyl-(1→4)-α-L-rhamnopyranoside
小冠花素	corollin
小冠花酯 [2, 6-二-*O*-(3-硝丙酰基)-α-D-吡喃葡萄糖]	coronarian [2, 6-di-*O*-(3-nitropropanoyl)-α-D-glucopyranose]

小管菌酸	filoboletic acid
小果白刺定碱	nitrariadine
小果白刺碱 (小果白刺任碱)	sibirine
小果白刺灵碱 (白刺咪唑碱)	nitrabirine
小果白刺灵碱 N-氧化物	nitrabirine N-oxide
小果白刺米定碱	nitraramidine
小果博落回碱 (马卡品)	macarpine
小果蔷薇苷 A、B	rocymosins A, B
小果蔷薇酸	cymosic acid
小果珍珠花苷元	ovalifoliogenin
小果紫玉盘素	meiocarpin
小果紫玉盘素 A、B	microcarpins A, B
小果紫玉盘辛	microcarpacin
小号花木脂酮 (阿婆套司酮、不落草酮)	aptosimone
小红石蕊酸 (苔酸)	didymic acid
小花八角素 A～G	micranthumnins A～G
小花盾叶薯蓣皂苷	parvifloside
小花鬼针草炔苷 A～C、A_1、A_2	bidensyneosides A～C, A_1, A_2
小花黄檀素 A	dalparvin A
小花碱	parviflorine
小花姜黄烯 A	parviflorene A
小花角茴香碱	peshawarine
小花泡苷 (毛假杜鹃苷) A、B	parviflorosides A, B
小花泡泡素	parviflorin
小花泡泡新	parvifloracin
小花山小橘吡喃碱	pyranofoline
小花山小橘春碱 Ⅰ～Ⅵ	glycocitrines Ⅰ～Ⅵ
小花山小橘呋喃碱 Ⅰ、Ⅱ	furofolines Ⅰ, Ⅱ
小花山小橘碱	glycofoline
小花山小橘喹定碱	glycocitridine
小花山小橘灵	glyfoline
小花山小橘宁	glycofolinine
小花山小橘酮 A～C	glycocitlones A～C
小花糖芥醇 (木糖糖芥醇苷)	erychrosol
小花糖芥苷 Ⅰ～Ⅺ	cheiranthosides Ⅰ～Ⅺ
小花藤黄酚 F	parvifoliol F
小花藤黄𠮷酮 A～C	parvifolixanthones A～C
小花五味子二内酯 A～H	micrandilactones A～H
小花五味子素 A	micrantherin A
小花五味子酸 A、B	micranoic acids A, B

X

小花五味子酸 A 甲酯	micranoic acid A methyl ester
小花五桠果二萜酸	dipoloic acid
(−)- 小花小芸木林素	(−)-minumicrolin
小花小芸木林素	minumicrolin
小花小芸木林素丙酮化物	minumicrolin acetonide
小花小芸木林素异缬草酸酯	minumicrolin isovalerate
小花小芸木宁	microminutinin
小花小芸木亭 (小芸木呋喃内酯)	microminutin
小花远志定	telephioidin
小花远志苷	arvensin
小花远志素	polyarvin
小花远志糖 A～G	telephioses A～G
小花远志酮 A～D	telephenones A～D
小花杂花豆异黄酮 (小花异黄酮) A、B	parvisoflavones A, B
小花杂花豆异黄烷酮	parvisoflavanone
小花樟碱	micranol
小花质	micranthine
小黄钟花苷 (沙漠柚木苷、波叶黄钟花苷) A、B	undulatosides A, B
小黄紫堇碱 (多被银莲花碱)	raddeanine
小茴香醇 (葑醇)	fenchol (fenchyl alcohol)
小茴香醇乙酸酯 (葑醇乙酸酯)	fenchol acetate
小金梅草苷	hypoxoside
小金盏花皂苷 A	arvenoside A
小决明苷	cassitoroside
小苦荬胺 A、B	ixerisamines A, B
小苦荬内酯	dentalactone
小苦荬内酯苷 (齿叶黄皮素) A～C	dentatins A～C
小蜡苷 I	sinenoside I
小连翘己酮 (奥托吉酮、欧妥吉酮)	otogirone
小连翘喹酮 A～C	erectquiones A～C
小连翘宁 A～G	otogirinins A～G
小连翘素 (奥托吉素、欧妥吉素)	otogirin
小连翘酮 A、B	erectones A、B
小枔木苷 A～C	eutigosides A～C
小瘤青牛胆醇 A、B	borapetols A, B
小瘤青牛胆苷 A～F	borapetosides A～F
小麦淀粉	starch wheat
小麦黄烷	tricetiflavan
小麦亭 (5, 7, 3′, 4′, 5′-五羟基黄酮)	tricetin (5, 7, 3′, 4′, 5′-pentahydroxyflavone)
小麦亭 -3′, 5′-二甲醚	tricetin-3′, 5′-dimethyl ether

小麦亭 -3-*O*-D- 吡喃阿拉伯糖苷	tricetin-3-*O*-D-arabinopyranoside
小麦亭 -3′-*O*-D- 吡喃葡萄糖苷	tricetin-3′-*O*-D-glucopyranoside
小麦亭 -3′- 甲醚	tricetin-3′-methyl ether
小麦亭 -3- 甲氧基 -4-*O*-β-D- 葡萄糖苷	tricetin-3-methoxy-4-*O*-β-D-glucoside
小麦亭 -3′- 葡萄糖苷	tricetin-3′-glucoside
小麦亭 -4′- 甲醚 -3′-*O*-β-D- 葡萄糖苷	tricetin-4′-methylether-3′-*O*-β-D-glucoside
小麦亭 -6, 8- 二 -*C*-β-D- 吡喃葡萄糖苷	tricetin-6, 8-di-C-β-D-glucopyranoside
小麦亭 -6-*C*-α-L- 阿拉伯糖基 -8-*C*-β-D- 吡喃葡萄糖苷	tricetin-6-C-α-L-arabinosyl-8-C-β-D-galactopyranoside
小麦亭 -7-*O*-β-D- 吡喃葡萄糖苷	tricetin-7-*O*-β-D-glucopyranoside
小麦亭 -7-*O*- 二吡喃葡萄糖苷	tricetin-7-*O*-diglucopyranoside
小麦亭 -7-*O*- 葡萄糖苷	tricetin-7-*O*-glucoside
小蔓长春花苷 (长春花苷)	vincoside
Δ^{14}- 小蔓长春花碱	Δ^{14}-vincine
小蔓长春花碱 (维诺任碱、文诺林)	vinorine
小蔓长春花碱 -*N*1, *N*4- 二氧化物	vinorine-*N*1, *N*4-dioxide
小蔓长春花碱 -*N*4- 氧化物	vinorine-*N*4-oxide
小蔓长春花酰胺 (长春花苷内酰胺、喜果苷)	vincosamide (vincoside lactam)
(−)- 小蔓长春花辛 (小长春蔓辛)	(−)-minovincine
(+)- 小蔓长春花辛 (小长春蔓辛)	(+)-minovincine
(−)- 小蔓长春花辛宁 [(−)- 小长春蔓辛宁]	(−)-minovincinine
小蔓长春诺林碱 (长春蔓米诺任、小蔓长春花诺灵)	vincaminorine
小芒剑豆酚	macharistol
小毛茛内酯	ternateolide
小毛菌内酯 A	hirsutellide A
小米草苷	euphroside
小木麻黄素 (小木麻黄宁)	strictinin
小木通苷	armandiside
小木通苷 A、B	clemoarmanosides A, B
小牛肝菌素 A～E	cavipetins A～E
小蓬草黄酮	conyzoflavone
小蓬草萜内酯	conyzolide
(+)- 小皮伞 -7- 烯 -5, 14- 二醛 [(+)- 马瑞斯姆 -7- 烯 -5, 14- 二醛]	(+)-marasm-7-en-5, 14-dial
小皮伞菌酸	marasmic acid
小皮伞酮	marasomone
小皮伞烯	marasmene
小皮伞烯 -3- 酮	marasmene-3-one
小萍蓬草碱	nupharopumiline
小球合蕊木叫酮	globuxanthone
小球合声木素	globuliferin

X

小球合声木𠮿酮 A～E	globulixanthones A～E
小球壳孢菌内酯 A	macrospelide A
小球腔菌素	leptosphaerin
小伞房花素 A～C	corymbulosins A～C
小杉兰碱	selagoline
小杉兰素 (卷柏石松素)	selagin
小舌紫菀苷 A	albesoside A
小升麻苷 A、B	cimiacerosides A, B
小穗蒿苷	axillaroside
小穗花薯蓣皂苷元 (静特诺皂苷元)	gentrogenin
小穗苎麻素 (棱籽厚壳桂碱)	cryptopleurine
小唐松草碱 (亚欧唐松草碱、绿心樟碱、奥寇梯木碱)	thalicmine (ocoteine)
小唐松草宁碱 (亚欧唐松草米宁)	thalicminine
小唐松草瓦星碱 (亚欧唐松草瓦星碱)	thalsivasine
小心叶薯碱 A～D	ipobscurines A～D
(+)-小星蒜碱	(+)-hippeastrine
小雄戟酚 A、B	micrandrols A, B
小萱草根素	mihemerocallin
小穴壳菌酮 A、B	dothiorelones A, B
小芽新木姜子醇	parvigemonol
小芽新木姜子酮	parvigemone
小叶丁素 (小叶香茶菜酸)	parvifolinoic acid
小叶杜楝素 A～D	turraparvins A～D
小叶厚壳树醌 (基及树酮)	microphyllone
小叶花椒碱	parvifagarine
小叶棘枝醌	microphyllaquinone
小叶九里香咔唑碱 (九里香唑林碱)	exozoline
小叶九里香内酯 (九里香辛)	murraxocin
小叶九里香双内酯	mexolide
小叶九里香酸 (九里香宁)	murraxonin
小叶聚岛衣酸	microphyllinic acid
小叶林苷	parvifoliside
小叶买麻藤素 (买麻藤素) A～F、K	gnetifolins A～F, K
小叶似洋椿素	microfolian
小叶似洋椿酮	microfolione
(+)-小叶唐松草碱	(+)-thaliphylline
(+)-小叶唐松草碱 -2′-β-N- 氧化物	(+)-thaliphylline-2′-β-N-oxide
小叶香茶菜素 G	parvifolin G
小叶紫薇素	lageflorin
小依兰苷 E	canangafruiticoside E

小疣青霉毒素	verruculotoxin
小月柳珊瑚内酯 C	menelloide C
小芸木酚	integerriminol
小芸木苷 A～D	micromelosides A～D
小芸木宁 (小芸木素)	micromelumin (micromelin)
小芸木素 (小芸木宁)	micromelin (micromelumin)
小芸木香豆素 F	micromarin F
小舟光萼苔基咖啡酸酯	naviculyl caffeate
(+)-小柱孢酮	(+)-scytalone
肖顿醇葡萄糖苷	schothenol glucoside
肖笼鸡苷 A	taraffinisoside A
肖木苹果属碱	aegele base
肖楠素	shonanin
肖特醇 (24α/R-豆甾-7-烯醇)	schottenol (24α/R-stigmast-7-enol)
楔叶泽兰素	eupacunin
蝎毒	katsutoxin
蝎毒素 Ⅲ	tityustoxin Ⅲ
蝎酸	katsu acid
邪蒿二醇	seselidiol
邪蒿灵 (邪蒿素、邪蒿内酯)	amyrolin (seselin, seseline)
邪蒿素 (邪蒿内酯、邪蒿灵)	seselin (seseline, amyrolin)
斜萼草素 A～C	loxocalyxins A～C
斜壳呋喃	achyrofuran
斜蕊樟素 (利卡灵、杜卡樟素) A～D	licarins A～D
(7R, 8R)-斜蕊樟素 A	(7R, 8R)-licarin A
(7S, 8S)-斜蕊樟素 A	(7S, 8S)-licarin A
(+)-斜蕊樟素 A [芒卡樟素 A、(+)-反式-脱氢二异丁香酚、(+)-利卡灵 A]	(+)-licarin A [(+)-*trans*-dehydrodiisoeugenol]
斜蕊樟素 B [利卡灵 B、2-(3, 4-亚甲二氧苯基)-2, 3-二氢-7-甲氧基-3-甲基-5-(1-丙烯基) 苯并呋喃]	licarin B [2-(3, 4-methylenedioxyphenyl)-2, 3-dihydro-7-methoxy-3-methyl-5 [1-(*E*)-propenyl] benzofuran]
斜卧青霉酸	decumbic acid
L-缬氨醇	L-valinol
DL-缬氨酸	DL-valine
L-缬氨酸	L-valine
缬氨酸	valine
缬氨酸醇 (缬氨醇)	valinol
L-缬氨酸-L-缬氨酸酐	L-valine-L-valine anhydride
L-缬氨酰-L-丙氨酸酐 (3-异丙基-6-甲基-2, 5-哌嗪二酮)	L-valyl-L-alanine anhydride (3-isopropyl-6-methyl-2, 5-piperazinedione)
L-缬氨酰-L-酪氨酸	L-valyl-L-tyrosine

L-缬氨酰-L-亮氨酸酐 (3-异丙基-6-异丁基-2, 5-哌嗪二酮)	L-valyl-L-leucine anhydride (3-isopropyl-6-isobutyl-2, 5-piperazinedione)
L-缬氨酰-L-缬氨酸	L-valyl-L-valine
缬草胺	valeriamine
缬草倍半萜二聚体 A～C	valeriadimers A～C
缬草倍半萜烷 A～C	valerananoids A～C
缬草醇 (缬草萜烯醇)	valerianol
缬草根定碱 [N-(对羟基苯乙基) 猕猴桃碱]	N-(p-hydroxyphenyl ethyl) actinidine
缬草环烯醚萜 P	valeriridoid P
缬草环烯醚萜三酯 A、B	valeriotriates A, B
缬草环烯醚萜四酯 A	valeriotetrate A
缬草碱 (缬草根碱)	valerianine
缬草聚素 A	volvalerine A
缬草苦苷	valerosidatum
缬草林碱	valerine
缬草醚酯 (乙酰缬草三酯)	acevaltratum (acevaltrate)
缬草醛	baldrinal
缬草三酯 (缬草素)	valepotriate (valtrate, valtratum)
缬草三酯 (缬草素)	valtrate (valepotriate, valtratum)
缬草三酯 (缬草素)	valtratum (valepotriate, valtrate)
缬草生物碱 A、B	valerianae alkaloids A, B
缬草酸 (戊酸)	valeric acid (pentanoic acid)
缬草酸乙酯	valeric acid ethyl ester
缬草酸异戊酯	isoamyl valerate
缬草萜酮 (缬草酮)	valeranone (jatamansone)
缬草萜烯醇己酸酯	valerenyl hexanoate
缬草萜烯醇酸	valerenolic acid
缬草萜烯醇戊酸酯	valerenyl valerate
缬草萜烯醇乙酸酯	valerenyl acetate
缬草萜烯醇异戊酸酯	valerenyl isovalerate
缬草萜烯醛	valerenal
缬草萜烯酸 (缬草烯酸)	valerenic acid
缬草萜烯酮 (缬草烯酮)	valerenone
缬草酮 (缬草萜酮)	jatamansone (valeranone)
缬草烯-1 (10)-烯-8, 11-二醇	valen-1 (10)-en-8, 11-diol
缬香环烯醚酯 A～C	valeriandoids A～C
泻根醇	bryonolol
泻根醇酸	bryonolic acid
泻根苷 A～G	bryoniosides A～G
泻根苦苷 (泻根阿玛苷)	bryoamaride

泻根素	bryonidin
泻根甜苷元 (异株泻根甜素、泻根苷元)	bryodulcosigenin
泻根酮酸	brynonic acid
泻根酮酸	bryononic acid
泻湖鞘丝藻酰胺 A～C	lagunamides A～C
泻花明碱	catharanthamine
泻鼠李苷	catharticin
泻鼠李皮苷 A	rhamnoxanthin
谢汉墨属碱 (谢氏百合碱) A、B	schelhammera alkaloids A, B
谢汗莫次碱 (谢氏百合定)	schelhammeridine
谢汗莫碱	schelhammerin
薤白阿魏酸酯素 A～D	allimacronoids A～D
薤白苷 A～J (薤白苷甲～癸)	macrostemonosides A～J
薤白苷 K～S	macrostemonosides K～S
薤白甾苷 A～F	allimacrosides A～F
蟹甲草酚	cacalonol
蟹甲草洛酚	cacalol
蟹甲草内酯	adenostylide
蟹甲草素 A、B	adenostins A, B
蟹甲草酮	cacalone
心瓣翠雀定	cardiopetalidine
心丁醇内酯	cardiobutanolide
心金叶树素	cardiochrysine
(−)-心裂宾	(−)-centrolobine
心磷脂	cardiolipin
心木内酯 A～E	swietenialides A～E
心形阿帕里氏树素	cordatin
心形胡桐内酯 (假泽兰内酯) A、B	cordatolides A, B
心叶凹唇姜酮 B	longiferone B
心叶棱子芹双香豆素 (心叶棱子芹二聚素) A～E	rivulobirins A～E
2-心叶门采丽酚	2-cordifoliol
心叶山梗菜炔苷 (心叶党参炔苷) A～C	cordifolioidynes A～C
心叶藏瓜素 A	fevicordin A
心叶藏瓜素 A 葡萄糖苷	fevicordin A glucoside
心脏毒素	cardiotoxin
(3R)-辛 -1- 烯 -3- 醇	(3R)-oct-1-en-3-ol
(R)-辛 -1- 烯 -3- 基 -O-α-L- 吡喃阿拉伯糖基 -(1→6)-β-D- 吡喃葡萄糖苷	(R)-oct-1-en-3-yl-O-α-L-arabinopyranosyl-(1→6)-β-D-glucopyranoside
(3R)-辛 -1- 烯 -3- 羟基 -O-α-L- 吡喃阿拉伯糖基 -(1‴→6″)-O-β-D- 吡喃葡萄糖基 -(1″→2′)-O-β-D- 吡喃葡萄糖苷	(3R)-oct-1-en-3-hydroxy-O-α-L-arabinopyranosyl-(1‴→6″)-O-β-D-glucopyranosyl-(1″→2′)-O-β-D-glucopyranoside

X

(3R)-辛 -1- 烯 -3- 羟基 -O-α-L- 吡喃阿拉伯糖基 -(1→6)-O-β-D- 吡喃葡萄糖苷	(3R)-oct-1-en-3-hydroxy-O-α-L-arabinopyranosyl-(1→6)-O-β-D-glucopyranoside
(3R)-辛 -1- 烯 -3- 羟基 -O-β-D- 吡喃葡萄糖苷	(3R)-oct-1-en-3-hydroxy-O-β-D-glucopyranoside
(3R)-辛 -1- 烯 -3- 羟基 -O-β-D- 吡喃葡萄糖基 -(1″→2′)-O-β-D- 吡喃葡萄糖苷	(3R)-oct-1-en-3-hydroxy-O-β-D-glucopyranosyl-(1″→2′)-O-β-D-glucopyranoside
辛 -(4Z)- 烯 -1- 醇 -3- 甲基丁酸酯	oct-(4Z)-en-1-ol-3-methyl butanoate
辛 -(4Z)- 烯 -1- 醇 - 丁酸酯	oct-(4Z)-en-1-ol butanoate
辛 -(4Z)- 烯 -1- 醇 - 戊酸酯	oct-(4Z)-en-1-ol pentanoate
辛 -(4Z)- 烯 -1- 醇 - 乙酸酯	oct-(4Z)-en-1-ol acetate
辛 -(5Z)- 烯 -1- 醇 -3- 甲基乙酸酯	oct-(5Z)-en-1-ol-3-methyl butanoate
辛 -(5Z)- 烯 -1- 醇 - 丁酸酯	oct-(5Z)-en-1-ol butanoate
辛 -(5Z)- 烯 -1- 醇 - 戊酸酯	oct-(5Z)-en-1-ol pentanoate
辛 -(5Z)- 烯 -1- 醇 - 乙酸酯	oct-(5Z)-en-1-ol acetate
1a, 2, 3, 5, 6, 7, 7a, 7b- 辛 -1H- 环丙 [a] 萘	1a, 2, 3, 5, 6, 7, 7a, 7b-oct-1H-cyclopropa [a] naphthalene
1a, 2, 3, 5, 6, 7, 7a, 7b- 辛 -1H- 环丙 [e] 薁	1a, 2, 3, 5, 6, 7, 7a, 7b-oct-1H-cycloprop [e] azulene
辛 -2, 5- 二酮	oct-2, 5-dione
(E)- 辛 -2- 烯	(E)-oct-2-ene
(E)- 辛 -6- 烯 -4- 炔酸	(E)-oct-6-en-4-ynoic acid
(2R, 6R)- 辛 -7- 烯 -2, 6- 二醇	(2R, 6R)-oct-7-en-2, 6-diol
1- 辛胺	1-octanamine
辛苯酮	octabenzone
1- 辛醇	1-octanol
3- 辛醇	3-octanol
辛醇	octanol
3- 辛醇乙酸酯	3-octyl acetate
1, 8- 辛二酸 (1, 8- 软木酸)	1, 8-octanedioic acid (1, 8-suberic acid)
辛二酸 (软木酸)	octanedioic acid (suberic acid)
3, 6- 辛二酮	3, 6-octanedione
(3E)-1, 3- 辛二烯	(3E)-1, 3-octadiene
3, 5- 辛二烯 -2- 酮	3, 5-octadien-2-one
1, 6- 辛二烯 -3- 醇	1, 6-octadien-3-ol
(2E, 6E)-2, 6- 辛二烯 -4- 炔酸	(2E, 6E)-oct-2, 6-dien-4-ynoic acid
2, 4- 辛二烯醛	2, 4-octadienal
(Z)-4, 7- 辛二烯酸乙酯	ethyl (Z)-4, 7-octadienoate
12-O-(2Z, 4E)- 辛二烯酰基 -4- 脱氧佛波醇 -13- 乙酸酯	12-O-(2Z, 4E)-octadienoyl-4-deoxyphorbol-13-acetate
辛弗林	synephrine
辛弗林盐酸盐	synephrine hydrochloride
辛弗林乙酸盐	synephrine acetate
辛基 -4, 5- 二羟基 -3-(壬 -4- 烯酰氧基) 吡咯烷 -2- 甲酸酯	octyl-4, 5-dihydroxy-3-(non-4-enoyl) pyrrolidine-2-carboxylate

9-辛基二十六烷	9-octyl hexacosane
5-辛基环戊-1, 3-二酮	5-octyl cyclopenta-1, 3-dione
9-辛基十七烷	9-octyl heptadecane
辛腈	octanenitrile
辛可尼定 (金鸡尼丁、金鸡纳宁、金鸡宁)	cinchonidine (cinchonine)
辛辣苍耳内酯 (辛辣内酯) A～E	pungiolides A～E
辛辣木-7-烯-11, 12-二醛	drim-7-en-11, 12-dial
辛辣木-8-烯-11-醛	drim-8-en-11-al
辛辣木醛	drimanial
辛辣木素 (林仙烯宁)	drimenin
辛辣木烯	drimene
辛纳毒蛋白	cinnamomin
γ-辛内酯 (4-辛内酯、4-辛酸内酯)	γ-octalactone (4-octanolide)
4-辛内酯 (4-辛酸内酯、γ-辛内酯)	4-octanolide (γ-octalactone)
辛诺苷 (西诺苷、中国羊角拗苷)	sinoside
辛醛	octanal
4-辛炔	4-octyne
辛酸 (羊脂酸)	octanoic acid (octylic acid, caprylic acid)
辛酸丙酯	propyl octanoate
辛酸甲酯	methyl caprylate
5-辛酸内酯	5-octanolide
辛酸乙酯	ethyl octanoate
辛酸酯	octanoate (caprylate, octylate)
辛泰南胡椒吡啶酮	sintenpyridone
辛泰南胡椒酰胺	pipersintenamide
辛糖	octose
2-辛酮	2-octanone
3-辛酮	3-octanone
4-辛酮	4-octanone
辛酮	octanone
辛烷	octane
3-辛烷基-3-癸烷基-1-二十二醇	3-decyl-3-octyl docosan-1-ol
辛烯	octene
1-辛烯	1-octene
2-辛烯-1-醇	2-octen-1-ol
辛烯-1-乙酸酯	octen-1-ol acetate
(Z)-2-辛烯-2-醇	(Z)-2-octen-2-ol
1-辛烯-3-α-L-吡喃鼠李糖基-(1→6)-β-D-吡喃葡萄糖苷	1-octen-3-α-L-rhamnopyranosyl-(1→6)-β-D-glucopyranoside
辛烯-3-醇	octen-3-ol

X

1-辛烯-3-醇 (3-羟基-1-辛烯、松蕈醇、松茸醇)	1-octen-3-ol (matsutakeol, matsutake alcohol)
1-辛烯-3-醇乙酸酯	1-octen-3-ol acetate
1-辛烯-3-酮	1-octen-3-one
辛烯-4, 5-二酮	octen-4, 5-dione
2-辛烯-4-醇	2-octen-4-ol
7-辛烯-4-醇	7-octen-4-ol
2-辛烯-4-酮	2-octen-4-one
1-辛烯-5-醇	1-octen-5-ol
1-辛烯-O-α-L-吡喃阿拉伯糖基-(1→6)-O-[β-D-吡喃葡萄糖基-(1→2)]-β-D-吡喃葡萄糖苷	1-octen-O-α-L-arabinopyranosyl-(1→6)-O-[β-D-glucopyranosyl-(1→2)]-β-D-glucopyranoside
2-辛烯醇	2-octenol
辛烯醇	octenol
3-辛烯醇 (蘑菇醇)	3-octenol (amyl vinyl carbinol)
(E)-2-辛烯醛	(E)-2-octenal
2-辛烯醛	2-octenal
(E)-2-辛烯酸	(E)-2-octenoic acid
2-辛烯酸	2-octenoic acid
辛酰香草酰胺	decoyl vanillyl amide
(−)-辛夷脂素	(−)-fargesin
(+)-辛夷脂素	(+)-fargesin
2-辛乙酸酯	2-octyl acetate
锌	zinc
新-β-胡萝卜素 A～U	neo-β-carotenes A～U
新奥多诺二糖苷 G	neoodorobioside G
新巴拉次薯蓣皂苷元 A	neoprazerigenin A
新巴拉次薯蓣皂苷元 A-3-O-β-石蒜四糖苷	neoprazerigenin A-3-O-β-lycotetraoside
新白当归醇 (新白当归脑、新比克白芷内酯)	neobyakangelicol
新白藜芦胺	neogermine
新白前醇 (华北白前羽扇醇) Ⅱa	hancolupenol Ⅱa
新白前醇二十八酸酯 (华北白前羽扇醇二十八酸酯) Ⅱd	hancolupenol octacosanoate Ⅱd
新白前酮 (华北白前羽扇豆烯酮) Ⅱc	hancolupenone Ⅱc
新白前皂苷 (新芫花叶白前苷) A、B	neoglaucosides A, B
新白薇苷元 (新徐长卿苷元) A～F	neocynapanogenins A～F
新白薇苷元 C-3-O-β-D-吡喃欧洲夹竹桃糖苷	neocynapanogenin C-3-O-β-D-oleandropyranoside
新白薇苷元 D-3-O-β-D-吡喃加拿大麻糖基-(1→4)-β-D-吡喃欧洲夹竹桃糖苷	neocynapanogenin D-3-O-β-D-cymaropyranosyl-(1→4)-β-D-oleandropyranoside
新白薇苷元 D-3-O-β-D-吡喃欧洲夹竹桃糖苷	neocynapanogenin D-3-O-β-D-oleandropyranoside
新白薇苷元 E-3-O-β-D-吡喃欧洲夹竹桃糖苷	neocynapanogenin E-3-O-β-D-oleandropyranoside
新白薇苷元 F-3-O-β-D-吡喃黄花夹竹桃糖苷	neocynapanogenin F-3-O-β-D-thevetopyranoside

新白薇苷元 F-3-*O*-β-D-吡喃欧洲夹竹桃糖苷	neocynapanogenin F-3-*O*-β-D-oleandropyranoside
新白薇苷元 F-3-*O*-β-D-黄花夹竹桃糖苷	neocynapanogenin F-3-*O*-β-D-thevetoside
新白叶藤碱	neocryptolepine
新白芷醚	neobyakangelicole
新百部碱	neostemonine
新百部宁碱	neostenine
新百部叶碱	neostemofoline
新棒状花椒酰胺 (α-山椒素、新核枯灵)	neoherculin (α-sanshool, echinaceine)
新薄荷醇	neomenthol
DL-新薄荷醇 (DL-新蓋醇)	DL-neomenthol
(+)-新薄荷醇 [(+)-新蓋醇]	(+)-neomenthol
新贝素甲	sinpeimine A
新别罗勒烯	neoalloocimene
新丙戊酯	valproate pivoxil
新波托皂苷元	neobotogenin
新波叶刚毛果苷	neouzarin
新补骨脂查耳酮	neobavachalcone
新补骨脂宁 (新补骨脂林素)	neocorylin
新补骨脂素	neopsoralen
新补骨脂异黄酮	neobavaisoflavone
新草蔻素 A、B	neocalyxins A, B
新菖蒲酮	neoacolamone
新长柄交让木定碱	neoyuzurimine
新长春西定 (新留绕西定碱、新长春洛西定)	neoleurosidine
新长春新碱 (新留卡擦辛碱)	neoleurocristine
新长春皂苷 F	new triterpennoid glycoside F
(–)-新常山碱	(–)-neodichroine
新橙皮苷	neohesperidin
新橙皮苷二氢查耳酮	neohesperidin dihydrochalcone
新橙皮糖	neohesperidose
2-新橙皮糖基氧基 -6-羟基苯甲酸苄酯	2-neohesperidosyloxy-6-hydroxybenzoic acid benzyl ester
新臭根子草醇	neointermedeol
新川芎内酯 (新蛇床内酯)	neocnidilide
新穿心莲内酯 (穿心莲丙素)	neoandrographolide
新穿心莲内酯苷 (新穿心莲苷)	neoandrographiside
新次大风子素	neohydnocarpin
新刺苞菊苷 (新卡尔林碳苷)	neocarlinoside
新刺五加苯酚	neociwujiaphenol
新大八角素	neomajucin
新丹参内酯	neotanshinlactone

新丹参酮甲～丁	neotanshinones A～D
新当归内酯	angelicide
新地毒苷	neodigoxin
新地枫皮素	neodifengpin
新地黄苷	neorehmannioside
α- 新丁香三环烯 (α- 新丁子香烯)	α-neoclovene
β- 新丁香三环烯 (β- 新丁子香烯)	β-neoclovene
新冬青醇乙酸酯 (新冬青酮醇乙酸酯)	neoilexonol acetate
新冬青二酮	neoilexadione
新独活素	heratomin
新对叶百部醇	neotuberostemonol
新对叶百部碱	neotuberostemonine
新对叶百部尼醇	neotuberostemoninol
新多花素馨诺苷	neopolyanoside
新莪术二酮 (新姜黄二酮)	neocurdione
新莪术烯醇	neocurcumenol
新萼翅藤酮	neocalycopterone
新萼翅藤酮甲醚	neocalycopterone methyl ether
新耳草苷 A	neanoside A
新二氢香芹醇	neodihydrocarveol
(+)- 新二氢香芹酚基 -β-D- 葡萄糖苷	(+)-neodihydrocarvy-β-D-glucoside
新番荔枝宁	neoannonin
新蜂斗菜醇	neopetasol
新蜂斗菜醇当归酸酯	neopetasol angelate
新蜂斗菜烯碱	neopetasitenine
新甘草酚	neoglycyrol
新甘草苷	neoliquiritin
新橄榄苦苷	neooleuropein
(+)-(7R, 7″R, 8S, 8′S)- 新橄榄树脂素	(+)-(7R, 7″R, 8S, 8′S)-neoolivil
(+)-(7R, 7′R, 8S, 8′S)- 新橄榄树脂素	(+)-(7R, 7′R, 8S, 8′S)-neoolivil
(+)- 新橄榄树脂素	(+)-neoolivil
(±)- 新橄榄树脂素	(±)-neoolivil
(7R, 7′S, 8R, 8′R)- 新橄榄树脂素	(7R, 7′S, 8R, 8′R)-neoolivil
(7S, 7′R, 8S, 8′S)- 新橄榄树脂素	(7S, 7′R, 8S, 8′S)-neoolivil
新橄榄树脂素 -4-O-β-D- 葡萄糖苷	neoolivil-4-O-β-D-glucoside
(7S, 7′S, 8S, 8′S)- 新橄榄树脂素 -9′-O-β-D- 葡萄糖苷	(7S, 7′S, 8S, 8′S)-neoolivil-9′-O-β-D-glucoside
新哥米定 (异哥米定)	neogermidine (isogermidine)
新葛根甲素、乙素	neopuerarins A, B
新谷树箭毒碱	neochondocurarine
新海胆灵 (新刺孢曲霉素) A	neoechinulin A

新海柯皂苷元	neohecogenin
新海柯皂苷元-3-*O*-β-D-吡喃葡萄糖基-(1→4)-β-D-吡喃半乳糖苷	neohecogenin-3-*O*-β-D-glucopyranosyl-(1→4)-β-D-galactopyranoside
新海兔胺酮	neoaplaminone
新海兔胺酮硫酸盐	neoaplaminone sulfate
新诃子精(新诃黎勒酸)	neochebulagic acid
新诃子尼酸	neochebulinic acid
新何帕-12-烯	neohop-12-ene
新何帕-13(18)-烯	neohop-13(18)-ene
新何帕-13(18)-烯-3β-醇	neohop-13(18)-en-3β-ol
新何帕-13(18)烯-3β-醇乙酸酯	neohop-13(18)-en-3β-ol acetate
新何帕二烯	neohopadiene
新何帕烯	neohopene
新核枯灵(α-山椒素、新棒状花椒酰胺)	echinaceine (α-sanshool, neoherculin)
新红根草酮	neoprionitione
新红花素	neocarthamin
新胡萝卜素	neocarotene
新湖北旋覆花内酯 A、B	neohupehenolides A, B
新槐胺碱(新槐胺)	neosophoramine
新环二肽 Ⅰ、Ⅱ	new cyclo-dipeptides Ⅰ, Ⅱ
(7*R*, 7'*R*, 8*S*, 8'*S*)-(+)-新环橄榄树脂素-4-*O*-β-D-吡喃葡萄糖苷	(7*R*, 7'*R*, 8*S*, 8'*S*)-(+)-neoolivil-4-*O*-β-D-glucopyranoside
新环桑皮素(新环桑根皮素)	neocyclomorusin
新环氧罗林果素	neoepoxyrolin
新黄柏亭(新黄檗素)	neophellamuretin
新黄精皂苷 A～D、PO-2、PO-3	neosibiricosides A～D、PO-2、PO-3
新黄皮内酰胺	neoclausenamide
新黄烷	neoflavane
新黄质 A	folioxanthin (neoxanthin) A
新黄质 A	neoxanthin (folioxanthin) A
新鸡脚参醇 A、B	neoorthosiphols A, B
新吉托司廷	neogitostin
新计米特林(新绿藜芦林碱)	neogermitrine
新芰脱皂苷元(新吉托皂苷元)	neogitogenin
新假荆芥内酯	neonepetalactone
新尖被藜芦碱(藜芦帕土碱)	neoverapatuline
新江油乌头碱	neojiangyouconitine
新疆阿魏酮	sinkianone
新疆藜芦胺	veralomine
新疆藜芦定	veralodine

新疆藜芦碱	loveraine
新疆藜芦林	germinaline
新疆藜芦宁	verdinine
新疆千里光碱 (夹可宾碱)	jacobine
新疆千里光灵 (夹可灵)	jacoline
新交让木碱	neodaphniphylline
新九里香素	murragatin
新爵床萘内酯 A	pronaphthalide A
新爵床脂素 A (爵床脂定 D)	neojusticin A (justicidin D)
新爵床脂素 B (爵床脂定 C)	neojusticin B (justicidin C)
新枸橘苷 (新枳属苷)	neoponcirin
新骏河毒素	neosurugatoxin
新克里黄檀酚 (新卡里醇) A	neokhriol A
新克列鞣质	neocretanin
新克罗登烷 -5, 10- 烯 -19, 6β, 20, 12- 二内酯	neoclerodane-5, 10-en-19, 6β, 20, 12-diolide
新克洛曼达林 (新科拉琉璃草碱)	neocoramandaline
新苦瓜糖苷	neokuguaglucoside
新苦木素	simalikahemiacetal A
新苦参醇	neokurarinol
新款冬花内酯	neotussilagolactone
新阔叶千里光碱	neoplatyphylline
新蜡酸 (二十五酸)	neocerotic acid (pentacosanoic acid)
新蜡酸 -2′, 3′- 二羟基丙酯	neocerotic acid-2′, 3′-dihydroxypropyl ester
新狼毒素 A、B	neochamaejasmins A, B
新劳塔豆酮	neotenone
新冷杉内酯 A～F、L	neoabieslactones A～F, L
新冷杉三萜素 A、C、I	neoabiestrines A, C, I
新藜芦他林 (新大理藜芦碱) A、B	neoveratalines A, B
新利血平灵	neoreserpiline
新楝树素 A～D	neoazedarachins A～D
新亮落叶松蕈定 A、B	neoilludins A, B
新铃兰毒原苷	neoconvalloside
新硫双萍蓬定	neothiobinupharidine
新柳杉双黄酮	neocryptomerin
新罗焦尔二醇 B	neorogioldiol B
新罗氏唐松草碱	neothalibrine
新罗氏唐松草碱 -2′-α-N- 氧化物	neothalibrine-2′-α-N-oxide
新罗斯考皂苷元 [5, 25 (27)-螺甾二烯 -1β, 3β- 二醇]	neoruscogenin [spirost-5, 25 (27)-dien-1β, 3β-diol]
新罗斯考皂苷元 -1-O-2-O- 乙酰基 -α-L- 吡喃鼠李糖基 -(1→2)-β-D- 吡喃岩藻糖苷	neoruscogenin-1-O-2-O-acetyl-α-L-rhamnopyranosyl-(1→2)-β-D-fucopyranoside

新罗斯考皂苷元-1-O-3-O-乙酰基-α-L-吡喃鼠李糖基-(1→2)-β-D-吡喃岩藻糖苷	neoruscogenin-1-O-3-O-acetyl-α-L-rhamnopyranosyl-(1→2)-β-D-fucopyranoside
新罗斯考皂苷元-1-O-α-L-吡喃鼠李糖基-(1→2)-[β-D-吡喃木糖基-(1→3)]-β-D-吡喃葡萄糖苷	neoruscogenin-1-O-α-L-rhamnopyranosyl-(1→2)-[β-D-xylopyranosyl-(1→3)]-β-D-glucopyranoside
新罗斯考皂苷元-1-O-α-L-吡喃鼠李糖基-(1→2)-α-L-吡喃阿拉伯糖苷	neoruscogenin-1-O-α-L-rhamnopyranosyl-(1→2)-α-L-arabinopyranoside
新罗斯考皂苷元-1-O-α-L-吡喃鼠李糖基-(1→2)-β-D-吡喃岩藻糖苷	neoruscogenin-1-O-α-L-rhamnopyranosyl-(1→2)-β-D-fucopyranoside
新罗斯考皂苷元-1-O-α-L-吡喃鼠李糖基-(1→3)-α-L-吡喃鼠李糖基-(1→2)-β-D-吡喃岩藻糖苷	neoruscogenin-1-O-α-L-rhamnopyranosyl-(1→3)-α-L-rhamnopyranosyl-(1→2)-β-D-fucopyranoside
新罗斯考皂苷元-1-O-β-D-吡喃葡萄糖基-(1→2)-[β-D-吡喃木糖基-(1→3)]-β-D-吡喃木糖苷	neoruscogenin-1-O-β-D-glucopyranosyl-(1→2)-[β-D-xylopyranosyl-(1→3)]-β-D-xylopyranoside
新罗斯考皂苷元-1-O-β-D-吡喃葡萄糖基-(1→2)-[β-D-吡喃木糖基-(1→3)]-β-D-吡喃岩藻糖苷	neoruscogenin-1-O-β-D-glucopyranosyl-(1→2)-[β-D-xylopyranosyl-(1→3)]-β-D-fucopyranoside
新萝藦苷元 (萝藦坡苷元) A～E	metajapogenins A～E
新萝藦苷元 E-3-O-β-D-吡喃加拿大麻糖基-(1→4)-β-D-吡喃洋地黄毒糖苷	metajapogenin E-3-O-β-D-cymaropyranosyl-(1→4)-β-D-digitoxopyranoside
(25S)-新螺甾-4-烯-3-酮	(25S)-neospirost-4-en-3-one
新螺甾烯五醇	neopentrogenin
新螺甾烯五醇-5-O-β-D-吡喃葡萄糖苷	neopentrogenin-5-O-β-D-glucopyranoside
新落新妇苷	neoastilbin
新绿藜芦布定 (新计巴丁、新计布定碱、新计莫亭碱)	neogermbudine
新绿莲皂苷元	neochlorogenin
新绿原酸 (5-O-咖啡酰基奎宁酸)	neochlorogenic acid (5-O-caffeoyl quinic acid)
新绿原酸甲酯	methyl neochlorogenate
新绿原酸正丁酯	n-butyl neochlorogenate
新马兜铃内酯 (银袋内酯、变色马兜铃内酯) A～D	versicolactones A～D
新马他比醇	neomatabiol
新马醉木萜 A、B	neopierisoids A, B
新麦角甾醇	neoergosterol
新芒果醇 A, B	neomangicols A, B
新杧果苷 (新芒果苷)	neomangiferin
新莽草素	neoanisatin
新美克索皂苷元	neomexogenin
新门诺皂苷元	neomanogenin
新蒙花苷	neolinarin
新莫替醇 (新半齿萜醇、线叶杜鹃醇)	neomotiol
新木姜子宁	neolitsinine
新木姜子属碱	neolitsea base
新木姜子素	neolitsine
新木天蓼醇	neomatatabiol

新木脂体	neolignan
新木质素	neolignin
新那莫二醛	cinnamodial (ugandensidial)
新那莫二醛	ugandensidial (cinnamodial)
新那因	sinaine
新南五味子木脂宁 (新南五味子宁)	neokadsuranin
新南五味子尼酸 A～C	neokadsuranic acids A～C
新南五味子尼酸 B 甲酯	neokadsuranic acid B methyl ester
新宁碱 (西宁)	sinine
新牛蒡素 A、B	neoarctins A、B
新女贞子苷	neonuezhenide
新欧乌林碱 (新乌宁碱、尼奥灵)	neoline
新欧乌宁碱	neolinine
新哌它酮	neopetasone
新佩灵	neopelline
新瓶草千里光碱	neosarracine
新齐墩果 -3 (5), 12- 二烯	neoolean-3 (5), 12-diene
新奇果菌素	neogrifolin
新千解草精	neobharangin
新千解草精 -Δ- 内酯	neobharangi-Δ-lactone
新千金藤碱	neostephanine
新前胡内酯	neopeucedalactone
新墙草碱 (南欧回环菊素) A、B	neopellitorines A, B
新羟基月芸香宁	neohydroxylunine
新窃衣萜醇二乙酸酯	neocaucalol diacetate
新琼脂二糖	neoagarobiose
新去乙酰紫玉盘辛	neodesacetyluvaricin
新锐叶花椒碱	neoacutifolin
新萨巴定	neosabadine
新三尖杉酯碱	neoharringtonine
新三角叶千里光碱	neotriangularine
新山萆薢皂苷	neotokoronin
新哨纳草素 (新哨纳草鞣素、拟喷呐草素、特利马素) I	tellimagrandin I
新哨纳草素 II (新哨纳草鞣素 II、拟喷呐草素 II、特利马素 II、山茱萸鞣质2、丁香鞣质)	tellimagrandin II (cornustannin 2)
新蛇根精	neosarpagine
新肾形千里光碱	neosenkirkine
新升麻醇苷 A、B	neocimicigenosides A, B
新升麻密苷	neocimiside

新生霉素 (卡卓霉素)	cathocin (cathomycin, novobiocin)
新生霉素 (卡卓霉素)	novobiocin (cathocin, cathomycin)
新生糖	noviose
新生育酚 [(2R, 4′R, 8′R)-β-生育酚]	neotocopherol [(2R, 4′R, 8′R)-β-tocopherol]
新圣草次苷 (新北美圣叶苷、圣草酚 -7-O-新橙皮糖苷)	neoeriocitrin (eriodictyol-7-O-neohesperidoside)
新石头花苷 (新棉根皂苷、新丝石竹皂苷) A、B	neogypsosides A, B
新石头花苷元 A、B	neogypsogenins A, B
新柿醌 (新柿属素)	neodiospyrin
新鼠尾草烯	neosalvianen
新双香豆素	tromexan
A′-(18β, 3α)- 新四膜虫萜 -22 (29)- 烯 -3β- 醇	A′-(18β, 3α)-neogammacer-22 (29)-en-3β-ol
新松香酸	neoabietic acid
新苏木酮 A	neosappanone A
新苏铁苷 A～G	neocycasins A～G
新塔花素 A、B	ziziphorins A, B
新塔花酸	bungeolic acid
新太白米苷	neohyacinthoside
新唐松草芬碱	neothalfine
新藤黄宁	neomorellin
新藤黄酸	neogambogic acid
新藤素	sintenin
新替告皂苷酮	neotigogenone
新替告皂苷元 [(25S)-5α- 螺甾 -3β- 醇]	neotigogenin [(25S)-5α-spirost-3β-ol]
新替告皂苷元 -26-O-β-D- 吡喃葡萄糖苷	neotigogenin-26-O-β-D-glucopyranoside
新替告皂苷元 -3-O-D- 吡喃葡萄糖基 -(1→4)-O-[α-L- 吡喃鼠李糖基 -(1→6)-β-D- 吡喃葡萄糖苷	neotigogenin-3-O-D-glucopyranosyl-(1→4)-O-[α-L-rhamnopyranosyl-(1→6)-β-D-glucopyranoside
新替告皂苷元 -3-O-α-L- 吡喃鼠李糖基 -(1→6)-β-D- 吡喃葡萄糖苷	neotigogenin-3-O-α-L-rhamnopyranosyl-(1→6)-β-D-glucopyranoside
新替告皂苷元 -3-O-β-D- 吡喃葡萄糖苷	neotigogenin-3-O-β-D-glucopyranoside
新替告皂苷元 -3-O-β-D- 吡喃葡萄糖基 -(1→2)-β-D- 吡喃葡萄糖基 -(1→4)-β-D- 吡喃半乳糖苷	neotigogenin-3-O-β-D-glucopyranosyl-(1→2)-β-D-glucopyranosyl-(1→4)-β-D-galactopyranoside
新替告皂苷元 -3-O-β-D- 吡喃葡萄糖基 -(1→4)-O-[α-L- 吡喃鼠李糖基 -(1→6)]-β-D- 吡喃葡萄糖苷	neotigogenin-3-O-β-D-glucopyranosyl-(1→4)-O-[α-L-rhamnopyranosyl-(1→6)]-β-D-glucopyranoside
新甜菜苷	neobetanin
新甜菜素 -5-O-β- 葡萄糖苷	neobetanidin-5-O-β-glucoside
新酮糖	neoketose
新菟丝子苷 A～C	neocuscutosides A～C
新托克皂苷元	neotokorogenin
新托克皂苷元 -1-O-α-L- 吡喃阿拉伯糖苷	neotokorogenin-1-O-α-L-arabinopyranoside
新橐吾定碱	neoligularidine
新网地藻内酯	neodictyolactone

新卫矛碱	neoevonymine
新卫矛明碱	neoalatamine
新卫矛羰碱	neoevonine
新乌拉尔醇	neouralenol
新乌檀苷 B	neonaucleoside B
新乌头碱 (中乌头碱、美沙乌头碱)	mesaconitine
新乌头原碱 (中乌头原碱)	mesaconine
新乌药环氧内酯	neolinderane
新乌药内酯	neolinderalactone
新五羟螺皂苷元	neopentologenin
新五羟螺皂苷元 -5-*O*-β-D- 吡喃葡萄糖苷	neopentologenin-5-*O*-β-D-glucopyranoside
新五味子素	neoschisandrin
新五烯	neopetaene
新戊醇	neopentanol (neopentyl alcohol)
新戊醇	neopentyl alcohol (neopentanol)
新戊醇异烟肼	pivalizid
新戊酸	pivalic acid
新戊酸苯酰甲酯	pibecarb
新戊酸脱氧皮质酮酯 (三甲基乙酸脱氧皮质酮酯)	deoxycortone pivalate (deoxycortone trimethyl acetate)
新戊烷	neopentane
3- 新戊氧基 -2- 丁醇	3-neopentyloxy-2-butanol
新西柏烯	neocembren
新西红花苷 A～J	neocrocins A～J
新西兰鸡蛋果氰苷 (四雄西番莲素) A、B	tetraphyllins A, B
新西兰鸡蛋果氰苷 B-4- 硫酸酯	tetraphyllin B-4-sulfate
新西兰罗汉松酚 (桃拓酚、桃塔酚、陶塔酚)	totarol
(+)- 新西兰罗汉松酚 [(+)- 桃拓酚、(+)- 桃塔酚、(+)- 陶塔酚]	(+)-totarol
新西兰罗汉松醛	totaral
新西兰牡荆苷 (葫芦巴苷、维采宁) Ⅰ～Ⅲ	vicenins Ⅰ～Ⅲ
新西兰牡荆苷 -2 (维采宁 -2、芹菜素 -6, 8- 二 -*C*-β-D- 葡萄糖苷)	vicenin-2 (apigenin-6, 8-di-*C*-β-D-glucoside)
新西萝芙木碱 (新萝芙木碱、新阿吗林)	neoajmaline
新狭叶香茶菜素	neoangustifolin
新夏佛塔苷 (芹菜素 -6-*C*-β-D- 吡喃葡萄糖苷 -8-*C*-β-L- 吡喃阿拉伯糖苷、新斯卡夫碳苷、新夏佛塔雪轮苷)	neoschaftoside (apigenin-6-*C*-β-D-glucopyranoside-8-*C*-β-L-arabinopyranoside)
新香茶菜素	neorabdosin
新香豆素 (3- 羟基 -6- 甲氧基 -5- 磺甲基香豆素)	neocoumarin (3-hydroxy-6-methoxy-5-sulfomethyl coumarin)

新香叶木苷 (新地奥司明)	neodiosmin
新薤白苷 D	neomacrostemonoside D
新蟹甲草酮	neoadenostylone
新绣球花苷	neohydrangin
新徐长卿苷 A	neocynapanoside A
新雪松醇	neocedranol
新崖豆藤酚	neomillinol
新亚麻双糖苦苷 (新亚麻氰苷)	neolinustatin
DL-新烟草碱	DL-anatabine
L-新烟草碱	L-anatabine
新烟草碱 (假木贼烟草碱、脱氢毒藜碱)	anatabine
新烟草灵	anatalline
新烟碱 (假木贼碱、毒藜碱)	neonicotine (anabasine)
新芫花叶白前苷元	neoglaucogenin
新氧棕儿茶单宁	neooxygambirtannine
新药用水八角苷	neoavroside
新野甘草诺醇	neodulcinol
新野漆树黄烷酮	neorhusflavanone
新野樱苷	neosakuranin
新伊里埃四醇	neoirietetraol
新异薄荷醇	neoisomenthol
新异薄荷醇乙酸酯	neoisomenthyl acetate
新异柿萘醇酮 (新异信浓山柿酮)	neoisoshinanolone
新异甘草苷	neoisoliquiritin
新异胡薄荷醇 (新异唇萼薄荷醇)	neoisopulegol
新异落新妇苷	neoisoastilbin
新异五加前胡烷 (新异五加内酯素)	neoisostegane
新异异胡薄荷醇	neoisoisopulegol
新异右旋海松酸	neoisodextropimaric acid
新异芸香苷	neoisorutin
新茵陈二炔	neocapillene
新隐丹参酮 II	neocryptotanshinone II
新硬毛茄苷元 (新海南皂苷元)	neosolaspigenin
新硬毛茄苷元-6-O-β-D-吡喃奎诺糖苷	neosolaspigenin-6-O-β-D-quinovopyranoside
(9′Z)-新有色质	(9′Z)-neochrome
新羽扇烯醇乙酸酯	neolupenyl acetate
新玉山双蝴蝶灵 (2-β-D-吡喃葡萄糖基-1, 3, 7-三羟基呫酮)	neolancerin (2-β-D-glucopyranosyl-1, 3, 7-trihydroxy-xanthone)
新原莪术烯醇	neoprocurcumenol
新原箭毒定	neoprotocuridine

新原藜芦碱 (原藜芦碱 B)	neoprotoveratrine (veratetrine, protoveratrine B)
新原藜芦碱 (原藜芦碱 B)	veratetrine (neoprotoveratrine, protoveratrine B)
新约诺皂苷元	neoyonogenin
新月蕨素 A～J	abacopterins A～J
新云实素 J～N	neocaesalpins J～N
新芸苔苷 (新葡萄糖芸苔素、新葡萄糖芸苔辛)	neoglucobrassicin (neoglucobrassicine)
新泽泻醇	neoalisol
新蔗果三糖 (新科斯糖)	neokestose
新芝麻素 (新芝麻脂素、新芝麻明)	neosesamin
新蜘蛛抱蛋苷	neoaspidistrin
新植二烯	neophytadiene
新珠子草次素	neonirtetralin
新锥丝碱	neoconessine
新锥塔筋骨草素 A	neoajugapyrin A
信阳冬凌草甲素、乙素 (信阳冬凌草素 A、B)	xindongnins A, B
星花木兰素 A	magnostellin A
星毛粟米草苷 A～G	lotoidosides A～G
星粟草苷 A～I	glinusides A～I
星鱼甾醇	stellasterol
808 猩红	scarlet 808
兴安白芷醇	dahurianol
兴安白芷苷 A、B	angedahuricosides A, B
兴安白芷内酯 (异白芷内酯、光叶当归内酯)	glabralactone
兴安白芷素 (杭白芷素) A、B	dahurins A, B
兴安杜鹃色烯 A～D	daurichromenes A～D
兴安杜鹃色烯酸 (腺果色烯酸)	daurichromenic acid
兴安藜芦定 (藜芦维定)	verdine
兴安升麻醇 A	dahurinol A
兴安升麻苷 C、D	cimidahusides C, D
兴安石竹苷 A～G	dianversicosides A～G
杏菜碱	limnantenine
L-杏黄罂粟碱	L-armepavine
杏黄罂粟碱 (亚美罂粟碱、亚美尼亚罂粟碱)	armepavine
杏仁球蛋白	amandin
杏仁酸	almond acid
杏香兔耳风素 (杏香兔耳风三聚酯) A～C、A_1、A_2、B_1、B_2	ainsliatriolides A～C, A_1, A_2, B_1, B_2
性诱色素	allurinochrome
胸苷 (胸腺嘧啶核苷)	thymidine
5'-胸苷酸	5'-thymidylic acid

胸腺激素 (胸腺素)	thymin
胸腺嘧啶 (胸嘧啶)	thymine
胸腺嘧啶 -2- 脱氧核苷	thymine-2-desoxyriboside
胸腺嘧啶脱氧核苷	thymidin
雄黄	realgar
雄黄兰茜素 (雄黄兰醌、鸢尾兰醌) A、B	tricrozarins A, B
雄黄兰皂苷 A～I	crocosmiosides A～I
雄蕊鼠尾草醇	salvistamineol
雄蕊状鸡脚参醇 (肾茶醇) A～D	staminols A～D
雄蕊状鸡脚参内酯 (肾茶内酯) A、B	staminolactones A, B
雄烯二酮	androstenedione
雄性激素 I、II	androgenic hormones I, II
雄性腺激素	androgenic gland hormone
雄甾 -1, 4- 二烯 -3, 17- 二酮	androst-1, 4-dien-3, 17-dione
5α- 雄甾 -3, 17- 二酮	5α-androst-3, 17-dione
5β- 雄甾 -3, 17- 二酮	5β-androst-3, 17-dione
5β- 雄甾 -3α, 17β- 二醇	5β-androst-3α, 17β-diol
5α- 雄甾 -3β, 17α- 二醇	5α-androst-3β, 17α-diol
雄甾 -4, 6- 二烯 -3, 17- 二酮	androst-4, 6-dien-3, 17-dione
雄甾 -4- 酮 -3, 17- 二酮	androst-4-one-3, 17-dione
雄甾 -4- 烯 -3, 17- 二酮	androst-4-en-3, 17-dione
雄甾素 A～C	andrastins A～C
雄甾酮	androsterone
雄甾烷	androstane
雄甾烯 (雄烯)	androstene
5 (6)- 雄甾烯 -17- 酮 -3β-O-β-D- 吡喃葡萄糖苷	5 (6)-androsten-17-one-3β-O-β-D-glucopyranoside
熊胆草苷 A、B	blinosides A, B
熊胆草苷 A-15-O-[(3″R)- 羟基] 十八酸酯	blinoside A-15-O-[(3″R)-hydroxy] octadecanoate
熊耳草素 A～G	agehoustins A～G
熊果 -12- 烯 -11- 酮 -3- 醇二十八酸酯	urs-12-en-11-one-3-ol octocosanoate
熊果 -12- 烯 -28- 醇	urs-12-en-28-ol
熊果 -12- 烯 -2α, 3β, 28- 三醇	urs-12-en-2α, 3β, 28-triol
熊果 -12- 烯 -2α, 3β- 二醇	urs-12-en-2α, 3β-diol
3α- 熊果 -12- 烯 -3, 23- 二醇	3α-urs-12-en-3, 23-diol
18αH- 熊果 -12- 烯 -3-O-β-D- 吡喃葡萄糖苷	18αH-urs-12-en-3-O-β-D-glucopyranoside
熊果 -12- 烯 -3α, 16β- 二醇	urs-12-en-3α, 16β-diol
熊果 -12- 烯 -3β, 16β- 二醇	urs-12-en-3β, 16β-diol
熊果 -12- 烯 -3β, 28- 二醇	urs-12-en-3β, 28-diol
熊果 -12- 烯 -3β, 28- 二醇 -3β- 棕榈酸酯	urs-12-en-3β, 28-diol-3β-palmitate
熊果 -12- 烯 -3β, 28- 二醇 -3- 乙酸酯	urs-12-en-3β, 28-diol-3-acetate

X

熊果 -12- 烯 -3β- 醇	urs-12-en-3β-ol
熊果 -12- 烯 -3β- 醇 -28- 酸	urs-12-en-3β-ol-28-oic acid
熊果 -12- 烯 -3β- 醇 -28- 酸 -3β-D- 吡喃葡萄糖苷 -4′- 硬脂酸盐	urs-12-en-3β-ol-28-oic acid-3β-D-glucopyranoside-4′-octadecanoate
熊果 -12- 烯 -3β- 醇 -29- 酸	urs-12-en-3β-ol-29-oic acid
熊果 -12- 烯 -3β- 醇十七酸酯	urs-12-en-3β-ol heptadecanoate
熊果 -12- 烯 -3-β- 醇乙酸酯	urs-12-en-3-β-ol acetate
18α, 19α- 熊果 -20 (30)- 烯 -3-β- 醇	18α, 19α-urs-20 (30)-en-3β-ol
18α, 19α- 熊果 -20- 烯 -3β, 16β- 二醇	18α, 19α-urs-20-en-3β, 16β-diol
熊果 -3β, 5α- 二醇	urs-3β, 5α-diol
熊果 -9 (11), 12- 二烯 -3β- 醇	urs-9 (11), 12-dien-3β-ol
熊果醇 (乌发醇)	uvaol
熊果醇 -3-O- 棕榈酸酯	uvaol-3-O-palmitate
熊果醇乙酸酯	uvaol acetate
熊果酚苷 (熊果苷、氢醌葡萄糖)	arbutoside (arbutin, ursin, uvasol, hydroquinone glucose)
熊果酚苷 (熊果苷、氢醌葡萄糖)	ursin (arbutoside, arbutin, uvasol, hydroquinone glucose)
熊果苷 (熊果酚苷、氢醌葡萄糖)	arbutin (arbutoside, ursin, uvasol, hydroquinone glucose)
熊果苷 (熊果酚苷、氢醌葡萄糖)	uvasol (arbutoside, ursin, arbutin, hydroquinone glucose)
熊果吉力酸	ursangilic acid
熊果尼酸 (3- 熊果酮酸)	ursonic acid (3-ketoursolic acid)
熊果醛	ursolic aldehyde
熊果酸 (β- 熊果酸、乌苏酸、乌索酸)	ursolic acid (β-ursolic acid, urson, prunol, malol)
熊果酸 -3-O-α-L- 吡喃阿拉伯糖苷	ursolic acid-3-O-α-L-arabinopyranoside
12- 熊果酸 -3-O-β-D- 葡萄糖苷	12-ursolic acid-3-O-β-D-glucoside
熊果酸 -3-O- 山嵛酸酯	ursolic acid-3-O-behenate
熊果酸 -D- 葡萄糖苷	ursolic acid-D-glucoside
熊果酸甲酯	methyl ursolate
熊果酸内酯	ursolic acid lactone
熊果酸内酯乙酸酯	ursolic acid lactone acetate
熊果酸乙酸酯	ursolic acid acetate
熊果酸乙酯	ethylursolate
熊果酸硬脂酰基葡萄糖苷	ursolic acid stearoyl glucoside
3- 熊果酮酸 (熊果尼酸)	3-ketoursolic acid (ursonic acid)
熊果烷	ursane
12- 熊果烯 -3, 28- 二醇	12-ursen-3, 28-diol
12- 熊果烯 -3-O-β-D- 葡萄糖苷	12-ursen-3-O-β-D-glucoside
12- 熊果烯 -3- 醇	12-ursen-3-ol
熊果烯氧酸	ursethoxy acid
熊果辛酯	octylursolate
熊果杨梅酮	ursomyricerone

熊果氧酸	ursoxy acid
熊果氧酸甲酯	methyl ursoxylate
熊菊定素 A	ursiniolide A
熊脱氧胆酸 (乌索脱氧胆酸)	ursodeoxycholic acid (ursodiol)
熊脱氧胆酸 (乌索脱氧胆酸)	ursodiol (ursodeoxycholic acid)
熊竹素 (熊竹山姜素、华良姜素、5, 4′-二羟基-3, 7-二甲氧基黄酮)	kumatakenin (5, 4′-dihydroxy-3, 7-dimethoxyflavone)
秀丽水柏枝烯 A、B	eleganenes A, B
秀柱花属碱 O-1	eustigma base O-1
绣球花苷 (八仙花苷、伞形花内酯、伞花内酯、常山素 A、伞形酮、7-羟基香豆素)	hydrangin (dichrin A, umbelliferone, umbelliferon, skimmctin, 7-hydroxycoumarin)
绣球碱 (中国绣球碱) A、B	hydrachines A, B
绣球腈苷 A_1、A_2、B_1、B_2	hydranitrilosides A_1, A_2, B_1, B_2
绣球菌内酯 A~C	hanabiratakelides A~C
绣球茜苷 (顿尼西诺苷)	dunnisinoside
绣球茜醚萜 (绣球茜宁)	dunnisinin
绣球茜素	dunnisin
绣球氰苷 A~F	hydracyanosides A~F
绣球藤苷 1、2	montanosides 1, 2
绣球藤皂苷 A~F	clemontanosides A~F
绣球萜苷 (绣球苷、八仙花酚苷) A~E	hydrangenosides A~E
绣球叶苷 (绣球叶柯萨木素) I	hydrangeifolin I
绣线菊胺 (急尖绣线菊胺) A~Z	spiramines A~Z
绣线菊醇 (绣线菊二萜醇)	spiraminol
绣线菊定碱 D	spiredine D
绣线菊吩 II~VI、III A、V A、VI A、D	spirafines II~VI, III A, V A, VI A, D
绣线菊苷 (槲皮素-4-单-D-葡萄糖苷)	spiraeoside (quercetin-4-mono-D-glucoside)
绣线菊碱 (绣线菊定) A~G	spiradines A~G
绣线菊明碱 A~D	spiromines A~D
绣线菊素	spiraein
绣线菊新碱 I~XV	spirasines I~XV
绣线菊因	spirajine
绣线菊因碱	spireine
锈寄生菌素 A、B	darlucins A, B
锈鳞木犀榄精 (锈鳞木犀榄苷) A、B	oleferrugines A, B
锈毛地黄醌	digiferrugineol
锈毛厚壳桂碱	velucryptine
锈色罗汉松酚 (铁锈醇、弥罗松酚)	ferruginol
(+)-锈色罗汉松酚	(+)-ferruginol
锈色罗汉松酚乙酸酯	ferruginol acetate

锈色洋地黄醇 (锈色洋地黄醌醇)	digiferruginol
锈色洋地黄醇 -11-*O*-β- 龙胆二糖苷	digiferruginol-11-*O*-β-gentiobioside
锈色洋地黄醇 -11-*O*-β- 樱草糖苷	digiferruginol-11-*O*-β-primeveroside
锈色洋地黄醇 -1- 甲醚 -11-*O*-β- 龙胆二糖苷	digiferruginol-1-methylether-11-*O*-β-gentiobioside
(1*S*, 2*S*, 4*R*, 5*S*)-2- 溴 -1-(*E*)- 溴乙烯基 -4, 5- 二氯 -1, 5- 二甲基环己烷	(1*S*, 2*S*, 4*R*, 5*S*)-2-bromo-1-(*E*)-bromovinyl-4, 5-dichloro-1, 5-dimethyl cyclohexane
1-*r*- 溴 -1- 氯 -3-*t*- 乙基 -3-*c*- 甲基环己烷	1-*r*-bromo-1-chloro-3-*t*-ethyl-3-*c*-methyl cyclohexane
(*R*)-1- 溴 -1- 氯 - 反式 -3- 乙基 -3- 甲基环己烷	(*R*)-1-bromo-1-chloro-*trans*-3-ethyl-3-methyl cyclohexane
(*S*p)-4- 溴 [2.2] 对环芳烷	(*S*p)-4-bromo [2.2] paracyclophane
(4*R*p, 12*S*p)-4- 溴 [2.2] 对环芳烷 -12- 甲酸	(4*R*p, 12*S*p)-4-bromo [2.2] paracyclophane-12-carboxylic acid
(1¹*S*p)-1²- 溴 -1, 4 (1, 4)- 二苯杂环己蕃	(1¹*S*p)-1²-bromo-1, 4 (1, 4)-dibenzenacyclohexaphane
(*S*p)-12- 溴 -1, 4 (1, 4)- 二苯杂环己蕃	(*S*p)-12-bromo-1, 4 (1, 4)-dibenzenacyclohexaphane
(1¹*S*p, 4⁴*R*p)-4³- 溴 -1, 4 (1, 4)- 二苯杂环己蕃 -12- 甲酸	(1¹*S*p, 4⁴*R*p)-4³-bromo-1, 4 (1, 4)-dibenzenacyclohexaphane-12-carboxylic acid
6- 溴 -1*H*- 吲哚 -3- 甲醛	6-bromo-1*H*-indole-3-carbaldehyde
8- 溴 -1- 烯 - 花柏烯	8-bromo-l-en-chamigrene
4- 溴 -2-(2- 氯乙基) 丁 -1- 醇	4-bromo-2-(2-chloroethyl) but-1-ol
15- 溴 -2, 16, 19- 三乙酰氧基 -7- 羟基 -9 (11)- 帕尔瓜烯	15-bromo-2, 16, 19-triacetoxy-7-hydroxy-9 (11)-parguerene
3- 溴 -2- 甲酰胺基苯甲酸	3-bromo-2-carboxamidobenzoic acid
(2*R*)-2- 溴 -2- 氯 -2- 脱氧 -α-D- 吡喃葡萄糖	(2*R*)-2-bromo-2-chloro-2-deoxy-α-D-glucopyranose
1- 溴 -2- 氯奥赫托达 -3 (8), 5- 二烯 -4- 酮	1-bromo-2-chloroochtoda-3 (8), 5-dien-4-one
1- 溴 -2- 氯乙烷	1-bromo-2-chloroethane
5- 溴 -2′- 脱氧尿苷	5-bromo-2′-deoxyuridine
2- 溴 -3- 碘代丙烯酸	2-bromo-3-iodoacrylic acid
(1*R*, 3*S*)-1- 溴 -3- 氯代环己烷	(1*R*, 3*S*)-1-bromo-3-chlorocyclohexane
(1*S*, 3*R*)-1- 溴 -3- 氯代环己烷	(1*S*, 3*R*)-1-bromo-3-chlorocyclohexane
4-*t*- 溴 -4- 甲基环己 -1-*r*- 胺	4-*t*-bromo-4-methyl cyclohexane-1-*r*-amine
(4*R*, 5*S*)-5- 溴 -4- 氯 -2, 4- 二甲基 -(*E*)- 氯乙烯基环己烯	(4*R*, 5*S*)-5-bromo-4-chloro-2, 4-dimethyl-(*E*)-chlorovinyl cyclohexene
5- 溴 -4- 氧亚基 -4, 5, 6, 7- 四氢苯并呋喃	5-bromo-4-oxo-4, 5, 6, 7-tetrahydrobenzofuran
7- 溴 -5, 6- 二氢薁 -2- 甲酸	7-bromo-5, 6-dihydroazulen-2-carboxylic acid
1- 溴 -7- 溴甲基 -1, 8- 二氯辛烷	1-bromo-7-bromomethyl-1, 8-dichlorooctane
(−)-10α- 溴 -9β- 羟基 -α- 花柏烯	(−)-10α-bromo-9β-hydroxy-α-chamigrene
3- 溴白花丹素	3-bromoplumbagin
N-(4′- 溴苯基)-2, 2- 二苯基乙酰苯胺	*N*-(4′-bromophenyl)-2, 2-diphenyl acetanilide
4- 溴苯甲醛	4-bromobenzoic aldehyde
4- 溴苯甲酸	4-bromobenzoic acid
3- 溴吡啶	3-bromopyridine
(8*R*)-8- 溴代 -10- 表 -β- 斯奈德醇	(8*R*)-8-bromo-10-epi-β-snyderol

2-溴代桂皮酸	2-bromocinnamic acid
3-溴代桂皮酸	3-bromocinnamic acid
N-溴代琥珀酰亚胺	N-bromosuccinimide
溴代环丙烷	bromocyclopropane
DL-6′-溴代劳丹素	DL-6′-bromolaudanosin
2-溴代十二烷	2-bromododecane
(−)-(3E)-溴代亚甲基-10β-溴-β-花柏烯	(−)-(3E)-bromomethylidene-10β-bromo-β-chamigrene
(+)-3-(Z)-溴代亚甲基-10β-溴-β-花柏烯	(+)-3-(Z)-bromomethylidene-10β-bromo-β-chamigrene
3-溴-3-碘代丙烯酸	3-bromo-3-iodoacrylic acid
溴仿	bromoform
溴化-N-苯基乙烷亚铵	N-phenyl ethan-1-iminium bromide
溴化-N-甲基苯铵	N-methyl benzenaminium bromide
溴化倍半萜	bromo-sesquiterpene
溴化法呢基醇	farmesyl bromide
溴化甲基苯铵	methyl (phenyl) ammonium bromide
溴化甲基镁	methyl magnesium bromide
溴化氢 (溴烷)	hydrogen bromide (bromane)
溴化氢氢化可塔宁	hydrocotarnine hydrobromide
溴化氢天仙子胺	hyoscyamine hydrobromide
溴化乙酰胆碱	acetyl choline bromide
6″-溴化异云南石梓醇	6″-bromoisoarboreol
溴甲酚绿	bromcresol green
溴甲酚酰胺	brosotamide
溴甲酚紫	bromcresol purple
6-溴甲基-4, 5-二氯-3aH-茚-7-基	6-bromomethyl-4, 5-dichloro-3aH-inden-7-yl
溴甲蓝	bromphenol blue
溴甲莨菪碱	hyoscyamine methyl bromide
溴甲烷	bromomethane (methyl bromide)
溴甲烷	methyl bromide (bromomethane)
3-溴邻苯甲酰氨甲酸	3-bromophthalamic acid
溴氰菊酯	deltamethrin
溴氰菊酯 A～F	malabathrins A～F
溴球果藻酮	bromosphaerone
1-溴三十烷	1-bromotriacontane
溴麝酚蓝	bromothymol blue
1-溴四氢吡咯 -2, 5-二酮	1-bromopyrrolidine-2, 5-dione
溴烷 (溴化氢)	bromane (hydrogen bromide)
1-(1-溴乙基)-4-(1, 2-二溴乙基) 苯	1-(1-bromoethyl)-4-(1, 2-dibromoethyl) benzene
2-(2-溴乙基)-4-氯丁-1-醇	2-(2-bromoethyl)-4-chlorobut-1-ol
3-溴樟脑	3-bromocamphor

X

5-溴赭亲酮	5-bromoochrephilone
须苞石竹吡喃苷	barbapyroside
须霉甾醇 A	phycomysterol A
须盘掌碱	lophophorine
须松萝酸 (坝巴酸、巴尔巴地衣酸)	barbatinic acid (barbatic acid)
须苔烯 A~D	mastigophorenes A~D
徐长卿苷 A~I	cynapanosides A~I
徐长卿莫苷 A~I	paniculatumosides A~I
序柄狗牙花定	peduncularidine
序柄狗牙花碱	pedunculine
序序阿素 Aα~Dα	xuxuarines Aα~Dα
叙利亚芸香素	heliettin
续断环烯醚萜苷 (续断苷) A~G	dipsanosides A~G
续断皂苷 (川续断皂苷、天蓝续断苷) A~K	asperosaponins (dipsacus saponins, dipsacosides) A~K
续随二萜酯 (大戟甾醇、千金子甾醇、6, 20-环氧千金二萜醇-5, 15-二乙酸-3-苯乙酸酯)	euphorbiasteroid (6, 20-epoxylathyrol-5, 15-diacetate-3-phenyl acetate)
续随子二萜 (大环二萜千金子) A	euphorbialathyris A
续随子酸 A	lathyranoic acid A
宣威乌头宁	lasianine
宣威乌头辛	lasiansine
萱草苷	hemerocalloside
萱草根素 (萱草素)	hemerocallin
萱草萜 A	hemerocallal A
萱草酮	hemerocallone
玄参奥苷	scrophularioside
玄参夫苷	scrophuside
玄参苷 (玄参种苷) A~D	ningposides A~D
玄参利苷 (玄参波利苷、士可玄参苷) A~D	scropoliosides A~D
玄参醚萜苷 A、B	ningpopyrrosides A、B
玄参宁碱 (玄参碱) A~C	scrophularianines A~C
玄参素	scrophularin
玄参萜 A、B	scrophularianoids A, B
玄参萜苷 A	scrophulninoside A
玄参瓦伦丁苷	scrovalentinoside
玄参新碱 A~C	ningpoensines A~C
悬垂莢蒾苷 A~Q	gomojosides A~Q
悬垂莢蒾内酯	suspensolide
悬钩子苯酚	rubuphenol
悬钩子苷 (甜叶悬钩子苷、甜茶苷) J~P	rubusosides J~P
悬钩子皂苷 (山香醇酸糖苷) F_1、R_1	suavissimosides F_1, R_1

悬铃木二酮	grenoblone
悬铃木苷	platanoside
悬铃木宁	platanin
悬铃木酸	platanic acid
悬铃木酸-28-O-β-D-吡喃葡萄糖酯	platanic acid-28-O-β-D-glucopyranosyl ester
旋覆澳泽兰素	austroinulin
旋覆花倍半萜酮(野鸡尾酮、日本漆姑草酮)A～L	japonicones A～L
旋覆花次内酯	inulicin
旋覆花佛术内酯	eremobritanilin
旋覆花黄素(日本漆姑草素)A、B	japonicins A, B
旋覆花内酯	inunolide
旋覆花属碱	inula base
旋覆花素	inuloidin
旋覆花酸	inulalic acid
旋覆花索尼内酯	inusoniolide
旋钩藻毒素	gonyautoxin
(11S)-旋花醇酸	(11S)-convolvulinolic acid
旋花碱	convolvine
旋花茄定	solaspiralidine
旋花属碱	convolvulus base
旋花素	convolvicine
旋叶藻酚 A、B	vidalols A, B
旋转黄丝曲霉素 B、C	talaroconvolutins B, C
绚孔菌酸 A～C	laetiporic acids A～C
穴果木萜苷	coelobillardin
穴丝芥醛	colenemal
雪茶素	vermicularin
雪茶酸(地茶酸)	thamnolic acid
雪胆苷 G_1、G_2、H_1、Ma_1～Ma_5	hemslosides G_1, G_2, H_1, Ma_1～Ma_5
雪胆苷 Ma2(木鳖子皂苷 Ⅱe)	hemsloside Ma2 (momordin Ⅱe)
雪胆甲素苷	hemsamabilinin A
雪胆乙素苷(曲莲宁 B)	hemsamabilinin B
雪胆素 A-2-O-β-D-吡喃葡萄糖苷	hemslecin A-2-O-β-D-glucopyranoside
雪胆素甲、乙(葫芦素 Ⅱa、Ⅱb)	hemslecins A, B (curcurbitacins Ⅱa, Ⅱb)
雪胆皂苷 A	hemslonin A
雪胆皂苷 G2 甲酯	hemsloside G2 methyl ester
雪光花苷 A、B	lucilianosides A, B
雪赫柏苷 A、H	chionosides A, H
雪花莲胺碱(加兰他敏、加兰他明、雪花胺)	lycoremine (galanthamine)
雪花莲碱	galanthine

X

雪花灵	nivaline
雪浆果苷 Ⅳ	alboside Ⅳ
雪莲多糖	saussurea polysaccharide
雪莲花内酯 A～C	sausinlactones A～C
雪莲黄酮苷 A_1～A_5	saussurea flavone glycosides A_1～A_5
雪莲内酯	xuelianlactone
雪岭杉酮	schrenkianaone
雪柳苷	fontanesioside
雪片莲苷 (山奈酚 -3-O-桑布双糖苷、堪非醇 -3-O-桑布双糖苷)	leucoside (kaempferol-3-O-sambubioside)
雪片莲石斛素 A、B	flakinins A, B
雪上一枝蒿丙素 (14′-乙酰基新欧乌林碱)	bullatine C (14′-acetyl neoline)
雪上一枝蒿甲素～庚素 (一枝蒿甲素～庚素)	bullatines A～G
雪上一枝蒿碱 (一枝蒿碱)	anthorine
雪上一枝蒿素 (一枝蒿素)	bullatine
(10S, 11S)-雪松 -3 (12), 4-二烯	(10S, 11S)-himachala-3 (12), 4-diene
(−)-雪松醇	(−)-cedrol
α-雪松醇	α-cedrol
β-雪松醇	β-cedrol
雪松醇 (雪松脑)	cedrol
(+)-α-雪松醇	(+)-α-cedrol
(+)-雪松醇	(+)-cedrol
雪松达醇	centdarol
雪松达灵	cedeodarin
雪松素 (雪松达灵)	deodarin
雪松素 -4′-葡萄糖苷	deodarin-4′-glucoside
雪松酮	deodarone
(−)-α-雪松烯	(−)-α-cedrene
α-雪松烯	α-cedrene
β-雪松烯 (β-柏木烯)	β-cedrene
雪松烯 (柏木烯、喜马拉雅雪松烯、喜马雪松烯)	cedrene (himachalene)
(−)-β-雪松烯 [(−)-β-柏木烯]	(−)-β-cedrene
(+)-β-雪松烯 [(+)-β-柏木烯]	(+)-β-cedrene
α-雪松烯环氧化物	α-cedrene epoxide
雪松脂宁	cedrusinin
雪松脂素	cedrusin
雪松脂素 -4-O-β-D-吡喃葡萄糖苷	cedrusin-4-O-β-D-glucopyranoside
雪松脂素 -4′-葡萄糖苷	cedrusin-4′-glucoside
雪松脂素 -9-O-β-D-吡喃葡萄糖苷	cedrusin-9-O-β-D-glucopyranoside
雪梭霉醇	nivalenol

雪乌碱	penduline
雪香兰素 A～F	hedyosumins A～F
雪叶向日葵素 (白色向日葵素) A～C	niveusins A～C
雪指甲草苷 B、C	chionaeosides B, C
鳕油酸 (9-二十烯酸)	gadoleic acid (9-eicosenoic acid)
血卟啉	hematoporphyrin
血封喉糖苷	antioside
α- 血封喉糖苷 (血封喉古洛糖苷、19-脱氧 -α- 见血封喉苷)	α-antioside (19-deoxy-α-antiarin)
β- 血封喉糖苷 (血封喉鼠李糖苷、19-脱氧 -β- 见血封喉苷)	β-antioside (19-deoxy-β-antiarin)
血根红碱	sanguirubine
血根黄碱	sanguilutine
血根碱 (假白屈菜季铵碱、假白屈菜红碱)	sanguinarine (pseudochelerythrine)
血根双碱	sanguidimerine
血管活性肠肽	vasoactive intestinal peptide
血管紧张肽 Ⅰ、Ⅱ	angiotensins Ⅰ, Ⅱ
血红蛋白	hemoglobin
血红栓菌素	pycnosanguin
血红小菇醌	sanguinolentaquinone
血见愁苷 A～H	teuvissides A～H
血见愁内酯 A～C	teuvislactones A～C
血见愁酮	teuvisone
血见愁辛 A～E	teucvisins A～E
血浆铜蓝蛋白	ceruloplasmin
血竭白素	dracoalban
血竭二氧杂庚醚	dracooxepine
血竭红素 (龙血树脂红血树脂)	dracorubin
血竭黄烷 A	dracoflavan A
血竭树脂鞣醇	dracoresinotannol
血竭树脂烃	dracoresene
血竭素	dracorhodin
血竭素高氯酸盐	dracorhodin perchlorate
血蓝蛋白	hemocyanin
血淋巴蛋白	hemolymph protein
血凝集素 (血凝素)	hemagglutinin
血清白蛋白	serum albumin
血清素 (5-羟色胺、5-羟基色胺)	serotonin (5-hydroxytryptamine)
血清素 -肌酸酐硫酸酯	serotonin-creatinine sulfate
血色素	hematin

血桐苷 A～F	macarangiosides A～F
血桐黄烷酮 A～G	macaflavanones A～G
血桐素	macarangin
血桐酮 B	macaranone B
血酮醇	macarangonol
血苋素 I	iresinin I
血小板活化因子	platelet activating factor
血脂减少因子	hypolipidemic factor
勋章菊内酯	gazaniolide
(2R, 3R)-8-熏衣草-5, 7, 4'-三羟基-2'-甲氧基黄烷酮	(2R, 3R)-8-lavandulyl-5, 7, 4'-trihydroxy-2'-methoxyflavanone
熏衣草醇	lavandulol
8-熏衣草山奈酚酯	8-lavandulyl kaempferol
熏衣草叶苷	lavadulifolioside
薰点霉蒽醌-6-甲醚	6-O-methyl phomarin
薰曲菌林素	amebacilin (fumagillin)
薰曲菌林素	fumagillin (amebacilin)
薰衣草醇乙酸酯	lavandulyl acetate
薰衣草多糖	lavender PSC
薰衣草苷 A	lavandulaside A
薰衣草棉醇	santolinylol
薰衣草素苷	lavandoside
薰衣草叶水苏苷 (薰衣草叶苷、水苏苷 B)	lavandulifolioside (stachysoside B)
寻骨风萜素 A～F	aristomollins A～F
荨麻醇	urticol
荨麻刺素	faveline
荨麻刺素甲醚	faveline methyl ether
荨麻刺酮	favelanone
荨麻苷 A、B	urticasides A, B
荨麻烯	urticene
荨麻叶龙头草酸 A～D	rashomonic acids A～D
荨麻叶泽兰酮	dehydrotremetone
α-枸子呋喃	α-cotonefuran
γ-枸子呋喃	γ-cotonefuran
Δ-枸子呋喃	Δ-cotonefuran
ε-枸子呋喃	ε-cotonefuran
β-枸子呋喃	β-cotonefuran
枸子齐墩果酸	cotoneastoleanolic acid
枸子熊果酸	cotoneastursolic acid
鲟精蛋白 β	sturine β

蕈毒醇 (异鹅膏胺)	muscimol
蕈毒定	muscaridine
蕈毒腙异 (鹅膏氨酸)	muscazone
丫蕊花苷 A～R	ypsilandrosides A～R
丫蕊花内酯苷 A、B	ypsilactosides A, B
鸦葱苷	scorzoside
鸦胆灵	brucealin
鸦胆它宁 (抗痢鸦胆子灵、埃鸦胆子芳苦素、鸦胆他林)	bruceantarin
鸦胆亭	bruceantin
鸦胆亭醇 A	bruceantinol A
鸦胆子醇 A～H	bruceanols A～H
鸦胆子酚	brucenol
鸦胆子苷 (鸦胆子奥苷) A～P	yadanziosides A～P
鸦胆子碱	brucamarine
鸦胆子碱苷	bruceacanthinoside
鸦胆子考内酯 A～H	javanicolides A～H
鸦胆子苦醇	brusatol
鸦胆子苦苷 (鸭胆子苷)	bruceoside (yatanoside)
鸦胆子苦苷 (鸭胆子苷、鸦胆子糖苷) A～F	bruceosides A～F
鸦胆子苦烯	bruceene
鸦胆子内酯	bruceolide (yadanziolide)
鸦胆子内酯	yadanziolide (bruceolide)
鸦胆子内酯 A～W	yadanziolides A～W
鸦胆子尼酮 A	bruceajavaninone A
鸦胆子宁 A～C	bruceajavanins A～C
鸦胆子葡苷 (鸦胆子苦素 E-2-β-D- 吡喃葡萄糖苷)	yadanzigan (bruceine E-2-β-D-glucopyranoside)
鸦胆子双内酯 (瓜哇镰菌素) U	javanicin U
鸦胆子素 (鸦胆子苦素) A～M	bruceins (bruceines) A～M
鸦胆子酸 A、B	javanic acids A, B
鸦胆子萜烷 1～3	brucojavans 1～3
鸦胆子酮 A～C	bruceajavanones A～C
鸦胆子酮 A-7- 乙酸酯	bruceajavanone A-7-acetate
鸦胆子酮酸	bruceaketolic acid
鸦胆子新苷 A～H	javanicosides A～H
鸦胆子新酮 A～N	brujavanones A～N
鸦片黄 (罂粟酮碱)	xanthaline (papaveraldine)
(+)- 鸦片尼定碱	(+)-laudanidine
鸦片尼定碱 (劳丹尼定、半日花酚碱、劳丹宁)	laudanidine (tritopine, laudanine)
(+)-(1S, 2R)- 鸦片尼定碱 -Nα- 氧化物	(+)-(1S, 2R)-laudanidine-Nα-oxide
(+)-(1S, 2S)- 鸦片尼定碱 -Nβ- 氧化物	(+)-(1S, 2S)-laudanidine-Nβ-oxide

鸦片宁(那可汀、诺司卡品、甲氧基白毛茛碱、那可丁)	opianine (narcotine, noscapine, methoxyhydrastine, narcosine)
鸭葱二聚内酯 A、B	biguaiascorzolides A, B
鸭葱素	scorzonerin
鸭葱酸	scorzoneric acid
鸭胆宁	yatanine
鸭胆子苷 (鸦胆子苦苷)	yatanoside (bruceoside)
鸭胆子苦醇	yatansin
鸭脚木定	alstonidine
鸭脚木碱	alstonine
鸭脚木立定	alstonilidine
鸭脚木灵 (阿斯木碱)	alstoniline
鸭脚木明碱	alstonamine
鸭脚木属碱	alstonia base
鸭脚木萜苷 A～D	heptoleosides A～D
鸭脚木西定	alstonisidine
鸭脚树叶碱 (苦籽木宁)	picrinine
鸭脚树叶醛碱 (苦籽木醛)	picralinal
鸭绿乌头宁	jaluenine
鸭毛藻酮	symphyoketone
鸭皂树萜 A、B	farnesiranes A, B
鸭皂树萜苷	farnesiaside
鸭跖黄亭	flavocommelitin
鸭跖黄酮苷	flavocommelin
鸭跖兰素	commelinin
鸭嘴花醇	vasicol
鸭嘴花定碱	adhatodine
鸭嘴花酚碱 (鸭嘴花醇碱、6-羟基鸭嘴花碱)	vasicinol (6-hydroxypeganine)
鸭嘴花碱 (鸭嘴花种碱、番爵床碱、骆驼蓬宁碱、骆驼蓬碱)	vasicine (peganine)
(−)-鸭嘴花碱 [(−)-骆驼蓬碱]	(−)-vasicine [(−)-peganine]
鸭嘴花碱酮 (鸭嘴花酮碱、鸭嘴花种酮、鸭嘴花酮)	vasicinone
鸭嘴花考林碱 (鸭嘴花灵)	vasicoline
鸭嘴花考林酮碱	vasicolinone
鸭嘴花宁	vasicinine
牙买黄素 (牙买加毒鱼豆素)	jamaicin
牙买加鞘丝藻酰胺 A～C	jamaicamides A～C
芽枝霉内酯 (芽枝霉地) A～D	cladosporides A～D
芽庄鞘丝藻素 A、B	nhatrangins A, B
芽子定甲酯	ecgonidine methyl ester

L-芽子碱	L-ecgonine
芽子碱	ecgonine
崖豆藤酚醇	millinolol
崖豆藤素 (台湾崖豆藤素) F～H	millewanins F～H
α-崖椒碱 (α-花椒碱、α-别隐品碱)	α-fagarine (α-allocryptopine)
γ-崖椒碱 (γ-花椒碱)	γ-fagarine
D-崖椒他灵 (D-特它碱)	D-tembetarine
崖椒他灵 (特它碱、冬崖椒碱、N-甲基网叶番荔枝碱)	tembetarine (N-methyl reticuline)
(+)-崖椒他灵 [(+)-冬崖椒灵]	(+)-tembetarine
(+)-崖椒酰胺	(+)-fagaramide
崖椒酰胺	fagaramide
崖摩宁	amoorinin
崖摩宁-3-O-α-L-吡喃鼠李糖基-(1→6)-β-D-吡喃葡萄糖苷	amoorinin-3-O-α-L-rhamnopyranosyl-(1→6)-β-D-glucopyranoside
崖摩抑素 (大叶山楝抑素)	amoorastatin
崖摩抑酮	amoorastatone
崖爬藤醇 A	terastigmol A
崖爬藤黄酮 A～D	tetrastigmas A～D
雅黄鞣质	rhatannin
雅槛兰斗菜酮	eremofulcinone
雅槛兰烯	eriophillene
雅昆苦苣菜内酯 (杰氏苦苣菜内酯)	jacquilenin
雅昆苦苣菜素	jacquinelin
雅昆苦苣菜素葡萄糖苷 (假还阳参苷 B)	jacquinelin glucoside (crepidiaside B)
雅榄兰酮	eremophilone
雅姆皂苷元 [亚莫皂苷元、(25S)-5-螺甾烯-3β-醇]	yamogenin [(25S)-spirost-5-en-3β-ol]
雅姆皂苷元-3-O-α-L-吡喃鼠李糖基-(1→2)-[β-D-吡喃木糖基 (1→3)]-β-D-吡喃葡萄糖苷	yamogenin-3-O-α-L-rhamnopyranosyl-(1→2)-[β-D-xylopyranosyl-(1→3)]-β-D-glucopyranoside
雅姆皂苷元-3-O-α-L-吡喃鼠李糖基-(1→4)-[α-L-吡喃鼠李糖基-(1→2)]-β-D-吡喃葡萄糖苷	yamogenin-3-O-α-L-rhamnopyranosyl-(1→4)-[α-L-rhamnopyranosyl-(1→2)]-β-D-glucopyranoside
雅姆皂苷元-3-O-α-L-吡喃鼠李糖基-(1→4)-β-D-吡喃葡萄糖苷	yamogenin-3-O-α-L-rhamnopyranosyl-(1→4)-β-D-glucopyranoside
雅姆皂苷元-3-O-β-D-吡喃葡萄糖基-(1→2)-β-D-吡喃葡萄糖基-(1→4)-β-D-吡喃半乳糖苷	yamogenin-3-O-β-D-glucopyranosyl-(1→2)-β-D-glucopyranosyl-(1→4)-β-D-galactopyranoside
雅姆皂苷元-3-O-β-D-吡喃葡萄糖基-(1→3)-[α-L-吡喃鼠李糖基 (1→2)]-β-D-吡喃葡萄糖苷	yamogenin-3-O-β-D-glucopyranosyl-(1→3)-[α-L-rhamnopyranosyl-(1→2)]-β-D-glucopyranoside
雅姆皂苷元-3-O-β-D-葡萄糖苷	yamogenin-3-O-β-D-glucoside
雅姆皂苷元-3-O-β-马铃薯三糖苷	yamogenin-3-O-β-chacotrioside
雅姆皂苷元-3-O-新橙皮糖苷	yamogenin-3-O-neohesperidoside
雅姆皂苷元乙酸酯	yamogenin acetate

Y

雅姆皂苷元棕榈酸酯	yamogenin palmitate
雅塔蟹甲草碱	yamataimine
雅温得胺 A、B	yaoundamines A, B
雅雪花碱	nivilidine
α- 亚氨丙酰乙酸	α-iminopropioacetic acid
α- 亚氨二丙酸	α-iminodipropionic acid
D-α- 亚氨基丙乙酸	D-α-iminopropioacetic acid
亚氨甲酸 (氨亚基替甲酸)	carboximidic acid
亚氨酸 (氨亚基替酸)	imidic acid
2, 5- 亚胺基 -2, 5, 6- 三脱氧 -D- 甘露庚糖醇	2, 5-imino-2, 5, 6-trideoxy-D-mannoheptitol
2, 5- 亚胺基 -2, 5, 6- 三脱氧 -D- 古洛庚糖醇	2, 5-imino-2, 5, 6-trideoxy-D-guloheptitol
2, 5- 亚胺基 -2, 5, 7- 三脱氧 -D- 甘油 -D- 甘露庚糖醇	2, 5-imino-2, 5, 7-trideoxy-D-glycero-D-mannoheptitol
4, 6-O- 亚苄基 -α-D- 吡喃葡萄糖甲苷	methyl-4, 6-O-benzyl iden-α-D-glucopyranoside
7- 亚丙烷基二环 [4.1.0] 庚烷	7-propylidenebicyclo [4.1.0] heptane
亚迪酮	adianenone
亚碘酰苯	iodosyl benzene
(E)-(6R, 7S)-3- 亚丁基 -4, 5- 二氢 -6, 7- 二羟基苯酞	(E)-(6R, 7S)-3-butyliden-4, 5-dihydro-6, 7-dihydroxy-phthalide
3- 亚丁基 -4, 5- 二氢苯酞 (3- 亚丁基 -4, 5- 二氢酞内酯)	3-butyliden-4, 5-dihydrophthalide
3- 亚丁基 -7- 羟基苯酞 (川芎内酯酚)	3-butyliden-7-hydroxyphthalide
14 (27)- 亚丁基苯酞	14 (27)-butylidene phthalide
亚丁基苯酞	butylidene phthalide
3- 亚丁基苯酞 (3- 亚丁基酞内酯)	3-butylidene phthalide
亚丁基环己烷	butylidene cyclohexane
2-(2- 亚丁炔基)-Δ^3- 二氢呋喃 [5- 螺 -2′] 四氢呋喃	2-(butyn-2-ylidene)-Δ^3-dihydrofuran [5-spiro-2′] tetrahydrofuran
6-(2′- 亚丁烯基)-1, 5, 5- 三甲基环己 -1- 烯	6-(but-2′-enylidene)-1, 5, 5-trimethyl cyclohex-1-ene
6-(2- 亚丁烯基)-1, 5, 5- 三甲基环己 -1- 烯	6-(but-2-enylidene)-1, 5, 5-trimethyl cyclohex-1-ene
亚磺酸	sulfinic acid
亚茴香基丙酮	anisalacetone
1-(3, 4- 亚甲二氧苯基)-(1E)- 十四烯	1-(3, 4-methylenedioxyphenyl)-(1E)-tetradecene
1-(3, 4- 亚甲二氧苯基)-2-(4- 烯丙基 -2, 6- 二甲氧基苯氧基) 丙 -1- 醇	1-(3, 4-methylenedioxyphenyl)-2-(4-allyl-2, 6-dimethoxyphenoxy) propan-1-ol
1-(3, 4- 亚甲二氧苯基)-2-(4- 烯丙基 -2, 6- 二甲氧基苯氧基) 丙 -1- 醇乙酸酯	1-(3, 4-methylenedioxyphenyl)-2-(4-allyl-2, 6-dimethoxyphenoxy) propan-1-ol acetate
2-(3, 4- 亚甲二氧苯基) 丙 -1, 3- 二醇	2-(3, 4-methylenedioxyphenyl) prop-1, 3-diol
2-[4-(3, 4- 亚甲二氧苯基) 丁基]-4- 喹诺酮 {2-[4-(3, 4- 亚甲二氧基苯) 丁基]-4- 喹诺酮 }	2-[4-(3, 4-methylenedioxyphenyl) butyl]-4-quinolone {2-[4-(3, 4-methylenedioxybenzene) butyl]-4-quinolone}
2-(3′, 4′- 亚甲二氧苯乙基) 喹啉	2-(3′, 4′-methylenedioxyphenyl ethyl) quinoline

6, 7-亚甲二氧基-1 (2H)-异喹啉酮	6, 7-methylenedioxy-1 (2H)-isoquinolinone
3, 4-亚甲二氧基-10-羟基马兜铃内酰胺	3, 4-methylenedioxy-10-hydroxyaristololactam
3, 4-亚甲二氧基-10-羟基马兜铃内酰胺-N-β-D-葡萄糖苷	3, 4-methylenedioxy-10-hydroxyaristololactam-N-β-D-glucoside
(–)-亚甲二氧基-11, 12-药用蕊木碱	(–)-methylenedioxy-11, 12-kopsinaline
3, 4-亚甲二氧基-12-甲氧基马兜铃内酰胺-N-β-D-葡萄糖苷	3, 4-methylenedioxy-12-methoxyaristololactam-N-β-D-glucoside
3, 4-亚甲二氧基-2′, 4′-二甲氧基查耳酮	3, 4-methylenedioxy-2′, 4′-dimethoxychalcone
(7S, 8S, 7′R, 8′R)-3′, 4′-亚甲二氧基-3, 4-二甲氧基-7, 7′-环氧脂素	(7S, 8S, 7′R, 8′R)-3′, 4′-methylenedioxy-3, 4-dimethoxy-7, 7′-epoxylignan
3, 4-亚甲二氧基-3′, 4′-二甲氧木脂素-9′, 9-内酯	3, 4-methylenedioxy-3′, 4′-dimethoxylignan-9′, 9-olidc
(E)-1, 2-亚甲二氧基-4-丙烯基苯	(E)-1, 2-(methylenedioxy)-4-propenyl benzene
1, 2-亚甲二氧基-4-甲氧基-5-烯丙基-3-苯基-β-D-吡喃葡萄糖苷	1, 2-methylenedioxy-4-methoxy-5-allyl-3-phenyl-β-D-glucopyranoside
2-(3, 4-亚甲二氧基-5-甲氧苯基)-2, 3-二氢-7-甲氧基-3-甲基-5-[(1E)-丙烯基] 苯并呋喃	2-(3, 4-methylenedioxy-5-methoxyphenyl)-2, 3-dihydro-7-methoxy-3-methyl-5-[(1E)-propenyl] benzofuran
3′, 4′-亚甲二氧基-7-O-葡萄糖苷	3′, 4′-methylenedioxy-7-O-glucoside
3′, 4′-亚甲二氧基-7-羟基-6-异戊烯基黄酮	3′, 4′-methylenedioxy-7-hydroxy-6-isopentenyl flavone
11, 12-亚甲二氧基-N1-去甲氧羰基-Δ$^{14, 15}$-开环红花蕊木酸甲酯	methyl 11, 12-methylenedioxy-N1-decarbomethoxy-Δ$^{14, 15}$-chanofruticosinate
N-[7-(3′, 4′-亚甲二氧基苯)-(2Z, 4Z)-庚二烯酰基吡咯烷]	N-[7-(3′, 4′-methylenedioxyphenyl)-(2Z, 4Z)-heptadienoyl] pyrrolidine
2-[4-(3, 4-亚甲二氧基苯) 丁基]-4-喹诺酮 {2-[4-(3, 4-亚甲二氧苯基) 丁基]-4-喹诺酮}	2-[4-(3, 4-methylenedioxybenzene) butyl]-4-quinolone {2-[4-(3, 4-methylenedioxyphenyl) butyl]-4-quinolone}
2-(3″, 4″-亚甲二氧基苄基)-3-(3′, 4′-二甲氧基苄基) 丁内酯	2-(3″, 4″-methylenedioxybenzyl)-3-(3′, 4′-dimethoxybenzyl) tyrolactone
3, 4-亚甲二氧基苄基丙烯醛	piperonyl acrolein
(+)-8, 9-亚甲二氧基高石蒜碱 N-氧化物	(+)-8, 9-methylenedioxyhomolycorine N-oxide
3, 4-亚甲二氧基桂皮醛	3, 4-methylenedioxycinnamaldehyde
11, 12-亚甲二氧基开环红花蕊木酸	11, 12-methylenedioxychanofruticosinic acid
11, 12-亚甲二氧基开环红花蕊木酸甲酯	methyl 11, 12-methylenedioxychanofruticosinate
11, 12-亚甲二氧基柯蒲木那林碱-N (4)-氧化物 [11, 12-亚甲二氧基药用蕊木碱-N (4)-氧化物]	11, 12-methylenedioxykopsinaline-N (4)-oxide
3, 4-亚甲二氧基肉桂醇	3, 4-methylenedioxycinnamyl alcohol
6, 7-亚甲二氧基香豆素	6, 7-methylenedioxycoumarin
7, 8-亚甲二氧基香豆素	7, 8-methylenedioxycoumarin
3′, 4′-亚甲二氧基香豌豆酚	3′, 4′-methylenedioxyorobol
(–)-11, 12-亚甲二氧基药用蕊木碱	(–)-11, 12-methylenedioxykopsinaline
24-亚甲基-24-二氢乳脂醇	24-methylene-24-dihydroparkeol
1-亚甲基-1-氢茚	1-methylene-1-hydrindene

4-亚甲基-1-(1-甲乙基) 环己烯	4-methylene-1-(1-methyl ethyl) cyclohexene
16-亚甲基-11, 15-二甲酮基-20-羟基-7α, 14β-二羟基贝壳杉烷	16-methylene-11, 15-diketo-20-hydroxy-7α, 14β-dihydroxykaurane
4-亚甲基-1-甲基-2-(2-甲基-1-丙烯)-1-乙烯基环庚烷	4-methylene-1-methyl-2-(2-methyl-1-propene)-1-vinyl cycloheptane
4-亚甲基-1-异丙基双环 [3.1.0] 己-3-乙酸酯	4-methylene-1-isopropyl bicyclo [3.1.0] hex-3-acetate
1-亚甲基-2, 4-二甲基-6, 8-二羟基-5-甲氧基-7-(1, 1-二甲基羟甲基)-1, 2, 3, 4, 9, 10, 10α-六氢-9-菲酮	1-methylene-2, 4-dimethyl-6, 8-dihydroxy-5-methoxy-7-(1, 1-dimethyl hydroxymethyl)-1, 2, 3, 4, 9, 10, 10α-heptahydro-9-phenanthrone
24-亚甲基-22, 23-二氢羊毛甾醇	24-methylene-22, 23-dihydrolanosterol
24-亚甲基-25-甲基胆甾醇	24-methylene-25-methyl cholesterol
24-亚甲基-25-氢鸡冠柱烯醇	24-methylene-25-hydrolophenol
(R)-1-亚甲基-3-(1-甲基醚) 环己烷	(R)-1-methylene-3-(1-methyl ether) cyclohexane
亚甲基-3, 3′-双白花丹素	methylene-3, 3′-diplumbagin
亚甲基-3, 3′-双指甲花醌	methylene-3, 3′-bilawsone
3, 4-O, O-亚甲基-3′, 4′, 5′-甲氧基鞣花酸	3, 4-O, O-methylene-3, 4′, 5′-methoxyellagic acid
3, 4-O, O-亚甲基-3′, 4′-O-二甲基-5′-甲基鞣花酸	3, 4-O, O-methylene-3, 4′-O-dimethyl-5′-methyl ellagic acid
3, 4-O, O-亚甲基-3′, 4′-O-二甲基-5′-羟基鞣花酸	3, 4-O, O-methylene-3, 4′-O-dimethyl-5′-hydroxyellagic acid
3, 4-O, O-亚甲基-3′, 4′-O-二甲基鞣花酸	3, 4-O, O-methylene-3′, 4′-O-dimethyl ellagic acid
3, 4-O-亚甲基-3′, 4′-O-二甲基鞣花酸	3, 4-O-methylene-3′, 4′-di-O-methyl ellagic acid
3, 4-O, O-亚甲基-3′, 4′-二甲氧基-5′-甲基鞣花酸	3, 4-O, O-methylene-3′, 4′-dimethoxy-5′-methyl ellagic acid
3, 4-O, O-亚甲基-3′, 4′-甲氧基鞣花酸	3, 4-O, O-methylene-3, 4′-methoxyellagic acid
24-亚甲基-31-去甲-5α-羊毛脂-9 (11)-烯-3β-醇	24-methylene-31-nor-5α-lanost-9 (11)-en-3β-ol
24-亚甲基-31-去甲-9 (11)羊毛甾烯醇	24-methylene-31-nor-9 (11)-lanostenol
3, 4-O, O-亚甲基-3′-O-甲基鞣花酸	3, 4-O, O-methylene-3′-O-methyl ellagic acid
3, 4-O-亚甲基-3′-O-甲基鞣花酸	3, 4-O-methylene-3′-O-methyl ellagic acid
1, 4-亚甲基-3-苯并氧杂-2 (1H)-酮	1, 4-methano-3-benzoxepin-2 (1H)-one
3, 4-O, O-亚甲基-3′-甲氧基-4′-O-羟基鞣花酸	3, 4-O, O-methylene-3′-methoxy-4′-O-hydroxyellagic acid
3, 4-O, O-亚甲基-3′-乙氧基-4′-甲氧基鞣花酸	3, 4-O, O-methylene-3′-ethoxy-4′-methoxyellagic acid
8-亚甲基-4, 11, 11-三甲基双环 [7.2.0] 4-十一烯	bicyclo [7.2.0] undec-4-en-4, 11, 11-trimethyl-8-methylene
24-亚甲基-4-甲基-7-胆甾烯醇 (24-亚甲基鸡冠柱烯醇)	24-methylene-4-methylcholest-7-enol (24-methylene lophenol)
2-亚甲基-5-(1-甲基乙烯基)-8-甲基二环 [5.3.0] 癸烷	2-methylene-5-(1-methyl vinyl)-8-methyl-bicyclo [5.3.0] decane
(1R, 3R, 5S)-2-亚甲基-5-(丙-1-烯-2-基) 环己-1, 3-二醇	(1R, 3R, 5S)-2-methylene-5-(prop-1-en-2-yl) cyclohex-1, 3-diol

4-亚甲基-5α-羟基广防风二内酯	4-methylene-5α-hydroxyovatodiolide
4-亚甲基-5β-羟基广防风二内酯	4-methylene-5β-hydroxyovatodiolide
4-亚甲基-5β-氢化过氧广防风二内酯	4-methylene-5β-hydroperoxyovatodiolide
4-亚甲基-5-氧亚基广防风二内酯	4-methylene-5-oxovatodiolide
4-亚甲基-5-氧亚基广防风酸 (4-亚甲基-5-氧亚基防风草酸)	4-methylene-5-oxoanisomelic acid
3-亚甲基-6-(1-甲乙基)环己烯	3-methylene-6-(1-methyl ethyl) cyclohexene
7-亚甲基-6, 12-二羟基牻牛儿基牻牛儿醇	7-methylene-6, 12-dihydroxygeranyl geraniol
2-亚甲基-6, 8, 8-三甲基-三环 [5.2.2.0 (1, 6)] 十一碳-3-醇	2-methylene-6, 8, 8-trimethyl-tricyclo [5.2.2.0 (1, 6)] undec-3-ol
24-亚甲基-9, 19-环木菠萝-3β-醇乙酸酯	24-methylene-9, 19-cycloart-3β-ol acetate
3β-24-亚甲基-9, 19-环木菠萝-5-烯-3-醇 (24-亚甲基环木菠萝烯醇、24-亚甲基环阿庭烯醇)	3β-24-methylene-9, 19-cyclolanost-5-en-3-ol (24-methylene cycloartenol)
24-亚甲基-9, 19-环木菠萝烷醇	24-methylene-9, 19-cycloartanol
22-亚甲基-9, 19-环羊毛脂-3β-醇	22-methylene-9, 19-cyclolanostan-3β-ol
24-亚甲基-9, 19-环羊毛脂烷	24-methylene-9, 19-cyclolanostane
4-亚甲基-DL-脯氨酸	4-methylene-DL-proline
4, 7-亚甲基八氢茚	octahydro-4, 7-methano-1*H*-indene
24-亚甲基本州乌毛蕨甾酮	24-methylene shidasterone
亚甲基丹参醌	methylenetanshinquinone
4-亚甲基丹参新酮	4-methylenemiltirone
5α-2-亚甲基胆甾-3-醇	5α-2-methylenecholest-3-ol
24-亚甲基胆甾-7-烯-3β-醇	24-methylene cholest-7-en-3β-ol
24-亚甲基胆甾醇 (24-亚甲基胆固醇)	24-methylene cholesterol
亚甲基氮酸	methylideneazinic acid
亚甲基丁二酸 (衣康酸、解乌头酸曲霉酸、解乌头尼酸)	methylenebutanedioic acid (itaconic acid)
α-亚甲基丁酰紫草素	α-methylenebutanoyl shikonin
3, 3′-亚甲基二 (4-羟基-5-甲基香豆素)	3, 3′-methene bi (4-hydroxy-5-methyl coumarin)
2, 2′-亚甲基-二 (6-叔丁基-4-甲基苯酚)	2, 2′-methylene-bis (6-*tert*-butyl-4-methyl phenol)
2, 2′-亚甲基-二 [6-(1, 1-二甲乙基)]-4-甲基苯酚	2, 2′-methylene-bis [6-(1, 1-dimethyl ethyl)]-4-methyl phenol
4, 4′-亚甲基二苯酚	4, 4′-methylenediphenol
亚甲基二氢丹参酮	methylenedihydrotanshinone
5-*O*-(*E*)-[(3, 4-亚甲基二氧)肉桂酰]奎宁酸甲酯	5-*O*-(*E*)-[(3, 4-methylenedioxy) cinnamoyl] quinic acid methyl ester
(+)-3, 4-亚甲基二氧-2′-甲氧基 [2″, 3″:4′, 3′] 呋喃二苯甲酰甲烷	(+)-3, 4-methylenedioxy-2′-methoxy [2″, 3″:4′, 3′] furanodibenzoyl methane
1, 2-亚甲基二氧-3, 10, 11-三甲氧基阿朴菲	1, 2-methylenedioxy-3, 10, 11-trimethoxyaporphine
3, 4-亚甲基二氧苯酚	3, 4-methylenedioxyphenol
3′, 4′-亚甲基二氧基-3, 4, 5, 5′-四甲氧基-7, 7′-环氧木脂素	3′, 4′-methylenedioxy-3, 4, 5, 5′-tetramethoxy-7, 7′-epoxylignan

Y

3′, 4′-亚甲基二氧基-3, 4, 5-三甲氧基-7, 7′-环氧木脂素	3′, 4′-methylenedioxy-3, 4, 5-trimethoxy-7, 7′-epoxylignan
3, 4-亚甲基二氧基-3′-O-甲基鞣花酸	3, 4-methylenedioxy-3′-O-methyl ellagic acid
11, 12-亚甲基二氧药用蕊木碱	11, 12-methylenedioxykopsinaline
2, 2′-亚甲基呋喃	2, 2′-methylene furan
γ (4)-亚甲基谷氨酸	γ (4)-methylene glutamic acid
γ-亚甲基谷氨酸	γ-methylene glutamic acid
24-亚甲基花粉烷甾醇	24-methylene pollinastanol
24-亚甲基花粉烷甾酮	24-methylene pollinastanone
α-亚甲基环丙基甘氨酸	α-(methylenecyclopropyl) glycine
2-亚甲基环庚醇	2-methylene cycloheptanol
24-亚甲基环木菠萝-3β, 21-二醇	24-methylene cycloart-3β, 21-diol
24-亚甲基环木菠萝-3β, 22-二醇	24-methylenecycloart-3β, 22-diol
24-亚甲基环木菠萝-3β, 28-二醇	24-methylene cycloart-3β, 28-diol
24-亚甲基环木菠萝-3β-醇	24-methylene cycloart-3β-ol
24-亚甲基环木菠萝酮	24-methylene cycloartanone
24-亚甲基环木菠萝烷-3β, 21-二醇	24-methylene cycloartan-3β, 21-diol
24-亚甲基环木菠萝烷醇 (24-亚甲基环木菠萝醇)	24-methylene cycloartanol
24-亚甲基环木菠萝烷醇阿魏酸酯	24-methylene cycloartanol ferulate
24-亚甲基环木菠萝烷醇乙酸酯	24-methylene cycloartanol acetate
24-亚甲基环木菠萝烷醇棕榈酸酯	24-methylene cycloartanol palmitate
23-亚甲基环木菠萝烯醇	23-methylenecycloartenol
24-亚甲基环木菠萝烯醇 (24-亚甲基环阿庭烯醇、3β-24-亚甲基-9, 19-环羊毛甾-5-烯-3-醇)	24-methylene cycloartenol (3β-24-methylene-9, 19-cyclolanost-5-en-3-ol)
24-亚甲基环木菠萝烯醇乙酸酯	24-methylene cycloartenol acetate
24-亚甲基环木菠萝烯酮	24-methylene cycloartenone
2-亚甲基环戊醇	2-methylene cyclopentanol
亚甲基环戊烷	methylene cyclopentane
24-亚甲基环优卡里醇	24-methylene cycloeucalenol
24-亚甲基鸡冠柱烯醇	24-methylenelophenol
24-亚甲基鸡冠柱烯醇 (24-亚甲基-4-甲基-7-胆甾烯醇)	24-methylene lophenol (24-methylene-4-methylcholest-7-enol)
(20S)-24-亚甲基鸡冠柱烯醇 [(20S)-24-亚甲基-4-甲基-7-胆甾烯醇]	(20S)-24-methylenelophenol
2-亚甲基己醇	2-methylidenehexanol
3-亚甲基己烷	3-methylidenehexane
亚甲基金钗石斛素	nobilomethylene
4-亚甲基脯氨酸	4-methyleneproline
3, 4-O, O-亚甲基鞣花酸 (3, 4-O, O-亚甲基并没食子酸)	3, 4-O, O-methylene ellagic acid
9, 10-(Z)-亚甲基十六酸	9, 10-(Z)-methylene hexadecanoic acid
2, 2′-亚甲基双-(1, 1-二甲乙基)-4-乙基苯酚	2, 2′-methylene bis (1, 1-dimethyl ethyl)-4-ethyl-phenol

4, 4′-亚甲基双 (2-甲氧基苯酚)	4, 4′-methylene bis (2-methoxyphenol)
2, 2′-亚甲基双 (4-甲基-6-叔丁基苯酚)	2, 2′-methylene bis (4-methyl-6-tertbutyl phenol)
2, 2-亚甲基双呋喃	2, 2-methylene bisfuran
亚甲基双狗牙花兰宁	methylenebismehranine
亚甲基双羟萘酸	embonic acid
亚甲基双去甲黄绵马酸	methylene bis (norflavaspidic acid)
亚甲基双去甲绵马酚	methylene-bis-desaspidinol
亚甲基双圣丁素	methylenebissantin
N-[10-(13, 14-亚甲基双氧苯基)-(7E, 9Z)-戊二烯酰基] 吡咯烷	N-[10-(13, 14-methylenedioxyphenyl)-(7E, 9Z)-pentadienoyl] pyrrolidine
2-(3, 4-亚甲基双氧苯基)-3-甲基-5-(2-氧丙基) 苯并呋喃	2-(3, 4-methylenedioxyphenyl)-3-methyl-5-(2-oxopropyl) benzofuran
亚甲基双氧黄酮醇	methylenedioxyflavonol
3-亚甲基戊-1, 2, 5-三羟基-O-β-D-吡喃葡萄糖苷	3-methylenepent-1, 2, 5-trihydroxy-O-β-D-glucopyranoside
24-亚甲基羊毛索甾醇	24-methylenelathosterol
24-亚甲基羊毛甾-8-烯-3β-醇	24-methylene lanost-8-en-3β-ol
24-亚甲基羊毛甾-8-烯-3-酮	24-methylene lanost-8-en-3-one
24-亚甲基羊毛脂三烯醇	24-methylene agnosterol
(2S)-3′, 4′-亚甲双氧基-5, 7-二甲氧基黄烷	(2S)-3′, 4′-methylenedioxy-5, 7-dimethoxyflavane
亚精胺	spermidine
亚藜芦酰肼	veratrylidenehydrazide
亚利布酮 A～D	ialibinones A～D
亚硫酸环己烷甲基十四酯	cyclohexyl methyl tetradecyl sulfurous acid ester
4, 4′-亚硫酰基二 (亚甲基) 二苯酚	4, 4′-sulfinyl bis (methylene) diphenol
亚麻桂皮素 (亚麻桂苷酯)	linocinnamarin
亚麻荠素	camelinin
亚麻苦苷 (菜豆苷)	linamarin (phaseolunatin)
亚麻明 A	usitatissimin A
亚麻木酚素 (开环异落叶松脂素二葡萄糖苷)	secoisolariciresinol diglucoside
亚麻任	linusitamarin
亚麻双糖苦苷 (亚麻抑素、亚麻氰苷)	linustatin
α-亚麻酸	α-linolenic acid
γ-亚麻酸	γ-linolenic acid
亚麻酸 [(9Z, 12Z, 15Z)-十八碳三烯酸]	linolenic acid [(9Z, 12Z, 15Z)-octadecatrienoic acid]
亚麻酸甘油酯 (亚麻酸甘油酯)	monolinolenin (glyceryl monolinolenate, glycerol monolinoleate)
3-α-亚麻酸甘油酯 1-O-[α-D-半乳糖基-(1→6)-O-β-D-半乳糖苷]	3-α-linolenic acid glyceride 1-O-[α-D-galactosyl-(1→6)-O-β-D-galactoside]
3-α-亚麻酸甘油酯 1-O-β-D-半乳糖苷	3-α-linolenic acid glyceride 1-O-β-D-galactoside
α-亚麻酸甲酯	methyl α-linolenate

Y

γ- 亚麻酸甲酯	methyl γ-linolenate
亚麻酸甲酯	methyl linolenate
α- 亚麻酸乙酯	ethyl α-linolenate
亚麻酸乙酯	ethyl linolenate
亚麻亭碱	linatine
(2S)-1-O- 亚麻酰基 -2-O- 亚麻酰基 -3-O-β-D- 吡喃半乳糖基甘油	(2S)-1-O-linoleoyl-2-O-linolenoyl-3-O-β-galactopyranosyl glycerol
(2S)-2- 亚麻酰基甘油 -β-D- 吡喃半乳糖苷	(2S)-2-linolenoyl glycerol-β-D-galactopyranoside
(2S)-3- 亚麻酰基甘油 -β-D- 吡喃半乳糖苷	(2S)-3-linolenoyl glycerol-β-D-galactopyranoside
亚麻叶稻花素 C	linimacrin C
亚马逊美登木醌	amazoquinone
亚帽苷 A、B	yiamolosides A, B
亚美尼亚罂粟碱 (杏黄罂粟碱、亚美罂粟碱)	armepavine
(R)-(–)- 亚美尼亚罂粟碱 [(R)-(–)- 杏黄罂粟碱、(R)-(–)- 亚美罂粟碱]	(R)-(–)-armepavine
亚眠莲碱	amianthine
亚眠莲属碱	amianthium base
亚牛磺酸 (次牛磺酸)	hypotaurine
亚努卡酰胺 (雅奴卡鞘丝藻酰胺) A、B	yanucamides A, B
亚努萨酮 A～E	yanuthones A～E
亚欧唐松草胺	thalactamine
亚欧唐松草美辛 (白蓬草质、沙尔美生)	thalmethine
亚欧唐松草米定 (白蓬草定、O- 甲基异波尔定碱、唐松草坡芬碱、小唐松草定碱)	thalicmidine (O-methyl isoboldine, thaliporphine)
亚欧唐松草米定 N- 氧化物	thalicmidine N-oxide
亚欧唐松草亭	thalmetine
亚欧唐松草瓦明碱	thalivarmine
(+)- 亚欧唐松草瓦星碱	(+)-thalsivasine
亚绒白乳菇内酯 A～E	subvellerolactones A～E
亚砷酸酐	arsenious acid anhydride
(3S, 2E)-2- 亚十八烷基 -3- 羟基 -4- 亚甲基丁内酯	(3S, 2E)-2-octadecylidene-3-hydroxy-4-methylene butanolide
N- 亚水杨基水杨胺	N-salicylidene salicylamine
亚速木烷醇	azorellanol
亚太因 (亚泰香松素)	yatein
(–)- 亚太因 [(–)- 亚泰香松素]	(–)-yatein
亚硒酸盐	selenite
亚硝酸丙酯	propyl nitrite
4- 亚硝酸基苯磺酸 -(4- 溴甲基 -2- 金刚烷基) 酯	4-nitrobenzenesulfonic acid-(4-bromomethyl-2-adamantyl) ester

亚硝酸盐	nitrite
亚叶酸 (5-甲酰四氢叶酸)	folinic acid (5-formyl tetrahydrofolic acid)
亚乙基 (甲基) 氮烷	ethylidene (methyl) azane
21-[4-(亚乙基)-2-四氧呋喃异丁烯酰基] 剑叶莎酸	21-[4-(ethylidene)-2-tetrahydrofuranmethacryl] machaerinic acid
20, 22-O-[(R)-亚乙基]-20-羟基蜕皮激素	20, 22-O-[(R)-ethylidene]-20-hydroxyecdysone
(25S)-20, 22-O-[(R)-亚乙基] 因闹考甾酮	(25S)-20, 22-O-[(R)-ethylidene] inokosterone
(3-亚乙基-2-氧亚基四氢吡喃-4-基) 甲基乙酸酯	(3-ethylidene-2-oxo-tetrahydropyran-4-yl) methyl acetate
亚乙基-3, 6′-双白花丹素	ethylidene-3, 6′-biplumbagin
(Z)-2-亚乙基-3-甲基琥珀酸	(Z)-2-ethylidenc-3-methyl succinic acid
1-亚乙基-5-(萘-2-基) 肼甲酰肼	1-ethylidene-5-(2-naphthyl) hydrazinecarbohydrazide
1-亚乙基-5-(萘-2-基) 均二氨基脲	1-ethylidene-5-(2-naphthyl) carbonohydrazide
2-亚乙基-6, 10, 14-三甲基十五醛	2-ethylidene-6, 10, 14-trimethyl pentadecanal
24-亚乙基胆甾-7-烯-3β-醇	24-ethylidene cholest-7-en-3β-ol
24-亚乙基胆甾醇	24-ethylidene cholesterol
(24E)-亚乙基环木菠萝-3α-醇	(24E)-ethylidenecycloart-3α-ol
(24E)-亚乙基环木菠萝酮	(24E)-ethylidenecycloartanone
24-亚乙基鸡冠柱烯醇	24-ethylidenelophenol
24-亚乙基鸡冠柱烯醇 [24-亚乙基冠影掌烯醇、4α-甲基豆甾-7, 24 (28)-二烯-3-醇]	24-ethylidene lophenol [4α-methyl stigmast-7, 24 (28)-dien-3-ol]
(24Z)-亚乙基羊毛甾-8-烯-3-酮	(24Z)-ethylidenelanost-8-en-3-one
亚油醇乙酸酯	linoleyl acetate
α-亚油酸	α-linoleic acid
γ-亚油酸	γ-linoleic acid
亚油酸 (9, 12-十八碳二烯酸、亚麻油酸、亚麻仁油酸)	linoleic acid (9, 12-octadecadienoic acid, linolic acid)
亚油酸-1-单甘油酯	monolinoleic acid-1-glyceride
亚油酸-2-单甘油酯	monolinoleic acid-2-glyceride
亚油酸甘油单酯	monolinoleoyl glyceride
亚油酸甘油三酯	trilinolein
1-亚油酸甘油酯	1-linoleic acid glyceride
亚油酸甘油酯 I ～ III	linoleic acid glycerides I ～ III
亚油酸基-O-α-D-吡喃木糖苷	linoleyl-O-α-D-xylopyranoside
亚油酸甲酯	methyl linoleate
亚油酸三甲基硅烷基酯	linoleic acid trimethyl silane ester
亚油酸乙酯	ethyl linoleate
亚油酸蔗糖苷	sucrose linoleate
亚油酸酯	linoleate
1-亚油酰-3-棕榈酸甘油酯	1-linoleoyl-3-palmitoyl glyceride
2-亚油酰甘油	2-linoleoyl glycerol

Y

亚洲络石苷	trachelosiaside
亚洲络石甾苷 A、A- I a、A- I b、A- II a～A- II c、A- III b～ A- III d、C-O、C- II a～C- II c、C- III a、C- IV a、B- IV a	teikasides A, A- I a, A- I b, A- II a～A- II c, A- III b～A- III d, C-O, C- II a～C- II c, C- III a, C- IV a, B- IV a
亚洲络石脂内酯 (去甲络石苷元、南莪酚、莪脂醇)	pinopalustrin (nortrachelogenin, wikstromol)
亚洲岩风素 (西伯利亚西风芹素)	sesibiricin
胭脂虫	cochineal
胭脂虫醇	lanigerol
胭脂红	carmine
胭脂红酸	carminic acid
胭脂宁 A、B	artotonins A, B
胭脂素	artotonkin
烟胺	nicotianamine
(−)-(1*S*, 3*E*, 7*E*, 11*E*)-烟草 -3, 7, 11-三烯 -1-醇 (齿叶乳香萜醇)	(−)-(1*S*, 3*E*, 7*E*, 11*E*)-cembr-3, 7, 11-trien-1-ol (serratol)
(1*R*, 2*R*, 3*Z*, 7*E*, 11*E*)-烟草 -3, 7, 11-三烯 -18-酸	(1*R*, 2*R*, 3*Z*, 7*E*, 11*E*)-cembr-3, 7, 11-trien-18-oic acid
烟草苷 A～G	nicotianosides A～G
烟草碱	nicoteine
烟草灵	nicotelline
(1*S*, 2*E*, 4*S*, 7*E*, 10*E*, 12*S*)-2, 7, 10-烟草三烯 -4, 12-二醇	(1*S*, 2*E*, 4*S*, 7*E*, 10*E*, 12*S*)-2, 7, 10-cembr-trien-4, 12-diol
(1*S*, 2*E*, 4*S*, 6*R*, 7*E*, 11*S*)-2, 7, 12 (20)-烟草三烯 -4, 6, 11- 三醇	(1*S*, 2*E*, 4*S*, 6*R*, 7*E*, 11*S*)-2, 7, 12 (20)-cembr-trien-4, 6, 11-triol
烟草三烯 -4, 6- 二醇	cembrtrien-4, 6-diol
(1*S*, 2*E*, 4*S*, 6*E*, 8*S*, 11*S*)-2, 6, 12 (20)-烟草三烯 -4, 8, 11- 三醇	(1*S*, 2*E*, 4*S*, 6*E*, 8*S*, 11*S*)-2, 6, 12 (20)-cembr-trien-4, 8, 11-triol
(12*R*)-(1*S*, 2*E*, 4*R*, 6*E*, 8*S*, 10*E*)-2, 6, 10-烟草三烯 -4, 8, 12- 三醇	(12*R*)-(1*S*, 2*E*, 4*R*, 6*E*, 8*S*, 10*E*)-2, 6, 10-cembr-trien-4, 8, 12-triol
(12*R*)-(1*S*, 2*E*, 4*S*, 6*E*, 8*S*, 10*E*)-2, 6, 10-烟草三烯 -4, 8, 12- 三醇	(12*R*)-(1*S*, 2*E*, 4*S*, 6*E*, 8*S*, 10*E*)-2, 6, 10-cembr-trien-4, 8, 12-triol
(1*S*, 2*E*, 4*R*, 6*E*, 8*S*, 10*E*, 12*S*)-2, 6, 10-烟草三烯 -4, 8, 12- 三醇	(1*S*, 2*E*, 4*R*, 6*E*, 8*S*, 10*E*, 12*S*)-2, 6, 10-cembr-trien-4, 8, 12-triol
(12*S*)-(1*S*, 2*E*, 4*S*, 6*E*, 8*S*, 10*E*)-2, 6, 10-烟草三烯 -4, 8, 12- 三醇	(12*S*)-(1*S*, 2*E*, 4*S*, 6*E*, 8*S*, 10*E*)-2, 6, 10-cembr-trien-4, 8, 12-triol
烟草双苯素 G	tababiphenyl G
3, 7, 11, 15-烟草四烯 -6-醇	3, 7, 11, 15-cembr-tetraen-6-ol
烟草烯 (松柏烯、瑟模环烯)	cembrene
烟草香素 (烟草宁碱)	nicotianine
烟醇	nicotinyl alcohol
烟醇苷	nicoloside
烟管头草倍半萜内酯 A、B	carpescernolides A, B
烟管头草内酯 A～J	cernuumolides A～J

烟管头草脂苷 A、B	carpesides A, B
烟花苷 (山柰酚-3-O-芸香糖苷)	nicotiflorin (kaempferol-3-O-rutinoside)
烟碱 (尼古丁)	nicotine
烟碱烯	nicotyrine
烟曲霉喹唑啉碱 A～I	fumiquinazolines A～I
烟曲霉文	fumigaclavine
烟曲霉震颤素	fumitremorgin
烟酸 (尼古丁酸、尼克酸)	nicotinic acid (niacin)
烟酸甲酯	methyl nicotinate
烟酸乙酯	ethyl nicotinate
烟酸紫杉碱	nicotaxine
烟筒花碱	millingtonine
烟筒花素	hortensin
烟酰胺 (尼克酰胺)	nicotinamide
8-O-烟酰半枝莲亭素 A	8-O-nicotinoyl barbatin A
6-O-烟酰半枝莲亭素 A～C	6-O-nicotinoyl barbatins A～C
6-O-烟酰半枝莲新碱 G	6-O-nicotinoyl scutebarbatine G
7-O-烟酰半枝莲新碱 H	7-O-nicotinoyl scutebarbatine H
烟酰北五味子素 Q	nicotinoylgomisin Q
12-O-烟酰基-20-桂皮酰基-二氢肉珊瑚素-3-O-β-D-吡喃磁麻糖基-(1→4)-β-D-吡喃夹竹桃糖基-(1→4)-β-D-吡喃磁麻糖苷	12-O-nicotinoyl-20-cinnamoyl dihydrosarcostin-3-O-β-D-thevetopyranosyl-(1→4)-β-D-oleandropyranosyl-(1→4)-β-D-cymaropyranoside
6-O-烟酰基-7-O-乙酰半枝莲新碱 G	6-O-nicotinoyl-7-O-acetyl scutebarbatine G
12-O-烟酰肉珊瑚素-3-O-β-L-吡喃磁麻糖基-(1→4)-β-D-吡喃磁麻糖基-(1→4)-α-L-吡喃洋地黄糖基-(1→4)-β-D-吡喃磁麻糖苷	12-O-nicotinoyl sarcostin-3-O-β-L-cymaropyranosyl-(1→4)-β-D-cymaropyranosyl-(1→4)-α-L-diginopyranosyl-(1→4)-β-D-cymaropyranoside
1α-烟酰氧基-2α, 6β, 11-三乙酰氧基-9β-糠酰氧基-4β-羟基二氢-β-沉香呋喃	1α-nicotinoyloxy-2α, 6β, 11-triacetoxy-9β-furoyloxy-4β-hydroxydihydro-β-agarofuran
1α-烟酰氧基-2α, 6β-二乙酰氧基-9β-苯甲酰氧基-11-乙酰氧基-4β-羟基二氢-β-沉香呋喃	1α-nicotinoyloxy-2α, 6β-diacetoxy-9β-benzoyloxy-11-acetoxy-4β-hydroxydihydro-β-agarofuran
1α-烟酰氧基-2α, 6β-二乙酰氧基-9β-糠酰氧基-11-(2-甲基) 丁酰氧基-4β-羟基二氢-β-沉香呋喃	1α-nicotinoyloxy-2α, 6β-diacetoxy-9β-furoyloxy-11-(2-methyl) butyrytoxy-4β-hydroxydihydro-β-agarofuran
1α-烟酰氧基-2α, 6β-二乙酰氧基-9β-糠酰氧基-11-异丁酰氧基-4β-羟基二氢-β-沉香呋喃	1α-nicotinoyloxy-2α, 6β-diacetoxy-9β-furoyloxy-11-isobutyryloxy-4β-hydroxydihydro-β-agarofuran
12-O-烟酰异厚果酮	12-O-nicotinoyl isolineolone
烟酰异厚果酮	nicotinoyl isolineolone
烟酰异热马酮	nicotinoyl isoramanon (nicotinoyl isoramanone)
烟叶芹内酯	capnolactone
延多利平	yendolipin
延胡菲碱	coryphenanthrine
延胡宁	yuanhunine

Y

延胡索丑素	corydalis L
(+)- 延胡索单酚碱	(+)-kikemanine
(+)- 延胡索碱 [(+)- 紫堇碱、D- 延胡索碱、D- 紫堇碱]	D-corydaline [(+)-corydaline]
D- 延胡索碱 [D- 紫堇碱、(+) 延胡索碱、(+) 紫堇碱]	(+)-corydaline (D-corydaline)
延胡索碱甲 (紫堇达定)	corydaldine
延胡索米定碱	yenhusomidine
延胡索明碱	yenhusomine
(–)- 延胡索乙素 [(–)- 四氢掌叶防己碱、(–)- 四氢巴马亭]	(–)-corydalis B [caseanine, (–)-tetrahydropalmatine, hyndarine]
延加里松藻苷 A	iyengaroside A
延龄草苷 (地索苷)	trillin (diosgenin glucoside)
延龄草苷元 (克里托皂苷元、隐配质)	kryptogenin (cryptogenin)
延龄草苷元 -3-O-β-D- 吡喃葡萄糖苷	kryptogenin-3-O-β-D-glucopyranoside
延龄草林 (延龄草二葡萄糖苷)	trillarin
延龄草螺苷元	bethogenin
延龄草烯苷 (白花延龄草烯醇苷) A～C	trillenosides A～C
延龄草烯苷元	trillenogenin
延命草醇	enmenol
延命草醇 -1α-O-β-D- 吡喃葡萄糖苷	enmenol-1α-O-β-D-glucopyranoside
延命草定	ememodin
延命草精	ememogin
延命草洛醇	enmelol
延命草素	enmein
延命草素 -3- 乙酸酯	enmein-3-acetate
延药睡莲醇	nymphayol
一羟鹅膏毒素酰胺	amanullin
一羟鹅膏毒肽羧酸	amanullinic acid
芫根苷	yuenkanin
芫花醇 A～C	genkwanols A～C
芫花定 (芫花酯乙)	yuanhuadin (yuanhuadine, yuanhuacin B)
芫花海因	yuanhuahine
芫花黄素 (芫花宁素) A～O、Ⅶ、Ⅷ	genkwanines A～O, Ⅶ, Ⅷ
芫花卡宁	yuankanin
芫花林素	yuanhualin (yuanhualine)
芫花灵 (芫花瑞香宁、12- 苯甲酰氧基瑞香毒素)	genkwadaphnin (12-benzoyloxydaphnetoxin)
芫花螺旋双黄酮	spirobiflavonoid
芫花木内酯	genkdaphin
芫花素 (芹菜素 -7- 甲醚、5,4′- 二羟基 -7- 甲氧基黄酮)	genkwanin (apigenin-7-methyl ether, 5, 4′-dihydroxy-7-methoxyflavone)
芫花素 -4′-O-β-D- 芸香糖苷	genkwanin-4′-O-β-D-rutinoside

芫花素 -4′-O- 葡萄糖苷	genkwanin-4′-O-glucoside
芫花素 -4′-O- 葡萄糖鼠李糖苷	genkwanin-4′-O-glucosyl rhamnoside
芫花素 -5-O-β-D- 吡喃葡萄糖苷	genkwanin-5-O-β-D-glucopyranoside
芫花素 -5-O-β-D- 葡萄糖苷	genkwanin-5-O-β-D-glucoside
芫花素 -5-O-β-D- 樱草糖苷	genkwanin-5-O-β-D-primeveroside
芫花素 -6, 8- 二 -C-α-L- 吡喃阿拉伯糖苷	genkwanin-6, 8-di-C-α-L-arabinopyranoside
芫花萜 (芫花酯甲、芫花辛)	yuanhuacine
芫花萜烷 A～D	genkwadanes A～D
芫花叶白前苷 (白前皂苷、白前苷) A～K	glaucosides A～K
芫花叶白前苷元 (白前苷元) A～H	glaucogenins A～H
芫花叶白前苷元 A-3-O-α-D- 吡喃夹竹桃糖基 -(1→4)-β-D- 吡喃洋地黄毒糖基 -(1→4)-β-D- 吡喃夹竹桃糖苷	glaucogenin A-3-O-α-D-oleandropyranosyl-(1→4)-β-D-digitoxopyranosyl-(1→4)-β-D-oleandropyranoside
芫花叶白前苷元 A-3-O-α-L- 吡喃磁麻糖基 -(1→4)-β-D- 吡喃磁麻糖基 -(1→4)-β-D- 吡喃磁麻糖苷	glaucogenin A-3-O-α-L-cymaropyranosyl-(1→4)-β-D-cymaropyranosyl-(1→4)-β-D-cymaropyranoside
芫花叶白前苷元 A-3-O-α-L- 吡喃磁麻糖基 -(1→4)-β-D- 吡喃磁麻糖基 -(1→4)-β-D- 吡喃夹竹桃糖苷	glaucogenin A-3-O-α-L-cymaropyranosyl-(1→4)-β-D-cymaropyranosyl-(1→4)-β-D-oleandropyranoside
芫花叶白前苷元 A-3-O-α-L- 吡喃磁麻糖基 -(1→4)-β-D- 吡喃洋地黄毒糖基 -(1→4)-β-D- 吡喃磁麻糖苷	glaucogenin A-3-O-α-L-cymaropyranosyl-(1→4)-β-D-digitoxopyranosyl-(1→4)-β-D-cymaropyranoside
芫花叶白前苷元 A-3-O-α-L- 吡喃磁麻糖基 -(1→4)-β-D- 吡喃洋地黄毒糖基 -(1→4)-β-D- 吡喃洋地黄毒糖苷	glaucogenin A-3-O-α-L-cymaropyranosyl-(1→4)-β-D-digitoxopyranosyl-(1→4)-β-D-digitoxopyranoside
芫花叶白前苷元 A-3-O-α-L- 吡喃夹竹桃糖基 -(1→4)-β-D- 吡喃洋地黄毒糖基 -(1→4)-β-D- 吡喃夹竹桃糖苷	glaucogenin A-3-O-α-L-oleandropyranosyl-(1→4)-β-D-digitoxopyranosyl-(1→4)-β-D-oleandropyranoside
芫花叶白前苷元 A-3-O-β-D- 吡喃磁麻糖基 -(1→4)-α-L- 吡喃洋地黄糖基 -(1→4)-β-D- 吡喃磁麻糖苷	glaucogenin A-3-O-β-D-cymaropyranosyl-(1→4)-α-L-diginopyranosyl-(1→4)-β-D-cymaropyranoside
芫花叶白前苷元 A-3-O-β-D- 吡喃夹竹桃糖基 -(1→4)-β-D- 吡喃洋地黄毒糖基 -(1→4)-β-D- 吡喃夹竹桃糖苷	glaucogenin A-3-O-β-D-oleandrcopyranosyl-(1→4)-β-D-digitoxopyranosyl-(1→4)-β-D-oleandropyranoside
芫花叶白前苷元 A-3-O-β-D- 吡喃欧洲夹竹桃糖苷	glaucogenin A-3-O-β-D-oleandropyranoside
芫花叶白前苷元 A-3-O-β-D- 吡喃葡萄糖基 -(1→4)-α-L- 吡喃磁麻糖基 -(1→4)-β-D- 吡喃洋地黄毒糖基 -(1→4)-β-D- 吡喃磁麻糖苷	glaucogenin A-3-O-β-D-glucopyranosyl-(1→4)-α-L-cymaropyranosyl-(1→4)-β-D-digitoxopyranosyl-(1→4)-β-D-cymaropyranoside
芫花叶白前苷元 A-3-O-β-D- 吡喃葡萄糖基 -(1→4)-β-D- 吡喃夹竹桃糖苷	glaucogenin A-3-O-β-D-glucopyranosyl-(1→4)-β-D-oleandropyranoside
芫花叶白前苷元 A-3-O-β-D- 吡喃葡萄糖基 -(1→4)-β-D- 吡喃葡萄糖基 -(1→4)-β-D- 吡喃夹竹桃糖苷	glaucogenin A-3-O-β-D-glucopyranosyl-(1→4)-β-D-glucopyranosyl-(1→4)-β-D-oleandropyranoside
芫花叶白前苷元 A-3-O-β-D- 吡喃洋地黄毒糖苷	glaucogenin A-3-O-β-D-digitoxopyranoside
芫花叶白前苷元 A-3-O-β-D- 吡喃洋地黄毒糖基 -(1→4)-O-β-D- 吡喃欧洲夹竹桃糖苷	glaucogenin A-3-O-β-D-digitoxopyranosyl-(1→4)-O-β-D-oleandropyranoside
芫花叶白前苷元 C-3-O-α-D- 吡喃夹竹桃糖基 -(1→4)-β-D- 吡喃洋地黄毒糖基 -(1→4)-β-D- 吡喃夹竹桃糖苷	glaucogenin C-3-O-α-D-oleandropyranosyl-(1→4)-β-D-digitoxopyranosyl-(1→4)-β-D-oleandropyranoside
芫花叶白前苷元 C-3-O-α-L- 吡喃磁麻糖基 -(1→4)-β-D- 吡喃磁麻糖基 -(1→4)-β-D- 吡喃夹竹桃糖苷	glaucogenin C-3-O-α-L-cymaropyranosyl-(1→4)-β-D-cymaropyranosyl-(1→4)-β-D-oleandropyranoside

Y

芫花叶白前苷元 C-3-*O*-α-L-吡喃磁麻糖基-(1→4)-β-D-吡喃洋地黄毒糖基-(1→4)-β-D-吡喃黄花夹竹桃糖苷	glaucogenin C-3-*O*-α-L-cymaropyranosyl-(1→4)-β-D-digitoxopyranosyl-(1→4)-β-D-thevetopyranoside
芫花叶白前苷元 C-3-*O*-α-L-吡喃磁麻糖基-(1→4)-β-D-吡喃洋地黄毒糖基-(1→4)-β-D-吡喃夹竹桃糖苷	glaucogenin C-3-*O*-α-L-cymaropyranosyl-(1→4)-β-D-digitoxopyranosyl-(1→4)-β-D-oleandropyranoside
芫花叶白前苷元 C-3-O-α-L-吡喃加拿大麻糖基-(1→4)-β-D-吡喃洋地黄毒糖基-(1→4)-β-D-吡喃加那利毛地黄糖苷	glaucogenin C-3-*O*-α-L-cymaropyranosyl-(1→4)-β-D-digitoxopyransyl-(1→4)-β-D-canaropyranoside
芫花叶白前苷元 C-3-*O*-α-L-吡喃洋地黄糖基-(1→4)-β-D-吡喃黄花夹竹桃糖苷	glaucogenin C-3-*O*-α-L-diginopyranosyl-(1→4)-β-D-thevetopyranoside
芫花叶白前苷元 C-3-*O*-β-D-吡喃磁麻糖基-(1→4)-α-L-吡喃洋地黄糖基-(1→4)-β-D-吡喃磁麻糖苷	glaucogenin C-3-*O*-β-D-cymaropyranosyl-(1→4)-α-L-diginopyranosyl-(1→4)-β-D-cymaropyranoside
芫花叶白前苷元 C-3-*O*-β-D-吡喃磁麻糖基-(1→4)-α-L-吡喃洋地黄糖基-(1→4)-β-D-吡喃黄花夹竹桃糖苷	glaucogenin C-3-*O*-β-D-cymaropyranosyl-(1→4)-α-L-diginopyranosyl-(1→4)-β-D-thevetopyranoside
芫花叶白前苷元 C-3-*O*-β-D-吡喃黄花夹竹桃糖苷	glaucogenin C-3-*O*-β-D-thevetopyranoside
芫花叶白前苷元 C-3-O-β-D-吡喃加拿大麻糖基-(1→4)-β-D-吡喃欧洲夹竹桃糖苷	glaucogenin C-3-*O*-β-D-cymaropyranosyl-(1→4)-β-D-oleandropyranoside
芫花叶白前苷元 C-3-*O*-β-D-吡喃加那利毛地黄糖苷	glaucogenin C-3-*O*-β-D-canaropyranoside
芫花叶白前苷元 C-3-*O*-β-D-吡喃欧洲夹竹桃糖苷	glaucogenin C-3-*O*-β-D-oleandropyranoside
芫花叶白前苷元 C-3-*O*-β-D-黄花夹竹桃糖苷	glaucogenin C-3-*O*-β-D-thevetoside
芫花叶白前苷元 C-单-D-黄花夹竹桃糖苷	glaucogenin C mono-D-thevetoside
芫花叶苷 (芫花宁)	yuanhuanin
芫花酯 A～H	yuanhuaoates A～H
芫花酯丙 (芫花芬)	yuanhuafin (yuanhuafine)
芫花酯丁 (芫花亭)	yuanhuatin (yuanhuatine)
芫花酯庚 (芫花珍)	yuanhuagin (yuanhuagine)
芫花酯己 (芫花精)	yuanhuajin (yuanhuajine)
芫花酯甲 (芫花萜、芫花辛)	yuanhuacin (yuanhuacine, odoracin, gnidilatidin)
芫花酯戊 (芫花品)	yuanhuapin (yuanhuapine)
芫花酯乙 (芫花定)	yuanhuacin B (yuanhuadin, yuanhuadine)
芫荽醇 (D-芳樟醇、D-里哪醇、伽罗木醇)	coriandrol (D-linalool)
芫荽内酯	coriander lactone
芫荽素 (芫荽异香豆素)	coriandrin
芫荽萜酮二醇 (芫荽三萜酮二醇、芫荽酮二醇)	coriandrinonediol
芫荽异香豆酮 (芫荽酮) A～E	coriandrones A～E
芫荽甾醇苷 (胡萝卜苷、刺五加苷 A、苍耳苷、β-谷甾醇-3-*O*-β-D-吡喃葡萄糖苷)	coriandrinol (eleutheroside A, strumaroside, β-sitosteryl-3-*O*-β-D-glucopyranoside, daucosterol, daucosterin, sitogluside)
岩白菜宁 (岩白菜内酯、岩白菜素、矮茶素、鬼灯檠素、虎耳草素)	bergenin (vakerin, bergenit, arolisic acid B, cuscutin)
岩白菜素 (岩白菜内酯、岩白菜宁、矮茶素、鬼灯檠素、虎耳草素)	bergenin (bergenit, vakerin, arolisic acid B, cuscutin)

岩白菜素单水合物	bergenin monohydrate
岩败酱环烯醚萜素 A～E	rupesins A～E
岩败酱素 A、B	patrirupins A, B
岩豆素 (内华达依瓦菊素、石吊兰素、内华依菊素、吊石苣苔奥苷)	lysionotin (nevadensin, lysioside)
岩风素 (岩风灵)	libanorin
岩黄连碱 (石生黄堇林碱、白蓬草叶碱、唐松叶碱)	thalictrifoline
岩黄连灵碱	cavidilinine
岩椒草素甲	albiflorin-1
岩椒醇	fagarol
岩筋菜素 (岩匙素)	berneuxin
岩筋菜素皂苷 (岩匙皂苷) A～C	berneuxia saponins A～C
岩兰薁	vetivazulene
β-岩兰草酮	β-vetivone
α-岩兰草酮 (异香柏酮、异圆柚酮)	α-vetivone (isonootkatone)
岩兰烷	vetivane
岩兰烯 (印须芒烯、岸兰烯、维惕烯)	vetivene
岩牡丹素 (凹岩牡丹素)	retusine
岩蔷薇状鼬瓣花素	ladanein
岩芹酸 [洋芫荽子酸、(Z)-芹子酸、(Z)-6-十八烯酸]	petroselinic acid [petroselic acid, (Z)-6-octadecenoic-acid]
岩生三裂蒿内酯 (岩生三裂蒿素、岩栖蒿素、罗匹考林) A、B	rupicolins A, B
岩生三裂蒿内酯 A 乙酸酯	rupicolin A acetate
岩生三裂蒿内酯 B 乙酸酯	rupicolin B acetate
岩生山马茶碱	rupicoline
岩天麻素 A～C	yantianmasus A～C
岩藻多糖	fucoidin
岩藻二间苯酚香醇	fucodiphloroethol
岩藻甘露半乳聚糖	fucomannogalactan
岩藻黄质 (岩藻黄素、墨角藻黄质)	fucoxanthin
岩藻聚糖	fucosan
岩藻硫酸酯多糖 B-Ⅰ、B-Ⅱ、C-Ⅰ、C-Ⅱ	fucose sulphated polysaccharides B-Ⅰ、B-Ⅱ、C-Ⅰ、C-Ⅱ
D-岩藻糖	D-fucose
L-岩藻糖	L-fucose
岩藻糖	fucose
岩藻糖胺	fucosamine
L-岩藻糖醇	L-fucitol
岩藻依多糖	fucoidan
岩藻甾醇 (墨角藻甾醇)	fucosterol

Y

岩藻甾醇 -24, 28- 环氧丙酸	fucosterol-24, 28-epoxide propionate
岩藻甾醇乙酸酯	fucosteryl acetate
岩棕醇	loureiriol
沿阶草倍半萜苷 A	ophioside A
沿阶草苷元醇	ophiopogonol
沿阶草黄酮苷	ophioside
沿阶草甾苷 A～E	ophiojaponins A～E
沿阶草皂苷元	ophiogenin
沿丝伞素	naematolin
沿丝伞素 B、C、G	naematolins B, C, G
沿丝伞酮	naematolone
盐肤木查耳酮 Ⅰ～Ⅵ	rhuschalcones Ⅰ～Ⅵ
盐肤木查耳酮 A	rhuschrone A
盐肤木内酯 A	rhuscholide A
盐肤木双黄酮 A	rhusdiflavone A
盐肤木酸	semialatic acid
盐肤木酮	rhusone
盐角草酸	tungtungmadic acid
盐角草酯	salicornate
盐节草灵	halosaline
盐蓬碱	girgensonine
盐生肉苁蓉苷 A～F	salsasides A～F
盐酸阿吗碱	ajmalicine hydroghloride
盐酸阿替生	atisine hydrochloride
盐酸巴马汀	palmatine hydrochloride
盐酸白毛茛碱	hydrastine hydrochloride
(+)- 盐酸白屈菜碱	(+)-chelidonine hydrochloride
L- 盐酸半胱氨酸	L-cysteine hydrochloride
D- 盐酸半乳糖胺	D-galactosamine hydrochloride
盐酸波尔定碱	boldine hydrochloride
盐酸川芎嗪	ligustrazine hydrochloride
DL- 盐酸毒芹碱	DL-coniine hydrochloride
盐酸二乙胺	diethyl amine hydrochloride
盐酸番茄定	tomatidine hydrochloride
盐酸钩吻碱	gelsemine hydrochloride
盐酸哈尔醇	harmol hydrochloride
盐酸哈尔满	harman hydrochloride
盐酸哈尔明碱 (盐酸去氢骆驼蓬碱)	harmine hydrochloride
盐酸哈马酚 (盐盐酸骆驼蓬马酚、盐酸骆驼蓬酚)	harmalol hydrochloride
盐酸哈马灵	harmaline hydrochloride

盐酸胡芦巴碱	trigonelline hydrochloride
DL-盐酸胡秃子碱	DL-eleagnin hydrochloride
盐酸花椒路宁	fagaronine hydrochloride
盐酸黄檗碱 (盐酸黄柏碱)	phellodendrine hydrochloride
盐酸黄连碱 (氯化黄连碱、黄连碱氯化物)	coptisine chloride
盐酸假石榴碱	pseudopelletierine hydrochloride
盐酸尖刺碱 (盐酸欧洲小檗碱)	oxyacanthine hydrochloride
盐酸金鸡纳宁	cinchonine hydrochloride
盐酸柯楠次碱	corynanthine hydrochloride
盐酸奎宁	quinine hydrochloride
L-盐酸赖氨酸	L-lysine hydrochloride
L-盐酸酪氨酸甲酯	L-tyrosine methyl ester hydrochloride
盐酸利血平酸	reserpinic acid hydrochloride
盐酸硫胺 (盐酸维生素 B_1)	thiamine hydrochloride (vitamin B_1 hydrochloride)
L-盐酸麻黄碱	L-ephedrine hydrochloride
盐酸毛果芸香碱	pilocarpine hydrochloride
L-盐酸鸟氨酸	L-ornithine hydrochloride
D-(+)-盐酸葡萄糖胺 [D-(+)-盐酸氨基葡萄糖]	D-(+)-glucosamine hydrochloride
盐酸普鲁卡因	procaine hydrochloride
盐酸青藤碱	sinomenine hydrochloride
盐酸去甲槟榔碱	norarecoline hydrochloride
盐酸去氧肾上腺素	L-phenylephrine hydrochloride
DL-盐酸肉碱	DL-carnitine hydrochloride
盐酸三甲胺	trimethyl amine hydrochloride
盐酸色胺	tryptamine hydrochloride
α-盐酸山梗碱	α-lobeline hydrochloride
盐酸山药碱	bastatasine hydrochloride
盐酸石蒜碱	lycorine chloride
盐酸水苏碱	stachydrine hydrochloride
盐酸甜菜碱 (三甲基甘氨酸盐酸盐)	betaine hydrochloride (trimethyl glycine hydrochloride, acidol, acinorm)
盐酸吐根碱	emetine hydrochloride
盐酸维生素 B_1 (盐酸硫胺)	vitamin B_1 hydrochloride (thiamine hydrochloride)
盐酸伪麻黄碱	pseudoephedrine hydrochloride
盐酸无叶木碱 -26-O-β-D-葡萄糖苷	cadabicine-26-O-β-D-glucoside hydroghloride
盐酸小檗胺	berbamine hydrochloride
盐酸小檗碱 (盐酸黄连素)	berberine hydrochloride
盐酸旋花胺	convolvamine hydrochloride
盐酸药根碱	jatrorrhizine hydrochloride
盐酸乙胺香豆素	carbocromen hydrochloride (antiangor)

Y

盐酸益母草碱	leonurine hydrochloride
盐酸罂粟碱	papaverine hydrochloride
盐酸育亨宾	yohimbine hydrochloride
盐酸原阿片碱	protopine hydrochloride
盐酸猪毛菜定 (盐酸猪毛菜定碱)	salsolidine hydrochloride
盐穗木碱	halostachine
盐沼苷 I	foliachinenoside I
檐箭叶水苏烯内酯 A～C	limbatenolides A～C
奄美一叶萩胺 A	secu′amamine A
眼黄素 (眼黄质、虫眼黄素)	xanthommatin
眼晶体酸	ophthalmic acid
眼镜蛇神经毒	crotoxin
眼镜王蛇神经毒素 V～X	ophiophagus hannah neurotoxins V～X
眼色素蛋白	ommochrome protein
眼子菜醇	potamogetonol
眼子菜醛	potamogetonyde
眼子菜素	potamogetonin
艳山姜素 A、B	zerumins A, B
艳紫铆素 A、B	butesuperins A, B
雁齿 -3- 酮	filic-3-one
雁齿 -3- 烯	filic-3-ene
雁齿烯	filicene
雁齿烯醛	filicenal
燕麦苷 (燕麦甾苷) A、B	avenacosides A, B
燕麦根皂苷 (燕麦碱) A_1、B_2	avenacins A_1, B_2
燕麦鲁明 I	avenalumin I
燕麦甾醇 [燕麦甾烯醇、豆甾 -7, 24 (28) Z- 二烯醇]	avenasterol [stigmast-7, 24 (28) Z-dienol]
5- 燕麦甾烯醇	5-avenasterol
7- 燕麦甾烯醇	7-avenasterol
燕茜素	baccharin
ψ- 赝靛素	ψ-baptigenin
φ- 赝靛素	φ-baptigenin
赝靛素 (野靛素、赝靛苷元)	baptigenin
(–)- 扬甘比胡椒素	(–)-yangambin
(+)- 扬甘比胡椒素 (鹅掌楸树脂酚 B 二甲醚)	(+)-yangambin (lirioresinol B dimethyl ether)
扬甘比胡椒素 (鹅掌楸树脂酚 B 二甲醚)	yangambin (irioresinol B dimethyl ether)
扬诺皂苷 (约诺皂苷)	yononin
扬诺皂苷元 (约诺皂苷元)	yonogenin
扬子铁线莲苷 A	clematiganoside A
羊齿 -7, 9 (11)- 二烯	fern-7, 9 (11)-diene

羊齿 -7- 烯	fern-7-ene
羊齿 -8- 烯 -3β- 醇	fern-8-en-3β-ol
羊齿 -9 (11)- 烯 -12β- 醇	fern-9 (11)-en-12β-ol
羊齿 -9 (11)- 烯 -12- 酮	fern-9 (11)-en-12-one
羊齿 -9 (11)- 烯 -3- 酮 (羊齿烯酮)	fern-9 (11)-en-3-one (fernenone)
7, 9 (11)- 羊齿二烯	7, 9 (11)-ferndiene
羊齿二烯	fernadiene
羊齿苷 A、B	filicinosides A, B
羊齿天冬洛苷 A~D	filiasparosides A~D
羊齿天门冬苷 (小百部苷) A~F	aspafiliosides A~F
羊齿天门冬苷 A [洋菝葜皂苷元 -3-O-β-D- 吡喃木糖基 -(1→4)-β-D- 吡喃葡萄糖苷]	aspafilioside A [sarsasapogenin-3-O-β-D-xylopyranosyl-(1→4)-β-D-glucopyranoside]
羊齿天门冬苷 B [洋菝葜皂苷元 -3-O-β-D- 吡喃木糖基 -(1→4)-α-L- 吡喃阿拉伯糖基 -(1→6)-β-D- 吡喃葡萄糖苷]	aspafilioside B [sarsasapogenin-3-O-β-D-xylopyranosyl-(1→4)-α-L-arabinopyranosyl-(1→6)-β-glucopyranoside]
羊齿天门冬苷 C [(25S)-5β- 呋甾 -3β, 22, 26- 三羟基 -3-O-β-D- 吡喃木糖基 -(1→4)-α-L- 吡喃阿拉伯糖基 -(1→6)-β-D- 吡喃葡萄糖苷 -26-O-β- 吡喃葡萄糖苷]	aspafilioside C [(25S)-5β-furost-3β, 22, 26-trihydroxy-3-O-β-D-xylopyranosyl-(1→4)-α-L-arabinopyranosyl-(1→6)-β-D-glucopyranoside-26-O-β-glucopyranoside]
羊齿天门冬素	aspafilisine
羊齿天门冬素 A	asparagusin A
7- 羊齿烯	7-fernene
8- 羊齿烯	8-fernene
9 (11)- 羊齿烯	9 (11)-fernene
羊齿烯	fernene
羊齿烯醇	fernenol
羊齿烯酮 [羊齿 -9 (11)- 烯 -3- 酮]	fernenone [fern-9 (11)-en-3-one]
羊红膻醇	thellungianol
羊红膻根素 [3- 甲氧基 -5-(1′- 乙氧基 -2′- 羟丙基) 苯酚]	3-methoxy-5-(1′-ethoxy-2′-hydroxypropyl) phenol
羊红膻素 A~G	thellungianins A~G
羊红膻素 C (赤 -5- 正戊基 -4- 羟基四氢呋喃 -2- 酮)	thellungianin C (erythro-5-n-pentyl-4-hydroxytetrahydrofuran-2-one)
羊红膻素 D (苏 -5- 正戊基 -4- 羟基四氢呋喃 -2- 酮)	thellungianin D (threo-5-n-pentyl-4-hydroxytetrahydrofuran-2-one)
羊红膻酯	thellungianate
羊角菜苷 A	piloside A
羊角棉碱 A、B	maireines A, B
羊角拗醇 (羊角拗定醇)	strophanthidol
羊角拗醇苷	strophanolloside
羊角拗苷	divaricoside
17βH- 羊角拗苷	17βH-divaricoside
羊角拗灵甲	strophathiline A

羊角拗萜 A、B	strophanthoids A, B
羊角拗异苷	divostroside
17β*H*-羊角拗异苷	17β*H*-divostroside
羊角拗爪哇糖苷	strophanthojavoside
羊角衣酸	baeomycesic acid
羊腊醛 (癸醛)	capraldehyde (decanal, caprinic aldehyde, decyl aldehyde)
羊腊酸 (癸酸)	capric acid (decanoic acid, decylic acid)
羊毛硫氨酸	lanthionine
羊毛索甾醇 (胆甾 -7-烯醇)	lathosterol (cholest-7-enol)
(13α, 14β, 17α, 20R)-羊毛甾 -7, 24-二烯 -3β-*O*-乙酸酯	(13α, 14β, 17α, 20*R*)-lanost-7, 24-dien-3β-*O*-acetate
(13α, 14β, 17α, 20*R*)-羊毛甾 -7, 24-二烯 -3-醇	(13α, 14β, 17α, 20*R*)-lanost-7, 24-dien-3β-ol
5α-羊毛甾 -7, 9 (11), 24-三烯 -15α, 26-二羟基 -3-酮	5α-lanost-7, 9 (11), 24-trien-15α, 26-dihydroxy-3-one
羊毛甾 -7, 9 (11), 24-三烯 -15α-乙酰氧基 -3α-羟基 -23-氧亚基 -26-酸	lanost-7, 9 (11), 24-trien-15α-acetoxy-3-hydroxy-23-oxo-26-oic acid
羊毛甾 -7, 9 (11), 24-三烯 -3α, 15α-二乙酰氧基 -23-氧亚基 -26-酸	lanost-7, 9 (11), 24-trien-3α, 15α-diacetoxy-23-oxo-26-oic acid
羊毛甾 -7, 9 (11), 24-三烯 -3α-乙酰氧基 -15α, 22β-二羟基 -26-酸	lanost-7, 9 (11), 24-trien-3α-acetoxy-15α, 22β-dihydroxy-26-oic acid
羊毛甾 -7, 9 (11), 24-三烯 -3α-乙酰氧基 -15α-羟基 -23-氧亚基 -26-酸	lanost-7, 9 (11), 24-trien-3α-acetoxy-15α-hydroxy-23-oxo-26-oic acid
羊毛甾 -7, 9 (11), 24-三烯 -3α-乙酰氧基 -26-酸	lanost-7, 9 (11), 24-trien-3α-acetoxy-26-oic acid
(+)-羊毛甾 -8, 24-二烯 -3β-醇	(+)-lanost-8, 24-dien-3β-ol
羊毛甾 -8, 25-二烯 -3β-醇	lanost-8, 25-dien-3β-ol
羊毛甾 -8-烯 -3β-醇	lanost-8-en-3β-ol
羊毛甾 -8-烯 -3β-羟基 -21-酸	lanost-8-en-3β-hydroxy-21-oic acid
羊毛甾 -9 (11)-烯 -3α, 24*S*, 25-三醇	lanost-9 (11)-en-3α, 24*S*, 25-triol
(24*S*)-5α-羊毛甾 -9 (11)-烯 -3β, 24, 25-三醇	(24*S*)-5α-lanost-9 (11)-en-3β, 24, 25-triol
羊毛甾 -9 (11)-烯 -3β-醇	lanost-9 (11)-en-3β-ol
羊毛甾醇 (羊毛脂醇)	lanosterol (kryptosterol)
9β-羊毛脂 -5-烯 -3α, 27-二醇 3α-棕榈油酸酯	9β-lanost-5-en-3α, 27-diol 3α-palmitoleate
羊茅麦角碱 (狐茅麦角碱)	festuclavine
羊茅辛	festucine
羊奶参苷 A～G	lancemasides A～G
羊乳皂苷 (羊乳党参皂苷) A～C	codonosides A～C
羊蹄苷 A～I	rumejaposides A～I
羊蹄根苷	rumarin
羊蹄甲苯并呋喃素 A	bauhibenzofurin A
羊蹄甲噁庚 (羊蹄甲赛品) A、B	bauhinoxepins A, B
羊蹄甲酚 A～E	bauhinols A～E

羊蹄甲苷 A	bauhiniaside A
羊蹄甲螺环素 A	bauhispirorin A
羊蹄甲宁 (龙藤苷)	bauhinin
羊蹄甲素	bauhiniasin
羊蹄甲抑素 D	bauhiniastatin D
羊蹄醌	denticulatol
羊玄参苷	caprarioside
羊油酸 (己酸)	caproic acid (hexanoic acid, hexoic acid, hexylic acid)
羊油酸己酯 (己酸己酯)	hexyl caproate (hexyl hexanoate)
羊油酸甲酯 (己酸甲酯)	methyl caproate (methyl hexanoate)
羊油酸乙酯 (己酸乙酯)	ethyl caproate (ethyl hexanoate)
羊脂酸 (辛酸)	caprylic acid (octylic acid, octanoic acid)
羊踯躅苯烷醇 A、B	mollebenzyl anols A, B
羊踯躅醇 A	rhodomollanol A
羊踯躅苷 A、B	rhodomosides A, B
1β-羊踯躅苷 B	1β-rhodomoside B
羊踯躅林素 A～I	rhodomollins A～I
羊踯躅内酯 A	mollolide A
羊踯躅素 F、G	rhodomolleins F, G
羊踯躅素 I～XLⅢ	rhodomolleins I～XLⅢ
羊踯躅缩醛 A～C	rhodomollacetals A～C
羊踯躅叶素 A～F	mollfoliageins A～F
阳桃苷 E～L	carambolasides E～L
阳芋酸	tuberonic acid
阳芋酸吡喃葡萄糖苷	tuberonic acid glucopyranoside
阳芋酸吡喃葡萄糖苷甲酯	tuberonic acid glucopyranoside methyl ester
杨醇 A	populusol A
杨苷 B	populoside B
杨梅波醇	myrubol
杨梅常山苷	myricoside
(±)-杨梅醇	(±)-myricanol
杨梅醇酮	miricolone
杨梅苷 (杨梅树皮苷、杨梅素-3-O-α-鼠李糖苷)	myricitrin (myricetin-3-O-α-rhamnoside)
杨梅黄酮 (杨梅树皮素、杨梅素、杨梅黄素、3, 5, 7, 3′, 4′, 5′-六羟基黄酮)	cannabiscetin (myricetin, 3, 5, 7, 3′, 4′, 5′-hexahydroxyflavone)
杨梅苦醛	myrkolal
杨梅联苯环庚醇 (杨梅醇)	myricanol
杨梅联苯环庚醇龙胆二糖苷	myricanol gentiobioside
杨梅联苯环庚醇没食子酰基葡萄糖苷	myricanol galloyl glucoside
杨梅联苯环庚醇葡萄糖苷	myricanol glucoside

Y

杨梅内酯	myricalactone
杨梅诺醇	rubanol
杨梅诺酮	rubanone
杨梅三酮	myricetrione
杨梅树皮亭	myricatin
杨梅素 (杨梅树皮素、杨梅黄酮、杨梅黄素、3, 5, 7, 3′, 4′, 5′-六羟基黄酮)	myricetin (cannabiscetin, 3, 5, 7, 3′, 4′, 5′-hexahydroxy-flavone)
杨梅素 -3-(3″, 4″-二乙酰鼠李糖苷) [杨梅素 -3-(3″, 4″-二乙酰鼠李糖苷)]	myricetin-3-(3″, 4″-diacetyl rhamnoside)
杨梅素 -3, 3′-二-α-L-吡喃鼠李糖苷	myricetin-3, 3′-di-α-L-rhamnopyranoside
杨梅素 -3, 7, 3′-三甲醚	myricetin-3, 7, 3′-trimethyl ether
杨梅素 -3, 7, 3′-三甲醚 -5′-O-β-吡喃葡萄糖苷	myricetin-3, 7, 3′-trimethyl ether-5′-O-β-glucopyranoside
杨梅素 -3-O-(2″-没食子酰基) 鼠李糖苷	myricetin-3-O-(2″-galloyl) rhamnoside
杨梅素 -3-O-(2″, 6″-二-O-α-鼠李糖基)-β-葡萄糖苷	myricetin-3-O-(2″, 6″-di-O-α-rhamnosyl)-β-glucoside
杨梅素 -3-O-(2″-O-没食子酰基)-α-L-吡喃鼠李糖苷	myricetin-3-O-(2″-O-galloyl)-α-L-rhamnopyranoside
杨梅素 -3-O-(2″-O-没食子酰基)-α-吡喃鼠李糖苷 -7-甲醚	myricetin-3-O-(2″-O-galloyl)-α-rhamnopyranoside-7-methyl ether
杨梅素 -3-O-(2″-O-没食子酰基)-β-D-吡喃葡萄糖苷	myricetin-3-O-(2″-O-galloyl)-β-D-glucopyranoside
杨梅素 -3-O-(3″-O-没食子酰基)-α-L-吡喃鼠李糖苷	myricetin-3-O-(3″-O-galloyl)-α-L-rhamnopyranoside
杨梅素 -3-O-(3″-O-没食子酰基)-α-吡喃鼠李糖苷 -7-甲醚	myricetin-3-O-(3″-O-galloyl)-α-rhamnopyranoside-7-methyl ether
杨梅素 -3-O-(4″-乙酰基)-α-岩藻糖苷	myricetin-3-O-(4″-acetyl)-α-fucoside
杨梅素 -3-O-(6″-O-没食子酰基) 葡萄糖苷	myricetin-3-O-(6″-O-galloyl) glucoside
杨梅素 -3-O-L-鼠李糖苷	myricetin-3-O-L-rhamnoside
杨梅素 -3-O-α-D-葡萄糖醛酸苷	myricetin-3-O-α-D-glucuronide
杨梅素 -3-O-α-L-(3″-O-没食子酰基) 吡喃鼠李糖苷	myricetin-3-O-α-L-(3″-O-galloyl) rhamnopyranoside
杨梅素 -3-O-α-L-吡喃鼠李糖苷	myricetin-3-O-α-L-rhamnopyranoside
杨梅素 -3-O-α-L-呋喃阿拉伯糖苷	myricetin-3-O-α-L-arabinofuranoside
杨梅素 -3-O-α-L-鼠李糖苷	myricetin-3-O-α-L-rhamnoside
杨梅素 -3-O-α-鼠李糖苷 (杨梅苷、杨梅树皮苷)	myricetin-3-O-α-rhamnoside (myricitrin)
杨梅素 -3-O-β-D-(6″-O-没食子酰基) 吡喃半乳糖苷	myricetin-3-O-β-D-(6″-O-galloyl) galactopyranoside
杨梅素 -3-O-β-D-(6″-O-没食子酰基) 吡喃葡萄糖苷	myricetin-3-O-β-D-(6″-O-galloyl) glucopyranoside
杨梅素 -3-O-β-D-半乳糖苷	myricetin-3-O-β-D-galactoside
杨梅素 -3-O-β-D-吡喃半乳糖苷	myricetin-3-O-β-D-galactopyranoside
杨梅素 -3′-O-β-D-吡喃木糖苷	myricetin-3′-O-β-D-xylopyranoside
杨梅素 -3-O-β-D-吡喃葡萄糖苷	myricetin-3-O-β-D-glucopyranoside
杨梅素 -3′-O-β-D-葡萄糖苷	myricetin-3′-O-β-D-glucoside
杨梅素 -3-O-β-D-葡萄糖苷	myricetin-3-O-β-D-glucoside
杨梅素 -3-O-β-D-葡萄糖醛酸苷	myricetin-3-O-β-D-glucuronide
杨梅素 -3-O-β-L-葡萄糖苷	myricetin-3-O-β-L-glucoside

杨梅素 -3-O- 阿拉伯糖苷	myricetin-3-O-arabinoside
杨梅素 -3-O- 吡喃半乳糖苷	myricetin-3-O-galactopyranoside
杨梅素 -3-O- 甲醚 (杨梅树皮素 -3-O- 甲醚、阿吉木素)	myricetin-3-O-methyl ether (annulatin)
杨梅素 -3-O- 鼠李糖基葡萄糖苷	myricetin-3-O-rhamnosyl glucoside
杨梅素 -3-O- 新橙皮糖苷	myricetin-3-O-neohesperidoside
杨梅素 -3-O- 芸香糖苷	myricetin-3-O-rutinoside
杨梅素 -3- 阿拉伯糖基半乳糖苷	myricetin-3-arabinosyl galactoside
杨梅素 -3- 半乳糖苷	myricetin-3-galactoside
杨梅素 -3- 吡喃葡萄糖苷	myricetin-3-glucopyranoside
杨梅素 -3- 二葡萄糖苷	myricetin-3-diglucoside
杨梅素 -3- 木糖苷	myricetin-3-xyloside
杨梅素 -4′- 甲醚 -3-O-α- 鼠李糖苷	myricetin-4′-methyl ether-3-O-α-rhamnoside
杨梅素 -5- 甲醚 -3- 半乳糖苷	myricetin-5-methyl ether-3-galactoside
杨梅素 -7-O-α-L- 吡喃鼠李糖基 -(1→6)-β-D- 吡喃葡萄糖苷	myricetin-7-O-α-L-rhamnopyranosyl-(1→6)-β-D-glucopyranoside
杨梅素 -7-O-β-D- 吡喃葡萄糖基 -(1→6)-β-D- 吡喃葡萄糖苷	myricetin-7-O-β-D-glucopyranosyl-(1→6)-β-D-glucopyranoside
杨梅素 -7-O- 葡萄糖苷	myricetin-7-O-glucoside
杨梅素 -7- 鼠李糖苷	myricetin-7-rhamnoside
杨梅素甲醚 (杨梅树皮素甲醚)	myricetin monomethyl ether
杨梅素鼠李葡萄糖苷	myricetin rhamnoglucoside
杨梅萜醇醛 (杨梅醇醛)	myricolal
杨梅萜二醇 (杨梅二醇)	myricadiol
杨梅酮 (杨梅联苯环庚酮)	myricanone
杨梅烯 A、B	myricanenes A, B
杨梅烯 A-5-O-α-L- 呋喃阿拉伯糖基 -(1→6)-β-D- 吡喃葡萄糖苷	myricanene A-5-O-α-L-arabinofuranosyl-(1→6)-β-D-glucopyranoside
杨梅烯 B-5-O-α-L- 呋喃阿拉伯糖基 -(1→6)-β-D- 吡喃葡萄糖苷	myricanene B-5-O-α-L-arabinofuranosyl-(1→6)-β-D-glucopyranoside
杨桃黄酮	carambola flavone
杨芽素 (杨芽黄素、柚木柯因、5- 羟基 -7- 甲氧基白杨素)	tectochrysin (5-hydroxy-7-methoxyflavone)
洋艾内酯	artabsin
(–)- 洋艾内酯 [(–)- 苦艾内酯、(–)- 阿他布新]	(–)-artabsin
洋艾双内酯	artenolide
洋艾素 (苦艾苷)	absinthin
洋艾酮内酯 (客多佩楞内酯) A、B	ketopelenolides A, B
洋艾种双内酯 (中亚苦双内酯)	absintholide
洋菝葜皂苷	parillin (sarsasaponin)
洋菝葜皂苷元 (知母皂苷元、萨洒皂苷元)	sarsasapogenin (parigenin)
洋菝葜皂苷元 -3-O-4- 鼠李槐糖苷	sarsasapogenin-3-O-4-rhamnosyl sophoroside

Y

洋薄荷酮 (辣薄荷酮、胡椒酮)	3-carvomenthenone (piperitone)
洋常春藤苷 L8a、L5a、L5b、L8c、L6d	helicosides L8a, L5a, L5b, L8c, L6d
洋常春藤烯 (常春藤烯、甘香烯)	elixene
洋川芎醌	senkyunone
(E)-洋川芎内酯	(E)-senkyunolide
洋川芎内酯 A (芹菜烯内酯、3-正丁基-4,5-二氢苯酞)	senkyunolide A (sedanenolide, 3-n-butyl-4, 5-dihy-drophthalide)
洋川芎内酯 A～Q	senkyunolides A～Q
洋川芎内酯 H (顺式-二羟基藁本内酯)	senkyunolide H (cis-dihydroxyligustilide)
洋川芎内酯 I (反式-二羟基藁本内酯)	senkyunolide I (trans-dihydroxyligustilide)
洋椿醇	cedrelanol
洋椿苦素	cedrelone
洋葱苷 A、B	ceparosides A, B
洋葱素 A	onionin A
洋葱皂苷 A～C	ceposides A～C
洋翠雀定碱	ajadine
洋翠雀定宁	ajadinine
洋翠雀芬	ajadelphine
洋翠雀芬宁	ajadelphinine
洋翠雀加定	delajadine
洋翠雀碱 (阿加新)	ajacine
洋翠雀康宁 (阿加康宁)	ajaconine
洋翠雀枯生碱	ajacusine
洋翠雀灵	delajacirine
洋翠雀辛	ajabicine
洋翠雀欣	delajacine
洋地黄醇苷	digitenol glycoside
洋地黄醇苷类	digitenolides
洋地黄醇类	digitenols
洋地黄毒苷 (毛地黄毒苷、洋地黄苷)	digitoxin (digitalin, digitophyllin, cardigin, carditoxin)
洋地黄毒苷元 (毛地黄毒苷配基)	digitoxigenin
洋地黄毒苷元-16-乙酸酯	digitoxigenin-16-acetate
洋地黄毒苷元-3-O-β-D-吡喃葡萄糖基-(1→3)-β-D-吡喃葡萄糖基-(1→4)-β-D-吡喃毛地黄糖苷	digitoxigenin-3-O-β-D-glucopyranosyl-(1→3)-β-D-glucopyranosyl-(1→4)-β-D- digitalopyranoside
洋地黄毒苷元-3-O-β-D-龙胆二糖基-(1→4)-α-L-弗氏尖药木苷	digitoxigenin-3-O-β-D-gentiobiosyl-(1→4)-α-L-acofrioside
洋地黄毒苷元-3-O-β-D-毛地黄糖苷	digitoxigenin-3-O-β-D-digitaloside
洋地黄毒苷元-3-O-β-D-双洋地黄毒糖基-β-D-木糖苷	digitoxigenin-3-O-β-D-bisdigitoxosyl-β-D-xyloside
洋地黄毒苷元-3-O-β-D-脱氧毛地黄糖苷	digitoxigenin-3-O-β-D-diginoside
洋地黄毒苷元-6-脱氧葡萄糖苷	digitoxigenin-6-deoxyglucoside

17α-洋地黄毒苷元-L-弗氏尖药木苷	17α-digitoxigenin-L-acofrioside
17β-洋地黄毒苷元-L-弗氏尖药木苷	17β-digitoxigenin-L-acofrioside
洋地黄毒苷元-α-L-欧洲夹竹桃糖苷	digitoxigenin-α-L-oleandroside
洋地黄毒苷元-α-L-鼠李糖苷 (卫矛单糖苷、伊夫单苷)	digitoxigenin-α-L-rhamnoside (evomonoside)
洋地黄毒苷元-α-鼠李糖苷	digitoxigenin-α-rhamnoside
Δ^{16}-洋地黄毒苷元-β-D-奥多诺三糖苷	Δ^{16}-digitoxigenin-β-D-odorotrioside
Δ^{16}-洋地黄毒苷元-β-D-夹竹桃三糖苷	Δ^{16}-digitoxigenin-β-D-neritrioside
洋地黄毒苷元-β-D-葡萄糖苷	digitoxigenin-β-D-glucoside
洋地黄毒苷元-β-D-葡萄糖基-(1→4)-α-L-黄花夹竹桃糖苷	digitoxigenin-β-D-glucosyl-(1→4)-α-L-thevetoside
洋地黄毒苷元-β-夹竹桃三糖苷	digitoxigcnin-β-neritrioside
洋地黄毒苷元-β-龙胆二糖基-(1→4)-α-L-黄花夹竹桃糖苷	digitoxigenin-β-gentiobiosyl-(1→4)-α-L-thevetoside
洋地黄毒苷元-β-龙胆二糖基-(1→4)-α-L-甲基鼠李糖苷	digitoxigenin-β-gentiobiosyl-(1→4)-α-L-acofrioside
洋地黄毒苷元-β-龙胆三糖基-(1→4)-β-D-毛地黄糖苷	digitoxigenin-β-gentiotriosyl-(1→4)-β-D-digitaloside
洋地黄毒苷元单洋地黄毒糖苷	digitoxigenin monodigitoxoside
洋地黄毒苷元葡萄糖基-6-脱氧葡萄糖苷	digitoxigenin glucosyl-6-deoxyglucoside
洋地黄毒苷元葡萄糖岩藻糖苷	glucodigifucoside
洋地黄毒苷元双洋地黄毒糖苷	digitoxigenin bisdigitoxoside
洋地黄毒糖	digitoxose
洋地黄蒽醌 (洋地黄叶黄素)	digitolutein
洋地黄富林苷 (洋地黄叶苷)	digifolein
洋地黄苷 (洋地黄毒苷、毛地黄毒苷)	digitalin (digitoxin, digitophyllin, cardigin, carditoxin)
洋地黄苷-20-乙酸酯	digitalin-20-acetate
洋地黄黄酮	digicitrin
洋地黄加洛苷	digalonin
洋地黄加洛苷元	digalogenin
洋地黄醌	digitoquinone
洋地黄宁苷 (洋地黄孕烯环氧二酮苷)	diginin
洋地黄柠檬苷	digicitin
洋地黄普苷	digiproside
洋地黄普宁苷 (洋地黄孕烯三酮苷)	digipronin
洋地黄他洛苷	digitalonin
洋地黄酮 (紫花洋地黄蒽醌)	digitopurpone
洋地黄酰苷 (洋地黄乙酰宁苷)	digacetinin
洋地黄新苷	digcorin
洋地黄岩藻糖纤维二糖苷	digifucocellobioside
洋地黄皂苷 A、B	digitonides (digitonins) A, B
洋橄榄叶酸	elaiophylin

洋橄榄油酸 (反油酸)	elaidic acid
洋槐苷	robinin
洋槐黄素 (刺槐乙素、刺槐亭)	robinetin
洋蓟苦素 (菜蓟苦素)	cynaropicrin
洋蓟三糖苷	cynarotrioside
洋蓟素 (朝蓟素、洋蓟酸、朝鲜蓟酸、二咖啡酰奎宁酸)	cynarin (cinarine, dicaffeoyl quinic acid)
洋蓟糖苷 (菜蓟莫苷、木犀草素-7-*O*-芸香糖苷)	scolymoside (luteolin-7-*O*-rutinoside)
洋蓟萜苷 A～C	cynarascolosides A～C
洋金花苷 B～N	daturametelosides B～N
洋金花林素	datumelin
洋金花灵 A	yangjinhualine A
洋金花素 A～N	dmetelins A～N
洋金花素苷 A～G	metelosides A～G
洋金花酰胺 A、B	daturametelamides A, B
洋金花叶苷 1～6	daturafolisides 1～6
洋金花叶苷 A～U	daturafolisides A～U
洋金花叶素 A～C	daturafolisins A～C
α-洋梨呋喃	α-pyrufuran
洋梨苷	pyroside
洋蒲桃素 B	samarangenin B
洋芹苷	celeroside
洋芹醚 (芹菜脑、洋芹脑、石芹脑、石菜脑、欧芹脑)	apiol (apiole, apioline, parsley camphor)
洋芹脑 (芹菜脑、洋芹醚、石芹脑、石菜脑、欧芹脑)	apioline (apiole, apiol, parsley camphor)
洋芹素	celereoin
洋芹素-6-*C*-阿拉伯糖基葡萄糖苷	celereoin-6-*C*-arabinosyl-glucoside
洋芹素-7, 4′-二甲醚	celereoin-7, 4′-dimethyl ether
洋芹素-7-*O*-β-D-葡萄糖苷	celereoin-7-*O*-β-D-glucoside
洋芹素苷	celereoside
洋蓍草素 (蓍草碱)	achillein (achilleine)
洋芫荽子酸 [岩芹酸、(*Z*)-芹子酸、(*Z*)-6-十八烯酸]	petroselic acid [petroselinic acid, (*Z*)-6-octadecenoic-acid]
仰卧天芥菜定	supinidine
仰卧天芥菜碱 (仰卧天芥菜宁)	supinine
3-(2′-氧丙基)-4, 4-二甲基-1, 3, 4, 5, 6, 7-六氢-2-苯并呋喃	3-(2′-oxopropyl)-4, 4-dimethyl-1, 3, 4, 5, 6, 7-hexahydro-2-benzofuran
21-(2-氧丙基)-钩吻素子	21-(2-oxopropyl)-koumine
2, 2′-[氧叉二 (乙-2, 1-叉基氧基)] 二乙酸	2, 2′-[oxybis (ethane-2, 1-diyloxy)] diacetic acid
3, 3′, 3″, 3‴-[氧叉二 (乙叉氨爪基)] 四丙酸	3, 3′, 3″, 3‴-[oxybis (ethylenenitrilo)] tetrapropanoic acid
1-氧代桉叶-11 (13)-烯-12, 8α-内酯	1-oxoeudesm-11 (13)-en-12, 8α-lactone

N-氧代蛇足石杉碱	*N*-oxohuperzinine
N-氧代蛇足石松碱 M	*N*-oxolycoposerramine M
N-氧代石松佛利星碱 (*N*-氧代曲石松碱)	*N*-oxolycoflexine
β-氧代缬氨酸	β-oxyvaline
(−)-2-氧代羽叶哈威豆尼酸 [(−)-2-考拉维酸]	(−)-2-oxakolavenic acid
氧代原百部碱	oxyprotostemonine
氧氮杂蒽 (吩噁嗪)	phenoxazine
10*H*-氧氮杂蒽 {二苯并 [*b, e*] 噁嗪}	10*H*-phenoxazine {dibenzo [*b, e*] xazine}
氧氮杂环丙烯 (氧氮杂环丙熳)	oxazirene
氧碲杂蒽	phenoxatellurine
2, 2′-氧二乙醇	2, 2′-oxydiethanol
1-氧菲柔里定	1-peroxyferolide
3-氧冠狗牙花定碱	3-oxycoronaridine
氧海罂粟碱 (氧亚基海罂粟碱)	oxoglaucine
4-氧合异戊烯酰甲基-6, 7-二甲氧香豆素	4-senecioyloxymethyl-6, 7-dimethoxycoumarin
6α-氧合异戊烯酰卡斯苦木素 (6α-氧合异戊烯酰卡帕林)	6α-senecioyloxychaparrin
氧化巴拿马红豆胺	oxypanamine
氧化白藜芦醇 (2, 4, 3′, 5′-四羟基芪)	oxyresveratrol (2, 4, 3′, 5′-tetrahydroxystilbene)
氧化白藜芦醇-2-*O*-β-D-吡喃葡萄糖苷	oxyresveratrol-2-*O*-β-D-glucopyranoside
氧化白藜芦醇-3′-*O*-β-D-吡喃葡萄糖苷	oxyresveratrol-3′-*O*-β-D-glucopyranoside
氧化白藜芦醇-3-*O*-葡萄糖苷	oxyresveratrol-3-*O*-glucoside
氧化白毛茛分碱	oxyhydrastinine
氧化白屈菜红碱	oxychelerythrine
氧化白屈菜碱	oxychelidonine
氧化百部烯碱	oxystemoenonine
氧化百部新碱	oxystemoninine
氧化别欧前胡素	oxyalloimperatorin
氧化补骨脂素 (黄原毒、花椒毒素、8-甲氧补骨脂素、花椒毒内酯)	methoxsalen (xanthotoxin, 8-methoxypsoralen, ammoidin)
氧化常绿钩吻碱	sempervirinoxide
氧化地黄紫罗兰苷 B	oxyrehmaionoside B
氧化二氢桑根皮素	oxydihydromorusin
氧化槐定碱	oxysophoridine
(+)-氧化槐根碱	(+)-oxysophocarpine
氧化槐根碱 (氧化槐果碱、*N*-氧基槐根碱、*N*-氧基槐果碱)	oxysophocarpine (*N*-oxysophocarpine)
氧化积雪草苷	oxyasiaticoside
氧化坎狄辛	oxycandicine
氧化克尔百部碱	oxystemokerrin

氧化克尔百部碱 N-氧化物	oxystemokerrin N-oxide
(+)-氧化苦参碱	(+)-oxymatrine
氧化苦参碱	oxymatrine (ammothamnine)
氧化乐果	folimat
氧化簕欓碱 (氧化簕欓花椒碱)	oxyavicine
(−)-氧化勒它宾碱 N-氧化物	(−)-leontalbinine N-oxide
氧化两面针碱 (光叶花椒酮碱)	oxynitidine
氧化马铃薯香根草酮	oxysolavetivone
氧化木橘辛素 -5′-O-β-D-吡喃葡萄糖苷	oxymarmesin-5′-O-β-D-glucopyranoside
氧化那可汀	oxynarcotine
17-氧化皮质甾酮	17-oxycorticosterone
氧化嘌呤	oxypurine
氧化前胡素 (氧化前胡宁素)	oxypeucedanin
氧化前胡素甲醚	oxypeucedanin methanolate
氧化前胡素乙醚	oxypeucedanin ethanolate
氧化窃衣内酯	oxytorilolide
氧化蚯蚓血红蛋白	oxyhemerythrin
氧化去甲白屈菜红碱	oxynorchelerythrine
氧化三甲胺	trimethyl aminoxide
氧化芍药单宁 (氧化欧牡丹苷)	oxypaeonidanin
氧化芍药苷	oxypaeoniflorin
氧化芍药苷磺酸酯	oxypaeoniflorin sulfonate
氧化神经碱 (甜菜碱、甘氨酸甜菜碱、三甲铵乙内盐)	oxyneurine (lycine, glycocoll betaine, betaine, glycine betaine)
氧化双豆叶九里香碱	oxydimurrayafoline
氧化 -顺式 -扁柏树脂酚	oxy-cis-hinokiresinol
氧化特日哈宁碱 (氧化两面针哈宁)	oxyterihanine
2-氧化甜没药萜酮	2-bisabolonoxide
氧化铁 (磁性氧化铁、三氧化二铁)	ferric oxide (magnetic oxide iron)
氧化铜	cupric oxide
2, 19-氧化沃肯楝素	2, 19-oxymeliavosin
氧化乌药烯	linderoxide
氧化戊二烯	pentadiene oxide
氧化狭叶百部碱	oxymaistemonine
氧化小檗碱	oxyberberine
α-氧化缬氨酸	α-oxyvaline
氧化锌	zine oxide
氧化血根碱	oxysanguinarine
氧化血蓝蛋白	oxyhemocyanin
氧化亚砷 (砒霜、亚砷酸酐、三氧化二砷)	arsenouse oxide (arsenic trioxide)

氧化亚铁	ferrous oxide
氧化烟叶芹内酯	oxycapnolactone
氧化异佛尔酮	isophorone oxide
氧化吲哚 (1, 3-二氢-2*H*-吲哚-2-酮、2-吲哚酮)	oxindole (1, 3-dihydro-2*H*-indol-2-one, 2-indolinone)
17-氧化鹰爪豆碱	17-oxysparteine
氧化鹰爪豆碱	oxysparteine
氧化羽叶省沽油碱 (氧化欧省沽油碱)	oxypinnatanine
氧化掌叶防己碱 (氧化巴马亭)	oxypalmatine
氧化脂素	oxylipin
4, 7-氧环广防风酸 (4, 7-环氧防风草酸)	4, 7-oxycycloanisomelic acid
氧黄心树宁碱	oxoushinsunine
N-氧基对叶百部碱	*N*-oxytuberostemonine
N-氧基槐根碱 (氧化槐根碱、氧化槐果碱、*N*-氧基槐果碱)	*N*-oxysophocarpine (oxysophocarpine)
2*H*-5, 3-(氧甲叉基) 呋喃并 [2, 3-*c*] 吡喃	2*H*-5, 3-(epoxymethano) furo [2, 3-*c*] pyran
7*H*-3, 5-(氧甲叉基) 呋喃并 [2, 3-*c*] 吡喃	7*H*-3, 5-(epoxymethano) furo [2, 3-*c*] pyran
3-氧甲基-21, 22-环氧番木鳖次碱	3-oxymethyl-21, 22-epoxyvomicine
13-氧巨大戟萜醇	13-oxyingenol
13-氧巨大戟萜醇-13-十二酸酯-20-己酸酯	13-oxyingenol-13-dodecanoate-20-hexanoate
5, 5′-氧联二亚甲基-双 (2-呋喃甲醛)	5, 5′-oxydimethylene-bis (2-furaldehyde)
10*H*-氧磷杂蒽	10*H*-phenoxaphosphine
氧磷杂蒽	phenoxaphosphinine
氧硫杂蒽 (吩噁噻)	phenoxathiine
氧脯氨酸 (2-吡咯烷酮-5-甲酸)	pidolic acid (2-pyrrolidone-5-carboxylic acid)
(+)-氧前胡宁素	(+)-prangolarine
19-氧去乙酰华蟾毒它灵	19-oxide sacetyl cinobufotalin
10*H*-氧砷杂蒽	10*H*-phenoxarsine
氧砷杂蒽 (吩噁砒)	phenoxarsine (phenoxarsinine)
10*H*-氧锑杂蒽	10*H*-phenoxastibinine
氧锑杂蒽	phenoxastibinine
氧烷 (水)	oxidane (water)
氧硒杂蒽	phenoxaselenine
1-氧亚基-1-*O*-甲基-4, 5-二氢白色向日葵素 A	1-oxo-1-*O*-methyl-4, 5-dihydroniveusin A
12-氧亚基-(−)-哈氏豆属酸	12-oxo-(−)-hardwickiic acid
(2′*R*)-1-*O*-[9-氧亚基-(12*Z*)-十八碳酰基] 甘油	(2′*R*)-1-*O*-[9-oxo-(12*Z*)-octadecanoyl] glycerol
(2′*S*)-1-*O*-[9-氧亚基-(12*Z*)-十八碳酰基] 甘油	(2′*S*)-1-*O*-[9-oxo-(12*Z*)-octadecanoyl] glycerol
3-氧亚基-(20*S*)-达玛-24-烯-6α, 20, 26-三羟基-26-*O*-β-D-吡喃葡萄糖苷	3-oxo-(20*S*)-dammar-24-en-6α, 20, 26-trihydroxy-26-*O*-β-D-glucopyranoside
6-[1′-氧亚基-(3′*R*)-甲氧基丁基]-5, 7-二甲氧基-2, 2-二甲基-2*H*-1-苯并吡喃	6-[1′-oxo-(3′*R*)-methoxybutyl]-5, 7-dimethoxy-2, 2-dimethyl-2*H*-1-benzopyran

5-[1′-氧亚基-(3′R)-羟基丁基]-5, 7-二甲氧基-2, 2-二甲基-2H-1-苯并吡喃	5-[1′-oxo-(3′R)-hydroxybutyl]-5, 7-dimethoxy-2, 2-dimethyl-2H-1-benzopyran
6-[1′-氧亚基-(3′R)-羟基丁基]-5, 7-二甲氧基-2, 2-二甲基-2H-1-苯并吡喃	6-[1′-oxo-(3′R)-hydroxybutyl]-5, 7-dimethoxy-2, 2-dimethyl-2H-1-benzopyran
1-氧亚基-3β-羟基新西兰罗汉松酚	1-oxo-3β-hydroxytotarol
19-氧亚基-(3β, 20S)-二羟基达玛-24-烯	19-oxo-(3β, 20S)-dihydroxydammar-24-ene
19-氧亚基-(3β, 20S, 21)-三羟基-25-过氧氢达玛-23-烯	19-oxo-(3β, 20S, 21)-trihydroxy-25-hydroperoxydammar-23-ene
19-氧亚基-(3β, 20S, 21, 24S)-四羟基达玛-25-烯	19-oxo-(3β, 20S, 21, 24S)-tetrahydroxydammar-25-ene
19-氧亚基-(3β, 20ξ, 21)-三羟基-21, 23-环氧达玛-24-烯	19-oxo-(3β, 20ξ, 21)-trihydroxy-21, 23-epoxydammar-24-ene
13-氧亚基-(9Z, 11E)-十八碳二烯酸	13-oxo-(9Z, 11E)-octadecadienoic acid
2, 2′-[氧亚基(双亚甲基)]-双呋喃(2, 2′-二糠基醚)	2, 2′-[oxybis (methylene)]-bisfuran (2, 2′-difurfuryl ether)
2-氧亚基-12-羟基茅术醇	2-oxo-12-hydroxyhinesol
(Z)-7-氧亚基-11-十八烯酸	(Z)-7-oxo-11-octadecenoic acid
16-氧亚基-11-脱水泽泻醇 A	16-oxo-11-anhydroalisol A
16-氧亚基-11-脱水泽泻醇 A-24-乙酸酯	16-oxo-11-anhydroalisol A-24-acetate
4-氧亚基-1, 2, 3, 4-四氢萘甲酸	4-oxo-1, 2, 3, 4-tetrahydronaphthalene-1-carboxylic acid
9-氧亚基-10, 11-脱氢紫茎泽兰酮	9-oxo-10, 11-dehydroageraphorone
(10E, 12E)-9-氧亚基-10, 12-十八碳二烯酸	(10E, 12E)-9-oxo-10, 12-octadecadienoic acid
9-氧亚基-10, 12-十八碳二烯酸	9-oxo-10, 12-octadecadienoic acid
7-氧亚基-10α-葫芦二烯醇	7-oxo-10α-cucurbitadienol
4-氧亚基-11-桉烯-8, 12-内酯	4-oxo-11-eudesmen-8, 12-olide
(24Z)-3-氧亚基-12α-羟基羊毛甾-8, 24-二烯-26-酸	(24Z)-3-oxo-12α-hydroxylanost-8, 24-dien-26-oic acid
(24Z)-3-氧亚基-12α-乙酰氧基羊毛甾-8, 24-二烯-26-酸	(24Z)-3-oxo-12α-acetoxylanost-8, 24-dien-26-oic acid
(3S, 5R, 10S)-7-氧亚基-12-甲氧基松香-8, 11, 13-三烯-3, 11, 14-三醇	(3S, 5R, 10S)-7-oxo-12-methoxyabieta-8, 11, 13-trien-3, 11, 14-triol
2-氧亚基-13α-熊果-28, 12β-内酯	2-oxo-13α-urs-28, 12β-olide
7-氧亚基-13β-甲氧基松香-8 (14)-烯-18-酸	7-oxo-13β-methoxyabiet-8 (14)-en-18-oic acid
15-氧亚基-14, 16H-劲直假莲酸	15-oxo-14, 16H-strictic acid
3-氧亚基-14-羟基-(6E, 12E)-十四碳二烯-8, 10-二炔-1-O-β-D-吡喃葡萄糖苷	3-oxo-14-hydroxy-(6E, 12E)-tetradecadien-8, 10-diyn-1-O-β-D-glucopyranoside
3-氧亚基-14-脱氧-11, 12-二脱氢穿心莲内酯	3-oxo-14-deoxy-11, 12-didehydroandrographolide
3-氧亚基-14-脱氧穿心莲内酯	3-oxo-14-deoxyandrographolide
2-氧亚基-15, 16, 19-三羟基-对映-海松-8 (14)-烯	2-oxo-15, 16, 19-trihydroxy-ent-pimar-8 (14)-ene
16-氧亚基-15, 16H-哈氏豆属酸	16-oxo-15, 16H-hardwickiic acid
2-氧亚基-15-羟基茅术醇	2-oxo-15-hydroxyhinesol
8-氧亚基-15-去甲灰白银胶菊酮	8-oxo-15-norargentone
6-氧亚基-16, 20-表沙地狗牙花碱	6-oxo-16, 20-episilicine
3-氧亚基-16α-羟基齐墩果-12-烯-28-酸	3-oxo-16α-hydroxyolean-12-en-28-oic acid

7-氧亚基-16-去乙烯基-对映-海松-8, 11, 13-三烯-17-酸	7-oxo-16-devinyl-*ent*-pimar-8, 11, 13-trien-17-oic acid
3-氧亚基-16-氧亚基-11-脱水泽泻醇 A	3-oxo-16-oxo-11-anhydroalisol A
3-氧亚基-19α, 23, 24-三羟基熊果-12-烯-28-酸	3-oxo-19α, 23, 24-trihydroxyurs-12-en-28-oic acid
3-氧亚基-19-表-海涅狗牙花碱	3-oxo-19-epi-heyneanine
1-氧亚基-1λ⁴-噻吩	1-oxo-1λ^4-thiophene
16-氧亚基-21-表千层塔烯二醇	16-oxo-21-episerratenediol
16-氧亚基-21-表千层塔烯三醇	16-oxo-21-episerratriol
22-氧亚基-20-蒲公英烯-3β-醇	22-oxo-20-taraxasten-3β-ol
22-氧亚基-20-羟基蜕皮激素	22-oxo-20-hydroxyecdysone
3-氧亚基-22α-羟基-20-蒲公英萜烯-30-酸	3-oxo-22α-hydroxy-20-taraxasten-30-oic acid
15-氧亚基-23, 24-二氢葫芦素 F	15-oxo-23, 24-dihydrocucurbitacin F
(25*R*)-3-氧亚基-24-亚甲基环木菠萝-26-醇	(25*R*)-3-oxo-24-methylenecycloart-26-ol
3-氧亚基-24-亚甲基环木菠萝烷	3-oxo-24-methylene cycloartane
3-氧亚基-25-羟甲基-22β-[(*Z*)-2′-丁烯酰氧基]-齐墩果-12-烯-28-酸	3-oxo-25-methyl hydroxy-22β-[(*Z*)-2′-butenoyloxy]-olean-12-en-28-oic acid
25-氧亚基-27-去甲苦瓜属苷 L	25-oxo-27-normomordicoside L
24-氧亚基-29-降环木菠萝烷酮	24-oxo-29-norcycloartanone
12-氧亚基-2α, 3β, (20*S*)-三羟基-24-达玛烯	12-oxo-2α, 3β, (20*S*)-trihydroxydammar-24-ene
1-氧亚基-2β-(3-丁酮)-3α-甲基-6β-(2-丙醇甲酸酯)环己烷	1-oxo-2β-(3-butanone)-3α-methyl-6β-(2-propanol formyl ester) cyclohexane
1-氧亚基-2β-(3-丁酮)-3α-甲基-6β-(2-丙酸)环己烷	1-oxo-2β-(3-butanone)-3α-methyl-6β-(2-propanoic acid) cyclohexane
4-氧亚基-2-辛烯醛	4-oxo-2-octenal
2-[(2′*E*, 6′*E*)-5′-氧亚基-3′, 7′, 11′-三甲基十二-2′, 6′, 10′-三烯基]-6-甲基氢醌	2-[(2′*E*, 6′*E*)-5′-oxo-3′, 7′, 11′-trimethyl dodec-2′, 6′, 10′-trienyl]-6-methyl hydroquinone
8-[(2*E*)-6-氧亚基-3, 7-二甲基-2-辛烯氧基]补骨脂素	8-[(2*E*)-6-oxo-3, 7-dimethyl oct-2-enyloxy] psoralen
3-氧亚基-30-甲氧羰基-23-去甲齐墩果-12-烯-28-酸	3-oxo-30-carbomethoxy-23-norolean-12-en-28-oic acid
28-氧亚基-30-去甲齐墩果-12, 20 (29)-二烯	28-oxo-30-norolean-12, 20 (29)-diene
(24*Z*)-3α-氧亚基-3α-高-27-羟基-7, 24-甘遂二烯-3-酮	(24*Z*)-3α-oxo-3α-homo-27-hydroxy-7, 24-tirucalldien-3-one
12-氧亚基-3β, 20*S*, 21, 25-四羟基达玛-23-烯	12-oxo-3β, 20*S*, 21, 25-tetrahydroxydammar-23-ene
(20*S*, 23*S*)-19-氧亚基-3β, 20-二羟基达玛-24-烯-21-酸-21, 23-内酯	(20*S*, 23*S*)-19-oxo-3β, 20-dihydroxydammar-24-en-21-oic acid-21, 23-lactone
(20*R*, 23*R*)-19-氧亚基-3β, 20-二羟基达玛-24-烯-21-酸-21, 23-内酯-3-*O*-[α-L-吡喃鼠李糖基-(1→2)][β-D-吡喃木糖基-(1→3)]-α-L-吡喃阿拉伯糖苷	(20*R*, 23*R*)-19-oxo-3β, 20-dihydroxydammar-24-en-21-oic acid-21, 23-lactone -3-*O*-[α-L-rhamnopyranosyl-(1→2)][β-D-xylopyranosyl-(1→3)]-α-L-arabinopyranoside
22-氧亚基-3β, 24-二羟基齐墩果-12-烯	22-oxo-3β, 24-dihydroxyolean-12-ene
7-氧亚基-3β-羟基-5, 20 (29)-二烯-24-去甲羽扇烷	7-oxo-3β-hydroxy-5, 20 (29)-dien-24-norlupane
3-氧亚基-4, 5-烯-谷甾酮	3-oxo-4, 5-en-sitostenone
1-氧亚基-4α-乙酰氧基桉叶-2, 11 (13)-二烯-12, 8β-内酯	1-oxo-4α-acetoxyeudesm-2, 11 (13)-dien-12, 8β-olide
1-氧亚基-4-羟基-2 (3)-烯-4-乙基环己-5, 8-内酯	1-oxo-4-hydroxy-2 (3)-en-4-ethyl cyclohex-5, 8-olide

中文名称	英文名称
1-氧亚基-4′-去甲氧基-3′, 4′-亚甲基二氧代罗米仔兰醇	1-oxo-4′-demethoxy-3′, 4′-methylenedioxyrocaglaol
4-氧亚基-5 (6), 11-桉烷二烯-8, 12-内酯	4-oxo-5 (6), 11-eudesmadien-8, 12-olide
4-氧亚基-5-(O-β-D-吡喃葡萄糖基) 戊酸	4-oxo-5-(O-β-D-glucopyranosyl) pentanoic acid
19-氧亚基-5α-胆甾-24-酸	19-oxo-5α-cholest-24-oic acid
4-氧亚基-5-甲氧基-2-戊烯-5-内酯	4-oxo-5-methoxy-2-amylene-5-lactone
2-氧亚基-6-脱氧新日本莽草素	2-oxo-6-deoxyneoanisatin
1-(1-氧亚基-7, 10-十六碳二烯基) 吡咯烷	1-(1-oxo-7, 10-hexadecadienyl) pyrrolidine
4-氧亚基-7, 8-二氢-β-紫罗兰醇	4-oxo-7, 8-dihydro-β-ionol
1-氧亚基-7α-羟基谷甾醇	1-oxo-7α-hydroxysitosterol
8-氧亚基-7-氧杂双环 [4.2.0] 辛-4, 5-二甲酸	8-oxo-7-oxabicyclo [4.2.0] oct-4, 5-dicarboxylic acid
16-氧亚基-8 (17), (12E)-半日花二烯-15-酸	16-oxo-8 (17), (12E)-labd-dien-15-oic acid
7-氧亚基-8β-D:C-异齐墩果-9 (11)-烯-3α, 29-二醇	7-oxo-8β-D:C-friedoolean-9 (11)-en-3α, 29-diol
7-氧亚基-8-谷甾醇	7-oxo-8-sitosterol
(9Z, 11E)-13-氧亚基-9, 11-十八碳二烯酸	(9Z, 11E)-13-oxo-9, 11-octadecadienoic acid
(E)-8-氧亚基-9-十八烯酸	(E)-8-oxo-9-octadecenoic acid
(E)-8-氧亚基-9-十八烯酸乙酯	ethyl (E)-8-oxo-9-octadecenoate
(E)-8-氧亚基-9-十六烯酸乙酯	ethyl (E)-8-oxo-9-hexadecenoate
C-1-氧亚基-C-2-生梨米仔兰碱罗克斯米仔兰素 A	C-1-oxo-C-2-piriferine of aglaroxin A
3-氧亚基-D:C-无羁齐墩果-7, 9 (11)-二烯-29-酸	3-oxo-D:C-friedoolean-7, 9 (11)-dien-29-oic acid
7-氧亚基-D:C-异齐墩果-8-烯-3β-醇	7-oxo-D:C-friedoolean-8-en-3β-ol
N-氧亚基-N, N-二甲基苯甲胺	N-oxo-N, N-dimethyl benzyl amine
21-氧亚基-O-甲基白坚木宾	21-oxo-O-methyl aspidoalbine
氧亚基-O-甲基空褐麟碱	oxo-O-methyl bulbocapnine
4-氧亚基-α-风铃木醌	4-oxo-α-lapachone
9-氧亚基-α-花柏烯	9-oxo-α-chamigrene
3-氧亚基-α-香堇醇-9-O-β-D-吡喃葡萄糖苷	3-oxo-α-ionol-9-O-β-D-glucopyranoside
11-氧亚基-α-香树脂醇	11-oxo-α-amyrin
11-氧亚基-α-香树脂醇棕榈酸酯	11-oxo-α-amyrinpalmitate
氧亚基-α-衣兰烯	oxo-α-ylangene
1, 10-氧亚基-α-月桂烯氢氧化物	1, 10-oxo-α-myrcene hydroxide
(−)-3-氧亚基-α-紫罗兰-O-β-D-吡喃葡萄糖苷	(−)-3-oxo-α-ionyl-O-β-D-glucopyranoside
(+)-3-氧亚基-α-紫罗兰-O-β-D-吡喃葡萄糖苷	(+)-3-oxo-α-ionyl-O-β-D-glucopyranoside
(6R, 9R)-3-氧亚基-α-紫罗兰醇	(6R, 9R)-3-oxo-α-ionol
(6R, 9S)-3-氧亚基-α-紫罗兰醇	(6R, 9S)-3-oxo-α-ionol
3-氧亚基-α-紫罗兰醇	3-oxo-α-ionol
(6R, 9R)-3-氧亚基-α-紫罗兰醇-9-O-β-D-吡喃葡萄糖苷	(6R, 9R)-3-oxo-α-ionol-9-O-β-D-glucopyranoside
(6S, 9R)-3-氧亚基-α-紫罗兰醇-9-O-β-D-吡喃葡萄糖苷	(6S, 9R)-3-oxo-α-ionol-9-O-β-D-glucopyranoside
(6R, 9R)-3-氧亚基-α-紫罗兰醇-β-D-呋喃芹糖基-(1→6)-β-D-吡喃葡萄糖苷	(6R, 9R)-3-oxo-α-ionol-β-D-apiofuranosyl-(1→6)-β-D-glucopyranoside
3-氧亚基-α-紫罗兰酮	3-oxo-α-ionone

7-氧亚基-β-谷甾醇	7-oxo-β-sitosterol
7-氧亚基-β-胡萝卜苷	7-oxo-β-daucosterol
11-氧亚基-β-香树脂醇	11-oxo-β-amyrin
11-氧亚基-β-香树脂醇棕榈酸酯	11-oxo-β-amyrinpalmitate
1, 10-氧亚基-β-月桂烯氢氧化物	1, 10-oxo-β-myrcene hydroxide
4-氧亚基-β-紫罗兰醇	4-oxo-β-ionol
4-[(氧亚基-λ^5-氮次基)甲基]苯甲酸甲酯	4-[(oxo-λ^5-azanylidyne) methyl] benzoic acid methyl ester
氧亚基阿索水仙碱	oxoassoanine
7-氧亚基澳洲茄胺	7-oxosolasodine
8-氧亚基巴马亭	8-oxopalmatine
3-氧亚基白刚玉内酯	3-oxodiplophylline
3-氧亚基白桦脂酸	3-oxobetulinic acid
21-氧亚基白坚木宾	21-oxoaspidoalbine
4-氧亚基白术内酯 Ⅲ	4-oxoatractylenolide Ⅲ
2-氧亚基百部宁碱	2-oxostenine
4-氧亚基百福酸	4-oxobedfordiaic acid
6-氧亚基半日花-7, 11, 14-三烯-16-酸内酯	6-oxolabd-7, 11, 14-trien-16-oic acid lactone
(12E)-16-氧亚基半日花-8 (17), 12-二烯-15-甲酯	(12E)-16-oxolabd-8 (17), 12-dien-15-oic acid methyl ester
7-氧亚基贝加尔灵 (7-氧代贝加尔唐松草碱)	7-oxobaicaline
5-氧亚基吡咯烷-2-甲酸丁酯	5-oxopyrrolidine-2-carboxylic acid butyl ester
5-氧亚基吡咯烷-2-甲酸甲酯	5-oxopyrrolidine-2-carboxylic acid methyl ester
6-氧亚基扁蒴藤酚	6-oxopristimerol
氧亚基表千金藤默星碱	oxoepistephamiersine
8-氧亚基表小檗碱	8-oxoepiberberine
3-(2-氧亚基丙基)-19-表海涅狗牙花碱	3-(2-oxopropyl)-19-epiheyneanine
3-(2-氧亚基丙基)伏康树碱 [3-(2-氧亚基丙基)老刺木碱、3-(2-氧亚基丙基)伏康京碱]	3-(2-oxopropyl) voacangine
3-氧亚基丙酸	3-oxopropanoic acid
11-氧亚基波叶刚毛果苷元-3-α-L-吡喃鼠李糖苷	11-oxouzarigenin-3-α-L-rhamnopyranoside
7-氧亚基菜油甾醇	7-oxocampesterol
22-氧亚基长春花碱	22-oxovincaleukoblastine
3-氧亚基长春瑞辛 (3-氧亚基洛柯辛碱、3-氧亚基洛柯辛)	3-oxolochnericine
5-氧亚基长花马钱苷	5-oxodolichantoside
11-氧亚基常春藤皂苷元	11-oxohederagenin
9-氧亚基橙花叔醇	9-oxonerolidol
1-氧亚基次丹参酮	1-oxomiltirone
8-氧亚基刺桐叶碱	8-oxoerythrinine
7-氧亚基粗裂豆-15, 19-二醇	7-oxotrachyloban-15, 19-diol
3-氧亚基达玛-20 (21), 24-二烯	3-oxo-dammar-20 (21), 24-diene

氧亚基大花旋覆花内酯	oxobritannilactone
6-氧亚基大叶糖胶树碱	6-oxoalstophylline
6-氧亚基大叶糖胶树醛	6-oxoalstophyllal
(6S, 7R)-3-氧亚基大柱香波龙-4, 8-二烯-7-O-β-D-葡萄糖苷	(6S, 7R)-3-oxomegastigm-4, 8-dien-7-O-β-D-glucoside
氧亚基单盖铁线蕨烷醇	oxohakonanol
16-氧亚基地不容碱	16-oxodelavaine
N-(3-氧亚基丁基)金雀花碱	N-(3-oxobutyl) cytisine
4-氧亚基丁酸	4-oxobutanoic aicd
16-氧亚基东北石松尼亭-29-(E)-4′-羟基-3′-甲氧基桂皮酸酯	16-oxolyclanitin-29-yl-(E)-4′-hydroxy-3′-methoxycinnamate
16-氧亚基东北石松尼亭-29-对香豆酸酯	16-oxolyclanitin-29-yl-p-coumarate
16-氧亚基东北石松尼亭-30-对香豆酸酯	16-oxo-lyclanitin-30-yl-p-coumarate
7-氧亚基豆甾-5-烯-3β-醇	7-oxostigmast-5-en-3β-ol
7-氧亚基豆甾醇	7-oxostigmasterol
7-氧亚基豆甾醇 [(24R)-24-豆甾-3β-羟基-5, 22-二烯-7-酮]	7-oxostigmasterol [(24R)-24-stigmast-3β-hydroxy-5, 22-dien-7-one]
7-氧亚基豆甾醇-3-O-β-D-吡喃葡萄糖苷	7-oxostigmasteryl-3-O-β-D-glucopyranoside
氧亚基对叶百部碱 Ⅰ、Ⅱ	oxotuberostemonines Ⅰ, Ⅱ
(5R, 8R, 9S, 10R)-12-氧亚基对映-3, 13 (16)-克罗二烯-15-酸	(5R, 8R, 9S, 10R)-12-oxo-ent-3, 13 (16)-clerod-dien-15-oic acid
7-氧亚基-对映-海松-8 (14), 15-二烯-19-酸	7-oxo-ent-pimar-8 (14), 15-dien-19-oic acid
7-氧亚基-对映-海松-8 (9), 15-二烯-19-酸	7-oxo-ent-pimar-8 (9), 15-dien-19-oic acid
7-氧亚基多花白树-8-烯-3α, 29-二醇-3, 29-二苯甲酸酯	7-oxomultiflor-8-en-3α, 29-diol-3, 29-dibenzoate
7-氧亚基多花白树-8-烯-3α, 29-二醇-3-乙酸酯-29-苯甲酸酯	7-oxomultiflor-8-en-3α, 29-diol-3-acetate-29-benzoate
氧亚基儿茶钩藤丹宁碱	oxogambirtannine
16-氧亚基二表柳杉石松醇-30-对香豆酸酯	16-oxodiepilycocryptol-30-yl-p-coumarate
16-氧亚基二表千层塔烯二醇	16-oxodiepiserratenediol
7-氧亚基二氢栝楼二醇 (7-氧亚基二氢栝楼仁二醇)	7-oxodihydrokarounidiol
7-氧亚基二氢栝楼二醇-3-苯甲酸酯	7-oxodihydrokarounidiol-3-benzoate
7-氧亚基二氢石梓醇	7-oxodihydrogmelinol
5-氧亚基二十八内酯	5-oxooctacosanolide
15-氧亚基二十八酸	15-oxooctacosanoic acid
14-氧亚基二十七酸	14-oxoheptacosanoic acid
14-氧亚基二十三酸	14-oxotricosanoic acid
11-氧亚基二十一烷基环己烷	11-oxoheneicosanyl cyclohexane
氧亚基番荔枝三裂泡泡碱	oxoanolobine
氧亚基防己碱	oxofangchirine
3-氧亚基伏康树碱	3-oxovoacangine

3-氧亚基-伏康树叶碱	3-oxovoaphylline
4-氧亚基甘草次酸	4-oxoglycyrrhetic acid
(20S)-3-氧亚基甘遂-25-去甲-7-烯-24-酸	(20S)-3-oxotirucalla-25-nor-7-en-24-oic acid
11-氧亚基甘遂烯酮醇	11-oxokansenonol
11-氧亚基睾丸酮	11-oxotestosterone
(6S)-[5′-氧亚基庚烯-(1′E, 3′E)-二烯基]-5, 6-二氢-2H-吡喃-2-酮	(6S)-[5′-oxohepten-(1′E, 3′E)-dienyl]-5, 6-dihydro-2H-pyran-2-one
(6R)-[5′-氧亚基庚烯-(1′Z, 3′E)-二烯基]-5, 6-二氢-2H-吡喃-2-酮	(6R)-[5′-oxohepten-(1′Z, 3′E)-dienyl]-5, 6-dihydro-2H-pyran-2-one
21-氧亚基钩吻碱甲	21-oxogelsemine
19-氧亚基钩吻素己 (19-氧亚基胡蔓藤碱甲、19-氧亚基钩吻尼辛)	19-oxogelsenicine (19-oxohumantenminc)
21-氧亚基钩吻素子	21-oxokoumine
19′-氧亚基狗牙花胺	19′-oxotabernamine
3-氧亚基狗牙花兰宁	3-oxomehranine
7-氧亚基谷甾醇	7-oxositosterol
7-氧亚基谷甾醇-3-O-β-D-吡喃葡萄糖苷	7-oxositosteryl-3-O-β-D-glucopyranoside
5-氧亚基胱呋喃醌	5-oxocystofuranoquinone
12-氧亚基哈威豆酸	12-oxohardwickiic acid
(1S, 3Z, 8R, 10R, 11S)-6-氧亚基海兔-3, 12 (18)-二烯-19, 10-内酯	(1S, 3Z, 8R, 10R, 11S)-6-oxo-dolabella-3, 12 (18)-dien-19, 10-olide
氧亚基合欢乙酸酯	oxofarnesyl acetate
13-氧亚基黑水罂粟胺 (13-氧亚基蓟罂粟胺)	13-oxomuramine
3-氧亚基厚管狗牙花碱 (3-氧亚基厚管碱)	3-oxopachysiphine
19-氧亚基胡蔓藤碱甲 (19-氧亚基钩吻素己)	19-oxohumantenmine (19-oxogelsenicine)
11-氧亚基葫芦-5-烯-3β, (24R), 25-三醇	11-oxocucurbit-5-en-3β, (24R), 25-triol
15-氧亚基葫芦素 F	15-oxocucurbitacin F
19-氧亚基华蟾蜍次素	19-oxocinobafagin
19-氧亚基华蟾蜍素	19-oxocinobufotain
19-氧亚基华蟾毒精 (19-氧代华蟾毒精)	19-oxocinobufagin
19-氧亚基华蟾毒它灵 (19-氧代华蟾毒它灵)	19-oxocinobufotalin
4-氧亚基环己-1-甲酸	4-oxocyclohex-1-carboxylic acid
4-氧亚基环己-1-甲酸缩氨基脲	4-oxocyclohex-1-carboxylic acid semicarbazone
21-氧亚基环氧长春碱 (21-氧亚基长春洛辛)	21-oxoleurosine
8-氧亚基黄连碱	8-oxocoptisine
氧亚基黄麻辛	oxocorosin
氧亚基黄杨叶木瓣树碱 (氧亚基黄杨叶碱)	oxobuxifoline
8-氧亚基灰白银胶菊酮	8-oxoargentone
3-氧亚基鸡纳酸	3-oxoquinovic acid
11-氧亚基积雪草酸甲酯	methyl 11-oxoasiatate

4-氧亚基己酸	4-oxohexanoic acid
5-氧亚基己酸	5-oxohexanoic acid
8-氧亚基加拿大白毛茛碱	8-oxocanadine
(−)-8-氧亚基加拿大白毛茛碱	(−)-8-oxocanadine
16-氧亚基桔梗皂苷 D	16-oxoplatycodin D
16-氧亚基桔梗皂苷元	16-oxoplatycodigenin
9-氧亚基金合欢醇	9-oxofarnesol
9-氧亚基金合欢醇乙酸酯	9-oxofarnesyl acetate
22-氧亚基筋骨草甾酮 A～C	22-oxoajugasterones A～C
5-氧亚基开环红花蕊木酸酯	5-oxochanofruticosinate
8-氧亚基开环拉提比达菊内酯-5α-O-(2-甲基丁酸酯)	8-oxo-secoratiferolide-5α-O-(2-methyl butanoate)
9-氧亚基开环拉提比达菊内酯-5α-O-(2-甲基丁酸酯)	9-oxo-secoratiferolide-5α-O-(2-methyl butanoate)
(23*R*, 24*S*)-21-氧亚基苦楝二醇	(23*R*, 24*S*)-21-oxomelianodiol
21-氧亚基苦楝三醇	21-oxomeliantriol
16-氧亚基莲叶千金藤碱	16-oxohasubanonine
7-氧亚基莲叶桐格碱	7-oxohernangerine
6-氧亚基莲叶桐格碱	6-oxohernangerine
氧亚基莲叶桐林碱	oxohernandaline
氧亚基林荫银莲素	oxoflaccidin
7-氧亚基灵芝酸 Z	7-oxoganoderic acid Z
2-氧亚基六氢-2*H*-苯并氧杂环丁熳-5, 6-二甲酸	2-oxohexahydro-2*H*-benzooxete-5, 6-dicarboxylic acid
12-氧亚基芦竹素	12-oxoarundoin
11-氧亚基罗汉果苷 Ⅲ～V	11-oxomogrosides Ⅲ～V
4-氧亚基骆驼蓬碱	4-oxopeganine
3-氧亚基马兜铃烷	3-oxoishwarane
23-氧亚基马氏冷杉酸 (23-氧亚基台湾冷杉酸) B	23-oxomariesiic acid B
4-氧亚基毛泡桐脂素	4-oxopaulownin
β-氧亚基毛蕊花糖苷	β-oxoacteoside
2-氧亚基茅术醇	2-oxohinesol
氧亚基南天竹菲碱	oxonantenine
2-氧亚基坡模酸(2-氧亚基坡模醇酸、2-氧亚基果渣酸)	2-oxopomolic acid
(+)-2-氧亚基坡模酸 [(+)-2-氧亚基果渣酸、(+)-2-氧亚基坡模醇酸]	(+)-2-oxopomolic acid
2-氧亚基坡模酸-β-D-吡喃葡萄糖酯	2-oxopomolic acid-β-D-glucopyranosyle ester
5-氧亚基脯氨酸 (焦谷氨酸)	5-oxoproline (pyroglutamic acid)
5-氧亚基脯氨酸甲酯	proline 5-oxo-methyl ester
16-氧亚基蒲公英赛-14-烯	16-oxotaraxer-14-ene
11-氧亚基齐墩果酸	11-oxooleanolic acid
3-氧亚基齐墩果酸	3-oxooleanolic acid
16-氧亚基千层塔烯二醇 (16-氧亚基山芝烯二醇)	16-oxoserratenediol

16-氧亚基千层塔烯三醇	16-oxoserratriol
氧亚基千金藤默星碱	oxostephamiersine
氧亚基千金藤苏诺林碱	oxostephasunoline
2″-氧亚基前白花牛角瓜灵	2″-oxovoruscharin
3-氧亚基去甲熊果-12-烯-24-酸	3-oxonorurs-12-en-24-oic acid
3-氧亚基人参醇 (3-氧亚基人参环氧炔醇)	3-oxopanaxydol
9-氧亚基壬酸	9-oxononanoic acid
4-氧亚基壬酸甲酯	methyl 4-oxononanoate
19-氧亚基乳白仔榄树胺	19-oxoeburnamine
氧亚基乳香萜烯	oxoincensole
15-氧亚基软脂酸	15-oxohexadecanoic acid
5-氧亚基蕊木酸	5-oxokopsinic acid
氧亚基三裂泡泡碱	oxoasimilobine
11-氧亚基三十酸	11-oxotriacontanoic acid
(17Z)-5-氧亚基蛇孢腔菌-3, 7, 17, 19-四烯-25-醛	(17Z)-5-oxoophiobola-3, 7, 17, 19-tetraen-25-al
16-氧亚基蛇石杉碱	16-oxohuperzinine
9-氧亚基十八碳-10, 12-二烯酸	9-oxooctadec-10, 12-dienoic acid
13-氧亚基十八碳-9, 11-二烯酸甘油酯	13-oxooctadec-9, 11-dienoic acid glyceride
9-氧亚基十八碳顺式-12-烯酸	9-oxooctadec-cis-12-enoic acid
(Z)-2-(9-氧亚基十八烯基) 乙醇	(Z)-2-(9-oxooctadecenyl) ethanol
2-氧亚基十六酸	2-oxohexadecanoic acid
(6E, 12E)-3-氧亚基十四碳-6, 12-二烯-8, 10-二炔-1-醇	(6E, 12E)-3-oxotetradec-6, 12-dien-8, 10-diyn-1-ol
6-氧亚基石斛星	6-oxodendroxine
1-氧亚基石栗萜酸	1-oxoaleuritolic acid
16-氧亚基石松三醇 (16-氧亚基伸筋草萜三醇、16-氧亚基东北石松诺醇)	16-oxolycoclavanol
16-氧亚基石松五醇 (16-氧亚基伸筋草亭醇、16-氧亚基东北石松尼亭)	16-oxolyclanitin
10-氧亚基疏花米仔兰素 D	10-oxoaglaxiflorin D
7-氧亚基薯蓣皂苷	7-oxodioscin
3-(2-氧亚基四氢吡喃-3-基) 丙酸乙酯	3-(2-oxotetrahydropyran-3-yl) propanoic acid ethyl ester
5-氧亚基四氢呋喃-3-甲酸乙酯	5-oxotetrahydro-3-furancarboxylic acid ethyl ester
(−)-8-氧亚基四氢唐松草盼啶	(−)-8-oxotetrahydrothalifendine
8-氧亚基四氢掌叶防己碱 (8-氧亚基四氢巴马亭)	8-oxotetrahydropalmatine
4-氧亚基松脂素	4-oxopinoresinol
19-氧亚基糖胶树辛碱	19-oxoscholaricine
7-氧亚基陶塔酚 (7-氧亚基新西兰罗汉松酚)	7-oxototarol
氧亚基条纹碱	oxovittatine
18-氧亚基铁锈醇 (18-氧亚基锈色罗汉松酚、18-氧亚基弥罗松酚)	18-oxoferruginol

Y

6-氧亚基铁锈醇 (6-氧亚基弥罗松酚、6-氧亚基锈色罗汉松酚)	6-oxoferruginol
7-氧亚基头序千金藤宁 (氧亚基克班宁)	7-oxocrebanine
氧亚基头序千金藤宁 (氧亚基克列班宁)	oxocrebanine
7-氧亚基脱氢三裂泡泡碱	7-oxodehydroasimilobine
7-氧亚基脱氢松香酸	7-oxodehydroabietic acid
7-氧亚基脱氢松香烷	7-oxodehydroabietane
11-氧亚基葳严仙皂苷元	11-oxocaulophyllogenin
23-氧亚基伪原薯蓣皂苷	23-oxopseudoprotodioscin
6-氧亚基卫矛酚	6-oxotingenol
3-氧亚基无羁萜 -28-酸 (3-氧亚基木栓酮 -28-酸)	3-oxofriedel-28-oic acid
3-氧亚基无羁萜 -29-酸 (3-氧亚基木栓酮 -29-酸)	3-oxofriedel-29-oic acid
氧亚基无叶毒藜碱	oxoaphyllidine
2-氧亚基戊二酸	2-oxopentanedioic acid
α-氧亚基戊二酸盐	α-oxoglutarate
4-氧亚基戊酸	4-oxopentanoic acid
氧亚基显脉千金藤辛	oxostephanosine
8-氧亚基香叶醇	8-oxogeraniol
8-氧亚基小檗碱	8-oxoberberine
D-8-氧亚基小长春蔓辛	D-8-oxominovincine
1-氧亚基小盖鼠尾草酚	1-oxomicrostegiol
4-氧亚基辛酸	4-oxooctanoic acid
2-氧亚基新大八角素	2-oxoneomajucin
3-氧亚基熊果 -12-烯 -27, 28-二酸	3-oxours-12-en-27, 28-dioic acid
3-氧亚基熊果 -12-烯 -28-酸	3-oxours-12-en-28-oic acid
3-氧亚基熊果 -20-烯 -23, 28-二酸	3-oxours-20-en-23, 28-dioic acid
3, 8-氧亚基雅槛蓝 -6, 9-二烯 -12-酸	3, 8-oxo-eremophila-6, 9-dien-12-oic acid
(1S, 8Z, 10S, 12E, 14R)-5-氧亚基烟草 -4 (18), 8, 12, 16-四烯 -15, 14:19, 10-二内酯	(1S, 8Z, 10S, 12E, 14R)-5-oxocembr-4 (18), 8, 12, 16-tetraen-15, 14:19, 10-diolide
3-氧亚基羊毛甾 -7, 9 (11), 24 (31)-三烯 -21-酸	3-oxolanost-7, 9 (11), 24 (31)-trien-21-oic acid
3-氧亚基羊毛甾 -8, 24-二烯 -21-酸	3-oxolanost-8, 24-dien-21-oic acid
(24Z)-3-氧亚基羊毛甾 -8, 24-二烯 -26-酸	(24Z)-3-oxolanost-8, 24-dien-26-oic acid
3-(2-氧亚基氧杂己环烷 -3-基) 丙酸乙酯	3-(2-oxooxan-3-yl) propanoic acid ethyl ester
8-氧亚基药根碱	8-oxojatrorrhizine
(7S)-3-氧亚基伊波花碱羟基伪吲哚	(7S)-3-oxoibogaine hydroxyindolenine
6-氧亚基伊圭甾醇	6-oxoiguesterol
氧亚基乙酸 (乙醛酸、甲醛甲酸)	oxoacetic acid (glyoxylic acid, formyl formic acid, glyoxalic acid, oxoethanoic acid)
6-氧亚基异多花白树烯醇	6-oxoisomultiflorenol
7-氧亚基异多花白树烯醇	7-oxoisomultiflorenol

4- 氧亚基异胱呋喃醌	4-oxoisocystofuranoquinone
5- 氧亚基异胱呋喃醌	5-oxoisocystofuranoquinone
3- 氧亚基异落羽松二酮	3-oxoisotaxodione
19- 氧亚基异乳白仔榄树胺	19-oxoisoeburnamine
5- 氧亚基异酞酸	5-oxoisophthalic acid
(−)- 氧亚基异延胡索单酚碱	(−)-oxoisocorypalmine
1- 氧亚基隐丹参酮	1-oxocryptotanshinone
7- 氧亚基隐海松酸	7-oxosandaracopimaric acid
10- 氧亚基鹰爪豆碱	10-oxosparteine
17- 氧亚基鹰爪豆碱 (D- 羟基鹰爪豆碱)	17-oxosparteine (D-hydroxysparteine)
30- 氧亚基羽扇豆醇	30-oxolupeol
17- 氧亚基羽扇烷宁	17-oxolupanine
D- 氧亚基羽扇烷宁 (D- 氧亚基羽扇豆烷宁)	D-oxolupanine
16- 氧亚基原间千金藤碱	16-oxoprometaphanine
7- 氧亚基甾醇	7-oxosterol
16- 氧亚基泽泻醇 (16- 氧代泽泻醇) A	16-oxoalisol A
4- 氧亚基芝麻素 (4- 氧亚基芝麻脂素)	4-oxosesamin
6- 氧亚基紫堇醇灵碱	6-oxocorynoline
9- 氧亚基紫茎泽兰酮	9-oxoageraphorone
氧亚基紫香荔枝碱	oxopurpureine
7- 氧亚基总状土木香醌	7-oxoroyleanone
10′- 氧亚基足吡喃酮	10′-oxopodopyrone
9′- 氧亚基足吡喃酮	9′-oxopodopyrone
(20ξ)-20, 21-(氧乙叉基)-16, 17- 双脱氢阿替 -15β- 醇	(20ξ)-20, 21-(epoxyethano)-16, 17-didehydroatidan-15β-ol
2a- 氧杂 -2- 氧亚基 -5α- 羟基 -3, 4- 二去甲 -24- 乙基胆甾 -24 (28)- 烯	2a-oxa-2-oxo-5α-hydroxy-3, 4-dinor-24-ethyl cholest-24 (28)-ene
氧杂 (噁)	oxa
6- 氧杂 -10- 氮杂螺 [4.5] 癸烷	6-oxa-10-azaspiro [4.5] decane
7a- 氧杂 -13- 氮杂 -7a- 高 -18- 去甲 -5α- 雄甾烷	7a-oxa-13-aza-7a-homo-18-nor-5α-androstane
3, 8- 氧杂 -13- 羟基乳菇 -6- 烯 -5- 酸 γ- 内酯	3, 8-oxa-13-hydroxylacta-6-en-5-oic acid γ-lactone
6- 氧杂 -2, 2′- 螺二 [双环 [2.2.1] 庚烷]	6-oxa-2, 2′-spirobi [bicyclo [2.2.1] heptane]
2H-1- 氧杂 -2- 氮杂 [12] 轮烯	2H-1-oxa-2-aza [12] annulene
1- 氧杂 -2- 氮杂环十二 -3, 5, 7, 9, 11- 五烯	1-oxa-2-aza-cyclododec-3, 5, 7, 9, 11-pentene
1- 氧杂 -2- 氮杂环十二碳熳	1-oxa-2-aza-cyclododecine
2- 氧杂 -3, 3′- 螺二 [双环 [3.3.1] 壬烷]-6′, 7- 二烯	2-oxa-3, 3′-spirobi [bicyclo [3.3.1] nonane]-6′, 7-diene
2- 氧杂 -3- 氮杂双环 [2.2.1] 庚烷	2-oxa-3-aza-bicyclo [2.2.1] heptane
1- 氧杂 -4, 8, 11- 三氮杂环十四碳 -3, 5, 7, 9, 11, 13- 六烯	1-oxa-4, 8, 11-triazacyclotetradec-3, 5, 7, 9, 11, 13-hexaene
1- 氧杂 -4, 8, 11- 三氮杂环十四烷	1-oxa-4, 8, 11-triazacyclotetradecane
2H-1- 氧杂 -4, 8, 11- 三氮杂环十四碳熳	2H-1-oxa-4, 8, 11-triazacyclotetradecine

Y

2-氧杂-4-氮杂二环 [3.2.1] 辛烷	2-oxa-4-azabicyclo [3.2.1] octane
2-氧杂-4-硫杂-6-硒杂-1, 7 (1), 3, 5 (1, 3)-四苯杂庚蕃	2-oxa-4-thia-6-selena-1, 7 (1), 3, 5 (1, 3)-tetrabenzeneaheptphane
11*H*-1-氧杂-4-硒杂-11-氮杂 [13] 轮烯	11*H*-1-oxa-4-selena-11-aza [13] annulene
1-氧杂-4-硒杂-11-氮杂环十三碳-2, 5, 7, 9, 12-五烯	1-oxa-4-selena-11-azacyclotridec-2, 5, 7, 9, 12-pentene
1-氧杂-4-硒杂-11-氮杂环十三碳熳	1-oxa-4-selena-11-azacyclotridecine
1-氧杂-5, 9, 2-{乙 [1, 1, 2] 爪基} 环辛熳并 [1, 2, 3-*cd*] 环戊熳	1-oxa-5, 9, 2-{ethane [1, 1, 2] triyl} cycloocta [1, 2, 3-*cd*] pentalene
氧杂庚 (熳) 环	oxepine
氧杂环十六 -2-酮	oxacyclohexandec-2-one
1-氧杂螺 [4.5] 癸烷	1-oxaspiro [4.5] decane
6-氧杂螺 [4.5] 癸烷	6-oxaspiro [4.5] decane
氧杂品酰胺 A	oxepinamide A
3-氧杂三环 [2.2.1.02, 6] 庚烷	3-oxatricyclo [2.2.1.02, 6] heptane
6-氧杂双环 [3.1.0] 己 -2-酮	6-oxabicyclo [3.1.0] hex-2-one
氧杂线蕨萜	colysanoxide
痒藜豆碱	prurienine
痒藜豆宁	prurieninine
腰果酚	anacardol
腰果苷	occidentoside
腰果酸 (漆树酸、6- 十五烷基水杨酸)	anacardic acid (6-pentadecyl salicylic acid, rhusinic acid)
(+)- 尧花醇	(+)-wikstromol
药根红碱	jatrorrhizrubine (jatrorubine)
药根红碱	jatrorubine (jatrorrhizrubine)
药根碱	jatrorrhizine
(11*S*)- 药喇叭脂酸	(11*S*)-jalapinolic acid
药芹二糖苷 A	graveobioside A
药鼠李素	rhamnocathartin
药薯素 (球根牵牛酯素) Ⅰ～Ⅷ	orizabins Ⅰ～Ⅷ
药水苏醇苷 (药水苏苯乙醇苷、欧水苏苯乙醇苷) A～F	betonyosides A～F
药水苏苷 A～D	betonicosides A～D
药水苏内酯	betonicolide
药水苏托内酯	betolide
药西瓜苦苷	colocynthin
药用倒提壶没食子酸生物碱	cyngal
药用狗牙花波文碱	tabernaebovine
药用狗牙花芬碱 A～D	ervaoffines A～D
药用狗牙花碱	tabernaemontabovine
药用狗牙花文碱	tabernaemontavine
药用拟层孔菌丙二酸 A～H	officimalonic acids A～H

药用拟层孔菌素	fomefficinin
药用拟层孔菌酸 A～G	fomefficinic acids A～G
药用前胡素异丁酯	officinalin isobutanoate
药用蕊木醇	kopsoffinol
(+)-药用蕊木芬碱	(+)-kopsoffine
药用蕊木碱 (柯蒲木那林碱)	kopsinaline
药用水八角苷	avroside
椰油胺 (α-绰苷古柯碱)	cocamine (α-truxilline)
耶普茄乳醇 18	jaborosalactol 18
也门文殊兰碱 A～C	yemenines A～C
也门文殊兰素	yemensine
野八角醇 (野八角脂酚)	simonsinol
野八角醇 A、B	simonols A, B
野八角酚 A～E	simonsols A～E
野八角素 A、B	simonsins A, B
野八角烯酚 A～C	simonsienols A～C
野八角烯酮 A、B	fargenones A, B
野百合碱 (单猪屎豆碱、农吉利甲素)	crotaline (monocrotaline)
野百合宁 (三尖叶猪屎豆碱、阿那绕亭、金链花猪屎豆碱)	crotalaburnine (anacrotine)
野百合属碱	crotalaria base
野百合素 A、B	sessiliflorins A, B
野波罗蜜素 A、B	lakoochins A, B
野慈姑苷 a、b	sagittariosides a, b
野大豆素	glysojanin
野靛棵苷 I	mananthoside I
(+)-野独活醇	(+)-miliusol
(+)-野独活烷 I～XX	(+)-miliusanes I～XX
(−)-野独活烷 XIX	(−)-miliusane XIX
(+)-野独活酯	(+)-miliusate
野甘草醇 A、B	dulciols A, B
野甘草二醇	dulcidiol
野甘草拉醛	scopanolal
野甘草诺醇 (野甘草种醇)	dulcinol
野甘草诺二醇	dulcinodiol
野甘草诺醛	dulcinodal
野甘草诺醛 -13- 酮	dulcinodal-13-one
野甘草属醇	scoparinol
野甘草属二醇	scopadiol
野甘草属二醇癸酸酯	scopadiol decanoate

Y

野甘草属酸 A～D	scoparic acids A～D
野甘草素 (野甘草林素、野甘草都林)	scopadulin
野甘草酸 (野甘草种酸、野甘草萜酸)	dulcioic acid
野甘草西醇	scopadulciol
野甘草西酸 (野甘草甜酸) A～C	scopadulcic acids A～C
野葛醇 A、B	puerols A, B
(7S, 8R)-野菰苷	(7S, 8R)-aegineoside
野菰苷	aegineoside
野菰苷	wild mushroom glycoside
野菰内酯	aeginetolide
野菰内酯基筋骨草醇 -5″-O-β-D-鸡纳糖苷	aeginetoyl ajugol-5″-O-β-D-quinovoside
野菰酸	aeginetic acid
野菰酸 -5-O-β-D- 鸡纳糖苷	aeginetic acid-5-O-β-D-quinovoside
野海棠亭 A、B	brediatins A, B
野核桃苷	jugcathayenoside
野核桃宁	jugcathanin
野核桃宁 A	jugcathanin A
野胡萝卜醇	daucucarotol
(–)- 野花椒醇	(–)-simulanol
野花椒醇碱	simulenoline
野花椒苷 A	zansiumloside A
野花椒碱	simulansine
野花椒喹啉	simulanoquinoline
野花椒林碱	zanthosimuline
野花椒明碱 A～C	zanthoxylumines A～C
野花椒素 A、B	zanthoxylumins A, B
野花椒酮碱	huajiaosimuline
野花椒酰胺	simlansamide
野鸡尾二萜醇 (金粉蕨醇) A～C	onychiols A～C
野鸡尾内酯 A、B	japonilactones A, B
野蕉素 A～C	musabalbisianes A～C
野堇菜环肽 A、D～F、H、He、Hm	varvs A, D～F, H, He, Hm
野菊倍半萜内酯 A～C	indicumolides A～C
野菊花醇 (菊醇)	chrysanthemol (chrysanthemyl alcohol)
野菊花洛醇	chrysantherol
野菊花莫醇 I～K	chrysanthemumols I～K
野菊花内酯	handelin (yejuhua lactone)
野菊花内酯	yejuhua lactone (handelin)
野菊花三醇	chrysanthetriol
野菊花素 C、D	chrysanthemumins C, D

野菊花萜醇 A～F	kikkanols A～F
野菊花萜醇 F 单乙酸酯	kikkanol F monoacetate
野菊花萜醇 D 单乙酸酯	kikkanol D monoacetate
野菊花酮	indicumenone
野菊内酯 A～J	chrysanthemulides A～J
野菊醛甲、乙	sesquichrythenals A, B
野菊炔 A～D	chrysindins A～D
野菊炔醇	dendranthemenol
野决明定	thermopsidine
D-野决明碱	D-thermopsine
L-野决明碱	L-thermopsine
野决明属碱	thermopsis base
野葵苷	verticilloside
野老鹳草苷 A～C	caroliniasides A～C
野马追内酯 A～O	eupalinolides A～O
野麦碱 (野麦角碱、披碱草麦角碱)	elymoclavine
野牡丹酸	melastomic acid
野木瓜酚苷 A～C	stauntophenosides A～C
野木瓜苷 I	yemuoside I
野木瓜属苷 A～C	staunosides A～C
野漆黄烷酮	succedaneaflavanone
野漆树苷 (漆叶苷、芹菜素-7-O-β-D-新橙皮糖苷)	rhoifoloside (rhoifolin, apigenin-7-O-β-D-neohesperidoside)
野漆树苷-4′-O-葡萄糖苷	rhoifolin-4′-O-glucoside
野漆树黄烷酮	rhusflavanone
野漆树双黄酮	rhusflavone
野千里光碱	campestrine
野蔷薇苷 A 乙酸酯	multinoside A acetate
野蔷薇苷 A、B	multinosides A, B
野蔷薇木苷	rosamultin
野蔷薇酸	rosamultic acid
野三七皂苷 A～H、R_1、R_3	yesanchinosides A～H, R_1, R_3
野扇花定	saracodine
野扇花碱	saracosine
野扇花灵碱 (野扇花定宁)	sarcorine
野扇花属碱	sarcococca base
野生脚骨脆素 A～C	casearvestrins A～C
野生罗林素	sylvaticin
野生紫苏素	perillascens
野栓翅芹素 (阿魏栓翅芹素)	pranferin
野桐苷	malloside

Y

野桐宁	mallotunin
野桐鞣酸 (野梧桐鞣酸)	mallotusinic acid
野桐鞣质 A、B	mallotannins A, B
野桐斯酚 A、B	mallotus A, B
野桐素	mallotusin
野桐酸	mallotinic acid
野桐亭宁 (石岩枫亭鞣质)	mallotinin
野桐西宁 (野梧桐灵鞣质)	mallotusinin
野桐辛 (石岩枫二萜内酯) A～D	mallotucins A～D
野酮酚 A、B	mallophenols A, B
野豌豆宁	vicianin
野梧桐醇	mallotojaponol
野梧桐色烯	mallotochromene
野梧桐素	mallotojaponin
野梧桐酮 (梧桐苯乙酮)	mallotophenone
野梧桐烯醇	malloprenol
野梧桐新素 A～H	mallonicusins A～H
野梧酮烯醇亚麻酸酯	malloprenyl linolenate
野西瓜苷 A、B	spionosides A, B
野鸦椿胺 A、B	euscamines A, B
野鸦椿鞣宁	euscaphinin
野鸦椿酸 (蔷薇酸、2α, 3α, 19α-三羟基熊果-12-烯-28-酸)	euscaphic acid (2α, 3α, 19α-trihydroxyurs-12-en-28-oic acid)
野鸦椿酸-2, 3-单丙酮化物	euscaphic acid-2, 3-monoacetonide
野鸦椿酸-28-O-葡萄糖苷	euscaphic acid-28-O-glucoside
野鸦椿酸-β-D-吡喃葡萄糖酯	euscaphic acid-β-D-glucopyranosyl ester
野鸦椿酸甲酯	methyl euscaphate
野烟叶醇 A、B	solaverols A, B
野烟叶苷 (野烟叶灵) Ⅰ～Ⅲ	solaverines Ⅰ～Ⅲ
野烟叶碱 (野烟叶辛)	solaverbascine
野罂粟醇	nudicaulonol
野罂粟碱	nudicauline
野罂粟素	nudicaulin
(R)-野樱苷	(R)-prunasin
野樱苷 [野樱皮苷、杏仁腈苷、扁桃腈苷、野黑樱苷、(R)-苯乙腈-2-O-β-D-吡喃葡萄糖苷]	prunasin [(R)-2-O-β-D-glucopyranosyloxyphenyl acetonitrile]
野迎春苷	jasmesoside
野迎春洛苷	jasminyiroside
野芋醇 (芋醇) A	colocasinol A
野鸢尾苷	iridin

野鸢尾苷元 (野鸢尾黄素、5, 7- 二羟基 -3-(3- 羟基 -4, 5- 二甲氧苯基)-6- 甲氧基 -4- 苯并吡喃酮]	irigenin [5, 7-dihydroxy-3-(3-hydroxy-4, 5-dimethoxyphenyl)-6-methoxy-4-benzopyrone]
野鸢尾苷元 -3′-O-β- 吡喃葡萄糖苷	irigenin-3′-O-β-glucopyranoside
野芝麻醇 (7- 去乙酰野芝麻苷)	lamiol (7-deacetyl lamioside)
野芝麻多苷	lamiidoside
野芝麻苷	lamioside
野芝麻新苷 (野芝麻酯苷)	lamiide
野芝麻新酯苷 (7- 乙酰基野芝麻新苷)	ipolamiidoside (7-acetyl lamiide)
野芝麻叶香科科素 A、B	teulamifins A, B
叶柄内里卡尼阿素 A、B	intrapetacins A, B
叶醇 (顺式 - 己 -3- 烯 -1- 醇、3- 顺式 - 己烯醇)	leaf alcohol (*cis*-hex-3-en-1-ol, 3-*cis*-hexenol)
叶底珠定	suffruticodine
叶底珠宁	suffruticonine
叶分碱	folifine
叶腹菌素	chamonixin
叶戈皂苷 A～D	jegosaponins A～D
叶花茜木素	vanguerin
叶花茜木酸	vanguerolic acid
(13Z)- 叶黄素	(13Z)-lutein
(13′Z)- 叶黄素	(13′Z)-lutein
(9Z)- 叶黄素	(9Z)-lutein
(9′Z)- 叶黄素	(9′Z)-lutein
叶黄素 (芦台因、蔬菜黄示醇)	lutein (luteine, xanthophyll, vegetable luteol)
叶黄素 (芦台因、蔬菜黄示醇)	xanthophyll (lutein, luteine, vegetable luteol)
叶黄素 -3- 亚油酸酯	lutein-3-linoleate
叶黄素 -3- 棕榈酸酯	lutein-3-palmitate
(13Z)- 叶黄素 -5, 6- 环氧化物	(13Z)-lutein-5, 6-epoxide
(13′Z)- 叶黄素 -5, 6- 环氧化物	(13′Z)-lutein-5, 6-epoxide
叶黄素 -5, 6- 环氧化物	lutein-5, 6-epoxide
叶黄素单肉豆蔻酸酯	lutein monomyristate
叶黄素单酯	xanthophyll monoester
叶黄素二肉豆蔻酸酯	lutein dimyristate
叶黄素二棕榈酸酯	lutein dipalmitate
(9′Z)- 叶黄素环氧化物	(9′Z)-lutein epoxide
叶黄素环氧化物	lutein epoxide
叶黄素双酯	xanthophyll diester
叶黄素油酸酯	lutein oleic acid ester
叶黄素酯	lutein ester
叶劲直瑞兹亚醇 (拉齐木醇)	rhazimol
(−)- 叶坎质 [(−)- 美国蜡梅叶碱]	(−)-folicanthine

Y

叶轮木素	ostodin
叶轮木酸	ostopanic acid
叶绿素 a、b	chlorophylls a, b
叶绿素蛋白	chlorophyllprotein
叶绿酸	chlorophyllin
叶尼塞蝇子草苷 A～F	jenisseensosides A～F
叶醛	*trans*-hex-3-enal
叶蕊厚壳桂酮	phyllostone
叶虱酸	psyllic acid
叶虱硬脂醇	psyllostearyl alcohol
叶酸	folic acid
叶穗香茶菜素 A～E	phyllostachysins A～E
(20*S*)-叶穗香茶菜辛 A	(20*S*)-phyllostacin A
叶穗香茶菜辛 A～I	phyllostacins A～I
叶苔酮 A	jungermannenone A
(+)-叶甜素	(+)-phyllodulcin
叶甜素	phyllodulcin
叶下珠醇	phyllanthol
叶下珠次素 (次叶下珠脂素)	hypophyllanthin
叶下珠大脂素	urinaligran
叶下珠酚 A、B	phyllanthusols A, B
叶下珠黄酮	urinariaflavone
叶下珠明素 A～C	phyllanthusmins A～C
叶下珠内酯	phyllanthurinolactone
叶下珠宁	phyllanthunin
叶下珠鞣素 (叶下珠鞣质、叶下珠素) A～U	phyllanthusiins A～U
叶下珠鞣素 E 甲酯	phyllanthusiin E methyl ester
叶下珠斯泰汀 A	phyllanthostatin A
叶下珠四氢萘	urinatetralin
叶下珠素 D (丙酮基牻牛儿素)	phyllanthusiin D (acetonyl geraniin A)
叶下珠替定 (油柑替定)	phyllantidine
叶下珠萜 A、B	phyllanthoids A, B
叶下珠脂素	phyllanthin
叶下珠酯	phyllester
16-叶枝杉醇	16-phyllocladanol
叶枝杉烯	phyllocladene
叶状羽扇豆酚 (羽扇豆叶灰毛豆醇)	lupinifolinol (lupinifolol)
叶兹定	foliozidine
叶子花二糖苷碱	5-*O*-β-sophorostyl betanidin

叶子花素 V	bougainvillein V
夜合花碱	magnococline
夜花波苷 A～D	arborsides A～D
夜花苷	nyctanthoside
夜花酸	nyctanthic acid
夜花藤碱 A	hypserpanine A
夜花萜苷 A～E	arbortristosides A～E
夜花托苷 A	nyctoside A
夜交藤乙酰苯苷 (2, 3, 4, 6-四羟基乙酰苯 -3-O- 葡萄糖苷)	polygoacetophenoside (2, 3, 4, 6-tetrahydroxyacetophenone-3-O-β-D-glucopyranoside)
夜来香苷 A$_1$～A$_{18}$	telosmosides A$_1$～A$_{18}$
夜来香苷元	telosmogenin
夜来香素 (萝藦素)	pergularin
夜来香素 -3-O-β-D- 吡喃加拿大麻糖苷	pergularin-3-O-β-D-cymaropyranoside
夜来香素 -3-O-β-D- 吡喃加拿大麻糖基 -(1→4)-β-D- 吡喃欧洲夹竹桃糖苷	pergularin-3-O-β-D-cymaropyranosyl-(1→4)-β-D-oleandropyranoside
夜来香素 -3-O-β-D- 吡喃欧洲夹竹桃糖苷	pergularin-3-O-β-D-oleandropyranoside
夜香牛内酯 A	vernocinolide A
夜香牛内酯 -8-O-(4- 羟基异丁烯酸酯)	vernocinolide-8-O-(4-hydroxymethacrylate)
夜香树酚苷 A、B	cesternosides A, B
夜香树苷 A	nocturnoside A
腋花山橙定碱	melaxillaridine
腋花山橙碱	axillarisine
腋花山橙里宁	melaxillinine
腋花山橙林碱 A、B	melaxillines A, B
腋花山橙灵碱	melaxillarine
腋花山橙宁碱	melaxillarinine
腋花山橙西宁	axillarisinine
腋花紫薇明	heimine
腋生依瓦菊林素 (甲氧基万寿菊素、5, 7, 3′, 4′-四羟基 -3, 6- 二甲氧基黄酮)	axillarin (methoxypatuletin, 5, 7, 3′, 4′-tetrahydroxy-3, 6-dimethoxyflavone)
一串红定 A～C	splendidins A～C
一串红内酯 A～C	splenolides A～C
一串红素 A～D	salvisplendins A～D
一点红碱	emiline
α- 一碘代丙烯酸	α-monoiodoacrylic acid
β- 一碘代丙烯酸	β-monoiodoacrylic acid
一碘代乙酸	monoiodoacetic acid
一碘酪氨酸	monoiodo-tyrosine
一甲基考拉酸酯 (羽叶哈威豆酸单甲酯)	monomethyl kolavate

α-一氯代丙烯酸	α-monochloroacrylic acid
β-一氯代丙烯酸	β-monochloroacrylic acid
一氯代乙酸	monochloroacetic acid
一氯甲烷	methane chloride
一氯一碘代乙酸	monochloromonoiodoacetic acid
一氯一溴代乙酸	monochloromonobromoacetic acid
一年水苏宁 A	stachannin A
一品红醇	pulcherrol
一品红叶琉桑素	dorspoinsettifolin
19, 20-二氢狗牙花胺	12, 20-dihydrotabernamine
一氢里西酚	anhydroglycinol
一水枸橼酸	citric acid monohydrate
β-一溴代丙烯酸	β-monobromoacrylic acid
一溴代乙酸	monobromoacetic acid
一溴一碘代乙酸	monobromomonoiodoacetic acid
一氧化碳	carbon monoxide
一氧化碳硼烷	carbon monoxide borane
一野百合酸	monocrotic acid
一叶兰酚	pleionol
一叶兰素 A	pleionin A
一叶萩醇 (一叶萩碱醇) A～C	securinols A～C
一叶萩醇 C 苦味酸盐	securinol C picrate
一叶萩碱 (叶底珠碱)	securinine
一叶萩精	securinegine
一叶萩宁碱 (甲氧基别一叶萩碱)	securitinine (methoxyallosecurinine)
一叶萩亭	securinitine
一枝蒿庚素 (宋果灵、准噶尔乌头碱、华北乌头碱)	bullatine G (songorine, zongorine, napellonine)
一枝蒿酸	rupestric acid
一枝蒿酮酸	rupestonic acid
一枝黄花芳苷 A～E	decurrensides A～E
一枝黄花苷 (一枝黄花酚苷)	leiocarposide
一枝黄花精酮	solidagenone
一枝黄花醛	solidagonal
一枝黄花醛酸	solidagonal acid
一枝黄花酸	solidagonic acid
一枝黄花酮	solidagonone
一枝黄花皂苷 (雏菊属皂苷) BS1～BS9、BA1、BA2	bellissaponins BS1～BS9, BA1, BA2
一枝黄花皂苷 BS2 (毛果一枝黄花皂苷 I)	bellissaponin BS2 (virgaureasaponin I)
伊保酰胺	ypaoamide
伊贝碱苷 A～C	yibeinosides A～C

伊贝母甾苷 A～D	pallidiflosides A～D
伊贝辛	yibeissine
伊波花胺 (伊波加木胺、伊波加明)	ibogamine
伊波花胺 -18- 羧酸 -16, 17- 二脱氢 -9, 17- 二氢 -9- 羟基 -(2- 氧亚基丙基) 甲酯	ibogamine-18-carboxylic acid-16, 17-didehydro-9, 17-dihydro-9-hydroxy-(2-oxopropyl) methyl ester
伊波花胺 -18- 羧酸 -3, 4- 二脱氢 -7, 8- 二酮甲酯	ibogamine-18-carboxylic acid-3, 4-didehydro-7, 8-dioxo-methyl ester
伊波花胺 -3- 酮	ibogamin-3-one
伊波花碱 (伊博格碱、伊波加因碱、伊菠因、12- 甲氧基伊波加木胺、12- 甲氧基伊波加明)	ibogaine (12-methoxyibogamine)
伊波花碱 -5, 6- 二酮	ibogaine-5, 6-dione
伊波花碱 -N4- 氧化物	ibogaine-N4-oxide
(7S)- 伊波花碱羟基伪吲哚	(7S)-ibogaine hydroxyindolenine
伊波花碱羟基伪吲哚	ibogaine hydroxyindolenine
伊波花林碱 (伊菠灵)	ibogaline
伊波南宁 -14- 甲酸乙酯	eburnamenin-14-carboxylic acid ethyl ester
伊菠呈	ibochine
伊菠奎	iboquine
伊菠氧碱 (伊波花羟碱)	iboxygaine
伊菠叶黄素 (伊波花黄碱)	iboluteine
伊尔巴胆碱	irlbacholine
伊尔尼定碱	irnidine
伊格斯特素 (福木巧茶素)	iguesterin
伊卡马钱碱 (伊卡金、依卡晶、N- 甲基断伪番木鳖碱)	icajine (N-methyl secopseudostrychnine)
伊卡马钱碱 -N- 氧化物	icajine-N-oxide
伊卡亚马钱碱 A～C	strychnogucines A～C
伊犁翠雀碱	iliensine
伊犁岩风素	iliensin
伊鲁库布素 A、B	illukumbins A, B
伊米任碱 (小花烟堇碱)	izmirine
(+)- 伊斯坦布尔唐松草碱	(+)-istanbulamine
伊桐醇 A～D	itols A～D
伊桐醇 A-14-O-β-D- 吡喃葡萄糖苷	itol A-14-O-β-D-glucopyranoside
伊桐醇 B-20-O-β-D- 吡喃葡萄糖苷	itol B-20-O-β-D-glucopyranoside
伊桐内酯 A、B	itolides A, B
伊桐酸	itoaic acid
(+)- 伊兹尼克唐松草碱	(+)-iznikine
衣康酸 (亚甲基丁二酸、解乌头酸曲霉酸、解乌头尼酸)	itaconic acid (methylenebutanedioic acid)
α- 衣兰烯 (α- 依兰烯)	α-ylangene
γ- 衣兰烯 (γ- 依兰烯)	γ-ylangene

Y

衣兰烯 (依兰烯)	ylangene
β-衣兰油烯	β-muurolene
衣马宁	imanin
依靛蓝双酮	isaindigotidione
依靛蓝酮	isaindigodione
依啶苷 (花青素-3-O-半乳糖苷)	idein (cyanidin-3-O-galactoside)
依伐肝素 A、B	evafolins A, B
依弗酸 (伊夫巨盘木酮酸)	ifflaionic acid
依嘎烷内酯	igalane
依盖皂苷元	igagenin
依哥醇乙酸酯	egonol acetate
(–)-依艮碱 [(–)-短梗烟堇宁]	(–)-egenine
依卡碱	icacine
依卡宁碱	icaceine
依莱胺	ifflaiamine
依兰醇	ylangol
依兰定碱	cananodine
依兰碱	sampangine
依兰萜 I～VI	canangaterpenes I～VI
依兰酮	canangone
依兰香堇苷	canangaionoside
依力普醌	eliptinone
依鲁灵	inuline
依曲宾	itrabin
依生依瓦菊素 (腋生依瓦菊素、腋生豚草素)	ivaxillin
依斯坦布林 A、B (类没药素 A、B, 类没药素甲、乙)	istanbulins A, B
依托格鲁 (环氧甘醚)	etoglucid (ethoglucid)
依瓦筋骨草素 I、II	ivains I, II
依瓦菊林 (依瓦菊素、埃瓦林)	ivalin
10-夷茱萸苷酸	10-griselinosidic acid
宜昌橙素 (宜昌橙苦素)	ichangin
宜昌橙酸	ichanexic acid
宜昌橙辛	ichangensin
宜昌橙辛-17-β-D-吡喃葡萄糖苷	ichangensin-17-β-D-glucopyranoside
贻贝多活素	multibioactive substances mytilus edulio
贻贝黄质	mytiloxanthin
贻贝抑制肽	mytilusinhibitory peptide
胰蛋白酶	pancreatin
胰岛素	insulin
胰岛素相关肽	insulin-related peptide

胰淀素	amylin
胰高血糖素	glucagon
胰泌素	secretin
移浆果紫杉素 IV	abeobaccatin IV
移柚木酸	abeograndinoic acid
疑狮耳花素	dubiin
疑水仙碱	dubiusine
疑芸香胺 (杜巴胺)	dubamine
乙 (基) 甲 (基) 醚	ethyl methyl ether
乙 (基) 硫 (化) 钠	sodium ethyl sulfide
8, 10, 1-(乙 [1, 1, 2] 爪基) 苯并 [8] 轮烯	8, 10, 1-(ethane [1, 1, 2] triyl) benzo [8] annulene
5, 7, 2-{乙 [1, 1, 2] 爪基} 茚并 [7, 1-*bc*] 呋喃	5, 7, 2-{ethane [1, 1, 2] triyl} indeno [7, 1-*bc*] furan
乙 -1, 1, 2, 2-四甲酸	ethane-1, 1, 2, 2-tetracarboxylic acid
3, 3′-[乙 -1, 2- 叉基二 (氨基亚基)] 二丙酸	3, 3′-[ethane-1, 2-diyl bis (azanyl ylidene) dipropanoic acid]
1-(*N*- 乙胺甲基)-3, 4, 6, 7-四甲氧基菲	1-(*N*-ethyl aminomethyl)-3, 4, 6, 7-tetramethoxyphenanthrene
乙胺香豆素	chromonar (carbocromen)
乙胺香豆素盐酸盐	carbocromen hydrochloride (antiangor)
乙苯	ethyl benzene
乙丙酸酐	acetic propionic anhydride
乙醇	ethanol (ethyl alcohol)
(1-^{2}H1) 乙醇	(1-^{2}H1) ethanol
乙醇胺 (氨基乙醇)	ethanolamine
乙醇酸 (甘醇酸、羟基乙酸)	glycolic acid (hydroxyacetic acid)
N- 乙醇酰神经氨基 -α-(2→4)-*N*- 乙醇酰神经氨基 -α-(2→6)- 吡喃葡萄糖基 -β-(1→1)- 神经酰胺	*N*-glycoloyl neuraminyl-α-(2→4)-*N*-glycoloyl-neuraminyl-α-(2→6)-glucopyranosyl-β-(1→1)-ceramide
N- 乙醇酰神经氨基 -α-(2→6)- 吡喃葡萄糖基 -β-(1→1)- 神经酰胺	*N*-glycoloyl neuraminyl-α-(2→6)-glucopyranosyl-β-(1→1)-ceramide
乙氮烷 (肼)	diazane (hydrazine)
4, 4′-乙氮烯叉基二苯甲酸	4, 4′-diazenediyl dibenzoic acid
2-乙丁基邻苯二甲酸正丁酯	*n*-butyl 2-ethyl butyl phthalate
乙二胺四乙酸	ethylenediamine tetraacetic acid
乙二醇	glycol
1, 1-乙二醇二乙酸酯	1, 1-ethanediol diacetate
乙二醛 (草酸醛)	biformyl (ethanedial, glyoxal)
乙二醛 (草酸醛)	ethanedial (glyoxal, biformyl)
乙二醛酶	glyoxalase
乙二酸 -2-乙基二己酯	oxalic acid-2-ethyl di (hexyl ester)
乙二酸二丁酯	dibutyl oxalate
3- 乙硅基 -2- 甲硅基戊硅烷	3-disilanyl-2-silypentasilane

乙磺酸苯硫代甲酸硫代酸酐	ethanesulfonic thiobenzoic thioanhydride
乙磺酰基 (苯硫代甲酰基) 硫烷	ethanesulfonyl (thiobenzoyl) sulfane
乙磺酰溴	ethanesulfonyl bromide
2- 乙基 -2- 丙基己醇	2-ethyl-2-propyl-1-hexanol
2- 乙基 -2- 甲基环氧乙烷	2-ethyl-2-methyl oxirane
12-O- 乙基 -1- 去乙酰基印楝波灵素 (12-O- 乙基 -1- 去乙酰印楝波力宁) B	12-O-ethyl-1-deacetyl nimbolinin B
24- 乙基 -(E)-23- 脱氢鸡冠柱烯醇 [24- 乙基 -(E)-23- 脱氢 -4- 甲基 -7- 胆甾烯醇]	24-ethyl-(E)-23-dehydrolophenol
乙基 (苯基) 过氧化物	ethyl phenyl peroxide
乙基 (丙基) 硫烷	ethyl (propyl) sulfane
乙基 (甲基) 二苯基锗烷	ethyl (methyl) diphenyl germane
乙基 (甲基) 氧烷	ethyl (methyl) oxidane
4-[(2-^{14}C) 乙基] 苯甲酸	4-[(2-^{14}C) ethyl] benzoic acid
2- 乙基 -1, 1- 二甲基环戊烷	2-ethyl-1, 1-dimethyl cyclopentane
6, 6′-(乙基 -1, 2- 环己烷氧基) 双 (5- 甲氧基 -1, 2, 3, 4- 四醇)	6, 6′-(ethyl-1, 2-cyclohexanoxy) bis (5-methoxy-1, 2, 3, 4-tetraol)
2- 乙基 -1, 3- 二氧杂戊环烷 (丙醛环 -1, 2- 乙叉基缩醛)	2-ethyl-1, 3-dioxolane (propanal cyclic-1, 2-ethanediyl acetal)
3- 乙基 -1, 4- 己二烯	3-ethyl-1, 4-hexadiene
8- 乙基 -10- 丙基半边莲碱酮醇	8-ethyl-10-propyl lobelionol
7- 乙基 -10- 羟基喜树碱	7-ethyl-10-hydroxycamptothecin
O- 乙基 -14- 表思茅山橙宁 B	O-ethyl-14-epimelohenine B
2- 乙基 -1λ^5, 2λ^5, 3λ^5, 4λ^5- 丁磷烷	2-ethyl-1λ^5, 2λ^5, 3λ^5, 4λ^5-tetraphosphane
2- 乙基 -1- 癸醇	2-ethyl-1-decanol
2- 乙基 -1- 己醇	2-ethyl-1-hexanol
2- 乙基 -1- 乙醇	2-ethyl-1-ethanol
1-N- 乙基 -2-(甲氨基) 乙酰胺	1-N-ethyl-2-(methyl amino) acetamide
6- 乙基 -2, 3, 5, 7, 8- 五羟基 -1, 4- 萘醌 (海胆色素 A)	6-ethyl-2, 3, 5, 7, 8-pentahydroxy-1, 4-naphthoquinone (echinochrome A)
2- 乙基 -2, 3- 二氢 -1H- 茚满	2-ethyl-2, 3-dihydro-1H-indan
3- 乙基 -2, 4, 5- 三硫代辛 -2-S- 氧化物	3-ethyl-2, 4, 5-trithiaoct-2-S-oxide
3- 乙基 -2, 5- 二甲基吡嗪	3-ethyl-2, 5-dimethyl pyrazine
3-O- 乙基 -2, 5- 脱水 -D- 古洛糖酸	3-O-ethyl-2, 5-anhydro-D-gulonic acid
3- 乙基 -2, 3- 二甲基戊烷	3-ethyl-2, 3-dimethyl pentane
24- 乙基 -22- 脱氢胆甾醇	24-ethyl-22-dehydrocholesterol
24- 乙基 -22- 脱氢羊毛索甾醇	24-ethyl-22-dehydrolathosterol
3β-25- 乙基 -24, 24- 二甲基 -9, 19- 环 -27- 降羊毛甾 -25- 烯 -3- 醇乙酸酯 (欧亚水龙骨甾醇酯)	3β-25-ethyl-24, 24-dimethyl-9, 19-cyclo-27-norlanost-25-en-3-ol acetate (cyclopodmenyl acetate)
24β- 乙基 -25 (27)- 脱氢鸡冠柱烯醇	24β-ethyl-25 (27)-dehydrolophenol
24β- 乙基 -25 (27)- 脱氢羊毛索甾醇	24β-ethyl-25 (27)-dehydrolathosterol

中文名称	英文名称
24 (ξ)- 乙基 -25 (ξ)- 胆甾 -5- 烯 -3β, 26- 二醇	24 (ξ)-ethyl-25 (ξ)-cholest-5-en-3β, 26-diol
24- 乙基 -25- 羟基胆甾醇	24-ethyl-25-hydroxycholesterol
1-N- 乙基 -2-N- 甲基甘氨酸酰胺	1-N-ethyl-2-N-methyl glycinamide
30- 乙基 -2α, 16α- 二羟基 -3β-O-(β-D- 吡喃葡萄糖基)- 24- 何帕酸	30-ethyl-2α, 16α-dihydroxy-3β-O-(β-D-glucopyranosyl)-24-hopanoic acid
(2E)-2- 乙基 -2- 二十九烯醛	(2E)-2-ethyl-2-nonacosenal
5- 乙基 -2- 庚醇	5-ethyl-2-heptanol
3- 乙基 -2- 己烯	3-ethyl-2-hexene
1- 乙基 -2- 甲基苯	1-ethyl-2-methyl benzene
5- 乙基 -2- 甲基庚烷	5-ethyl-2-methyl heptane
24- 乙基 -2- 甲基四十三 -1- 烯 -3, 23- 二醇	24-ethyl-2-methyl tritetracont-1-en-3, 23-diol
4- 乙基 -2- 甲氧基苯酚	4-ethyl-2-methoxyphenol
4- 乙基 -2- 羟基丁二酸酯	4-ethyl-2-hydroxysuccinate
2- 乙基 -3, 5- 二甲基吡嗪	2-ethyl-3, 5-dimethyl pyrazine
24β- 乙基 -31- 去甲羊毛脂 -8, 25 (27)- 二烯 -3β- 醇	24β-ethyl-31-norlanost-8, 25 (27)-dien-3β-ol
(20S)-21-O- 乙基 -3β, 20ξ, 21- 三羟基 -19- 氧亚基 -21, 23- 环氧达玛 -24- 烯	(20S)-21ξ-O-ethyl-3β, 20ξ, 21-trihydroxy-19-oxo-21, 23-epoxydammar-24-ene
(23S)-21ξ-O- 乙基 -3β, 20ξ, 21- 三羟基 -21, 23- 环氧达玛 -24- 烯	(23S)-21ξ-O-ethyl-3β, 20ξ, 21-trihydroxy-21, 23-epoxydammar-24-ene
6- 乙基 -3- 丙基 -6, 7- 二氢 -5H- 噁庚 -2- 酮	6-ethyl-3-propyl-6, 7-dihydro-5H-oxepin-2-one
(E)- 乙基 -3- 己烯碳酸酯	(E)-ethyl-3-hexenyl carbonate
2- 乙基 -3- 甲基吡嗪	2-ethyl-3-methyl pyrazine
1- 乙基 -3- 甲基环戊烷	1-ethyl-3-methyl cyclopentane
2- 乙基 -3- 甲基马来酰亚胺 -N-β-D- 吡喃葡萄糖苷	2-ethyl-3-methyl maleimide-N-β-D-glucopyranoside
6α-O- 乙基 -4, 6- 二氢莫那可林 L	6α-O-ethyl-4, 6-dihydromonacolin L
(S)-3- 乙基 -4, 7- 二甲氧基苯酞	(S)-3-ethyl-4, 7-dimethoxyphthalide
1- 乙基 -4, 8- 二甲氧基 -β- 咔啉	1-ethyl-4, 8-dimethoxy-β-carboline
2- 乙基 -4- 甲基苯酚	2-ethyl-4-methyl phenol
1- 乙基 -4- 甲基环己烷	1-ethyl-4-methyl cyclohexane
3- 乙基 -4- 甲基戊酸甲酯	methyl 3-ethyl-4-methyl pentanoate
1- 乙基 -4- 甲氧基 -β- 咔啉	1-ethyl-4-methoxy-β-carboline
1- 乙基 -4- 甲氧基苯	1-ethyl-4-methoxybenzen
5- 乙基 -4- 硫代尿嘧啶核苷	5-ethyl-4-thiouridine
3- 乙基 -4- 壬酮	3-ethyl-4-nonanone
3- 乙基 -5-(2- 乙基丁酯) 十八烷	3-ethyl-5-(2-ethyl butyl) octadecane
24- 乙基 -5, 22- 胆甾二烯 -3- 醇	24-ethyl cholest-5, 22-dien-3-ol
24- 乙基 -5α- 胆甾 -(7E), 22- 二烯 -3β- 醇	24-ethyl-5α-cholest-(7E), 22-dien-3β-ol
(24R)- 乙基 -5α- 胆甾 -3β, 6α- 二醇	(24R)-ethyl-5α-cholest-3β, 6α-diol
24α- 乙基 -5α- 胆甾 -3β- 醇	24α-ethyl-5α-cholest-3β-ol
24- 乙基 -5α- 胆甾 -3- 酮	24-ethyl-5α-cholest-3-one

24β-乙基-5α-胆甾-5, 25 (27)-二烯醇	24β-ethyl-5α-cholest-5, 25 (27)-dienol
24-乙基-5α-胆甾-7, (22E)-二烯-3β-醇	24-ethyl-5α-cholest-7, (22E)-dien-3β-ol
24-乙基-5α-胆甾-7, (22E)-二烯-3-酮	24-ethyl-5α-cholest-7, (22E)-dien-3-one
24β-乙基-5α-胆甾-7, 22, 25 (27)-三烯-3β-醇	24β-ethyl-5α-cholest-7, 22, 25 (27)-trien-3β-ol
24ξ-乙基-5α-胆甾-7, 22, 25-三烯	24ξ-ethyl-5α-cholest-7, 22, 25-triene
24ξ-乙基-5α-胆甾-7, 22-二烯-3β-醇	24ξ-ethyl-5α-cholest-7, 22-dien-3β-ol
(22E)-24-乙基-5α-胆甾-7, 22-二烯-3β-醇	(22E)-24-ethyl-5α-cholest-7, 22-dien-3β-ol
(22E)-24-乙基-5α-胆甾-7, 22-二烯-3-酮	(22E)-24-ethyl-5α-cholest-7, 22-dien-3-one
24-乙基-5α-胆甾-7, 24 (28) Z-二烯	24-ethyl-5α-cholest-7, 24 (28) Z-diene
24β-乙基-5α-胆甾-7, 25 (27)-二烯-3β-醇	24β-ethyl-5α-cholest-7, 25 (27)-dien-3β-ol
24ξ-乙基-5α-胆甾-7, 25-二烯	24ξ-ethyl-5α-cholest-7, 25-diene
(24S)-乙基-5α-胆甾-7, 25-二烯-3β-醇	(24S)-ethyl-5α-cholest-7, 25-dien-3β-ol
24β-乙基-5α-胆甾-7, 反式-22, 25 (27)-三烯-3β-醇	24β-ethyl-5α-cholest-7, trans-22, 25 (27)-trien-3β-ol
24α-乙基-5α-胆甾-7, 反式-22-二烯-3β-醇	24α-ethyl-5α-cholest-7, trans-22-dien-3β-ol
24β-乙基-5α-胆甾-7, 反式-22-二烯-3β-醇	24β-ethyl-5α-cholest-7, trans-22-dien-3β-ol
24β-乙基-5α-胆甾-7-反式-22E, 25 (27)-三烯-3β-羟基-3-O-β-D-吡喃葡萄糖苷	24β-ethyl-5α-cholest-7-trans-22E, 25 (27)-triolefin-3β-hydroxy-3-O-β-D-glucopyranoside
24ξ-乙基-5α-胆甾-7-烯	24ξ-ethyl-5α-cholest-7-ene
24ζ-乙基-5α-胆甾-7-烯-3β-醇	24ζ-ethyl-5α-cholest-7-en-3β-ol
24α-乙基-5α-胆甾-8 (14)-烯-3β-醇	24α-ethyl-5α-cholest-8 (14)-en-3β-ol
24β-乙基-5α-胆甾-8, 22, 25 (27)-三烯-3β-醇	24β-ethyl-5α-cholest-8, 22, 25 (27)-trien-3β-ol
24β-乙基-5α-胆甾-8, 22, 25 (27)-三烯醇	24β-ethyl-5α-cholest-8, 22, 25 (27)-trienol
24α-乙基-5α-胆甾-8, 22-二烯-3β-醇	24α-ethyl-5α-cholest-8, 22-dien-3β-ol
24β-乙基-5α-胆甾-8, 22-二烯-3β-醇	24β-ethyl-5α-cholest-8, 22-dien-3β-ol
24α-乙基-5α-胆甾-8, 22-二烯醇	24α-ethyl-5α-cholest-8, 22-dienol
24β-乙基-5α-胆甾-8, 22-二烯醇	24β-ethyl-5α-cholest-8, 22-dienol
24β-乙基-5α-胆甾-8, 25 (27)-二烯-3β-醇	24β-ethyl-5α-cholest-8, 25 (27)-dien-3β-ol
(24R)-24-乙基-5α-胆甾烷-3β, 5, 6β-三醇	(24R)-24-ethyl-5α-cholestane-3β, 5, 6β-triol
24-乙基-5α-胆甾烷醇	24-ethyl-5α-cholestanol
O-乙基-5-表-糖胶树林碱	O-ethyl-5-epinareline
3-乙基-5-甲基苯酚	3-ethyl-5-methyl phenol
2-乙基-5-甲基吡嗪	2-ethyl-5-methyl pyrazine
2-乙基-5-甲基呋喃	2-ethyl-5-methyl furan
2-乙基-6-甲基苯酚	2-ethyl-6-methyl phenol
2-乙基-6-甲基吡嗪	2-ethyl-6-methyl pyrazine
N-乙基-7, 20-环阿替-16-烯-11β, 15β-二醇	N-ethyl-7, 20-cycloatid-16-en-11β, 15β-diol
24-乙基-7, 22-二烯胆甾醇	24-ethyl-7, 22-diencholesterol
24β-乙基-7, 25 (27)-脱氢羊毛索甾醇	24β-ethyl-7, 25 (27)-dehydrolathosterol
24-乙基-7-氧亚基胆甾-5, (22E), 25-三烯-3β-醇	24-ethyl-7-oxocholest-5, (22E), 25-trien-3β-ol
N-乙基-8β-乙酰氧基-14α-苯甲酰氧基-1α, 6α, 16β, 18-四甲氧基-4-甲基-乌头-3α, 13β, 15α-三醇	N-ethyl-8β-acetoxy-14α-benzoxy-1α, 6α, 16β, 18-tetramethoxy-4-methyl-aconitane-3α, 13β, 15α-triol

5-乙基-8-异丙基-2, 11-二甲基十二烷	5-ethyl-8-isopropyl-2, 11-dimethyl dodecane
9-乙基-9, 10-二氢-10-叔丁基蒽	9-ethyl-9, 10-dihydro-10-tertbutyl anthracene
(24*R*)-乙基-9, 19-环羊毛甾-25-烯-3-醇乙酸酯	(24*R*)-ethyl-9, 19-cyclolanost-25-en-3-ol acetate
α-乙基-D-吡喃半乳糖苷	α-ethyl-D-galactopyranoside
*N*6-乙基-*N*1-甲基-3-[(甲基氨基)甲基]己烷-1, 6-二胺	*N*6-ethyl-*N*1-methyl-3-[(methyl amino) methyl] hexane-1, 6-diamine
N-乙基-*N*′-甲基(丙-1, 3-叉基二胺)	*N*-ethyl-*N*′-methyl (prop-1, 3-diyl diamine)
N-乙基-*N*′-甲基-3-[(甲基氨基)甲基]戊-1, 5-叉基二胺	*N*-ethyl-*N*′-methyl-3-[(methyl amino) methyl] pent-1, 5-diyl diamine
N-乙基-*N*′-甲基丙烷-1, 3-二胺	*N*-ethyl-*N*′-methyl propane-1, 3-diamine
N-乙基-*N*-甲基丁胺	*N*-ethyl-*N*-methyl butylamine
O-乙基-α-D-半乳糖苷	*O*-ethyl-α-D-galactoside
1-乙基-β-D-半乳糖苷	1-ethyl-β-D-galactoside
O-乙基阿卡乌头碱	*O*-ethyl akagerine
7β-(3′-乙基巴豆酰氧基)-1α-(2′-甲基丁酰)-3, 14-(*E*)-脱氢石生诺顿菊酮	7β-(3′-ethyl crotonoyloxy)-1α-(2′-methyl butyryloxy)-3, 14-dehydro-(*E*)-notonipetranone
7β-(3′-乙基巴豆酰氧基)-1α-(2′-甲基丁酰)-3, 14-(*Z*)-脱氢石生诺顿菊酮	7β-(3′-ethyl crotonoyloxy)-1α-(2′-methyl butyryloxy)-3, 14-dehydro-(*Z*)-notonipetranone
2-乙基苯-1, 4-二胺盐酸盐	2-ethyl benzene-1, 4-diamine hydrogen chloride
2-乙基苯酚	2-ethyl phenol
3-乙基苯酚	3-ethyl phenol
乙基苯酚	ethyl phenol
4-乙基苯磺酸甲酯	methyl 4-ethyl benzenesulfonate
乙基苯基硒亚砜	ethyl phenyl selenoxide
2-乙基吡咯	2-ethyl pyrrole
O-乙基荜澄茄脂素	*O*-ethyl cubebin
乙基苄醚	ethyl benzyl ether
2-*O*-乙基表三尖杉因碱	2-*O*-ethyl epicephalofortuneine
1-(1-乙基丙亚基)-4, 4-二苯基氨基脲	1-(1-ethyl propylidene)-4, 4-diphenyl semicarbazide
2′-*O*-乙基长叶九里香亭	2′-*O*-ethyl murrangatin
乙基赤芝酮	ethyl lucidone
10-*O*-乙基大麻三醇	10-*O*-ethyl canabitriol
(22*E*, 24*R*)-24-乙基胆甾-22-烯-3-*O*-β-D-葡萄糖苷	(22*E*, 24*R*)-24-ethyl cholest-22-en-3-*O*-β-D-glucoside
24-乙基胆甾-22-烯醇	24-ethyl cholest-22-enol
(24*S*)-24-乙基胆甾-3β, 5α, 6α-三醇	(24*S*)-24-ethyl cholest-3β, 5α, 6α-triol
(24*R*)-乙基胆甾-3β, 5α, 6β-三醇	(24*R*)-ethyl cholest-3β, 5α, 6β-triol
(24*S*)-24-乙基胆甾-3β, 5α, 6β-三醇	(24*S*)-24-ethyl cholest-3β, 5α, 6β-triol
(24*S*)-乙基胆甾-4, 22-二烯-3, 6-二酮	(24*S*)-ethyl cholest-4, 22-dien-3, 6-dione
24-乙基胆甾-4, 24 (28)-二烯-3, 6-二酮	24-ethyl cholest-4, 24 (28)-dien-3, 6-dione
(24*S*)-24-乙基胆甾-5, (22*E*), 25-三烯-3β-醇	(24S)-24-ethyl cholest-5, (22*E*), 25-trien-3β-ol
(24*S*)-乙基胆甾-5, 22, 25-三烯-3β-醇	(24*S*)-ethyl cholest-5, 22, 25-trien-3β-ol

24-乙基胆甾 -5, 22- 二烯 -3β- 醇	24-ethyl cholest-5, 22-dien-3β-ol
24-乙基胆甾 -5, 22- 二烯 -3β- 醇棕榈酸酯	24-ethyl cholest-5, 22-dien-3β-ol palmitic acid ester
(24*S*)-24- 乙基胆甾 -5, 22- 二烯 -3β- 羟基 -β-D- 葡萄糖苷	(24*S*)-24-ethyl cholest-5, 22-dien-3β-hydroxy-β-D-glucoside
24-乙基胆甾 -5, 22- 二烯醇	24-ethyl cholest-5, 22-dienol
24-乙基胆甾 -5, 24 (28)- 二烯 -3β- 醇	24-ethyl cholest-5, 24 (28)-dien-3β-ol
24-乙基胆甾 -5, 25- 二烯 -3β- 醇	24-ethyl cholest-5, 25-dien-3β-ol
24-乙基胆甾 -5- 烯 -3β, 4β, 22α- 三醇	24-ethyl cholest-5-en-3β, 4β, 22α-triol
24-乙基胆甾 -5- 烯 -3β- 醇	24-ethyl cholest-5-en-3β-ol
(23)- 乙基胆甾 -5- 烯 -3-β- 醇	(23)-ethyl cholest-5-en-3-β-ol
24α-乙基胆甾 -5- 烯醇	24α-ethyl cholest-5-enol
24-乙基胆甾 -7, 22, 25- 三烯 -3β- 醇	24-ethyl cholest-7, 22, 25-trien-3β-ol
(3α, 5α, 22*E*)-24- 乙基胆甾 -7, 22, 25- 三烯 -3β- 醇	(3α, 5α, 22*E*)-24-ethyl cholest-7, 22, 25 (27)-trien-3β-ol
24-乙基胆甾 -7, 22- 二烯 -3β- 醇	24-ethyl cholest-7, 22-dien-3β-ol
24ξ-乙基胆甾 -7, 22- 二烯 -3β- 醇	24ξ-ethyl cholest-7, 22-dien-3β-ol
24-乙基胆甾 -7, 24 (25)- 二烯 -3β- 醇	24-ethyl cholest-7, 24 (25)-dien-3β-ol
24-乙基胆甾 -7- 烯 -3β- 醇	24-ethyl cholest-7-en-3β-ol
24-乙基胆甾 -7- 烯 -3- 酮	24-ethyl cholest-7-en-3-one
24-乙基胆甾 -7- 烯醇	24-ethyl lathosterol
(24*R*)-α- 乙基胆甾 -8 (14)- 烯醇	(24*R*)-α-ethyl cholest-8 (14)-enol
24-乙基胆甾醇	24-ethyl cholesterol
24ξ-乙基胆甾醇	24ξ-ethyl cholesterol
(24*R*)-α- 乙基胆甾烷醇	(24*R*)-α-ethyl cholestanol
乙基氮烷	ethyl azane
7-*O*- 乙基党参苷 Ⅱ	7-*O*-ethyl tangshenoside Ⅱ
乙基丁基醚	ethyl butyl ether
乙基丁香苷	ethyl syringin
4-乙基儿茶酚	4-ethyl catechol
乙基二硫烷	ethyl disulfane
3-乙基二乙胺 -5- 甲氧基 -1, 2- 苯醌	3-ethyl amino-5-methoxy-1, 2-benzoquinone
24-乙基粪甾烷酮	24-ethyl coprostanone
2-乙基呋喃	2-ethyl furan
2-乙基呋喃基丙烯醛	2-ethyl furanyl acrolein
乙基过氧基苯	ethyl peroxybenzene
7-*O*- 乙基荷茗草酮	7-*O*-ethyl horminone
乙基红花石蒜碱	ethyl radiatine
(−)-12- 乙基槐胺碱	(−)-12-ethyl sophoramine
2-乙基环丁醇	2-ethyl cyclobutanol
乙基环己烷	ethyl cyclohexane
1-乙基环己烯	1-ethyl cyclohexene

3-乙基环戊酮	3-ethyl cyclopentanone
2-乙基环戊烷乙酸	2-ethyl cyclopentane acetic acid
α-乙基环戊烷乙酸	α-ethyl cyclopentane acetic acid
乙基磺酰基乙烷	ethyl sulfonyl ethane
24-乙基鸡冠柱烯醇 (24-乙基冠影掌烯醇)	24-ethyl lophenol
2-乙基己醇	2-ethyl hexanol
2-乙基己基丁酸酯	2-ethyl hexyl butanoate
2-乙基己基己二酸酯	2-ethyl hexyl adipate
2-乙基己酸	2-ethyl hexanoic acid
2-乙基己烯醛	2-ethyl hexenal
3-乙基-3-甲基庚烷	3-ethyl-3-methyl heptane
乙基甲基酮	ethyl methyl ketone
3-乙基-3-甲基戊烷	3-ethyl-3-methyl pentane
乙基降麦角甾烯醇	aplysterol
6α-O-乙基京尼平苷	6α-O-ethyl geniposide
6β-O-乙基京尼平苷	6β-O-ethyl geniposide
23-乙基苦瓜素 I	23-ethyl momordicine I
7-乙基苦瓜素 I	7-ethyl momordicine I
乙基磷烷 (乙基膦)	ethyl phosphane
乙基膦酸	ethyl phosphonic acid
4-O-乙基没食子酸	4-O-ethyl gallic acid
7α-O-乙基莫罗忍冬苷	7α-O-ethyl morroniside
7β-O-乙基莫罗忍冬苷	7β-O-ethyl morroniside
7-O-乙基莫罗忍冬苷 (7-O-乙基莫诺苷)	7-O-ethyl morroniside
8-O-乙基南乌碱乙	8-O-ethyl austroconitine B
乙基羌活醇	ethyl notopterol
α-1-C-乙基荞麦碱	α-1-C-ethyl fagomine
乙基氢二硫化物	ethyl hydrodisulfide
乙基氢化铍	ethyl hydridoberyllium
O-乙基去甲-γ-崖椒碱	O-ethyl nor-γ-fagarine
O-乙基去甲白鲜碱	O-ethyl nordictamnine
8'-O-乙基去甲牛皮叶酸	8'-O-ethyl norstictic acid
D-8-乙基去甲山梗醇-I	D-8-ethyl norlobelol-I
N'-乙基去甲烟碱	N'-ethyl nornicotine
O-乙基去甲茵芋碱	O-ethyl norskimmianine
3-O-乙基乳菇内酯 A、B	3-O-ethyllactarolides A, B
2-O-乙基三尖杉因碱	2-O-ethyl cephalofortuneine
5-乙基三十一烷	5-ethyl hentriacontane
乙基三桠苦醇 B	ethyl leptol B
O-乙基石蒜宁碱	O-ethyl lycorenine

Y

7β-(3-乙基顺式-巴豆酰氧基)-14-羟基-1α-(2-甲基丁酰氧基)石生诺顿菊酮	7β-(3-ethyl-*cis*-crotonoyloxy)-14-hydroxy-1α-(2-methyl butyryloxy) notonipetranone
7β-(3-乙基-顺式-巴豆酰氧基)-1α-(2-甲基丁酰氧基)-3, 14-脱氢-(*Z*)-石生诺顿菊酮	7β-(3-ethyl-*cis*-crotonoyloxy)-1α-(2-methyl butyryloxy)-3, 14-dehydro-(*Z*)-notonipetranone
1α-(3″-乙基-顺式-巴豆酰氧基)-8-当归酰氧基-3β, 4β-环氧没药-7 (14), 10-二烯	1α-(3″-ethyl-*cis*-crotonoyloxy)-8-angeloyloxy-3β, 4β-epoxybisabola-7 (14), 10-diene
2-乙基四氢噻吩	2-ethyl tetrahydrothiophene
14′-乙基四氢响盒子毒素 (14′-乙基四氢楮雷毒素)	14′-ethyl tetrahydrohuratoxin
乙基脱镁叶绿二酸 a	ethyl pheophorbide a
2-乙基戊烷	2-ethyl pentane
3-乙基戊烷	3-ethyl pentane
7-乙基喜树碱	7-ethyl camptothecin
乙基香草醛 (乙基香兰素、乙基香荚兰醛)	ethyl vanillin
1-(乙基亚磺酰基)丁烷	1-(ethyl sulfinyl) butane
乙基亚硒酰基苯	ethyl seleninyl benzene
24-乙基羊毛索甾醇	24-ethyl lathosterol
乙基乙烯基醚	ethyl vinyl ether
乙基异丙基硫醚	ethyl isopropyl suflide
12-*O*-乙基印楝波灵素 B (12-*O*-乙基印楝波力宁 B)	12-*O*-ethyl nimbolinin B
4-乙基愈创木酚	4-ethyl guaiacol
2-*O*-乙基云南石梓醇	2-*O*-ethyl arboreol
10-*O*-乙基泽泻萜醇氧化物	10-*O*-ethyl alismoxide
25-*O*-乙基泽泻醇 A	25-*O*-ethyl alisol A
7-*O*-乙基獐牙菜苷 (7-*O*-乙基当药苷)	7-*O*-ethyl sweroside
乙基仲丁基醚	ethyl *sec*-butyl ether
乙腈	acetonitrile
乙硫醇	ethanethiol
乙硫醇钠	sodium ethanethiolate
乙硫代-*O*-酸 (硫代乙-*O*-酸)	thioacetic *O*-acid
乙硫代-*S*-酸 (硫代乙-*S*-酸)	thioacetic *S*-acid
乙硫代酸丙硫代酸硫代酸酐	thioacetic thiopropionic thioanhydride
乙硫代酸丙硫代酸酸酐	thioacetic thiopropionic anhydride
乙硫代酰基 (丙硫代酰基) 硫烷	thioacetyl (thiopropionyl) sulfane
1-乙硫基-1-甲氧基丙烷	1-(ethyl sulfanyl)-1-methoxypropane
1-(乙硫基)-2-甲基苯	1-(ethylthio)-2-methyl benzene
1-乙硫基丙-1-硫醇	1-(ethyl sulfanyl) prop-1-thiol
1-乙硫基环己-1-硒醇	1-(ethyl sulfanyl) cyclohex-1-selenol
乙硫磷	diethion
乙硫醛	ethanethial
乙硫烷过氧醇	disulfaneperoxol

乙麻黄碱	etafedrine
乙醚	ether
乙醚茴香醚 (乙醚茴芹醚)	acetoanisole
乙内酰硫脲	rhodanine
乙内酰脲	hydantoin
乙偶姻 (3-羟基-2-丁酮、3-羟基丁酮)	acetoin (3-hydroxy-2-butanone)
乙羟氨酸	acetohydroxamic acid
乙羟氨亚基替磺酸	ethanesulfonohydroximic acid
乙羟亚氨酸 (乙羟氨亚基替酸)	acetohydroximic acid
1, 7-乙桥 [4.1.2] 苯并氧二氮杂环己熳	1, 7-ethano [4.1.2] benzoxadiazine
4, 6-乙桥吡啶并 [1, 2-*d*] [1, 3, 4] 氧二氮杂坏己熳	4, 6-ethanopyrido [1, 2-*d*] [1, 3, 4] oxadiazine
1, 4-乙桥萘	1, 4-ethanonaphthalene
乙醛	acetaldehyde (ethanal, ethyl aldehyde)
乙醛酸 (氧亚基乙酸、甲醛甲酸)	glyoxylic acid (oxoacetic acid, formyl formic acid, glyoxalic acid, oxoethanoic acid)
乙炔雌二醇	ethynyl estradiol
4-乙炔基-5-乙烯基辛-4-烯	4-ethynyl-5-vinyloct-4-ene
6-乙炔基四氢-2*H*-吡喃-3-醇	6-ethynyl tetrahydro-2*H*-pyran-3-ol
2-乙炔基辛酸	2-ethynyl octylic acid
乙双香豆醇	ethylidene dicoumarol
乙酸	acetic acid
乙酸-(α-三联噻吩基) 甲酯	α-terthienyl methyl acetate
乙酸钡	barium acetate
乙酸苯丙酯	phenyl propyl acetate
乙酸苯基汞	phenyl mercury acetate
乙酸苯乙酯	phenyl ethyl acetate
乙酸丙硫代酸硫代酸酐	acetic thiopropionic thioanhydride
乙酸丙硫代酸酸酐	acetic thioacetic anhydride
乙酸丙酸硫代酸酐	acetic propionic thioanhydride
乙酸丙酯	propyl acetate
乙酸丁酯	butyl acetate
乙酸钙	calcium acetate
乙酸甘油	triacetin
乙酸酐	acetic anhydride
乙酸癸酯	decyl acetate
7β-乙酸基-1α, 5α, 12α-三羟基卡山烷-13 (15)-烯-16, 12-内酯-17β-酸甲酯	7β-acetoxy-1α, 5α, 12α-trihydroxycass-13 (15)-en-16, 12-olide-17β-carboxylic acid methyl ester
7-乙酸基-ε-云实素	7-acetoxy-ε-caesalpin
乙酸己烯醇酯	hexenyl acetate
乙酸己酯	hexyl acetate

Y

乙酸酒石酸铝	aluminium acetotartrate
乙酸糠酯	furfuryl acetate
乙酸氯乙酸酐	acetic chloroacetic anhydride
L-乙酸蓋酯	L-menthyl acetate
乙酸钠	sodium acetate
乙酸铅	lead sugar
乙酸氰酸酐	acetic cyanic anhydride
乙酸壬酯	nonyl acetate
乙酸麝香草酚酯	acetyl thymol (thymyl acetate, thymol acetate)
乙酸麝香草酚酯	thymol acetate (thymyl acetate, acetyl thymol)
乙酸麝香草酚酯	thymyl acetate (thymol acetate, acetyl thymol)
乙酸十四酯	tetradecyl acetate
乙酸铁	ferric acetate (ironic acetate)
乙酸透骨草醇酯	leptostachyol acetate
1-乙酸戊酯	1-acetoxypentane
乙酸戊酯 (乙酸正戊酯)	amyl acetate (*n*-amyl acetate)
乙酸辛酯	octyl acetate
乙酸亚铁	ferrous acetate
乙酸乙酯	acetic ether (ethyl acetate, vinyl acetate)
乙酸乙酯	ethyl acetate (acetic ether, vinyl acetate)
乙酸乙酯	vinyl acetate (acetic ether, ethyl acetate)
乙酸异丁酯	isobutyl acetate
乙酸异戊酯	isopentyl acetate
乙酸异植醇酯	isophytyl acetate
乙酸银	silver acetate
乙酸正癸酯	*n*-decyl acetate
乙酸正壬酯	*n*-nonyl acetate
乙酸正戊酯 (乙酸戊酯)	*n*-amyl acetate (amyl acetate)
乙酸正辛酯	*n*-octyl acetate
乙酸仲丁酯	*sec*-butyl acetate
乙缩醛	acetal
乙酮	ethanone
乙烷	ethane
乙烷过硫醇 (乙烷二硫代过氧醇)	ethanedithioperoxol
1-乙戊醚	1-ethoxypentane
乙硒醇	ethaneselenol
1-(乙硒基)-1-(甲硫基) 环戊烷 [环戊酮 Se-乙基 S-甲基硒硫缩酮]	1-(ethyl selanyl)-1-(methyl sulfanyl) cyclopentane [cyclopetanone Se-ethyl S-methyl selenothioketal]
1-乙烯基-1-甲基-2, 4-二 (1-甲基乙烯基) 环己烷	1-vinyl-1-methyl-2, 4-di (1-methyl vinyl) cyclohexane
1-乙烯基-1-甲基-2-环己烷	1-vinyl-1-methyl-2-cyclohexane

4-乙烯基-1, 2, 3-三硫-5-环己烯	4-vinyl-1, 2, 3-trithio-5-cyclohexene
4-乙烯基-1, 2, 3-三硫杂-5-环己烯	4-vinyl-l, 2, 3-trithia-5-cyclohexene
3-乙烯基-1, 2-二硫环己-4-烯	3-vinyl-1, 2-dithiocyclohex-4-ene
3-乙烯基-1, 2-二硫环己-5-烯	3-vinyl-1, 2-dithiocyclohex-5-ene
4-乙烯基-1, 2-硫杂-4-环己烯	4-vinyl-1, 2-dithio-4-cyclohexene
4-乙烯基-2-甲氧基苯酚	4-vinyl-2-methoxyphenol
L-5-乙烯基-2-硫唑唑烷酮	L-5-vinyl-2-thiooxazolidone
5-乙烯基-2-硫唑唑烷酮	5-vinyl-2-thiooxazolidone
6-乙烯基-3, 6-二甲基-5-异丙基-4, 5, 6, 7-四氢苯并呋喃	6-vinyl-3, 6-dimethyl-5-isopropyl-4, 5, 6, 7-tetrahydro-benzofuran
1-乙烯基-4, 8-二甲氧基-β-咔啉	1-vinyl-4, 8-dimethoxy-β-carboline
1-乙烯基-4, 9-二甲氧基-β-咔啉	1-vinyl-4, 9-dimethoxy-β-carboline
2-乙烯基-4H-1, 2-二硫杂苯	2-vinyl-4H-1, 2-dithiin
2-乙烯基-4H-1, 3-二硫杂苯	2-vinyl-4H-1, 3-dithiin
2-乙烯基-4H-1, 3-二硫杂苯-3-氧化物	2-vinyl-4H-1, 3-dithiin-3-oxide
1-乙烯基-4-甲氧基-β-咔啉	1-vinyl-4-methoxy-β-carboline
2-(5-乙烯基-5-甲基-2-四氢呋喃)-6-甲基-5-庚烯基-3-酮	2-(5-vinyl-5-methyl-2-tetrahydrofuranyl)-6-methyl-5-hepten-3-one
4-乙烯基-6H-1, 2-二硫杂苯-2-氧化物	4-vinyl-6H-1, 2-dithiin-2-oxide
6-乙烯基-6-甲基-1-(1-甲乙基)-3-环己烯	6-vinyl-6-methyl-1-(1-methyl ethyl)-3-cyclohexene
6-乙烯基-7-甲氧基-2, 2-二甲基色烯	6-vinyl-7-methoxy-2, 2-dimethyl chromene
4-乙烯基-9, 10-二氢-1, 8-二甲基-2, 7-菲二醇	4-ethenyl-9, 10-dihydro-1, 8-dimethyl-2, 7-phenanthrenediol
4-乙烯基-9, 10-二氢-7-羟基-8-甲基-1-菲甲酸	4-ethenyl-9, 10-dihydro-7-hydroxy-8-methyl-1-phenanthrenecarboxylic acid
2-(乙烯基丁二炔基)-5-丙炔基噻吩	2-(vinyl butadiynyl)-5-(propynyl) thiophene
乙烯基二甲苯	vinyl dimethyl benzene
4-乙烯基二甲氧基苯酚 (4-乙烯基紫丁香醇)	4-vinyl dimethoxyphenol (4-vinyl syringol)
3-乙烯基环辛烯	3-ethenyl cyclooctene
乙烯基钠	vinyl sodium
6-乙烯基四氢-2, 2, 6-三甲基-2H-吡喃-3-醇	6-vinyl tetrahydro-2, 2, 6-trimethyl-2H-pyran-3-ol
5-乙烯基四氢-α, α, 5-三甲基-2-呋喃甲醇	5-vinyl tetrahydro-α, α, 5-trimethyl-2-furanmethanol
乙烯基愈疮木酚	vinyl guaiacol
4-乙烯基愈创木酚	4-vinyl guaiacol
乙烯基正丁醚	1-(ethenyloxy) butane
4-乙烯基紫丁香醇 (4-乙烯基二甲氧基苯酚)	4-vinyl syringol (4-vinyl dimethoxyphenol)
13-乙酰-13-去桂皮酰红豆杉宁 B	13-acetyl-13-decinnamoyl taxchinin B
乙酰 (苯甲酰) 胺	acetyl (benzoyl) amine
乙酰 (苯甲酰) 萘-2-胺	acetyl (benzoyl)-2-naphthyl amine
8-乙酰-14-苯甲酰展花乌头宁 (8-乙酰-14-苯甲酰查斯曼宁)	8-acetyl-14-benzoyl chasmanine

8-乙酰-15-羟基新欧乌林碱	8-acetyl-15-hydroxyneoline
2-乙酰-3-甲基吡嗪	2-acetyl-3-methyl pyrazine
8-乙酰-4′, 7-二甲氧基-6-甲基黄酮	8-acetyl-4′, 7-dimethoxy-6-methyl flavone
2-乙酰-5-(1-炔丙基)噻吩-3-O-β-D-吡喃葡萄糖苷	2-acetyl-5-(prop-1-ynyl) thiophen-3-O-β-D-glucopyranoside
8-乙酰-6, 7-二甲氧基香豆素	8-acetyl-6, 7-dimethoxycoumarin
8-乙酰-6-羟基-7-甲氧基香豆素	8-acetyl-6-hydroxy-7-methoxycoumarin
8-乙酰-7-甲氧基香豆素	8-acetyl-7-methoxycoumarin
8-乙酰-7-羟基-5, 6-二甲氧基-2, 2-二甲基-2H-1-苯并吡喃	8-acetyl-7-hydroxy-5, 6-dimethoxy-2, 2-dimethyl-2H-1-benzopyran
8-乙酰-7-羟基香豆素	8-acetyl-7-hydroxycoumarin
14-O-乙酰-8-乙氧基萨柯乌头碱	14-O-acetyl-8-ethoxysachaconitine
13-乙酰-9-去乙酰-9-苯甲酰-10-去苯甲酰红豆杉宁 A	13-acetyl-9-deacetyl-9-benzoyl-10-debenzoyl taxchinin A
N-乙酰-L-色氨酸	N-acetyl-L-tryptophan
17-O-乙酰阿吉马蛇根碱	17-O-acetyl ajmaline
4‴-乙酰安格洛苷 C	4‴-acetyl angroside C
α-乙酰氨苯丙基-α-苯甲酰氨基苯丙酸酯	α-acetyl aminophenyl propyl-α-benzoyl aminophenyl propionate
1-(乙酰氨基)吖啶	1-(acetyl amino) acridine
2-(乙酰氨基)苯甲酸	2-(acetyl amino) benzoic acid
2-(乙酰氨基)乙酰胺	2-(acetyl amino) acetamide
2-C-乙酰氨基-2, 3, 4, 6-四-O-乙酰基-α-D-吡喃甘露糖	2-C-acetamino-2, 3, 4, 6-tetra-O-acetyl-α-D-mannopyranose
3-乙酰氨基-2-哌啶酮	3-acetamino-2-piperidone
3-乙酰氨基-5-甲基异噁唑	3-acetamino-5-methyl isooxazole
乙酰胺	acetamide
2-乙酰胺基-2-脱氧-D-吡喃半乳糖	2-acetamido-2-deoxy-D-galactopyranose
2-乙酰胺基-2-脱氧-D-葡萄糖	2-acetamido-2-deoxy-D-glucose
9-乙酰胺基-3, 4-二氢吡啶并 [3, 4-b] 吲哚	9-acetamido-3, 4-dihydropyrido [3, 4-b] indole
1-乙酰胺基吖啶	1-acetamidoacridine
3-乙酰胺基香豆素	3-acetamidocumarin
7-乙酰巴比翠雀林碱	7-acetyl barbaline
2′-O-乙酰巴东荚蒾苷	2′-O-acetyl henryoside
12-O-乙酰巴豆醇-13-癸酸酯	12-O-acetyl phorbol-13-decanoate
13-O-乙酰巴豆醇-20-[(9Z, 12Z)-十八碳二烯酸酯]	13-O-acetyl phorbol-20-[(9Z, 12Z)-octadecadienoate]
13-O-乙酰巴豆醇-4-脱氧-4β-佛波醇-20-亚油酸酯	13-O-acetyl phorbol-4-deoxy-4β-phorbol-20-linoleate
13-O-乙酰巴豆醇-4-脱氧-4β-佛波醇-20-油酸酯	13-O-acetyl phorbol-4-deoxy-4β-phorbol-20-oleate
(−)-N-乙酰巴婆碱	(−)-N-acetyl asimilobine
N-乙酰巴婆碱	N-acetyl asimilobine
3-O-乙酰白桦脂酸	3-O-acetyl betulinic acid
乙酰白蜡树酚	acetyl fraxinol
2′-乙酰白芷素 (2′-乙酰当归素)	2′-acetyl angelicin

2'-乙酰败酱苷	2'-acetyl patrinoside
10-乙酰败酱苷	10-acetyl patrinoside
N-乙酰半乳糖氨醇	N-acetyl galactosaminitol
N-乙酰半乳糖胺	N-acetyl galactosamine
6-O-乙酰半枝莲亭素 C [(11E)-6α-乙酰氧基-7β, 8β-二羟基-对映-克罗-3, 11, 13-三烯-15, 16-内酯]	6-O-acetyl barbatin C [(11E)-6α-acetoxy-7β, 8β-dihydroxy-ent-clerod-3, 11, 13-trien-15, 16-olide]
乙酰薄果菊素	acetyl leptocarpin
乙酰北五味子素 K、R	acetyl gomisins K, R
19-乙酰贝壳杉二醇	19-acetyl agathadiol
3-O-乙酰贝母碱	3-O-acetyl verticine
3-O-乙酰贝母碱酮	3-O-acetoxyverticinone
乙酰苯 (苯乙酮)	acetophenone (phenyl ethanone)
乙酰苯胺	acetanilide
2-乙酰苯基-3, 4, 5-三甲氧基苯甲酸酯	2-acetyl phenyl-3, 4, 5-trimethoxybenzoate
N-乙酰苯甲酰胺	N-acetyl benzamide
乙酰苯乙酯	acetophenone ethyl ester
乙酰表北五味子素 R	acetyl epigomisin R
乙酰丙酸	levulinic acid
乙酰丙酮	acetyl acetone
乙酰布鲁宁碱	acetyl browniine
(5R, 7R, 10S)-6″-O-乙酰苍术苷 I	(5R, 7R, 10S)-6″-O-acetyl atractyloside I
(5R, 7R, 10S)-6'-O-乙酰苍术苷 I	(5R, 7R, 10S)-6'-O-acetyl atractyloside I
6-乙酰草地乌头芬碱	6-acetyl umbrophine
乙酰柴胡毒素	acetyl bupleurotoxin
2″-O-乙酰柴胡皂苷 A	2″-O-acetyl saikosaponin A
3″-O-乙酰柴胡皂苷 A	3″-O-acetyl saikosaponin A
23-O-乙酰柴胡皂苷 A、B₂	23-O-acetyl saikosaponins A, B₂
2″-O-乙酰柴胡皂苷 a、b2	2″-O-acetyl saikosaponins a, b2
6″-O-乙酰柴胡皂苷 a～d、b1～b3	6″-O-acetyl saikosaponins a～d, b1～b3
4″-O-乙酰柴胡皂苷 d	4″-O-acetyl saikosaponin d
23-O-乙酰常春藤皂苷元-3-O-β-D-吡喃木糖基-(1→3)-α-L-吡喃鼠李糖基-(1→2)-α-L-吡喃阿拉伯糖苷	23-O-acetyl hederagenin-3-O-β-D-xylopyranosyl-(1→3)-α-L-rhamnopyranosyl-(1→2)-α-L-arabinopyranoside
乙酰柽木醇毒 (桯木毒素、木藜芦毒素 I、杜鹃毒素)	acetyl andromedol (andromedotoxin, grayanotoxin I, rhodotoxin)
乙酰齿孔酸	acetyl eburicoic acid
3'-乙酰翅果草碱	3'-acetyl rinderine
7-乙酰翅果草碱 (7-乙酰基凌德草碱)	7-acetyl rinderine
11-乙酰臭椿苦内酯	11-acetyl amarolide
乙酰臭椿苦内酯	acetyl amarolide
5-O-乙酰臭牡丹素 D	5-O-ethyl cleroindicin D

21-*O*-乙酰川楝三醇	21-*O*-acetyl toosendantriol
12-*O*-乙酰川藏香茶菜萜素 B	12-*O*-acetyl pseurata B
7-*O*-乙酰川藏香茶菜萜素 C	7-*O*-acetyl pseurata C
β-乙酰刺凌德草碱	β-acetyl echinatine
乙酰翠雀胺 (乙酰基硬飞燕草次碱)	acetyl delcosine
乙酰翠雀花定	acetyl delgrandine
乙酰达包灵	acetyl diaboline
乙酰大豆黄素	acetyl daidzein
乙酰大豆皂苷 I	acetyl soyasaponin I
乙酰大豆皂苷 $A_1 \sim A_6$	acetyl soyasaponins $A_1 \sim A_6$
1-*O*-乙酰大花旋覆花内酯	1-*O*-acetyl britannilactone
2-乙酰大黄素甲醚	2-acetyl physcion
乙酰大尾摇碱	acetyl indicine
乙酰大叶糖胶树亭碱	acetyl alstohentine
乙酰大叶芸香利定	acetyl haplophyllidine
15-乙酰大锥香茶菜素 B	15-acetyl megathyrin B
乙酰胆碱	acetyl choline
乙酰胆碱盐酸盐	acetyl choline hydrochloride
乙酰胆碱酯酶	acetyl cholinesterase (AchE)
乙酰胆酸	acetyl cholic acid
乙酰当药苦苷	acetyl swertiamarin
3″-*O*-乙酰地黄苷	3″-*O*-acetyl martyonside
1-*O*-乙酰凋缨菊内酯 A、B	1-*O*-acetyl loloanolides A, B
乙酰丁香酚	acetyl eugenol
乙酰丁香配基	acetosyringenin
乙酰丁香酮	acetosyringone
乙酰丁香酮葡萄糖苷	acetosyringone glucoside
3′-*O*-乙酰钉头果勾苷	3′-*O*-acetylfrugoside
8-乙酰嘟拉乌头原碱	8-acetyl dolaconine
3-乙酰毒毛旋花子苷元	3-acetyl strophanthidin
乙酰堆心菊素 (狭叶巴都菊素)	acetyl helenalin (angustibalin, helenalinacetate)
N-乙酰多巴胺	*N*-acetyl dopamine
乙酰多刺石蚕素 (乙酰基棘刺香科科素)	acetyl teuspinin
3α-乙酰多孔菌烯酸 A	3α-acetyl polyporenic acid A
乙酰多穗石松叶碱 (乙酰杉蔓叶碱)	acetyl annofoline
8-*O*-乙酰多枝炭角菌内酯 A	8-*O*-acetyl multiplolide A
乙酰鄂西香茶菜宁	acetyl exidonin
2′-乙酰二氢吊钟柳次苷	2′-acetyl dihydropenstemide
乙酰二氢石松碱 (石松生物碱-L_2)	acetyl dihydrolycopodine (lycopodium alkaloid-L_2)
N-乙酰番荔枝碱	*N*-acetyl anonaine

1-*O*-乙酰非洲楝内酯 A	1-*O*-acetyl khayanolide A
3-乙酰菲	3-acetyl phenanthrene
9-乙酰菲	9-acetyl phenanthrene
乙酰缝籽木醇	acetyl geissoschizol
2-乙酰呋喃	2-acetyl furan
N-乙酰伏毛铁棒锤碱	*N*-acetyl flavaconitine
12-*O*-乙酰佛波醇-13-异丁酸酯	12-*O*-acetyl phorbol-13-isobutanoate
乙酰佛石松碱	acetyl fawcettine
O-乙酰茯苓酸	*O*-acetyl pachymic acid
O-乙酰茯苓酸甲酯	methyl *O*-acetyl pachymate
16-*O*-乙酰茯苓酸甲酯	16-*O*-acetyl pachymic acid methyl ester
乙酰辅酶 A	acetyl CoA
15-乙酰覆瓦南洋杉醇酸	15-acetyl imbricatoloic acid
乙酰杠柳寡糖 C	acetyl perisesaccharide C
8-乙酰钩果草吉苷 (8-乙酰哈巴苷)	8-acetyl harpagide
8-*O*-乙酰钩果草吉苷 (8-*O*-乙酰哈巴苷)	8-*O*-acetyl harpagide
乙酰孤挺花宁碱 (孤挺花碱、石蒜碱)	acetyl caranine (bellamarine, lycorine)
N-乙酰谷氨酸	*N*-acetyl glutamic acid
乙酰瓜馥木酚	acetyl melodorinol
(−)-*O*-乙酰贯叶赝靛碱	(−)-*O*-acetyl baptifoline
12-乙酰光泽乌头碱	12-acetyl lucidusculine
12-乙酰光泽乌头灵	12-acetyl luciculine
1-乙酰光泽乌头灵	1-acetyl luciculine
3β-*O*-乙酰果渣酸 (3β-*O*-乙酰坡模酸)	3β-*O*-acetyl pomolic acid
8-*O*-乙酰哈巴苷 (8-*O*-乙酰基钩果草吉苷)	8-*O*-acetyl harpagide
乙酰哈巴苷 (乙酰钩果草吉苷)	acetyl harpagide
6′-*O*-乙酰哈巴酯苷	6′-*O*-acetyl harpagoside
6″-乙酰海金鸡菊苷	6″-acetyl maritimein
2′-*O*-乙酰海杧果叶苷 A	2′-*O*-acetyl cerleaside A
(−)-3′-乙酰亥茅酚	(−)-3′-acetyl hamaudol
8-乙酰蒿内酯	8-acetyl arteminolide
O-乙酰河谷木胺 (*O*-乙酰基瓦萨胺)	*O*-acetyl vallesamine
6-*O*-乙酰河南半枝莲碱 A	6-*O*-acetyl scutehenanine A
7-*O*-乙酰荷茗草酮	7-*O*-acetyl horminone
乙酰核扫灵	acetyl henningsoline
6′-乙酰红景天苷	6′-acetyl salidroside
2″-*O*-乙酰槲皮苷	2″-*O*-acetyl quercitrin
乙酰化花葵素-3, 5-二葡萄糖苷	acetylated pelargonidin-3, 5-diglucoside
乙酰化矢车菊素-3, 5-二葡萄糖苷	acetylated cyanidin-3, 5-diglucoside
N-乙酰环原黄杨星 D	*N*-acetyl cycloprotobuxine D

Y

乙酰环状金丝桃苯酮苷	acetyl annulatophenonoside
6″-O-乙酰黄豆苷	6″-O-acetyl daidzin
6″-O-乙酰黄豆黄苷	6″-O-acetyl glycitin
乙酰黄豆黄素苷	acetyl glycitin
乙酰黄花夹生桃素 A～C	acetyl thevetins A～C
乙酰黄花夹竹桃次苷 B	veneniferin
2′-O-乙酰黄花夹竹桃素 B	2′-O-acetyl thevetin B
3α-O-乙酰黄荆种素 A	3α-O-acetyl vitedoin A
乙酰黄芪皂苷 I	acetyl astragaloside I
2′-乙酰灰香科科苷	2′-acetyl poliumoside
6-O-乙酰鸡屎藤次苷	6-O-acetyl scandoside
乙酰鸡屎藤次苷甲酯	acetyl scandoside methyl ester
23-O-乙酰积雪草苷 B	23-O-acetyl asiaticoside B
(2S)-2-O-乙酰基-1-O-十六酰基-3-O-(9Z)-十八碳-9-烯酰基甘油	(2S)-2-O-acetyl-1-O-hexadecanoyl-3-O-(9Z)-octadec-9-enoyl glycerol
(2S)-2-O-乙酰基-1-O-油酰基-3-O-棕榈酰甘油	(2S)-2-O-acetyl-1-O-oleoyl-3-O-palmitoyl glycerol
1-乙酰基-1-甲基乙氮烷	1-acetyl-1-methyl diazane
1-乙酰基-1-乙基-2-甲基-2-丙酰基乙氮烷	1-acetyl-1-ethyl-2-methyl-2-propionyl diazane
3-乙酰基-(−)-表儿茶素-7-O-(6-异丁酰氧基)-β-吡喃葡萄糖苷	3-acetyl-(−)-epicatechin-7-O-(6-isobutanoyloxyl)-β-glucopyranoside
3-乙酰基-(−)-表儿茶素-7-O-[6-(2-甲基丁酰氧基)]-β-吡喃葡萄糖苷	3-acetyl-(−)-epicatechin-7-O-[6-(2-methyl butanoyloxy)]-β-glucopyranoside
3-乙酰基-(−)-表儿茶素-7-O-β-吡喃葡萄糖苷	3-acetyl-(−)-epicatechin-7-O-β-glucopyranoside
3β-乙酰基-(20S, 24R)-达玛-25-烯-24-氢过氧基-20-醇	3β-acetyl-(20S, 24R)-dammar-25-en-24-hydroperoxy-20-ol
3-O-(2-O-乙酰基-(3β, 16β, 20R)-孕甾-5-烯-3, 16, 20-三醇	3-O-(2-O-acetyl-(3β, 16β, 20R)-pregn-5-en-3, 16, 20-triol
1-O-乙酰基-(4R, 6S)-大花旋覆花内酯	1-O-acetyl-(4R, 6S)-britannilactone
1-乙酰基-(E)-2-烯-4, 6-癸二炔	1-acetyl-(E)-2-en-dec-4, 6-diyne
乙酰基 (苯甲酰基)-2-萘基氮烷	acetyl (benzoyl)-2-naphthyl azane
乙酰基 (苯甲酰基) 氮烷	acetyl (benzoyl) azane
乙酰基 (丙硫代酰基) 硫烷	acetyl (thiopropionyl) sulfane
3-O-(4-O-乙酰基)-α-L-吡喃阿拉伯糖常春藤皂苷元-28-O-β-D-吡喃葡萄糖基-(1→6)-β-D-吡喃葡萄糖苷	3-O-(4-O-acetyl)-α-L-arabinopyranosyl hederagenin-28-O-β-D-glucopyranosyl-(1→6)-β-D-glucopyranoside
6-乙酰基-1, 10-环氧菵蒿萜素	6-acetyl-1, 10-epoxyeuryopsin
1-乙酰基-1, 2, 3, 4-四氢喹啉	1-acetyl-1, 2, 3, 4-tetrahydroquinoline
2-乙酰基-1, 3, 6, 8-四羟基-9, 10-蒽醌	2-acetyl-1, 3, 6, 8-tetrahydroxy-9, 10-anthracenedione
2′-乙酰基-1, 3-O-二阿魏酰基蔗糖	2′-acetyl-1, 3-O-diferuloyl sucrose
2-乙酰基-1, 8-二羟基-6-甲氧基-3-甲基蒽醌	2-acetyl-1, 8-dihydroxy-6-methoxy-3-methyl anthraquinone
6-乙酰基-1, 9-二脱氧毛喉鞘蕊花素	6-acetyl-1, 9-dideoxyforskolin
9α-乙酰基-10β-去乙酰基穗状红豆杉亭	9α-acetyl-10β-deacetyl spicatine

9α-乙酰基-10β-去乙酰基穗状紫杉碱	9α-acetyl-10β-deacetyl spicataxine
19-O-乙酰基-10-甲氧基-19, 20-二氢小蔓长春花碱	19-O-acetyl-10-methoxy-19, 20-dihydrovinorine
7-乙酰基-10-去乙酰基-7-去苯甲酰短叶紫杉醇	7-acetyl-10-deacetyl-7-debenzoyl brevifoliol
1-乙酰基-10-去乙酰浆果赤霉素	1-acetyl-10-deacetyl baccatin III
7-乙酰基-10-去乙酰紫杉醇	7-acetyl-10-deacetyl taxol
3α-O-乙酰基-11α-羟基-β-乳香酸	3-O-acetyl-11-hydroxy-β-boswellic acid
3-乙酰基-11-甲酮基-β-乳香酸	3-acetyl-11-keto-β-boswellic acid
20-O-乙酰基-12-O-桂皮酰基-3-O-(β-D-吡喃夹竹桃糖基-(1→4)-β-D-吡喃夹竹桃糖基-(1→4)-β-D-吡喃磁麻糖基)-8, 14-裂环肉珊瑚素-8, 14-二酮	20-O-acetyl-12-O-cinnamoyl-3-O-(β-D-oleandropyranosyl-(1→4)-β-D-oleandropyranosyl-(1→4)-β-D-cymaropyranosyl)-8, 14-secosarcostin-8, 14-dione
20-O-乙酰基-12-O-桂皮酰基-3-O-β-D-吡喃洋地黄毒糖基-8, 14-开环肉珊瑚苷元-8, 14-二酮	20-O-acetyl-12-O-cinnamoyl-3-O-β-D-digitoxopyranosyl-8, 14-secosarcostin-8, 14-dione
23-O-乙酰基-12β-羟基澳洲茄胺	23-O-acetyl-12β-hydroxysolasodine
25-O-乙酰基-12β-羟基升麻醇	25-O-acetyl-12β-hydroxycimigenol
14-乙酰基-12-千里光酰基-(2E, 8Z, 10E)-白术三醇	14-acetyl-12-senecioyl-(2E, 8Z, 10E)-atractylentriol
12-乙酰基-13, 21-二氢宽树冠木酮	12-acetyl-13, 21-dihydroeurycomanone
15-乙酰基-13α (21)-环氧宽树冠木酮	15-acetyl-13α (21)-epoxyeurycomanone
7-O-乙酰基-14, 15-脱氧哈湾鹧鸪花素	7-O-acetyl-14, 15-deoxyhavanensin
3-O-乙酰基-14-O-苯甲酰基-10-脱氧佛罗里达八角内酯	3-O-acetyl-14-O-benzoyl-10-deoxyfloridanolide
5, 8-乙酰基-14-苯甲酰新欧乌林碱	5, 8-acetyl-14-benzoyl neoline
6-O-乙酰基-14-甲氧基翠雀叶乌头碱	6-O-acetyl-14-methoxydelphinifoline
15β-乙酰基-14-羟基克莱因烯酮	15β-acetyl-14-hydroxyklaineanone
19-O-乙酰基-14-脱氧-11, 12-二脱氢穿心莲内酯	19-O-acetyl-14-deoxy-11, 12-didehydroandrographolide
3-O-乙酰基-16α-羟基栓菌醇酸 (3-O-乙酰基-16α-羟基氢化松苓酸)	3-O-acetyl-16α-hydroxytrametenolic acid
3β-O-乙酰基-16α-羟基栓菌醇酸	3β-O-acetyl-16α-hydroxytrametenolic acid
3-O-乙酰基-16α-羟基松苓新酸 (3-O-乙酰基-16α-羟基脱氢栓菌醇酸)	3-O-acetyl-16α-hydroxydehydrotrametenolic acid
3β-O-乙酰基-16α-羟基脱氢栓菌醇酸	3β-O-acetyl-16α-hydroxydehydrotrametenolic acid
3-O-乙酰基-16α-羟基脱氢栓菌烯醇酸	3-O-acetyl-16α-hydroxydehydrotrametenolic acid
1-乙酰基-17-甲氧基白坚木定 (1-乙酰基-17-甲氧基白坚木米定)	1-acetyl-17-methoxyaspidospermidine
19-O-乙酰基-19-表-糖胶树辛碱	19-O-acetyl-19-epischolaricine
11-O-乙酰基-1β, 2β-环氧安贝灵	11-O-acetyl-1β, 2β-epoxyambelline
5α-乙酰基-1β, 8α-双桂皮酰基-4α-羟基二氢沉香呋喃	5α-acetyl-1β, 8α-bis-cinnamoyl-4α-hydroxydihydroagarofuran
2-乙酰基-1-吡咯啉	2-acetyl-1-pyrroline
6-乙酰基-1-脱氧毛喉鞘蕊花素	6-acetyl-1-deoxyforskolin
16-O-乙酰基-21-O-(3′, 4′-二-O-当归酰基)-β-D-吡喃岩藻糖基原七叶树苷元	16-O-acetyl-21-O-(3′, 4′-di-O-angeloyl)-β-D-fucopyranosyl protoaescigenin

Y

6-乙酰基-2, 2-二甲基-7-羟基色烯	6-acetyl-2, 2-dimethyl-7-hydroxychromene
6-乙酰基-2, 2-二甲基色原烷-4-酮	6-acetyl-2, 2-dimethyl chroman-4-one
5-乙酰基-2, 2′-联噻吩	5-acetyl-2, 2′-bithiophene
(5S)-3α-乙酰基-2, 3, 5-三甲基-7α-羟基-5-(4, 8, 12-三甲基十三烷基)-1, 3α, 5, 6, 7, 7α-六氢-4-氧杂茚-1-酮	(5S)-3α-acetyl-2, 3, 5-trimethyl-7α-hydroxy-5-(4, 8, 12-trimethyl tridecanyl)-1, 3α, 5, 6, 7, 7α-hexahydro-4-oxainden-1-one
3α-乙酰基-2, 3, 5-三甲基-7α-羟基-5-(4, 8, 12-三甲基十三烷基)-1, 3α, 5, 6, 7, 7α-六氢-4-氧杂茚-1-酮	3α-acetyl-2, 3, 5-trimethyl-7α-hydroxy-5-(4, 8, 12-trimethyl tridecanyl)-1, 3α, 5, 6, 7, 7α-hexahydro-4-oxainden-1-one
3-O-乙酰基-2, 4-二-O-苯甲酰基-6-O-苄基-1-溴-α-D-吡喃葡萄糖	3-O-acetyl-2, 4-di-O-benzoyl-6-O-benzyl-α-D-glucopyranosyl bromide
6-[2-(5-乙酰基-2, 7-二甲基-8-氧亚基二环[4.2.0]辛-1, 3, 5-三烯-7)-2-氧亚乙基]-3, 9-二甲基萘并[1, 8-bc]吡喃-7, 8-二酮	6-[2-(5-acetyl-2, 7-dimethyl-8-oxo-bicyclo[4.2.0]oct-1, 3, 5-trien-7)-2-oxo-ethyl]-3, 9-dimethyl naphtho[1, 8-bc]pyran-7, 8-dione
3α-O-乙酰基-20 (29)-羽扇豆烯-2α-醇	3α-O-acetyl-20 (29)-lupen-2α-ol
6-O-乙酰基-20, 24-环氧达玛-3β, 25-二醇	6-O-acetyl-20, 24-epoxydammar-3β, 25-diol
3β-乙酰基-20, 25-环氧达玛-24α-醇	3β-acetyl-20, 25-epoxydammar-24α-ol
12-O-乙酰基-20-O-苯甲酰基-(14, 17, 18-原乙酸酯)-二氢肉珊瑚素-3-O-β-D-吡喃磁麻糖基-(1→4)-O-β-D-吡喃夹竹桃糖基-(1→4)-O-β-D-吡喃磁麻糖苷	12-O-acetyl-20-O-benzoyl-(14, 17, 18-orthoacetate)-dihydrosarcostin-3-O-β-D-thevetopyranosyl-(1→4)-O-β-D-oleandropyranosyl-(1→4)-O-β-D-cymaropyranoside
12-O-乙酰基-20-O-苯甲酰基-(14, 17, 18-原乙酸酯)-二氢肉珊瑚素-3-O-β-D-吡喃葡萄糖基-(1→4)-O-β-D-吡喃磁麻糖基-(1→4)-O-β-D-吡喃夹竹桃糖基-(1→4)-O-β-D-吡喃磁麻糖苷	12-O-acetyl-20-O-benzoyl-(14, 17, 18-orthoacetate)-dihydrosarcostin-3-O-β-D-glycopyranosyl-(1→4)-O-β-D-thevetopyranosyl-(1→4)-O-β-D-oleandropyranosyl-(1→4)-O-β-D-cymaropyranoside
12-O-乙酰基-20-O-苯甲酰基-(14, 17, 18-原乙酸酯)-二氢肉珊瑚素-3-O-β-D-吡喃葡萄糖基-(1→4)-O-β-D-吡喃磁麻糖基-(1→4)-O-β-D-吡喃夹竹桃糖基-(1→4)-O-β-D-吡喃磁麻糖基-(1→4)-O-β-D-吡喃磁麻糖苷	12-O-acetyl-20-O-benzoyl-(14, 17, 18-orthoacetate)-dihydrosarcostin-3-O-β-D-glycopyranosyl-(1→4)-O-β-D-thevetopyranosyl-(1→4)-O-β-D-oleandropyranosyl-(1→4)-O-β-D-cymaropyranosyl-(1→4)-O-β-D-cymaropyranoside
12-O-乙酰基-20-O-苯甲酰基-(14, 17, 18-原乙酸酯)-二氢肉珊瑚素-3-O-β-D-吡喃葡萄糖基-(1→4)-O-β-D-吡喃葡萄糖基-(1→4)-O-β-D-吡喃磁麻糖基-(1→4)-O-β-D-吡喃夹竹桃糖基-(1→4)-O-β-D-吡喃磁麻糖苷	12-O-acetyl-20-O-benzoyl-(14, 17, 18-orthoacetate)-dihydrosarcostin-3-O-β-D-glucopyranosyl-(1→4)-β-D-glucopyranosyl-(1→4)-O-β-D-thevetopyranosyl-(1→4)-O-β-D-oleandropyranosyl-(1→4)-O-β-D-cymaropyranoside
12-O-乙酰基-20-O-苯甲酰基-(8, 14, 18-原乙酸酯)-二氢肉珊瑚素-3-O-β-D-吡喃磁麻糖基-(1→4)-O-β-D-吡喃夹竹桃糖基-(1→4)-O-β-D-吡喃磁麻糖苷	12-O-acetyl-20-O-benzoyl-(8, 14, 18-orthoacetate)-dihydrosarcostin-3-O-β-D-thevetopyranosyl-(1→4)-O-β-D-oleandropyranosyl-(1→4)-O-β-D-cymaropyranoside
12-O-乙酰基-20-O-苯甲酰基-(8, 14, 18-原乙酸酯)-二氢肉珊瑚素-3-O-β-D-吡喃葡萄糖基-(1→4)-O-β-D-吡喃磁麻糖基-(1→4)-O-β-D-吡喃夹竹桃糖基-(1→4)-O-β-D-吡喃磁麻糖苷	12-O-acetyl-20-O-benzoyl-(8, 14, 18-orthoacetate)-dihydrosarcostin-3-O-β-D-glucopyranosyl-(1→4)-O-β-D-theveropyranosyl-(1→4)-O-β-D-oleandropyranosyl-(1→4)-O-β-D-cymaropyranoside

12-*O*- 乙酰基 -20-*O*- 苯甲酰基 -(8, 14, 18- 原乙酸酯)-二氢肉珊瑚素 -3-*O*-β-D- 吡喃葡萄糖基 -(1→4)-*O*-β-D- 吡喃磁麻糖基 -(1→4)-*O*-β-D- 吡喃夹竹桃糖基 -(1→4)-*O*-β-D- 吡喃磁麻糖基 -(1→4)-*O*-β-D- 吡喃磁麻糖苷	12-*O*-acetyl-20-*O*-benzoyl-(8, 14, 18-orthoacetate)-dihydrosarcostin-3-*O*-β-D-glucopyranosyl-(1→4)-*O*-β-D-thevetopyranosyl-(1→4)-*O*-β-D-oleandropyranosyl-(1→4)-*O*-β-D-cymaropyranosyl-(1→4)-*O*-β-D-cymaropyranoside
12-*O*- 乙酰基 -20-*O*- 苯甲酰基 -(8, 14, 18- 原乙酸酯)-二氢肉珊瑚素 -3-*O*-β-D- 吡喃葡萄糖基 -(1→4)-*O*-β-D- 吡喃葡萄糖基 -(1→4)-*O*-β-D- 吡喃磁麻糖基 -(1→4)-*O*-β-D- 吡喃夹竹桃糖基 -(1→4)-*O*-β-D- 吡喃磁麻糖苷	12-*O*-acetyl-20-*O*-benzoyl-(8, 14, 18-orthoacetate)-dihydrosarcostin-3-*O*-β-D-glucopyranosyl-(1→4)-*O*-β-D-glucopyranosyl-(1→4)-*O*-β-D-thevetopyranosyl-(1→4)-*O*-β-D-oleandropyranosyl-(1→4)-*O*-β-D-cymaropyranoside
12-*O*- 乙酰基 -20-*O*- 苯甲酰基 -(8, 14, 18- 原乙酸酯)-二氢肉珊瑚素 -3-*O*-β-D- 吡喃葡萄糖基 -(1→4)-β-D- 吡喃葡萄糖基 -(1→4)-*O*-β-D- 吡喃磁麻糖基 -(1→4)-*O*-β-D- 吡喃夹竹桃糖基 -(1→4)-*O*-β-D- 吡喃磁麻糖苷	12-*O*-acetyl-20-*O*-benzoyl-(8, 14, 18-orthoacetate)-dihydrosarcostin-3-*O*-β-D-glucopyranosyl-(1→4)-β-D-glucopyranosyl-(1→4)-*O*-β-D-thevetopyranosyl-(1→4)-*O*-β-D-oleandropyranosyl-(1→4)-*O*-β-D-cymaropyranosyl-(1→4)-*O*-β-D-cymaropyranoside
12β-*O*- 乙酰基 -20-*O*- 桂皮酰牛奶藤苷元	12β-*O*-acetyl-20-*O*-cinnamoyl tomentogenin
3β- 乙酰基 -20*S*, 25- 环氧达玛 -24α- 醇	3β-acetyl-20*S*, 25-epoxydammar-24α-ol
(20*R*, 25*R*)-12β-*O*- 乙酰基 -20β- 羟基异藜芦嗪	(20*R*, 25*R*)-12β-*O*-acetyl-20β-hydroxyisoverazine
(20*R*, 25*R*)-12β-*O*- 乙酰基 -20β- 羟基异藜芦嗪 -3-*O*-β-D- 吡喃葡萄糖苷	(20*R*, 25*R*)-12β-*O*-acetyl-20β-hydroxyisoverazine-3-*O*-β-D-glucopyranoside
12- 乙酰基 -20- 甲基丁酰基 - 二氢肉珊瑚素 -3-*O*-β-D- 吡喃磁麻糖基 -(1→4)-β-D- 吡喃夹竹桃糖基 -(1→4)-β-D- 吡喃磁麻糖苷	12-acetyl-20-methyl butanoyl-dihydrosarcostin-3-*O*-β-D-thevetopyranosyl-(1→4)-β-D-oleandropyranosyl-(1→4)-β-D-cymaropyranoside
3- 乙酰基 -20- 羟基 -28- 羧基羽扇豆醇	3-acetyl-20-hydroxy-28-carboxylupeol
2-*O*- 乙酰基 -20- 羟基蜕皮激素	2-*O*-acetyl-20-hydroxyecdysone
3-*O*- 乙酰基 -20- 羟基蜕皮激素	3-*O*-acetyl-20-hydroxyecdysone
3-*O*- 乙酰基 -20- 羟基蜕皮激素 -2-*O*-β-D- 吡喃半乳糖苷	3-*O*-acetyl-20-hydroxyecdysone-2-*O*-β-D-galactopyranoside
3-*O*- 乙酰基 -20- 羟基蜕皮激素 -2-*O*-β-D- 吡喃葡萄糖苷	3-*O*-acetyl-20-hydroxyecdysone-2-*O*-β-D-glucopyranoside
22- 乙酰基 -21-(2- 乙酸基 -2- 甲丁酰基)-R₁- 巴里精醇	22-acetyl-21-(2-acetoxy-2-methyl butanoyl)-R₁-barrigenol
3′-*O*- 乙酰基 -23- 表 -26- 脱氧类叶升麻素	3′-*O*-acetyl-23-epi-26-deoxyactein
24-*O*- 乙酰基 -25-*O*- 桂皮酰楤桴萜	24-*O*-acetyl-25-*O*-cinnamoyl vulgaroside
2′-*O*- 乙酰基 -27- 脱氧类叶升麻素	2′-*O*-acetyl-27-deoxyactein
3-*O*- 乙酰基 -2-*O*- 阿魏酰基 -α-L- 鼠李糖苷	3-*O*-acetyl-2-*O*-feruloyl-α-L-rhamnoside
3-*O*- 乙酰基 -2-*O*- 对羟基肉桂酰基 -α-L- 鼠李糖苷	3-*O*-acetyl-2-*O*-*p*-hydroxycinnamoyl-α-L-rhamnoside
12-*O*- 乙酰基 -2- 表巨大戟醇 -3, 8- 二苯甲酸酯	12-*O*-acetyl-2-epiingenol-3, 8-dibenzoate
3- 乙酰基 -2- 丁酮	3-acetyl-2-butanone
6- 乙酰基 -2- 己酮	6-acetyl-2-hexanone
1- 乙酰基 -2- 甲基 -5-(2- 乙烯基环氧乙烷 -2- 基) 戊酯	1-acetyl-2-methyl-5-(2-vinyl oxiran-2-yl) pentan ester
6- 乙酰基 -2- 羟甲基 -2- 甲基色烷 -4- 酮	6-acetyl-2-hydroxymethyl-2-methyl chroman-4-one
1- 乙酰基 -2- 去乙酰基鹧鸪花素 H	1-acetyl-2-deacetyl trichilin H
4-(2- 乙酰基 -2- 乙基肼基) 苯甲酸	4-(2-acetyl-2-ethyl hydrazino) benzoic acid
4-(2- 乙酰基 -2- 乙基乙氮烷基) 苯甲酸	4-(2-acetyl-2-ethyl diazanyl) benzoic acid

Y

2-乙酰基-3-(对香豆酰基)-内消旋酒石酸	2-acetyl-3-(*p*-coumaroyl) mesotartaric acid
3-乙酰基-3, 5, 4′-三羟基-7-甲氧基黄酮	3-acetyl-3, 5, 4′-trihydroxy-7-methoxyflavone
2-乙酰基-3, 5-二羟基-1-香叶醇基-6-甲基-4-(2-甲基)丁酰苯	2-acetyl-3, 5-dihydroxy-1-geranoxy-6-methyl-4-(2-methyl)-butyryl-benzene
β-D-(1-*O*-乙酰基-3, 6-*O*-二阿魏酰基)呋喃果糖基-α-D-2′, 3′, 6′-*O*-三乙酰基吡喃葡萄糖苷	β-D-(1-*O*-acetyl-3, 6-*O*-diferuloyl) fructofuranosyl-α-D-2′, 3′, 6′-*O*-triacetyl glucopyranoside
β-D-(1-*O*-乙酰基-3, 6-*O*-二阿魏酰基)呋喃果糖基-α-D-2′, 4′, 6′-*O*-二乙酰基吡喃葡萄糖苷	β-D-(1-*O*-acetyl-3, 6-*O*-diferuloyl) fructofuranosyl-α-D-2′, 4′, 6′-*O*-diacetyl glucopyranoside
β-D-(1-*O*-乙酰基-3, 6-*O*-二阿魏酰基)呋喃果糖基-α-D-2′, 4′, 6′-*O*-三乙酰基吡喃葡萄糖苷	β-D-(1-*O*-acetyl-3, 6-*O*-diferuloyl) fructofuranosyl-α-D-2′, 4′, 6′-*O*-triacetyl glucopyranoside
β-D-(1-*O*-乙酰基-3, 6-*O*-二阿魏酰基)呋喃果糖基-α-D-2′, 6′-*O*-二乙酰基吡喃葡萄糖苷	β-D-(1-*O*-acetyl-3, 6-*O*-diferuloyl) fructofuranosyl-α-D-2′, 6′-*O*-diacetyl glucopyranoside
β-D-(1-*O*-乙酰基-3, 6-*O*-二阿魏酰基)呋喃果糖基-α-D-4′, 6′-*O*-二乙酰基吡喃葡萄糖苷	β-D-(1-*O*-acetyl-3, 6-*O*-diferuloyl) fructofuranosyl-α-D-4′, 6′-*O*-diacetyl glucopyranoside
D-(1-*O*-乙酰基-3, 6-*O*-二阿魏酰基)呋喃果糖基-α-D-2′, 6′-*O*-二乙酰基吡喃葡萄糖苷	D-(1-*O*-acetyl-3, 6-*O*-diferuloyl) fructofuranosyl-α-D-2′, 6′-*O*-diacetyl glucopyranoside
β-D-(1-*O*-乙酰基-3, 6-*O*-反式-二阿魏酰基)呋喃果糖基-α-D-2′-*O*-乙酰吡喃葡萄糖苷	β-D-(1-*O*-acetyl-3, 6-*O*-*trans*-diferuloyl) fructofuranosyl-α-D-2′-*O*-acetyl glucopyranoside
O-乙酰基-3, 6-二-*O*-β-D-吡喃木糖基黄芪皂苷	*O*-acetyl-3, 6-di-*O*-β-D-xylopyranoastragaloside
4-*O*-乙酰基-3-*O*-(3′-乙酰氧基-2′-羟基-2′-甲丁酰基)甜香阔苞菊萜烯酮	4-*O*-acetyl-3-*O*-(3′-acetoxy-2′-hydroxy-2′-methyl butyryl) cuauhtemone
6′-*O*-乙酰基-3′-*O*-[3-(β-D-吡喃葡萄糖氧基)-2-羟基苯甲酰]獐牙菜苷	6′-*O*-acetyl-3′-*O*-[3-(β-D-glucopyranosyloxy)-2-hydroxybenzoyl] sweroside
12-*O*-乙酰基-3-*O*-苯甲酰基-2-表巨大戟醇-8-巴豆酸酯	12-*O*-acetyl-3-*O*-benzoyl-2-epiingenol-8-tiglate
12-*O*-乙酰基-3-*O*-苯甲酰巨大戟醇-8-巴豆酸酯	12-*O*-acetyl-3-*O*-benzoylingenol-8-tiglate
21-*O*-(4-*O*-乙酰基-3-*O*-当归酰基)-β-D-吡喃岩藻糖基-22-*O*-乙酰基原七叶树苷元	21-*O*-(4-*O*-acetyl-3-*O*-angeloyl)-β-D-fucopyranosyl-22-*O*-acetyl protoaescigenin
21-*O*-(4-*O*-乙酰基-3-*O*-当归酰基)-β-D-吡喃岩藻糖基茶皂醇 B	21-*O*-(4-*O*-acetyl-3-*O*-angeloyl)-β-D-fucopyranosyl theasapogenol B
β-D-(1-*O*-乙酰基-3-*O*-反式-阿魏酰基)呋喃果糖基-α-D-2′, 3′, 6′-*O*-三乙酰基吡喃葡萄糖苷	β-D-(1-*O*-acetyl-3-*O*-*trans*-feruloyl) fructofuranosyl-α-D-2′, 3′, 6′-*O*-triacetyl glucopyranoside
2″-*O*-乙酰基-3′-*O*-甲基芦丁	2″-*O*-acetyl-3′-*O*-methyl rutin
β-D-(1-*O*-乙酰基-3-*O*-顺式-阿魏酰基)呋喃果糖基-α-D-2′, 3′, 6′-*O*-三乙酰基吡喃葡萄糖苷	β-D-(1-*O*-acetyl-3-*O*-*cis*-feruloyl) fructofuranosyl-α-D-2′, 3′, 6′-*O*-triacetyl glucopyranoside
β-D-(1-*O*-乙酰基-3-*O*-顺式-阿魏酰基-6-*O*-反式-阿魏酰基)呋喃果糖基-α-D-2′, 4′, 6′-*O*-三乙酰基吡喃葡萄糖苷	β-D-(1-*O*-acetyl-3-*O*-*cis*-feruloyl-6-*O*-*trans*-feruloyl) fructofuranosyl-α-D-2′, 4′, 6′-*O*-triacetyl glucopyranoside
23-*O*-乙酰基-3β, 12β, (23*S*, 24*R*)-四羟基-(20*S*), 25-环氧达玛-3-*O*-[β-D-吡喃木糖基-(1→2)]-β-D-吡喃木糖苷	23-*O*-acetyl-3β, 12β, (23*S*, 24*R*)-tetrahydroxy-(20*S*), 25-epoxydammar-3-*O*-[β-D-xylopyranosyl-(1→2)]-β-D-xylopyranoside
23-*O*-乙酰基-3β, 12β, (23*S*, 24*R*)-四羟基-(20*S*), 25-环氧达玛-3-*O*-[β-D-吡喃木糖基-(1→2)]-β-D-吡喃葡萄糖苷	23-*O*-acetyl-3β, 12β, (23*S*, 24*R*)-tetrahydroxy-(20*S*), 25-epoxydammar-3-*O*-[β-D-xylopyranosyl-(1→2)]-β-D-glucopyranoside

4′-乙酰基-3′-桂皮酰基-2′-对甲氧基桂皮酰基-6-O-鼠李糖基梓醇	4′-acetyl-3′-cinnamoyl-2′-p-methoxycinnamoyl-6-O-rhamoyl catalpol
2-乙酰基-3-甲基-8-甲氧基-1, 4-萘醌-6-O-β-D-吡喃葡萄糖苷	2-acetyl-3-methyl-8-methoxy-1, 4-naphthoquinone-6-O-β-D-glucopyranoside
1-乙酰基-3-去乙酰基鹧鸪花素 H	1-acetyl-3-deacetyl trichilin H
1-乙酰基-3-惕各酰基-11-甲氧基楝卡品宁 (1-乙酰基-3-惕各酰基-11-甲氧基楝果宁)	1-acetyl-3-tigloyl-11-methoxymeliacarpinin
12-O-乙酰基-4α-脱氧佛波醇-13-(2-甲基) 丁酸酯	12-O-acetyl-4α-deoxyphorbol-13-(2-methyl) butanoate
2-O-乙酰基-4-表天人菊素	2-O-acetyl-4-epipulchellin
1-乙酰基-4-甲氧基-β-咔啉	1-acetyl-4-methoxy-β-carboline
3-乙酰基-4-咖啡酰氧基奎宁酸	3-acetyl-4-caffeoyl quinic acid
C-1-O-乙酰基-4′-去甲氧基-3′, 4′-亚甲基二氧甲基罗米仔兰酯	C-1-O-acetyl-4′-demethoxy-3′, 4′-methylenedioxymethyl rocaglate
6-α-乙酰基-4-氧亚基百福酸	6-α-acetyl-4-oxobedfordiaic acid
6-α-乙酰基-4-氧亚基百福酸甲酯	6-α-acetyl-4-oxobedfordiaic acid methyl ester
1-乙酰基-4-异丙烯基环戊烯	1-acetyl-4-isopropenyl cyclopentene
1-乙酰基-4-异丙亚乙基环戊烯	1-acetyl-4-isopropylidene cyclopentene
8-O-乙酰基-5, 6-二氢-5, 6-环氧多枝炭角菌内酯 A	8-O-acetyl-5, 6-dihydro-5, 6-epoxymultiplolide A
12-O-乙酰基-5, 6-二脱氢-6, 7-二氢-7-羟基 (佛波醇-13)-2-甲基丁酸酯	12-O-acetyl-5, 6-didehydro-6, 7-dihydro-7-hydroxy (phorbol-13)-2-methyl butanoate
12-O-乙酰基-5, 6-二脱氢-7-氧亚基 (佛波醇-13)-2-甲基丙酸酯	12-O-acetyl-5, 6-didehydro-7-oxo (phorbol-13)-2-methyl propanoate
12-O-乙酰基-5, 6-二脱氢-7-氧亚基 (佛波醇-13)-2-甲基丁酸酯	12-O-acetyl-5, 6-didehydro-7-oxo (phorbol-13)-2-methyl butanoate
4-O-乙酰基-5-O-苯甲酰基-3β-羟基-20-脱氧巨大戟烯醇	4-O-acetyl-5-O-benzoyl-3β-hydroxy-20-deoxyingenol
2-O-乙酰基-5-O-桂皮酰基大西辛 I	2-O-acetyl-5-O-cinnamoyl taxicin I
5α-乙酰基-5α-去桂皮酰欧紫杉吉吩	5α-acetyl-5α-decinnamoyl taxagifine
3-乙酰基-5β, 8α-双苄基-14-丙酰基曼西醇类二萜	3-acetyl-5β, 8α-dibenzyl-14-propanoyl myrsinoltype diterpene
2-乙酰基-5-甲基呋喃	2-acetyl-5-methyl furan
2-O-乙酰基-5-甲氧基密花树醌	2-O-acetyl-5-methoxyrapanone
N-乙酰基-5-甲氧基色胺 (褪黑激素、褪黑素、美拉通宁)	N-acetyl-5-methoxytryptamine (melatonin, melatonine)
3-乙酰基-5-甲氧羰基-2H-3, 4, 5, 6-四氢-1, 2, 3, 5, 6-噁四嗪	3-acetyl-5-carbomethoxy-2H-3, 4, 5, 6-tetrahydro-1, 2, 3, 5, 6-oxatetrazine
3-乙酰基-5-甲氧羰基-2H-3, 4, 5, 6-四氢-1-氧杂-2, 3, 5, 6-四嗪	3-acetyl-5-carbomethoxy-2H-3, 4, 5, 6-tetrahydro-1-oxa-2, 3, 5, 6-tetrazine
3-乙酰基-5-咖啡酰氧基奎宁酸	3-acetyl-5-caffeoyl quinic acid
β-D-(1-O-乙酰基-6-O-阿魏酰基) 呋喃果糖基-α-D-2′, 4′, 6′-O-三乙酰基吡喃葡萄糖苷	β-D-(1-O-acetyl-6-O-feruloyl) fructofuranosyl-α-D-2′, 4′, 6′-O-triacetyl glucopyranoside
8-乙酰基-6′-O-对香豆酰钩果草吉苷	8-acetyl-6′-O-(p-coumaroyl) harpagide

3″-O-乙酰基-6″-O-反式-巴豆酰蛇藤素	3″-O-acetyl-6″-O-*trans*-crotonylcolubrin
2-O-乙酰基-6-O-甲基锡兰紫玉盘烯醇	2-O-acetyl-6-O-methyl zeylenol
N-乙酰基-6-甲氧基苯并噁唑啉酮	N-acetyl-6-methoxybenzoxazolinone
(2R, 3S)-5-乙酰基-6-羟基-2-异丙烯基-3-乙氧基苯并二氢呋喃	(2R, 3S)-5-acetyl-6-hydroxy-2-isopropenyl-3-ethoxybenzodihydrofuran
5-乙酰基-6-羟基-2-异丙烯基苯并呋喃	5-acetyl-6-hydroxy-2-isopropenyl benzofuran
3-乙酰基-6-羟基-4-甲基-2, 3-二氢苯并呋喃	3-acetyl-6-hydroxy-4-methyl-2, 3-dihydrobenzofuran
7-乙酰基-6-羟基-5, 8-二甲氧基-2, 2-二甲基-2H-1-苯并吡喃	7-acetyl-6-hydroxy-5, 8-dimethoxy-2, 2-dimethyl-2H-1-benzopyran
12-O-乙酰基-7-O-苯甲酰巨大戟醇-3, 8-二巴豆酸酯	12-O-acetyl-7-O-benzoylingenol-3, 8-ditiglate
6′-O-乙酰基-7β-O-乙基莫罗忍冬苷	6′-O-acetyl-7β-O-ethyl morroniside
3-乙酰基-7-苯乙酰-19-乙酰氧基巨大戟萜醇	3-acetyl-7-phenyl acetyl-19-acetoxyingenol
5-乙酰基-7-羟基-2-甲基苯并吡喃-γ-酮	5-acetyl-7-hydroxy-2-methyl benzopyran-γ-one
6-乙酰基-7-羟基-5-甲氧基-2, 2-二甲基-2H-色烯	6-acetyl-7-hydroxy-5-methoxy-2, 2-dimethyl-2H-chromene
1-乙酰基-7-羟基-β-咔啉	1-acetyl-7-hydroxy-β-carboline
6α-O-乙酰基-7-去乙酰基尼莫西诺	6α-O-acetyl-7-deacetyl nimocinol
7α-O-乙酰基-8, 17β-环氧野甘草属酸 A	7α-O-acetyl-8, 17β-epoxyscoparic acid A
12-O-乙酰基-8-O-苯甲酰巨大戟醇-3-巴豆酸酯	12-O-acetyl-8-O-benzoyl ingenol-3-tiglate
12-O-乙酰基-8-O-惕各酰巨大戟醇	12-O-acetyl-8-O-tigloyl ingenol
2-乙酰基-8β-(4, 5-二羟基惕各酰氧基)前圆叶泽兰内酯	2-acetyl-8β-(4, 5-dihydroxytigloyloxy) preeupatundin
8-O-乙酰基-8-表巨大鞘丝藻酰胺 C	8-O-acetyl-8-epimalyngamide C
7-O-乙酰基-8-表马钱子酸 (7-O-乙酰基-8-表马钱子苷酸)	7-O-acetyl-8-epiloganic acid
11-O-乙酰基-8-表窃衣醇酮-8-O-β-D-吡喃葡萄糖苷	11-O-acetyl-8-epitorilolone-8-O-β-D-glucopyranoside
6-乙酰基-8-羟基-5, 7-二甲氧基-2, 2-二甲基-2H-1-苯并吡喃	6-acetyl-8-hydroxy-5, 7-dimethoxy-2, 2-dimethyl-2H-1-benzopyran
11-O-乙酰基-8-窃衣醇酮-8-O-β-D-吡喃葡萄糖苷	11-O-acetyl-8-torilolone-8-O-β-D-glucopyranoside
N-乙酰基-D-半乳糖胺	N-acetyl-D-galactosamine
N-乙酰基-D-葡萄糖胺	N-acetyl-D-glucosamine
N-乙酰基-L-天冬氨酸	N-acetyl-L-aspartic acid
N-乙酰基-N-(2-萘基)苯甲酰胺	N-acetyl-N-(2-naphthyl) benzamide
N-乙酰基-N-(3-氯丙酰基)苯甲酰胺	N-acetyl-N-(3-chloropropanoyl) benzamide
O-乙酰基-N-(N-苯甲酰-L-苯丙氨酰基)苯基阿兰醇	O-acetyl-N-(N-benzoyl-L-phenyl alanyl) phenyl alantol
22-O-乙酰基-Nb-去甲鸡骨常山碱	22-O-acetyl-Nb-demethyl echitamine
O-乙酰基-N-苯甲酰环黄杨灵	O-acetyl-N-benzoyl cyclobuxoline
3-(N-乙酰基-N-甲氨基)-20-氨基孕甾烷	3-(N-acetyl-N-methyl amino)-20-amino-pregnane
O-乙酰基-N-甲基羟胺	O-acetyl-N-methyl hydroxyamine
O-乙酰基-N-甲基无根藤碱	O-acetyl-N-methyl cassythine
N-乙酰基-N-羟基-2-氨基甲酸甲酯	N-acetyl-N-hydroxy-2-carbamic acid methyl ester

N-乙酰基-N-去丙酰白坚木宾	N-acetyl-N-depropionyl aspidoalbine
N-乙酰基-N-去丙酰离佩明	N-acetyl-N-depropionyl limaspermine
4-(N'-乙酰基-N'-乙基肼基）苯甲酸	4-(N'-acetyl-N'-ethyl hydrazino) benzoic acid
24-O-乙酰基-O-桂皮酰楛梓萜	24-O-acetyl-O-cinnamoyl vulgaroside
4‴-乙酰基-O-毛蕊花糖苷	4‴-acetyl-O-verbascoside
6″-乙酰基-O-毛蕊花糖苷	6″-acetyl-O-verbascoside
3‴-乙酰基-O-药水苏醇苷 D	3‴-acetyl-O-betonyoside D
4‴-乙酰基-O-异毛蕊花糖苷	4‴-acetyl-O-isoverbascoside
3-O-[2‴-O-乙酰基-α-L-吡喃阿拉伯糖基-(1→6)-β-D-吡喃半乳糖基] 山奈酚	3-O-[2‴-O-acetyl-α-L-arabinopyranosyl-(1→6)-β-D-galactopyranosyl] kaempferol
3-乙酰基-α-乳香酸	3-acetyl-α-boswellic acid
O-乙酰基-α-乳香酸 (O-乙酰基-α-乳香脂酸)	O-acetyl-α-boswellic acid
5-乙酰基-α-三噻吩	5-acetyl-α-terthiophene
N-乙酰基-α-天冬酰胺基谷氨酸	N-acetyl-α-aspartyl glutamic acid
(Z)-6-O-(6″-乙酰基-β-D-吡喃葡萄糖基）-6, 7, 3′, 4′-四羟基橙酮	(Z)-6-O-(6″-acetyl-β-D-glucopyranosyl)-6, 7, 3′, 4′-tetrahydroxyaurone
(Z)-6-O-(6-O-乙酰基-β-D-吡喃葡萄糖基）-6, 7, 3′, 4′-四羟基橙酮	(Z)-6-O-(6-O-acetyl-β-D-glucopyranosyl)-6, 7, 3′, 4′-tetrahydroxyaurone
6-O-(6″-乙酰基-β-D-吡喃葡萄糖基）-6, 7, 3′, 4′-四羟基橙酮	6-O-(6″-acetyl-β-D-glucopyranosyl)-6, 7, 3′, 4′-tetrahydroxyaurone
6-O-(6″-乙酰基-β-D-吡喃葡萄糖基）-7, 3′, 4′-三羟基橙酮	6-O-(6″-acetyl-β-D-glucopyranosyl)-7, 3′, 4′-trihydroxyaurone
3-O-(2-O-乙酰基-β-D-吡喃葡萄糖基）齐墩果酸	3-O-(2-O-acetyl-β-D-glucopyranosyl) oleanolic acid
3-O-(6-O-乙酰基-β-D-吡喃葡萄糖基）齐墩果酸	3-O-(6-O-acetyl-β-D-glucopyranosyl) oleanolic acid
3-O-(2-O-乙酰基-β-D-吡喃葡萄糖基）齐墩果酸-28-O-(β-D-吡喃葡萄糖基）酯	3-O-(2-O-acetyl-β-D-glucopyranosyl) oleanolic acid-28-O-(β-D-glucopyranosyl) ester
3-O-(6-O-乙酰基-β-D-吡喃葡萄糖基）齐墩果酸-28-O-(β-D-吡喃葡萄糖基）酯	3-O-(6-O-acetyl-β-D-glucopyranosyl) oleanolic acid-28-O-(β-D-glucopyranosyl) ester
3-O-(2-O-乙酰基-β-D-吡喃葡萄糖基）齐墩果酸-28-O-β-D-吡喃葡萄糖苷	3-O-(2-O-acetyl-β-D-glucopyranosyl) oleanolic acid-28-O-β-D-glucopyranoside
3-O-(6-O-乙酰基-β-D-吡喃葡萄糖基）齐墩果酸-28-O-β-D-吡喃葡萄糖苷	3-O-(6-O-acetyl-β-D-glucopyranosyl) oleanolic acid-28-O-β-D-glucopyranoside
11-O-(6′-O-乙酰基-β-D-吡喃葡萄糖基）硬脂酸	11-O-(6′-O-acetyl-β-D-glucopyranosyl) stearic acid
(Z)-6-O-乙酰基-β-D-吡喃葡萄糖基-6, 7, 3′, 4″-四羟基橙酮	(Z)-6-O-acetyl-β-D-glucopyranosyl-6, 7, 3′, 4″-tetrahydroxyaurone
2-O-乙酰基-β-D-欧夹竹桃酸-Δ-内酯	2-O-acetyl-β-D-oleandronic-Δ-lactone
1-乙酰基-β-咔啉	1-acetyl-β-carboline
3 -乙酰基-β-乳香酸	3-acetyl-β-boswellic acid
O-乙酰基-β-乳香酸 (O-乙酰基-β-乳香脂酸)	O-acetyl-β-boswellic acid
3-乙酰基-β-香树脂醇	3-acetyl-β-amyrin
8-乙酰基埃格尔内酯	8-acetyl egelolide

11-O-乙酰基安贝灵	11-O-acetyl ambelline
N6-[β-(乙酰基氨甲酰氧)乙基]腺苷	N6-[β-(acetyl carbamoyloxy) ethyl] adenosine
O-乙酰基奥尔索内酯	O-acetyl altholactone
3-乙酰基奥寇梯木醇	3-acetyl ocotillol
22-乙酰基杯苋甾酮	22-acetyl cyasterone
N-乙酰基北方乌头亭	N-acetyl sepaconitine
3-乙酰基苯酚 (3-羟基苯乙酮、间乙酰基苯酚)	3-acetyl phenol (3-hydroxyacetophenone, m-acetyl phenol)
4-乙酰基苯甲酸	4-acetyl benzoic acid
2-乙酰基吡咯	2-acetyl pyrrole
α-乙酰基吡咯	α-acetyl pyrrole
24-O-乙酰基表阿布藤甾酮	24-O-acetyl epiabutasterone
乙酰基表鬼臼毒素	acetyl epipodophyllotoxin
乙酰基表苦鬼臼毒素	acetyl epipicropodophyllotoxin
3-乙酰基-3-表松叶菊萜酸	3-acetyl-3-epimesembryanthemoidigenic acid
N-乙酰基-丙氨酸甲酯	methyl N-acetyl-L-alaninate
乙酰基丙酰基硫烷	acetyl (propionyl) sulfane
(1Z)-乙酰基苍术素醇	(1Z)-acetyl atractylodinol
乙酰基苍术素醇 (乙酰基苍术呋喃烃醇)	acetyl atractylodinol
3'-O-乙酰基柴胡皂苷 A	3'-O-acetyl saikosaponin A
6'-O-乙酰基柴胡皂苷 A	6'-O-acetyl saikosaponin A
2″-O-乙酰基柴胡皂苷 A～D	2″-O-acetyl saikosaponins A～D
3″-O-乙酰基柴胡皂苷 A～D	3″-O-acetyl saikosaponins A～D
6″-O-乙酰基柴胡皂苷 A～D	6″-O-acetyl saikosaponins A～D
17-O-乙酰基长尖紫玉盘内酯	17-O-acetyl acuminolide
6'-乙酰基车叶草苷	6'-acetyl asperuloside
12-O-乙酰基垂齐林 B (12-O-乙酰鹧鸪花素 B)	12-O-acetyl trichilin B
6″-O-乙酰基大豆苷	6″-O-acetyl daidzin
6″-乙酰基大豆苷	6″-acetyl daidzin
2-乙酰基大黄素	2-acetyl emodin
乙酰基氮宾	acetyl nitrene
2'-O-乙酰基当药苦苷	2'-O-acetyl swertiamarin
α-乙酰基地毒苷	α-acetyl digoxin
6'-O-乙酰基迪氏乌檀苷	6'-O-acetyl diderroside
13-乙酰基短叶老鹳草素醇 (13-乙酰基短叶紫杉醇)	13-acetyl brevifoliol
19-乙酰基多刺石蚕素 (19-乙酰基棘刺香科科素)	19-acetyl teuspinin
O-乙酰基峨参醇	O-acetyl anthriscinol
3″-O-乙酰基恩比宁	3″-O-acetyl embinin
4‴-O-乙酰基恩比宁	4‴-O-acetyl embinin
6″-O-乙酰基恩比宁	6″-O-acetyl embinin

(19R)-乙酰基二氢 -1-甲氧基钩吻碱	(19R)-acetyl dihydrogelsevirine
8-乙酰基二氢白屈菜红碱	8-acetyl dihydrochelerythrine
O-乙酰基二氢石松碱	O-acetyl dihydrolycopodine
C-1-O-乙酰基二去甲罗米仔兰酰胺	C-1-O-acetyl didemethyl rocaglamide
16-O-乙酰基法蒺藜酮	16-O-acetyl fagonone
8α-乙酰基呋喃二烯 (8α-乙酰基莪术呋喃二烯)	8α-acetyl furanodiene
6-乙酰基呋喃蜂斗菜醇	6-acetyl furanofukinol
16-O-乙酰基茯苓酸	16-O-acetyl pachymic acid
O-乙酰基茯苓酸 -25-醇	O-acetyl pachymic acid-25-ol
2-N-乙酰基甘氨酸酰胺	2-N-acetyl glycinamide
O-乙酰基哥伦比亚甘元 (O-乙酰基哥伦比亚狭缝芹亭)	O-acetyl columbianetin
5-乙酰基哥纳香吡喃酮	5-acetyl goniopypyrone
7-乙酰基哥纳香吡喃酮	7-acetyl goniopypyrone
8-乙酰基哥纳香三醇	8-acetyl goniotriol
8-乙酰基哥纳香双呋酮	8-acetyl goniofufurone
8-乙酰基哈巴苷 (8-乙酰钩果草吉苷)	8-acetyl harpagide
(3′S)-(−)-O-乙酰基亥茅酚	(3′S)-(−)-O-acetyl hamaudol
3′-O-乙酰基亥茅酚	3′-O-acetyl hamaudol
2-乙酰基环己酮	2-acetyl cyclohexanone
2″-乙酰基黄芪苷	2″-acetyl astragalin
17-O-乙酰基鸡骨常山碱	17-O-acetyl echitamine
10-乙酰基鸡屎藤次苷	10-acetyl scandoside
β-N-乙酰基己糖胺酶	β-N-acetyl hexosaminidase
C-1-O-乙酰基甲基罗米仔兰酯	C-1-O-acetyl methyl rocaglate
1β-乙酰基浆果赤霉素 Ⅳ	1β-acetyl baccatin Ⅳ
2″-乙酰基桔梗皂苷 D (桔梗皂苷 A)	2″-acetyl platycodin D (platycodin A)
O-乙酰基介藜芦胺	O-acetyl jervine
6″-O-乙酰基金雀花苷	6″-O-acetyl scoparoside
2′-O-乙酰基金石蚕苷	2′-O-acetyl poliumoside
10-O-乙酰基京尼平苷酸	10-O-acetyl geniposidic acid
1-乙酰基咔啉	1-acetyl carboline
2′-乙酰基连翘酯苷 B	2′-acetyl forsythoside B
12-O-乙酰基楝树素 A、B	12-O-acetyl azedarachins A, B
2″-O-乙酰基芦丁	2″-O-acetyl rutin
O-乙酰基罗米仔兰酰胺	O-acetyl rocaglamide
O-乙酰基洛叶素	O-acetyl lofoline
2′-乙酰基毛蕊花糖苷	2′-acetyl acteoside
2-乙酰基毛蕊花糖苷 (2-乙酰基类叶升麻苷)	2-acetyl acteoside
8-O-乙酰基米欧坡罗苷	8-O-acetyl mioporoside
2″-O-乙酰基牡荆素	2″-O-acetyl vitexin

Y

6″-O-乙酰基牡荆素	6″-O-acetyl vitexin
14-乙酰基耐阴香茶菜素 (14-乙酰阴生香茶菜素) A、B	14-acetylumbrosins A, B
3-O-乙酰基齐墩果醛	3-O-acetyl oleanolic aldehyde
3-乙酰基齐墩果酸	3-acetyl oleanolic acid
3-O-乙酰基齐墩果酸	3-O-acetyl oleanolic acid
3β-O-乙酰基齐墩果酸	3β-O-acetyl oleanolic acid
16-乙酰基奇任醇	16-acetyl kirenol
6-乙酰基奇任醇	6-acetyl kirenol
2-O-乙酰基蔷薇酸	2-O-acetyl euscaphic acid
16-乙酰基羟基洋地黄毒苷元	16-acetyl gitoxigenin
N-乙酰基去甲荷叶碱 (N-乙酰基原荷叶碱)	N-acetyl nornuciferine
6″-乙酰基染料木苷	6″-acetyl genistin
6″-O-乙酰基染料木苷	6″-O-acetyl genistin
O-乙酰基蝾螈碱	O-acetyl samandarine
8, 15-乙酰基萨洛尼烯内酯	8, 15-acetyl salonitenolide
17-乙酰基萨杷晋碱	17-acetyl sarpagine
D-乙酰基三尖杉碱	D-acetyl ephalotaxine
L-乙酰基三尖杉碱	L-acetyl cephalotaxine
(+)-乙酰基三尖杉碱	(+)-acetyl cephalotaxine
O-乙酰基森奇京	O-acetyl sinkikine
O-乙酰基山小星蒜碱	O-acetyl montanine
6-O-乙酰基山栀苷甲酯	6-O-acetyl shanzhiside methyl ester
N-乙酰基神经氨基 -α-(2→6)-N-乙酰基半乳糖胺	N-acetyl neuraminyl-α-(2→6)-N-acetyl galactosamine
23-O-乙酰基升麻新醇-3-O-α-L-吡喃阿拉伯糖苷	23-O-acetyl shengmanol-3-O-α-L-arabinopyranoside
2-乙酰基石蒜碱 (奥拉明)	2-acteyl lycorine (aulamine)
24-乙酰基水合升麻新醇木糖苷	24-acetyl hydroshengmanol xyloside
10-O-乙酰基水晶兰苷	10-O-acetyl monotropein
3-O-乙酰基松叶菊萜酸	3-O-acetyl mesembryanthemoidigenic acid
6-O-乙酰基桃花心木内酯	6-O-acetyl swietenolide
6′-O-乙酰基土荆皮乙酸 -O-β-D-吡喃葡萄糖苷	6′-O-acetyl pseudolaric acid B-O-β-D-glucopyranoside
N-乙酰基脱氢番荔枝碱	N-acetyl dehydroanonaine
O-乙酰基瓦萨胺 (O-乙酰河谷木胺)	O-acetyl vallesamine
2-乙酰基委陵菜酸	2-acetyl tormentic acid
13-O-乙酰基西藏红豆杉醇	13-O-acetyl wallifoliol
16-O-乙酰基豨莶苷	16-O-acetyl darutoside
16-O-乙酰基豨莶精醇	16-O-acetyl darutigenol
O-乙酰基喜树碱	O-acetyl camptothecine
6α-乙酰基细叶香茶菜甲素	6α-acetyl sodoponin
1-乙酰基香蒿内酯 [1α-乙酰氧基 -3α-羟基 -5α, 6β, 7α, 11βH-桉叶 -4 (15)-烯 -12, 6-内酯]	1-acetyl erivanin [1α-acetoxy-3α-hydroxy-5α, 6β, 7α, 11βH-eudesm-4 (15)-en-12, 6-olide]

β-乙酰基香树脂醇	β-acetyl amyranol
6′-乙酰基新穿心莲内酯	6′-acetyl neoandrographolide
16-O-乙酰基新吉托司廷	16-O-acetyl neogitostin
14′-乙酰基新欧乌林碱 (雪上一枝蒿丙素)	14′-acetyl neoline (bullatine C)
6-O-乙酰基熊果苷 (6-O-乙酰熊果酚苷)	6-O-acetyl arbutin
3-乙酰基熊果酸	3-acetylursolic acid
O-乙酰基雅塔蟹甲草碱	O-acetyl yamataimine
O-乙酰基赝靛叶碱	O-acetyl baptifoline
(2R)-6″-O-乙酰基洋李苷	(2R)-6″-O-acetyl prunin
(2S)-6″-O-乙酰基洋李苷	(2S)-6″-O-acetyl prunin
13-O-乙酰基野靛叶素 (13-O-乙酰贯叶赝靛碱)	13-O-acetyl baptifoline
7-乙酰基野芝麻新苷 (野芝麻新酯苷)	7-acetyl lamiide (ipolamiidoside)
2′-O-乙酰基异长春花苷内酰胺	2′-O-acetyl strictosamide
16-O-乙酰基异德国鸢尾醛	16-O-acetyl isoiridogermanal
14-乙酰基异塔拉定 (乱飞燕草碱)	14-acetyl isotalatizidine
8-乙酰基异叶乌头非素	8-acetyl heterophyllisine
O-乙酰基疣冠麻碱	O-acetyl cypholophine
3α-乙酰基羽扇豆-20 (29)-烯-23, 28-二酸	3α-acetyl lup-20 (29)-en-23, 28-dioic acid
8-O-乙酰基玉叶金花苷甲酯	8-O-acetyl mussaendoside methyl ester
2″-O-乙酰基远志皂苷 A～D	2″-O-acetyl polygalacins A～D
6′-O-乙酰基獐牙菜苷	6′-O-acetyl sweroside
7-O-乙酰基紫杉碱 A	7-O-acetyl taxine A
27-O-乙酰基醉茄素 A	27-O-acetyl withaferin A
乙酰吉他洛苷	acetyl gitaloxin
10-乙酰甲基-(+)-3-蒈烯	10-acetyl methyl-(+)-3-decene
6-乙酰甲基-N-甲基二氢德卡林碱	6-acetonyl-N-methyl dihydrodecarine
6-乙酰甲基二氢白屈菜红碱(6-丙酮基二氢白屈菜红碱)	6-acetonyl dihydrochelerythrine
6-乙酰甲基二氢两面针碱	6-acetonyl dihydronitidine
乙酰甲氧基亨宁扫灵	acetyl methoxyhenningsoline
乙酰假杜鹃素	acetyl barlerin
10-乙酰假蜜蜂花单苷	10-acetyl monomelittoside
2-O-乙酰假石蒜碱	2-O-acetyl pseudolycorine
乙酰尖叶石松碱	acetyl acrifoline
乙酰间苯三酚二甲醚	phloroacetophenone dimethyl ether
6-乙酰姜辣醇	6-acetyl gingerol
(−)-N-乙酰降丁氏千金藤碱	(−)-N-acetyl norstephalagine
17-O-乙酰去甲四叶萝芙木辛碱	17-O-acetyl nortetraphyllicine
1″-乙酰胶孔酮 A、B	1″-acetyl aporpinones A, B
2″, 3″-O-乙酰角胡麻苷	2″, 3″-O-acetyl martynoside
2″-乙酰角胡麻苷	2″-acetyl martynoside

Y

3″-乙酰角胡麻苷	3″-acetyl martynoside
乙酰角胡麻苷 A、B	acetyl martynosides A, B
2″-O-乙酰桔梗皂苷 D、D$_2$	2″-O-acetyl platycodin D, D$_2$
3″-O-乙酰桔梗皂苷 D (桔梗皂苷 C)	3″-O-acetyl platycodin D (platycodin C)
3″-O-乙酰桔梗皂苷 D$_2$	3″-O-acetyl platycodin D$_2$
4′-O-乙酰芥子基当归酸酯	4′-O-acetyl sinapyl angelate
6″-O-乙酰金丝桃苷	6″-O-acetyl hyperoside
6″-乙酰金丝桃苷	6″-acetyl hyperin
6′-O-乙酰京尼平苷	6′-O-acetyl geniposide
10-O-乙酰京尼平苷 (10-O-乙酰基都桷子苷)	10-O-acetyl geniposide
乙酰精宁	acetogenin
3′-乙酰颈花胺	3′-acetyl trachelanthamine
12-O-乙酰巨大戟醇-3, 8-二苯甲酸酯	12-O-acetyl ingenol-3, 8-dibenzoate
20-O-乙酰巨大戟烯醇	20-O-acetyl ingenol
20-O-乙酰巨大戟烯醇-3-O-(2″E, 4″Z)-癸二烯酸酯	20-O-acetyl ingenol-3-O-(2″E, 4″Z)-decadienoate
6-O-乙酰巨大鞘丝藻酰胺 F	6-O-acetyl malyngamide F
乙酰蕨素 A~C	acetyl pterosins A~C
乙酰柯氏白刺定碱	acetyl komaroidine
8-O-乙酰苦槛蓝苷	8-O-acetyl mioporoside
6-O-乙酰苦槛蓝苷	6-O-acetyl mioporoside
6′-O-乙酰苦亮假龙胆素	6′-O-acetyl amaronitidin
6′-O-乙酰苦龙胆素 (6′-O-乙酰龙胆苦酯苷)	6′-O-acetyl amarogentin
6-乙酰苦酮素	6-acetyl picropolin
乙酰莱普替尼定	acetyl leptinidine
7-O-乙酰蓝蓟灵	7-O-acetyl vulgarine
7-O-乙酰蓝蓟灵-N-氧化物	7-O-acetyl vulgarine-N-oxide
7-乙酰狼紫琴颈草胺 (7-乙酰立可沙明碱)	7-acetyl lycopsamine
乙酰狼紫琴颈草胺 (乙酰立可沙明碱)	acetyl lycopsamine
N-乙酰酪胺	N-acetyl tyramine
乙酰类叶升麻醇-3-O-L-吡喃阿拉伯糖苷	acetyl acteol-3-O-L-arabinopyranoside
2′-O-乙酰类叶升麻素	2′-O-acetyl actein
3′-O-乙酰类叶升麻素	3′-O-acetyl actein
乙酰藜芦酮	acetoveratrone
乙酰里德巴福木宁	acetyl ribalinine
乙酰利佛灵碱	acetyl lyfoline
乙酰连翘酯苷 A、B	acetyl forsythosides A, B
4-乙酰邻苯二酚 (3, 4-二羟基苯乙酮、青心酮)	4-acetocatechol (3, 4-dihydroxyacetophenone)
17-O-乙酰鳞盖蕨苷	17-O-acetyl microlepin
6′-O-乙酰鳞盖蕨苷	6′-O-acetyl microlepin

14-乙酰琉璃飞燕草碱	14-acetyl delcosine
乙酰柳穿鱼苷	acetyl pectolinarin
乙酰柳穿鱼酯苷	acetyl linaroside
8α-乙酰柳杉二醇	8α-acetocryptomeridiol
7-*O*-乙酰六道木醚萜苷 A、B	7-*O*-acetyl abeliosides A, B
1-*O*-乙酰罗米仔兰醇	1-*O*-acetyl rocaglaol
1-*O*-乙酰罗米仔兰酰胺	1-*O*-acetyl rocaglamide
12-*O*-乙酰萝藦素	12-*O*-acetyl pergularin
12-*O*-乙酰萝藦素 -3-*O*-β-吡喃加拿大麻糖基-(1→4)-β-吡喃加拿大麻糖基-(1→4)-β-吡喃加拿大麻糖苷	12-*O*-acetyl pergularin-3-*O*-β-cymaropyranosyl-(1→4)-β-cymaropyranosyl-(1→4)-β-cymaropyranoside
12-*O*-乙酰萝藦酮 (12-*O*-乙酰热马酮)	12-*O*-acetyl ramanone
14-*O*-乙酰绿翠雀宁碱	14-*O*-acetyl virescenine
乙酰氯	acetyl chloride
乙酰马蛋果内酯	acetyl odolactone
2″-*O*-乙酰马蒂罗苷	2″-*O*-acetyl martinoside
3″-*O*-乙酰马蒂罗苷	3″-*O*-acetyl martinoside
7-*O*-乙酰马钱子酸 (7-*O*-乙酰马钱酸)	7-*O*-acetyl loganic acid
22β-乙酰马缨丹异酸 (22β-乙酰氧基马缨丹替酸)	22β-acetoxylantic acid
3-乙酰毛萼香茶菜辛 C	3-acetyl eriocasin C
6-乙酰毛喉鞘蕊花素	6-acetyl forskolin
乙酰蒙花苷	acetyl linarin
乙酰米欧坡罗苷 (乙酰苦槛蓝苷)	acetyl mioporoside
9-乙酰绵头雪兔子苷 B	9-acetyl lanicepside B
N-乙酰墨斯卡灵	*N*-acetyl mescaline
N-乙酰木瓣树碱	*N*-acetyl xylopine
(−)-*N*-乙酰木瓣树碱	(−)-*N*-acetyl xylopine
乙酰尼波定	acetyl nerbowdine
乙酰拟九节苷	acetyl gaertneroside
乙酰鸟氨酸	acetyl ornithine
19-*O*-乙酰牛眼马钱林碱	19-*O*-acetyl angustoline
乙酰欧乌头碱	acetyl napelline
乙酰泡叶番荔枝三醇	acetyl bullatantriol
3′-乙酰平卧天芥菜品碱 (3′-乙酰天芥菜品碱)	3′-acetyl heliosupine
3′-乙酰平卧天芥菜品碱 -*N*-氧化物 (3′-乙酰天芥菜品碱 -*N*-氧化物)	3′-acetyl heliosupine-*N*-oxide
3-*O*-乙酰坡模酸 (3-*O*-乙酰坡模醇酸、3-*O*-乙酰果渣酸)	3-*O*-acetyl pomolic acid
3β-*O*-乙酰坡模酸 (3β-*O*-乙酰坡模醇酸、3β-*O*-乙酰果渣酸)	3β-*O*-acetyl pomolic acid
3-乙酰坡模酸 (3-乙酰坡模醇酸、3-乙酰果渣酸)	3-acetyl pomolic acid
乙酰葡萄穗霉灵	acetyl stachyflin

N-乙酰葡萄糖胺	N-acetyl glucosamine
3′-O-乙酰葡萄糖暗紫卫茅单糖苷	3′-O-acetyl glucoevatromonoside
乙酰葡萄糖吉托苷	acetyl glucogitoroside
乙酰齐墩果酸	acetyl oleanolic acid
(−)-3-O-乙酰绮丽决明碱	(−)-3-O-acetyl spectaline
23-O-乙酰羟基积雪草苷	23-O-acetyl madecassoside
乙酰羟基洋地黄毒苷 a、b	acetyl gitoxins a, b
N-乙酰秋水仙胺	N-acetyl colchamine
乙酰去苯酰苦石松任	acetyl debenzoyl alopecurine
1-O-乙酰去甲罗米仔兰酰胺	1-O-acetyl demethyl rocaglamide
1-O-乙酰去甲雨石蒜碱	1-O-acetyl norpluviine
6-O-乙酰去亚甲基伞花翠雀碱	6-O-acetyl demethylene delcorine
6′-乙酰去乙酰车叶草苷	6′-acetyl deacetyl asperuloside
乙酰染料木苷	acetyl genistin
6″-O-乙酰染料木苷	6″-O-acetyl genistin
12-O-乙酰热马酮-3-O-β-吡喃欧洲夹竹桃糖基-(1→4)-β-吡喃加拿大麻糖基-(1→4)-β-吡喃加拿大麻糖苷	12-O-acetyl ramanone-3-O-β-oleandropyranosyl-(1→4)-β-cymaropyranosyl-(1→4)-β-cymaropyranoside
乙酰人参环氧炔醇	acetyl panaxydol
乙酰日本南五味子素 (乙酰日本南五味子素 A、乙酰日本味子木脂素 A)	acetyl binankadsurin (acetyl binankadsurins A)
乙酰日本南五味子素 B	acetyl binankadsurin B
乙酰鞣酸	acetyl tannic acid
乙酰肉毒碱	acetyl carnitine
乙酰肉桂酮	acetocinnamone
12-O-乙酰肉珊瑚素-3-O-β-L-吡喃磁麻糖基-(1→4)-β-D-吡喃磁麻糖基-(1→4)-β-L-吡喃磁麻糖基-(1→4)-β-D-吡喃洋地黄毒糖基-(1→4)-β-D-吡喃洋地黄毒糖苷	12-O-acetyl sarcostin-3-O-β-L-cymaropyranosyl-(1→4)-β-D-cymaropyranosyl-(1→4)-β-L-cymaropyranosyl-(1→4)-β-D-digitoxopyranosyl-(1→4)-β-D-digitoxopyranoside
12-O-乙酰肉珊瑚素-3-O-β-L-吡喃磁麻糖基-(1→4)-β-D-吡喃洋地黄毒糖基-(1→4)-β-L-吡喃磁麻糖基-(1→4)-β-D-吡喃磁麻糖基-(1→4)-α-L-吡喃洋地黄糖基-(1→4)-β-D-吡喃磁麻糖苷	12-O-acetyl sarcostin-3-O-β-L-cymaropyranosyl-(1→4)-β-D-digitoxopyranosyl-(1→4)-β-L-cymaropyranosyl-(1→4)-β-D-cymaropyranosyl-(1→4)-α-L-diginopyranosyl-(1→4)-β-D-cymaropyranoside
20-O-乙酰瑞香树脂酮醇-9, 13, 14-原苯乙酸酯	20-O-acetyl resiniferonol-9, 13, 14-ortho-phenyl acetate
乙酰三被小丛卷毛内酯	acetyl trifloculosidelactone
乙酰三尖杉碱 (乙酰粗榧碱)	acetyl cephalotaxine
17-乙酰伞房狗牙花碱 A	17-acetyl tabernaecorymbosine A
乙酰伞形花内酯	acetyl umbelliferone
N-乙酰色胺	N-acetyl tryptamine
8-O-乙酰山栀苷甲酯 (假杜鹃素)	8-O-acetyl shanzhiside methyl ester (barlerin)
6′-O-乙酰芍药苷	6′-O-acetyl paeoniflorin
乙酰芍药苷	acetyl paeoniflorin

3″-O-乙酰蛇藤素	3″-O-acetylcolubrin
乙酰蛇足石杉明碱 M	acetyl lycoposerramine M
8β-乙酰蛇足石杉明碱 U	8β-acetyl lycoposerramine U
乙酰蛇足石松碱 M	acetyl lycoposerramine M
N-乙酰神经氨酸 (N-乙酰神经氨糖酸)	N-acetyl neuraminic acid
乙酰肾形千里光碱	acetyl senkirkine
21-O-乙酰升麻醇 (21-O-乙酰升麻环氧醇)	21-O-acetyl cimigenol
25-O-乙酰升麻醇苷 (25-O-乙酰升麻环氧醇苷)	25-O-acetyl cimigenoside
21-O-乙酰升麻醇苷 (21-O-乙酰升麻环氧醇苷、21-O-乙酰升麻环氧木糖苷)	21-O-acetyl cimigenoside
乙酰升麻苷 (乙酰基升麻环氧烯醇苷)	acetyl cimifugoside
25-O-乙酰升麻环氧醇	25-O-acetyl cimigenol
乙酰升麻新醇木糖苷	acetyl shengmanol xyloside
3-乙酰石栗萜酸	3-acetyl aleuritolic acid
乙酰石栗萜酸	acetyl aleuritolic acid
3-乙酰石栗萜酸 (乙酰紫桐油酸)	3-acetyl aleuritolic acid
乙酰石松佛辛	acetyl lycofawcine
乙酰石松文	acetyl lycoclavine
1-乙酰石蒜碱	L-acetyl lycorine
1-O-乙酰石蒜碱	1-O-acetyl lycorine
2-O-乙酰石蒜碱	2-O-acetyl lycorine
13-O-乙酰矢车菊素 A	13-O-acetyl isolstitialin A
乙酰双羟基洋地黄毒苷	acetyl diginatin
乙酰水杨酸	acetyl salicylic acid
乙酰斯文替毒马草酸	acetyl sventenic acid
N-乙酰四氢假木贼碱	N-acetyl tetrahydroanabasine
乙酰酸枣皂苷 (乙酰枣苷) B	acetyl jujuboside B
14-乙酰塔拉胺	14-acetyl talatisamine
17-O-乙酰糖胶树胺 (17-O-乙酰鸡骨常山碱)	17-O-acetyl echitamine
乙酰桃金娘烯醇	acetyl myrtenol
16α-乙酰天仙子内醚醇	16α-acetoxyhyoscyamilactol
7-O-乙酰条裂续断苷 Ⅳ、Ⅴ	7-O-acetyl laciniatosides Ⅳ, Ⅴ
乙酰铁筷子苷元	hellebrigenin-3-acetate
乙酰兔儿伞碱	acetyl syneilesine
3-O-乙酰脱氢齿孔酸	3-O-acetyl dehydroeburiconic acid
19-O-乙酰脱水穿心莲内酯	19-O-acetyl anhydroandrographolide
1-乙酰万寿肿柄菊素 A	1-acetyl tagitinin A
乙酰万寿肿柄菊素 E	acetyl tagitinin E
乙酰网地藻醛	acetyl dictyolal
14-乙酰网果翠雀亭	14-acetyl delectine

Y

11-*O*-乙酰网球花胺 (11-*O*-乙酰基赫门塔明碱)	11-*O*-acetyl haemanthamine
乙酰维斯米亚酮 D	acetyl vismione D
24-*O*-乙酰楤梓硴	25-*O*-acetyl vulgaroside
6-*O*-乙酰纹孢酰胺	6-*O*-acetyl stritosamide
乙酰乌索酸	acetyl ursolic acid
3-乙酰乌头碱 (伏毛乌头碱)	3-acetyl aconitine (flaconitine)
6-乙酰乌药硴内酯 B$_1$、B$_2$ (6-乙酰钓樟烯内酯 B$_1$、B$_2$)	6-acetyl lindenanolides B$_1$, B$_2$
6α-乙酰乌药硴内酯 B$_1$、B$_2$ (6α-乙酰钓樟烯内酯 B$_1$、B$_2$)	6α-acetyl lindenanolides B$_1$, B$_2$
乙酰乌药烯醇内酯	strychnistenolide acetate
乙酰西萝芙木碱 (乙酰萝芙木碱)	acetyl ajmaline
乙酰喜冷红景天素	acetyl rhodalgin
乙酰香草酮 (加拿大麻素、夹竹桃麻素、香荚兰乙酮、罗布麻宁、茶叶花宁) A～D	acetovanillones (apocynins, apocynines) A～D
3-乙酰香豆素	3-acetyl coumarin
乙酰香豆素	acetocumarin
乙酰香兰酮	acetovanilone
乙酰香卓酮	acetoranillon
N-乙酰小蔓长春花苷	*N*-acetyl vincoside
乙酰缬草三酯 (缬草醚酯)	acevaltrate (acevaltratum)
25-*O*-乙酰泻根阿玛苷 (25-*O*-乙酰泻根苦苷)	25-*O*-acetyl bryoamaride
14-*O*-乙酰新欧乌林碱	14-*O*-acetyl neoline
14-乙酰新乌宁碱 (14-乙酰新欧乌林碱)	14-acetyl neoline
3-*O*-乙酰熊果酸	3-*O*-acetylursolic acid
3β-*O*-乙酰熊果酸	3β-*O*-acetyl ursolic acid
乙酰熊果酸	acetylursolic acid
2-*O*-乙酰悬钩子皂苷 F$_1$	2-*O*-acetyl suavissimoside F$_1$
6-*O*-乙酰旋覆澳泽兰素	6-*O*-acetyl austroinulin
7-*O*-乙酰旋覆澳泽兰素	7-*O*-acetyl austroinulin
O-乙酰雅塔蟹甲草碱 *N*-氧化物	*O*-acetyl yamataimine *N*-oxide
6-*O*-乙酰羊踯躅叶素	6-*O*-acetyl rhodomollein
β-乙酰洋地黄毒苷	acedoxin (β-acetyl digitoxin)
β-乙酰洋地黄毒苷	β-acetyl digitoxin (acedoxin)
α-乙酰洋地黄毒苷 (乙酰洋地黄毒苷-α)	α-acetyl digitoxin (acylanid, acetyl digitoxin-α, α-digitoxin monoacetate)
乙酰洋地黄毒苷-α	acylanid (acetyl digitoxin-α, α-digitoxin monoacetate, α-acetyl digitoxin)
乙酰洋地黄毒苷-α (α-乙酰洋地黄毒苷)	acetyl digitoxin-α (acylanid, α-digitoxin monoacetate, α-acetyl digitoxin)
乙酰洋地黄毒苷-α (α-乙酰洋地黄毒苷)	α-digitoxin monoacetate (acylanid, acetyl digitoxin-α, α-acetyl digitoxin)

(5S, 6S, 7R)-2-[2-(2-乙酰氧苯基) 乙基]-5α, 6β, 7α-三乙酰氧基-5, 6, 7, 8-四氢色原酮	(5S, 6S, 7R)-2-[2-(2-acetoxyphenyl) ethyl]-5α, 6β, 7α-triacetoxy-5, 6, 7, 8-tetrahydrochromone
10-乙酰氧基-8, 9-环氧麝香草酚异丁酸酯	10-acetoxy-8, 9-epoxythymol isobutanoate
(5S)-5-乙酰氧基-1, 7-二 (4-羟基-3-甲氧苯基) 庚-3-酮	(5S)-5-acetoxy-1, 7-bis (4-hydroxy-3-methoxyphenyl) hept-3-one
13-乙酰氧基-1-氧亚基-4α-羟基桉叶-2 (11)-二烯-12, 6α-内酯	13-acetoxy-1-oxo-4α-hydroxyeudesman-2 (11)-dien-12, 6α-olide
(6R)-[(4R)-乙酰氧基-(2S)-羟基-8-苯辛基]-5, 6-二氢-2H-吡喃-2-酮	(6R)-[(4R)-acetoxy-(2S)-hydroxy-8-phenyl octyl]-5, 6-dihydro-2H-pyran-2-one
(7S)-乙酰氧基-(2Z, 5R, 9S, 12S)-三羟基二十六碳-2-烯酸-Δ-内酯	Δ-lactone of (7S)-acetoxy-(2Z, 5R, 9S, 12S)-trihydroxyhexacos-2-enoic acid
(3'S)-乙酰氧基-(4'R)-当归酰氧基-3', 4'-二氢花椒内酯	(3'S)-acetoxy-(4'R)-angeloyloxy-3', 4'-dihydroxanthyletin
(6R)-[(2S)-乙酰氧基-(4R)-羟基-8-苯辛基]-5, 6-二氢-2H-吡喃-2-酮	(6R)-[(2S)-acetoxy-(4R)-hydroxy-8-phenyl octyl]-5, 6-dihydro-2H-pyran-2-one
(−)-(3'S)-乙酰氧基-(4'S)-当归酰氧基-3', 4'-二氢邪蒿素	(−)-(3'S)-acetoxy-(4'S)-angeloyloxy-3', 4'-dihydroseselin
3-乙酰氧基-(E)-γ-红没药烯	3-acetoxy-(E)-γ-bisabolene
(+)-4-[(2S, 4R, 6S)-4-(乙酰氧基)-四氢-6-戊基-2H-吡喃-2-基] 苯-1, 2-二酚	(+)-4-[(2S, 4R, 6S)-4-(acetoxy)-tetrahydro-6-pentyl-2H-pyran-2-yl] benzene-1, 2-diol
5-乙酰氧基-[6]-姜辣醇	5-acetoxy-[6]-gingerol
1-乙酰氧基-11-甲氧羰基-3, 7, 15-三甲基十六碳-(2E, 6E, 10E, 14)-四烯	1-acetoxy-11-carbomethoxy-3, 7, 15-trimethylhexadec-(2E, 6E, 10E, 14)-tetraene
8α-乙酰氧基-1, 10α-环氧-2-氧亚基愈创木-3, 11 (13)-二烯-12, 6α-内酯	8α-acetoxy-1, 10α-epoxy-2-oxoguai-3, 11 (13)-dien-12, 6α-olide
11-乙酰氧基-1, 8-二羟基愈创木-4-烯-3-酮	11-acetoxy-1, 8-dihydroxyguaia-4-en-3-one
(1R, 2E, 4R, 5R, 7E, 10S, 11S, 12R)-5-乙酰氧基-10, 18-二羟基-2, 7-多拉贝拉二烯	(1R, 2E, 4R, 5R, 7E, 10S, 11S, 12R)-5-acetoxy-10, 18-dihydroxy-2, 7-dolabelladiene
(1R, 2E, 4R, 7E, 10S, 11S, 12R)-18-乙酰氧基-10-羟基-2, 7-多拉贝拉二烯	(1R, 2E, 4R, 7E, 10S, 11S, 12R)-18-acetoxy-10-hydroxy-2, 7-dolabelladiene
6-乙酰氧基-11α-羟基-7-氧亚基-14β, 15β-环氧苦楝子新素-1, 5-二烯-3-O-α-L-吡喃鼠李糖苷	6-acetoxy-11α-hydroxy-7-oxo-14β, 15β-epoxymeliacin-1, 5-dien-3-O-α-L-rhamnopyranoside
15-乙酰氧基-11βH-大牻牛儿-1 (10) E, (4E)-二烯-12, 6α-内酯	15-acetoxy-11βH-germacr-1 (10) E, (4E)-dien-12, 6α-olide
3β-乙酰氧基-11-烯-28, 13-齐墩果-28, 13-内酯	3β-acetoxy-11-en-olean-28, 13-olide
3α-乙酰氧基-11-氧亚基-12-乌苏烯-24-酸	3α-acetoxy-11-oxo-12-ursen-24-oic acid
16-乙酰氧基-12-O-乙酰荷茗草酮	16-acetoxy-12-O-acetyl horminone
14-乙酰氧基-12-α-甲丁基十四碳-(2E, 8E, 10E)-三烯-4, 6-二炔-1-醇	14-acetoxy-12-α-methyl butyryltetradec-(2E, 8E, 10E)-trien-4, 6-diyn-1-ol
14-乙酰氧基-12-β-甲基丁基十四碳-(2E, 8E, 10E)-三烯-4, 6-二炔-1-醇	14-acetoxy-12-β-methyl butyryltetradec-(2E, 8E, 10E)-trien-4, 6-diyn-1-ol
14-乙酰氧基-12-千里酰氧基十四碳-(2E, 8E, 10E)-三烯-4, 6-二炔-1-醇	14-acetoxy-12-senecioyloxytetradec-(2E, 8E, 10E)-trien-4, 6-diyn-1-ol
14-乙酰氧基-12-千里酰氧基十四碳-(2E, 8Z, 10E)-三烯-4, 6-二炔-1-醇	14-acetoxy-12-senecioyloxytetradec-(2E, 8Z, 10E)-trien-4, 6-diyn-1-ol

5-乙酰氧基-12-羟基-3-甲氧基双苄-6-甲酸	5-acetoxy-12-hydroxy-3-methoxybibenzyl-6-carboxylic acid
5-乙酰氧基-12-羟基金合欢醇	5-acetoxy-12-hydroxyfarnesol
19-乙酰氧基-12-氧亚基-10, 11-二氢牻牛儿基橙花醇	19-acetoxy-12-oxo-10, 11-dihydrogeranyl nerol
(13E)-15-乙酰氧基-13-半日花烯-8-醇	(13E)-15-acetoxy-13-labden-8-ol
6α-乙酰氧基-14, 15β-二羟基克莱因酮	6α-acetoxy-14, 15β-dihydroxyklaineanone
8β-乙酰氧基-14-氧亚基-11β, 13-二氢刺苞菊内酯	8β-acetoxy-14-oxo-11β, 13-dihydroacanthospermolide
(+)-7β-乙酰氧基-15, 16-环氧-3, 13 (16), 14-克罗三烯-18-酸	(+)-7β-acetoxy-15, 16-epoxy-3, 13 (16), 14-clerod-trien-18-oic acid
28-乙酰氧基-15α-羟基曼萨二酮	28-acetoxy-15α-hydroxymansumbinone
19-乙酰氧基-15-羟基-12-氧亚基-13, (14E)-脱氧-10, 11, 14, 15-四氢牻牛儿基橙花醇	19-acetoxy-15-hydroxy-12-oxo-13, (14E)-dehydro-10, 11, 14, 15-tetrahydrogeranyl nerol
14-乙酰氧基-15-羟基钩吻素己	14-acetoxy-15-hydroxygelsenicine
19-乙酰氧基-15-氢过氧-12-氧亚基-13, (14E)-脱氢-10, 11, 14, 15-四氢牻牛儿基橙花醇	19-acetoxy-15-hydroperoxy-12-oxo-13, (14E)-dehydro-10, 11, 14, 15-tetrahydrogeranyl nerol
2-乙酰氧基-15-溴-7, 16-二羟基-3-棕榈酰氧基新帕尔瓜-4 (19), 9 (11)-二烯	2-acetoxy-15-bromo-7, 16-dihydroxy-3-palmitoxy-neoparguera-4 (19), 9 (11)-diene
2β-乙酰氧基-16-[Δ-(β-D-吡喃葡萄糖氧基)-γ-甲基]-戊酰氧基-3α, 4β-二羟基-5β-孕甾-20-酮	2β-acetoxy-16-[Δ-(β-D-glucopyranosyloxy)-γ-methyl]-valeroxy-3α, 4β-dihydroxy-5β-pregn-20-one
23ξ-乙酰氧基-17-脱氧-7, 8-二氢海参苷元	23ξ-acetoxy-17-deoxy-7, 8-dihydroholothurinogenin
(2R, 19R)-2-乙酰氧基-19-羟基-3-氧亚基熊果-12-烯-28-甲酸甲酯	(2R, 19R)-2-acetoxy-19-hydroxy-3-oxours-12-en-28-carboxylic acid methyl ester
(24E)-22ξ-乙酰氧基-1α, 3β-二羟基麦角甾-5, 24-二烯-26-酸	(24E)-22ξ-acetoxy-1α, 3β-dihydroxyergost-5, 24-dien-26-oic acid
(24E)-22ξ-乙酰氧基-1α, 3β-二羟基麦角甾-5, 24-二烯-26-酸糖酯	(24E)-22ξ-acetoxy-1α, 3β-dihydroxyergost-5, 24-dien-26-O-glycoside ester
(24E)-22ξ-乙酰氧基-1α, 3β-二羟基麦角甾-5, 24-二烯-26-酸糖酯 2	(24E)-22ξ-acetoxy-1α, 3β-dihydroxyergost-5, 24-dien-26-oic acid glycoside ester 2
9α-乙酰氧基-1β, 6α-二苯甲酰氧基-β-二氢沉香呋喃	9α-acetoxy-1β, 6α-dibenzoyloxy-β-dihydroagarofuran
2β-乙酰氧基-1β, 8-二当归酰氧基-3β, 4β-环氧-10, 11-二羟基红没药-7 (14)-烯	2β-acetoxy-1β, 8-diangeloyloxy-3β, 4β-epoxy-10, 11-dihydroxybisabol-7 (14)-ene
2β-乙酰氧基-1β, 8-二当归酰氧基-3β, 4β-环氧-10-羟基-11-甲氧基红没药-7 (14)-烯	2β-acetoxy-1β, 8-diangeloyloxy-3β, 4β-epoxy-10-hydroxy-11-methoxybisabol-7 (14)-ene
8β-乙酰氧基-1β, 9β-二苯甲酰氧基-6α-羟基-β-二氧沉香呋喃	8β-acetoxy-1β, 9β-dibenzoyloxy-6α-hydroxy-β-dihydroagarofuran
5α-乙酰氧基-1β-苯酰基-8α-肉桂酰基-4α-羟基二氢沉香呋喃	5α-acetoxy-1β-benzoyl-8α-cinnamoyl-4α-hydroxy-dihydroagarofuran
9β-乙酰氧基-1β-氢过氧-3β, 4β-二羟基大牻牛儿-5, 10 (14)-二烯	9β-acetoxy-1β-hydroperoxy-3β, 4β-dihydroxygermacr-5, 10 (14)-diene
2-乙酰氧基-1-苯乙酮	2-acetoxy-1-phenyl ethanone
5-(4-乙酰氧基-1-丁炔基)-2, 2′-联噻吩	5-(4-acetoxy-1-butynyl)-2, 2′-bithiophene
5-(2-乙酰氧基-1-羟基丙基)-吡啶-2-甲酸甲酯	5-(2-acetoxy-1-hydroxy-propyl)-pyridine-2-carboxylic acid methyl ester

3-乙酰氧基-1-壬烯	3-acetoxy-1-nonene
1-乙酰氧基-2-(3′-羟基)戊酸甘油酯	1-acetoxy-2-(3′-hydroxy)-pentanoic acid glyceride
(3aS, 4S, 5S, 6Z, 10Z, 11aR)-5-乙酰氧基-2, 3, 3a, 4, 5, 8, 9, 11a-八氢-6, 10-二(羟甲基)-3-亚甲基-2-氧亚基-环癸[b]呋喃-4-酯	(3aS, 4S, 5S, 6Z, 10Z, 11aR)-5-acetoxy-2, 3, 3a, 4, 5, 8, 9, 11a-octahydro-6, 10-bis (hydroxymethyl)-3-methylene-2-oxo-cyclodeca [b] furan-4-yl ester
(3aS, 4S, 5S, 6Z, 11aR)-5-乙酰氧基-2, 3, 3a, 4, 5, 8, 9, 11a-八氢-6, 10-二羟甲基-3-亚甲基-2-氧代环癸[b]呋喃-4-基-2-甲基丁烯-2-酸酯	(3aS, 4S, 5S, 6Z, 11aR)-5-acetoxy-2, 3, 3a, 4, 5, 8, 9, 11a-octahydro-6, 10-bis (hydroxymethyl)-3-methylene-2-oxocyclodeca [b] furan-4-yl-2-methylbut-2-enoic acid ester
(−)-2α-乙酰氧基-2′, 7-二去乙酰氧基-1-羟基-11 (15→1)-迁穗花澳紫杉碱	(−)-2α-acetoxy-2′, 7-dideacetoxy-1-hydroxy-11 (15→1)-abeo-austrospicatine
(+)-2α-乙酰氧基-2′, 7-二去乙酰氧基-1-羟基澳大利亚穗状红豆杉碱 [(+)-2α-乙酰氧基-2′, 7-二去乙酰氧基-1-羟基穗花澳紫杉碱]	(+)-2α-acetoxy-2′, 7-dideacetoxy-1-hydroxyaustrospicatine
2α-乙酰氧基-2′, 7-二去乙酰氧基穗花澳紫杉碱	2α-acetoxy-2′, 7-dideacetoxyaustrospicatine
3β-乙酰氧基-20, 25-环氧-24α-羟基达玛烷	3β-acetoxy-20, 25-epoxy-24α-hydroxydammarane
3β-乙酰氧基-20α-羟基熊果-28-酸	3β-acetoxy-20α-hydroxyurs-28-oic acid
3β-乙酰氧基-20-蒲公英萜烯-22-酮	3β-acetoxy-20-taraxasten-22-one
25-乙酰氧基-20-羟基蜕皮激素-3-O-β-D-吡喃葡萄糖苷	25-acetoxy-20-hydroxyecdysone-3-O-β-D-glucopyranoside
3-乙酰氧基-20-脱氧泽兰苦素	3-acetoxy-20-deoxyeupatoriopicrin
3β-乙酰氧基-20-氧亚基-21-去甲达玛-23-酸	3β-acetoxy-20-oxo-21-nordammar-23-oic acid
3α-乙酰氧基-22 (29)-何帕烯	3α-acetoxyhop-22 (29)-ene
4β-乙酰氧基-22-甲氧基-5β-呋甾-2β, 3α, 26-三羟基-26-O-β-D-吡喃葡萄糖苷	4β-acetoxy-22-methoxy-5β-furost-2β, 3α, 26-trihydroxy-26-O-β-D-glucopyranoside
3β-乙酰氧基-25-甲氧基达玛-23-烯-20β-醇	3β-acetoxy-25-methoxydammar-23-en-20β-ol
3β-乙酰氧基-27-(苯甲酰氧基)齐墩果-12-烯-28-酸甲酯	3β-acetoxy-27-(benzoyloxy) olean-12-en-28-oic acid methyl ester
3β-乙酰氧基-27-(对羟基苯甲酰氧基)羽扇豆-20 (29)-烯-28-酸甲酯	3β-acetoxy-27-(p-hydroxybenzoyloxy) lup-20 (29)-en-28-oic acid methyl ester
3β-乙酰氧基-27-[(4-羟基苯甲酰)氧基]齐墩果-12-烯-28-酸甲酯	3β-acetoxy-27-[(4-hydroxybenzoyl) oxy] olean-12-en-28-oic acid methyl ester
3β-乙酰氧基-27-[(E)-肉桂酰基]羽扇豆-20 (29)-烯-28-酸甲酯	3β-acetoxy-27-[(E)-cinnamoyloxy] lup-20 (29)-en-28-oic acid methyl ester
2α-乙酰氧基-28-乙酰茜草乔木苷 G	2α-acetoxy-28-acetyl rubiarboside G
1α-乙酰氧基-2α, 3α-环氧异土木香内酯	1α-acetoxy-2α, 3α-epoxyisoalantolactone
5α-乙酰氧基-2α, 3β-二当归酰氧基-12, 8-二羟基-10, 11-环氧红没药-7 (14)-烯-4-酮	5α-acetoxy-2α, 3β-diangeloyloxy-12, 8-dihydroxy-10, 11-epoxybisabol-7 (14)-en-4-one
1α-乙酰氧基-2α-羟基-9β-肉桂酰氧基-β-二氢沉香呋喃	1α-acetoxy-2α-hydroxy-9β-cinnamoyloxy-β-dihydroagarofuran
8β-乙酰氧基-2α-羟基木香烯内酯	8β-acetoxy-2α-hydroxycostunolide
(+)-25-乙酰氧基-2β, 16α, 20-三羟基葫芦-5, 23-二烯-3, 11, 22-三酮	(+)-25-acetoxy-2β, 16α, 20-trihydroxycucurbita-5, 23-dien-3, 11, 22-trione

1β-乙酰氧基-2β, 8β, 9α-三苯甲酰氧基-4α, 6α-二羟基-β-二氢沉香呋喃	1β-acetoxy-2β, 8β, 9α-tribenzoyloxy-4α, 6α-dihydroxy-β-dihydroagarofuran
25-乙酰氧基-2β-D-吡喃葡萄糖氧基-3, 16-二羟基-9-甲基-19-去甲羊毛甾-5, 23-二烯-22-酮	25-acetoxy-2β-D-glucopyranosyloxy-3, 16-dihydroxy-9-methyl-19-norlanost-5, 23-dien-22-one
1β-乙酰氧基-2β-苯甲酰氧基-9α-β-苯基氧杂环丁酰氧基-β-二氢沉香呋喃	1β-acetoxy-2β-benzoxy-9α-β-phenyl oxacyclobutanoyloxy-β-dihydroagarofuran
25-乙酰氧基-2β-吡喃葡萄糖氧基-3, 16, 20-三羟基-9-甲基-19-去甲羊毛甾-5, 23-二烯-22-酮	25-acetoxy-2β-glucopyranosyloxy-3, 16, 20-trihydroxy-9-methyl-19-norlanost-5, 23-dien-22-one
25-乙酰氧基-2β-吡喃葡萄糖氧基-3, 16, 20-三羟基-9-甲基-19-去甲羊毛甾-5-烯-22-酮	25-acetoxy-2β-glucopyranosyloxy-3, 16, 20-trihydroxy-9-methyl-19-norlanost-5-en-22-one
25-乙酰氧基-2β-葡萄糖氧基-3, 16, 20-三羟基-9-甲基-19-去甲羊毛甾-5, 23-二烯-22-酮	25-acetoxy-2β-glucosyloxy-3, 16, 20-trihydroxy-9-methyl-19-norlanost-5, 23-dien-22-one
2α-乙酰氧基-2′β-去乙酰基-1-羟基穗花澳紫杉碱	2α-acetoxy-2′β-deacetyl-1-hydroxyaustrospicatine
2α-乙酰氧基-2′β-去乙酰基穗花澳紫杉碱	2α-acetoxy-2′β-deacetyl austrospicatine
1β-乙酰氧基-2β-正丁酰氧基-9α-β-苯氧环丁酰氧基-β-二氢沉香呋喃	1β-acetoxy-2β-butanoyloxy-9α-β-phenyoxacyclobutanoyloxy-β-dihydroagarofuran
4-乙酰氧基-2-丁酮	4-acetoxy-2-butanone
7-乙酰氧基-2-甲基异黄酮	glazarin (7-acetoxy-2-methyl isoflavone)
1α-乙酰氧基-2-羟基-3α-(2-甲基丁酰氧基) 异土木香内酯	1α-acetoxy-2-hydroxy-3α-(2-methyl butanoyloxy)-isoalantolactone
2α-乙酰氧基-2′-去乙酰基-1-羟基穗花澳紫杉碱	2α-acetoxy-2′-deacetyl-1-hydroxyaustrospicatine
1α-乙酰氧基-3-(2-甲基丁酰氧基) 羽状堆心菊素	1α-acetoxy-3-(2-methyl-butanoyloxy) pinnatifidin
12-乙酰氧基-3, 30-二异丁酰内雄楝林素	12-acetoxy-3, 30-diisobutyryl phragmalin
4-乙酰氧基-3, 5-二甲氧基苯甲酸 (丁香酸乙酸酯)	4-acetoxy-3, 5-dimethoxybenzoic acid (syringic acid acetate)
12β-乙酰氧基-3, 7, 11, 15, 23-五氧亚基-5α-羊毛脂-8-烯-26-酸乙酯	12β-acetoxy-3, 7, 11, 15, 23-pentaoxo-5α-lanost-8-en-26-oic acid ethyl ester
22β-乙酰氧基-3α, 15α-二羟基羊毛甾-7, 9 (11), 24-三烯-26-酸	22β-acetoxy-3α, 15α-dihydroxylanost-7, 9 (11), 24-trien-26-oic acid
1α-乙酰氧基-3α-丙酰氧基印度苦楝树宁 (1α-乙酰氧基-3α-丙酰氧基维拉辛素)	1α-acetoxy-3α-propanoyloxyvilasinin
1α-乙酰氧基-3α-羟基-2α-(2-甲基丁酰氧基) 异土木香内酯	1α-acetoxy-3α-hydroxy-2α-(2-methyl butanoyloxy)-isoalantolactone
22β-乙酰氧基-3β, 15α-二羟基羊毛甾-7, 9 (11), 24-三烯-26-酸	22β-acetoxy-3β, 15α-dihydroxylanost-7, 9 (11), 24-trien-26-oic acid
12β-乙酰氧基-3β, 15β-二羟基-7, 11, 23-三氧亚基羊毛脂-8-烯-26-酸	12β-acetoxy-3β, 15β-dihydroxy-7, 11, 23-trioxolanost-8-en-26-oic acid
28-乙酰氧基-3β, 16β, 22α, 23-四羟基齐墩果-12-烯-21β-(2S)-2-甲基丁酸酯	28-acetoxy-3β, 16β, 22α, 23-tetrahydroxyolean-12-en-21β-(2S)-2-methyl butanoate
22ξ-乙酰氧基-3β, 23ξ-二羟基-24 (28) Z-亚乙基-8-羊毛甾烯	22ξ-acetoxy-3β, 23ξ-dihydroxy-24 (28) Z-ethylidenelanost-8-ene
22ξ-乙酰氧基-3β, 23ξ-二羟基-24-亚甲基-8-羊毛甾烯	22ξ-acetoxy-3β, 23ξ-dihydroxy-24-methylenelanost-8-ene

2β-乙酰氧基-3β, 25-二羟基-7, 11, 15-三氧亚基羊毛脂-8-烯-26-酸	2β-acetoxy-3β, 25-dihydroxy-7, 11, 15-trioxolanost-8-en-26-oic acid
12β-乙酰氧基-3β, 7β-二羟基-11, 15, 23-三氧亚基-5α-羊毛脂-8, 20-二烯-26-酸	12β-acetoxy-3β, 7β-dihydroxy-11, 15, 23-trioxo-5α-lanost-8, 20-dien-26-oic acid
12β-乙酰氧基-3β, 7β-二羟基-11, 15, 23-三氧亚基羊毛脂-8, 16-二烯-26-酸	12β-acetoxy-3β, 7β-dihydroxy-11, 15, 23-trioxolanost-8, 16-dien-26-oic acid
12β-乙酰氧基-3β-[(2, 6-二脱氧-3-O-甲基-β-D-吡喃阿拉伯己糖)氧基]-14β, 17α-二羟基孕甾-5-烯-20-酮	12β-acetoxy-3β-[(2, 6-dideoxy-3-O-methyl-β-D-arabinohexopyranosyl) oxy]-14β, 17α-dihydroxypregn-5-en-20-one
6β-乙酰氧基-3β-当归酰氧基-8β, 10β-二羟基荒漠木烯内酯	6β-acetoxy-3β-angeloyloxy-8β, 10β-dihydroxyeremophilenolide
12β-乙酰氧基-3β-羟基-7, 11, 15, 23-四氧亚基羊毛脂-8, (20E)-二烯-26-酸	12β-acetoxy-3β-hydroxy-7, 11, 15, 23-tetraoxolanost-8, (20E)-dien-26-oic acid
2α-乙酰氧基-3β-羟基土木香内酯	2α-acetoxy-3β-hydroxyalantolactone
(2S, 3S, 4S, 5E, 7R, 11E, 13S, 14R, 15R)-14-乙酰氧基-3-苯甲酰基-7, 15-二羟基假白榄-5, 11-二烯-9-酮	(2S, 3S, 4S, 5E, 7R, 11E, 13S, 14R, 15R)-14-acetoxy-3-benzoxy-7, 15-dihydroxyjatropha-5, 11-dien-9-one
(3R, 5S)-5-乙酰氧基-3-羟基-1-(4-羟基-3-甲氧苯基)癸烷	(3R, 5S)-5-acetoxy-3-hydroxy-1-(4-hydroxy-3-methoxyphenyl) decane
5-(2-乙酰氧基-3-羟基-3-甲基丁氧基)补骨脂素	5-(2-acetoxy-3-hydroxy-3-methylbutoxy) psoralen
2-乙酰氧基-3-羟基半日花-8 (17), (12E), 14-三烯	2-acetoxy-3-hydroxylabd-8 (17), (12E), 14-triene
1-乙酰氧基-3-羟基丙烷-2-(3′-羟基)-十八酸酯	1-acetoxy-3-hydroxypropan-2-(3′-hydroxy)-octadecanoate
2-乙酰氧基-3-去乙酰氧基大云实灵	2-acetoxy-3-deacetoxycaesaldekarine
12-乙酰氧基-3-异丁酰基-30-丙酰内雄楝林素	12-acetoxy-3-isobutyryl-30-propanoyl phragmalin
2α-乙酰氧基-4α, 6α-二羟基-1β, 5αH-愈创-9 (10), 11 (13)-二烯-12, 8α-内酯	2α-acetoxy-4α, 6α-dihydroxy-1β, 5αH-guai-9 (10), 11 (13)-dien-12, 8α-olide
1β-乙酰氧基-4α, 9α-二羟基-6β-异丁烯酰氧基卤地菊内酯	1β-acetoxy-4α, 9α-dihydroxy-6β-methacryloxyprostatolide
1β-乙酰氧基-4α, 9α-二羟基-6β-异丁酰氧基卤地菊内酯	1β-acetoxy-4α, 9α-dihydroxy-6β-isobutyroxyprostatolide
2β-乙酰氧基-4α-氯-1β, 8-二当归酰氧基-3β, 10, 11-三羟基没药-7 (14)-烯	2β-acetoxy-4α-chloro-1β, 8-diangeloyloxy-3β, 10, 11-trihydroxybisabol-7 (14)-ene
2β-乙酰氧基-4α-氯-1β, 8-二当归酰氧基-3β, 10-二羟基-11-甲氧基红没药-7 (14)-烯	2β-acetoxy-4α-chloro-1β, 8-diangeloyloxy-3β, 10-dihydroxy-11-methoxybisabol-7 (14)-ene
2β-乙酰氧基-4α-氯-1β, 8-二当归酰氧基-3β-羟基-10, 11-二氧基异丙氧基红药-7 (14)-烯	2β-acetoxy-4α-chloro-1β, 8-diangeloyloxy-3β-hydroxy-10, 11-isopropoxybisabol-7 (14)-ene
2α-乙酰氧基-4α-羟基-1β-愈创-11 (13), 10 (14)-二烯-12, 8α-内酯	2α-acetoxy-4α-hydroxy-1β-guai-11 (13), 10 (14)-dien-12, 8α-olide
5β-乙酰氧基-4β, 10-二当归酰氧基-2β, 3β, 8, 11-四羟基红没药-7 (14)-烯	5β-acetoxy-4β, 10-diangeloyloxy-2β, 3β, 8, 11-tetrahydroxybisabol-7 (14)-ene
5β-乙酰氧基-4β, 10-二当归酰氧基-3β-异丁酰氧基-2β, 8, 11-三羟基红没药-7 (14)-烯	5β-acetoxy-4β, 10-diangeloyloxy-3β-isobutyryloxy-2β, 8, 11-trihydroxybisabol-7 (14)-ene
5β-乙酰氧基-4β, 11-二当归酰氧基-8, 10-二羟基-2β, 3β-环氧红没药-7 (14)-烯	5β-acetoxy-4β, 11-diangeloyloxy-8, 10-dihydroxy-2β, 3β-epoxybisabol-7 (14)-ene

Y

5β-乙酰氧基-4β, 8-二当归酰氧基-2β, 3β-环氧-10-羟基-11-异丙氧基红没药-7 (14)-烯	5β-acetoxy-4β, 8-diangeloyloxy-2β, 3β-epoxy-10-hydroxy-11-isopropoxybisabol-7 (14)-ene
2α-乙酰氧基-4β-羟基-1αH, 10αH-伪愈创-11 (13)-烯-12, 8β-内酯	2α-acetoxy-4β-hydroxy-1αH, 10αH-pseudoguai-11 (13)-en-12, 8β-olide
(3′R, 4′R)-3′-乙酰氧基-4′-千里光酰氧基-3′, 4′-二氢邪蒿素	(3′R, 4′R)-3′-acetoxy-4′-senecioyloxy-3′, 4′-dihydroseselin
(+)-(3S, 4S, 5R, 8S)-(E)-8-乙酰氧基-4-羟基-3-异戊酰氧基-2-(己-2, 4-二炔基)-1, 6-二氧杂螺 [4.5] 癸烷	(+)-(3S, 4S, 5R, 8S)-(E)-8-acetoxy-4-hydroxy-3-isovaleroyloxy-2-(hex-2, 4-diynyl)-1, 6-dioxaspiro [4.5] decane
17-乙酰氧基-4-脱氧巴豆醇-12, 13-双异丁酸酯	17-acetoxy-4-deoxyphorbol-12, 13-bis (isobutanoate)
5-(3-乙酰氧基-4-异戊酰氧基丁-1-炔基)-2, 2′-联噻吩	5-(3-acetoxy-4-isovaleroyloxybut-1-ynyl)-2, 2′-bithiophene
(20S)-乙酰氧基-4-孕烯-3, 16-二酮	(20S)-acetoxy-4-pregnen-3, 16-dione
18-乙酰氧基-5, 6-脱氧-5-醉茄烯内酯 D	18-acetoxy-5, 6-deoxy-5-withenolide D
3α-乙酰氧基-5α-羊毛脂-8, 24-二烯-21-酸酯-β-D-葡萄糖苷	3α-acetoxy-5α-lanost-8, 24-dien-21-oic acid ester-β-D-glucoside
6β-乙酰氧基-5-表柠檬苦素	6β-acetoxy-5-epilimonin
2-乙酰氧基-5-甲氧基-6-甲基-3-[(Z)-10′-十五烯基]-1, 4-苯醌	2-acetoxy-5-methoxy-6-methyl-3-[(Z)-10′-pentadecenyl]-1, 4-benzoquinone
2-乙酰氧基-5-甲氧基-6-甲基-3-十三烷基-1, 4-苯醌	2-acetoxy-5-methoxy-6-methyl-3-tridecyl-1, 4-benzoquinone
(3R, 5S)-3-乙酰氧基-5-羟基-1-(4-羟基-3-甲氧苯基)癸烷	(3R, 5S)-3-acetoxy-5-hydroxy-1-(4-hydroxy-3-methoxyphenyl) decane
(3R, 5S)-3-乙酰氧基-5-羟基-1, 7-二 (4-羟基-3-甲氧苯基) 庚烷	(3R, 5S)-3-acetoxy-5-hydroxy-1, 7-bis (4-hydroxy-3-methoxyphenyl)-heptane
12-乙酰氧基-5-羟基橙花叔醇	12-acetoxy-5-hydroxynerolidol
1β-乙酰氧基-5-去乙酰基浆果赤霉素 I	1β-acetoxy-5-deacetyl baccatin I
1 (10) E, (4Z)-9α-乙酰氧基-6α, 14, 15-三羟基-8β-惕各酰氧基大牻牛儿-1 (10), 4, 11 (13)-三烯-12-酸-12, 6-内酯	1 (10) E, (4Z)-9α-acetoxy-6α, 14, 15-trihydroxy-8β-tigloyloxy-germacr-1 (10), 4, 11 (13)-trien-12-oic acid-12, 6-lactone
1α-乙酰氧基-6β, 9β-二苯甲酰氧基-β-二氢沉香呋喃	1α-acetoxy-6β, 9β-dibenzoyloxy-β-dihydroagarofuran
1-乙酰氧基-6-羟基-2-甲基蒽醌-3-O-α-鼠李糖基-(1→4)-α-葡萄糖苷	1-acetoxy-6-hydroxy-2-methyl anthraquinone-3-O-α-rhamnosyl-(1→4)-α-glucoside
3-乙酰氧基-6-羟基托品烷	3-acetoxy-6-hydroxytropane
3-乙酰氧基-7, 8-环氧羊毛甾-11-醇	3-acetoxy-7, 8-cyclolanost-11-ol
16-乙酰氧基-7-O-乙酰基荷茗草酮 (16-乙酰氧基-7-O-乙酰基浩米酮)	16-acetoxy-7-O-acetyl horminone
16-乙酰氧基-7α, 12-二羟基-8, 12-松香二烯-11, 14-二酮	16-acetoxy-7α, 12-dihydroxy-8, 12-abietadien-11, 14-dione
16-乙酰氧基-7α-甲氧基总状土木香醌 (长叶香茶菜甲素)	16-acetoxy-7α-methoxyroyleanone
6β-乙酰氧基-7α-羟基-3-氧亚基-26, 27-二失碳变构甘遂-1, 14, 20 (22)-三烯-25-酸	6β-acetoxy-7α-hydroxy-3-oxo-26, 27-dinorapotirucalla-1, 14, 20 (22)-trien-25-oic acid

16-乙酰氧基-7α-羟基罗氏旋覆花酮 (16-乙酰氧基-7α-羟基总状土木香醌)	16-acetoxy-7α-hydroxyroyleanone
16-乙酰氧基-7α-乙氧基罗列酮 (16-乙酰氧基-7α-乙氧基罗氏旋覆花酮)	16-acetoxy-7α-ethoxyroyleanone
14-乙酰氧基-7β-当归酰氧基石生诺顿菊酮	14-acetoxy-7β-angeloyloxynotonipetranone
3β-乙酰氧基-7β-甲氧基葫芦-5, (23E)-二烯-25-醇	3β-acetoxy-7β-methoxycucurbita-5, (23E)-dien-25-ol
14-乙酰氧基-7β-千里光酰氧基石生诺顿菊酮	14-acetoxy-7β-senecioyloxynotonipetranone
12β-乙酰氧基-7β-羟基-3, 11, 15, 23-四氧亚基-5α-羊毛脂-8, 20-二烯-26-酸	12β-acetoxy-7β-hydroxy-3, 11, 15, 23-tetraoxo-5α-lanost-8, 20-dien-26-oic acid
15-乙酰氧基-7-半日花烯-17-酸	15-acetoxy-7-labden-17-acid
(8R)-2′-乙酰氧基-7-苯基-9-丙醇	(8R)-2′-acetoxy-7-phenyl-9-propanol
(4E)-6-乙酰氧基-7-苯甲酰氧基-2, 4-庚二烯-4-内酯	(4E)-6-acetoxy-7-benzoyloxy-2, 4-heptadien-4-olide
(4Z)-6-乙酰氧基-7-苯甲酰氧基-2, 4-庚二烯-4-内酯	(4Z)-6-acetoxy-7-benzoyloxy-2, 4-heptadien-4-olide
(−)-(3R, 5S, 7R, 8R, 9R, 10S, 13S, 15S)-3-乙酰氧基-7-羟基-15-甲氧基-9, 13:15, 16-二环氧半日花-6-酮	(−)-(3R, 5S, 7R, 8R, 9R, 10S, 13S, 15S)-3-acetoxy-7-hydroxy-15-methoxy-9, 13:15, 16-diepoxylabd-6-one
(−)-(3R, 5S, 7R, 8R, 9R, 10S, 13R, 15R)-3-乙酰氧基-7-羟基-15-乙氧基-9, 13:15, 16-二环氧半日花-6-酮	(−)-(3R, 5S, 7R, 8R, 9R, 10S, 13R, 15R)-3-acetoxy-7-hydroxy-15-ethoxy-9, 13:15, 16-diepoxylabd-6-one
6-乙酰氧基-7-氧亚基-14β, 15β-环氧苦楝子新素-1, 5-二烯-3-O-β-D-吡喃木糖苷	6-acetoxy-7-oxo-14β, 15β-epoxymeliacin-1, 5-dien-3-O-β-D-xylopyranoside
9-乙酰氧基-8, 10-环氧-6-羟基麝香草酚-3-O-当归酸酯	9-acetoxy-8, 10-epoxy-6-hydroxythymol-3-O-angelate
9-乙酰氧基-8, 10-环氧麝香草酚-3-O-巴豆酸酯	9-acetoxy-8, 10-epoxythymol-3-O-tiglate
9-乙酰氧基-8, 10-脱氢麝香草酚-3-O-巴豆酸酯	9-acetoxy-8, 10-dehydrothymol-3-O-tiglate
(9R, 10R)-9-乙酰氧基-8, 8-二甲基-9, 10-二氢-2H, 8H-苯并 [1, 2-b:3, 4-b′] 二吡喃-2-酮-10-酯	(9R, 10R)-9-acetoxy-8, 8-dimethyl-9, 10-dihydro-2H, 8H-benzo [1, 2-b:3, 4-b′] dipyran-2-one-10-ester
10-乙酰氧基-8, 9-二羟基麝香草酚	10-acetoxy-8, 9-dihydroxythymol
1α-乙酰氧基-8α, 9β-二羟基-2-氧亚基桉叶-3, 7 (11)-二烯-8, 12-内酯	1α-acetoxy-8α, 9β-dihydroxy-2-oxoeudesm-3, 7 (11)-dien-8, 12-olide
1β-乙酰氧基-8α-苯甲酰氧基-9β, 13-二 (β-烟酰氧基)-β-二氢沉香呋喃	1β-acetoxy-8α-benzoyloxy-9α, 13-di (β-nicotinoyloxy)-β-dihydroagarofuran
1α-乙酰氧基-8α-羟基-2-氧亚基桉叶-3, 7 (11)-二烯-8, 12-内酯	1α-acetoxy-8α-hydroxy-2-oxoeuesm-3, 7 (11)-dien-8, 12-olide
3β-乙酰氧基-8β-(4′-羟基惕各酰氧基)-14-羟基木香烃内酯	3β-acetoxy-8β-(4′-hydroxytigloyloxy)-14-hydroxycostunolide
1β-乙酰氧基-8β, 9α-二苯甲酰氧基-2β-(呋喃-β-甲酰氧基)-4α, 6α-二羟基-β-二氢沉香呋喃	1β-acetoxy-8β, 9α-dibenzoyloxy-2β-(furan-β-carbonyloxy)-4α, 6α-dihydroxy-β-dihydroagarofuran
α-乙酰氧基-8β-甲氧基-10βH-雅槛蓝-7 (11)-烯-8α, 12-内酯	α-acetoxy-8β-methoxy-10βH-eremophil-7 (11)-en-8α, 12-olide
11-乙酰氧基-8-丙酰基愈创木-4-烯-3-酮	11-acetoxy-8-propionylguaia-4-en-3-one
(1R, 3R, 4R, 5S, 6S)-1-乙酰氧基-8-当归酰氧基-3, 4-环氧-5-羟基没药-7 (14), 10-二烯-2-酮	(1R, 3R, 4R, 5S, 6S)-1-acetoxy-8-angeloyloxy-3, 4-epoxy-5-hydroxybisabola-7 (14), 10-dien-2-one
7-乙酰氧基-8-羟基-9-异丁酰氧基麝香草酚	7-acetoxy-8-hydroxy-9-isobutyryloxythymol

Y

(1S, 7R, 8S, 10S)-11-乙酰氧基-8-羟基愈创木-4-烯-3-酮-8-O-β-D-吡喃葡萄糖苷	(1S, 7R, 8S, 10S)-11-acetoxy-8-hydroxyguaia-4-en-3-one-8-O-β-D-glucopyranoside
11-乙酰氧基-8-异丁酰基愈创木-4-烯-3-酮	11-acetoxy-8-isobutyrylguaia-4-en-3-one
(−)-乙酰氧基-9, 10-二甲基-1, 5-二十八内酯	(−)-acetoxy-9, 10-dimethyl-1, 5-octacosanolide
6-乙酰氧基-9, 13:15, 16-二环氧-15-甲氧基半日花烷	6-acetoxy-9, 13:15, 16-diepoxy-15-methoxylabdane
1β-乙酰氧基-9α-β-苯基氧杂环丁酰氧基-β-二氢沉香呋喃	1β-acetoxy-9α-β-phenyl oxacyclobutanoyloxy-β-dihydroagarofuran
1β-乙酰氧基-9α-肉桂酰氧基-β-二氢沉香呋喃	1β-acetoxy-9α-cinnamoyloxy-β-dihydroagarofuran
1β-乙酰氧基-9β-苯甲酰氧基-4α, 6α-二羟基-8α, 15-二异丁酰氧基-2β-(α-甲基)-丁酰氧基-β-二氢沉香呋喃	1β-acetoxy-9β-benzoxy-4α, 6α-dihydroxy-8α, 15-diisobutanoyloxy-2β-(α-methyl)-butanoyloxy-β-dihydroagarofuran
6-乙酰氧基-9-羟基-13 (14)-半日花-16, 15-内酯	6-acetoxy-9-hydroxy-13 (14)-labd-16, 15-olide
6-乙酰氧基-9-羟基-13 (14)-半日花烯-16, 15-内酯	6-acetoxy-9-hydroxy-13 (14)-labden-16, 15-olide
7β-乙酰氧基-9-乙酰基穗状红豆杉碱	7β-acetoxy-9-acetyl spicataxine
β-乙酰氧基-α, β-二甲基丁酰紫草素	β-acetoxy-α, β-dimethybutyryl shikonin
乙酰氧基-α-桦木烯醇	acetoxy-α-betulenol
(16R)-17-乙酰氧基阿枯米-16-甲酸甲酯 [(16R)-17-乙酰氧基苦籽木-16-甲酸甲酯]	(16R)-17-acetoxyakuammilan-16-carboxylic acid methyl ester
6α-乙酰氧基白鲜酮	6α-acetoxyfraxinellone
7-乙酰氧基闭花木-13, 15-二烯-18-酸	7-acetoxycleistanth-13, 15-dien-18-oic acid
7-乙酰氧基扁柏脂素	7-acetoxyhinokinin
8-乙酰氧基布氏假橄榄素	8-acetoxymutangin
3β-乙酰氧基苍术内酯 I～III	3β-acetoxyatractylenolides I～III
3β-乙酰氧基苍术酮	3β-acetoxyatractylone
2-乙酰氧基菖蒲螺酮烯	2-acetoxycoronene
2-乙酰氧基菖蒲螺烯酮	2-acetoxyacorenone
10-乙酰氧基橙花醇乙酸酯	10-acetoxyneryl acetate
乙酰氧基橙皮油内酯	acetoxyaurapten
7-乙酰氧基刺果苏木素 C	7-acetoxybonducellpin C
3β-乙酰氧基达玛烯二醇	3β-acetoxydammarendiol
10-乙酰氧基大车前洛苷	10-acetoxymajoroside
15-乙酰氧基大牻牛儿-1 (10) E, (4E), 11 (13)-三烯-12, 6α-内酯	15-acetoxygermacr-1 (10) E, (4E), 11 (13)-trien-12, 6α-olide
2-乙酰氧基大云实灵 E	2-acetoxycaesaldekarin E
15-乙酰氧基丹芝酸 E	15-acetoxyganolucidic acid E
1β-乙酰氧基德贝利烟草醇-12-O-四乙酰基-β-D-吡喃葡萄糖苷	1β-acetoxydebneyol-12-O-tetraacetyl-β-D-glucopyranoside
1'-乙酰氧基丁香酚乙酸酯	1'-acetoxyeugenol acetate
12β-乙酰氧基短果白花菜酮	12β-acetoxycleocarpone
2α-乙酰氧基短叶老鹳草素	2α-acetoxybrervifoliol
13-乙酰氧基短叶老鹳草素醇 (13-乙酰氧基短叶紫杉醇)	13-acetoxybrevifoliol

13α- 乙酰氧基短叶老鹳草素醇 (13α- 乙酰氧基短叶紫杉醇)	13α-acetoxybrevifoliol
1α- 乙酰氧基- 对映- 刺柏烯醇	1α-acetoxy-*ent*-junenol
3α- 乙酰氧基多花白树-5 (6), 7, 9 (11)-三烯-29-苯甲酸酯	3α-acetoxymultiflora-5 (6), 7, 9 (11)-trien-29-benzoate
3α- 乙酰氧基多花白树-7, 9 (11)-二烯-29-苯甲酸酯	3α-acetoxymultiflora-7, 9 (11)-dien-29-benzoate
(1*R*, 2*E*, 4*R*, 7*E*, 11*S*, 12*R*)-18-乙酰氧基-2, 7-多拉贝拉二烯	(1*R*, 2*E*, 4*R*, 7*E*, 11*S*, 12*R*)-18-acetoxy-2, 7-dolabelladiene
(2α, 3β, 4α)-23-乙酰氧基-2, 3-二羟基齐墩果-12-烯-28-酸-*O*-β-D-吡喃葡萄糖酯苷	(2α, 3β, 4α)-23-acetoxy-2, 3-dihydroxyolean-12-en-28-oic acid-*O*-β-D-glucopyranoside ester
19-(*R*)- 乙酰氧基二氢-1-甲氧基常绿钩吻灵	19-(*R*)-acetoxydihydrogelsevirine
7α- 乙酰氧基二氢柠檬林素	7α-acetoxydihydronomilin
3- 乙酰氧基二脱氧泽兰苦素	3-acetoxy-dideoxyeupatoriopicrin
9- 乙酰氧基蜂斗菜次螺内酯	9-acetoxyfukinanolide
8- 乙酰氧基杆孢霉素 A～H	8-acetoxyroridins A～H
14- 乙酰氧基钩吻迪奈碱 (14- 乙酰氧基钩吻二内酰胺)	14-acetoxygelsedilam
14- 乙酰氧基钩吻精碱	14-acetoxygelselegine
14- 乙酰氧基钩吻素己	14-acetoxygelsenicine
2α- 乙酰氧基哈氏豆属酸	2α-acetoxyhardwickiic acid
16- 乙酰氧基荷茗草醌 (乙酰氧基浩米酮)	16-acetoxyhorminone
12- 乙酰氧基赫雷毒素 (苏巴毒素 A、稻花亚毒素 A)	12-acetyloxyhuratoxin (subtoxin A)
12α- 乙酰氧基黑老虎酸	12α-acetoxycoccinic acid
12β- 乙酰氧基黑老虎酸	12β-acetoxycoccinic acid
乙酰氧基狐尾藻苷 (乙酰多叶棘豆黄酮苷)	acetoxymyrioside
(1′*S*)- 乙酰氧基胡椒酚乙酸酯	(1′*S*)-acetoxychavicol acetate
1′- 乙酰氧基胡椒酚乙酸酯 (1′- 乙酰氧基蒌叶酚乙酸酯)	1′-acetoxychavicol acetate
(+)-(4*S*)-7- 乙酰氧基胡椒酮	(+)-(4*S*)-7-acetoxypiperitone
*N*20- 乙酰氧基环锦熟黄杨辛碱 D	*N*20-acetoxycyclovirobuxine D
12- 乙酰氧基环小箬苔-1β, 5α-二醇	12-acetoxycyclomyltaylane-1β, 5α-diol
(+)-16α- 乙酰氧基黄杨苯甲酰胺二烯宁碱	(+)-16α-acetoxybuxabenzamidienine
5- 乙酰氧基甲酯-2- 糠醛	5-(acetoxymethyl)-2-furaldehyde
1- 乙酰氧基浆果赤霉素	1-acetoxybaccatin
1β- 乙酰氧基浆果赤霉素 Ⅰ	1β-acetoxybaccatin Ⅰ
6″- 乙酰氧基金丝桃苷	6″-acetyl hyperoside
6α- 乙酰氧基柯桠树烷	6α-acetoxyvouacapane
8- 乙酰氧基阔叶缬草-2- 醇	8-acetoxykess-2-ol
2- 乙酰氧基阔叶缬草-8- 醇	2-acetoxykess-8-ol
12α- 乙酰氧基楝毒素 B$_2$	12α-acetoxymeliatoxin B$_2$
2α- 乙酰氧基柳杉酚	2α-acetoxysugiol
ω- 乙酰氧基芦荟大黄素	ω-acetoxyaloe-emodin

2α-乙酰氧基峦大八角宁	2α-acetoxytashironin
2α-乙酰氧基峦大八角宁 A	2α-acetoxytashironin A
7α-乙酰氧基罗氏旋覆花酮	7α-acetoxyroyleanone
16α-乙酰氧基马利筋素	16α-acetoxyasclepin
12-乙酰氧基绵毛胡桐内酯 A	12-acetoxycalanolide A
15-乙酰氧基木香烯内酯	15-acetoxycostunolide
16α-乙酰氧基牛角瓜素	16α-acetoxycalotropin
16α-乙酰氧基牛角瓜亭	16α-acetoxycalactin
12β-乙酰氧基牛筋果素	12β-acetoxyharrisonin
10-乙酰氧基女贞苷	10-acetoxyligustroside
(23S)-23-乙酰氧基欧白英定	(23S)-23-acetoxysoladulcidine
3β-乙酰氧基齐墩果-12-烯-27-酸	3β-acetoxyolean-12-en-27-oic acid
3β-乙酰氧基齐墩果-12-烯-28-酸	3β-acetoxyolean-12-en-28-oic acid
3-乙酰氧基齐墩果酸	3-acetoxyoleanolic acid
3α-乙酰氧基齐墩果酸	3α-acetoxyoleanolic acid
乙酰氧基齐墩果酸	acetoxyoleanolic acid
15α-乙酰氧基羟基栓菌烯醇酸	15α-acetoxyl hydroxytrametenolic acid
1-乙酰氧基鞘蕊花索醇	1-acetoxycoleosol
12α-乙酰氧基秦皮酮 (12α-乙酰氧基白鲜酮、12α-乙酰氧基桉酮)	12α-acetoxyfraxinellone
(−)-乙酰氧基丘生巨盘木素	(−)-acetoxycollinin
3β-乙酰氧基去甲格木明	3β-acetoxynorerythrosuamine
6α-乙酰氧基绒毛银胶菊素	6α-acetoxytomentosin
(7S, 11S)-(+)-12-乙酰氧基赛氏曲霉酸	(7S, 11S)-(+)-12-acetoxysydonic acid
2α-乙酰氧基山达海松二烯-1α-醇	2α-acetoxysandraracopimar-dien-1α-ol
α-乙酰氧基山达海松二烯-1α-醇	α-acetoxysandraracopimar-dien-1α-ol
9-乙酰氧基麝香草酚	9-acetoxythymol
9-乙酰氧基麝香草酚-3-O-巴豆酸酯	9-acetoxythymol-3-O-tiglate
(3S, 4E, 6E, 12E)-1-乙酰氧基十四碳-4, 6, 12-三烯-8, 10-二炔-3, 14-二醇	(3S, 4E, 6E, 12E)-1-acetoxytetradec-4, 6, 12-trien-8, 10-diyn-3, 14-diol
(6E, 12E)-3-乙酰氧基十四碳-6, 12-二烯-8, 10-二炔-1-醇	(6E, 12E)-3-acetoxytetradec-6, 12-dien-8, 10-diyn-1-ol
(6E, 12E)-1-乙酰氧基十四碳-6, 12-二烯-8, 10-二炔-3-醇	(6E, 12E)-1-acetoxytetradec-6, 12-dien-8, 10-diyn-3-ol
2-乙酰氧基十四烷	2-acetoxytetradecane
乙酰氧基石栗萜酸酯	acetoxyaleuritolate
8-乙酰氧基莳萝艾菊酮	8-acetoxycarvotanacetone
18-乙酰氧基睡茄内酯 A～D	18-acetoxywithanolides A～D
2α-乙酰氧基-顺式-克罗-3, (13Z), 8 (17)-三烯-15-酸	2α-acetoxy-cis-clerod-3, (13Z), 8 (17)-trien-15-oic acid
(+)-19-乙酰氧基顺式-克罗-3-烯-15-酸	(+)-19-acetoxy-cis-clerod-3-en-15-oic acid
1-乙酰氧基松脂酚	1-acetoxypinoresinol
(+)-乙酰氧基松脂素	(+)-acetoxypinoresinol

6α- 乙酰氧基蒜味香科科素	6α-acetoxyteuscordin
2α- 乙酰氧基穗花澳紫杉碱	2α-acetoxyaustrospicatine
6- 乙酰氧基莎草烯	6-acetoxycyperene
14- 乙酰氧基替替佛灵环氧当归酸酯	14-acetoxytithifolin epoxyangelate
3- 乙酰氧基托品烷	3-acetoxytropane
3-(3′- 乙酰氧基托品酰氧基) 托品烷	3-(3′-acetoxytropoyloxy) tropane
8β- 乙酰氧基脱水南艾蒿素	8β-acetoxyanhydroverlotorin
2- 乙酰氧基锡兰紫玉盘烯酮	2-acetoxyzeylenone
D-8- 乙酰氧基香芹艾菊酮	D-8-acetoxycarvotanacetone
乙酰氧基香肉果宁碱	acetoxyedulinine
12β- 乙酰氧基响盒子毒素 (12β- 乙酰氧基赭雷毒素)	12β-acetoxyhuratoxin
6β- 乙酰氧基向日葵肿柄菊内酯	6β-acetoxysundiversifolide
乙酰氧基缬草三酯	acetoxyvalepotriate
乙酰氧基缬草萜烯酸	acetoxyvalerenic acid
3β- 乙酰氧基熊果 -11- 烯 -28, 13- 内酯	3β-acetoxyurs-11-en-28, 13-olide
3β- 乙酰氧基熊果 -12- 烯 -28- 酸	3β-acetoxyurs-12-en-28-oic acid
3β- 乙酰氧基熊果酸	3β-acetoxyursolic acid
6α- 乙酰氧基锈色罗汉松醛	6α-acetoxyferruginal
8- 乙酰氧基洋艾内酯	8-acetoxyartabsine
乙酰氧基氧代南五味子烷	acetoxyoxokadsurane
5- 乙酰氧基异哥纳香明氧化物	5-acetoxyisogoniothalaminoxide
7β- 乙酰氧基异海松 -8 (14), 15- 二烯 -1- 酮	7β-acetoxyisopimar-8 (14), 15-dien-1-one
α- 乙酰氧基异戊酰基紫草醌	α-acetoxyisovaleryl alkannin
β- 乙酰氧基异戊酰紫草醌	β-acetoxyisovaleryl alkannin
5- 乙酰氧基异戊酰紫草素	5-acetoxyisovaleryl shikonin
β- 乙酰氧基异戊酰紫草素	β-acetoxyisovaleryl shikonin
2β- 乙酰氧基翼齿六棱菊酸	2β-acetoxypterodontic acid
8β- 乙酰氧基银胶菊酮 C	8β-acetoxyhysterone C
12α- 乙酰氧基印苦楝酮内酯	12α-acetoxyazadironolide
3- 乙酰氧基油桐酸 (3- 乙酰氧基石栗胶虫酸)	3-acetoxyaleuritic acid
乙酰氧基榆橘灵	acetoxyptelefoliarine
8β- 乙酰氧基玉柏明碱 A	8β-acetyloxyobscurumine A
1β, 7α, 10α (H)-11- 乙酰氧基愈创木 -4- 烯 -3- 酮	1β, 7α, 10α (H)-11-acetoxyguaia-4-en-3-one
8α- 乙酰氧基中美菊素 A～D	8α-acetoxyzaluzanins A～D
10- 乙酰氧基紫杉碱 B	10-acetoxytaxine B
9- 乙酰氧基紫杉碱 B	9-acetoxytaxine B
7β- 乙酰氧基醉茄内酯 D	7β-acetoxywithanolide D
3- 乙酰氧甲基 -2, 2, 4- 三甲基环己醇	3-acetoxymethyl-2, 2, 4-trimethyl cyclohexanol
1- 乙酰氧甲基 -5, 8- 二羟基萘并 [2, 3-c] 呋喃 -4, 9- 二酮	1-acetoxymethyl-5, 8-dihydroxynaphtho [2, 3-c] furan-4, 9-dione

1-乙酰氧甲基-8-羟基萘并 [2, 3-*c*] 呋喃-4, 9-二酮	1-acetoxymethyl-8-hydroxynaphtho [2, 3-*c*] furan-4, 9-dione
8α-乙酰氧亮绿蒿素	8α-acetoxyarglabin
乙酰氧青椒内酯	acetoxyschinifolin
(2-乙酰氧乙基) 丁二酸甲酯	methyl 2-acetoxyethyl butanedioate
乙酰氧缘毛椿素 (乙酰缅甸椿酯)	acetoxytoonacilin
乙酰乙酸	acetoacetic acid
乙酰异柏酸	acetyl isocupressic acid
乙酰异紫堇醇灵碱	acetyl isocorynoline
乙酰淫羊藿苷	acetyl icariin
乙酰玉柏石松醇碱	acetyl lobscurinol
2″-*O*-乙酰远志皂苷 D、D$_2$	2″-*O*-acetyl polygalacins D, D$_2$
3″-*O*-乙酰远志皂苷 D、D$_2$	3″-*O*-acetyl polygalacins D, D$_2$
乙酰枣苷 (乙酰酸枣苷) B	acetyl jujuboside B
乙酰泽兰氯内酯	acetyl eupachlorin
5-乙酰栅状凹顶藻素 B	5-acetoxypalisadin B
3′-乙酰獐牙菜苷	3′-acetyl sweroside
4″-*O*-乙酰獐牙菜诺苷 E	4″-*O*-acetyl swertianoside E
N-乙酰樟新木姜子碱 (*N*-乙酰木姜子碱)	*N*-acetyl laurolitsine
15-乙酰鹧鸪花内雄楝林素 C～E	15-acetyl trichagmalins C～E
30-乙酰鹧鸪花内雄楝林素 F	30-acetyl trichagmalin F
1-乙酰鹧鸪花宁	1-acetyl trichilinin
1-*O*-乙酰鹧鸪花素 H	1-*O*-acetyl trichilin H
1-乙酰鹧鸪花素 H	1-acetyl trichilin H
3-乙酰鹧鸪花素 H	3-acetyl trichilin H
12-乙酰鹧鸪花素 I	12-acetyl trichilin I
乙酰鹧鸪花烯酮	acetyl trichilenone
3-乙酰栀子花甲酸	3-acetyl gardenolic acid A
2′-乙酰直立拉齐木酰胺	2′-acetyl strictosamide
6′-乙酰直立拉齐木酰胺	6′-acetyl strictosamide
6′-*O*-乙酰直立拉齐木酰胺	6′-*O*-acetyl strictosamide
乙酰梓醇	acetyl catalpol
乙酰紫草宁碱 (乙酰紫草烯宁)	acetyl lithosenine
DL-乙酰紫草素	DL-acetyl shikonin
乙酰紫草素	acetyl shikonin
8-乙酰紫花高乌头辛	8-acetyl excelsine
8-*O*-乙酰紫花高乌头辛	8-*O*-acetyl excelsine
乙酰紫堇醇灵碱 (乙酰紫堇灵)	acetyl corynoline
乙酰紫堇明	acetyl corymine
15-乙酰紫毛香茶菜素 N	15-acetyl enanderianin N

中文名称	英文名称
1-(乙亚磺酰基) 丁烷	1-(ethanesulfinyl) butane
24-乙亚基羊毛索甾醇	24-ethylidenelathosterol
4-[(乙氧氨亚基) 甲基] 苯-1-磺酸	4-[(ethoxyimino) methyl] benzene-1-sulfonic acid
4-(4-乙氧苯基)-3-丁烯-2-酮	4-(4-ethoxyphenyl) but-3-en-2-one
1-乙氧丙-1-硫醇	1-ethoxyprop-1-thiol
(−)-(1S, 2S, 3R)-3-乙氧花侧柏-5-烯-1, 2-二醇	(−)-(1S, 2S, 3R)-3-ethoxycupar-5-en-1, 2-diol
2-乙氧基-2-对羟苯基乙醇	2-ethoxy-2-(4-hydroxyphenyl) ethanol
(2S, 3R, 4R)-4-[1-乙氧基-1-(4′-羟基-3′-甲氧基) 苯基] 甲基-2-(4-羟基-3-甲氧基) 苯基-3-羟甲基四氢呋喃	(2S, 3R, 4R)-(4-[1-ethoxy-1-(4′-hydroxy-3′-methoxy) phenyl] methyl-2-(4-hydroxy-3-methoxy) phenyl-3-hydroxymethyl tetrahydrofuran
(−)-15β-乙氧基-14, 15-二氢别白饭树瑞宁	(−)-15β-ethoxy-14, 15-dihydroviroallosecurinine
1-乙氧基-1-甲氧基环己烷	1-ethoxy-1-methoxycyclohexane
1-乙氧基-1-乙硫基丁烷	1-ethoxy-1-(ethyl sulfanyl) butane
(±)-4-[乙氧基-(4-羟基-3-甲氧苯基) 甲基]-2-(4-羟基-3-甲氧苯基)-N-(4-羟基苯乙基) 四氢呋喃-3-酰胺	(±)-4-[ethoxy-(4-hydroxy-3-methoxyphenyl) methyl]-2-(4-hydroxy-3-methoxyphenyl)-N-(4-hydroxyphenethyl) tetrahydrofuran-3-carboxamide
5-(1-乙氧基)-2, 7-二羟基-1, 8-二甲基-9, 10-二氢菲	5-(1-ethoxy)-2, 7-dihydroxy-1, 8-dimethyl-9, 10-dihydrophenanthrene
(R)-2-(1-乙氧基)-5-(2-乙氧基) 吡嗪	(R)-2-(1-ethoxy)-5-(2-ethoxyl) pyrazine
(R)-2-(1-乙氧基)-6-乙基哒嗪	(R)-2-(1-ethoxy)-6-ethyl pyridazine
5-乙氧基-1-(4-羟基-3-甲氧苯基) 十四-3-酮	5-ethoxy-1-(4-hydroxy-3-methoxyphenyl) tetradec-3-one
1-乙氧基-1, 4, 4-三甲氧基环己烷 (环己-1, 4-二酮-1-乙基-1, 4, 4-三甲基二缩酮)	1-ethoxy-1, 4, 4-trimethoxycyclohexane (cyclohex-1, 4-dione-1-ethyl-1, 4, 4-trimethyl diketal)
7β-乙氧基-12-甲氧基-8, 11, 13-冷杉三烯-11-醇	7β-ethoxy-12-methoxy-8, 11, 13-abietatrien-11-ol
(12R)-15-乙氧基-12-羟基半日花-8 (17), 13 (14)-二烯-16, 15-内酯	(12R)-15-ethoxy-12-hydroxylabda-8 (17), 13 (14)-dien-16, 15-olide
8-乙氧基-14-苯甲酰基新乌头原碱	8-ethoxy-14-benzoyl mesaconine
16α-乙氧基-17-羟基-对映-贝壳杉-19-酸	16α-ethoxy-17-hydroxy-ent-kaur-19-oic acid
(3R/S)-乙氧基-19-表-海涅狗牙花碱	(3R/S)-ethoxy-19-epi-heyneanine
12α-乙氧基-1α, 6α, 7β-三乙酸基-5α, 14β-二羟基卡山烷-13 (15)-烯-16, 12-内酯	12α-ethoxy-1α, 6α, 7β-triacetoxy-5α, 14β-dihydroxycass-13 (15)-en-16, 12-olide
3-乙氧基-1-丙烯	3-ethoxy-1-propylene
2-(1-乙氧基-2-羟基) 丙基-4-甲氧基苯酚	2-(1-ethoxy-2-hydroxy) propyl-4-methoxyphenol
2-(1-乙氧基-2-羟基) 丙基-4-甲氧基苯酚-2-甲基丁酸酯	2-(1-ethoxy-2-hydroxy) propyl-4-methoxyphenol-2-methyl butanoate
5-乙氧基-2-羟基-3-[(10Z)-十五碳-10-烯-1-基]-1, 4-苯醌	5-ethoxy-2-hydroxy-3-[(10Z)-pentadec-10-en-1-yl]-1, 4-benzoquinone
5-乙氧基-2-羟基-3-[(8Z)-十三碳-8-烯-1-基]-1, 4-苯醌	5-ethoxy-2-hydroxy-3-[(8Z)-tridec-8-en-1-yl]-1, 4-benzoquinone
3-乙氧基-3β-胆甾-5-烯	3-ethoxy-3β-cholest-5-ene

Y

中文名称	英文名称
7β-乙氧基-3β-羟基-25-甲氧基葫芦-5, (23E)-二烯-19-醛	7β-ethoxy-3β-hydroxy-25-methoxycucurbita-5, (23E)-dien-19-al
3-(4-乙氧基-3-羟苯基) 丙烯酸	3-(4-ethoxy-3-hydroxyphenyl) acrylic acid
1-乙氧基-3-羟基-2, 3-开环浙玄参苷元	1-ethoxy-3-hydroxy-2, 3-seconingpogenin
1-乙氧基-4-甲基苯	1-ethoxy-4-methyl benzene
7-乙氧基-4-甲基香豆素	7-ethoxy-4-methyl coumarin
(E)-4-乙氧基-4-氧亚基丁烯-2-酸	(E)-4-ethoxy-4-oxobut-2-enoic acid
6-乙氧基-5, 6-二氢白屈菜红碱	6-ethoxy-5, 6-dihydrochelerythrine
1 (10) E, (4Z), 6α, 8β, 9α-9-乙氧基-6, 15-二羟基-8-(2-异丁烯酰氧基)-14-氧亚基大牻牛儿-1 (10), 4, 11 (13)-三烯-12, 6-内酯	[1 (10) E, (4Z), 6α, 8β, 9α]-9-ethoxy-6, 15-dihydroxy-8-(2-methacryloxy)-14-oxogermacr-1 (10), 4, 11 (13)-trien-12, 6-lactone
1 (10) E, (4Z)-9α-乙氧基-6α, 15-二羟基-8β-惕各酰氧基-14-氧亚基大牻牛儿-1 (10), 4, 11 (13)-三烯-12-酸-12, 6-内酯	1 (10) E, (4Z)-9α-ethoxy-6α, 15-dihydroxy-8β-tigloyloxy-14-oxogermacr-1 (10), 4, 11 (13)-trien-12-oic acid-12, 6-lactone
5α-乙氧基-6β-羟基-5, 6-二氢酸浆苦素 B	5α-ethoxy-6β-hydroxy-5, 6-dihydrophysalin B
(3aS, 4S, 5S, 6E, 10Z, 11aR)-5-乙氧基-6-甲酰基-2, 3, 3a, 4, 5, 8, 9, 11a-八氢-10-羟甲基-3-亚甲基-2-氧代环癸 [b] 呋喃-4-yl -(2Z)-2-甲基丁-2-烯酸酯	(3aS, 4S, 5S, 6E, 10Z, 11aR)-5-ethoxy-6-formyl-2, 3, 3a, 4, 5, 8, 9, 11a-octahydro-10-(hydroxymethyl)-3-methylene-2-oxocyclodeca [b] furan-4-yl-(2Z)-2-methylbut-2-enoic acid ester
5-乙氧基-6-羟基-5, 6-二氢酸浆苦素 B	5-ethoxy-6-hydroxy-5, 6-dihydrophysalin B
9α-乙氧基-8β-(2-异丁酰氧基)-14-氧亚基刺苞菊内酯	9α-ethoxy-8β-(2-isobutyryloxy)-14-oxo-acanthospermolide
2-乙氧基-8-乙酰基-1, 4-萘醌	2-ethoxy-8-acetyl-1, 4-naphthoquinone
5a-乙氧基-α-生育酚	5a-ethoxy-α-tocopherol
5-乙氧基白屈菜红碱	5-ethoxychelerythrine
6-乙氧基白屈菜红碱	6-ethoxychelerythrine
乙氧基白屈菜红碱	ethoxychelerythrine
N-乙氧基丙-1-亚胺	N-ethoxypropan-1-imine
2-乙氧基丙烷	2-ethoxypropane
(2E)-3-乙氧基丙烯酸	(2E)-3-ethoxyacrylic acid
8β-乙氧基苍术内酯 Ⅰ～Ⅲ	8β-ethoxyatractylenolides Ⅰ～Ⅲ
11-乙氧基地中海荚蒾醛	11-ethoxyviburtinal
1-乙氧基丁-1-醇	1-ethoxybutan-1-ol
2-乙氧基丁烷	2-ethoxybutane
1-乙氧基丁烷	1-ethoxybutane
3β-乙氧基短舌匹菊内酯	3β-ethoxytanapartholide
3-乙氧基对羟基苯甲酸	3-ethoxy-p-hydroxybenzoic acid
1-[(2R, 3S)-3-乙氧基-2, 3-二氢-6-羟基-2-(1-甲乙基)-1-苯并呋喃-5-基] 乙酮	1-[(2R, 3S)-3-ethoxy-2, 3-dihydro-6-hydroxy-2-(1-methyl ethenyl)-1-benzofuran-5-yl] ethanone
6-乙氧基二氢白屈菜红碱	6-ethoxydihydrochelerythrine
6-乙氧基二氢血根碱	6-ethoxydihydrosanguinarine
乙氧基二氢异藤黄宁	ethoxydihydroisomorellin

16-乙氧基番木鳖碱	16-ethoxystrychnine
(3R/3S)-乙氧基伏康树碱 [(3R/3S)-乙氧基老刺木碱、(3R/3S)-乙氧基伏康京碱]	(3R/3S)-ethoxyvoacangine
(7″R)-7″-乙氧基橄榄苦苷	(7″R)-7″-ethoxyoleuropein
(7″S)-7″-乙氧基橄榄苦苷	(7″S)-7″-ethoxyoleuropein
5-乙氧基高粱酮	5-ethoxysorgoleone
11-乙氧基桂皮内酯 (11-乙氧基合瓣樟内酯)	11-ethoxycinnamolide
(3R/S)-乙氧基海涅狗牙花碱	(3R/S)-ethoxyheyneanine
2-乙氧基胡桃醌	2-ethoxyjuglon
4-乙氧基甲苯基-4′-羟苄醚	4-ethoxymethyl phenyl-4′-hydroxybenzyl ether
6β-乙氧基京尼平苷	6β-ethoxygeniposide
9-乙氧基马兜铃内酰胺	9-ethoxyaristololactam
9-乙氧基马兜铃内酯	9-ethoxyaristolactone
11-乙氧基毛荚蒾醛	11-ethoxyviburtinal
7-乙氧基迷迭香酚	7-ethoxyrosmanol
3-乙氧基没食子酸	3-ethoxygallic acid
19-乙氧基牛眼马钱林碱	19-O-ethylangustoline
6-乙氧基去乙酰车叶草酸甲酯	6-ethoxydeacetyl asperulosidic acid methyl ester
1-乙氧基烯丙基-3-甲氧基-4-O-β-D-吡喃葡萄糖基苯	1-ethoxyallyl-3-methoxy-4-O-β-D-glucopyranosyl benzene
7-乙氧基香豆素	7-ethoxycoumarin
6-乙氧基血根碱	6-ethoxysanguinarine
乙氧基血根碱	ethoxysanguinarine
5-乙氧基-5-氧代戊酸	5-ethoxy-5-oxopentanoic acid
1-(1-乙氧基乙氧基) 丁烷	1-(1-ethoxyethoxy) butane
1-(1-乙氧基乙氧基) 戊烷	1-(1-ethoxyethoxy) pentane
12-乙氧基印楝波灵素 (12-乙氧基印楝波力宁) A～F	12-ethoxynimbolinins A～F
β-乙氧基芸香糖苷	β-ethoxyrutinoside
2-(乙氧甲基) 苯酚-1-O-β-D-吡喃葡萄糖苷	2-(ethoxymethyl) phenol-1-O-β-D-glucopyranoside
4-(乙氧甲基) 苯基-1-O-β-D-吡喃葡萄糖苷	4-(ethoxymethyl) phenyl-1-O-β-D-glucopyranoside
5-乙氧甲基-1H-吡咯-2-甲醛	5-ethoxymethyl-1H-pyrrol-2-carbaldehyde
5-乙氧甲基-1-羧丙基-1H-吡咯-2-甲醛	5-ethoxymethyl-1-carboxyl propyl-1H-pyrrol-2-carbaldehyde
5-乙氧甲基-2, 2′:5′, 2″-三联噻吩	5-ethoxymethyl-2, 2′:5′, 2″-terthiophene
3-乙氧甲基-5, 6, 7, 8-四氢-8-吲嗪酮	3-ethoxymethyl-5, 6, 7, 8-tetrahydro-8-indolizinone
2-乙氧甲基红大戟素 (2-乙氧甲基红大戟定)	2-ethoxymethyl knoxiavaledin
5-乙氧甲基糠醛	5-ethoxymethyl furfural
5-乙氧甲酰乙烯基-7-甲氧基-2-(3, 4-亚甲二氧苯基) 苯并呋喃	5-carbethoxyvinyl-7-methoxy-2-(3, 4-methylenedioxyphenyl) benzofuran
5-(1-乙氧乙基)-2-羟基-7-甲氧基-1, 8-二甲基-9, 10-二氢菲	5-(1-ethoxyethyl)-2-hydroxy-7-methoxy-1, 8-dimethyl-9, 10-dihydrophenanthrene
6-(1-乙氧乙基)-7-甲氧基-2, 2-二甲基色烯	6-(1-ethoxyethyl)-7-methoxy-2, 2-dimethyl chromene

中文名称	英文名称
6-(1-乙氧乙基) 白花丹素	6-(1-ethoxyethyl) plumbagin
(E)-1-(1-乙氧乙氧基) 己 -3- 烯	(E)-1-(1-ethoxyethoxy) hex-3-ene
乙罂粟碱	ethaverine
3-O-(6′-乙酯)-β-D- 吡喃葡萄糖醛酸基齐墩果酸 -28-O-β-D- 吡喃葡萄糖苷	3-O-(6′-ethyl ester)-β-D-glucuronopyranosyl oleanolic acid-28-O-β-D-glucopyranoside
2- 乙酯基 -1- 羟基蒽醌	2-ethoxycarbonyl-1-hydroxyanthraquinone
己酰日本南五味子素 A	caproyl binankadsurin A
以皮可林碱	epivoacorine
蚁大青二醇 (蚁大青二酚)	formidiol
蚁花苷 1～9	mezzettiasides 1～9
蚁酸 (甲酸)	formic acid (methanoic acid)
异-1-[(E)-8- 异丙基 -1, 5- 二甲基 -4, 8- 壬二烯基]-4- 甲基 -2, 3- 二氧杂双环 [2.2.2]-5- 辛烯	iso-1-[(E)-8-isopropyl-1, 5-dimethyl-nona-4, 8-dienyl]-4-methyl-2, 3-dioxabicyclo [2.2.2] oct-5-ene
异 -17, 19- 二氢脱氧地胆草内酯	iso-17, 19-dihydrodeoxyelephantopin
3- 异 -19- 表阿吉马蛇根辛碱	3-iso-19-epiajmalicine
异 -5- 甲氧基非洲红豆素	iso-5-methoxyafrormosin
异 -6- 甲氧基柠檬醇 -3-β-D- 葡萄糖苷	isolimocitrol-3-β-D-glucoside
异 -8- 表金吉苷 (异 -8- 表莫罗忍冬古苷)	iso-8-epikingiside
异 -γ- 花椒碱	iso-γ-fagarine
异 -ε- 葡萄双芪	iso-ε-viniferin
异阿吹坡利西内酯巴豆酸酯	isoatripliciolide tiglate
(20R, 25R)- 异阿尔泰藜芦宁碱	(20R, 25R)-isoveralodinine
异阿吉马蛇根辛碱	isoajmalicine
异阿江榄仁酸	isoarjunolic acid
异阿呆苷	isoaragoside
3- 异阿吗碱	3-isoajmalicine
异阿米芹内酯	isokhellactone
异阿诺花椒宁	isoarnottinin
异阿诺花椒宁 -4′- 吡喃葡萄糖苷	isoarnottinin-4′-glucopyranoside
异阿诺花椒酰胺 (异阿尔洛花椒酰胺)	isoarnottianamide
1-{ω- 异阿魏基 [6-(4- 羟基戊基) 十五酸]} 甘油	1-{ω-isoferul [6-(4-hydroxybutyl) pentadecanoic acid]} glycerol
异阿魏醛	isoferulaldehyde
异阿魏栓翅芹醇 (异栓翅芹醇)	isogosferol
异阿魏酸 (3- 羟基 -4- 甲氧基桂皮酸)	isoferulic acid (3-hydroxy-4-methoxycinnamic acid)
异阿魏酸乙酯	isoferuloyl ethyl ester
异阿魏酮	isoferuone
6-O-[α-L-(3″-O- 异阿魏酰基) 吡喃鼠李糖基] 梓醇	6-O-[α-L-(3″-O-isoferuloyl) rhamnopyranosyl] catalpol
6-O-[α-L-(4″- 异阿魏酰基) 吡喃鼠李糖基] 梓醇	6-O-[α-L-(4″-isoferuloyl) rhamnopyranosyl] catalpol
6-O-α-L-(2″-O- 异阿魏酰基, 4″-O- 乙酰基) 吡喃鼠李糖基梓醇	6-O-α-L-(2″-O-isoferuloyl, 4″-O-acetyl) rhamnopyranosyl catalpol

6-O-α-L-(3″-O-异阿魏酰基, 4″-O-乙酰基) 吡喃鼠李糖基梓醇	6-O-α-L-(3″-O-isoferuloyl, 4″-O-acetyl) rhamnopyranosyl catalpol
6-异阿魏酰基筋骨草醇	6-isoferuloyl ajugol
异埃那胺 (异乳白仔榄树胺)	isoeburnamine
异矮紫玉盘素	isochamanetin
异艾榴脑葡萄糖苷	isoeleutherol glucoside
异安五酸	isoanwuweizic acid
异安五脂素	isowulignan
异凹陷蓍萜	isoapressin
(2S)-异奥卡宁-3, 4′-二甲基醚-7-O-β-D-吡喃葡萄糖苷	(2S)-isookanin-3, 4′-dimethyl ether-7-O-β-D-glucopyranoside
(2R)-异奥卡宁-3, 4′-二甲基醚-7-O-β-D-吡喃葡萄糖苷	(2R)-isookanin-3, 4′-dimethyl ether-7-O-β-D-glucopyranoside
(2R)-异奥卡宁-3′-甲氧基-7-O-β-D-吡喃葡萄糖苷	(2R)-isookanin-3′-methoxy-7-O-β-D-glucopyranoside
(2S)-异奥卡宁-3′-甲氧基-7-O-β-D-吡喃葡萄糖苷	(2S)-isookanin-3′-methoxy-7-O-β-D-glucopyranoside
(2R)-异奥卡宁-4′-甲氧基-7-O-β-D-吡喃葡萄糖苷	(2R)-isookanin-4′-methoxy-7-O-β-D-glucopyranoside
(2S)-异奥卡宁-4′-甲氧基-7-O-β-D-吡喃葡萄糖苷	(2S)-isookanin-4′-methoxy-7-O-β-D-glucopyranoside
(2R)-异奥卡宁-7-O-β-D-(2″, 4″, 6″-三乙酰基) 吡喃葡萄糖苷	(2R)-isookanin-7-O-β-D-(2″, 4″, 6″-triacetyl) glucopyranoside
(2S)-异奥卡宁-7-O-β-D-(2″, 4″, 6″-三乙酰基) 吡喃葡萄糖苷	(2S)-isookanin-7-O-β-D-(2″, 4″, 6″-triacetyl) glucopyranoside
(2R)-异奥卡宁-7-O-β-D-吡喃葡萄糖苷	(2R)-isookanin-7-O-β-D-glucopyranoside
(2S)-异奥卡宁-7-O-β-D-吡喃葡萄糖苷	(2S)-isookanin-7-O-β-D-glucopyranoside
异奥万呫酮 (异阿尔瓦橙桑呫酮)	isoalvaxanthone
异巴豆酰蕨素 B	isocrotonyl pterosin B
异巴福定	isobalfourodine
异巴兰精 (异千解草精)	isobharangin
异巴西黑黄檀定	isocaviudin
异巴西黑黄檀素	isocaviunin
异巴西红厚壳素	isojacareubin
异巴西红厚壳素-5-葡萄糖苷	isojacareubin-5-glucoside
异巴西金丝桃酚 B	isohyperbrasilol B
异菝葜皂苷元酮	smilagenone
异白刺喹啉胺	isonitramine
异白刺灵碱	isonitrarine
异白当归脑 (脱水比克白芷素、脱水白当归素)	isobyakangelicol (anhydrobyakangelicin)
异白花败酱醇	isovillosol
异白花丹素	isoplumbagin
异白花丹酮	isozeyl anone
异白花前胡苷 IV	isopraeroside IV
异白蜡树苷 (异秦皮苷、异梣皮苷)	isofraxoside

异白蜡树酮	isofraxinellone
异白藜芦胺 (异哥明碱)	isogermine
异白蔹素 F	isoampelopsin F
异白木香醇	isobaimuxinol
异白屈菜碱	isochelidonine
异白苏烯酮 (异白苏酮)	isoegomaketone
异白鲜碱	isodictamnine
异白芷豆素 (异白芷双香豆素) A	isodahuribirin A
异百部定碱	isostemonidine
异百部酰胺	isostemonamide
异百里香辛	isothymusin
异百里香辛-8-*O*-β-D-吡喃葡萄糖苷	isothymusin-8-*O*-β-D-glucopyranoside
异柏芳醛	isocuparenal
异柏木酸	isocedrolic acid
异柏酸	isocupressic acid
异败酱烯	isopatrinene
异稗草素	isosawamilletin
异斑沸林草碱 (异斑点巨盘木定)	isomaculosidine
异半齿萜醇乙酸酯 (异羊齿萜醇乙酸酯)	isomotiol acetate (isofernenol acetate)
异半蒎酸二甲酯	dimethyl isohemipate
异半皮桉苷	isohemiphloin
异半秃灰毛豆酮	isosemiglabrinone
异半夏苷	isopinelloside
异瓣前胡宁-5-甲氧基-7-甲醚	heteropeucenin-5-methoxy-7-methyl ether
异瓣前胡宁-7-甲醚	heteropeucenin-7-methyl ether
DL-异薄荷醇	DL-isomenthol
D-异薄荷醇	D-isomenthol
异薄荷醇	isomenthol
L-异薄荷酮	L-isomenthone
(+)-异薄荷酮	(+)-isomenthone
异薄荷酮	isomenthone
异薄菊灵	isotenulin
异报春黄苷	isosinensin
异豹皮菇萜醚	isolentideusether
异鲍尔山油柑烯醇	isobauerenol
异鲍尔山油柑烯酮	isobauerenone
异杯苋甾酮	isocyasterone
异北五味子素 O	isogomisin O
异贝壳杉-16-烯-19-酸	isokaur-16-en-19-oic acid
异贝壳杉树脂醇	isoagatharesinol

异贝壳杉烯酸甲酯	isokaurenoic acid methyl ester
异贝母尼定碱 (异贝母尼丁)	isobaimonidine
异苯并呋喃	isobenzofuran
异苯甲酰芍药苷	isobenzoyl paeoniflorin
异比克白芷素	isobyakangelicin
异荜澄茄烯醇	isocubebenol
异蓖麻油酸	isoricinoleic acid
异蝙蝠葛内酯	isoaquilegelide
(−)-异扁柏次酸	(−)-isochaminic acid
异扁柏定	isochamaecydin
异扁枝衣酸	isoevernic acid
异表虹臭蚁素 (异表阿根廷蚁素)	isoepiiridomyrmecin
异别土木香内酯	isoalloalantolactone
异槟榔次碱	isoarecaidine
异槟榔碱	isoarecoline
异丙苯 (1-甲乙基苯、枯烯)	isopropyl benzene (1-methyl ethyl benzene, cumene)
2, 3-*O*-异丙叉基-2α, 3α, 19α-三羟基熊果-12-烯-28-酸	2, 3-*O*-isopropylidenyl-2α, 3α, 19α-trihydroxyurs-12-en-28-oic acid
1, 2-异丙叉基-*O*-α-D-呋喃葡萄糖	1, 2-isopropylidene-*O*-α-D-glucofuranose
20, 22-异丙叉基-20-羟基蜕皮激素	20-hydroxyecdysone-20, 22-acetonide
2, 3-异丙叉基-20-羟基蜕皮激素	20-hydroxyecdysone-2, 3-acetonide
异丙叉景天庚酮糖酐	isopropylidene sedoheptlosan
2, 3-*O*-异丙叉蔷薇酸	2, 3-*O*-isopropylidenyl euscaphic acid
异丙醇	isopropanol
异丙醇乙酸酯	isopropyl acetate
4-异丙基-2-甲苯	4-isopropyl-2-toluene
4-(1-异丙基) 苯甲醇	4-(1-methyl ethyl) benzenemethanol
1-[(*E*)-8-异丙基-1, 5-二甲基-4, 8-壬二烯基]-4-甲基-2, 3-二氧杂双环 [2.2.2]-5-辛烯	1-[(*E*)-8-isopropyl-1, 5-dimethyl nona-4, 8-dienyl]-4-methyl-2, 3-dioxabicyclo [2.2.2] oct-5-ene
4-异丙基-1, 6-二甲基-1, 2, 3, 4, 4α, 7, 8, 8α-八氢-1-萘酚	4-isopropyl-1, 6-dimethyl-1, 2, 3, 4, 4α, 7, 8, 8α-octahydro-1-naphthol
4-异丙基-1, 6-二甲萘 (卡达烯、杜松萘)	4-isopropyl-1, 6-dimethyl naphthalene (cadalin, cadalene)
3-异丙基-1, 6-二甲氧基-5-甲基萘-7-醇	3-isopropyl-1, 6-dimethoxy-5-methyl naphthalen-7-ol
4-异丙基-1-甲基-4-环己烯-1, 2, 3-三醇	4-isopropyl-1-methyl-4-cyclohexen-1, 2, 3-triol
2-异丙基-1-辛烯	2-isopropyl-1-octene
10-异丙基-2, 2, 5-三甲基-2, 2α, 3, 4-四氢苯基烯醇 [1, 9-*c*] 呋喃	10-isopropyl-2, 2, 5-trimethyl-2, 2α, 3, 4-tetrahydrophenaleno [1, 9-*c*] furan
10-异丙基-2, 2, 6-三甲基-2, 3, 4, 5-四氢萘 [1, 8-*bc*] 氧杂环-11-醇	10-isopropyl-2, 2, 6-trimethyl-2, 3, 4, 5-tetrahydronaphtho [1, 8-*bc*] oxocine-11-ol

10-异丙基-2, 2, 6-三甲基-2, 3, 4, 5-四氢萘 [1, 8-*bc*] 氧杂环-5, 11-二醇	10-isopropyl-2, 2, 6-trimethyl-2, 3, 4, 5-tetrahydronaphtho [1, 8-*bc*] oxocine-5, 11-diol
2-异丙基-2, 3-二氢苯并呋喃-5-酸	fomannoxin acid
5-异丙基-2-甲苯酚	5-isopropyl-2-cresol
1-异丙基-2-甲基苯	1-isopropyl-2-methyl benzene
5-异丙基-2-甲基环戊烯甲酸甲酯	5-isopropyl-2-methyl cyclopentene carboxylic acid methyl ester
4-异丙基-4, 7-二甲基-1, 2, 3, 5, 6, 8a-六氢萘	4-isopropyl-4, 7-dimethyl-1, 2, 3, 5, 6, 8a-hexahydronaphthalene
6-异丙基-4-甲基-7, 8-二氢-6*H*-萘 [1, 8-*bc*] 呋喃	6-isopropyl-4-methyl-7, 8-dihydro-6*H*-naphtho [1, 8-*bc*] furan
3-异丙基-4-甲基癸-1-烯-4-醇	3-isopropyl-4-methyl dec-1-en-4-ol
3-异丙基-4-甲基-3-戊烯-1-炔	3-isopropyl-4-methyl-3-penten-1-yne
2′-异丙基-5-β-D-吡喃半乳糖基-7, 8-呋喃香豆素	2′-isopropyl-5-β-D-galactopyranosyl-7, 8-furocoumarin
2-异丙基-5-甲基-9-亚甲基二环 [4.4.0] 癸-1-烯	2-isopropyl-5-methyl-9-methylene-bicyclo [4.4.0] dec-1-ene
2-异丙基-5-甲基苄甲醚 (2-异丙基-5-甲基茴香醚)	2-isopropyl-5-methyl benzyl methyl ether (2-isopropyl-5-methyl anisole)
2-异丙基-5-甲基对氢醌-4-*O*-β-D-吡喃木糖苷	2-isopropyl-5-methyl-*p*-hydroquinone-4-*O*-β-D-xylopyranoside
2-异丙基-5-甲基环己酮	2-isopropyl-5-methyl cyclohexanone
2-异丙基-5-甲基茴香醚 (2-异丙基-5-甲基苄甲醚)	2-isopropyl-5-methyl anisole (2-isopropyl-5-methyl benzyl methyl ether)
2-异丙基-5-氧亚基己酸	2-isopropyl-5-oxohexanoic acid
3-异丙基-6-甲基-2, 5-二酮哌嗪	3-isopropyl-6-methyl-2, 5-piperazinedione
3-异丙基-6-甲基-2, 5-哌嗪二酮 (L-缬氨酰-L-丙氨酸酐)	3-isopropyl-6-methyl-2, 5-piperazinedione (L-valyl-L-alanine anhydride)
(*E*)-9-异丙基-6-甲基-5, 9-癸二烯-2-酮	(*E*)-9-isopropyl-6-methyl-5, 9-decadien-2-one
3-异丙基-6-甲基-7-氧杂双环 [4.1.0] 庚-2-酮	3-isopropyl-6-methyl-7-oxabicyclo [4.1.0] hept-2-one
3-异丙基-6-叔丁基-2, 5-二酮哌嗪	3-isopropyl-6-tertbutyl-2, 5-piperazinedione
(*E*)-3-异丙基-6-氧亚基-2-庚烯醛	(*E*)-3-isopropyl-6-oxo-2-heptenal
3-异丙基-6-异丁基-2, 5-哌嗪二酮 (L-缬氨酰-L-亮氨酸酐)	3-isopropyl-6-isobutyl-2, 5-piperazinedione (L-valyl-L-leucine anhydride)
2-异丙基-7-甲基呋喃并 [3, 2-*h*] 异喹啉-3-酮	2-isopropyl-7-methyl furo [3, 2-*h*] isoquinolin-3-one
2-异丙基-8-二甲基八氢萘	2-isopropyl-8-dimethyl-octahydronaphthalene
2-异丙基-8-甲基-3, 4-苯基蒽醌	2-isopropyl-8-methyl-3, 4-phenanthraquinone
2-异丙基-8-甲基菲醌-3, 4-二酮	2-isopropyl-8-methyl phenanthrene-3, 4-dione
异丙基-β-D-吡喃葡萄糖苷	isopropyl-β-D-glucopyranoside
异丙基-β-D-呋喃芹糖基-(1→6)-β-D-吡喃葡萄糖苷	isopropyl-β-D-apiofuranosyl-(1→6)-β-D-glucopyranoside
异丙基胺	isopropyl amine
4-异丙基苯甲酸甲酯	methyl (4-isopropanyl) benzoate

3-异丙基吡咯并 [1, 2-a] 2, 5-二酮哌嗪 (L-脯氨酰 -L-缬氨酸酐)	3-isopropyl-pyrrolo [1, 2-a] piperazine-2, 5-dione (L-prolyl-L-valine anhydride)
3-异丙基吡咯并哌嗪 -2, 5- 二酮	3-isopropyl pyrrolopiperazine-2, 5-dione
异丙基甘油醚	isopropyl glycidyl ether
异丙基甲苯 (聚伞花素、伞花烃、孜然芹烃、伞形花素)	isopropyl toluene (cymene, cymol)
o-异丙基甲苯 (邻孜然芹烃、邻聚伞花素)	o-isopropyl toluene (o-cymene)
6-异丙基间甲酚 (百里酚、百里香酚、麝香草脑、3-对伞花酚、麝香草酚)	6-isoproppyl-m-cresol (3-p-cymenol, thymol)
3-异丙基邻苯二酚 (3- 异丙基儿茶酚)	3-isopropyl catechol
2-异丙基苹果酸	2-isopropyl malic acid
2-异丙基苹果酸二 [4-(β-D- 吡喃葡萄糖氧基) 苄基] 酯	bis [4-(β-D-glucopyranosyloxy) benzyl] 2-isopropyl malate
(S)-2- 异丙基苹果酸二钠	disodium-(S)-2-isopropyl malate
异丙基芹糖葡萄糖苷	isopropyl apioglucoside
2-异丙基氢醌	2-isopropyl hydroquinone
3-异丙基戊酸甲酯	methyl 3-isopropyl pentanoate
异丙基烯丙基二硫化物	isopropyl allyl disulfide
2-异丙基氧化乙烷	2-isopropyloxyethane
4-异丙基卓酚酮	4-isopropyl tropolone
异丙硫醇	propane-2-thiol
3-异丙烯基 -1- 环辛烯	3-isopropenyl-1-cyclooctene
(5R, 6R, 7aR)-5- 异丙烯基 -3, 6- 二甲基 -6- 乙烯基 -5, 6, 7, 7α- 四氢 -4H- 苯并呋喃 -2- 酮	(5R, 6R, 7aR)-5-isopropenyl-3, 6-dimethyl-6-vinyl-5, 6, 7, 7α-tetrahydro-4H-benzofuran-2-one
(5R, 6R, 7aS)-5- 异丙烯基 -3, 6- 二甲基 -6- 乙烯基 -5, 6, 7, 7α- 四氢 -4H- 苯并呋喃 -2- 酮	(5R, 6R, 7aS)-5-isopropenyl-3, 6-dimethyl-6-vinyl-5, 6, 7, 7α-tetrahydro-4H-benzofuran-2-one
2-异丙烯基 -5- 甲基己 - 反式 -3, 5- 二烯 -1- 醇	2-isopropenyl-5-methyl hex-trans-3, 5-dien-1-ol
3-异丙烯基 -6- 氧亚基庚酸	3-isopropenyl-6-oxoheptanoic acid
2-异丙烯基 -8, 10- 二甲基双环 [4.4.0] 癸 -1- 酮	2-isopropenyl-8, 10-dimethyl bicyclo [4.4.0] decan-1-one
(2E, 4E, 8Z, 10E, 12E)-1′- 异丙烯基 -N-(2′- 异丁烯基)-2, 4, 8, 10, 12- 十四碳五烯酰胺 (脱氢 -γ- 山椒素)	(2E, 4E, 8Z, 10E, 12E)-1′-isopropenyl-N-(2′-isobutenyl)-2, 4, 8, 10, 12-tetradecapentaenamide (dehydro-γ-sanshool)
异丙烯基苯	isoallyl benzene
异丙烯基丙酮	isomesityl oxide
25ξ-异丙烯基胆甾 -5 (6)- 烯 -3-O-β-D- 吡喃葡萄糖苷	25ξ-isopropenyl cholest-5 (6)-en-3-O-β-D-glucopyranoside
3-异丙烯基丁 -1, 2, 4- 三醇	3-isopropenylbut-l, 2, 4-triol
2-异丙烯基萘并 [2, 3-b] 呋喃 -4, 9- 醌	2-isopropenyl naphtho [2, 3-b] furan-4, 9-quinone
8-异丙烯基山奈酚	8-isopentenyl kaempferol
1-异丙亚基 -2, 4- 二甲基氨基脲	1-isopropylidene-2, 4-dimethyl semicarbazide
1, 2-O- 异丙亚基 -O-β-D- 吡喃果糖苷	1, 2-O-isopropylidene-O-β-D-fructopyranoside
4-(异丙亚基腙基) 环己 -2, 5- 二烯 -1- 甲酸	4-(isopropylidenehydrazono) cyclohex-2, 5-dien-1-carboxylic acid

Y

异丙氧基乙醇	isopropoxyethanol
异柄花长蒴苣苔素 (异柄苣素)	isopedicin
(+)-异波尔定碱	(+)-isoboldine
异波尔定碱 (异包尔定)	isoboldine
1-(+)-异波尔定碱-β-N-氧化物	1-(+)-isoboldine-β-N-oxide
异波罗蜜辛	isoartocarpesin
异波斯菊苷	isocorepsin
异伯恩鸡骨常山素	isoboonein
异博氏邪蒿素 (异博落回素)	isobocconin
异补骨脂苯并呋喃酚 (异补骨脂酮酚)	ioscorylifonol
异补骨脂查耳酮 (补骨脂乙素、异补骨脂酮、异破故纸酮)	isobavachalcone (corylifolinin)
异补骨脂定	isopsoralidin
异补骨脂二氢黄酮 (异补骨脂辛、异补骨脂甲素、异补骨脂黄酮、异破故纸素)	isobavachin
异补骨脂苷	isopsoralenoside
异补骨脂色烯查耳酮	isobavachromene
异补骨脂素 (白芷素、当归素)	isopsoralen (angelicin)
异不等红厚壳醇 B	isodisparinol B
异不等红厚壳素 (异不等胡桐素) B	isodispar B
异布鲁生 N-氧化物	isobrucine N-oxide
异布斯苷元	bersenogenin
异菜蓟苷 (木犀草素-7-O-呋喃葡萄糖苷)	isocynaroside (luteolin-7-O-glucofuranoside)
异苍耳醇	isoxanthanol
异苍术内酯 I	isoatractylenolide I
异糙叶败酱苷 I 、II	isopatriscabrosides I , II
异草莓树苷	isounedoside
异侧柏醇	isothujol
β-异侧柏萜醇	β-isobiotol
异侧柏酮	isothujone
8-异叉开内酯 A～C	8-isodivarolides A～C
异茶黄素	isotheaflavin
异茶茱萸碱 (异香茶茱萸碱)	isocantleyine
异察克素	isochaksine
异柴胡内酯	isochaihulactone
异蟾蜍毒苷元	isobufogenin
异菖蒲二烯	isoacoradiene
异菖蒲螺新酮	isoacoramone
异菖蒲酮	isoacolamone
异菖蒲烯	isoacoradene

异菖蒲烯二醇 (异菖蒲二醇、异水菖蒲二醇)	isocalamendiol
异长春花苷 (异小蔓长春花苷、直夹竹桃定、直立拉齐木西定)	isovincoside (strictosidine)
异长春花苷内酰胺 (斯垂特萨果碱、直立拉齐木酰胺)	isovincoside lactam (strictosamide)
(16*R*, 19*E*)-异长春钦碱	(16*R*, 19*E*)-isositsirikine
(16*R-E*)-异长春钦碱	(16*R-E*)-isositsirikine
(16*S-E*)-异长春钦碱	(16*S-E*)-isositsirikine
异长春钦碱 (异西特斯日钦碱)	isositsirikine
(7*R*, 16*R*-19*E*)-异长春钦碱氧化吲哚	(7*R*, 16*R*-19*E*)-isositsirikine oxindole
(7*S*, 16*R*-19*E*)-异长春钦碱氧化吲哚	(7*S*, 16*R*-19*E*)-isositsirikine oxindole
异长春钦碱氧化吲哚	isositsirikine oxindole
异长管香茶菜醇	isolongirabdiol
(−)-异长叶醇	(−)-isolongifolol
异长叶红厚壳酸	isocalolongic acid
异长叶九里香醇烟酸酯	isomurralonginol nicotinate
异长叶九里香醇乙酸酯	isomurralonginol acetate
异长叶九里香内酯醇酮千里光酸酯	isomurranganon senecioate
异长叶烯	isolongifolene
异长叶烯-5-醇	isolongifolen-5-ol
异长叶烯-5-酮	isolongifolen-5-one
异常山碱	isodichroine
异常山碱乙 (α-常山碱、常山碱甲、黄常山碱甲)	isofebrifugine (α-dichroine)
异沉香四醇	isoagarotetrol
异柽柳烯	isotamarixen
异橙花叔醇	isonerolidol
异橙黄胡椒酰胺乙酸酯	isoaurantiamide acetate
异橙黄酮 (异甜橙黄酮、异甜橙素、3′, 4′, 5, 7, 8-五甲氧基黄酮)	isosinensetin (3′, 4′, 5, 7, 8-pentamethoxyflavone)
异橙皮内酯	isomeranzin
异齿红景天苷	heterodontoside
异赤松素 A	isopinosylvin A
异翅柄钩藤碱 (异翅果定碱、恩卡林碱 E、异坡绕定)	isopteropodine (uncarine E, isopoteropodin)
异翅柄钩藤酸	isopteropodic acid
异翅荚香槐亭 (异香槐种异黄酮)	isoplatycarpanetin
异虫胶红素	isoerythrolaccin
异臭阿魏素	isofeterin
异臭椿酮	isoailanthone
异雏菊叶龙胆酮	isobellidifolin
异川楝素	isochuanliansu (isotoosendanin)
异川楝素	isotoosendanin (isochuanliansu)

Y

$\Delta^{5,6}$-异川楝素	$\Delta^{5,6}$-isotoosendanin
异川芎内酯	isocnidilide
(8R, 12R)-异穿心莲内酯	(8R, 12R)-isoandrographolide
(8R, 12S)-异穿心莲内酯	(8R, 12S)-isoandrographolide
(8S, 12R)-异穿心莲内酯	(8S, 12R)-isoandrographolide
(8S, 12S)-异穿心莲内酯	(8S, 12S)-isoandrographolide
异穿心莲内酯	isoandrographolide
异垂盆草苷	allopside
异垂穗石松宁碱 A	isopalhinine A
异次惰碱	isohypoignavine
异次惰碱醇	isohypoignavinol
异次水飞蓟素 (异水飞蓟亭)	isosilychristin
异刺飞龙掌血素	isoaculeatin
异刺果番荔枝烯宁	isomurisolenin
异刺凌德草碱 (异刺翅果草碱)	isoechinatine
异刺芒柄花素 (芒柄花异黄酮)	isoformononetin
异刺芒柄花素 -4'- 葡萄糖苷 (异芒柄花苷)	isoformononetin-4'-glucoside (isoononin)
异刺树酮	isofouquierone
异刺树酮过氧化物	isofouquierone peroxide
异刺桐匹诺福林碱	isoerysopinophorine
异苁蓉苷 F	isocistanoside F
异粗榧酸	isoharringtonic acid
异粗糠柴毒素 (异卡马拉素)	isorottlerin
异簇凹顶藻醇	isocaespitol (isocespitol)
异翠雀碱	isodelphinine
异大白刺定	isoschoberidine
异大苞藤黄素	isobractatin
异大车前苷	isoplantamajoside
异大齿杨素 A	isograndidentatin A
异大根老鹳草呋烯	isogermafurene
异大根老鹳草呋烯内酯 (异吉马呋烯内酯)	isogermafurenolide
异大花藜芦胺 (异特因明)	isoteinemine
异大花藜芦胺乙酸酯	isoteinemine acetate
异大黄酚	isochrysophanol
异大黄素	isoemodin
异大戟亭四甲醚	isoeuphorbetin tetramethyl ether
异大麻螺烷	isocannabispiran
异大叶桉苷 A	isorobustaside A
异大叶苷 (异大叶龙胆苷)	isomacrophylloside
异大叶鼠尾草醇	isograndifoliol

异大鱼藤树酮	isoderrone
异丹酚酸 (异丹参酚酸) C	isosalvianolic acid C
异丹皮酚	isopaeonol
异丹参酮 Ⅰ、Ⅱ、ⅡA、ⅡB、ⅡR	isotanshinones Ⅰ, Ⅱ, Ⅱ A, Ⅱ B, Ⅱ R
异淡红乳菇素	isolactarorufin
异当归醇	isoangelol
异当药素 (异当药黄素)	isoswertisin
异当药素 -4′-O- 葡萄糖苷	isoswertisin-4′-O-glucoside
异倒捻子素	isomangostin
3- 异倒捻子素	3-isomangostin
D- 异倒千里光裂醇 (长杜琉璃草定)	D-isoretronecanol (lindelofidine)
异德国鸢尾醛	isoiridogermanal
异德卡林碱	isodecarine
异德氏金丝桃素 D	isodrummondin D
异地奥替皂苷元	isodiotigenin
异地胆草内酯	isoelephantopin
异地胆草种内酯	isoscabertopin
异地黄苷	isorehmannioside
(−)- 异地芰普内酯 [(−)- 异黑麦草内酯]	(−)-isodigiprolactone [(−)-isololiolide]
异地钱素 C	isomarchantin C
异地衣多糖	isolichenin
异灯台树明碱 (异糖胶树明碱)	isoalschomine
异蒂巴因	isothebaine
异碲氰酸酯	isotellurocyanate
异碲色烯	isotellurochromene
异滇百部碱	isostemotinine
异滇南红厚壳酸	isocalopolyanic acid
异靛蓝	isoindigo
异钓樟烷内酯 (异钓樟醇内酯) A～E	isolinderanolides A～E
异蝶形卷团素	isorollinicin
异丁胺	isobutylamine
异丁醇	isobutanol (isobutyl alcohol)
异丁基	isobutyl
N- 异丁基 -(2E, 4E)-2, 4- 十四碳二烯酰胺	N-isobutyl-(2E, 4E)-2, 4-tetradecadienamide
N- 异丁基 -(2E, 4E)- 十八碳二烯酰胺	N-isobutyl-(2E, 4E)-octadecadienamide
N- 异丁基 -(2E, 4E, 10E, 12Z)- 十四碳四烯 -8- 炔胺	N-isobutyl-(2E, 4E, 10E, 12Z)-tetradecatetraen-8-ynamide
N- 异丁基 -(2E, 4E, 12E)- 十四碳三烯 -8, 10- 炔胺	N-isobutyl-(2E, 4E, 12E)-tetradecatrien-8, 10-diynamide
N- 异丁基 -(2E, 4E, 12Z)- 十八碳三烯酰胺	N-isobutyl-(2E, 4E, 12Z)-octadecatrienamide
N- 异丁基 -(2E, 4E, 12Z)- 十四碳三烯 -8, 10- 炔胺	N-isobutyl-(2E, 4E, 12Z)-tetradecatrien-8, 10-diynamide

N-异丁基-(2E, 4E, 8E)-二十碳三烯酰胺	N-isobutyl-(2E, 4E, 8E)-eicosatrienamide
(2E, 4E, 8E, 10E, 12E)-N-异丁基-2, 4, 8, 10, 12-十四碳五烯酰胺	(2E, 4E, 8E, 10E, 12E)-N-isobutyl-2, 4, 8, 10, 12-tetradecapentaenamide
(2E, 4E, 8Z, 10E)-N-异丁基-2, 4, 8, 10-十二碳四烯酰胺	(2E, 4E, 8Z, 10E)-N-isobutyl-2, 4, 8, 10-dodecatetraenamide
3-异丁基-4-[4-(3-甲基-2-丁烯基氧) 苯基]-1H-吡咯-1-羟基-2, 5-二酮	3-isobutyl-4-[4-(3-methyl-2-butenyloxy) phenyl]-1H-pyrrol-1-hydroxy-2, 5-dione
3-异丁基-4-[4-(3-甲基-2-丁烯基氧) 苯基]-1H-吡咯-2, 5-二酮	3-isobutyl-4-[4-(3-methyl-2-butenyloxy) phenyl]-1H-pyrrol-2, 5-dione
(2E, 4E)-N-异丁基-7-(3, 4-次甲二氧苯基) 庚-2, 4-二烯酰胺	(2E, 4E)-N-isobutyl-7-(3, 4-methylenedioxyphenyl) hept-2, 4-dienamide
(3Z, 5Z)-N-异丁基-8-(3′, 4′-亚甲二氧苯基) 庚二烯酰胺	(3Z, 5Z)-N-isobutyl-8-(3′, 4′-methylenedioxyphenyl) heptadienamide
N-异丁基-9-(3, 4-亚甲二氧苯基)-(2E, 4E, 8E)-壬三烯酰胺	N-isobutyl-9-(3, 4-methyenedioxyphenyl)-(2E, 4E, 8E)-nonatrienamide
异丁基-β-D-吡喃葡萄糖苷	isobutyl-β-D-glucopyranoside
3-异丁基吡咯并哌嗪-2, 5-二酮	3-isobutyl pyrrolopiperazine-2, 5-dione
29-异丁基单乙酰川楝素	29-isobutyl sendanin
N-异丁基二十碳-(2E, 4E)-二烯酰胺	N-isobutyl eicos-(2E, 4E)-dienamide
N-异丁基二十碳-(2E, 4E, 8Z)-三烯酰胺	N-isobutyl eicos-(2E, 4E, 8Z)-trienamide
N-异丁基二十碳-反式-2-反式-4-二烯酰胺	N-isobutyl eicos-trans-2-trans-4-dienamide
N-异丁基反式-2-反式-4-癸二烯酰胺	N-isobutyl trans-2-trans-4-decadienamide
20-O-异丁基巨大戟烯醇	20-O-isobutyryl ingenol
α-异丁基苹果酸	α-isobutyl malic acid
2-异丁基氰化物	2-isobutyl cyanide
2-异丁基噻唑	2-isobutyl thiazole
N-异丁基十二碳四烯酰胺	N-isobutyl dodecatetraenamide
3-异丁基四氢咪唑并 [1, 2-a] 吡啶-2, 5-二酮	3-isobutyl tetrahydro-imidazo [1, 2-a] pyridine-2, 5-dione
异丁醛	isobutanal
异丁酸	isobutanoic acid
异丁酸-β-苯乙酯	β-phenyl ethyl isobutanoate
异丁酸橙花醇酯	neryl isobutanoate
异丁酸甲酯	methyl isobutanoate
异丁酸乙酯	ethyl isobutanoate
异丁酸异丁酯	isobutyl isobutanoate
异丁酸正己酯	n-hexyl isobutanoate
异丁烷	isobutane
异丁烯酸 (甲基丙烯酸)	methyl acrylic acid (methacrylic acid)
异丁烯酸甘油酯 (甲基丙烯酸甘油酯)	glycerol methacrylate
异丁烯酸异丁酯 (甲基丙烯酸异丁酯)	isobutyl methacrylate

N-3-异丁酰巴黄杨安定 F	*N*-3-isobutyryl buxidine F
N-异丁酰巴黄杨定 F	*N*-isobutyryl baleabuxidine F
6-*O*-异丁酰多梗贝氏菊素	6-*O*-isobutyryl plenolin
异丁酰二氢堆心菊灵	isobutyryl plenolin
12-*O*-异丁酰佛波醇-13-癸酸酯	12-*O*-isobutyryl phorbol-13-decanoate
异丁酰甘氨酸	isobutyryl glycine
N-异丁酰环黄杨定 F～H	*N*-isobutyryl cyclobuxidines F～H
3-异丁酰基-30-丙酰内雄楝林素	3-isobutyryl-30-propanoyl phragmalin
2α-*O*-异丁酰基-3β, 5α, 7β, 10, 15β-五-*O*-乙酰基-14α-*O*-苯甲酰基-10, 18-二氢铁仔酚	2α-*O*-isobutyryl-3β, 5α, 7β, 10, 15β-penta-*O*-acetyl-14α-*O*-benzoyl-10, 18-dihydromyrsinol
2α-*O*-异丁酰基-3β-*O*-丙酰基-5α, 7β, 10, 15β-四-*O*-乙酰基-10, 18-二氢铁仔酚	2α-*O*-isobutyryl-3β-*O*-propionyl-5α, 7β, 10, 15β-tetra-*O*-acetyl-10, 18-dihydromyrsinol
3-*O*-异丁酰基-8-甲氧基-9-羟基麝香草酚	3-*O*-isobutyryl-8-methoxy-9-hydroxythymol
4′-*O*-异丁酰基广西前胡素	4′-*O*-isobutyryl peguangxienin
N-异丁酰基希尔卡尼亚黄杨碱	*N*-isobutyryl buxahyrcanine
异丁酰日本南五味子木脂素 A	isobutyryl binankadsurin A
异丁酰麝香草酚	isobutyryl thymol
异丁酰梧桐色满醇	isobutyryl mallotochromanol
异丁酰梧桐素	isobutyryl mallotolerin
β-异丁酰仰卧天芥菜碱	β-isobutyryl supinine
(3′*R*)-异丁酰氧基-(4′*R*)-乙酰氧基-3′, 4′-二氢邪蒿素	(3′*R*)-isobutyryloxy-(4′*R*)-acetoxy-3′, 4′-dihydroseselin
9-异丁酰氧基-10-(2-甲基丁酰氧基)-8-羟基麝香草酚	9-isobutyryloxy-10-(2-methyl butyryloxy)-8-hydroxythymol
8β-异丁酰氧基-14-醛基木香烯内酯	8β-isobutyryloxy-14-al-costunolide
8β-异丁酰氧基-1β, 10α-环氧木香烯内酯	8β-isobutyryloxy-1β, 10α-epoxycostunolide
10-异丁酰氧基-8, 9-环氧麝香草酚异丁酸酯	10-isobutyryloxy-8, 9-epoxythymol isobutanoate
8-异丁酰氧基-8-去乙酰基佩里塔萨木碱 (8-异丁酰氧基-8-去乙酰基哌瑞塔司) A	8-isobutyloxy-8-deacetyl peritassine A
3′-异丁酰氧基-*O*-乙酰哥伦比亚苷元 (台湾蛇床子素 A、台湾蛇床素 A)	3′-isobutyryloxy-*O*-acetyl columbianetin (cniforin A)
3′-异丁酰氧基-*O*-乙酰哥伦比亚狭缝芹醇	3′-isobutyryloxy-*O*-acetyl columbionetin
3′-异丁酰氧基-*O*-乙酰基-2′, 3′-二氢山芹醇	3′-isobutyryloxy-*O*-acetyl-2′, 3′-dihydrooroselol
2β-异丁酰氧基堆心菊灵内酯	2β-isobutyryloxyflorilenalin
异丁酰野梧桐色烯	isobutyryl mallotochromene
异丁酰野梧桐素	isobutyryl mallotojaponin
异丁酰紫草素	isobutyryl shikonin
异丁香酚 (异丁香油酚、4-丙烯愈创木酚)	isoeugenol (4-propenyl guaiacol)
异丁香酚-2-甲基丁酸酯	isoeugenol-2-methyl butanoate
(*E*)-异丁香酚苄醚	(*E*)-isoeugenyl benzyl ether
(*E*)-异丁香酚甲醚	(*E*)-methyl-isoeugenol
(*Z*)-异丁香酚甲醚	(*Z*)-methyl isoeugenol

Y

异丁香酚甲醚(甲基异丁香酚、反式-4-丙烯基藜芦醚)	isoeugenol methyl ether (methyl isoeugenol, *trans*-4-propenyl veratrole)
异丁香酚葡萄糖苷	isoeugenol glucoside
异丁香酚乙酸酯	isoeugenol acetate (isoeugenyl acetate)
异丁香诺苷	isosyringinoside
异丁香色原酮	isoeugenin
异丁香酯苷-3'-O-α-L-吡喃鼠李糖苷	isosyringalide-3'-O-α-L-rhamnopyranoside
10-异丁氧基-8, 9-环氧麝香草酚异丁酯	10-isobutyloxy-8, 9-epoxythymol isobutanoate
异东当归内酯 B	isotokinolide B
异东莨菪醇 (莨菪林、莨菪灵、东莨菪林碱)	scopoline
异东莨菪苷	isoscopolin
异东莨菪内酯 (异东莨菪素、异东莨菪亭)	isoscopoletin
异东莨菪内酯-6-O-β-D-吡喃葡萄糖苷	isoscopoletin-6-O-β-D-glucopyranoside
异东莨菪内酯-β-D-葡萄糖苷	isoscopoletin-β-D-glucoside
异都丽菊香豆素 A～C	isoethuliacoumarins A～C
(±)-异豆素	(±)-isoduartin
异豆叶九里香碱 B	isomurrayafoline B
异独活内酯	isoheraclenin
异杜荆素-7-O-吡喃葡萄糖苷	isovitexin-7-O-glucopyranoside
异杜松烯 (异杜松萜烯)	isocadinene
异杜香烯 (异喇叭烯、异喇叭茶烯)	isoledene
(–)-异杜香烯 [(–)-异喇叭烯、(–)-异喇叭茶烯]	(–)-isoledene
异杜英碱	isoelaeocarpine
异杜仲脂素 A	isoeucommin A
异堆心菊醇 (异堆心菊素)	isohelenol
异对叶百部碱	isotuberostemonine
异钝凹顶藻醇	isoobtusol
异钝凹顶藻二烯	isoobtusadiene
异多花白树烯醇 (异多花独尾草烯醇)	isomultiflorenol
异多花白树烯醇乙酸酯	isomultiflorenyl acetate
异多花白树烯酮	isomultiflorenone
异多花水仙碱 (前多花水仙碱、漳州水仙碱)	isotazettine (pretazettine)
异多花素馨奥苷 A～C	isojaspolyosides A～C
异莪术奥酮二醇	isozedoarondiol
异莪术醇	isocurcumol
异莪术呋喃二烯	isofuranadiene
异莪术呋喃二烯酮 (异蓬莪术环二烯酮、异呋喃二烯酮)	isofuranodienone
异莪术烯醇	isocurcumenol
异峨眉木荷鞣质 A	isoschi-mawallin A

异峨参内酯 (异峨参辛)	isoanthricin
异噁唑 (1, 2-噁唑)	isoxazole (1, 2-oxazole)
异萼翅藤酮	isocalycopterone
异萼金刚大定	croomionidine
异萼金刚大碱 (金刚大碱)	croomine
异耳形鸡血藤黄素	isoauriculatin
异二岐洼蕾碱 (异二岐河谷木胺)	isovallesiachotamine
异二氢 -*C*-毒马钱碱	isodihydro-*C*-toxiferine
异二氢表假荆芥内酯	isodihydroepinepetalactone
异二氢毒马钱碱	isodihydrotoxiferine
异二氢钩吻素子	isodihydrokoumine
异二氢钩吻素子 *N*1-氧化物	isodihydrokoumine *N*1-oxide
(4*R*)-异二氢钩吻素子 *N*4- 氧化物	(4*R*)-isodihydrokoumine *N*4-oxide
异二氢假荆芥邻羟内醚	isodihydronepetalactol
异二氢假荆芥内酯	isodihydronepetalactone
异二氢卡替内酯	isodihydroclutiolide
异二氢苏里南维罗蔻木定	isodihydrocarinatidin
3α-异二氢团花碱	3α-isodihydrocadambine
3β-异二氢团花碱 (3β-异二氢卡丹宾碱)	3β-isodihydrocadambine
3β-异二氢团花碱 -4- 氧化物	3β-isodihydrocadambine-4-oxide
异二氢细叶青蒌藤醌醇 (异二氢风藤奎脑) A、B	isodihydrofutoquinols A, B
L-异二氢香苇二醇	L-isodihydrocarvediol
异二十六烷	isohexacosane
异二十七烷	isoheptacosane
异番荔枝辛酮 (异番荔枝新酮)	isoannonacinone
异番木鳖碱	isostrychnine
异番木鳖碱 *N*- 氧化物 Ⅱ	isostrychnine *N*-oxide Ⅱ
异番樱桃醇 (*O*-去甲异甲基丁香色原酮、5, 7-二羟基 -2, 8-二甲基色原酮)	isoeugenitol (5, 7-dihydroxy-2, 8-dimethyl chromone)
异防己诺林碱	isofangchinoline
异放线酮	isocycloheximide
异非洲防己苦素 (异非洲防己素、异防己内酯、异古伦宾)	isocolumbin
异非洲红豆素	isoafrormosin
异肥皂草苷	isosaponarin
异柿萘醇酮 (异信浓柿酮)	isoshinanolone
异柿萘醇酮 -4-*O*-β-D- 吡喃葡萄糖苷 (异信浓柿酮 -4-*O*-β-D- 吡喃葡萄糖苷)	isoshinanolone-4-*O*-β-D-glucopyranoside
异费氏牡荆酮	isovitexirone

异分歧素	isofurcatain
异芬氏唐松草碱 (异塔里的嗪)	isothalidezine
异风龙木防己灵 (异中国木防己碱)	isosinococuline
异蜂斗菜苷	isopetasoside
异蜂斗菜酯 (异蜂斗菜素)	isopetasin
异呋喃并香豆素	isofurocoumarin
异呋喃大牻牛儿烯	isofuranogermacrene
异呋杷文 (L-美绕灵)	isofugapavine (L-mecambroline)
异伏康树斯亭 (异伏康树碱)	isovoacristine
异伏生石豆兰菲	isoreptanthrin
异佛尔酮	isophorone
异佛尔酮衍生物	isophorone ramification
异佛手柑内酯 (异香柠檬内酯)	isobergapten
异福桂树烯醇 (异墨西哥刺木醇)	isofouquierol
异甘草次酸	liquiritic acid
异甘草酚	isoglycyrol
异甘草苷 (异光果甘草苷)	isoliquiritin (isoliquiritoside)
异甘草苷元 (异光果甘草苷元、异甘草素)	isoliquiritigenin (isoliquiritogenin)
异甘草苷元-4-O-葡萄糖苷	isoliquiritigenin-4-O-glucoside
异甘草苷元-4′-甲酯	isoliquiritigenin-4′-methyl ester
异甘草黄酮醇	isolicoflavonol
异甘草拉苷 [异甘草苷元-4-芹糖葡萄糖基-(1→2)-吡喃葡萄糖苷]	neolicuraside [isoliquiritigenin-4-apiofuranosyl-(1→2)-glucopyranoside]
异甘草香豆素	isoglycycoumarin
异甘密树脂素 (异甘密脂素) A、B	isonectandrins A, B
异甘松过氧化物	isonardoperoxide
异甘松新酮	isonardosinone
异甘西鼠尾草酮酸 A	isoganxinonic acid A
异杆孢霉素 A	isororidin A
异橄榄苦苷	isooleuropein
异橄榄树脂素	isoolivil
异橄榄脂醇	isoliovil
异高山黄芩素 (异高黄芩素、8-羟基芹菜素、5, 7, 8, 4′-四羟基黄酮)	isoscutellarein (8-hydroxyapigenin, 5, 7, 8, 4′-tetrahydroxyflavone)
异高山黄芩素-4′-甲基醚-8-O-β-D-葡萄糖醛酸苷	isoscutellarein-4′-methyl ether-8-O-β-D-glucuronide
异高山黄芩素-4′-甲基醚-8-O-β-D-葡萄糖醛酸苷-2″, 4″-二硫酸盐	isoscutellarein-4′-methyl ether-8-O-β-D-glucuronide-2″, 4″-disulfate
异高山黄芩素-4′-甲基醚-8-O-β-D-葡萄糖醛酸苷-2″-硫酸盐	isoscutellarein-4′-methyl ether-8-O-β-D-glucuronide-2″-sulfate
异高山黄芩素-4′-甲基醚-8-O-β-D-葡萄糖醛酸苷-6″-正丁酯	isoscutellarein-4′-methyl ether-8-O-β-D-glucuronide-6″-n-butyl ester

异高山黄芩素 -7-*O*-β-(6″-*O*- 乙酰基 -2″- 阿洛糖基) 葡萄糖苷	isoscutellarein-7-*O*-β-(6″-*O*-acetyl-2″-allosyl) glucoside
异高山黄芩素 -7-*O*-β-D- 吡喃葡萄糖苷	isoscutellarein-7-*O*-β-D-glucopyranoside
异高山黄芩素 -7-*O*-β-D- 葡萄糖醛酸苷	isoscutellarein-7-*O*-β-D-glucuronide
异高山黄芩素 -8-*O*-β-D- 葡萄糖醛酸苷	isoscutellarein-8-*O*-β-D-glucuronide
异高山黄芩素 -8-*O*-β-D- 葡萄糖醛酸苷 -2″, 4″- 二硫酸盐	isoscutellarein-8-*O*-β-D-glucuronide-2″, 4″-disulfate
异高山黄芩素 -8-*O*-β-D- 葡萄糖醛酸苷 -6″ - 甲酯	isoscutellarein-8-*O*-β-D-glucuronide-6″ -methyl ester
异高山黄芩素 -8-*O*- 鼠李糖苷	isoscutellarein-8-*O*-rhamnoside
异高山黄芩素 -8- 甲醚	isoscutellarein-8-methyl ether
异高山黄芩素五甲基醚	isoscutellarein pentamethyl ether
异高山芹素	isosaxalin
异高尾细辛三酮	isoheterotropatrione
异高熊果酚苷 (异高熊果苷)	isohomoarbutin
异哥米定 (新哥米定)	isogermidine (neogermidine)
异格洛酮	isoglaucanone
7- 异钩藤碱	7-isorhyncophylline
异钩藤碱 (异钩藤碱酸甲酯、异尖叶钩藤碱)	isorhynchophylline
异钩藤碱 *N*- 氧化物	isorhynchophylline *N*-oxide
异狗牙花叶定碱	isoervafolidine
异构光黑壳素 (异光黑壳素) BG1、SA1、Ymf 1029D	preussomerins BG1, SA1, Ymf 1029D
异构榕树倍半木脂素 (异构榕树木脂素) B	isomeric ficusesquilignan B
异谷树箭毒素	isochondocurine
异瓜馥木双烯酮	isomelodienone
异瓜馥木亭	isofissistin
异瓜叶乌头亭	isohemsleyatine
异栝楼二醇 (异栝楼仁二醇)	isokarounidiol
异管齿木素	isosiphonodin
异管黄素	isotuboflavine
异灌木香科酮	isofruticolone
异光果甘草苷 (异甘草苷)	isoliquiritoside (isoliquiritin)
异光果甘草苷元 (异甘草苷元、异甘草素)	isoliquiritogenin (isoliquiritigenin)
异光果甘草内酯	isoglabrolide
异光果灰毛豆素	isoglabratephrin
异光黄素	isolumichrome
异光水黄皮酚	isopongaglabol
异广防风二内酯	isoovatodiolide
异鬼臼苦素酮	isopicropodophyllone
异癸酸	isodecanoic acid
异桂木黄素	isoartocarpin
异过氧物酶素 A$_1$	isoperoxisomicine A$_1$

Y

异哈尔明碱 (异脱氢骆驼蓬碱)	isoharmine
异哈林通碱 (异三尖杉酯碱)	isoharringtonine
异海波赖酮	isohibalactone
异海绿宁 Ⅲ	isoarvenin Ⅲ
异海松 -19- 醇	isopimara-19-ol
异海松 -19- 酸甲酯	isopimara-19-oic acid methyl ester
异海松 -7, 15- 二烯	isopimara-7, 15-diene
异海松 -7- 烯 -18- 酸	isopimara-7-en-18-oic acid
异海松 -9 (11), 15- 二烯 -19- 醇 -3- 酮	isopimara-9 (11), 15-dien-19-ol-3-one
异海松 -9 (11), 15- 二烯 -3β, 19- 二醇	isopimara-9 (11), 15-dien-3β, 19-diol
8, 15- 异海松酸	8, 15-isopimaric acid
异海松酸	isopimaric acid
异海松烷 (异右松脂烷)	isopimarane
异海棠果酮	isoinophynone
异海兔素 -20	isoaplysin-20
异汉防己碱 (异特船君、异青藤碱 A)	isotetrandrine (isosinomenine A)
异汉山姜过氧萜酮	isohanalpinone
异蒿酮	artemisinone
异合生果素	isolonchocarpin
异何帕 -22 (29)- 烯	isohop-22 (29)-ene
(S)-(+)- 异核盘菌酮	(S)-(+)-isosclerone
(4S)-(+)- 异核盘菌酮	(4S)-(+)-isosclerone
(4S)- 异核盘菌酮	(4S)-isosclerone
异核盘菌酮 (4, 8- 二羟基 -1- 四氢萘醌)	isosclerone (4, 8-dihydroxy-1-tetrahydronaphthoquinone)
3- 异黑百合碱	3-isokuroyurinidine
异黑麦草内酯 (异地芰普内酯)	isololiolide
(−)- 异黑麦草内酯 [(−)- 异地芰普内酯]	(−)-isololiolide [(−)-isodigiprolactone]
(+)- 异黑麦草内酯 [(+)- 异地芰普内酯]	(+)-isololiolide [(+)-isodigiprolactone]
异衡州乌药定 (O- 甲基异衡州乌药灵)	isococculidine (O-methyl isococuline)
异衡州乌药里宁	isococcolinine
异红粉苔酸	isolecanoric acid
(3E)- 异红厚壳酯酸	(3E)-isocalophyllic acid
异红厚壳酯酸	isocalophyllic acid
异红花八角醇	isodunnianol
异红花八角素 (异樟木钻素)	isodunnianin
异红花苷	isocarthamin
异红花明苷 C	isosafflomin C
异红花素	isocarthamidin
异红花素 -7-O-β-D- 葡萄糖醛酸苷	isocarthamidin-7-O-β-D-glucuronide
异红花素 -7-O- 葡萄糖醛酸苷	isocarthamidin-7-O-glucuronide

异红杰尔素 (异红介蔡芦碱)	isorubijervosine
异红藜芦碱 (异玉红芥芬胺)	isorubijervine
异红镰霉素龙胆二糖苷	isorubrofusarin gentiobioside
异红毛悬钩子酸	isopinfaenoic acid
异红毛悬钩子酸 -28-*O*-β-D- 吡喃葡萄糖酯	isopinfaenoic acid-28-*O*-β-D-glucopyranosyl ester
异红蒜酚	isoeleutherol
异荭草素 (高荭草素、异红蓼素、合模荭草素、木犀草素 -6-*C*- 葡萄糖苷)	isoorientin (homoorientin, luteolin-6-*C*-glucoside)
异荭草素 -2″-*O*-α-L- 鼠李糖苷	isoorientin-2″-*O*-α-L-rhamnoside
异荭草素 -2″- 木糖苷	isoorientin-2″-xyloside
异荭草素 -2″- 葡萄糖苷	isoorientin-2″-glucoside
异荭草素 -3″-*O*- 吡喃葡萄糖苷	isoorientin-3″-*O*-glucopyranoside
异荭草素 -4″-*O*-β-D- 吡喃木糖苷	isoorientin-4″-*O*-β-D-xylopyranoside
异荭草素 -6″-*O*- 咖啡酸酯	isoorientin-6″-*O*-caffeate
异荭草素 -7, 3′- 二甲醚	isoorientin-7, 3′-dimethyl ether
异荭草素 -7-*O*-α-L- 吡喃鼠李糖苷	isoorientin-7-*O*-α-L-rhamnopyranoside
异荭草素 -7-*O*-β-D- 葡萄糖苷	isoorientin-7-*O*-β-D-glucoside
异荭草素 -7- 芸香糖苷	isoorientin-7-rutinoside
异虹臭蚁素 (异阿根廷蚁素)	isoiridomyrmecin
异猴头菌素 (猴头菌林)	isohericerin (hericerine)
异猴头菌烯酮 J	isohericenone J
异厚果酮 (异细纹厚果草酮)	isolineolone (isolineolon)
异厚朴酚	isomagnolol
异厚网藻醇	isopachydictyol A
异胡薄荷醇 (异唇萼薄荷醇、异长叶薄荷醇)	isopulegol
(−)- 异胡薄荷醇 [(−)- 异蒲勒醇、(−)- 异唇萼薄荷醇]	(−)-isopulegol
异胡薄荷醇乙酸酯	isopulegol acetate
异胡薄荷酮 (异唇萼薄荷酮)	isopulegone
异胡萝卜 -7 (14)- 烯 -10- 酮	isodauc-7 (14)-en-10-one
异胡萝卜烯	isodaucene
异胡萝卜烯醇	isodaucenol
异胡萝卜烯醛	isodaucenal
异胡萝卜烯酸	isodaucenoic acid
异胡桐内酯	isorecedensolide
异葫芦素 (异葫芦苦素) A～D	isocucurbitacins A～D
异槲斗酸	isovalonic acid
异槲皮苷 (槲皮素 -3-*O*- 葡萄糖苷)	isoquercitrin (isoquercitroside, quercetin-3-*O*-glucoside)
异槲皮苷 (槲皮素 -3-*O*- 葡萄糖苷)	isoquercitroside (isoquercitrin, quercetin-3-*O*-glucoside)
异槲皮苷 -3-*O*-β-D- 葡萄糖苷	isoquercitrin-3-*O*-β-D-glucoside
异槲皮苷 -6″-*O*- 丙二酸酯	isoquercitrin-6″-*O*-malonate

异槲皮苷 -6′-*O*-乙酸酯	isoquercitrin-6′-*O*-acetate
异槲皮素	isoquercetin
α-异花侧柏醇 (α-异花侧柏萜醇)	α-isocuparenol
异花椒定 (异崖椒定碱)	isofagaridine
异怀特大豆酮	isowighteone
异怀特大豆酮水合物	isowighteone hydrate
异槐胺碱 (异槐胺)	isosophoramine
(+)-异槐定碱	(+)-isosophoridine
异槐定碱	D-isosophoridine
异槐根碱 (异槐果碱)	isosophocarpine
异槐叶决明醌	isosengulone
异环栝楼二醇	isocyclokirilodiol
异环柠檬醛	isocyclocitral
(−)-异环头状花耳草碱	(−)-isocyclocapitelline
异环氧布特雷辛	isoepoxybuterixin
异环氧长春碱 (异长春洛辛)	isoleurosine
异环氧苏合香素 (环氧异苏合香素)	isostyracin epoxide
异环氧楔叶泽兰素	eupatocunoxin
异黄柏酮酸 (异奥巴叩酸)	isoobacunoic acid
异黄檗醇 C	isophellodenol C
异黄蝶呤 (蛙色素 4)	isoxanthopterin (ranachrome 4)
异黄蝶呤 -6- 甲酸	isoxanthopterin-6-carboxylic acid
异黄菲灵 (异淡黄贝母兰宁)	isoflavidinin
异黄粉末牛肝菌酮	isoravenelone
异黄腐醇 (异酒花黄酚)	isoxanthohumol
异黄花败酱醇 (异糙叶败酱醇)	isopatriscabrol
异黄花大花毛地黄苷	isolugrandoside
异黄花盒果藤苷	isoaureoside
异黄花夹竹桃林素 (异黄花夹竹桃次苷乙)	isoneriifolin
异黄花木碱	isopiptanthine
异黄花香科科素	isoteuflin
异黄芪皂苷 Ⅰ、Ⅱ	isoastragalosides Ⅰ，Ⅱ
异黄杞苷	isoengelitin
异黄檀素	isodalbergin
异黄酮	isoflavone
异黄烷香豆素	isoflavanocoumarin
异黄羽扇豆苷元	isolupalbigenin
异黄樟基丁香酚	isocamphor eugenol
异黄樟脑 (异黄樟油素、异黄樟醚)	isosafrole
异黄樟脑甲醚	carpacin

异黄紫堇碱	isoochotensine
异灰毛豆酚 (苏门答腊酚)	sumatrol
异灰毛豆素 (异灰叶素)	isotephrosin
异茴芹素 (异茴芹香豆素、异茴芹内酯)	isopimpinellin (isopimpinelline)
(+)-异火把莲酮	(+)-isoknipholone
异藿香酚	isoagastol
异藿香苷	isoagastachoside
6-异肌苷	6-isoinosine
8-异鸡蛋花苷	8-isoplumieride
异鸡蛋花素	isoplumericin
异鸡骨常山辛碱	isoalstonisine
异鸡冠花素	isocelosianin
异鸡头薯亭	isoeriosematin
异积雪草苷	isoasiaticoside
异积雪草咪酸 (异玻热米酸)	isobrahmic acid
异积雪草尼苷 (异参枯尼苷)	isothankuniside
异积雪草尼酸 (异参枯尼酸)	isothankunic acid
异吉祥草皂苷元	isoreineckiagenin
异蒺藜素 B	isoterrestrosin B
异己醇	isohexanol
异己酸	isocaproic acid
异己烷	isohexane
6-异己烯基-α-萘醌	6-isohexenyl-α-naphthoquinone
异夹竹桃香豆酸	isoneriucoumaric acid
异甲基丁香色原酮	isoeugenitin
异甲基獐牙菜𠳰酮	swertinin
β-异甲基紫罗兰酮 (β-异甲基香堇酮)	β-isomethyl ionone
异甲麦角新碱	ergalgin
异甲酸冰片酯 (异甲酸龙脑酯)	isobornyl formate
异假番荔枝醛	isounonal
异假番荔枝醛-7-甲醚	isounonal-7-methyl ether
异假荆芥内酯	isonepetalactone
异坚挺凹顶藻酚	isorigidol
异剪秋罗糖	isolychnose
异剑叶莎属异黄烷	isoduartin
异箭毒箭 (异粒枝碱、荔枝碱、异谷树碱)	isobebeerine (isochondrodendrine, isochondodendrine)
异箭毒素	isocurine
异箭藿苷 A	iso-sagittatoside A
异姜花素 D	isocoronarin D
异姜烯酮 B	isogingerenone B

异浆果瓣蕊花亭 B	isogalcatin B
异疆罂粟碱	isoremerine
(−)-异疆罂粟酮	(−)-isoroemerialinone
异降香萜烯醇乙酸酯 (异鲍尔山油柑烯醇乙酸酯)	isobauerenyl acetate
异角胡麻苷	isomartynoside
异酒花黄酚 (异黄腐醇)	isoxanthohumol
异杰尔文	isojervine
异截叶铁扫帚酸钾	potassium isolespedezate
异金鸡菊属素	isocoreopsin
异金毛耳草碱	isochrysotricine
异金平藤苷	isobaisseoside
异金钱松呋喃酸 A、B	isopseudolarifuroic acids A, B
异金雀儿黄素	isocytisoside
异金雀花素	isoscoparin
异金雀花素 -2″-O-[6‴-(E)-阿魏酰基] 葡萄糖苷	isoscoparin 2″-O-[6‴-(E)-feruloyl] glucoside
异金雀花素 -2″-O-[6‴-(E)-阿魏酰基] 葡萄糖苷 -4′-O-葡萄糖苷	isoscoparin-2″-O-[6‴-(E)-feruloyl] glucoside-4′-O-glucoside
异金雀花素 -2″-O-[6‴-(E)- 对香豆酰基] 葡萄糖苷	isoscoparin 2″-O-[6‴-(E)-p-coumaroyl] glucoside
异金雀花素 -2″-β-D- 吡喃葡萄糖苷	isoscoparin-2″-β-D-glucopyranoside
异金雀花素 -2″- 葡萄糖苷 -6‴- 阿魏酸酯	isoscoparin-2″-glucoside-6‴-ferulic acid ester
异金雀花素 -2″- 葡萄糖苷 -6‴- 对香豆酸酯	isoscoparin-2″-glucoside-6‴-p-coumaric acid ester
异金雀花素 -6-O- 吡喃葡萄糖苷	isoscoparin-6-O-glucopyranoside
异金雀花素 -7-O-β-D- 葡萄糖苷	isoscoparin-7-O-β-D-glucoside
异金雀花素 -7-O- 吡喃葡萄糖苷	isoscoparin-7-O-glucopyranoside
异金雀花素葡萄糖苷	isoscoparin glucoside
异金丝桃苷	isohyperoside
(2S, 5R)-异金挖耳内酯 A～E	(2S, 5R)-isocardivarolides A～E
异京大戟辛	isoeuphpekinensin
异九节木碱 C	isopsychotridine C
异九里香内酯酮醇异戊酸酯 (千里香酮醇异缬草酸酯)	paniculonol isovalerate
异菊蒿内酯 B	isochrysartemin B
异枸橘香豆素	isoponcimarin
异枸橼酸 (异柠檬酸) A～D	isocitric acids A～D
异巨大鞘丝藻酰胺 A、B、K	isomalyngamides A, B, K
异决明种内酯	isotoralactone
异蕨苷 C、D	isopterosides C, D
异爵床辛 (异爵床脂素)	isojusticin
异卡博西碱 A (长春内日定)	isocaboxine A (vineridine)
异卡尔嫩皂苷元	isocarneagenin
异卡拉帕洛宾碱 (异卡拉帕白坚木碱)	isocarapanaubine

异开环短舌匹菊内酯	isosecotanapartholide
异抗坏血酸	isoascorbic acid
异考布松	isokobusone
异柯楠醇碱 (3- 表 -α- 育亨宾、异萝芙育亨宾碱)	isorauhimbine (3-epi-α-yohimbine)
异柯楠赛因碱 -N- 氧化物 (异脱氢钩藤碱 -N- 氧化物)	isocorynoxeine-N-oxide
异枯赛宁酸	isokhusenic acid
异苦木素	picrasmin
异苦参胺 (异苦参胺碱、异苦拉拉碱)	isokuraramine
(+)- 异苦参碱	(+)-isomatrine
异苦参碱	isomatrine
异苦参酮	isokurarinone
2′- 异苦树素 A	2′-isopicrasin A
异库曼豚草素	isopaulitin
异款冬素	isotussilagin
异喹啉	isoquinoline
7- 异喹啉醇	7-isoquinolinol
异昆明鸡血藤醇 (异木可马妥醇)	isomucromatol
异醌环素	isoquinocycline
异拉巴依芦荟色原酮	isorabaichromone
异刺乌头碱	isolappaconitine
异蜡梅碱 (异洋蜡梅碱)	isocalycanthine
异蜡烛果内酯 A	isocorniculatolide A
异辣薄荷烯酮	isopiperitenone
异来拓格醇 (异细黏束孢醇)	isoleptographiol
异莱氏金鸡勒胺 (异金鸡纳叶胺、异金鸡纳非胺、 　3α, 17α- 莱氏金鸡勒碱)	isocinchophyllamine (3α, 17α-cinchophylline)
异兰草素	isoeuparin
异蓝丝菊素 (异卡多帕亭)	isocardopatine
异榄香脂素 (异榄香素)	isoelemicin
异狼毒莫森酮 (异莫塞酮)	isomohsenone
异狼毒素 (狼毒双二氢黄酮)	isochamaejasmin
异狼尾草麦角碱	isopenniclavine
异老刺木碱 (异伏康树碱、异伏康京碱、异老刺木精)	isovoacangine
异老刺木隐亭 (异伏康树隐亭)	isovoacryptine
异雷酚新内酯	isoneotriptophenolide
异雷盖宁葡萄糖苷	isorheagenine glucoside
异雷公藤碱	isowilfordine
异雷公藤碱丁 (异雷公藤春碱)	isowilfortrine
异雷公藤内酯四醇	isotriptetraolide
异藜芦洛辛	isoveralosine

Y

异藜三醇	isochenopotriol
异丽春花定碱	isorhoeadine
异利皮珀菊二醇	isolipidiol
异利血平灵	isoreserpiline
异利血平灵 -ψ- 吲哚酚	isoreserpiline-ψ-indoxyl
异利血平宁	isoreserpinine
异栎树查耳酮	isolophirachalcone
异栗蕨素 A	isohistopterosin A
异栗瘿鞣质	isochestanin
异栗瘿鞣质亭	isochesnatin
异粒枝碱 (荔枝碱、异谷树碱、异箭毒碱)	isochondrodendrine (isochondodendrine, isobebeerine)
异粒枝碱 (异箭毒碱、荔枝碱、异谷树碱)	isochondodendrine (isochondrodendrine, isobebeerine)
异连翘环己醇	isorengyol
异连翘环己醇 -8-*O*-β-D- 吡喃葡萄糖苷	isorengyol-8-*O*-β-D-glucopyranoside
异连翘属苷	isoforsythiaside
异莲花掌苷	isolindleyin
异莲心碱	isoliensinine
异两面针哈宁	isoterihanine
L- 异亮氨酸	L-isoleucine
异亮氨酸	isoleucine
8- 异亮氨酸催产素	8-isoleucinoxytocin
异亮氨酸三甲铵乙内酯	isoleucine betaine
L- 异亮氨酰 -L- 缬氨酸酐	L-isoleucyl-L-valine anhydride
(+)- 异蓼醛 [(+)- 异水蓼醇醛]	(+)-isopolygonal
异林荫银莲灵	isoflaccidinin
异磷杂萘	isophosphinnoline
异磷杂茚	isophosphindole
异鳞毛蕨醇	desapidinol
4- 异硫氰丁酸乙酯	ethyl 4-isothiocyanobutanoate
异硫氰酸	isothiocyanic acid
异硫氰酸 -2- 丁烯酯	2-butenyl isothiocyanate
4- 异硫氰酸 -1- 丁烯	4-isothiocyanato-1-butene
异硫氰酸 -4- 甲亚硫酰基丁酯	4-methyl sulfinyl butyl isothiocyanate
异硫氰酸 -4- 戊烯酯	4-pentenyl isothiocyanate
异硫氰酸 -β- 苯乙酯	β-phenyl ethyl isothiocyanate
异硫氰酸巴豆醇酯	crotonyl isothiocyanate
1- 异硫氰酸苯乙酯	phenethyl isothiocyanate
异硫氰酸苯酯	phenyl isothiocyanate
异硫氰酸苄酯 (苄基芥子油)	benzyl isothiocyanate (benzyl mustard oil, tromalyt)
异硫氰酸苄酯 (苄基芥子油)	tromalyt (benzyl mustard oil, benzyl isothiocyanate)

异硫氰酸丙烯酯	propylene isothiocyanate
异硫氰酸丙酯	propyl isothiocyanate
异硫氰酸-3-丁烯酯	3-butenyl isothiocyanate
异硫氰酸丁酯	butyl isothiocyanate
异硫氰酸己酯	hexyl isothiocyanate
异硫氰酸3-甲硫基丙酯	3-methyl thiopropyl isothiocyanate
异硫氰酸3-甲亚磺酰基丙酯	3-methyl sulfinyl propyl isothiocyanate
异硫氰酸甲酯	methyl isothiocyanate
异硫氰酸烯丙酯	allyl isothiocyanate
异硫氰酸异丙酯	isopropyl isothiocyanate
异硫氰酸异丁酯	isobutyl isothiocyanate
异硫氰酸正丁酯	*n*-butyl isothiocyanate
异硫氰酸酯	isothiocyanate
异硫氰酸仲丁酯	*sec*-butyl isothiocyanate
异硫色烯	isothiochromene
异柳穿鱼因苷 (异柳穿鱼酰素) A、B	isolinariins A, B
异柳杉醇	isocryptomeriol
异柳杉双黄酮 (7″-单甲基扁柏双黄酮)	isocryptomerin (7″-monomethyl hinokiflavone)
异龙胆黄素	isogentisin
L-异龙脑	L-isoborneol
D-异龙脑	D-isoborneol
异龙脑 {1, 7, 7-三甲基双环 [2.2.1]-2-庚醇}	isoborneol {1, 7, 7-trimethyl bicyclo [2.2.1]-2-heptanol}
异龙脑二甲酚	bactacine (xibornol, nanbacine)
异龙脑二甲酚	nanbacine (bactacine, xibornol)
异龙脑二甲酚	xibornol (bactacine, nanbacine)
异龙脑香烯	isogurjunene
异龙脑乙酸酯 (异冰片乙酸酯)	isobornyl acetate
异龙涎香内酯	isoambreinolide
异龙珠内酯 G	isotubocapsanolide G
异楼斗菜定	isoaquiledine
异芦荟大黄素苷 (异芦荟苷)	isobarbaloin
异芦荟苦素	isoaloesin
异芦荟树脂 A～D	isoaloeresins A～D
异芦竹啶宁 Ⅰ、Ⅱ	isoarundinins Ⅰ, Ⅱ
异卵叶巴豆定	isocrotocaudin
异轮环藤碱	isocycleanine
异轮环藤新碱	isocycleaneonine
异轮生丰花草碱	isoborreverine
异罗汉果皂苷 V	isomogroside V
异螺粉蕊黄杨碱	isospiropachysine

Y

异裸麦角碱 I	isochanoclavine I
异骆驼蓬定碱	isopeganidine
异落新妇苷	isoastilbin
(–)-异落叶松脂素	(–)-isolariciresinol
异落叶松脂素 (异落叶松树脂醇、异落叶松脂醇)	isolariciresinol
(+)-异落叶松脂素 [(+)-异落叶松树脂醇]	(+)-isolariciresinol
(–)-异落叶松脂素 -2α-O-β-D- 吡喃木糖苷	(–)-isolariciresinol-2α-O-β-D-xylopyranoside
(+)-异落叶松脂素 -2α-O-β-D- 吡喃葡萄糖苷	(+)-isolariciresinol-2α-O-β-D-glucopyranoside
异落叶松脂素 -2α-O-β-D- 木糖苷	isolariciresinol-2α-O-β-D-xyloside
(–)-异落叶松脂素 -3α-O-β-D- 吡喃葡萄糖苷	(–)-isolariciresinol-3α-O-β-D-glucopyranoside
(+)-异落叶松脂素 -3α-O-β-D- 吡喃葡萄糖苷	(+)-isolariciresinol-3α-O-β-D-glucopyranoside
(+)-异落叶松脂素 -4′-O-β-D- 吡喃葡萄糖苷	(+)-isolariciresinol-4′-O-β-D-glucopyranoside
异落叶松脂素 -4-O-β-D- 吡喃葡萄糖苷	isolariciresinol-4-O-β-D-glucopyranoside
(–)-异落叶松脂素 -4-O-β-D- 葡萄糖苷	(–)-isolariciresinol-4-O-β-D-glucoside
(–)-异落叶松脂素 -6-O-β-D- 吡喃葡萄糖苷	(–)-isolariciresinol-6-O-β-D-glucopyranoside
(+)-(8R, 7′S, 8′R)-异落叶松脂素 -9′-(6- 反式 - 对香豆酰基)-O-β-D- 吡喃葡萄糖苷	(+)-(8R, 7′S, 8′R)-isolariciresinol-9′-(6-trans-p-coumaroyl)-O-β-D-glucopyranoside
(+)-(8R, 7′S, 8′R)-异落叶松脂素 -9′-(6- 顺式 - 对香豆酰基)-O-β-D- 吡喃葡萄糖苷	(+)-(8R, 7′S, 8′R)-isolariciresinol-9′-(6-cis-p-coumaroyl)-O-β-D-glucopyranoside
(+)-异落叶松脂素 -9-O-α-L- 吡喃阿拉伯糖苷	(+)-isolariciresinol-9-O-α-L-arabinopyranoside
异落叶松脂素 -9′-O-α-L- 呋喃阿拉伯糖苷	isolariciresinol-9′-O-α-L-arabinofuranoside
(–)-(8S, 7′R, 8′S)-异落叶松脂素 -9′-O-α-L- 鼠李糖苷	(–)-(8S, 7′R, 8′S)-isolariciresinol-9′-O-α-L-rhamnoside
(–)-异落叶松脂素 -9′-O-β-D- 吡喃葡萄糖苷	(–)-isolariciresinol-9′-O-β-D-glucopyranoside
(+)-异落叶松脂素 -9′-O-β-D- 吡喃葡萄糖苷	(+)-isolariciresinol-9′-O-β-D-glucopyranoside
异落叶松脂素 -9′-O-β-D- 吡喃葡萄糖苷	isolariciresinol-9′-O-β-D-glucopyranoside
(+)-异落叶松脂素 -9-O-β-D- 吡喃葡萄糖苷	(+)-isolariciresinol-9-O-β-D-glucopyranoside
异落叶松脂素 -9-O-β-D- 吡喃葡萄糖苷	isolariciresinol-9-O-β-D-glucopyranoside
(+)-(8R, 7′S, 8′R)-异落叶松脂素 -9′-O-β-D- 吡喃岩藻糖苷	(+)-(8R, 7′S, 8′R)-isolariciresinol-9′-O-β-D-fucopyranoside
异落叶松脂素 -9-O-β-D- 木糖苷	isolariciresinol-9-O-β-D-xyloside
(+)-异落叶松脂素 -9-O-β-D- 葡萄糖苷	(+)-isolariciresinol-9-O-β-D-glucoside
异落叶松脂素 -9′-β-D- 吡喃木糖苷	isolariciresinol-9′-β-D-xylopyranoside
异落叶松脂素 - 单 -β-D- 吡喃葡萄糖苷	isolariciresinol mono-β-D-glucopyranoside
异绿玉树醇	isotirucallol
异绿原酸	isochlorogenic acids
异绿原酸 A (3, 5-O- 二咖啡酰基奎宁酸)	isochlorogenic acid A (3, 5-O-dicaffeoyl quinic acid)
异绿原酸 B (3, 4-O- 二咖啡酰基奎宁酸)	isochlorogenic acid B (3, 4-O-dicaffeoyl quinic acid)
异绿原酸 C (4, 5-O- 二咖啡酰基奎宁酸)	isochlorogenic acid C (4, 5-O-dicaffeoyl quinic acid)
异葎草酮 A、B	isohumulones A, B
异麻疯树酮	isoxochitlolone

异麻黄碱 [(+)-伪麻黄碱、(+)-假麻黄碱]	isoephedrine [(+)-pseudoephedrine]
异马蛋果多内酯	isoodolide
异马蒂罗苷	isomartinoside
异马兜铃内酯	isoaristolactone
异马兜铃烯酮	isoaristolenone
异马汉九里香碱	isomahanimbine
异马交定	isomajodine
异马钱子碱 (异布鲁生)	isobrucine
异马桑鞣灵 F	isocoriariin F
异马桑云实鞣精	isocorilagin
异麦根腐烯三醇	isosativenetriol
异麦碱	isoergine
异麦角酸	isolysergic acid
异麦角甾醇	isoergosterol
异麦芽酚 -α-D- 葡萄糖苷	isomaltol-α-D-glucoside
异麦芽三糖	isomaltotriose
异麦芽糖	isomaltose
异麦芽五糖	isomaltopentaose
异蔓长春丁 (异马季定、异蔓长春花定)	isomajdine
异蔓长春花胺	isovincamine
异蔓长春花吉定 (异马吉定)	isomajidine
异蔓荆尼辛苷 (异黄荆达苷)	isonishindaside
异蔓生百部赤碱	isostemocochinin
异蔓生百部碱 (异蔓生百部胺)	isostemonamine
异芒柄花苷 (异刺芒柄花素 -4'- 葡萄糖苷)	isoononin (isoformononetin-4'-glucoside)
异芒兰皂苷元 (异娜草皂苷元、异纳尔索皂苷元)	isonarthogenin
异芒兰皂苷元-3-O-α-L- 吡喃鼠李糖基-(1→2)-O-[α-L- 吡喃鼠李糖基-(1→4)]-O-β-D- 吡喃葡萄糖苷	isonarthogenin-3-O-α-L-rhamnopyranosyl-(1→2)-O-[α-L-rhamnopyranosyl-(1→4)]-O-β-D-glucopyranoside
异芒兰皂苷元-3-O-β-D- 吡喃葡萄糖基-(1→2)-β-D- 吡喃葡萄糖基-(1→4)-β-D- 吡喃半乳糖苷	isonarthogenin-3-O-β-D-glucopyranosyl-(1→2)-β-D-glucopyranosyl-(1→4)-β-D-galactopyranoside
异杧果醇酸	isomangiferolic acid
异杧果苷 (异芒果苷)	isomangiferin
异毛茛苷	isoranunculin
异毛茛苷元	isoranunculinin
异毛茛宁	isoranunculinin
异毛果芸香碱	isopilocarpine
(+)-异毛果芸香素 (毛果芸香新碱)	(+)-isopilosine (carpiline, carpidine)
异毛喉鞘蕊花素 (异佛司可林)	isoforskolin
异毛连菜萜烯醇乙酸酯	isopichierenyl acetate
异毛泡桐灵酮 B	isopaucatalinone B

Y

异毛蕊花糖苷 (异洋丁香酚苷、异类叶升麻苷)	isoacteoside (isoverbascoside)
异毛蕊花糖苷 (异洋丁香酚苷、异类叶升麻苷)	isoverbascoside (isoacteoside)
异毛蕊异黄酮	isocalycosin
异毛鱼藤酮	isoelliptone
(−)- 异矛果豆素	(−)-isolonchocarpin
异帽柱木酸 (异大叶帽柱木酸)	isomitraphyllic acid
异帽柱木酸 -(16→1)-β-D- 吡喃葡萄糖酯	isomitraphyllic acid-(16→1)-β-D-glucopyranosyl ester
7- 异帽柱叶碱 (阿吗碱氧化吲哚 A)	7-isomitraphylline (ajmalicine oxindole A)
异玫瑰木酮	isorubraine
异玫瑰石斛胺	isocrepidamine
异玫瑰石斛碱	isodendrocrepine
异美丽凹顶藻二醇	isoconcinndiol
异美商陆酚 (异美洲商陆醇) A、B	isoamericanols A, B
异美商陆素 (异洋商陆素) A	isoamericanin A
异美商陆酸 A	isoamericanoic acid A
异美商陆酸 A 甲酯	isoamericanoic acid A methyl ester
异美味红菇醇酮	isoplorantinone
异美洲茶酸	isoceanothic acid
异美洲茶酸 -28-β- 葡萄糖酯	isoceanothic acid -28-β-glucosyl ester
异迷迭香酚	isorosmanol
异迷迭香碱	isorosmaricine
异猕猴桃内酯	isoactinidialactone
异米拉素	isomerancin
异密花娃儿藤碱	isotylocrebrine
异密穗蓼素	isoaffinetin
异绵马素 AB、BB	isoaspidins AB, BB
异莫塞酮 (异狼毒莫森酮)	isomohsenone
异莫替醇	isomotiol
异莫替醇 -3β- 乙酸酯	isomotiol-3β-acetate
异墨蝶呤	isosepiapterin
异牡丹草亭	isoleontine
异牡丹酚	isopaeonol
异牡荆素 (异牡荆苷、异牡荆黄素、高杜荆碱、肥皂草素、皂草黄素、芹菜素 -6-C- 葡萄糖苷)	isovitexin (homovitexin, saponaretin, apigenin-6-C-glucoside)
异牡荆素 -2″-O- 阿拉伯糖苷	isovitexin-2″-O-arabinoside
异牡荆素 -2″-O-[6‴-(E) 阿魏酰基] 葡萄糖苷	isovitexin-2″-O-[6‴-(E)-feruloyl] glucoside
异牡荆素 -2″-O-[6‴-(E) 阿魏酰基] 葡萄糖苷 -4′-O-葡萄糖苷	isovitexin-2″-O-[6‴-(E)-feruloyl] glucoside-4′-O-glucoside
异牡荆素 -2″-O-[6‴-(E)- 对香豆酰基] 葡萄糖苷	isovitexin-2″-O-[6‴-(E)-p-coumaroyl] glucoside

异牡荆素 -2″-O-[6‴-(E)- 对香豆酰基] 葡萄糖苷 -4′-O- 葡萄糖苷	isovitexin-2″-O-[6‴-(E)-p-coumaroyl] glucoside-4′-O-glucoside
异牡荆素 -2″-O-β-D- 吡喃葡萄糖苷	isovitexin-2″-O-β-D-glucopyranoside
异牡荆素 -2″-O- 鼠李糖苷	isovitexin-2″-O-rhamnoside
异牡荆素 -2′-O- 鼠李糖苷	isovitexin-2′-O-rhamnoside
异牡荆素 -2″- 木糖苷	isovitexin-2″-xyloside
异牡荆素 -4′-O-β-D- 二吡喃葡萄糖苷	isovitexin-4′-O-β-D-diglucopyranoside
异牡荆素 -6″-O- 吡喃葡萄糖苷	isovitexin-6″-O-glucopyranoside
异牡荆素 -6-O- 吡喃葡萄糖苷	isovitcxin-6-O-glucopyranoside
异牡荆素 -7, 2″- 二 -O-β-D- 吡喃葡萄糖苷	isovitexin-7, 2″-di-O-β-D-glucopyranoside
异牡荆素 -7, 2″- 二 -O-β-D- 葡萄糖苷	isovitexin-7, 2″-di-O-β-D-glucoside
异牡荆素 -7-O-α-L- 吡喃鼠李糖苷	isovitexin-7-O-α-L-rhamnopyranoside
异牡荆素 -7-O-β-D- 葡萄糖苷	isovitexin-7-O-β-D-glucoside
异牡荆素 -7-O-β- 吡喃半乳糖苷 -2″-O-β- 吡喃葡萄糖苷	isovitexin-7-O-β-D-galactopyranoside-2″-O-β-glucopyranoside
异牡荆素草酸酯	isovitexinethanedioate
异牡荆素甲酸酯	isovitexin carbonate
异牡荆叶脂素	isocannabilignin
(+)- 异木防己碱	(+)-isotrilobine
异木患异戊烯醇	alloprenol
异木兰噜酮 (异木兰醇酮)	isomagnolone
异木兰醛 (异厚朴醛)	isomagnaldehyde
异木榄醇	isobrugierol
异木藜芦毒素	isograyanotoxin
异木竹子酮 F	isogarcimultiflorone F
异南蛇藤醇素 Aα	isocelastroline Aα
异南天竹种碱	isodomesticine
异南五味子木脂宁 (异南五味子宁)	isokadsuranin
异囊管草瑞香素	isovesiculosin
异内南五味子素	isointeriorin
异逆熊耳草碱	isoretrohoustine
异鸟嘌呤	isoguanine
异脲	isourea
异柠檬酚	yukovanol
异柠檬柰酸	isolimonexic acid
异柠檬柰酸甲醚 (异柠檬苦素烯酸甲醚)	isolimonexic acid methyl ether
异柠檬尼酸 (异柠檬内酯酸)	isolimonic acid
异柠檬诺酸	isolimonoic acid
异柠檬酸裂合酶	isocitratelyase
DL- 异柠檬酸三钠盐	DL-isocitric acid trisodium salt

异牛蒡酚 A～C	isolappaols A～C
异牛蒡子苷元 (异牛蒡苷元)	isoarctigenin
异牛膝叶马缨丹二酮	isodiodantunezone
异牛心番荔枝素 (异牛心果替辛)	isoannonareticin
异牛心果因	isoannoreticuin
异纽替皂苷元 (异蒜芥茄皂苷元)	isonuatigenin
异糯米香苷 A	isonuomioside A
异女贞苷酸	isoligustrosidic acid
异女贞子苷	isonuezhenide
异欧丹参醇	isosclareol
异欧龙胆碱	isogentialutine
异欧前胡素 (异欧前胡内酯、异欧芹属素乙、白芷甲素)	isoimperatorin (auraptin)
异欧洲花楸素	isoaucuparin
异帕尔瓜醇 (异帕尔古拉海兔醇)	isoparguerol
异帕尔瓜醇 -16- 乙酸酯	isoparguerol-16-acetate
异帕尔瓜醇 -7, 16- 二乙酸酯	isoparguerol-7, 16-diacetate
异泡桐素	isopaulownin
(1*S*, 4*S*, 5*S*, 10*R*)- 异蓬莪二醇	(1*S*, 4*S*, 5*S*, 10*R*)-isozedoarondiol
异披针叶黄肉楠内酯	isolancifolide
异片叶苔素 C	isoriccardin C
(–)- 异坡垒酚	(–)-isohopeaphenol
异坡垒酚	isohopeaphenol
异坡绕定 (异翅果定碱、恩卡林碱 E、异翅柄钩藤碱)	isopoteropodin (uncarine E, isopteropodine)
异蒲公英赛醇	isotaraxerol
异蒲公英萜酮	isotaraxerone
异普拉得斯碱	isoplatydesmine
异七叶皂苷 (异七叶素) Ⅰa、Ⅰb、Ⅱa、Ⅱb、Ⅲa、Ⅲb、Ⅴ、Ⅵa、Ⅶa、Ⅷa	isoescins Ⅰa, Ⅰb, Ⅱa, Ⅱb, Ⅲa, Ⅲb, Ⅴ, Ⅵa, Ⅶa, Ⅷa
异漆叶苷 (异野漆树苷)	isorhoifolin
异齐墩果烷 (型) [无羁齐墩果烷 (型)、弗瑞德齐墩果烷 (型)]	isooleanane (friedooleanane)
异杞柳苷 (查耳酮柑橘苷元 -2′- 葡萄糖苷)	chalcononaringenin-2′-glucoside (isosalipurposide)
异杞柳苷 (异紫皮柳苷、查耳酮柑橘苷元 -2′- 葡萄糖苷)	isosalipurposide (chalcononaringenin-2′-glucoside)
异槭皂苷元	acerotin
异千解草精 (异巴兰精)	isobharangin
异千金藤碱	steponine
异千金子素 (异大戟亭)	isoeuphorbetin
异千日红苷 (异千日红紫素) Ⅰ～Ⅲ	isogomphrenins Ⅰ～Ⅲ
异千日红碱	isoamaranthine
异千叶蓍酯二烯	isoachifolidiene

异前胡尼定	isopeucenidin
异前益母草灵素	isopreleoheterin
异茜草素 (黄紫茜素、紫茜蒽醌、1, 3-二羟基蒽醌)	xanthopurpurin (purpuroxanthin, purpuroxanthine, xanthopurpurine, 1, 3-dihydroxyanthraquinone)
异羟基马台树脂醇	isohydroxymatairesinol
异羟基洋地黄毒苷元 (地谷新配基)	digoxigenin
异羟基洋地黄毒苷元-3-O-β-D-双洋地黄毒糖基-β-D-2, 6-二脱氧葡萄糖苷	digoxigenin-3-O-β-D-bisdigitoxosyl-β-D-2, 6-dideoxy-glucoside
异羟基洋地黄毒苷元-3-O-β-D-双洋地黄毒糖基-β-D-木糖苷	digoxigenin-3-O-β-D-bisdigitoxosyl-β-D-xyloside
异羟基洋地黄毒苷元-3-O-β-D-双洋地黄毒糖基-β-D-葡甲基糖苷	digoxigenin-3-O-β-D-bisdigitoxosyl-β-D-glucomethyloside
异羟基洋地黄毒苷元-3-O-β-D-洋地黄毒糖基-β-D-葡甲基糖苷	digoxigenin-3-O-β-D-digitoxosyl-β-D-glucomethyloside
异羟基洋地黄毒苷元单毛地黄糖苷	digoxigenin monodigitaloside
异羟基洋地黄毒苷元单洋地黄毒糖苷	digoxigenin monodigitoxoside
异羟基洋地黄毒苷元双洋地黄毒糖苷	digoxigenin bisdigitoxoside
异羟基洋地黄毒苷元四毛地黄毒糖苷	digoxigenin-tetradigitoxoside
异羟基洋地黄毒苷元四洋地黄毒糖苷	digoxoside
异羟基洋地黄毒苷元洋地黄双糖苷	digoxigenin digilanidobioside
异秦皮啶 (异白蜡树啶、异木岑皮啶、6, 8-二甲氧基-7-羟基香豆素)	isofraxidin (6, 8-dimethoxy-7-hydroxycoumarin)
异秦皮啶-7-O-α-D-葡萄糖苷 (刺五加苷 B₁)	isofraxidin-7-O-α-D-glucoside (eleutheroside B₁)
异秦皮啶-7-O-β-D-吡喃葡萄糖苷	isofraxidin-7-O-β-D-glucopyranoside
异秦皮啶葡萄糖苷	isofraxidin glucoside
异秦皮素	isofraxetin
异青蒿酮	isoartemisia ketone
异青藤碱	isosinomenine
异青藤碱 A (异汉防己碱、异特船君)	isosinomenine A (isotetrandrine)
异清香藤苷 B	isojaslanceoside B
异氰化物	isocyanide
4-异氰基苯甲酸	4-isocyanobenzoic acid
异氰酸环己酯	cyclohexyl isocyanate
2-异氰酸基-2-甲基丙烷	2-isocyanato-2-methyl-propane
异氰酸酯	isocyanate
4-(2-异氰氧基-2-氧亚基乙基) 苯硫代甲酰氰化物	4-(2-isocyanato-2-oxoethyl) benzenecarbothioyl cyanide
4-(异氰氧基羰基甲基) 苯硫代甲酰氰化物	4-(isocyanatocarbonyl methyl) benzenecarbothioyl cyanide
异球松甲素	cryptostropin
异曲刺茄碱	isoanguivine
异去甲槟榔次碱	isoguvacine

异去甲呋喃皮纳灵	isodemethyl furopinarine
异去甲鳢蜞菊内酯	isodemethyl wedelolactone
异去甲鳢蜞菊内酯葡萄糖苷	isodemethyl wedelolactone glucoside
异去水聚伞凹顶藻醇	isodehydrothysiferol
异去乙酰紫玉盘素 (4-脱氧巴婆双呋内酯)	isodesacetyl uvaricin (4-deoxyasimicin)
异全能花苷 (异全能花素)	isobiflorin
4-异髯毛波纹藻酚 (4-异髯毛汉卡纹藻酚)	4-isocymobarbatol
异热马酮 (异萝藦酮)	isoramanone
异日本獐牙菜素 (异日当药黄素)	isoswertiajaponin
异日光花素 II	isolampranthin II
异绒白乳菇醇	isovellerol
异绒白乳菇醛	isovelleral
异绒盖牛肝菌酸	isoxerocomic acid
异绒毛槐醇	isosophoronol
异绒叶军刀豆酚	isovestitol
异柔黄巴豆醇	isojulocrotol
异肉豆蔻醚	isomyristicin
异肉叶车前苷	isocrassifolioside
异茹内辛	isorannescine
(−)-异乳白仔榄树胺	(−)-isoeburnamine
异乳白仔榄树新胺 (异布满宁、异鸭脚树叶醛碱)	isoburnamine
异乳菇烷	isolactarane
异乳香二烯酮酸	isomasticadienonic acid
异软骨藻酸 A~D	isodomoic acids A~D
异瑞德亭	isoridentin
异瑞福灵	isoraifolin
异瑞香诺苷	isodaphnoside
异撒马尔罕阿魏素	isosamarcandin
(−)-异萨阿米芹定	(−)-isosamidin
异萨阿米芹定	isosamidin
异塞内加尔刺桐素	isosenegalensin
异塞内加尔刺桐素 E	isoerysenegalensein E
异噻唑 (1, 2-噻唑、1, 2-硫氮杂环戊熳)	isothiazole (1, 2-thiazole)
异三尖杉宁碱	isocephalomannine
异三尖杉酮碱	isocephalotaxinone
异三羟基胆烯	isotrihydroxycholene
异三色堇黄酮苷	isoviolanthin
异三十烷	isotriacontane
异三桠乌药内酯 A~C	isoobtusilactones A~C
异三叶醇 (异车轴草酚)	isotrifoliol

异三叶木防己碱 (异木防己碱、异三裂木防己碱、异三叶素、高木防己碱)	isotrilobine (homotrilobine)
异三叶木防己碱 N2-氧化物	isotrilobine N2-oxide
异三紫玉盘亭	isotriuvaretin
异色啉	isoxerine
异色亲酮 Ⅲ～Ⅷ	isochromophilones Ⅲ～Ⅷ
异色烷	isochromane
1H-异色烯	1H-isochromene
异色烯 (2-苯并吡喃)	isochromene (2-benzopyran)
异瑟模环烯醇	isocembrol
异瑟妥棒麦角碱 (异狼尾麦角碱)	isosetoclavine
异沙蟾蜍精	bufarenogin
异沙树碱 (异沙豆树碱、D-沙树碱、沙槐碱)	isoammodendrine (D-ammodendrine, sphaerocarpine)
异山德维辛碱 (异三文治萝芙木辛碱)	isosandwicine
异山柑子萜醇 (异乔木山小橘醇、异山柑子醇、异乔木萜醇、高粱醇)	isoarborinol (sorghumol)
异山梗菜炔醇	isolobetyol
异山梗菜酮碱 (去甲山梗菜酮碱)	isolobelanine (norlobelanine)
异山梗尼定	isolobinanidine
异山梗宁	isolobinine
异山荷叶素	isodiphyllin
异山菊里定	isomontanolide
异山麻杆宁	isoalchornine
异山柰刺槐二糖苷	isobiorobin
异山柰酚-3-O-吡喃鼠李糖苷	isokaempferol-3-O-rhamnopyranoside
异山柰素 (山柰酚-3-甲醚)	isokaempferide (kaempferol-3-methyl ether)
异山柰素-7-O-β-D-吡喃葡萄糖苷	isokaempferide-7-O-β-D-glucopyranoside
异山柰素-7-O-葡萄糖醛酸苷 (长苞醛酸苷)	isokaempferide-7-O-glucuronide (bracteoside)
异山香酸	isosuaveolic acid
异山药素 Ⅰ	isobatatasin Ⅰ
异山油柑定	isoacronidine
异山油柑西定	isoacronycidine
异山茱萸单宁 F	isocornusiin F
异珊瑚樱品碱	isosolacapine
异芍药苷	isopaeoniflorin
异射干苷元	isoshehkanigenin
异麝香草酚 (异百里香酚、异麝酚、香荆芥酚、香芹酚、2-对伞花酚、2-羟基对伞花烃)	isothymol (carvacrol, 2-p-cymenol, 2-hydroxy-p-cymene)
异麝香皮茶碱	isomoschatoline
异砷杂萘	isoarsinoline

Y

异砷杂茚	isoarsindole
异升麻酰胺	isocimicifugamide
异圣古碱	isosungucine
异湿金丝桃素 B	isouliginosin B
异十八酸乙酯	ethyl isooctadecanoate
3-异十八烷基-4-羟基-α-吡喃酮	3-isooctadecyl-4-hydroxy-α-pyrone
异十五酸	isopentadecanoic acid
(−)-(R)-异石菖蒲苯基苯丙素	(−)-(R)-isoacorphenyl propanoid
(+)-(S)-异石菖蒲苯基苯丙素	(+)-(S)-isoacorphenyl propanoid
异石栗萜酸 (异油桐醇酸)	isoaleuritolic acid
异石栗萜酸-3-对羟基桂皮酸酯	isoaleuritolic acid-3-p-hydroxycinnamate
异石榴皮碱	isopelletierine
异石松碱	isolycopodine
(−)-异石竹烯	(−)-isocaryophyllene
β-异石竹烯	β-isocaryophyllene
异石竹烯	isocaryophyllene
异石竹烯醇	isocaryophyllene alcohol
异食用大黄素 (异丹叶大黄素)	isorhapontigenin
异食用当归素	isoedultin
异莳萝脑	isodillapiol
异莳萝脑乙二醇	isodillapiolclycol
异柿双醌 (异柿醌、异柿属素)	isodiospyrin
异匙叶桉油烯醇	isospathulenol
异-叔-O-甲基比克白芷素	iso-tert-O-methyl byakangelicin
异疏花鱼藤林素	isolaxifolin
异鼠李黄素 (异鼠李素、槲皮素-3′-甲醚)	isorhamnetol (isorhamnetin, quercetin-3′-methyl ether)
异鼠李素 (异鼠李黄素、槲皮素-3′-甲醚)	isorhamnetin (isorhamnetol, quercetin-3′-methyl ether)
异鼠李素-2G-鼠李糖基芸香糖苷	isorhamnetin-2G-rhamnosyl rutinoside
异鼠李素-3-(2, 6-二吡喃鼠李糖基吡喃半乳糖苷)	isorhamnetin-3-(2, 6-dirhamnopyranosyl galactopyranoside)
异鼠李素-3, 4′-二-O-β-D-葡萄糖苷	isorhamnetin-3, 4′-di-O-β-D-glucoside
异鼠李素-3, 7-二-O-β-D-吡喃葡萄糖苷	isorhamnetin-3, 7-di-O-β-D-glucopyranoside
异鼠李素-3, 7-二-O-β-D-葡萄糖苷	isorhamnetin-3, 7-di-O-β-D-glucoside
异鼠李素-3, 7-二硫酸酯	isorhamnetin-3, 7-disulphate
异鼠李素-3-O-(2″, 6″-α-L-二吡喃鼠李糖基)-β-D-葡萄糖苷	isorhamnetin-3-O-(2″, 6″-α-L-dirhamnopyranosyl)-β-D-glucoside
异鼠李素-3-O-(2-O-β-D-吡喃葡萄糖基)-β-D-吡喃半乳糖苷-7-O-β-D-吡喃葡萄糖苷	isorhamnetin-3-O-(2-O-β-D-glucopyranosyl)-β-D-galactopyranoside-7-O-β-D-glucopyranoside
异鼠李素-3-O-(2-O-β-吡喃木糖苷)-6-O-α-吡喃鼠李糖基-β-吡喃葡萄糖苷	isorhamnetin-3-O-(2-O-β-xylopyranoside)-6-O-α-rhamnopyranosyl-β-glucopyranoside
异鼠李素-3-O-(2′-α-L-吡喃鼠李糖基)芸香糖苷	isorhamnetin-3-O-(2′-α-L-rhamnopyranosyl) rutinoside

异鼠李素 -3-O-(2′-α-L- 鼠李糖基)-α-L- 鼠李糖基 -(1→6)-β-D- 吡喃葡萄糖苷	isorhamnetin-3-O-(2′-α-L-rhamnosyl)-α-L-rhamnosyl-(1→6)-β-D-glucopyranoside
异鼠李素 -3-O-(6″-O-α-L- 吡喃鼠李糖基)-β-D- 吡喃葡萄糖苷	isorhamnetin-3-O-(6″-O-α-L-rhamnopyransoyl)-β-D-glucopyranoside
异鼠李素 -3-O-(6-O-α-L- 鼠李糖基)-β-D- 葡萄糖苷	isorhamnetin-3-O-(6-O-α-L-rhamnosyl)-β-D-glucoside
异鼠李素 -3-O-[6″-O-(E)- 咖啡酰基]-β-D- 吡喃半乳糖苷	isorhamnetin-3-O-[6″-O-(E)-caffeoyl]-β-D-galactopyranoside
异鼠李素 -3-O-[α-L- 吡喃鼠李糖基 -(1→4)-α-L- 吡喃鼠李糖基 -(1→6)-β-D- 吡喃葡萄糖苷]	isorhamnetin-3-O-[α-L-rhamnopyranosyl-(1→4)-α-L-rhamnopyranosyl-(1→6)-β-D-glucopyranoside]
异鼠李素 -3-O-[α-L- 吡喃鼠李糖基 -(1→6)]-O-β-D- 吡喃葡萄糖苷 -7-O-α-L- 吡喃鼠李糖苷	isorhamnetin-3-O-[α-L-rhamnopyranosyl-(1→6)]-O-β-D-glucopyranoside-7-O-α-L-rhamnopyranoside
异鼠李素 -3-O-α-D- 吡喃来苏糖基 -(1→2)-β-D- 吡喃葡萄糖苷	isorhamnetin-3-O-α-D-lyxopyranosyl-(1→2)-β-D-glucopyranoside
异鼠李素 -3-O-α-L- 吡喃鼠李糖苷	isorhamnetin-3-O-α-L-rhamnopyranoside
异鼠李素 -3-O-α-L- 吡喃鼠李糖基 -(1→2)-O-[α-L- 吡喃鼠李糖基 -(1→6)]-β-D- 吡喃葡萄糖苷	isorhamnetin-3-O-α-L-rhamnopyranosyl-(1→2)-O-[α-L-rhamnopyranosyl-(1→6)]-β-D-glucopyranoside
异鼠李素 -3-O-α-L- 吡喃鼠李糖基 -(1→2)-β-D- 吡喃葡萄糖苷	isorhamnetin-3-O-α-L-rhamnopyranosyl-(1→2)-β-D-glucopyranoside
异鼠李素 -3-O-α-L- 吡喃鼠李糖基 -(1→6)-α-D- 吡喃来苏糖基 -(1→2)-β-D- 吡喃葡萄糖苷	isorhamnetin-3-O-α-L-rhamnopyranosyl-(1→6)-α-D-lyxopyranosyl-(1→2)-β-D-glucopyranoside
异鼠李素 -3-O-α-L- 鼠李糖苷	isorhamnetin-3-O-α-L-rhamnoside
异鼠李素 -3-O-α-L- 鼠李糖基 -(1→2)-β-D- 吡喃葡萄糖苷	isorhamnetin-3-O-α-L-rhamnosyl-(1→2)-β-D-glucopyranoside
异鼠李素 -3-O-α-L- 鼠李糖基 -(1→2)-β-D- 葡萄糖苷	isorhamnetin-3-O-α-L-rhamnosyl-(1→2)-β-D-glucoside
异鼠李素 -3-O-α- 鼠李糖基 -α- 鼠李糖基 -β- 葡萄糖苷	isorhamnetin-3-O-α-rhamnosyl-α-rhamnosyl-β-glucoside
异鼠李素 -3-O-β-(2″-O- 乙酰基 -β-D- 葡萄糖醛酸苷)	isorhamnetin-3-O-β-(2″-O-acetyl-β-D-glucuronide)
异鼠李素 -3-O-β-[6″-(E)- 对香豆酰基吡喃葡萄糖苷]-7-O-β- 吡喃葡萄糖苷	isorhamnetin-3-O-β-[6″-(E)-p-coumaroyl glucopyranoside]-7-O-β-glucopyranoside
异鼠李素 -3-O-β-D-(6″- 乙酰基半乳糖苷)	isorhamnetin-3-O-β-D-(6″-acetyl galactoside)
异鼠李素 -3-O-β-D-{2-O-[6-O-(E)- 芥子酰基]-β-D- 吡喃葡萄糖基 }-β-D- 吡喃葡萄糖苷	isorhamnetin-3-O-β-D-{2-O-[6-O-(E)-sinapoyl]-β-D-glucopyranosyl}-β-D-glucopyranoside
异鼠李素 -3-O-β-D- 半乳糖苷	isorhamnetin-3-O-β-D-galactoside
异鼠李素 -3-O-β-D- 吡喃半乳糖苷	isorhamnetin-3-O-β-D-galactopyranoside
异鼠李素 -3-O-β-D- 吡喃葡萄糖苷	isorhamnetin-3-O-β-D-glucopyranoside
异鼠李素 -3-O-β-D- 吡喃葡萄糖苷 -7-O-β- 龙胆二糖苷	isorhamnetin-3-O-β-D-glucopyranoside-7-O-β-gentiobioside
异鼠李素 -3-O-β-D- 吡喃葡萄糖基 -(1→3)-α-L- 吡喃鼠李糖基 -(1→6)-β-D- 吡喃半乳糖苷	isorhamnetin-3-O-β-D-glucopyranosyl-(1→3)-α-L-rhamnopyranosyl-(1→6)-β-D-galactopyranoside
异鼠李素 -3-O-β-D- 刺槐双糖苷	isorhamnetin-3-O-β-D-robinobioside
异鼠李素 -3-O-β-D- 龙胆二糖苷 -7-O-β-D- 葡萄糖苷	isorhamnetin-3-O-β-D-gentiobioside-7-O-β-D-glucoside
异鼠李素 -3-O-β-D- 葡萄糖苷	isorhamnetin-3-O-β-D-glucoside
异鼠李素 -3-O-β-D- 葡萄糖苷 -7-O-α-L- 鼠李糖苷	isorhamnetin-3-O-β-D-glucoside-7-O-α-L-rhamnoside
异鼠李素 -3-O-β-D- 葡萄糖苷 -7-O-β-D- 葡萄糖苷	isorhamnetin-3-O-β-D-glucoside-7-O-β-D-glucoside

异鼠李素 -3-*O*-β-D- 葡萄糖基 -(1→2)-α-L- 鼠李糖苷	isorhamnetin-3-*O*-β-D-glucosyl-(1→2)-α-L-rhamnoside
异鼠李素 -3-*O*-β-D- 葡萄糖醛酸苷	isorhamnetin-3-*O*-β-D-glucuronide
异鼠李素 -3-*O*-β-D- 葡萄糖鼠李糖苷	isorhamnetin-3-*O*-β-D-glucorhamnoside
异鼠李素 -3-*O*-β-D- 芸香糖苷	isorhamnetin-3-*O*-β-D-rutinoside
异鼠李素 -3-*O*-β-L- 吡喃鼠李糖苷	isorhamnetin-3-*O*-β-L-rhamnopyranoside
异鼠李素 -3-*O*-β- 刺槐双糖苷	isohamnetin-3-*O*-β-robinobioside
异鼠李素 -3-*O*- 半乳糖苷 (仙人掌乳苷)	isorhamnetin-3-*O*-galactoside (cacticin)
异鼠李素 -3-*O*- 吡喃鼠李糖苷	isorhamnetin-3-*O*-rhamnpyranoside
异鼠李素 -3-*O*- 刺槐双糖苷	isorhamnetin-3-*O*-robinobioside
异鼠李素 -3-*O*- 槐糖苷	isorhamnetin-3-*O*-sophoroside
异鼠李素 -3-*O*- 槐糖苷 -7-*O*- 鼠李糖苷	isorhamnetin-3-*O*-sophoroside-7-*O*-rhamnoside
异鼠李素 -3-*O*- 葡萄糖苷 -4'-*O*- 二葡萄糖苷	isorhamnetin-3-*O*-glucoside-4'-*O*-diglucoside
异鼠李素 -3-*O*- 葡萄糖基 -(6→1)- 鼠李糖苷	isorhamnetin-3-*O*-glucosyl-(6→1)-rhamnoside
异鼠李素 -3-*O*- 葡萄糖基鼠李糖基鼠李糖苷	isorhamnetin-3-*O*-glucosyl rhamnosyl rhamnoside
异鼠李素 -3-*O*- 鼠李糖苷	isorhamnetin-3-*O*-rhamnoside
异鼠李素 -3-*O*- 新橙皮糖苷 (金盏菊黄酮苷)	isorhamnetin-3-*O*-neohesperidoside (calendoflavoside)
异鼠李素 -3-*O*- 芸香糖苷 (水仙苷)	isorhamnetin-3-*O*-rutinoside (narcissin, narcissoside)
异鼠李素 -3-*O*- 芸香糖基 -(1→2)-*O*- 鼠李糖苷	isorhamnetin-3-*O*-rutinosyl-(1→2)-*O*-rhamnoside
异鼠李素 -3-α-L- 呋喃阿拉伯糖苷	isorhamnetin-3-α-L-arabinofuranoside
异鼠李素 -3-α-L- 呋喃鼠李糖苷	isorhamnetin-3-α-L-rhamnofuranoside
异鼠李素 -3- 阿拉伯糖苷 -7- 鼠李糖苷	isorhamnetin-3-arabinoside-7-rhamnoside
异鼠李素 -3- 阿拉伯糖基葡萄糖苷	isorhamnetin-3-arabinoglucoside
异鼠李素 -3- 半乳糖二鼠李糖苷	isorhamnetin-3-galactodirhamnoside
异鼠李素 -3- 刺槐二糖苷	isorhamnetin-3-robinobioside
异鼠李素 -3- 对香豆酰基葡萄糖苷	isorhamnetin-3-*p*-coumaroyl glucoside
异鼠李素 -3- 槐糖苷 -7- 葡萄糖苷	isorhamnetin-3-sophoroside-7-glucoside
异鼠李素 -3- 龙胆二糖苷	isorhamnetin-3-gentiobioside
异鼠李素 -3- 龙胆三糖苷	isorhamnetin-3-gentiotrioside
异鼠李素 -3- 龙胆三糖苷 -7- 葡萄糖苷	isorhamnetin-3-gentiotrioside-7-glucoside
异鼠李素 -3- 木糖基 -(1→3)- 鼠李糖基 -(1→6)- 葡萄糖苷	isorhamnetin-3-xylosyl-(1→3)-rhamnosyl-(1→6)-glucoside
异鼠李素 -3- 葡萄糖苷 -7- 鼠李糖苷	isorhamnetin-3-glucoside-7-rhamnoside
异鼠李素 -3- 鼠李糖葡萄糖苷	isorhamnetin-3-rhamnoglucoside
异鼠李素 -3- 芸香糖苷 -4'- 鼠李糖苷	isorhamnetin-3-rutinoside-4'-rhamnoside
异鼠李素 -4'-*O*-β-D- 吡喃葡萄糖苷	isorhamnetin-4'-*O*-β-D-glucoside
异鼠李素 -5-*O*- 葡萄糖苷	isorhamnetin-5-*O*-glucoside
异鼠李素 -7-*O*-α-L- 鼠李糖苷	isorhamnetin-7-*O*-α-L-rhamnoside
异鼠李素 -7-*O*-β-D- 吡喃葡萄糖苷	isorhamnetin-7-*O*-β-D-glucopyranoside
异鼠李素 -7-*O*-β-D- 二葡萄糖苷	isorhamnetin-7-*O*-β-D-diglucoside
异鼠李素 -7-*O*-β-D- 龙胆二糖苷	isorhamnetin-7-*O*-β-D-gentiobioside

异鼠李素 -7-*O*- 葡萄糖苷	isorhamnetin-7-*O*-glucoside
异鼠李素 -8-*O*- 芸香糖苷	isorhamnetin-8-*O*-rutinoside
异鼠李素硫酸酯	isorhamnetin sulphate
异鼠李素鼠李半乳糖苷	isorhamnetin rhamnogalactoside
异鼠李糖 (奎诺糖、金鸡纳糖)	isorhamnose (quinovose)
异鼠尾草胺 A～E	isosalviamines A～E
异鼠尾草酰胺 F～H	isosalviamides F～H
异栓皮豆酚	isomundulinol
异双查耳酮 (异双花金丝桃查耳酮) A～C	isogemichalcones A～C
异双环大牻牛儿烯醛	isobicyclogermacrenal
异双脱氢百部新碱	isobisdehydrostemoninine
异双脱氢对叶百部碱	isodidehydrotuberostemonine
异水菖蒲酮	isoshyobunone
异水飞蓟宾 (异水飞蓟素)	isosilybinin (isosilybin)
异水飞蓟素 (异水飞蓟宾)	isosilybin (isosilybinin)
异水飞木质灵 A、B	isosilandrins A, B
异水蓼醇醛 (异蓼醛)	isopolygonal
异水蓼二醛 (异蓼二醛)	isopolygodial (isotadeonal)
异水蓼二醛 (异蓼二醛)	isotadeonal (isopolygodial)
异睡茄白曼陀罗素	isowithametelin
异睡茄内酯 (异醉茄内酯、17β- 羟基睡茄内酯 F)	isowithanolide F (17β-hydroxywithanolide K)
异丝氨酰基 -*S*- 甲基半胱胺亚砜	isoseryl-*S*-methyl cysteamine sulfoxide
异斯氏紫堇碱	isoscoulerine
异四国荛花素 A	isosikokianin A
异松柏诺苷	isoconiferinoside
异松萝酮	isousone
(–)- 异松蒎醇	(–)-isopinocampheol
(+)- 异松蒎醇	(+)-isopinocampheol
异松香芹醇	isopinocarveol
异松蕈醇 (异松茸醇)	isomatsutakeol
异松藻醇 (异脱皮松藻醇)	isodecortinol
异松樟酮 (异蒎莰酮、异松蒎酮)	isopinocamphone
异素馨素	isojasminin
异酸浆苦素 A、B	isophysalins A, B
异酸枣素 (异斯皮诺素)	isospinosin
(–)- 异缝毛荷包牡丹碱 [(–)- 异种荷包牡丹碱]	(–)-isocoreximine
异它拉定	isotalatisidine
异它乔糖苷 (直蒴苔苷)	isotachioside
异塔拉萨定 (川乌碱甲)	isotalatizidine
异酞酸 (间苯二甲酸)	isophthalic acid (*m*-phthalic acid)

异特勒菊素 (异特勒内酯)	isotelekin
(±)- 异藤果双喙木碱	(±)-isocondylocarpine
异藤黄酚 (异山竹子酚、异山竹子素)	isogarcinol
异藤黄酚 -13-*O*- 甲基醚	isogarcinol-13-*O*-methyl ether
异藤黄精宁	isogambogenin
异藤黄宁 (异桑藤黄醛、异桑藤黄素) B	isomorellin B
异藤黄酸	isomorellic acid
异蹄盖蕨酚 (异蹄盖蕨𠮩酮、异阿赛里奥、6- 甲氧基 -1, 3, 7- 三羟基𠮩酮)	isoathyriol (6-methoxy-1, 3, 7-trihydroxyxanthone)
异田七氨酸	isodencichine
异甜菜苷 (异甜菜紫宁、异甜菜素 -5-*O*-β-D- 吡喃葡萄糖苷)	isobetanin (isobetanidin-5-*O*-β-D-glucopyranoside)
异甜菜素	isobetanidin
异甜菜素 -6-*O*-β- 槐糖苷	isobetanidin-6-*O*-β-sophoroside
异甜菜素 -6-*O*-β- 葡萄糖苷	isobetanidin-6-*O*-β-glucoside
异甜菜素 -6-*O*- 鼠李糖基槐糖苷	isobetanidin-6-*O*-rhamnosyl sophoroside
异甜菊醇	isosteviol
异萜品油烯	isoterpinolene
异铁豆木素	isoferreirin
异铁力木酚	isomesuol
异铁线蕨醇 B	isoadiantol B
异铁线蕨酮	isoadiantone
异桐酸	isoeleostearic acid
异透骨草洛醇乙酸酯	isophrymarol acetate
异土布洛素	isotubulosine
异土大黄苷 (异食用大黄苷)	isorhapontin
异土荆皮酮 A	isopseudolaritone A
异土木香脑	isohelenin
异土木香脑 (异阿兰内酯、异土木香内酯)	isohelenin (isoalantolactone)
异土木香内酯 (异阿兰内酯、异土木香脑)	isoalantolactone (isohelenin)
异土木香脯氨酸	isoheleproline
异土曲霉醌	isoasterriquinone
异土曲霉内酯 A	isoterreulactone A
异脱氢钩藤碱 (异柯楠赛因碱)	isocorynoxeine
异脱氢钩藤碱 -*N*- 氧化物 (异柯楠赛因碱 -*N*- 氧化物)	isocorynoxeine-*N*-oxide
(4*S*)- 异脱氢钩藤碱 *N*- 氧化物	(4*S*)-isocorynoxeine *N*-oxide
异脱氢虹臭蚁素 (异脱氢钩藤碱、异脱氢阿根廷蚁素)	isodehydroiridomyrmecin
[8]- 异脱氢姜辣二酮	[8]-isodehydrogingerdione
[6]- 异脱氢姜辣二酮 {[6- 异脱氢姜二酮]	[6]-isodehydrogingerdione
异脱氢木香内酯	isodehydrocostus lactone

异脱水射干呋喃醛	isoanhydrobelachinal
异脱水淫羊藿黄素 (异脱水淫羊藿素)	isoanhydroicaritin
异脱氧地胆草内酯 (异脱氧地胆草素)	isodeoxyelephantopin
异椭果碱	isolongistrobine
异万年青皂苷元 (异万年青甾体皂苷元)	isorhodeasapogenin
异万年青皂苷元-1-O-α-L-吡喃鼠李糖基-(1→2)-β-D-吡喃木糖苷-3-O-α-L-吡喃鼠李糖苷	isorhodeasapogenin-1-O-α-L-rhamnopyranosyl-(1→2)-β-D-xylopyranoside-3-O-α-L-rhamnopyranoside
异万年青皂苷元-3-O-β-D-吡喃葡萄糖苷	isorhodeasapogenin-3-O-β-D-glucopyranoside
异网地藻三醇单乙酸酯	isodictytriol monoacetate
异网果翠雀亭 (峨嵋翠雀花碱)	isodelectine
异微凸剑叶莎醇 (异尖叶军刀豆酚、异短尖剑豆酚)	isomucronulatol
(−)-异微凸剑叶莎醇 [(−)-异尖叶军刀豆酚]	(−)-isomucronulatol
(+)-异微凸剑叶莎醇 [(+)-异尖叶军刀豆酚]	(+)-isomucronulatol
(3R)-(−)-异微凸剑叶莎醇 [(3R)-(−)-异尖叶军刀豆酚]	(3R)-(−)-isomucronulatol
异微凸剑叶莎醇-7, 2′-二-O-吡喃葡萄糖苷	isomucronulatol-7, 2′-di-O-glucopyranoside
异微凸剑叶莎醇-7, 2′-二-O-葡萄糖苷	isomucronulatol-7, 2′-di-O-glucoside
异微凸剑叶莎醇-7-O-β-葡萄糖苷	isomucronulatol-7-O-β-glucoside
异微凸剑叶莎醇-7-O-吡喃葡萄糖苷	isomucronulatol-7-O-glucopyranoside
异微凸剑叶莎苏合香烯	isomucronustyrene
异维甲酸	isotretinoin (roaccutane, 13-cis-retinoic acid)
异维甲酸	roaccutane (isotretinoin, 13-cis-retinoic acid)
α-异维惕烯	α-isovetivene
异伪利血平	isopseudoreserpine
异卫矛碱 (卫矛宁碱、雷公藤碱己)	euonine (wilformine)
异味决明内酯醇 (烈味脚骨脆醇)	casegravol
异蔚西拉亭	isoverticillatine
异文那亭	isovenenatine
异纹阿魏苷	diversoside
异问荆色苷 (草棉苷)	isoarticulatin (herbacitrin)
异沃木醇 (异柯桠树烯醇) A~E	isovouacapenols A~E
异乌头碱	isoaconitine
异乌药碱 (异衡州乌药碱)	isococlaurine
异乌药内酯 (异钓樟内酯)	isolinderalactone
异乌药萜烯黄烷酮	isolinderatone
异无瓣红厚壳酸	isoapetalic acid
异无瓣红厚壳酸甲酯	methyl isoapetalate
异无根藤酮胺	isofiliformine
异无花果辛	isoficine
(−)-异无毛水黄皮色烯	(−)-isoglabrachromene
异吴茱萸碱	isoevodiamine

异吴茱萸酮酚	isoevodionol
异吴茱萸酮酚甲醚	isoevodionol methyl ether
异梧桐色满醇	isomallotochromanol
异五味子醇酸	isoschizandrolic acid
异五味子笼萜素 C	isoschicagenin C
异五味子素	isoschisandrin
异五味子酸	isoschizandronic acid
异五叶粟米草素 -7-O-β-D- 吡喃葡萄糖苷	isomollupentin-7-O-β-D-glucopyranoside
异戊胺	isoamyl amine
3- 异戊叉基 -3α, 4- 二氢苯酞	3-isovalidene-3α, 4-dihydrophthalide
3- 异戊叉基苯酞	3-isovalidene phthalide
异戊醇	isoamyl alcohol (isopentanol)
异戊醇	isopentanol (isoamyl alcohol)
2- 异戊醇基 -4- 甲基 -1, 3- 环戊二酮	2-isopentanyl-4-methyl cyclopenta-1, 3-dione
异戊二烯	isoprene
N^6-(Δ²- 异戊二烯基) 腺嘌呤	N^6-(Δ²-isopentenyl)-adenine
3′- 异戊二烯基 -2′, 4- 二羟基 -4′, 6′- 二甲氧基查耳酮	3′-isoprenyl-2′, 4-dihydroxy-4′, 6′-dimethoxychalcone
2, 8- 异戊二烯基 -3, 7, 4′- 三羟基 -5- 甲氧基黄酮	2, 8-isoprenyl-3, 7, 4′-trihydroxy-5-methoxyflavone
2- 异戊二烯基 -5- 异丙基苯酚 -4-O-β-D- 吡喃木糖苷	2-isoprenyl-5-isopropyl phenol-4-O-β-D-xylopyranoside
异戊二烯聚合体	isoprene polymer
异戊基 -O-β-D- 吡喃葡萄糖苷	isopentyl-O-β-D-glucopyranoside
异戊基环己烯	isopentyl cyclohexene
异戊基硫醇	isopentyl mercaptan
7- 异戊间二烯伞形酮	7-prenylumbelliferon
异戊氢吡豆素 (二氢沙米丁)	dimidin (dihydrosamidin)
异戊醛	isovaleraldehyde
异戊酸 -1- 桃金娘酯	1-myrtenyl isovalerate
异戊酸 8- 异戊酰氧基橙花醇酯	8-isovaleryoxyneryl isovalerate
异戊酸 -α- 苯乙酯	phenyl ethyl-α-isovalerate
异戊酸百里香酚酯	thymyl isovalerate
异戊酸苄酯	benzyl isovalerate
异戊酸橙花醇酯	neryl isovalerate
16αH, 17- 异戊酸 - 对映 - 贝壳杉 -19- 酸	16αH, 17-isovalerate-*ent*-kaur-19-oic acid
异戊酸桂皮酯	cinnamyl isovalerate
异戊酸己酯	hexyl isovalerate
异戊酸 -3- 甲基丁基酯	3-methyl butyl isovalerate
异戊酸甲酯	methyl isovalerate
异戊酸龙脑酯	bornyl isovalerate (bornyval)
L- 异戊酸蓝酯	L-menthyl isovalerate
α- 异戊酸松油酯	α-terpinyl isovalerate

异戊酸桃金娘酯	L-myrtenyl isovalerate
异戊酸香茅酯	citronellyl isovalerate
异戊酸乙酯	ethyl isovalerate
异戊酸异冰片酯 (异戊酸异龙脑酯)	isobornyl isovalerate
异戊酸正丁酯	*n*-butyl isovalerate
异戊酸正二十六醇酯	*n*-hexacosanyl isovalerate
异戊烷	isopentane
异戊烷基芥子油苷	isopentyl glucosinolate
异戊烯扁平橘碱	prenyl citpressine
异戊烯二甲基丙酯	isopentenyl dimethyl propyl ester
4-异戊烯二氢赤松素	4-prenyl dihydropinosylvin
3-异戊烯反式咖啡酸酯	3-isopentenyl-*trans*-caffeate
异戊烯胍 (山羊豆碱)	isoamyleneguanidine (galegine)
8-(2-异戊烯基)-5, 7, 3′, 4′-四羟基黄酮	8-(2-isopentenyl)-5, 7, 3′, 4′-tetrahydroxyflavone
8-(3-异戊烯基)-5, 7, 3′, 4′-四羟基黄酮	8-(3-isopentenyl)-5, 7, 3′, 4′-tetrahydroxyflavone
6-异戊烯基-3′-*O*-甲基花旗松素	6-isopentenyl-3′-*O*-methyl taxifolin
6-异戊烯基-3′-*O*-甲基依代克醇	6-prenyl-3′-*O*-methyl eriodyctiol
3′-异戊烯基-4′-甲氧基异黄酮-7-O′-β-D-(2″-O-对香豆酰基) 吡喃葡萄糖苷	3′-prenyl-4′-methoxyisoflavone-7-O′-β-D-(2″-*O*-*p*-coumaroyl) glucopyranoside
6-*C*-异戊烯基-5, 7, 2′, 4′-四羟基二氢黄酮醇	6-*C*-prenyl-5, 7, 2′, 4′-tetrahydroxyflavanonol
8-*C*-异戊烯基-5, 7, 2′, 4′-四羟基二氢黄酮醇	8-*C*-prenyl-5, 7, 2′, 4′-tetrahydroxyflavanonol
6-异戊烯基-5-羟基-7, 3′, 4′-三甲氧基异黄酮	6-prenyl-5-hydroxy-7, 3′, 4′-trimethoxy isoflavone
N-异戊烯基-6-羟基石斛醚季铵碱	*N*-isopentenyl-6-hydroxydendroxinium
(2*R*, 3*R*)-8-异戊烯基-7, 2′, 4′-三羟基-5-甲氧基黄烷酮	(2*R*, 3*R*)-8-prenyl-5, 7, 4′-trihydroxy-2′-methoxyflavanone
(2*R*, 3*R*)-8-异戊烯基-7, 4′-二羟基-5-甲氧基黄烷酮	(2*R*, 3*R*)-8-prenyl-7, 4′-dihydroxy-5-methoxyflavanone
6-*C*-异戊烯基-8-*C*-甲基瑞士五针松素	6-*C*-prenyl-8-*C*-methyl pinocembrin
2-异戊烯基-9-甲氧基-1, 8-二氧杂双环戊 [*b.g*] 萘-4, 10-二酮	2-isopropenyl-9-methoxy-1, 8-dioxa-dicyclopenta [*b.g*] naphthalene-4, 10-dione
异戊烯基苯醌	prenyl benzoquinone
8-异戊烯基橙桑呫酮C	8-prenyl toxyloxanthone C
8-异戊烯基大豆苷元	8-prenyl daidzein
8-*C*-异戊烯基二氢异鼠李素	8-*C*-prenyl dihydroisorhamnetin
异戊烯基腐肉胺	isopentenyl putrescine
5′-异戊烯基甘草二酮	5′-prenyl licodione
8-异戊烯基高良姜素	8-prenyl galangin
5′-异戊烯基高圣草酚	5′-prenyl homoeriodictyol
O-异戊烯基哈佛地亚酚 (*O*-异戊烯基哈氏芸香酚)	*O*-isopentenyl halfordinol
8-异戊烯基槲皮素	8-prenyl quercetin
8-异戊烯基怀特大豆酮	8-prenyl wighteone
5′-异戊烯基酒花黄酚	5′-prenyl xanthohumol

Y

3'-异戊烯基玫瑰木宁	3'-prenyl rubranine
8-异戊烯基柠檬油素 (8-异戊烯梨莓素)	8-isopentenyl limettin
3'-异戊烯基芹菜素	3'-prenyl apigenin
6-*C*-异戊烯基瑞士五针松素	6-*C*-isopentenyl pinocembrin
6-异戊烯基瑞士五针松素	6-prenyl pinocembrin
7-*O*-异戊烯基瑞士五针松素	7-*O*-prenyl pinocembrin
3-异戊烯基伞形花内酯	3-isopentenyl umbelliferone
8-异戊烯基山奈酚	8-prenyl kaempferol
8-异戊烯基山奈酚-4'-甲氧基-3-[木糖基-(1→4)-鼠李糖苷]-7-葡萄糖苷	8-prenyl kaempferol-4'-methoxy-3-[xylosyl-(1→4) rhamnoside]-7-glucoside
N-异戊烯基石斛季铵碱	*N*-isopentenyl dendrobinium
N-异戊烯基石斛醚季铵碱	*N*-isopentenyl dendroxinium
(*R*)-8-异戊烯基微凸剑叶莎酚	(*R*)-8-prenyl mucronulatol
*N*6-异戊烯基腺苷	*N*6-isopentenyl adenosine
21-异戊烯基蕈青霉碱	21-isopentenyl paxilline
6-异戊烯基异卡维宁	6-prenyl isocaviunin
N-异戊烯基柚皮素	*N*-isopentenyl naringenin
6-异戊烯基柚皮素	6-prenyl naringenin (6-isopentenyl naringenin)
8-异戊烯基柚皮素	8-prenyl naringenin
4-异戊烯藜芦酚	4-prenyl resveratrol
6-异戊烯芹菜素	6-prenyl apigenin
3-异戊烯-顺式-咖啡酸酯	3-isopentenyl-*cis*-caffeate
异戊烯酸	isopentenoic acid
异戊烯腺苷	isopentenyl adenosine
6-异戊烯香豌豆酚	6-prenyl orobol
4-(异戊烯氧) 二氢肉桂酸甲酯	methyl 4-(prenyloxy) dihydrocinnamate
7-异戊烯氧基-8-甲氧基香豆素	7-isopentenyloxy-8-methoxycoumarin
7-异戊烯氧基-8-异戊烯基香豆素	7-isopentenyloxy-8-isopentenyl coumarin
7-异戊烯氧基-γ-崖椒碱	7-isopentenyloxy-γ-fagarine
4-异戊烯氧基藜芦酚	4″-prenyloxyresveratrol
7-异戊烯氧基香豆素	7-prenyloxycoumarin
6-异戊烯氧基异佛手柑内酯(6-异戊烯氧基异香柑内酯)	6-isopentenyloxyisobergapten
β-异戊酰刺凌德草碱	β-isovaleryl echinatine
5-(4-*O*-异戊酰丁-1-炔基) 联噻吩	5-(4-*O*-isopentanoylbut-1-ynyl)-2, 2'-bithiophene
7-异戊酰环东风橘内酯	7-isovaleroyl cycloseverinolide
3-*O*-(4'-异戊酰基)-*O*-β-D-木糖基-12, 30-二羟基齐墩果-28, 13-内酯-22-*O*-β-D-葡萄糖苷	3-*O*-(4'-isovaleryl)-*O*-β-D-xylosyl-12, 30-dihydroxyolean-28, 13-lactone-22-*O*-β-D-glucoside
3β-异戊酰基-19α-羟基熊果酸	3β-isovaleroyl-19α-hydroxyursolic acid
3'-异戊酰基-4'-异戊酰基阿米芹内酯	3'-isovaleroyl-4'-senecioyl khellactone
10-异戊酰基脱乙酰基异凹陷菁菇	10-isovaleryl desacetyl isoapressin

16α*H*, 17- 异戊酰基氧基 - 对映 - 贝壳杉 -19- 酸	16α*H*, 17-isovaleroyloxy-*ent*-kaur-19-oic acid
异戊酰羟基二氢异缬草三酯	isovaleroyl hydroxydihydrovalepotriate
异戊酰日本南五味子木脂素 A	isovaleroyl binankasurin A
β- 异戊酰仰卧天芥菜碱	β-isovaleryl supinine
异戊酰氧代南五味子醇	isovaleroyl oxokadsuranol
异戊酰氧代南五味子烷	isovaleroyl oxokadsurane
3- 异戊酰氧基 -6- 羟基托品烷	3-isovaleroyloxy-6-hydroxytropane
(5*S*, 6*S*, 8*S*, 9*R*)-3- 异戊酰氧基 -6- 异戊酰氧基 -Δ$^{4, 11}$-1, 3- 二醇	(5*S*, 6*S*, 8*S*, 9*R*)-3-isovaleroxy-6-isovaleroyloxy-Δ$^{4, 11}$-1, 3-diol
(5*S*, 6*S*, 8*S*, 9)-1, 3- 异戊酰氧基 -Δ$^{4, 11}$-1, 3- 二醇	(5*S*, 6*S*, 8*S*, 9)-1, 3-isovaleroxy-Δ$^{4, 11}$-1, 3-diol
(5*S*, 6*S*, 8*S*, 9*R*)-6- 异戊酰氧基 -Δ$^{4, 11}$-1, 3- 二醇	(5*S*, 6*S*, 8*S*, 9*R*)-6-isovaleroyloxy-Δ$^{4, 11}$-1, 3-diol
(5*S*, 8*S*, 9*S*)-10- 异戊酰氧基 -Δ$^{4, 11}$- 二氢假荆芥内酯	(5*S*, 8*S*, 9*S*)-10-isovaleroyloxy-Δ$^{4, 11}$-dihydronepetalactone
5-(4- 异戊酰氧基丁 -1- 炔基)-2, 2′- 联噻吩	5-(4-isovaleroyloxybut-1-ynyl)-2, 2′-bithiophene
(4*E*, 6*E*, 12*E*)-3- 异戊酰氧基十四碳 -4, 6, 12- 三烯 -8, 10- 二炔 -1, 14- 二醇	(4*E*, 6*E*, 12*E*)-3-isovaleryloxytetradec-4, 6, 12-trien-8, 10-diyn-1, 14-diol
5′- 异戊酰氧甲基 -5-(4- 异戊酰氧 -1- 丁炔基)-2, 2′- 二联噻吩	5′-isovaleryloxymethyl-5-(4-isovaleryloxybut-1-ynyl)-2, 2′-bithiophene
异戊酰紫草素	isovaleroyl shikonin
异戊乙酸酯	prenyl acetate
异西立非灵	isociliaphylline
异西萝芙木碱 (异萝芙木碱、异阿吗灵、异阿吉马蛇根碱)	isoajmaline
异西南木荷素 A	isoschimawalin A
异西瑞香素	isodaphnoretin
异硒氰酸酯	isoselenocyanate
异硒色烯	isoselenochromene
异豨莶苦味三醇 A～C	isodalutogenols A～C
异蜥蜴兰醇	isohircinol
19*E*- 异膝果双喙木碱 -*N*4- 氧化物	19*E*-isocondylocarpine-*N*4-oxide
异喜马雪松酮	isohimachlone
异细辛脑	isoasarone
异细叶青萎藤醌醇 (异风藤奎脑、异风藤奎醇) A、B	isofutoquinols A, B
异细叶益母草萜	isoleosibirin
异细叶益母草新酮 B	isosibiricinone B
异狭叶百部碱	isomaistemonine
异狭叶依瓦菊素	isoivangustin
异夏佛塔苷 (异旱麦草碳苷、异夏佛托苷、异夏佛塔雪轮苷、芹菜素 -6-*C*-β-L- 吡喃阿拉伯糖苷 -8-*C*-β-D- 吡喃葡萄糖苷)	isoschaftoside (apigenin-6-*C*-β-L-arabinopyranoside-8-*C*-β-D-glucopyranoside)
异腺荚豆碱	isoorensine
异香草醛 (异香荚兰醛、异香兰素)	isovanillin

异香草酸 (3-羟基-4-甲氧基苯甲酸)	isovanillic acid (3-hydroxy-4-methoxybenzoic acid)
异香茶菜美定	isodomedin
异香橙烯环氧化物	isoaromadendrene epoxide
异香橙烯氧化物	isoaromadendrene oxide
异香豆素 (异香豆精)	isocoumarin
异香附醇	isocyperol
(–)-异香附烯	(–)-isorotundene
异香槐种异黄酮葡萄糖苷	isoplatycarpanetin glucoside
异香荚兰醇	isovanillyl alcohol
异香叶芹脂素 (异细叶芹素)	isokaerophyllin
异香叶树内酯 D	isolincomolide D
异小檗胺	limacine
异小花黄檀呋喃	isoparvifuran
异小茴香醇 (异莳醇)	isofenchyl alcohol
异小麦长蠕孢烯	isosativene
异小木麻黄素	isostrictinin
异小皮伞酮	isomarasomone
小皮伞烷	marasmane
异楔叶泽兰素	eupatocunin
异斜蕊樟素 A	isolicarin A
异缬草三酯	isovaltrate
异缬草酸 (3-甲基丁酸、异戊酸、飞燕草酸)	isovalerianic acid (3-methyl butanoic acid, isovaleric acid, delphinic acid)
异缬草酸 (3-甲基丁酸、异戊酸、飞燕草酸)	isovaleric acid (3-methyl butanoic acid, isovalerianic acid, delphinic acid)
异缬草酸异丁酯 (异戊酸异丁酯)	isobutyl isovalerate
异缬草酰胺碱	isovaleramide
异缬草酰日本南五味子素 A	isovaleroyl binankadsurin A
异辛醇	isooctanol
异新补骨脂查耳酮	isoneobavachalcone
异新黄皮内酰胺	isoneoclausenamide
异新假荆芥内酯	isoneonepetalactone
异新劳塔烯酚	isoneorautenol
异新落新妇苷	isoneoastilbin
异新木天蓼醇	isoneomatatabiol
异新吴茱萸叶五加苷	isoinnovanoside
异新西兰罗汉松酚烯酮	isototarolenone
异形蔓长春花美宁	difforlemenine
异形南五味子木脂素 A～D	heteroclitalignans A～D
异形南五味子素 A～G	heteroclitins A～G

异形南五味子酸	heteroclic acid
异形叶泡波曲霉素 A～C	emethallicins A～C
异兴安升麻醇	isodahurinol
异锈毛醇酮	isoanomallotusin
异玄参苷	isoscrophularioside
异悬铃木宁	isoplatanin
异旋孢腔醌 A～C	isocochlioquinones A～C
异雪赫柏苷 A～H	isochionosides A～H
异雪松达醇	isocentdarol
异雪松 -9- 烯 -15- 醛	isocedr-9-en-15-al
异鳕油酸	gondoic acid
异血苋素 I	isoiresinin I
异薰衣草叶苷	isolavandulifolioside
异丫蕊花苷 A、B	isoypsilandrosides A, B
异丫蕊花苷元	isoypsilandrogenin
异鸦胆子素 (异鸦胆子苦素) A、B	isobruceins (isobruceines) A, B
异牙买加毒鱼豆酮	isopiscerythrone
异崖椒他灵	isotembetarine
2, 3- 异亚丙基 -1-O- 对香豆酰丙三醇	2, 3-isopropylidene-1-O-p-coumaroyl glycerol
3, 19- 异亚丙基 -14- 脱氧 - 对映 - 半日花 -8 (17), 13- 二烯 -16, 15- 内酯	3, 19-isopropylidene-14-deoxy-ent-labd-8 (17), 13-dien-16, 15-olide
1- 异亚丙基 -4- 亚甲基 -7- 甲基 -1, 2, 3, 4, 4a, 5, 6, 8a- 八氢萘	1-isopropylidene-4-methylene-7-methyl-1, 2, 3, 4, 4a, 5, 6, 8a-octahydronaphthalene
2- 异亚丙基 -7- 甲基呋喃并 [3, 2-h] 异喹啉 -3- 酮	2-isopropylidene-7-methylfuro [3, 2-h] isoquinolin-3-one
1, 2- 异亚丙基 -D- 呋喃木糖	1, 2-isopropylidene-D-xylofuranose
2, 3- 异亚丙基杯苋甾酮	2, 3-isopropylidene cyasterone
异亚丙基丙酮	isopropylidene acetone (mesityl oxide)
异亚丙基丙酮	mesityl oxide (isopropylidene acetone)
异亚丙基环己烷	isopropylidene cyclohexane
3-O-23-O- 异亚丙基救必应酸	3-O-23-O-isopropylidene rotundic acid
3, 4-O- 异亚丙基莽草酸	3, 4-O-isopropylidene shikimic acid
异亚丙基奇任醇	isopropylidene kirenol
2, 3- 异亚丙基异杯苋甾酮	2, 3-isopropylidene isocyasterone
1′, 2′-O- 异亚丙基长叶九里香亭	1′, 2′-O-isopropylidene murrangatin
3- 异亚丁基 -3α, 4- 二氢苯酞	3-isobutylidene-3α, 4-dihydrophthalide
3- 异亚丁基苯酞	3-isobutylidene phthalide
异亚太因 (亚泰香松素)	isoyatein
(−)- 异亚太因 [(−)- 异亚泰香松素]	(−)-isoyatein
异亚油酸	isolinoleic acid

异亚洲岩风种素	isosibiricin
异烟草因	isonicoteine
异烟酸	isonicotinic acid
异芫花定	isoyuanhuadine
异芫花辛	isoyuanhuacin
异岩芹酸	petroselidinic acid
28-异岩藻甾醇	28-isofucosterol
异岩藻甾醇 [豆甾 -5, 24 (28) Z-二烯醇]	isofucosterol [stigmast-5, 24 (28) Z-dienol]
28-异岩藻甾醇乙酸酯	28-isofucosteryl acetate
异羊齿萜醇乙酸酯 (异半齿萜醇乙酸酯)	isofernenol acetate (isomotiol acetate)
异羊齿烷	isofernane
异羊齿烯	isofernene
异羊角拗苷	divastroside
异杨梅二醇	isomyricadiol
异杨梅树皮苷	isomyricitrin
异洋菝葜皂苷元 (菝葜皂苷元)	isosarsasapogenin (smilagenin)
异氧代黄菲灵 (异氧代淡黄贝母兰宁)	isooxoflavidinin
异氧代林荫银莲素	isooxoflaccidin
异氧代狭叶百部碱	isooxymaistemonine
异氧化前胡素 (异氧化前胡内酯)	isooxypeucedanin (isooxypeucedanine)
异氧化乌药烯	isolinderoxide
异野甘草诺醇 (异野甘草种醇)	isodulcinol
异野花椒脂素 B	isozanthpodocarpin B
异野桐灵素	isomallotolerin
异野桐西宁	isomallotusinin
异野桐辛 A	isomallotucin A
异野鸢尾苷	isoiridin
异叶波罗蜜环黄酮素 (环波罗蜜林素)	cycloheterophyllin
异叶大风子腈苷	taraktophyllin
异叶黄素	isolutein
异叶梁王茶苷	yiyeliangwenoside
异叶青兰芬碱 A、B	drahebephins A, B
异叶乌头定碱 (异叶乌头洛定)	heterophylloidine
异叶乌头非定	heterophyllidine
异叶乌头非素	heterophyllisine
异叶乌头碱 (异叶乌头替素)	heteratisine
异叶乌头林碱 (异叶乌头非灵、异叶同心结碱)	heterophylline
异叶乌头林碱 -N-氧化物 (异叶同心结碱 -N-氧化物)	heterophylline-N-oxide
(12, 13E)-异叶烯	(12, 13E)-biformen

异叶香科科烯酮 A	teuhetenone A
异腋生依瓦菊素	isoivaxillin
异一文钱碱	isostephodeline
异一枝蒿酮酸	isorupestonic acid
异一枝黄花苷	isoleiocarposide
异乙酸葛缕酯	isocarvyl acetate
异益母草灵素	isoleoheterin
异益母草素	isoleojaponin
异益母草酮 A	isoleojaponicone A
异茵陈蒿黄酮	isoarcapillin
异银杏双黄酮(异白果双黄酮、异银杏黄素、异银杏素)	isoginkgetin
异吲哚	isoindole
异吲哚啉	isoindoline
异隐丹参酮	isocryptotanshinone
异隐黄质	isocryptoxanthin
异隐居红厚壳酸	isorecedensic acid
异英西卡林	isoencecalin
异樱花苷 (异野樱黄苷)	isosakuranin
异樱花素 (异樱花亭)	isosakuranetin
异樱花素 -7-O-β-D- 新橙皮糖苷	isosakuranetin-7-O-β-D-neohesperidoside
异樱花素 -7-O- 新橙皮糖苷 (枸橘苷、枳属苷)	isosakuranetin-7-O-neohesperidoside (poncirin)
异樱花素 -7-O- 芸香糖苷 (美国薄荷苷、香蜂草苷)	isosakuranetin-7-O-rutinoside (didymin)
异樱花素 -7- 甲醚	isosakuranetin-7-methyl ether
异樱花素 -7- 芸香糖苷	isosakuranetin-7-rutinoside
异鹰叶刺素	isobonducellin
α- 异鹰爪豆碱	α-isosparteine
L-β- 异鹰爪豆碱 (异鹰爪豆碱)	L-β-isosparteine (pusilline, spartalupine)
异鹰爪豆碱 [(−)-β- 异鹰爪豆碱]	spartalupine [pusilline, (−)-β-isosparteine]
(7R, 9R, 11R)-β- 异鹰爪豆碱 -3, 5- 二烯 -2- 酮	(7R, 9R, 11R)-β-isosparteine-3, 5-dien-2-one
异油类叶升麻苷 (异木犀洋丁香酚苷)	isooleoacteoside
异油酸	isooleic acid
8 (14), 15- 异右松脂烷二烯 -3β, 19- 二醇	8 (14), 15-isopimaradien-3β, 19-diol
8 (9), 15- 异右松脂烷二烯 -3β- 醇	8 (9), 15-isopimaradien-3β-ol
异右旋海松酸 (隐海松酸、柏脂海松酸、山达海松酸)	isodextropimaric acid (sandaracopimaric acid, cryptopimaric acid)
异柚皮苷	isonaringin
异鱼藤钦素 A	isoderricin A
异榆橘季铵碱高氯酸盐	isoptelefolonium perchlorate
异榆橘林碱	isoptelefoline

Y

异榆橘异戊烯碱	isopteleprenine
异羽扇豆碱	isolupinine
异羽扇豆异黄酮 E	isolupinisoflavone E
α-异羽扇烷宁 (α-异羽扇豆烷)	α-isolupanine
α-D-异羽扇烷宁 (α-D-异羽扇豆烷宁)	α-D-isolupanine
异羽叶丁香素	isopinnatifolin
异羽状芸香素 (异萨班亭)	isosabandin
异玉蕊醇 A	isoracemosol A
异玉蜀黍黄质 (异玉米黄质)	isozeaxanthin
异愈创木烯 (异愈创烯)	isoguaiene
异原阿比西尼亚千金藤碱	isoprostephabyssine
异原百部碱	isoprotostemonine
异原莪术烯醇	isoprocurcumenol
异原诃子酸 (异诃子宾、异诃子鞣素)	isoterchebin
异原藜芦因	isoprotoverine
异圆齿列当苷	isocrenatoside
异圆盘豆素 (异奥卡宁)	isookanin
异圆盘豆素-(3′, 7-二羟基-4′-甲氧基)-8-*O*-β-D-吡喃葡萄糖苷	isookanin-(3′, 7-didyhydroxy-4′-methoxy)-8-*O*-β-D-glucopyranoside
异圆盘豆素-7-*O*-(4″, 6″-二乙酰基)-β-D-吡喃葡萄糖苷	isookanin-7-*O*-(4″, 6″-diacetyl)-β-D-glucopyranoside
异圆盘豆素-7-*O*-β-D-(2″, 4″, 6″-三乙酰基) 吡喃葡萄糖苷	isookanin-7-*O*-β-D-(2″, 4″, 6″-triacetyl) glucopyranoside
异圆盘豆素-7-*O*-β-D-吡喃葡萄糖苷	isookanin-7-*O*-β-D-glucopyranoside
异圆盘豆素-7-*O*-β-D-葡萄糖苷	isookanin-7-*O*-β-D-glucoside
异圆叶帽柱木碱	isorotundifoline
异圆柚酮 (异香柏酮、α-岩兰草酮)	isonootkatone (α-vetivone)
异月桂碱	isolaureline
(–)-异月桂碱	(–)-isolaureline
异月桂酸	isolauric acid
异云南石梓醇	isoarboreol
异芸香吖啶酮氯	isogravacridonchlorine
异芸香呋喃香豆醇葡萄糖苷 (异芸香扔)	isorutarin
异泽兰黄素 (异半齿泽兰素)	isoeupatorin
异獐牙菜酚素	isoswertianolin
异獐牙菜宁	isoswertianin
异樟-11-烯-10-酮	isocampheren-11-en-10-one
异樟烷	isocamphane
异胀果芹素	isophloidicarpin
异爪哇柘咕酮 (柘树异咕酮) A、B	isocudraniaxanthones A, B
异柘咕酮 K	isocudraxanthone K

异浙贝母碱	isoverticine
异真藓黄酮	heterobryoflavone
(−)-异直藓苔苷	(−)-tachioside
异植醇 (异植物醇、异叶绿醇)	isophytol
异植物凝集素	isolectin
异智异山五加苷	isochiisanoside
异中美菊素 C	isozaluzanin C
异种荷包牡丹定	eximidine
异皱褶菌素 A～D	isorugosins A～D
异珠子草四氢萘林	isolintetralin
异株五加苷 A、B	sieboldianosides A, B
异株荨麻酚	diocanol
异锥喉花菲灵	isoconoliferine
异锥喉花西定 A、B	isoconomicidines A, B
异锥丝碱	isoconessine
异锥丝明 (异止泻木西明)	isoconessimine
异紫花前胡苷	marmeinen
异紫花前胡素	isodecursin
异紫堇醇灵碱	isocorynoline
(+)-异紫堇定	(+)-isocorydine
(6S, 6aS, M)-异紫堇定	(6S, 6aS, M)-isocorydine
异紫堇定 (异紫堇定碱、异紫堇啡碱、异紫堇碱)	isocorydine (luteanine)
异紫堇定碱甲氯化物	isocorydine methochloride
异紫堇啡碱 (异紫堇定、异紫堇定碱、异紫堇碱)	luteanine (isocorydine)
D-异紫堇杷明碱	D-isocorypalmine
L-异紫堇杷明碱	L-isocorypalmine
异紫堇杷明碱 (四氢非洲防己碱、四氢非洲防己胺)	isocorypalmine (tetrahydrocolumbamine)
异紫堇球碱 (异紫堇鳞茎碱)	isocorybulbine
异紫铆苷 (紫矿春、紫铆苷)	isobutrin (butrin)
异紫苜蓿烷 (异紫苜蓿异黄烷)	isosativan
异紫杉脂素 (异紫杉脂醇、异紫杉树脂醇)	isotaxiresinol
异紫蒜甾醇苷 B	isoeruboside B
异紫穗槐灵	isoamorilin
异紫檀呋喃	isopterofuran
(5R, 7R, 10S)-异紫檀酮-11-O-β-D-呋喃芹糖基-(1→6)-β-D-吡喃葡萄糖苷	(5R, 7R, 10S)-isopterocarpolone-11-O-β-D-apiofuranosyl-(1→6)-β-D-glucopyranoside
(5R, 7R, 10S)-异紫檀酮-β-D-吡喃葡萄糖苷	(5R, 7R, 10S)-isopterocarpolone-β-D-glucopyranoside
异紫葳新苷 Ⅱ	isocampneoside Ⅱ
异紫玉盘亭	isouvaretin
异棕儿茶定碱	isogambirdine

Y

异棕榈酸	isopalmitic acid
异总状土木香醛	isoinunal
抑胃素	gastrone
抑胃肽	gastrin inhibitory polypeptide
抑制素	inhibin
β-抑制因子	β-inhibitor
(6aR, 11aR)-易变黄檀素	(6aR, 11aR)-variabilin
(+)-易变黄檀素 [(+)-高豌豆素]	(+)-variabilin [(+)-homopisatin]
易变樫木素 A～H	dyvariabilins A～H
易混翠雀花碱	condelphine
易特斯醇 (二色瘤玉球醇)	itesmol
益母草醇 A	yimunol A
益母草叠烯酸酯 A	leonuallenote A
益母草定	leonuridine
益母草酚苷 A	yimunoside A
益母草苷 A、B	leonurides A, B
益母草碱	leonurine
益母草碱亚硝酸盐	leonurine nitrite
益母草可酚	leonuketal
(+)-益母草灵素	(+)-leoheterin
益母草灵素 (益母草二萜)	leoheterin
益母草木脂素	heterolignan
益母草宁碱 (益母草宁)	leonurinine
益母草宁素 A～L	leojaponins A～L
益母草诺苷 A～F	leonosides A～F
益母草齐墩果内酯 A～J	leonurusoleanolides A～J
益母草柔素 A、B	leonuronins A, B
益母草瑞苷 A、B	leonurisides A, B
益母草属碱	leonurus base
益母草素 A	leonujaponin A
益母草酸 A、B	leojaponic acids A, B
益母草索苷 A～E	leonurusoides A～E
益母草萜宁 A～F	leoheteronins A～F
益母草萜酮 A、B	heteronones A, B
益母草酮 A、B	leojaponicones A, B
益母草酰胺	leonuruamide
益智仁醇 A	oxyphyllol A
益智仁酮 A、B	yakuchinones A, B
益智酮 A、B	oxyphyllones A, B
益智烯二醇 A、B	oxyphyllenodiols A, B

益智烯酮 A、B	oxyphyllenones A, B
益智烯酮酸 A、B	oxyphyllenonic acids A, B
益智新醇	neonootkatol
意大利鼠李蒽醌 (意大利鼠李素)	alaternin
意大利鼠李蒽醌 -1-O-β-D- 吡喃葡萄糖苷	alaternin-1-O-β-D-glucopyranoside
意大利鼠李蒽醌 -2-O-β-D- 吡喃葡萄糖苷	alaternin-2-O-β-D-glucopyranoside
意大利烯	italicene
意卡瑞苷 A~G	ikarisosides A~G
缢缩马兜铃碱	constrictosine
薏米木脂苷 A	coixlachryside A
薏米内酯 (薏米脂素内酯)	mayuenolide
薏米新木脂素 A	coixide A
薏苡聚糖 (薏苡多糖) A~C	coixans A~C
薏苡螺内酰胺 A~C	coixspirolactams A~C
薏苡内酰胺	coixlactam
薏苡仁酯	coixenolide
薏苡素 (6- 甲氧基苯并噁唑啉酮)	coixol (6-methoxybenzoxazolinone)
翼齿六棱菊苷 A~H	pterodontosides A~H
翼齿六棱菊内酯	pterodolide
翼齿六棱菊酸	pterodontic acid
翼齿六棱菊酮 A、B	laggerones A, B
翼齿六棱菊酮酸	pterodonoic acid
翼梗五味子二内酯 A~D	henridilactones A~D
翼梗五味子木脂素	henricine
翼梗五味子木脂素甲	henricine A
翼梗五味子宁 A~C	henrischinins A~C
翼梗五味子素	henricin
翼梗五味子酸	schisanhenric acid
翼梗五味子酯 (翼梗五味子精)	schisanhenrin
翼核果醌 A~I	ventiloquinones A~I
翼核果素	ventilagolin
翼核果酮 A、B	ventilones A, B
翼核𠮦酮二糖苷	ventilagoxanthobinoside
翼核𠮦酮苷	ventilagoxanthonoside
翼蓼醇 A	pteroxygonumnol A
翼蓼苷	pteroxygonumoside
翼蓼素 A、B	giraldiins A, B
翼叶山牵牛苷	alatoside
翼叶山牵牛洛苷	thunaloside
(S)- 因闹考甾酮	(S)-inokosterone

(25R)-因闹考甾酮	(25R)-inokosterone
(25S)-因闹考甾酮	(25S)-inokosterone
因闹考甾酮 (英洛甾酮)	inokosterone
(25S)-因闹考甾酮-20, 22-缩丙酮	(25S)-inokosterone-20, 22-acetonide
阴地蒿酮 1、2	arteminones 1, 2
阴生香茶菜宁	rabdoumbrosanin
阴行草醇	siphonostegiol
阴行草环烯醚萜 A～C	siphonoids A～C
茵陈定 A～H	capillaridins A～H
茵陈二炔酮	capillin
茵陈二烯	capillene
茵陈酚	capillarol
茵陈蒿黄酮 (茵陈黄酮)	arcapillin
茵陈蒿灵 A～C	artepillins A～C
茵陈蒿素 (青蒿香豆素) A～D	artemicapins A～D
茵陈蒿酸 (茵陈香豆酸) A、B	capillartemisins A, B
茵陈炔醇	capillanol
茵陈色原酮	capillarisin
茵陈素	capillarin
茵陈烯酮	capillone
茵芋醇 (蒲公英赛醇、蒲公英萜醇、桤木林素)	skimmiol (alnulin, taraxerol, tiliadin)
(+)-茵芋酚醇	(+)-skimmidiol
茵芋苷 (伞形花内酯-D-葡萄糖苷)	skimmin (umbelliferone-D-glucoside)
茵芋碱 (β-花椒碱、缎木碱、7, 8-二甲氧基白鲜碱)	skimmianine (β-fagarine, chloroxylonine, 7, 8-dime-thoxydictamnine)
茵芋宁碱 A、B	reevesianines A, B
茵芋品素 A～C	skimmiarepins A～C
茵芋醛	skimmial
茵芋属碱	skimmia base
茵芋酮	skimmianone
殷金醇棕榈酸酯 (20-O-十六酰基巨大戟烯醇)	20-O-hexadecanoyl ingenol
铟烷	indigane
铟杂	indiga
银白米仔兰醇 C～E	argenteanols C～E
银白米仔兰素 A～H	argentatins A～H
银白米仔兰酮 A～E	argenteanones A～E
银白鼠尾草二醇	arucadiol
银柴胡苷 A～E	dichotomosides A～E
银柴胡素 A～I	dichotomins A～I
银豆碱	argyrolobine

银椴苷 -7-*O*-β-D- 葡萄糖苷	tiliroside-7-*O*-β-D-glucoside
银耳素	tremellin
银钩花酰胺 (野长蒲里胺) A～C	thoreliamides A～C
银蒿内酯 A	arteludovicinolide A
银合欢素	leucenin
银合欢素 -2, 4′- 甲醚	leucenin-2, 4′-methyl-ether
银桦酚	grevillol
银桦托酚 A～C	grevirobstols A～C
银桦酚烷	graviphane
银桦苷 (银桦洛苷) A～Q	grevillosides A～Q
银桦环	gravicycle
银桦醌	graviquinone
银桦洛苷 E 甲酯	grevilloside E methyl ester
银桦醚酚	robustol
银桦托酚 A、B	grebustols A, B
银胶菊宁	parthenine
银胶菊素	parthenin (parthenicin)
银胶菊酮 A～E	hysterones A～E
银胶菊因	hysterin
银莲花苷	narcissiflorine
银莲花苷 A₃、B、B₄	anemosides A$_3$, B, B$_4$
银莲花脑	anemone camphor
银莲花内酯	anemonolide
银莲花酸	anemonic acid
银木犀苷 (木犀苷) A～H	osmanthusides A～H
银槭醛	sinapyl aldehyde
银肉豆蔻醇 (银被肉豆蔻醇) A、B	myristargenols A, B
银肉豆蔻素	argenteane
银树素	leudrin
银粟兰内酯 A～E	chlojaponilactones A～E
银线草菖蒲二烯醇	shizukaacoradienol
银线草醇 A～Q	shizukaols A～Q
银线草呋喃醇	shizuka furanol
银线草苷 A～C	yinxiancaosides A～C
银线草螺二烯醇	shizuka acoradienol
银线草内酯 A	shizukanolide A
银线草新醇	yinxiancaol
银杏白果多糖	ginkgo biloba polysaccharide
银杏醇	bilobanol
银杏毒素 (4-*O*-甲基吡哆醇)	ginkgotoxin (4-*O*-methyl pyridoxine)

Y

银杏二聚黄酮	ginkgo biloba dimeric flavonoid
银杏酚 (三叉哈克木酚、银杏二酚)	bilobol (trifurcatol A$_2$, cardol monoene)
银杏内酯 (白果苦内酯) A～M	ginkgolides A～M
银杏双黄酮 (白果双黄酮、银杏黄素、银杏素、穗花杉双黄酮-7, 4′-二甲基醚)	ginkgetin (amentoflavone-7, 4′-dimethyl ether)
银杏酸 (白果酸)	ginkgolic acid
银杏酮	bilobanone
银杏新酸 (白果新酸)	ginkgoneolic acid
银叶巴豆酸	argyrophilic acid
银叶巴豆萜碱 A	cascarinoid A
银叶蒿素	grossmizin
银叶菊蒿内酯	tanargyrolide
银叶树醇	heritol
银叶树田宁	heritianin
银叶树宁 (银叶树素)	heritonin
银叶树平	vallapine
淫羊藿醇 A$_1$、A$_2$	icariols A$_1$, A$_2$
淫羊藿醇 A$_2$-4-O-β-D-吡喃葡萄糖苷	icariol A$_2$-4-O-β-D-glucopyranoside
淫羊藿次苷 (淫羊藿异黄酮次苷) A$_1$～A$_7$、B、B$_1$～B$_9$、C、C$_1$～C$_5$、D$_1$～D$_3$、E$_3$～E$_7$、F、F$_2$、H$_1$	icarisides A$_1$～A$_7$, B, B$_1$～B$_9$, C, C$_1$～C$_5$, D$_1$～D$_3$, E$_3$～E$_7$, F, F$_2$, H$_1$
淫羊藿次苷 B$_1$ [(3S, 5R, 8R)-3, 5-二羟基大柱香波龙-6, 7-二烯-9-酮-3-O-β-D-吡喃葡萄糖苷]	icariside B$_1$ [(3S, 5R, 8R)-3, 5-dihydroxymegastigm-6, 7-dien-9-one-3-O-β-D-glucopyranoside]
淫羊藿次苷 Ⅰ、Ⅱ	icarisides Ⅰ, Ⅱ
淫羊藿苷	icariin
淫羊藿苷元 B$_1$、B$_2$	icarisidins B$_1$, B$_2$
淫羊藿属苷 (淫羊藿新苷) A～C	epimedosides A～C
淫羊藿素	icaritin
淫羊藿素-3-O-α-L-吡喃鼠李糖苷	icaritin-3-O-α-L-rhamnopyranoside
淫羊藿素-3-O-α-鼠李糖苷	icaritin-3-O-α-rhamnoside
淫羊瑞苷 A$_1$、A$_2$	icarides A$_1$, A$_2$
尹奎色亭	equisetin
4-吲哚	4-indole
吲哚 (2, 3-苯并吡咯)	indole (2, 3-benzopyrrole)
1-(3-吲哚)-2, 3-二羟基丙-1-酮	1-(3-indolyl)-2, 3-dihydroxyprop-1-one
10H-吲哚 [3, 2-b] 喹啉	10H-indolo [3, 2-b] quinoline
2-(1H-吲哚-3-基) 乙基-6-O-β-D-吡喃木糖基-β-D-吡喃葡萄糖苷	2-(1H-indol-3-yl) ethyl-6-O-β-D-xylopyranosyl-β-D-glucopyranoside
吲哚-3-甲基芥子油苷 (葡萄糖芸苔素、芸苔葡萄糖硫苷、葡萄糖芸苔辛、芸苔苷)	indolyl-3-methyl glucosinolate (glucobrassicin, glucobrassicine)
吲哚-3-甲醛	indole-3-carboxaldehyde

吲哚-3-甲醛 (3-甲酰基吲哚)	indole-3-carbaldehyde (3-formyl indole)
1*H*-吲哚-3-甲醛 (3-吲哚甲醛)	1*H*-indole-3-carboxaldehyde
1*H*-吲哚-3-甲酸	1*H*-indole-3-carboxylic acid
吲哚-3-甲酸	indole-3-carboxylic acid
吲哚-3-甲酸-β-D-吡喃葡萄糖苷	indole-3-carboxylic acid-β-D-glucopyranoside
吲哚-3-酸甲酯	methyl indole-3-carboxylate
吲哚-3-乙腈	indole-3-acetonitrile
吲哚-3-乙腈-6-*O*-β-D-吡喃葡萄糖苷	indole-3-acetonitrile-6-*O*-β-D-glucopyranoside
吲哚-3-乙醛	indole-3-acetaldehyde
吲哚-3-乙酸	indole-3-acetic acid
吲哚-3-乙酰基肌肉肌醇	indole-3-acetyl-myoinositol
β-吲哚丙酸苯酯	indobinine
β-吲哚丙酸苄酯	indobine
3-吲哚丙烯酰胺	3-indoleacrylamide
吲哚并 [2, 3-*a*] 吡啶可灵	indolo [2, 3-*a*] pyridocoline
吲哚并 [2, 3-*a*] 喹嗪-2-乙酸	indolo [2, 3-*a*] quinolizine-2-acetic acid
3-吲哚甲醛	3-indole formaldehyde
3-吲哚甲酸	3-indole formic acid
3-吲哚甲酸甲酯	methyl 3-indoleformate
(8a*R*)-吲哚里西啶-1α, 2α, 8β-三醇	(8a*R*)-indolizidine-1α, 2α, 8β-triol
吲哚啉	indoline
吲哚嗪	indolizine
吲哚生物碱	indole alkaloid
β-吲哚酸	β-indole carboxylic acid
吲哚酮	indolinone
2-吲哚酮 (1, 3-二氢-2*H*-吲哚-2-酮、氧化吲哚)	2-indolinone (1, 3-dihydro-2*H*-indol-2-one, oxindole)
吲哚烷基胺	indolyalkyl amine
3-吲哚乙酸	3-indoleacetic acid
3-吲哚乙酸	3-indolyl acetic acid
吲哚乙酸	indoleacetic acid
β-吲哚乙酸	β-indolyl acetic acid
吲羟	indoxyl
吲唑	indazole
1*H*-吲唑 (1*H*-苯并吡唑)	1*H*-indazole (1*H*-benzopyrazole)
(+)-隐孢菌素	(+)-cryptosporin
隐杯花褶伞酸	paneolilludinic acid
隐北美乔松素	cryptostrobin
隐苍耳内酯	anthinin
隐丹参酮	cryptotanshinone
隐黄醇 (β-隐黄质)	cryptoxanthol (β-cryptoxanthin)

Y

隐黄素 (隐黄质)	cryptoflavin (cryptoxanthin)
α-隐黄质	α-cryptoxanthin
β-隐黄质 (隐黄醇)	β-cryptoxanthin (cryptoxanthol)
隐黄质 (隐黄素)	cryptoxanthin (cryptoflavin)
隐黄质 -5, 6, 5′, 6′- 二环氧化物	cryptoxanthin-5, 6, 5′, 6′-diepoxide
隐黄质 -5, 6- 环氧化物	cryptoxanthin-5, 6-epoxide
隐黄质单环氧化物	cryptoxanthin monoepoxide
β-隐黄质单棕榈酸酯	β-cryptoxanthin monopalmitate
β-隐黄质肉豆蔻酸酯	β-cryptoxanthin myristate
β-隐黄质月桂酸酯	β-cryptoxanthin laurate
隐黄质酯	cryptoxanthin ester
β-隐黄质棕榈酸酯	β-cryptoxanthin palmitate
隐箭毒素	kryptocurine
隐居红厚壳酸	recedensic acid
隐辣椒素	cryptocapsin
隐绿石蕊酸	cryptochlorophaeic acid
隐绿原酸 (4-O-咖啡酰奎宁酸)	cryptochlorogenic acid (4-O-caffeoyl quinic acid)
隐绿原酸甲酯	methyl cryptochlorogenate
隐绿原酸乙酯	ethyl cryptochlorogenate
隐脉白坚木定	obscurinervidine
隐脉白坚木碱	obscurinervine
隐配质 (延龄草苷元、克里托皂苷元)	cryptogenin (kryptogenin)
隐品巴马亭 (隐掌叶防己碱、黑水罂粟胺、蓟罂粟胺)	cryptopalmatine (muramine)
隐品碱	cryptopine
隐品酮 (隐酮)	cryptone
隐日缬草酮醇 (隐缬草酮醇)	cryptofauronol
β-隐色素	β-cryptochrome
隐藻素 2~4、46、175、176	cryptophycins 2~4, 46, 175, 176
隐藻素 1 (隐蓝藻素)	cryptophycin 1 (cryptophycin)
印八角枫林碱	alangimarine
印车前胺	indicamine
印车前因	indicaine
印第安麻苷元酸 -α-L- 黄花夹竹桃糖苷	cannogenic acid-α-L-thevetoside
印度八角枫灵 (安可任)	ankorine
印度白茅酚 A	cylindol A
印度地不容定	gindarudine
印度地不容灵	gindarine
印度地不容宁	gindarinine
印度地不容辛 (精达辛)	gindaricine
印度杠柳素 1、2	hemidesmins 1, 2

印度红椿素	febrifugin
印度胡麻苷 (脂麻苷)	pedaliin (pedalin)
印度胡麻苷 -6″- 乙酸酯	pedaliin-6″-acetate
印度胡麻素 (胡麻素、胡麻黄素)	pedalitin
印度胡麻素 -6-*O*-β-D- 吡喃半乳糖苷	pedalitin-6-*O*-β-D-galactopyranoside
印度胡麻素 -6-*O*-β-D- 吡喃葡萄糖苷	pedalitin-6-*O*-β-D-glucopyranoside
印度胡麻素 -6-*O*- 二葡萄糖醛酸苷	pedalitin-6-*O*-diglucuronide
印度胡麻素 -6-*O*- 昆布二糖苷	pedalitin-6-*O*-laminaribioside
印度胡麻素 -6-*O*- 葡萄糖苷	pedalitin-6-*O*-glucoside
印度黄皮精	madugin
印度黄皮内酯二醇	indicolactonediol
印度黄皮素	clausindin
印度黄皮酰胺	balasubramide
印度黄皮唑碱	indizoline
印度黄檀苷	sissotorin
印度黄檀异黄苷	dalsissooside
印度黄檀甾醇	sissosterol
印度荆芥素 (泽兰叶黄素、泽兰黄酮、尼泊尔黄酮素、6- 甲氧基木犀草素)	nepetin (eupafolin, 6-methoxyluteolin)
印度荆芥素 -3′, 4′- 二硫酸酯	nepetin-3′, 4-disulfate
印度荆芥素 -7-*O*-β-D- 吡喃葡萄糖苷	nepetin-7-*O*-β-D-glucopyranoside
印度荆芥素 -7-*O*- 葡萄糖苷	nepetin-7-*O*-glucoside
印度荆芥素 -7-*O*- 葡萄糖醛酸苷	nepetin-7-*O*-glucuronide
印度荆芥素 -7- 硫酸酯	nepetin-7-sulfate
印度荆芥素 -7- 葡萄糖苷 (荆芥苷、假荆芥属苷、尼泊尔黄酮苷、泽兰黄酮 -7- 葡萄糖苷)	nepetin-7-glucoside (nepetrin, nepitrin, eupafolin-7-glucoside)
印度苦楝林素	margocilin
印度苦木素 A～F	indaquassins A～F
印度块菌鞘脂 A～D	trufflesphingolipids A～D
印度冷杉内酯	pindrolactone
印度楝醇	azadirachtol
印度楝二酮 (印苦楝二酮)	azadiradione
印度玫瑰木酮	latinone
印度榕苷	elasticoside
印度榕酸	ficuselastic acid
印度山道楝酸	koetjapic acid
印度铁苋菜苷	acalyphin
印度娃儿藤碱 A～I	tyloindicines A～I
印度小酸浆醇 A	physalindicanol A
印度鸭脚树碱	alstovenine

Y

印度鸭脚树亭 (文那亭)	venenatine
印度羊角藤内酯 A、B	umbellatolides A, B
印度獐牙菜 -16- 烯 -3- 酮	chirat-16-en-3-one
印度獐牙菜 -17 (22)- 烯 -3- 酮	chirat-17 (22)-en-3-one
印度獐牙菜烯醇 (当药烯醇)	chiratenol
印度獐牙菜烯酮	chiratenone
印度锥醇 (锥醇)	castanopsol
印防己毒 (木防己苦毒素)	cocculin (picrotoxin)
印防己苦酸	picrotic acid
印防己素	picrotin
印防己酸	picrotoxic acid
印苦楝素醇	nimbocinol
印苦楝酮	azadirone
印苦楝子素 (印楝子素、印苦楝素、印楝素) D～I	azadirachtins (nimbins) D～I
印楝波力定 (印苦楝木苦定) A～F	nimbolidins A～F
印楝波灵 A～E	nimbolins A～E
印楝波灵素 (印楝波力宁) A～D	nimbolinins A～D
印楝次素	nimbrinin
Δ^5-印楝二酚	Δ^5-nimbidiol
印楝二酚 (尼木二酚)	nimbidiol
印楝酚	nimbiol
印楝花苷	melicitrin
印楝内酯	nimbolide
印楝诺醇	nimonol
印楝三萜酸	azadirolic acid
印楝素 (印楝子素、印苦楝素、印苦楝子素) D～I	nimbins (azadirachtins) D～I
印楝酸	nimbic acid
印马兜铃醇	ishwarol
印马兜铃酮	ishwarone
印马兜铃烷 (印度马兜铃烷)	ishwarane
印马兜铃烯	ishwarene
印尼龙脑香素 D	diptoindonesin D
印尼木波罗素 (印尼波罗蜜素) A～Z	artoindonesianins A～Z
印水黄皮品素	karanjapin
印水黄皮色烯	karanjachromene
印水黄皮双黄酮	karanjabiflavone
印乌头碱 (印乌碱)	indaconitine
1H-茚	1H-indene
茚	indene
茚百酸	indocentoic acid

茚满 (茚烷)	indan (indane)
1-茚满酮 (1-茚酮)	1-indanone (1-indone)
茚满酮 (茚酮)	indanone
[1, 3] 茚桥	[1, 3] epindeno
1-茚酮 (1-茚满酮)	1-indone (1-indanone)
英国汞草苷 A、B	bonushenricosides A, B
英色胺	insulamine
英西卡酚甲醚	encecalol methyl ether
英西林内酯	anhydrofarinosin
莺爪花碱	artabotrine
罂粟胺	papaveramine
罂粟红碱 (罂粟茹宾) A～E	papaverrubines A～E
罂粟碱	papaverine
罂粟壳碱	narcotoline
罂粟内酯	meconin
罂粟属碱	papaver base
罂粟酸	papaveric acid
罂粟酮碱 (鸦片黄)	papaveraldine (xanthaline)
樱草苷	primeverin
樱草根碱	primulaverin
樱草花苷	hirsudin
樱草花苷元	hirsutidine
樱草醌 (樱草素)	primin
樱草素馨苷	primulinoside
樱草糖	primeverose
樱草糖苷	primeveroside
β-樱草糖苷	β-primeveroside
1-O-樱草糖基-2, 3, 4, 5-四甲氧基叫酮	1-O-primeverosyl-2, 3, 4, 5-tetramethoxyxanthone
1-O-樱草糖基-2, 3, 5, 7-四甲基叫酮 (花锚苷)	1-O-primeverosyl-2, 3, 5, 7-tetramethoxyxanthone (haleniaside)
1-O-樱草糖基-2, 3, 5-三甲氧基叫酮 (去甲氧基花锚苷)	1-O-primeverosyl-2, 3, 5-trimethoxyxanthone (demethoxyhaleniaside)
1-O-樱草糖基-3, 8-二羟基-5-甲氧基叫酮	1-O-primeverosyl-3, 8-dihydroxy-5-methoxyxanthone
7-O-樱草糖基木犀草素	7-O-primeverosyl luteolin
D-樱草糖基芫花素	D-primeverosyl genkwanine
樱草亭	primetin
樱花苷 (野樱黄苷)	sakuranin
樱花苷元	sakuragenin
樱花树脂醇	sakuraresinol
樱花素 (樱花亭)	sakuranetin

Y

樱花皂苷 (翠蓝草皂苷)	sakurasosaponin
樱黄苷	prunitrin
樱黄素 (李属异黄酮)	prunetin
樱黄素 -4′-*O*-β-D- 吡喃葡萄糖苷	prunetin-4′-*O*-β-D-glucopyranoside
樱黄素 -4′-*O*-β-D- 葡萄糖苷 -6″-*O*- 丙二酸酯	prunetin-4′-*O*-β-D-glucoside-6″-*O*-malonate
樱黄素 -4′-*O*-β-D- 葡萄糖苷 -6″-*O*- 乙酸酯	prunetin-4′-*O*-β-D-glucoside-6″-*O*-acetate
樱黄素 -8-*C*- 葡萄糖苷	prunetin-8-*C*-glucoside
樱桃苷 (洋李苷、柚皮素 -7-*O*- 葡萄糖苷)	prunin (naringenin-7-*O*-glucoside)
樱桃苷 -6″- 对香豆酸酯	prunin-6″-*p*-coumarate
樱叶酶	prunase
鹰叶刺素 (刺果苏木林素、大托叶云实素)	bonducellin
D- 鹰爪豆碱 (厚果槐碱)	D-sparteine (pachycarpine)
鹰爪豆三糖苷	spartitrioside
鹰爪豆素	sparticarpin
鹰爪花苷 (鹰爪苷) A、B	artabotrysides A, B
鹰爪花碱	artacinatine
鹰爪花素 A～C	artapetalins A～C
鹰爪花亭 A～F	artabonatines A～F
鹰爪花烯酮	artamenone
鹰爪木脂醇 (鹰爪花醇)	artabotrycinol
鹰爪宁	artabotrinine
(*R*)- 鹰爪三醇 [(R)- 鹰爪花三醇]	(*R*)-artabotriol
鹰爪素 A～D	yingzhaosus A～D
鹰嘴豆苷 A	cicerarietinuoside A
鹰嘴豆素 A-7-*O*- 吡喃葡萄糖苷 -6″-*O*- 丙二酸酯	biochanin A-7-*O*-glucopyranoside-6″-*O*-malonate
鹰嘴豆芽素 (鹰嘴豆素) A～C	biochanins A～C
鹰嘴豆芽素 A-7-*O*-β-D- 吡喃葡萄糖苷	biochanin A-7-*O*-β-D-glucopyranoside
鹰嘴豆芽素 A-7-*O*-β-D- 葡萄糖苷	biochanin A-7-*O*-β-D-glucoside
鹰嘴豆芽素 A-7-*O*-β-D- 葡萄糖苷 -6″ -*O*- 丙二酸酯	biochanin A-7-*O*-β-D-glucoside-6″-*O*-malonate
鹰嘴豆芽素 A-7-*O*-β-D- 葡萄糖苷 -6″-*O*- 乙酸酯	biochanin A-7-*O*-β-D-glucoside-6″-*O*-acetate
鹰嘴豆芽素 B (芒柄花黄素、刺芒柄花素、芒柄花素)	biochanin B (neochanin, formononetin, 7-hydroxy-4′-methoxyisoflavone)
(–)- 鹰嘴黄酮	(–)-garbanzol
鹰嘴黄酮 (3, 4′, 7- 三羟基黄烷酮)	garbanzol (3, 4′, 7-trihydroxyflavanone)
鹰嘴糖	cicerose
罂粟碱 -3′, 4′- 二甲酯	laudanosoline-3′, 4′-dimethyl ether
迎春花苷	jasmiflorin
迎春花苦味素	jasmipicrin
迎春花醚萜苷 A～L	jasnudiflosides A～L

荧光箭毒碱	fluorocurarine
萤光箭毒宁	fluorocurinine
萤光箭毒素	fluorocurine
萤光青 (鱼鳞蝶呤)	fluorescyanine (ichthyopterin)
蝇蕈黄素 Ⅰ、Ⅱ	muscaaurins Ⅰ, Ⅱ
蝇蕈素 (毒蝇醇、伞菌碱)	pantherine (agarin, agarine)
蝇蕈紫素	muscapurpurin
颖苞草亭 (次衣草素、次衣草亭、海波拉亭、3′, 4′, 5, 7, 8- 五羟基黄酮)	hypolaetin (hypoletin, 3′, 4′, 5, 7, 8-pentahydroxyflavone)
颖苞草亭 -5-*O*-β-D- 吡喃葡萄糖醛酸苷	hypolaetin-5-*O*-β-D-glucuronopyranoside
颖苞草亭 -7 *O*-β-D- 吡喃葡萄糖苷	hypolaetin-7-*O*-β-D-glucopyranoside
颖苞草亭 -7-*O*-β- 吡喃木糖苷	hypolaetin-7-*O*-β-xylopyranoside
颖苞草亭 -8-*O*-β-D- 吡喃葡萄糖醛酸苷 -3″-*O*- 硫酸酯	hypolaetin-8-*O*-β-D-glucuronopyranoside-3″-*O*-sulfate
颖苞草亭 -8-*O*- 葡萄糖苷	hypolaetin-8-*O*-glucoside
颖苞草亭五甲醚	hypolaetin pentamethyl ether
瘿花甲素～丁素 (乙酰瘿花香茶菜甲素～丁素、瘿花香茶菜宁 A～D)	rosthornins A～D
瘿花香茶菜甲素 (瘿花香茶菜灵 A)	rosthorin A
瘿花香茶菜素 A～G	isorosthornins A～G
瘿花香茶菜辛 A～P	isorosthins A～P
硬单冠毛菊醇	rigidusol
硬蛋白 (硬朊)	albuminoid
硬飞燕草次碱 (琉璃飞燕草碱、德靠辛、翠雀胺、翠花胺)	delcosine (delphamine)
硬飞燕草定	consolidine
硬飞燕草碱	consoline
硬飞燕草辛	consolicine
硬革酸 [(−)-13- 羟基十八碳 -9, 11- 二烯酸]	coriolic acid [(−)-13-hydroxyoctadec-9, 11-dienoic acid]
硬果沟瓣酸	sclerocarpic acid
硬孔灵芝素 A	fornicin A
硬孔灵芝杂萜酚 A、B	ganoduriporols A, B
硬毛地笋素 A	lucihirtin A
硬毛钩藤碱 (毛帽柱木碱、毛帽蕊木碱)	hirsutine
硬毛钩藤碱 *N*- 氧化物	hirsutine *N*-oxide
硬毛红砂素 A～C	hirtellins A～C
硬毛南芥素	hirsutin
硬毛茄苷元 (海南皂苷元)	solaspigenin (hainangenin)
硬毛娃儿藤定碱	tylohirsutinidine
硬毛娃儿藤宁碱	tylohirsutinine
硬皮地星醇	astrahygrol

Y

硬皮地星酮	astrahygrone
硬皮胡椒定	pipercallosidine
硬皮胡椒碱	pipercallosine
硬皮榕苷	ficalloside
硬叶吊兰素 (垂叶布氏菊苷、纹瓣兰菲)	pendulin
硬脂醇 (十八醇)	stearyl alcohol (octadecanol)
硬脂炔酸	stearolic acid
硬脂酸 (十八酸)	stearic acid (octadecanoic acid, *n*-octadecanoic acid)
硬脂酸 -1, 3- 甘油二酯	glycerol-1, 3-distearate
9- 硬脂酸 -2, 3- 二羟基丙酯	9-octadecenoic acid-2, 3-dihydroxypropyl ester
硬脂酸 -4-[(*n*-戊氧基)- 苯乙基] 酯	stearic acid-4-[(*n*-pentoxy)-phenethyl] ester
硬脂酸丙三醇酯	stearic acid propanetriol ester
硬脂酸丙酯	propyl stearate
1- 硬脂酸单甘油酯	glycerol 1-monostearate
硬脂酸单甘油酯	glycerol monostearate
硬脂酸豆甾醇酯	stigmasteryl stearate
硬脂酸二蓖麻油酸甘油酯	stearodiricinolein
β- 硬脂酸甘油酯	β-monostearin
硬脂酸癸酯	decyl stearate
硬脂酸甲酯	methyl stearate
硬脂酸内酯	stearolactone
硬脂酸乙酯	ethyl stearate
硬脂酸正丁酯	*n*-butyl stearate
硬脂萜	stearoptene
6′- 硬脂酰 -α- 菠甾醇 -3-*O*-β-D- 葡萄糖苷	6′-stearyl-α-spinasteryl-3-*O*-β-D-glucoside
6′-*O*- 硬脂酰 -β-D- 葡萄糖基谷甾醇	6′-*O*-stearoyl-β-D-glucosyl sitosterol
硬脂酰胺	stearamide
3-*O*-(6′-*O*- 硬脂酰基 -β-D- 葡萄糖基) 豆甾 -5, 25 (27)- 二烯	3-*O*-(6′-*O*-stearyl-β-D-glucosyl) stigmast-5, 25 (27)-diene
硬脂酰基绒毛乳菇素 (硬脂酰绒白乳菇缩醛)	stearoyl velutinal
硬脂酰美味红菇醇酮 B	stearoyl plorantinone B
硬脂酰美味红菇酮	stearoyl delicone
硬酯萜	stiff ester terpene
硬锥喉花宁碱	conodurinine
硬锥喉花萨灵	conodusarine
硬锥喉花塔灵 A、B	conodutarines A, B
永宁独活苷 A、B	yunngnosides A, B
永宁独活素 A、B	yunngnins A, B
优葛缕酮 (优香芹酮、2, 6, 6-三甲基-2, 4-环庚二烯 -1- 酮)	eucarvone (2, 6, 6-trimethyl-2, 4-cycloheptadien-1-one)

优箭毒碱	eucurarine
优角蛋白	eukeratin
优西得灵 (铁樟素) A、N	eusiderin A, N
优𠮠酮 (1, 7-二羟基𠮠酮)	euxanthone (1, 7-dihydroxyxanthone)
优𠮠酮 -7- 甲醚 (1-羟基 -7- 甲氧基𠮠酮)	euxanthone-7-methyl ether (1-hydroxy-7-methoxyxanthone)
优雅风毛菊碱 (埃干亭)	elegantine
幽门素 (间苯三酚 -1-O-β-D- 葡萄糖苷)	phlorin (phloroglucinol-1-O-β-D-glucoside)
尤加合蕊木𠮠酮	ugaxanthone
尤克利素 (蜜藏花素)	eucryphin
犹地亚蒿素 (牛蒿素)	judaicin (vulgarin, tauremisin, tauremizin)
油茶苷 A～V	oleiferosides A～V
油茶根素	voleiferaol
油茶根素 Ⅰ～Ⅳ	oleiferaols Ⅰ～Ⅳ
油茶素 A	camellioferin A
油茶皂苷	sasanguasaponin
油醇	ocenol (oleyl alcohol)
油柑宾	phyllalbine
油柑宁 A、B	emblicanins A, B
油柑亭	phyllantine
油橄榄醇 (3, 5-羟基戊基苯、5-戊基间苯二酚)	olivetol (3, 5-hydroxypentylbenzene)
油橄榄苷	elenoside
油橄榄内酯 (木犀榄内酯)	elenolide
油桦内酯 B	ovalifoliolide B
油麻藤苷元 A、B	mucunagenins A, B
油麻藤碱	mucunine
油麻藤尼宁碱	mucuadininine
油麻藤宁碱	mucuadinine
油麻藤属碱	mucuna base
油瑞香素 (瑞香木脂因)	daphneligin
油树脂	loeoresin
油酸	oleic acid
油酸 [(9Z)-十八烯酸]	oleic acid [(9Z)-octadecenoic acid]
油酸单甘油酯	glycerol monooleate
油酸二羟基乙酯	dihydroxyethyl oleate
油酸二棕榈酸甘油酯	oleyl dipalmityl glyceride
油酸甲酯	methyl oleate (oleic acid methyl ester)
油酸钠盐	oleic acid sodium salt
油酸葡萄糖苷	oleyl glucoside
油酸酰胺	oleamide

Y

油酸乙酯	ethyl oleate
油酸棕榈酸硬脂酸甘油酯	oleyl palmityl stearyl glyceride
油桐醇酸-3-对羟基肉桂酸	soaleuritolic acid-3-p-hydroxycinnamate
油桐酸(石栗胶虫酸)	aleuritic acid
油维生素 A	oleovitamin A
2-油酰基-1, 3-二棕榈酸甘油酯	2-oleoyl-1, 3-dipalmitin
油酰基丹参新醌 A	oleoyl danshenxinkun A
油酰基新隐丹参酮	oleoyl neocryptotanshinone
油酰基亚油酰甘油酯	oleoyl linoleoyl olein
疣孢醇-4-乙酸酯	verrol-4-acetate
疣背枝鳃海牛素 L	dendocarbin L
疣点卫矛碱 A、B	euoverrines A, B
疣果豆蔻酮 A、B	muricarpones A, B
疣状黄芪素 Ⅰ～Ⅶ	astraverrucins Ⅰ～Ⅶ
莸苷	caryoptoside
莸素醇	caryoptinol
莸酯苷(兰香草醇苷)A、B	caryopterosides A, B
莸酯素	caryoptin
游离脂肪酸	free fatty acid
有柄石韦苷 A	pyrropetioside A
有疣毒菌素(瘤黑黏座孢霉素)	verrucarin
有疣毒菌素(瘤黑黏座孢霉素)A～M	verrucarins A～M
右旋糖酐 4、8、15、35、60、200	dextrans 4, 8, 15, 35, 60, 200
右旋糖酐 T40、T70、T250、T500	dextrans T40, T70, T250, T500
右旋糖酐酶(葡聚糖酶)	dextranase
柚苷(柚皮苷、异橙皮苷)	aurantiin (naringin)
柚碱 Ⅰ	grandisine Ⅰ
柚木蒽酮	anthratectone
柚木酚(柚木属醇)	tectol
柚木降木脂素 A、B	tectonoelins A, B
柚木醌(乌楠醌)A、B	tectoquinones A, B
柚木萘醌	naphthotectone
柚木萘醌	tectograndone
柚木萜二醇(柚木诺醇)	tectograndinol
柚木酮	tectone
柚木香堇醇 A、B	tectoionols A, B
柚木芸香碱	tacleine
柚木甾苷	zebagrandinoside
柚皮苷(柚苷、异橙皮苷)	naringin (aurantiin)
柚皮苷二氢查尔酮	naringin dihydrochalcone

柚皮苷元 (柚皮素、柑橘素)	naringetol (naringenin)
柚皮灵	naringerin
(2R)-柚皮素	(2R)-naringenin
(2S)-柚皮素	(2S)-naringenin
柚皮素 (柚皮苷元、柑橘素)	naringenin (naringetol)
(−)-柚皮素 -4′, 7-二甲醚	(−)-naringenin-4′, 7-dimethyl ether
柚皮素 -4′, 7-二甲醚	naringenin-4′, 7-dimethyl ether
柚皮素 -4′-O-β-D-吡喃木糖基 -(1→4)-β-D-吡喃葡萄糖苷	naringenin-4′-O-β-D-xylopyranosyl-(1→4)-β-D-glucopyranoside
柚皮素 -4-O-葡萄糖苷	naringenin-4-O-glucoside
柚皮素 -4′-β-D-葡萄糖苷 (南酸枣苷)	naringenin-4′-β-D-glucoside (choerospondin)
柚皮素 -4′-半乳糖苷	naringenin-4′-galactoside
柚皮素 -4′-甲醚 -7-O-α-L-呋喃阿拉伯糖基 -(1→6)-β-D-吡喃葡萄糖苷	naringenin-4′-methyl ether-7-O-α-L-arabinofuranosyl-(1→6)-β-D-glucopyranoside
柚皮素 -4′-葡萄糖基 -7-新橙皮糖苷	naringenin-4′-glucosyl-7-neohesperidoside
柚皮素 -4′-葡萄糖基 -7-芸香糖苷	naringenin-4′-glucosyl-7-rutinoside
柚皮素 -5, 7-二葡萄糖苷	naringenin-5, 7-diglucoside
柚皮素 -5-O-β-D-吡喃葡萄糖苷	naringenin-5-O-β-D-glucopyranoside
柚皮素 -5-葡萄糖苷	naringenin-5-glucoside
(2R)-柚皮素 -6, 8-二 -C-葡萄糖苷	(2R)-naringenin-6, 8-di-C-glucoside
(2S)-柚皮素 -6, 8-二 -C-葡萄糖苷	(2S)-naringenin-6, 8-di-C-glucoside
(2S)-柚皮素 -6-C-β-D-吡喃葡萄糖苷 (半蒎苷、半皮桉苷)	(2S)-naringenin-6-C-β-D-glucopyranoside (hemipholin)
柚皮素 -6-C-β-D-葡萄糖苷	naringenin-6-C-β-D-glucoside
柚皮素 -7-[α-鼠李糖基 -(1→2)]-[α-鼠李糖基 -(1→6)]-β-葡萄糖苷	naringenin-7-[α-rhamnosyl-(1→2)]-[α-rhamnoxyl-(1→6)]-β-glucoside
柚皮素 -7-O-(2, 6-二 -O-α-L-吡喃鼠李糖)-β-D-吡喃葡萄糖苷	naringenin-7-O-(2, 6-di-O-α-L-rhamnopyranosyl)-β-D-glucopyranoside
柚皮素 -7-O-(2-O-β-D-呋喃芹糖基)-β-D-吡喃葡萄糖苷	naringenin-7-O-(2-O-β-D-apiofuranosyl)-β-D-glucopyranoside
(2R)-柚皮素 -7-O-(3-O-α-L-吡喃鼠李糖基 -β-D-吡喃葡萄糖苷)	(2R)-naringenin-7-O-(3-O-α-L-rhamnopyranosyl-β-D-glucopyranoside)
柚皮素 -7-O-(4-甲基)-葡萄糖基 -(1→2)-鼠李糖苷 (边缘鳞盖蕨柚皮苷)	naringenin-7-O-(4-methyl)-glucosyl-(1→2)-rhamnoside (fumotonaringin)
柚皮素 -7-O-α-L-吡喃鼠李糖基 -(1→4)-α-L-吡喃鼠李糖苷	naringenin-7-O-α-L-rhamnopyranosyl-(1→4)-α-L-rhamnopyranoside
柚皮素 -7-O-α-L-鼠李糖基 -(1→4)-鼠李糖苷	naringenin-7-O-α-L-rhamnosyl-(1→4)-rhamnoside
柚皮素 -7-O-α-葡萄糖苷	naringenin-7-O-α-glucoside
柚皮素 -7-O-β-D-(3″-对香豆酰基) 吡喃葡萄糖苷	naringenin-7-O-β-D-(3″-p-coumaroyl) glucopyranoside
(2S)-柚皮素 -7-O-β-D-吡喃葡萄糖苷	(2S)-naringenin-7-O-β-D-glucopyranoside
柚皮素 -7-O-β-D-吡喃葡萄糖苷	naringenin-7-O-β-D-glucopyranoside
柚皮素 -7-O-β-D-吡喃葡萄糖醛酸苷丁酯	naringenin-7-O-β-D-glucuronopyranoside butyl ester

柚皮素 -7-*O*-β-D- 木糖基 -(1→6)-β-D- 吡喃葡萄糖苷	naringenin-7-*O*-β-D-xylosyl-(1→6)-β-D-glucopyranoside
柚皮素 -7-*O*-β-D- 葡萄糖苷	naringenin-7-*O*-β-D-glucoside
柚皮素 -7-*O*-β-D- 葡萄糖醛酸苷	naringenin-7-*O*-β-D-glucuronide
柚皮素 -7-*O*- 葡萄糖苷 (樱桃苷、洋李苷)	naringenin-7-*O*-glucoside (prunin)
柚皮素 -7-*O*- 芸香糖苷 (柚皮芸香苷、芸香柚皮苷)	naringenin-7-*O*-rutinoside (narirutin)
(2*R*)- 柚皮素 -8-*C*-α- 吡喃鼠李糖基 -(1→2)-β- 吡喃葡萄糖苷	(2*R*)-naringenin-8-*C*-α-rhamnopyranosyl-(1→2)-β-glucopyranoside
(2*S*)- 柚皮素 -8-*C*-α- 吡喃鼠李糖基 -(1→2)-β- 吡喃葡萄糖苷	(2*S*)-naringenin-8-*C*-α-rhamnopyranosyl-(1→2)-β-glucopyranoside
柚皮素 -8-*C*-β-*D*- 葡萄糖苷	naringenin-8-*C*-β-D-glucoside
柚皮素查尔酮	naringenin chalcone
柚皮素三甲醚	naringenin trimethyl ether
柚皮芸香苷 (芸香柚皮苷、柚皮素 -7-*O*- 芸香糖苷)	narirutin (naringenin-7-*O*-rutinoside)
柚皮芸香苷 -4′-*O*- 葡萄糖苷	narirutin-4′-*O*-glucoside
鼬瓣花次苷 (鼬瓣花萜苷)	gluroside
鼬瓣花苷	galiridoside
(+)- 鼬瓣花素	(+)-galeopsin
鼬瓣花素 (鼬瓣花二萜)	galeopsin
余甘子酚	emblicol
余甘子根酸	phyllaemblic acid (amlaic acid)
余甘子鞣酸素 A～F	phyllanemblinins A～F
余甘子鞣质	phyllemtannin
余甘子素 A～D	phyllaemblicins A～D
余甘子酸	amlaic acid (phyllaemblic acid)
盂勃金雀花碱	monspessulanine
鱼胺	octpamine
鱼鳔槐酚	coluteol
鱼鳔槐醌 A、B	colutequinones A, B
鱼鳔槐氢醌	colutehydroquinone
鱼肝油青霉碱 A、B	piscarinines A, B
鱼骨木苷 A～D	canthosides A～D
鱼骨木碱	canthiumine
鱼骨木酸	canthic acid
鱼黄草苷 A～G、H$_1$、H$_2$	merremosides A～G, H$_1$, H$_2$
鱼黄草素	merremin
鱼黄草素 A～G	merremins A～G
鱼胶热醇	ichthyotherol
鱼精蛋白	protamine
鱼鳞蝶呤 (萤光青)	ichthyopterin (fluorescyanine)
鱼鳞硬蛋白	ichthylepidin

鱼卵毒素	ichthyootoxin
鱼藤 -2′- 烯酸	rot-2′-enonic acid
鱼藤吡喃并异黄酮-4′- 甲醚 (大鱼藤树酮 -4′-O- 甲醚)	derrone-4′-O-methyl ether
鱼藤查耳酮	derrichalcone
鱼藤醇	rotenol
鱼藤醇酮	rotenalone (rotenolone)
鱼藤毒鱼亭	derrispisatin
鱼藤黄烷酮 A、B	derriflavanones A, B
鱼藤素	deguelin
鱼藤酮	rotenone
鱼藤异黄酮 A～G	derrisisoflavones A～G
鱼腥草素 (癸酰乙醛)	houttuynin (decanoyl acetaldehyde)
鱼腥藻肽 A～J	anabaenopeptins A～J
鱼眼草内酯 A～E	dichrocepholides A～E
鱼子兰内酯 A～F	chlorantholides A～F
鱼子兰酮 A～D	chloranthones A～D
鱼子兰新内酯 V	chloranerectuslactone V
渔夫叶下珠素	piscatorin
榆耳醛	incarnal
榆桔碱	pteleine
榆桔属碱	plelea base
榆橘醇	ptelefolinol
榆橘定碱	ptelefolidine
榆橘定碱甲醚	ptelefolidine methyl ether
榆橘都季铵碱	ptelefolidonium
榆橘二聚定碱	pteledimeridine
榆橘二聚灵碱	pteledimerine
榆橘二聚辛碱	pteledimericine
榆橘果亭	ptelefructin
榆橘季铵碱	ptelefolonium
榆橘季铵碱盐酸盐	ptelefolonium chloride
榆橘利酮	ptelefolidone
榆橘林碱	ptelefoline
榆橘林碱甲醚	ptelefoline methyl ether
榆橘灵	ptelefoliarine
榆橘皮碱	ptelecortine
榆橘鞣花酸	pteleoellagic acid
榆橘鞣花酸衍生物	pteleoellagic acid derivative
榆橘亭季铵碱盐酸盐	pteleatinium chloride
榆橘亭碱	pteleatine

Y

榆橘酮	ptelefolone
榆橘异戊烯碱	pteleprenine
榆橘组培季铵碱盐酸盐	ptelecultinium chloride
榆绿木脂素 A～C	anolignans A～C
榆树酮 (榆酯酮)	ulmuestone
榆双醇 (榆二醇)	ulmudiol
榆素 (榆辛素) A～E	ulmicins A～E
羽苞藁本素 A、B	daucoidins A, B
羽扁豆醇棕榈酸酯	lupeol palmitate
羽脉阿魏醇	camolol (kamolol)
羽脉阿魏醇	kamolol (camolol)
羽脉阿魏酮	camolone (kamolone)
羽脉阿魏酮	kamolone (camolone)
羽脉野扇花酰胺 D～K	hookerianamides D～K
羽毛柏烯 (维氏柏烯)	widdrene
羽扇豆 -11 (12), 20 (29)- 二烯 -3β- 醇	lup-11 (12), 20 (29)-dien-3β-ol
羽扇豆 -12, 20 (29)- 二烯 -3β- 羟基 -3-α-L- 吡喃阿拉伯糖苷 -2′- 油酸酯	lup-12, 20 (29)-dien-3β-hydroxy-3-α-L-arabinopyranoside-2′-oleate
羽扇豆 -12, 20 (29)- 二烯 -3β- 羟基 -3-α-L- 呋喃阿拉伯糖苷 -2′- 十八碳 -9″- 烯酸酯	lup-12, 20 (29)-dien-3β-hydroxy-3-α-L-arabinofuranoside-2′-octadec-9″-enoate
羽扇豆 -1β, 3β- 二醇	lup-20 (29)-en-1β, 3β-diol
羽扇豆 -20 (29)- 烯 -1, 3- 二醇	lup-20 (29)-en-1, 3-diol
羽扇豆 -20 (29)- 烯 -1, 3- 二酮	lup-20 (29)-en-1, 3-dione
羽扇豆 -20 (29)- 烯 -11, 3β- 二醇	lup-20 (29)-en-11, 3β-diol
羽扇豆 -20 (29)- 烯 -11α- 醇 -25, 3β- 内酯	lup-20 (29)-en-11α-ol-25, 3β-lactone
羽扇豆 -20 (29)- 烯 -1β, 2α, 3β- 三醇	lup-20 (29)-en-1β, 2α, 3β-triol
羽扇豆 -20 (29)- 烯 -1β, 3β- 二醇	lup-20 (29)-en-1β, 3β-diol
羽扇豆 -20 (29)- 烯 -1β- 醇 -3α- 乙酸酯	lup-20 (29)-en-1β-ol-3α-acetate
羽扇豆 -20 (29)- 烯 -28- 酸 -3-O-β-D- 吡喃葡萄糖基 -(2→1)-O-β-D- 吡喃葡萄糖苷	lup-20 (29)-en-28-oic-3-O-β-D-glucopyranosyl-(2→1)-O-β-D-glucopyranoside
羽扇豆 -20 (29)- 烯 -3, 21- 二酮	lup-20 (29)-en-3, 21-dione
羽扇豆 -20 (29)- 烯 -3α, 23- 二醇	lup-20 (29)-en-3α, 23-diol
羽扇豆 -20 (29)- 烯 -3α- 乙酰氧基 -24- 酸	lup-20 (29)-en-3α-acetoxy-24-oic acid
羽扇豆 -20 (29)- 烯 -3β, 16β- 二醇	lup-20 (29)-en-3β, 16β-diol
羽扇豆 -20 (29)- 烯 -3β, 24, 28- 三醇	lup-20 (29)-en-3β, 24, 28-triol
羽扇豆 -20 (29)- 烯 -3β, 24- 二醇	lup-20 (29)-en-3β, 24-diol
羽扇豆 -20 (29)- 烯 -3β, 30- 二醇	lup-20 (29)-en-3β, 30-diol
羽扇豆 -20 (29)- 烯 -3β- 醇	lup-20 (29)-en-3β-ol
羽扇豆 -20 (29)- 烯 -3β- 醇二十酸酯	lup-20 (29)-en-3β-ol eicosanoate
羽扇豆 -20 (29)- 烯 -3- 酮	lup-20 (29)-en-3-one
羽扇豆 -20 (30)- 烯 -3, 29- 二醇	lup-20 (30)-en-3, 29-diol

羽扇豆-20-烯-3β, 16β-二醇-3-阿魏酸酯	lup-20-en-3β, 16β-diol-3-ferulate
羽扇豆-3, 16, 28-三醇	lup-3, 16, 28-triol
羽扇豆-3β, 16β, 20, 23, 28-五醇	lup-3β, 16β, 20, 23, 28-pentol
羽扇豆-3-酮	lup-3-one
羽扇豆醇 (蛇麻酯醇、羽扇醇、思茅山橙醇 B)	fagarasterol (lupeol, monogynol B, β-viscol)
羽扇豆醇 (蛇麻酯醇、羽扇醇、思茅山橙醇 B)	lupeol (fagarasterol, monogynol B, β-viscol)
羽扇豆醇 (蛇麻酯醇、思茅山橙醇 B、羽扇醇)	β-viscol (fagarasterol, monogynol B, lupeol)
羽扇豆醇-3-O-β-D-吡喃木糖基-(1→4)-O-β-D-吡喃葡萄糖苷	lupeol-3-O-β-D-xylopyranosyl-(1→4)-O-β-D-glucopyranoside
羽扇豆醇-3-羟基花生酸酯	lupeol-3-hydroxyarachidate
羽扇豆醇灵	lupanoline
羽扇豆醇乙酸酯	lupeol acetate
3-羽扇豆醇乙酸酯	lupeol-3-acetate
3β-羽扇豆醇棕榈酸酯	3β-lupeol palpitate
5, 20 (29)-羽扇豆二烯-3β-醇	5, 20 (29)-lupdien-3β-ol
羽扇豆酚 A	lupinisol A
(−)-羽扇豆碱	(−)-lupinine
羽扇豆碱	lupinine
羽扇豆奈素 (白羽扇豆素) A	lupinalbin A
羽扇豆属碱	lupinus base
羽扇豆酸	lupanic acid
羽扇豆糖	lupeose
羽扇豆酮	lupeone
羽扇豆烷	lupane
羽扇豆烯-3-酮	lupen-3-one
羽扇豆烯醇甲酯	lupenyl formate
羽扇豆烯醇乙酸酯	lupenol acetate
羽扇豆烯醇棕榈酸酯	lupenyl palmitate
羽扇豆烯酮 (羽扇烯酮)	lupenone
羽扇豆烯乙酸酯	lupenyl acetate
羽扇豆叶灰毛豆醇 (叶状羽扇豆酚)	lupinifolol (lupinifolinol)
羽扇豆叶灰毛豆素 (羽扇豆福林酮、羽扇灰毛豆素、千斤拔素 B)	lupinifolin (flemichin B)
羽扇豆异黄酮	luteone
羽扇烷醇	lupanol
L-羽扇烷宁 (L-羽扇豆烷宁)	L-lupanine
羽扇烷宁 (羽扇豆烷宁、白金雀儿碱)	lupanine (hydrorhombinine)
羽扇烷宁 N-氧化物	lupanine N-oxide
羽扇烯	lupene
3-羽扇烯醇	3-lupenol

Y

Δ^1-羽扇烯酮	Δ^1-lupenone
羽扇异黄酮 A～N	lupinisoflavones A～N
羽叶丁香木脂素 A～E	syripinnalignans A～E
羽叶丁香素	pinnatifolin
羽叶丁香素 A、B	pinnatifolins A, B
羽叶楸醌 A～I	sterequinones A～I
羽叶三七苷 F_1、F_2	bipinnatifidusosides F_1, F_2
羽叶三七皂苷 A～C	bifinosides A～C
羽叶芸香灵	tamarin
羽状波罗尼亚木酸	boropinic acid
羽状脉阿魏素 F～J	ferupennins F～J
雨花椒醇 (雨花椒酚、雨石蒜木脂素)	pluviatilol
雨花椒内酯	pluviatolide
雨石蒜碱	pluviine
雨蛙肽	caerulin
α- 玉柏碱 (α- 暗石松碱)	α-obscurine
β- 玉柏碱 (β- 暗石松碱)	β-obscurine
玉柏碱 (暗石松碱)	obscurine
玉柏灵碱 A～C	lycobscurines A～C
玉柏明碱 A～P	obscurumines A～P
玉柏宁碱	obscurinine
玉柏石松醇碱	lobscurinol
玉红黄质 (锈红蔷薇黄质)	rubixanthin
玉红色素	rubichrome
玉兰二酮 A～C	denudadiones A～C
玉兰酚内酯	denudalide
玉兰醌酚	denudaquinol
玉兰内酯 A～D	denudanolides A～D
玉兰脂素 (白玉兰亭) A、B	denudatins A, B
玉兰脂酮 (玉兰酮)	denudatone (magliflonenone)
玉玲花苷 A～C	obassiosides A～C
玉米赤霉醇	zeranol
玉米赤霉酮 (玉米赤霉烯酮、霉菌毒素 F2)	zearalenone (mycotoxin F2)
玉米醇溶蛋白	zein
玉米淀粉	starch maize
玉米麸黄质	zeinoxanthin
(13Z)- 玉米黄素	(13Z)-zeaxanthin
玉米黄酮苷	maysin
玉米黄质 [玉米黄素、玉蜀黍黄质、(3R, 3′R)-β, β- 胡萝卜素 -3, 3′- 二醇、(3R, 3′R)-3, 3- 二羟基 -β- 胡萝卜素]	zeaxanthin [(3R, 3′R)-β, β-carotene-3, 3′-diol, (3R, 3′R)-3, 3-dihydroxy-β-carotene]
玉米黄质差向异构体	mutatoxanthin epimer

玉米黄质单棕榈酸酯	zeaxanthin monopalmitate
玉米黄质二肉豆蔻酸酯	zeaxanthin dimyristate
玉米黄质二棕榈酸酯 (酸浆果红素)	zeaxanthin dipalmitate (physalien)
玉米黄质肉豆蔻酸酯	zeaxanthin myristate
玉米黄质肉豆蔻酸酯棕榈酸酯	zeaxanthin myristate palmitate
玉米黄质月桂酸酯肉豆蔻酸酯	zeaxanthin laurate myristate
玉米黄质月桂酸酯棕榈酸酯	zeaxanthin laurate palmitate
玉米黄质棕榈酸酯	zeaxanthin palmitate
玉米葡萄糖	corn sugar
玉葡萄苷 A [2-甲苯基-O-β-D- D-吡喃木糖-(1→6)-O-β-D-吡喃葡萄糖苷]	ampedelavoside A [2-methylphenyl-O-β-D-xylopyranosyl-(1→6)-O-β-D-glucopyranoside]
玉葡萄苷B [2-甲基苯基-O-α-阿拉伯呋喃糖基-(1→6)-O-β-吡喃葡萄糖苷]	ampedelavoside B [2-methylphenyl-O-α-arabinofuranosyl-(1→6)-O-β-glucopyranoside]
玉蕊醇 (飞蛾藤醇、总状花羊蹄甲酚、总状铁力木醇)	racemosol
玉蕊醇 (飞蛾藤醇、总状花羊蹄甲酚、总状铁力木醇) A	racemosol A
A_1-玉蕊精醇 (A_1-巴里精醇、玉蕊精醇 A_1、巴里精醇 A_1)	A_1-barrigenol (barrigenol A_1)
R_1-玉蕊精醇 (R_1-巴里精醇、玉蕊精醇 R_1、巴里精醇 R_1)	R_1-barrigenol (barrigenol R_1)
玉蕊精醇 A_1-22-当归酸酯	barrigenol A_1-22-angelate
玉蕊精醇 A_1-28-当归酸酯	barrigenol A_1-28-angelate
$R1$-玉蕊精醇-21, 22-二当归酸酯	$R1$-barrigenol-21, 22-diangelate
玉蕊精酸	bartogenic acid
玉蕊酸-28-β-D-葡萄糖酯	barrinic acid-28-β-D-glucosyl ester
玉蕊皂醇 C (茶皂醇 B、玉蕊皂苷元 C)	barringtogenol C (theasapogenol B)
玉蕊皂醇 C-21, 22-O-二当归酸酯	barringtogenol C-21, 22-O-diangeloate
玉蕊皂酸	barringtogenic acid
玉山双蝴蝶苷 (披针叶呫酮苷)	lanceoside
玉山双蝴蝶灵 (4-β-D-葡萄糖基-1, 3, 7-三羟基呫酮)	lancerin (4-β-D-glucosyl-1, 3, 7-trihydroxyxanthone)
β-玉蜀黍胡萝卜素	β-zeacarotene
$(3R, 3''R)$-玉蜀黍黄质	$(3R, 3''R)$-zeaxanthin
玉蜀黍嘌呤 (玉米素)	zeatin
玉蜀黍嘌呤-O-β-D-吡喃葡萄糖苷	zeatin-O-β-D-glucopyranoside
玉叶金花苷 (玉叶金花三萜苷、玉叶金花皂苷) A~W	mussaendosides A~W
玉叶金花苷酸 (驱虫金合欢苷酸)	mussaenosidic acid
玉叶金花苷酸甲酯 (莫桑苷、玉叶金花诺苷)	mussaenoside
玉叶金花素 (玉叶金花一萜苷、玉叶金花宁) A~C	mussaenins A~C
玉簪单萜苷 A	hoplanoside A
玉簪二氢黄酮 A	hostaflavanone A
$(25S)$-玉簪苷 B	$(25S)$-funkioside B

玉簪黄酮 A	hostaflavone A
玉簪碱	hostasine
玉簪宁 A	hostasinine A
玉簪神经鞘苷 A	hosta cerebroside A
玉簪塔甾苷 Ⅰ～Ⅳ	hostasides Ⅰ～Ⅳ
玉簪酮 A、B	plantanones A, B
玉簪甾苷 A～D	hostaplantagineosides A～D
玉簪皂苷 A、B	hostasaponins A, B
玉竹多糖 YZ-2	polygonatum odoratum polysaccharide YZ-2
玉竹果聚糖 A～C	polygonatum fructans A～C
玉竹属甾苷 A～G	polygonatumosides A～G
玉竹甾苷 A～H	polygodosides A～H
玉竹甾苷元 A	polygodosin A
玉竹粘多糖	odoratan
芋头蛋白	colocasin
郁金酮 A、B	curcujinones A, B
郁金香花青素 -3- 鼠李糖葡萄糖苷	tulipanidin-3-rhamnoglucoside
郁金香灵 (山慈菇内酯) A、B	tulipalins A, B
郁金香内酯	tulipinolide
郁金香宁 (山慈菇花苷)	tulipanin
郁金香品	tulipine
郁李仁苷 A、B	prunusides A, B
育亨宾	aphrodine (yohimbine, corynine, quebrachine, hydroergotocin)
育亨宾	corynine (aphrodine, yohimbine, quebrachine, hydroergotocin)
育亨宾	quebrachine (aphrodine, corynine, yohimbine, hydroergotocin)
育亨宾	yohimbine (aphrodine, corynine, quebrachine, hydroergotocin)
α- 育亨宾	α-yohimbine
β- 育亨宾	β-yohimbine
Δ- 育亨宾 (阿吗碱、四氢蛇根碱、阿马里新)	Δ-yohimbine (ajmalicine, raubasine)
育亨碱 (5β- 甲基伪育亨烷)	yohambinine (5β-methyl pseudoyohimbimbane)
育亨酸	yohimbic acid
育亨烷	yohimbimbane
蒳知子皂苷	yuzhizioside
愈苯丙胺	nisoxetine
愈疮箭毒碱	guaiacurarine
愈疮箭毒素	guiacurine
愈创醇 (愈创木醇、黄兰醇)	guaiol (champaca camphor, champacol, guaiac alcohol)

愈创二醇 A	guaidiol A
3, 7- 愈创二烯	3, 7-guaiadiene
(–)- 愈创木 -1 (10), 11- 二烯 -15, 2- 内酯	(–)-guai-1 (10), 11-dien-15, 2-olide
(–)- 愈创木 -1 (10), 11- 二烯 -15- 甲酸	(–)-guai-1 (10), 11-dien-15-carboxylic acid
(+)- 愈创木 -1 (10), 11- 二烯 -9- 酮	(+)-guaia-1 (10), 11-dien-9-one
愈创木 -1 (10), 11- 二烯	guaia-1 (10), 11-diene
愈创木 -1 (10), 11- 二烯 -15- 醛	guaia-1 (10), 11-dien-15-al
(–)- 愈创木 -1 (11), 11- 二烯 -15- 醛	(–)-guai-1 (11), 11-dien-15-al
1α, 5β- 愈创木 -10 (14)- 烯 -4α, 6β- 二醇	1α, 5β-guai-10 (14)-en-4α, 6β-diol
愈创木 -4 (15), 10 (14), 11 (13)- 三烯 -12, 6α- 内酯	guaia-4 (15), 10 (14), 11 (13)-trien-12, 6α-olide
11α*H*- 愈创木 -4 (15), 10 (14)- 二烯 -12, 6α- 内酯	11α*H*-guai-4 (15), 10 (14)-dien-12, 6α-olide
1α*H*- 愈创木 -4 (15)- 烯 -6α-12- 内酯 -10α-*O*-β-D- 吡喃葡萄糖苷	1α*H*-guai-4 (15)-en-6α-12-olide-10α-*O*-β-D-glucopyranoside
1α, 5β- 愈创木 -4α, 6β, 10α- 三醇	1α, 5β-guai-4α, 6β, 10α-triol
1β, 5α, 7β- 愈创木 -4β, 10α, 11- 三醇	1β, 5α, 7β-guai-4β, 10α, 11-triol
1β, 5α- 愈创木 -4β, 10α- 二羟基 -6- 酮	1β, 5α-guai-4β, 10α-dihydroxy-6-one
愈创木 -6, 9- 二烯	guaia-6, 9-diene
1α*H*, 5α*H*- 愈创木 -6- 烯 -4β, 10β- 二醇	1α*H*, 5α*H*-guai-6-en-4β, 10β-diol
愈创木薁 (愈创蓝油烃、愈创薁)	guaiazulene
愈创木醇 (愈创醇、黄兰醇)	guaiac alcohol (guaiol, champaca camphor, champacol)
1 (10), 11- 愈创木二烯 -15- 酸甲酯	methyl guai-1 (10), 11-dien-15-carboxylate
愈创木酚 (甲基儿茶酚、邻甲氧基苯酚)	guaiacol (methyl catechol, *o*-methoxyphenol)
愈创木酚苯酸酯	guaiacol benzoate
愈创木酚 - 二 -*O*-β-D- 吡喃葡萄糖苷	guaiacol-di-*O*-β-D-glucopyranoside
愈创木酚甘油醚 (愈甘醚)	guaifenesin (guaiphenesin, robitussin)
愈创木酚磺酸钾	potassium guaiacolsulfonate
(7*R*, 8*S*)- 愈创木酚基丙三醇 -8-*O*-4′- 芥子醚 -9′-*O*-β-D- 吡喃葡萄糖苷	(7*R*, 8*S*)-guaiacyl glycerol-8-*O*-4′-sinapyl ether-9′-*O*-β-D-glucopyranoside
(1′*S*, 2′*R*)- 愈创木酚基甘油 -3′-*O*-β-D- 吡喃葡萄糖苷	(1′*S*, 2′*R*)-guaiacyl glycerol-3′-*O*-β-D-glucopyranoside
α- 愈创木酚基甘油 -β- 松柏醛醚	α-guaiacyl glycerol-β-coniferyl aldehyde ether
愈创木酚甲醚	guaiacol methyl ether
愈创木酚磷酸酯	guaiacol phosphate
愈创木酚酸酯	guaiacol valerate
(7*R*, 8*R*, 8′*R*)-4′- 愈创木甘油基棟叶吴茱萸素 B	(7*R*, 8*R*, 8′*R*)-4′-guaiacyl glyceryl evofolin B
2α- 愈创木基 -4- 氧亚基 -6α- 儿茶基 -3, 7- 二氧双环 [3.3.0] 辛烷	2α-guaiacyl-4-oxo-6α-catechyl-3, 7-dioxabicyclo [3.3.0] octane
愈创木基 -β-D- 樱草糖苷	guaiacyl-β-D-primeveroside
愈创木基苯丙烷	guaiacyl phenyl propane
(1′*R*, 2′*R*)- 愈创木基丙三醇	(1′*R*, 2′*R*)-guaiacyl glycerol
(1′*R*, 2′*R*)- 愈创木基丙三醇 -3′-*O*-β-D- 吡喃葡萄糖苷	(1′*R*, 2′*R*)-guaiacyl glycerol-3′-*O*-β-D-glucopyranoside

Y

中文名称	英文名称
(−)-(7*R*, 8*S*)- 愈创木基丙三醇 -8-*O*-β-D- 吡喃葡萄糖苷	(−)-(7*R*, 8*S*)-guaiacyl glycerol-8-*O*-β-D-glucopyranoside
(7*R*, 8*S*, 7′*E*)- 愈创木基丙三醇 -β-*O*-4′-芥子醚	(7*R*, 8*S*, 7′*E*)-guaiacyl glycerol-β-*O*-4′-sinapyl ether
(7*S*, 8*R*)- 愈创木基丙三醇阿魏酸醚 -7-*O*-β-D- 吡喃葡萄糖苷	(7*S*, 8*R*)-guaiacyl glycerol ferulic acid ether-7-*O*-β-D-glucopyranoside
愈创木基甘油	guaiacyl glycerol
(7*S*, 8*R*)- 愈创木基甘油 -4-*O*-β-D-(6-*O*- 香草酰基) 吡喃葡萄糖苷	(7*S*, 8*R*)-guaiacyl glycerol-4-*O*-β-D-(6-*O*-vanilloyl) glucopyranoside
(7*R*, 8*R*)- 愈创木基甘油 -4-*O*-β-D-(6-*O*- 香草酰基) 吡喃葡萄糖苷	(7*R*, 8*R*)-guaiacyl glycerol-4-*O*-β-D-(6-*O*-vanilloyl) glucopyranoside
(7*S*, 8*S*)- 愈创木基甘油 -4-*O*-β-D-(6-*O*- 香草酰基) 吡喃葡萄糖苷	(7*S*, 8*S*)-guaiacyl glycerol-4-*O*-β-D-(6-*O*-vanilloyl) glucopyranoside
(7*S*, 8*S*)- 愈创木基甘油 -8-*O*-4′-(芥子醇) 醚	(7*S*, 8*S*)-guaiacyl glycerol-8-*O*-4′-(synapyl alcohol) ether
(7*R*, 8*S*)- 愈创木基甘油 -8-*O*-4′-(芥子醇) 醚	(7*R*, 8*S*)-guaiacyl glycerol-8-*O*-4′-(synapyl alcohol) ether
(7*S*, 8*R*)- 愈创木基甘油 -8-*O*-4′-芥子醚 -9′-*O*-β-D- 吡喃葡萄糖苷	(7*S*, 8*R*)-guaiacyl glycerol-8-*O*-4′-sinapyl ether-9′-*O*-β-D-glucopyranoside
(7*R*, 8*S*)- 愈创木基甘油 -8-*O*-4- 松柏醇	(7*R*, 8*S*)-guaiacyl glycerol-8-*O*-4-coniferyl alcohol
(7*S*, 8*S*)- 愈创木基甘油 -8-*O*-4- 松柏醇	(7*S*, 8*S*)-guaiacyl glycerol-8-*O*-4-coniferyl alcohol
愈创木基甘油 -9-*O*-β-D- 吡喃葡萄糖苷	guaiacyl glycerol-9-*O*-β-D-glucopyranoside
愈创木基甘油 -β-*O*-6′-(2- 甲氧基) 肉桂醇醚	guaiacyl glycerol-β-*O*-6′-(2-methoxy) cinnamyl alcohol ether
愈创木基甘油 -β- 阿魏酸醚	guaiacyl glycerol-β-ferulic acid ether
愈创木基甘油 -β- 阿魏酸酯	guaiacyl glycerol-β-ferulate
愈创木基甘油 -β- 松柏基醚	guaiacyl glycerol-β-coniferyl ether
(7*R*, 8*S*)- 愈创木基甘油 -β- 松柏基醚 -9-*O*-β-D- 吡喃葡萄糖苷	(7*R*, 8*S*)-guaiacyl glycerol-β-coniferyl ether-9-*O*-β-D-glucopyranoside (debilignanoside)
愈创木基甘油 -β- 松柏醛醚	guaiacyl glycerol-β-coniferyl aldehyde ether
愈创木基木脂体	guaiacyl lignin
愈创木内酯	guaianolide
愈创木内酯 -β- 葡萄糖苷	guaianolide-β-glucoside
(1*S*, 4*S*, 5*S*, 10*R*)-4, 10- 愈创木尼二醇	(1*S*, 4*S*, 5*S*, 10*R*)-4, 10-guaianediol
愈创木尼二醇	guaianediol
愈创木宁 (愈创木皂苷) N	guaianin N
愈创木葡聚糖	callose
愈创木酸 (愈创木脂酸)	guaiaretic acid
愈创木烷	guaiane
Δ- 愈创木烯	Δ-guaiene
ζ- 愈创木烯	ζ-guaiene
γ- 愈创木烯	γ-guaiene
α- 愈创木烯 (α- 愈创烯)	α-guaiene

β- 愈创木烯 (β- 愈创烯)	β-guaiene
愈创木烯 (愈创烯)	guaiene
1α, 5α, 7α-11- 愈创木烯 -2α, 3β, 4α, 10α, 13- 五醇	1α, 5α, 7α-11-guaien-2α, 3β, 4α, 10α, 13-pentaol
6- 愈创木烯 -4α, 10α- 二醇	6-guaien-4α, 10α-diol
(+)- 愈创木脂素	(+)-guaiacin
愈创木脂素	guaiacin
愈创哌啶	piperoctane
愈创哌特 (愈创木素)	guaiapate
愈创三乙胺	guaiactamine
愈创树脂	guaiac resin
愈甘醚 (愈创木酚甘油醚)	guaiphenesin (robitussin, guaifenesin)
愈甘醚茶碱	guaithylline (eclabron, guaifylline)
愈伤酸	traumatic acid
鸢尾道醛 (假鸢尾三萜醛) A～D	iridotectorals A～D
鸢尾番红花素 C、H～L	crocusatins C, H～L
鸢尾酚酮	iriflophene
鸢尾酚酮 -2-*O*-β-D- 葡萄糖苷	iriflophene-2-*O*-β-D-glucoside
鸢尾苷 (射干苷、鸢尾黄酮苷)	tectoridin
鸢尾苷元 (鸢尾黄素)	tectorigenin
鸢尾苷元 -4′- 葡萄糖基 -(1→6)- 葡萄糖苷	tectorigenin-4′-glucosyl-(1→6)-glucoside
鸢尾苷元 -7-*O*-β-D- 吡喃奎诺糖苷	tectorigenin-7-*O*-β-D-quinovopyranoside
鸢尾苷元 -7-*O*-β-D- 吡喃葡萄糖基 -(1→3)-*O*-β-D- 吡喃葡萄糖苷	tectorigenin-7-*O*-β-D-glucopyranosyl-(1→3)-*O*-β-D-glucopyranoside
鸢尾苷元 -7-*O*-β-D- 吡喃岩藻糖苷	tectorigenin-7-*O*-β-D-fucopyranoside
鸢尾苷元 -7-*O*-β-D- 葡萄糖基 -(1→6)- 葡萄糖苷	tectorigenin-7-*O*-β-D-glucosyl-(1→6)-glucoside
鸢尾苷元 -7-*O*-β-D- 脱氧吡喃阿洛糖苷	tectorigenin-7-*O*-β-D-deoxyallopyranoside
鸢尾苷元 -7-*O*-β- 葡萄糖苷 -4′-*O*-β- 葡萄糖苷	tectorigenin-7-*O*-β-glucoside-4′-*O*-β-glucoside
鸢尾黄素 -7-*O*- 木糖基葡萄糖苷	tectorigenin-7-*O*-xylosyl glucoside
鸢尾黄酮新苷 A、B	iristectorins A, B
鸢尾黄酮新苷元 A、B	iristectorigenins A, B
鸢尾甲苷	iristectroin
鸢尾醌 (马蔺子素)	irisquinone
鸢尾醌 (马蔺子素) A、B	irisquinones A, B
鸢尾灵 A～D	irilins A～D
鸢尾宁 A～E	ayamenins A～E
γ- 鸢尾醛	γ-irigermanal
α- 鸢尾醛	α-irigermanal
鸢尾射干醛 A、B	iridobelamals A, B
鸢尾𠮷酮	irisxanthone
α- 鸢尾酮	α-irone

Y

鸢尾酮 A～H	iristectorones A～H
鸢尾酮苷	tectoruside
鸢尾烯 A～H	iristectorenes A～H
鸳鸯茉莉碱	brunfelsine
元白菜素	geranyl farnesyl acetate
元宝草醇 A～F	sampsonols A～F
元宝草素 A、B	sampsines A, B
元宝草酮 A	sampsonione A
元宝草𠮷酮 A	hyperixanthone A
元宝草新素 (元宝草塞素、元宝草酰素) A～M	hyperisampsins A～M
元宝草新𠮷酮 A、B	hypericumxanthones A, B
元胡内酯	coyrhumiolde
园果黄麻苷 (黄麻素)	capsin
园果黄麻苷元 (黄麻素苷元)	capsugenin
园果黄麻苷-25, 30-O-β-D-二吡喃葡萄糖苷	capsugenin-25, 30-O-β-D-diglucopyranoside
园果黄麻苷元-30-O-β-吡喃葡萄糖苷	capsugenin-30-O-β-glucopyranoside
园叶肿柄菊内酯乙酸酯	tirotundin ethyl ether
原阿片碱 (原鸦片碱、前鸦片碱、普鲁托品、富马碱、紫堇宁、蓝堇碱)	macleyine (fumarine, protopine, corydinine)
原阿片碱 (原鸦片碱、前鸦片碱、普鲁托品、富马碱、紫堇宁、蓝堇碱)	protopine (fumarine, macleyine, corydinine)
原阿片碱 N-氧化物	protopine N-oxide
原阿片碱型生物碱	protopine alkaloid
原薁	proazulene
原白头翁素 (原白头翁脑、原白翁素)	protoanemonin
原百部次碱	protostemotinine
原百部二醇	protostemodiol
原百部碱	protostemonine
原百部酰胺	protostemonamide
原报春花皂苷元 A	protoprimulagenin A
原比奥皂苷	protobioside
原冰岛衣酸乙酯	ethyl protocetrarate
原卟啉	protoporphyrin
原柴胡皂苷元 (前柴胡皂苷元) A～G	prosaikogenins A～G
原地衣硬酸	protolichesterinic acid
原丁香杜鹃酚	protofarrerol
原盾叶薯蓣宁皂苷 A、B	protozingiberenins A, B
原莪术醇	procurcumol
原莪术烯醇	procurcumenol
原儿茶醛 (3, 4-二羟基苯甲醛葡萄糖苷)	protocatechuic aldehyde (3, 4-dihydroxybenzaldehyde)

原儿茶醛 IV	rancinamycin IV
原儿茶鞣质	protocatechu tannin
原儿茶酸 (3, 4-二羟基苯甲酸)	protocatechuic acid (3, 4-dihydroxybenzoic acid)
原儿茶酸-1-*O*-β-D-吡喃木糖苷 (乌拉尔新苷)	protocatechuic acid-1-*O*-β-D-xylopyranoside (uralenneoside)
原儿茶酸-3-*O*-(6-*O*-羟基苯甲酰基)-β-D-吡喃葡萄糖苷	protocatechuic acid-3-*O*-(6-*O*-hydroxybenzoyl)-β-D-glucopyranoside
原儿茶酸-3-*O*-β-D-吡喃木糖苷	protocatechuic acid-3-*O*-β-D-xylopyranoside
原儿茶酸-3-葡萄糖苷	protocatechuic acid-3-glucoside
原儿茶酸-4-*O*-(6′-*O*-原儿茶酰基)-β-D-吡喃葡萄糖苷	protocatechuic acid-4-*O*-(6′-*O*-protocatechuoyl)-β-D-pyranoglucoside
原儿茶酸-4-*O*-β-D-吡喃葡萄糖苷	protocatechuic acid-4-*O*-β-D-glucopyranoside
原儿茶酸甲酯	methyl protocatechuate
原儿茶酸葡萄糖苷 I、II	protocatechuic acid glucosides I, II
原儿茶酸乙酯	ethyl protocatechuate
原儿茶酸酯	protocatechuate
6-*O*-原儿茶酰基-D-吡喃葡萄糖	6-*O*-protocatechuoyl-D-glucopyranose
原儿茶酰鹿梨苷	protocatechuoyl calleryanin
原番木鳖碱	protostrychnine
原飞燕草素 B_2、B_3、C_2	prodelphinidins B_2, B_3, C_2
原粉背薯蓣苷 (原粉背皂苷、原粉背薯蓣皂苷) A	protohypoglaucine A
原谷树箭毒碱	protochondocurarine
原鬼笔毒肽咯因	prophalloin
原果胶	protopectin
原海葱苷 A (海葱次苷甲、海葱原苷 A)	proscillaridin A (talusin, caradrin, coratol, urgilan)
原诃子酸 (诃子宾、诃子鞣素)	terchebin
原荷包牡丹碱	predicentrine
(+)-原榭皮醇	(+)-protoquercitol
原花色素 (原花青素) A_1、A_2、$B_1 \sim B_7$、I~IV	proanthocyanidins A_1, A_2, $B_1 \sim B_7$, I~IV
原肌球蛋白	tropomyosin
原鸡蛋花素 A	protoplumericin A
原蒺藜亭	prototribestin
原间千金藤碱	prometaphanine
原箭毒定	protocuridine
原姜黄奥二醇	procurcumadiol
原角皮	procuticle
原金莲酸	proglobeflowery acid
原金丝桃素	protohypericin
原金针菇明	proflammin
原辣椒碱	protocapsaicine
原藜芦定	protoveratridine

原藜芦碱 A	protoveratrine A
原藜芦碱 B (新原藜芦碱)	protoveratrine B (neoprotoveratrine, veratetrine)
原藜芦素	protoveratin
原藜芦因 (6α-羟基胚芽碱)	protoverine (6α-hydroxygermine)
原蔓荆内酯	prevetexilactone
原毛瓣金合欢素-6′-O-β-D-吡喃葡萄糖苷 (前金合欢苷-6′-O-β-D-吡喃葡萄糖苷)	proacacipetalin-6′-O-β-D-glucopyranoside
原没食子素 A	progallin A
原牡荆内酯 (前牡荆内酯)	previtexilactone
原木质宁	protolignin
原柠檬苦素类似物	protolimonoid
原普洛薯蓣皂苷元 (普洛原薯蓣皂苷元) Ⅱ	protoprodiosgenin Ⅱ
原七叶树苷元	protoaescigenin
原千金藤拜星碱 (原阿比西尼亚千金藤碱)	prostephabyssine
原千金藤碱	protostephanine
原千金藤那布任碱	prostephanaberrine
原芹菜素	protoapigenone
原青藤碱	protosinomenine
原去半乳糖替告皂苷	protodesgalactotigonin
(20S)-原人参二醇	(20S)-protopanaxadiol
(20R)-原人参二醇	(20R)-protopanaxadiol
原人参二醇 (原人参萜二醇)	protopanaxadiol
原人参三醇	protopanaxatriol
原三角叶薯蓣皂苷宁	protodeltonin
原矢车菊酚低聚物	procyanidol oligomers
原矢车菊素 (原矢车菊苷元、前花素) A、A_1、A_2、$B_1 \sim B_7$、C_1、C_2	procyanidins A, A_1, A_2, $B_1 \sim B_7$, C_1, C_2
原矢车菊素 B_1-3-O-没食子酸酯	procyanidin B_1-3-O-gallate
原矢车菊素 B_1-6-C-β-D-吡喃葡萄糖苷	procyanidin B_1-6-C-β-D-glucopyranoside
原矢车菊素 B_1-8-C-β-D-吡喃葡萄糖苷	procyanidin B_1-8-C-β-D-glucopyranoside
原矢车菊素 B_2-3, 3′-二-O-没食子酸酯 (3, 3′-二没食子酰基原矢车菊素)	procyanidin B_2-3, 3′-di-O-gallate (3, 3′-digalloyl procyanidin)
原矢车菊素 B_2-3″-O-β-D-吡喃阿洛糖苷	procyanidin B_2-3″-O-β-D-allopyranoside
原矢车菊素 B_2-3′-O-没食子酸酯	procyanidin B_2-3′-O-gallate
原矢车菊素 B_3-3-O-没食子酸酯	procyanidin B_3-3-O-gallate
原矢车菊素 B_3-7-O-β-D-吡喃葡萄糖苷	procyanidin B_3-7-O-β-D-glucopyranoside
原矢车菊素 B_4-3′-O-没食子酸酯	procyanidin B_4-3′-O-gallate
原矢车菊素 B_5-3, 3′-二-O-没食子酸酯	procyanidin B_5-3, 3′-di-O-gallate
原矢车菊素 B_5-3′-O-没食子酸酯	procyanidin B_5-3′-O-gallate
原矢车菊素 B_7-3-O-没食子酸酯	procyanidin B_7-3-O-gallate

原矢车菊素 C_1-3, 3′, 3″-三-O-没食子酸酯	procyanidin C_1-3, 3′, 3″-tri-O-gallate
原矢车菊素 C_1-3′, 3″-二-O-没食子酸酯	procyanidin C_1-3′, 3″-di-O-gallate
原薯蓣皂苷	protodioscin
原薯蓣皂乙苷	ethyl protodioscin
原苏木素 A～C、E_1、E_2	protosappanins A～C, E_1, E_2
(±)-原苏木素 B	(±)-protosappanin B
原通脱木皂苷元 (前通脱木苷元) A_1、A_2	propapyriogenins A_1, A_2
原吐根醇	protoemetinol
原吐根碱	protoemetine
3-原托品酰氧基-6, 7-环氧托品烷	3-apotropoyloxy-6, 7-epoxytropane
3α-原托品酰氧基托品烷	3α-apotropoyloxytropane
3β-原托品酰氧基托品烷	3β-apotropoyloxytropane
原伪金丝桃素	protopseudohypericin
原夏至草苦素	premarrubiin
原纤细薯蓣皂苷 (原纤细皂苷) Ⅰ、Ⅱ	protogracillins Ⅰ, Ⅱ
原小檗碱	protoberberine
原新薯蓣皂苷 (原新薯蓣皂素)	trigonelloside (protoneodioscin)
原新薯蓣皂素 (原新薯蓣皂苷)	protoneodioscin (trigonelloside)
原新纤细薯蓣皂苷	protoneogracillin
原新扬诺皂苷元	protoneoyonogenin
原芫花素-4′-葡萄糖苷	protogenkwanin-4′-glucoside
原芫花酮	protogenkwanone
原扬诺皂苷元	protoyonogenin
原洋菝葜皂苷	sarsaparilloside
原异大蒜呋甾皂苷 (原异紫蒜苷) B	protoisoeruboside B
原异水菖蒲二醇 (原异菖蒲烯二醇)	proisocalamendiol
原甾醇 B	protosterol B
原藏红花素	protocrocin
原枣苷 A	protojujuboside A
原皂苷元 (威灵仙二糖皂苷) A～C、CP_3	prosapogenins A～C, CP_3
原赭雷毒素 (原响盒子毒素)	prohuratoxin
原珍珠花精酸	protolyofoligenic acid
原知母皂苷 A-Ⅲ (知母皂苷 B-Ⅱ)	prototimosaponin A-Ⅲ (timosaponin B-Ⅱ)
原蜘蛛抱蛋苷	protoaspidistrin
原紫草酸	prolithospermic acid
原紫蒜甾醇苷 B	protoeruboside B
圆柏萜醇	chinensiol
圆板枣碱 (铜钱枣碱) A、B、H、P	nummularines A, B, H, P
圆瓣姜花素 A	forrestiin A
圆孢地花菌二醛 A	montadial A

Y

圆齿爱舍苦木定	crenatidine
圆齿爱舍苦木亭	crenatine
圆齿火棘酸	pyracrenic acid
圆齿列当苷 (长叶冻绿苷)	crenatoside
圆当归内酯	iselin
圆归酯素	archangelolide
圆果甘草皂醇	squasapogenol
圆核腔菌碱 A、B	pyrenolines A, B
圆滑番荔枝碱	annobraine
圆滑番荔枝灵 (圆滑番荔枝克辛)	annoglaxin
圆滑番荔枝宁 A、B	glabracins A, B
圆滑番荔枝素 (圆滑番荔枝拉辛) A、B	annoglacins A, B
圆滑番荔枝烯辛 A、B	glabrencins A, B
圆滑番荔枝辛 (圆滑番荔枝次辛) A、B	glacins A, B
圆滑番荔枝新素 A～G	annoglabasins A～G
圆滑番荔枝因	annoglabayin
圆荚草双糖苷	sphaerobioside
圆酵母烯素	torulene
圆美草碱	sphaerophysine
圆盘豆素 (奥坎木素、奥卡宁、金鸡菊查耳酮、2′, 3′, 4′, 3, 4- 五羟基查耳酮)	okanin (2′, 3′, 4′, 3, 4-pentahydroxychalcone)
圆盘豆素 -3′, 4′- 二 -O-β-D- 葡萄糖苷	okanin-3′, 4′-di-O-β-D-glucoside
圆盘豆素 -3′-O-β-D- 葡萄糖苷	okanin-3′-O-β-D-glucoside
圆盘豆素 -4′-(6″-O- 乙酰基) 葡萄糖苷	okanin-4′-(6″-O-acetyl) glucoside
圆盘豆素 -4′-[6″-(E)- 对桂皮酰基]-β-D- 葡萄糖苷	okanin-4′-[6″-(E)-p-cinnamoyl]-β-D-glucoside
圆盘豆素 -4-O-(2″- 咖啡酰基 -6″- 对香豆酰基 -β-D- 吡喃葡萄糖苷)	okanin-4-O-(2″-caffeoyl-6″-p-coumaroyl-β-D-glucopyranoside)
圆盘豆素 -4′-O-(6″-O- 对香豆酰基 -β-D- 吡喃葡萄糖苷)	okanin-4′-O-(6″-O-p-coumaroyl-β-D-glucopyranoside)
圆盘豆素 -4-O-(6″-O- 乙酰基 -2″-O- 咖啡酰基 -β-D- 吡喃葡萄糖苷)	okanin-4-O-(6″-O-acetyl-2″-O-caffeoyl-β-D-glucopyranoside)
圆盘豆素 -4′-O-(6″-O- 乙酰基 -β-D- 吡喃葡萄糖苷)	okanin-4′-O-(6″-O-acetyl-β-D-glucopyranoside)
圆盘豆素 -4′-O-β-(6″-O- 丙二酰基) 吡喃葡萄糖苷	okanin-4′-O-β-(6″-O-malonyl) glucopyranoside
圆盘豆素 -4′-O-β-D-(2″, 4″, 6″- 三乙酰基) 吡喃葡萄糖苷	okanin-4′-O-β-D-(2″, 4″, 6″-triacetyl) glucopyranoside
圆盘豆素 -4′-O-β-D-(2″, 4″, 6″- 三乙酰基) 葡萄糖苷	okanin-4′-O-β-D-(2″, 4″, 6″-triacetyl) glucoside
圆盘豆素 -4′-O-β-D-(2″, 4″- 二乙酰基 -6″- 反式 - 对香豆酰基) 葡萄糖苷	okanin-4′-O-β-D-(2″, 4″-diacetyl-6″-$trans$-p-coumaroyl) glucoside
圆盘豆素 -4′-O-β-D-(3″, 4″, 6″- 三乙酰基) 吡喃葡萄糖苷	okanin-4′-O-β-D-(3″, 4″, 6″-triacetyl) glucopyranoside
圆盘豆素 -4′-O-β-D-(3″, 4″- 二乙酰基 -6″- 反式 - 对香豆酰基) 吡喃葡萄糖苷	okanin-4′-O-β-D-(3″, 4″-diacetyl-6″-$trans$-p-coumaroyl) glucopyranoside

圆盘豆素 -4′-*O*-β-D-(3″, 4″- 二乙酰基 -6″- 反式 - 对香豆酰基) 葡萄糖苷	okanin-4′-*O*-β-D-(3″, 4″-diacetyl-6″-*trans*-*p*-coumaroyl) glucoside
圆盘豆素 -4′-*O*-β-D-(4′, 6′- 二乙酰基) 吡喃葡萄糖苷	okanin-4′-*O*-β-D-(4′, 6′-diacetyl) glucopyranoside
圆盘豆素 -4′-*O*-β-D-(4″, 6″- 二乙酰基) 吡喃葡萄糖苷	okanin-4′-*O*-β-D-(4″, 6″-diacetyl) glucopyranoside
圆盘豆素 -4′-*O*-β-D-(4″- 乙酰基 -6″- 反式 - 对香豆酰基) 葡萄糖苷	okanin-4′-*O*-β-D-(4″-acetyl-6″-*trans*-*p*-coumaroyl) glucoside
圆盘豆素 -4′-*O*-β-D-(6′-*O*- 乙酰葡萄糖苷)	okanin-4′-*O*-β-D-(6′-*O*-acetyl-glucoside)
圆盘豆素 -4′-*O*-β-D-(6″- 反式 - 对香豆酰基) 葡萄糖苷	okanin-4′-*O*-β-D-(6″-*trans*-*p*-coumaroyl) glucoside
圆盘豆素 -4′-*O*-β-D- 吡喃葡萄糖苷	okanin-4′-*O*-β-D-glucopyranoside
圆盘豆素 -4-*O*-β-D- 吡喃葡萄糖苷	okanin-4-*O*-β-D-glucopyranoside
圆盘豆素 -4′-*O*-β-D- 吡喃葡萄糖基 -(1→6)-β-D- 吡喃葡萄糖苷	okanin-4′-*O*-β-D-glucopyranosyl-(1 → 6)-β-D-glucopyranoside
圆盘豆素 -4′-*O*-β-D- 葡萄糖苷	okanin-4′-*O*-β-D-glucoside
圆盘豆素 -4- 甲醚 -3′, 4′- 二 -*O*-β-(4″, 6″, 4‴, 6‴- 四乙酰基) 吡喃葡萄糖苷	okanin-4-methyl ether-3′, 4′-di-*O*-β-(4″, 6″, 4‴, 6‴-tetraacetyl) glucopyranoside
圆盘豆素 -4- 甲醚 -3′-*O*-β-D- 吡喃葡萄糖苷	okanin-4-methyl ether-3′-*O*-β-D-glucopyranoside
圆盘豆素 -4- 甲醚 -3′-*O*-β-D- 葡萄糖苷	okanin-4-methyl ether-3′-*O*-β-D-glucoside
圆盘豆素 -4- 甲醚 -3-*O*-β-D- 葡萄糖苷	okanin-4-methyl ether-3-*O*-β-D-glucoside
圆盘豆素 -4- 甲氧基 -3′-*O*-β-D- 吡喃葡萄糖苷	okanin-4-methoxy-3′-*O*-β-D-glucopyranoside
圆盘豆素 -5-*O*-β-D- 葡萄糖苷	okanin-5-*O*-β-D-glucoside
圆盘豆素 -7-*O*-β-D- 葡萄糖苷	okanin-7-*O*-β-D-glucoside
圆三角叶薯蓣苷 (圆果薯蓣皂苷)A、B	orbiculatosides A, B
圆尾鲨凝集素	carcinocorpin
圆形枸子素	orbicularin
圆叶巴豆素	croblongifolin
圆叶薄荷酮	rotundifolone
圆叶柴胡苷 A～J	rotundifoliosides A～J
圆叶豺皮樟醇	rotundifolinol
圆叶豺皮樟内酯 A、B	rotundifolides A, B
圆叶节节菜素 A	rotundifolin A
圆叶茅膏菜苷	rossoliside
圆叶帽柱木碱	rotundifoline
(–)- 圆叶千金藤宁	(–)-sukhodianine
(–)- 圆叶千金藤宁 -β-*N*- 氧化物	(–)-sukhodianine-β-*N*-oxide
圆叶苔内酯 C	jamesoniellide C
圆叶泽兰苦内酯	eupatundin
圆叶泽兰素	euparotin
圆叶泽兰素乙酸酯	euparotin acetate
圆叶肿柄菊宁素	tithonin
圆柚酮 (香柏酮、诺卡酮、努特卡扁柏酮)	nootkatone

Y

圆锥花序甜叶菊苷 (锥花甜叶菊苷) Ⅱ～Ⅳ	paniculosides Ⅱ～Ⅳ
圆锥黄檀醇 (达潘醇)	dalpanol
圆锥黄檀醇-O-葡萄糖苷	dalpanol-O-glucoside
圆锥黄檀亭	dalpanitin
圆锥茎阿魏醇 (宽叶阿魏醇)	conferol
圆锥茎阿魏醇乙酸酯	conferol acetate
圆锥茎阿魏定	ferocolidin
圆锥茎阿魏二酮	conferdione
圆锥茎阿魏苷	cauferoside
圆锥茎阿魏灵	ferocolin
圆锥茎阿魏宁	ferocolinin
圆锥茎阿魏素	conferin
圆锥茎阿魏酮 (宽叶阿魏酮)	conferone
圆锥茎阿魏酮苷	conferoside
圆锥茎阿魏辛	ferocolicin
圆锥匍匐草碱 A、B	conioidines A, B
圆锥茄次碱	jurubidine
圆锥茄碱	jurubine
圆锥石头花苷	katchimoside (cachimoside)
圆锥铁线莲苷	terniflorin
圆锥亭	paniculatine
圆锥乌头亭	panicutine
圆锥绣球多糖	paniculatan
缘毛单冠菊酸	haplociliatic acid
缘毛爵床苷 A、B	ciliatosides A, B
缘毛爵床萘内酯 A、B	cilinaphthalides A, B
缘毛紫菀二醇	soulidiol
缘毛紫菀苷	soulidioside
远华蟾毒精 (远华蟾蜍毒精、远华蟾蜍精)	telocinobufagin
远志醇	polygalitol
远志醇-3-O-[β-D-吡喃葡萄糖基-(1→4)]-β-D-吡喃葡萄糖苷	tenuifoliol-3-O-[β-D-glucopyranosyl-(1→4)]-β-D-glucopyranoside
远志醇四乙酸酯	tetracetyl polygalitol
远志苷 Ⅰ、Ⅱ	senegins Ⅰ, Ⅱ
远志碱 (细叶远志定碱)	tenuidine
远志里酸	polygalic acid
远志脑苷脂	polygalacerebroside
远志内酯 A、B	polygalolides A, B
远志诺苷 B～E	polygalatenosides B, E
远志欧皂苷 A～Z、Vg	onjisaponins A～Z, Vg

(*E*)-远志欧皂苷 H	(*E*)-onjisaponin H
(*Z*)-远志欧皂苷 H	(*Z*)-onjisaponin H
远志酸 (毛果一枝黄花皂苷元 G)	polygalacic acid (virgaureagenin G)
远志酸 -3-*O*-β-D- 吡喃葡萄糖苷 (伯氏雏菊苷 A)	polygalacic acid-3-*O*-β-D-glucopyranoside (bernardioside A)
远志糖 (美远志糖) A～O	senegoses A～O
远志𠮿酮 Ⅰ～Ⅶ	polygalaxanthones Ⅰ～Ⅶ
远志皂苷 D、D-2、ⅩⅠ	polygalacins D, D-2, ⅩⅠ
远志皂苷元 A、B	senegenins (tenuigenins) A, B
远志皂苷元 A、B	tenuigenins (senegenins) A, B
约康苷	yokonoside
约尼定	ionidine
月光花素 A	calonyctin A
月光花甾酮 (卡诺甾酮)	calonysterone
月光花甾酮 -β- 谷甾醇	calonysterone-β-sitosterol
月桂苯乙酮 (杨梅苯酮) A、B	myrciaphenones A, B
月桂醇 (1-十二醇、十二醇)	lauric alcohol (1-dodecanol, dodecyl alcohol, lauryl alcohol)
月桂醇 (十二醇、1-十二醇、1-月桂醇)	lauryl alcohol (1-dodecanol, dodecyl alcohol, lauric alcohol, 1-lauryl alcohol)
月桂氮卓酮	laurocapram
月桂苷 A～E	laurosides A～E
月桂醛	lauraldehyde (lauric aldehyde)
月桂醛	lauric aldehyde (lauraldehyde)
月桂酸 (十二酸)	lauric acid (laurostearic acid, dodecanoic acid)
月桂酸 (十二酸)	laurostearic acid (lauric acid, dodecanoic acid)
月桂酸甘油酯	monolaurin
月桂酸甲酯 (十二酸甲酯)	methyl laurate (methyl dodecanoate)
月桂酸锌	zinc laurate
月桂酸乙酯 (十二酸乙酯)	ethyl laurate (ethyl dodecanoate)
月桂萜醇 A～C	baynols A～C
月桂萜醇 B-12- 乙酸酯	baynol B-12-acetate
α- 月桂烯	α-myrcene
β- 月桂烯	β-myrcene
月桂烯 (桂叶烯、玉桂烯、香叶烯)	myrcene (geraniolene)
月桂烯醇 (香叶烯醇)	myrcenol
月桂烯内酯	laurenobiolide
月桂小檗碱	lauberine
月桂乙酸酯	lauryl acetate
月桂茵芋醇	skimmilaureol
月桂樱苷	prulaurasin

Y

月见草酚内酯	oenotheraphenoxylactone
月见草鞣质 (月见草素) A～C	oenotheins A～C
月见草羊毛脂醇 A、B	oenotheralanosterols A, B
月见草植醇内酯	oenotheraphytyl lactone
月橘次碱	murrayacine
月橘啶 (月芸吖啶、抢吖啶)	lunacridine
月橘林 (月橘任、月芸任、抢吖素)	lunacrine
月橘素 (爱克受梯新、九里香替辛、3, 3′, 4′, 5, 5′, 6, 7, 8-八甲氧基黄酮)	3, 3′, 4′, 5, 5′, 6, 7, 8-octamethoxyflavone (exoticin)
月橘烯碱	yuehchukene
月橘辛 A～C	yuehgesins A～C
月亮霉素 (伞菌醇、月夜蕈醇、隐陡头菌素 S、亮落叶松蕈定 S)	lunamycin (illudin S, lampterol)
月腺大戟苷 A～C	ebractelatinosides A～C
月腺大戟甲素、乙素	ebracteolatanolides A, B
月腺大戟素 A～F	yuexiandajisus A～F
月腺大戟因 A、B	ebracteolatains A, B
月芸醇	lunacrinol
月芸碱 (苦月橘碱)	lunamarine
月芸宁	lunine
月芸日定	lunamaridine
月芸酮	lunolone
月芸香酮碱	lunidonine
月芸辛	lunasine
岳桦素 (山奈酚 -3, 4′-二甲醚)	ermanin (kaempferol-3, 4′-dimethyl ether)
越橘苷 (乌饭树苷)	vaccinoside
越橘过氧吡喃	vaccinperoxypyran
越橘花青苷 (矢车菊素 -3-半乳糖苷)	idaein (cyanidin-3-galactoside)
越南巴豆素 A～F	kongensins A～F
越南参皂苷 R_3、R_4、R_8 (越南人参皂苷 R_3、R_4、R_8)	vina-ginsenosides R_3, R_4, R_8 (vinaginsenosides R_3, R_4, R_8)
越南槐酚	tonkinensisol
越南槐色满 A～L	tonkinochromanes A～L
越南黄牛木𠮷酮 A～C	formoxanthones A～C
越南蓼萜 A	vina-polygonum A
越南人参皂苷 R_1～R_{18}	vinaginsenosides R_1～R_{18}
越南巴豆萜 A～C	crokonoids A～C
粤蛇葡萄醇 (广东蛇葡萄醇)	cantonienol
云甘苷 A_1～D_1、E_2、F_2	yunganosides A_1～D_1, E_2, F_2
云甲氧基圭亚那马钱碱	demethoxyguiaflavine
云木香胺 A～C	saussureamines A～C

云南百部醇	maireistemoninol
云南草蔻素 A～E	blepharocalyxins A～E
云南翠雀碱 A～C	yunnanenseines A～C
云南翠雀宁	yunnadelphinine
云南地花菌醇	albaconol
云南独蒜兰菲素 A～C	pleionesins A～C
云南繁缕素 A～F	yunnanins A～F
云南甘草次皂苷 D	glyyunnanprosapogenin D
云南甘草苷元 J	yunganogenin J
云南甘草皂苷元 A～H	glyyunnansapogenins A～H
云南红豆杉胺 (云南紫杉明碱)	yunnanxamine
云南红豆杉醇 (云南紫杉醇)	yunnanxol
云南红豆杉甲素 (云南红豆杉烷、滇紫杉烷)	yunnanxane
云南红豆杉素	taxuyuannanine
云南红豆杉酯甲 (云南紫杉辛 A)	taxayunnansin A
云南马兜铃林素 A～J	aristoyunnolins A～J
云南南五味子素 A、B	yunnankadsurins A, B
云南拟单性木兰素 A	yunnanensin A
云南茜草酮 A	rubiayannone A
云南青牛胆苷 A～D	sagittatayunnanosides A～D
云南蕊木碱 A、B、C$_1$～C$_3$、D、E、F$_3$、G～I	kopsiyunnanines A, B, C$_1$～C$_3$, D, E, F$_3$, G～I
云南山橙碱	meloyunine
云南山橙因	meloyine
云南山竹子酮 A～E	cowagarcinones A～E
云南升麻萜 A～G	yunnanterpenes A～G
云南石仙桃菲素 A～D	phoyunnanins A～D
云南石仙桃素	pholidotanin
云南石梓醇	arboreol
云南石梓二醇	gummadiol
云南石梓酮	arborone
(+)- 云南石梓酮	(+)-arborone
云南匙羹藤皂苷 (匙羹藤洛苷) A、B	gymnemarosides A, B
云南鼠尾草宁 A	yunnannin A
云南鼠尾草素 A～F	salyunnanins A～F
云南鼠尾草酸 A～H	yunnaneic acids A～H
云南土沉香醇 A、B	excoecafolinols A, B
云南土沉香素 A、B	acerifolins A, B
云南杨梅二醇	myricananadiol
云南杨梅醌	nanaone
云南杨梅素 A～H	myricananins A～H

Y

(−)- 云南杨梅素 D	(−)-myricananin D
云南杨梅酮	myricananone
云南野扇花胺 A、B	wallichimines A, B
云南獐牙菜苷 A～C	sweriyunnanosides A～C
云南獐牙菜苷元 A	sweriyunnangenin A
云南紫杉宁	taxayunnin
云南紫杉宁 (云南紫杉素) A～J	taxuyunnanines A～J
云南紫杉烷	yunnaxan
云南紫杉辛 B	taxayunnansin B
云南紫杉新素 (云南紫杉足辛) A	yunantaxusin A
云南紫杉脂素 A, B	taxuyunins A, B
云南紫菀皂苷 A～I	asteryunnanosides A～I
云前胡苷	rubricauloside
云杉醇	piceol
L- 云杉苷	L-picein
云杉苷 (云杉素)	picein
云杉诺酚 A、B	piceanonols A, B
(E)- 云杉鞣酚	(E)-piceatannol
云杉鞣酚 (3, 5, 3′, 4′- 四羟基芪、3, 3′, 4, 5′- 四羟基二苯乙烯、白皮杉醇、云杉芪酚)	piceatannol (3, 3′, 4, 5′-tetrahydroxystilbene, astringenin)
云杉鞣酚 -(6′-O- 没食子酰基) 葡萄糖苷	piceatannol-(6′-O-galloyl) glucoside
云杉鞣酚 -3-O-β-D-(6″-O- 没食子酰基) 吡喃葡萄糖苷	piceatannol-3-O-β-D-(6″-O-galloyl) glucopyranoside
云杉鞣酚 -3′-O-β-D- 吡喃木糖苷	piceatannol-3′-O-β-D-xylopyranoside
云杉鞣酚 -3′-O-β-D- 吡喃葡萄糖苷	piceatannol-3′-O-β-D-glucopyranoside
云杉鞣酚 -3-O-β-D- 吡喃葡萄糖苷	piceatannol-3-O-β-D-glucopyranoside
云杉鞣酚 -4′-O-(6″-O- 没食子酰基)-β-D- 吡喃葡萄糖苷	piceatannol-4′-O-(6″-O-galloyl)-β-D-glucopyranoside
云杉鞣酚 -4′-O-β-D-(6″-O- 对香豆酰基) 吡喃葡萄糖苷	piceatannol-4′-O-β-D-(6″-O-p-coumaroyl) glucopyranoside
云杉鞣酚 -4′-O-β-D- 吡喃葡萄糖苷	piceatannol-4′-O-β-D-glucopyranoside
云杉新苷 (虎杖苷、白藜芦醇 -3-O- 葡萄糖苷)	piceid (polydatin, resveratrol-3-O-glucoside, polygonin)
云杉新苷 -(1→6)-β-D- 吡喃葡萄糖苷	piceid-(1→6)-β-D-glucopyranoside
云杉新苷 -2′-O-α-D- 吡喃葡萄糖苷	piceid-2′-O-α-D-glucopyranoside
云杉新苷 -2″-O- 没食子酸酯	piceid-2″-O-gallate
云杉新苷 -2″-O- 香豆酸酯	piceid-2″-O-coumarate
云杉新苷 -2′- 没食子酰基 -6′- 硫酸盐	piceid-2′-galloyl-6′-sulfate
云杉新苷 -6′-O-α-D- 吡喃葡萄糖苷	piceid-6′-O-α-D-glucopyranoside
云实碱 A～C	caesalpinines A～C
云实内酯 A	caesalpinolide A
云实尼灵	caesalpinilinn
云实宁 A～P、MA～MQ	caesalpinins A～P, MA～MQ

α-云实素	α-caesalpin
ε-云实素	ε-caesalpin
云实素 (云实品)	caesalpin
云实酮	caesalpinianone
云实子萜 C	caesaldecape C
云树苯酮 A、B	cowabenzophenones A, B
云树醇 (云南山竹子醇)	cowanol
云树酚	garciniacowol
云树苷 A～C	garccowasides A～C
云树宁 (云南山竹子素)	cowanin
云树素 A～D	garcicowins A～D
云树缩酚酸环醚	cowadepsidone
云树酮	garciniacowone
云树𫫇酮 (云南山竹子𫫇酮) A～F	cowaxanthones A～F
云树烯酮	cowanone
云树新酮 A、B	garcicowanones A, B
云雾酚 (云生罗汉松醇)	nubigenol
云芝多糖	coriolan
云芝糖肽	polysacchartibe peptide
匀二蒽酮	homodianthrone
芸苔抗毒素	brassilexin
芸苔属酮 (芸苔酮、2, 3, 22, 23-四羟基胆甾 -6-酮)	brassinone (2, 3, 22, 23-tetrahydroxycholest-6-one)
芸苔素	rapin
芸苔素内酯 (油菜素内酯)	brassinolide
芸香吖啶酮	rutacridone
芸香吖啶酮醇氯	gravacridonol chlorine
芸香吖啶酮二醇	gravacridonediol
芸香吖啶酮二醇甲醚	gravacridonediol monomethyl ether
芸香吖啶酮环氧化物	rutacridone epoxide
芸香吖啶酮氯	gravacridone chlorine
芸香吖啶酮三醇	gravacridonetriol
芸香酚内酯	gravelliferone
芸香酚内酯甲醚	gravelliferone methyl ether
芸香苷 (槲皮素 -3-O-芸香糖苷、芦丁、紫皮苷、维生素 P、紫槲皮苷、槲皮素葡萄糖鼠李糖苷)	rutoside (quercetin-3-O-rutinoside, rutin, vitamin P, quercetin glucorhamnoside, violaquercitrin)
芸香季铵碱 (芸香里尼季铵离子)	rutalinium
芸香碱	graveoline
芸香枯亭	rutacultin
芸香苦素 (芸香马扔、芸香呋喃香豆醇乙酸酯、縫瓣芸香品乙酸酯)	rutamarin (chalepin acetate)

芸香里尼定	rutalinidine
芸香马扔醇	rutamarin alcohol
芸香宁碱	graveolinine
芸香扔 (芸香素、芸香呋喃香豆醇葡萄糖苷)	campesenin (rutarin)
芸香素 (芸香呋喃香豆醇葡萄糖苷、芸香扔)	rutarin (campesenin)
芸香糖 (芸香二糖)	rutinose
芸香亭 (芸香霉素)	rutaretin
芸香香豆素 (缎木素、缝状芸香内酯)	xylotenin (chalepensin)
芸香叶苷	rutin hydrate
5, 16- 孕二烯醇酮	5, 16-pregndienolone
4- 孕烯 -20, 21- 二羟基 -3, 11- 二酮	4-pregnen-20, 21-dihydroxy-3, 11-dione
孕烯醇酮 (孕甾烯酮、妊娠烯醇酮、孕甾烯醇酮)	pregnenolone
4- 孕烯三醇 -3, 11- 二酮	4-pregnen-triol-3, 11-dione
5β- 孕甾 -16- 烯 -1β, 3β- 二醇 -20- 酮	5β-pregn-16-en-1β, 3β-diol-20-one
5α- 孕甾 -16- 烯 -3β- 羟基 -20- 酮石蒜四糖苷	5α-pregn-16-en-3β-hydroxy-20-one lycotetraoside
5α- 孕甾 -3β, 20β- 二醇	5α-pregn-3β, 20β-diol
孕甾 -4- 烯 -3, 16- 二酮	pregn-4-en-3, 16-dione
(17β)- 孕甾 -4- 烯 -3, 20- 二酮	(17β)-pregn-4-en-3, 20-dione
孕甾 -4- 烯 -3, 20- 二酮	pregn-4-en-3, 20-dione
孕甾 -5 (10)- 烯 -3β, 17α, 20β- 三醇	pregn-5 (10)-en-3β, 17α, 20β-triol
孕甾 -5, 16- 二烯 -3β- 醇	pregn-5, 16-dien-3β-ol
孕甾 -5, 16- 二烯 -3β- 羟基 -20- 酮	pregn-5, 16-dien-3β-hydroxy-20-one
孕甾 -5, 16- 二烯 -3β- 羟基 -20- 酮 -3-O-α-L- 吡喃鼠李糖基 -(1→2)-[α-L- 吡喃鼠李糖基 -(1→4)]-β-D- 吡喃葡萄糖苷	pregn-5, 16-dien-3β-hydroxy-20-one-3-O-α-L-rhamnopyranosyl-(1→2)-[α-L-rhamnopyranosyl-(1→4)]-β-D-glucopyranoside
孕甾 -5, 16- 二烯 -3β- 羟基 -20- 酮 -3-O-β- 查考茄三糖苷	pregn-5, 16-dien-3β-hydroxy-20-one-3-O-β-chacotrioside
孕甾 -5, 16- 烯 -20- 酮	pregn-5, 16-en-20-one
孕甾 -5- 烯 -20- 酮	pregn-5-en-20-one
孕甾酮 (黄体酮、孕酮、助孕素)	progestrone (progesterone, progestin)
孕甾 -5- 烯 -3β, (20S)- 二羟基 -20-[O-β-D- 吡喃葡萄糖基 -(1→6)-β-D- 吡喃葡萄糖苷]	pregn-5-en-3β, (20S)-dihydroxy-20-[O-β-D-glucopyranosyl-(1→6)-β-D-glucopyranoside]
孕甾 -5- 烯 -3β, (20S)- 二羟基 -3-O-β-D- 吡喃葡萄糖苷 -20-O-β-D- 吡喃葡萄糖苷	pregn-5-en-3β, (20S)-dihydroxy-3-O-β-D-glucopyranoside-20-O-β-D-glucopyranoside
孕甾 -5- 烯 -3β, (20S)- 二羟基 -3-O- 二 -β-D- 吡喃葡萄糖基 -(1→2, 1→6)-β-D- 吡喃葡萄糖苷	pregn-5-en-3β, (20S)-dihydroxy-3-O-bis-β-D-glucopyranosyl-(1→2, 1→6)-β-D-glucopyranoside
孕甾 -5- 烯 -3β, 17α, (20S)- 三醇	pregn-5-en-3β, 17α, (20S)-triol
孕甾 -5- 烯 -3β, 20α- 二羟基 -20-O-β-D- 吡喃葡萄糖基 -(1→6)-β-D- 吡喃葡萄糖基 -(1→2)-β-D- 吡喃洋地黄毒糖苷	pregn-5-en-3β, 20α-dihydroxy-20-O-β-D-glucopyranosyl-(1→6)-β-D-glucopyranosyl-(1→2)-β-D-digitalopyranoside
孕甾 -5- 烯 -3β, 20- 二醇	pregn-5-en-3β, 20-diol

孕甾 -5- 烯 -3β- 羟基 -20- 酮 -3-O- 二 -β-D- 吡喃葡萄糖基 -(1→2, 1→6)-β-D- 吡喃葡萄糖苷	pregn-5-en-3β-hydroxy-20-one-3-O-bis-β-D-glucopyranosyl-(1→2, 1→6)-β-D-glucopyranoside
孕甾 -5- 烯 -3- 羟基 -20- 甲酸	pregn-5-en-3-hydroxy-20-carboxylic acid
孕甾 -7- 烯 -2β, 3α, 15α, 20- 四醇	pregn-7-en-2β, 3α, 15α, 20-tetraol
孕甾二烯醇酮 -3-O-β- 马铃薯三糖苷	pregnadienolone-3-O-β-chacotrioside
孕甾二烯醇酮 -3-O-β- 纤细薯蓣三糖苷	pregnadienolone-3-O-β-gracillimatrioside
5α- 孕甾烷	5α-pregnane
5- 孕甾烯 -3β, (20R)- 二醇 -3-O- 单乙酸酯	5-pregnen-3β, (20R)-diol-3-O-monoacetate
5- 孕甾烯 -3β, (20R)- 二羟基 -3- 单乙酸酯	5-pregnen-3β, (20R)-dihydroxy-3-monoacetate
5- 孕甾烯 -3β, (20S)- 二醇	5-pregnen-3β, (20S)-diol
5- 孕甾烯 -3β, (20S)- 二羟基 -20-O-β-D- 吡喃葡萄糖苷 -3-O-β-D- 吡喃葡萄糖苷	5-pregnen-3β, (20S)-dihydroxy-20-O-β-D-glucopyranoside-3-O-β-D-glucopyranoside
5- 孕甾烯 -3β, (20S)- 二羟基 -20-O-β-D- 吡喃葡萄糖基 -(1→6)-β-D- 吡喃葡萄糖苷	5-pregnen-3β, (20S)-dihydroxy-20-O-β-D-glucopyranosyl-(1→6)-β-D-glucopyranoside
5- 孕甾烯 -3β, 16α, (20S)- 三醇	5-pregnen-3β, 16α, (20S)-triol
5- 孕甾烯 -3β, 20β- 二羟基葡萄糖苷	5-pregnen-3β, 20β-dihydroxyglucoside
孕甾烯酮 -β-D- 芹糖基 -(1→6)-β-D- 葡萄糖苷	pregnenolone-β-D-apiosyl-(1→6)-β-D-glucoside
孕甾烯酮 - 二 -O-β-D- 葡萄糖基 -(1→2, 1→6)-β-D- 龙胆二糖苷	pregnenolone-bis-O-β-D-glucosyl-(1→2, 1→6)-β-D-gentiobioside
孕甾烯酮 - 二 -O-β-D- 葡萄糖基 -(1→2, 1→6)-β-D- 葡萄糖苷	pregnenolone-bis-O-β-D-glucosyl-(1→2, 1→6)-β-D-glucoside
5α- 孕甾烯酮 - 二 -O-β-D- 葡萄糖基 -(1→2, 1→6)-β-D- 葡萄糖苷	5α-pregnenolone -bis-O-β-D-glucosyl-(1→2, 1→6)-β-D-glucoside
蕴苞麻花头苷 A～C	strangulatosides A～C
蕴苞麻花头素 A、B	strangusins A, B
杂半乳聚糖	heterogalactan
杂多糖 AH-1、AH-2、F	heteropolysaccharides AH-1, AH-2, F
杂黄质	heteroxanthine
杂交罂粟碱	pahybrine
杂奎宁	heteroquinine (heterochinine)
杂葡聚糖	heteroglycan
杂色豹皮花苷 A～K	stavarosides A～K
杂色曲霉醇	versiconol
杂性唐松草碱	thalictrogamine
杂性唐松草品碱	thalipine
杂锥丝碱	heteroconessine
杂茁长素	heteroauxin
5, 7- 甾二烯醇	5, 7-sterol
栽培黑种草碱 A₃～A₅、C	nigellamines A₃～A₅, C
栽西文素 A、B	zexbrevins A, B
栽秧泡苷 A、B	rubusides A, B

Z

仔榄树碱	hunterine
仔榄树明	hunteriamine
仔榄树宁	hunterburnine
仔榄树属碱	hunteria base
赞哈木酸	zanhate acid
藏边大黄苷	rheoside
藏边大黄素	rheumaustralin
藏边大黄酮 (雷万德醌)	revandchinone
藏红花苦素 (苦番红花素、苦藏花素)	picrocrocin
藏红花醛	safranal
藏红花醛葡萄糖苷	safranal glucoside
藏红花素葡萄糖苷	crocin glucoside
α- 藏红花酸	α-crocetin
β- 藏红花酸	β-crocetin
γ- 藏红花酸	γ-crocetin
藏红花酸 (西红花酸、番红花酸)	crocetin
藏红花酸单甲酯	crocetin monomethyl ester
藏红花酸二甲酯	crocetin dimethyl ester
藏花花酸 -β-D- 葡萄糖基 -β- 龙胆二糖酯	crocetin-β-D-glucosyl-β-gentiobiosyl ester
藏花箭毒素	croceocurine
藏黄连苷 D	scroside D
藏玄参苷	oreosolenoside
早期灰毛豆酮 A、B	praecansones A, B
早熟素 I (7- 甲氧基 -2, 2- 二甲基色烯)	precocene I (7-methoxy-2, 2-dimethyl chromene)
早熟素 II (胜红蓟色烯、6, 7- 二甲氧基 -2, 2- 二甲基色烯)	precocene II (ageratochromene, 6, 7-dimethoxy-2, 2-dimethyl chromene)
枣奥亭	zizyotin
枣苯碱 A~C	jubanines A~C
枣碱 A	zizyphine A
枣宁	zizyphinine
枣醛酸 (大枣酸、大枣烯酸)	zizyberanalic acid (colubrinic acid)
枣任碱	yuzirine
枣树宁碱 A~O	sativanines A~O
枣树皂苷 (枣皂苷) I~VI	jujubasaponins I~VI
枣酮	zizyberanone
枣烯醛酸	zizyberenalic acid
蚤休甾酮	paristerone
蚤休皂苷 {薯蓣皂苷元 -3-O-α-L- 吡喃鼠李糖基 -(1→2)-[α-L- 呋喃阿拉伯糖基 -(1→3)]-β-D- 吡喃葡萄糖苷}	pariphyllin {diosgenin-3-O-α-L-rhamnopyranosyl-(1→2)-[α-L-arabinofuranosyl-(1→3)]-β-D-glucopyranoside}

蚤缀碱 A～D	arenarines A～D
藻胆蛋白	phycobiliprotein
藻蛋白碱	alginine
藻蛋白尼定	alginidine
藻红胆素	phycoerythrobilin
(R)-藻红素	(R)-phycoerythrin
藻蓝素	phycocyanobilin
藻青蛋白	pycocyanin
藻青素	phycocyanin
藻酸铵盐	alginic acid ammonium salt
藻酸钠盐	alginic acid sodium salt
藻纹苔酸 (沙拉珊瑚枝酸)	salazinic acid
皂毒苷	sapotoxin
皂荚苷	gledinin
皂荚苷元	gledigenin
皂荚素	gleditsin
皂荚萜苷 A～Z	gleditsiosides A～Z
皂荚皂苷	gleditschiasaponin
皂角香豆素 A	gledisinmarin A
皂腻内酯 A～F	saponaceolides A～F
皂皮树酸	quaillic acid
皂皮酸-3-O-D-吡喃半乳糖基-(1→2)-[α-L-吡喃鼠李糖基-(1→3)]-β-D-吡喃葡萄糖醛酸苷	quillaic acid-3-O-D-galactopyranosyl-(1→2)-[α-L-rhamnopyranosyl-(1→3)]-β-D-glucuronopyranoside
皂树酸 (皂皮酸)	quillaic acid
皂树酸-3-O-β-D-葡萄糖苷	quillaic acid-3-O-β-D-glucoside
皂味口蘑醇 A	saponaceol A
则先宁	zeravschanine
责先定	zeravschanidine
泽埃里刺桐素 A～E	eryzerins A～E
α-泽奥衣素	α-zeorin
泽兰醇	eupatol
泽兰二萜素 A	eupaditerpenoid A
泽兰苷	eupatolin
泽兰哈可灵 A、B	eupahakonins A, B
泽兰哈可烯灵 A、B	eupahakonenins A, B
泽兰哈可烯星	eupahakonesin
泽兰海索草素 (线叶泽兰素)	eupahyssopin (eupassopin)
泽兰黄醇 (泽兰黄醇素)	eupatin
泽兰黄醇亭	eupatoretin

Z

泽兰黄素 (半齿泽兰素、5, 3′-二羟基-6, 7, 4′-三甲氧基黄酮)	eupatorin (5, 3′-dihydroxy-6, 7, 4′-trimethoxyflavone)
泽兰黄素-5-甲醚	eupatorin-5-methyl ether
泽兰碱	eupatorine
泽兰苦素	eupatoriopicrin
泽兰苦素-19-O-亚麻酸酯	eupatoriopicrin-19-O-linolenate
泽兰利亭 (3, 5, 3′, 4′-四羟基-6, 7-二甲氧基黄酮、4′-去甲泽兰黄醇素)	eupatolitin (3, 5, 3′, 4′-tetrahydroxy-6, 7-dimethoxyflavone, 4′-demethyl eupatin)
泽兰林素 (半齿泽兰林素、5, 7-二羟基-6, 3′, 4′-三甲氧基黄酮)	eupatilin (5, 7-dihydroxy-6, 3′, 4′-trimethoxyflavone)
泽兰氯内酯	eupachlorin
泽兰氯内酯乙酸酯	eupachlorin acetate
泽兰内酯	eupatolide
泽兰宁 (泽兰内酯宁素)	euponin
(±)-泽兰宁素 A、B	(±)-eupatonins A, B
泽兰宁素 A～C	eupatonins A～C
泽兰三醇-9-O-β-D-呋喃芹糖基-(1→6)-β-D-吡喃葡萄糖苷	eupatriol-9-O-β-D-apiofuranosyl-(1→6)-β-D-glucopyranoside
泽兰色烯	eupatoriochromene
泽兰属碱	eupatorium base
泽兰素 (兰草素)	euparin
泽兰素甲醚	euparin methyl ether (6-O-methyleuparin)
泽兰素酮 (白蛇根草酮、丙呋甲酮)	tremetone
泽兰糖	lycopose
泽兰酮	euparone
泽兰烯	eupatene
(2S, 5R, 2″R)-泽兰羊耳菊内酯	(2S, 5R, 2″R)-ineupatolide
(2S, 5R, 2″S)-泽兰羊耳菊内酯	(2S, 5R, 2″S)-ineupatolide
泽兰羊耳菊内酯 A	ineupatorolide A
泽兰氧化苦内酯	eupatoroxin
泽兰氧化氯内酯	eupachloroxin
泽兰叶黄素 (泽兰黄酮、尼泊尔黄酮素、印度荆芥素、6-甲氧基木犀草素)	eupafolin (nepetin, 6-methoxyluteolin)
泽兰叶黄素-3′-O-葡萄糖苷	eupafolin-3′-O-glucoside
泽兰叶黄素-4′-O-葡萄糖苷	eupafolin-4′-O-glucoside
泽兰叶黄素-7-O-β-D-吡喃葡萄糖苷	eupafolin-7-O-β-D-glucopyranoside
泽兰叶黄素-7-葡萄糖苷 (荆芥苷、假荆芥属苷、尼泊尔黄酮苷、印度荆芥素-7-葡萄糖苷)	eupafolin-7-glucoside (nepetrin, nepitrin, nepetin-7-glucoside)
泽兰愈创木烷 A、B	eupaguaianes A, B
泽漆醇	helioscopiol

泽漆灵新鞣质	euphorhelin
泽漆马灵	tithymalin
泽漆内酯 A～E	helioscopinolides A～E
2α-泽漆内酯 B	2α-helioscopinolide B
泽漆平 (泽漆品) A～L	euphoscopins A～L
泽漆平新鞣质	euphorscopin
泽漆三环萜 (泽漆素) A、B	euphohelioscopins A, B
泽漆双环氧萜 A～E	euphohelins A～E
泽漆酸 A	urushi acid A
泽漆萜 A～D	euphoheliosnoids A～D
泽漆酮 (泽漆环氧萜)	euphohelionone
泽漆新苷	heliosin
泽漆新鞣质 A～D	helioscopinins A～D
泽芹醇乙酸酯	siol acetate
泽屋萜 (泽奥衣素、6, 22-何帕二醇)	zeorin (6, 22-hopandiol)
泽泻薁醇	alismol
(−)-泽泻薁醇氧化物 (环氧泽泻烯)	(−)-alismoxide
泽泻薁醇氧化物 (环氧泽泻烯)	alismoxide
泽泻倍半萜醇 A	alismorientol A
泽泻醇 A～I、O	alisols A～I, O
泽泻醇 A-24-乙酸酯	alisol A-24-acetate
泽泻醇 B-23-单乙酸酯	alisol B-23-monoacetate
泽泻醇 B-23-乙酸酯	alisol B-23-acetate
泽泻醇 B 单乙酸酯	alisol B monoacetate
泽泻醇 C-23-乙酸酯	alisol C-23-acetate
泽泻醇 E-23-乙酸酯	alisol E-23-acetate
泽泻醇 E-24-乙酸酯	alisol E-24-acetate
泽泻醇 F-24-乙酯酯	alisol F-24-acetate
泽泻醇 H-23-乙酸酯	alisol H-23-acetate
泽泻醇 I-23-乙酸酯	alisol I-23-acetate
泽泻醇 J-23-乙酸酯	alisol J-23-acetate
泽泻醇 K-23-乙酸酯	alisol K-23-acetate
泽泻醇 L-23-乙酸酯	alisol L-23-acetate
泽泻醇 M-23-乙酸酯	alisol M-23-acetate
泽泻醇 N-23-乙酸酯	alisol N-23-acetate
泽泻醇 Q-23-乙酸酯	alisol Q-23-acetate
泽泻醇 S-23-乙酸酯	alisol S-23-acetate
泽泻醇 A 单乙酸酯	alisol A monoacetate
泽泻多糖 PII、PIIIF	alismans PII, PIIIF
泽泻二萜醇	oriediterpenol

Z

泽泻二萜苷	orlediterpenoside
泽泻内酯	alisolide
泽泻内酯 -23- 乙酸酯	alismalactone-23-acetate
泽泻萜醇 A～H	orientalols A～H
泽泻烯酮 A-23- 乙酸酯	alismaketone A-23-acetate
泽泻烯酮 B-23- 乙酸酯	alismaketone B-23-acetate
泽泻烯酮 C-23- 乙酸酯	alismaketone C-23-acetate
泽泻乙酯 B	alisol B acetate
扎坎醇环氧化物	zascanol epoxide
扎坡替定	zapotidine
扎塔里苷 A、B	zatarosides A, B
柞栎黄酮	dentatiflavone
柞木苷	xylosmoside
柞木辛	xylosmacin
栅状凹顶藻素 A、B	palisadins A, B
蚱蜢酮 (东方小翅大蜢酮)	grasshopperketone
窄头囊吾素 (囊吾素) A～D	stenocephalins A～D
窄头囊吾因	stenocephalain
毡毛美洲茶素	velutin
毡毛状凹顶藻醇	pannosanol
毡毛状凹顶藻烷	pannosane
粘萼蝇子草醇苷 A、B	viscidulosides A, B
粘萼蝇子草苷 D、F	silenoviscosides D, F
粘连蛋白	fibronectin
粘毛蓼莪松酮	viscoazusone
粘毛蓼莪酮	viscoazulone
粘毛蓼莪烯酸	viscozulenic acid
粘毛蓼莪烯酸甲酯	viscozulenic acid methyl ester
粘毛蓼莪辛	viscoazucin
粘毛蓼莪辛酸	viscoazucinic acid
粘毛蓼酸	viscosumic acid
粘膜铁蛋白	ferritin
粘委陵菜素	potentillanin
詹氏桉酮	jensenone
斩龙剑苷 A	sibirioside A
展瓣贝母定	petilidine
展花乌头碱	chasmaconitine
展花乌头宁 (查斯曼宁、查斯曼宁碱)	chasmanine
展花乌头宁碱	chasmaconine
展花乌头替宁	chasmanthinine

展库酸 A～C	zhankuic acids A～C
展毛翠雀碱	glabredelphine
展毛黄草乌亭	patentine
展枝倒提壶碱	cyanodivaricatin
展枝倒提壶种碱 (大果琉璃草碱)	divarine
展枝唐松草苷 (刺叶石竹苷) A_1、A_2、B_1、B_2	squarrosides A_1, A_2, B_1, B_2
展枝唐松草苷元	squarrogenin
展枝唐松草酸	squarrofuric acid
展枝唐松草萜苷 A	squoside A
L-章胺 (L-真蛸胺)	L-octopamine
章胺 (章鱼胺、真蛸胺、去甲辛弗林)	octopamine (norsynephrine)
章鱼毒素	cephalotoxin
章鱼赖氨酸	lysopine
獐牙菜代谢素 A	swerosimetabolin A
獐牙菜酚	swertianol
獐牙菜苷 (当药苷)	sweroside
獐牙菜苦苷 (獐牙菜苦素、当药苦苷)	swertiamaroside (swertiamarin)
獐牙菜苦素 (獐牙菜苦苷、当药苦苷)	swertiamarin (swertiamaroside)
獐牙菜诺苷 A～F	swertianosides A～F
獐牙菜三萜烯醇乙酸酯	swertenyl acetate
獐牙菜属碱	swertia base
獐牙菜塔苦素	swertamarin
獐牙菜酮	swertanone
獐牙菜烯醇	swertenol
獐牙菜皂苷	swericinctoside
(2R, 6S)-樟-2, 6-二羟基-2-O-β-D-呋喃芹糖基-(1→6)-β-D-吡喃葡萄糖苷	(2R, 6S)-born-2, 6-dihydroxy-2-O-β-D-apiofuranosyl-(1→6)-β-D-glucopyranoside
(2R)-樟-2, 9-二羟基-2-O-β-D-呋喃芹糖基-(1→6)-β-D-吡喃葡萄糖苷	(2R)-born-2, 9-dihydroxy-2-O-β-D-apiofuranosyl-(1→6)-β-D-glucopyranoside
樟苍碱	laurotetanine
樟磺麻黄碱	camphamedrine (camphotone, cardenyl)
樟磺酸	camphorsulfonic acid
樟磺酸钙	calcium camphorsulfonate
樟磺酸钠	sodium camphorsulfonate
樟磺酸盐	camphor sulfonate
樟柳碱	anisodine
DL-樟脑	DL-camphor
D-樟脑	D-camphor
L-樟脑	L-camphor
(−)-樟脑	(−)-camphor

Z

(+)-樟脑	(+)-camphor
(1*S*)-(−)-樟脑	(1*S*)-(−)-camphor
樟脑 (莰酮、莰烷-2-酮)	camphor (bornan-2-one)
樟脑二甲基酯	dimethyl camphorate
樟脑醛	apocamphoraldehyde (oxocamphor, apoxocamphor, camphenal)
樟脑醛	camphenal (oxocamphor, apoxocamphor, apocamphoraldehyde)
樟脑醛	oxocamphor (camphenal, apoxocamphor, apocamphoraldehyde)
D-(+)-樟脑酸	D-(+)-camphoric acid
樟脑酸	camphoric acid
樟脑酸酐	camphoric anhydride
α-樟脑烯	α-camphorene
樟脑烯	camphorene
γ-樟脑烯	γ-camphorene
樟三烯醇 (脱氢芳樟醇、3, 7-二甲基-1, 5, 7-辛三烯-3醇)	hotrienol (3, 7-dimethyl-1, 5, 7-octatriene-3-ol)
(2*S*, 3*R*, 6*R*, 7*S*)-樟树-10-烯-2-醇	(2*S*, 3*R*, 6*R*, 7*S*)-campheren-10-en-2-ol
樟烷	camphane
1, 4-樟烯	1, 4-camphene
α-樟烯	α-camphene
樟烯 (莰烯)	camphene
樟烯醇	campherenol
樟烯酮	campherenone
樟新木姜子碱 (木姜子碱、去甲波尔定)	laurolitsine (norboldine)
樟叶木防己芬碱	laurifine
樟叶木防己芬宁 (樟叶木防己芬宁碱)	laurifinine
樟叶木防己佛宁	laurifonine
樟叶木防己碱	laurifoline
樟叶木防己灵	coccoline
樟叶素 (樟叶胡椒素)	polysyphorin
樟叶越橘苷 (长尾苷) A～I	dunalianosides A～I
掌叶白头翁素	patensin
掌叶半夏碱 A～G	pedatisectines A～G
掌叶半夏碱 B (腺嘌呤、6-氨基嘌呤)	pedatisectine B (adenine, 6-aminopurine)
掌叶大黄二蒽酮 (掌叶大黄定) A～C	palmidins A～C
掌叶大黄苷	pulmatin
掌叶防己碱 (巴马亭、巴马汀、黄藤素、小檗辛宁)	palmatine (fibrauretin, berbericinine)
掌叶防己碱对羟苯甲酸盐	palmatine-*p*-hydroxybenzoate

掌叶防己内酯	palmarin
掌叶铁线蕨醇	adipedatol
掌状盾壳霉素 $SA_1 \sim SA_3$、C_{11}、BG_3	palmarumycins $SA_1 \sim SA_3$, C_{11}, BG_1, BG_3
胀果甘草二酮 A~C	glycyrdiones A~C
胀果甘草宁 A~D	glyinflanins A~D
胀果芹素	phloidicarpin
胀果香豆素甲	inflacoumarin A
胀果皂苷 Ⅰ~Ⅳ	inflasaponins Ⅰ~Ⅳ
爪甲泡波曲霉素 A、B	unguisins A, B
爪哇长果胡椒胺 A~H	piperchabamides A~H
爪哇非灵	javaphylline
爪哇苦树咔啉	javacarboline
爪哇宁	javanine
爪哇柘山酮	cudraniaxanthone
沼菊素	enhydrin
沼兰碱	malaxin
沼生驴蹄草内酯 (4α-羟甲基驴蹄草内酯)	palustrolide (4α-hydroxymethyl caltholide)
沼生水苏诺苷 (光叶水苏次苷)	palustrinoside
沼生水苏素 (沼泽苷)	palustrin
沼委陵菜多糖	comaruman
沼泽石松苷 E	inundoside E
沼泽树花酸 (4-O-去甲基海绿石蕊酸)	paludosic acid (4-O-demethyl merochloropheic acid)
照山白醇 A~F	rhodomicranols A~F
照山白酮 A	micranthanone A
折叠石斛酚 A、B	plicatols A, B
折伤木二醛	viopudial
折伤木环烯醚萜苷酯 Ⅰ~Ⅷ	opulus iridoids Ⅰ~Ⅷ
折射地衣酸	diffenoxylic acid
折叶苔醛	albicanal
锗	germanium
锗烷	germane
锗杂	germa
赭红	phlobaphene
赭黄栲古那内酯 A~E	ochraceolides A~E
赭曲霉素 A	ochratoxin A
柘橙素 (橙桑黄酮)	pomiferin
柘橙素 A	pomiferin A
柘橙素 -4'-O-甲醚	pomiferin-4'-O-methyl ether
柘橙柘酮	osajaxanthone
柘橙酮醇	cudrauronol

Z

柘黄素	cudranian
柘黄酮抑素	flaniostatin
柘木𠮷酮 A～D	cudracuspixanthones A～D
柘树𠮷酮 A～P	cudratricusxanthones A～P
柘树二氢查耳酮 A	cudradihydrochalcone A
柘树酚 A～C	cudraphenols A～C
柘树黄酮 A～H	cudraflavones A～H
柘树黄烷酮 (柘树二氢黄酮) A～G	cudraflavanones A～G
(2*R*)-柘树黄烷酮 H	(2*R*)-cudraflavanone H
(2*S*)-柘树黄烷酮 H	(2*S*)-cudraflavanone H
柘树三𠮷酮 (柘树环酮) A～W	cudratrixanthones A～W
柘树色原酮 A	cudrachromone A
柘树素	cudranin
柘树酮 (柘酮)	cudranone
柘树𠮷酮 A～S	cudraxanthones A～S
柘树酰苯 (柘树苯甲酮) A、B	cudracuspiphenones A, B
柘树异黄酮 A～T	cudraisoflavones A～T
柘树芪	cudrastilbene
柘藤𠮷酮 A	cudrafrutixanthone A
浙贝丙素 (浙贝林)	puqiedinone (zhebeirine)
浙贝甲素 (浙贝母素、浙贝母碱、贝母碱、贝母素甲)	peimine (verticine)
浙贝碱	fritillarizine
浙贝林 (浙贝丙素)	zhebeirine (puqiedinone)
浙贝母碱 (浙贝母素、浙贝甲素、贝母碱、贝母素甲)	verticine (peimine)
浙贝母碱 *N*-氧化物	verticine *N*-oxide
浙贝母碱苷 (贝母宁苷)	peiminoside
浙贝宁	zhebeinine
浙贝宁苷	zhebeininoside
浙贝双酮	verticindione
浙贝素 (浙贝树脂醇、浙贝树脂酚)	zhebeiresinol
浙贝萜 A、B	fritillarinols A, B
浙贝酮	zhebeinone
浙江大青酮 B	kaichianone B
浙玄参苷 A、B	ningpogosides A, B
浙玄参苷元 (宁波玄参苷元) A、B	ningpogenins A, B
浙玄参醚萜	ningpogeniridoid
蔗果七糖	fructoheptasaccharide
1-蔗果三糖	1-kestose
蔗果三糖 (科斯糖)	kestose
蔗果五糖 (1F-呋喃果糖基耐斯糖)	1F-fructofuranosyl nystose

D-(+)- 蔗糖	D-(+)-saccharose
D- 蔗糖	D-sucrose
蔗糖 (β-D- 呋喃果糖基 -α-D- 吡喃葡萄糖苷)	saccharobiose (sucrose, cane sugar, beet sugar, saccharose, β-D-fructofuranosyl-α-D-glucopyranoside)
蔗糖 (β-D- 呋喃果糖基 -α-D- 吡喃葡萄糖苷)	saccharose (sucrose, cane sugar, beet sugar, saccharobiose, β-D-fructofuranosyl-α-D-glucopyranoside)
蔗糖 (β-D- 呋喃果糖基 -α-D- 吡喃葡萄糖苷)	sucrose (cane sugar, beet sugar, saccharose, saccharobiose, β-D-fructofuranosyl-α-D-glucopyranoside)
蔗糖半乳糖苷	sucrose galactoside
鹧鸪花苦内酯 A～E	heytrijunolides A～E
鹧鸪花灵 A～L	trichiconnarins A～L
鹧鸪花内雄楝林素 A～F	trichagmalins A～F
鹧鸪花宁	trichilinin
鹧鸪花素 (垂齐林) A～L	trichilins A～L
针刺悬钩子苷 A、B	rubupungenosides A, B
针屈曲素 (伊比利亚茜草素、1, 3- 二羟基 -2- 乙氧甲基蒽醌)	ibericin (1, 3-dihydroxy-2-ethoxymethyl anthraquinone)
针叶春黄菊酸 (针叶春黄菊烯酸)	aciphyllic acid
针叶春黄菊烯	aciphyllene
针依瓦菊素	acerosin
针依瓦菊素 -5-O- 吡喃葡萄糖苷单乙酸酯	acerosin-5-O-glucopyranoside monoacetate
珍珠菜苷	lysimachoside
珍珠菜内酯 A～C	lysilactones A～C
珍珠菜三糖	lysimachiatriose
珍珠菜素 [金钱草素、山柰酚 -3-O-α-L- 鼠李糖基 -(1→2)-β-D- 木糖苷]	lysimachiin [kaempferol-3-O-α-L-rhamnosyl-(1→2)-β-D-xyloside]
珍珠菜皂苷 A～F	lysimachiagenosides A～F
珍珠蒿内酯 A～D	artanomalides A～D
珍珠花精酸	lyofoligenic acid
珍珠花素 A～E	ovafolinins A～E
珍珠花素 B-9'-O-β-D- 吡喃葡萄糖苷	ovafolinin B-9'-O-β-D-glucopyranoside
珍珠花酸 (缤木酸)	lyofolic acid
珍珠花脂素 -4'-β- 吡喃葡萄糖苷	lyoniresin-4'-yl-β-glucopyranoside
珍珠梅素 (珍珠梅属苷、高山黄芩素鼠李糖苷)	sorbarin (scutellarein rhamnoside)
珍珠梅种苷 (珍珠梅苷)	sorbifolin
珍珠梅种苷 -6-O-β- 吡喃葡萄糖苷	sorbifolin-6-O-β-glucopyranoside
珍珠绣线菊酯素	spirarin
真翅子藤素 A	celastroidine A
真地吉他林	digitalinum verum
真合生黄梅衣素	euplectin
真黑素	eumelanin

Z

C8真菌聚乙炔	C8 fungal polyacetylenes
真龙虱甾醇	cybisterol
真鞘碱 (鳕鱼肉碱)	octopine
真鞘碱脱氢酶 (鳕鱼肉碱脱氢酶)	octopine dehydrogenase
真鼠尾草宁	salvirecognine
真藓黄酮	bryoflavone
桢楠醇	machilol
桢楠属碱	machilus base
榛叶巴豆呋喃	crotocorylifuran
榛叶素 (榛鞣质、榛子素) A～G	heterophylliins A～G
镇江白前苷 E_1、E_3、I_1	sublanceosides E_1, E_3, I_1
整合酶素 A～C	integracins A～C
整合酶泰汀 A、B	integrastatins A, B
整合酸	integric acid
整合酰胺 A、B	integramides A, B
正-10-二十九醇	n-10-nonaconsanol
正-1-十八醇	n-1-octadecanol
2-(正丙-1-炔基)-5-(5, 6-二羟基己-1, 3-二炔基) 噻吩	2-(n-pro-1-ynyl)-5-(5, 6-dihydroxyhexa-1, 3-diynyl) thiophene
正丙醇	n-propanol
正丙醇乙酸酯	n-propyl acetate
S-正丙基半胱氨酸亚砜	S-n-propyl cysteine sulphoxide
正丙基甲基三硫化物	n-propyl methyl trisulfide
2-正丙基喹啉	2-n-propyl quinoline
正丙基烯丙基二硫化物	n-propyl allyl disulfide
正丙醛	n-propionaldehyde
正丁醇	n-butyl alcohol
正丁醇-O-β-D-吡喃果糖苷	n-butanol-O-β-D-fructopyranoside
6-正丁基-1, 4-环庚二烯	6-n-butyl-1, 4-cycloheptadiene
3-正丁基-3, 6, 7-三羟基-4, 5, 6, 7-四氢苯酞	3-n-butyl-3, 6, 7-trihydroxy-4, 5, 6, 7-tetrahydrophthalide
1-正丁基-β-D-吡喃果糖苷	1-n-butyl-β-D-fructopyranoside
正丁基苯酞	n-butyl phthalide
正丁基二十三碳酰胺	n-butyl tricosyl amide
3-正丁基黄荆醚萜苷	3-n-butyl nishindaside
S-正丁基甲烷硫代亚磺酸酯	S-n-butyl methane thiosulfinate
正丁基芥子油苷	n-butyl glucosinolate
(7R)-正丁基莫罗忍冬苷	(7R)-n-butyl morroniside
3-正丁基-3-羟基-4, 5, 6, 7-四氢-6, 7-二羟基苯酞	3-n-butyl-3-hydroxy-4, 5, 6, 7-tetrahydro-6, 7-dihydroxyphthalide
正丁基四氢化苯酞	n-butyl tetrahydrophthalide

3-正丁基异黄荆醚萜苷	3-*n*-butyl isonishindaside
9-正丁基异愈创木基丙三醇	9-*n*-butyl-isoguaiacyl glycerol
9-正丁基愈创木基丙三醇	9-*n*-butyl-guaiacyl glycerol
正丁醛	*n*-butyl aldehyde
正丁酸 2-己烯酯	2-hexenyl *n*-butanoate
3β-正丁酰氧基-1-氧亚基楝-8 (14)-烯酸甲酯	3β-*n*-butyryloxy-1-oxomeliac-8 (14)-enic acid methyl ester
(19*R*)-正丁氧基-5β, 19-环氧葫芦 -6, 23-二烯-3β, 25-二羟基-3-*O*-β-吡喃葡萄糖苷	(19*R*)-*n*-butanoxy-5β, 19-epoxycucurbita-6, 23-dien-3β, 25-dihydroxy-3-*O*-β-glucopyranoside
6β-正丁氧基-7, 8-脱氢钓钟柳诺苷	6β-*n*-butoxy-7, 8-dehydropenstemonoside
正二羟愈创酸	nordihyolroguaiaretic acid
正二十八 -1-羟基-22-酮	*n*-octacosan-1-ol-22-one
正二十八醇	*n*-octacosanol
正二十八酸	*n*-octacosanoic acid
正二十八烷	*n*-octacosane
正二十醇	*n*-eicosanol
正二十二醇	*n*-docosanol
正二十二酸甲酯	methyl *n*-docosanoate
正二十二碳 -11-酸正十九醇酯	*n*-nonadecanyl *n*-docos-11-enoate
正二十二烷	*n*-docosane
正二十九酸	*n*-nonacosanoic acid
正二十九烷	*n*-nonacosane
正二十六醇	*n*-hexacosanol
正二十六酸	*n*-hexacosanoic acid
正二十六酸甲酯	methyl *n*-hexacosanoate
正二十六碳 -5, 8, 11- 三烯酸	*n*-hexacos-5, 8, 11-trienoic acid
正二十六烷	*n*-hexacosane
正二十七醇	*n*-heptacosanol
正二十七酸	*n*-heptacosanoic acid
正二十七烷	*n*-heptacosane
正二十三酸	*n*-tricosanoic acid
正二十三酸甲酯	methyl *n*-tricosanate
正二十三烷	*n*-tricosane
2-正二十三烷基-5, 7-二羟基-6, 8-二甲基色原酮	2-*n*-tricosyl-5, 7-dihydroxy-6, 8-dimethyl chromone
正二十四醇	*n*-tetracosanol
正二十四醇十八碳 -9-烯酸酯	*n*-tetracosanyl octadec-9-enoate
正二十四酸甲酯	methyl *n*-tetracosanoate
正二十四烷	*n*-tetracosane
正二十酸	*n*-eicosanoic acid
正二十烷	*n*-eicosane

正二十五酸	*n*-pentacosanoic acid
正二十五碳 -13′- 烯醇油酸酯	*n*-pentacos-13′-enyl oleate
2- 正二十五烷基 -5, 7- 二羟基 -6, 8- 二甲基色原酮	2-*n*-pentacosyl-5, 7-dihydroxy-6, 8-dimethyl chromone
正二十一醇	*n*-heneicosanol
正二十一酸	*n*-heneicosanoic acid
正二十一烷	*n*-heneicosane
2- 正二十一烷基 -5, 7- 二羟基 -6, 8- 二甲基色原酮	2-*n*-heneicosanyl-5, 7-dihydroxy-6, 8-dimethyl chromone
正庚醇	*n*-heptanol
2- 正庚基 -4- 甲氧基喹啉碱	2-*n*-heptyl-4-methoxyquinoline
正庚醛	*n*-heptanal (*n*-heptaldehyde)
正庚烷	*n*-heptane
正癸醇	*n*-decanol (*n*-decyl alcohol)
正癸醇	*n*-decyl alcohol (*n*-decanol)
正癸醛	*n*-decanal (*n*-decyl aldehyde)
正癸醛	*n*-decyl aldehyde (*n*-decanal)
正癸酸	*n*-capric acid
正癸烷	*n*-decane
正己醇	*n*-hexanol
正己基 -*O*-β-D- 吡喃葡萄糖苷	*n*-hexyl-*O*-β-D-glucopyranoside
1- 正己硫醇	1-hexanethiol
正己醛	*n*-hexanal
正己酸	*n*-caproic acid
正己酸甲酯	*n*-methyl caproate
L-(+)- 正亮氨酸	L-(+)-norleucine
正膦 (λ⁵-磷烷)	phosphorane (λ^5-phosphane)
正六十烷	*n*-hexacontane
正壬醇	*n*-nonanol (*n*-nonyl alcohol)
正壬醛	*n*-nonanal (*n*-nonaldehyde)
正壬烷	*n*-nonane
正肉豆蔻醛 (正十四醛)	*n*-myristaldehyde (*n*-tetradecanal)
正肉豆蔻酸 (正十四酸)	*n*-myristic acid (*n*-tetradecanoic acid)
正三十醇乙酸酯	*n*-triacontanol acetate
正三十二醇 (茶醇 B)	*n*-dotriacontanol (thea alcohol B)
正三十二酸	*n*-dotriacontanoic acid
正三十二碳 -15- 酮	*n*-dotriacont-15-one
正三十二烷	*n*-dotriacontane
正三十六酸	*n*-hexatriacontanoic acid
正三十六烷	*n*-hexatriacontane
正三十七酸	*n*-heptatriacontanoic acid

正三十三-16-酮	*n*-tritriacontan-16-one
正三十三醇	*n*-tritriacontanol
16-正三十三酮	*n*-tritriacont-16-one
正三十三烷	*n*-tritriacontane
16, 18-正三十三烷二酮	*n*-tritriacontan-16, 18-dione
正三十四醇	*n*-tetratriacontanol
正三十四酸	*n*-tetratriacontanoic acid
正三十四碳-20, 23-二烯酸	*n*-tetratriacont-20, 23-dienoic acid
正三十碳-11-烯酸	*n*-triacont-11-enoic acid
正三十五烷	*n*-pentatriacontane
正三十一醇	*n*-hentriacontanol
正三十一烷	*n*-hentriacontane
正山萮酸	*n*-behenic acid
正十八醇	*n*-octadecanol
正十八碳-9, 12-二烯酸正十三醇酯	*n*-tridecanyl *n*-octadec-9, 12-dienoate
正十八碳-9, 12-二烯酸正十四醇酯	*n*-tetradecanyl *n*-octadec-9, 12-dienoate
正十八烷	*n*-octadecane
正十二醇	*n*-dodecanol
正十二醇乙酸酯	*n*-dodecyl acetate
正十二醛	*n*-dodecanal (*n*-dodecyl aldehyde)
正十二烷	*n*-dodecane
正十九酸	*n*-nonadecanoic acid
正十九酸甲酯	methyl n-nonadecanoate
正十九烷	*n*-nonadecane
2-正十九烷基-5, 7-二羟基-6, 8-二甲基色原酮	2-*n*-nonadecyl-5, 7-dihydroxy-6, 8-dimethyl chromone
正十九烯	*n*-nonadecene
正十六醇	*n*-hexadecanol
正十六醇亚麻子油酸酯	*n*-hexadecanyl linoleate
正十六醇油酸酯	*n*-hexadecanyl oleate
正十六酸	*n*-hexadecanoic acid
1-*O*-正十六酸甘油酯	1-*O*-hexadecanolenin
正十六酸甘油酯	glycerol *n*-hexadecanoate
正十六酸甲酯	methyl *n*-hexadecanoate
正十六烷	*n*-hexadecane
正十六烯酸	*n*-hexadecenoic acid
正十六酰基鞘氨醇	*n*-hexadecanoyl shingosine
正十七醇	*n*-heptadecanol
正十七酸 (珠光脂酸、曼陀罗酸)	*n*-heptadecanoic acid (margaric acid, daturic acid)
正十七烷	*n*-heptadecane
2-正十七烷基-5, 7-二羟基-6, 8-二甲基色原酮	2-*n*-heptadecyl-5, 7-dihydroxy-6, 8-dimethyl chromone

Z

正十七烯	*n*-heptadecene
正十三醇	*n*-tridecanol
正十三醛	*n*-tridecyl aldehyde
正十三酸乙酯	ethyl *n*-tridecanoate
正十三烷	*n*-tridecane
2-正十三烷基-5,7-二羟基-6,8-二甲基色原酮	2-*n*-tridecyl-5, 7-dihydroxy-6, 8-dimethyl chromone
正十四醇	*n*-tetradecanol
正十四醛(正肉豆蔻醛)	*n*-tetradecanal (*n*-myristaldehyde)
正十四酸(正肉豆蔻酸)	*n*-tetradecanoic acid (*n*-myristic acid)
正十四烷	*n*-tetradecane
正十五醇亚麻子油酸酯	*n*-pentadecanyl linoleate
正十五酸	*n*-pentadecanoic acid
正十五酸单甘油酯	*n*-monopentadecanoin
正十五酸甲酯	methyl *n*-pentadecanoate
2-正十五烷基-5,7-二羟基-6,8-二甲基色原酮	2-*n*-pentadecyl-5, 7-dihydroxy-6, 8-dimethyl chromone
5-正十五烷基树脂苔黑酚	5-*n*-pentadecyl resorcinol
正十五烯	*n*-pentadecene
正十一醇	*n*-undecanol
正十一醇乙酸酯	*n*-undecyl acetate
正四十-7-酮	*n*-tetracontan-7-one
正四十二酸	*n*-dotetracontanoic acid
(Z)-正五十三碳-43-烯-22-酮	(Z)-*n*-tripentacont-43-en-22-one
正戊醇	*n*-amyl alcohol
正戊基-2-呋喃酮	*n*-amyl-2-furyl ketone
2-正戊基-4-甲氧基喹啉碱	2-*n*-pentyl-4-methoxyquinoline
2-正戊基呋喃	2-*n*-pentyl furan
正戊基芥子油苷	*n*-pentyl glucosinolate
2-正戊基喹啉	2-*n*-pentyl quinoline (2-*n*-amyl quinoline)
正戊基乙基甲酮	*n*-amyl ethyl ketone
正戊乙烯基甲醇	*n*-amyl vinyl carbinol
正辛醇	*n*-octanol
正辛基没食子酸	*n*-octyl gallate
正辛醛	*n*-octanal
正辛烷	*n*-octane
正辛酰蔗糖	*n*-octanoyl sucrose
(Z)-正亚丁基-7-羟基苯酞	(Z)-*n*-butyliden-7-hydroxyphthalide
正亚丁基苯酞(正亚丁基酞内酯)	*n*-butylidene phthalide
支利井碱	shiriya base
支链淀粉	amylopectine
(+)-芝麻半素	(+)-samine

(+)-芝麻半素酚	(+)-saminol
芝麻菜苷	glucoerucin
芝麻菜叶千里光碱	erucifoline
芝麻酚	sesamol
(−)-芝麻酚乳糖醇	(−)-sesamolactol
(+)-芝麻林素	(+)-sesamolin
芝麻林素	sesamolin
(+)-芝麻林素酚	(+)-sesamolinol
芝麻林素酚	sesamolinol
(+)-芝麻林素酚-4′-O-β-D-吡喃葡萄糖苷	(+)-sesamolinol-4′-O-β-D-glucopyranoside
芝麻凝集素	sesamc lectin
(−)-芝麻素	(−)-sesamin
芝麻素 (芝麻脂素、芝麻明)	sesamin
(+)-芝麻素 [(+)-芝麻脂素、(+)-芝麻明]	(+)-sesamin
(+)-芝麻素酚	(+)-sesaminol
(+)-芝麻素酚-2-O-β-D-吡喃葡萄糖苷	(+)-sesaminol-2-O-β-D-glucopyranoside
(+)-芝麻素酚-2′-O-β-D-吡喃葡萄糖基-(1→2)-O-β-D-吡喃葡萄糖苷	(+)-sesaminol-2′-O-β-D-glucopyranosyl-(1→2)-O-β-D-glucopyranoside
(+)-芝麻素醚	(+)-disaminyl ether
芝麻素酮	sesaminone
芝麻糖	sesamose
芝麻糖苷 (胡麻属苷)	sesamoside
芝帕纳唑 A_1、A_2、D	tjipanazoles A_1, A_2, D
枝孢菌素8-O-甲醚	cladosporin 8-O-methyl ether
枝孢内酯A、B	sporiolides A, B
枝顶孢霉素A	acremonin A
知母查耳酮炔	anemarchalconyn
知母多糖 (知母低聚糖) A～D	anemarans A～D
知母呋甾苷A、B	anemarnosides A, B
知母苷 A～C	aneglycosides A～C
知母宁	chinonin
知母双糖	timobiose
知母香豆素A	anemarcoumarin A
知母新皂苷 A～E、B Ⅲ	anemarsaponins A～E, B Ⅲ
知母孕甾烷A、B	timopregnanes A, B
知母甾苷 Ⅰ～Ⅳ、A_2	anemarrhenasaponins Ⅰ～Ⅳ, A_2
知母甾体苷A、B	anemarrhenas A, B
知母甾皂苷 A～D	zhimusaponins A～D
知母皂苷 A～Y	timosaponins A～Y
知母皂苷 A-Ⅰ～A-Ⅳ、B-Ⅰ～B-Ⅵ、B Ⅱ-a～B Ⅱ-d、B Ⅲ-b、B Ⅲ-c	timosaponins A-Ⅰ～A-Ⅳ, B-Ⅰ～B-Ⅵ, B Ⅱ-a～B Ⅱ-d, B Ⅲ-b, B Ⅲ-c

Z

(25S)-知母皂苷 B Ⅱ	(25S)-timosaponin B Ⅱ
知母皂苷 B-Ⅱ (原知母皂苷 A-Ⅲ)	timosaponin B-Ⅱ (prototimosaponin A-Ⅲ)
知母皂苷 A₂ [马尔考皂苷元-3-O-β-D-吡喃葡萄糖基-(1→2)-β-D-吡喃半乳糖苷 B]	timosaponin A₂ [markogenin-3-O-β-D-glucopyranosyl-(1→2)-β-D-galactopyranoside B]
知母皂苷元 (洋菝葜皂苷元、萨洒皂苷元)	parigenin (sarsasapogenin)
知母皂苷元乙酸酯 (乙酰知母皂苷元)	smilagenin acetate
栀二醇	gardendiol
栀素馨醇 (栀子诺醇) E	jasminol E
栀子阿勒苷 (栀子醛苷)	gardaloside
(10R, 11R)-栀子二醇	(10R, 11R)-gardendiol
(10S, 11S)-栀子二醇	(10S, 11S)-gardendiol
α-栀子二醇 (α-栀子酯二醇)	α-gardiol
β-栀子二醇 (β-栀子酯二醇)	β-gardiol
栀子苷 (栀子诺定)	jasminoidin
栀子花甲酸 (栀子花酸 A)	gardenolic acid A
栀子花乙酸 (栀子花酸 B)	gardenolic acid B
栀子京尼苷 A、B	jasmigeniposides A, B
栀子茜醚烯萜 (栀子明)	garjasmine
栀子醛	cerbinal
栀子素 (栀子黄素、栀子宁) A~D	gardenins A~D
栀子酸	gardenic acid
栀子萜酮 A	gardeterpenone A
栀子萜烯醛 (栀子烯醛) Ⅰ~Ⅲ	gardenals Ⅰ~Ⅲ
栀子酮	gardenone
栀子酮苷 (栀子新苷)	gardoside
栀子酰胺	gardenamide
栀子新苷甲酯	gardoside methyl ester
栀子皂苷 (栀三萜苷、栀子尼苷) A~C	gardenisides A~C
栀子脂素甲 (栀子脂素 A)	gardenianan A
(5R, 9R)-栀子酯 A [(5R, 9R)-栀子酸酯 A]	(5R, 9R)-gardenate A
(5S, 9S)-栀子酯 A [(5S, 9S)-栀子酸酯 A]	(5S, 9S)-gardenate A
脂-14-O-茴香酰印度乌头原碱	lipo-14-O-anisoyl bikhaconine
脂蟾蜍毒素	resibufagin
脂蟾毒精	resibufogin
脂蟾毒配基 (蟾毒配基、蟾蜍毒苷元、残余蟾蜍配基)	recibufogenin (resibufogenin, bufogenin)
脂蟾毒配基-3-氢辛二酸酯	resibufogenin-3-hydrogen suberate
脂次乌头碱	lipohypaconitine
脂蛋白	lipoprotein
脂滇乌碱	lipoyunanaconitine
脂多糖	lipopolysaccharide

脂肪酶	lipase
脂肪酸甲酯	fatty acid methyl ester
脂己菌素	lipohexin
脂苦楝子醇	lipomelianol
脂丽江乌头碱	lipoforesaconitine
脂麻苷 (印度胡麻苷)	pedalin (pedaliin)
脂脱氧乌头碱	lipodeoxyaconitine
脂乌头碱	lipoaconitine
脂酰基环烯醚萜苷	acyl iridoid
N-脂酰基磷脂酰乙醇胺	*N*-acyl phosphatidyl ethanolamine
脂中乌头碱	lipomesaconitine
脂族醇	aliphatic alcohol
蜘蛛抱蛋苷	aspidistrin
蜘蛛抱蛋苷元 A	aspidistrogenin A
蜘蛛抱蛋皂苷 A～D	aspidsaponins A～D
蜘蛛香环烯醚萜素 A～M	jatamanins A～M
蜘蛛香环烯醚萜酯 P	jatamanvaltrate P
蜘蛛香内酯 A、B	valerilactones A, B
直长春花胺 (厄瓦胺)	ervamine
直长春花碱	rauniticine
直杆蓝桉苷 A～E	eucalmainosides A～E
直杆蓝桉素 A～E	eucalmaidins A～E
直黄钟花碱 (直立黄钟花宁)	tecostanine
直夹竹桃胺酸 (直立瑞兹木定酸)	strictosidinic acid
直夹竹桃定 (直立拉齐木西定、异长春花苷、异小蔓长春花苷)	strictosidine (isovincoside)
直立白薇苷 (白薇苷、白薇奥苷) A～F	cynatratosides A～F
直立白薇新苷 (白薇托苷) A～D	atratosides A～D
直立百部胺 A～D	sessilistemonamines A～D
直立百部根碱 A、B	sessilifolines A, B
直立百部碱	sessilistemonine
直立百部叶酰胺 A～J	sessilifoliamide A～J
直立百部因碱	stemosessifoine
直立长春花碱 (萝替辛)	ervine (raunitincine)
直立黄仲花苷	stansioside
直立假连翘苷 A、B	duranterectosides A, B
直立角茴香碱	hyperectine
直立拉齐木胺甲氯化物	strictamine methochloride
直立拉齐木西定内酰胺	strictosidine lactam
直立拉齐木酰胺 (斯垂特萨果碱、异长春花苷内酰胺)	strictosamide (isovincoside lactam)

Z

直立拉齐木辛	stricticine
直立牛奶菜六醇	marsectohexol
直立拉齐木胺 (劲直胺、长春蔓脒、蔓长春花米定)	strictamine (vincamidine)
直链淀粉	amylose
直铁线莲苷 A～D	clemastanosides A～D
直楔草酸	orthosphenic acid
直缘乌头碱 A～E	transconitines A～E
(*E*)- 植醇	(*E*)-phytol
(7*R*, 11*R*)- 植醇	(7*R*, 11*R*)-phytol
植醇 (植物醇、叶绿醇、3, 7, 11, 15- 四甲基-2- 十六烯 -1- 醇)	phytol (3, 7, 11, 15-tetramethyl-2-hexadecen-1-ol)
(*E*)- 植醇 -(5*Z*, 8*Z*, 11*Z*, 14*Z*, 17*Z*)- 二十碳五烯酸酯	(*E*)-phytol-(5*Z*, 8*Z*, 11*Z*, 14*Z*, 17*Z*)-eicosapentaenoate
植醇乙酸酯	phytyl acetate
1, 3- 植二烯	1, 3-phytadiene
植二烯	phytadiene
植醛	phytal
植酸 (肌醇六磷酸)	phytic acid
植酸钙镁	phytin
植酮	phytone
植烷	phytane
植烷酸	phytanic acid
(+)-(2*E*, 7*R*, 11*R*)- 植物-2- 烯 -1- 醇	(+)-(2*E*, 7*R*, 11*R*)-phyt-2-en-1-ol
5-(1- 植物醇基氧乙基)-2- 羟基-7- 甲氧基 -1, 8- 二甲基 -9, 10- 二氢菲	5-(1-phytoxyethyl)-2-hydroxy-7-methoxy-1, 8-dimethyl-9, 10-dihydrophenanthrene
植物雌激素	phytoestrogen
植物蛋白胨	phyton
植物光敏色素	phytochrome
植物黄质	phytoxanthin
植物卡山烷 (植物卡生) A～E	phytocassanes A～E
植物抗毒素	phytoalexin
植物凝集素	phytoagglutinin
植物鞘氨醇	phytosphingosine
植物烯 -1, 2- 二醇	phyten-1, 2-diol
植物烯醛	phytenal
植物血凝素 (植物血球凝集素)	phytohemagglutinin
植物甾醇 A、B	phytosterols (phytosterins) A, B
植物甾醇 A 葡萄糖苷	phytosterol A glucoside
植物甾醇基 -(6′- 棕榈酰基)-β-D- 吡喃葡萄糖苷	phytosteryl-(6′-palmitoyl)-β-D-glucopyranoside
植物甾醇基 -β-D- 呋喃果糖苷	phytosteryl-β-D-fructofuranoside
植物甾醇基 -β-D- 葡萄糖苷	phytosteryl-β-D-glucoside

植物甾醇葡萄糖苷	phytosteryl glucoside
植物甾醇酯	phytosteryl ester
植物致丝裂素	phytomitogen
止痢蒿素 A、B	ajuforrestins A, B
止痢蚤草素	pulidysenterin
止泻胺	holamine
止泻木查酰胺	kurchamide
止泻木醇	holarrhenol
止泻木达洒明	holadysamine
止泻木达星	holadysine
止泻木待宁	holadienine
止泻木定	holarrhidine
止泻木二烯	holadiene
止泻木费任	holafebrine
止泻木芬碱	holarrifine
止泻木苷 (止泻木托辛) A～F	holantosines A～F
止泻木碱	holarrhine
止泻木枯亭	holacurtine
止泻木赖辛	kurcholessine
止泻木里定	kurchilidine
止泻木里辛	antidysentericine
止泻木立星碱	holarricine
止泻木灵	holadysenterine
止泻木灵	holafrine
止泻木明	holarrhimine
止泻木尼定	kurchinidine
止泻木尼辛	kurchinicin
止泻木宁	kurchinin
止泻木宁	holarrhenine
止泻木强心苷 A	holarosine A
止泻木钦宁	kurchinine
止泻木钦辛	kurchicine
止泻木瑞辛	conkuressine
止泻木属碱	holarrhena base
止泻木特宁	holacurtenine
止泻木亭	holarrhetine
止泻木酮	holadysone
止泻木酮碱 (止泻木那胺、止泻木酮胺)	holonamine
止泻木西明	holarrhessimine
止泻木西亭碱	holacetine

Z

止泻木酰胺	holamide
止泻木新胺	holacimine
止泻木星碱	holacine
止泻木叶胺	holaphyllamine
止泻木叶灵	holaphylline
止泻绕明	holaromine
芷茵陈𠮿酮 (芷茵陈呫吨酮)	zangyinchenin
纸桦酸	papyriferic acid
芪 (二苯乙烯)	stilbene
芪百部素 (百部芪烷、二苯乙烷酚) A～R	stilbostemins A～R
芪类 (二苯乙烯类)	stilbenoid
指海绵甾醇	chalinasterol
指甲花醌 (散沫花素、散沫花醌、2-羟基-1, 4-萘醌)	lawsone (henna, 2-hydroxy-1, 4-naphthoquinone)
指裂西番莲素-7-O-[β-D-吡喃葡萄糖基-(1→4)-O-β-D-吡喃半乳糖苷]	serration-7-O-[β-D-glucopyranosyl-(1→4)-O-β-D-galactopyranoside]
(−)-指叶苔烯醛	(−)-lepidozenal
枳椇苷 C～I	hovenosides C～I
枳椇碱 A	hovenine A
枳椇碱 A、B	hovenines A, B
枳椇素 A～D	hovenins A～D
枳椇酸	hovenic acid
枳椇皂苷 (枳椇波苷) A～D、A_1、C_2	hovacerbosides A～D, A_1, C_2
枳椇子素 (枳椇亭) I～V	hovenitins I～V
枳椇子萜苷 A、B	acerbosides A, B
酯蟾毒配基	recibufogenin
酯化同功酶	esterase isoezyme
酯皂苷	ester saponin
制蚜菌素 (顶复制素)	apicidin
质体醌 (叶绿醌)	plastoquinone
质体蓝素	plastocyanin
栉山香内酯 A～C	pectinolides A～C
致活激素	activation hormone
智利罗汉松素	podoandin
智利小檗碱	chilenine
智异山五加苷	chiisanoside
智异山五加苷元	chiisanogenin
中胆红素	mesobilirubin
中胆绿素	mesobiliverdin
中国被毛孢匀多糖 HSP-Ⅲ	hirsutella sinensis homogeneous polysaccharide-Ⅲ (HSP-Ⅲ)

中国狗牙花碱 A～E	ervachinines A～E
中国五层龙叶苷 (五层龙叶苷) A_1、A_2、B_1、B_2、C、D、E_1～E_3、F～L	foliasalaciosides A_1, A_2, B_1, B_2, C, D, E_1～E_3, F～L
中国五层龙叶奴苷 A_1～A_3、B_1、B_2、C～F	foliachinenosides A_1～A_3、B_1、B_2、C～F
中国绣球苷 (中华绣球苷、华绣球苷) A、B	hydrachosides A, B
中国紫杉宁	chinentaxunin
中国紫杉三烯甲素、乙素 (中国紫杉三烯 A、B)	taxa chitrienes A, B
中国紫杉辛 A、B	taxchins A, B
中国紫杉辛宁 (红豆杉宁、紫杉奎宁) Ⅰ	taxchinin Ⅰ
中国紫杉辛宁Ⅰ乙酸酯	taxchinin Ⅰ acetate
中华卷柏醇 A、B	sinensiols A, B
中华狸尾豆苷 A	urariasinoside A
中华七叶树皂苷 (七叶树洛苷) A	aesculiside A
中华青荚叶醇 A～C	chinenols A～C
中华青荚叶苷 A、B	chinencisides A, B
中华青牛胆苷 A、B	tinosinesides A, B
中华青牛胆烯 (堇叶苷 A)	tinosinen (cordifolioside A)
中华石杉碱 A～C	lyconesidines A～C
中华旋覆花内酯 (旋覆花烯内酯) A～C	inuchinenolides A～C
中华雪胆苷 A～C	xuedanglycosides A～C
(+)-中加五味子宁	(+)-chicanine
中间五味子定 A～C	intermedins A～C
中脉胡桐内酯	costatolide
中美菊素 C、D	zaluzanins C, D
中平树黄酮醇	denticulaflavonol
中施香茶菜萜宁	shikodonin
中泰南五味子苷 (薛荔苷) A	ananosmoside A (pumilaside A)
中泰南五味子木脂素 A	ananolignan A
中泰南五味子酸 A～D	ananosic acids A～D
中亚阿魏醇	jaeschkenol
中亚阿魏二醇	jaeschkeanadiol
中亚阿魏酚	ferujol
中亚阿魏尼定	jaeskeanidin
中亚阿魏宁	ferutinianin
中亚阿魏三醇 -5α- 对羟基苯甲酸酯	ferutriol-5α-(*p*-hydroxybenzyl) ester
中亚阿魏素	jaeskeanin
中亚阿魏萜酮	ferutinone
中亚阿魏烯醇	ferujaesenol
中亚苦蒿素	arabsin
中亚苦蒿辛	anabsin

中柱楝碱	ekeberginine
钟花树醛 A～C	tabebuialdehydes A～C
钟花树素	tabebuin
钟氏千里光内酯 A、B	tsoongianolides A, B
肿柄菊醇	diversifolol
肿柄菊蒽醌 A	tithoniquinone A
肿柄菊素	diversifolin
肿柄菊酰胺 B	tithoniamide B
肿柄菊叶内酯 (异叶月肿柄菊苷)	tithofolinolide
肿柄雪莲木脂素苷 (松巢苷、肿柄雪莲苷)	conicaoside
肿根素 A～E	dactylorhins A～E
肿冠花碱	oxerine
肿足蕨吡嗪	hypodemapyrazine
肿足蕨碱	hypodematine
种子含抗菌肽	antibacterial peptide
仲-*O*-β-D-吡喃半乳糖基-(R)-比克白芷素	sec-*O*-β-D-galactopyranosyl-(*R*)-byakangelicin
仲-*O*-β-D-吡喃葡萄糖基-(R)-比克白芷素	sec-*O*-β-D-glucopyranosyl-(*R*)-byakangelicin
仲-*O*-β-D-吡喃葡萄糖基-(R)-水合氧化前胡素	sec-*O*-β-D-glucopyranosyl-(*R*)-oxypeucedanin hydrate
仲-*O*-β-D-呋喃芹糖基-(1→6)-*O*-β-D-吡喃葡萄糖基水合氧化前胡素	sec-*O*-β-D-apiofuranosyl-(1→6)-*O*-β-D-glucopyranosy-loxypeucedanin hydrate
仲丁醇	*sec*-butanol (*sec*-butyl alcohol)
(*R*)-仲丁基-1-丙烯基二硫醚	(*R*)-2-butyl-1-propenyl disulfide
仲丁基丙烯基二硫化物	*sec*-butyl propenyl disulfide
仲丁基-反式-1-丁烯基二硫化物	*sec*-butyl-*trans*-1-butenyl disulfide
仲丁基-反式-2-丁烯基二硫化物	*sec*-butyl-*trans*-2-butenyl disulfide
仲丁基甲基二硫醚	2-butyl methyl disulfide
仲丁基甲基三硫醚	2-butyl methyl trisulfide
2-仲丁基苹果酸二 [4-(β-D-吡喃葡萄糖氧基) 苄基] 酯	bis [4-β-D-glucopyranosyloxy) benzyl] 2-sec-butyl malate
仲丁醚	di-sec-butyl ether
仲丁氧基	*sec*-butoxy
仲丁乙基二硫化物	*sec*-butyl ethyl disulfide
仲亥茅酚葡萄糖苷 (亥茅酚苷)	sec-*O*-glucosyl hamaudol
舟瓣木酮	scaphopetalone
舟山新木姜子醇	sericeol
舟山新木姜子烯醇乙酸酯	neosericenyl acetate
周长春辛	perivincine
周帽定 A～F	drummondins A～F
帚菊木酚酮 A～D	mutisiphenones A～D
帚木碱	sarothamnine
帚三叉蕨素 (田基黄绵马素) A～C	saroaspidins A～C

帚天人菊素 A～C	fastigilins A～C
帚枝肉珊瑚醇 (α- 香树脂醇、α- 香树素、α- 香树精)	viminalol (α-amyrenol, α-amyrin)
帚状鼠尾草酸	vergatic acid (virgatic acid)
帚状鼠尾草酸	virgatic acid (vergatic acid)
皱边石杉碱	hupcrispatine
皱果苋凝集素	amaranthus viridis lectin (AVL)
皱黄卷岛衣醌	cuculoquinone
皱孔菌内酯	meruliolactone
皱孔菌醛	merulidial
皱孔菌酸甲酯	methyl merulanate
皱皮木瓜过氧化物	speciosaperoxide
皱曲霉素 A～H	arugosins A～H
皱唐松草定碱 (皱叶唐松草定碱、皱唐松草定)	thalrugosidine
(–)- 皱唐松草定碱 [(–)- 皱叶唐松草定碱]	(–)-thalrugosidine
皱唐松草碱 (白蓬皱褶碱、皱叶唐松草碱)	thalrugosine
皱唐松草宁碱 (皱唐松草宁、皱叶唐松草米宁)	thalrugosaminine
皱唐松草宁碱 -2-α-N- 氧化物	thalrugosaminine-2-α-N-oxide
皱唐松草醛酮碱 (皱叶唐松草醛碱)	thalrugosinone
皱唐松草酮碱 (皱叶唐松草酮碱)	rugosinone
皱叶黄杨林碱 A～D	buxrugulines A～D
皱叶尼润碱	crispine
皱叶尼润碱 A～E	crispines A～E
皱叶唐松草吉定	thalirugidine
(+)- 皱叶唐松草碱	(+)-thalrugosine
(–)- 皱叶唐松草米宁	(–)-thalrugosaminine
(–)- 皱叶唐松草米宁 -2-α-N- 氧化物	(–)-thalrugosaminine-2-α-N-oxide
皱叶唐松草明	thalrugosamine
皱叶唐松草钦碱	thaliglucine
皱叶唐松草钦酮 (绿唐松草酮)	thaliglucinone
(–)- 皱叶唐松草醛碱	(–)-thalrugosinone
皱叶唐松草西定	thaligosidine
皱叶唐松草西宁	thaligosinine
皱叶唐松草辛碱 (唐松草舒平碱、唐松草舒平、紫堇叶唐松草品)	thaligosine (thalisopine)
(–)- 皱叶唐松草辛碱 -2-α-N- 氧化物	(–)-thaligosine-2-α-N-oxide
皱叶唐松草辛碱 -2-α-N- 氧化物	thaligosine-2-α-N-oxide
皱叶香茶菜宁	rugosinin
皱叶醉鱼草素 A、B	crispins A, B
朱唇二内酯 (朱唇素)	salviacoccin
朱唇花葵苷 (美国薄荷素)	monardaein

Z

朱顶红定碱 (星花定)	hippadine
朱顶红芬碱	hippafine
朱顶红碱 N-氧化物	hippeastrine N-oxide
朱顶红碱 (君子兰宁碱、小星蒜碱、三球波斯石蒜碱)	hippeastrine (trispherine)
朱顶红精碱 (滨生全能花星碱)	hippagine (pancracine)
朱顶红明碱	hippamine
朱顶红星碱	hippacine
朱顶兰定	amaryllidine
朱顶兰素	amaryllisine
朱红壶蒜碱	urminine
朱红菌素 (朱红栓菌碱)	cinnabarine
朱红菌酸 (朱红栓菌酸)	cinnabarinic acid
朱红硫黄菌苷 Ⅰ	masutakeside Ⅰ
朱红硫黄菌酸 A	masutakic acid A
朱红栓菌素	tramesaguin
朱蕉皂苷元 (剑叶铁树苷元)	cordylagenin
朱栾萜烯 (瓦伦烯、巴伦西亚橘烯、朱栾倍半萜)	valencene
朱砂根苷 (朱砂根皂苷) A～Q	ardisicrenosides A～Q
朱砂根素	ardicrenin
朱砂根新苷 A、B	ardisirenosides A, B
朱砂莲苷	cinnabarin
朱砂莲乙素 (大黄素甲醚、蜈蚣苔素、非斯酮)	rheochrysidin (parietin, emodin monomethyl ether, physcion)
朱砂莲酮 (朱砂莲素)	tuberosinone
朱砂莲酮-N-β-D-葡萄糖苷	tuberosinone-N-β-D-glucoside
朱香烷 A～C	cordylanes A～C
茱萸地衣素	evosin
茱萸酮	zierone
茱萸烷	xierane
珠蛋白	globin
珠光酸 (珠光梅衣酚酸)	perlatolic acid
珠光脂酸 (正十七酸、曼陀罗酸)	margaric acid (n-heptadecanoic acid, daturic acid)
(−)-珠果黄堇碱	(−)-corynoxidine
珠节决明蒽酮	torosachrysone
珠节决明蒽酮-8-O-6″-丙二酸单酰基-β-D-龙胆二糖苷	torosachrysone-8-O-6″-malonyl-β-D-gentiobioside
珠节决明酚 Ⅰ～Ⅲ	torosaols Ⅰ～Ⅲ
珠节决明苷 A、B	torososides A, B
珠节决明黄酮 A～D	torosaflavones A～D
珠节决明黄酮 B-3′-O-葡萄糖苷	torosaflavone B-3′-O-glucoside
珠节决明素-9, 10-醌	torosanin-9, 10-quinone

珠藓黄酮 (泽藓黄酮)	philonotisflavone
珠芽蓼素 A、B	viviparums A, B
珠仔树苷 A～C	locoracemosides A～C
珠仔树拉苷	sympracemoside
珠仔树洛苷	symploracemoside
珠仔树莫苷	symplomoside
珠仔树坡苷	sympocemoside
珠子草苷	niruriside
珠子草四氢萘 (珠子草次素)	nirtetralin
珠子草四氢萘林	lintetralin
珠子草素	niranthin
珠子草新素 (叶下珠新素)	phyltetralin
珠子参苷 (大车前草苷、大车前洛苷、大车前萜苷) F$_1$～F$_6$、R$_1$、R$_2$	majorosides F$_1$～F$_6$、R$_1$、R$_2$
猪胆酸	hyocholic acid
猪胶树酮	clusianone
猪苓酸 (多孔菌酸、多孔菌烯酸) A～C	polyporenic acids A～C
猪苓酮 A～G、Ⅰ、Ⅱ	polyporusterones A～G, Ⅰ, Ⅱ
猪苓酯甾酮	porusterone
猪笼草亭	neptin
猪毛菜次碱 (猪毛菜副碱、鹿尾草次碱)	norcarnegine
L-猪毛菜定 (L-猪毛菜定碱)	L-salsolidine
猪毛菜定 (猪毛菜定碱、鹿尾草定)	salsolidine
猪毛菜酚 (去甲猪毛菜碱)	salsolinol (demethyl salsoline)
猪毛菜苷 C、E	salsolosides C, E
猪毛菜碱 (鹿尾草碱、萨苏林) A	salsoline A
猪毛菜素 A、B	salcolins A, B
猪屎巴卡素 (须毛猪屎豆紫檀烷)	barbacarpan
猪屎豆呋喃 A～E	crotafurans A～E
猪屎豆碱 (光萼猪屎豆碱、光萼野百合胺、光萼猪屎豆碱)	mucronatine (usaramine)
猪屎青碱	crotastriatine
猪脱氧胆酸	hyodeoxycholic acid
α-猪脱氧胆酸	α-hyodeoxycholic acid
β-猪脱氧胆酸	β-hyodeoxycholic acid
猪牙皂苷 C′、E′	gleditsia saponins C′, E′
蛛丝毛蓝耳草甾酮 (露水草甾酮) A、B	cyanosterones A, B
竹柏环肽 A、B	nagitides A, B
竹柏内酯 A～J	nagilactones A～J
竹柏内酯苷 A、B	nagilactosides A, B

竹柏双黄酮 (罗汉松双黄酮) A、B	podocarpusflavones A, B
竹柴胡苷 (大叶柴胡皂苷) Ⅰ、Ⅱ	chikusaikosides Ⅰ, Ⅱ
竹根七素	disporopsin
竹根七皂苷 A～D	disporosides A～D
竹红菌素 A～D (竹红菌甲素～丁素)	hypocrellins A～D
竹黄色素 A～C	shiraiachromes A～C
竹节草素	aciculatin
竹节人参皂苷 (竹节参皂苷、竹节参苷、竹节皂苷) FT$_1$～FT$_4$、FK$_1$～FK$_7$、LN$_4$、L$_9$a、L$_9$bc、L$_5$、L$_{10}$、LM$_1$～LM$_6$	chikusetsusaponins FT$_1$～FT$_4$, FK$_1$～FK$_7$, LN$_4$, L$_9$a, L$_9$bc, L$_5$, L$_{10}$, LM$_1$～LM$_6$
竹节人参皂苷 (竹节参皂苷、竹节参苷、竹节皂苷) Ⅰ～Ⅷ、Ⅰb、Ⅳa	chikusetsusaponins Ⅰ～Ⅷ, Ⅰb, Ⅳa
竹节人参皂苷 Ⅳa 丁酯	chikusetsusaponin Ⅳa butyl ester
竹节人参皂苷 Ⅳa 甲酯	chikusetsusaponin Ⅳa methyl ester
竹节人参皂苷 Ⅳa 乙酯	chikusetsusaponin Ⅳa ethyl ester
竹节人参皂苷 Ⅳ 甲酯	chikusetsusaponin Ⅳ methyl ester
竹节人参皂苷 Ⅴ 甲酯	chikusetsusaponin Ⅴ methyl ester
竹节人参皂苷 Ⅴ 乙酯	chikusetsusaponin Ⅴ ethyl ester
竹节参次皂苷	chikusetsu prosapogenin
竹节参多糖 A、B	tochibanans A, B
竹节参素	panajaponin
竹节香附素 A～F、R$_2$	raddeanins A～F, R$_2$
竹节香附素 B (刺五加苷 Ⅰ)	raddeanin B (eleutheroside Ⅰ)
竹菌素	engleromycin
竹苏林 A、B	dictyophorines A, B
竹叶柴胡毒素	marginatoxin
竹叶花椒根脂素	armatunine
竹叶花椒酰胺	armatamide
竹叶花椒新酰胺 A～D	timuramides A～D
竹叶花椒脂素	armatumin
竹叶椒苷	zantholide
竹叶椒根脂素 A、B	planispines A, B
竹叶椒碱	xanthoplanine
竹叶椒木脂素	zanthonin
竹叶椒素 A～C	biplanispines A～C
L-竹叶椒脂素	L-planinin
竹叶椒脂素	planinin
竹叶兰醇	arundinaol
竹叶兰醇 A	gramphenol A
竹叶兰酚苷 A～Q	arundinosides A～Q

竹叶兰黄素 A	gramflavonoid A
竹叶兰醌	arundiquinone
竹叶兰联苄 A、B	graminibibenzyls A, B
竹叶兰明醌	arundigramin
竹叶兰素 A～L	gramniphenols A～L
竹叶兰亭	arundin
竹叶兰脱氧安息香 A～H	gramideoxybenzoins A～H
竹叶兰烷	arundinan
竹叶兰芪素 A～C	gramistilbenoids A～C
(1R, 5R)-苧-4 (10)-烯	(1R, 5R)-thuj-4 (10)-ene
苎麻根甲素 (苎麻素 A)	niveain A
(−)-苎麻脂素 [(−)-赤麻木脂素、(−)-苦麻脂素]	(−)-boehmenan
(−)-苎麻脂素 [(−)-赤麻木脂素、(−)-苦麻脂素] H	(−)-boehmenan H
苎烯 (柠檬烯、二戊烯、1, 8-萜二烯)	cinene (limonene, dipentene)
(S)-(−)-苎烯 [(S)-(−)-柠檬烯]	(S)-(−)-limonene
苎叶蒟灵	boehmerine
助孕素 (黄体酮、孕酮、孕甾酮)	progestin (progesterone, progestrone)
柱孢酚 A、A$_1$～A$_4$、B、B$_1$	cylindrols A, A$_1$～A$_4$, B, B$_1$
柱果内雄楝素 (萨皮林) A、B	sapelins A, B
柱果铁线莲苷 A～H	clematiunicinosides A～H
柱霉酮	scytalone
柱穗山姜素 A～C	alpinnanins A～C
转谷氨酰酶	transglutaminase
转移酶	transferase
装饰华丽香茶菜素 A～C	plectrornatins A～C
锥苯	pyranthrene
(+)-锥果藤烷	(+)-conocarpan
锥喉花菲定	conophyllidine
锥喉花菲灵	conoliferine
锥喉花菲宁 (锥喉花菲林)	conophylline
锥喉花弗林	conofoline
锥喉花里定	conolidine
锥喉花洛宾 A、B	conolobines A, B
锥喉花帕灵 A～F	conodiparines A～F
锥喉花瑞宁 A、B	conodirinines A, B
锥喉花塔灵 A、B	cononitarines A, B
锥喉花替宁	conolutinine
锥喉花西定 A、B	conomicidines A, B
锥花穿心莲素 (穿心莲素、穿心莲潘林内酯、新穿心莲内酯苷元)	andrograpanin

锥花穿心莲素乙酸酯	andrograpanin acetate
锥丝胺 (康丝胺)	conamine
锥丝定 (止泻木西定)	conessidine
锥丝碱 (止泻木奈辛、抗痢夹竹桃碱、地麻素、康丝碱、倒吊笔碱)	conessine (neriine, wrightine, roquessine)
锥丝枯碱 (止泻木克钦)	conkurchine
锥丝明 (康丝明、止泻木西明)	conessimine
锥丝新 (锥丝新碱、康瑞素)	concuressine
锥丝亚胺 (止泻木尼胺)	conimine
锥素	castanopsin
锥塔筋骨草素 A	ajugapyrin A
锥酮	castanopsone
锥序南蛇藤二醇 (灯油藤二醇)	paniculatadiol
准噶尔蓝盆花苷 A	songoroside A
准噶尔毛蕊花皂苷 A～F	songarosaponins A～F
准噶尔前胡酚	peumorisin (peucenol)
准噶尔前胡酚	peucenol (peumorisin)
准噶尔铁线莲苷 A、B、A′、B′	songarosides A, B, A′, B′
准噶尔橐吾内酯 A	ligusongaricanolide A
准噶尔橐吾酮	ligusongaricone
准噶尔乌头胺	songoramine
准噶尔乌头碱 (宋果灵、一枝蒿庚素、华北乌头碱)	zongorine (songorine, bullatine G, napellonine)
茁长素	auxin
卓柯卡因	tropacocaine
卓酮	tropone
孜然芹醇 (枯茗醇)	cuminyl alcohol (cuminol)
孜然芹醇乙酸酯	cuminyl acetate
孜然芹醛 (对异丙基苯甲醛、枯醛、枯茗醛)	cumaldehyde (*p*-isopropyl benzaldehyde, cuminaldehyde, cuminyl aldehyde, cuminal, 4-isopropyl benzaldehyde)
孜然芹酸	cuminic acid
孜然芹烃(聚伞花素、伞花烃、伞形花素、异丙基甲苯)	cymene (cymol, isopropyl toluene)
β-孜然芹烃	β-cymene
α-孜然芹烯	α-cymene
髭脉桤叶树宁 A～C	ryobunins A～C
髭脉桤叶树皂苷 A～G	ryobusaponins A～G
髭脉桤叶树脂苷	ryobunoside
鲻精蛋白	mugiline
梓醇 (梓果次苷、脱对羟基苯甲酸梓苷)	catalpol (catalpinoside)
梓醇苷元	catalpolgenin
梓呋新	catalpafurxin

梓苷 (梓实苷、梓果苷)	catalposide
梓果次苷 (梓醇、脱对羟基苯甲酸梓苷)	catalpinoside (catalpol)
梓醚醇	ovatol
梓醚酸	ovatic acid
梓醚酸甲酯-7-*O*-(6′-*O*-对羟基苯甲酰)-β-D-吡喃葡萄糖苷	methyl ovatate-7-*O*-(6′-*O*-*p*-hydroxybenzoyl)-β-D-glucopyranoside
梓木酮醇	catalponol
梓内酯酮 (梓木内酯)	catalpalactone
梓皮苷 A~F	ovatosides A~F
梓实烯醇 A、B	kisasagenols A, B
梓树内酯	ovatolactone
梓树内酯-7-*O*-(6′-对羟基苯甲酰)-β-D-吡喃葡萄糖苷	ovatolactone-7-*O*-(6′-*p*-hydroxybenzoyl)-β-D-glucopyranoside
梓素	catalpin
梓酮	catalponone
梓烯醌	catalpalenone
紫斑牡丹酚 C	rockiiol C
紫背金盘素 A、B	ajuganipponins A, B
紫菜碱	porphyrine
紫菜聚糖	porphyran
紫菜素	porphyrosine
紫草代谢素 A~G	shikometabolins A~G
紫草定 (紫草嘧啶) A~F	lithospermidins A~F
紫草多糖 A~E	lithospermans A~E
紫草呋喃 (紫草呋喃萜) A~J	shikonofurans A~J
紫草红 (安孠酸、欧紫草素、紫朱草素)	alkanna red (anchusa acid, anchusin)
紫草醌 (阿卡宁)	alkannin
(−)-紫草醌 [(−)-阿卡宁]	(−)-alkannin
紫草醌 (阿卡宁) β	alkannin β
紫草醌当归酸酯	alkannin angelate
紫草氰苷	lithospermoside
紫草茸醇酸	jalaric acid
紫草茸醇酸酯 Ⅰ	jalaris ester Ⅰ
紫草茸酸	laccjialaric acid
紫草茸酸酯 Ⅰ、Ⅱ	laccijalaric esters Ⅰ, Ⅱ
紫草素 (紫根素、紫草宁、莽草宁)	shikonin (shikonine)
紫草素棕榈酸酯	shikonin palmitate
紫草酸 A、B	lithospermic acids (alkannic acids) A, B
紫草酸 B 铵钾盐	ammonium potassium lithospermate B
紫草酸 B 二甲酯	dimethyl lithospermate B

Z

紫草酸 B 镁盐	magnesium lithospermate B
紫草酸 B 钠盐	sodium lithospermate B
9′, 9‴-紫草酸 B 二甲酯	9′, 9‴-dimethyl lithospermate B
紫草酸单甲酯	monomethyl lithospermate
紫草酸二甲酯	dimethyl lithospermate
9″-紫草酸甲酯	9″-methyl lithospermate
9′-紫草酸甲酯	9′-methyl lithospermate
紫草酸甲酯	methyl lithospermate
紫草酸乙酯	ethyl lithospermate
紫草烷	alkannan
紫草乌头碱甲～戊	delavaconitines A～E
紫草乌头原碱	delavaconine
紫草烯宁	lithosenine
紫草酯 B	lithospermate B
紫丹定	tourneforcidine
紫丹碱	tourneforcine
紫丹林素 A～C	tournefolins A～C
紫丹醛	tournefolal
紫丹参蒽醌	przewalskinone
紫丹参呋烯酸 A	przewalskenic acid A
紫丹参素甲～己 (紫丹参醌、甘西鼠尾酮) A～F	przewaquinones A～F
紫丹参萜醚 (甘西鼠尾草素) A～G、Y-1	przewalskins A～G, Y-1
紫丹参萜酸 (甘西鼠尾草萜酸) A、B	przewanoic acids A, B
紫丹酸 (砂引草酸) A、B	tournefolic acids A, B
紫丹酸 B 乙酯	tournefolic acid B ethyl ester
紫丁香醇 (丁香醚酚)	syringol
紫丁香醇葡萄糖苷	syringol glucoside
紫丁香苷 (丁香苷、丁香酚苷、刺五加苷 B)	syringoside (syringin, eleutheroside B)
紫椴木脂苷 A	tiliamuroside A
紫鄂贝碱	ziebeimine
紫萼香茶菜苷	isodoforrestin
紫萼香茶菜甲素	rabdoforrestin A
紫萼香茶菜亭 A～I	forrestins A～I
紫番荔枝地奥林	purpurediolin
紫番荔枝宁	purpurenin
紫番荔枝素 1、2	purpureacins 1, 2
紫番荔枝亭	purpuracenin
紫红曲酮 (紫色红曲霉酮)	monaspurpurone
紫红曲烯酮 (红曲酮)	purpureusone
紫红素 (紫茜素、灰毛豆灵、灰叶因)	purpurin

紫红素 -1- 甲醚	purpurin-1-methyl ether
紫红獐牙菜苷 (紫药双㕚酮苷、紫红獐牙菜酚苷)	swertipunicoside
紫红獐牙菜内酯 A、B	swerpunilactones A, B
紫红獐牙菜尼苷	swertiapuniside
紫红獐牙菜种苷 A～E	puniceasides A～E
紫槲皮苷 (槲皮素 -3-O- 芸香糖苷、芸香苷、紫皮苷、维生素 P、芦丁、槲皮素葡萄糖鼠李糖苷)	violaquercitrin (quercetin-3-O-rutinoside, rutoside, vitamin P, quercetin glucorhamnoside, rutin)
紫花八宝苷甲、乙	mingjinianuronides A, B
紫花丹酸	roseanoic acid
紫花丹酮	roseanone
紫花地丁环肽 A～H	viphis A～H
紫花高乌头碱 (阿克素)	acsine
紫花高乌头纳亭 (阿克亭)	acsinatine
紫花高乌头亭 Ⅰ、Ⅱ	excecoitines Ⅰ, Ⅱ
紫花高乌头辛	excelsine
紫花吉托苷 (毛地黄芰脱苷)	purpureagitoside
(+)- 紫花疆罂拉明	(+)-roebramine
(–)- 紫花疆罂粟胺	(–)-roehybramine
(–)- 紫花疆罂粟胺 -β-N- 氧化物	(–)-roehybramine-β-N-oxide
(–)- 紫花疆罂粟定	(–)-roehybridine
(–)- 紫花疆罂粟定 -α-N- 氧化物	(–)-roehybridine-α-N-oxide
(+)- 紫花疆罂粟亥明	(+)-misrhybridine [(+)-roehymine]
(+)- 紫花疆罂粟亥明	(+)-roehymine [(+)-misrhybridine]
(–)- 紫花疆罂粟碱	(–)-misramine
(–)- 紫花疆罂粟灵	(–)-roehybrine
(–)- 紫花疆罂粟明	(–)-roemebramine
(–)-α- 紫花疆罂粟任	(–)-α-roemehybrine
紫花疆罂粟亭	misrametine
紫花络石苷	traxillaside
紫花络石苷元	traxillagenin
紫花美冠兰酚	nudol
紫花牡荆素 (蔓荆子黄素、牡荆子黄酮)	casticin (vitexcarpin, vitexicarpin)
紫花牡荆素 (蔓荆子黄素、牡荆子黄酮)	vitexcarpin (casticin, vitexicarpin)
紫花牡荆素 (蔓荆子黄素、牡荆子黄酮)	vitexicarpin (vitexcarpin, casticin)
紫花前胡醇 (日本前胡醇)	decursinol
紫花前胡醇当归酸酯	decursinol angelate
紫花前胡次素 (紫花前胡定)	decursidin
紫花前胡苷 (紫花前胡内酯葡萄糖苷、闹达可宁)	nodakenin (nodakenetin glucoside)
紫花前胡内酯 (紫花前胡苷元、前胡亭、栓翅芹粉醇)	nodakenetin (nodakenitin, prangeferol)
紫花前胡内酯葡萄糖苷 (紫花前胡苷、闹达可宁)	nodakenetin glucoside (nodakenin)

紫花前胡内酯乙酸酯	nodakenetin acetate
紫花前胡素	decursin
紫花前胡素 A～F、Ⅰ、C-Ⅰ～C-Ⅴ	decursin A～F, Ⅰ, C-Ⅰ～C-Ⅴ
紫花前胡素苷	proanthocyanin
紫花前胡亭 A～F	decursitins A～F
紫花前胡皂苷 Ⅰ～Ⅴ	Pd-saponins Ⅰ～Ⅴ
紫花前胡酯	decursidate
紫花前胡种苷 (鸭脚前胡苷) Ⅰ～Ⅵ	decurosides Ⅰ～Ⅵ
紫花强心苷 (紫花洋地黄苷) A～C	purpurea glycosides A～C
紫花石蒜碱	squamigerine
紫花松果菊苷 A	echipuroside A
紫花洋地黄灵苷元	digipurpurogenin
紫花洋地黄宁苷元 (帕尔普苷元)	purpnigenin
紫花洋地黄叶苷 (紫花洋地黄瑞苷、紫地黄苷) A～E	purpureasides A～E
紫花洋地黄孕烯二酮苷 (紫花洋地黄普宁苷)	purpronin
紫花洋地黄孕烯酮苷 (紫花洋地黄宁苷)	purpnin
紫花洋地黄孕烯酮三醇 (紫花洋地黄灵苷)	digipurpurin
紫花野菊炔 A、B	dendrazawaynes A, B
紫胶虫醇	tachardiacerol
紫胶虫酸	tachardiacerinic acid
紫胶蜡酸 (三十二酸)	lacceroic acid (dotriacontanoic acid)
紫金龙定碱	dactylidine
紫金龙灵碱	dactyline
紫金龙宁碱	dactylicapnosinine
紫金龙辛碱	dactylicapnosine
紫金牛阿苷 A～K	ardisianosides A～K
紫金牛酚 Ⅰ、Ⅱ	ardisinols Ⅰ, Ⅱ
紫金牛苷 A、B	ardisiosides A、B
紫金牛苷元	ardisiogenin
紫金牛醌 A～L	ardisiaquinones A～L
紫金牛双内酯	ardimerin
紫金牛双内酯二没食子酸酯	ardimerin digallate
紫金牛素	ardisin
紫金牛酸	ardisic acid
紫金牛酮 (罗伞树酮、紫金牛酯醌)	ardisianone
紫金牛酮 B {5-羟基-2-甲氧基-6-[(Z)-8′-十三烯基]-1, 4-苯醌}	ardisianone B {5-hydroxy-2-methoxy-6-[(Z)-8′-tridecenyl]-1, 4-benzoquinone}
紫金牛脂酚 A～F	ardisiphenols A～F
紫金牛脂酚 D (2-甲氧基-4-羟基-6-十三烷基乙酸苯酯)	ardisiphenol D (2-methoxy-4-hydroxy-6-tridecyl phenyl acetate)

紫金牛酯酚	ardisianol
紫金砂色原酮 A、B	polymorchromones A, B
紫金藤醇 (昆明山海棠醇) A~F	triptohypols A~F
紫堇胺	corycavamine
紫堇醇灵碱 (紫堇灵)	corynoline
紫堇醇灵碱-11-*O*-硫酸酯	corynoline-11-*O*-sulfate
(–)- 紫堇单酚碱	(–)-corydalmine
紫堇单酚碱 (延胡索胺碱、紫堇达明、紫堇达明碱)	corydalmine
紫堇定 (紫堇啡碱、紫堇定碱)	corydine
紫堇二酮 (紫堇醌碱)	corydione
(–)-紫堇根碱	(–)-corypalmine
(+)-紫堇根碱	(+)-corypalmine
紫堇根碱 (紫堇杷明碱、延胡索单酚碱)	corypalmine
紫堇碱 (延胡索甲素、延胡索碱)	corydaline
紫堇块茎碱	corytuberine
(+)-紫堇鳞茎碱	(+)-corybulbine
(+)-紫堇灵	(+)-corynoline
紫堇龙碱	zijinlongine
紫堇螺酮	corydalispirone
紫堇洛星碱	corynoloxine
紫堇米定碱 (紫堇明定、考卢米定)	corlumidine
紫堇明	corymine
(+)-紫堇明定	(+)-corlumidine
紫堇宁 (原阿片碱、原鸦片碱、前鸦片碱、普鲁托品、富马碱、蓝堇碱)	corydinine (protopine, fumarine, macleyine)
D-紫堇杷明	D-corypalmine
L-紫堇杷明碱	L-corypalmine
紫堇球碱 (紫堇鳞茎碱、山延胡索宾碱)	corybulbine
紫堇属醇	corydalisol
紫堇属碱	corydalis base
紫堇酸甲酯	methyl corydalate
DL-紫堇维定	DL-corycavidine
D-紫堇维定	D-corycavidine
紫堇文碱	corycavine
紫堇西定	corycidine
紫堇辛	corydicine
紫堇叶唐松草定	thalisopidine
(–)-紫堇叶唐松草品	(–)-thalisopine
紫堇叶唐松草品 (皱叶唐松草辛碱、唐松草舒平碱、唐松草舒平)	thalisopine (thaligosine)

紫堇叶唐松草品宁	thalisopinine
紫堇因	corydaine
紫茎女贞苷 A～C	ligupurpurosides A～C
紫茎芹醚 (白苞芹醚)	nothosmyrnol
紫茎泽兰内酯	eupatoranolide
紫茎泽兰萜酮	eupatorenone
紫荆木米定 A	madhumidine A
紫爵床定	juspurpudin
紫蜡蘑二酮 (蜡蘑二酮) A、B	laccaridiones A, B
紫灵芝酸 A、B	ganosinensic acids A, B
紫柳酚	salipurpol
β- 紫罗兰醇	β-ionol
紫罗兰醇 (香堇醇)	ionol
α- 紫罗兰酮 (α- 香堇酮、α- 紫罗酮、α- 芷香酮)	α-ionone
β- 紫罗兰酮 (β- 紫罗酮、β- 香堇酮、β- 芷香酮)	β-ionone
紫罗兰酮 (紫罗酮、香堇酮、芷香酮)	ionone
(E)-β- 紫罗兰酮 [(E)-β- 香堇酮]	(E)-β-ionone
β- 紫罗兰酮环氧化物	β-ionone epoxide
紫罗烯	ionene
紫麻内酯	oreolactone
紫毛花洋地黄苷 A、B	purlanosides A, B
紫毛蕊花别碱	verballoscenine
紫毛蕊花碱	verbascenine
紫毛香茶菜宁 F	enanderinanin F
紫毛香茶菜素 (疏花毛萼香茶菜素) A～R	enanderianins A～R
紫铆苷 (紫矿春、异紫铆苷)	butrin (isobutrin)
紫铆花素 (紫铆酮、紫铆因、紫铆查耳酮、2′4′3, 4-四羟基查耳酮)	butein (2′4′3, 4-tetrahydroxychalone)
紫铆花素 -4′, 4-O- 二 -[2-O-(β- 吡喃葡萄糖基)-β- 吡喃葡萄糖苷]	butein-4′, 4-O-di-[2-O-(β-glucopyranosyl)-β-glucopyranoside]
紫铆花素 -4′-[6-O-(3- 羟基 -3- 甲基戊二酰)-β- 吡喃葡萄糖苷]-4-O-β- 吡喃葡萄糖苷	butein-4′-[6-O-(3-hydroxy-3-methyl glutaryl)-β-glucopyranoside]-4-O-β-glucopyranoside
紫铆花素 -4′-O-[2-O-(β- 吡喃葡萄糖基)-β- 吡喃葡萄糖苷]-4-O-β- 吡喃葡萄糖苷	butein-4′-O-[2-O-(β-glucopyranosyl)-β-glucopyranoside]-4-O-β-glucopyranoside
紫铆花素 -7-O-β-D- 吡喃葡萄糖苷	butein-7-O-β-D-glucopyranoside
紫铆素 (紫铆亭)	butin
紫铆素 -7-O-β-D- 吡喃葡萄糖苷	butin-7-O-β-D-glucopyranoside
紫铆素 -7-O-β-D- 葡萄糖苷	butin-7-O-β-D-glucoside
紫茉莉苷	jalapin
紫茉莉黄质 (紫茉莉花黄素) I～V	miraxanthins I～V
紫茉莉树脂	jalap resin

紫茉莉酮 A～E	mirabijalones A～E
紫茉莉酰胺	mirabliamide
紫牡丹苷	paeonivayin
紫牡丹内酯	paeonilide
紫苜蓿酚 (双香豆素、败坏翘摇素、双香豆精)	dicumol (melitoxin, dicumarol, dufalone, dicoumarin)
紫苜蓿酮	alfalone
(–)- 紫苜蓿烷	(–)-sativan
紫苜蓿烷 (紫苜蓿异黄烷)	sativan
紫苜蓿烷酮	sativanone
(3R)- 紫苜蓿烷酮	(3R)-sativanone
紫脲酸胺	murexide
紫萁内酯	osmundalactone
紫萁内酯苷 (紫萁苷、紫萁林素)	osmundalin
紫萁酮	osmundacetone
紫伞芹色原酮	melanochromone
紫色瓣蕊豆酚	petalopurpurenol
紫色红曲吡啶 A	monapurpyridine A
紫色红曲素 A、B	monapurpureusins A, B
紫色马勃甾酮	cyathisterone
紫色素 A、B	rosacea acids A, B
紫杉-4 (20), 11- 二烯 -2α, 5α, 10β- 三乙酰氧基 -14β, 2- 甲基丁酸酯	taxa-4 (20), 11-dien-2α, 5α, 10β-triacetoxy-14β, 2-methybutanoate
紫杉醇 (紫杉酚)	paclitaxel (taxol)
紫杉醇 (紫杉酚)	taxol (paclitaxel)
紫杉醇 B (三尖杉宁碱)	taxol B (cephalomannine)
紫杉醇 -C-7- 木糖	taxol-C-7-xylose
紫杉次碱	taxoline
紫杉二烯	taxadiene
紫杉吉酚 (欧紫杉吉吩) Ⅲ	taxagifine Ⅲ
紫杉碱 Ⅱ	taxine Ⅱ
紫杉碱 AⅠ、AⅡ、BⅠ、BⅡ、C	taxines AⅠ, AⅡ, BⅠ, BⅡ, C
紫杉奎宁 (红豆杉宁、中国紫杉辛宁) A～N	taxchinins A～N
紫杉双醌	tarodione
紫杉斯品 (紫杉平、东北紫杉素) A～Z	taxuspines A～Z
紫杉素 (紫杉宁、红豆杉素) A～M, NN-3, NN-4	taxinines (taxinins) A～M, NN-3, NN-4
紫杉烷 1～5	taxanes 1～5
紫杉新素	taxusin
(2R, 3R)-(+)- 紫杉叶素	(2R, 3R)-(+)-taxifolin
(2S, 3S)-(–)- 紫杉叶素	(2S, 3S)-(–)-taxifolin
紫杉叶素 (蚊母树素、黄杉素、花旗松素、二氢槲皮素)	taxifoliol (distylin, taxifolin, dihydroquercetin)

Z

紫杉叶素 -3-*O*-β-D- 吡喃木糖苷	taxifolin-3-*O*-β-D-xylopyranoside
紫杉叶素 -3′-*O*-β-D- 吡喃葡萄糖苷	taxifolin-3′-*O*-β-D-glucopyranoside
(2*R*, 3*R*)- 紫杉叶素 -3-*O*-β-D- 吡喃葡萄糖苷	(2*R*, 3*R*)-taxifolin-3-*O*-β-D-glucopyranoside
(2*S*, 3*S*)-(–)- 紫杉叶素 -3-*O*-β-D- 吡喃葡萄糖苷	(2*S*, 3*S*)-(–)-taxifolin-3-*O*-β-D-glucopyranoside
(2*S*, 3*S*)- 紫杉叶素 -3-*O*-β-D- 葡萄糖苷	(2*S*, 3*S*)-taxifolin-3-*O*-β-D-glucoside
紫杉叶素 -3-*O*-β-D- 葡萄糖苷	taxifolin-3-*O*-β-D-glucoside
紫杉叶素 -3-*O*- 乙酸酯	taxifolin-3-*O*-acetate
(2*R*, 3*R*)-(+)- 紫杉叶素 -3′- 葡萄糖苷	(2*R*, 3*R*)-(+)-taxifolin-3′-glucoside
紫杉叶素 -4′-*O*-β- 吡喃葡萄糖苷	taxifolin-4′-*O*-β-glucopyranoiside
(2*R*, 3*R*)- 紫杉叶素 -7-*O*-β-D- 吡喃葡萄糖苷	(2*R*, 3*R*)-taxifolin-7-*O*-β-D-glucopyranoside
紫杉叶素二己糖苷	taxifolin dihexoside
紫杉叶素鼠李糖苷	taxifolin rhamnoside
紫杉因 B	taxin B
紫杉云亭 (云南紫杉亭) A～J	taxayuntins A～J
紫杉甾酮 (22- 脱氧蜕皮甾酮)	taxisterone (22-deoxyecdysterone)
紫杉脂醇	taxiresinol
紫参醇 A～C	rubiyunnanols A～C
紫参素 A～H、RA-Ⅰ、RA-Ⅻ、RA-XXIV、RY-Ⅱ	rubiyunnanins A～H, RA-Ⅰ, RA-Ⅻ, RA-XXIV, RY-Ⅱ
紫树苷 (蓝果树苷)	nyssoside
紫苏醇 (紫苏子醇)	perilla alcohol (perillyl alcohol)
紫苏醇 -β-D- 吡喃葡萄糖苷	perillyl-β-D-glucopyranoside
紫苏苷 A～E	perillosides A～E
紫苏酐	perillic anhydride
紫苏红色素	perillanin
紫苏拉苷	perillaside
紫苏内酯 A、B	perillanolides A, B
紫苏宁	shisonin
D- 紫苏醛	D-perillaldehyde
紫苏醛	perillal (perillaldehyde)
紫苏素 (紫苏氧杂辛)	perilloxin
(–)- 紫苏酸	(–)-perillic acid
(*S*)-(–)- 紫苏酸	(*S*)-(–)-perillic acid
紫苏酸	perillic acid
紫苏酮	perilla ketone
紫苏烯	perillene
紫苏烯醛	perillyl aldehyde
紫苏新酮 A～C	frutescenones A～C
紫苏子醇 (紫苏醇)	perillyl alcohol (perilla alcohol)
(–)- 紫苏子醇	(–)-perillyl alcohol

紫蒜甾醇苷 (大蒜呋甾皂苷、紫蒜苷) A、B	erubosides A, B
紫穗槐醇苷 (紫穗槐苷)	amorphin (amorphine)
紫穗槐醇苷元 (紫穗槐苷元)	amorphigenin
紫穗槐地辛	amoradicin
紫穗槐定	amoradin
紫穗槐苷元-β-D-葡萄糖苷	amorphigenin-β-D-glucoside
紫穗槐果素 (紫穗槐素) A、B	amorfrutins A, B
紫穗槐醌	amorphaquinone
紫穗槐灵	amorilin
紫穗槐螺酮	amorphispironone
紫穗槐宁	amorinin
紫穗槐亭	amoritin
α-紫穗槐烯 (α-阿莫福烯)	α-amorphene
紫穗槐辛	amorisin
紫穗槐芪酚	amorphastibol
紫檀醇	pterocarpol
紫檀三醇	pterocarptriol
1-紫檀素	1-pterocarpine
紫檀素	pterocarpin (pterocarpine)
紫檀素	pterocarpine (pterocarpin)
紫檀萜醛	santal aldehyde
紫檀辛	carpusin
紫檀芪 (白藜芦醇-3, 5-二甲基醚)	pterostilbene (resveratrol-3, 5-dimethyl ether)
紫藤苷	wistarin
紫藤檀素 A～D	bolucarpans A～D
紫藤皂醇 A	wistariasapogenol A
紫藤皂苷 D	wistariasaponin D
紫菀-1 (3R)-1 (10), 14-二烯-13-O-α-L-2′-乙酰基吡喃鼠李糖苷	astern-1 (3R)-1 (10), 14-dien-13-O-α-L-2′-acetyl rhamnopyranoside
紫菀-22 (30)-烯-3, 21-二酮	shion-22 (30)-en-3, 21-dione
紫菀-22-甲氧基-20 (21)-烯-3β-醇	shion-22-methoxy-20 (21)-en-3β-ol
紫菀-22-甲氧基-20 (21)-烯-3-酮	shion-22-methoxy-20 (21)-en-3-one
紫菀-3, 21-二烯	shion-3, 21-diene
紫菀次皂苷	asterprosapogenin
紫菀苷 (紫菀醇苷) A～C	shionosides A～C
紫菀寡肽林素 (紫菀寡环肽素) A～J	asterins A～J
紫菀寡肽宁素 A～F	asternins A～F
紫菀环肽	astercyclopeptide
紫菀库萜酮 A～D	astataricusones A～D
紫菀氯环五肽 (紫菀寡肽素、紫菀五肽) A～P	astins A～P

Z

紫菀内酯	asterolide
紫菀宁碱 A、B	asterinins A, B
紫菀萜醇 A	astataricusol A
紫菀萜酮 A、B	astertarones A, B
紫菀酮	shionone
紫菀辛素 A、B	tataricins A、B
紫菀欣烷酮 A～F	astershionones A～F
紫菀皂苷 A～G、Ha～Hc	astersaponins A～G, Ha～Hc
紫葳素	carajurin
紫葳新苷（凌霄花苷）Ⅰ、Ⅱ	campneosides Ⅰ, Ⅱ
紫薇醇乙酸酯	largerenol acetate
紫薇苷	lagerindiside
紫薇碱	lagerine
紫薇明碱（印车前明碱）	lagerstroemine
紫薇明碱 N-氧化物	lagerstroemine N-oxide
紫薇木脂素苷 A	stroside A
紫薇鞣素	lagertannin
紫薇鞣质 A～C	lagerstannins A～C
紫薇素	lagerstroemin
紫薇缩醛（二丁氧基丁烷）	lageracetal (dibutoxybutane)
紫薇乙酸酯 A	lagerstroemiate A
紫文殊兰胺	angustamine
紫乌定（紫乌定碱）	episcopalidine
紫乌生（紫乌生碱）	episcopalisine
紫乌生宁碱	episcopalisinine
紫乌亭碱	episcopalitine
紫乌头碱（里乌头碱）A～C	liaconitines A～C
紫苋甾酮	amarasterone
紫苋甾酮 A、B	amarasterones A, B
紫鸦片碱	porphyroxine
紫洋地黄苷	digipruin
紫药苷	swertipuniside
紫药苦苷	swertiapunimarin
紫罂粟碱（α-藤荷包牡丹明、山缘草碱）	adlumine
紫玉兰醇 A、B	liliflols A, B
紫玉兰二酮	liliflodione
紫玉兰酮	liliflone
(-)-紫玉兰烯酮	(-)-maglifloenone
紫玉兰烯酮	maglifloenone
紫玉盘酚	uvarinol

紫玉盘米辛 Ⅰ ～ Ⅲ	uvariamicins Ⅰ ～ Ⅲ
紫玉盘素	uvaricin
紫玉盘亭	uvaretin
紫芝醇 (紫芝脂醇) A	ganosineniol A
紫芝苷 (紫芝脂醇苷) A	ganosinoside A
紫芝碱 A～E	sinensines A～E
紫芝素 A～O	zizhines A～O
紫芝酸	sinensoic acid
紫芝酸 A 甲酯	methyl ganosinensate A
紫朱草素 (安刍酸、欧紫草素、紫草红)	anchusin (anchusa acid, alkanna red)
紫珠内酯	callicarpaolide
紫珠酸 A、B	callicarpic acids A, B
紫珠酸 A～I	bodinieric acids A～I
紫珠酸甲酯	methyl callicarpate
紫珠酮素 (紫珠草酮)	callicarpone
紫珠烯醇	callicarpenol
紫珠烯醛	callicarpenal
紫锥菊	echinatia
棕儿茶单宁 (儿茶钩藤丹宁碱)	gambirtannine
棕儿茶定碱	gambirdine
棕儿茶碱 (黑儿茶碱)	gambirine
棕儿茶素 (黑儿茶素) A-1、B-3、C	gambiriins A-1, B-3, C
棕儿茶萤光素	gambirfluorescein
棕褐大囊菌素 A～C	cucumins A～C
棕褐丝膜菌碱	infractine
棕黑腐质霉苷	fuscoatroside
棕鳞矢车菊素 (棕鳞矢车菊黄酮素、棕矢车菊定)	jaceidin
棕鳞矢车菊素 -4′- 葡萄糖醛酸苷	jaceidin-4′-glucuronide
棕鳞矢车菊素 -7- 鼠李糖苷	jaceidin-7-rhamnoside
棕榈醛 (十六醛)	palmitaldehyde (hexadecanal)
9- 棕榈酸	9-palmitic acid
棕榈酸 (十六酸、软脂酸)	palmitic acid (hexadecanoic acid, cetylic acid)
棕榈酸 -1- 单甘油酯 (α- 棕榈酸单甘油酯、1-O- 十六酸单甘油酯、单棕榈酸甘油酯、棕榈酸单甘油酯、十六酸 -1- 甘油酯、1- 棕榈酸单甘油酯)	glycerol 1-monopalmitate (α-monopalmitin, glycerol 1-O-monohexadecanoate, glycerol monopalmitate, glycerol 1-hexadecanoate, 1-monopalmitin)
棕榈酸 2-(十八烷氧基) 乙酯	2-(octadecyloxy) ethyl hexadecanoate
1- 棕榈酸 -3- 亚麻酸甘油酯	1-palmitic acid-3-linolenic acid glyceride
棕榈酸 -α, α′- 甘油二酯	diglycerol-α, α′-palmitate
棕榈酸 -α- 单甘油酯	glycerol-α-monopalmitate
棕榈酸 -β- 单甘油酯	glycerol-β-monopalmitate

Z

L-棕榈酸单甘油酯	glycerol L-monopalmitate
α-棕榈酸单甘油酯 (1-O-十六酸单甘油酯、单棕榈酸甘油酯、棕榈酸单甘油酯、棕榈酸-1-单甘油酯、十六酸-1-甘油酯、1-棕榈酸单甘油酯)	α-monopalmitin (glycerol 1-O-monohexadecanoate, glycerol monopalmitate, glycerol 1-monopalmitate, glycerol 1-hexadecanoate, 1-monopalmitin)
1-棕榈酸单甘油酯 (α-棕榈酸单甘油酯、1-O-十六酸单甘油酯、单棕榈酸甘油酯、棕榈酸单甘油酯、棕榈酸-1-单甘油酯、十六酸-1-甘油酯)	1-monopalmitin (α-monopalmitin, glycerol 1-O-monohexadecanoate, glycerol monopalmitate, glycerol 1-monopalmitate, glycerol 1-hexadecanoate)
棕榈酸单甘油酯 (单棕榈酸甘油酯、α-棕榈酸单甘油酯、1-O-十六酸单甘油酯、棕榈酸-1-单甘油酯、十六酸-1-甘油酯、1-棕榈酸单甘油酯)	glycerol monopalmitate (α-monopalmitin, glycerol 1-O-monohexadecanoate, glycerol 1-monopalmitate, glycerol 1-hexadecanoate, 1-monopalmitin)
棕榈酸二十六酯 (蜡基棕榈酸酯)	ceryl palmitate
棕榈酸蜂花酯	myricyl palmitate
棕榈酸盖拉烯酯	kairatenyl palmitate
α-棕榈酸甘油酯	glycerol α-palmitate
棕榈酸酐	palmitic anhydride
棕榈酸何帕烯酯	hopenyl palmitate
棕榈酸环木菠萝烯醇酯	cycloartenyl palmitate
棕榈酸甲酯 (十六酸甲酯)	methyl palmitate (methyl hexadecanoate)
棕榈酸金盏菊二醇酯	calenduladiol-3β-O-palmitate
棕榈酸三甲基硅烷基酯	palmitic acid trimethyl silane ester
棕榈酸十八酯	octadecyl palmitate
棕榈酸十六醇酯	hexadecyl palmitate
棕榈酸十四酯	tetradecyl palmitate
棕榈酸亚麻酸葡萄糖苷	palmitoleic linolenic glucoside
棕榈酸乙二醇单酯	glycol monopalmitate
棕榈酸乙烯酯	vinyl palmitate
9-棕榈酸乙酯	ethyl 9-palmitate
棕榈酸乙酯 (十六酸乙酯)	ethyl palmitate (ethyl hexadecanoate)
棕榈酸异丙酯	isopropyl palmitate
棕榈酸油酸葡萄糖苷	palmitic oleic glucoside
棕榈酸正丁酯	n-butyl plamitate
1-棕榈酸正癸醇酯	n-decyl 1-palmitate
棕榈酸正十八酯	n-octadecanyl palmitate
棕榈酮	palmitone
棕榈烯酸甘油三酯	tripalmitolein
棕榈酰胺	palmitamide
棕榈酰胆甾醇半乳糖苷	palmityl cholesterol galactoside
棕榈酰胆甾醇甘露糖苷	palmityl cholesterol mannoside
3-O-(6′-O-棕榈酰基)-β-D-吡喃葡萄糖基菠菜甾醇	3-O-(6′-O-palmitoyl)-β-D-glucopyranosyl spinasterol
3-O-(6′-O-棕榈酰基)-β-D-吡喃葡萄糖基豆甾醇	3-O-(6′-O-palmitoyl)-β-D-glucopyranosyl stigmasterol
(6′-O-棕榈酰基) 谷甾醇-3-O-β-D-葡萄糖苷	(6′-O-palmitoyl) sitosteryl-3-O-β-D-glucoside

12-O-棕榈酰基-13-O-乙酰基-16-羟基佛波醇	12-O-palmitoyl-13-O-acetyl-16-hydroxyphorbal
12-O-棕榈酰基-16-羟基佛波醇-13-乙酸酯	12-O-palmitoyl-16-hydroxyphorbol-13-acetate
棕榈酰基-1-O-β-葡萄糖苷	palmityl-1-O-β-glucoside
(2S)-1-O-棕榈酰基-2-O-亚麻酰基-3-O-β-D-吡喃半乳糖基甘油	(2S)-1-O-palmitoyl-2-O-linolenoyl-3-O-β-D-galactopyranosyl glycerol
(2S)-1-O-棕榈酰基-2-O-油酰基-3-O-β-D-吡喃半乳糖基甘油	(2S)-1-O-palmitoyl-2-O-oleoyl-3-O-β-D-galactopyranosyl glycerol
1-棕榈酰基-2-亚麻酰磷脂酰基胆碱	1-palmitoyl-2-linoleoyl phosphatidyl choline
1-棕榈酰基-2-亚油酰基-sn-甘油-3-磷酰胆碱	1-palmitoyl-2-linoleoyl-sn-glycerol-3-phosphocholine
1-O-棕榈酰基-3-O-β-D-吡喃半乳糖基甘油酯	1-O-hexadecanoyl-3-O-β-D-galactopyranosyl glyceride
1'-O-棕榈酰基-3'-O-(6-O-α-D-吡喃半乳糖基-β-D-吡喃半乳糖基)甘油	1'-O-palmitoyl-3'-O-(6-O-α-D-galactopyranosyl-β-D-galactopyranosyl) glycerol
1'-O-棕榈酰基-3'-O-(6-磺酸基-O-α-D-吡喃奎诺糖基)甘油	1'-O-palmitoyl-3'-O-(6-sulfo-O-α-D-quinovopyranosyl) glycerol
6'-O-棕榈酰基-3-O-β-吡喃葡萄糖基-β-谷甾醇	6'-O-palmitoyl-3-O-β-D-glucopyranosyl-β-sitosterol
6'-棕榈酰基-7-豆甾醇-β-D-葡萄糖苷	6'-palmityl-7-stigmasteryl-β-D-glucoside
6'-棕榈酰基-α-菠菜甾醇-β-D-葡萄糖苷	6'-palmityl-α-spinasteryl-β-D-glucoside
6'-棕榈酰基-α-菠甾醇-3-O-β-D-葡萄糖苷	6'-palmityl-α-spinasteryl-3-O-β-D-glucoside
3-O-(6'-O-棕榈酰基-β-D-吡喃葡萄糖苷)豆甾-5-烯	3-O-(6'-O-hexadecanoyl-β-D-glucopyranoside) stigmast-5-ene
3-O-(6'-O-棕榈酰基-β-D-吡喃葡萄糖基)菠菜甾-7, 22 (23)-二烯	3-O-(6'-O-palmitoyl-β-D-glucopyranosyl) spinast-7, 22 (23)-diene
3-O-(6'-O-棕榈酰基-β-D-葡萄糖基)菠菜甾-7, 22 (23)-二烯	3-O-(6'-O-palmitoyl-β-D-glucosyl) spinast-7, 22 (23)-diene
3-O-(6'-O-棕榈酰基-β-D-葡萄糖基)菠甾-7, 22-二烯	3-O-(6'-O-palmitoyl-β-D-glucosyl) spinast-7, 22-diene
3-O-(6'-O-棕榈酰基-β-D-葡萄糖基)豆甾-5, 25 (27)-二烯	3-O-(6'-O-palmitoyl-β-D-glucosyl) stigmast-5, 25 (27)-diene
6'-O-棕榈酰基-β-D-葡萄糖基谷甾醇	6'-O-palmitoyl-β-D-glucosyl-sitosterol
α-O-棕榈酰基-β-O-[(9Z)-十八烯酰基]-α-O-十六酰基甘油酯	α-O-palmitoyl-β-O-[(9Z)-octadecenoyl]-α-O-palmitoyl glyceride
6'-棕榈酰基-β-胡萝卜苷	6'-palmityl-β-daucosterin
6'-O-棕榈酰基谷甾醇-3-O-β-D-葡萄糖苷	6'-O-palmitoyl sitosterol-3-O-β-D-glucoside
棕榈酰蕨素 A~C	palmityl pterosins A~C
棕榈酰肉碱	palmitoyl carnitine
棕榈酰银白鼠尾草二醇	palmitoyl arucadiol
棕榈酰油酰磷脂酰胆碱	palmitoyl oleoyl phosphatidyl choline
棕榈酰棕榈油酰硬脂酰甘油酯	palmityl palmitoleostearin
棕榈油酸[棕榈烯酸、(9Z)-十六烯酸]	palmitoleic acid [(9Z)-hexadecenoic acid]
棕榈油酸甲酯[(9Z)-十六烯酸甲酯]	methyl palmitoleate [(9Z)-hexadecenoic acid methyl ester]

Z

1-O-棕榈油酰基-3-O-(6′-硫代-α-D-脱氧吡喃葡萄糖)-sn-甘油	1-O-palmitoleoyl-3-O-(6′-sulfo-α-D-quinovopyranosyl)-sn-glycerol
棕榈油酰油酸棕榈酰甘油酯	palmitoleoleoyl oleyl palmityl glyceride
棕曲拉明 C、D	aspochalamins C, D
棕曲拉素 A～Z	aspochalasins A～Z
棕矢车菊苷	jacein
棕矢车菊素 (4′, 5, 7- 三羟基 -3′, 6- 二甲氧基黄酮)	jaceosidin (4′, 5, 7-trihydroxy-3′, 6-dimethoxyflavone)
棕矢车菊素 -7-O-β-D- 吡喃葡萄糖苷	jaceosidin-7-O-β-D-glucopyranoside
棕矢车菊素 -7-β- 葡萄糖苷	jaceosidin-7-β-glucoside
棕叶藻二酮	stypoldione
棕叶藻醌酸	stypoquinonic acid
棕叶藻内酯	stypolactone
4- 腙基环己 -1- 甲酸	4-hydrazonocyclohex-1-carboxylic acid
腙基替磺酸	sulfonohydrazonic acid
腙基替亚磺酸	sulfinohydrazonic acid
腙甲酸 (腙基替甲酸)	carbohydrazonic acid
腙酸 (腙基替酸)	hydrazonic acid
鬃草宁碱	chatinine
鬃尾草素	leonubiastrin
总梗女贞苷 A- Ⅰ 、A- Ⅱ 、B- Ⅰ ～B- Ⅵ	lipedosides A- Ⅰ , A- Ⅱ , B- Ⅰ ～B- Ⅵ
(S)- 总梗女贞苷 B- Ⅲ	(S)-lipedoside B- Ⅲ
总序天冬皂素 Ⅳ	shatavarin Ⅳ
总状花酒饼簕素	racemosin
总状升麻苷 A～P	cimiracemosides A～P
总状土木香醌 (罗氏旋覆花酮、罗尔旋覆花醌、罗列酮)	royleanone
总状土木香内酯 A	racemosalactone A
总状土木香醛 (藏木香内酯)	inunal
走马芹内酯	moellendorffiline
足瓣豆碱	podopetaline
阻凝剂 A_1 、 A_2	anticoagulants A_1, A_2
组氨酸	histidine
L- 组氨酸	L-histidine
组胺 (组织胺)	histamine
组蛋白 F_1	histone F_1
祖奥红楠素 (香润楠宁) C～F	zuihonins C～F
祖奥红楠素 (香润楠宁) A、B	zuonins (zuonins) A, B
祖姆素	zumsin
钻形天芥菜碱 N- 氧化物	subulacine N-oxide
醉蝶花醇 A～D	cleospinols A～D

醉蝶花桑特灵	cleosandrin
醉蝶花素	cleomin
醉魂藤碱 A、B	heteromines A, B
醉椒苦素	methysticin
DL-醉椒素	DL-kawain
醉椒素 (卡瓦胡椒素)	kavain (kawain, gonosan)
醉椒素 (卡瓦胡椒素)	gonosan (kavain, kawain)
醉椒素 (卡瓦胡椒素)	kawain (kavain, gonosan)
醉茄素 A	withaferin A
醉鱼草胺碱	buddamine
醉鱼草醇 A～F	buddlenols A～F
醉鱼草苷 (蒙花苷、刺槐苷)	buddleoside (linarin, acaciin)
醉鱼草环烯醚萜苷 (毕日多苷)	biridoside
醉鱼草黄酮醇糖苷	buddleoflavonoloside
醉鱼草林	buddlin
醉鱼草葡苷	buddleoglucoside
醉鱼草素 (醉鱼素、醉鱼草定) A～D	buddledins A～D
醉鱼草萜 A～C	buddlindeterpenes A～C
醉鱼草酮	buddlejone
醉鱼草甾醇	buddlejol
醉鱼草皂苷 Ⅳ、Ⅳa、Ⅳb	buddlejasaponins Ⅳ, Ⅳa, Ⅳb
醉鱼皂苷 A	stellarinpin A
佐阿帕塔诺醇 (苏帕塔醇)	zoapatanol
佐氏芹素	zosimin
唑基丙酸	imidazolyl propionic acid
4'-唑基乙醇	4'-imidazolyl ethanol
1-唑基乙酸	1-imidazolyl acetic acid

Z